Springer-Lehrbuch

T0240332

Christiane Rousseau • Yvan Saint-Aubin

Unter Mitarbeit von Hélène Antaya und Isabelle Ascah-Coallier

Mathematik und Technologie

Aus dem Englischen von
Manfred Stern

 Springer Spektrum

Christiane Rousseau
Dépt. Mathématiques et Statistique
Université de Montréal
Montreal, Kanada

Yvan Saint-Aubin
Dépt. Mathématiques et Statistique
Université de Montréal
Montreal, Kanada

Übersetzer
Manfred Stern
Kiefernweg 8, D-06120
Halle an der Saale, Deutschland
info@manfred-stern.de

Translation from the English language edition:
Mathematics and Technology by Christiane Rousseau and Yvan Saint-Aubin
Copyright © 2008 Springer Science+Business Media, LLC
All rights reserved

ISSN 0937-7433
ISBN 978-3-642-30091-2   ISBN 978-3-642-30092-9 (eBook)
DOI 10.1007/978-3-642-30092-9

Die Deutsche Nationalbibliothek verzeichnet diese Publikation in der Deutschen Nationalbibliografie; detaillierte bibliografische Daten sind im Internet über http://dnb.d-nb.de abrufbar.

Mathematics Subject Classification (2010): 00-01,03-01,42-01,49-01,94-01,97-01

Springer Spektrum
© Springer-Verlag Berlin Heidelberg 2012

Springer Spektrum ist eine Marke von Springer DE.
Springer DE ist Teil der Fachverlagsgruppe Springer Science+Business Media
www.springer-spektrum.de

Vorwort

Welchen Nutzen hat die Mathematik? Ist in der Mathematik nicht alles schon entdeckt? Das sind ganz natürliche Fragen, die häufig von Studenten der unteren Studienjahre gestellt werden. Die Antworten der Professoren sind oft ziemlich kurz. Die meisten Universitätskurse sind fest strukturiert, und es besteht ein großer Zeitdruck. Deswegen bieten diese Kurse kaum Gelegenheit, echte Anwendungen zu bringen und Beispiele aus der realen Welt zu untersuchen.

Sogar noch mehr Oberschüler stellen die gleichen Fragen mit größerer Hartnäckigkeit. Die Lehrer in diesen Schulen arbeiten im Allgemeinen unter noch größerem Druck als Universitätsprofessoren. Wenn die betreffenden Schüler und Studenten dazu in der Lage sind, kompetent auf diese Fragen zu antworten, dann liegt das vermutlich daran, dass sie von ihren Lehrern und Professoren gute Antworten bekommen haben. Aber wessen Fehler ist es, wenn sie nicht antworten können?

Die Entstehung dieses Textes

Bevor wir eine Einführung in den Text geben, müssen wir zunächst über die Vorlesung sprechen, die zu diesem Buch geführt hat. Die Vorlesung „Mathematik und Technologie" wurde an der Universität Montreal ins Leben gerufen und erstmalig im Wintersemester 2001 gehalten. Die Vorlesung entstand, weil die meisten Kurse im Mathematik-Department nicht auf die realen Anwendungen eingegangen sind. Unsere Vorlesung war von Anfang an sowohl für Studenten der unteren Studienjahre als auch für künftige Gymnasiallehrer konzipiert.

Da es für die Vorlesung, die wir anvisierten, kein geeignetes Lehrbuch gab, schrieben wir unsere eigenen Vorlesungstexte. Wir waren in diese Niederschriften so vertieft, dass sie bald den Umfang eines Lehrbuches annahmen und viel mehr Material enthielten, als in einem Semester geboten werden konnte. Obwohl wir beide Berufsmathematiker sind, müssen wir zugeben, dass wir von den meisten Anwendungen, die in den folgenden Kapiteln behandelt werden, wenig oder nichts wussten.

Das Ziel des Kurses „Mathematik und Technologie"

Das Hauptziel des Kurses besteht darin, den aktiven und lebendigen Charakter der Mathematik zu demonstrieren, ihre Allgegenwart bei der Entwicklung von Technologien aufzuzeigen und die Studenten und Oberschüler in Modellierungsprozesse einzuführen, die einen Weg zur Entwicklung verschiedener mathematischer Anwendungen darstellen.

Einige der behandelten Themen gehören nicht im engeren Sinne zum Gebiet der Technologie. Dennoch hoffen wir, dass wir die Nützlichkeit der Mathematik und insbesondere die Rolle deutlich gemacht haben, welche die Mathematik in den Alltagstechnologien spielt. Mehrere der in diesem Buch behandelten Themen befinden sich immer noch in einer aktiven Entwicklungsphase. Dieser Umstand ermöglicht den Studenten – häufig zum ersten Mal – zu erkennen, dass die Mathematik ein offenes und dynamisches Fachgebiet ist.

Zu den Studenten, die unsere Vorlesung besuchen, gehören auch zukünftige Oberschullehrer. Deswegen ist es wichtig zu betonen, dass unser Ziel nicht nur darin besteht, ihnen Beispiele und Anwendungen zu vermitteln, die sie später an ihre eigenen Schüler weitergeben können. Vielmehr möchten wir unseren Studenten Werkzeuge in die Hand geben, mit deren Hilfe sie dann für ihre späteren Schüler geeignete Beispiele aus dem wirklichen Leben formulieren und entwickeln können. Wir möchten unseren Studenten das Gefühl vermitteln, dass sie ein Fach unterrichten, das nicht nur an sich elegant ist, sondern dass die Anwendungen der Mathematik dazu beigetragen haben, unsere physikalische Umgebung zu verstehen und zu gestalten.

Die Auswahl der Themen

Bei der Auswahl der Themen haben wir folgenden Punkten eine besondere Aufmerksamkeit gewidmet:

- Die Anwendungen sollten neueren Ursprungs sein oder das Alltagsleben der Studenten beeinflussen. Außerdem sollten – im Gegensatz zu anderen Vorlesungen für Fortgeschrittene – einige der von uns betrachteten Teilgebiete der Mathematik modern sein oder sich sogar noch im Stadium der Entwicklung befinden.
- Die Mathematik sollte relativ elementar sein, und falls sie dennoch über den typischen Lehrplan (Differential- und Integralrechnung, Lineare Algebra, Wahrscheinlichkeitstheorie) eines Studenten des ersten Studienjahres hinausgeht, dann müssen die fehlenden Teile im Rahmen des betreffenden Kapitels behandelt werden. Wir haben uns bemüht, umfassenden Gebrauch von der Oberschulmathematik zu machen – inbesondere von der euklidischen Geometrie. Die Mathematik der Oberschule und der unteren Studienjahre stellt beachtliche Werkzeuge bereit, die den Studenten den Zugang zu einem großen Anwendungsbereich ermöglichen und häufig zum ersten Mal das Zusammenspiel unterschiedlicher Teilgebiete vor Augen führen.
- Das Niveau der erforderlichen mathematischen Bildung sollte ein gewisses Minimum nicht überschreiten: Ideen sind das wertvollste Gut eines Wissenschaftlers, und hinter den meisten technologischen Erfolgen liegt eine geistreiche und dennoch mitunter elementare Beobachtung.

In diesem Sinne umfasst die im vorliegenden Buch verwendete Mathematik ein sehr breites Spektrum:

- Geraden und Ebenen treten in allen ihren Formen auf (Normalformen, Parametergleichungen, Unterräume), häufig auf unerwartete Weise (etwa bei der Verwendung des Schnittes mehrerer Ebenen zur Entschlüsselung von Nachrichten, die mit einem Reed-Solomon-Code verschlüsselt wurden).
- Eine große Anzahl von Themen macht von grundlegenden geometrischen Objekten Gebrauch: von Kreisen, Kugeln und Kegelschnitten. Der Begriff des *geometrischen Ortes* von Punkten in der euklidischen Geometrie tritt häufig auf, zum Beispiel bei Aufgaben, in denen wir die Position eines Objekts durch Triangulation berechnen (Kapitel 1 über GPS und Kapitel 15 über *Science Flashes*).
- Die verschiedenen Typen von affinen Transformationen in der Ebene oder im Raum (insbesondere Drehungen und Symmetrien) kommen mehrere Male vor: in Kapitel 11 über Bildkompression unter Verwendung von Fraktalen, in Kapitel 2 über Mosaike und Friese und in Kapitel 3 über Roboterbewegungen.
- Endliche Gruppen erscheinen als Symmetriegruppen (Kapitel 2 über Mosaike und Friese) und auch bei der Entwicklung von Primalitätstests in der Kryptografie (Kapitel 7).
- Endliche Körper treten in Kapitel 6 über fehlerkorrigierende Codes, in Kapitel 1 über das GPS und in Kapitel 8 über die Erzeugung von Zufallszahlen auf.
- Sowohl Kapitel 7 über Kryptografie als auch Kapitel 8 über die Erzeugung von Zufallszahlen verwendet die Arithmetik modulo n, während Kapitel 6 über fehlerkorrigierende Codes die Arithmetik modulo 2 verwendet.
- Wahrscheinlichkeitstheorie tritt an mehreren unerwarteten Stellen in Erscheinung: in Kapitel 9 über den *PageRank*-Algorithmus von *Google* und bei der Konstruktion von großen Primzahlen in Kapitel 7. Die Wahrscheinlichkeitstheorie wird in klassischer Ausrichtung in Kapitel 8 zur Erzeugung von Zufallszahlen verwendet.
- Lineare Algebra ist allgegenwärtig: in Kapitel 6 über Hamming- und Reed-Solomon-Codes, in Kapitel 9 über den *PageRank*-Algorithmus, in Kapitel 3 über Roboterbewegungen, in Kapitel 2 über Mosaike und Friese, in Kapitel 1 über das GPS, in Kapitel 12 über den JPEG-Standard und so weiter.

Verwendung des Buches als Vorlesungstext

Das Buch ist für Studenten geschrieben, die mit der euklidischen Geometrie ebenso vertraut sind wie mit Funktionen mehrerer Variabler, linearer Algebra und elementarer Wahrscheinlichkeitstheorie. Wir hoffen, dass wir implizit kein anderes Hintergrundwissen vorausgesetzt haben. Das Durcharbeiten des Textes erfordert dennoch eine gewisse wissenschaftliche Reife: Es kommt auf das Zusammenwirken einer Vielfalt von mathematischen Werkzeugen an, die ursprünglich in einem anderen Zusammenhang gelehrt wurden. Aus diesem Grund sind Studenten der unteren Studienjahre die ideale Hörerschaft für den Kurs.

Der Text präsentiert die Anwendungen in zwei Formen: Die Kapitel (mit Ausnahme von Kapitel 15) sind lang und detailliert, während die *Science Flashes* (die Abschnitte von Kapitel 15) knapp gehalten sind. Die Leser werden eine bestimmte Einheitlichkeit in der Form der längeren Kapitel feststellen: Die ersten Abschnitte beschreiben die Anwendung und das ihr zugrundeliegende mathematische Problem; danach folgt eine Untersuchung einfacher Fallbeispiele und, falls notwendig, eine Entwicklung der erforderlichen Mathematik. Wir bezeichnen diese Abschnitte als den *grundlegenden Teil* des betreffenden Kapitels. Danach können Abschnitte folgen, in denen wir komplizertere Beispiele untersuchen, mehr zu den bereits diskutierten mathematischen Werkzeugen sagen oder einfach darauf aufmerksam machen, dass die Mathematik allein nicht immer ausreicht! Diese Abschnitte eines Kapitels bezeichnen wir als *fortgeschrittenen Teil*. Jede Anwendung wird typischerweise in fünf bis sechs Vorlesungsstunden behandelt: Zwei Stunden für die grundlegende Theorie, zwei Stunden für Beispiele und Übungen, und – wenn es die Zeit erlaubt – ein oder zwei Stunden für fortgeschrittene Themen. Häufig können wir das fortgeschrittene Material nur kurz behandeln, es sei denn, eine zweite Woche wird für das Kapitel zur Verfügung gestellt. Jeder *Science Flash* kann in einer Vorlesungsstunde behandelt werden, lässt sich aber auch als Übung stellen, ohne vorher die Theorie zu entwickeln. Es ist unser Ziel, im Laufe eines Semesters den Großteil von acht bis zwölf Kapiteln und eine Handvoll *Science Flashes* abzuarbeiten. Eine andere Option besteht darin, die Anzahl der zu behandelnden Kapitel signifikant zu senken, sich aber dafür mehr in die fortgeschrittenen Abschnitte der entsprechenden Kapitel zu vertiefen.

Wir sind demnach gezwungen, die Themen in Abhängigkeit von ihrem spezifischen Interesse oder von den mathematischen Kenntnissen der Studenten auszuwählen. Die nicht ausgewählten Kapitel oder die fortgeschrittenen Teile von behandelten Kapiteln sind natürliche Ausgangspunkte für Kursprojekte. Studenten, die diesen Text im Selbststudium lesen, können nach Belieben von einem Kapitel zu einem anderen springen. Jedes Kapitel ist von den anderen (mathematisch) unabhängig oder nahezu unabhängig, und wir weisen auf mögliche Verbindungen explizit hin.

Eine letzte Bemerkung für Hochschullehrer, die dieses Buch als Vorlesungstext verwenden. Diese Vorlesung hat uns gezwungen, unsere üblichen pädagogischen Methoden zu revidieren: Keines der Themen ist Vorbedingung für weitere Kurse, die Definitionen und Sätze sind nicht die letztlichen Vorlesungsziele, und die Aufgaben sind nicht zum Eindrillen gedacht. Diese Faktoren können den Studenten Sorgen bereiten. Darüber hinaus sind wir keine Spezialisten für die von uns diskutierten Technologien. Also mussten wir unsere Lehrmethoden revidieren. Wir versuchen, die Studenten zur aktiven Teilnahme zu ermutigen. Das ermöglicht es uns, ihr Hintergrundwissen in Bezug auf die verwendeten mathematischen Werkzeuge zu überprüfen. Bezüglich der Prüfungen teilen wir den Studenten gleich am Anfang mit, dass die Prüfungen nicht kumulativ sind und sich auf die grundlegenden Abschnitte beschränken. Die Betonung liegt auf dem einfachen mathematischen Modellieren und dem Problemlösen. Unsere Übungen konzentrieren sich auf diese Fertigkeiten.

Verwendung des Buches zum Selbststudium

Als wir diesen Text schrieben, waren wir immer sehr bestrebt, die der Technologie zugrundeliegende Mathematik darzulegen und sowohl ihre Schönheit als auch ihre Leistungsfähigkeit zu demonstrieren. Wir meinen, dass dieser Text für jeden Leser – vom jungen Wissenschaftler bis zum erfahrenen Mathematiker – von Interesse sein wird, der die Mathematik verstehen möchte, die sich hinter technologischen Neuerungen verbirgt. Da die Kapitel größtenteils unabhängig voneinander sind, kann man nach Belieben von einem Thema zum anderen springen. Wir hoffen, dass auch die vielen historischen Anmerkungen auf Interesse stoßen, die überall im Text eingestreut sind, und dass der Leser vielleicht sogar die Zeit findet, einige Übungen durchzuarbeiten.

Die Beiträge von Hélène Antaya und Isabelle Ascah-Coallier

Der erste Entwurf von Kapitel 14 über Variationsrechnung wurde von Hélène Antaya geschrieben, als sie im Sommer nach dem Abschluss des zweiten Studienjahres ein Praktikum absolvierte. Kapitel 13 über DNA-Computing wurde im nachfolgenden Sommer von Hélène Antaya und Isabelle Ascah-Coallier verfasst, wobei sie vom kanadischen National Sciences and Engineering Research Council (NSERC) durch einen Undergraduate Student Research Award unterstützt wurden.

Zur Lektüre der Kapitel

Die Kapitel sind größtenteils unabhängig voneinander. Zu Beginn eines jeden Kapitels steht eine kurze Zusammenfassung, die auf die erforderlichen Grundkenntnisse eingeht, die Beziehung zwischen den einzelnen Abschnitten und gegebenenfalls deren relative Schwierigkeit beschreibt.

Christiane Rousseau
Yvan Saint-Aubin

Département de mathématiques et de statistique
Université de Montréal
September 2006

Danksagungen

Die Entstehung der Vorlesung „Mathematik und Technologie" und des Begleittextes gehen bis zum Winter 2001 zurück. Wir mussten eine Vielfalt von Themen lernen, die wir nur beiläufig oder überhaupt nicht kannten; ebenso mussten wir auch Übungen und Projekte für die Studenten zusammenstellen. Im Laufe der vielen Jahre der Ausarbeitung dieses Textes haben wir zahlreiche Fragen aufgeworfen, die ausführliche Erklärungen erforderten. Wir möchten uns bei allen bedanken, die uns mit ihren Erläuterungen unterstützt haben. Das hat dazu beigetragen, unvermeidliche Zweideutigkeiten und Fehler zu reduzieren. Für verbleibende Mängel sind wir allein verantwortlich. Wir bitten die Leser, uns auf alle noch vorhandenen Fehler aufmerksam zu machen.

Wir lernten eine Menge von Jean-Claude Rizzi, Martin Vachon und Annie Boily (alle von Hydro-Québec) über Sturm-Tracking; von Stéphane Durand und Anne Bourlioux über die Feinheiten des GPS; von Andrew Granville über neuere Faktorisierungsalgorithmen für ganze Zahlen; von Mehran Sahami über die Interna von Google; von Pierre L'Ecuyer über Zufallszahlengeneratoren; von Valérie Poulin und Isabelle Ascah-Coallier über die Wirkungsweise der Quantencomputer; von Serge Robert, Jean LeTourneux und Anik Soulière über die Beziehung zwischen Mathematik und Musik; von Paul Rousseau und Pierre Beaudry über die Grundlagen der Computerarchitektur; von Mark Goresky über lineare Schieberegister und die Eigenschaften der von ihnen erzeugten Folgen. David Austin, Robert Calderbank, Brigitte Jaumard, Jean LeTourneux, Robert Moody, Pierre Poulin, Robert Roussarie, Kaleem Siddiqi und Loïc Teyssier stellten uns Literatur zur Verfügung und gaben uns wertvolle Kommentare.

Viele unserer Freunde und Kollegen lasen Teile des Manuskriptes und versorgten uns mit dem entsprechenden Feedback – insbesondere danken wir Pierre Bouchard, Michel Boyer, Raymond Elmahdaoui, Alexandre Girouard, Martin Goldstein, Jean Le-Tourneux, Francis Loranger, Marie Luquette, Robert Owens, Serge Robert und Olivier Rousseau. Nicolas Beauchemin und André Montpetit halfen uns bei mehr als einer Gelegenheit mit Grafiken und mit den Feinheiten von LATEX. Unsere Kollegen Richard Duncan, Martin Goldstein und Robert Owens halfen in Bezug auf die englische Terminologie.

Seit dem ersten Entwurf haben wir unser Manuskript unter Kollegen und Freunden verteilt, von denen uns viele begleitet und ermutigt haben, darunter John Ball, Jonathan Borwein, Bill Casselman, Carmen Chicone, Karl Dilcher, Freddy Dumortier, Stéphane Durand, Ivar Ekeland, Bernard Hodgson, Nassif Ghoussoub, Frédéric Gourdeau, Jacques Hurtubise, Louis Marchildon, Odile Marcotte und Pierre Mathieu.

Wir danken Manfred Stern, der viele Monate an der ausgezeichneten deutschen Übersetzung unseres Manuskripts gearbeitet hat. Es war ein großes Vergnügen, mit ihm zusammenzuarbeiten. Wir schätzen seine umsichtigen Kommentare und Vorschläge.[1]

Wir bedanken uns bei Ann Kostant und dem Springer-Verlag für das große Interesse an unserem Buch – von der ersten Version bis zur Endfassung.

Ebenso danken wir denjenigen, die uns am nächsten standen: Manuel Giménez, Serge Robert, Olivier Rousseau, Valérie Poulin, Anaïgue Robert und Chi-Thanh Quach. Sie haben uns immer unterstützt und uns zugehort, wenn wir im Laufe der Jahre über dieses Projekt gesprochen haben.

---

[1] Der Übersetzer bedankt sich bei Rüdiger Achilles (Fachbereich Mathematik der Universität Bologna) für die sorgfältige Korrektur des deutschen Textes. Dank für vielfältige LATEX-Hinweise und weitere technische Hilfestellungen geht an Frank Holzwarth (Springer-Verlag) und an Gerd Richter (Fachbereich Mathematik der Universität Halle). Ebenso danke ich Ruth Allewelt und Agnes Herrmann (beide Springer-Verlag) für ihre Begleitung beim Anfertigen der Übersetzung.

Manfred Stern, Halle a. d. Saale, März 2012

Inhaltsverzeichnis

1

Positionsbestimmung auf der Erde und im Raum

Dieses Kapitel ist das beste Beispiel im Buch, wie verschieden die Anwendungen der Mathematik auf eine einfache technische Frage sein können: Wie kann man Menschen oder Ereignisse auf der Erde orten? Die Vielfalt der Anwendungen ist überraschend, und aus diesem Grund ist es vielleicht eine gute Idee, mehr als eine Woche für dieses Kapitel zu verwenden. Zwei Stunden reichen, um die Theorie zu erläutern, die sich hinter GPS verbirgt (Abschnitt 1.2) und kurz darauf einzugehen, wie man GPS auf das sogenannte Sturm-Tracking (Abschnitt 1.3) anwenden kann. Später muss eine Auswahl erfolgen. Falls Sie bereits endliche Körper in Kapitel 6 über fehlerkorrigierende Codes oder in Kapitel 8 über Zufallszahlengeneratoren eingeführt haben, dann lässt sich die Wirkungsweise des GPS-Signals in etwas mehr als einer Stunde behandeln, da Sie den Überblick über endliche Körper überspringen können. Ist die Zeit beschränkt und sind endliche Körper noch nicht eingeführt worden, dann besteht ein vernünftiger Kompromiss darin, einfach nur Satz 1.4 anzugeben und ihn anhand einiger Beispiele zu illustrieren, etwa durch Beispiel 1.5. Abschnitt 1.5 über Kartografie erfordert ein Minimum von zwei Stunden, sofern die Studenten den Begriff der konformen (also winkeltreuen) Abbildung noch nicht kennen. Abschnitt 1.2 erfordert nur euklidische Geometrie und Grundkenntnisse in linearer Algebra, während Abschnitt 1.3 elementare Begriffe der Wahrscheinlichkeitstheorie verwendet. Abschnitt 1.4 ist schwieriger, falls endliche Körper noch nicht bekannt sind. Abschnitt 1.5 verwendet Funktionen in mehreren Variablen.

1.1 Einführung

Seit jeher haben sich die Menschen dafür interessiert, ihre Position auf der Erde zu bestimmen. Sie begannen mit primitiven Instrumenten, navigierten mit Hilfe des Magnetkompasses, verwendeten das Astrolab und später den Sextanten. In der jüngsten Geschichte wurden bedeutend komplexere und genauere Navigationshilfen entwickelt,

zum Beispiel das Global Positioning System (GPS). In diesem Kapitel gehen wir zeit-
lich rückwärts vor: Wir beginnen mit der Erläuterung des neuzeitlichen GPS und daran
schließt sich – zumeist in den Übungen – eine kurze Diskussion alter Techniken an.
    Diese Navigationstechniken sind nur dann wirklich nützlich, wenn wir genaue Land-
karten haben. Deswegen widmen wir der Kartografie einen Abschnitt. Da die Erde eine
Kugel ist, erweist es sich als unmöglich, sie auf einem Blatt Papier so darzustellen, dass
Winkel, Abstandsverhältnisse und Flächenverhältnisse erhalten bleiben. Der gewählte
Kompromiss hängt größtenteils von der Anwendung ab. Der Peters-Atlas verwendet
Projektionen, bei denen Flächenverhältnisse erhalten bleiben [2]. Bei Seekarten werden
dagegen Projektionen verwendet, bei denen Winkel erhalten bleiben.

1.2 Global Positioning System

1.2.1 Einige Fakten über das GPS

Die GPS-Satellitenkonstellation wurde im Juli 1995 durch das Verteidigungsministe-
rium der USA fertiggestellt, das auch den öffentlichen Gebrauch genehmigte. Bei der
ersten Stationierung bestand das System aus 24 Satelliten, von denen mindestens 21
mehr als 98% der Zeit funktionstüchtig sein sollten. 2005 bestand das System aus 32
Satelliten, von denen mindestens 24 funktionstüchtig sein sollten, während die anderen für ihren Einsatz bereitstehen, falls einer der letztgenannten Satelliten versagt. Die
Satelliten befinden sich in einer Entfernung von 20200 km von der Erdoberfläche. Sie
sind über 6 Orbitalebenen verteilt, von denen jede in Bezug auf die Äquatorialebene um
einen Winkel von 55 Grad geneigt ist (vgl. Abbildung 1.1). Es gibt pro Orbitalebene
mindestens 4 Satelliten, die ungefähr gleich weit voneinander entfernt sind. Jeder Satellit umkreist die Erde in 11 Stunden und 58 Minuten. Die Satelliten sind so positioniert,
dass wir zu jeder Zeit und an jedem Ort auf der Erde mindestens 4 Satelliten beobachten
können.
    Die 24 Satelliten senden ein Signal, das sich periodisch wiederholt und mit Hilfe eines
speziellen Empfängers empfangen werden kann. Wenn wir ein Navi kaufen, dann kaufen
wir in Wirklichkeit ein Gerät, das wir als Empfänger bezeichnen, weil es die GPS-Signale
empfängt und die darin enthaltenen Informationen dazu verwendet, seinen Standort zu
berechnen. Das Gerät enthält einen Almanach, der zu jedem gegebenen Zeitpunkt die
absolute Position eines jeden Satelliten berechnen kann. Da jedoch geringfügige Fehler in den Umlaufbahnen unvermeidlich sind, wird für jeden Satelliten unmittelbar in
dem gesendeten Signal eine Korrekturinformation codiert (diese Korrekturinformation
wird stündlich aktualisiert). Jeder Satellit sendet sein Signal kontinuierlich. Die Signalperiode ist festgelegt und die Anfangszeit des Zyklus kann durch die Verwendung des
Almanachs bestimmt werden. Zusätzlich ist jeder Satellit mit einer extrem genauen
Atomuhr ausgestattet, die es ermöglicht, dass der Satellit zu den im Almanach enthaltenen Anfangszeiten synchronisiert bleibt. Zeichnet ein Empfänger ein Signal von einem
Satelliten auf, dann werden sofort die Signale der verschiedenen Satelliten erzeugt und

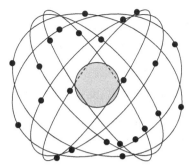

Abb. 1.1. Die 24 Satelliten auf 6 Orbitalebenen.

mit den erhaltenen Signalen verglichen. Im Allgemeinen stimmen diese Signale nicht sofort überein. Folglich verschiebt der Empfänger die von ihm erzeugte Kopie, bis sie mit dem empfangenen Signal in Phase ist (das erfolgt durch Berechnung der Korrelation zwischen den beiden Signalen). Auf diese Weise ist das Gerät dazu in der Lage, die Laufzeit zu berechnen, die das Signal vom Satelliten aus benötigt. Wir werden dieses System in Abschnitt 1.4 viel ausführlicher besprechen.

Das oben beschriebene System ist das Standardpräzisions-GPS. Sind keine anspruchsvolleren Bodenkorrekturen vorhanden, dann ermöglicht dieses System die Berechnung der Empfängerposition bis zu einer Genauigkeit von ungefähr 20 Metern. Vor Mai 2000 führte das US-Verteidigungsministerium absichtlich Ungenauigkeiten in die Satellitensignale ein, um die Genauigkeit des Systems auf 100 Meter zu verringern.

1.2.2 Die Theorie hinter GPS

Wie berechnet der Empfänger seine Position? Wir beginnen mit der Annahme, dass die Uhren des Empfängers und sämtlicher Satelliten perfekt synchronisiert sind. Der Empfänger berechnet seine Position durch Triangulation. Das Grundprinzip der Triangulationsmethoden besteht in der Standortbestimmung einer Person (eines Objekts) durch die Verwendung von Informationen, welche die Position der Person (des Objekts) auf Referenzobjekte beziehen, deren Positionen bekannt sind. Im Falle des GPS-Empfängers wird die Entfernung zu den Satelliten berechnet, deren Positionen bekannt sind.

- Der Empfänger misst die Zeit t_1, die das vom Satelliten P_1 gesendete Signal bis zum Empfänger benötigt. Da das Signal mit Lichtgeschwindigkeit c übertragen wird, kann der Empfänger seine Entfernung vom Satelliten als $r_1 = ct_1$ berechnen. Die Menge der Punkte, die den Abstand r_1 vom Satelliten P_1 haben, bildet eine Kugel S_1 mit Mittelpunkt P_1 und Radius r_1. Wir wissen also jetzt, dass sich der Empfänger auf S_1 befindet. Wir denken uns diese Punkte als in einem kartesischen Koordinatensystem definiert. Es sei (x, y, z) die unbekannte Position des Empfängers und (a_1, b_1, c_1) die bekannte Position des Satelliten P_1. Dann muss (x, y, z) die Gleichung erfüllen, die Punkte auf der Kugel S_1 beschreibt, nämlich

$$(x - a_1)^2 + (y - b_1)^2 + (z - c_1)^2 = r_1^2 = c^2 t_1^2. \tag{1.1}$$

- Diese Information reicht nicht aus, um die genaue Position des Empfängers zu bestimmen. Deswegen zeichnet der Empfänger das Signal eines zweiten Satelliten P_2 auf, das heißt, er zeichnet die Laufzeit t_2 des Signals auf und berechnet die Entfernung $r_2 = ct_2$ zum Satelliten. Wie zuvor muss der Empfänger auf der Kugel S_2 mit dem Radius r_2 und dem Mittelpunkt (a_2, b_2, c_2) liegen:

$$(x - a_2)^2 + (y - b_2)^2 + (z - c_2)^2 = r_2^2 = c^2 t_2^2. \tag{1.2}$$

Das engt unsere Suche ein, denn der Durchschnitt zweier überlappender Kugeln ist ein Kreis. Wir haben also jetzt die Position des Empfängers auf einen Kreis $C_{1,2}$ eingeengt, auf dem der Empfänger liegen muss. Jedoch wissen wir immer noch nicht genau, wo sich der Empfänger auf diesem Kreis befindet.

- Damit der Empfänger seine endgültige Position berechnen kann, muss er die Signale eines dritten Satelliten P_3 erfassen und verarbeiten. Erneut misst der Empfänger die Laufzeit t_3 des Signals und berechnet den Abstand $r_3 = ct_3$ von diesem Satelliten. Wieder folgt, dass der Empfänger irgendwo auf der Kugel S_3 mit Radius r_3 und Mittelpunkt (a_3, b_3, c_3) liegt:

$$(x - a_3)^2 + (y - b_3)^2 + (z - c_3)^2 = r_3^2 = c^2 t_3^2. \tag{1.3}$$

Der Empfänger befindet sich deswegen auf dem Durchschnitt des Kreises $C_{1,2}$ und der Kugel S_3. Da sich eine Kugel und ein (nicht auf ihr liegender) Kreis in zwei Punkten schneiden, hat es den Anschein, dass wir uns der Position des Empfängers immer noch nicht sicher sein können. Glücklicherweise ist das jedoch nicht der Fall. Tatsächlich sind die Satelliten so positioniert worden, dass eine der beiden Lösungen vollkommen unrealistisch ist, da der entsprechende Standort zu weit von der Erdoberfläche entfernt ist. Demnach kann der Empfänger seine genaue Position berechnen, indem er die beiden Lösungen des aus den Gleichungen (1.1), (1.2) und (1.3) bestehenden Gleichungssystems (∗) findet und anschließend die unzutreffende Lösung eliminiert.

Lösung des Systems (∗). Die Gleichungen des Systems (∗) sind nicht linear, sondern quadratisch, was die Lösung kompliziert. Vielleicht haben Sie aber Folgendes bemerkt: Subtrahieren wir eine der Gleichungen von einer anderen, dann erhalten wir eine lineare Gleichung, da sich die Terme x^2, y^2 und z^2 aufheben. Also ersetzen wir das System (∗) durch ein äquivalentes System, das wir erhalten, wenn wir die erste Gleichung durch (1.1)−(1.3) und die zweite Gleichung durch (1.2)−(1.3) ersetzen und die dritte Gleichung beibehalten. Das führt zum System

$$2(a_3 - a_1)x + 2(b_3 - b_1)y + 2(c_3 - c_1)z = A_1, \tag{1.4}$$

$$2(a_3 - a_2)x + 2(b_3 - b_2)y + 2(c_3 - c_2)z = A_2, \tag{1.5}$$

$$(x - a_3)^2 + (y - b_3)^2 + (z - c_3)^2 = r_3^2 = c^2 t_3^2, \tag{1.6}$$

wobei

$$\begin{aligned} A_1 &= c^2(t_1^2 - t_3^2) + (a_3^2 - a_1^2) + (b_3^2 - b_1^2) + (c_3^2 - c_1^2), \\ A_2 &= c^2(t_2^2 - t_3^2) + (a_3^2 - a_2^2) + (b_3^2 - b_2^2) + (c_3^2 - c_2^2). \end{aligned} \tag{1.7}$$

Die Satelliten sind so positioniert worden, dass niemals drei Satelliten auf einer Geraden liegen. Diese Eigenschaft garantiert, dass mindestens eine der 2×2-Determinanten

$$\begin{vmatrix} a_3 - a_1 & b_3 - b_1 \\ a_3 - a_2 & b_3 - b_2 \end{vmatrix}, \quad \begin{vmatrix} a_3 - a_1 & c_3 - c_1 \\ a_3 - a_2 & c_3 - c_2 \end{vmatrix}, \quad \begin{vmatrix} b_3 - b_1 & c_3 - c_1 \\ b_3 - b_2 & c_3 - c_2 \end{vmatrix}$$

von null verschieden ist. Sind nämlich alle drei Determinanten gleich null, dann sind die Vektoren $(a_3-a_1, b_3-b_1, c_3-c_1)$ und $(a_3-a_2, b_3-b_2, c_3-c_2)$ kollinear (ihr Kreuzprodukt ist null) und das impliziert, dass die drei Punkte P_1, P_2 und P_3 auf einer Geraden liegen. Wir nehmen an, dass die erste Determinante von null verschieden ist. Unter Verwendung der Cramer'schen Regel liefern uns die ersten beiden Gleichungen von (1.6) Lösungen für x und y als Funktion von z:

$$x = \frac{\begin{vmatrix} A_1 - 2(c_3 - c_1)z & 2(b_3 - b_1) \\ A_2 - 2(c_3 - c_2)z & 2(b_3 - b_2) \end{vmatrix}}{\begin{vmatrix} 2(a_3 - a_1) & 2(b_3 - b_1) \\ 2(a_3 - a_2) & 2(b_3 - b_2) \end{vmatrix}},$$

$$y = \frac{\begin{vmatrix} 2(a_3 - a_1) & A_1 - 2(c_3 - c_1)z \\ 2(a_3 - a_2) & A_2 - 2(c_3 - c_2)z \end{vmatrix}}{\begin{vmatrix} 2(a_3 - a_1) & 2(b_3 - b_1) \\ 2(a_3 - a_2) & 2(b_3 - b_2) \end{vmatrix}}. \tag{1.8}$$

Setzen wir diese Werte in die dritte Gleichung von (1.6) ein, dann erhalten wir eine quadratische Gleichung in z, die wir lösen können, um die beiden Lösungen z_1 und z_2 zu finden. Durch Rücksubstitution von z für die Werte z_1 und z_2 in den beiden obigen Gleichungen erhalten wir die entsprechenden Werte x_1, x_2, y_1 und y_2. Wir könnten leicht auch geschlossene Ausdrücke für diese Lösungen finden, aber die dabei verwendeten Formeln werden rasch zu groß und unübersichtlich, so dass sie weder verständlicher werden noch praktischer zu handhaben sind.

Auswahl der Achsen unseres Koordinatensystems. In der obigen Diskussion haben wir an keiner Stelle irgendwelche Achsen für unser Koordinatensystem gewählt, und wir waren dazu auch nicht gezwungen. Um jedoch die Übersetzung von absoluten Koordinaten in Länge, Breite und Höhe zu erleichtern, treffen wir folgende Wahl:

- der Ursprung des Koordinatensystems ist der Erdmittelpunkt;
- die z-Achse geht durch die beiden Pole und ist zum Nordpol gerichtet;
- die x-Achse und die y-Achse liegen beide in der Äquatorialebene;
- die positive x-Achse geht durch den Nullmeridian;
- die positive y-Achse geht durch den Meridian von 90 Grad östlicher Länge.

Da der Erdradius R eine Länge von ca. 6365 km hat, wird eine Lösung (x_i, y_i, z_i) als akzeptabel betrachtet, wenn $x_i^2 + y_i^2 + z_i^2 \approx (6365 \pm 50)^2$. Die Unsicherheit von 50 km gestattet ein Fenster für die Höhen von Gebirgen und Flughöhen von Flugzeugen. Ein natürlicheres Koordinatensystem für Punkte nahe der Erdoberfläche besteht aus der Länge L, der Breite l und dem Abstand h vom Erdmittelpunkt (die Höhe über dem Meeresspiegel ist deswegen durch $h - R$ gegeben). Länge und Breite sind Winkel, die in Grad ausgedrückt werden. Liegt ein Punkt (x, y, z) genau auf einer Kugel mit Radius R (mit anderen Worten, liegt der Punkt auf der Höhe null), dann kann man seine Länge und Breite durch Lösen des folgenden Gleichungssystems finden:

$$
\begin{aligned}
x &= R \cos L \cos l, \\
y &= R \sin L \cos l, \\
z &= R \sin l.
\end{aligned}
\tag{1.9}
$$

Wegen $l \in [-90°, 90°]$ erhalten wir

$$
l = \arcsin \frac{z}{R},
\tag{1.10}
$$

was uns die Berechnung von $\cos l$ ermöglicht. Die Länge L folgt demnach eindeutig aus den beiden Gleichungen

$$
\begin{cases}
\cos L = \dfrac{x}{R \cos l}, \\[2mm]
\sin L = \dfrac{y}{R \cos l}.
\end{cases}
\tag{1.11}
$$

Berechnung der Position des Empfängers. Es sei (x, y, z) die Position des Empfängers. Wir berechnen zunächst den Abstand h des Empfängers vom Erdmittelpunkt; dieser Abstand ist durch

$$
h = \sqrt{x^2 + y^2 + z^2}
$$

gegeben. Wir haben nun zwei Möglichkeiten zur Berechnung der Breite und der Länge: Modifikation der Formeln (1.10) und (1.11), indem wir R überall durch h ersetzen, oder Projektion der Position (x, y, z) auf die Kugeloberfläche und Verwendung dieser Werte in den Gleichungen (1.10) und (1.11):

$$
(x_0, y_0, z_0) = \left(x \frac{R}{h}, y \frac{R}{h}, z \frac{R}{h} \right).
$$

Die Höhe des Empfängers ist durch $h - R$ gegeben.

1.2.3 Die Behandlung praktischer Schwierigkeiten

Wir haben gerade die Theorie besprochen, die hinter der Positionsberechnung steht, wobei wir aber von einer perfekten Welt ausgegangen sind. Leider ist das wirkliche Leben sehr viel komplizierter, denn die gemessenen Zeiten sind extrem kurz und müssen mit hoher Präzision gemessen werden. Alle Satelliten sind mit einer hochpräzisen (und teuren!) Atomuhr ausgestattet, wodurch eine (nahezu) perfekte Synchronisation möglich ist. Inzwischen ist der durchschnittliche Empfänger typischerweise mit einer nur mittelmäßigen Uhr ausgestattet und deswegen fast für jeden erschwinglich. Unter der Voraussetzung, dass die Uhren der Satelliten synchron sind, kann der Empfänger mühelos die genauen Laufzeiten der von den Satelliten kommenden Signale berechnen. Da jedoch der Empfänger nicht vollkommen synchron ist, berechnet er in Wirklichkeit drei fiktive Laufzeiten T_1, T_2 und T_3. Wie gehen wir mit diesen ungenauen Messungen um? Als wir drei Unbekannte x, y, z hatten, brauchten wir drei Messzeiten t_1, t_2, t_3, um die Unbekannten zu finden. Jetzt ist die vom Empfänger gemessene fiktive Zeit durch

$$T_i \;=\; \text{(Eingangszeit des Signals auf der Empfängeruhr)}$$
$$- \text{(Ausgangszeit des Signals auf der Satellitenuhr)}$$

gegeben. Die Lösung besteht darin, dass der Fehler zwischen der vom Empfänger berechneten fiktiven Zeit T_i und der tatsächlichen Zeit t_i für alle Satelliten der gleiche ist. Das heißt, $T_i = \tau + t_i$ für $i = 1, 2, 3$, wobei

$$t_i \;=\; \text{(Eingangszeit des Signals auf der Satellitenuhr)}$$
$$- \text{(Ausgangszeit des Signals auf der Satellitenuhr)}$$

und τ durch folgende Gleichung gegeben ist:

$$\tau \;=\; \text{(Eingangszeit des Signals auf der Empfängeruhr)} \tag{1.12}$$
$$- \text{(Eingangszeit des Signals auf der Satellitenuhr)}.$$

Die Konstante τ ist der sogenannte Uhrenfehler (clock offset), das heißt, die Zeitdifferenz zwischen den Satellitenuhren und der Empfängeruhr. Das führt die vierte Unbekannte τ in unser ursprüngliches System x, y, z von drei Unbekannten ein. Um für das Gleichungssystem eine endliche Lösungsmenge zu finden, müssen wir eine vierte Gleichung aufstellen. Das lässt sich in unserem Kontext mühelos bewerkstelligen: Der Empfänger misst einfach die fiktive Signallaufzeit T_4 zwischen ihm und einem vierten Satelliten P_4. Wegen $t_i = T_i - \tau$ for $i = 1, \ldots, 4$ wird unser System dann zu

$$
\begin{aligned}
(x - a_1)^2 + (y - b_1)^2 + (z - c_1)^2 &= c^2(T_1 - \tau)^2, \\
(x - a_2)^2 + (y - b_2)^2 + (z - c_2)^2 &= c^2(T_2 - \tau)^2, \\
(x - a_3)^2 + (y - b_3)^2 + (z - c_3)^2 &= c^2(T_3 - \tau)^2, \\
(x - a_4)^2 + (y - b_4)^2 + (z - c_4)^2 &= c^2(T_4 - \tau)^2.
\end{aligned}
\tag{1.13}
$$

In diesem System haben wir die vier Unbekannten x, y, z und τ. Wie oben können wir mit Hilfe von elementaren Operationen drei dieser quadratischen Gleichungen durch lineare Gleichungen ersetzen. Hierzu subtrahieren wir die vierte Gleichung von jeder der ersten drei Gleichungen und erhalten

$$
\begin{aligned}
2(a_4 - a_1)x + 2(b_4 - b_1)y + 2(c_4 - c_1)z &= 2c^2\tau(T_4 - T_1) + B_1, \\
2(a_4 - a_2)x + 2(b_4 - b_2)y + 2(c_4 - c_2)z &= 2c^2\tau(T_4 - T_2) + B_2, \\
2(a_4 - a_3)x + 2(b_4 - b_3)y + 2(c_4 - c_3)z &= 2c^2\tau(T_4 - T_3) + B_3, \\
(x - a_4)^2 + (y - b_4)^2 + (z - c_4)^2 &= c^2(T_4 - \tau)^2,
\end{aligned}
\tag{1.14}
$$

wobei

$$
\begin{aligned}
B_1 &= c^2(T_1^2 - T_4^2) + (a_4^2 - a_1^2) + (b_4^2 - b_1^2) + (c_4^2 - c_1^2), \\
B_2 &= c^2(T_2^2 - T_4^2) + (a_4^2 - a_2^2) + (b_4^2 - b_2^2) + (c_4^2 - c_2^2), \\
B_3 &= c^2(T_3^2 - T_4^2) + (a_4^2 - a_3^2) + (b_4^2 - b_3^2) + (c_4^2 - c_3^2).
\end{aligned}
\tag{1.15}
$$

Im Gleichungssystem (1.14) wenden wir die Cramersche Regel auf die ersten drei Gleichungen an und können dadurch die Werte für x, y und z als Funktion von τ bestimmen:

$$
x = \frac{\begin{vmatrix} 2c^2\tau(T_4 - T_1) + B_1 & 2(b_4 - b_1) & 2(c_4 - c_1) \\ 2c^2\tau(T_4 - T_2) + B_2 & 2(b_4 - b_2) & 2(c_4 - c_2) \\ 2c^2\tau(T_4 - T_3) + B_3 & 2(b_4 - b_3) & 2(c_4 - c_3) \end{vmatrix}}{\begin{vmatrix} 2(a_4 - a_1) & 2(b_4 - b_1) & 2(c_4 - c_1) \\ 2(a_4 - a_2) & 2(b_4 - b_2) & 2(c_4 - c_2) \\ 2(a_4 - a_3) & 2(b_4 - b_3) & 2(c_4 - c_3) \end{vmatrix}},
$$

$$
y = \frac{\begin{vmatrix} 2(a_4 - a_1) & 2c^2\tau(T_4 - T_1) + B_1 & 2(c_4 - c_1) \\ 2(a_4 - a_2) & 2c^2\tau(T_4 - T_2) + B_2 & 2(c_4 - c_2) \\ 2(a_4 - a_3) & 2c^2\tau(T_4 - T_3) + B_3 & 2(c_4 - c_3) \end{vmatrix}}{\begin{vmatrix} 2(a_4 - a_1) & 2(b_4 - b_1) & 2(c_4 - c_1) \\ 2(a_4 - a_2) & 2(b_4 - b_2) & 2(c_4 - c_2) \\ 2(a_4 - a_3) & 2(b_4 - b_3) & 2(c_4 - c_3) \end{vmatrix}},
\tag{1.16}
$$

$$
z = \frac{\begin{vmatrix} 2(a_4 - a_1) & 2(b_4 - b_1) & 2c^2\tau(T_4 - T_1) + B_1 \\ 2(a_4 - a_2) & 2(b_4 - b_2) & 2c^2\tau(T_4 - T_2) + B_2 \\ 2(a_4 - a_3) & 2(b_4 - b_3) & 2c^2\tau(T_4 - T_3) + B_3 \end{vmatrix}}{\begin{vmatrix} 2(a_4 - a_1) & 2(b_4 - b_1) & 2(c_4 - c_1) \\ 2(a_4 - a_2) & 2(b_4 - b_2) & 2(c_4 - c_2) \\ 2(a_4 - a_3) & 2(b_4 - b_3) & 2(c_4 - c_3) \end{vmatrix}}.
$$

Diese Ausdrücke haben nur dann einen Sinn, wenn der Nenner von null verschieden ist. Der Nenner ist aber dann und nur dann gleich null, wenn sich die vier Satelliten in der gleichen Ebene befinden (vgl. Übung 1). Wie schon bemerkt, werden die Satelliten so positioniert, dass keine vier von ihnen, die von einem gegebenen Punkt der Erde aus sichtbar sind, in der gleichen Ebene liegen. Wir setzen die Lösungen der ersten drei Gleichungen in die vierte ein, was zu einer letzten quadratischen Gleichung in τ führt, die zwei Lösungen τ_1 und τ_2 hat. Die Rücksubstitution dieser Werte in (1.16) liefert zwei mögliche Positionen für den Empfänger, und wir wenden den gleichen Trick wie oben an, um die Nebenlösung zu eliminieren.

Welche Satelliten sollte der Empfänger wählen, wenn er mehr als vier sehen kann? In diesem Fall hat der Empfänger eine Wahlmöglichkeit, welche Daten bei den Berechnungen verwendet werden können. Es ist sinnvoll, diejenigen Daten zu verwenden, die zu einem Minimum an Fehlern führen. In der Realität sind alle Zeitmessungen approximativ. Grafisch könnten wir den Unsicherheitsbereich durch eine Verdickung der Kugelschalen darstellen. Der Durchschnitt der verdickten Kugeln wird dann eine Menge, deren Größe zur Unsicherheit der Lösung in Beziehung steht. Geometrisch betrachtet können wir uns leicht von folgender Tatsache überzeugen: Je größer der Winkel zwischen den Oberflächen zweier sich schneidender verdickter Kugeln ist, desto kleiner ist das Volumen dieses Durchschnitts. Umgekehrt gilt: Schneiden sich die Kugeln fast tangential, dann ist das Schnittvolumen (und somit die Unsicherheit) größer. Also wählen wir die Kugeln S_i so, dass sie einander in einem möglichst großen Winkel schneiden (vgl. Abbildung 1.2).

Abb. 1.2. Ein kleiner Schnittwinkel links (Genauigkeitsverlust) und ein großer Schnittwinkel rechts.

Das ist die geometrische Intuition, die hinter unserer Wahl steht. Algebraisch sehen wir, dass sich die Werte von x, y und z (ausgedrückt durch τ) ergeben, wenn man durch

$$\begin{vmatrix} 2(a_4 - a_1) & 2(b_4 - b_1) & 2(c_4 - c_1) \\ 2(a_4 - a_2) & 2(b_4 - b_2) & 2(c_4 - c_2) \\ 2(a_4 - a_3) & 2(b_4 - b_3) & 2(c_4 - c_3) \end{vmatrix}$$

dividiert. Je kleiner der Nenner ist, desto größer ist der Fehler. Also wählen wir diejenigen vier Satelliten, die diesen Nenner maximieren.

Fortgeschrittenere Untersuchungen zu diesem Thema ließen sich leicht zu einem Kursprojekt ausbauen.

Einige Verfeinerungen:

- **Differential-GPS (DGPS):** Eine Quelle der Ungenauigkeit beim GPS ist auf die Tatsache zurückzuführen, dass Entfernungen zu den Satelliten unter Verwendung der Konstanten c berechnet werden, welche die Vakuumlichtgeschwindigkeit bezeichnet. In Wirklichkeit breitet sich das Signal aber durch die Atmosphäre aus und wird dort gebrochen – ein Umstand, der sowohl die Bahn des Signals verlängert als auch dessen Geschwindigkeit verringert. Wir können ein Differential-GPS verwenden, um eine bessere Approximation an die tatsächliche Durchschnittsgeschwindigkeit des Signals auf dessen Weg vom Satelliten zum Empfänger zu erzielen. Die Idee besteht darin, den zu verwendenden Wert von c bei der Berechnung der Satellitenentfernung zu verfeinern. Wir tun das durch einen Vergleich der vom Empfänger gemessenen Laufzeit mit der Laufzeit, die von einem anderen nahe gelegenen Empfänger gemessen wird, dessen genaue Position bekannt ist. Das ermöglicht eine genaue Berechnung der Durchschnittsgeschwindigkeit, die das Licht auf seinem Weg von einem gegebenen Satelliten zum Empfänger hat. Das wiederum ermöglicht seinerseits genaue Entfernungsberechnungen. Bei Unterstützung durch eine solche feste Bodenstation erreicht die GPS-Präzision eine Größenordnung von Zentimetern.
- Das von jedem Satelliten gesandte Signal ist ein zufälliges Signal, das sich in regelmäßigen bekannten Intervallen wiederholt. Die Periode des Signals ist relativ kurz, so dass die vom Signal in einer Periode überdeckte Distanz die Größenordnung von einigen hundert Kilometern hat. Sieht der Empfänger den Anfang einer Signalperiode, dann muss er exakt bestimmen, zu welchem Zeitpunkt diese Periode vom Satelliten ausgestrahlt wurde. A priori haben wir eine Unsicherheit von einigen ganzzahligen Periodenzahlen.
- Sich schnell bewegender GPS-Empfänger: Die Installation eines GPS-Empfängers auf einem sich schnell bewegenden Objekt (zum Beispiel auf einem Flugzeug) ist eine ganz natürliche Anwendung: Muss ein Flugzeug bei unfreundlichem Wetter landen, dann muss der Pilot zu jedem Zeitpunkt die genaue Position des Flugzeugs kennen und die Zeit zur Berechnung der Position muss auf ein absolutes Minimum reduziert werden.
- Die Erde ist nicht wirklich rund! Tatsächlich ist die Erde ein Ellipsoid, das an den Polen etwas abgeflacht und am Äquator etwas ausgebaucht ist (ein „an den Polen abgeplattetes Sphäroid"). Der Erdradius hat an den Polen eine Länge von ungefähr 6356 km und am Äquator eine Länge von 6378 km. Folglich müssen die Berechnungen zur Übersetzung der kartesischen Koordinaten (x, y, z) in Breite, Länge und Höhe verfeinert werden, um diese Tatsache zu berücksichtigen.
- **Relativistische Korrekturen.** Die Geschwindigkeit der Satelliten ist hinreichend groß, so dass bei allen Berechnungen die Effekte der speziellen Relativität berücksichtigt werden müssen. Tatsächlich bewegen sich die Uhren auf den Satelliten sehr schnell im Vergleich zu den Uhren auf der Erde. Gemäß der speziellen Relativitätstheorie gehen die Satellitenuhren langsamer als diejenigen auf der Erde. Außerdem sind die Satelliten der Erde relativ nahe, die eine signifikante Masse hat.

Laut allgemeiner Relativitätstheorie erfolgt bei den Uhren an Bord der Satelliten ein kleiner Geschwindigkeitszuwachs. In erster Annäherung können wir die Erde als eine große nicht rotierende kugelförmige Masse ohne elektrische Ladung modellieren. Der Effekt lässt sich unter Verwendung der Schwarzschild-Metrik relativ leicht berechnen, welche die Auswirkungen der allgemeinen Relativität unter diesen vereinfachten Bedingungen beschreibt. Es stellt sich heraus, dass diese Vereinfachung ausreicht, um den tatsächlichen Effekt mit hoher Präzision zu erfassen. Beide Effekte müssen berücksichtigt werden: Zwar finden sie in zueinander entgegengesetzten Richtungen statt, aber sie annullieren einander nur teilweise. Weitere Einzelheiten findet man in [4].

Anwendungen des GPS. Das GPS hat zahlreiche Anwendungen, von denen wir hier nur einige nennen:

- Ein GPS-Empfänger ermöglicht es einem Nutzer, der sich im Freien aufhält, mühelos seine Position zu finden. Der Empfänger ist also für Wanderer, Kajakfahrer, Jäger, Matrosen, Bootsführer usw. unmittelbar nützlich. Die meisten Empfänger gestatten die Markierung von Wegpunkten, die gespeichert werden können, wenn man sich physisch am betreffenden Standort befindet (in diesem Fall hat der Empfänger seine Position berechnet) oder wenn man Kartenkoordinaten manuell in den Empfänger eingibt. Verbinden wir die Wegpunkte durch Strecken, dann können wir eine Route darstellen. Der Empfänger kann uns dann unsere Position in Bezug auf einen gewählten Wegpunkt mitteilen oder uns sogar Anweisungen erteilen, wie wir unsere Route zurücklegen sollen. Anspruchsvollere Empfänger können sogar detaillierte Karteninformationen speichern. Der Empfänger kann dann unsere Position auf einem Teil der Karte anzeigen, der auf dem Display zusammen mit Kommentaren zu unseren Wegpunkten und Routen zu sehen ist.
- Immer mehr Fahrzeuge (insbesondere Taxis) sind mit GPS-Navigationssystemen ausgestattet, die es ihren Fahrern ermöglichen, den Weg zu einer speziellen Adresse zu finden. In Westeuropa und Nordamerika gibt es mehrere Produkte, welche die genauen Wege zu fast allen Adressen angeben.
- Stellen Sie sich vor, dass Sie eine alte Karte haben, auf der Sie eine von Ihnen zurückgelegte Route einzeichnen möchten. Die Route kann beim Zurücklegen in das GPS gespeichert werden und später mit einer geeigneten Software auf einen Computer hochgeladen werden. Diese Software kann dann den zurückgelegten Weg auf die digitalisierte Karte aufbringen. Falls Sie nicht bereits eine digitale Kartenversion haben, dann können Sie die Karte zuerst einscannen und (unter Verwendung einer geeigneten Software) mit einem Koordinatensystem belegen, indem Sie einfach die Position von drei bekannten Punkten angeben (s. Übung 5).
- Der allgegenwärtige Gebrauch des GPS in Flugzeugen ermöglicht eine Einengung der Luftkorridore, wobei auch weiterhin gewährleistet ist, dass die Flugzeuge einen sicheren Abstand voneinander haben.

- Eine Flotte von Lieferfahrzeugen kann mit GPS-Empfängern ausgerüstet werden, die ein gleichzeitiges Verfolgen sämtlicher Fahrzeuge gestatten. Ein solches System wird gegenwärtig verwendet, um die Taxis in Paris zu leiten. Bei dieser Anwendung muss das GPS mit einem Kommunikationssystem gekoppelt werden, das es ermöglicht, die Koordinaten eines jeden Fahrzeugs zu übertragen (ein Beispiel für ein solches Systems ist das Global System for Mobile Communications, kurz GSM). Ähnliche Systeme werden in Umweltstudien für das Nachverfolgen wild lebender Tiere verwendet. Man kann sich unschwer vorstellen, welchen Einfluss es auf unser Leben hat, wenn eine Autovermietungsfirma ihre Flotte mit einem GPS-GSM System ausrüsten würde, das es der Firma ermöglicht, die Kunden in Bezug auf die Einhaltung der Territorialgrenzen zu überwachen, die im Mietvertrag festgelegt sind!
- Das GPS kann als Blindenhilfe verwendet werden.
- Geografen verwenden das GPS, um das Wachstum des Mount Everest zu messen: Dieser Berg wächst langsam in dem Maße, wie sich sein Gletscher, der Khumbu senkt. Ebenso besteigt alle zwei Jahre eine Expedition den Mont Blanc, um auf dem Gipfel die amtliche Höhe des Berges zu aktualisieren. In den neunziger Jahren stellten die Geografen mal wieder die Frage, ob der K2 höher als der Mount Everest sei. Seit ihrer Expedition 1998, bei der sie das GPS verwendeten, ist die Sache eindeutig klar: Der Mount Everest ist mit 8830 m der höchste Berg der Erde. 1954 hat B. L. Gulatee die Höhe des Everest auf 8848 m geschätzt. Damals erfolgte die Schätzung unter Verwendung von Theodolit-Messungen, die in sechs Stationen auf den nordindischen Ebenen durchgeführt wurden (ein Theodolit ist ein optisches Winkelmessinstrument, das in der Geodäsie verwendet wird).
- Es gibt viele militärische Anwendungen – ursprünglich wurde das System ja für das amerikanische Militär entwickelt. Eine solche Anwendung ist der Präzisionsabwurf von Bomben.

Die Zukunft: GPS und Galileo. Bis jetzt hatten die Vereinigten Staaten ein Monopol auf diesem Markt. In Anbetracht dessen, dass die Amerikaner die ausschließliche Kontrolle über das GPS haben, kann die US-Regierung das GPS-Signal verschlüsseln und so den Zugang blockieren oder aus militärischen Gründen (im Rahmen des NAVWAR-Programms zur Navigationskriegsführung) die Signalgenauigkeit über einem bestimmten Gebiet verringern. Im März 2002 vereinbarte die Europäische Union mit der European Space Agency die Entwicklung und Stationierung von Galileo, einem System zur Positionsbestimmung, das als Alternative zu GPS entworfen wurde. Zwei Testsatelliten wurden 2005 gestartet und die 28 verbleibenden Satelliten sollen bis 2014 abheben. Die GPS-Satelliten übertragen keine Informationen zum Status des Satelliten bzw. zur Signalqualität. Deswegen kann es mehrere Stunden dauern, bevor ein funktionsgestörter Satellit entdeckt und abgeschossen wird; während dieser Zeit verschlechtert sich die Systemgenauigkeit. Das schränkt die Anwendungen des GPS für das Leiten von Flugzeugen bei schlechtem Wetter ein. Die Galileo-Satelliten sind so entworfen, dass sie ständig Signalqualitätsinformationen senden, die es den Empfängern ermöglichen, das Signal funktionsgestörter Satelliten zu ignorieren. Das erfolgt durch ein System von Bodenstationen, welche die tatsächliche Position des Satelliten exakt messen und mit der berechneten Satellitenposition vergleichen. Diese Informationen werden an den funktionsgestörten Satelliten übermittelt, der sie zurück an die Empfänger leitet. Die US-Regierung plant für das GPS eine ähnliche Verbesserung.

1.3 Wie Hydro-Québec mit Blitzschlägen umgeht

Neue Lösungen zu vorhandenen Problemen werden häufig offensichtlich, wenn neue Technologien bereitgestellt werden. Hydro-Québec[1] verwendet das GPS als Teil seines Ansatzes für den Umgang mit Blitzschlägen. Mathematik kommt an mehreren Stellen des betrieblichen Blitzschlagüberwachungssystems zum Einsatz. In diesem Abschnitt konzentrieren wir uns nicht nur auf die Anwendung des GPS auf das Blitzschlagmanagement, sondern auch auf die Mathematik, die bei Hydro-Québec an anderen Stellen eingesetzt wird.

1.3.1 Die Ortung von Blitzschlägen

Hydro-Québec installierte 1992 in seinem Netz ein Blitzschlagortungssystem. Das Grundproblem ist die Bestimmung der Grenzen der Gebiete, die von Gewittern betroffen sind: Man möchte den Strom reduzieren, der durch die betroffenen Leitungen fließt, indem man ihn über Hochspannungsleitungen umleitet, die außerhalb des Gewittergebietes liegen. Dadurch werden die potentiellen Auswirkungen eines Blitzschlags auf eine Hochspannungsleitung minimiert: Der durch Blitzschlag verursachte Schaden wird lokal eingeschränkt, wodurch die Anzahl der betroffenen Kunden minimiert und gleichzeitig die Gesamtzuverlässigkeit des Stromversorgungsnetzes erhöht wird.

Um dieses Ziel zu erreichen, verwendet Hydro-Québec ein System von 13 Detektoren, die in den niedriger gelegenen zwei Dritteln der Provinz Québec (über das von Hochspannungsleitungen überdeckte Territorium) verteilt sind. Die Positionen der Detektoren sind genau bekannt, aber da das System auf exakten Zeitmessungen beruht, müssen die Uhren in den Detektoren perfekt synchronisiert sein. Hierzu hat jeder Detektor einen GPS-Empfänger.

Verwendung eines GPS-Empfängers als Zeitreferenz. Es mag etwas überraschend erscheinen, dass man einen GPS-Empfänger zur Zeitmessung verwenden kann. Wir haben gerade bemerkt, dass GPS-Empfänger typischerweise mit billigen und relativ ungenauen Uhren ausgestattet sind. Wir haben jedoch auch erwähnt, dass der Empfänger bei der Bestimmung seiner Position den Uhrenfehler, das heißt, die Zeitdifferenz τ zwischen seiner Uhr und derjenigen an Bord der GPS-Satelliten berechnet. Folglich berechnet der Empfänger tatsächlich die genaue Zeit, wie sie von den Uhren an Bord der Satelliten

---

[1]Hydro-Québec ist der größte Erzeuger, Transporteur und Verteiler von Elektrizität in der Provinz Québec. Der Name ist darauf zurückzuführen, dass 95% seiner Stromerzeugung hydroelektrisch ist.

gemessen wird. Wird eine hohe Präzision gewünscht und ist der Empfänger stationär, dann ist es besser, die berechneten Werte von x, y, z und τ durch den Durchschnitt von zu verschiedenen Zeiten berechneten Werten $(x_i, y_i, z_i, \tau_i)_{i=1}^{N}$ zu ersetzen.

Tatsächlich tritt in jeder Berechnung (x_i, y_i, z_i, τ_i) ein Fehler auf. Die Fehler in Bezug auf den Raum können in jeder beliebigen Richtung rund um die wahre Empfängerposition auftreten und diese Fehler gehorchen einem schönen statistischen Gesetz (sie sind gleichförmig verteilt und Gauß'sch). In ähnlicher Weise kann der Fehler bei der Berechnung der Zeitdifferenz positiv oder negativ sein. Somit werden die Position des Empfängers und die Zeitdifferenz durch $(\frac{1}{N}\sum_{i=1}^{N} x_i, \frac{1}{N}\sum_{i=1}^{N} y_i, \frac{1}{N}\sum_{i=1}^{N} z_i, \frac{1}{N}\sum_{i=1}^{N} \tau_i)$ besser approximiert.

Auf diese Weise ist ein GPS-Empfänger dazu in der Lage, seine Uhr in Bezug auf die Satelliten mit einer Präzision von ungefähr 100 Nanosekunden (eine Nanosekunde ist 1 Milliardstel einer Sekunde) zu synchronisieren. Eine solche Methode wird bei den Detektoren von Hydro-Québec verwendet. Tatsächlich ermöglicht das GPS, dass die 13 Detektoren ihre Uhren bis auf 100 Nanosekunden synchronisieren. Sobald der Empfänger mit den Satellitenuhren synchronisiert ist, kann er auch „die Sekunde schlagen", das heißt, in jeder Sekunde einen Impuls senden. Das wird für andere Messungen verwendet.

Ortung von Blitzschlägen. Zusätzlich zur Aufrechterhaltung einer synchronisierten Uhr sind die 13 Detektoren auch dafür zuständig, alle ungewöhnlichen elektromagnetischen Aktivitäten zu überwachen und diejenigen Aktivitäten zu identifizieren, die durch Blitzschläge verursacht worden sind. Hydro-Québec hat die Detektoren ziemlich weit weg von den Hochspannungsleitungen aufgestellt, da die von Hochspannungsleitungen verursachten elektromagnetischen Felder eine exakte Signalentdeckung stören würden. Die Detektoren befinden sich typischerweise auf den Dächern von Hydro-Québec-Verwaltungsgebäuden und sind in dem zu überwachenden Gebiet so gleichmäßig wie möglich verteilt. Schlägt ein Blitz in dieses Gebiet mit einer Energie ein, die zur Gefährdung des Netzes ausreicht, dann wird er typischerweise von mindestens fünf Detektoren registriert. Tatsächlich sind die Detektoren hinreichend empfindlich, um bis zur Entfernung von Mexiko äußerst starke Blitzschläge zu orten, wenn auch mit geringerer Präzision.

Der Blitzschlag erzeugt eine elektromagnetische Welle, die sich mit Lichtgeschwindigkeit durch den Raum ausbreitet. Jeder Detektor zeichnet die genaue Zeit auf, wenn er die Welle wahrnimmt. Hierzu verwenden die Detektoren einen schnellen Oszillator (zum Beispiel ein Quarzkristall), der mit der GPS-Zeitquelle synchronisiert ist. Die Frequenz dieser Oszillatoren variiert typischerweise von 4 bis 16 Megahertz (ein Megahertz, abgekürzt MHz, ist die Frequenz von einer Million Schwingungen pro Sekunde). Die Detektoren übermitteln diese Informationen an einen Zentralcomputer, sobald sie die Welle gemessen haben. Das System berechnet dann die Position des Blitzschlags durch Triangulation (mit anderen Worten unter Verwendung der Zeitdifferenzen, mit denen die einzelnen Detektoren die Welle registriert haben, vgl. Übung 2).

Identifizierung von Blitzschlägen. Es gibt drei Typen von Blitzschlägen:

* Blitzschläge zwischen den Wolken. Die Mehrzahl der Blitzschläge ist von diesem Typ. Sie werden nicht erfasst, aber sie wirken sich auch nicht auf das Netz aus, da sie nicht in den Boden einschlagen.
* Negative Blitzschläge. In diesem Fall ist die Wolke negativ geladen und der Blitzschlag besteht aus einem Fluss von Elektronen, die sich von der Wolke zum Boden bewegen.
* Positive Blitzschläge. In diesem Fall ist die Wolke positiv geladen und der Blitzschlag besteht aus einem Fluss von Elektronen, die sich vom Boden zur Wolke bewegen. Wie Sie vielleicht vermutet haben, ist die Welle eines positiven Schlages das Spiegelbild der Welle des negativen Schlages.

Beschränken wir uns auf Blitzschläge zwischen dem Boden und den Wolken, dann sind 90% dieser Schläge negativ. Bei einem starken Gewitter dreht sich dieser Prozentsatz aber um, und 90% der Bodenblitzschläge sind positiv. Die Detektoren können zwischen einem negativen und einem positiven Blitzschlag unterscheiden: der eine ist das Spiegelbild des anderen. Würde ein Detektor eine Welle mit einem positiven Blitzschlag registrieren und ein anderer Detektor einen negativen Blitzschlag, dann leuchtet es ein, dass die beiden Wellen nicht durch ein und denselben Schlag erzeugt werden konnten. Leider sind die Dinge etwas komplizierter. Eine Welle, die sich mehr als 300 km von ihrer Quelle ausgebreitet hat, kann durch die Ionosphäre reflektiert werden, wobei das Signal invertiert wird. Folglich ist es möglich, dass ein weit genug entfernter Detektor in Wirklichkeit ein reflektiertes Signal misst.

Um zwischen den Blitzschlägen und anderen elektromagnetischen Signalen zu unterscheiden, analysiert der Detektor die Form der Welle, indem er das Signal filtert und nach der spezifischen Signatur eines Blitzschlages sucht. Insbesondere registriert der Detektor den Signalanfang, die maximale Amplitude, die Anzahl der Spitzenamplituden sowie den Anstieg, und sendet diese Informationen an den Zentralcomputer. Die Signalverarbeitung ist ein schönes Thema der angewandten Mathematik, aber wir werden dieses Thema hier nicht diskutieren.

Von der Theorie zur Praxis. Es gibt mehrere zusätzliche Tricks, um empfangene Signale korrekt zu identifizieren.

* Es seien P und Q die zwei Detektoren, die am weitesten voneinander entfernt sind, und es sei T die Zeit, die das (sich mit Lichtgeschwindigkeit ausbreitende) Signal benötigt, um den Weg zwischen P und Q zurückzulegen. Wir können sicher sein, dass die Zeitdifferenz zwischen den beiden entdeckten Signalen für ein und denselben Blitzschlag nicht größer als T ist. Wenn also zwei Detektoren einen Schlag zu den Zeiten t_1 und t_2 registrieren und $|t_1 - t_2| > T$, dann können diese Signale nicht von demselben Blitzschlag kommen.
* Die Amplitude der durch den Blitzschlag erzeugten Welle ist umgekehrt proportional zum Quadrat der Entfernung zu ihrer Quelle. Damit also zwei entdeckte Signale dem

gleichen Blitz entsprechen, müssen die Amplituden der gemessenen Signale mit der berechneten Position kompatibel sein.

- Schlägt der Blitz innerhalb einer Entfernung von 20 km von einem Detektor ein, dann werden die Ablesungen des Detektors aus der Rechnung eliminiert. Der Grund dafür ist, dass die gemessene Amplitude zu groß und der Detektor nicht dazu in der Lage ist, den Unterschied zwischen dem Signal eines einzelnen Blitzschlags und dem überlagerten Signal zweier Blitzschläge zu erkennen.

Mit diesen Methoden ist Hydro-Québec imstande, Blitzschläge mit einer Genauigkeit von bis zu 500 m zu lokalisieren, wenn sie innerhalb des Gebietes niedergehen, das von den Detektoren überwacht wird.

Lokalisierung von Störungen in Starkstromleitungen. Eine ähnliche Methode wird bei der Lokalisierung von Störungen im Transportnetz verwendet: Hat zum Beispiel ein Blitzschlag eine Starkstromleitung beschädigt, dann müssen die Techniker wissen, wohin sie gehen sollen, um die Leitung zu reparieren. An beiden Enden jeder zu schützenden Starkstromleitung wird ein Oszilloperturbograph (Störschwingungsaufzeichnungsgerät) installiert und durch das GPS synchronisiert. Dieses Gerät misst die Form des 60-Hz-Signals, das sich durch die Leitung ausbreitet. In Abhängigkeit vom Fehler beobachtet man verschiedene Typen von Störungen. Eine Störung breitet sich mit Lichtgeschwindigkeit durch die Leitung aus. Die beiden Detektoren messen die Zeiten t_1 und t_2, bei denen die Störung beobachtet wird, und unter Verwendung der Differenz $t_1 - t_2$ lässt sich die Position des Fehlers berechnen. Diese Techniken haben eine Präzision von nur einigen hundert Metern, aber das reicht im Allgemeinen aus. In Quebec sind die Starkstromleitungen häufig sehr lang und verlaufen durch riesige unbewohnte Gebiete; somit ermöglicht das System einen schnellen Einsatz des Reparaturteams im Störungsgebiet.

Umverteilung der Energieübertragung. Die Blitzschlagerkennung kann dazu verwendet werden, die Größe und den Standort eines Gewitters zu bestimmen. Blitzschläge treten innerhalb eines Gebietes zufällig auf und deswegen kann man statistische Modelle verwenden. Hierzu teilt man das betreffende Gebiet in ein regelmäßiges Gitter auf und berechnet die raumzeitliche Dichte der Blitzschläge. Zum Beispiel ist ein Gewitter mit zwei Blitzschlägen pro km^2 innerhalb von 10 Minuten sehr stark. Unter Verwendung der Modellinformationen wird das sogenannte Auge berechnet, das heißt, das Zentrum des Gewitters. Die Berechnung wird alle fünf Minuten wiederholt, und die Verschiebung des berechneten Zentrums wird zur Ermittlung der Geschwindigkeit und der Richtung des Gewitters verwendet (die Geschwindigkeit kann irgendwo zwischen 0 und 200 km/h liegen). Man kann diese Informationen ihrerseits verwenden, um vorherzusagen, welche Bereiche des Leitungsnetzes als nächstes betroffen sein werden. Eines der schwierigeren Probleme ergibt sich, wenn zwei Gewitter nahe beieinander sind: Das System muss entscheiden, ob es sich tatsächlich um zwei verschiedene Gewitter oder um ein einziges größeres Gewitter handelt. Das ist ein interessantes Problem für Ingenieure!

Ausgestattet mit diesen Informationen stützt sich der Großhändler auf seine Erfahrungen und entscheidet, ob die Strommenge, die über eine potentiell gefährdete Starkstromleitung übertragen wird, gesenkt werden muss. Es ist eine sehr heikle Angelegenheit, ein Starkstromnetz im Gleichgewicht zu halten. Es muss immer ein Gleichgewicht zwischen der erzeugten Strommenge, der übertragenen Strommenge und der genutzten Strommenge bestehen. Um die Strommenge zu verringern, die durch eine Leitung übertragen wird, muss es eine Überkapazität in einer oder mehreren anderen Leitungen geben. Um also solche Entscheidungen zu treffen, muss der Verteiler einen bestimmten Handlungsspielraum haben. Jede Leitung hat eine maximale Kapazität, aber in der Regel werden Starkstromnetze immer etwas unterhalb der Kapazität gefahren, so dass das System zu jedem beliebigen Zeitpunkt den Ausfall einer gesamten Leitung auffangen kann.

1.3.2 Detektionsschwelle und Detektionsqualität bei Blitzschlägen

Die Detektorausrüstung wird so eingerichtet, dass sie den Minimalstandards für die entsprechende Erkennung genügt, aber im Allgemeinen besser ist. Es lohnt sich also, die tatsächlichen Fähigkeiten der Ausrüstung genau zu beurteilen – ein Prozess, der sich hauptsächlich auf statistische Methoden stützt.

Zu diesem Zweck werden wir ein empirisches Wahrscheinlichkeitsgesetz für die Zufallsvariable X heranziehen, die die Intensität eines Blitzschlags angibt. Anstelle der Dichtefunktion $f(I)$ von Blitzschlägen verwenden wir die Verteilungsfunktion

$$P(I) = \text{Prob}(X > I) = \frac{1}{1 + \left(\frac{I}{M}\right)^K}. \tag{1.17}$$

Wir haben $P(0) = \text{Prob}(X > 0) = 1$. Die zu verwendenden Werte von M und K hängen von der geografischen Zone sowie von den Besonderheiten ihrer Umgebung ab und werden empirisch bestimmt. Der Wert von I ist in kA (Kiloampere) gegeben. Bestimmte Werte werden häufig verwendet und haben deswegen einen eigenen Namen. So wird beispielsweise die Funktion P von (1.17) als Popolansky-Funktion bezeichnet, wenn $M = 25$ und $K = 2$. Sie heißt Anderson-Erikson-Funktion, wenn $M = 31$ und $K = 2, 6$. Abbildung 1.3 zeigt die Popolansky-Funktion und Abbildung 1.4 die Dichtefunktion $f(I)$ der zugehörigen Variablen X. Man beachte, dass $P(I) = \int_I^\infty f(J)dJ$ und deswegen $f(I) = -P'(I)$.

Wir zeigen, wie dieses empirische Gesetz in der Praxis verwendet werden kann.

Beispiel 1.1 DIE POPOLANSKY-FUNKTION

1. *Die Wahrscheinlichkeit dafür, dass ein zufälliger Blitzschlag eine Stromstärke von mehr als 50 kA hat, ist*

$$P(50) = \frac{1}{1 + \left(\frac{50}{25}\right)^2} = \frac{1}{5} = 0, 2. \tag{1.18}$$

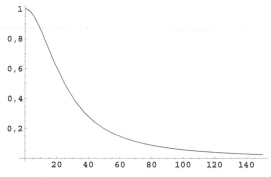

Abb. 1.3. Die Popolansky-Funktion.

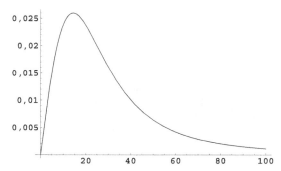

Abb. 1.4. Die zur Popolansky-Funktion gehörende Dichtefunktion.

2. *Der Median dieser Verteilung ist derjenige Wert I_m von I, für den*

$$Prob(X > I_m) = P(I_m) = \frac{1}{2}. \tag{1.19}$$

Das liefert uns die Gleichung $\frac{1}{1+\left(\frac{I_m}{25}\right)^2} = \frac{1}{2}$. Demnach ist $1 + \left(\frac{I_m}{25}\right)^2 = 2$, oder mit anderen Worten $\left(\frac{I_m}{25}\right)^2 = 1$. Hieraus ergibt sich $I_m = 25$.

Berechnung der Blitzschlagerkennungsrate. In der Praxis entdecken wir nicht alle Blitzschläge, sondern nur diejenigen, deren Energie eine bestimmte Schwelle überschreitet. Diese Schwelle hängt ab von der Position des Blitzschlags in Bezug auf die Detektoren sowie von verschiedenen Interferenzquellen, welche die Empfangsqualität der Detektoren zu jedem gegebenen Zeitpunkt verringern kann. Wir untersuchen jetzt, wie man den Prozentsatz der Blitzschläge bestimmt, die entdeckt werden. In unserem Beispiel haben wir festgelegt, dass 50% der Blitzschläge eine Stromstärke von mehr als 25 kA haben. Nehmen wir nun für den Moment an, dass wir in einer Stichprobe von entdeckten Blitzschlägen beobachtet haben, dass 60% eine Stromstärke von mehr als 25 kA hatten. Es sei E das Ereignis „der Blitzschlag wird entdeckt". Dann möchten wir Prob(E) berechnen. Wir kennen die Wahrscheinlichkeit dafür, dass ein *entdeckter* Blitzschlag (also das stattgefundene Ereignis E) eine Stromstärke von mehr als 25 kA hatte. Das ist eine bedingte Wahrscheinlichkeit, weil wir angenommen haben, dass der Blitzschlag entdeckt wurde, und wir können das in folgender Form schreiben:

$$\text{Prob}(X > 25|E) = 0,6. \tag{1.20}$$

Andererseits wissen wir, dass sich die Wahrscheinlichkeit von $X > 25$ (unter der Bedingung, dass E eingetreten ist) durch

$$\text{Prob}(X > 25|E) = \frac{\text{Prob}(X > 25 \text{ und } E)}{\text{Prob}(E)} \tag{1.21}$$

ausdrücken lässt. In dieser Form können wir nicht viel mit diesem Ausdruck anfangen, da sowohl der Zähler als auch der Nenner unbekannt sind. Wir wollen aber nun annehmen, dass alle Blitzschläge entdeckt werden, die eine Stromstärke von mehr als 25 kA haben. Dann wird das Ereignis „$X > 25$ und E" einfach zu $X > 25$, dessen Wahrscheinlichkeit bekannt ist. Somit liefert (1.21) das Ergebnis

$$\text{Prob}(E) = \frac{\text{Prob}(X > 25)}{\text{Prob}(X > 25|E)} = \frac{0,5}{0,6} = \frac{5}{6} = 0,83. \tag{1.22}$$

Wir setzen nun für ein beschränktes geografisches Gebiet voraus, dass die einzigen nicht entdeckten Blitzschläge (mit einer akzeptablen Fehlertoleranzgrenze) diejenigen sind, die eine geringere Stromstärke haben. Wir wollen die Schwellenstromstärke I_0 bestimmen, unterhalb der keine Blitzschläge entdeckt werden. Bei dieser Berechnung wird das Ereignis E zu $X > I_0$. Wir haben gesehen, dass Prob(E) = $\frac{5}{6}$ = 0,83. Wegen Prob(E) = Prob($X > I_0$) = $P(I_0)$ liefert das die Gleichung

$$P(I_0) = \frac{0,5}{0,6} = \frac{5}{6}, \tag{1.23}$$

die darauf hinausläuft, $\frac{1}{1+\left(\frac{I_0}{25}\right)^2} = \frac{5}{6}$ oder äquivalent $1 + \left(\frac{I_0}{25}\right)^2 = \frac{6}{5}$ zu lösen. Daher ist I_0 der Wert, der $\left(\frac{I_0}{25}\right)^2 = \frac{1}{5} = 0,2$ erfüllt, und hieraus folgt

$$I_0 = 25\sqrt{0,2} = 11,18. \tag{1.24}$$

Wir können demnach für das gegebene Gebiet schließen, dass die Detektionsschwelle den Wert $I_0 = 11,18$ kA hat und dass Blitzschläge mit Stromstärken, die unter diesem Wert liegen, nicht entdeckt werden.

1.3.3 Langfristiges Risikomanagement

Die Verwaltung von Blitzschlägen ist nicht darauf beschränkt, Gewitter zu ermitteln und zu lokalisieren. Hydro-Québec verfügt über detaillierte langfristige statistische Daten, die zum Erstellen isokeraunischer Karten verwendet werden, welche die Dichte von Blitzschlägen über einen Zeitraum von fünf Jahren enthalten. Diese Karten können ihrerseits dazu verwendet werden, gefährdetere Zonen zu identifizieren. Im Falle von Starkstromleitungen, die bereits errichtet worden sind, kann man diese Informationen verwenden um zu entscheiden, welche Abschnitte besser geschützt werden sollten. Auf ähnliche Weise kann man diese Karten auch zur Identifizierung von Wegen nutzen, um die Errichtung neuer Starkstromleitungen zu planen. Diese Auswahlmöglichkeiten lassen sich unter dem Stichwort Risikomanagement formulieren.

Gefahren aufgrund von heftigen Unwettern sind nur eines der vielen Risiken für Firmen, die Elektrizität erzeugen, transportieren und verteilen. Folglich lassen sich alle Aufgaben der Lokalisierung von Blitzschlägen, der Verfolgung von Stürmen und Gewittern sowie der Identifizierung von Risikozonen unter dem Stichwort des allgemeinen Risikomanagements einordnen. Das Problem besteht darin, das Verteilungsnetz so zuverlässig wie möglich zu machen. Die einzelnen Investitionen in das Netz müssen also in Bezug auf ihre Rentabilität bewertet werden. Je gefährlicher ein gegebenes Ereignis ist und je größer seine finanziellen Auswirkungen sind, desto eher sind wir geneigt, das System vor dem Ereignis zu schützen oder dessen Auswirkungen zu begrenzen. Natürlich gilt all das immer unter der Bedingung, dass die Kosten für den Schutz nicht zu hoch sind! Zur Formalisierung eines solchen Systems führen wir drei Variablen ein:

- die Wahrscheinlichkeit p des Ereignisses, das dem Risiko unterliegt;
- die für die Auswirkungen veranschlagten Kosten C_i, das heißt, der Betrag, den man zahlen muss, falls das Ereignis eintritt und man keine Schutzvorkehrungen getroffen hat;
- die Dämpfungskosten C_a, die gezahlt werden müssen, um die Ausrüstung zu schützen und die Auswirkungen des eintretenden Ereignisses zu begrenzen.

Wir führen den Index

$$\frac{pC_i}{C_a} \tag{1.25}$$

ein. Wir sehen, dass der Zähler die erwarteten Reparaturkosten und der Nenner die Kosten für den Schutz darstellt. Dieses Verhältnis muss mindestens 1 sein, damit sich die Investition in den Schutz rentiert. Jedoch gibt es mehrere andere Faktoren, die in der Praxis ins Spiel kommen. Wir werden eher einen Schutz kaufen, wenn er bei mehreren Ereignissen anwendbar ist. In ähnlicher Weise ändert sich die Situation, falls es sich nur um einen teilweisen Schutz handelt, das heißt, wir tragen nicht die Gesamtkosten, sondern niedrigere Reparaturkosten, falls das Ereignis eintritt.

1.4 Lineare Schieberegister und das GPS-Signal

Lineare Schieberegister ermöglichen die Erzeugung von Folgen, mit denen sich ein Empfänger ausgezeichnet synchronisieren kann. Diese einfach herzustellenden Geräte (man kann ein lineares Schieberegister aus einigen elementaren elektrischen Komponenten zusammenbauen) erzeugen Pseudozufallssignale. Das heißt, sie erzeugen Signale, die weitgehend zufällig zu sein scheinen, obwohl sie durch deterministische Algorithmen erzeugt werden.

Wir werden ein lineares Schieberegister konstruieren, das ein periodisches Signal mit einer Periode $2^r - 1$ erzeugt. Dieses Register hat die Eigenschaft, dass es extrem schlecht mit allen Verschiebungen von sich selbst sowie mit anderen Signalen korreliert, die von dem gleichen Register unter Verwendung verschiedener Koeffizienten erzeugt werden. Die Eigenschaft, ein Signal zu haben, das schlecht mit seinen Verschiebungen und mit anderen ähnlichen Signalen korreliert, ermöglicht es den GPS-Empfängern, mühelos die Signale von einzelnen GPS-Satelliten zu identifizieren und mit diesen Signalen synchron zu laufen. Man kann sich das von einem linearen Schieberegister erzeugte Signal als eine Folge von Nullen und Einsen vorstellen. Das Register selbst kann man sich als ein Band von r Boxen vorstellen, welche die Einträge $a_{n-1}, \ldots, a_{n-r}$ enthalten, von denen jeder den Wert 0 oder 1 hat (vgl. Abbildung 1.5).

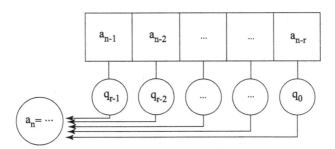

Abb. 1.5. Ein lineares Schieberegister.

Jeder Box wird eine Zahl $q_i \in \{0, 1\}$ zugeordnet. Die r Werte q_i sind fest und für alle Satelliten voneinander verschieden. Wir erzeugen folgendermaßen eine Pseudozufallsfolge:

- Wir geben uns eine Menge von Anfangsbedingungen $a_0, \ldots, a_{r-1} \in \{0, 1\}$ vor, die nicht alle gleich null sind.
- Für gegebene $a_{n-r}, \ldots, a_{n-1}$ berechnet das Register das nächste Element in der Folge als

$$a_n \equiv a_{n-r}q_0 + a_{n-r+1}q_1 + \cdots + a_{n-1}q_{r-1} = \sum_{i=0}^{r-1} a_{n-r+i}q_i \pmod 2. \tag{1.26}$$

(Zur Berechnung modulo 2 führen wir die normale Rechnung durch. Das Endergebnis ist 0, falls die Zahl gerade ist; andernfalls ist das Endergebnis 1. Dementsprechend schreiben wir $a \equiv 0 \pmod 2$, falls a gerade ist, und $a \equiv 1 \pmod 2$, falls a ungerade ist.)

- Wir verschieben jeden Eintrag nach rechts und vergessen a_{n-r}. Der berechnete Wert a_n wird in die ganz links stehende Box eingetragen.
- Wir iterieren das oben beschriebene Verfahren.

Da das oben beschriebene Verfahren vollkommen deterministisch ist und die Anzahl der Anfangsbedingungen endlich ist, erzeugen wir eine Folge, die periodisch werden muss. Auf ähnliche Weise können wir sehen, dass die Periode der Folge höchstens 2^r sein kann, da es nur 2^r verschiedene Folgen der Länge r gibt. Tatsächlich können wir uns von folgender Tatsache überzeugen: Haben wir in einem bestimmten Moment $a_{n-r} = \cdots = a_{n-1} = 0$, dann gilt für alle $m \geq n$ die Gleichheit $a_m = 0$. Folglich darf eine „interessante" periodische Folge nie eine Folge von r Nullen enthalten, weswegen ihre maximale Periode die Länge $2^r - 1$ hat. Zur Erzeugung einer Folge mit interessanten Eigenschaften müssen wir nur sorgfältig die Koeffizienten $q_0, \ldots, q_{r-1} \in \{0, 1\}$ und die Anfangsbedingungen $a_0, \ldots, a_{r-1} \in \{0, 1\}$ auswählen.

Wir sehen nie die ganze Folge, sondern immer nur ein Fenster $M = 2^r - 1$ von aufeinanderfolgenden Einträgen $\{a_n\}_{n=m}^{n=m+M-1}$, die wir mit $B = \{b_1, \ldots, b_M\}$ etikettieren. Wir möchten das mit einem anderen Fenster $C = \{c_1, \ldots, c_M\}$ der Form $\{a_n\}_{n=p}^{n=p+M-1}$ vergleichen. Zum Beispiel wird die Folge B vom Satelliten gesendet und die Folge C ist eine vom GPS-Empfänger erzeugte zyklische Verschiebung derselben Folge. Zur Bestimmung der Verschiebung zwischen den zwei Folgen verschiebt der Empfänger seine Folge wiederholt um eine Einheit (durch Bilden von $p \mapsto p + 1$), bis die Folge mit B identisch ist.

Definition 1.2 *Die Korrelation zwischen zwei Folgen B und C der Länge M ist die Anzahl der Einträge i, für welche $b_i = c_i$, minus der Anzahl der Einträge i, für welche $b_i \neq c_i$. Wir bezeichnen die Korrelation (zwischen den beiden Folgen B und C) mit $\mathrm{Cor}(B, C)$.*

Bemerkung: Besteht das Register aus r Einträgen, dann muss die Korrelation zwischen einem beliebigen Paar von Folgen B und C der Bedingung $-M \leq \mathrm{Cor}(B, C) \leq +M$ genügen, wobei $M = 2^r - 1$. Wir sagen, dass die Folgen schlecht korreliert sind, wenn $\mathrm{Cor}(B, C)$ nahe null liegt.

Proposition 1.3 *Die Korrelation zwischen zwei Folgen B und C beträgt*

$$\mathrm{Cor}(B, C) = \sum_{i=1}^{M} (-1)^{b_i}(-1)^{c_i}. \tag{1.27}$$

BEWEIS. Die Zahl $\text{Cor}(B, C)$ wird folgendermaßen berechnet: jedesmal, wenn $b_i = c_i$, müssen wir 1 addieren. Analog müssen wird jedesmal, wenn $b_i \neq c_i$, eine 1 subtrahieren. Man beachte, dass b_i und c_i nur die Werte 0 oder 1 annehmen können. Ist also $b_i = c_i$, dann haben wir entweder $(-1)^{b_i} = (-1)^{c_i} = 1$ oder $(-1)^{b_i} = (-1)^{c_i} = -1$. In beiden Fällen sehen wir, dass $(-1)^{b_i}(-1)^{c_i} = 1$. Ähnlich folgt: Ist $b_i \neq c_i$, dann nimmt genau einer der Ausdrücke $(-1)^{b_i}$ und $(-1)^{c_i}$ den Wert 1 an, während der andere Ausdruck den Wert -1 annimmt. Daher gilt $(-1)^{b_i}(-1)^{c_i} = -1$. $\square$

Der folgende Satz zeigt, dass wir ein lineares Schieberegister so initialisieren können, dass es eine Folge erzeugt, die mit jeder Verschiebung von sich selbst schlecht korreliert.

Satz 1.4 *Ist ein lineares Schieberegister so wie in Abbildung 1.5 gegeben, dann existieren Koeffizienten $q_0, \ldots, q_{r-1} \in \{0, 1\}$ und Anfangsbedingungen $a_0, \ldots, a_{r-1} \in \{0, 1\}$ derart, dass die vom Register erzeugte Folge eine Periode der Länge $2^r - 1$ hat. Wir betrachten in dieser Folge zwei Fenster B und C der Länge $M = 2^r - 1$, wobei $B = \{a_n\}_{n=m}^{n=m+M-1}$ und $C = \{a_n\}_{n=p}^{n=p+M-1}$ mit $p > m$. Ist M kein Teiler von $p - m$, dann gilt*

$$\text{Cor}(B, C) = -1. \tag{1.28}$$

Mit anderen Worten: Die Anzahl der nicht übereinstimmenden Bits ist immer um eins größer als die Anzahl der übereinstimmenden Bits.

Beim Beweis dieses Satzes verwenden wir endliche Körper. Wir beginnen mit der Diskussion eines Beispiels, das den Satz illustriert. Der Beweis folgt in Abschnitt 1.4.2.

Beispiel 1.5 *In diesem Beispiel nehmen wir $r = 4$, $(q_0, q_1, q_2, q_3) = (1, 1, 0, 0)$ und $(a_0, a_1, a_2, a_3) = (0, 0, 0, 1)$. Wir überlassen dem Leser die Überprüfung dessen, dass diese Werte eine Folge der Periode $2^4 - 1 = 15$ erzeugen, wobei der folgende Block von Symbolen wiederholt wird:*

$$0 \quad 0 \quad 0 \quad 1 \quad 0 \quad 0 \quad 1 \quad 1 \quad 0 \quad 1 \quad 0 \quad 1 \quad 1 \quad 1 \quad 1 \, .$$

Verschieben wir die Folge um ein Symbol nach links, dann schicken wir die erste 0 an das Ende und erhalten

$$0 \quad 0 \quad 1 \quad 0 \quad 0 \quad 1 \quad 1 \quad 0 \quad 1 \quad 0 \quad 1 \quad 1 \quad 1 \quad 1 \quad 0 \, .$$

Wir sehen, dass sich die beiden Blöcke von Symbolen an den Positionen 3, 4, 6, 8, 9, 10, 11 und 15 voneinander unterscheiden. Sie unterscheiden sich demnach an acht Positionen und stimmen an sieben Positionen überein, was eine Korrelation von -1 ergibt.

Um die Korrelation mit den anderen 14 Verschiebungen der Folge zu berechnen, schreiben wir explizit alle möglichen Verschiebungen auf. Eine Inspektion zeigt, dass zwei beliebige der nachstehenden Folgen an genau sieben Stellen übereinstimmen und sich an den acht verbleibenden Stellen voneinander unterscheiden. Wir überlassen es dem Leser, diesen Sachverhalt nachzuprüfen:

0	0	0	1	0	0	1	1	0	1	0	1	1	1	1
0	0	1	0	0	1	1	0	1	0	1	1	1	1	0
0	1	0	0	1	1	0	1	0	1	1	1	1	0	0
1	0	0	1	1	0	1	0	1	1	1	1	0	0	0
0	0	1	1	0	1	0	1	1	1	1	0	0	0	1
0	1	1	0	1	0	1	1	1	1	0	0	0	1	0
1	1	0	1	0	1	1	1	1	0	0	0	1	0	0
1	0	1	0	1	1	1	1	0	0	0	1	0	0	1
0	1	0	1	1	1	1	0	0	0	1	0	0	1	1
1	0	1	1	1	1	0	0	0	1	0	0	1	1	0
0	1	1	1	1	0	0	0	1	0	0	1	1	0	1
1	1	1	1	0	0	0	1	0	0	1	1	0	1	0
1	1	1	0	0	0	1	0	0	1	1	0	1	0	1
1	1	0	0	0	1	0	0	1	1	0	1	0	1	1
1	0	0	0	1	0	0	1	1	0	1	0	1	1	1

Im vorhergehenden Beispiel haben wir nicht explizit erläutert, warum wir die speziellen Werte für $q_0, \ldots, q_3$ und $a_0, \ldots, a_3$ gewählt haben. Um das zu zeigen und um Satz 1.4 zu beweisen, werden wir die Theorie der endlichen Körper verwenden. Insbesondere werden wir den Körper $\mathbb{F}_{2^r}$ verwenden, der 2^r Elemente enthält. Im Fall $r = 1$ ist der Körper $\mathbb{F}_2$ der aus 2 Elementen bestehende Körper $\{0, 1\}$ mit der Addition und Multiplikation modulo 2.

1.4.1 Die Struktur des Körpers $\mathbb{F}_2^r$

Die Struktur und die Konstruktion endlicher Körper der Ordnung p^n (mit einer Primzahl p) werden in den Abschnitten 6.2 und 6.5 von Kapitel 6 untersucht. Diese Abschnitte sind in sich geschlossen und können gelesen werden, ohne den Rest von Kapitel 6 zu kennen. Im jetzt folgenden Teil des vorliegenden Kapitels setzen wir voraus, dass der Leser das Material der beiden genannten Abschnitte kennt.
Die Elemente von $\mathbb{F}_2^r$ sind die r-Tupel $(b_0, \ldots, b_{r-1})$, bei denen $b_i \in \{0, 1\}$. Die Addition zweier solcher r-Tupel ist einfach die Addition modulo 2, die Eintrag für Eintrag durchgeführt wird, das heißt,

$$(b_0, \ldots, b_{r-1}) + (c_0, \ldots, c_{r-1}) = (d_0, \ldots, d_{r-1}), \tag{1.29}$$

wobei $d_i \equiv b_i + c_i \pmod{2}$. Zur Definition eines Multiplikationsoperators beginnen wir mit der Wahl eines Polynoms

$$P(x) = x^r + p_{r-1}x^{r-1} + \cdots + p_1 x + p_0, \tag{1.30}$$

das über dem Körper $\mathbb{F}_2$ irreduzibel ist. Wir interpretieren jedes r-Tupel $(b_0, \ldots, b_{r-1})$ als ein Polynom vom Grad kleiner oder gleich $r - 1$:

$$b_{r-1}x^{r-1} + \cdots + b_1 x + b_0. \tag{1.31}$$

Um die beiden r-Tupel zu multiplizieren, multiplizieren wir die beiden dazugehörigen Polynome. Das Produkt ist ein Polynom vom Grad kleiner oder gleich $2(r-1)$. Dieses Polynom wird dann zu einem Polynom in x vom Grad $r-1$ reduziert, indem man seinen Rest nach Division durch P nimmt (ein Verfahren analog zur schriftlichen Division von ganzen Zahlen). Das ist äquivalent zur Regel $P(x) = 0$, das heißt, $x^r = p_{r-1}x^{r-1} + \cdots + p_1 x + p_0$ (wegen der in $\mathbb{F}_2$ geltenden Beziehung $-p_i = p_i$) und anschließender Iteration. Danach interpretieren wir die Koeffizienten des resultierenden Polynoms vom Grad $(r-1)$ als die Einträge eines r-Tupels. Das folgende Ergebnis ist ein klassischer Satz aus der Theorie der endlichen Körper. Wir geben nur einen Überblick über den Beweis, ohne zu sehr auf die zugrundeliegende Algebra einzugehen. Falls Sie mit dem Material der nachstehenden Diskussion nicht vertraut sind, dann können Sie es ohne weiteres überspringen. Die obige Diskussion hat explizit gezeigt, dass die Vektorelemente $\mathbb{F}_2^r$ als Polynome interpretiert werden können.

Satz 1.6 *1. Die Menge $\mathbb{F}_{2^r}$ ist in Bezug auf die oben definierte Addition und Multiplikation ein Körper.*

2. Es existiert ein Element α derart, dass die von null verschiedenen Elemente von $\mathbb{F}_{2^r}$ genau die Elemente α^i für $i = 0, \ldots, 2^r - 2$ sind. Mit anderen Worten:

$$\mathbb{F}_{2^r} \setminus \{0\} = \{1, \alpha, \alpha^2, \ldots, \alpha^{2^r - 2}\}. \tag{1.32}$$

Ein Element α, das diese Eigenschaft hat, wird primitive Wurzel genannt und erfüllt die Relation $\alpha^{2^r - 1} = 1$.

3. Die Elemente $\{1, \alpha, \ldots, \alpha^{r-1}\}$ sind linear unabhängig, wenn man sie als Elemente des Vektorraumes $\mathbb{F}_2^r$ über $\mathbb{F}_2$ interpretiert (der isomorph zum Körper $\mathbb{F}_{2^r}$ ist).

4. Ist α eine primitive Wurzel des Körpers $\mathbb{F}_{2^r}$, der mit Hilfe eines irreduziblen Polynoms P über $\mathbb{F}_2$ konstruiert wurde, dann ist α eine Nullstelle eines Polynoms

$$Q(x) = x^r + q_{r-1}x^{r-1} + \cdots + q_1 x + q_0$$

vom Grad r, das über $\mathbb{F}_2$ irreduzibel ist. Der Körper, der unter Verwendung des Polynoms Q in der Definition der Multiplikation konstruiert wurde, ist isomorph zum Körper, der unter Verwendung des Polynoms P konstruiert wurde.

Definition 1.7 *Ein Polynom $Q(x)$ mit Koeffizienten in $\mathbb{F}_2$ heißt primitiv, wenn es irreduzibel ist und wenn das Polynom x eine primitive Wurzel des Körpers $\mathbb{F}_{2^r}$ ist, der mit Hilfe des Polynoms $Q(x)$ konstruiert wurde.*

BEWEISSKIZZE VON SATZ 1.6

1. Der Beweis ist identisch mit dem Beweis, dass $\mathbb{F}_p$ (auch mit $\mathbb{Z}_p$ bezeichnet) ein Körper ist, falls p eine Primzahl ist (s. Übung 24 von Kapitel 6). Der Beweis verwendet den euklidischen Algorithmus für Polynome, mit dem man den größten gemeinsamen Teiler zweier gegebener Polynome findet.

2. Die von null verschiedenen Elemente von $\mathbb{F}_{2^r}$ bilden eine multiplikative Gruppe G mit $2^r - 1$ Elementen. Jedes von null verschiedene Element y erzeugt eine endliche Untergruppe $H = \{y^i, i \in \mathbb{N}\}$. Der Satz von Lagrange (Satz 7.18) besagt, dass die Anzahl der Elemente von H ein Teiler der Anzahl der Elemente von G sein muss. Da H endlich ist, muss es darüber hinaus ein minimales s mit der Eigenschaft $y^s = 1$ geben. Dieses s, das die Ordnung des Elements y genannt wird, ist gleich der Anzahl der Elemente von H. Demnach ist y eine Wurzel des Polynoms $x^s + 1 = 0$. Wegen $s \mid 2^r - 1$ ist y eine Nullstelle von $R(x) = x^{2^r-1} + 1$. (Übung: warum?) Wir haben also gezeigt, dass alle Elemente von G Nullstellen des Polynoms $R(x) = x^{2^r-1} + 1$ sind. Angenommen es gibt einen echten Teiler m von $2^r - 1$, so dass die Ordnung aller Elemente von G ein Teiler von m ist. Dann müssen alle Elemente von G Nullstellen des Polynoms $x^m + 1$ sein. Das ist ein Widerspruch, da dieses Polynom nur $m < 2^r - 1$ Nullstellen hat. Es existieren also Elemente y_i mit Ordnungen m_i (für $i = 1, \ldots, n$) derart, dass das kleinste gemeinsame Vielfache der m_i gleich $2^r - 1$ ist. Demnach ist die Ordnung des Produktes $y_1 \cdots y_n = \alpha$ gleich $2^r - 1$.

3. Wir setzen einfach voraus, dass die Elemente $\{1, \alpha, \ldots, \alpha^{r-1}\}$ linear unabhängig sind, wenn man sie als Vektoren im Raum $\mathbb{F}_2^r$ interpretiert.

4. Die Vektoren $\{1, \alpha, \ldots, \alpha^r\}$ sind linear abhängig, da in einem Vektorraum der Dimension r beliebige $r + 1$ Vektoren linear abhängig sind. Da die Vektoren $\{1, \alpha, \ldots, \alpha^{r-1}\}$ linear unabhängig sind, gibt es Koeffizienten q_i derart, dass $\alpha^r = q_0 + q_1\alpha + \cdots + q_{r-1}\alpha^{r-1}$. Demnach ist α eine Wurzel des Polynoms $Q(x) = x^r + q_{r-1}x^{r-1} + \cdots + q_1 x + q_0$. Dieses Polynom muss irreduzibel über $\mathbb{F}_2$ sein, denn andernfalls wäre α die Wurzel eines Polynoms mit einem Grad, der kleiner als r ist – im Widerspruch zu der Tatsache, dass die Elemente von $\{1, \alpha, \ldots, \alpha^{r-1}\}$ linear unabhängig in $\mathbb{F}_2^r$ sind. $\quad\square$

Bemerkung: Wir hätten $\mathbb{F}_{2^r}$ mit dem Polynom $Q(x)$ anstelle des Polynoms $P(x)$ schreiben können. Der Vorteil der letztgenannten Beschreibung besteht darin, dass wir dann immer $\alpha = x$ als primitive Wurzel nehmen können. Achtung: Die Folge der α^i ist bei der Berechnung modulo $Q(x)$ nicht dieselbe wie bei der Berechnung modulo $P(x)$!

Definition 1.8 *Die Spurfunktion ist die Funktion $T \colon \mathbb{F}_{2^r} \to \mathbb{F}_2$, die durch $T(b_{r-1}x^{r-1} + \cdots + b_1 x + b_0) = b_{r-1}$ gegeben ist.*

Proposition 1.9 *Die Funktion T ist linear und surjektiv. Sie hat den Wert 0 auf genau der Hälfte der Elemente von $\mathbb{F}_{2^r}$ und 1 auf der verbleibenden Hälfte.*

BEWEIS: Übung!

1.4.2 Beweis von Satz 1.4

Wir wählen ein primitives Polynom $P(x)$ über $\mathbb{F}_2$,

$$P(x) = x^r + q_{r-1}x^{r-1} + \cdots + q_1 x + q_0,$$

das es uns ermöglicht, den Körper $\mathbb{F}_{2^r}$ zu konstruieren.

Die q_i des linearen Schieberegisters sind die Koeffizienten des Polynoms $P(x)$. Um gute Anfangsbedingungen zu haben, wählen wir irgendein von null verschiedenes Polynom $b = b_{r-1}x^{r-1} + \cdots + b_1 x + b_0$ aus $\mathbb{F}_{2^r}$. Wir definieren die Anfangsbedingungen als

$$
\begin{aligned}
a_0 &= T(b) &= b_{r-1}, \\
a_1 &= T(xb), \\
&\vdots \\
a_{r-1} &= T(x^{r-1}b).
\end{aligned}
\tag{1.33}
$$

Wir sehen uns nun an, wie der Wert von a_1 berechnet wird:

$$
\begin{aligned}
a_1 = T(bx) &= T(b_{r-1}x^r + b_{r-2}x^{r-1} + \cdots + b_0 x) \\
&= T(b_{r-1}(q_{r-1}x^{r-1} + \cdots + q_1 x + q_0) + b_{r-2}x^{r-1} + \cdots + b_0 x) \\
&= T((b_{r-1}q_{r-1} + b_{r-2})x^{r-1} + \cdots) \\
&= b_{r-1}q_{r-1} + b_{r-2}.
\end{aligned}
\tag{1.34}
$$

Eine ähnliche Rechnung ermöglicht die Bestimmung der Werte $a_2, \ldots, a_{r-1}$. Die Formeln werden schnell groß, aber die Rechnungen lassen sich in der Praxis sehr schnell durchführen, wenn die q_i und b_i durch Nullen und Einsen ersetzt werden.

Beispiel 1.10 *In Beispiel 1.5 hatten wir das Polynom $P(x) = x^4 + x + 1$ verwendet. (Übung: Verifizieren Sie, dass das Polynom irreduzibel und primitiv ist.) Das gewählte Polynom b war einfach $b = 1$. Das führt zu den Anfangsbedingungen $a_0 = T(1) = 0$, $a_1 = T(x) = 0$, $a_2 = T(x^2) = 0$ und $a_3 = T(x^3) = 1$.*

Proposition 1.11 *Wir wählen die Koeffizienten $q_0, \ldots, q_{r-1}$ eines Schieberegisters als diejenigen eines primitiven Polynoms*

$$P(x) = x^r + q_{r-1}x^{r-1} + \cdots + q_1 x + q_0.$$

Es sei $b = b_{r-1}x^{r-1} + \cdots + b_1 x + b_0$. Wir wählen die Anfangselemente $a_0, \ldots, a_{r-1}$ so wie in (1.33). Dann ist die durch das Schieberegister erzeugte Folge $\{a_n\}_{n \geq 0}$ durch $a_n = T(x^n b)$ gegeben und sie wiederholt sich mit einer Periode, die $2^r - 1$ teilt.

BEWEIS. Wir verwenden die Tatsache, dass $P(x) = 0$, das heißt, $x^r = q_{r-1}x^{r-1} + \cdots + q_1 x + q_0$. Dann haben wir

$$
\begin{aligned}
T(x^r b) &= T((q_{r-1}x^{r-1} + \cdots + q_1 x + q_0)b) \\
&= q_{r-1}T(x^{r-1}b) + \cdots + q_1 T(xb) + q_0 T(b) \\
&= q_{r-1}a_{r-1} + \cdots + q_1 a_1 + q_0 a_0 \\
&= a_r.
\end{aligned}
\tag{1.35}
$$

Wir wenden vollständige Induktion an. Wir nehmen an, dass die Elemente der Folge die Bedingung $a_i = T(x^i b)$ für $i \leq n - 1$ erfüllen. Dann ergibt sich

$$
\begin{aligned}
T(x^n b) = T(x^r x^{n-r} b) &= T((q_{r-1} x^{r-1} + \cdots + q_1 x + q_0) x^{n-r} b) \\
&= q_{r-1} T(x^{n-1} b) + \cdots + q_1 T(x^{n-r+1} b) + q_0 T(x^{n-r} b) \\
&= q_{r-1} a_{n-1} + \cdots + q_1 a_{n-r+1} + q_0 a_{n-r} \\
&= a_n.
\end{aligned}
\tag{1.36}
$$

Folglich entspricht die Multiplikation mit x genau der mit dem Schieberegister durchgeführten Rechnung und deswegen gilt $a_n = T(x^n b)$ für alle n. Wir sehen sofort, dass die minimale Periode eine Länge von höchstens $2^r - 1$ hat, denn $x^{2^r - 1} = 1$.   □

Wir können uns fragen, was die minimale Periode dieser Folge ist. Zunächst einmal muss sie ein Teiler von $2^r - 1$ sein (s. Übung 11). Wir zeigen, dass die minimale Periode genau $2^r - 1$ ist, wenn P primitiv ist. Der Beweis wird indirekt geführt. Wäre die Periode durch $s \in \mathbb{N}$ so gegeben, dass $2^r - 1 = sm$ und $1 < s < 2^r - 1$, dann müsste die unendliche Folge $\{a_n\}_{n \geq 0}$ mit der Folge $\{a_{n+s}\}_{n \geq 0}$ identisch sein. Wir zeigen, dass das nicht sein kann. Vergessen Sie nicht unsere ursprüngliche Absicht, Folgen zu erzeugen, die mit Verschiebungen von sich selbst schlecht korrelieren. Wir berechnen gleichzeitig die Korrelation zwischen zwei beliebigen Fenstern B und C der Länge $M = 2^r - 1$, wobei $B = \{a_n\}_{n=m}^{n=m+M-1}$ und $C = \{a_n\}_{n=p}^{n=p+M-1}$.

Proposition 1.12 *Ist* $B = \{a_n\}_{n=m}^{n=m+M-1}$ *und* $C = \{a_n\}_{n=p}^{n=p+M-1}$, *dann gilt* $\mathrm{Cor}(B, C) = -1$, *falls* M *kein Teiler von* $p - m$ *ist.*

BEWEIS. Wir können $m \leq p$ voraussetzen. Dann gilt

$$
\begin{aligned}
\mathrm{Cor}(B, C) &= \sum_{i=0}^{M-1} (-1)^{a_{m+i}} (-1)^{a_{p+i}} \\
&= \sum_{i=0}^{M-1} (-1)^{T(x^{m+i} b)} (-1)^{T(x^{p+i} b)} \\
&= \sum_{i=0}^{M-1} (-1)^{T(x^{m+i} b) + T(x^{p+i} b)} \\
&= \sum_{i=0}^{M-1} (-1)^{T(x^{m+i} b + x^{p+i} b)} \\
&= \sum_{i=0}^{M-1} (-1)^{T(b x^{i+m} (1 + x^{p-m}))} \\
&= \sum_{i=0}^{M-1} (-1)^{T(x^{i+m} \beta)},
\end{aligned}
\tag{1.37}
$$

wobei $\beta = b(1 + x^{p-m})$. Aufgrund unserer Wahl von P wissen wir, dass x eine primitive Wurzel unseres Körpers ist. Deswegen gilt $x^M = 1$ und $x^N \neq 1$, falls $1 \leq N < M$. Wir schließen, dass $x^N = 1$ dann und nur dann gilt, wenn M ein Teiler von N ist. Ist M ein Teiler von $p - m$, dann haben wir $x^{p-m} = 1$ und $\beta = b(1 + 1) = b \cdot 0 = 0$, und in diesem Fall ist $\mathrm{Cor}(B, C) = M$. Ist M kein Teiler von $p - m$, dann ist das Polynom $(1 + x^{p-m})$ nicht das Nullpolynom; also ist $\beta = b(1 + x^{p-m})$ ebenfalls von null verschieden, denn es ist das Produkt zweier von null verschiedener Elemente. Somit hat β die Form x^k, wobei $k \in \{0, \ldots, 2^r - 2\}$. Das impliziert, dass die Menge $\{\beta x^{i+m}, 0 \leq i \leq M - 1\}$ eine Permutation der Elemente von $\mathbb{F}_{2^r} \setminus \{0\} = \{1, x, \ldots, x^{2^r - 2}\}$ ist. Die Spurfunktion T

nimmt den Wert 1 auf der Hälfte der Elemente von $\mathbb{F}_{2^r}$ an und den Wert 0 auf den verbleibenden Elementen. Da sie den Wert 0 auf dem Nullelement annimmt, nimmt sie den Wert 1 auf 2^{r-1} der Elemente von $\mathbb{F}_{2^r} \setminus \{0\}$ und den Wert 0 auf den verbleibenden $2^{r-1} - 1$ Elementen an. Demnach gilt $\mathrm{Cor}(B, C) = -1$. $\square$

Korollar 1.13 *Die Periode der vom linearen Schieberegister erzeugten Pseudozufallsfolge ist genau $M = 2^r - 1$.*

BEWEIS. Wäre die Periode gleich $K < M$, dann würde die Folge mit ihrer Verschiebung um K Elemente übereinstimmen, und die beiden Folgen hätten eine Korrelation gleich M. Das ist ein Widerspruch zu Proposition 1.12. $\square$

Möchten wir jetzt andere Pseudozufallsfolgen derselben Länge erzeugen, dann können wir das gleiche Prinzip anwenden, dabei aber das Polynom $P(x)$ ändern. (Wir wollen für jeden Satelliten eine andere Folge haben.) Mit Hilfe der Galoistheorie können wir (in bestimmten Fällen) die Korrelation dieser neuen Folge mit der ersten Folge und deren Verschiebungen berechnen. Die Ingenieure begnügen sich jedoch damit, diese Korrelationswerte in vorberechneten Tabellen nachzusehen.

1.5 Kartografie

Wie in der Einführung erwähnt, begegnet man auf dem Gebiet der Kartografie gewissen nichttrivialen Problemen, wenn man versucht, eine treue Darstellung der Erdoberfläche zu geben. Karten werden allgemein verwendet, damit wir uns orientieren können. In Abhängigkeit von der Anwendung kann für uns wichtig sein, dass auf der Karte die Abstände erhalten bleiben, zum Beispiel wenn wir wollen, dass der kürzeste Weg zwischen zwei Punkten auf der Karte dem kürzesten Weg zwischen zwei realen Punkten entspricht. Diese Bedingung ist im Allgemeinen nicht wichtig für Landkarten, denn wenn wir mit dem Auto fahren, dann fahren wir gezwungenermaßen auf öffentlichen Straßen, und wenn wir zu Fuß gehen, dann sind die auftretenden Entfernungen so klein, dass jede Abweichung vom tatsächlichen kürzesten Weg vernachlässigt werden kann. Im Gegensatz hierzu wird das Problem wahrnehmbar bei der Wahl einer Flugzeugroute oder einer Schiffsroute. Außerdem reicht es für jemanden, der ein Segelboot oder ein kleines Flugzeug mit relativ rudimentärer Ausrüstung steuert, bei weitem nicht aus, die Route auf einer Karte einzuzeichnen. Es muss auch möglich sein, dass der Pilot den Kurs einhalten kann. Vor der Erfindung des GPS benutzte man in den meisten Fällen einen Magnetkompass als wichtigstes Navigationsgerät. Mit einem Magnetkompass können wir uns davon überzeugen, dass wir eine Flugbahn einhalten, die einen konstanten Winkel in Bezug auf das Magnetfeld der Erde aufrecht erhält. Eine solche Flugbahn ist nicht notwendigerweise der kürzeste Weg zwischen zwei Punkten; aber es ist ein leicht einzuhaltender Weg und deswegen wären Karten zweckmäßig, auf denen diese Wege durch Geraden dargestellt sind. Seekarten und einige aeronautische Karten haben diese Eigenschaft. Jedoch werden auf diesen Karten einander entsprechende

Flächen nicht treu abgebildet: Zwei flächengleiche Gebiete der Erdkugel werden auf der Karte im Allgemeinen nicht durch flächengleiche Gebiete dargestellt.

Wir beginnen mit einer Erklärung der Spielregeln. Ein Satz der Differentialgeometrie besagt, dass es unmöglich ist, einen Teil einer Kugeloberfläche so auf die Ebene abzubilden, dass sowohl Abstände als auch Winkel erhalten bleiben. (Für diejenigen, die mit der Terminologie vertraut sind: Eine solche Transformation heißt „Isometrie" und diese erhält die „Gauß'sche Krümmung" der Oberfläche. Die Gauß'sche Krümmung einer Kugel mit dem Radius R ist $1/R^2$, während die Gauß'sche Krümmung einer Ebene und eines Zylinders null ist.) Wir müssen also einen Kompromiss schließen. Der jeweilige Kompromiss hängt von der Anwendung ab.

Kartografie hat hauptsächlich mit Projektionen zu tun und davon gibt es viele verschiedene Typen.

Projektion auf eine Tangentialebene einer Kugel. Das ist der elementarste Typ von Projektionen. Es gibt mehrere Variationen dieses Projektionstyps: Die Projektion geht durch den Kugelmittelpunkt (*gnomonische Projektion*); die Projektion geht durch den Punkt, der diametral entgegengesetzt zum Tangentialpunkt liegt (*stereografische Projektion*); die Projektion verläuft längs der Geraden, die orthogonal zur Projektionsebene sind (*orthografische Projektion*). (Vgl. Abbildung 1.6.) Diese Familie von Projektionen liefert akzeptable Ergebnisse, wenn wir nur einen kleinen Teil der Kugel kartografisch darstellen möchten, der sich „in der Umgebung" des Berührungspunktes befindet. Die Verzerrungen werden umso größer, je weiter wir uns von diesem Berührungspunkt entfernen. Vom mathematischen Standpunkt sind diese Projektionen (mit Ausnahme der stereografischen Projektion, die wir in Übung 24 diskutieren) nicht besonders interessant und wir werden sie nicht weiter behandeln.

Im verbleibenden Teil dieses Abschnitts beschränken wir unsere Diskussion auf Zylinderprojektionen. Nach der Projektion kann der Zylinder abgerollt werden, so dass sich eine Ebene ergibt. Wir erkennen sofort die Vorzüge: Anstelle eines Berührungspunktes (an dem die Karte am genauesten ist) haben wir einen ganzen Berührungskreis rund um die Kugel. Es gibt jedoch umso stärkere Verzerrungen, je weiter wir uns in Richtung der Kugelpole bewegen. Es gibt wieder mehrere Variationen dieser Projektion: In Abhängigkeit von der gewählten Methode hat die resultierende Karte unterschiedliche Eigenschaften. Im Allgemeinen überwiegt der Wunsch, Breitenkreise (Breitenparallele) auf horizontale Geraden und Längenkreise (Meridiane) auf vertikale Geraden abzubilden. Eine solche Projektion bedeutet, dass es eine einfache Abbildung zwischen den kartesischen Koordinaten auf der Karte und Länge und Breite auf Erdkugel gibt (wobei es aber Abstandsverzerrungen zwischen unterschiedlichen Parallelen gibt).

Projektion auf den Zylinder vom Kugelmittelpunkt als Projektionszentrum. Bei dieser Projektion wird die Kugeloberfläche auf einen unendlichen Zylinder abgebildet, wobei die Pole auf die unendlich ferne Grund- und Deckfläche des Zylinders abgebildet werden. Diese Projektion ist von geringem Nutzen bzw. Interesse – außer der Tatsache, dass sie eine einfache Formel hat.

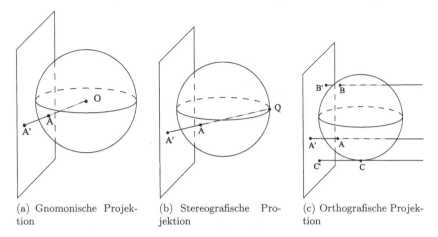

(a) Gnomonische Projektion

(b) Stereografische Projektion

(c) Orthografische Projektion

Abb. 1.6. Drei Typen von Projektionen auf eine Tangentialebene.

Horizontale Zylinderprojektion. Diese Projektion ist den Geografen als Lambertsche Zylinderprojektion bekannt, aber sie wurde bereits von Archimedes ausführlich untersucht. Es sei S eine Kugel mit Radius R, deren Oberfläche die Gleichung $x^2+y^2+z^2 = R^2$ erfüllt. Wir möchten die Kugeloberfläche auf den Zylinder C projizieren, der die Gleichung $x^2 + y^2 = R^2$ erfüllt. Die Projektion $P\colon S \to C$ ist durch die Formel

$$P(x,y,z) = \left(\frac{Rx}{\sqrt{x^2 + y^2}}, \frac{Ry}{\sqrt{x^2 + y^2}}, z \right) \tag{1.38}$$

(s. Abbildung 1.7) gegeben. Der Punkt $P(x_0, y_0, z_0)$ ist also der Schnittpunkt des Zylinders und der horizontalen Halbgeraden, die vom Punkt $(0, 0, z_0)$ (auf der vertikalen Achse) ausgeht und durch den Punkt (x_0, y_0, z_0) geht.

Zwar hat Lamberts Zylinderprojektion weniger Verzerrungen als die Zylinderprojektion mit dem Kugelmittelpunkt als Projektionszentrum, aber sie verzerrt die Abstände, wenn wir uns vom Äquator entfernen. Jedoch hat Lamberts Projektion eine bemerkenswerte Eigenschaft: sie ist flächentreu. Diese Eigenschaft wurde erstmalig von Archimedes entdeckt. Diese Projektion wurde deswegen bei der Herstellung des Peters-Atlasses gewählt (s. Abbildung 1.8). Bei Atlanten mit anderen Projektionen sind die im Norden liegenden Staaten übertrieben groß. Auf dem Peters-Atlas [2] sind die Größen dieser Länder flächentreu abgebildet, obwohl sie weniger groß und breiter erscheinen. Wir beweisen jetzt diese bemerkenswerte Eigenschaft der Lambert'schen Zylinderprojektion.

Satz 1.14 *Die durch die Gleichung* (1.38) *gegebene Projektion* $P\colon S \to C$ *ist flächentreu. (In der Geografie und in der Kartografie sagt man, dass die Projektion* äquivalent *ist.)*

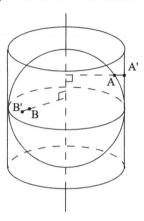

Abb. 1.7. Horizontale Zylinderprojektion.

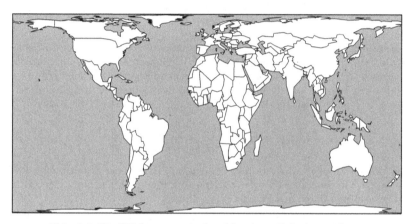

Abb. 1.8. Die Weltkarte entsprechend Lamberts Zylinderprojektion.

BEWEIS. Zur Vereinfachung des Beweises ändern wir zuerst unser Koordinatensystem. Wir parametrisieren die Kugel mit Hilfe zweier Winkelkoordinaten θ und ϕ, die unter Verwendung der folgenden Abbildungen zurück in kartesische Koordinaten abgebildet werden können:

$$
\begin{aligned}
&F\colon (-\pi, \pi] \times [\tfrac{-\pi}{2}, \tfrac{\pi}{2}] \to S, \\
&(\theta, \phi) \mapsto F(\theta, \phi) = (x, y, z) = (R\cos\theta\cos\phi, R\sin\theta\cos\phi, R\sin\phi).
\end{aligned}
\tag{1.39}
$$

Das sind die sphärischen Koordinaten. Wir können θ als Länge interpretieren, die nicht in Grad, sondern in Bogenmaß ausgedrückt wird, wobei $\theta = 0$ dem Nullmeridian, $\theta > 0$ den östlichen Längen und $\theta < 0$ den westlichen Längen entspricht. Analog ist ϕ die Breite, und positive Werte von ϕ entsprechen den nördlichen Breiten. Auf ähnliche Weise und unter Verwendung der gleichen Parameter können wir den Zylinder folgendermaßen parametrisieren:

$$G\colon (-\pi, \pi] \times [-\tfrac{\pi}{2}, \tfrac{\pi}{2}] \to C,$$
$$(\theta, \phi) \mapsto G(\theta, \phi) = (x, y, z) = (R\cos\theta, R\sin\theta, R\sin\phi). \tag{1.40}$$

In diesen Koordinatensystemen lässt sich die Projektion P als Abbildung $(\theta, \phi) \mapsto (\theta, \phi)$ schreiben. Es sei A ein Gebiet auf der Kugel und $P(A)$ das zugehörige projizierte Gebiet auf dem Zylinder. Beide Gebiete sind Bilder ein und derselben Menge B mit

$$B \subset (-\pi, \pi] \times \left[-\frac{\pi}{2}, \frac{\pi}{2} \right].$$

Die Fläche von A auf der Kugel ist durch die folgende Formel gegeben (die wir in Kürze begründen werden):

$$\text{Area}(A) = \iint_B \left| \frac{\partial F}{\partial \theta} \wedge \frac{\partial F}{\partial \phi} \right| d\theta \, d\phi, \tag{1.41}$$

wobei $v \wedge w$ das Kreuzprodukt (Vektorprodukt) von v und w bezeichnet und $|v \wedge w|$ dessen Länge darstellt (s. [1] oder ein anderes Lehrbuch über Funktionen mehrerer Veränderlicher). Damit ergibt sich

$$
\begin{aligned}
\frac{\partial F}{\partial \theta} &= (-R\sin\theta\cos\phi, R\cos\theta\cos\phi, 0), \\
\frac{\partial F}{\partial \phi} &= (-R\cos\theta\sin\phi, -R\sin\theta\sin\phi, R\cos\phi), \\
\frac{\partial F}{\partial \theta} \wedge \frac{\partial F}{\partial \phi} &= (R^2\cos\theta\cos^2\phi, R^2\sin\theta\cos^2\phi, R^2\sin\phi\cos\phi), \\
\left| \frac{\partial F}{\partial \theta} \wedge \frac{\partial F}{\partial \phi} \right| &= R^2 |\cos\phi|.
\end{aligned}
$$

Analog ist für den Zylinder die Fläche von $P(A)$ durch

$$\text{Area}(P(A)) = \iint_B \left| \frac{\partial G}{\partial \theta} \wedge \frac{\partial G}{\partial \phi} \right| d\theta \, d\phi \tag{1.42}$$

gegeben. Hier sehen wir, dass

$$
\begin{aligned}
\frac{\partial G}{\partial \theta} &= (-R\sin\theta, R\cos\theta, 0), \\
\frac{\partial G}{\partial \phi} &= (0, 0, R\cos\phi), \\
\frac{\partial G}{\partial \theta} \wedge \frac{\partial G}{\partial \phi} &= (R^2\cos\theta\cos\phi, R^2\sin\theta\cos\phi, 0), \\
\left| \frac{\partial G}{\partial \theta} \wedge \frac{\partial G}{\partial \phi} \right| &= R^2 |\cos\phi|.
\end{aligned}
$$

Man sieht leicht, dass die Integrale für die Flächen von A und $P(A)$ über dem gleichen Definitionsbereich B berechnet werden müssen. Da die beiden Integranden identisch sind, zeigen die obigen Ausführungen, dass die beiden betrachteten Flächen tatsächlich gleich sind.   □

Begründung der Gleichungen (1.41) **und** (1.42). Wir frischen hier kurz auf, wie man die entsprechenden Flächen berechnet. Wir zerschneiden B in infinitesimal kleine Rechtecke mit den Seitenlängen $d\theta$ und $d\phi$. Die Fläche von A (beziehungsweise $P(A)$) ist gegeben durch die Summe der Flächen der Bilder der Rechtecke unter der Abbildung F (beziehungsweise G). Wir betrachten die Fläche von A. Wir können uns $d\theta$ und $d\phi$ als kleine Strecken denken, die tangential an den Kurven $\phi =$ constant und $\theta =$ constant liegen. Demnach sind die entsprechenden Bilder kleine Strecken, die tangential an den Bildern der beiden Kurven liegen: es handelt sich um die Vektoren $\frac{\partial F}{\partial \theta} d\theta$ und $\frac{\partial F}{\partial \phi} d\phi$. Diese Vektoren erzeugen im Allgemeinen ein Parallelogramm, dessen Fläche durch $\left| \frac{\partial F}{\partial \theta} \wedge \frac{\partial F}{\partial \phi} \right| d\theta\, d\phi$ gegeben ist (das Produkt der Längen der Vektoren multipliziert mit dem Sinus des Winkels zwischen den beiden Vektoren).

In unserem Beweis ähnelt unter der Abbildung F dieser Teil von B einem kleinen Rechteck mit den Seitenlängen $R\, d\theta |\cos \phi|$ und $R\, d\phi$. Analog ist das Bild dieses Teils unter der Abbildung G ein kleines Rechteck mit den Seitenlängen $R\, d\theta$ und $R|\cos \phi|\, d\phi$. In beiden Fällen haben die Bilder eine Fläche von $R^2 |\cos \phi|\, d\theta\, d\phi$.

Mercatorprojektion. Lamberts Projektion ist flächentreu, aber nicht winkeltreu. Bei der Herstellung von Seekarten bevorzugt man winkeltreue Projektionen, denn diese ermöglichen ein leichtes Verfolgen des Kurses mit Hilfe eines Magnetkompasses. Die Mercatorprojektion $M: S \to C$ leistet genau das. Diese Projektion überdeckt den ganzen unendlich langen Zylinder. Wir verwenden hier wieder die sphärischen Koordinaten (1.39) zur Darstellung eines auf der Kugel liegenden Punktes Q, der durch $F(\theta, \phi)$ gegeben ist. Sein Bild unter M ist

$$M(Q) = M(F(\theta, \phi)) = \left(R\cos\theta, R\sin\theta, R\log\left(\tan \tfrac{1}{2}(\phi + \tfrac{\pi}{2})\right) \right). \tag{1.43}$$

Wie zuvor ergibt sich die Projektion dann durch Abrollen des Zylinders. Es bezeichne θ die horizontale Koordinate (Abszisse) auf dem abgewickelten Zylinder und z die vertikale Koordinate (Ordinate). Damit erhalten wir eine Abbildung $N: S \to \mathbb{R}^2$ der Kugel auf die Ebene. Sind (θ, ϕ) die sphärischen Koordinaten eines Punktes Q, dann bilden wir diesen Punkt auf

$$N(F(\theta, \phi)) = \left(\theta, \log\left(\tan \tfrac{1}{2}(\phi + \tfrac{\pi}{2})\right) \right) \tag{1.44}$$

ab (s. Abbildungen 1.9 und 1.10).

Definition 1.15 *Eine Abbildung $N: S_1 \to S_2$ von einer Oberfläche S_1 auf eine Oberfläche S_2 heißt konform, wenn sie winkeltreu ist. Das bedeutet: Schneiden sich zwei Kurven auf S_1 im Punkt Q unter einem Winkel α, dann schneiden sich die Bilder dieser beiden Kurven auf S_2 im Punkt $N(Q)$ unter dem gleichen Winkel α.*

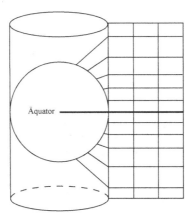

Abb. 1.9. Mercatorprojektion: Man projiziert auf einen Zylinder und rollt diesen ab. Eine längs eines Meridians gegebene Entfernung erscheint um so länger, je weiter sie vom Äquator weg ist.

Abb. 1.10. Eine Weltkarte unter Verwendung der Mercatorprojektion. Da die gesamte Karte eine unendliche Höhe hat, zeigen wir hier nur den Teil zwischen 85°S und 85°N.

Satz 1.16 *Die in den Gleichungen (1.43) und (1.44) definierten Abbildungen M und N sind konform.*

BEWEIS. Wir begnügen uns damit, den Beweis für die Abbildung N zu geben. Hieraus folgt die Konformität von M, wenn wir uns davon überzeugen, dass das Aufrollen oder Abrollen eines Zylinders den Schnittwinkel von Kurven, die sich auf der Zylinderfläche befinden, nicht ändern kann. Zwei einander berührende Kurven werden auf zwei einander berührende Kurven abgebildet; deswegen genügt es, sehr kleine Strecken zu betrachten, die tangential zum Schnittpunkt der ursprünglichen Kurven verlaufen. Man betrachte einen Punkt (θ_0, ϕ_0) und zwei durch diesen Punkt gehende kleine Strecken, die folgendermaßen geschrieben werden können:

$$\begin{aligned} v(t) &= (\theta_0 + t\cos\alpha, \phi_0 + t\sin\alpha), \\ w(t) &= (\theta_0 + t\cos\beta, \phi_0 + t\sin\beta). \end{aligned}$$

Wir betrachten die Tangentenvektoren $F \circ v = v_1$ und $F \circ w = w_1$ in $Q = F(\theta_0, \phi_0)$ und zeigen, dass sie den gleichen Winkel einschließen wie die Vektoren $N \circ F \circ v = v_2$ und $N \circ F \circ w = w_2$ in $N(Q)$. Die Tangentenvektoren können mit Hilfe der Kettenregel berechnet werden und sind durch

$$\begin{aligned} v_1'(0) &= R(-\sin\theta_0\cos\phi_0\cos\alpha - \cos\theta_0\sin\phi_0\sin\alpha, \\ &\qquad \cos\theta_0\cos\phi_0\cos\alpha - \sin\theta_0\sin\phi_0\sin\alpha, \cos\phi_0\sin\alpha), \\ w_1'(0) &= R(-\sin\theta_0\cos\phi_0\cos\beta - \cos\theta_0\sin\phi_0\sin\beta, \\ &\qquad \cos\theta_0\cos\phi_0\cos\beta - \sin\theta_0\sin\phi_0\sin\beta, \cos\phi_0\sin\beta), \\ v_2'(0) &= (\cos\alpha, \tfrac{\sin\alpha}{\cos\phi_0}), \\ w_2'(0) &= (\cos\beta, \tfrac{\sin\beta}{\cos\phi_0}) \end{aligned}$$

gegeben. Um zu zeigen, dass die Abbildung konform ist, verwenden wir die folgenden Kriterien:

Lemma 1.17 *Die Abbildung ist konform, wenn es für alle θ_0, ϕ_0 eine positive Konstante $\lambda(\theta_0, \phi_0)$ derart gibt, dass für alle α und β die folgende Relation für das Skalarprodukt von $v_i'(0)$ und $w_i'(0)$ gilt:*

$$\langle v_1'(0), w_1'(0)\rangle = \lambda(\theta_0, \phi_0)\langle v_2'(0), w_2'(0)\rangle. \tag{1.45}$$

BEWEIS. Es sei ψ_i der Winkel zwischen $v_i'(0)$ und $w_i'(0)$ für $i = 1, 2$. Wir möchten zeigen, dass $\cos\psi_1 = \cos\psi_2$. Ist (1.45) erfüllt, dann sehen wir, dass

$$\begin{aligned} \cos\psi_1 &= \frac{\langle v_1'(0), w_1'(0)\rangle}{|v_1'(0)|\,|w_1'(0)|} \\ &= \frac{\langle v_1'(0), w_1'(0)\rangle}{\langle v_1'(0), v_1'(0)\rangle^{1/2}\langle w_1'(0), w_1'(0)\rangle^{1/2}} \\ &= \frac{\lambda(\theta_0, \phi_0)\langle v_2'(0), w_2'(0)\rangle}{(\lambda(\theta_0, \phi_0)\langle v_2'(0), v_2'(0)\rangle)^{1/2}(\lambda(\theta_0, \phi_0)\langle w_2'(0), w_2'(0)\rangle)^{1/2}} \\ &= \frac{\langle v_2'(0), w_2'(0)\rangle}{\langle v_2'(0), v_2'(0)\rangle^{1/2}\langle w_2'(0), w_2'(0)\rangle^{1/2}} \\ &= \frac{\langle v_2'(0), w_2'(0)\rangle}{|v_2'(0)|\,|w_2'(0)|} \\ &= \cos\psi_2. \end{aligned}$$

(Die Forderung, dass $\lambda(\theta_0, \phi_0)$ positiv ist, gewährleistet, dass keine Division durch null auftritt und dass die Quadratwurzeln reell sind.) $\qquad\qquad\qquad\qquad\qquad$ $\Box$

Die Verifizierung von (1.45) für die Mercatorprojektion ist etwas langwierig, vereinfacht sich aber schnell. Wir erhalten

$$\langle v_1'(0), w_1'(0) \rangle = R^2(\cos^2 \phi_0 \cos \alpha \cos \beta + \sin \alpha \sin \beta),$$
$$\langle v_2'(0), w_2'(0) \rangle = \cos \alpha \cos \beta + \frac{\sin \alpha \sin \beta}{\cos^2 \phi_0}.$$

Hieraus folgt, dass $\lambda(\theta_0, \phi_0) = R^2 \cos^2 \phi_0$. $\qquad\qquad\qquad\qquad\qquad$ $\Box$

Der kürzeste Weg zwischen zwei Punkten auf einer Kugel. Wir betrachten zwei Punkte Q_1 und Q_2 auf der Oberfläche einer Kugel. Sind die Punkte nicht diametral entgegengesetzt, dann können sie nicht kollinear mit dem Kugelmittelpunkt sein. Die beiden Punkte bestimmen also zusammen mit dem Kugelmittelpunkt eine Ebene. Die Schnittfigur der Ebene und der Kugel ist ein Großkreis, auf dem die beiden Punkte Q_1 und Q_2 liegen. Die Punkte teilen den Kreis in zwei Kreisbögen, deren kürzerer auf der Kugeloberfläche der kürzeste Weg zwischen Q_1 und Q_2 ist. Es sei O der Kugelmittelpunkt. Dann ist die Länge dieses Weges gleich $R\alpha$, wobei $\alpha \in [0, \pi)$ den Winkel zwischen OQ_1 und OQ_2 bezeichnet und R der Radius der Kugel ist. In der Seenavigation wird der kürzeste Weg zwischen zwei Punkten als *Orthodrome* bezeichnet. In der Mathematik heißt der kürzeste Weg zwischen zwei Punkten auf einer Oberfläche üblicherweise *Geodätische*. Die Geodätischen einer Kugel sind die Großkreise. Betrachten wir eine Karte in Mercatorprojektion, dann entspricht die Orthodrome zwischen zwei Punkten Q_1 und Q_2 keiner geraden Linie auf der Karte – es sei denn, die Punkte liegen auf dem gleichen Längenkreis. Im Vokabular der Seenavigation ist die *Loxodrome* zwischen zwei Punkten die Kurve, welche die beiden Punkte verbindet und sämtliche Meridianlinien unter dem gleichen Winkel schneidet (deswegen wird diese Kurve auch *Winkelgleiche* genannt). Bei der Mercatorprojektion entspricht diese Route einer geraden Strecke, die beide Punkte verbindet, und das beweist, dass ein solcher Weg immer existiert. Eine Loxodrome ist üblicherweise länger und jedenfalls nie kürzer als eine Orthodrome. Bei einer Mercatorprojection der Kugel wird diese Beziehung jedoch umgekehrt (s. Abbildung 1.11).

Wie man einer Trajektorie folgt. Wenn wir nur mit Hilfe der traditionellen Navigationstechniken (mit anderen Worten: ohne GPS) von Punkt A zu Punkt B gelangen wollen, dann ist es leichter, der loxodromischen Route zu folgen (die bei einer Mercatorprojektion als Strecke erscheint). Diese Trajektorie schneidet jede Meridianlinie unter einem konstanten Winkel. Das traditionelle Navigationswerkzeug ist ein einfacher Magnetkompass, der die Richtung zum magnetischen Norden anzeigt. Die Linien des Magnetfeldes, das die Erde umgibt, ähneln den Meridianlinien. Die Feldlinien gehen vom magnetischen Nordpol aus und enden am magnetischen Südpol. Der magnetische Nordpol bzw. der magnetische Südpol stimmt jedoch nicht vollständig mit dem Nordpol bzw. Südpol der Erde überein. Außerdem sind die magnetischen Pole nicht statisch, sondern wandern langsam. Somit schneiden in der Praxis die Magnetfeldlinien die Meridianlinien in einem Winkel, und dieser Winkel ist nicht an jeder Stelle auf der Erde gleich;

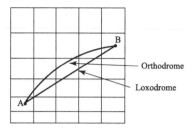

Abb. 1.11. Orthodromischer und loxodromischer Weg zwischen zwei Punkten A und B.

darüber hinaus ändert sich der Winkel an einem gegebenen Ort von einem Jahr zum nächsten. Der exakte Wert der Schwankung zwischen dem Nordpol und dem magnetischen Nordpol kann mühelos in Tabellen nachgesehen werden und wird üblicherweise auf Seekarten und aeronautischen Karten angegeben. Alternativ können wir den Winkel auch berechnen, wenn wir unseren Standort und den Standort eines oder mehrerer nahe gelegener Orientierungspunkte kennen. Navigieren wir in einer hinreichend großen Entfernung von den Polen, dann können wir voraussetzen, dass die Schwankung nahezu konstant ist. Um also einer loxodromischen Route zu folgen, reicht es aus, einen Kompass auf den gewünschten Winkel gerichtet zu halten, der sich aus dem Winkel zwischen den Magnetfeldlinien und den Meridianlinien an der aktuellen Position errechnet.

Kartografie in der Nähe der Pole. Möchten wir Karten von den Polargebieten machen, dann erweisen sich die oben diskutierten Projektionen als nicht sehr praktisch. An deren Stelle betrachten wir Projektionen auf schiefe Zylinder oder Kegel. Wollen wir eine winkeltreue Projektion haben, dann können wir die Mercatorprojektion auf einen schiefen Zylinder verwenden. In diesem Fall geht jedoch die Eigenschaft verloren, dass Längen- und Breitenkreise auf Geraden abgebildet werden. Wir können auch winkeltreue Projektionen auf die Oberfläche eines Kegels betrachten. Diese Projektionen heißen *Lambert'sche Projektionen* (s. zum Beispiel Übung 26).

Das UTM-Koordinatensystem. Möchten wir einen Wegpunkt in einen GPS-Empfänger eingeben, dann müssen wir die Koordinaten des Punktes auf einer Karte berechnen. Viele Karten benutzen das UTM-Koordinatensystem (UTM = Universal Transverse Mercator), bei dem 60 Projektionen vom gleichen Typ wie die Mercatorprojektion verwendet werden: Der Unterschied besteht darin, dass der Zylinder nicht mehr vertikal, sondern horizontal ist, und daher die Erde längs eines Meridians tangential berührt. Die entsprechende Projektion heißt transversale Mercatorprojektion. Eine Längenzone überdeckt ein 6 Grad breites Längenintervall. Jede der 60 Längenzonen im UTM-System beruht auf einer transversalen Mercatorprojektion. Das ermöglicht es uns, ein Gebiet von einer großen Nord-Süd-Ausdehnung mit einer geringfügigen Verzerrung abzubilden. Dieses System wurde ursprünglich von der North Atlantic Treaty Organization (NATO) im Jahr 1947 entworfen.

1.6 Übungen

GPS (Global Positioning System)

1. Zeigen Sie, dass der Nenner von Gleichung (1.16) dann und nur dann gleich null ist, wenn die vier Satelliten in ein und derselben Ebene liegen.

2. Das Navigationssystem *Loran* (für „LOng RANge") wurde viele Jahre lang für die Meeresnavigation verwendet, insbesondere an den nordamerikanischen Küsten. Viele Schiffe sind immer noch mit Loran-Empfängern ausgestattet, weswegen das System nicht außer Dienst gestellt worden ist, obwohl sich das GPS zunehmender Beliebtheit erfreut. Loran-Sender sind in Ketten von drei bis fünf Sendern angeordnet, von denen einer als Master-Station M und die anderen als Slave-Stationen W, X, Y und Z fungieren.

    - Die Master-Station sendet ein Signal.
    - Die Slave-Station W empfängt das Signal, führt eine Zeitverzögerung von vorher festgelegter Länge durch und sendet dann das gleiche Signal weiter.
    - Die Slave-Station X empfängt das Signal, führt eine Zeitverzögerung von vorher festgelegter Länge durch und sendet dann das gleiche Signal weiter.
    - usw.

    Die von jeder Slave-Station durchgeführten Verzögerungen werden so gewählt, dass keinerlei Zweifel in Bezug auf den Ursprung eines Signals aufkommen können, das irgendwo im Dienstbereich der Senderkette empfangen wird. Die Idee hinter dem System ist, dass der Loran-Empfänger (auf dem Schiff) die Phasenverschiebung zwischen den empfangenen Signalen misst. Da zwischen drei und fünf Signale empfangen werden, gibt es mindestens zwei Phasenverschiebungen, die unabhängig sind.

    (a) Erklären Sie, wie wir unsere Position bestimmen können, wenn wir zwei Phasenverschiebungen kennen.

    (b) In der Praxis ermöglicht die Phasenverschiebung zwischen der ersten Antenne und der zweiten Antenne, dass sich der Empfänger auf einem Hyperbelast lokalisieren kann. Warum?

    Kommentar: Diese hyperbolischen Positionierungskurven werden auf den Seekarten eingezeichnet. Eine Position auf einer Seekarte lässt sich also als Schnittpunkt zweier hyperbolischer Kartenkurven identifizieren.

3. Um seine Position zu berechnen, muss ein GPS-Empfänger die Signallaufzeit für vier Satelliten kennen. Wir schränken das Problem ein, indem wir voraussetzen, dass sich der Empfänger auf der Höhe null befindet (also in Meereshöhe). Zeigen Sie, dass in diesem Fall nur drei Satelliten erforderlich sind, um die Position des Empfängers zu berechnen. Erläutern Sie die Details der durchzuführenden Rechnungen.

4. Meteoriten dringen regelmäßig in die Atmosphäre ein, erhitzen sich schnell, zerfallen und explodieren schließlich, bevor sie auf der Erdoberfläche einschlagen. Diese Explosion erzeugt eine Schockwelle, die sich mit Schallgeschwindigkeit in alle Richtungen

ausbreitet. Die Schockwelle wird von Seismographen registriert, die an verschiedenen Standorten auf der Erdoberfläche installiert worden sind.

Wir setzen voraus, dass vier Stationen (die mit perfekt synchronisierten Uhren ausgestattet sind) den Zeitpunkt registrieren, an dem die Schockwelle ankommt. Erklären Sie, wie man sowohl den Ort als auch die Zeit der Explosion berechnet.

5.   Man betrachte eine Karte, auf der weder die Längen, noch die Breiten, noch die Richtung Norden angegeben sind. Erklären Sie, wie man aus der Kenntnis dreier Orientierungspunkte auf der Karte, die nicht auf einer Geraden liegen, die Position eines beliebigen Kartenpunktes berechnen kann. Was muss vorausgesetzt werden, damit diese Erklärung funktioniert?

Blitzschläge und Gewitter

6.   Welches ist die Minimalzahl von Detektoren, die einen Blitzschlag registrieren müssen, damit dieser lokalisiert werden kann? Geben Sie das Gleichungssystem an, das der Zentralrechner lösen muss, um diese Position zu berechnen.

7.   Gegeben seien die zwei Zeiten t_1 und t_2, die von den Oszilloperturbographen an beiden Enden einer Starkstromleitung der Länge L gemessen wurden. Berechnen Sie die Position der Leitungsstörung.

8.   Eine Nanosekunde ist ein Milliardstel einer Sekunde: 10^{-9} s. Berechnen Sie die Entfernung, die das Licht in 100 Nanosekunden zurücklegt. Leiten Sie hieraus die Genauigkeit der Position ab, die von einem System berechnet wird, das die Lichtdurchgangszeiten mit einer Genauigkeit von 100 Nanosekunden misst.

9.   Es sei $P(I)$ die Popolansky-Funktion, und die Zufallsvariable X, welche die Stromstärke von Blitzschlägen misst, sei gemäß $P(I)$ verteilt. Berechnen Sie die Dichtefunktion $f(I)$ von X. Was ist der Modus (der Wert von I, für den die Dichte ihr Maximum annimmt) dieser Verteilung?

10.   In anderen Gegenden wird typischerweise die in (1.17) gegebene Anderson-Erikson-Funktion P verwendet, wobei $M = 31$ und $K = 2,6$. Im Gegensatz zur Popolansky-Funktion muss man hier numerische Methoden anwenden.
(a)   Berechnen Sie den Median dieser Verteilung.
(b)   Berechnen Sie das 90. Perzentil dieser Verteilung. Mit anderen Worten, finden Sie den Wert I, für den $\mathrm{Prob}(X \le I) = 0,9$.
(c)   Es sei vorausgesetzt, dass 58% der entdeckten Blitzschläge eine Stromstärke haben, die höher als der Median ist. Berechnen Sie den Prozentsatz der Blitzschläge, die nicht entdeckt werden. Es sei weiterhin vorausgesetzt, dass nur die schwächsten Blitzschläge nicht entdeckt werden. Berechnen Sie den Schwellenwert der Stromstärke I_0, unter dem die Blitzschläge nicht entdeckt werden.
(d)   Berechnen Sie den Modus dieser Verteilung.

Lineare Schieberegister

11. Man betrachte eine Folge $\{a_n\}$, die eine Periode der Länge N hat, das heißt, $a_{n+N} = a_n$ für alle n. Zeigen Sie, dass die minimale Periode dieser Folge (also die kleinste ganze Zahl M mit $a_{n+M} = a_n$ für alle n) ein Teiler von N sein muss.

12. (a) Zeigen Sie, dass das Polynom $x^4 + x^3 + 1$ primitiv über $\mathbb{F}_2$ ist.
(b) Berechnen Sie die Folge, die durch das lineare Schieberegister erzeugt wird, bei dem $(q_0, q_1, q_2, q_3) = (1, 0, 0, 1)$ und die Anfangsbedingungen durch $(a_0, a_1, a_2, a_3) = (T(b), T(xb), T(x^2b), T(x^3b))$ mit $b = 1$ gegeben sind. Beweisen Sie, dass diese Folge eine minimale Periode der Länge 15 hat.
(c) Zeigen Sie, dass diese Folge nicht dieselbe ist wie in Beispiel 1.5.
(d) Berechnen Sie die Korrelation zwischen dieser Folge und den verschiedenen Verschiebungen der Folge von Beispiel 1.5.

13. Zeigen Sie, dass das Polynom $x^4+x^3+x^2+x+1$ nicht primitiv über $\mathbb{F}_2$ ist. Berechnen Sie die Folge, die durch das lineare Schieberegister mit $(q_0, q_1, q_2, q_3) = (1, 1, 1, 1)$ und den Anfangsbedingungen $(a_0, a_1, a_2, a_3) = (T(b), T(xb), T(x^2b), T(x^3b))$ mit $b = 1$ erzeugt wird. Beweisen Sie, dass diese Folge eine minimale Periode mit einer Länge hat, die kleiner als 15 ist.

Einige elementare Methoden der Positionsberechnung
Vor der Erfindung des GPS verwendete die Menschheit mehrere andere (mathematische!) Methoden und geniale Instrumente zur Positionsberechnung: die Position des Polarsterns, die Position der Sonne zur Mittagszeit, den Sextanten usw. Einige dieser Techniken sind auch heute noch in Gebrauch. Auch wenn das GPS viel genauer und einfach zu bedienen ist, können wir nicht garantieren, dass das System niemals versagt, oder dass wir immer einen Satz von neuen Batterien zur Hand haben. Daher sind diese einfacheren Techniken auch weiterhin wichtig und werden eingesetzt.

14. Der Polarstern befindet sich ziemlich nahe an der Rotationsachse der Erde und ist nur von der nördlichen Halbkugel aus sichtbar.
(a) Unter welchem Winkel über dem Horizont sehen wir den Polarstern, wenn wir uns auf dem 45. Breitenkreis befinden? Und was ist, wenn wir uns auf dem 60. Breitenkreis befinden?
(b) Angenommen, Sie sehen den Polarstern unter dem Winkel θ über dem Horizont. Auf welcher Breite befinden Sie sich?

15. Die Rotationsachse der Erde bildet einen Winkel von 23,5 Grad mit der Normalen zur ekliptischen Ebene (also der Ebene, in der sich die Erde um die Sonne bewegt).
(a) Der nördliche Polarkreis liegt bei 66,5 Grad nördlicher Breite. Unter welchem Winkel über dem Horizont sehen Sie mittags die Sonne während der Tagundnachtgleiche, wenn Sie sich auf dem nördlichen Polarkreis befinden. Und wie groß ist der Winkel

während der Sommersonnenwende? Während der Wintersonnenwende? (Die letztere Eigenschaft führte zum Namen dieses speziellen Breitenkreises.)

(b)   Beantworten Sie die gleiche Frage unter der Annahme, dass Sie sich auf dem Äquator befinden.

(c)   Beantworten Sie die gleiche Frage unter der Annahme, dass Sie sich auf 45 Grad nördlicher Breite befinden.

(d)   Der Wendekreis des Krebses befindet sich auf 23,5 Grad nördlicher Breite. Zeigen Sie, dass die Sonne während der Sommersonnenwende mittags senkrecht über dem Wendekreis des Krebses steht.

(e)   Über welchen Punkten der Erdoberfläche steht die Sonne mittags an mindestens einem Tag des Jahres senkrecht?

16.   Wir können auch die Mittagshöhe der Sonne verwenden, um die Breite zu berechnen. Berechnen Sie die Breite Ihres Standorts, wenn die Sonne während der Sommersonnenwende mittags unter einem Winkel θ über dem Horizont steht. Beantworten Sie dieselbe Frage, wenn es sich um die Tagundnachtgleiche und um die Wintersonnenwende handelt.

17.   Zur Bestimmung der ungefähren Länge Ihres Standorts können Sie folgende Technik anwenden. Stellen Sie Ihre Uhr auf die Ortszeit des Greenwich-Meridians (also des Nullmeridians). Registrieren Sie die angezeigte Zeit, wenn die Sonne im Zenit steht. Wie können Sie diese Information nutzen, um die Länge Ihres Standorts zu berechnen? Diese Methode ist nicht übertrieben genau, da es ziemlich schwierig ist festzustellen, dass die Sonne im Zenit steht. Deswegen interpolieren Navigatoren zur See typischerweise die Ergebnisse zweier Messungen, von denen die eine vor dem Zenit und die andere danach durchgeführt worden ist.

18.   **Die Funktionsweise eines Sextanten:** Wie in den Übungen 14 und 17 gezeigt, können wir Länge und Breite dadurch bestimmen, dass wir den Winkel der Sonne oder des Polarsterns über dem Horizont messen. Das ist in der Theorie gut und schön, aber wie führen wir in der Praxis eine genaue Messung durch, wenn wir auf einem schaukelnden Boot stehen? Das ist der Augenblick, in dem sich der Sextant als nützlich erweist. Sextanten benutzen ein System von zwei Spiegeln. Der Navigator reguliert den Winkel zwischen den zwei Spiegeln so lange, bis er das Spiegelbild der Sonne oder des Polarsterns auf der Horizontlinie sieht, wie in Abbildung 1.12 gezeigt wird.

(a)   Zeigen Sie: Ist θ der Winkel zwischen den zwei Spiegeln, dann ist 2θ der Winkel, den die Sonne oder der Polarstern über dem Horizont bildet.

(b)   Erklären Sie, warum die Messung durch das Schaukeln des Bootes nicht übermäßig beeinflusst wird.

Kartografie

19.   Man betrachte zwei Punkte $Q_1 = (x_1, y_1, z_1)$ und $Q_2 = (x_2, y_2, z_2)$ auf der Oberfläche einer idealisierten kugelförmigen Erde mit Radius R. Die Längen dieser beiden Punkte

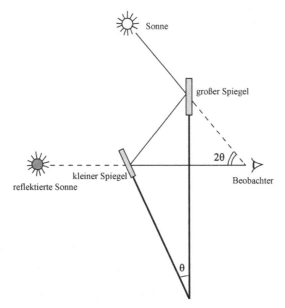

Abb. 1.12. Die Funktionsweise eines Sextanten (Übung 18).

seien θ_1 und θ_2 und die Breiten seien ϕ_1 bzw. ϕ_2. Berechnen Sie die minimale Entfernung, die diese beiden Punkte längs der Erdoberfläche haben.

20. Gegeben sei eine Karte, die mit Hilfe der standardmäßigen Mercatorprojektion hergestellt wurde. Berechnen Sie die Gleichung der Orthodrome zwischen dem Punkt der Länge 0° und der Breite 0° sowie dem Punkt der Länge 90°W und der Breite 60°N.

21. Gegeben sei eine Karte, die mit Hilfe der horizontalen Zylinderprojektion hergestellt wurde. Berechnen Sie die Gleichung der Orthodrome zwischen dem Punkt der Länge 0° und der Breite 0° sowie dem Punkt der Länge 90°W und der Breite 60°N.

22. Man betrachte die Projektion einer Kugel auf einen senkrechten Zylinder, wobei der Kugelmittelpunkt das Projektionszentrum sei.
    (a) Geben Sie die Formel an, mit der die Projektion beschrieben wird.
    (b) Worauf werden die Meridiane abgebildet? Worauf die Breitenkreise?
    (c) Was ist das Bild eines Großkreises?

23. Kegelprojektionen verwenden Kegel, die eine Kugel berühren oder schneiden, wobei der Kugelmittelpunkt das Projektionszentrum ist. Stellen Sie sich eine Kegelprojektion vor

und zeichnen Sie das Gitter der Meridiane und der Breitenkreise auf den abgewickelten Kegel.

24. **Stereografische Projektion:** Man betrachte die Projektion einer Kugel auf eine Ebene, welche die Kugel tangential in einem Punkt P berührt. Es sei P' derjenige Punkt auf der Kugel, der diametral entgegengesetzt zum Punkt P liegt. Die Projektion wird wie folgt durchgeführt: Ist Q ein Punkt auf der Kugel, dann ist seine Projektion der Schnittpunkt der Geraden $P'Q$ mit der Ebene, welche die Kugel in P berührt.

    (a)   Geben Sie die Formel dieser Projektion für den Fall an, dass P der Südpol ist und die Kugel den Radius 1 hat. (In diesem Fall ist der Punkt P' der Nordpol und die Tangentialebene wird durch die Gleichung $z = -1$ beschrieben.)

    (b)   Zeigen Sie, dass diese Projektion winkeltreu ist.

25.   Zur genauen Darstellung der Erde müssen wir als Modell ein Rotationsellipsoid $\frac{x^2}{a^2} + \frac{y^2}{a^2} + \frac{z^2}{b^2} = 1$ nehmen. Die sphärischen Koordinaten eines Ellipsoids lassen sich in der Form

$$(x, y, z) = (a\cos\theta\cos\phi, a\sin\theta\cos\phi, b\sin\phi)$$

schreiben. Der Längenbegriff ist der gleiche wie im Fall einer Kugel, aber die meisten Geografen tendieren zur Verwendung der geodätischen Breite, die folgendermaßen definiert ist: Die geodätische Breite eines Punktes P auf einem Ellipsoid ist der Winkel zwischen dem Normalvektor im Punkt P und der Äquatorebene (d. h. der Ebene $z = 0$). Berechnen Sie die geodätische Breite als Funktion von ϕ.

26.   **Lamberts winkeltreue Kegelprojektion:** Man betrachte die Kugel $x^2 + y^2 + z^2 = 1$ und einen Kegel mit Spitze über dem Nordpol in einem Punkt der z-Achse.

    (a)   Welches sind die Koordinaten der Kegelspitze, wenn der Kegel die Kugel längs des Breitenkreises ϕ_0 berührt?

    (b)   Zerschneiden wir den Kegel entlang dem Meridian $\theta = \pi$ und wickeln wir den Kegel anschließend ab, dann erhalten wir einen Kreissektor. Zeigen Sie, dass der Winkel an der Spitze dieses Sektors gleich $2\pi\sin\phi_0$ ist.

    (c)   Zeigen Sie, dass der Abstand ρ_0 zwischen der Kegelspitze und sämtlichen Punkten, an denen sich der Kegel und die Kugel berühren, gleich $\rho_0 = \cot\phi_0$ ist.

    (d)   **Schwieriger!** Wir nehmen an, dass der Sektor so abgewickelt und ausgerichtet ist, wie in Abbildung 1.13 dargestellt.

      Die Lambert'sche Projektion der Kugel auf diesen abgewickelten Sektor ist folgendermaßen definiert. Es sei $(x, y, z) = (\cos\theta\cos\phi, \sin\theta\cos\phi, \sin\phi)$ ein Punkt auf der Kugel. Man bilde diesen Punkt auf den Punkt

$$\begin{cases} X = \rho\sin\psi, \\ Y = \rho_0 - \rho\cos\psi \end{cases}$$

ab, wobei

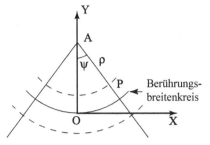

Abb. 1.13. Abwickeln des Kegels für Übung 26: Ist P ein Punkt, dann bilden $\rho = |AP|$ und ψ den Winkel $\widehat{OAP}$.

$$\begin{cases} \rho = \rho_0 \left(\dfrac{\tan \frac{1}{2}(\frac{\pi}{2} - \phi)}{\tan \frac{1}{2}(\frac{\pi}{2} - \phi_0)} \right)^{\sin \phi_0}, \\ \psi = \theta \sin \phi_0. \end{cases}$$

Beweisen Sie, dass die durch $(x, y, z) \mapsto (X, Y)$ gegebene Projektion der Kugel auf den Kegel winkeltreu ist.

Literaturverzeichnis

[1] M. Do Carmo, *Differential Geometry of Curves and Surfaces*. Prentice Hall, 1976.

[2] A. Peters (Herausgeber), *Peters World Atlas*. Turnaround Distribution, 2002.

[3] P. Richardus und R. K. Adler, *Map Projections*. North-Holland, 1972.

[4] E. F. Taylor und J. A. Wheeler, *Exploring Black Holes: Introduction to General Relativity*. Addison Wesley Longman, New York, 2000. (Kapitel 1 und 2 sowie Projekt über GPS.)

2

Friese und Mosaike

In diesem Kapitel diskutieren wir die Klassifikation von Friesen sowie einige Begriffe, die mit Mosaiken zusammenhängen. Im ersten Abschnitt führen wir Operationen ein, bei denen ein Fries unverändert bleibt; dabei stützen wir uns nur auf elementare Geometrie und auf unsere Intuition. Wir beschreiben auch die Hauptschritte des Klassifikationssatzes. Abschnitt 2.2 definiert affine Transformationen, deren Matrizendarstellung und Isometrien. Der Höhepunkt dieses Kapitels ist der Klassifikationssatz, der in Abschnitt 2.3 bewiesen wird. Weniger ausführlich werden im letzten Abschnitt Mosaike diskutiert. Das vorliegende Kapitel enthält keine fortgeschrittenen Abschnitte – der Beweis des Klassifikationssatzes ist der schwierigste Teil. Die Abschnitte 2.1 und 2.4 lassen sich in drei Vorlesungsstunden behandeln. Die Werkzeuge sind rein geometrisch und wir erläutern die Möglichkeit der Klassifizierung. Ist der Klassifikationssatz das Ziel, dann sollten den ersten drei Abschnitten vier Vorlesungsstunden gewidmet werden. In allen Fällen sollte der Dozent Folien der Abbildung 2.2 mitbringen. Das Vorführen der Folien mit einem Projektor hilft den Studenten, den Begriff der Symmetrie schnell zu verstehen. Zum Verständnis des vorliegenden Kapitels werden nur Grundkenntnisse der linearen Algebra und der euklidischen Geometrie vorausgesetzt. Der Beweis des Klassifikationssatzes erfordert Vertrautheit mit dem abstrakten Denken.

Dieses Thema bietet mehrere interessante Richtungen für weitere Untersuchungen: Die aperiodischen Parkettierungen (Ende von Abschnitt 2.4) sind eine solche Richtung, während die Übungen 13, 14, 15 und 16 verschiedene andere aufzeigen.

Friese und Mosaike werden seit mehreren Jahrtausenden als Dekoration verwendet. In der Antike wurden sie von den Zivilisationen der Sumerer, Ägypter und Mayas effektvoll eingesetzt. Es wäre jedoch falsch zu behaupten, dass die damalige Mathematik die „Technik" entwickelt hat, die der Kunst zugrundeliegt. Die formal mathematische Untersuchung von Parkettierungen ist relativ neuen Ursprungs und begann vor nicht mehr als zwei Jahrhunderten. Die Arbeit von Bravais [1], einem französischen Physiker, gehört zu den ersten wissenschaftlichen Untersuchungen des Gegenstandes.

Die Mathematik verfügt über die Möglichkeit zur systematischen Klassifizierung der Friese und Mosaike, die man üblicherweise in der Architektur und in der Kunst sieht.

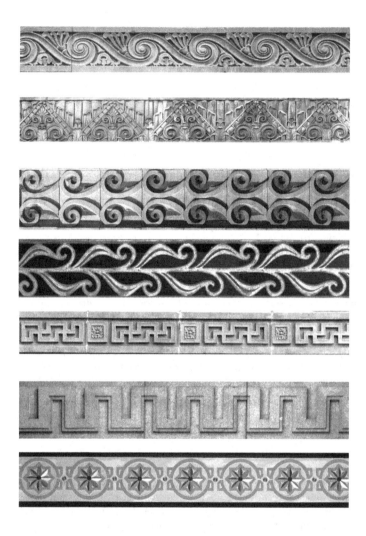

Abb. 2.1. Sieben Friese. (Jedes der Muster der obigen Friese ist in vereinfachter Form in Abbildung 2.2 dargestellt.)

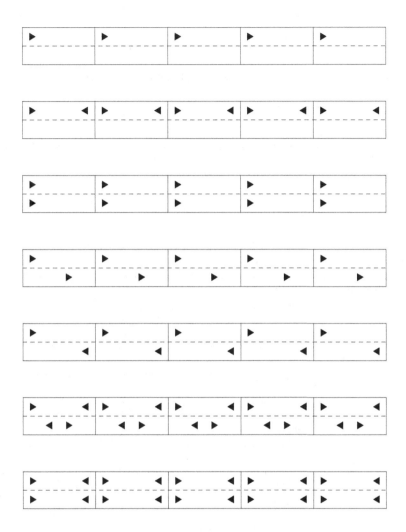

Abb. 2.2. Sieben vereinfachte Friese. (Jeder der obigen Friese ist eine vereinfachte Form des entsprechenden Frieses von Abbildung 2.1.)

Diese Klassifikationen gestatten es den Mathematikern, die dahinter stehenden Regeln besser zu verstehen und durch Verletzung einiger dieser Regeln neue Muster zu schaffen. Die Klassifizierung von Objekten ist eine ziemlich verbreitete mathematische Tätigkeit. Der Leser, der eine Vorlesung über Funktionen mit mehreren Variablen gehört hat, erinnert sich an die Klassifikation der stationären Werte einer Funktion zweier Variabler unter Verwendung des Testes der zweiten partiellen Ableitung. Ist die Matrix der zweiten Ableitungen (die Hesse'sche Matrix) nicht singulär, dann kann der stationäre Wert entweder als lokales Minimum oder als lokales Maximum oder als Sattelpunkt klassifiziert werden. Dem Leser ist vielleicht auch die Klassifikation der Kegelschnitte in einem fortgeschrittenen Kurs über lineare Algebra oder euklidische Geometrie begegnet. Und für diejenigen, die Kapitel 6 über fehlerkorrigierende Codes gelesen haben, bemerken wir: Die Sätze 6.17 und 6.18 klassifizieren die endlichen Körper. Das alles sind Beispiele für Klassifikationen von abstrakten Objekten. Es mag überraschend sein zu erfahren, dass die Mathematik dazu in der Lage ist, so konkrete Objekte wie architektonische Muster zu klassifizieren. Das geschieht folgendermaßen.

2.1 Friese und Symmetrien

Ein *Fries* oder *Bandornament* bezeichnet in der Architektur einen schmalen Streifen, der einen Teil eines Bauwerks abgrenzt und dekoriert. Oft dienen sie dazu, eine Fassade zu gliedern. Friese werden auch als streifenförmige, sich wiederholende Ornamente definiert. Abbildung 2.1 zeigt sieben Friese aus der Architektur. Um diese Objekte mathematisch zu diskutieren, modifizieren wir die Definition, damit sie folgende Bestandteile enthält: *(i)* ein Fries hat eine konstante und endliche Breite (die Höhe des Frieses in Abbildung 2.1) und ist in der senkrechten Richtung (die horizontale Richtung in unseren Beispielen) unendlich lang; und *(ii)* er ist periodisch, das heißt, es gibt einen minimalen Abstand $L > 0$ derart, dass eine Translation des Frieses um einen Abstand L längs der Richtung, in der er unendlich ist, den Fries invariant lässt. Die Länge L heißt *Periode* des Frieses. Diese Definition passt nicht perfekt zu Friesen der realen Welt (insbesondere nicht zu denjenigen von Abbildung 2.1), weil diese nicht unendlich lang sind. Wir können uns jedoch leicht vorstellen, die real existierenden Friese durch eine einfache Fortsetzung des Musters in beide Richtungen unendlich zu erweitern.

In Abbildung 2.2 sind sieben weitere Friese zu sehen. Sie sind weitaus weniger detailliert dargestellt, aber viel einfacher zu untersuchen. Jeder dieser sieben Friese hat die gleiche Periode L, die gleich dem Abstand zwischen zwei benachbarten vertikalen Strichen ist. In der weiteren Diskussion stellen wir uns vor, dass diese vertikalen Striche im Friesmuster *nicht auftreten*, denn wir haben sie nur eingezeichnet, um die Periode explizit darzustellen. Einige dieser Friese sind nicht nur gegenüber Translationen invariant, sondern auch gegenüber anderen geometrischen Transformationen. Zum Beispiel bleiben der dritte und der siebente Fries sogar dann unverändert, wenn wir sie so umdrehen, dass wir oben und unten vertauschen. In diesem Fall sagen wir, dass sie invariant gegenüber *Spiegelungen an einem horizontalen Spiegel* sind. Der zweite, sechste und siebente Fries bleiben unverändert, wenn sie von links nach rechts umgedreht werden; wir sagen, dass sie invariant gegenüber *Spiegelungen an einem vertikalen Spiegel* sind. Diese Unterscheidungen zwischen verschiedenen Friesen werfen eine natürliche Frage auf: *Ist es möglich, alle Friese zu klassifizieren, indem man die Menge der Operationen betrachtet, gegenüber denen sie invariant sind?* Zum Beispiel gehören weder die horizontalen noch die vertikalen Spiegelungen, die wir gerade erwähnt haben, zu derjenigen Menge von Operationen, die den ersten Fries unverändert lassen. Diese Menge von Operationen unterscheidet sich von derjenigen, die den dritten Fries charakterisieren, der horizontal gespiegelt werden kann. Beachten Sie, dass die Friese der Abbildungen 2.1 und 2.2 so angeordnet worden sind, dass sie die jeweils gleichen Symmetrien aufweisen. Einander entsprechende Paare bleiben also bei den gleichen Operationen unverändert. Zum Beispiel ist bei beiden Abbildungen der dritte Fries invariant gegenüber Translationen und horizontalen Spiegelungen.

Wenn eine längentreue geometrische Transformation (wie etwa eine Translation oder eine Spiegelung) einen Fries unverändert lässt, dann bezeichnet man sie als *Symmetrieoperation des Frieses* oder einfach als *Symmetrie*. Die vollständige Liste der Symmetrien eines Frieses ist unendlich. Wir möchten in dieser Liste die Translationen um einen Abstand der Periode L von Translationen um Abstände der Perioden $2L$, $3L$ usw. unterscheiden, und diese stellen bereits für sich eine unendliche Anzahl von Symmetrieoperationen dar. Außerdem sollte die Liste auch die Inverse einer jeden Symmetrieoperation enthalten. Die *Inverse einer Symmetrieoperation* ist die gewöhnliche Inverse einer Funktion: Die Zusammensetzung einer Funktion und ihrer Inversen ist die identische Abbildung (kurz: Identität) in der Ebene (oder – wie im vorliegenden Fall – auf der von den Friesen definierten Teilmenge). Die Inverse einer Translation um einen Abstand L nach rechts ist die Translation um denselben Abstand nach links. (Übung: Was ist die Inverse einer Spiegelung an einem gegebenen Spiegel? Und was ist die Inverse einer Drehung um einen Winkel θ?) Werden Translationen nach rechts (beziehungsweise nach links) positive Abstände (beziehungsweise negative Abstände) L zugeordnet, dann sollte die Liste der Symmetrien eines Frieses der Periode L alle Translationen um einen Abstand nL mit $n \in \mathbb{Z}$ enthalten. Anstelle einer Auflistung aller Symmetrien eines Frieses gibt man üblicherweise nur eine Teilmenge von Elementen an, deren Zusammensetzungen und Inverse die ganze Liste liefern. Eine solche Teilmenge heißt *Menge von Erzeugenden (oder Erzeugendenmenge)*. Ab jetzt werden wir mit diesen Mengen arbeiten. (Die Mathematiker geben gewöhnlich eine möglichst kleine Erzeugendenmenge an. Eine Erzeugendenmenge heißt minimal, falls nach Weglassen eines ihrer Elemente die Teilmenge der restlichen Elemente nicht mehr alle Symmetrien erzeugt.)

Im verbleibenden Teil dieses Abschnitts haben wir das Ziel, die geometrische Intuition für die Schlüsselideen zu entwickeln, die zum Klassifikationssatz führen (Satz 2.12). Dieser Satz gibt alle möglichen Listen von Symmetrie-Erzeugenden für Friese einer gegebenen Periode an. Vor dem Weiterlesen raten wir dem Leser, sich auf einer Folie eine Kopie der Abbildung 2.2 zu machen und sie in sieben Streifen zu zerschneiden, einen für jeden Fries. Experimentieren ist ein ideales Mittel, um die Intuition zu entwickeln!

Die drei Erzeugenden t_L, r_h **und** r_v. Wir haben bereits einige mögliche Symmetrieoperationen eingeführt: Translationen (um ein beliebiges ganzzahliges Vielfaches der Periode) sowie Spiegelungen an einem horizontalen und einem vertikalen Spiegel. Wir verwenden für die beiden letztgenannten Operationen die Symbole r_h und r_v.[1] Die Menge der Translationen eines Frieses ist durch die eindeutig definierte Translation t_L um eine Periode L gegeben. (Die zu t_L inverse Translation ist t_{-L}. Die Zusammensetzung von n Operationen t_L liefert $t_L \circ t_L \circ \cdots \circ t_L = t_{nL}$.)

Eine Feinheit sollte gleich geklärt werden. Damit die Spiegelung r_h den Fries unverändert lässt, muss der horizontale Spiegel längs der Mittellinie des Frieses (gestrichelte Linien in Abbildung 2.2) aufgestellt werden. Seine Position ist also durch die Forderung vollständig bestimmt, dass es sich um eine Symmetrie handelt. Das ist nicht der Fall bei Spiegelungen an einem vertikalen Spiegel. Die Positionen von vertikalen Spiegeln müssen entsprechend dem Muster gewählt werden. Der Fries **2** (in Abbildung 2.2 der zweite Fries von oben) hat eine unendliche Menge von vertikalen Spiegeln. Alle kleinen vertikalen Linien definieren eine Position für einen vertikalen Spiegel. Aber diese sind nicht die einzigen. Ein Spiegel, der sich in der Mitte zwischen zwei benachbarten vertikalen Strichen befindet, definiert ebenfalls eine Symmetrie dieses Frieses. Übung **7** zeigt: Bleibt ein Fries der Periode L bei einem gegebenen vertikalen Spiegel unverändert, dann bleibt dieser Fries auch bei einer unendlichen Anzahl von Spiegeln invariant, von denen jeder einen Abstand $n\frac{L}{2}$ ($n \in \mathbb{Z}$) vom erstgenannten Spiegel hat. Die Notation r_v beinhaltet deswegen die Auswahl der Position eines Spiegels sowie aller anderen vertikalen Spiegel, die vom ersten Spiegel einen Abstand haben, der ein ganzzahliges Vielfaches von $\frac{L}{2}$ ist. (Übung: Welche anderen Friese der Abbildung haben eine Symmetrie r_v?)

Notation. Wir werden die Zusammensetzung von Symmetrieoperationen im Weiteren häufig verwenden und dabei das Symbol „$\circ$" weglassen. Zum Beispiel schreiben wir anstelle von $r_h \circ r_v$ einfach $r_h r_v$. Bald wird es sich auch als notwendig herausstellen, die Reihenfolge der Operationen zu unterscheiden. Es ist wichtig zu beachten, dass die Operationen von rechts nach links angegeben werden. Die zusammengesetzte Operation $r_h r_v$ steht also für die Operation r_v gefolgt von r_h.

Die Drehung $r_h r_v$. Der Fries **5** macht uns mit einem neuen erzeugenden Element bekannt. Dieser Fries hat weder r_h noch r_v als Symmetrie, aber wenn zuerst r_v und danach r_h angewendet wird, dann bleibt der Fries unverändert. (Der vertikale Spiegel befindet sich längs des vertikalen Strichs.) (Übung: Beweisen Sie diese Behauptung!) Es kann vorkommen, dass weder r_h noch r_v eine Symmetrie ist, wohl aber ihre Zusammensetzung $r_h r_v$. Das Endresultat $r_h r_v$ dieser beiden Spiegelungen ist eine Drehung um den Winkel $180°$. Um das einzusehen, beachte man, dass $r_h r_v$ oben und unten sowie links und rechts vertauscht, ohne dabei die Abstände zu verändern. Das ist genau die Wirkung einer Drehung um $180°$. (In Bezug auf ein Koordinatensystem, dessen Ursprung auf einem vertikalen Strich liegt, wird bei dieser Transformation ein auf dem Fries liegender Punkt (x, y) in $(-x, -y)$ überführt. Deswegen wird diese Operation auch als *Symmetrie*

---

[1]Der Buchstabe r steht als Abkürzung für *reflection* (Spiegelung).

in Bezug auf den Ursprung bezeichnet.) In Übung 8 geht es um einen geometrischen Beweis dieser Eigenschaft.

Die folgenden Eigenschaften der drei Erzeugenden r_h, r_v und $r_h r_v$ lassen sich leicht überprüfen – geometrisch oder mit Hilfe der Folie, die Sie von der Abbildung angefertigt haben. Die Eigenschaften können auch unter Verwendung der Matrizendarstellung bewiesen werden, die wir in Abschnitt 2.2 einführen. (Vgl. Übung 6.)

Proposition 2.1 *1. Die Operationen r_h und r_v sind kommutativ, das heißt, die beiden Zusammensetzungen $r_h r_v$ und $r_v r_h$ sind gleich.*
2. Die Inverse von r_h ist r_h, die von r_v ist r_v und die von $r_h r_v$ ist $r_h r_v$.
3. Die Zusammensetzung von r_h und $r_h r_v$ ergibt r_v. Die Zusammensetzung von r_v und $r_h r_v$ ergibt r_h. (Das ermöglicht uns die Schlussfolgerung: Sind bei einem Fries irgend zwei der drei Operationen $r_h, r_v, r_h r_v$ Symmetrien, dann ist automatisch auch die dritte Operation eine Symmetrie.)

Mit diesen Eigenschaften sollte der Beweis leicht sein, welche der Operationen r_h, r_v und $r_h r_v$ Symmetrien der in Abbildung 2.2 gegebenen Friese sind. (Übung: Führen Sie das für alle dortigen Friese durch!)

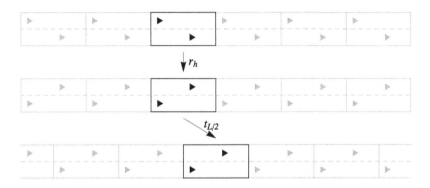

Abb. 2.3. Eine Gleitspiegelung. Der Fries 4 wie er in Abbildung 2.2 auftritt (obere Zeile), der gleiche Fries nach der Operation r_h (mittlere Zeile) und nach einer Translation um eine Halbperiode (untere Zeile).

Die Gleitspiegelungssymmetrie $s_g = t_{L/2} r_h$. Gemäß der vorhergehenden Proposition besteht die Liste der möglichen Erzeugenden aus t_L, r_h, r_v und $r_h r_v$. Jede der Operationen r_h, r_v und $r_h r_v$ ist eine Symmetrie von mindestens einem der Friese von Abbildung 2.2 und keine Symmetrie von mindestens einem anderen Fries. Aber der Fries 4 zeigt, dass diese Liste noch nicht vollständig ist. Keine der Operationen $r_h, r_v, r_h r_v$ ist eine Symmetrie dieses Frieses. Aber eine Spiegelung r_h und eine anschließende Translation um eine Halbperiode $\frac{L}{2}$ lässt den Fries unverändert. (Vgl. Abbildung 2.3. Denken Sie daran, dass die vertikalen Striche *nicht* Bestandteil des Musters ist.) Wir nennen diese Operation eine *Gleitspiegelung* und bezeichnen sie mit s_g. Mit Hilfe der Zusammensetzung können wir sie in der Form $s_g = t_{L/2}r_h$ schreiben. (Übung: Nur ein weiterer der anderen Friese von Abbildung 2.2 hat s_g unter seinen Symmetrien. Um welchen Fries handelt es sich?)

Der Weg in Richtung Klassifikationssatz. Die Liste der möglichen Erzeugenden enthält jetzt fünf Operationen $(t_L, r_h, r_v, r_h r_v, s_g)$. Die Liste entstand durch eine Untersuchung von Abbildung 2.2. Um die vollständige Liste der Symmetriemengen von Friesen zu erhalten, benötigen wir sämtliche möglichen Symmetrieoperationen von Friesen. Woher wissen wir, dass die Liste der obigen fünf Operationen vollständig ist? Könnte es nicht einen anderen Fries geben, der eine Symmetrie hat, die sich nicht aus diesen fünf ableiten lässt? Das sind die ersten Fragen, die wie beantworten müssen, um den Klassifikationssatz zu beweisen.

Wir wollen für den Moment annehmen, dass diese Liste vollständig ist. Wir können dann die potentiellen Symmetriemengen für Friese der Periode L aufzählen. Wie oben erwähnt, machen wir das durch die Identifikation einer Erzeugendenmenge. Definitionsgemäß enthalten alle Mengen die Translation t_L um einen Abstand L und keine kürzeren Translationen. Jede Menge enthält entweder null oder eine oder zwei der drei Erzeugenden $r_h, r_v, r_h r_v$. (Enthält die Liste zwei Erzeugende, dann enthält sie automatisch auch die dritte Erzeugende.) Diese Feststellungen führen zur folgenden Liste.

1. $\langle t_L \rangle$
2. $\langle t_L, r_v \rangle$
3. $\langle t_L, r_h \rangle$
4. $\langle t_L, s_g \rangle$
5. $\langle t_L, r_h r_v \rangle$
6. $\langle t_L, s_g, r_h r_v \rangle$
7. $\langle t_L, r_h, r_v \rangle$
8. $\langle t_L, s_g, r_h \rangle$
9. $\langle t_L, s_g, r_v \rangle$
10. $\langle t_L, s_g, r_h, r_v \rangle$

Alle diese Mengen enthalten t_L. Die Mengen **1** und **4** enthalten keine der Operationen $r_h, r_v, r_h r_v$. Die Menge **4** enthält s_g, aber die Menge **1** enthält diese Operation nicht. Die Mengen **2**, **3**, **5**, **6**, **8** und **9** enthalten eine und nur eine der Operationen $r_h, r_v, r_h r_v$; die Mengen **6**, **8**, **9** enthalten auch die Gleitspiegelung s_g, aber die Mengen **2**, **3**, **5** enthalten die Gleitspiegelung nicht. Die Mengen **7** und **10** enthalten zwei der Operationen $r_h, r_v, r_h r_v$ (und deswegen auch alle drei). Die Menge **10** enthält darüber hinaus s_g.

Der Klassifikationssatz muss noch zwei weitere Fragen lösen. Die erste Frage ist, ob unsere Liste Wiederholungen enthält. Da wir nur die Erzeugenden auflisten, könnten zwei von ihnen ein und dieselbe Liste von Symmetrien liefern. Die zweite Frage ist, ob einige der Mengen keine Symmetrien von Friesen der Periode L erzeugen. Diese Frage klingt vielleicht überraschend. Aber man erkennt mühelos, dass die Menge **8** von der Liste gestrichen werden muss, da diese Menge keine Symmetrien eines Frieses der Periode L erzeugt.

Um das einzusehen, muss man unbedingt daran denken, dass die Gleitspiegelung s_g die Zusammensetzung von r_h und $t_{L/2}$ ist. Man erkennt aber, dass die Menge der Erzeugenden eines Frieses der Periode L nicht sowohl s_g als auch r_h enthalten kann. Warum? Wir haben festgestellt, dass die Inverse von r_h mit r_h zusammenfällt. Dann aber ist die Zusammensetzung von r_h und s_g gleich $s_g r_h = t_{L/2} r_h r_h = t_{L/2}(\text{Id}) = t_{L/2}$. Da die Zusammensetzungen von Symmetrien ebenfalls Symmetrien sind, sollte auch die Translation $t_{L/2}$ eine Symmetrie des Frieses sein. Wir haben jedoch vorausgesetzt, dass die Periode des Frieses gleich L ist, und definitionsgemäß gehört diese Periode zur kleinsten Translation, die den Fries invariant lässt. Die Translation $t_{L/2}$ kann nicht auftreten und deswegen können s_g und r_h nicht gleichzeitig die Erzeugenden ein und desselben Frieses sein. Die Menge **8** muss also gestrichen werden. (Man beachte, dass diese Menge eine Menge von Symmetrien eines Frieses erzeugt. Aber dieser Fries hat die Periode $\frac{L}{2}$ und ist demnach die Menge **3**, das heißt, $\langle t_{L/2}, r_h \rangle$.) (Übung: Im Klassifikationssatz bleiben nur sieben der obigen zehn Mengen übrig. Wir haben die Argumente dafür angegeben, dass **8** gestrichen werden muss. Können Sie eine Vermutung aussprechen, welche beiden anderen Mengen weggelassen werden müssen?)

Wir werden den Beweis des Klassifikationssatzes vervollständigen, nachdem wir ein leistungsstarkes algebraisches Werkzeug zur Untersuchung dieser geometrischen Operationen diskutiert haben: die Matrizendarstellung affiner Transformationen.[2]

2.2 Symmetriegruppen und affine Transformationen

Wir verwenden affine Transformationen als mathematische Grundlage zur Beschreibung invarianter Operationen auf Friesen. (Wenn Sie Kapitel 3 oder 11 gelesen haben, sind Sie diesen Transformationen bereits begegnet.)

Definition 2.2 *Eine* affine Transformation *in der Ebene ist eine Transformation* $\mathbb{R}^2 \to \mathbb{R}^2$ *der Form* $(x, y) \mapsto (x', y')$, *wobei*

$$x' = ax + by + p,$$
$$y' = cx + dy + q.$$

Eine affine Transformation heißt eigentlich, *wenn sie bijektiv ist.*

Eine solche Transformation lässt sich in Matrizenform folgendermaßen beschreiben:

---

[2]Es ist möglich, einen rein geometrischen Beweis dieses Satzes zu geben. Vgl. zum Beispiel [2] und [5].

$$\begin{pmatrix} x' \\ y' \end{pmatrix} = \begin{pmatrix} a & b \\ c & d \end{pmatrix} \begin{pmatrix} x \\ y \end{pmatrix} + \begin{pmatrix} p \\ q \end{pmatrix}. \tag{2.1}$$

Die Matrix $\begin{pmatrix} a & b \\ c & d \end{pmatrix}$ repräsentiert eine *lineare Transformation*, während p und q eine *Translation* in der Ebene darstellen. Im verbleibenden Teil dieses Kapitels betrachten wir nur eigentliche (oder *reguläre*) affine Transformationen, das heißt, umkehrbar eindeutige affine Transformationen. Wir werden bald sehen, dass diese zusätzliche Bedingung äquivalent zur Invertierbarkeit der linearen Transformationsmatrix $\begin{pmatrix} a & b \\ c & d \end{pmatrix}$ ist. Beachten Sie, dass die folgende Gleichung dieselbe affine Transformation beschreibt:

$$\begin{pmatrix} x' \\ y' \\ 1 \end{pmatrix} = \begin{pmatrix} a & b & p \\ c & d & q \\ 0 & 0 & 1 \end{pmatrix} \begin{pmatrix} x \\ y \\ 1 \end{pmatrix}. \tag{2.2}$$

In dieser modifizierten Form erfolgt eine umkehrbar eindeutige Zuordnung zwischen den Elementen (x, y) der Ebene $\mathbb{R}^2$ und den Elementen $(x, y, 1)^t$ der Ebene $z = 1$ von $\mathbb{R}^3$. Die Abbildung zwischen den affinen Transformationen der Form (2.1) und den 3×3-Matrizen

$$\begin{pmatrix} a & b & p \\ c & d & q \\ 0 & 0 & 1 \end{pmatrix},$$

deren letzte Zeile (0 0 1) ist, ist ebenfalls umkehrbar eindeutig.

Setzen wir zwei affine Transformationen $(x, y) \rightarrow (x', y')$ und $(x', y') \rightarrow (x'', y'')$ zusammen, die durch

$$x' = a_1 x + b_1 y + p_1,$$
$$y' = c_1 x + d_1 y + q_1,$$

und

$$x'' = a_2 x' + b_2 y' + p_2,$$
$$y'' = c_2 x' + d_2 y' + q_2$$

gegeben sind, dann können wir (x'', y'') in folgender Form schreiben:

$$\begin{aligned} x'' &= a_2 x' + b_2 y' + p_2 \\ &= a_2(a_1 x + b_1 y + p_1) + b_2(c_1 x + d_1 y + q_1) + p_2 \\ &= (a_2 a_1 + b_2 c_1)x + (a_2 b_1 + b_2 d_1)y + (a_2 p_1 + b_2 q_1 + p_2) \end{aligned}$$

und

$$\begin{aligned} y'' &= c_2 x' + d_2 y' + q_2 \\ &= c_2(a_1 x + b_1 y + p_1) + d_2(c_1 x + d_1 y + q_1) + q_2 \\ &= (c_2 a_1 + d_2 c_1)x + (c_2 b_1 + d_2 d_1)y + (c_2 p_1 + d_2 q_1 + q_2). \end{aligned}$$

Man beachte, dass sich diese zusammengesetzte Transformation durch eine 3×3-Matrix beschreiben lässt:

$$\begin{pmatrix} x'' \\ y'' \\ 1 \end{pmatrix} = \begin{pmatrix} a_2 a_1 + b_2 c_1 & a_2 b_1 + b_2 d_1 & a_2 p_1 + b_2 q_1 + p_2 \\ c_2 a_1 + d_2 c_1 & c_2 b_1 + d_2 d_1 & c_2 p_1 + d_2 q_1 + q_2 \\ 0 & 0 & 1 \end{pmatrix} \begin{pmatrix} x \\ y \\ 1 \end{pmatrix}.$$

Das letztgenannte Beispiel demonstriert die Nützlichkeit der Schreibweise in Form einer 3×3-Matrix, denn zusammengesetzte Transformationen lassen sich als Produkt der Matrizen der entsprechenden individuellen Transformationen ausdrücken:

$$\begin{pmatrix} a_2 & b_2 & p_2 \\ c_2 & d_2 & q_2 \\ 0 & 0 & 1 \end{pmatrix} \begin{pmatrix} a_1 & b_1 & p_1 \\ c_1 & d_1 & q_1 \\ 0 & 0 & 1 \end{pmatrix} = \begin{pmatrix} a_2 a_1 + b_2 c_1 & a_2 b_1 + b_2 d_1 & a_2 p_1 + b_2 q_1 + p_2 \\ c_2 a_1 + d_2 c_1 & c_2 b_1 + d_2 d_1 & c_2 p_1 + d_2 q_1 + q_2 \\ 0 & 0 & 1 \end{pmatrix}.$$

Diese Eigenschaft ermöglicht es uns, affine Transformationen und ihre *Zusammensetzungen* zu untersuchen, indem wir diese 3×3-Darstellung und die gewöhnliche Matrizenmultiplikation verwenden. Das geometrische Problem wird dadurch auf ein Problem der linearen Algebra zurückgeführt. Wegen dieser Zuordnung verwenden wir häufig die Matrizendarstellung zur Beschreibung einer affinen Transformation. Wir betonen, dass eine affine Transformation ohne Verwendung eines Koordinatensystems definiert werden kann, aber die genannte Matrizendarstellung existiert nur, wenn man ein Koordinatensystem gewählt hat.

Um die Stärke dieser Notation zu zeigen, berechnen wir jetzt die Inverse einer eigentlichen affinen Transformation. Die Inverse ist diejenige Zuordnung $(x', y') \to (x, y)$, bei der $x' = ax + by + p$ und $y' = cx + dy + q$. Da die Zusammensetzung von affinen Transformationen durch die Matrizenmultiplikation dargestellt wird, muss diejenige Matrix, welche die Inverse beschreibt, gleich der Inversen derjenigen Matrix sein, welche die ursprüngliche Transformation beschreibt. Man rechnet mühelos aus, dass diese inverse Matrix durch

$$\begin{pmatrix} d/D & -b/D & (-dp + bq)/D \\ -c/D & a/D & (cp - aq)/D \\ 0 & 0 & 1 \end{pmatrix}$$

gegeben ist, wobei $D = \det \left(\begin{smallmatrix} a & b \\ c & d \end{smallmatrix} \right) = ad - bc$. Das ist ebenfalls eine Matrix, die eine eigentliche affine Transformation beschreibt. (Übung: Was müssen Sie tun, um zu gewährleisten, dass diese Matrix tatsächlich eine eigentliche Transformation beschreibt? Tun Sie das. Diese Übung bestätigt die Behauptung, dass eine affine Transformation dann und nur dann eigentlich ist, wenn die Matrix $\left(\begin{smallmatrix} a & b \\ c & d \end{smallmatrix} \right)$ invertierbar ist.) Schreiben wir die Matrix, welche die ursprüngliche Transformation beschreibt, in der Form

$$B = \begin{pmatrix} A & \mathbf{t} \\ \mathbf{0} & 1 \end{pmatrix},$$

wobei

$$A = \begin{pmatrix} a & b \\ c & d \end{pmatrix}, \qquad \mathbf{0} = (0 \quad 0) \qquad \text{und} \qquad \mathbf{t} = \begin{pmatrix} p \\ q \end{pmatrix},$$

dann lässt sich ihre Inverse als

$$B^{-1} = \begin{pmatrix} A & \mathbf{t} \\ \mathbf{0} & 1 \end{pmatrix}^{-1} = \begin{pmatrix} A^{-1} & -A^{-1}\mathbf{t} \\ \mathbf{0} & 1 \end{pmatrix}$$

schreiben. Man beachte, dass B^{-1} die gleiche Form wie B hat: die dritte Zeile ist $(0\ 0\ 1)$. Außerdem beachte man, dass die lineare Transformation A^{-1} ebenfalls invertierbar ist.

Die Menge aller eigentlichen affinen Transformationen bildet eine Gruppe.

Definition 2.3 *Eine Menge E mit einer Multiplikationsoperation $E \times E \to E$ ist eine Gruppe, wenn sie folgende Eigenschaften hat:*

1. *Assoziativität: $(ab)c = a(bc), \forall a, b, c \in E$;*
2. *Existenz eines neutralen Elements[3]: es existiert ein Element $e \in E$ so, dass $ea = ae = a, \forall a \in E$;*
3. *Existenz von Inversen: $\forall a \in E$, $\exists b \in E$ so, dass $ab = ba = e$.*

Das Inverse eines Elements a wird üblicherweise mit a^{-1} bezeichnet.

Gruppen spielen eine wichtige Rolle in mehreren anderen Kapiteln. Vgl. zum Beispiel Abschnitt 1.4 und Abschnitt 7.4.

Man kann leicht überprüfen, dass die Menge derjenigen Matrizen, die eigentliche affine Transformationen darstellen, eine Gruppe bilden. Demnach bildet auch die Menge der eigentlichen affinen Transformationen eine Gruppe. Wir sehen uns diesen Sachverhalt jetzt genauer an.

Proposition 2.4 *Die Menge derjenigen Matrizen, die eigentliche affine Transformationen darstellen, bildet in Bezug auf die Matrizenmultiplikation eine Gruppe. Die Menge der eigentlichen affinen Transformationen bildet in Bezug auf die Zusammensetzung ebenfalls eine Gruppe, die man als* affine Gruppe *bezeichnet.*

BEWEIS. Man betrachte die Matrix

$$B = \begin{pmatrix} A & \mathbf{t} \\ \mathbf{0} & 1 \end{pmatrix},$$

die eine eigentliche affine Transformation darstellt. Da die affine Transformation eigentlich ist, ist A eine invertierbare 2×2-Matrix und deswegen ist auch die Matrix B invertierbar. Die Matrix B^{-1} hat die gleiche Form wie B und stellt deswegen ebenfalls eine eigentliche affine Transformation dar, das heißt, Bedingung 3 ist erfüllt. Bedingung 1 ist erfüllt, da die Matrizenmultiplikation assoziativ ist, und Bedingung 2 wird durch die 3×3-Einheitsmatrix erfüllt, welche die affine Transformation

---

[3] Auch als Einselement oder als Identität bezeichnet.

$$\begin{pmatrix} 1 & 0 & 0 \\ 0 & 1 & 0 \\ 0 & 0 & 1 \end{pmatrix} \quad \longleftrightarrow \quad \begin{cases} x' = x, \\ y' = y. \end{cases}$$

darstellt.[4] Deswegen bildet die Menge derjenigen Matrizen, die eigentliche affine Transformationen darstellen, eine Gruppe. Wir haben gesehen, dass es eine umkehrbar eindeutige Zuordnung zwischen Matrizen (mit der letzten Zeile (0 0 1)) und affinen Transformationen gibt. Außerdem entspricht bei dieser Zuordnung die Zusammensetzung affiner Transformationen der Matrizenmultiplikation. Der obige Beweis gilt also automatisch auch für die eigentlichen affinen Transformationen.   □

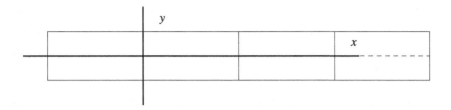

Abb. 2.4. Das Koordinatensystem.

Früher hatten wir Spiegelungen an horizontalen und vertikalen Spiegeln eingeführt. Als Beispiele geben wir jetzt die Matrizendarstellungen dieser Spiegelungen an. Um diese Darstellungen zu bekommen, müssen wir den Koordinatenursprung festlegen. Wir legen diesen so, dass er den gleichen Abstand von der oberen Linie und von der unteren Linie des Frieses hat. (Vgl. Abbildung 2.4.) Das lässt uns noch etwas Freiheit, da jeder Punkt auf der horizontalen Achse in der Mitte des Frieses gewählt werden kann. (Wir haben diese Freiheit bereits hervorgehoben, als wir die Position der vertikalen Spiegel diskutierten. Wir werden diese Freiheit auch im Beweis von Lemma 2.10 nutzen.) Für eine gegebene Auswahl längs der horizontalen Achse wird die Spiegelung r_h, die oben und unten vertauscht (die also die positive vertikale Achse mit der negativen vertauscht), durch die Matrix

$$\begin{pmatrix} r_h & \begin{matrix} 0 \\ 0 \end{matrix} \\ 0 \quad 0 & 1 \end{pmatrix} \text{ mit } r_h = \begin{pmatrix} 1 & 0 \\ 0 & -1 \end{pmatrix}$$

dargestellt, und die Spiegelung r_v, die links und rechts vertauscht, ist

---

[4]Die Einheitsmatrix wird auch als Identitätsmatrix bezeichnet.

$$\begin{pmatrix} r_v & & 0 \\ & & 0 \\ 0 & 0 & 1 \end{pmatrix} \text{ mit } r_v = \begin{pmatrix} -1 & 0 \\ 0 & 1 \end{pmatrix},$$

falls der Ursprung auf dem Spiegel liegt. (Übung: Beweisen Sie diese Behauptungen.) Beachten Sie, dass

$$r_h r_v = \begin{pmatrix} 1 & 0 \\ 0 & -1 \end{pmatrix} \begin{pmatrix} -1 & 0 \\ 0 & 1 \end{pmatrix} = \begin{pmatrix} -1 & 0 \\ 0 & -1 \end{pmatrix}.$$

Wir bemerken noch einmal, dass man die Drehung um einen Winkel von $180°$ (oder π) durch Spiegelung an einem vertikalen Spiegel und anschließende Spiegelung an einem horizontalen Spiegel gewinnen kann. (Übung: Bestimmen Sie die 3×3-Matrizen, welche die Translation t_L und die Gleitspiegelung s_g darstellen.)

Die Definition der affinen Transformation macht diese zu einer Funktion von $\mathbb{R}^2$ in $\mathbb{R}^2$. Die Voraussetzung, dass diese Funktionen einen Fries invariant lassen, schränkt die Menge der affinen Transformationen ein, die wir betrachten müssen. Wir machen aber auch eine zweite, noch gravierendere Einschränkung der affinen Transformationen.

Definition 2.5 *Eine Isometrie der Ebene (oder eines Bereiches der Ebene) ist eine längentreue Funktion $T \colon \mathbb{R}^2 \to \mathbb{R}^2$ (oder $T \colon F \subset \mathbb{R}^2 \to \mathbb{R}^2$). Sind also (x_1, y_1) und (x_2, y_2) zwei Punkte, dann ist ihr Abstand gleich dem Abstand ihrer Bilder $T(x_1, y_1)$ und $T(x_2, y_2)$.*

Definition 2.6 *Eine Symmetrie eines Frieses ist eine Isometrie, die den Fries auf sich selbst abbildet.*

Übung 9 zeigt, dass eine Isometrie eine affine Transformation ist. Lemma 2.7 lehrt, dass diese Beschränkung auf isometrische affine Transformationen die möglichen linearen Transformationen A, die eine Rolle spielen können, wesentlich einschränkt.

Lemma 2.7 *Die Isometrie, die durch die Matrix*

$$\begin{pmatrix} A & \mathbf{0} \\ \mathbf{0} & 1 \end{pmatrix}$$

dargestellt wird, sei eine Symmetrie eines Frieses. Dann ist der 2×2-Block eine der vier Matrizen

$$\begin{pmatrix} 1 & 0 \\ 0 & 1 \end{pmatrix}, \quad r_h = \begin{pmatrix} 1 & 0 \\ 0 & -1 \end{pmatrix}, \quad r_v = \begin{pmatrix} -1 & 0 \\ 0 & 1 \end{pmatrix} \text{ oder } r_h r_v = \begin{pmatrix} -1 & 0 \\ 0 & -1 \end{pmatrix}. \quad (2.3)$$

BEWEIS. Eine lineare Transformation ist vollständig durch die Werte einer Basis bestimmt. Wir verwenden die Basis $\{\mathbf{u}, \mathbf{v}\}$, wobei $\mathbf{u}$ und $\mathbf{v}$ ein horizontaler bzw. ein vertikaler Vektor ist, dessen Länge jeweils die Hälfte der Breite des Frieses ist. Unter diesen Voraussetzungen hat ein beliebiger Punkt des Frieses die Form $(x, y) = \alpha \mathbf{u} + \beta \mathbf{v}$ mit

$\alpha \in \mathbb{R}$ und $\beta \in [-1, 1]$. (Die Einschränkung $\beta \in [-1, 1]$ gewährleistet, dass der Punkt (x, y) innerhalb des Frieses liegt.) Die beiden Basisvektoren stehen senkrecht aufeinander ($\mathbf{u} \perp \mathbf{v}$), das heißt, ihr inneres Produkt[5] verschwindet: $(\mathbf{u}, \mathbf{v}) = 0$.

Um zu prüfen, ob $\left(\begin{smallmatrix} A & 0 \\ 0 & 1 \end{smallmatrix} \right)$ eine Isometrie darstellt, reicht der Nachweis aus, dass

$$|A\mathbf{u}| = |\mathbf{u}|, \qquad |A\mathbf{v}| = |\mathbf{v}| \qquad \text{und} \qquad A\mathbf{u} \perp A\mathbf{v}. \tag{2.4}$$

Sind nämlich P und Q zwei Punkte auf dem Fries und ist $Q - P = \alpha\mathbf{u} + \beta\mathbf{v}$ der Vektor zwischen ihnen, dann ist das Bild von $Q - P$ gleich $A(\alpha\mathbf{u} + \beta\mathbf{v})$ und das Quadrat der Länge dieses Vektors ist durch

$$\begin{aligned}
|A(\alpha\mathbf{u} + \beta\mathbf{v})|^2 &= (\alpha A\mathbf{u} + \beta A\mathbf{v}, \alpha A\mathbf{u} + \beta A\mathbf{v}) \\
&= \alpha^2 |A\mathbf{u}|^2 + 2\alpha\beta(A\mathbf{u}, A\mathbf{v}) + \beta^2 |A\mathbf{v}|^2 \\
&= \alpha^2 |\mathbf{u}|^2 + \beta^2 |\mathbf{v}|^2 \\
&= (\alpha\mathbf{u} + \beta\mathbf{v}, \alpha\mathbf{u} + \beta\mathbf{v}) \\
&= |\alpha\mathbf{u} + \beta\mathbf{v}|^2
\end{aligned}$$

gegeben. Hierbei haben wir, um die dritte Gleichung zu bekommen, die drei Relationen von (2.4) verwendet, während wir für die vierte Gleichung die Tatsache benutzt haben, dass die Basisvektoren zueinander senkrecht sind. Also bleibt der Abstand zwischen beliebigen Punkten P und Q bei der Transformation A erhalten, falls die Relationen (2.4) erfüllt sind. (Übung: Zeigen Sie, dass diese Relationen auch notwendig sind.)

Es sei $A\mathbf{u} = \gamma\mathbf{u} + \delta\mathbf{v}$ das Bild von $\mathbf{u}$ unter A. Da die Transformation linear ist, haben wir $A(\beta\mathbf{u}) = \beta(\gamma\mathbf{u} + \delta\mathbf{v})$. Ist δ von null verschieden, dann ist es möglich, $\beta \in \mathbb{R}$ so zu wählen, dass $|\beta\delta| > 1$. Das bedeutet, dass sich der Punkt $A(\beta\mathbf{u})$ außerhalb des Frieses befindet. Dieser Fall muss jedoch ausgeschlossen werden, das heißt, wir müssen δ gleich null setzen. (Mit anderen Worten: Eine Transformation A mit der Eigenschaft, dass δ von null verschieden ist, ist eine lineare Transformation, die den Fries aus der Horizontalen kippt.) Demnach gilt $A\mathbf{u} = \gamma\mathbf{u}$, und falls $|A\mathbf{u}| = |\mathbf{u}|$ erfüllt sein soll, dann muss $\gamma = \pm 1$ gelten.

Es sei jetzt $A\mathbf{v} = \rho\mathbf{u} + \sigma\mathbf{v}$ das Bild von $\mathbf{v}$ unter A. Da $A\mathbf{u}$ senkrecht auf $A\mathbf{v}$ stehen muss, folgt

$$0 = (A\mathbf{u}, A\mathbf{v}) = (\gamma\mathbf{u}, \rho\mathbf{u} + \sigma\mathbf{v}) = \gamma\rho|\mathbf{u}|^2.$$

Da weder γ noch $|\mathbf{u}|$ gleich null ist, muss ρ gleich 0 gesetzt werden. Wieder führt die letzte Bedingung $|A\mathbf{v}| = |\mathbf{v}|$ dazu, dass σ gleich ± 1 sein muss. Die Matrix A, welche die Transformation in der Basis $\{\mathbf{u}, \mathbf{v}\}$ darstellt, hat demnach die Form $\left(\begin{smallmatrix} \gamma & 0 \\ 0 & \sigma \end{smallmatrix} \right)$. Es gibt jeweils zwei Wahlmöglichkeiten für γ und σ und damit vier Möglichkeiten für die Matrix A, nämlich genau diejenigen, die in der Formulierung des Lemmas auftreten. $\square$

Die Zusammensetzung zweier Isometrien und die Inverse einer Isometrie sind selbst wieder Isometrien. Demnach bildet die Untermenge der isometrischen Transformationen der affinen Gruppe selbst eine Gruppe, die als *Gruppe der Isometrien* bezeichnet

---

[5]Das innere Produkt wird auch Skalarprodukt genannt.

wird. Und schließlich bildet die Zusammensetzung zweier Isometrien, die einen Fries unverändert lassen, wieder eine Isometrie, die diesen Fries unverändert lässt. In der Gruppe der Isometrien bildet demnach die Untermenge, die einen Fries invariant lassen, für sich eine Gruppe. Das führt uns zu der folgenden Definition.

Definition 2.8 *Die Symmetriegruppe eines Frieses ist die Gruppe aller Isometrien, die den Fries invariant lassen.*

2.3 Der Klassifikationssatz

Die formale Theorie der Isometrien und affinen Transformationen ermöglicht es uns, eine Liste derjenigen Transformationen zu erstellen, die einen Fries unverändert lassen könnten. In diesem Abschnitt stellen wir zuerst eine vollständige Liste von möglichen Symmetrie-Erzeugenden auf. Im zweiten Teil des Abschnitts verwenden wir diese Liste von Transformationen, um alle möglichen Typen von Gruppen von Friessymmetrien aufzuzählen und zu klassifizieren.

Es gibt viele affine Transformationen, die nicht in der Symmetriegruppe eines Frieses auftreten können. Lemma 2.7 hat bereits diejenigen linearen Transformationen ausgesondert, die den Fries aus seinem Bereich herauskippen (die Einschränkung $\delta = 0$ schließt diese Transformationen aus). Die folgenden Lemmas charakterisieren diejenigen Transformationen, die in den Symmetriegruppen von Friesen auftreten können. Das erste Lemma beschreibt Translationen längs der unendlichen Achse des Frieses.

Lemma 2.9 *Die Symmetriegruppe eines beliebigen Frieses der Periode L enthält die Translationen*

$$\begin{pmatrix} 1 & 0 & nL \\ 0 & 1 & 0 \\ 0 & 0 & 1 \end{pmatrix}, \quad n \in \mathbb{Z}.$$

Das sind die einzigen Translationen, die in der Symmetriegruppe auftreten.

BEWEIS. Die Translation

$$t_L = \begin{pmatrix} 1 & 0 & L \\ 0 & 1 & 0 \\ 0 & 0 & 1 \end{pmatrix}$$

lässt einen beliebigen Fries der Periode L unverändert. Man beachte, dass die Inverse dieser Translation durch

$$t_{-L} = \begin{pmatrix} 1 & 0 & -L \\ 0 & 1 & 0 \\ 0 & 0 & 1 \end{pmatrix}$$

gegeben ist und dass die n-fache Zusammensetzung

$$t_{nL} = \begin{pmatrix} 1 & 0 & nL \\ 0 & 1 & 0 \\ 0 & 0 & 1 \end{pmatrix}$$

ergibt. (Übung!) Die Translation t_{nL} muss demnach für alle $n \in \mathbb{Z}$ in der Symmetriegruppe liegen. Keine Translation der Form

$$\begin{pmatrix} 1 & 0 & a \\ 0 & 1 & b \\ 0 & 0 & 1 \end{pmatrix}$$

mit $b \neq 0$ kann einen Fries unverändert lassen, da der vertikale Anteil der Translation gewisse Punkte des Frieses auf Punkte abbildet, die außerhalb der ursprünglichen vertikalen Ausdehnung des Frieses liegen. Es bleiben mögliche Translationen der Form

$$\begin{pmatrix} 1 & 0 & a \\ 0 & 1 & 0 \\ 0 & 0 & 1 \end{pmatrix}$$

übrig, wobei a kein ganzzahliges Vielfaches von L ist. Nach Durchführung einer solchen Translation um $\begin{pmatrix} a \\ 0 \end{pmatrix}$ kann man wiederholt eine Translation um $\begin{pmatrix} L \\ 0 \end{pmatrix}$ oder um $\begin{pmatrix} -L \\ 0 \end{pmatrix}$ durchführen, bis man als Ergebnis eine Translation um $\begin{pmatrix} a' \\ 0 \end{pmatrix}$ erhält, wobei a' die Ungleichungen $0 \leq a' < L$ erfüllt. Falls $0 < a' < L$, dann haben wir eine Translation um eine Konstante a', die kleiner als die Periode L ist, was der Definition der Periode widerspricht. Und im Falle $a' = 0$ war das ursprüngliche a ein ganzzahliges Vielfaches der Periode L. Es bleiben also nur die Translationen $t_{nL}, n \in \mathbb{Z}$, übrig. $\square$

Gibt es irgendwelche anderen Transformationen der Form

$$\begin{pmatrix} A & \mathbf{t} \\ \mathbf{0} & 1 \end{pmatrix},$$

wobei A nicht die Einheitsmatrix ist und $\mathbf{t}$ von null verschieden ist? Das folgende Lemma beantwortet diese Frage.

Lemma 2.10 *Man betrachte Isometrien der Form* $\left(\begin{smallmatrix} A & \mathbf{t} \\ 0 & 1 \end{smallmatrix} \right)$, *wobei* $\mathbf{t}$ *von null verschieden ist. Durch Neudefinition des Koordinatenursprungs ist es möglich, jede solche Transformation auf eine Transformation zu reduzieren, die eine der Formen*

$$(i) \quad \begin{pmatrix} & & nL \\ & A & 0 \\ 0 & 0 & 1 \end{pmatrix}, \quad (ii) \quad \begin{pmatrix} 1 & 0 & L/2 + nL \\ 0 & -1 & 0 \\ 0 & 0 & 1 \end{pmatrix} \quad oder \quad (iii) \quad \begin{pmatrix} -1 & 0 & L/2 + nL \\ 0 & 1 & 0 \\ 0 & 0 & 1 \end{pmatrix}$$

hat, wobei $n \in \mathbb{Z}$ *und* A *eine der vier Formen ist, die gemäß Lemma 2.7 zulässig sind. Form (iii) kann nur dann auftreten, wenn auch die Drehung* $r_h r_v$ *eine Symmetrie ist.*

BEWEIS. Gemäß Definition bleiben bei einer Isometrie die Längen erhalten. Da der Abstand zweier Punkte bei einer beliebigen Translation der beiden Punkte erhalten bleibt, muss die Matrix A eine der vier Formen haben, die in (2.3) gegeben sind. Ist darüber hinaus $t_y \neq 0$ in

$$\begin{pmatrix} a & b & t_x \\ c & d & t_y \\ 0 & 0 & 1 \end{pmatrix},$$

dann liegt $y' = cx + dy + t_y$ für gewisse Werte von x und y außerhalb des Frieses. In der Tat fällt für die vier möglichen Matrizen A das Bild des Quadrates $[-1,1] \times [-1,1]$ mit dem Quadrat selbst zusammen. Jede Translation, bei der $t_y \neq 0$ ist, bewegt das Quadrat vertikal und überführt gewisse Punkte dieses Quadrats in Punkte, die außerhalb des Frieses liegen. Demnach muss t_y gleich null sein.

Da die Symmetriegruppe eines Frieses alle horizontalen Translationen um ganzzahlige Vielfache von L enthält, impliziert das Vorhandensein von

$$\begin{pmatrix} a & 0 & t_x \\ 0 & d & 0 \\ 0 & 0 & 1 \end{pmatrix}$$

in der Gruppe auch das Vorhandensein von

$$\begin{pmatrix} 1 & 0 & nL \\ 0 & 1 & 0 \\ 0 & 0 & 1 \end{pmatrix} \begin{pmatrix} a & 0 & t_x \\ 0 & d & 0 \\ 0 & 0 & 1 \end{pmatrix} = \begin{pmatrix} a & 0 & t_x + nL \\ 0 & d & 0 \\ 0 & 0 & 1 \end{pmatrix}$$

für alle $n \in \mathbb{Z}$. In der Menge aller solcher Transformationen gibt es eine, für die $0 \leq t'_x = t_x + nL < L$.

Wir betrachten jetzt die vier Möglichkeiten für A. Ist A die Einheitsmatrix, dann muss gemäß Lemma 2.9 der Wert t'_x gleich null sein und die resultierende Matrix hat die Form (i).

Es sei $A = r_h$. Dann muss das Quadrat von

$$\begin{pmatrix} & & t'_x \\ r_h & & 0 \\ 0 & 0 & 1 \end{pmatrix}$$

ebenfalls in der Symmetriegruppe des Frieses liegen. Jedoch ist

$$\begin{pmatrix} 1 & 0 & t'_x \\ 0 & -1 & 0 \\ 0 & 0 & 1 \end{pmatrix}^2 = \begin{pmatrix} 1 & 0 & 2t'_x \\ 0 & 1 & 0 \\ 0 & 0 & 1 \end{pmatrix}$$

eine Translation. Demnach existiert $m \in \mathbb{Z}$ derart, dass $2t'_x = mL$. Aus $0 \leq t'_x < L$ folgt $0 \leq 2t'_x < 2L$. Ist $t'_x = 0$, dann ist die Translation trivial. Andernfalls gilt notwendigerweise $t'_x = L/2$ und die affine Transformation wird zu

$$\begin{pmatrix} 1 & 0 & L/2 \\ 0 & -1 & 0 \\ 0 & 0 & 1 \end{pmatrix}. \tag{2.5}$$

Wir müssen noch die zwei Fälle $A = \begin{pmatrix} -1 & 0 \\ 0 & -1 \end{pmatrix}$ und $\begin{pmatrix} -1 & 0 \\ 0 & 1 \end{pmatrix}$ betrachten. Wir nutzen unsere Freiheit bei der Wahl des Ursprungs. (Vgl. Bemerkungen nach dem Beweis von Proposition 2.9.) Wir verschieben den Ursprung längs der x-Achse um einen Abstand a. Die Matrix, die den Koordinatenwechsel beschreibt, ist durch

$$S = \begin{pmatrix} 1 & 0 & -a \\ 0 & 1 & 0 \\ 0 & 0 & 1 \end{pmatrix}$$

gegeben. Ist T die Matrix, die eine affine Transformation darstellt, und S die Matrix, die das Koordinatensystem (x, y) in ein neues Koordinatensystem (x', y') überführt, dann wird die gleiche affine Transformation im neuen System durch die Matrix STS^{-1} dargestellt. Um das einzusehen, lesen wir das Matrizenprodukt wie üblich von rechts nach links. Dieser Ausdruck transformiert zuerst die Koordinaten (x', y') eines Punktes mit Hilfe von S^{-1} in die entsprechenden Koordinaten (x, y) im alten System; danach wird die affine Transformation angewendet, die in den alten Koordinaten durch die Matrix T gegeben ist, und schließlich erfolgt unter Anwendung von S eine Rücktransformation des Ergebnisses in das neue Koordinatensystem. Die affine Transformation, die durch

$$\begin{pmatrix} -1 & 0 & t'_x \\ 0 & \pm 1 & 0 \\ 0 & 0 & 1 \end{pmatrix} \tag{2.6}$$

gegeben ist, wird demnach im neuen System durch die Matrix

$$\begin{pmatrix} 1 & 0 & -a \\ 0 & 1 & 0 \\ 0 & 0 & 1 \end{pmatrix} \begin{pmatrix} -1 & 0 & t'_x \\ 0 & \pm 1 & 0 \\ 0 & 0 & 1 \end{pmatrix} \begin{pmatrix} 1 & 0 & a \\ 0 & 1 & 0 \\ 0 & 0 & 1 \end{pmatrix}$$

$$= \begin{pmatrix} -1 & 0 & t'_x - a \\ 0 & \pm 1 & 0 \\ 0 & 0 & 1 \end{pmatrix} \begin{pmatrix} 1 & 0 & a \\ 0 & 1 & 0 \\ 0 & 0 & 1 \end{pmatrix} = \begin{pmatrix} -1 & 0 & t'_x - 2a \\ 0 & \pm 1 & 0 \\ 0 & 0 & 1 \end{pmatrix}$$

dargestellt. (Übung: Es ist wesentlich, sich davon zu überzeugen, dass dieser Koordinatenwechsel nicht die Form der anderen Symmetrieoperationen zerstört. Zeigen Sie, dass die durch $\begin{pmatrix} A & t \\ 0 & 1 \end{pmatrix}$ gegebenen Transformationen, wobei A gleich $\begin{pmatrix} 1 & 0 \\ 0 & 1 \end{pmatrix}$ oder r_h ist, nach einer horizontalen Translation des Ursprungs die gleiche Matrizendarstellung haben.) Somit wird die durch (2.6) gegebene affine Transformation durch

$$\begin{pmatrix} -1 & 0 & 0 \\ 0 & \pm 1 & 0 \\ 0 & 0 & 1 \end{pmatrix} \tag{2.7}$$

dargestellt, falls wir den Ursprung um genau $a = t'_x/2$ verschieben.

Man beachte: Enthält die Symmetriegruppe zwei Transformationen der Form (2.6) mit unterschiedlichen $t'_{x1}, t'_{x2} \in [0, L)$, dann garantiert uns eine Bewegung des Ursprungs, dass sich die Transformation mit t'_{x1} in der Form (2.7) schreiben lässt. Die zweite bleibt von der Form (2.6), wobei t'_{x2} durch $t_{x2} = t'_{x2} - t'_{x1}$ ersetzt wird. Haben beide Transformationen das gleiche A, dann ist ihre Zusammensetzung eine Translation um t_{x2}, weswegen t_{x2} die Form nL mit einer ganzen Zahl n haben muss. In diesem Fall nehmen beide Transformationen die Form *(i)* an, wenn man den Ursprung ändert. Haben jedoch beide Transformationen verschiedene Matrizen A, dann können wir voraussetzen, dass bei der ersten $A = \left(\begin{smallmatrix} -1 & 0 \\ 0 & -1 \end{smallmatrix} \right)$ ist und es sich folglich um eine Drehung $r_h r_v$ um 180° handelt. Die Zusammensetzung der beiden Transformationen ist dann

$$\begin{pmatrix} 1 & 0 & t_{x2} \\ 0 & -1 & 0 \\ 0 & 0 & 1 \end{pmatrix},$$

und gemäß früher angeführter Überlegungen muss t_{x2} entweder nL oder $nL + \frac{L}{2}$ für eine ganze Zahl n ein. Die zweite Transformation hat dann die Form *(i)*, falls t_{x2} ein ganzzahliges Vielfaches von L ist, oder andernfalls die Form *(iii)*.   □

Die ersten beiden Formen der durch Lemma 2.10 zugelassenen Isometrien sind dann *(i)* die Zusammensetzung einer der linearen Transformationen von Lemma 2.7 und einer Translation t_{nL} um ein ganzzahliges Vielfaches der Periode L sowie *(ii)* die Zusammensetzung einer Gleitspiegelung s_g und einer Translation t_{nL}. Die dritte Form *(iii)* kann nur dann auftreten, wenn auch $r_h r_v$ vorkommt, und in diesem Fall kann man $r_h r_v$ und die Isometrie der Form *(ii)* (mit $n = 0$) als Erzeugende verwenden. Demnach zeigen die drei Lemmas zusammen, dass die Symmetriegruppe eines Frieses durch eine Untermenge von $\{t_L, r_h, r_v, r_h r_v, s_g\}$ erzeugt werden kann. Das beantwortet die Frage nach der Liste der möglichen Erzeugenden (diese Frage war am Schluss von Abschnitt 2.1 offen geblieben).

Die Lemmas werden es uns nun ermöglichen, unseren Klassifikationssatz der Symmetriegruppen von Friesen abzuschließen und damit eine positive Antwort auf unsere frühere Frage zu geben: *Ist es möglich, Friese auf der Grundlage einer Menge von geometrischen Operationen zu klassifizieren, unter denen sie invariant sind?* Bei der Beschreibung der verschiedenen möglichen Symmetriegruppen werden wir einfach die erzeugenden Elemente einer jeden Gruppe angeben. Wir rufen uns im Folgenden die Definition einer solchen Liste von Erzeugenden ins Gedächtnis.

Definition 2.11 *Es sei $\{a, b, \dots, c\}$ eine Untermenge einer Gruppe G. Diese Menge ist ein Erzeugendensystem von G und wir schreiben $G = \langle a, b, \dots, c \rangle$, falls die Menge aller Zusammensetzungen einer endlichen Anzahl von Elementen von $\{a, b, \dots, c\}$ und deren Inversen gleich G ist.*

Satz 2.12 (Klassifikation der Friesgruppen) *Die Symmetriegruppe eines beliebigen Frieses ist eine der folgenden sieben Gruppen:*

1. $\langle t_L \rangle$
2. $\langle t_L, r_v \rangle$
3. $\langle t_L, r_h \rangle$
4. $\langle t_L, t_{L/2} r_h \rangle$
5. $\langle t_L, r_h r_v \rangle$
6. $\langle t_L, t_{L/2} r_h, r_h r_v \rangle$
7. $\langle t_L, r_h, r_v \rangle$

Jede dieser Gruppen wird durch ein Erzeugendensystem beschrieben und sie sind in der gleichen Reihenfolge aufgeführt wie jene in den Abbildungen 2.1 und 2.2.

BEWEIS. Es sei t_L eine Translation um einen Abstand L längs der horizontalen Achse. Alle Gruppen enthalten Translationen um ganzzahlige Vielfache von L, die Periode des Frieses, und das Erzeugendensystem muss t_L enthalten. Durch geeignete Wahl des Ursprungs sieht man, dass die einzigen anderen erzeugenden Elemente der Symmetriegruppen die mit $A = r_h, r_v$ oder $r_h r_v$ bezeichneten linearen Transformationen sind sowie die in Lemma 2.10 beschriebene Gleitspiegelung. Man beachte: Enthält eine Symmetriegruppe irgendzwei Elemente der Mengen r_h, r_v und $r_h r_v$, dann muss sie automatisch alle drei Elemente enthalten. Die Liste aller möglichen Kombinationen von erzeugenden Elementen besteht demnach aus den sieben Erzeugenden, die in der Formulierung des Satzes angegeben sind, sowie aus

8. $\langle t_L, t_{L/2} r_h, r_h \rangle$
9. $\langle t_L, t_{L/2} r_h, r_v \rangle$
10. $\langle t_L, t_{L/2} r_h, r_h, r_v \rangle$

(Vgl. die Diskussion am Ende von Abschnitt 2.1, wo diese Liste erstmalig konstruiert wurde.) Wir wiederholen hier das Argument, das uns dazu zwingt, den Fall **8** auszuschließen. Das Vorhandensein von $s_g = t_{L/2} r_h$ und r_h impliziert, dass die Gruppe auch deren Produkt $(t_{L/2} r_h) r_h = t_{L/2} (r_h^2) = t_{L/2}$ enthalten muss, bei dem es sich um eine Translation um $L/2$ handelt (weil $r_h^2 = \mathrm{Id}$). Das widerspricht der Tatsache, dass es sich um einen periodischen Fries mit einer minimalen Periode L handelt, und deshalb muss diese Menge ausgeschlossen werden.

Im Fall **9** ist zu beachten, dass das Produkt von s_g und r_v die Form $t_{L/2} r_h r_v$ hat, die in Lemma 2.10 diskutiert wurde. Durch eine Translation des Koordinatenursprungs (um $a = \frac{L}{4}$) kann dieses Produkt in der Form (2.7) mit $A = r_h r_v$ geschrieben werden. Eine einfache Rechnung zeigt, dass die Erzeugenden t_L und s_g bei dieser Translation ungeändert bleiben, aber r_v zu $s_g = t_{L/2} r_v$ wird. Somit wird die Untergruppe **9** gleichermaßen auch durch das Erzeugendensystem $\langle t_L, t_{L/2} r_h, t_{L/2} r_v, r_h r_v \rangle$ beschrieben. Drei der erzeugenden Elemente gehören zu **6**, während das vierte, $(t_{L/2} r_v)$, einfach das Produkt von $t_{L/2} r_h$ und $r_h r_v$ ist. Fall **9** ist also tatsächlich identisch mit Fall **6** und kann deswegen weggelassen werden.

Und schließlich enthält Fall **10** die erzeugenden Elemente von Fall **8** und kann deswegen aus dem gleichen Grund eliminiert werden.

Demnach muss die Symmetriegruppe eines beliebigen Frieses eine der sieben oben aufgelisteten Gruppen sein. Gibt es in dieser Liste irgendwelche Redundanzen? Nein! Mit Hilfe von Abbildung 2.2 können wir uns leicht von dieser Tatsache überzeugen. Die vollständige Beweisführung ist ziemlich weitschweifig, weswegen wir uns auf Fries 4 beschränken, dessen Symmetriegruppe durch das Erzeugendensystem $\langle t_L, s_g \rangle$ bestimmt war. Wir stellen zunächst fest, dass die zwei Erzeugenden t_L und s_g Symmetrien dieses Frieses sind. Die von ihnen erzeugte Gruppe muss deswegen eine Untergruppe der tatsächlichen Symmetriegruppe des Frieses sein. Können wir zu den obigen zwei Erzeugenden weitere Erzeugende hinzufügen? Man überzeugt sich schnell davon, dass man (von den verbleibenden Möglichkeiten $r_h, r_v, r_h r_v$) keine weiteren hinzunehmen kann. Deswegen ist $\langle t_L, s_g \rangle$ in der Tat die vollständige Symmetriegruppe von Fries 4. Und schließlich stellen wir fest: Gruppe 1 ist verschieden von 4 und jede der verbleibenden Gruppen enthält wenigstens eines der Elemente r_h, r_v und $r_h r_v$, die nicht in Gruppe 4 enthalten sind; daher ist Gruppe 4 tatsächlich verschieden von den anderen sechs Gruppen. Ähnliche Argumente für die verbleibenden Friese und Symmetriegruppen zeigen, dass die obige Liste alle Möglichkeiten ausschöpft und nicht redundant ist.   □

2.4 Mosaike

In der Architektur sind Mosaike genauso beliebt wie Friese, wenn nicht noch beliebter. Für uns ist ein Mosaik ein Muster, das zum Auffüllen der Ebene wiederholt werden kann und periodisch in zwei linear unabhängigen Richtungen ist. Ein Mosaik hat also zwei linear unabhängige Vektoren t_1 und t_2, längs denen es verschoben werden kann, ohne dass sich etwas ändert.

Wie bei Friesen kann man auch Mosaike in Bezug auf die Symmetrieoperationen untersuchen, unter denen sie invariant bleiben. Und wie Friese können auch Mosaike durch ihre Symmetriegruppen klassifiziert werden. Aufgrund ihrer Wichtigkeit in der Kristallphysik und in der Kristallchemie bezeichnet man diese Gruppen als *kristallografische Gruppen*. Es gibt 17 kristallografische Gruppen. Wir werden diese Klassifizierung nicht ableiten. Wir beschränken uns darauf, die Drehungen aufzuzählen, die in den Symmetriegruppen von Mosaiken auftreten können, sowie darauf, das Wesen der Klassifizierung zu erfassen.

Lemma 2.13 *Eine beliebige Drehung, die ein Mosaik invariant lässt, muss einen der folgenden Winkel haben:* $\pi, \frac{2\pi}{3}, \frac{\pi}{2}, \frac{\pi}{3}$.

BEWEIS. Es sei $\mathcal{O}$ das Zentrum einer Drehung, die das Mosaik invariant lässt. Es sei $\theta = \frac{2\pi}{n}$ der kleinste Winkel, der die Drehung um diesen Punkt beschreibt. Das Mosaik ist periodisch in zwei linear unabhängigen Richtungen und deswegen gibt es unendlich viele solche Punkte. Es sei $\mathbf{f}$ ein Vektor, der $\mathcal{O}$ mit einem Bild $\mathcal{A}$ verbindet, das sich unter den nächstgelegenen Bildern befindet, die man aus $\mathcal{O}$ durch Translationen erhält. Dann gehört die Translation längs des Vektors $\mathbf{f}$ zur Symmetriegruppe des Mosaiks.

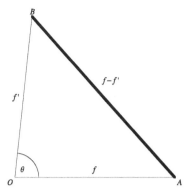

Abb. 2.5. Der Punkt $\mathcal{O}$ und zwei seiner Bilder $\mathcal{A}, \mathcal{B}$ bei einer Translation.

Dreht man das Mosaik um $\mathcal{O}$ um einen Winkel θ, dann wird der Punkt $\mathcal{A}$ auf $\mathcal{B}$ abgebildet. Der Vektor $\mathbf{f}'$, der $\mathcal{O}$ mit $\mathcal{B}$ verbindet, beschreibt auch eine Translation, bei der das Mosaik invariant bleibt (vgl. Abbildung 2.5). Der Abstand zwischen $\mathcal{A}$ und $\mathcal{B}$ ist die Länge des Vektors $\mathbf{f}' - \mathbf{f}$, und da $\mathbf{f}' - \mathbf{f}$ ebenfalls eine Translation ist, die das Mosaik invariant lässt, muss dieser Abstand nach Voraussetzung größer oder gleich der Länge von $\mathbf{f}$ sein. ($\mathcal{A}$ war eines der nächstgelegenen Bilder von $\mathcal{O}$.) Da $\mathbf{f}$ und $\mathbf{f}'$ die gleiche Länge haben, muss der Winkel $\theta = \frac{2\pi}{n}$ größer oder gleich $\frac{2\pi}{6} = \frac{\pi}{3}$ (also 60°) sein. Tatsächlich ist $\frac{\pi}{3}$ exakt der Winkel, für den $\mathbf{f}$, $\mathbf{f}'$ und $\mathbf{f}' - \mathbf{f}$ alle die gleiche Länge haben. Diese erste Überlegung beschränkt die Möglichkeiten auf $\frac{2\pi}{2} = \pi$, $\frac{2\pi}{3}$, $\frac{2\pi}{4} = \frac{\pi}{2}$, $\frac{2\pi}{5}$ und $\frac{2\pi}{6} = \frac{\pi}{3}$.

Jedoch kann kein Mosaik nach einer Drehung um einen Winkel von $\frac{2\pi}{5}$ invariant bleiben. Abbildung 2.6 zeigt den Vektor $\mathbf{f}$ und sein Bild $\mathbf{f}''$ nach einer Drehung um $\frac{4\pi}{5}$. Die Translation längs $\mathbf{f} + \mathbf{f}''$ muss ebenfalls eine invariante Operation sein, aber die betreffende Länge ist kleiner als die Länge von $\mathbf{f}$, womit wir einen Widerspruch erhalten haben. Wir können diesen Winkel also auf jeden Fall ausschließen. $\qquad\Box$

Die Elemente der kristallografischen Gruppen sind denen ähnlich, die wir bei den Friessymmetriegruppen gefunden haben: Translationen, Spiegelungen, Spiegelungen mit anschließenden Translationen (das heißt, Gleitspiegelungen wie bei Friesen) und Drehungen. Anstatt eine vollständige Liste der Erzeugenden sämtlicher 17 kristallografischen Gruppen anzugeben, greifen wir für jeden Typ ein Beispiel heraus und heben dessen Symmetrien hervor (vgl. Abbildungen 2.17 bis 2.22, wobei wir auf Seite 82 beginnen). Für jede Klasse illustrieren wir die Grundform des Mosaiks auf der linken Seite mit jeweils einem schattierten Parallelogramm, dessen Seiten die zwei linear unabhängigen Richtungen anzeigen, in denen das Mosaik verschoben werden kann. Diese Vektoren sind so gewählt worden, dass das Parallelogramm die kleinstmögliche Fläche einschließt, die

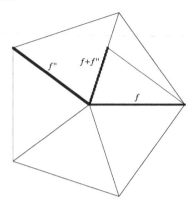

Abb. 2.6. Drehung um einen Winkel $\frac{2\pi}{5}$.

notwendig ist, um die Ebene durch Translationen längs der betreffenden Vektoren zu überdecken. Es gibt normalerweise mehr als eine Möglichkeit für dieses Parallelogramm. Auf der rechten Seite der jeweiligen Abbildung steht das gleiche Mosaik mit den entsprechenden Achsen der Spiegelung oder Gleitspiegelung und den Drehpunkten. Und schließlich findet man in der Legende einer jeden dieser grafischen Darstellungen die *internationalen Symbole*, die im Allgemeinen für die jeweiligen kristallografischen Gruppen verwendet werden [5]. Volle Linien geben an, dass eine einfache Spiegelung an der Achse eine Symmetrie ist. Gestrichelte Linien weisen auf Gleitspiegelungen hin; die erforderlichen Translationen werden nicht explizit gezeigt, sind aber dennoch leicht zu erkennen. Verschiedene Symbole werden verwendet, um Punkte anzugeben, um die das Mosaik gedreht werden kann. Fällt das Rotationszentrum nicht auf eine Spiegelungsachse, dann verwendet man folgende Symbole:

$\diamond$ für Drehungen um den Winkel π,
$\triangle$ für Drehungen um den Winkel $\frac{2\pi}{3}$,
$\square$ für Drehungen um den Winkel $\frac{\pi}{2}$,
und Sechsecke für Drehungen um den Winkel $\frac{\pi}{3}$.

Liegt der Drehpunkt auf einer Spiegelungsachse, dann verwenden wir vollschwarze Versionen der gleichen Symbole (▲, ■ usw.).

In der alten Stadt Alhambra, dem Sitz der maurischen Regierung von Granada im Süden des heutigen Spaniens, findet man erstaunlich viele Mosaike von überraschender Komplexität. Lange wurde darüber diskutiert, ob die Alhambra-Mosaike alle 17 kristallografischen Gruppen repräsentieren. Grünbaum, Grünbaum und Shephard [4] behaupten, dass das nicht der Fall ist, sondern dass nur 13 Gruppen repräsentiert sind. Sogar angesichts dieser negativen Antwort ist es eine natürliche Frage, ob sich die damaligen maurischen Künstler eines Klassifizierungssystems bewusst waren.

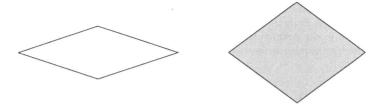

Abb. 2.7. Penrose-Kacheln.

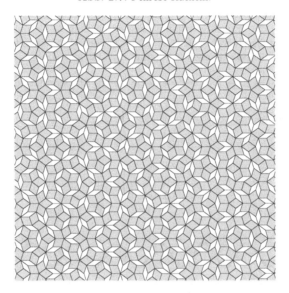

Abb. 2.8. Eine aperiodische Penrose-Parkettierung.

Die exakte mathematische Formalisierung der Friese und der Mosaike ermöglichte es den Mathematikern, durch das Lockern gewisser Regeln in der Definition neue verallgemeinerte Strukturen zu untersuchen. Aperiodische Parkettierungen sind eine solche Struktur. Alle Mosaike müssen die Ebene ausfüllen, das heißt, eine Fortsetzung des Musters in alle Richtungen überdeckt lückenlos sämtliche Punkte des $\mathbb{R}^2$. Diese Bedingung wird auch durch aperiodische Parkettierungen erfüllt. Zum Beispiel ist es möglich, die Ebene $\mathbb{R}^2$ mit den zwei in Abbildung 2.7 [5] zu sehenden Penrose-Kacheln (die als Penrose-Rauten bezeichnet werden) zu überdecken. Selbst wenn es möglich ist, die Ebene mit diesen Kacheln periodisch zu parkettieren, ist es auch möglich, die Kacheln so anzuordnen, dass keine Translationssymmetrie auftritt; das heißt, sie können dazu verwendet werden, die Ebene *aperiodisch* zu überdecken. Abbildung 2.8 zeigt einen Teil einer aperiodischen Parkettierung. Möglicherweise finden diese neuen verallgemeinerten Strukturen in der Architektur Verwendung ...(Penrose und andere haben weitere Mengen von Kacheln konstruiert, mit denen man *nur* aperiodische Parkettierungen ausführen kann!)

2.5 Übungen

1.   Man sagt, dass zwei Operationen $a, b \in E$ kommutieren, falls $ab = ba$.

   (a)   Kommutieren die Translationsoperationen miteinander?

   (b)   Kommutieren die Operationen r_h, r_v und $r_h r_v$ jeweils miteinander?

   (c)   Kommutieren die Spiegelungen r_h, r_v und $r_h r_v$ mit den Translationen?

2.   Finden Sie die Bedingungen, unter denen eine lineare Transformation

$$\begin{pmatrix} a & b & 0 \\ c & d & 0 \\ 0 & 0 & 1 \end{pmatrix}$$

und eine Translation

$$\begin{pmatrix} 1 & 0 & p \\ 0 & 1 & q \\ 0 & 0 & 1 \end{pmatrix}$$

miteinander kommutieren.

Abb. 2.9. Der Fries von Übung 3.

3.   **(a)**   Bestimmen Sie die Periode L des Frieses von Abbildung 2.9. Geben Sie die Periode direkt auf der Abbildung oder auf einer Kopie derselben an.

   (b)   Unter welcher der Transformationen $t_L, r_h, s_g, r_v, r_h r_v$ ist der Fries invariant?

   (c)   Zu welcher der sieben Symmetriegruppen gehört der Fries?

   (d)   Zeichnen Sie einen einzigen Punkt pro Periode derart in den Fries ein, dass sich seine Symmetriegruppe auf $\langle t_L \rangle$ reduziert, ohne dabei die Periodenlänge zu ändern.

4.   **(a)**   Friese werden häufig in der Architektur verwendet; in [3] findet man mehrere bemerkenswerte Beispiele. Wählen Sie einige dieser Beispiele aus und bestimmen Sie, zu welchen Symmetriegruppen sie gehören.

(b) Der Künstler M. C. Escher schuf mehrere bemerkenswerte Mosaike; viele dieser Mosaike findet man in [6]. Wählen Sie einige von Eschers Mosaiken aus und bestimmen Sie, zu welchen der 17 kristallografischen Gruppen sie gehören.

5. (a) Identifizieren Sie die Symmetriegruppe des in Abbildung 2.10 dargestellten Frieses.

Abb. 2.10. Fries zu Übung 5.

(b) Durch Entfernen zweier Dreiecke aus jeder Periode dieses Frieses konstruiere man einen Fries, der zur Symmetriegruppe **5** gehört.

6. Beweisen Sie die drei Aussagen von Proposition 2.1. Hinweis: Diese Eigenschaften lassen sich beweisen, indem man nur die euklidische Geometrie oder die Matrizendarstellung der affinen Transformationen verwendet. Untersuchen Sie beide Ansätze.

7. (a) Es seien m_1 und m_2 parallele Geraden mit dem Abstand d und es seien r_{m_1} und r_{m_2} die Spiegelungen an diesen Geraden. Zeigen Sie, dass die Zusammensetzung $r_{m_2} r_{m_1}$ eine Translation um den Abstand $2d$ längs einer Richtung ist, die senkrecht zu den Geraden (Spiegeln) m_1 und m_2 verläuft. Hinweis: Beweisen Sie diese Aussage unter ausschließlicher Verwendung der euklidischen Geometrie, das heißt, ohne Verwendung eines Koordinatensystems. Sie können den Begriff des Abstands oder der Länge einer Strecke verwenden.

(b) Ein Fries der Periode L sei invariant gegenüber der Spiegelung r_v. Zeigen Sie, dass dieser Fries invariant gegenüber einer Spiegelung an einem vertikalen Spiegel ist, der den Abstand $\frac{L}{2}$ vom erstgenannten Spiegel hat. Hinweis: Untersuchen Sie die Zusammensetzung von r_v und der Translation t_L.

8. Es seien m_1 und m_2 zwei Geraden, die sich im Punkt P schneiden und es seien r_{m_1} und r_{m_2} die Spiegelungen an diesen Geraden. Zeigen Sie, dass die Zusammensetzung $r_{m_2} r_{m_1}$ eine Drehung um den Mittelpunkt P um das Doppelte des Winkels zwischen den beiden Geraden (Spiegeln) m_1 und m_2 ist. Hinweis: Zeigen Sie zuerst, dass die Bilder $r_{m_1} Q$ und $Q' = r_{m_2} r_{m_1} Q$ auf einem Kreis mit dem Mittelpunkt P und dem Radius $|PQ|$ liegen. Untersuchen Sie danach die Winkel, den die Strecken PQ und PQ' mit einer gegebenen Geraden, etwa mit m_1, bilden.

9. Das Ziel dieser Übung ist der Nachweis, dass eine Isometrie die Zusammensetzung einer linearen Transformation und einer Translation ist, und dass es sich deswegen um eine

affine Transformation handelt. (Entweder die lineare Transformation oder die Translation könnte die Identität sein.) Wir rufen in Erinnerung, dass eine lineare Transformation der Ebene eine Funktion $T\colon \mathbb{R}^2 \to \mathbb{R}^2$ ist, die den beiden folgenden Bedingungen genügt: *(i)* $T(\mathbf{u} + \mathbf{v}) = T(\mathbf{u}) + T(\mathbf{v})$ und *(ii)* $T(c\mathbf{u}) = cT(\mathbf{u})$ für alle Punkte $\mathbf{u}, \mathbf{v} \in \mathbb{R}^2$ und Konstanten $c \in \mathbb{R}$.

(a)   Zeigen Sie, dass eine Isometrie $T\colon \mathbb{R}^2 \to \mathbb{R}^2$ winkeltreu ist. Hinweis: Wählen Sie drei (nichtkollineare) Punkte P, Q, R und betrachten Sie deren Bilder P', Q', R' unter T; zeigen Sie, dass die Dreiecke PQR und $P'Q'R'$ kongruent sind.

(b)   Zeigen Sie, dass eine Translation eine Isometrie ist.

(c)   Angenommen eine Isometrie S hat keinen Fixpunkt und $S(P) = Q$. Zeigen Sie, dass die Zusammensetzung TS, bei der T die Translation ist, die Q auf P abbildet, mindestens einen Fixpunkt hat.

(d)   Es sei S eine Isometrie, die (mindestens) einen Fixpunkt O hat. Die Punkte P, Q, R seien so gewählt. dass $OPQR$ ein Parallelogramm ist. Es bezeichnen P', Q', R' ihre Bilder unter S. Zeigen Sie, dass die Summe der Vektoren OP' und OR' gleich OQ' ist. (Das ist gleichbedeutend mit dem Nachweis, dass $S(OP+OR) = S(OP)+S(OR)$.)

(e)   Es sei S eine Isometrie, die (mindestens) einen Fixpunkt O hat und es seien P und Q zwei Punkte, die voneinander und von O verschieden sind, so dass O, P, Q kollinear sind. Zeigen Sie, dass

$$S(OP) = \frac{|OP|}{|OQ|} S(OQ).$$

(f)   Schlussfolgern Sie, dass eine Isometrie eine lineare Transformation ist, an die sich eine Translation anschließt, das heißt, eine Isometrie ist eine affine Transformation. (Eine der beiden Operationen könnte die Identität sein.)

10. (a)   Das Muster der Abbildung 2.11 besteht aus einer Reihe von Ellipsen, die längs der x-Achse in den Punkten $(2^i, 0)$ mit Hauptachsen $r_x = 2^{i-2}, r_y = 1$ zentriert sind. Somit erstreckt sich dieses Muster über den unendlichen Halbstreifen $(0, \infty) \times [-\frac{1}{2}, \frac{1}{2}]$. Dieses Muster ist kein Fries, weil es nicht periodisch ist. Ersetzen Sie die Periodizitätsbedingung durch eine andere Invarianzbedingung, durch die dieses Muster ein „Fries" wird.

(b)   Beschreiben Sie die Transformation, die eine Ellipse auf die erste links von ihr stehende Ellipse abbildet. Ist diese Transformation linear? Bildet die Menge derartiger Transformationen eine Gruppe?

Abb. 2.11. Ein nichtperiodisches Muster. (Für Übung 10.)

11. Es sei $r > 1$ eine reelle Zahl und

$$A_r = \left\{ (x,y) \in \mathbb{R}^2 \ \Big| \ \frac{1}{r} \le \sqrt{x^2 + y^2} \le r \right\}$$

der Ring, dessen Mittelpunkt der Koordinatenursprung der Ebene ist und der von Kreisen mit den Radien r und $\frac{1}{r}$ begrenzt wird.

(a) Zeigen Sie, dass die Menge A_r bei Drehungen der Form

$$\begin{pmatrix} \cos\theta & -\sin\theta \\ \sin\theta & \cos\theta \end{pmatrix}$$

für alle $\theta \in [0, 2\pi)$ invariant ist. (Die Invarianz von A_r bedeutet, dass die Transformation invertierbar ist und dass das Bild von A_r mit A_r zusammenfällt.)

(b) Gegeben sei die Transformation $\mathbb{R}^2 \setminus \{(0,0)\} \to \mathbb{R}^2 \setminus \{(0,0)\}$, die durch

$$x' = \frac{x}{x^2 + y^2},$$
$$y' = \frac{y}{x^2 + y^2}$$

definiert ist. Diese Transformation wird als *Inversion* bezeichnet. Zeigen Sie, dass A_r bei dieser Transformation invariant ist. Zeigen Sie, dass A_r^2 die identische Transformation ist. Ist diese Transformation linear?

(c) Abbildung 2.12 stellt einen kreisförmigen Fries dar, der auf einen Ring A_r gezeichnet ist. Die gestrichelte Linie stellt den Kreis mit dem Radius 1 dar. Im Gegensatz zu den früher diskutierten Bandfriesen sind kreisförmige Friese begrenzt. Es ist leicht, eine Zuordnung zwischen den Symmetrien eines Bandfrieses (vgl. Abschnitt 2.2) und den Symmetrien eines kreisförmigen Frieses zu konstruieren. Translationen werden Drehungen und die Spiegelung r_h an der horizontalen Achse wird zu einer Inversion (wie

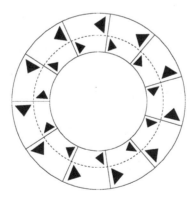

Abb. 2.12. Ein kreisförmiger Fries. (Vgl. Übung 11.)

in (b) definiert). Definieren Sie die Transformation, die der Spiegelung r_v an einer vertikalen Achse entspricht. Wir bezeichnen die letztgenannte Transformation ebenfalls als *Spiegelung*. Ist diese Spiegelung eine lineare Transformation? (Wie zuvor kann diese Transformation nur definiert werden, nachdem ein geeigneter Ursprung gewählt worden ist. Das heißt, Sie müssen mit der entsprechenden Sorgfalt einen speziellen Punkt von A_r auswählen, durch den der „Spiegel" geht.)

(d)   Konstruieren Sie – ausgehend von den drei Operationen der Drehung, Inversion und Spiegelung – eine Erzeugendenmenge für die Symmetriegruppe des kreisförmigen Frieses von Abbildung 2.12.

12. (a) Diese Übung setzt die vorhergehende fort. Es sei n die größte ganze Zahl, für die ein kreisförmiger Fries bei einer Drehung von $\frac{2\pi}{n}$ invariant ist. Wir nehmen an, dass $n \geq 2$. Klassifizieren Sie die Symmetriegruppen eines kreisförmigen Frieses für ein gegebenes n. Hängt die Klassifizierung in irgendeiner Weise von n ab?

(b) Die *Ordnung* einer Gruppe ist die Anzahl der Elemente der Gruppe. Die Ordnungen der Symmetriegruppen von regulären Friesen sind unendlich, aber die Ordnungen von kreisförmigen Friesen sind endlich. Berechnen Sie die Ordnungen der Gruppen, die Sie in (a) konstruiert haben.

13. Bestimmen Sie für jede der in Abbildung 2.13 dargestellten archimedischen Parkettierungen, zu welcher der 17 kristallografischen Gruppen sie gehört (manche der Parkettierungen müssen zu ein und derselben Gruppe gehören).   Eine *archimedische Parkettierung* ist eine aus regulären Polygonen[6] bestehende Parkettierung der Ebene, wobei die Polygone so beschaffen sind, dass jede Ecke vom gleichen *Typ* ist. Damit zwei Ecken vom gleichen Typ sind, müssen sie bei ähnlichen Polygonen übereinstimmen, und die Polygone müssen in derselben Reihenfolge auftreten, wenn man sich um den Punkt in einer gegebenen Richtung dreht (zum Beispiel im Uhrzeigersinn). Es ist möglich, dass man das Spiegelbild einer solchen Parkettierung nicht mit Hilfe von Drehungen und Translationen herstellen kann. Setzen wir voraus, dass solche Parkettierungen bis auf ihr Spiegelbild eindeutig sind (wenn ein derartiges Bild von der ursprünglichen Parkettierung verschieden ist), dann gibt es genau 11 Familien von archimedischen Parkettierungen. Das Spiegelbild ist bei genau einer dieser Parkettierungen von der ursprünglichen Parkettierung verschieden. Identifizieren Sie diese Parkettierung.

14. Eine kleine Herausforderung: Klassifizieren Sie die archimedischen Parkettierungen (vgl. Übung 13).
(a) Es bezeichne n das reguläre Polygon mit n Seiten. Seine Innenwinkel sind alle gleich $\frac{(n-2)\pi}{n}$. (Beweisen Sie das!) Man betrachte eine archimedische Parkettierung und es sei $(n_1, n_2, \ldots, n_m)$ die Liste der m Polygone, die sich in den Ecken dieser Parkettierung treffen. Die Summe der Winkel in einer gegebenen Ecke muss 2π sein, und deswegen gilt

---

[6]Reguläre Polygone werden auch regelmäßige Vielecke genannt.

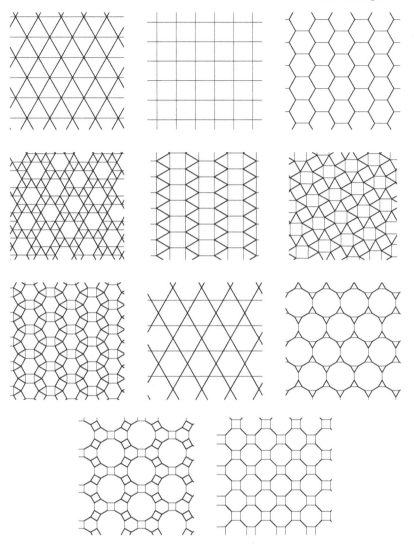

Abb. 2.13. Archimedische Parkettierungen. (Vgl. Übung 13.)

$$2\pi = \frac{(n_1 - 2)\pi}{n_1} + \frac{(n_2 - 2)\pi}{n_2} + \cdots + \frac{(n_m - 2)\pi}{n_m}.$$

Zum Beispiel sind bei der archimedischen Parkettierung von Abbildung 2.14 die Polygone, die sich in einer Ecke treffen, durch die Liste $(4, 3, 3, 4, 3)$ aufgezählt, wobei wie gefordert die Beziehung

$$\frac{(4 - 2)\pi}{4} + \frac{(3 - 2)\pi}{3} + \frac{(3 - 2)\pi}{3} + \frac{(4 - 2)\pi}{4} + \frac{(3 - 2)\pi}{3} = 2\pi$$

gilt. Zählen Sie alle möglichen Listen $(n_1, n_2, \ldots, n_m)$ von Polygonen auf, die sich in einer Ecke treffen können. Hinweis: Es gibt 17 derartige Listen, falls wir die n_i nur nach ihrer Größe unterscheiden und nicht nach ihrer Reihenfolge.

(b)   Warum entspricht die Liste $(5, 5, 10)$ keiner archimedischen Parkettierung der Ebene?

(c)   Verifizieren Sie für jede der in (a) bestimmten Listen, ob die Menge der Polygone $(n_1, n_2, \ldots, n_m)$, die sich in einer Ecke treffen, tatsächlich eine Parkettierung der Ebene beschreiben. Achtung: Die Reihenfolge der Elemente der Liste $(n_1, n_2, \ldots, n_m)$ ist wichtig!

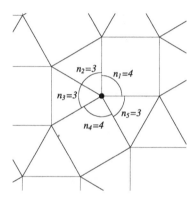

Abb. 2.14. Ein näherer Blick auf eine archimedische Parkettierung (vgl. Übung 14). Die Liste der Polygone, die sich in einer Ecke treffen, ist $(4, 3, 3, 4, 3)$.

15.   Ein schwieriges Problem: Klassifizieren Sie die archimedischen Parkettierungen der Kugel. In Abschnitt 15.8 sehen wir, dass jedes reguläre Polyeder (Tetraeder, Würfel, Oktaeder, Ikosaeder und Dodekaeder) einer regulären Parkettierung der Kugel entspricht. Diese Zuordnung wird folgendermaßen konstruiert:

• Als Mittelpunkt des Polyeders wird der Koordinatenursprung genommen. Der Abstand zwischen dem Ursprung und jeder der Ecken ist also ein und derselbe. Nun

Abb. 2.15. Ein Ikosaeder und die entsprechende Parkettierung der Kugel (vgl. Übung 15).

wird dem Polyeder eine Kugel mit diesem Radius so umbeschrieben, dass sie durch alle Ecken geht;

• Für jede Kante des Polyeders verbinden wir die Ecken durch einen Bogen des Großkreises zwischen ihnen.

Das Endergebnis ist die gewünschte Parkettierung der Kugel. Abbildung 2.15 zeigt eine solche Konstruktion für ein Ikosaeder. Die Konstruktion kann für jedes Polyeder wiederholt werden, dessen sämtliche Ecken auf der Oberfläche einer Kugel liegen. Das ist der Fall bei archimedischen Polyeder: Sämtliche Flächen sind regelmäßige Polygone mit derselben Seitenlänge und alle ihre Ecken liegen auf denselben Polygonen. Obwohl reguläre Polyeder (auch platonische Körper genannt) diese Anforderungen erfüllen, reservieren wir das Adjektiv „archimedisch" für Polyeder, deren Flächen aus mindestens zwei verschiedenen Arten von Polygonen bestehen. Ein Beispiel für ein archimedisches Polyeder ist die bekannte Form eines Fußballs, formal als *abgestumpftes Ikosaeder* bekannt (vgl. Abbildung 2.16). Jede Ecke inzidiert mit zwei Sechsecken und einem Fünfeck. Wir kennzeichnen das abgestumpfte Ikosaeder durch die Liste $(5, 6, 6)$. Archimedische

Abb. 2.16. Ein abgestumpftes Ikosaeder und die zugehörige Parkettierung der Kugel (vgl. Übung 15).

Parkettierungen der Kugel werden wie folgt klassifiziert: Prismen, Antiprismen und 13 exzeptionelle Parkettierungen. (Manche Mathematiker ziehen es vor, die Prismen und Antiprismen nicht zu den archimedischen Parkettierungen zu zählen, und verwenden diesen Begriff nur für die 13 verbleibenden Parkettierungen.)

(a) Die Liste $(n_1, n_2, \ldots, n_m)$ der Polygone, die sich in einer Ecke treffen, müssen zwei einfache Bedingungen erfüllen. Damit jede Ecke konvex (und nicht planar) ist, muss die Summe der Innenwinkel, die an der Ecke liegen, kleiner als 2π sein:

$$\pi \sum_{i=0}^{m} \frac{n_i - 2}{n_i} < 2\pi.$$

Dieser Sachverhalt muss als erstes getestet werden. Die zweite Bedingung stützt sich auf den Satz von Descartes. Jeder Ecke des Polyeders wird ein *Winkeldefekt* zugeordnet, der als $\Delta = 2\pi - \pi \sum_i (n_i - 2)/n_i$ definiert wird. Der Satz von Descartes besagt, dass die Summe der Defekte über alle Ecken eines Polyeders gleich 4π sein muss. Da alle Ecken eines archimedischen Körpers identisch sind, muss $4\pi/\Delta$ eine ganze Zahl sein, die gleich der Anzahl der Ecken ist. Dieser Sachverhalt ist der zweite Test. Überzeugen Sie sich davon, dass der Fußball beide Bedingungen erfüllt. (Wir werden bei (d) sehen, dass diese beiden Tests alleine nicht ausreichen, um die archimedischen Körper zu charakterisieren.)

(b) Ein Prisma ist ein Polyeder, das aus zwei identischen polygonalen Flächen besteht, die parallel sind. Jede Kante dieser beiden Flächen ist durch ein Quadrat verbunden. Sie bilden eine unendliche Familie von Körpern, die mit $(4, 4, n)$ für $n \geq 3$ bezeichnet werden. Überzeugen Sie sich davon, dass Ecken eines solchen Körpers identisch sind und durch die Liste $(4, 4, n)$ exakt beschrieben werden. Zeichnen Sie ein Beispiel für ein solches Prisma, zum Beispiel $(4, 4, 5)$. Verifizieren Sie, dass die Liste $(4, 4, n)$ unabhängig von n die beiden in (a) beschriebenen Tests besteht. (Ist n hinreichend groß, dann beginnen diese Körper dicken Zylindern zu ähneln.)

(c) Ein Antiprisma besteht ebenfalls aus zwei parallelen identischen Polygonen mit n Ecken ($n \geq 4$). Jedoch wird eines der Polygone in Bezug auf das andere um einen Winkel von $\frac{\pi}{n}$ gedreht und die Ecken werden durch gleichseitige Dreiecke verbunden. Die Antiprismen bilden eine unendliche Familie von Körpern, und sie werden durch die Liste $(3, 3, 3, n)$ für $n \geq 4$ gekennzeichnet. Beantworten Sie dieselben Fragen wie für Prismen.

(d) Zeigen Sie, dass die Liste $(3, 4, 12)$ die beiden in (a) beschriebenen Tests besteht. Es ist jedoch nicht möglich, auf der Grundlage dieser Liste ein reguläres Polyeder zu konstruieren. Warum? Hinweis: Beginnen Sie, ausgehend von einer einzigen Ecke, ein Dreieck, ein Quadrat und ein Polygon mit zwölf Seiten (ein Zwölfeck) zusammenzusetzen. Betrachten Sie die anderen Ecken dieser drei Flächen. Ist es möglich, dass diese Ecken die Konfiguration haben, die durch die Liste $(3, 4, 12)$ beschrieben wird? (Das ist der schwierigste Teil dieser Frage!)

(e) Zeigen Sie, dass es 13 archimedische Parkettierungen der Kugel (oder äquivalent 13 archimedische Polyeder) gibt, die weder Prismen noch Antiprismen sind. (Der Fußball ist einer dieser 13 Körper.)

16. Eine schwere Aufgabe: Leiten Sie die kristallografischen Gruppen ab (diese sind in den Abbildungen 2.17–2.22 dargestellt).

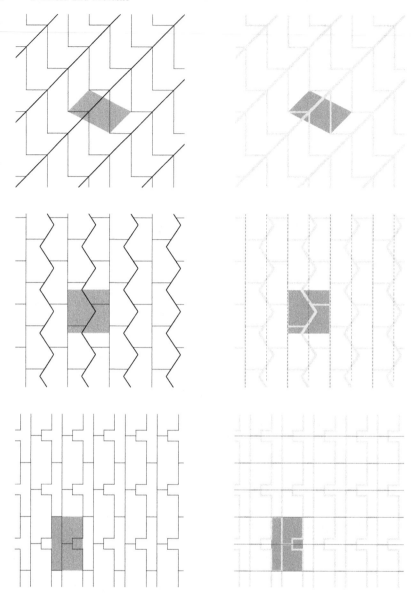

Abb. 2.17. Die 17 kristallografischen Gruppen. Von oben nach unten: die Gruppen *p1*, *pg*, *pm*.

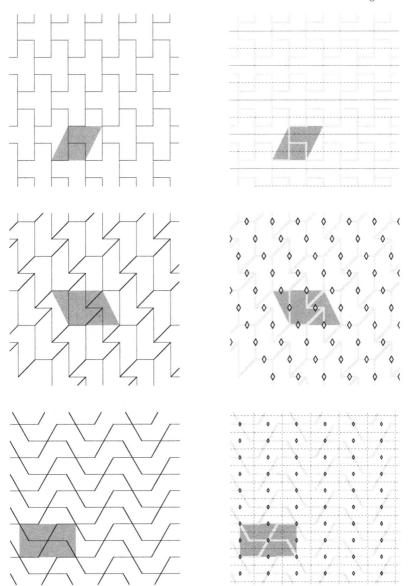

Abb. 2.18. Die 17 kristallografischen Gruppen (Fortsetzung). Von oben nach unten: die Gruppen *cm, p2, pgg.*

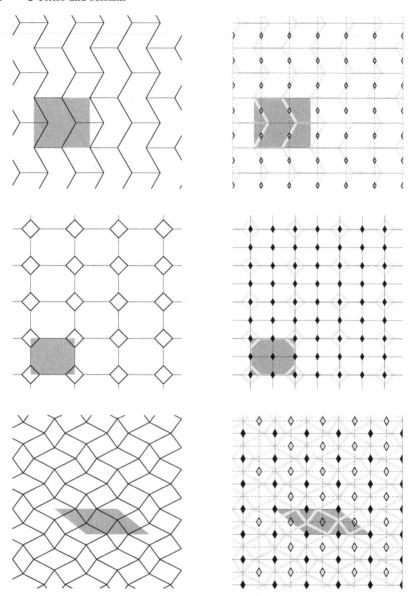

Abb. 2.19. Die 17 kristallografischen Gruppen (Fortsetzung). Von oben nach unten: die Gruppen *pmg, pmm, cmm*.

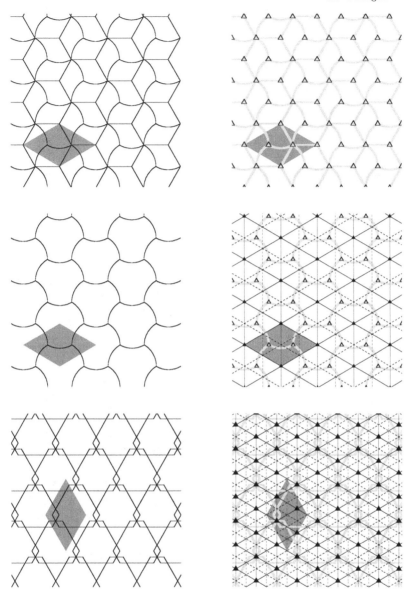

Abb. 2.20. Die 17 kristallografischen Gruppen (Fortsetzung). Von oben nach unten: die Gruppen *p3*, *p31m*, *p3m1*.

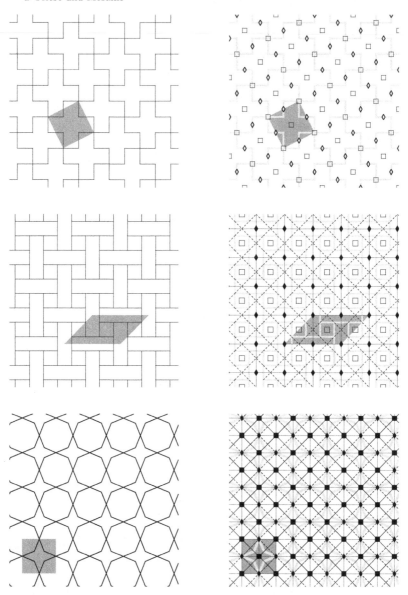

Abb. 2.21. Die 17 kristallografischen Gruppen (Fortsetzung). Von oben nach unten: die Gruppen *p4*, *p4g*, *p4m*.

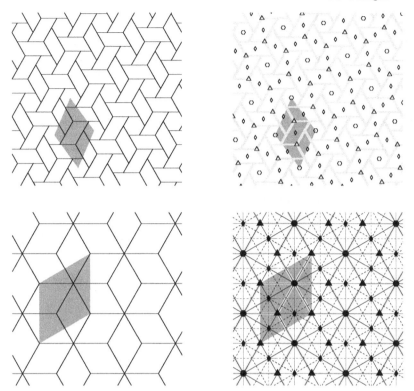

Abb. 2.22. Die 17 kristallografischen Gruppen (Fortsetzung). Von oben nach unten: die Gruppen *p6*, *p6m*.

Literaturverzeichnis

[1] A. Bravais, Mémoire sur les systèmes formés par des points distribués régulièrement sur un plan ou dans l'espace. *Journal de l'École Polytechnique*, 19 (1850), 1–128.

[2] H. S. M. Coxeter, *Introduction to Geometry*. Wiley, New York, 1969.

[3] E. Prisse d'Avennes (Herausgeber), *Arabic Art in Color*. Dover, 1978. (In diesem Buch sind einige Auszüge aus Prisse d'Avennes' monumentalem Werk „L'art arabe d'après les monuments du Kaire depuis le VIIe siècle jusqu'à la fin du XVIIe siècle" zusammengestellt. Er stellte diese Sammlung zwischen 1869 und 1877 zusammen. Die Originalausgabe wurde 1877 in Paris von Morel veröffentlicht.)

[4] B. Grünbaum, Z. Grünbaum und G. C. Shephard, Symmetry in Moorish and other ornaments. *Computers and Mathematics with Applications*, 12 (1985), 641–653.

[5] B. Grünbaum und G. C. Shephard, *Tilings and Patterns*. W. H. Freeman, New York, 1987.

[6] D. Schattschneider, *Visions of Symmetry: Notebooks, Periodic Drawings, and Related Work of M. C. Escher*. W. H. Freeman, New York, 1992.

Roboterbewegung

Dieses Kapitel kann in einer Vorlesungswoche abgedeckt werden. In der ersten Stunde wird der Roboter von Abbildung 3.1 beschrieben. Es ist wichtig, sich durch die Diskussion mehrerer einfacher Beispielen zu vergewissern, dass die Studenten den Begriff der „Dimension" (Anzahl der Freiheitsgrade) richtig verstanden haben. Danach werden die Drehungen im 3-dimensionalen Raum mit ihren Darstellungen als orthogonale Matrizen (Formulierung und Diskussion der Hauptergebnisse in Abschnitt 3.3) besprochen. In der letzten Stunde geht es um die sieben Bezugsrahmen, die dem Roboter von Abbildung 3.1 zugeordnet sind sowie um die Berechnung der Positionen der verschiedenen Artikulationen in jedem Bezugsrahmen (vgl. Abschnitt 3.5). Da diese Diskussion eine volle Stunde erfordert, ist es weder möglich, die ganze Diskussion über orthogonale Transformationen noch alle Details des Fundamentalsatzes (Satz 3.20) zu behandeln, der besagt, dass alle orthogonalen Transformationen im $\mathbb{R}^3$ mit Determinante 1 Drehungen sind. Aus diesen Gründen werden die Hauptergebnisse nur formuliert und kurz erläutert. Die wichtige Lehre aus den orthogonalen Transformationen besteht darin, dass die Wahl einer geeigneten Basis das Verständnis und die Veranschaulichung der Transformation erleichtert. Eine exakte Diskussion der orthogonalen Transformationen hängt davon ab, welche Kenntnisse die Studenten aus der linearen Algebra mitbringen. Es ist möglich, einfach einige Beispiele durchzuarbeiten oder stattdessen einige Beweise durchzugehen.

3.1 Einführung

Man betrachte den dreidimensionalen Roboter in Abbildung 3.1. Er besteht aus drei Gelenken und einem Greifer. Auf der Abbildung haben wir sechs Drehungen angegeben, die der Roboter ausführen kann; diese Drehungen sind mit 1 bis 6 durchnummeriert. Der Roboter ist an eine Wand montiert, sein erstes Segment ist senkrecht zur Wand. Dieses Segment ist jedoch nicht fixiert, sondern kann sich frei um seine Mittelachse drehen, was durch die Bewegung 1 angedeutet ist. Am Ende des ersten Segments befindet sich

ein zweites Segment. Das Gelenk zwischen den zwei Segmenten ähnelt einem Ellenbogen darin, dass die Bewegung auf eine Ebene eingeschränkt ist (wie durch Bewegung 2
angedeutet). Kombinieren wir jedoch diese zulässige Drehung mit der von 1, dann sehen wir, dass die Rotationsebene von 2 selbst längs des ersten Segments rotiert. Auf
diese Weise ermöglicht uns die Zusammensetzung dieser beiden Drehungen, das zweite
Segment in jeder möglichen Richtung zu positionieren. Wir sehen uns jetzt das dritte
Segment an. Die Drehung 3 ermöglicht dem Segment, sich in einer Ebene zu drehen
(wie bei der Drehung 2), während es die Drehung 4 gestattet, dass sich das Segment
um seine Achse dreht. Man kann dieses Segment mit einer Schulter vergleichen: Wir
können unseren Arm heben (was zur Drehung 3 äquivalent ist) und wir können unseren
Arm um seine Achse drehen (was zur Drehung 4 äquivalent ist). (In Wirklichkeit ist
eine Schulter nicht gezwungen, den Arm in einer einzigen Ebene zu heben, das heißt,
sie hat im Vergleich zu diesem Segment noch einen weiteren Freiheitsgrad, da wir unseren Arm – unter Beibehaltung eines festen Winkels mit der Vertikalen – um unseren
Körper drehen können.) Und schließlich befindet sich ein Greifer am Ende des dritten
Segments. Dieser Greifer hat ebenfalls zwei zugeordnete Drehungen: Drehung 5 erfolgt
in einer Ebene und variiert den Winkel zwischen dem dritten Segment und dem Greifer,
während es die Drehung 6 dem Greifer ermöglicht, sich um seine Achse zu drehen.

Warum wurde dieser Roboter mit sechs Drehbewegungen ausgestattet? Wir werden
sehen, dass das kein Zufall war und dass die Bewegungen des Roboters stark eingeschränkt wären, wenn er auch nur eine einzige Drehung weniger machen könnte.

Wir beginnen mit einem einfachen Beispiel, bei dem Translationen betrachtet werden:

Beispiel 3.1 *Es sei $P = (x_0, y_0, z_0)$ ein Ausgangspunkt im $\mathbb{R}^3$. Wir möchten bestimmen, welche Positionen Q wir erreichen können, wenn wir Translationen längs der
Einheitsrichtungen $v_1 = (a_1, b_1, c_1)$ und $v_2 = (a_2, b_2, c_2)$ zulassen. Die Menge der erreichbaren Punkte ist*

$$\{Q = P + t_1 v_1 + t_2 v_2 \mid t_1, t_2 \in \mathbb{R}\}.$$

Diese Menge beschreibt eine Ebene durch P falls $v_1 \neq \pm v_2$. (Übung: Beweisen Sie das!)

*Geben wir eine dritte Richtung v_3 so dazu, dass $\{v_1, v_2, v_3\}$ linear unabhängig sind,
dann ist die Menge der Positionen Q, die erreicht werden können, der ganze Raum $\mathbb{R}^3$.*

*Warum brauchten wir drei Translationsrichtungen, um den ganzen Raum erreichbar
zu machen? Weil die Dimension des Raumes drei ist, was aus der Tatsache hervorgeht,
dass wir drei Koordinaten benötigen, um eine Position im $\mathbb{R}^3$ anzugeben. Wir sagen,
dass das Problem drei* Freiheitsgrade *hat.*

Versuchen Sie, diesen Ansatz auf unseren Roboter zu übertragen: Wieviele Zahlen sind erforderlich, um dessen exakte Position vollständig zu beschreiben? Für einen
Arbeiter, der den Roboter verwendet, um ein Objekt zu greifen, ist die exakte Positionierung des Greifers außerordentlich wichtig. Dieser Arbeiter spezifiziert folgende
Angaben:

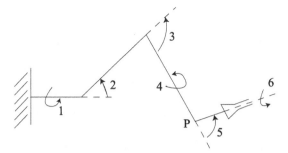

Abb. 3.1. Ein dreidimensionaler Roboter mit sechs Freiheitsgraden.

- Die Position von P: diese wird durch die drei Koordinaten (x, y, z) von P im Raum definiert.
- Die Richtung der Greiferachse. Eine Richtung kann durch einen Vektor so spezifiziert werden, dass drei Zahlen notwendig zu sein scheinen. Es gibt jedoch unendlich viele Vektoren, die in dieselbe Richtung zeigen. Eine effizientere Art und Weise der Richtungsangabe besteht darin, sich eine Einheitskugel mit dem Mittelpunkt P vorzustellen und einen Punkt Q auf der Kugeloberfläche anzugeben. Der von P ausgehende und durch Q verlaufende Strahl gibt eine eindeutige Richtung an. Wenn wir uns selbst eine Richtung vorgeben, das heißt, einen von P ausgehenden Strahl, dann schneidet dieser die Kugel in genau einem Punkt. Es gibt also eine Bijektion zwischen den Punkten der Kugeloberfläche und den Richtungen. Die Angabe eines Punktes auf der Kugel reicht deswegen aus, um auf eindeutige Weise eine Richtung zu identifizieren. Am besten verwendet man hierzu sphärische Koordinaten. Die Punkte auf einer Kugel mit dem Radius 1 sind

$$(a, b, c) = (\cos\theta \cos\phi, \sin\theta \cos\phi, \sin\phi)$$

  mit $\theta \in [0, 2\pi)$ und $\phi \in [-\frac{\pi}{2}, \frac{\pi}{2}]$. Demnach reichen die beiden Zahlen θ und ϕ aus, um die Richtung des Greifers zu beschreiben.
- Der Greifer kann sich um seine Achse durch eine Drehung um einen Winkel drehen, dessen Größe durch einen einzigen Parameter α angegeben wird.

Insgesamt benötigten wir die sechs Zahlen $(x, y, z, \theta, \phi, \alpha)$, um die Position und die Orientierung des Greifers anzugeben. Analog zu Beispiel 3.1 sagen wir, dass der Roboter von Abbildung 3.1 sechs *Freiheitsgrade* hat. Die Drehungen 1, 2 und 3 werden verwendet, um P in die gewünschte Position (x, y, z) zu bringen. Die Drehungen 4 und 5 werden verwendet, um die Achse des Greifers korrekt zu orientieren, während die Drehung 6 den Greifer um den gewünschten Winkel um seine Achse dreht. Diese sechs Bewegungen entsprechen den sechs Freiheitsgraden.

Man beachte den Unterschied zwischen dem Punkt Q von Beispiel 3.1 und dem Greifer unseres Roboters. Wir benötigten nur drei Zahlen, um die Position von Q anzugeben, während wir sechs Zahlen brauchten, um die Position des Greifers anzugeben. Der Greifer ist ein Beispiel für ein sogenanntes „massives" Objekt (etwa einen Festkörper) im $\mathbb{R}^3$ und wir werden sehen, dass man immer sechs Zahlen benötigt, um die Position eines Festkörpers im Raum anzugeben. Um unsere Intuition zu entwickeln, beginnen wir mit der Untersuchung eines festen Objekts in der Ebene.

3.1.1 Bewegung eines Festkörpers in der Ebene

Schneiden Sie ein Dreieck aus Pappe derart, dass alle drei Winkel voneinander verschieden sind (so dass das Dreieck keine Symmetrien hat).

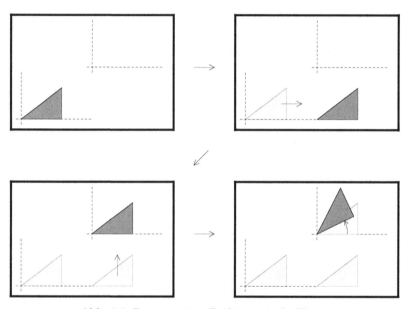

Abb. 3.2. Bewegung eines Festkörpers in der Ebene.

Angenommen, das Dreieck lässt sich nicht deformieren und muss ausschließlich in der Ebene bleiben; dann kann es in der Ebene lediglich gleiten. Wir möchten alle möglichen Positionen beschreiben, die das Dreieck einnehmen kann (s. Abbildung 3.2). Um das zu tun, wählen wir irgendeine Ecke des Dreiecks aus und beschriften sie mit A (wir hätten dieselbe Überlegung aber auch mit jedem anderen Punkt machen können).

- Wir beginnen mit der Angabe der Position von A. Dies erfordert die beiden Koordinaten (x, y) von A in der Ebene.
- Danach geben wir die Orientierung des Dreiecks in Bezug auf den Punkt A an. Ist A fest, dann ist die einzig mögliche Bewegung des Dreiecks eine Drehung um A. Ist B eine zweite Ecke des Dreiecks, dann wird die Position des Dreiecks durch den Winkel α bestimmt, der von dem Vektor $\overrightarrow{AB}$ und irgendeiner fest vorgegebenen Richtung eingeschlossen wird, zum Beispiel dem horizontalen Strahl, der sich von A nach rechts erstreckt.

Wir benötigen also die drei Zahlen (x, y, α) zur vollständigen Angabe der Position des Dreiecks (und jedes anderen asymmetrischen Festkörpers) in der Ebene.

Wir betrachten Abbildung 3.2 und nehmen an, dass sich A im Koordinatenursprung befindet und der Vektor $\overrightarrow{AB}$ horizontal nach rechts zeigt. Um das Dreieck in die Position (x, y, α) zu bewegen, können wir eine Translation um $(x, 0)$ in Richtung $e_1 = (1, 0)$ durchführen, danach eine Translation um $(0, y)$ in Richtung $e_2 = (0, 1)$ und schließlich eine Drehung um den Winkel α um (x, y).

Wir haben eine Äquivalenz zwischen den Zahlen (x, y, α), welche die Position des Dreiecks bestimmen, und den Bewegungen hergestellt, die das Dreieck – aus einer Position von $(0, 0, 0)$ – in diese Position bringen. Wir geben folgenden Satz ohne Beweis an:

Satz 3.2 *Die Bewegungen eines Festkörpers in der Ebene sind Zusammensetzungen von Translationen und Drehungen. Bei diesen Bewegungen bleiben Längen, Winkel und die Orientierung erhalten.*

Beispiel 3.3 *Stellen Sie sich einen Roboter vor, der in der Lage ist, die Bewegungen umzusetzen, die wir gerade beschrieben haben. Ein derartiger Roboter ist in Abbildung 3.3 dargestellt. Am Ende des zweiten Segments befindet sich ein Greifer, der senkrecht zur Bewegungsebene des Roboters gedreht werden kann. Wird ein Dreieck an der mit A beschrifteten Ecke an den Greifer gehängt, dann entspricht die Drehung des Greifers der Drehung des Dreiecks um den Punkt A (vgl. Abbildung 3.4). Welches sind die Positionen, die vom äußersten Ende des zweiten Segments erreicht werden können? Es ist offensichtlich, dass wir nicht alle Punkte der Ebene erreichen können, da uns sowohl die Länge der Arme als auch das Vorhandensein der Wand Beschränkungen auferlegen. Aber wir können viele Positionen erreichen, die durch eine 2-dimensionale Teilmenge der Ebene beschrieben werden. Hätte der Roboter nur ein einziges Segment, dann wären wir auf eine 1-dimensionale Teilmenge der Ebene beschränkt, nämlich auf einen Kreisbogen. Die exakte Bestimmung der Menge der durch A erreichbaren Positionen ist Gegenstand von Übung 13.*

Dieses Beispiel verdeutlicht, dass drei Freiheitsgrade erforderlich sind, um einen Festkörper durch die Ebene zu bewegen, und stellt einen Roboter dar, der diese Bewegungen umsetzen kann.

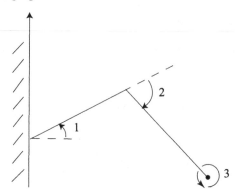

Abb. 3.3. Ein Roboter in der Ebene.

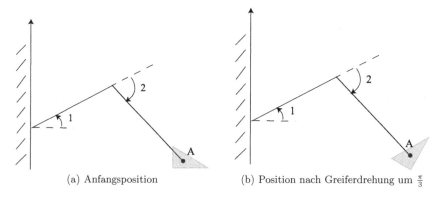

(a) Anfangsposition   (b) Position nach Greiferdrehung um $\frac{\pi}{3}$

Abb. 3.4. Bewegung längs des dritten Freiheitsgrades des Roboters aus Abbildung 3.3.

3.1.2 Einige Gedanken über die Anzahl der Freiheitsgrade

Es gibt viele Möglichkeiten, einen Roboter im dreidimensionalen Raum zu bauen, aber *sechs Freiheitsgrade* (und somit mindestens sechs unabhängige Bewegungen) sind notwendig, um jede mögliche Position mit jeder möglichen Orientierung zu erreichen. Folglich sind sechs Freiheitsgrade auch in dem Steuersystem erforderlich, das den Roboter manipuliert.

Man kann sich vorstellen, dem Roboterarm zusätzliche Segmente hinzuzufügen und den Roboter auf einer Führungsschiene zu installieren. Das vergrößert möglicherweise die Größe und ändert vielleicht die Form des Bereiches, der erreicht werden kann, aber es wird nichts an seiner „Dimension" ändern. Derartige Modifikationen können andere Vorteile bieten, die wir etwas später diskutieren werden.

Andererseits kann man auch daran denken, einen Roboter zu bauen, der nur fünf Freiheitsgrade hat. Ganz egal, wie man diese unabhängigen Bewegungen realisiert und miteinander verknüpft: Es wird immer gewisse Positionen geben, die für den Greifer unerreichbar sind. Tatsächlich gibt es nur eine kleine Menge von erreichbaren Positionen – im Gegensatz zur überwältigenden Mehrheit der unerreichbaren Positionen.

Der Roboter von Abbildung 3.1 verwendet nur Drehungen. Diese Drehungen lassen sich leicht durch andere Bewegungen ersetzen, etwa durch Translationen längs einer Führungsschiene oder durch Teleskoparme (das heißt, durch Segmente, deren Länge sich ändern kann). Versuchen Sie, sich einige andere Roboterarme mit sechs Freiheitsgraden zu überlegen.

Die zugrundeliegende Mathematik: Wenn wir die Bewegungen eines Roboters beschreiben möchten, müssen wir die Bewegung eines Festkörpers im $\mathbb{R}^3$ diskutieren. Wie in der Ebene sind diese Bewegungen Zusammensetzungen von Translationen und Drehungen. Im Allgemeinen haben unterschiedliche Drehungen auch verschiedene Drehachsen.

- Wählen wir ein Koordinatensystem, dessen Ursprung sich auf der Drehachse befindet, dann ist die Drehung in diesem Bezugsrahmen eine lineare Transformation. Ihre Matrix ist einfacher, wenn die Drehachse eine der Koordinatenachsen ist.
- Da die Drehachsen voneinander verschieden sind, müssen wir Änderungen des Koordinatensystems berücksichtigen. Wenn wir die Koordinaten eines Punktes Q in einem Koordinatensystem kennen, dann ermöglichen es uns derartige Abbildungen, die Koordinaten des gleichen Punkts in einem neuen Koordinatensystem zu berechnen.
- In unserem Beispiel von Abbildung 3.1 ermöglichen uns diese Transformationen die Berechnung der Endposition des Greifers nach Anwendung der Drehungen $R_i(\theta_i)$ um die Winkel θ_i für $i \in \{1,2,3,4,5,6\}$.

3.2 Längen- und winkeltreue Bewegungen in der Ebene und im Raum

Wir beginnen mit linearen Transformationen, bei denen Abstände und Winkel erhalten bleiben: Das sind genau diejenigen Transformationen, deren Matrizen orthogonal sind, und sie werden *orthogonale Transformationen* genannt. Eine Drehung um eine Achse, die durch den Ursprung geht, ist eine solche Transformation.

Wir geben einen kurzen Überblick über lineare Transformationen. Zwar diskutieren wir zunächst lineare Transformationen im $\mathbb{R}^n$, aber letztlich konzentrieren wir uns auf die Fälle $n = 2$ und $n = 3$, die sich in der Praxis anwenden lassen. Wir beginnen mit der Einführung einiger Bezeichnungen.

Notation: Wir unterscheiden zwischen den Vektoren des $\mathbb{R}^n$, die geometrische Objekte sind und mit $v, w, \ldots$ bezeichnet werden, und den Spaltenmatrizen $n \times 1$, welche die Koordinaten der Vektoren in der Standardbasis $\mathcal{C} = \{e_1, \ldots, e_n\}$ des $\mathbb{R}^n$ darstellen, wobei

$$
\begin{aligned}
e_1 &= (1, 0, \ldots, 0) \\
e_2 &= (0, 1, 0, \ldots, 0), \\
&\;\;\vdots \\
e_n &= (0, \ldots, 0, 1).
\end{aligned} \tag{3.1}
$$

Wir bezeichnen die Spaltenmatrix der Koordinaten von v mit $[v]$ oder $[v]_\mathcal{C}$. Wir machen diesen Unterschied, weil wir später Basiswechsel betrachten.

Satz 3.4 *Es sei $T \colon \mathbb{R}^n \to \mathbb{R}^n$ eine lineare Transformation, das heißt, eine Transformation mit folgenden Eigenschaften:*

$$
\begin{aligned}
T(v + w) &= T(v) + T(w), & \forall v, w \in \mathbb{R}^n, \\
T(\alpha v) &= \alpha T(v), & \forall v \in \mathbb{R}^n, \; \forall \alpha \in \mathbb{R}.
\end{aligned} \tag{3.2}
$$

1. Dann existiert eine eindeutige $n \times n$-Matrix A derart, dass die Koordinaten von $T(v)$ durch $A[v]$ für alle $v \in \mathbb{R}^n$ gegeben sind:

$$
[T(v)] = A[v]. \tag{3.3}
$$

2. Die Transformationsmatrix A ist so aufgebaut, dass die Spalten von A die Bilder der Vektoren der Standardbasis von $\mathbb{R}^n$ sind.

BEWEIS. Wir beginnen mit dem Beweis des zweiten Teils. Für $[T(e_1)]$ ergibt sich

$$
[T(e_1)] = \begin{pmatrix} a_{11} & \cdots & a_{1n} \\ a_{21} & \cdots & a_{2n} \\ \vdots & \ddots & \vdots \\ a_{n1} & \cdots & \alpha_{nn} \end{pmatrix} \begin{pmatrix} 1 \\ 0 \\ \vdots \\ 0 \end{pmatrix} = \begin{pmatrix} a_{11} \\ a_{21} \\ \vdots \\ a_{n1} \end{pmatrix}
$$

und man wiederhole das für jeden Vektor in der Standardbasis.

Für den ersten Teil ist die Matrix A diejenige Matrix, deren Spalten die Koordinaten von $T(e_i)$ in Bezug auf die Standardbasis ausdrücken. Diese Matrix erfüllt offensichtlich (3.3).

Die Tatsache, dass die Spaltenvektoren der Matrix die Koordinaten von $T(e_i)$ in der Standardbasis enthalten, garantiert die Eindeutigkeit der Matrix A. $\qquad\square$

Definition 3.5 *1. Es sei $A = (a_{ij})$ eine $n \times n$-Matrix. Die Transponierte von A ist die Matrix $A^t = (b_{ij})$, wobei*

$$
b_{ij} = a_{ji}.
$$

2. *Eine Matrix A ist orthogonal, wenn ihre Inverse gleich ihrer Transponierten ist, das heißt, wenn $A^t = A^{-1}$ oder äquivalent*

$$AA^t = A^t A = I,$$

wobei I die $n \times n$-Einheitsmatrix bezeichnet.
3. *Eine lineare Transformation ist orthogonal, wenn ihre Matrix bezüglich der Standardbasis orthogonal ist.*

Definition 3.6 *Das Skalarprodukt zweier Vektoren $v = (x_1, \ldots, x_n)$ und $w = (y_1, \ldots, y_n)$ ist*

$$\langle v, w \rangle = x_1 y_1 + \cdots + x_n y_n.$$

Wir geben die folgende klassische Aussage ohne Beweis an.

Proposition 3.7   *1. Ist A eine $m \times n$-Matrix und B eine $n \times p$-Matrix, dann ist*

$$(AB)^t = B^t A^t.$$

2. Das Skalarprodukt zweier Vektoren v und w lässt sich folgendermaßen berechnen:

$$\langle v, w \rangle = [v]^t [w].$$

Satz 3.8   *1. Eine Matrix ist dann und nur dann orthogonal, wenn ihre Spalten eine orthonormale Basis des $\mathbb{R}^n$ bilden.*
2. Eine lineare Transformation ist dann und nur dann längentreu und winkeltreu, wenn ihre Matrix orthogonal ist.

BEWEIS.

1. Wir bemerken, dass die Spalten von A durch $X_i = A[e_i]$, $i = 1, \ldots, n$, gegeben sind, wobei die X_i Matrizen der Form $n \times 1$ sind. Wir schreiben

$$A = \begin{pmatrix} X_1 & X_2 & \cdots & X_n \end{pmatrix}.$$

Dann sind die Transponierten $X_1^t, \ldots, X_n^t$ horizontale $1 \times n$-Matrizen. Stellen wir die Matrix A^t durch ihre Zeilen dar, dann hat sie die Form

$$A^t = \begin{pmatrix} X_1^t \\ \vdots \\ X_n^t \end{pmatrix}.$$

Wir berechnen das Matrizenprodukt $A^t A$ unter Verwendung dieser Notation:

$$A^t A = \begin{pmatrix} X_1^t \\ \vdots \\ X_n^t \end{pmatrix} \begin{pmatrix} X_1 & X_2 & \cdots & X_n \end{pmatrix} = \begin{pmatrix} X_1^t X_1 & X_1^t X_2 & \cdots & X_1^t X_n \\ X_2^t X_1 & X_2^t X_2 & \cdots & X_2^t X_n \\ \vdots & \vdots & \ddots & \vdots \\ X_n^t X_1 & X_n^t X_2 & \cdots & X_n^t X_n \end{pmatrix}.$$

Es sei T die lineare Transformation mit der Matrix A. Wir haben

$$X_i^t X_j = (A[e_i])^t A[e_j] = [T(e_i)]^t [T(e_j)] = \langle T(e_i), T(e_j) \rangle.$$

Die Matrix A ist dann und nur dann orthogonal, wenn die Matrix $A^t A$ gleich der Einheitsmatrix ist. Die Aussage, dass die Diagonaleinträge gleich 1 sind, ist äquivalent zu der Aussage, dass das Skalarprodukt eines jeden Vektors $T(e_i)$ mit sich selbst gleich 1 ist. Da das Skalarprodukt gleich dem Quadrat der Länge des Vektors ist, ist das gleichbedeutend mit der Aussage, dass die Vektoren die Länge 1 haben. Somit sind die Diagonaleinträge der Matrix dann und nur dann gleich 1, wenn alle Vektoren $T(e_i)$ die Länge 1 haben. Sämtliche Einträge, die außerhalb der Diagonale liegen, sind dann und nur dann null, wenn das Skalarprodukt von $T(e_i)$ und $T(e_j)$ gleich null ist, falls $i \neq j$. Folglich ist die Matrix A dann und nur dann orthogonal, wenn die Vektoren $T(e_1), \ldots, T(e_n)$ orthogonal sind und jeder die Länge 1 hat, so dass sie eine orthonormale Basis des $\mathbb{R}^n$ bilden.

2. Wir beginnen mit dem Beweis der umgekehrten Richtung, die Folgendes behauptet: Ist T eine lineare Transformation mit einer orthogonalen Matrix, dann ist T längen- und winkeltreu. Gemäß dem Beweis des ersten Teils bilden die Bilder der Vektoren der Standardbasis (welche die Spalten von A sind) eine orthonormale Basis. Somit bleiben sowohl die Längen dieser Vektoren als auch die Winkel zwischen ihnen erhalten. Wir können uns leicht davon überzeugen, dass eine lineare Transformation dann und nur dann längen- und winkeltreu ist, wenn sie Skalarprodukte erhält, das heißt, wenn $\langle T(v), T(w) \rangle = \langle v, w \rangle$ für alle v, w. Es seien v, w zwei Vektoren. Man beachte, dass ihr Skalarprodukt erhalten bleibt, wenn A orthogonal ist:

$$\begin{aligned} \langle T(v), T(w) \rangle &= (A[v])^t (A[w]) \\ &= ([v]^t A^t)(A[w]) \\ &= [v]^t (A^t A)[w] \\ &= [v]^t I[w] \\ &= [v]^t [w] \\ &= \langle v, w \rangle. \end{aligned}$$

Die andere Richtung macht die Voraussetzung, dass T längen- und winkeltreu ist. Angenommen $A^t A = (b_{ij})$. Es sei $v = e_i$ und $w = e_j$. Wir haben $[T(v)] = A[v]$ und $[T(w)] = A[w]$. Dann gilt

$$\langle T(v), T(w) \rangle = ([v]^t (A^t A))[w] = (b_{i1}, \ldots, b_{in})[w] = b_{ij}.$$

Außerdem haben wir $[v]^t[w] = \delta_{ij}$, wobei

$$\delta_{ij} = \begin{cases} 1 & \text{falls} \quad i = j, \\ 0 & \text{falls} \quad i \neq j. \end{cases}$$

Somit gilt $b_{ij} = \delta_{ij}$ für alle i, j, und das ist gleichbedeutend mit der Aussage, dass $A^t A = I$. Demnach ist A orthogonal. $\qquad\square$

Satz 3.9 *Die Bewegungen, bei denen sowohl Längen als auch Winkel im $\mathbb{R}^n$ erhalten bleiben, sind die Zusammensetzungen von Translationen und orthogonalen Transformationen. (Diese Bewegungen werden als die Isometrien von $\mathbb{R}^n$ bezeichnet.)*

BEWEIS. Man betrachte eine Bewegung $F\colon \mathbb{R}^n \to \mathbb{R}^n$, bei der Längen und Winkel erhalten bleiben. Es sei $F(0) = Q$ und es sei T die Translation $T(v) = v - Q$. Dann ist $T(Q) = 0$ und deswegen $T \circ F(0) = 0$. Es sei $G = T \circ F$. Das ist eine Transformation, die längen- und winkeltreu ist und einen Fixpunkt im Ursprung hat. Soll die Transformation G längen- und winkeltreu sein, dann muss sie linear sein (für einen Beweis dieser Tatsache verweisen wir auf Übung 4); gemäß dem vorhergehenden Satz muss es außerdem eine orthogonale Transformation sein. Wir haben auch die Beziehung $F = T^{-1} \circ G$. Die Transformation T^{-1} ist ebenfalls eine Translation und damit haben wir gezeigt, dass F die Zusammensetzung einer orthogonalen Transformation und einer Translation ist. $\qquad\square$

3.3 Eigenschaften orthogonaler Matrizen

Man betrachte die folgenden orthogonalen Matrizen:

$$A = \begin{pmatrix} 1/3 & 2/3 & 2/3 \\ 2/3 & -2/3 & 1/3 \\ 2/3 & 1/3 & -2/3 \end{pmatrix}. \tag{3.4}$$

Können wir die orthogonale Transformation mit der Matrix A durch geometrische Begriffe beschreiben? Sieht man sich diese Matrix an, dann fällt es ziemlich schwer, sich die Wirkung von T auf $\mathbb{R}^3$ vorzustellen. Wir wissen nur, dass die Matrix orthogonal ist, und dass deswegen Winkel und Abstände erhalten bleiben. Wie können wir die Geometrie von T bestimmen? Ein sehr nützliches Werkzeug für die Erkundung des Verhaltens von T ist die Technik der *Diagonalisierung*. Wenn wir eine Matrix diagonalisieren, dann ändern wir das Koordinatensystem der linearen Transformation. Wir begeben uns in ein Koordinatensystem, für das die Elemente der Transformationsmatrix äußerst einfach sind und das Verhalten der Transformation mühelos erkennbar ist. Bevor wir die Berechnungen für diese Matrix durchführen, rufen wir uns die einschlägigen Definitionen in Erinnerung.

Definition 3.10 *Es sei* $T\colon \mathbb{R}^n \to \mathbb{R}^n$ *eine lineare Transformation mit der Matrix A. Eine Zahl* $\lambda \in \mathbb{C}$ *ist ein Eigenwert von T (oder von A), wenn es einen vom Nullvektor verschiedenen Vektor* $v \in \mathbb{C}^n$ *derart gibt, dass* $T(v) = \lambda v$. *Jeder Vektor v mit dieser Eigenschaft heißt Eigenvektor des Eigenwertes* λ.

Bemerkungen.

1. Im Zusammenhang mit orthogonalen Transformationen ist es wesentlich, komplexe Eigenwerte zu betrachten. Haben wir nämlich einen reellen Eigenvektor v eines reellen von null verschiedenen Eigenwertes λ, dann bildet die Menge E der Vielfachen von v einen Unterraum der Dimension 1 (eine Gerade) von $\mathbb{R}^n$, der invariant unter T ist und demnach die Beziehung $T(E) = E$ erfüllt. Betrachten wir nun eine Drehung in $\mathbb{R}^2$. Offensichtlich gibt es dann keine invariante Gerade. Daher sind die Eigenwerte und die dazugehörigen Eigenvektoren komplex.

2. Wie berechnen wir $T(v)$, wenn $v \in \mathbb{C}^n$? Die Standardbasis (3.1) ist auch eine Basis von $\mathbb{C}^n$. Somit ist die Definition $[T(v)] = A[v]$ sinnvoll, die dazu führt, dass $T(v)$ derjenige Vektor von $\mathbb{C}^n$ ist, dessen Koordinaten in der Standardbasis von $\mathbb{C}^n$ durch $A[v]$ gegeben sind.

3. Man betrachte im $\mathbb{R}^3$ eine Drehung um eine Achse: Es handelt sich dabei um eine orthogonale Transformation, wobei die Rotationsachse eine invariante Gerade ist. Folglich finden wir diese Achse, wenn wir die Transformation diagonalisieren.

Wir geben den nächsten Satz ohne Beweis an.

Satz 3.11 *Es sei* $T\colon \mathbb{R}^n \to \mathbb{R}^n$ *eine lineare Transformation mit der Matrix A.*

1. *Die Menge der Eigenvektoren des Eigenwertes* λ *ist ein linearer Unterraum von* $\mathbb{R}^n$; *dieser Unterraum heißt Eigenraum des Eigenwertes* λ.
2. *Die Eigenwerte sind die Nullstellen des Polynoms*

$$P(\lambda) = \det(\lambda I - A),$$

das den Grad n hat. Das Polynom $P(\lambda)$ *heißt* charakteristisches Polynom *von T (oder von A).*
3. *Es sei* $v \in \mathbb{R}^n \setminus \{0\}$. *Dann ist v genau dann ein Eigenvektor von* λ, *wenn* $[v]$ *eine Lösung des folgenden homogenen Systems von linearen Gleichungen ist:*

$$(\lambda I - A)[v] = 0.$$

Beispiel 3.12 *Es sei T die orthogonale Transformation mit der in (3.4) gegebenen Matrix A. Um A zu diagonalisieren, beginnen wir mit der Berechnung des charakteristischen Polynoms*

$$P(\lambda) = \det(\lambda I - A) = \begin{vmatrix} \lambda - 1/3 & -2/3 & -2/3 \\ -2/3 & \lambda + 2/3 & -1/3 \\ -2/3 & -1/3 & \lambda + 2/3 \end{vmatrix}.$$

Wir haben

$$P(\lambda) = \lambda^3 + \lambda^2 - \lambda - 1 = (\lambda + 1)^2(\lambda - 1).$$

Die Matrix hat demnach die zwei Eigenwerte 1 und −1.

Eigenvektoren von +1: *Um diese Eigenvektoren zu finden, müssen wir das System* $(I - A)[v] = 0$ *lösen. Wir transformieren die Matrix* $I - A$ *mit Hilfe des Gauß'schen Eliminationsverfahrens in eine obere Dreiecksmatrix:*

$$I - A = \begin{pmatrix} 2/3 & -2/3 & -2/3 \\ -2/3 & 5/3 & -1/3 \\ -2/3 & -1/3 & 5/3 \end{pmatrix} \sim \begin{pmatrix} 2/3 & -2/3 & -2/3 \\ 0 & 1 & -1 \\ 0 & -1 & 1 \end{pmatrix}$$

$$\sim \begin{pmatrix} 1 & -1 & -1 \\ 0 & 1 & -1 \\ 0 & 0 & 0 \end{pmatrix} \sim \begin{pmatrix} 1 & 0 & -2 \\ 0 & 1 & -1 \\ 0 & 0 & 0 \end{pmatrix}.$$

Alle Lösungen sind Vielfache des Eigenvektors $v_1 = (2, 1, 1)$.

Eigenvektoren von −1:
Diese Eigenvektoren sind die Lösungen des Systems $(-I - A)[v] = 0$, *das zu dem System* $(I + A)[v] = 0$ *äquivalent ist. Um die Lösungen zu finden, bringen wir die Matrix auf Dreiecksform:*

$$I + A = \begin{pmatrix} 4/3 & 2/3 & 2/3 \\ 2/3 & 1/3 & 1/3 \\ 2/3 & 1/3 & 1/3 \end{pmatrix} \sim \begin{pmatrix} 1 & 1/2 & 1/2 \\ 0 & 0 & 0 \\ 0 & 0 & 0 \end{pmatrix}.$$

Hier beschreibt die Lösungsmenge eine Ebene. Diese wird durch die zwei Vektoren $v_2 = (1, -2, 0)$ *und* $v_3 = (1, 0, -2)$ *erzeugt.*

Es erweist sich als nützlich, mit einer orthonormalen Basis zu arbeiten. Wir werden also im Allgemeinen den Vektor v_3 *durch einen Vektor* $v_3' = (x, y, z)$ *ersetzen, der senkrecht zu* v_2 *ist, aber innerhalb der Ebene liegt, die von den beiden Vektoren erzeugt wird. Es muss also* $2x + y + z = 0$ *erfüllt sein, damit es sich um einen Eigenvektor von* −1 *handelt, und er muss senkrecht zu* v_2 *sein, das heißt, es muss* $x - 2y = 0$ *gelten. Wir können* $v_3' = (-2, -1, 5)$ *nehmen, was eine Lösung des Systems*

$$\begin{aligned} 2x + y + z &= 0, \\ x - 2y &= 0 \end{aligned}$$

ist. Um eine orthonormale Basis zu finden, normalisieren wir jeden Vektor, indem wir ihn durch seine Länge dividieren. Dadurch erhalten wir die orthonormale Basis

$$\mathcal{B} = \left\{ w_1 = \left(\frac{2}{\sqrt{6}}, \frac{1}{\sqrt{6}}, \frac{1}{\sqrt{6}} \right), w_2 = \left(\frac{1}{\sqrt{5}}, -\frac{2}{\sqrt{5}}, 0 \right), \right.$$
$$\left. w_3 = \left(-\frac{2}{\sqrt{30}}, -\frac{1}{\sqrt{30}}, \frac{5}{\sqrt{30}} \right) \right\}.$$

In dieser Basis ist die Transformationsmatrix von T durch

$$[T]_\mathcal{B} = \begin{pmatrix} 1 & 0 & 0 \\ 0 & -1 & 0 \\ 0 & 0 & -1 \end{pmatrix}$$

gegeben. Geometrisch haben wir $T(w_1) = w_1$, $T(w_2) = -w_2$ und $T(w_3) = -w_3$. Wir sehen, dass diese Transformation eine Spiegelung an der Achse w_1 ist; äquivalent kann man die Transformation als Drehung um den Winkel π um die Achse w_1 auffassen. Wir sehen also, wie uns die Diagonalisierung hilft, die Transformation zu „verstehen".

Einige Kommentare zu Beispiel 3.12: Die zwei Eigenwerte 1 und -1 haben beide den absoluten Betrag eins. Das ist kein Zufall, denn orthogonale Transformationen sind längentreu, das heißt, es kann niemals $T(v) = \lambda v$ sein, falls $|\lambda| \neq 1$. Außerdem sind alle zum Eigenwert -1 gehörenden Eigenvektoren orthogonal zu denjenigen Eigenvektoren, die zum Eigenwert 1 gehören. Auch das ist kein Zufall. Wir diskutieren die Eigenschaften der Diagonalisierung orthogonaler Matrizen weiter unten.

Wie bereits erwähnt, sind die Eigenwerte einer orthogonalen Transformation nicht notwendig reell, was aus folgendem Beispiel ersichtlich ist.

Beispiel 3.13 *Die Matrix*

$$B = \begin{pmatrix} 0 & -1 & 0 \\ 1 & 0 & 0 \\ 0 & 0 & 1 \end{pmatrix},$$

die eine Transformation T beschreibt, ist orthogonal (Übung!). Die Transformation stellt eine Drehung um den Winkel $\frac{\pi}{2}$ um die z-Achse dar. Das lässt sich überprüfen, indem man die Bilder der drei Vektoren der Standardbasis betrachtet:

$$T\begin{pmatrix} 1 \\ 0 \\ 0 \end{pmatrix} = \begin{pmatrix} 0 \\ 1 \\ 0 \end{pmatrix}, \qquad T\begin{pmatrix} 0 \\ 1 \\ 0 \end{pmatrix} = \begin{pmatrix} -1 \\ 0 \\ 0 \end{pmatrix}, \qquad T\begin{pmatrix} 0 \\ 0 \\ 1 \end{pmatrix} = \begin{pmatrix} 0 \\ 0 \\ 1 \end{pmatrix}.$$

Führen wir die Transformation T durch, dann sehen wir, dass der dritte Vektor e_3 fest bleibt, während sich die beiden Vektoren e_1 und e_2 um einen Winkel von $\frac{\pi}{2}$ in der (x,y)-Ebene gedreht haben. Das charakteristische Polynom von B ist

$$\det(\lambda I - B) = (\lambda^2 + 1)(\lambda - 1),$$

das die Nullstellen 1, i und $-i$ hat. Die zwei komplexen Eigenwerte i und $-i$ sind zueinander konjugiert und beide haben den absoluten Betrag 1.

Wir geben die folgende Aussage ohne Beweis an.

Proposition 3.14 *1. Es sei A eine $n \times n$-Matrix. Dann gilt*

$$\det A^t = \det A.$$

2. *Es seien A und B zwei $n \times n$-Matrizen. Dann gilt*

$$\det AB = \det A \det B.$$

Satz 3.15 *Eine orthogonale Matrix hat stets die Determinante $+1$ oder -1.*

BEWEIS. Mit Hilfe von Proposition 3.14 erhalten wir

$$\det AA^t = \det A \det A^t = (\det A)^2.$$

Außerdem gilt $AA^t = I$, woraus $\det AA^t = 1$ folgt. Somit haben wir $(\det A)^2 = 1$, das heißt, $\det A = \pm 1$. □

Wir sehen, dass es für eine orthogonale Matrix zwei Fälle gibt:

- $\det A = 1$. In diesem Fall entspricht die orthogonale Transformation der Bewegung eines Festkörpers mit einem Fixpunkt. Wir werden sehen, dass die einzigen Bewegungen dieses Typs die Drehungen um eine Achse sind.
- $\det A = -1$. In diesem Fall kehrt die Transformation die Orientierung um. Ein Beispiel für eine solche Transformation ist die Spiegelung an einer Ebene. Betrachten Sie ein asymmetrisches Objekt, zum Beispiel Ihre Hand. Das Spiegelbild Ihrer rechten Hand ist Ihre linke Hand, und es gibt keine Bewegung, die Ihre rechte Hand auf deren Spiegelbild bringen könnte. Folglich lassen sich orthogonale Transformationen mit einer Determinante von -1 nicht durch Bewegungen eines Festkörpers realisieren. Man kann zeigen, dass sich jede Transformation mit einer Determinante -1 als Zusammensetzung einer Drehung und einer Spiegelung an einer Ebene schreiben lässt (vgl. Übung 10).

Ein kurzer Überblick über die komplexen Zahlen:

- Die zu einer komplexen Zahl $z = x + iy$ *konjugiert komplexe* Zahl ist die komplexe Zahl $\bar{z} = x - iy$. Man prüft leicht nach, dass für zwei komplexe Zahlen z_1 und z_2 die folgenden beiden Beziehungen gelten:

$$\begin{cases} \overline{z_1 + z_2} = \bar{z}_1 + \bar{z}_2, \\ \overline{z_1 z_2} = \bar{z}_1 \bar{z}_2. \end{cases} \tag{3.5}$$

- z ist dann und nur dann reell, wenn $z = \bar{z}$.
- Der *Betrag* einer komplexen Zahl $z = x + iy$ ist $|z| = \sqrt{x^2 + y^2} = \sqrt{z\bar{z}}$.

Proposition 3.16 *Ist A eine reelle Matrix und $\lambda = a + ib$ mit $b \neq 0$ ein komplexer Eigenwert von A mit dem Eigenvektor v, dann ist $\bar{\lambda} = a - ib$ ebenfalls ein Eigenwert von A mit dem Eigenvektor $\bar{v}$.*

BEWEIS. Es sei v ein Eigenvektor des komplexen Eigenwertes λ. Wir haben $A[v] = \lambda[v]$. Für die zu diesem Ausdruck konjugiert komplexe Zahl ergibt sich $\overline{A[v]} = \overline{A}[\overline{v}] = \overline{\lambda}[\overline{v}]$. Da A reell ist, haben wir $\overline{A} = A$. Das impliziert

$$A[\overline{v}] = \overline{\lambda}[\overline{v}]$$

und hieraus folgt, dass $\overline{\lambda}$ ein Eigenwert von A mit dem Eigenvektor $\overline{v}$ ist. □

Als Hauptergebnis leiten wir jetzt ab, dass jede orthogonale 3×3-Matrix A mit $\det A = 1$ einer Drehung um irgendeinen Winkel um irgendeine Achse entspricht. Unter den verschiedenen Zwischenergebnissen befindet sich das entsprechende Ergebnis für 2×2-Matrizen.

Proposition 3.17 *Ist A eine orthogonale 2×2-Matrix mit* $\det A = 1$*, dann ist A die Matrix einer Drehung um den Winkel θ:*

$$A = \begin{pmatrix} \cos\theta & -\sin\theta \\ \sin\theta & \cos\theta \end{pmatrix}$$

für ein $\theta \in [0, 2\pi)$. Die Eigenwerte sind $\lambda_1 = a + ib$ und $\lambda_2 = a - ib$ mit $a = \cos\theta$ und $b = \sin\theta$. Beide Eigenwerte sind dann und nur dann reell, wenn $\theta = 0$ oder $\theta = \pi$. Im Fall $\theta = 0$ erhalten wir $a = 1$, $b = 0$ und A ist die Einheitsmatrix. Im Fall $\theta = \pi$ erhalten wir $a = -1$, $b = 0$ und A ist die Matrix einer Drehung um den Winkel π (auch als Spiegelung am Koordinatenursprung bezeichnet).

BEWEIS. Es sei

$$A = \begin{pmatrix} a & c \\ b & d \end{pmatrix}.$$

Da jeder Spaltenvektor die Länge 1 hat, muss $a^2 + b^2 = 1$ gelten und das gestattet es uns, $a = \cos\theta$ and $b = \sin\theta$ zu setzen. Da die beiden Spalten orthogonal sind, haben wir

$$c\cos\theta + d\sin\theta = 0.$$

Deswegen gilt

$$\begin{cases} c = -C\sin\theta, \\ d = C\cos\theta \end{cases}$$

für ein $C \in \mathbb{R}$. Da die zweite Spalte ein Vektor der Länge 1 ist, gilt $c^2 + d^2 = 1$ und das impliziert $C^2 = 1$ oder äquivalent $C = \pm 1$. Wegen $\det A = C$ folgt außerdem $C = 1$.

Das charakteristische Polynom dieser Matrix ist $\det(\lambda I - A) = \lambda^2 - 2a\lambda + 1$ und es hat die Nullstellen $a \pm \sqrt{a^2 - 1}$. Das Ergebnis folgt aus

$$\pm\sqrt{a^2 - 1} = \pm\sqrt{\cos^2\theta - 1} = \pm\sqrt{-(1 - \cos^2\theta)} = \pm i\sin\theta = \pm ib.$$

□

Lemma 3.18 *Alle reellen Eigenwerte einer orthogonalen Matrix A sind gleich* ± 1.

BEWEIS. Es sei λ ein reeller Eigenwert und es sei v ein dazu gehörender Eigenvektor. Es sei T die orthogonale Transformation mit der Matrix A. Da T längentreu ist, haben wir $\langle T(v), T(v) \rangle = \langle v, v \rangle$. Es ist aber $T(v) = \lambda v$. Deswegen folgt $\langle T(v), T(v) \rangle = \langle \lambda v, \lambda v \rangle = \lambda^2 \langle v, v \rangle$. Wir erhalten schließlich $\lambda^2 = 1$. □

Proposition 3.19 *Ist A eine orthogonale 3×3-Matrix mit* $\det A = 1$, *dann ist* 1 *immer ein Eigenwert von A. Darüber hinaus haben alle komplexen Eigenwerte* $\lambda = a + ib$ *den Betrag* 1.

BEWEIS. Das charakteristische Polynom von A, also $\det(\lambda I - A)$, hat den Grad 3. Deswegen hat es immer eine reelle Nullstelle λ_1, die wegen Proposition 3.18 nur 1 oder -1 sein kann. Die beiden anderen Eigenwerte λ_2 und λ_3 sind entweder beide reell oder beide komplex und zueinander konjugiert. Die Determinante ist das Produkt der Eigenwerte. Somit haben wir $1 = \lambda_1 \lambda_2 \lambda_3$. Sind λ_2 und λ_3 reell, dann impliziert Lemma 3.18, dass $\lambda_1, \lambda_2, \lambda_3 \in \{1, -1\}$. Damit ihr Produkt gleich 1 ist, müssen entweder alle drei Eigenwerte gleich 1 sein oder zwei von ihnen sind -1 und der verbleibende Eigenwert ist 1. Folglich ist mindestens ein Eigenwert gleich 1. Sind λ_2 und λ_3 komplex, dann haben wir $\lambda_2 = a + ib$ und $\lambda_3 = \overline{\lambda}_2 = a - ib$, woraus sich $\lambda_2 \lambda_3 = |\lambda_2|^2 = a^2 + b^2$ ergibt. Wegen $1 = \lambda_1 \lambda_2 \lambda_3 > 0$ folgen $\lambda_1 = 1$ und $a^2 + b^2 = 1$. □

Satz 3.20 *Ist A eine orthogonale 3×3-Matrix mit* $\det A = 1$, *dann ist A die Matrix einer Drehung T um einen Winkel* θ *um eine Achse. Ist A nicht die Einheitsmatrix, dann entspricht die Drehachse dem Eigenvektor, der zu dem Eigenwert* $+1$ *gehört.*

BEWEIS. Es sei v_1 ein Einheitseigenvektor des Eigenwertes 1. Wir betrachten den zu v_1 orthogonalen Unterraum v_1:

$$E = \{w \in \mathbb{R}^3 | \langle v_1, w \rangle = 0\},$$

der ein Unterraum der Dimension 2 ist. Es sei T die orthogonale Transformation mit der Matrix A. Die Transformation T erhält Skalarprodukte und es gilt $T(v_1) = v_1$, falls $w \in E$; deswegen haben wir $T(w) \in E$, da

$$\langle T(w), T(v_1) \rangle = \langle T(w), v_1 \rangle = \langle w, v_1 \rangle = 0.$$

Man betrachte die Einschränkung T_E von T auf E. Es sei $\mathcal{B}' = \{v_2, v_3\}$ eine orthonormale Basis von E und wir betrachten die Matrix B von T_E bezüglich der Basis $\mathcal{B}'$. Ist

$$B = \begin{pmatrix} b_{22} & b_{23} \\ b_{32} & b_{33} \end{pmatrix},$$

dann bedeutet das, dass

$$\begin{cases} T(v_2) = b_{22}v_2 + b_{32}v_3, \\ T(v_3) = b_{23}v_2 + b_{33}v_3. \end{cases}$$

Da T_E Skalarprodukte erhält, muss B eine orthogonale Matrix sein. Man betrachte nun die Matrix $[T]_\mathcal{B}$ der Transformation T, ausgedrückt in der Basis $\mathcal{B} = \{v_1, v_2, v_3\}$ (die eine orthonormale Basis des $\mathbb{R}^3$ ist):

$$[T]_\mathcal{B} = \begin{pmatrix} 1 & 0 & 0 \\ 0 & & \\ 0 & & B \end{pmatrix}.$$

Die Determinante dieser Matrix ist $\det B$. (Denken Sie daran, dass sich die Determinante der Matrix einer linearen Transformation bei einem Basiswechsel nicht ändert.) Demnach ist $\det B = \det A = 1$. Gemäß Proposition 3.17 folgt, dass B eine Drehmatrix (oder Rotationsmatrix) ist, und hieraus ergibt sich, dass

$$[T]_\mathcal{B} = \begin{pmatrix} 1 & 0 & 0 \\ 0 & \cos\theta & -\sin\theta \\ 0 & \sin\theta & \cos\theta \end{pmatrix}.$$

Wir sehen uns diese Matrix an: Sie sagt uns, dass alle Vektoren längs der durch v_1 beschriebenen Achse bei der Transformation T auf sich selbst abgebildet werden, und dass alle Vektoren in der Ebene E um den Winkel θ gedreht werden. Zerlegen wir einen Vektor v in der Form $v = Cv_1 + w$ mit $w \in E$, dann ist $T(v) = Cv_1 + T_E(w)$, wobei T_E einer Drehung um den Winkel θ in der Ebene E entspricht. Das wiederum entspricht einer Drehung um einen Winkel θ um die durch v_1 beschriebene Achse.   □

Korollar 3.21 *Es sei A eine orthogonale 3×3-Matrix mit $\det A = 1$ und mit drei reellen Eigenwerten. Dann ist A entweder die Einheitsmatrix mit den Eigenwerten 1 oder A hat die drei Eigenwerte $1, -1, -1$. Im letztgenannten Fall entspricht A einer Spiegelung an der Achse, die durch den Eigenvektor erzeugt wird, der zu dem Eigenwert $+1$ gehört. (Diese Transformation lässt sich auch als Drehung um einen Winkel π um die gleiche Achse darstellen.)*

Theorem 3.20 besagt, dass eine orthogonale Matrix A mit $\det A = 1$ eine Drehmatrix ist. Wie berechnen wir den Drehwinkel? Hierzu führen wir die *Spur* einer Matrix ein.

Definition 3.22 *Es sei $A = (a_{ij})$ eine $n \times n$-Matrix. Die* Spur *von A ist die Summe der in der Hauptdiagonale stehenden Elemente:*

$$tr(A) = a_{11} + \cdots + a_{nn}.$$

Wir geben ohne Beweis die folgende Eigenschaft der Spur einer Matrix an.

Satz 3.23 *Die Spur einer Matrix ist gleich der Summe ihrer Eigenwerte.*

Proposition 3.24 *Es sei $T: \mathbb{R}^3 \to \mathbb{R}^3$ eine Drehung mit Matrix A. Dann gilt für den Drehwinkel θ, dass*

$$\cos\theta = \frac{tr(A) - 1}{2}. \tag{3.6}$$

BEWEIS. Wir rufen uns den Beweis von Satz 3.20 in Erinnerung. Bei der Berechnung des charakteristischen Polynoms von $[T]_B$ haben wir gesehen, dass die Eigenwerte von T durch 1 und $\cos\theta \pm i\sin\theta$ gegeben sind. Die Summe der Eigenwerte ist also $1 + 2\cos\theta$. Nach Satz 3.23 ist das gleich $\operatorname{tr}(A)$.   □

Analyse einer orthogonalen Transformation im $\mathbb{R}^3$. Theorem 3.20 und Proposition 3.24 legen eine Strategie nahe:

- Wir beginnen mit der Berechnung von $\det A$. Ist $\det A = 1$, dann sind wir sicher, dass 1 einer der Eigenwerte von A ist und dass die Transformation eine Drehung ist. Ist $\det A = -1$, dann sind wir sicher, dass -1 ein Eigenwert ist (vgl. Übung 10). Im verbleibenden Teil dieser Diskussion geht es um den Fall $\det A = 1$ (der Fall $\det A = -1$ wird in Übung 10 behandelt).

- Zur Bestimmung der Drehachse suchen wir den Eigenvektor v_1, der zum Eigenwert 1 gehört.

- Wir berechnen den Drehwinkel unter Verwendung der Gleichung (3.6). Es sind zwei Lösungen möglich, da $\cos\theta = \cos(-\theta)$. Um zwischen den zwei Lösungen zu entscheiden, müssen wir einen Test durchführen. Zu diesem Zweck wählen wir einen zu v_1 orthogonalen Vektor w und berechnen $T(w)$. Anschließend berechnen wir das Kreuzprodukt von w und $T(w)$ (vgl. untenstehende Definition 3.25). Es wird sich als Vielfaches Cv_1 von v_1 herausstellen, wobei $|C| = |\sin\theta|$. Der Winkel θ ist derjenige Winkel, für den $C = \sin\theta$.

Definition 3.25 *Das* Kreuzprodukt *zweier Vektoren $v = (x_1, y_1, z_1)$ und $w = (x_2, y_2, z_2)$ ist der Vektor $v \wedge w$, der durch*

$$v \wedge w = \left(\left| \begin{matrix} y_1 & z_1 \\ y_2 & z_2 \end{matrix} \right|, -\left| \begin{matrix} x_1 & z_1 \\ x_2 & z_2 \end{matrix} \right|, \left| \begin{matrix} x_1 & y_1 \\ x_2 & y_2 \end{matrix} \right| \right)$$

gegeben ist.

Bemerkung. Der Drehwinkel wird mit Hilfe der *Rechten-Faust-Regel* bestimmt: Wird der Vektor v_1 mit der rechten Hand so umfasst, dass der abgespreizte Daumen seine Richtung angibt, so werden Winkel positiv gemessen, wenn sie wie die gekrümmten Finger orientiert sind. Demnach hängt der Winkel θ von der Richtung ab, die man als Drehachse wählt. Die Drehung um eine Achse, die durch v_1 und den Winkel θ bestimmt wird, ist also identisch mit der Drehung um die Achse, die durch $-v_1$ und den Winkel $-\theta$ bestimmt ist.

Wir haben jetzt alle Bausteine, die notwendig sind, um die möglichen Bewegungen eines Festkörpers im Raum zu definieren und zu beschreiben.

Definition 3.26 *Eine Transformation F ist eine Bewegung eines Festkörpers im Raum, wenn F längen- und winkeltreu ist, und wenn für alle Mengen von Vektoren, die den gleichen Ursprung P haben und eine orthonormale Basis $\{v_1, v_2, v_3\}$ des $\mathbb{R}^3$ mit $v_3 = v_1 \wedge v_2$*

bilden, die Menge $\{F(v_1), F(v_2), F(v_3)\}$ ebenfalls eine orthonormale Basis des $\mathbb{R}^3$ ist, wobei $F(P)$ der Ursprung dieser Vektoren ist und $F(v_3) = F(v_1) \wedge F(v_2)$.

Die zusätzliche Bedingung, dass F das Kreuzprodukt $v_1 \wedge v_2$ auf $F(v_1) \wedge F(v_2)$ abbildet, ist äquivalent zu der Aussage, dass F orientierungstreu ist.

Satz 3.27 *Jede Bewegung eines Festkörpers im Raum ist die Zusammensetzung einer Translation und einer Drehung um eine Achse.*

BEWEIS. Es sei F eine Transformation im $\mathbb{R}^3$, die die Bewegung eines Festkörpers beschreibt. Diese Transformation ist sowohl längen- als auch winkeltreu. Man betrachte einen Punkt des Festkörpers in einer Anfangsposition $P_0 = (x_0, y_0, z_0)$ und einer Endposition $P_1 = (x_1, y_1, z_1)$ nach der Transformation. Es sei $v = \overrightarrow{P_0 P_1}$ und es bezeichne G die Translation um v. Man setze $T = F \circ G^{-1}$. Dann ist $T(P_1) = F(P_1 - v) = F(P_0) = P_1$. Demnach ist P_1 ein Fixpunkt von T. Da T längen- und winkeltreu ist und einen Fixpunkt hat, handelt es sich um eine lineare Transformation (Übung 4) und daher um eine orthogonale Transformation mit der Matrix A. Wir haben jedoch gesehen, dass A im Falle $\det A = -1$ keine Transformation eines Festkörpers sein kann (vgl. Übung 10). Folglich gilt $\det A = 1$ und deswegen ist T eine Drehung. $\qquad\square$

3.4 Basiswechsel

Transformationsmatrizen in einer Basis $\mathcal{B}$. Wir betrachten eine lineare Transformation $T \colon \mathbb{R}^n \to \mathbb{R}^n$. Wir interessieren uns nur für die Fälle $n = 2$ und $n = 3$. Es sei $\mathcal{B}$ eine Basis des $\mathbb{R}^2$ bzw. des $\mathbb{R}^3$. Wir stellen einen Vektor v mit Hilfe seiner Koordinaten in der Basis $\mathcal{B}$ durch einen Spaltenvektor $[v]_\mathcal{B} = \left(\begin{smallmatrix} x \\ y \end{smallmatrix}\right)$ dar, wenn $n = 2$ und durch $[v]_\mathcal{B} = \left(\begin{smallmatrix} x \\ y \\ z \end{smallmatrix}\right)$, wenn $n = 3$. Für den Augenblick beschränken wir uns auf den Fall $n = 3$. Ist $\mathcal{B} = \{v_1, v_2, v_3\}$, dann bedeutet $[v]_\mathcal{B} = \left(\begin{smallmatrix} x \\ y \\ z \end{smallmatrix}\right)$, dass $v = xv_1 + yv_2 + zv_3$. Es sei A die Matrix, welche die Transformation T in der Basis $\mathcal{B}$ beschreibt; wir verwenden hierfür die Bezeichnung $A = [T]_\mathcal{B}$. Die Koordinaten von $T(v)$ in der Basis $\mathcal{B}$ werden durch

$$[T(v)]_\mathcal{B} = A[v]_\mathcal{B} = [T]_\mathcal{B}[v]_\mathcal{B}$$

bestimmt. Genauso wie im Falle der Standardbasis sind die Spalten von A durch die Koordinatenvektoren (in der Basis $\mathcal{B}$) der Bilder der Vektoren in $\mathcal{B}$ unter der Transformation T gegeben.

Matrizen zur Durchführung eines Basiswechsels

1. Haben wir zwei Basen $\mathcal{B}_1$ und $\mathcal{B}_2$ des $\mathbb{R}^3$, dann gilt

$$[v]_{\mathcal{B}_2} = P[v]_{\mathcal{B}_1},$$

wobei P die *Matrix des Basiswechsels* von $\mathcal{B}_1$ zu $\mathcal{B}_2$ ist. Die Matrix P wird manchmal auch als *Übergangsmatrix* von $\mathcal{B}_1$ zu $\mathcal{B}_2$ bezeichnet.

2. Die Spalten von P sind die Koordinaten der Vektoren von $\mathcal{B}_1$, geschrieben in der Basis $\mathcal{B}_2$. Sind beide Basen orthonormal, dann ist P orthogonal.

3. Ist Q die Matrix des Basiswechsels von $\mathcal{B}_2$ zu $\mathcal{B}_1$, dann ist $Q = P^{-1}$. Die Spalten von Q sind die Koordinaten der Vektoren von $\mathcal{B}_2$ geschrieben in der Basis $\mathcal{B}_1$. Sind beide Basen orthonormal, dann ist $Q = P^t$ und deswegen sind die Spalten von Q die Zeilen von P.

Satz 3.28 *Es sei T eine lineare Transformation und es seien $\mathcal{B}_1$ und $\mathcal{B}_2$ zwei Basen des $\mathbb{R}^3$. Es sei P die Matrix des Basiswechsels von $\mathcal{B}_1$ zu $\mathcal{B}_2$. Dann ist*

$$[T]_{\mathcal{B}_2} = P[T]_{\mathcal{B}_1} P^{-1}.$$

BEWEIS. Es sei v ein Vektor. Wir haben

$$[T(v)]_{\mathcal{B}_2} = [T]_{\mathcal{B}_2}[v]_{\mathcal{B}_2}.$$

Ebenso haben wir

$$
\begin{aligned}
[T(v)]_{\mathcal{B}_2} &= P[T(v)]_{\mathcal{B}_1} \\
&= P([T]_{\mathcal{B}_1}[v]_{\mathcal{B}_1}) \\
&= P[T]_{\mathcal{B}_1}(P^{-1}[v]_{\mathcal{B}_2}) \\
&= (P[T]_{\mathcal{B}_1}P^{-1})[v]_{\mathcal{B}_2}.
\end{aligned}
$$

Das Ergebnis folgt unmittelbar aus diesen beiden Gleichungen und aus der Eindeutigkeit der Matrix $[T(v)]_{\mathcal{B}_2}$ von T in der Basis $\mathcal{B}_2$. $\qquad\square$

Das Zusammenspiel mehrerer Basen ermöglicht es uns, komplizierte Probleme zu lösen. Wir haben gesehen, wie uns die Diagonalisierung gestattet, die Struktur einer linearen Transformation zu verstehen. Wir können dasselbe Spiel auch in umgekehrter Richtung spielen, indem wir eine Transformationsmatrix anhand einer Beschreibung ihrer Wirkung konstruieren. Wir erläutern dieses Vorgehen im folgenden Beispiel.

Beispiel 3.29 *Man betrachte einen Würfel, dessen acht Ecken in den Punkten $(\pm 1, \pm 1, \pm 1)$ positioniert sind, wie in Abbildung 3.5 dargestellt. Wir suchen die Matrizen der zwei Drehungen um die Winkel $\pm\frac{2\pi}{3}$ um die Achse, die durch die Ecken $(-1, -1, -1)$ und $(1, 1, 1)$ geht. Man beachte, dass beide Drehungen den Würfel auf sich selbst abbilden.*

Um unser Vorhaben umzusetzen, wählen wir zunächst eine Basis $\mathcal{B}$, die zu dem Problem passt. Die Richtung des ersten Vektors ist durch die Richtung der Achse $w_1 = (2, 2, 2)$ gegeben. Die beiden anderen Basisvektoren w_2 und w_3 werden orthogonal zu w_1 gewählt. Ihre Koordinaten (x, y, z) erfüllen deswegen die Bedingung $x + y + z = 0$. Man sieht leicht ein, dass der Vektor $w_2 = (-1, 0, 1)$ von dieser Form ist. Wir möchten, dass der dritte Vektor sowohl zu w_1 als auch zu w_2 senkrecht ist. Seine Koordinaten müssen deswegen die Bedingungen

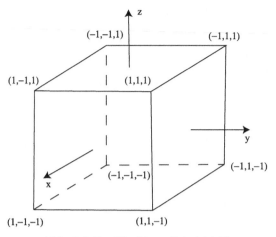

Abb. 3.5. Der Würfel aus Beispiel 3.29.

$$\begin{cases} x + y + z = 0, \\ x - z = 0 \end{cases}$$

erfüllen. Eine mögliche Lösung hierfür ist $w_3 = (1, -2, 1)$. Wir möchten mit einer orthonormalen Basis arbeiten und dividieren deswegen jeden Vektor durch seine Länge: $v_i = \frac{w_i}{\|w_i\|}$. Die gesuchte Basis ist

$$\begin{aligned} \mathcal{B} &= \{v_1, v_2, v_2\} \\ &= \left\{ \left(\frac{1}{\sqrt{3}}, \frac{1}{\sqrt{3}}, \frac{1}{\sqrt{3}} \right), \left(-\frac{1}{\sqrt{2}}, 0, \frac{1}{\sqrt{2}} \right), \left(\frac{1}{\sqrt{6}}, -\frac{2}{\sqrt{6}}, \frac{1}{\sqrt{6}} \right) \right\}. \end{aligned}$$

In dieser Basis sind die beiden Transformationen einfach Drehungen um die Achse v_1. Man beachte, dass $\cos(-\frac{2\pi}{3}) = \cos\frac{2\pi}{3} = -\frac{1}{2}$ und $\sin(-\frac{2\pi}{3}) = -\sin\frac{2\pi}{3} = -\frac{\sqrt{3}}{2}$. Die beiden Drehungen $T_{\pm}$ sind demnach (in der Basis $\mathcal{B}$) gegeben durch

$$[T_{\pm}]_{\mathcal{B}} = \begin{pmatrix} 1 & 0 & 0 \\ 0 & \cos\frac{2\pi}{3} & \mp\sin\frac{2\pi}{3} \\ 0 & \pm\sin\frac{2\pi}{3} & \cos\frac{2\pi}{3} \end{pmatrix} = \begin{pmatrix} 1 & 0 & 0 \\ 0 & -\frac{1}{2} & \mp\frac{\sqrt{3}}{2} \\ 0 & \pm\frac{\sqrt{3}}{2} & -\frac{1}{2} \end{pmatrix}.$$

Wir möchten nun die Matrizen $T_{\pm}$ in der Standardbasis $\mathcal{C}$ finden. Unter Anwendung des vorhergehenden Satzes sehen wir, dass diese Matrizen durch

$$[T_{\pm}]_{\mathcal{C}} = P^{-1}[T_{\pm}]_{\mathcal{B}}P$$

gegeben sind, wobei P die Übergangsmatrix von C zu B ist. Folglich ist P^{-1} die Übergangsmatrix von B zu C, und deren Spalten bestehen aus den Vektoren von B geschrieben in der Basis C. Das sind genau die Vektoren v_i, da sie ja bereits in der Standardbasis geschrieben sind. Wegen $P^{-1} = P^t$ haben wir

$$P^{-1} = \begin{pmatrix} \frac{1}{\sqrt{3}} & -\frac{1}{\sqrt{2}} & \frac{1}{\sqrt{6}} \\ \frac{1}{\sqrt{3}} & 0 & -\frac{2}{\sqrt{6}} \\ \frac{1}{\sqrt{3}} & \frac{1}{\sqrt{2}} & \frac{1}{\sqrt{6}} \end{pmatrix}, \qquad P = \begin{pmatrix} \frac{1}{\sqrt{3}} & \frac{1}{\sqrt{3}} & \frac{1}{\sqrt{3}} \\ -\frac{1}{\sqrt{2}} & 0 & \frac{1}{\sqrt{2}} \\ \frac{1}{\sqrt{6}} & -\frac{2}{\sqrt{6}} & \frac{1}{\sqrt{6}} \end{pmatrix}.$$

Hieraus folgt

$$[T_+]_C = \begin{pmatrix} 0 & 0 & 1 \\ 1 & 0 & 0 \\ 0 & 1 & 0 \end{pmatrix}, \qquad [T_-]_C = \begin{pmatrix} 0 & 1 & 0 \\ 0 & 0 & 1 \\ 1 & 0 & 0 \end{pmatrix}.$$

Die erste Transformation T_+ besteht aus einer Drehung um einen Winkel von $\frac{2\pi}{3}$ um die Achse v_1 (vgl. Abbildung 3.5). Die Transformation permutiert drei Ecken des Würfels, denn $(1,1,-1) \mapsto (-1,1,1) \mapsto (1,-1,1)$. Analog permutiert sie drei andere Ecken, da $(-1,-1,1) \mapsto (1,-1,-1) \mapsto (-1,1,-1)$. Die beiden verbleibenden Ecken $(1,1,1)$ und $(-1,-1,-1)$ bleiben fest.

Bemerkung: $[T_+]_C$ *ist orthogonal und* $T_- = T_+^{-1}$. *Somit haben wir* $[T_-]_C = [T_+]_C^{-1} = [T_+]_C^t$.

3.5 Verschiedene Bezugssysteme für einen Roboter

Definition 3.30 *Ein* Bezugssystem *im Raum besteht aus einem Punkt $P \in \mathbb{R}^3$, der als* Ursprung *bezeichnet wird, und einer Basis $B = \{v_1, v_2, v_3\}$ des $\mathbb{R}^3$.*

Die Vorgabe eines Bezugssystems ist äquivalent zur Definition eines Koordinatensystems mit Ursprung im Punkt P, wobei die Achsen längs der Vektoren der Basis B orientiert sind. Die Einheiten des Koordinatensystems werden so gewählt, dass die Vektoren v_i die Einheitsvektoren $v_1 = (1,0,0)$, $v_2 = (0,1,0)$ und $v_3 = (0,0,1)$ sind, wenn man sie in diesem Koordinatensystem ausdrückt.

Wir betrachten den Roboter von Abbildung 3.1, den wir in Abbildung 3.6 in ausgestreckter Position und in Abbildung 3.8 nach einigen Drehungen reproduziert haben. Wir haben sieben Bezugssysteme $R_0, \ldots, R_6$ in den Punkten $P_0, \ldots, P_6$ spezifiziert. Zu jedem Bezugssystem gehört eine Menge von Achsen x_i, y_i und z_i für $i = 0, \ldots, 6$, deren Richtungen durch die Basen $B_0, \ldots, B_6$ gegeben sind. Das Bezugssystem B_0 ist der Basisbezugssystem. Es ist fest und hat den Ursprung $P_0 = (0,0,0)$. Das Koordinatensystem R_i hat den Ursprung P_i (Abbildungen 3.6, 3.7 und 3.8). Ist der Roboter ausgestreckt (in seiner Grundposition), dann haben alle Koordinatensysteme parallele Achsen, wie in Abbildung 3.6 dargestellt. Die Koordinatensysteme bewegen sich, wenn sich der Roboter bewegt. Die Bewegung eines Gelenks beeinflusst nämlich alle Gelenke, die sich weiter längs des Armes befinden; deswegen hängt das Koordinatensystem R_i nur von den Bewegungen der Gelenke $1, \ldots, i$ ab und ist unabhängig von den Bewegungen der Gelenke $i + 1, \ldots, 6$.

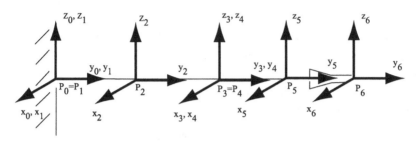

Abb. 3.6. Die verschiedenen Bezugssysteme des Roboters.

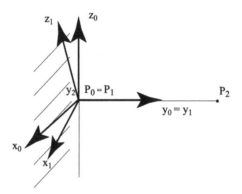

Abb. 3.7. Das Bezugssystem R_1 nach einer Drehung um die Achse y_0.

Wir beschreiben die Folge der Bewegungen, die auf den Roboter angewendet werden und ihn in die Position von Abbildung 3.1 oder Abbildung 3.8 bringen.

(i) Die erste Bewegung ist eine Drehung T_1 um den Winkel θ_1 um die Achse y_0. Im Bezugssystem R_0 ist das eine lineare Transformation, da der Ursprung fest ist. In der Basis $\mathcal{B}_0$ wird diese Transformation durch folgende Matrix beschrieben:

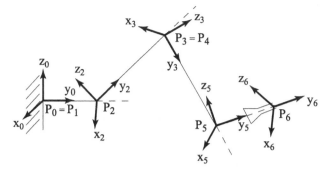

Abb. 3.8. Die verschiedenen Bezugssysteme nach mehreren Drehungen um die Gelenke $2, 3, 5$ und 6. Das Bezugssystem R_1 (bzw. R_4) fällt mit dem von R_0 (bzw. R_3) zusammen und ist nicht explizit dargestellt.

$$A_1 = \begin{pmatrix} \cos\theta_1 & 0 & -\sin\theta_1 \\ 0 & 1 & 0 \\ \sin\theta_1 & 0 & \cos\theta_1 \end{pmatrix}.$$

Das zweite Koordinatensystem R_1 wird durch diese Bewegung geändert und man erhält es, indem man T_1 auf R_0 anwendet. Insbesondere ist die Basis $\mathcal{B}_1$ durch das Bild von $\mathcal{B}_0$ unter T_1 gegeben.

(ii) Die zweite Bewegung ist eine Drehung T_2 um den Winkel θ_2 um die Achse x_2. Diese Drehung wird durch folgende Matrix beschrieben:

$$A_2 = \begin{pmatrix} 1 & 0 & 0 \\ 0 & \cos\theta_2 & -\sin\theta_2 \\ 0 & \sin\theta_2 & \cos\theta_2 \end{pmatrix}.$$

(iii) Die dritte Bewegung ist zum Beispiel eine Drehung T_3 um den Winkel θ_3 um die Achse x_3. Diese Drehung wird durch folgende Matrix beschrieben:

$$A_3 = \begin{pmatrix} 1 & 0 & 0 \\ 0 & \cos\theta_3 & -\sin\theta_3 \\ 0 & \sin\theta_3 & \cos\theta_3 \end{pmatrix}.$$

Betrachtet man Abbildung 3.1, dann ist es schwierig zu unterscheiden, ob diese Bewegung eine Drehung um x_3 oder um z_3 ist. Das, was vielleicht wie eine Drehung um x_3 oder um z_3 aussieht, hängt tatsächlich von der früher ausgeführten Drehung T_1 ab.

(iv) Die vierte Bewegung ist eine Drehung T_4 um den Winkel θ_4 um die Achse y_4. Diese Transformation ist durch folgende Matrix gegeben:

$$A_4 = \begin{pmatrix} \cos\theta_4 & 0 & -\sin\theta_4 \\ 0 & 1 & 0 \\ \sin\theta_4 & 0 & \cos\theta_4 \end{pmatrix}.$$

(v) Die fünfte Bewegung ist eine Drehung T_5 um den Winkel θ_5 um die Achse x_5. Diese Drehung wird durch folgende Matrix beschrieben:

$$A_5 = \begin{pmatrix} 1 & 0 & 0 \\ 0 & \cos\theta_5 & -\sin\theta_5 \\ 0 & \sin\theta_5 & \cos\theta_5 \end{pmatrix}.$$

(vi) Die sechste Bewegung ist eine Drehung T_6 um den Winkel θ_6 um die Achse y_6. Diese Drehung ist durch folgende Matrix gegeben:

$$A_6 = \begin{pmatrix} \cos\theta_6 & 0 & -\sin\theta_6 \\ 0 & 1 & 0 \\ \sin\theta_6 & 0 & \cos\theta_6 \end{pmatrix}.$$

Wir möchten die Position eines Punktes auf dem Roboter in Bezug auf die verschiedenen Koordinatensysteme berechnen. Zu diesem Zweck berechnen wir zunächst, wie die verschiedenen Achsen geändert werden, wenn wir von einem Koordinatensystem zu einem anderen übergehen. Das ermöglicht es uns, die „Orientierung" der Basis $\mathcal{B}_{i+k}$ in der Basis $\mathcal{B}_i$ zu finden. Die Spalten der Matrix A_i liefern die Elemente der Vektoren der Basis $\mathcal{B}_{i+1}$, ausgedrückt in der Basis $\mathcal{B}_i$. Das ist die Basiswechselmatrix von $\mathcal{B}_{i+1}$ nach $\mathcal{B}_i$. Wir bezeichnen sie mit M_i^{i+1}.

Basiswechselmatrix von $\mathcal{B}_{i+k}$ nach $\mathcal{B}_i$. Wir leiten ab, dass diese Matrix durch

$$M_i^{i+k} = M_i^{i+1} M_{i+1}^{i+2} \cdots M_{i+k-1}^{i+k}$$

gegeben ist.

Es sei Q ein Punkt im Raum. Die Bestimmung der Position des Punktes im Koordinatensystem R_i bedeutet, dass man den Vektor $\overrightarrow{P_iQ}$ in der Basis $\mathcal{B}_i$ finden muss, das heißt, den Vektor $[\overrightarrow{P_iQ}]_{\mathcal{B}_i}$. Dessen Position im Koordinatensystem R_{i-1} ist gegeben durch

$$[\overrightarrow{P_{i-1}Q}]_{\mathcal{B}_{i-1}} = [\overrightarrow{P_{i-1}P_i}]_{\mathcal{B}_{i-1}} + [\overrightarrow{P_iQ}]_{\mathcal{B}_{i-1}} = [\overrightarrow{P_{i-1}P_i}]_{\mathcal{B}_{i-1}} + M_{i-1}^i [\overrightarrow{P_iQ}]_{\mathcal{B}_i}.$$

Wir verwenden diesen Ansatz zur Begründung der Bewegungen in jedem der Gelenke $i = 1, \ldots, 6$. Wir werden Position und Orientierung der Roboterextremitäten in der Basis $\mathcal{B}_0$ bestimmen, wobei wir die Drehungen der verschiedenen Gelenke um die entsprechenden Winkel $\theta_1, \ldots, \theta_6$ berücksichtigen. Wir nehmen an, dass wir die Position von Q im Koordinatensystem R_6 kennen, das heißt, wir setzen $[\overrightarrow{P_6Q}]_{\mathcal{B}_6}$ als bekannt voraus:

- Es sei l_5 die Länge des Greifers. Dann haben wir

$$[\overrightarrow{P_5Q}]_{\mathcal{B}_5} = [\overrightarrow{P_5P_6}]_{\mathcal{B}_5} + [\overrightarrow{P_6Q}]_{\mathcal{B}_5} = \begin{pmatrix} 0 \\ l_5 \\ 0 \end{pmatrix} + M_5^6[\overrightarrow{P_6Q}]_{\mathcal{B}_6}.$$

- Es sei l_4 die Länge des dritten Robotersegments. Dann gilt

$$\begin{aligned} [\overrightarrow{P_4Q}]_{\mathcal{B}_4} &= [\overrightarrow{P_4P_5}]_{\mathcal{B}_4} + [\overrightarrow{P_5Q}]_{\mathcal{B}_4} \\ &= \begin{pmatrix} 0 \\ l_4 \\ 0 \end{pmatrix} + M_4^5\left(\begin{pmatrix} 0 \\ l_5 \\ 0 \end{pmatrix} + M_5^6[\overrightarrow{P_6Q}]_{\mathcal{B}_6} \right) \\ &= \begin{pmatrix} 0 \\ l_4 \\ 0 \end{pmatrix} + M_4^5 \begin{pmatrix} 0 \\ l_5 \\ 0 \end{pmatrix} + M_4^6[\overrightarrow{P_6Q}]_{\mathcal{B}_6}. \end{aligned}$$

- Das Koordinatensystem R_3 hat denselben Ursprung wie R_4: $P_3 = P_4$. Im Koordinatensystem R_3 gilt daher

$$\begin{aligned} [\overrightarrow{P_3Q}]_{\mathcal{B}_3} &= [\overrightarrow{P_4Q}]_{\mathcal{B}_3} = M_3^4\left(\begin{pmatrix} 0 \\ l_4 \\ 0 \end{pmatrix} + M_4^5 \begin{pmatrix} 0 \\ l_5 \\ 0 \end{pmatrix} + M_4^6[\overrightarrow{P_6Q}]_{\mathcal{B}_6} \right) \\ &= M_3^4 \begin{pmatrix} 0 \\ l_4 \\ 0 \end{pmatrix} + M_3^5 \begin{pmatrix} 0 \\ l_5 \\ 0 \end{pmatrix} + M_3^6[\overrightarrow{P_6Q}]_{\mathcal{B}_6}. \end{aligned}$$

- Es sei l_2 die Länge des zweiten Robotersegments. Dann haben wir

$$\begin{aligned} [\overrightarrow{P_2Q}]_{\mathcal{B}_2} &= [\overrightarrow{P_2P_3}]_{\mathcal{B}_2} + [\overrightarrow{P_3Q}]_{\mathcal{B}_2} \\ &= \begin{pmatrix} 0 \\ l_2 \\ 0 \end{pmatrix} + M_2^4 \begin{pmatrix} 0 \\ l_4 \\ 0 \end{pmatrix} + M_2^5 \begin{pmatrix} 0 \\ l_5 \\ 0 \end{pmatrix} + M_2^6[\overrightarrow{P_6Q}]_{\mathcal{B}_6}. \end{aligned}$$

- Es sei l_1 die Länge des ersten Robotersegments. Dann gilt

$$\begin{aligned} [\overrightarrow{P_1Q}]_{\mathcal{B}_1} &= [\overrightarrow{P_1P_2}]_{\mathcal{B}_1} + [\overrightarrow{P_2Q}]_{\mathcal{B}_1} \\ &= \begin{pmatrix} 0 \\ l_1 \\ 0 \end{pmatrix} + M_1^2 \begin{pmatrix} 0 \\ l_2 \\ 0 \end{pmatrix} + M_1^4 \begin{pmatrix} 0 \\ l_4 \\ 0 \end{pmatrix} + M_1^5 \begin{pmatrix} 0 \\ l_5 \\ 0 \end{pmatrix} + M_1^6[\overrightarrow{P_6Q}]_{\mathcal{B}_6}. \end{aligned}$$

- Wegen $P_0 = P_1$ folgt schließlich im Basiskoordinatensystem, dass

$$[\overrightarrow{P_0Q}]_{\mathcal{B}_0} = M_0^1 \begin{pmatrix} 0 \\ l_1 \\ 0 \end{pmatrix} + M_0^2 \begin{pmatrix} 0 \\ l_2 \\ 0 \end{pmatrix} + M_0^4 \begin{pmatrix} 0 \\ l_4 \\ 0 \end{pmatrix} + M_0^5 \begin{pmatrix} 0 \\ l_5 \\ 0 \end{pmatrix} + M_0^6[\overrightarrow{P_6Q}]_{\mathcal{B}_6}.$$

$$(3.7)$$

Setzen wir $l_3 = 0$, dann können wir (3.7) in der Form

$$[\overrightarrow{P_0Q}]_{\mathcal{B}_0} = \sum_{i=1}^{5} M_0^i \begin{pmatrix} 0 \\ l_i \\ 0 \end{pmatrix} + M_0^6 [\overrightarrow{P_6Q}]_{\mathcal{B}_6}$$

schreiben.

Umgekehrt haben wir

$$[\overrightarrow{P_6Q}]_{\mathcal{B}_6} = M_6^0 [\overrightarrow{P_0Q}]_{\mathcal{B}_0} - \sum_{i=1}^{5} M_6^i \begin{pmatrix} 0 \\ l_i \\ 0 \end{pmatrix},$$

wobei M_6^i die Basiswechselmatrix von $\mathcal{B}_i$ nach $\mathcal{B}_6$ ist. Es gilt $M_6^i = (M_i^6)^{-1} = (M_i^6)^t$. Falls notwendig, können wir auch $[\overrightarrow{P_iQ}]_{\mathcal{B}_i}$ als Funktion von $[\overrightarrow{P_0Q}]_{\mathcal{B}_0}$ berechnen.

Anwendungen:

1. *Der* Canadarm *auf der Internationalen Raumstation.* Der *Canadarm* ist der an der Internationalen Raumstation anmontierte Roboterarm. Ursprünglich war er an der Station befestigt. Inzwischen ist er auf Schienen montiert worden und kann dadurch entlang der gesamten Station bewegt werden. Das erleichtert die Arbeit der Astronauten, wenn sie neue Raumstationsmodule montieren oder Reparaturen durchführen.

   Der *Canadarm* (das *Shuttle Remote Manipulator System*, kurz: *SRMS*) ist ein Roboterarm mit sechs Freiheitsgraden. Ähnlich einem menschlichen Arm besteht er aus zwei Segmenten und am Ende des zweiten Segments befindet sich eine Art „Handgelenk". Das erste Segment ist an einer Schiene auf der Station befestigt und kann sich an dieser Aufhängung um einen beliebigen Winkel bewegen, was sowohl eine Auf-und-ab-Bewegung als auch eine seitliche Bewegung erfordert. Das Gelenk zwischen den beiden Segmenten hat nur einen Freiheitsgrad und gestattet nur eine Auf-und-ab-Bewegung, ähnlich wie ein Ellenbogen. Das einem Handgelenk ähnelnde Gelenk hat drei Freiheitsgrade, die eine Auf-und-ab-Bewegung, eine seitliche Bewegung und eine Drehbewegung (um die eigene Achse) gestatten. (Vgl. Übung 16.) Das erste Segment ist 5 m lang, das zweite Segment hat eine Länge von 5,8 m. Inzwischen gibt es ein neues, verbessertes Modell des *Canadarm.* Der *Canadarm2* ist 17 m lang und hat sieben Gelenke, die ihm mehr Flexibilität für schwer erreichbare Stellen geben. Er kann vom Boden aus gesteuert werden.

2. *Chirurgieroboter.* Die Roboter ermöglichen nichtinvasive Operationen, da sie durch kleine Einschnitte eingeführt und extern gesteuert werden können. Am Ende des Roboters befinden sich viele kleine Segmente, die auf kleinem Raum einen hohen Flexibilitätsgrad haben.

Weitere mathematische Probleme im Zusammenhang mit Robotern. Wir haben bei weitem nicht alle mathematischen Probleme betrachtet, die mit Robotern zusammenhängen. Wir nennen im Folgenden einige andere praktische Probleme:

(i) Es gibt verschiedene Folgen von Bewegungen, die einen Roboter in eine gegebene Endposition bringen. Welche Bewegung ist die bessere? Gewisse „kleine" Bewegungen können zu „großen" Verschiebungen des Greifers führen, während andere „große" Bewegungen „kleine" Verschiebungen verursachen. Die letztgenannte Eigenschaft ist vorteilhaft, wenn der Roboter für Präzisionsarbeiten eingesetzt wird, etwa im Fall von Chirurgierobotern.

(ii) Wir können einen Roboter mit immer mehr Segmenten und Gelenken ausstatten und dadurch seine Flexibilität und die Fähigkeit steigern, Hindernisse zu umgehen. Welche anderen Effekte treten auf, wenn man die Anzahl der Segmente und Bewegungen erhöht?

(iii) Wie wirkt sich eine Änderung der Längen der verschiedenen Segmente aus?

(iv) Das inverse Problem (schwer!): Zu einer gegebenen Endposition des Greifers bestimme man eine Folge von Bewegungen, die den Greifer in diese Position bringen. Die Beantwortung dieses Problems erfordert im Allgemeinen die Lösung eines Systems von nichtlinearen Gleichungen.

(v) Es gibt viele andere verwandte Probleme. Wir überlassen es Ihnen, einige zu finden.

3.6 Übungen

1. **(a)** Berechnen Sie unter Verwendung der Standardbasis $\{e_1 = (1,0), e_2 = (0,1)\}$ die Matrix A der Drehung um den Winkel θ in der Ebene. Verwenden Sie dabei, dass die Spalten von A die Koordinaten der Bilder der Vektoren e_1 und e_2 sind.
   (b) Es sei $z = x + iy$. Die Drehung des Vektors (x, y) um einen Winkel θ ist äquivalent zur Durchführung der Operation $z \mapsto e^{i\theta} z$. Verwenden Sie diese Formel zur Bestimmung der Matrix A.

2. Es seien T_1 und T_2 zwei lineare Transformationen, die durch die Matrizen A_1 und A_2 beschrieben werden. Führt man diese beiden Transformationen nacheinander aus, dann ist $A_1 A_2$ diejenige Matrix, welche die zusammengesetzte Transformation $T_1 \circ T_2$ beschreibt. In dieser Übung setzen wir $n = 2$ voraus.
   (a) Beweisen Sie, dass die Zusammensetzung einer Drehung um einen Winkel θ_1 und einer Drehung um einen Winkel θ_2 eine Drehung um einen Winkel $\theta_1 + \theta_2$ ist.
   (b) Beweisen Sie, dass die Determinante einer Drehungsmatrix gleich 1 ist.
   (c) Beweisen Sie, dass die Inverse einer Drehungsmatrix A gleich deren Transponierter A^t ist.

3. Das in Abbildung 3.2 dargestellte Dreieck ist rechtwinklig und hat die Seitenlängen 3, 4 und 5. Zu Beginn der Bewegungen liegt die Ecke, die der Seite der Länge 3 gegenüberliegt, im Ursprung, und am Ende der Bewegungen liegt diese Ecke im Punkt $(7, 5)$. Geben Sie die Koordinaten der der Seite der Länge 4 gegenüberliegenden Ecke an, wenn die Drehung eine Drehung um den Winkel $\frac{\pi}{7}$ ist.

4. Zeigen Sie, dass eine Transformation T der Ebene oder des Raumes eine lineare Transformation ist, wenn sie längen- und winkeltreu ist und einen Fixpunkt hat. Hinweis:
    (a) Beweisen Sie zunächst, dass die Transformation die Summe zweier Vektoren erhält; verwenden Sie dabei, dass die Summe $v_1 + v_2$ der beiden Vektoren als Diagonale des Parallelogramms mit den Seiten v_1 und v_2 konstruiert wird.
    (b) Zeigen Sie jetzt, dass für jeden Vektor v und für jedes $c \in \mathbb{R}$ die Beziehung $T(cv) = cT(v)$ gilt. Führen Sie den Beweis in mehreren Schritten durch:

    - Beweisen Sie die Behauptung für $c \in \mathbb{N}$.
    - Beweisen Sie die Behauptung für $c \in \mathbb{Q}$.
    - Zeigen Sie, dass T gleichmäßig stetig ist. Verwenden Sie das, um die Aussage für $c \in \mathbb{R}$ zu beweisen. Hat man nämlich $c = \lim_{n \to \infty} c_n$ für $c_n \in \mathbb{Q}$ und ist T stetig, dann gilt $T(cv) = \lim_{n \to \infty} T(c_n v)$.

5. Zeigen Sie, dass alle orthogonalen Transformationen im $\mathbb{R}^2$ mit einer Determinante -1 Spiegelungen an einer Achse sind, die durch den Ursprung geht.

6. Betrachten Sie die folgenden orthogonalen Matrizen mit der Determinante 1:

$$A = \begin{pmatrix} 2/3 & -1/3 & -2/3 \\ 2/3 & 2/3 & 1/3 \\ 1/3 & -2/3 & 2/3 \end{pmatrix}, \qquad B = \begin{pmatrix} 1/3 & 2/3 & 2/3 \\ -2/3 & 2/3 & -1/3 \\ -2/3 & -1/3 & 2/3 \end{pmatrix}.$$

Berechnen Sie für jede dieser Matrizen die Drehachse und den Drehwinkel (bis auf das Vorzeichen).

7. Zeigen Sie, dass das Produkt zweier orthogonaler Matrizen A_1 und A_2 mit Determinante 1 selbst eine orthogonale Matrix mit Determinante 1 ist. Leiten Sie daraus ab, dass die Zusammensetzung zweier Drehungen im $\mathbb{R}^3$ ebenfalls eine Drehung im $\mathbb{R}^3$ ist (sogar dann, wenn die beiden Drehachsen nicht die gleichen sind!).

8. Man betrachte eine Drehung um den Winkel $+\pi/4$ um die Achse v_1, die durch $v_1 = (1/3, 2/3, 2/3)$ bestimmt ist. Geben Sie unter Verwendung der Basis $\mathcal{B} = \{v_1, v_2, v_3\}$ mit $v_1 = (1/3, 2/3, 2/3)$, $v_2 = (2/3, -2/3, 1/3)$ und $v_3 = (2/3, 1/3, -2/3)$ diejenige Matrix an, die diese Drehung (ausgedrückt in der Standardbasis) beschreibt.

9. (a) Es sei Π eine Ebene, die im $\mathbb{R}^3$ durch den Ursprung geht und es sei v ein Einheitsvektor senkrecht zur Ebene durch den Ursprung. Eine Spiegelung an Π ist eine Operation, die den Vektor $x \in \mathbb{R}^3$ auf den Vektor $R_\Pi(x) = x - 2\langle x, v \rangle v$ abbildet. Zeigen Sie, dass R_Π eine orthogonale Transformation ist. Was ist die Determinante der zugehörigen Matrix?
    (b) Zeigen Sie, dass die Zusammensetzung zweier solcher Spiegelungen eine Drehung um eine Achse ergibt, die durch den Ursprung geht. Beweisen Sie, dass diese Achse die Schnittgerade zwischen den beiden Ebenen ist.

10. (a) Beweisen Sie: Hat eine orthogonale 3×3-Matrix die Determinante -1, dann ist -1 einer ihrer Eigenwerte.

(b) Beweisen Sie: Alle orthogonalen Transformationen im $\mathbb{R}^3$ mit der Determinante -1 lassen sich als Zusammensetzung einer Spiegelung an einer durch den Ursprung gehenden Ebene und einer Drehung um die Achse beschreiben, die durch den Ursprung geht und senkrecht auf der Ebene steht. Geben Sie eine Formel für die Drehachse an.

(c) Leiten Sie hieraus ab, dass eine orthogonale Transformation im $\mathbb{R}^3$ mit der Determinante -1 nicht als Bewegung eines Festkörpers im Raum beschrieben werden kann.

11. Man betrachte den Roboter von Abbildung 3.9, der in einer vertikalen Ebene operiert: Am Ende des zweiten Segments befindet sich ein Greifer, der senkrecht auf der Operationsebene des Roboters steht und durch eine dritte Drehung angetrieben wird (wir ignorieren diese Drehung in der vorliegenden Frage). Wir nehmen an, dass die beiden Robotersegmente die gleiche Länge l haben.

(a) Es sei Q das äußere Ende des zweiten Robotersegments. Berechnen Sie die Position von Q, wenn das erste Segment um den Winkel θ_1 und das zweite Segment um den Winkel θ_2 gedreht wird.

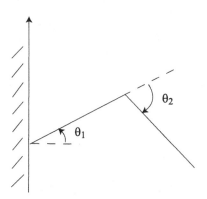

Abb. 3.9. Der Roboter von Übung 11.

(b) Berechnen Sie die zwei Werte des Winkels θ_2, die den Punkt Q in einem Abstand von $\frac{l}{2}$ von demjenigen Punkt positionieren, an dem der Roboter an der Wand befestigt ist.

(c) Berechnen Sie die zwei verschiedenen Paare von Winkeln (θ_1, θ_2), die den Punkt Q in $(\frac{l}{2}, 0)$ positionieren.

(d) Wir nehmen an, dass der Roboter an einer vertikalen Schiene befestigt ist und an der Wand nach oben und nach unten gleiten kann. Wählen Sie ein Koordinatensystem. Berechnen Sie in diesem Koordinatensystem die Position von Q, wenn wir den Roboter um den Abstand h verschieben, danach das erste Gelenk um den Winkel θ_1 und das zweite Gelenk um den Winkel θ_2 drehen.

12. Im $\mathbb{R}^3$ sei R_x eine Drehung um die x-Achse um den Winkel $\pi/2$, R_y eine Drehung um die y-Achse um den Winkel $\pi/2$ und R_z eine Drehung um die z-Achse um den Winkel $\pi/2$.
(a) Die Zusammensetzung $R_y \circ R_z$ ist ebenfalls eine Drehung. Bestimmen Sie deren Achse und Winkel.
(b) Zeigen Sie, dass $R_x = (R_y)^{-1} \circ R_z \circ R_y$.

13. Man betrachte einen Roboter in der Ebene, der an einem einzigen Fixpunkt befestigt ist. Der Roboter hat zwei Arme, deren erster die Länge l_1 hat und am Fixpunkt befestigt ist, während der zweite Arm die Länge l_2 hat und am Ende des ersten Arms befestigt ist. Beide Arme können sich vollkommen frei um ihre Aufhängungspunkte drehen. Beschreiben Sie als Funktion von l_1 und l_2 die Menge derjenigen Punkte in der Ebene, die sich durch das äußere Ende des zweiten Robotersegments erreichen lassen.

14. Man betrachte einen aus zwei Segmenten bestehenden Roboterarm, der an der Wand befestigt ist, wobei die Segmente die Längen l_1 und l_2 mit $l_2 < l_1$ haben. Das erste Segment ist mit Hilfe eines universellen Gelenkes an der Wand befestigt (das heißt, mit Hilfe eines Gelenkes, das zwei Freiheitsgrade hat und einen beliebigen Winkel mit der Wand bilden kann). Auf ähnliche Weise wird der zweite Arm mit Hilfe eines universellen Gelenkes am zweiten Arm befestigt. Bestimmen Sie (als Funktion von l_1 und l_2) die Menge derjenigen Punkte im Raum, die durch das freie Ende des zweiten Segments erreicht werden können.

15. Wir beschreiben einen Roboter, der gemäß Abbildung 3.10 in einer vertikalen Ebene operieren kann:

* Das erste Segment ist in $P_0 = P_1$ befestigt und hat die Länge ℓ_1.
* Das zweite Segment ist am Ende des ersten Segments in P_2 befestigt. Seine Länge ist variabel mit einem Minimum von ℓ_2 und einem Maximum von $L_2 = \ell_2 + d_2$. Ein Greifer ist an seinem äußeren Ende befestigt.
* Der Greifer hat die Länge d_3 mit $d_3 < \ell_1, \ell_2$.

(a) Geben Sie die Bedingungen für ℓ_1, ℓ_2, d_2, d_3 an, unter denen die Extremität P_4 des Greifers ein Objekt ergreifen kann, das sich in P_0 befindet.
(b) Wählen Sie ein Koordinatensystem mit Ursprung in P_0. Geben Sie in diesem Koordinatensystem die Position der Extremität P_4 des Greifers an, wenn die Drehungen θ_1, θ_2 und θ_3 so wie in Abbildung 3.10 angewendet worden sind und das zweite Segment auf die Länge $\ell_2 + r$ eingestellt worden ist.

16. Der *Canadarm* (das *Shuttle Remote Manipulator System*, oder kurz *SRMS*) ist ein Roboter mit sechs Freiheitsgraden. Ähnlich einem menschlichen Arm besteht der Canadarm

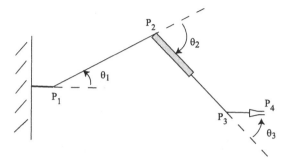

Abb. 3.10. Der Roboter von Übung 15.

aus zwei Segmenten und am Ende des äußeren Segments befindet sich eine Art „Handgelenk". Das erste Segment ist auf der Station an einer Schiene befestigt und kann an dieser Befestigung eine Auf-und-ab-Bewegung und eine seitliche Bewegung durchführen. Das Gelenk zwischen den beiden Segmenten hat nur einen Freiheitsgrad und gestattet – ähnlich wie ein Ellbogen – nur eine Auf-und-ab-Bewegung. Das handgelenkartige Gelenk hat drei Freiheitsgrade, die eine Auf-und-ab-Bewegung, eine seitliche Bewegung und eine Drehbewegung (Bewegung um die eigene Achse) ermöglichen.

(a) Zeichnen Sie – unter Vernachlässigung der Translationsbewegung auf den Schienen längs der Station – eine schematische Darstellung des Arms und der Koordinatensysteme, die zur Berechnung der Position des Handgelenkendes erforderlich sind. Geben Sie im passenden Koordinatensystem die sechs Drehbewegungen an, die den sechs Freiheitsgraden des Roboters entsprechen.

(b) Entsprechend den Freiheitsgraden sei eine Menge von sechs Drehungen mit den Winkeln $\theta_1, \ldots, \theta_6$ gegeben. Berechnen Sie die Position des Handgelenkendes im Basiskoordinatensystem.

17. Überlegen Sie sich ein Steuerungssystem für alle sechs Freiheitsgrade des Roboters von Abbildung 3.1.

18. Wenn Astronomen etwas beobachten möchten, dann müssen sie zunächst das Teleskop in entsprechender Weise richten. Wir nehmen an, dass das Fundament des Teleskops fest ist.

    (a) Zeigen Sie, dass zwei unabhängige Drehungen ausreichen, um das Teleskop in jede beliebige Richtung zu drehen.

    (b) Astronomen sind auch mit einem anderen Problem konfrontiert, wenn sie ein sehr weit entferntes oder sehr schwaches Objekt beobachten möchten: sie müssen ein Foto machen, das viele Stunden lang belichtet worden ist. Die Erde dreht sich, während dieses Foto aufgenommen wird; deswegen muss das Teleskop ständig neu eingestellt werden, damit es auf den anvisierten Himmelskörper gerichtet bleibt. Derartige Systeme funktionieren folgendermaßen: Man installiert eine zentrale Achse, die zur Rotationsachse der Erde vollkommen parallel ist. Die ganze Teleskopanlage kann sich frei um diese Achse drehen, die als Primärachse bezeichnet wird (vgl. Abbildung 3.11). Für ein Observatorium auf der nördlichen Hemisphäre ist diese Achse im Wesentlichen auf den Polarstern ausgerichtet. Auf dem Nordpol selbst ist diese Achse vertikal; an anderen Orten verläuft sie schräg. Das Teleskop selbst ist auf eine Sekundärachse montiert, deren Winkel zwischen der Teleskopachse und der Primärachse variiert werden kann. Zeigen Sie, dass diese zwei Freiheitsgrade ausreichen, um das Teleskop in jede Richtung zu richten.

(c)   Zeigen Sie, dass die Drehung um die Primärachse ausreicht, um das Teleskop auf ein und dasselbe Himmelsobjekt zu richten, während sich die Erde dreht.

(d)   Zeigen Sie, dass am 45. Breitengrad der Winkel zwischen der Erdachse und der Oberfläche 45 Grad beträgt.

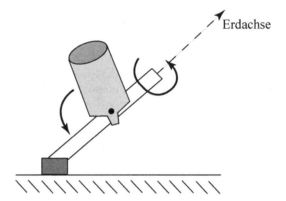

Abb. 3.11. Die beiden Freiheitsgrade eines Teleskops (vgl. Übung 18).

Literaturverzeichnis

[1] R. J. Schilling, *Fundamentals of Robotics*. Prentice Hall, 1990.

Skelette und Gammastrahlen-Radiochirurgie

Der Begriff der Skelette tritt in den Diskussionen optimaler Strategien in der Strahlen-chirurgie auf, einschließlich der „Gamma-Knife"-Techniken ([4] und [5]). Die Skelette sind auch ein wichtiger Begriff in einer Vielfalt von wissenschaftlichen Problemen. Soll dieses Kapitel mit drei Stunden Theorie und zwei Stunden praktischer Arbeit abgedeckt werden, dann empfehlen wir die Formulierung des Kernproblems der Gammastrahlen-Chirurgie. Nehmen Sie hierzu die Abschnitte 4.2 und 4.3, in denen wir mit Hilfe ein-facher Beispiele Skelette sowohl in zwei als auch in drei Dimensionen behandeln. Falls es die Zeit zulässt, können Sie Abschnitt 4.4 kurz und informell diskutieren. Sollten Sie eine vierte Stunde zur Verfügung haben, dann muss eine Auswahl getroffen wer-den: Es gibt genügend Zeit, um die numerischen Algorithmen in Abschnitt 4.5 oder die Fundamentaleigenschaft von Skeletten in Abschnitt 4.7 zu diskutieren. Es kann vorteilhaft sein, sich zum Beispiel bei Studenten der angewandten Mathematik auf den algorithmischen Aspekt zu konzentrieren, oder bei Lehrerstudenten auf die Fundamen-taleigenschaft von Skeletten. Der Rest des Kapitels ist als Anreicherung gedacht und kann als Ausgangspunkt für ein Semesterprojekt verwendet werden.

4.1 Einführung

Ein „Gamma-Knife" ist ein chirurgisches Instrument, das zur Behandlung von Gehirn-tumoren verwendet wird. Das Gerät fokussiert 201 Bündel von Gammastrahlen (aus radioaktiven Kobalt-60-Quellen, die gleichmäßig über die Innenoberfläche einer Kugel verteilt sind) auf einen einzigen kleinen sphärischen Bereich. Der Schnittbereich ist einer starken Strahlungsdosis ausgesetzt. Die Bündel werden mit Hilfe eines Helms fokussiert und können Fokalbereiche verschiedener Größen erzeugen (mit einem Radius von 2 mm, 4 mm, 7 mm oder 9 mm). Jede Dosierung erfordert die Verwendung eines anderen Helms; also muss der Helm gewechselt werden, wenn der Dosisradius geändert werden muss. Jeder Helm wiegt ungefähr 250 Kilo. Daher ist es wichtig, die Anzahl der Helmwechsel zu minimieren.

Für die Mathematiker besteht das Problem darin, einen Algorithmus zur Erstellung eines optimalen Behandlungsplanes zu konstruieren, der es ermöglicht, den Tumor in minimaler Zeit zu bestrahlen. Das senkt die Operationskosten und verbessert gleichzeitig die Behandlungsqualität für den Patienten, da lange Strahlentherapiesitzungen ziemlich unangenehm sein können. Das Problem ist für kleine Tumoren ziemlich einfach, denn diese können oft mit einer einzigen Dosis behandelt werden. Bei großen und unregelmäßig geformten Tumoren wird das Problem jedoch ziemlich komplex. Ein guter Algorithmus sollte in der Lage sein, eine Behandlung auf maximal 15 Einzeldosen zu beschränken. Der Algorithmus muss auch so robust wie möglich sein, das heißt, er muss akzeptable (wenn nicht sogar optimale) Behandlungspläne für nahezu alle möglichen Formen und Größen von Tumoren liefern.

Man sieht leicht, dass dieses Problem irgendwie mit dem Problem des Stapelns von Kugeln zu tun hat. Wir möchten einen Bereich $R \subset \mathbb{R}^3$ (so gut wie möglich) derart mit Kugeln ausfüllen, dass der nicht überdeckte Raumanteil kleiner als eine gewisse Toleranzschwelle ϵ ist. Verwenden wir Kugeln (oder Vollkugeln) $B(X_i, r_i) \subset R$, $i = 1, \ldots, N$ mit den Mittelpunkten X_i und den Radien r_i, dann ist $P_N(R) = \cup_{i=1}^{N} B(X_i, r_i)$ die bestrahlte Zone. Es bezeichne $V(S)$ das Volumen eines Bereiches S. Wir möchten Kugeln derart finden, dass

$$\frac{V(R) - V(P_N(R))}{V(R)} \le \epsilon. \tag{4.1}$$

Die erste Aufgabe bei der Bestimmung einer optimalen Lösung ist eine vernünftige Auswahl der Kugelmittelpunkte. Tatsächlich müssen wir Kugeln wählen, die sich so gut wie möglich an die Oberfläche des Bereiches anpassen. Definitionsgemäß handelt es sich hierbei um Kugeln, welche die meisten Kontaktpunkte (Berührungspunkte) mit dem Rand des Bereiches haben. Die Kugelmittelpunkte werden dann so gewählt, dass sie auf dem „Skelett" des Bereiches liegen.

4.2 Definition des Skeletts zweidimensionaler Bereiche

Das *Skelett* eines Bereiches des $\mathbb{R}^2$ oder $\mathbb{R}^3$ ist ein mathematischer Begriff, der bei der Analyse und automatischen Erkennung von Formen verwendet wird. Wir beginnen mit einer intuitiven Definition.

Wir nehmen an, dass der Bereich aus gleichmäßig verbrennbarem Material (zum Beispiel Gras) besteht und dass wir die gesamte Außenfläche auf einmal anzünden. Wenn sich das Feuer mit konstanter Geschwindigkeit nach innen frisst, erreicht es irgendwann einen Punkt, an dem kein brennbares Material mehr übrig ist. Das Skelett der betreffenden Form ist die Menge derjenigen Punkte, an denen das Feuer ausgeht (vgl. Abbildung 4.1).

Wir kommen auf diese intuitive Definition des Skeletts etwas später zurück, denn sie wird unser Wegweiser bei der Entwicklung unserer Intuition sein. Zunächst definieren

Abb. 4.1. Das Skelett eines Bereiches.

wir den rein formalen mathematischen Begriff des Skeletts. Ein *Bereich* ist eine offene Untermenge der Ebene $\mathbb{R}^2$ oder des Raumes $\mathbb{R}^3$. Als offene Untermenge enthält ein Bereich keinen seiner Randpunkte. Wir bezeichnen den Rand mit ∂R. Die folgende Definition lässt sich sowohl auf zwei- als auch auf dreidimensionale Bereiche anwenden. Manchmal ändert sich jedoch die Terminologie in Abhängigkeit von der Dimension; beispielsweise sagt man „(Kreis)Scheibe", um das Innere eines Kreises in der Ebene zu beschreiben.[1] In Fällen, bei denen die typische Terminologie variiert, schreiben wir das Wort für die dreidimensionale Definition in Klammern.

Definition 4.1 *Es bezeichne $|X - Y|$ den euklidischen Abstand zwischen zwei Punkten in der Ebene oder im Raum.*

Haben also zwei Punkte X und $Y \in \mathbb{R}^2$ die Koordinaten (x_1, y_1) bzw. (x_2, y_2), dann beträgt der Abstand zwischen ihnen

$$|X - Y| = \sqrt{(x_1 - x_2)^2 + (y_1 - y_2)^2}.$$

Definition 4.2 *Es sei R ein Bereich im $\mathbb{R}^2$ (oder $\mathbb{R}^3$) und es bezeichne ∂R seinen Rand. Wir bezeichnen das Skelett von R mit $\Sigma(R)$ und definieren es als folgende Punktmenge:*

$$\Sigma(R) = \left\{ X^* \in R \,\middle|\, \begin{array}{c} \exists X_1, X_2 \in \partial R \text{ so dass } X_1 \neq X_2 \text{ und} \\ |X^* - X_1| = |X^* - X_2| = \min_{Y \in \partial R} |X^* - Y| \end{array} \right\}.$$

Diese Definition ist ziemlich undurchsichtig, und wir erläutern deswegen einige ihrer Bestandteile. Die Größe $\min_{Y \in \partial R} |X^* - Y|$ liefert den Abstand zwischen einem Punkt

---

[1]Im Englischen verwendet man im $\mathbb{R}^3$ die Wörter *sphere* und *ball*, wobei letzteres die Vollkugel bezeichnet.

X^* und dem Rand ∂R von R. Für diesen Abstand gibt es im Gegensatz zum Abstand zwischen zwei Punkten keinen einfachen algebraischen Ausdruck. Er ist vielmehr das Minimum der Funktion $f(Y) = |X^* - Y|$, ausgedrückt als Funktion von Y (X^* ist konstant). Wir suchen demnach eine kürzeste Strecke, die X^* mit einem beliebigen Randpunkt verbindet. Die Länge einer solchen kürzesten Strecke beträgt $\min_{Y \in \partial R} |X^* - Y|$. Für einen Bereich R in der Ebene zeigt Abbildung 4.2 verschiedene mögliche Strecken, wobei die kürzeste fettgedruckt ist.[2]

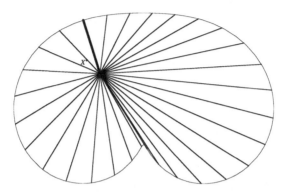

Abb. 4.2. Suche nach dem kürzesten Abstand zwischen einem Punkt X^* und dem Rand ∂R.

Angenommen, wir haben einen Kreis (eine Kugel) mit Mittelpunkt X^* und Radius

$$d = \min_{Y \in \partial R} |X^* - Y| \tag{4.2}$$

und bezeichnen diesen Kreis (diese Kugel) mit

$$S(X,d) = \{Y \in \mathbb{R}^2 (\text{oder } \mathbb{R}^3) \mid |X - Y| = d\}.$$

Damit X^* im Skelett $\Sigma(R)$ liegt, erfordert die obige Definition, dass sich $S(X^*,d)$ und ∂R in (mindestens) zwei Punkten X_1 und X_2 schneiden. Folglich müssen $S(X^*,d)$ und der Rand ∂R mindestens zwei gemeinsame Punkte haben. Der Radius von $S(X^*,d)$ ist genau $\min_{Y \in \partial R} |X^* - Y|$, und deswegen ist das Innere von $S(X^*,d)$ in R enthalten. Um das einzusehen, wähle man einen Punkt $Z \notin \partial R$ im Komplement $C(R)$ des Bereiches (mit anderen Worten $C(R) = \mathbb{R}^2 \setminus R$ oder $C(R) = \mathbb{R}^3 \setminus R$) und ziehe eine Strecke zwischen X^* und Z. Wegen $X^* \in R$ und $Z \in C(R)$ muss die Strecke den Rand ∂R

---

[2]Fortgeschrittenere Leser haben sicher bemerkt, dass wir implizit einige Voraussetzungen in Bezug auf R gemacht haben. Insbesondere setzen wir voraus, dass der Rand von R stückweise stetig differenzierbar ist. Die anderen Leser können sich ganz auf ihre Intuition verlassen!

in einem Punkt schneiden, den wir mit Y' bezeichnen. Gemäß Definition des Abstands zwischen X^* und dem Rand haben wir

$$\min_{Y \in \partial R} |X^* - Y| \leq |X^* - Y'| < |X^* - Z|,$$

und der Punkt Z liegt außerhalb von $S(X^*, d)$. Somit befinden sich keine Punkte des Komplements von R im Inneren von $S(X^*, d)$, und das Innere von $S(X^*, d)$ besteht vollständig aus Punkten von R. Definieren wir die Scheibe (oder Vollkugel) mit Mittelpunkt X und Radius r durch

$$B(X, r) = \{Y \in \mathbb{R}^2 (\text{oder } \mathbb{R}^3) \mid |X - Y| < r\},$$

dann gilt für die Elemente X^* des Skeletts $\Sigma(R)$ die Beziehung

$$B(X^*, d) \subset R.$$

Sogar dann, wenn der Radius d als ein Minimum definiert wird (vgl. (4.2)), handelt es sich auch um ein Maximum! Es ist der Maximalradius, für den eine Scheibe (oder eine Vollkugel) $B(X^*, r)$ mit Mittelpunkt X^* vollständig innerhalb von R liegt. (Alle Scheiben $B(X^*, r)$ mit $r > d$ enthalten einen Punkt Z im Komplement $C(R)$ von R. Um das einzusehen, ziehe man die Strecke zwischen X^* und dem am nächsten liegenden Punkt X_1 auf dem Rand von R. Dann ist $|X_1 - X^*| = d$. Ist $r > d$, dann geht die Strecke der Länge r, die den Anfangspunkt X^* hat und durch X_1 geht, auch durch den Rand ∂R hindurch und enthält deswegen einen Punkt, der außerhalb von R liegt.)

Wir haben also die folgende Aussage bewiesen, die uns eine alternative äquivalente Definition des Skeletts eines Bereiches gibt.

Proposition 4.3 *Es sei $X^* \in R$ und $d = \min_{Y \in \partial R} |X^* - Y|$. Dann ist d der Maximalradius, für den $B(X^*, d)$ vollständig innerhalb von R liegt, das heißt, $d = \max\{c > 0 : B(X^*, c) \subset R\}$. Der Punkt X^* liegt dann und nur dann im Skelett $\Sigma(R)$, wenn $S(X^*, d) \cap \partial R$ mindestens zwei Punkte enthält.*

An dieser Stelle ist klar, dass der Abstand $d = \min_{Y \in \partial R} |X^* - Y|$ eine Schlüsselrolle in der Theorie der Skelette spielt. In der folgenden Definition rekapitulieren wir den Sachverhalt.

Definition 4.4 *Es sei R ein Bereich der Ebene (oder des Raumes). Für jeden Punkt X im Skelett $\Sigma(R)$ von R bezeichne $d(X)$ den Maximalradius einer Scheibe (oder Vollkugel), die den Mittelpunkt X hat und in R enthalten ist. Wir wissen, dass*

$$d(X) = \min_{Y \in \partial R} |X - Y| = \max\{c > 0 : B(X, c) \subset R\}.$$

Wir geben noch eine andere Definition, deren Nützlichkeit sich bald herausstellen wird.

Definition 4.5 *Es sei* $r \geq 0$. *Das mit* $\Sigma_r(R)$ *bezeichnete* r-*Skelett eines Bereiches* R *ist die Menge derjenigen Punkte des Skeletts* $\Sigma(R)$, *die mindestens den Abstand* r *vom Rand des Bereiches haben:*

$$\Sigma_r(R) = \{X \in \Sigma(R) | d(X) \geq r\} \subset \Sigma(R).$$

Man beachte, dass $\Sigma(R) = \Sigma_0(R)$.

Sogar in dieser Neuformulierung ist es nicht einfach, die Definition des Skeletts in der Praxis zu handhaben. Diese Formulierung setzt Kenntnisse über den Abstand zwischen allen Punkten im Inneren von R und allen Punkten auf dem Rand des Bereiches voraus. Die letzte Formulierung kann jedoch dazu verwendet werden, das Skelett von einfachen geometrischen Formen zu bestimmen. Die folgenden Lemmas werden sich als nützlich erweisen.

Lemma 4.6 *1. Man betrachte einen Winkelbereich* R, *der von zwei Halbstrahlen begrenzt wird, die denselben Ausgangspunkt* O *haben. Das Skelett dieses Bereiches ist die Winkelhalbierende des von den beiden Halbstrahlen gebildeten Winkels (Abbildung 4.3(a)).*

2. Man betrachte einen Streifenbereich R, *der von zwei parallelen Strahlen* (D_1) *und* (D_2) *begrenzt wird, die den Abstand* h *haben. Das Skelett dieses Bereiches ist die Parallele, die den gleichen Abstand zu* (D_1) *und* (D_2) *hat (Abbildung 4.3(b)).*

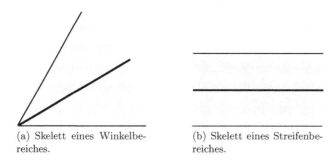

(a) Skelett eines Winkelbe-   (b) Skelett eines Streifenbe-
reiches.   reiches.

Abb. 4.3. Die Beispiele von Lemma 4.6.

BEWEIS. Wir geben den Beweis nur für den Winkelbereich. Es sei P ein Punkt des Skeletts und wir betrachten Abbildung 4.4. Nach Voraussetzung muss $|PA| = |PB|$ gelten, denn P hat den gleichen Abstand von den beiden Seiten des Bereiches. Außerdem gilt $\widehat{PAO} = \widehat{PBO} = \frac{\pi}{2}$. Wir müssen zeigen, dass $\widehat{POA} = \widehat{POB}$. Hierzu beweisen wir, dass die beiden Dreiecke POA und POB kongruent sind; das wiederum folgt aus unserem Nachweis, dass die beiden Dreiecke drei gleiche Seiten haben.

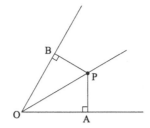

Abb. 4.4. Beweis von Lemma 4.6.

Beide Dreiecke sind rechtwinklig. Beide haben die gleiche Hypotenuse $c = |OP|$. Außerdem ist $|PA| = |PB|$. Aus dem Satz des Pythagoras folgt schließlich, dass

$$|OA| = \sqrt{c^2 - |PA|^2} = \sqrt{c^2 - |PB|^2} = |OB|.$$

Aus der Kongruenz der beiden Dreiecke können wir nun schließen, dass die entsprechenden Winkel $\widehat{POA}$ und $\widehat{POB}$ gleich sind. □

Lemma 4.7 *1. Eine Tangente in einem Punkt P an einen Kreis O ist senkrecht zum Radius OP. Hieraus ergibt sich: Berührt der Kreis den Rand ∂R eines Bereiches R in der Ebene, dann liegt der Mittelpunkt des Kreises auf der Normalen von ∂R im Punkt P.*
2. Es sei P ein Punkt auf dem Kreis $S(O, r)$. Alle Geraden durch P, die von der Tangente verschieden sind, haben eine Strecke, die innerhalb von $B(O, r)$ liegt.

BEWEIS. Zur Durchführung des Beweises brauchen wir eine präzise Definition des Tangentenbegriffes. Wir betrachten Abbildung 4.5. Eine Gerade, die einen Kreis in einem Punkt P berührt, ist der Grenzfall der Sekanten durch die Punkte A und B, wenn sich sowohl A als auch B dem Punkt P nähern. Wegen $|OA| = |OB|$ ist das Dreieck OAB gleichschenklig. Wir schließen also, dass $\widehat{OAB} = \widehat{OBA}$. Aus $\widehat{OAB} + \alpha = \pi$ und $\widehat{OBA} + \beta = \pi$ folgt nun $\alpha = \beta$. Nähern sich A und B einem einzigen Punkt, dann gelten im Grenzfall die folgenden zwei Bedingungen:

$$\begin{cases} \alpha = \beta, \\ \alpha + \beta = \pi. \end{cases}$$

Folglich gilt im Grenzfall $\alpha = \beta = \frac{\pi}{2}$. Der zweite Teil wird dem Leser als Übungsaufgabe überlassen. □

Beispiel 4.8 (Ein Rechteck.) *Wir bestimmen das Skelett eines Rechtecks R mit Grundlinie b und Höhe h, wobei $b > h$. Mit Hilfe von Lemma 4.6 können wir sechs*

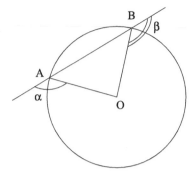

Abb. 4.5. Eine Normale zu einem Kreis geht durch den Mittelpunkt des Kreises.

Geraden konstruieren, die möglicherweise Skelettpunkte des Rechtecks enthalten. Hierzu betrachten wir gleichzeitig immer je zwei Rechteckseiten und erhalten dadurch die folgenden Geraden: die vier Winkelhalbierenden; die horizontale Parallele, die den gleichen Abstand von den beiden horizontalen Seiten hat sowie die vertikale Parallele, die den gleichen Abstand von den beiden vertikalen Seiten hat (vgl. Abbildung 4.6).

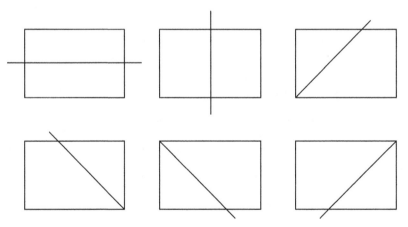

Abb. 4.6. Die sechs Geraden, auf denen Skelettpunkte eines Rechtecks liegen können.

Wir können schnell (fast) alle Punkte der vertikalen Parallelen ausschließen. Hierzu betrachten wir einen beliebigen Punkt auf dieser Parallelen, der innerhalb des Rechtecks *liegt. Der Abstand dieses Punktes von den vertikalen Seiten ist wegen $b > h$ stets größer als sein Abstand von der nächsten horizontalen Seite. Folglich gilt: Mit Ausnahme des Punktes, der den gleichen Abstand von der Oberseite und der Unterseite hat, berührt der Kreis mit dem größten Radius und dem betreffenden Punkt als Mittelpunkt nur eine Seite des Rechtecks. Es gibt jedoch auf der horizontalen Parallelen eine Strecke I, die auf jeden Fall zum Skelett gehört. Um das einzusehen, betrachten wir wieder einen Punkt, der auf dieser Parallelen und innerhalb des Rechtecks liegt. Der Kreis mit dem Radius $\frac{h}{2}$ und diesem Punkt als Mittelpunkt berührt beide horizontalen Seiten. Solange der Punkt nicht so nahe bei einer der vertikalen Seiten liegt, dass der Kreis mit dem Radius $\frac{h}{2}$ und diesem Punkt als Mittelpunkt teilweise außerhalb des Rechtecks liegt, gehört dieser Punkt zum Skelett. Folglich muss er mindestens den Abstand $\frac{h}{2}$ von den vertikalen Seiten haben. Liegt der Koordinatenursprung in der linken unteren Ecke des Rechtecks, dann haben die zwei Scheiben mit Radius $\frac{h}{2}$ und drei Berührungspunkten die Mittelpunkte $(\frac{h}{2}, \frac{h}{2})$ und $(b - \frac{h}{2}, \frac{h}{2})$. Damit haben wir eine Strecke identifiziert, die zum Skelett des Rechtecks gehört: $I = \{(x, \frac{h}{2}) \in \mathbb{R}^2 \mid \frac{h}{2} \le x \le b - \frac{h}{2}\} \subset \Sigma(Rechteck)$. Mit Hilfe einer ähnlichen Überlegung können wir uns relativ einfach davon überzeugen, dass die auf den Winkelhalbierenden liegenden Strecken, die von jeweils einer Ecke bis zu I gehen, zum Skelett gehören. Das Skelett ist demnach die Vereinigung dieser fünf Strecken, wie in Abbildung 4.7(a) zu sehen. Einige maximale Scheiben sind in Abbildung 4.7(b) dargestellt.*

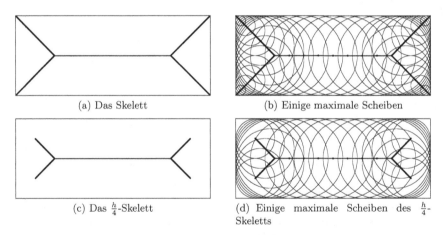

(a) Das Skelett   (b) Einige maximale Scheiben

(c) Das $\frac{h}{4}$-Skelett   (d) Einige maximale Scheiben des $\frac{h}{4}$-Skeletts

Abb. 4.7. Das Skelett eines Rechtecks mit einer Grundlinie b, die größer als die Höhe h des Rechtecks ist.

Abbildung 4.7(c) ist ein Beispiel für ein r-Skelett, das mit $r = \frac{h}{4}$ konstruiert wurde. Um das $\frac{h}{4}$-Skelett zu erhalten, haben wir nur die Mittelpunkte der maximalen Scheiben mit einem Radius von mindestens $\frac{h}{4}$ betrachtet. Somit haben wir die Hälfte derjenigen Punkte unberücksichtigt gelassen, die auf jeder der Winkelhalbierenden liegen. Der Begriff des r-Skeletts ist aus folgendem Grund wichtig: Bei einem optimalen Behandlungsplan haben die Strahlendosen ihr Zentrum auf dem Skelett und die Dosen haben einen Minimalradius r_0 ($r_0 = 2$ mm in der aktuellen Technologie); deswegen haben diese Dosen ihr Zentrum in Skelettpunkten, die mindestens den Abstand r_0 vom Rand haben. Demnach liegen die Dosen eines optimalen Behandlungsplanes auf dem r_0-Skelett.

Bevor wir ein zweites Beispiel geben, rufen wir uns die frühere intuitive Definition des Skeletts ins Gedächtnis. In dieser Definition haben wir das Skelett als die Menge aller derjenigen Punkte beschrieben, an denen sich ein nach innen ausbreitendes Feuer selbst löscht. Verwendet man diese Analogie, dann sind die Punkte auf dem Rand jeweils die Orte eines kleinen Feuers. Jedes dieser Feuer breitet sich mit einer konstanten Geschwindigkeit in alle Richtungen nach innen aus; demnach ist zu jedem beliebigen Zeitpunkt die „Vorderkante" eines jeden Feuers ein Kreisbogen. Wir sagen, dass sich ein Feuer in einem Punkt $X \in R$ selbst löscht, wenn dieser Punkt gleichzeitig von mehr als einer Vorderkante erreicht wird. Die Beziehung zwischen dieser Analogie und der formalen Definition ist vollkommen klar. Da X zuerst gleichzeitig von zwei Vorderkanten erreicht wird, die von den Randpunkten X_1 und X_2 ausgehen, hat X den gleichen Abstand von diesen zwei Punkten. Deswegen haben wir $|X_1 - X| = |X_2 - X| = \min_{Y \in \partial R} |Y - X|$, und das ist genau die Bedingung dafür, dass ein Punkt zum Skelett gehört. Beachten Sie, dass die Bedingung, die wir zur Beschreibung des Ausdrucks „Punkte, an denen das Feuer ausgeht" gewählt haben, nur ein intuitiver Begriff ist. Treffen sich zum Beispiel zwei Feuerfronten in einem Punkt X auf der Winkelhalbierenden eines Rechteckwinkels, dann geht das Feuer in diesem Punkt aus, breitet sich aber längs der Winkelhalbierenden weiter aus. Abbildung 4.8 zeigt den Zustand des Feuers zu zwei Zeitpunkten: nach Zurücklegen der Entfernung $\frac{h}{4}$ in (a) und nach Zurücklegen der Entfernung $\frac{h}{2}$ in (b). Wir haben die Vorderkanten verschiedener Randpunkte von R in beiden Fällen illustriert. Nur die vier in Abbildung 4.8(a) angegebenen Punkte erlöschen zu diesem Zeitpunkt. Im Gegensatz hierzu zeigt Abbildung 4.8(b) den Zeitpunkt, an dem das Feuer entlang des ganzen Intervalls I ausgeht. Die Nützlichkeit dieser Analogie ist klar und wird es uns sogar ermöglichen, das Skelett für Bereiche zu bestimmen, die von einer geschlossenen stetig differenzierbaren Kurve begrenzt werden.

Bemerkung. Auch wenn sich das in einem Punkt angezündete Feuer in alle Richtungen ausbreitet, nachdem wir es gleichzeitig in allen Randpunkten angezündet haben, sehen wir, dass sich die Feuerfront mit konstanter Geschwindigkeit längs der Normalen zur Randkurve ausbreitet. Der Grund hierfür ist die Tatsache, dass das Feuer in den anderen Richtungen ausgeht, da es auf das Feuer trifft, das von den anderen Randpunkten kommt.

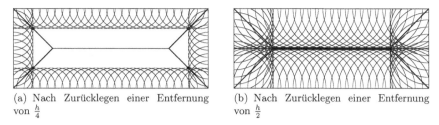

(a) Nach Zurücklegen einer Entfernung von $\frac{h}{4}$

(b) Nach Zurücklegen einer Entfernung von $\frac{h}{2}$

Abb. 4.8. Ausbreitung eines Feuers vom Rand eines Rechtecks.

Beispiel 4.9 (Ellipse) *Wir stellen uns vor, ein Feuer längs des gesamten Randes einer Ellipse anzuzünden und zu beobachten, wie sich dieses Feuer mit konstanter Geschwindigkeit nach innen ausbreitet. Zu jedem Zeitpunkt breitet sich das Feuer längs der Normalen zu seiner Vorderkante aus. Mit Hilfe einer mathematischen Software haben wir die Feuerfront zu verschiedenen Zeitpunkten so gezeichnet wie in Abbildung 4.9 dargestellt. Zu Beginn ist die Feuerfront eine glatte abgerundete Kurve, die einer Ellipse ähnelt (ohne tatsächlich eine solche zu sein). Nachdem sich das Feuer weit genug ausgebreitet hat, stellen wir fest, dass an der Feuerfront spitze Ecken auftreten; die Punkte, an denen die spitzen Ecken zuerst auftreten sind exakt die ersten Punkte, an denen das Feuer erlischt.*

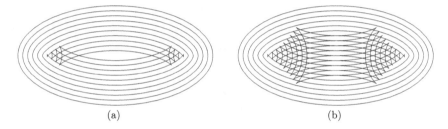

(a)   (b)

Abb. 4.9. Sich ausbreitende Vorderfront eines Feuers, das auf dem Rand einer Ellipse angezündet wird.

Die Ellipse sei durch die Gleichung

$$\frac{x^2}{a^2} + \frac{y^2}{b^2} = 1$$

beschrieben, wobei wir $a > b$ voraussetzen. Die Punkte, an denen das Feuer erlischt, sind diejenigen Punkte, in denen die Normale im Punkt (x_0, y_0) an die Ellipse die

Normale im Punkt $(x_0, -y_0)$ an die Ellipse schneidet. Aus Symmetriegründen sind das genau diejenigen Punkte, in denen die Normalen die x-Achse schneiden (die Punkte sind für $y_0 \neq 0$ wohldefiniert). Wir möchten die Menge dieser Punkte bestimmen. Es sei (x_0, y_0) ein Punkt auf der Ellipse und man betrachte die Normale an diesen Punkt. Hierzu betrachten wir die Ellipse als Niveaumenge $F(x, y) = 1$ der Funktion

$$F(x, y) = \frac{x^2}{a^2} + \frac{y^2}{b^2}.$$

Der Gradientenvektor

$$\nabla F(x_0, y_0) = \left(\frac{\partial F}{\partial x}, \frac{\partial F}{\partial y} \right)(x_0, y_0) = \left(\frac{2x_0}{a^2}, \frac{2y_0}{b^2} \right)$$

ist im Punkt (x_0, y_0) normal zur Ellipse. (Beachten Sie, dass der Gradient einer Funktion in mehreren Variablen senkrecht zu deren Niveaumengen liegt!) Die Normale im Punkt (x_0, y_0) an die Ellipse ist deswegen die Gerade durch den Punkt (x_0, y_0) in Richtung $\nabla F(x_0, y_0) = \left(\frac{2x_0}{a^2}, \frac{2y_0}{b^2} \right)$. Zum Auffinden der Geradengleichung berücksichtigen wir, dass der Vektor $(x - x_0, y - y_0)$ parallel zum Vektor $\left(\frac{2x_0}{a^2}, \frac{2y_0}{b^2} \right)$ verläuft und erhalten

$$\frac{2y_0}{b^2}(x - x_0) - \frac{2x_0}{a^2}(y - y_0) = 0.$$

Zum Auffinden des Schnittpunktes mit der x-Achse setzen wir $y = 0$ und erhalten

$$x = x_0 - \frac{b^2}{2y_0} \frac{2x_0 y_0}{a^2} = x_0 \left(1 - \frac{b^2}{a^2} \right) = x_0 \frac{a^2 - b^2}{a^2}.$$

(Man beachte, dass wir implizit $y_0 \neq 0$ vorausgesetzt haben.) Ist $x_0 \in (-a, a)$, dann haben wir $x \in \left(-\frac{a^2 - b^2}{a}, \frac{a^2 - b^2}{a} \right)$. Folglich ist das Skelett die Strecke

$$y = 0, \quad x \in \left[-\frac{a^2 - b^2}{a}, \frac{a^2 - b^2}{a} \right].$$

Wir haben die beiden Endpunkte hinzugefügt, da man das Skelett natürlicherweise als abgeschlossene Menge betrachtet. Zu beachten ist jedoch, dass die maximalen Scheiben, deren Mittelpunkte diese Endpunkte sind, die Ellipse jeweils nur in einem Punkt berühren (und zwar in einem der Endpunkte der großen Halbachse auf der x-Achse). Dennoch gehören diese beiden Punkte zu Recht zum Skelett Σ(Ellipse), denn es handelt sich um „mehrfache Berührungspunkte". Eine Diskussion findet man in Übung 16.

Man könnte meinen, dass die Endpunkte des Skeletts die Brennpunkte der Ellipse sind, aber wir werden zeigen, dass das nicht der Fall ist. Hierzu berechnen wir die Lage der Brennpunkte. Diese liegen auf der x-Achse in den Punkten $(\pm c, 0)$. Die Brennpunkte haben die Eigenschaft, dass für jeden Punkt (x_0, y_0) auf der Ellipse die Summe der Abstände zwischen diesem Punkt und den beiden Brennpunkten konstant ist. Wir

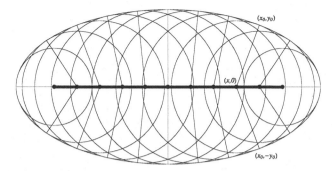

Abb. 4.10. Das Skelett einer Ellipse. Das Feuer breitet sich längs jeder Strecke vom Berührungspunkt eines einbeschriebenen maximalen Kreises zu seinem Mittelpunkt aus, der auf $\Sigma(R)$ liegt.

betrachten insbesondere die Punkte $(a, 0)$ und $(0, b)$. Für $(a, 0)$ beträgt die Summe der Abstände

$$(a + c) + (a - c) = 2a.$$

Für den zweiten Punkt finden wir als Summe der Abstände den Ausdruck

$$2\sqrt{b^2 + c^2}.$$

Dann muss $2a = 2\sqrt{b^2 + c^2}$ gelten und das ergibt

$$c = \sqrt{a^2 - b^2}.$$

4.3 Dreidimensionale Bereiche

Die Definition des Skeletts in zwei Dimensionen lässt sich ebenso direkt auch auf drei Dimensionen anwenden. Jedoch können wir – aufgrund der Anzahl der Berührungspunkte zwischen den entsprechenden maximalen Kugeln und dem Bereichsrand – verschiedene Typen von Punkten unterscheiden.

Definition 4.10 *Es sei R ein räumlicher Bereich und ∂R sein Rand. Der* Linienanteil *des Skeletts ist definiert als*

$$\Sigma_1(R) = \{X^* \in R \mid \exists\ X_1, X_2, X_3 \in \partial R \text{ so dass } X_1 \neq X_2 \neq X_3 \neq X_1$$
$$\text{und } |X^* - X_1| = |X^* - X_2| = |X^* - X_3| = \min_{X \in \partial R} |X^* - X|\}.$$

Der Flächenanteil *des Skeletts von R ist*

$$\Sigma_2(R) = \Sigma(R) \setminus \Sigma_1(R).$$

Beispiel 4.11 (Kreiskegel) *Ein Kreiskegel wird durch die folgende Punktmenge beschrieben:*

$$\{(x, y, z) \in \mathbb{R}^3 \mid z > x^2 + y^2\}.$$

Jede innerhalb eines Kegels befindliche Kugel, die zwei Berührungspunkte mit dem Rand hat, muss eine unendliche Anzahl von Berührungspunkten haben, und der Kugelmittelpunkt muss auf der Mittelachse des Kegels liegen. Das Skelett ist demnach einfach die positive z-Achse $\Sigma(\text{Kegel}) = \{(0, 0, z), z > 0\}$ und enthält nur einen Linienanteil. Wir werden in Kürze sehen, dass das ein ziemlich spezieller Fall ist. Abbildung 4.11(a) zeigt den Rand eines Kegels, sein Skelett und eine maximale Kugel.

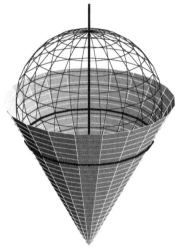

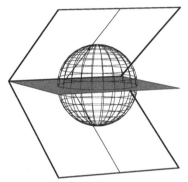

(a) Das Skelett eines Kreiskegels ist dessen Mittelachse

(b) Das Skelett eines unendlichen Keils ist die winkelhalbierende Halbebene

Abb. 4.11. Die Skelette zweier einfacher Bereiche. (a) Der Bereich ist der Kreiskegel, aber es ist nur der Rand des Kegels zusammen mit einer maximalen Kugel und deren Berührungskreis dargestellt. (b) Ein unendlicher Keil besteht aus allen Punkten zwischen zwei Halbebenen, die von einer gemeinsamen Achse ausgehen. Außerdem ist eine maximale Kugel mit ihren beiden Berührungspunkten zu sehen.

Beispiel 4.12 (Unendlicher Keil) *Ein weiterer einfacher geometrischer Bereich ist der unendliche Keil, der aus zwei Halbebenen besteht, die von einer gemeinsamen Ach-*

se ausgehen. Das Skelett dieses Bereiches ist die Halbebene, die den Diederwinkel zwischen den begrenzenden Halbebenen halbiert. In diesem Fall enthält das Skelett nur einen Flächenanteil. Abbildung 4.11(b) zeigt einen unendlichen Keil und dessen Skelett. Außerdem sind eine maximale Kugel und deren Berührungspunkte dargestellt.

Die beiden vorhergehenden Beispiele waren intuitiv und einfach. Jedoch stellt keines dieser Beispiele typische Bereiche dar. Tatsächlich haben Bereiche im Allgemeinen einen Linienanteil und einen Flächenanteil. In vielen dieser Fälle ist der Linienanteil (oder ein Teil davon) der Rand des Flächenanteils. Wir betrachten ein Beispiel hierfür.

Beispiel 4.13 (Ein rechtwinkliges Parallelepiped mit zwei quadratischen Seitenflächen) *Wir betrachten den Parallelepipedbereich $R = [0, b] \times [0, h] \times [0, h] \subset \mathbb{R}^3$, wobei $b > h$. Zur Vereinfachung des Beispiels haben wir zwei Seitenlängen gleichgroß gewählt. Wie bei unseren vorherigen Beispielen müssen wir alle Kugeln finden, die mindestens zwei Berührungspunkte mit dem Rand haben. Diese Berührungspunkte müssen notwendigerweise auf verschiedenen Flächen liegen. Eine Familie solcher Kugeln berührt die vier Seitenflächen, deren Größe jeweils $b \times h$ beträgt. Diese maximalen Kugeln haben den Radius $\frac{h}{2}$ und ihre Mittelpunkte liegen auf der Strecke $J = \{(x, \frac{h}{2}, \frac{h}{2}) \in \mathbb{R}^3, \frac{h}{2} \leq x \leq b - \frac{h}{2}\}$, die eine Untermenge des Linienanteils des Skeletts ist. Ähnlich den maximalen Kreisen in den Ecken eines Rechtecks besitzt jede Ecke von R eine Familie von maximalen Kugeln mit Radius kleiner als oder gleich $\frac{h}{2}$, welche die drei benachbarten Seiten berühren. Somit besteht der Linienanteil des Skeletts aus der Strecke J und den acht Strecken, die von den Ecken zu den Enden von J verlaufen. Dieser Linienanteil des Skeletts ist in Abbildung 4.12(a) dargestellt.*

Wir können den Radius einer maximalen Kugel, welche die vier Flächen berührt, verkleinern, und dadurch gewährleisten, dass die Kugel in Kontakt mit zwei Flächen bleibt. Auf ähnliche Weise können wir eine Kugel betrachten, die in einer Ecke mit drei Flächen in Kontakt ist; wir können die Kugel so in Richtung einer anderen Ecke gleiten lassen, dass sie mit zwei Flächen in Kontakt bleibt. Die Mittelpunkte dieser Familien von maximalen Kugeln liegen auf Polygonen, deren Kanten entweder Strecken des linearen Skeletts oder Kanten des Parallelepipeds sind. Jedes dieser Polygone ist ein Teil der winkelhalbierenden Halbebenen zwischen jedem Paar von benachbarten Flächen auf R. Abbildung 4.12 zeigt zwei Ansichten von R. Der oben bestimmte Linienanteil befindet sich in den Schnittmengen zwischen benachbarten Polygonen.

Diese Beispiele sind alles andere als in der Praxis auftretende Fälle. Nur mit Hilfe von Computern kann man hoffen, die komplexen Bereiche zu behandeln, die typischerweise in der Chirurgie auftreten. Der Begriff des Skeletts ist in den Naturwissenschaften wichtig (vgl. Abschnitt 4.6) und deswegen wird ein großer Forschungsaufwand betrieben, um effiziente Algorithmen zur numerischen Berechnung von Skeletten zu finden (vgl. Abschnitt 4.5).

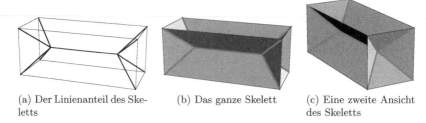

(a) Der Linienanteil des Ske-   (b) Das ganze Skelett   (c) Eine zweite Ansicht
letts   des Skeletts

Abb. 4.12. Skelett eines rechteckigen Parallelepipeds mit quadratischen Flächen ($b > h$).

4.4 Der optimale chirurgische Algorithmus

In diesem Abschnitt geben wir einen Überblick über einen Algorithmus zur optimalen Dosisplanung in der Gammastrahlen-Chirurgie. Dieser Algorithmus stützt sich auf
dynamische Programmiertechniken ([5] und [4]).

Wir erinnern zunächst daran, dass es nicht erforderlich ist, den ganzen Bereich zu
bestrahlen, sondern nur einen Bruchteil $1 - \epsilon$ davon (vgl. (4.1)). Warum müssen wir nicht
den ganzen Bereich bestrahlen? Die Bestrahlung erfolgt, indem man Bündel von 201
Strahlen auf ein sphärisches Objekt richtet. Aus der Tatsache, dass die überlappenden
Strahlen aus allen Richtungen kommen, folgt klarerweise, dass der unmittelbar um das
Objekt herum befindliche Raum ebenfalls eine relative große Strahlendosis erhält. Die
Erfahrung hat gezeigt, dass wir – falls sich benachbarte Dosen hinreichend nahe nebeneinander befinden – keine überlappenden Dosen benötigen, die den Bereich vollständig
überdecken. Außerdem erinnern wir daran, dass wir nur nach einer „angemessen optimalen" Lösung suchen. Und schließlich sind wir durch die vier Größen eingeschränkt,
die für die einzelnen Dosen verfügbar sind.

Die grundlegende Idee eines Algorithmus der dynamischen Programmierung besteht
darin, eine schrittweise Lösung zu finden anstatt auf einmal nach der Gesamtlösung zu
suchen.

Die Grundidee. Wir nehmen an, dass eine optimale Lösung für einen Bereich R durch

$$\cup_{i=1}^{N} B(X_i^*, r_i).$$

gegeben ist. Ist $I \subset \{1, \ldots, N\}$, dann muss $\cup_{i \notin I} B(X_i^*, r_i)$ eine optimale Lösung für
$R \setminus \cup_{i \in I} B(X_i^*, r_i)$ sein (vgl. Übung 8).

Dieser scheinbar naive Begriff erweist sich als ziemlich leistungsstark. Er gestattet
uns die Anwendung eines iterativen Prozesses: Anstatt die ganze Lösung auf einmal
zu bestimmen, beginnen wir mit einer angemessen optimalen Anfangsdosis über einer
Untermenge des Bereiches und optimieren dann jeweils eine Dosis.

Wahl der ersten Dosis. Jede Dosis in einer optimalen Lösung muss zentriert längs des
Bereichsskelettes liegen. Wir erinnern daran, dass die Dosen nur eine der vier Größen
$r_1 < r_2 < r_3 < r_4$ haben können und dass es deswegen natürlich ist, r_i-Skelette zu
betrachten. Wir betrachten einen ebenen Bereich. Die Anfangsdosis sollte in einem
Endpunkt eines r_i-Skeletts liegen oder in einem Schnittpunkt zwischen verschiedenen
Zweigen des Skeletts (Abbildung 4.13). (Für einen dreidimensionalen Bereich ist das
Äquivalent eines Schnittpunkts zwischen verschiedenen Zweigen ein beliebiger Punkt
im Linienanteil des Skeletts. Es ist sogar möglich, dass es Schnittpunkte zwischen den
Zweigen des Linienanteils des Skeletts gibt; in diesen Punkten hat die maximale Ku-
gel mindestens vier Berührungspunkte.) Eine Dosis mit Radius r_i und Mittelpunkt in

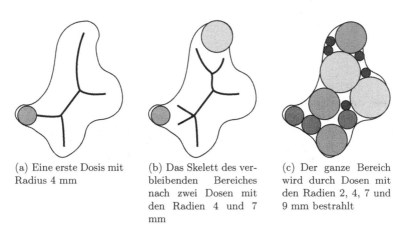

(a) Eine erste Dosis mit
Radius 4 mm

(b) Das Skelett des ver-
bleibenden   Bereiches
nach zwei Dosen mit
den Radien 4 und 7
mm

(c) Der ganze Bereich
wird durch Dosen mit
den Radien 2, 4, 7 und
9 mm bestrahlt

Abb. 4.13. Verschiedene Bestrahlungsphasen des Bereiches von Abbildung 4.1.

einem Endpunkt des r_i-Skeletts füllt ein Stück am Rand des Bereiches optimal. Eine
Dosis mit Mittelpunkt in einem Schnittpunkt bestrahlt eine Scheibe, die mindestens drei
Berührungspunkte mit dem Rand hat. Wie wählen wir zwischen diesen beiden Alternativen? Um den Bereich mit weniger Dosen abzudecken, bevorzugen wir die Verwendung
von Dosen mit größeren Radien. Zur Auswahl haben wir aber nur eine kleine Menge
von Größen zur Verfügung. Die zweite Auswahl ist gut, wenn wir einen Schnittpunkt X
wählen können, der einen angemessenen Radius „trägt": das heißt, wir möchten, dass
der Radius $d(X)$ der maximalen Kugel im Punkt X relativ nahe bei einem der r_i liegt.
Ist das nicht möglich, dann optieren wir für die erste Auswahl. In diesem Fall müssen
wir ein adäquates r_i, $i = 1, \ldots, 4$ wählen. Dieses hängt überwiegend von der Gestalt des
Randes beim Endpunkt ab. Ist der Rand etwas spitz oder eng, dann müssen wir einen
kleineren Radius wählen, um zu gewährleisten, dass die nicht bestrahlte Fläche nicht
zu weit von der bestrahlten Fläche entfernt ist (vgl. Abbildung 4.14). Ist der Rand aber

abgerundet, dann können wir einen größeren Radius wählen und damit eine adäquate Abdeckung gewährleisten.

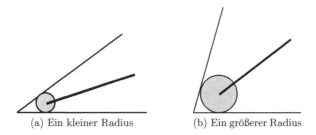

(a) Ein kleiner Radius   (b) Ein größerer Radius

Abb. 4.14. Wahl des Radius für eine Dosis mit Mittelpunkt im Endpunkt eines Skeletts.

Der Rest des Algorithmus. Haben wir erst einmal eine Anfangsdosis $B(X_1^*, r_1)$ gefunden, dann iterieren wir den Prozess einfach. Wir betrachten den Bereich $R_1 = R \setminus B(X_1^*, r_1)$, bestimmen sein Skelett und suchen auf die soeben beschriebene Weise nach einer angemessen optimalen Dosis. Die Toleranzschwelle ermöglicht es uns zu entscheiden, wann wir aufhören. Wollen wir die Ergebnisse des Algorithmus verbessern, dann können wir so vorgehen, dass wir verschiedene Anfangsdosen untersuchen und in jedem Schritt einige der als Nächstes möglichen Dosierungspositionen betrachten.

4.5 Ein numerischer Algorithmus zum Auffinden des Skeletts

Es ist ein nichttriviales Problem, einen guten Algorithmus zum Auffinden des Skeletts eines Bereiches zu finden. Wir beschränken uns auf die Diskussion des Problems in zwei Dimensionen. Wir gehen (ohne Beweis) davon aus, dass das Skelett eines einfach zusammenhängenden Bereiches (eines einzigen Stückes ohne Löcher) ein spezieller Graph ist, nämlich ein Baum.

Die formale Definition von Graphen variiert in der Literatur. In diesem Abschnitt betrachten wir ungerichtete Graphen, die folgendermaßen definiert sind.

Definition 4.14 *1. Ein (ungerichteter) Graph besteht aus einer Menge von Knoten $\{S_1, \ldots, S_n\}$ und einer Menge von Kanten zwischen diesen Knoten. Zu jedem Paar $\{S_i, S_j\}, 1 \leq i < j \leq n$ von Knoten gibt es höchstens eine Kante, die diese Knoten verbindet.*
2. Zwei Graphen sind äquivalent, *falls sie den beiden folgenden Bedingungen genügen:*
- *Es gibt eine Bijektion h zwischen den Knoten des ersten Graphen und denen des zweiten;*

- Es gibt dann und nur dann eine Kante, welche die Knoten S_i und S_j des ersten Graphen verbindet, wenn es eine Kante gibt, welche die Knoten $h(S_i)$ und $h(S_j)$ des zweiten Graphen verbindet.

Definition 4.15 *1. Ein Graph ist* zusammenhängend, *wenn es zu jedem Paar S_i und S_j von Knoten eine Folge von Knoten $S_i = T_1, T_2, \ldots, T_k = S_j$ derart gibt, dass jedes Paar $\{T_l, T_{l+1}\}$ durch eine Kante verbunden ist. Mit anderen Worten: Es gibt einen* Weg *zwischen jedem Paar von Knoten des Graphen.*

2. Ein Weg $T_1, \ldots, T_k$ heißt Kreis, *falls $T_1 = T_k$ und ansonsten $T_i \neq T_j$ gilt.*

3. Ein Graph, der keine Kreise enthält, heißt Baum.

Wir werden numerisch testen, ob innere Punkte eines Bereiches zum Skelett gehören. Numerische Fehler können zu zwei Problemen führen:

(i) Aufgrund des Fehlens gewisser Punkte, die eigentlich einbezogen werden sollten, kann es sein, dass das Skelett nicht zusammenhängend ist.

(ii) Aufgrund von irrtümlicherweise einbezogenen Punkte kann es sein, dass das Skelett zusätzliche Zweige enthält.

In beiden Fällen ist die „Topologie" des Skeletts geändert worden. Deswegen ist es wichtig, einen robusten Algorithmus zu entwickeln, der keine derartigen Defekte aufweist. Wir beschreiben einen Algorithm aus [2].

Der Algorithmus besteht aus zwei Teilen: Der erste Teil stützt sich auf die Analogie mit dem sich nach innen ausbreitenden Feuer. Das Feuer breitet sich längs der Flusslinien in einem Vektorfeld aus. Dies ermöglicht eine angenäherte Bestimmung der Skelettpunkte als Unstetigkeitspunkte des Vektorfeldes in der sich ausbreitenden Feuerfront, aber die oben genannten Fehler treten immer noch auf. Der zweite Teil des Algorithmus versucht, diese Fehler zu eliminieren, aber gleichzeitig die dem Skelett zugrundeliegende Topologie beizubehalten.

4.5.1 Erster Teil des Algorithmus

Wir betrachten die Analogie mit dem sich nach innen ausbreitenden Feuer, das gleichzeitig auf dem gesamten Rand ∂R angezündet worden ist. In jedem Punkt X auf dem Rand ∂R breitet sich das Feuer – längs des Normalenvektors im Punkt X an den Rand – nach innen mit einer konstanten Geschwindigkeit aus (die wir gleich 1 Abstandseinheit pro Zeiteinheit voraussetzen). Jeder Punkt X im Inneren des Bereiches wird von dem Feuer erfasst, das von einem Punkt $X_b \in \partial R$ derart ausgeht, dass X auf der Normalen durch X_b liegt. Erreicht also das Feuer den Punkt X, dann breitet es sich weiter mit konstanter Geschwindigkeit längs der Richtung des Vektors $X - X_b$ aus. Daher kann jedem inneren Punkt X ein Vektor $V(X)$ – der Geschwindigkeitsvektor – zugeordnet werden, der ein Vektorfeld im Inneren von R erzeugt (vgl. Abbildung 4.15). Der Geschwindigkeitsvektor $V(X)$ hat den Anfangspunkt X, die Richtung $X - X_b$ und die

Länge eins. Wir müssen aufpassen: Ist der Punkt X der Schnittpunkt mehrerer Normalen an ∂R und hat er längs dieser Normalen den gleichen Abstand vom Rand, dann ist $V(X)$ undefiniert. Somit ist $V(X)$ in den Punkten von $\Sigma(R)$ undefiniert und um diese Punkte herum unstetig. Das ist die Eigenschaft, die wir verwenden werden, um Skelettpunkte zu identifizieren.

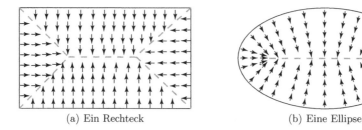

(a) Ein Rechteck   (b) Eine Ellipse

Abb. 4.15. Vektorfeld $V(X)$ und Skelett (gestrichelt) für verschiedene Bereiche.

Diese Vorgehensweise erfordert die Fähigkeit, das Vektorfeld $V(X)$ analytisch zu manipulieren. Wir führen die Funktion

$$d(X) = \min_{Y \in \partial R} |X - Y| \qquad (4.3)$$

ein, die den Abstand zwischen dem Punkt X und dem Rand ∂R angibt. Man beachte: Für Punkte in $\Sigma(R)$ fällt die Funktion mit der Funktion d zusammen, die in Definition 4.4 eingeführt worden ist. Das ist eine zweidimensionale Funktion, die von den Koordinaten von X abhängt. Wir werden zeigen, dass $V(X) = \nabla d(X)$.

Definition 4.16 *(1) Es sei U eine offene Menge in $\mathbb{R}^n$ und $r \geq 1$. Eine Funktion $F = (f_1, \dots, f_m): U \to \mathbb{R}^m$ gehört zur Klasse C^r (oder einfach: F ist C^r), falls für alle $(i_1, \dots, i_r) \in \{1, \dots, n\}^r$ und für alle $j \in \{1, \dots, m\}$ die partielle Ableitung $\frac{\partial^r f_j}{\partial x_{i_1} \cdots \partial x_{i_r}}$ existiert und stetig ist. Im Falle von $r = 1$ sagen wir auch, dass die Funktion stetig differenzierbar ist.*

(2) Wir sagen, dass eine Kurve $\mathcal{C}$ in $\mathbb{R}^2$ zur Klasse C^r gehört, falls es für jeden Punkt X_0 auf $\mathcal{C}$ eine offene Umgebung U von X_0 und eine Funktion $F: U \to R$ der Klasse C^r derart gibt, dass $\mathcal{C} \cap U = \{X \in U | F(X) = 0\}$ und der Gradient von F auf U nicht verschwindet.

Proposition 4.17 *Es sei R ein Bereich derart, dass ∂R zur Klasse C^2 gehört. Dann gehört die Funktion $d(X)$ zur Klasse C^1 in den Punkten $R \setminus \Sigma(R)$ und das Feld $\nabla d(X)$ ist auf der gleichen Menge stetig. Gehört darüber hinaus ∂R zur Klasse C^3, dann gehört $\nabla d(X)$ zur Klasse C^1 in $R \setminus \Sigma(R)$.*

Der Beweis dieser Proposition erfolgt mit Hilfe des Satzes über implizite Funktionen, der ziemlich schwierig ist. Im Interesse der Fortsetzung unserer Diskussion über den Algorithmus verschieben wir diesen Beweis auf Abschnitt 4.5.3. Sie können die vorhergehende Proposition zunächst ohne Beweis akzeptieren und mit dem Algorithmus weitermachen, dessen verbleibender Teil elementarer ist. Insbesondere konzentrieren wir uns auf eine nützliche Folgerung dieses Ergebnisses.

Proposition 4.18 *In einem Punkt $X \in R \setminus \Sigma(R)$ ist das Vektorfeld $V(X)$ durch den Gradienten $\nabla d(X)$ der in (4.3) definierten Funktion $d(X)$ gegeben. Es handelt sich um einen Vektor von Einheitslänge.*

BEWEIS. Man betrachte einen Punkt $X_0 \in R \setminus \Sigma(R)$. Dann ist $B(X_0, d(X_0)) \subset R$ und $S(X_0, d(X_0))$ berührt den Rand ∂R in einem einzigen Punkt X_1. Der Gradient $\nabla d(X_0)$ von $d(X)$ in X_0 ist in die Richtung gerichtet, in der die Zuwachsrate von $d(X)$ am größten ist. Wir überzeugen uns davon, dass diese Richtung die nach innen zeigende Normale zu ∂R ist, nämlich die Richtung der Geraden von X_1 nach X_0. In der Tat ist die Richtungsableitung von d in Richtung eines gegebenen Einheitsvektors $\mathbf{u}$ durch $\langle \nabla d(X_0), \mathbf{u} \rangle$ gegeben, wobei $\langle .,. \rangle$ das Skalarprodukt bezeichnet. Man kann sich den Rand ∂R in der Umgebung von X_1 als eine infinitesimale Strecke vorstellen, die parallel zum Tangentenvektor $\mathbf{v}(X_1)$ an die Randkurve im Punkt X_1 verläuft. Da nämlich X_0 nicht zum Skelett gehört, gilt für Punkte X in der Umgebung von X_0 die Beziehung $d(X) = |X - X_2|$, wobei X_2 in der Umgebung von X_1 liegt. Daher können wir die anderen Teile des Randes vergessen. Bewegen wir demnach X_0 in eine Richtung parallel zu $\mathbf{v}(X_1)$, dann ist die Richtungsableitung von $d(X_0)$ in dieser Richtung gleich null, da die Funktion d konstant ist. Folglich ist $\nabla d(X_0)$ orthogonal zu $\mathbf{v}(X_1)$ und deswegen ist $\nabla d(X_0)$ ein skalares Vielfaches von $X_0 - X_1$. Die Länge des Vektors $\nabla d(X_0)$ ist durch die Richtungsableitung von $d(X)$ im Punkt X_0 in Richtung von $X_0 - X_1$ gegeben. Längs dieser Geraden gilt $d(X) = |X - X_1|$, falls X kein Skelettpunkt ist. Da wir voraussetzen können, dass X_1 konstant ist, lässt sich die Rechnung mühelos ausführen. Wir erhalten $\nabla d(X_0) = \frac{X_0 - X_1}{|X_0 - X_1|}$, und dieser Vektor hat die geforderte Länge 1. □

Definition 4.19 *Wir betrachten ein Vektorfeld $V(X)$, das auf einem Bereich R definiert ist, und einen Kreis $S(X_0, r)$, der durch $\theta \in [0, 2\pi]$, $X(\theta) = X_0 + r(\cos\theta, \sin\theta)$ parametrisiert ist, so dass die Scheibe $B(X_0, r)$ innerhalb von R liegt. Es sei $N(\theta) = (\cos\theta, \sin\theta)$ der zu $S(X_0, r)$ in $X(\theta)$ normale Einheitsvektor. Unter dem Fluss des Feldes $V(X)$ längs des Kreises $S(X_0, r)$ versteht man das Linienintegral*

$$I = \int_0^{2\pi} \langle V(X(\theta)), N(\theta) \rangle \, d\theta, \tag{4.4}$$

wobei $\langle V(X(\theta)), N(\theta) \rangle$ das Skalarprodukt von $V(X(\theta))$ und $N(\theta)$ darstellt.

Lemma 4.20 *Der Fluss eines konstanten Vektorfeldes $V(X) = (v_1, v_2)$ längs eines Kreises $S(X_0, r)$ ist null.*

BEWEIS.

$$\begin{aligned}
I &= \int_0^{2\pi} \langle V(X(\theta)), N(\theta) \rangle \, d\theta \\
&= \int_0^{2\pi} (v_1 \cos\theta + v_2 \sin\theta) \, d\theta \\
&= (-v_1 \sin\theta + v_2 \cos\theta)\big|_0^{2\pi} \\
&= 0.
\end{aligned}$$

□

Lemma 4.20 gibt uns auch den Schlüssel, Skelettpunkte approximativ zu finden. Sind wir nämlich an einem Punkt X, der weit vom Skelett entfernt ist, dann ist das Vektorfeld in einer kleinen Umgebung von X annähernd konstant. Der Fluss in einem kleinen Kreis um X herum ist also sehr gering. Auf ähnliche Weise können wir uns davon überzeugen, dass der Fluss viel größer ist, wenn die Scheibe Skelettpunkte enthält (vgl. Beispiel 4.21 unten).

Das liefert uns einen Test zum Auffinden von Skelettpunkten: Um zu entscheiden, ob ein Punkt $X \in R$ zum Skelett gehört, berechnen wir (4.4) längs eines kleinen Kreises, der X enthält und in R liegt. Liegt der Wert dieses Integrals unterhalb einer gewissen Schwelle, dann ziehen wir den Schluss, dass X nicht zum Skelett gehört. Überschreitet der Wert die betreffende Schwelle, dann schlussfolgern wir, dass die Scheibe wahrscheinlich einige Skelettpunkte enthält; danach verfeinern wir unsere Suche innerhalb der Scheibe.

Beispiel 4.21 *Bei hinreichend kleinem Maßstab sehen die Kurven, die das Skelett bilden, wie kleine Strecken aus. Wir betrachten den Fall, in dem ein Teil des Skeletts eine Strecke längs der x-Achse ist. Dann können wir beweisen, dass das Feld $V(X) = \nabla d(X)$ durch*

$$V(x, y) = \begin{cases} (0, -1), & y > 0, \\ (0, 1), & y < 0 \end{cases}$$

gegeben ist. Betrachten wir einen Kreis $S(X_0, r)$ mit Mittelpunkt auf der x-Achse, dann finden wir, dass

$$I = \int_0^{\pi} -\sin\theta \, d\theta + \int_{\pi}^{2\pi} \sin\theta \, d\theta = -4.$$

Wir können zeigen, dass das Integral von null verschieden bleibt, wenn der Mittelpunkt des Kreises nicht auf der Achse liegt, der Kreis aber einen Teil der x-Achse enthält (die Berechnung ist jedoch etwas schwieriger). Analog können wir zeigen, dass der Wert des Integrals stetig abnimmt, wenn sich der Mittelpunkt des Kreises von der x-Achse entfernt.

Praktische Implementierung des ersten Teils. Wir nehmen an, dass die Funktion d in (4.3) und ihr Gradient bereits berechnet worden sind. Der Bereich R wird durch eine Menge von Pixel identifiziert, und für jedes von ihnen müssen wir entscheiden, ob es zum Skelett gehört. Wir nehmen ein Pixel P in R und betrachten seine acht benachbarten Pixel (also diejenigen, die mit P eine gemeinsame Seite oder Ecke haben), so wie in

Abbildung 4.16(a) dargestellt. Es sei δ die Seitenlänge eines Pixels. Wir betrachten nun einen Kreis $S(P, \delta)$ mit Mittelpunkt P und Radius δ, und nehmen die acht Punkte P_i, die den Kreis derart in acht gleiche Bögen aufteilen, dass der Punkt P_i im Pixel i liegt. Wir berechnen den Einheitsvektor N_i, der in P_i normal zu $S(P, \delta)$ ist. Wir approximieren (bis auf eine Konstante) das Integral von (4.4) durch die diskrete Summe

$$\bar{I}(P) = \frac{2\pi}{8} \sum_{i=1}^{8} \langle N_i, \nabla d(P_i) \rangle.$$

Der Punkt P ist ein Eliminierungskandidat, wenn $|\bar{I}(P)| < \epsilon$, wobei ϵ eine geeignet gewählte Schwelle ist. Liegt die Schwelle hinreichend hoch, dann werden alle Pseudozweige des Skeletts eliminiert. Ist die Schwelle jedoch zu hoch, dann riskieren wir, tatsächliche Skelettpunkte zu eliminieren und erhalten ein Skelett, das aus verschiedenen disjunkten Teilen besteht.

4.5.2 Zweiter Teil des Algorithmus

Wie verhindern wir, dass das Skelett zerbricht? Wie können wir sicherstellen, dass das Skelett ein Baum bleibt? Um das zu tun, konstruieren wir das Skelett in kleinen Schritten. Für jedes Pixel entscheiden wir, ob es zum Skelett gehört oder nicht. Wir gehen langsam vor, indem wir diejenigen Punkte entfernen, von denen festgestellt wurde, dass sie nicht im Skelett liegen. Wir fangen am Rand an und gehen Schicht für Schicht vor, bis am Ende nur noch das Skelett übrig bleibt (oder genauer gesagt, ein verdicktes Skelett, das auf dem Bildschirm zu sehen ist). Jedesmal, wenn wir ein Pixel entfernen, stellen wir sicher, dass die verbleibenden Pixel verbunden bleiben und dass der implizierte Graph keine Zyklen enthält.

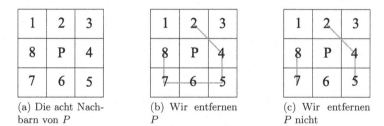

(a) Die acht Nachbarn von P

(b) Wir entfernen P

(c) Wir entfernen P nicht

Abb. 4.16. Die acht benachbarten Pixel von P und die Graphen, die uns die Entscheidung ermöglichen, ob wir P entfernen.

Praktische Implementierung des zweiten Teils. Wir beginnen mit der Beantwortung der Frage, ob die Pixel auf dem Rand zum Skelett gehören oder nicht. Danach analysieren wir – vom Rand aus gesehen – der Reihe nach die innen liegenden Pixel. Für ein gegebenes Pixel P beginnen wir mit der Berechnung von $\bar{I}(P)$. Ist $|\bar{I}(P)| < \epsilon$, dann ist das Pixel ein Kandidat, der eliminiert werden muss. Um zu entscheiden, ob wir das betreffende Pixel entfernen, betrachten wir seine acht Nachbarn (vgl. Abbildung 4.16(a)). Ist keiner der Nachbarn von P entfernt worden, dann entfernen wir P ebenfalls nicht, da andernfalls ein Loch entstehen würde. Sind einige der Nachbarn entfernt worden, dann konstruieren wir einen Graphen auf den verbleibenden Nachbarn. Wir verbinden die Pixel i und j durch eine Kante, wenn die Pixel i und j entweder eine gemeinsame Kante oder eine gemeinsame Ecke haben. Die möglichen Paare von verbundenen Nachbarn sind $(1,2)$, $(2,3)$, $(3,4)$, $(4,5)$, $(5,6)$, $(6,7)$, $(7,8)$, $(8,1)$, $(2,4)$, $(4,6)$, $(6,8)$ und $(8,2)$. Wir möchten sicherstellen, dass dieser Graph keine Kreise hat. Derartige Kreise sind durch die folgenden Kantentripel gegeben:

$$\begin{cases} \{(1,2),(8,1),(8,2)\}, \\ \{(2,3),(3,4),(2,4)\}, \\ \{(4,5),(5,6),(4,6)\}, \\ \{(6,7),(7,8),(6,8)\}. \end{cases}$$

Tritt irgendeiner dieser Kreise auf, dann eliminieren wir den betreffenden Kreis, indem wir die Diagonalkante aus dem Tripel entfernen. Zum Beispiel würden wir das Kantentripel $\{(1,2),(8,1),(8,2)\}$ durch $\{(1,2),(8,1)\}$ ersetzen. Haben wir den Graphen über den verbleibenden Nachbarn von P konstruiert, dann wird P genau dann entfernt, wenn der Graph ein Baum ist (vgl. Abbildungen 4.16(b) und (c)). Auf diese Weise zerschneiden wir das Skelett weder in disjunkte Teile noch erzeugen wir Löcher in ihm. Sind wir mit P fertig, dann untersuchen wir das nächste Pixel in der gleichen Weise. Ein effizientes Testverfahren, ob dieser Graph ein Baum ist, wird in Übung 15 angegeben.

Bemerkung. Dieses Verfahren lässt sich auf dreidimensionale Bereiche verallgemeinern.

4.5.3 Beweis von Proposition 4.17

Wir erinnern daran, dass Proposition 4.17 Folgendes besagt: Ist R ein Bereich derart, dass ∂R zur Klasse C^2 (bzw. C^3) gehört, dann gehört die Funktion $d(X)$ zur Klasse C^1 (bzw. C^2) über den Punkten $R \setminus \Sigma(R)$, und das Feld $\nabla d(X)$ ist stetig (bzw. gehört zur Klasse C^1) auf $R \setminus \Sigma(R)$. Um das zu zeigen, müssen wir $d(X)$ „berechnen". Man kann das mit Hilfe des Satzes über implizite Funktionen tun, den wir ohne Beweis angeben:

Satz 4.22 *Es sei $F = (f_1, \ldots, f_n)\colon U \to R^n$ eine Funktion, die zur Klasse C^r, $r \geq 1$, gehört und auf einer offenen Menge $U \subset \mathbb{R}^{n+k}$ definiert ist. Wir stellen die Punkte in U als Paare (X, Y) dar, wobei $X \in \mathbb{R}^n$ und $Y \in \mathbb{R}^k$, und wir schreiben $X = (x_1, \ldots, x_n)$. Es sei $(X_0, Y_0) \in U$ so beschaffen, dass $F(X_0, Y_0) = 0$ und dass die partielle Jacobi'sche Matrix*

$$J(X_0, Y_0) = \begin{pmatrix} \frac{\partial f_1}{\partial x_1} & \cdots & \frac{\partial f_1}{\partial x_n} \\ \vdots & \cdots & \vdots \\ \frac{\partial f_n}{\partial x_1} & \cdots & \frac{\partial f_n}{\partial x_n} \end{pmatrix} (X_0, Y_0)$$

invertierbar ist. Dann existieren eine Umgebung V von Y_0, eine eindeutige Funktion $g\colon V \to \mathbb{R}^n$ und eine Umgebung W von (X_0, Y_0) derart, dass

(i) g zur Klasse C^r auf V gehört und der Graph der Funktion in W liegt;
(ii) $g(Y_0) = X_0$;
(iii) für $(X, Y) \in W$ die Beziehung $F(X, Y) = 0$ dann und nur dann gilt, wenn $X = g(Y)$.

BEWEIS VON PROPOSITION 4.17. Es sei $X_0 = (x_0, y_0)$ ein Punkt von R, der nicht im Skelett liegt. Der Abstand des Punktes zum Rand ist durch $d(X_0) = |X_0 - X_1|$ gegeben, wobei $X_1 = (x_1, y_1)$ ein Punkt von ∂R derart ist, dass der Vektor $X_0 - X_1$ normal zu ∂R ist. Wir möchten zeigen, dass $d(X)$ in einer Umgebung von X_0 zur Klasse C^1 gehört. Die größte Schwierigkeit ist die Berechnung von $d(X)$. Hierzu müssen wir denjenigen Randpunkt $Y = (\overline{x}, \overline{y})$ identifizieren, der einem Punkt $X = (x, y)$ am nächsten liegt. Wir werden diesen Punkt mit Hilfe des Satzes über implizite Funktionen finden. Wir können voraussetzen, dass der Rand die Niveaukurve $f_1(Y) = 0$ einer Funktion f_1 der Klasse C^2 mit Werten in $\mathbb{R}$ ist (vgl. Definition 4.16(2)). Der Vektor $X - Y$ muss in Y normal zum Rand sein. Da der Normalvektor die gleiche Richtung wie der Gradient $\nabla f_1(Y)$ von f_1 hat, muss der Vektor $X - Y$ parallel zu $\nabla f_1(Y)$ sein, was folgendermaßen geschrieben werden kann:

$$f_2(\overline{x}, \overline{y}, x, y) = \begin{vmatrix} \overline{x} - x & \frac{\partial f_1}{\partial \overline{x}}(Y) \\ \overline{y} - y & \frac{\partial f_1}{\partial \overline{y}}(Y) \end{vmatrix} = 0.$$

Wir suchen nach Lösungen für $F(\overline{x}, \overline{y}, x, y) = 0$ mit $F = (f_1, f_2)$. Liegt f_1 in der Klasse C^2, dann gehört f_2 und deswegen F zur Klasse C^1. Gemäß dem Satz über implizite Funktionen (Satz 4.22) sind die Lösungen für $F = 0$ durch eine eindeutige Funktion $(\overline{x}, \overline{y}) = g(x, y) = g(X)$ der Klasse C^1 gegeben, wenn wir zeigen können, dass

$$J(x_1, y_1, x_0, y_0) = \begin{pmatrix} \frac{\partial f_1}{\partial \overline{x}} & \frac{\partial f_1}{\partial \overline{y}} \\ \frac{\partial f_2}{\partial \overline{x}} & \frac{\partial f_2}{\partial \overline{y}} \end{pmatrix} (x_1, y_1, x_0, y_0)$$

invertierbar ist. Wir haben

$$J(X_1, X_0)^t$$
$$= \begin{pmatrix} \frac{\partial f_1}{\partial \overline{x}}(X_1) & \frac{\partial f_1}{\partial \overline{y}}(X_1) - (y_1 - y_0)\frac{\partial^2 f_1}{\partial \overline{x}^2}(X_1) + (x_1 - x_0)\frac{\partial^2 f_1}{\partial \overline{x}\partial \overline{y}}(X_1) \\ \frac{\partial f_1}{\partial \overline{y}}(X_1) & -\frac{\partial f_1}{\partial \overline{x}}(X_1) + (x_1 - x_0)\frac{\partial^2 f_1}{\partial \overline{y}^2}(X_1) - (y_1 - y_0)\frac{\partial^2 f_1}{\partial \overline{x}\partial \overline{y}}(X_1) \end{pmatrix}. \tag{4.5}$$

Was bedeutet die Bedingung $\det(J(x_1, y_1, x_0, y_0)) = 0$? Es ist genau die Bedingung, unter welcher der Kreis $S(X_0, |X_1 - X_0|)$ in X_0 eine Berührung von einer Ordnung größer als 1 aufweist (vgl. Übung 16). Ein solcher Punkt entspricht einem Endpunkt des Skeletts. Wir machen den ziemlich komplizierten Beweis dieser Tatsache zum Gegenstand von Übung 17. (Eine Änderung der Variablen erlaubt es uns, den leichteren Fall $f_1(\overline{x}, \overline{y}) = \overline{y} - f(\overline{x})$ zu betrachten, wenn f eine Funktion der Klasse C^2 ist.) Gehört also X_0 nicht zum Skelett, dann ist $J(X_1, X_0)$ invertibel. Das sichert die Existenz einer Funktion g der Klasse C^1.

Wir wissen nun, dass $d(x, y) = |X - g(X)|$ zur Klasse C^1 gehört. Demnach ist ∇d stetig. Hätten wir vorausgesetzt, dass f_1 zur Klasse C^3 gehört, dann hätten wir in ähnlicher Weise erhalten, dass ∇d zur Klasse C^1 gehört. $\square$

Bemerkung zum Beweis: Wir untersuchen die Struktur des Beweises etwas ausführlicher. Wir hatten damit begonnen, einen Punkt $X_0 \in R \setminus \Sigma(R)$ zu nehmen. Diese Voraussetzung wurde nur dazu verwendet, die Existenz eines eindeutigen, dem Punkt X_0 am nächsten liegenden Punktes X_1 auf dem Rand von R zu gewährleisten. Das gilt auch für die Endpunkte des Skeletts, zum Beispiel im Falle einer Ellipse (vgl. Beispiel 4.9). Wir möchten zeigen, dass es zu jedem X in einer Umgebung von X_0 einen eindeutig bestimmten am nächsten gelegenen Punkt Y auf dem Rand des Bereiches gibt. Diese Eigenschaft trifft jedoch nicht für die Endpunkte des Skeletts zu. In der Tat haben derartige Endpunkte benachbarte Punkte im Skelett, deren Minimalabstand zum Rand durch mehr als einen Randpunkt realisiert wird. Dieses Hindernis spiegelt sich auch in der Tatsache wider, dass die Jacobi-Matrix (4.5) in den Endpunkten des Skeletts verschwindet.

Bemerkung zur Nützlichkeit von Proposition 4.17: Wir haben viele Bereiche angegeben, deren Ränder stetig, aber nur stückweise C^3 sind (zum Beispiel gilt das für jeden Polygonbereich). In diesen Fällen ist die Voraussetzung von Proposition 4.17 nicht erfüllt. Wir könnten die Ecken eines solchen Bereiches leicht abrunden, so dass der Rand des modifizierten Bereiches C^3 ist und das Ergebnis zutrifft. Wir müssen uns nur davon überzeugen, dass das „Abrunden" des Randes keine signifikante Änderung des Skeletts des Bereiches bedeutet. (Vgl. Übung 18.)

4.6 Weitere Anwendungen von Skeletten

Skelette in der Morphologie: Der Begriff des Skeletts eines Bereiches wurde im Kontext der Biologie zuerst von Harry Blum [1] eingeführt, um die Formen von Organismen in der Natur, das heißt, die *Morphologie* zu beschreiben. Blum nannte das Skelett die „Symmetrieachse" der Form. Genauer gesagt: Wenn Biologen eine Form beschreiben möchten, dann sind sie in Wirklichkeit mehr daran interessiert, die Unterschiede zwischen den Formen zweier unterschiedlicher Arten zu beschreiben. Sogar innerhalb einer Art gibt es eine große Vielfalt bei den Formen individueller Organismen. Demnach sind die Biologen daran interessiert, die *charakteristischen* Eigenschaften der Form *aller* Individuen der gleichen Art zu finden. Wir erinnern daran, dass zum Beispiel das Skelett eines ebenen Bereiches ein Graph ist (vgl. Definition 4.14). Die Eigenschaften dieses

Graphen können zur Beschreibung der Form einer Art verwendet werden, falls die Graphen aller Individuen äquivalent sind. In diesem Fall sagen wir, dass der Graph des Skeletts eine „Invariante" der Art ist.

Wir können dem Skelett eines ebenen Bereiches auf folgende Weise einen Graphen zuordnen: Die Endpunkte und die Schnittpunkte von Zweigen des Skeletts werden die Knoten; zwei Knoten werden durch eine Kante verbunden, wenn die von ihnen repräsentierten Punkte durch einen Teil des Skeletts verbunden werden, der keine anderen Knoten enthält.

Bei der morphologischen Analyse ebener Bereiche sind wir daran interessiert, zwischen Formen zu unterscheiden, deren Skelettgraphen nicht äquivalent sind. Blum hatte die Idee, einen neuen Typ von Geometrie zu definieren, der sich zur Beschreibung natürlicher Formen eignet und auf den Begriffen von Punkten und „Wachstum" beruht. Das nach innen gerichtete Wachstum, das vom Rand aus erfolgt, führt in natürlicher Weise zur Definition des Skeletts. Das nach außen gerichtete Wachstum, das vom Skelett aus erfolgt, stellt – in Verbindung mit der zugehörigen Abstandsfunktion $d(X)$ – die ursprüngliche Form wieder her.

Blums Ideen waren hinreichend leistungsstark und deswegen diskutieren wir sie gesondert in Abschnitt 4.7. Wir werden einen Bereich nicht durch seinen Rand beschreiben, sondern durch sein Skelett und durch die Dicke des Bereiches, der das Skelett umgibt. Das führt uns zur Fundamentaleigenschaft des Skeletts.

Einige andere Anwendungen: Der Begriff des Skeletts ist den Physikern schon seit langem bekannt. Er tritt in natürlicher Weise bei der Untersuchung von Wellenfronten auf, insbesondere auf dem Gebiet der geometrischen Optik. Beispielsweise ist den Physikern schon lange bekannt, dass das Skelett einer Ellipse eine Strecke ist.

Skelette treten auch bei der Untersuchung der Formen von Sanddünen auf. Sanddünen haben annähernd konstante Anstiege und deswegen ist die Projektion der Gipfelkante annähernd das Skelett der Basis [3].

Der Begriff des Skeletts ist heute in der dreidimensionalen Modellierung ein weitverbreiteter Begriff. Gegeben seien eine räumliche Kurve $X(t) = (x(t), y(t), z(t))$, $t \in [a, b]$, und für jeden Punkt auf der Kurve ein Radius $d(t)$. Dann wird durch die Vereinigung der Kugeln $B(X(t), d(t))$ längs der Kurve ein Volumen beschrieben. Dieses Volumen ist in einem gewissen Sinn ein verallgemeinerter Zylinder, dessen Achse keine Gerade, sondern eine Kurve ist, und dessen Radius variabel ist. In der dreidimensionalen Modellierung versucht man, ein gegebenes Volumen durch eine endliche Anzahl von derartigen verallgemeinerten Zylindern zu approximieren. Man erkennt verhältnismäßig leicht, dass eine solche Darstellung eine ökonomische Art und Weise ist, komplizierte Volumen zu beschreiben.

4.7 Die Fundamentaleigenschaft des Skeletts eines Bereiches

Wir charakterisieren die Punkte des Skeletts eines Bereiches R durch eine Fundamentaleigenschaft. Alle Beweise in diesem Abschnitt sind intuitiv, denn wir setzen voraus, dass der Rand ∂R von R in jedem Punkt eine Tangente besitzt. Man kann den Satz auch auf Bereiche mit weniger gutem Verhalten verallgemeinern, aber dann werden die Beweise komplizierter.

Wir definieren den Begriff einer maximalen Scheibe (Kugel) in einem Bereich R des $\mathbb{R}^2$ ($\mathbb{R}^3$). Wir zeigen, dass die Skelettpunkte genau die Mittelpunkte maximaler Scheiben (Kugeln) sind.

Definition 4.23 *Es sei R ein Bereich der Ebene $\mathbb{R}^2$ (des Raumes $\mathbb{R}^3$). Es bezeichne $B(X, r)$ eine Scheibe (eine Kugel) mit Radius r und Mittelpunkt X. Dann heißt $B(X, r)$ maximal in Bezug auf den Bereich R, wenn $B(X, r) \subset R$ und $B(X, r)$ in keiner Scheibe (Kugel) von R enthalten ist.*

Wir entwickeln einige intuitiven Vorstellungen für diesen neuen Begriff, indem wir uns folgende Aussage ansehen.

Proposition 4.24 *Alle Punkte X eines Bereiches R gehören zu einer maximalen Scheibe.*

BEWEIS. Wir geben den Beweis für den Fall eines Bereiches der Ebene $\mathbb{R}^2$ und fordern den Leser auf, eine Verallgemeinerung auf höhere Dimensionen durchzuführen.

Hierzu stellen wir uns vor, dass wir eine Scheibe um den Punkt X solange „aufblasen" bis sie maximal ist.

Da X im Inneren von R liegt, können wir einen hinreichend kleinen Radius ϵ derart wählen, dass die Scheibe $B(X, \epsilon)$ vollständig in R enthalten ist. Wir vergrößern den Radius dieser Scheibe, bis sie den Rand des Bereiches berührt. An diesem Punkt beträgt der Radius der Scheibe jetzt $\min_{Y \in \partial R} |X - Y|$. Einige Schritte dieses Aufblasungsprozesses sind in Abbildung 4.17(a) dargestellt. Die Ausgangsscheibe $B(X, \epsilon)$ ist durch eine fette Linie dargestellt, mehrere nachfolgende Scheiben durch dünne Linien. Wir haben den ersten Berührungspunkt X_1 mit dem Rand angegeben. Die Gerade durch X und X_1 enthält einen Durchmesser des Kreises und ist normal zur Tangente des Kreises in X_1. Der Kreis berührt den Rand in X_1 und deswegen ist die Gerade auch normal zum Rand (vgl. Lemma 4.7).

Die Scheibe $B(X, \min_{Y \in \partial R} |X - Y|)$ enthält X, ist aber nicht notwendig maximal. Um das einzusehen, zeichnen wir eine Gerade durch X und X_1. Diese Gerade ist normal zum Rand und deswegen wissen wir, dass der Mittelpunkt eines jeden Kreises, der den Rand in X_1 berührt, auf dieser Geraden liegen muss (das folgt aus der Tatsache, dass R und die Scheibe in X_1 die gleiche Tangente haben, und aus Lemma 4.7). Wir zeichnen jetzt einige größeren Scheiben, deren Mittelpunkte auf der Geraden liegen und die den Rand in X_1 berühren. Dieser zweite Aufblasungsprozess ist in Abbildung 4.17(b) dargestellt. Die letzte Scheibe des vorhergehenden Schrittes ist durch eine fette Linie gekennzeichnet, einige nachfolgende Scheiben sind durch dünne Linien angegeben. Wir stoppen das Verfahren, sobald ein zweiter Berührungspunkt X_2 erreicht ist. (Wie aus Übung 16 hervorgeht, kann dieser zweite Berührungspunkt mit X_1 verschmelzen.) Auch

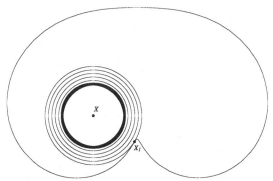

(a) Wir vergrößern den Radius der Scheibe, bis sie den Rand berührt.

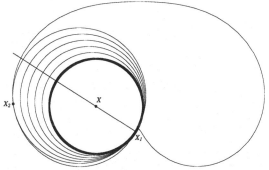

(b) Wir bewegen den Mittelpunkt der Scheibe solange zurück, bis sie ∂R in nicht weniger als zwei Punkten berührt.

Abb. 4.17. Konstruktion einer maximalen Scheibe in zwei Schritten.

die letzte Scheibe $B(X', r)$ muss X enthalten. In den folgenden Lemmas werden wir uns davon überzeugen, dass diese Scheibe in der Tat maximal ist.   □

Lemma 4.25 *Ist $B(X, r) \subset R$ und enthält sein kreisförmiger Rand $S(X, r)$ einen Punkt X_1 in ∂R, dann ist X_1 ein Berührungspunkt von $S(X, r)$ und ∂R.*

BEWEIS. Da $B(X, r) \subset R$ und da $S(X, r)$ einen Punkt X_1 von ∂R enthält, muss $r = \min_{Y \in \partial R} |X - Y|$ gelten.

Man betrachte die Tangente im Punkt X_1 an ∂R. Fällt diese nicht mit der Tangente im Punkt X_1 an den Kreis $S(X, r)$ zusammen, dann muss ein Teil von ihr in der Scheibe

$B(X,r)$ enthalten sein (vgl. Lemma 4.7). Da der Rand diese Gerade berührt, muss auch ein Teil des Randes innerhalb von $B(X,r)$ liegen. Hieraus folgt schließlich, dass $B(X,r)$ einen Punkt enthalten muss, der außerhalb von R liegt (Abbildung 4.18). Das ist ein Widerspruch. □

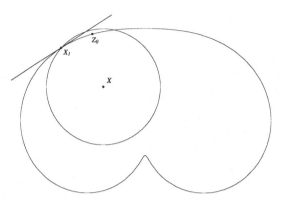

Abb. 4.18. Eine Scheibe $B(X,r)$, die in R enthalten ist und deren Rand $S(X,r)$ den Rand ∂R in X_1 berührt, muss ∂R in X_1 berühren.

Lemma 4.26 *Gilt $B(X,r) \subset R$ und enthält $S(X,r)$ zwei verschiedene Punkte X_1 und X_2 von ∂R, dann ist $B(X,r)$ eine maximale Scheibe von R. (Wir könnten das auch auf den Fall eines einzigen Berührungspunktes von $S(X,r)$ und ∂R verallgemeinern, wenn dessen Ordnung größer als 1 ist. Vgl. Übung 16.)*

BEWEIS. Wir müssen folgende Frage beantworten: Existiert eine (von $B(X,r)$ verschiedene) Scheibe $B(X',r')$ derart, dass

$$B(X,r) \subset B(X',r') \subset R? \qquad (\star)$$

Ist das nicht der Fall, dann ist $B(X,r)$ maximal. Wir versuchen also, so ein $B(X',r')$ zu konstruieren.

Wegen $X_1, X_2 \in S(X,r)$ muss der Kreisrand $S(X',r')$ von $B(X',r')$ diese Punkte ebenfalls enthalten. Da sie sich auf dem Rand ∂R befinden und da $B(X',r')$ innerhalb von R liegen muss, ist es unmöglich, $X' = X$ und $r' > r$ zu wählen.

Da X_1 und X_2 auf dem Kreis $S(X',r')$ liegen müssen, haben sie den gleichen Abstand vom Mittelpunkt X'. Demnach muss der Mittelpunkt auf der Mittelsenkrechten der beiden Punkte liegen. Durch die Konstruktion eines Kreises $S(X',r')$, dessen Mittelpunkt auf der Mittelsenkrechten liegt und auf dessen Rand sowohl X_1 als auch X_2 liegen, sehen wir, dass $S(X',r')$ weder in X_1 noch in X_2 tangential zu ∂R liegt (vgl.

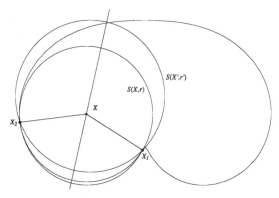

Abb. 4.19. Auf der Suche nach einer Scheibe $B(X', r')$, wie sie in Lemma 4.26 beschrieben ist.

Abbildung 4.19), es sei denn, wir haben $X = X'$ und $r = r'$. Aufgrund der Kontraposition von Lemma 4.25 kann die Scheibe $B(X', r')$ deswegen nicht vollständig in R liegen. Folglich gibt es keine Scheibe $B(X', r')$, die $(\star)$ erfüllt, und deswegen ist $B(X, r)$ maximal.   □

Jetzt können wir die Fundamentaleigenschaft des Skeletts $\Sigma(R)$ eines Bereiches R formulieren.

Satz 4.27 *Das Skelett eines Bereiches R der Ebene $\mathbb{R}^2$ (des Raumes $\mathbb{R}^3$) ist die Menge der Mittelpunkte aller maximalen Scheiben (Kugeln) von R.*

BEWEIS. Obwohl dieser Satz auch für allgemeinere Bereiche gültig bleibt, beschränken wir uns hier auf zweidimensionale Bereiche mit stetig differenzierbaren Rändern.

Es sei E die Menge der Mittelpunkte der maximalen Scheiben. Der Beweis der Äquivalenz der beiden Definitionen läuft auf den Beweis der folgenden beiden Inklusionen hinaus:

$$\begin{cases} \Sigma(R) \subset E, \\ \Sigma(R) \supset E. \end{cases}$$

Ist $X \in \Sigma(R)$ und gilt $d(X) = \min_{Y \in \partial R} |X - Y|$, dann enthält der Kreis $S(X, d(X))$ zwei Punkte X_1 und X_2 von ∂R, und die Scheibe $B(X, d(X))$ ist in R enthalten. Deswegen ist $B(X, d(X))$ maximal aufgrund von Lemma 4.26. Demnach gilt $\Sigma(R) \subset E$.

Zum Beweis der anderen Richtung betrachte man einen Punkt $X \in E$ und einen Radius r derart, dass $B(X, r)$ maximal ist. Dann haben wir $B(X, r) \subset R$. Der Kreis $S(X, r)$ muss einen Punkt $X_1 \in \partial R$ enthalten, denn andernfalls könnten wir den ersten „Aufblasungsschritt" anwenden und dadurch eine größere Scheibe bekommen, die $B(X, r)$ enthält (vgl. Abbildung 4.17(a)). Analog muss es einen zweiten Berührungspunkt geben, denn andernfalls könnten wir unter Anwendung der zweiten „Aufblasung" wieder eine größere Scheibe finden, die $B(X, r)$ enthält (vgl. Abbildung 4.17(b)). Somit hat $B(X, r)$ maximalen Radius (das heißt, $r = \min_{Y \in \partial R} |X - Y|$) und berührt ∂R in zwei Punkten. Das sind genau die Bedingungen dafür, dass X im Skelett $\Sigma(R)$ liegt.   □

Der Beweis des folgenden Korollars ist Gegenstand einer Übungsaufgabe.

Korollar 4.28 *Ein Bereich R der Ebene $\mathbb{R}^2$ (des Raumes $\mathbb{R}^3$) ist vollständig durch sein Skelett $\Sigma(R)$ und durch die Funktion $d(X)$ bestimmt, die für $X \in \Sigma(R)$ definiert ist.*

4.8 Übungen

1. **(a)** Bestimmen Sie das Skelett eines Dreiecks. Bestimmen Sie sein r-Skelett.
   (b) Zeigen Sie, dass das Skelett eines Dreiecks die Vereinigung dreier Strecken ist. Welcher klassische Satz der euklidischen Geometrie gewährleistet, dass sich diese drei Strecken in einem Punkt schneiden?

2. Diese Übung untersucht die Analogie zwischen dem r-Skelett und einem Feuer, das gleichzeitig an allen Randpunkten eines Bereiches $R \subseteq \mathbb{R}^2$ angezündet wird. Es sei v die Geschwindigkeit des Feuers. Beschreiben Sie mit Hilfe dieser Analogie die Punkte des r-Skeletts.

3. Können Sie einen Bereich R konstruieren, dessen Skelett
   (a) ein einziger Punkt ist?
   (b) eine Strecke ist? (Der Bereich soll keine Ellipse sein!)

4. Das Beispiel des Rechtecks zeigt, dass dessen Skelett aus fünf Strecken besteht.
   (a) Was ist das Skelett eines Quadrates ($b = h$)? Zeigen Sie, dass dieses Skelett nur aus zwei Strecken besteht.
   (b) Gibt es andere Bereiche, die dasselbe Skelett haben wie das Quadrat?

5. Bestimmen Sie das Skelett einer Parabel (vgl. Abbildung 4.20). Ist der Brennpunkt einer Parabel ein Endpunkt ihres Skeletts?

6. **(a)** Es sei R der Bereich des $\mathbb{R}^2$, der auf der linken Seite von Abbildung 4.21 dargestellt ist. Beide Kurven sind Halbkreise. Zeichnen Sie das Skelett dieses Bereiches.
   (b) Es sei L der Bereich des $\mathbb{R}^2$, der auf der rechten Seite von Abbildung 4.21 dargestellt ist. Welches sind der Radius und der Mittelpunkt des größten Kreises, der in diesen Bereich einbeschrieben werden kann? (Bemerkung: Die beiden Arme von L haben die gleiche Breite ($h = 1$) und die Kurven sind wieder Halbkreise.)

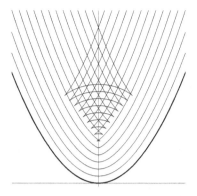

Abb. 4.20. Vorrückende Feuerfront auf einer Parabel (Übung 5).

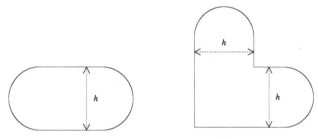

Abb. 4.21. Bereiche R und L für Übung 6.

(c) Zeichnen Sie das Skelett des Bereiches L so genau wie möglich und erläutern Sie Ihre Antwort. (Besteht dieses Skelett aus mehreren Kurven oder Strecken, dann sollten deren Schnittpunkte deutlich markiert werden.)

7. Überlegen Sie sich einen Algorithmus zum Zeichnen des Skeletts eines Polygons (berücksichtigen Sie dabei sowohl den konvexen als auch den nichtkonvexen Fall). Finden Sie einen Algorithmus zum Zeichnen des r-Skeletts eines Polygons.

8. Im Kontext der Gammastrahlen-Radiochirurgie wollen wir voraussetzen, dass eine optimale Lösung für einen Bereich R durch $\cup_{i=1}^{N} B(X_i^*, r_i)$ gegeben sei. Erklären Sie, warum folgende Aussage natürlich ist: Gilt $I \subset \{1, \ldots, N\}$, dann ist $\cup_{i \notin I} B(X_i^*, r_i)$ eine optimale Lösung für $R \setminus \cup_{i \in I} B(X_i^*, r_i)$.

9. Der Beweis von Satz 4.27 lässt sich nicht auf das Skelett des Dreiecks anwenden, da die Tangentenvektoren in den Ecken nicht definiert sind. Zeigen Sie (mit Hilfe einer anderen Methode), dass dieser Satz trotzdem auch für Dreiecke gilt.

10. Bestimmen Sie das Skelett eines rechtwinkligen Parallelepipeds, dessen Seiten drei verschiedene Längen haben. Bestimmen Sie das r-Skelett dieses Parallelepipeds.

11. Was ist das Skelett eines Tetraeders? Was ist sein r-Skelett?

12. Was ist das Skelett eines Kegels mit einem elliptischen Querschnitt?

13. Betrachten Sie das Rotationsellipsoid, das durch

$$\frac{x^2}{a^2} + \frac{y^2}{b^2} + \frac{z^2}{b^2} = 1,$$

mit $b < a$ gegeben ist. Beschreiben Sie sein Skelett und begründen Sie Ihre Antwort.

14. Was ist das Skelett eines Zylinders mit Höhe h und Radius r? Sie müssen drei Fälle betrachten: (i) $h > 2r$, (ii) $h = 2r$ und (iii) $h < 2r$.

15. (a) Zeigen Sie, dass ein zusammenhängender Graph dann und nur dann ein Baum ist, wenn seine Eulerzahl (definiert als Anzahl der Knoten minus Anzahl der Kanten) gleich 1 ist.
    (b) Zeigen Sie, dass ein azyklischer Graph dann und nur dann zusammenhängend (also ein Baum) ist, wenn er die Eulerzahl 1 hat.

16. **Die Endpunkte des Skeletts einer Ellipse mit $b < a$.** Diese Übung verallgemeinert Beispiel 4.9. Die Punkte des Skeletts wurden als die inneren Punkte der Ellipse identifiziert, die gleichzeitig von zwei oder mehr Feuern erreicht werden, die ihrerseits in den verschiedenen Randpunkten entstehen. Das Skelett ist eine Strecke der Hauptachse, deren zwei Endpunkte

$$\left(\frac{a^2 - b^2}{a}, 0 \right) \qquad \text{und} \qquad \left(-\frac{a^2 - b^2}{a}, 0 \right)$$

nicht von Feuern erreicht werden, die an zwei verschiedenen Punkten entstehen. Betrachten wir zum Beispiel Abbildung 4.10, dann sehen wir, dass der Endpunkt $(\frac{a^2-b^2}{a}, 0)$ zuerst von dem Feuer erreicht wird, das von $(a, 0)$ ausgeht. Warum gehören diese beiden Endpunkte zum Skelett? Die Antwort findet sich im Gebiet der Differentialgeometrie.

Es seien $\alpha(x) = (x, y_1(x))$ und $\beta(x) = (x, y_2(x))$ zwei Kurven in der Ebene, die sich in $x = 0$ berühren:

$$\alpha(0) = \beta(0).$$

Wir sagen, dass α und β eine Berührung der Ordnung von mindestens $p \geq 1$ haben, falls

$$\begin{cases} \frac{d}{dx}\alpha(0) = \frac{d}{dx}\beta(0), \\ \frac{d^2}{dx^2}\alpha(0) = \frac{d^2}{dx^2}\beta(0), \\ \vdots \\ \frac{d^p}{dx^p}\alpha(0) = \frac{d^p}{dx^p}\beta(0). \end{cases}$$

Die Berührung heißt von der Ordnung p, falls außerdem $\frac{d^{p+1}}{dx^{p+1}}\alpha(0) \neq \frac{d^{p+1}}{dx^{p+1}}\beta(0)$. Intuitiv bedeutet eine Berührung höherer Ordnung zwischen zwei Kurven, dass sie „länger" beieinander bleiben, wenn wir uns vom tatsächlichen Berührungspunkt entfernen. Man kann eine Parallele zum Begriff der Multiplizität von Nullstellen ziehen. Wenn wir eine Nullstelle der Multiplizität p haben, dann behandeln wir sie als Grenzfall von p Nullstellen, die sich einander nähern. In unserem jetzigen Kontext können wir einen Berührungspunkt der Ordnung p als Grenzfall von p Berührungspunkten auffassen, die sich einander nähern.

Wir berechnen die Berührungsordnung zwischen den maximalen Scheiben am Ende der Nebenachse (in $(0, b)$) und danach am Ende der Hauptachse (in $(a, 0)$).

(a)   Zeigen Sie, dass die Gleichung des Kreises, der den Rand der maximalen Scheibe begrenzt, welche die Ellipse in $(0, b)$ berührt, durch

$$\alpha(x) = \left(x, \sqrt{b^2 - x^2} \right)$$

gegeben ist, und dass es sich bei der Ellipse um

$$\beta(x) = \left(x, \frac{b}{a}\sqrt{a^2 - x^2} \right)$$

handelt. Zeigen Sie, dass sich diese beiden Kurven in $x = 0$ berühren. Zeigen Sie, dass die Ordnung des Berührungspunktes zwischen diesen beiden Kurven gleich 1 ist, aber nicht größer.

(b)   Zur Untersuchung des Berührungspunktes in $(a, 0)$ ist es vorteilhaft, die Rollen von x und y in der obigen Definition zu vertauschen. Damit wird die Gleichung der Ellipse zu

$$\beta(y) = \left(\frac{a}{b}\sqrt{b^2 - y^2}, y \right).$$

(Überzeugen Sie sich von dieser Tatsache!) Schreiben Sie die Gleichung des kreisförmigen Randes der maximalen Scheibe, welche die Ellipse in $(a, 0)$ berührt, in der Form $\alpha(y) = (f(y), y)$ für eine Funktion $f(y)$. Was ist die Berührungsordnung der beiden Kurven in diesem Punkt? (Die Berührungsordnung wird durch die Ableitungen der Kurven nach y bestimmt.) Schlussfolgern Sie, dass es vernünftig ist, die beiden Endpunkte $(\pm(a^2 - b^2)/a, 0)$ zum Skelett $\Sigma(\text{Ellipse})$ hinzuzunehmen.

17. Beweisen Sie: Hat die Funktion $f_1(\overline{x}, \overline{y})$ aus dem Beweis von Proposition 4.17 die Form $f_1(\overline{x}, \overline{y}) = \overline{y} - f(\overline{x})$, dann ist die Bedingung der Nicht-Invertibilität von J (mit anderen

Worten, $\det(J) = 0$, wobei J durch (4.5) gegeben ist) äquivalent zu der Aussage, dass die Kurve $\overline{y} = f(\overline{x})$ im Punkt (x_1, y_1) eine Berührungsordnung von mindestens 2 mit dem Kreis $(\overline{x} - x_0)^2 + (\overline{y} - y_0)^2 = r^2$ hat, wobei $r^2 = (x_1 - x_0)^2 + (y_1 - y_0)^2$. (Schreiben Sie hierzu den Kreis in der Form $\overline{y} = g(\overline{x})$ und zeigen Sie, dass $f(x_1) = g(x_1) = y_1$ und $f'(x_1) = g'(x_1)$ dann und nur dann $\det(J) = 0$ implizieren, wenn $f''(x_1) = g''(x_1)$. Der Begriff „Berührung der Ordnung p" wurde in Übung 16 definiert und untersucht.

18.   Wir betrachten einen Bereich R_ϵ, der aus einem Rechteck R besteht, dessen Ecken durch kleine Kreise mit Radius ϵ ersetzt worden sind (vgl. Abbildung 4.22). Geben Sie das Skelett von R_ϵ an. Zeigen Sie, dass es für einen gegebenen Wert r mit dem r-Skelett von R zusammenfällt. Welches ist dieser Wert?
(Bemerkung: Der Rand von R_ϵ ist nur C^1. Um einen Rand zu bekommen, der stückweise C^3 ist, müssten wir die Viertelkreise durch Kurven ersetzen, die mit den Rechteckseiten Berührungspunkte der Ordnung 3 haben. Jedoch illustriert die Übung Folgendes: Im Falle eines konvexen Bereiches gibt es ein r_0 derart, dass für $r > r_0$ kein Unterschied zwischen dem r-Skelett des Originalbereiches und dem des „geglätteten" Bereiches besteht. Für nichtkonvexe Bereiche ist das Ergebnis nicht ganz so einfach, aber wir können durch Glätten des Randes eine vernünftige Approximation an das Skelett erzielen.)

Abb. 4.22. Der Bereich R_ϵ von Übung 18.

19. Beziehung zu Voronoi-Diagrammen (vgl. Abschnitt 15.5). Zeigen Sie, dass das Skelett des Komplements R einer Menge S von n Punkten durch die Kanten des Voronoi-Diagramms über S gegeben ist. (Das bedeutet, dass der Rand von R durch S gegeben ist.)

Literaturverzeichnis

[1] H. Blum, Biological shape and visual science (part i). *Journal of Theoretical Biology*, 38 (1973), 205–287.

[2] P. Dimitrov, C. Phillips und K. Siddiqi, Robust and efficient skeletal graphs. In: *Proceedings of the IEEE Computer Science Conference on Computer Vision and Pattern Recognition*, 2000.

[3] F. Jamm und D. Parlongue, Les tas de sable. *Gazette des mathématiciens*, 93 (2002), 65–82.

[4] Q. J. Wu, Sphere packing using morphological analysis. *DIMACS Series in Discrete Mathematics and Theoretical Computer Science*, 55 (2000), 45–54.

[5] Q. J. Wu und J. D. Bourland, Morphology-guided radiosurgery treatment planning and optimization for multiple isocenters. *Medical Physics*, 26 (1999), 2151–2160.

5

Sparen und Kredite

Dieses Kapitel erfordert nur eine Vertrautheit mit geometrischen Reihen, rekursiven Folgen und Grenzwerten. Es lässt sich in zwei Vorlesungsstunden behandeln und enthält keinen fortgeschrittenen Teil (vgl. Vorwort).

Nichts scheint weiter von Mathematik entfernt zu sein, als der Kauf eines Hauses oder ein Rentenplan. Das ist insbesondere so, wenn man erst zwanzig Jahre alt ist. Sparen und die Aufnahme von Krediten unterliegen jedoch verschiedenen Regeln, die einer mathematischen Modellierung fähig sind. Tatsächlich handelt es sich hierbei um eine der ältesten Anwendungen der Mathematik.

Leibniz schrieb zahlreiche wissenschaftliche Arbeiten zu den Themen Zinsen, Versicherungen und Finanzmathematik [2]. Jedoch ist unsere Zivilisation nicht die erste, die solche Probleme betrachtet hat. Im Jahr 1933 wurden bei einer von Contenau und Mecquenem geleiteten archäologischen Grabung im Iran babylonische Tafeln entdeckt. Diese Tafeln wurden in den nachfolgenden Jahrzehnten intensiv studiert; mehrere der Tafeln hatten einen mathematischen Inhalt. Insbesondere diskutierte eine der Tafeln die Berechnung des Zinseszinses und der Renten [1]. Die Tafeln datierten vom Ende der ersten babylonischen Dynastie, etwas nach Hammurabi (1793–1750 v. Chr.). Die im vorliegenden Kapitel diskutierten Probleme gehören also gewiss zu den ältesten Anwendungen der Mathematik!

Die bei diesen Finanzproblemen angewendete Mathematik ist ziemlich einfach. Nichtsdestoweniger ist der Durchschnittsmensch nicht mit der Hypothekenterminologie vertraut und hegt häufig Misstrauen gegenüber den scheinbar erstaunlichen Versprechungen von Pensionsplänen. Es handelt sich hierbei um Fragen, die jeden irgendwann einmal angehen und deswegen lohnt es sich, das Vokabular und die Mathematik zu lernen, die diesen Dingen zugrundeliegt.

5.1 Bankvokabular

Bei vielen Themen, in denen Mathematik verwendet wird, stammt das üblicherweise benutzte Vokabular nicht von den Mathematikern. Das führt dazu, dass die Begriffe oft unklar oder geradezu verwirrend sind. Zum Glück ist die Sprache der Finanzwelt einfach und genau. Wir führen den Grundwortschatz anhand zweier Beispiele ein.

Das erste Beispiel ist das eines Sparkontos. Angenommen, jemand zahlt 1000 USD auf ein Sparkonto mit der Absicht ein, das Geld in genau fünf Jahren abzuheben. Die Bank zahlt jährlich 5% auf das eingezahlte Geld. Die *Anfangseinlage* oder das *Kapital* ist der Betrag, der ursprünglich auf das Konto eingezahlt worden ist. Im vorliegenden Beispiel handelt es sich um 1000 USD. Die von der Bank gezahlten 5% sind der *Zinssatz*.[1]

Das zweite Beispiel ist das eines Kredits. Sie hatten einige Sommerjobs, aber Ihnen fehlen 5000 USD für Ihr erstes Auto. Sie beschließen, sich dieses Geld bei einer Bank zu leihen. Die Bank fordert von Ihnen die Rückzahlung des Kredits in einem Zeitraum von drei Jahren, wobei sich die monatliche Rückzahlung auf 156,38 USD beläuft, da der Kredit zu einem Zinssatz von 8% gewährt wurde. Der *Kreditbetrag* oder *Anfangsbetrag* sind die 5000 USD, die Ihnen die Bank am Anfang leiht, die *Monatsrate* beträgt 156,38 USD und der *Tilgungszeitraum* beläuft sich auf drei Jahre. Zu jedem gegebenen Zeitpunkt in diesen drei Jahren wird der genaue, der Bank noch zu zahlende Betrag (von den ursprünglichen 5000 USD) als *ausstehende Zahlung* bezeichnet. Am Ende der drei Jahre ist die ausstehende Zahlung gleich null und das Auto gehört vollständig Ihnen.

5.2 Zinseszins

Es gibt zwei Arten von Zinsen: den einfachen Zins und den Zinseszins. Wir beginnen mit der Diskussion des Zinseszinses, der bei weitem am häufigsten verwendet wird.

Der *Zinseszins* entsteht nicht durch „Addition", sondern durch eine „Zusammensetzung".[2] Was ist damit gemeint? Im ersten Beispiel des vorhergehenden Abschnitts belief sich der Zinssatz auf 5% (jährlich). Nach dem ersten Jahr ist das Kapital von 1000 USD auf folgenden Betrag angewachsen:[3]

$$\$1000 + (5\% \text{ von } \$1000) = \left(\$1000 + \frac{5}{100} \times \$1000\right) = (\$1000 + \$50) = \$1050.$$

Im darauffolgenden Jahr werden die Zinsen jedoch nicht einfach addiert. Die neuen Zinsen im zweiten Jahr werden auf der Grundlage des „neuen" Kontostandes von 1050 USD nach dem ersten Jahr berechnet. Nach zwei Jahren beträgt der Kontostand also

---

[1]Die Ausdrücke 5% und $n\%$ bedeuten Bruchteile von 100. Demnach stellt 5% den Anteil $\frac{5}{100}$ und $n\%$ den Anteil $\frac{n}{100}$ dar.

[2]Im Englischen heißt der Zinseszins *compound interest*, also etwa „zusammengesetzter Zins".

[3]Wir verwenden in den Berechnungen der Einfachheit halber die ursprüngliche „Dollarschreibweise".

$$\$1050 + (5\% \text{ von } \$1050) = \left(\$1050 + \frac{5}{100} \times \$1050\right)$$
$$= (\$1050 + \$52,50) = \$1102,50.$$

Fallen die $2,50$ USD überhaupt ins Gewicht? Dieser kleine Unterschied wird im Laufe der Zeit eine große Rolle spielen. Setzen wir die Rechnung für jedes der verbleibenden Jahre fort, dann ergibt sich

3. Jahrestag: $\$1157,63$,

4. Jahrestag: $\$1215,51$,

5. Jahrestag: $\$1276,28$.

Würde man in jedem Jahr die gleichen Zinsen bekommen, wie am Ende des ersten Jahres, dann wäre der Kontostand am Ende $(\$1000 + 5 \times \$50) = \$1250$. Da es sich aber um Zinseszinsen handelt, beträgt der Kontostand am Ende dagegen $\$1276,28$.

Es ist nun an der Zeit, diesen Begriff zu formalisieren. Es sei p_i der Kontostand nach dem i-ten Jahrestag und es bezeichne p_0 den Anfangsstand des Kontos. Es sei r der Zinssatz, wobei wir im obigen Beispiel $r = \frac{5}{100}$ haben. Der Kontostand p_i am i-ten Jahrestag lässt sich mit Hilfe des Kontostandes p_{i-1} des vorhergehenden Jahrestages berechnen. In der Tat ist der neue Kontostand durch die einfache Beziehung

$$p_i = p_{i-1} + r \cdot p_{i-1} = p_{i-1}(1+r), \qquad i \geq 1$$

gegeben. Durch Entwicklung dieser rekursiven Formel erhalten wir

$$p_i = p_{i-1}(1+r)$$
$$= (p_{i-2}(1+r))(1+r) = p_{i-2}(1+r)^2$$
$$= \cdots$$
$$= p_0(1+r)^i, \qquad i \geq 1. \tag{5.1}$$

Das ist die Zinseszinsformel. Ein Mathematiker würde sagen, dass „der Kontostand geometrisch wächst", das heißt, dass er wie die Potenzen von $1+r$ zunimmt (die größer als 1 sind).

Die meisten Banken berechnen ihre Zinsen über kürzere Zeitintervalle. Wir wollen annehmen, dass die Zinsen im vorhergehenden Beispiel vierteljährlich berechnet werden, also alle drei Monate. Da ein Jahr aus vier Quartalen zu je drei Monaten besteht, berechnet eine solche Bank alle drei Monate Zinsen in Höhe von $\frac{r}{4}\% = \frac{5}{4}\%$. Nach einem Jahr gäbe es vier Zinszahlungen und der diesbezügliche Zinseszins liefert einen *effektiven* Zins, der größer ist als die angekündigten 5%. Tatsächlich haben wir

$$1 + r_{\text{eff}} = \left(1 + \frac{r}{4}\right)^4$$

und

$$r_{\text{eff}} = 5,095\%,$$

was für den Kunden vorteilhafter ist. Berechnet eine Bank Zinsen in Intervallen, die kleiner als ein Jahr sind, dann bezeichnet man den angekündigten Zinssatz als *Nominalzins*. Der tatsächliche Zinssatz am Ende eines Jahres liegt etwas höher und wird als *effektiver Zins* bezeichnet. Im letzten Beispiel belief sich der Nominalzins auf 5%, der effektive Zins hingegen auf 5,095%.

Wie wir uns vorstellen können, wächst der effektive Zins, wenn das zu verzinsende Intervall kleiner wird. Erfolgt die Verzinsung täglich, dann beläuft sich der zu $r = 5\%$ gehörende effektive Zins auf

$$r_{\text{eff}} = \left(1 + \frac{r}{365}\right)^{365} - 1 = 5,12675\%.$$

Was geschieht, wenn die Verzinsung nach jeder Stunde erfolgt? Nach jeder Sekunde? Nach jeder Millisekunde? Der Mathematiker stellt naturgemäß folgende Frage: Gibt es einen Grenzwert für den effektiven Zins, wenn der zu verzinsende Zeitraum gegen null geht? Teilt man das Jahr in n gleiche Teile auf, dann beläuft sich der zum Nominalzins von r gehörende effektive Zins auf

$$1 + r_{\text{eff}}(n) = \left(1 + \frac{r}{n}\right)^n.$$

Der weltweit großzügigste Banker würde eine stetige Verzinsung ansetzen und in diesem Fall würden sich die effektiven Zinsen auf

$$1 + r_{\text{eff}}(\infty) = \lim_{n\to\infty} (1 + r_{\text{eff}}(n)) = \lim_{n\to\infty} \left(1 + \frac{r}{n}\right)^n = e^r$$

belaufen. Im letzten Schritt der obigen Gleichung verwendet man die Formel

$$\lim_{n\to\infty} \left(1 + \frac{1}{n}\right)^n = e,$$

die üblicherweise im Grundkurs Analysis gezeigt wird. Vertauschen wir die Variablen gemäß $m = \frac{n}{r}$, dann erhalten wir

$$\lim_{n\to\infty} \left(1 + \frac{r}{n}\right)^n = \lim_{m\to\infty} \left(1 + \frac{1}{m}\right)^{mr} = \left(\lim_{m\to\infty} \left(1 + \frac{1}{m}\right)^m\right)^r = e^r.$$

Es mutet leicht spaßig an, dass die Basis e der natürlichen Logarithmen in einer scheinbar so einfachen Rechnung auftritt. (Da Kredite seit Menschengedenken vergeben werden, hätten die Banker gut und gerne die Ersten sein können, die diese Zahl entdeckt haben.) Ist $r = 5\%$ wie in unseren vorhergehenden Beispielen, dann multipliziert ein Sparzeitraum von 20 Jahren das Anfangskapital mit dem Faktor e. Das sieht man unter Verwendung von (5.1) unmittelbar ein, denn

$$p_{20} = p_0(1 + r_{\text{eff}}(\infty))^{20} = p_0(e^r)^{20} = p_0 e^{\frac{5}{100}\times 20} = p_0 e.$$

Es besteht kein großer Unterschied zwischen dem Nominalzins von $r = 5\%$ und dem entsprechenden Grenzwert des effektiven Zinses $r_{\text{eff}}(\infty)$: $r_{\text{eff}}(\infty) = e^r - 1 = 5,127,109\ldots\%$. Deswegen verwenden die Banker den (etwas abstrakten Begriff) des Grenzwertes des effektiven Zinses nicht als Marketinginstrument.

Einfache Zinsen sind sehr selten und werden deswegen in Bankkreisen so gut wie nie verwendet. Dieser Begriff beruht auf der Berechnung der Zinsen auf der Grundlage der Anfangseinlage, und zwar unabhängig davon, um welchen Jahrestag es sich handelt. Im Falle einer Anfangseinlage von $p_0 = \$1000$ und einem Zinssatz von $r = 5\%$ belaufen sich die einfachen Zinsen in jedem Jahr auf $\$1000 \times \frac{5}{100} = \$50$ und der Kontostand beläuft sich am Ende der ersten fünf Jahrestage jeweils auf

$$p_1 = \$1050,$$
$$p_2 = \$1100,$$
$$p_3 = \$1150,$$
$$p_4 = \$1200,$$
$$p_5 = \$1250.$$

Das wird als arithmetische Folge bezeichnet und diese wächst *linear* mit der Anzahl der Jahre, die seit der Anfangseinlage vergangen sind:

$$p_i = p_0(1 + ir).$$

Sollten Sie Geld auf einem Sparkonto anlegen wollen, dann weisen Sie einfache Zinsen zurück! Wenn Ihnen aber jemand einen Kredit auf der Grundlage einfacher Zinsen anbietet, dann nehmen Sie das Angebot an, denn der Betreffende ist äußerst großzügig!

5.3 Ein Sparplan

Geldinstitute empfehlen, mit dem Sparen für den Ruhestand so früh wie möglich zu beginnen. Sie schlagen verschiedene Sparpläne vor, von denen manche versprechen, dass Sie mit einem garantierten finanziellen Polster einen Tag vor Ihrem 55. Geburtstag in den Ruhestand gehen können. Für einen jungen Studenten scheint das ziemlich weit entfernt zu sein, und es scheint auch nicht viel zu bedeuten, wenn man den Beginn des Sparplans um einige Jahre verschiebt. Aber die Banken haben Recht: Je eher Sie beginnen, desto besser!

Ein Sparplan kann besagen, dass man im Verlauf von N Jahren einen jährlichen Betrag von Δ Dollar auf die Seite legt. In diesen N Jahren bietet die Bank einen Zinssatz r an, von dem wir annehmen, dass er jährlich mit Zinseszinsen verzinst wird. Wir haben folgende Variablen:

Δ :   jährliche Einzahlung auf das Sparkonto,

r :   konstanter Zinssatz während der N Jahre,

N :   Dauer des Sparplans,

p_i :   Kontostand nach i Jahren, $i = 0, 1, \ldots, N$.

Wir nehmen an, dass der Kunde mit dem Plan beginnt, indem er einen Betrag von Δ Dollar am ersten Tag einzahlt; wir haben also

$$p_0 = \Delta.$$

Nach einem Jahr werden die Zinsen berechnet und dem Konto gutgeschrieben, während der Kunde weitere Δ Dollar einzahlt. Am Ende des ersten Jahres beträgt der Kontostand

$$p_1 = p_0 + rp_0 + \Delta = p_0(1 + r) + \Delta.$$

Diese Logik kann in jedem folgenden Jahr fortgesetzt werden und führt zu der rekursiven Beziehung

$$p_i = p_{i-1}(1 + r) + \Delta.$$

Es ist möglich, p_i als Funktion von p_0 zu bestimmen. Wir experimentieren eine Weile herum und stellen folgende Vermutung auf:

$$\begin{aligned} p_2 &= p_1(1 + r) + \Delta \\ &= \left(p_0(1 + r) + \Delta\right)(1 + r) + \Delta \\ &= p_0(1 + r)^2 + \Delta(1 + (1 + r)) \end{aligned}$$

und

$$\begin{aligned} p_3 &= p_2(1 + r) + \Delta \\ &= \left(p_0(1 + r)^2 + \Delta(1 + (1 + r))\right)(1 + r) + \Delta \\ &= p_0(1 + r)^3 + \Delta\left(1 + (1 + r) + (1 + r)^2\right). \end{aligned}$$

Es ist verlockend, die allgemeine Formel

$$\begin{aligned} p_i &= p_0(1 + r)^i + \Delta\left(1 + (1 + r) + (1 + r)^2 + \cdots + (1 + r)^{i-1}\right) \\ &= p_0(1 + r)^i + \Delta\sum_{j=0}^{i-1}(1 + r)^j \end{aligned} \tag{5.2}$$

vorzuschlagen. Diese Formel wird in Übung 1 bewiesen.

Wir erinnern uns daran, dass die Summe der ersten i Potenzen einer Zahl x durch

$$\sum_{j=0}^{i-1} x^j = \frac{x^i - 1}{x - 1}$$

gegeben ist, falls $x \neq 1$. Unter Verwendung dieser Formel erhalten wir

$$p_i = \Delta(1+r)^i + \Delta \sum_{j=0}^{i-1}(1+r)^j, \qquad \text{wegen } p_0 = \Delta$$

$$= \Delta \sum_{j=0}^{i}(1+r)^j$$

$$= \Delta \frac{(1+r)^{i+1} - 1}{(1+r) - 1}$$

$$= \frac{\Delta}{r}\left((1+r)^{i+1} - 1\right),$$

und daher folgt

$$p_i = \frac{\Delta}{r}\left((1+r)^{i+1} - 1\right). \tag{5.3}$$

Demnach ergibt sich nach N Jahren zum Schluss insgesamt ein Kontostand von $p_N = \Delta((1+r)^{N+1}-1)/r$. Beachten Sie dabei Folgendes: Beginnt der Kunde seinen Ruhestand nach N Jahren, dann zahlt er den Endbetrag von Δ Dollar nicht auf das Konto ein, denn es handelt sich um den Tag, an dem er damit beginnt, seine Ersparnisse aufzubrauchen. Der tatsächliche Endstand ist also

$$q_N = p_N - \Delta$$

$$= \frac{\Delta}{r}\left((1+r)^{N+1} - 1\right) - \Delta$$

$$= \frac{\Delta}{r}\left((1+r)^{N+1} - 1 - r\right)$$

$$= \frac{\Delta}{r}\left((1+r)^{N+1} - (1+r)\right). \tag{5.4}$$

Anstelle von (5.3) werden wir ab jetzt (5.4) verwenden.

Beispiel 5.1 *(a) Wir geben ein numerisches Beispiel, um einige Begriffe eines solchen Sparplans zu erläutern. Angenommen, eine jährliche Einzahlung von $\Delta = \$1000$ wird über einen Zeitraum von $N = 25$ Jahren getätigt. Beträgt der Zinssatz 8%, dann beläuft sich der Endstand auf*

$$q_N = \frac{\Delta}{r}\left((1+r)^{N+1} - 1\right) - \Delta = \$78\,954,42,$$

obwohl der Kunde nur $\$25\,000$ ausgegeben hat.

(b) Wir nehmen nun an, dass ein zweiter Kunde mit seinem Sparplan ein Jahr später als der Kunde des vorhergehenden Beispiels begonnen hat, aber im gleichen Jahr in den Ruhestand gegangen ist. Wie groß ist die Differenz der Endstände? Für den zweiten

Kunden haben wir $N = 24$, während die anderen Variablen dieselben bleiben. Somit ist $q_{24} = \$72.105, 94$, und die Differenz zwischen den beiden Beträgen ist $\$6848, 48$. Obwohl der zweite Kunde nur $\$1000$ weniger als der erste Kunde eingezahlt hat, erhält der zweite Kunde fast 10% weniger Geld als der erste. Sie sehen also, dass die Banken Recht haben: Beginnen Sie frühzeitig damit, für Ihren Ruhestand zu sparen!

Zu Beginn unserer Diskussion machten wir die Voraussetzung, dass der über einen Zeitraum von N Jahren angebotene Zinssatz konstant bleibt. Dies ist jedoch nicht sehr realistisch! Abbildung 5.3 zeigt den durchschnittlichen Zinssatz, den große kanadische Banken in den letzten fünfzig Jahren bei der Aufnahme von Hypotheken für Häuser berechnet haben. Wenn Banken den Kreditnehmern höhere Zinssätze berechnen, dann sind sie dazu in der Lage, höhere Zinssätze für Ersparnisse zu zahlen.

5.4 Kreditaufnahme

Viele Menschen nehmen Kredite auf, um teure Dinge zu bezahlen, zum Beispiel Autos, Haushaltsgeräte, Ausbildungskosten und Häuser. Es ist deswegen nützlich, die Funktionsweise der verschiedenen Arten von Krediten zu verstehen.

Bei einem Hauskauf verwendet ein Käufer normalerweise einen Teil seiner Ersparnisse für eine Anzahlung. Die restliche Kaufsumme wird normalerweise bei einer Bank als Kredit aufgenommen. Die Anzahlung und der Kredit werden direkt an den vorhe-

Abb. 5.1. Durchschnittlicher Zinssatz, den große kanadische Banken seit 1950 bei der Aufnahme von Hypotheken für Häuser berechnet haben. (Quelle: Website of the Bank of Canada.)

rigen Besitzer gezahlt, während der neue Besitzer dafür haftet, der Bank den Kredit zurückzuzahlen.

Die Banken lassen die Kunden typischerweise die *Amortisationszeit* des Kredits wählen, und mit dieser Zeitdauer hängen der Zinssatz r und die *Monatsrate* Δ zusammen. Hier sind die dabei verwendeten Variablen:

p_i :   nach dem i-ten Monat zurückzuzahlender Betrag des aufgenommenen Kredits,

Δ :   zu zahlende Monatsrate,

r_m :   effektiver Monatszins,

N :   Amortisationszeit (in Jahren).

Der Betrag p_0 stellt den bei der Bank geliehenen Anfangsbetrag dar, das heißt, den Kaufpreis minus der Anzahlung. Hierbei ist zu beachten, dass sich die Variable i nicht auf Jahre, sondern auf Monate bezieht. Am Ende jedes Monats werden die Zinsen berechnet und in Rechnung gestellt, aber der Kreditnehmer zahlt auch einen Betrag von Δ Dollar ein. Hatte also der Kreditnehmer nach dem i-ten Monat Schulden in Höhe von p_i, dann hat er nach $i+1$ Monaten Schulden in Höhe von

$$p_{i+1} = p_i(1 + r_m) - \Delta.$$

Das negative Vorzeichen vor Δ zeigt an, dass der Kreditnehmer mit der Zahlung seine Schulden *verringert*, während der Monatszins $r_m p_i$ die Schulden erhöht. (Daher ist eine Verringerung der Schulden nur möglich, wenn $p_i r_m < \Delta$.) Da der Kreditnehmer seine Schulden nach N Jahren (also nach $12N$ Monaten) zurückzahlt, muss

$$p_{12N} = 0$$

gelten. Mit Hilfe einer ähnlichen Rechnung wie im vorhergehenden Abschnitt (Übung!) ist es möglich, p_i als Funktion von p_0 auszudrücken. Wir finden

$$p_i = p_0(1 + r_m)^i - \Delta \sum_{j=0}^{i-1}(1 + r_m)^j$$
$$= p_0(1 + r_m)^i - \Delta \frac{(1 + r_m)^i - 1}{r_m}. \tag{5.5}$$

Da die Bank den Zinssatz (und somit r_m) festlegt, und der Kunde die Anfangseinlage p_0 und die Amortisationszeit N wählt, ist Δ die einzige Unbekannte. Aus der Beziehung $p_{12N} = 0$ folgt

$$0 = p_{12N} = p_0(1 + r_m)^{12N} - \frac{\Delta}{r_m}\left((1 + r_m)^{12N} - 1\right)$$

und deswegen gilt

$$\Delta = r_m p_0 \frac{(1 + r_m)^{12N}}{((1 + r_m)^{12N} - 1)}. \tag{5.6}$$

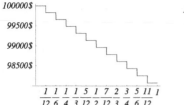
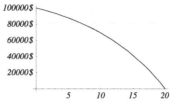

Abb. 5.2. Ungetilgter Restbetrag während des ersten Jahres (links) und während der 20-jährigen Amortisationszeit (rechts). Vgl. Beispiel 5.2.

Beispiel 5.2 *Wir betrachten einen Kredit in Höhe von* $100\,000$, *der über einen Zeitraum von* 20 *Jahren mit einem Monatszins von* $\frac{2}{3}\%$ *(und deswegen mit einem jährlichen Nominalzins von* $12 \times \frac{2}{3}\% = 8\%$*) läuft. Der Kreditnehmer muss monatliche Zahlungen in Höhe von*

$$\Delta = \frac{2}{300} \times \$100\,000 \times \frac{(1 + \frac{2}{300})^{240}}{\left((1 + \frac{2}{300})^{240} - 1\right)} = \$836,44$$

tätigen. Die 240 Monatsraten in Höhe von $836,44$ *belaufen sich insgesamt auf* $240 \times$ $836,44 = \$200\,746$, *also mehr als doppelt so viel wie der aufgenommene Kredit. Mit Hilfe von (5.5) können wir den jeweils noch ausstehenden Betrag* p_i *für die 20-jährige Amortisationszeit grafisch darstellen. Abbildung 5.2 zeigt den Verlauf der Schuldenrückzahlung während des ersten Jahres (links) und während der gesamten Amortisationszeit (rechts). Beachten Sie, dass während des ersten Jahres der Rückzahlung der Restbetrag nicht einmal um* $3000 *abgenommen hat, obwohl der Kreditnehmer* $12 \times \$836,44 = \$10\,037,28$ *Raten gezahlt hat! Hypotheken können ziemlich frustrierend sein.*

Möchten wir die Schulden nicht in 20 Jahren, sondern schon in 15 Jahren zurückzahlen, dann beträgt die Monatsrate $955,65 *und der Gesamtbetrag der Rückzahlung beläuft sich auf* $172\,017$. *Die Differenz von mehr als* $28\,000 *zwischen einer Hypothek mit einer Laufzeit von 20 Jahren und einer Hypothek mit einer Laufzeit von 15 Jahren wird zweifellos viele Leute veranlassen, zweimal über die Wahl der Amortisationszeit nachzudenken. Bestimmt werden Sie darüber nachdenken, wenn Sie Ihr erstes Haus kaufen.*

Im ersten Abschnitt haben wir uns den Unterschied zwischen Nominalzinsen und effektiven Zinsen angesehen. Ein ähnlicher Unterschied tritt bei Hypothekenzinsen auf. Die Banken erwähnen immer ihre jährlichen Hypothekenzinsen r ohne zu erklären, wie die Monatsrate r_m berechnet wird. Ist es

$$r_m = \frac{r}{12}? \qquad\qquad (r_m1)$$

Oder wird r_m durch

$$(1 + r) = (1 + r_m)^{12} \qquad\qquad (r_{m2})$$

bestimmt? Im ersten Fall beträgt der jährliche effektive Zins

$$r_{\text{eff1}} = (1 + r_{m1})^{12} - 1 = \left(1 + \frac{r}{12}\right)^{12} - 1,$$

während er sich im zweiten Fall auf $r_{\text{eff2}} = r$ beläuft. Es ist klar, dass $(1 + \frac{r}{12})^{12} - 1 > r$ (warum?) und dass die Banken mit einer Monatsrate von r_{m1} mehr Geld machen als mit einer Monatsrate von r_{m2}. Demnach ist r_{m1} für die Banken günstig, r_{m2} dagegen für die Kreditnehmer. Es bleibt die Frage, wie die Zinssätze berechnet werden.

Die Antwort hängt vom Land ab! Sogar in Nordamerika werden die monatlichen Zinssätze in Kanada und in den Vereinigten Staaten unterschiedlich berechnet. Amerikanische Banken verwenden r_{m1}, während kanadische Banken keine der beiden angegebenen Möglichkeiten verwenden. Tatsächlich wird in Kanada die Formel

$$\left(1 + \frac{r}{2}\right) = (1 + r_m)^6 \qquad\qquad (r_{m\text{CAN}})$$

verwendet. Mit anderen Worten: Die kanadischen monatlichen Zinssätze werden so berechnet, dass sie im Falle einer Aufzinsung über sechs Monate gleich der Hälfte der jährlichen Nominalverzinsung sein müssen. Man muss unbedingt wissen, wie r_m berechnet wird, um die Berechnungen der Banker zu reproduzieren

5.5 Anhang: Tafeln zur Hypothekenzahlung

Die folgenden beiden Seiten enthalten die monatlichen Zahlungstafeln für jährliche Nominalzinsen von 8% und 12%. Das sind die Tabellen, die man in Büchern mit dem Titel *mortgage payment tables* (Tafeln zur Hypothekenzahlung) findet. In der obersten Zeile steht die Amortisationszeit in Jahren und in der ganz links stehenden Spalte der geliehene Betrag. Diese Tafeln werden als Beispiel angegeben und sie werden in mehreren Übungen verwendet. Die effektiven Monatszinsen wurden entsprechend den kanadischen Vorschriften berechnet.

	1	2	3	4	5	6	7	8	9	10	15	20	25
1000	86,93	45,17	31,28	24,35	20,21	17,47	15,52	14,07	12,95	12,06	9,48	8,28	7,63
2000	173,86	90,34	62,55	48,70	40,43	34,94	31,04	28,14	25,90	24,13	18,96	16,57	15,26
3000	260,78	135,50	93,83	73,06	60,64	52,41	46,56	42,21	38,85	36,19	28,44	24,85	22,90
4000	347,71	180,67	125,11	97,41	80,86	69,88	62,09	56,28	51,81	48,26	37,93	33,13	30,53
5000	434,64	225,84	156,38	121,76	101,07	87,35	77,61	70,35	64,76	60,32	47,41	41,42	38,16
6000	521,57	271,01	187,66	146,11	121,28	104,82	93,13	84,42	77,71	72,38	56,89	49,70	45,79
7000	608,50	316,18	218,93	170,46	141,50	122,29	108,65	98,49	90,66	84,45	66,37	57,99	53,42
8000	695,43	361,34	250,21	194,81	161,71	139,76	124,17	112,56	103,61	96,51	75,85	66,27	61,06
9000	782,35	406,51	281,49	219,17	181,93	157,23	139,69	126,64	116,56	108,58	85,33	74,55	68,69
10000	869,28	451,68	312,76	243,52	202,14	174,70	155,21	140,71	129,51	120,64	94,82	82,84	76,32
15000	1303,92	677,52	469,15	365,28	303,21	262,05	232,82	211,06	194,27	180,96	142,22	124,25	114,48
20000	1738,57	903,36	625,53	487,04	404,28	349,40	310,43	281,41	259,03	241,28	189,63	165,67	152,64
25000	2173,21	1129,20	781,91	608,80	505,35	436,74	388,04	351,77	323,78	301,60	237,04	207,09	190,80
30000	2607,85	1355,04	938,29	730,56	606,42	524,09	465,64	422,12	388,54	361,92	284,45	248,51	228,96
35000	3042,49	1580,88	1094,67	852,32	707,50	611,44	543,25	492,47	453,30	422,24	331,85	289,93	267,12
40000	3477,13	1806,72	1251,05	974,07	808,57	698,79	620,86	562,82	518,05	482,56	379,26	331,34	305,29
45000	3911,77	2032,56	1407,44	1095,83	909,64	786,14	698,46	633,18	582,81	542,88	426,67	372,76	343,45
50000	4346,41	2258,40	1563,82	1217,59	1010,71	873,49	776,07	703,53	647,57	603,20	474,08	414,18	381,61
60000	5215,70	2710,08	1876,58	1461,11	1212,85	1048,19	931,29	844,24	777,08	723,85	568,89	497,01	457,93
70000	6084,98	3161,76	2189,34	1704,63	1414,99	1222,88	1086,50	984,94	906,59	844,49	663,71	579,85	534,25
80000	6954,26	3613,44	2502,11	1948,15	1617,13	1397,58	1241,72	1125,65	1036,11	965,13	758,52	662,69	610,57
90000	7823,54	4065,12	2814,87	2191,67	1819,27	1572,28	1396,93	1266,36	1165,62	1085,77	853,34	745,52	686,89
100000	8692,83	4516,79	3127,64	2435,19	2021,42	1746,98	1552,14	1407,06	1295,13	1206,41	948,15	828,36	763,21

Tabelle 5.1. Tafel für die monatlichen Hypothekenzahlungen bei einem Nominalzins von 8%.

	1	2	3	4	5	6	7	8	9	10	15	20	25
1000	88,71	46,94	33,08	26,19	22,10	19,40	17,50	16,09	15,02	14,18	11,82	10,81	10,32
2000	177,43	93,88	66,15	52,38	44,20	38,80	35,00	32,19	30,04	28,36	23,63	21,62	20,64
3000	266,14	140,82	99,23	78,58	66,30	58,20	52,49	48,28	45,06	42,54	35,45	32,43	30,96
4000	354,85	187,75	132,30	104,77	88,39	77,60	69,99	64,38	60,09	56,72	47,26	43,24	41,28
5000	443,57	234,69	165,38	130,96	110,49	97,00	87,49	80,47	75,11	70,90	59,08	54,05	51,59
6000	532,28	281,63	198,46	157,15	132,59	116,40	104,99	96,57	90,13	85,08	70,90	64,86	61,91
7000	620,99	328,57	231,53	183,34	154,69	135,80	122,49	112,66	105,15	99,26	82,71	75,67	72,23
8000	709,71	375,51	264,61	209,54	176,79	155,20	139,99	128,75	120,17	113,44	94,53	86,48	82,55
9000	798,42	422,45	297,69	235,73	198,89	174,60	157,48	144,85	135,19	127,62	106,34	97,29	92,87
10000	887,13	469,38	330,76	261,92	220,98	194,00	174,98	160,94	150,21	141,80	118,16	108,10	103,19
15000	1330,70	704,08	496,14	392,88	331,48	291,00	262,47	241,41	225,32	212,70	177,24	162,15	154,78
20000	1774,27	938,77	661,52	523,84	441,97	388,00	349,97	321,88	300,43	283,61	236,32	216,19	206,38
25000	2217,84	1173,46	826,91	654,80	552,46	485,00	437,46	402,36	375,54	354,51	295,40	270,24	257,97
30000	2661,40	1408,15	992,29	785,76	662,95	582,00	524,95	482,83	450,64	425,41	354,48	324,29	309,57
35000	3104,97	1642,84	1157,67	916,72	773,45	679,00	612,44	563,30	525,75	496,31	413,56	378,34	361,16
40000	3548,54	1877,54	1323,05	1047,68	883,94	776,00	699,93	643,77	600,86	567,21	472,64	432,39	412,76
45000	3992,10	2112,23	1488,43	1178,64	994,43	873,00	787,42	724,24	675,97	638,11	531,72	486,44	464,35
50000	4435,67	2346,92	1653,81	1309,60	1104,92	970,00	874,92	804,71	751,07	709,01	590,80	540,49	515,95
60000	5322,81	2816,30	1984,57	1571,52	1325,91	1164,00	1049,90	965,65	901,29	850,82	708,97	648,58	619,14
70000	6209,94	3285,69	2315,34	1833,44	1546,89	1358,00	1224,88	1126,60	1051,50	992,62	827,13	756,68	722,33
80000	7097,08	3755,07	2646,10	2095,36	1767,88	1552,00	1399,87	1287,54	1201,72	1134,42	945,29	864,78	825,52
90000	7984,21	4224,46	2976,86	2357,27	1988,86	1746,00	1574,85	1448,48	1351,93	1276,22	1063,45	972,88	928,71
100000	8871,34	4693,84	3307,62	2619,19	2209,85	1940,00	1749,83	1609,42	1502,15	1418,03	1181,61	1080,97	1031,90

Tabelle 5.2. Tafel für die monatlichen Hypothekenzahlungen bei einem Nominalzins von 12%.

5.6 Übungen

Bemerkung: Falls nicht anders angegeben, erfolgen die Berechnungen mit jährlichen Zinseszinsen.

1. Beweisen Sie Formel (5.2). (Hinweis: Es ist naheliegend, den Beweis mit Induktion zu führen.)

2. (a) Ist die Formel (5.4) linear in Δ? Mit anderen Worten: Wenn die jährliche Einzahlung Δ mit x multipliziert wird, wird dann auch der Kontostand nach i Jahren mit x multipliziert?
   (b) Ist dieselbe Formel linear in r?
   (c) Spart der Kunde stattdessen $\frac{\Delta}{2}$ alle sechs Monate, ist dann der Betrag nach N Jahren ein anderer?

3. Die meisten Kreditkartenunternehmen kündigen jährliche Zinssätze an, obwohl sie die Zinsen monatlich berechnen. Welchen monatlichen Zinssatz berechnet das Unternehmen, wenn es einen effektiven jährlichen Zinssatz von 18% angibt? Überlegen Sie, bevor Sie die genaue Antwort geben, ob der betreffende Zinssatz größer oder kleiner als $\frac{18}{12}\% = 1,5\%$ ist?

4. (a) Eine 20-jährige Studentin legt $1000 auf einem Sparkonto zu einem Zinssatz von 5% an. Sie beabsichtigt, das Geld auf dem Konto zu lassen, bis sie das Rentenalter von 65 Jahren erreicht hat. Wir nehmen an, der Zinssatz bleibt die ganze Zeit über konstant. Wie groß ist der Kontostand, wenn sie in Rente geht, falls die Zinsen (i) jährlich und (ii) monatlich zu einem Zinssatz von $\frac{5}{12}\%$ berechnet werden?
   (b) Ein Student des gleichen Alters beschließt, erst im Alter von 45 Jahren mit dem Sparen anzufangen. Er möchte dann einen Betrag einzahlen, der ihm im Alter von 65 Jahren den gleichen Kontostand sichert wie der Studentin in Frage (a). Wie groß ist der Einzahlungsbetrag für jeden der beiden Zinssätze in (a)?

5. (a) Jemand investiert $1000 für zehn Jahre. Wie groß ist der Betrag nach zehn Jahren, wenn sich der jährliche Zinssatz auf 6%, 8% und 10% beläuft?
   (b) Wie lange dauert es für jeden der Zinssätze in (a), bis die Investition ihren Anfangsbetrag verdoppelt?
   (c) Gleiche Frage wie (b), aber nicht mit Zinseszins, sondern mit einfachen Zinsen.
   (d) Wie lautet die Antwort auf (b), wenn die Anfangseinlage stattdessen $2000 beträgt?

6. Eine Hypothek mit einem Zinssatz von 8% wird über einen Zeitraum von 20 Jahren gezahlt. Wieviele Monate dauert es, bis die Hälfte des Anfangskapitals zurückgezahlt ist?

7. **(a)** Eine 20-jährige Studentin findet eine Bank, die 10% Zinsen anbietet, wenn die Studentin bis zum Alter von 65 Jahren jährlich einen Betrag von $1000 investiert. Welchen Betrag hat ihre Investition zu ihrem 65. Geburtstag?
(b) Wir groß müsste die jährliche Einzahlung sein, wenn sie als Millionärin in den Ruhestand gehen möchte?

8. Ein Student möchte einen Kredit aufnehmen. Er weiß, dass er in den nächsten fünf Jahren nicht dazu in der Lage sein wird, auch nur einen einzigen Penny zurückzuzahlen. Sein Vater hat ihm angeboten, ihm das Geld zu einem einfachen Zinssatz von 10% zu leihen. Auch ein Freund hat ihm ein Angebot gemacht, und zwar für Zinseszinsen von 7%. Was würden Sie vorschlagen?

9. Bei Hypothekenverhandlungen werden die folgenden Parameter festgesetzt: Die Hypothekenzinsen, der als Kredit aufgenommene Betrag, die Amortisationszeit, die Rückzahlungstermine (üblicherweise monatlich, aber manchmal wöchentlich oder aller zwei Wochen) und die *Hypothekenlaufzeit*. Die Hypothekenlaufzeit ist immer kleiner oder gleich der Amortisationszeit. Am Ende der Laufzeit verhandeln die Bank und der Kreditnehmer erneut über die Hypothekenbedingungen, wobei das verbleibende Kapital als geliehener Betrag betrachtet wird.
(a) Ein Ehepaar beschließt, sich ein Haus zu kaufen, und muss hierzu einen Kredit von 100 000 USD aufnehmen. Sie optieren für eine Amortisationszeit von 25 Jahren. Da die Zinssätze zum Zeitpunkt des Kaufes relativ hoch sind (12%), beschließen sie eine relativ kurze Laufzeit von drei Jahren. Welchen Monatsbetrag bezahlen sie während dieser drei Jahre? Wie hoch sind ihre Schulden am Ende der Laufzeit?
(b) Während der ersten drei Jahre ist der Zinssatz auf 8% gefallen. Sie beschließen, ihr Haus dennoch nach weiteren 22 Jahren abzubezahlen und sie erneuern ihr Hypothekendarlehen für eine Laufzeit von fünf Jahren. Wie groß ist ihre Monatszahlung? Wie hoch sind ihre Schulden am Ende der zweiten Laufzeit?

10. Zwei Hypothekendarlehen werden für den gleichen Geldbetrag angeboten, beide mit einer Amortisationszeit von 20 Jahren. Wir nehmen an, dass die Zinssätze unterschiedlich sind. Welche der beiden folgenden Möglichkeiten gestattet es, nach 10 Jahren den größeren Teil der verbleibenden Schulden abzubezahlen: das Hypothekendarlehen mit dem höheren Zinssatz oder dasjenige mit dem niedrigeren Zinssatz?

11. Bücher zum Thema *mortgage payment tables* (Zahlungstafeln für Hypothekendarlehen) gibt es in fast allen Buchhandlungen. Im Anhang zum vorliegenden Kapitel finden Sie Tafeln für Hypothekendarlehen zu Nominalzinsen von 8% und 12% (vgl. Tabellen 5.1 und 5.2). Die Monatssätze wurden gemäß den kanadischen Vorschriften berechnet.
(a) Wie hoch sind auf der Grundlage dieser Tafeln die Monatszahlungen für ein Hypothekendarlehen von 40 000 Dollar zu 8% mit einer Amortisationszeit von 12 Jahren?
(b) Wie lautet die Antwort für ein Hypothekendarlehen von 42 000 Dollar mit derselben Amortisationszeit und demselben Zinssatz?

(c)   Berechnen Sie die Antwort auf Frage (a) direkt, ohne Verwendung der Tafeln. Dabei müssen Sie zuerst die effektiven Monatszinsen r_m berechnen.

12. Manche Banken bieten Hypothekendarlehen mit vierzehntägigen Zahlungen an. Diese Banken berechnen die Rückzahlungen so als ob der Kreditnehmer 24 Zahlungen pro Jahr (zwei pro Monat) durchführen würde, obwohl er 26 Zahlungen pro Jahr vornimmt. Das ermöglicht es, das Darlehen schneller abzubezahlen als es seine volle Amortisationszeit angibt. Betrachten Sie ein Hypothekendarlehen über 20 Jahre zu 7%. Wieviele Jahre dauert es, bis das Darlehen voll abbezahlt ist? (Sie müssen einen angemessenen vierzehntägigen Satz r_{bw} bestimmen. Versuchen Sie, Formel ($r_{m\mathrm{CAN}}$) zu imitieren.)

13. Verwenden Sie eine Software Ihrer Wahl und schreiben Sie damit ein Programm, das die Tabellen im Anhang reproduziert.

Literaturverzeichnis

[1] E. M. Bruins und M. Rutten, *Textes mathématiques de Suse*, volume XXXIV of *Mémoires de la Mission archéologique en Iran*. Librairie orientaliste Paul Geuthner, Paris, 1961.

[2] G. W. Leibniz. *Hauptschriften zur Versicherungs- und Finanzmathematik*. Akademie Verlag, Berlin, 2000. (Hrsg. E. Knobloch und J.-M. Graf von der Schulenburg.)

6

Fehlerkorrigierende Codes

Die elementaren Teile dieses Kapitels sind in den Abschnitten 6.1 bis 6.4 zu finden. Wir erklären dort die Notwendigkeit fehlerkorrigierender Codes, führen den endlichen Körper $\mathbb{F}_2$ ein und diskutieren die Hamming-Familie der fehlerkorrigierenden Codes. Der Begriff des Körpers $\mathbb{F}_2$ ist wahrscheinlich für einige Studenten neu, aber in den elementaren Abschnitten dieses Kapitels verwenden wir nur den Begriff des Vektorraumes (über $\mathbb{F}_2$) und Grundbegriffe der linearen Algebra. Diese Abschnitte lassen sich in drei Vorlesungsstunden abdecken. Die Abschnitte 6.5 und 6.6 stellen den fortgeschritteneren Teil des Materials dar. Wir konstruieren die endlichen Körper $\mathbb{F}_{p^r}$ für Primzahlen p, indem wir den Begriff der Multiplikation modulo eines irreduziblen Polynoms einführen. Verschiedene ausführliche Beispiele helfen den Studenten, diesen zunächst schwierigen Begriff zu verdauen. Reed-Solomon-Codes werden im letzten Abschnitt behandelt. Die Darlegung des fortgeschritteneren Materials erfordert mindestens drei zusätzliche Vorlesungsstunden.

6.1 Einführung: Digitalisieren, Erkennen und Korrigieren

Die Übertragung von Informationen über große Entfernungen begann sehr früh in der Menschheitsgeschichte.[1] Die Entdeckung des Elektromagnetismus und viele seiner Anwendungen ermöglichten es in der zweiten Hälfte des neunzehnten Jahrhunderts, Nachrichten mit Hilfe elektromagnetischer Wellen durch Leitungsdrähte zu übermitteln. Unabhängig davon, ob Nachrichten als gesprochenes Wort (in irgendeiner menschlichen

---

[1]Nach der Legende musste der Soldat, der den Auftrag hatte, im Jahr 490 v. Chr. den Sieg der Athener über die Perser zu melden, die Entfernung zwischen Marathon und Athen laufen, wobei er nach seiner Ankunft an Erschöpfung starb. Die olympische Marathonstrecke beträgt jetzt $42,195$ km.

Sprache) oder in codierter Form (zum Beispiel durch Morsezeichen (1836)) übermittelt werden, ist es offensichtlich, wie nützlich eine schnelle Fehlererkennung und Fehlerkorrektur sind.

Eine frühe Methode zur Verbesserung der Übertragungstreue ist von historischer Bedeutung. Nach der Erfindung des Telefons (sowohl verdrahtet als auch drahtlos) ließ die Übertragungsqualität viel zu wünschen übrig. Daher wendete man oft, anstatt direkt zu sprechen, das Buchstabieralphabet an. Um etwa das Wort „Fehler" zu sagen, buchstabiert der Anrufer stattdessen „Friedrich, Emil, Heinrich, Ludwig, Emil, Richard". Ein Engländer würde anstelle von „error" folgende Wörter durchgeben: „Echo, Romeo, Romeo, Oscar, Romeo". Die Armeen der Amerikaner und der Briten haben solche „Alphabete" im Ersten Weltkrieg verwendet. Die Methode der Verbesserung der Übertragungszuverlässigkeit beruht auf der Informationsvervielfachung; die Hoffnung ist, dass der Empfänger die Originalnachricht „error" aus dem Code „Echo, Romeo, Romeo, Oscar, Romeo" sogar dann extrahieren kann, wenn die Empfangsqualität schlecht ist. Diese „Informationsvermehrung" oder *Redundanz* ist die Idee, die allen Fehlererkennungen und Fehlerkorrekturen zugrundeliegt.

Unser zweites Beispiel ist das eines fehlererkennenden Codes: Dieser ermöglicht uns die Erkennung eines Fehlers in der Übertragung, aber nicht dessen Korrektur. In der Informatik ist es ein normaler Vorgang, jedem Zeichen unseres erweiterten Alphabets (a, b, c, ..., A, B, C, ..., 0, 1, 2, ..., +, -, :, ;, ...) eine Zahl zwischen 0 und 127 zuzuordnen.[2] In der Binärdarstellung werden sieben *Bits* (das englische Wort „bit" ist eine Zusammenziehung von „binary digit") benötigt, um jedes der $2^7 = 128$ möglichen Zeichen darzustellen. Nehmen wir beispielsweise an, dass dem Buchstaben a die Zahl 97 zugeordnet ist. Wegen $97 = 64 + 32 + 1 = 1 \cdot 2^6 + 1 \cdot 2^5 + 1 \cdot 2^0$ wird der Buchstabe a als 1100001 codiert. Die übliche Codierung ist das folgende „Wörterbuch":

	dezimal	binär	Parität + binär
A	65	1000001	01000001
B	66	1000010	01000010
C	67	1000011	11000011
⋮	⋮	⋮	⋮
a	97	1100001	11100001
b	98	1100010	11100010
c	99	1100011	01100011
⋮	⋮	⋮	⋮

---

[2]Das ist weithin unter der Bezeichnung 7-Bit ASCII-Codierung bekannt, die sich jedoch nur zur Codierung von Sprachen mit einer kleinen Anzahl von Zeichen eignet, also etwa für die englische Sprache.

Zur Fehlererkennung fügen wir ein achtes Bit, das sogenannte *Paritätsbit*, zu jedem Zeichen hinzu. Dieses Bit wird ganz links geschrieben und so berechnet, dass die Summe aller acht Bits immer gerade ist. Beispiel: Die Summe der sieben Bits für „A" ist $1+0+0+0+0+0+1 = 2$, das Paritätsbit ist 0 und „A" wird durch 01000001 dargestellt. Ähnlich ist die Summe der sieben Bits von „a" $1+1+0+0+0+0+1 = 3$ und „a" wird durch die acht Bits 11100001 dargestellt. Dieses Paritätsbit ist ein fehlererkennender Code. Er ermöglicht uns die Erkennung eines einzelnen Übertragungsfehlers, erlaubt es uns jedoch nicht, diesen Fehler zu korrigieren, da wir nicht erkennen können, welches der acht Bits geändert worden ist. Hat der Empfänger jedoch einen Übertragungsfehler festgestellt, dann kann er einfach darum bitten, das betreffende Zeichen noch einmal zu übertragen. Man beachte, dass bei dieser Fehlererkennung vorausgesetzt wird, dass höchstens ein Bit fehlerhaft ist. Diese Annahme ist vernünftig, falls die Übertragung nahezu perfekt ist und eine geringe Wahrscheinlichkeit besteht, dass zwei von acht aufeinanderfolgenden Bits fehlerbehaftet sind.

Unser drittes Beispiel präsentiert eine einfache Idee zur Konstruktion eines fehlerkorrigierenden Codes. Ein solcher Code ermöglicht es uns, Fehler zu erkennen *und* zu korrigieren. Er besteht einfach darin, die gesamte Nachricht mehrere Male zu übermitteln. Zum Beispiel könnten wir jedes Zeichen in einer Nachricht zweimal wiederholen. Das Wort „Fehler" könnte als „FFeehhlleerr" übertragen werden. Als solcher ist dieser Code nur ein fehlererkennender Code, da wir keine Möglichkeit haben festzustellen, wo sich der Fehler befindet, nachdem er erkannt worden ist. Welches ist die korrekte Nachricht, wenn wir „OUhhrr" erhalten: Ist es „Ohr" oder „Uhr"? Um den Code zu einem fehlerkorrigierenden Code zu machen, müssen wir einfach nur jeden Buchstaben dreimal wiederholen. Falls die Annahme vernünftig ist, dass man bei höchstens einem von drei Buchstaben einen Fehler erhält, dann kann die Korrektur eines Buchstabens durch eine einfache Mehrheit bestimmt werden. Zum Beispiel würde die Nachricht „OOUhhhrrr" als „Ohr" und nicht als „Uhr" gelesen werden. Ein solcher einfacher fehlerkorrigierender Code wird in der Praxis nicht angewendet, da er sehr teuer ist: Er verdreifacht die Übertragungskosten jeder Nachricht! Die Codes, die wir in diesem Kapitel vorstellen, sind viel sparsamer. Beachten Sie, dass es nicht unmöglich ist, dass zwei oder sogar drei Fehler in einer Folge von drei Zeichen auftreten; unsere Annahme ist nur, dass das *sehr* unwahrscheinlich ist. Wie Übung 8 zeigt, hat dieser einfache Code einen geringfügigen Vorteil im Vergleich zu den einfachsten Hamming-Codes, die in Abschnitt 6.3 eingeführt werden.

Fehlererkennende und fehlerkorrigierende Codes gibt es schon seit langem. Im digitalen Zeitalter ist es notwendiger und leichter geworden, diese Codes zu implementieren. Man versteht ihre Nützlichkeit besser, wenn man die Größe normaler Bild- und Musikdateien kennt. Abbildung 6.1 zeigt ein sehr kleines digitalisiertes Foto einer Turmspitze der Universität Montreal. Auf der linken Seite ist das Foto in seiner beabsichtigten Auflösung zu sehen, während man es rechts in achtfacher Vergrößerung sieht, bei der man die individuellen Pixel deutlich erkennt. Das Bild ist in 72×72 Pixel aufgeteilt worden, von denen jedes einzelne durch eine Zahl zwischen 0 und 255 dargestellt wird, die ihrerseits die Graustufen von schwarz bis weiß anzeigen. Jedes Pixel erfordert 8 Bits, das

Abb. 6.1. Ein digitalisiertes Foto: Das „Original"-Foto ist links zu sehen, das gleiche Bild befindet sich rechts in achtfacher Vergrößerung.

heißt, die Übertragung dieses winzigen Schwarz-Weiß-Fotos erfordert das Versenden von $72 \times 72 \times 8 = 41\,472$ Bits. Und dieses Beispiel ist weit von den modernen Digitalkameras entfernt, deren Sensoren mehr als $2\,000 \times 3\,000$ Pixel in Farbe erfassen![3]

Töne und insbesondere Musik werden sehr oft in digitaler Form gespeichert. Im Gegensatz zu Bildern ist es schwerer, die Digitalisierung von Tönen zu veranschaulichen. Schall breitet sich in Wellen aus. Wellen im Ozean bewegen sich entlang der Oberfläche des Wassers, Licht ist eine Welle im elektromagnetischen Feld und Schall ist eine Welle in der Luft. Würden wir die Luftdichte an einem festen Standort in der Nähe eines (gut gestimmten) Klaviers messen, dann würden wir feststellen, dass die Dichte 440-mal pro Sekunde zunimmt und abnimmt, wenn das mittlere A gespielt wird. Die Änderung ist äußerst geringfügig, aber unsere Ohren sind dazu in der Lage, diese

---

[3]Wer regelmäßig mit Computern arbeitet, ist daran gewöhnt, die Dateigrößen in Bytes (1 Byte = 8 Bits), Kilobytes (1 KB = 1000 Bytes), Megabytes (1 MB = 10^6 Bytes) oder sogar in Gigabytes (1 GB = 10^9 Bytes) zu sehen. Unser Bild erfordert also $44\,472/8$ B = $5\,184$ B = $5,184$ KB.)

Änderung wahrzunehmen und in eine elektrische Welle zu übersetzen, die dann an unser Gehirn weitergeleitet und dort analysiert wird. In Abbildung 6.2 ist diese Druckwelle dargestellt. (Die waagerechte Achse gibt die Zeit an, während auf der senkrechten Achse die Amplitude der Welle angezeigt wird.) Ein positiver Wert zeigt an, dass die Luftdichte höher als normal (Luft in Ruhe) ist, während ein negativer Wert eine verringerte Dichte anzeigt. Diese Welle lässt sich digitalisieren, indem man sie durch eine Treppenfunktion approximiert. Jedes kurze Zeitintervall von Δ Sekunden wird durch den Durchschnittswert der Welle über dem Zeitintervall approximiert. Ist Δ hinreichend klein, dann kann man die Treppenfunktion-Approximation an die Welle nicht von dem Original unterscheiden, wie es das menschliche Ohr wahrnimmt. (Abbildung 6.3 zeigt eine andere Schallwelle und deren Digitalisierung durch eine Treppenfunktion.) Ist diese Digitalisierung durchgeführt, dann kann die Welle jetzt durch eine Folge von ganzen Zahlen dargestellt werden, indem man die Höhen der Stufen auf einer vordefinierten Skala identifiziert.

Abb. 6.2. Eine Schallwelle gemessen über den Bruchteil einer Sekunde.

Auf CDs wird die Schallwelle in $44\,100$ Samples pro Sekunde zerhackt (äquivalent zu einem Pixel auf einem Foto) und die Intensität eines jeden Samples wird durch eine 16-Bit Zahl repräsentiert ($2^{16} = 65\,536$).[4] Beachten wir, dass die CDs die Töne in Stereo speichern, dann sehen wir, dass jede Sekunde Musik $44\,100 \times 16 \times 2 = 1\,411\,200$ Bits erfordert und 70 Minuten Audio $1\,411\,200 \times 60 \times 70 = 5\,927\,040\,000$ Bits $= 740\,880\,000$ Bytes ≈ 740 MB erfordern. Bei einer so großen Datenmenge ist es wünschenswert, Fehler automatisch erkennen und korrigieren zu können.[5]

In diesem Kapitel untersuchen wir zwei klassische Familien von fehlerkorrigierenden Codes: die Hamming-Codes und die Reed-Solomon-Codes. Ein Hamming-Code wurde von France-Telecom für die Übertragungen von Minitel verwendet, einem Vorläufer des modernen Internet. Reed-Solomon-Codes werden bei Compact-Disks verwendet. Das

---

[4]Sony und Philips haben zusammen den Compact-Disc-Standard entwickelt. Die Ingenieure schwankten zunächst zwischen einer Intensitätsskala von 14-Bit und 16-Bit, optierten dann aber für die feinere Skala [7]. Weitere Einzelheiten findet man in Kapitel 10.

[5]In Bezug auf die Entwicklung des Gebietes der fehlerkorrigierenden Codes und ihrer Anwendungen verweisen wir auf den *Scientific American*. Vgl. zum Beispiel [3, 4, 5].

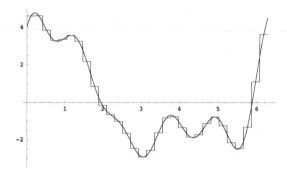

Abb. 6.3. Eine Schallwelle und eine sie approximierende Treppenfunktion.

Consultative Committee for Space Data Systems, das 1982 mit dem Ziel der Standardisierung der Praktiken der verschiedenen Raumagenturen gegründet worden ist, empfahl die Verwendung von Reed-Solomon-Codes für die Informationsübertragung über Satelliten.

6.2 Der endliche Körper $\mathbb{F}_2$

Um die Hamming-Codes diskutieren zu können, müssen wir zunächst mit dem zweielementigen Körper $\mathbb{F}_2$ arbeiten können. Ein Körper ist eine Menge von Elementen, auf der man die Operationen der „Addition" und der „Multiplikation" derart definiert, dass gewisse Eigenschaften erfüllt sind, die wir von den rationalen und den reellen Zahlen her kennen: Assoziativität, Kommutativität, Distributivität der Multiplikation in Bezug auf die Addition, die Existenz je einer Identität für die Addition und die Multiplikation, die Existenz eines additiven Inversen sowie die Existenz eines multiplikativen Inversen für alle von null verschiedenen Elemente. Der Leser erkennt sicher, dass die rationalen Zahlen $\mathbb{Q}$, die reellen Zahlen $\mathbb{R}$ und die komplexen Zahlen $\mathbb{C}$ diese Eigenschaften haben. Diese drei Mengen sind Körper in Bezug auf die normalen Operationen $+$ und $\times$. Aber es gibt viele andere Körper!

Zwar werden wir die mathematische Struktur von Körpern in Abschnitt 6.5 in größerer Allgemeinheit diskutieren, aber wir beginnen mit der Bereitstellung von Regeln für die Addition und die Multiplikation über der Menge $\{0, 1\}$ der Binärziffern. Die Additionstafel und die Multiplikationstafel sind folgendermaßen gegeben:

$$
\begin{array}{c|cc}
+ & 0 & 1 \\
\hline
0 & 0 & 1 \\
1 & 1 & 0
\end{array}
\qquad\qquad
\begin{array}{c|cc}
\times & 0 & 1 \\
\hline
0 & 0 & 0 \\
1 & 0 & 1
\end{array}
\qquad\qquad (6.1)
$$

Für diese Operationen gelten die gleichen Regeln wie in den Körpern $\mathbb{Q}$, $\mathbb{R}$ und $\mathbb{C}$: Assoziativität, Kommutativität, Distributivität sowie die Existenz von Identitäten und Inversen. Zum Beispiel können wir anhand der beiden obigen Tafeln verifizieren, dass für alle $x, y, z \in \mathbb{F}_2$ das Distributivgesetz gilt:

$$x \times (y + z) = x \times y + x \times z.$$

Da x, y und z je zwei Werte annehmen, lässt sich diese Eigenschaft durch Untersuchung aller acht möglichen Kombinationen des Tripels $(x, y, z) \in \{(0, 0, 0), (1, 0, 0), (0, 1, 0),$ $(0, 0, 1), (1, 1, 0), (1, 0, 1), (0, 1, 1), (1, 1, 1)\}$ nachweisen. Wir geben hier eine explizite Verifikation der Distributivitätseigenschaft für das Tripel $(x, y, z) = (1, 0, 1)$:

$$x \times (y + z) = 1 \times (0 + 1) = 1 \times 1 = 1$$

und

$$x \times y + x \times z = 1 \times 0 + 1 \times 1 = 0 + 1 = 1.$$

Wie in $\mathbb{Q}$, $\mathbb{R}$ und $\mathbb{C}$ ist 0 das Identitätselement für die Addition und 1 das Identitätselement für die Multiplikation. Die Inspektion aller Fälle zeigt, dass jedes Element ein additives Inverses hat. (Übung: Was ist das additive Inverse von 1?) Ähnlicherweise hat jedes Element von $\mathbb{F}_2 \setminus \{0\}$ ein multiplikatives Inverses. Die Überprüfung der letztgenannten Eigenschaft ist sehr einfach, denn $\mathbb{F}_2 \setminus \{0\} = \{1\}$ hat nur ein Element und dieses ist sein eigenes multiplikatives Inverses, da $1 \times 1 = 1$.

Analog zur Definition der Vektorräume $\mathbb{R}^3$, $\mathbb{R}^n$ und $\mathbb{C}^2$ ist es möglich, dreidimensionale Vektorräume zu betrachten, bei denen jeder Eintrag ein Element von $\mathbb{F}_2$ ist. Es ist möglich, eine Vektoraddition und eine Skalarmultiplikation (natürlich mit Koeffizienten aus $\mathbb{F}_2$) dieser Vektoren in $\mathbb{F}_2^3$ auszuführen, indem man die Definition der Addition und der Multiplikation in $\mathbb{F}_2$ verwendet. Zum Beispiel haben wir

$$(1, 0, 1) + (0, 1, 0) = (1, 1, 1),$$
$$(1, 0, 1) + (0, 1, 1) = (1, 1, 0),$$

und

$$0 \cdot (1, 0, 1) + 1 \cdot (0, 1, 1) + 1 \cdot (1, 1, 0) = (1, 0, 1).$$

Da die Komponenten in $\mathbb{F}_2$ liegen müssen und nur Linearkombinationen mit Koeffizienten aus $\mathbb{F}_2$ zugelassen sind, ist die Anzahl der Vektoren in $\mathbb{F}_2^3$ (und in jedem $\mathbb{F}_2^n$ für endliches n) endlich! Achtung: Obwohl die Dimension von $\mathbb{R}^3$ endlich ist, ist die Anzahl der Vektoren in $\mathbb{R}^3$ unendlich. Andererseits gibt es nur $2^3 = 8$ Vektoren im Vektorraum $\mathbb{F}_2^3$, und diese Vektoren sind

$$\{(0, 0, 0), (0, 0, 1), (0, 1, 0), (1, 0, 0), (0, 1, 1), (1, 0, 1), (1, 1, 0), (1, 1, 1)\}.$$

(Übung: Rufen Sie sich die formale Definition der Dimension eines Vektorraums in Erinnerung und berechnen Sie die Dimension von $\mathbb{F}_2^3$.) Vektorräume über endlichen

Körpern, wie etwa $\mathbb{F}_2$, sehen auf den ersten Blick vielleicht etwas beängstigend aus, weil sie in den meisten Vorlesungen über lineare Algebra gar nicht behandelt werden; jedoch lassen sich viele Methoden der linearen Algebra (zum Beispiel Matrizenrechnung) auch auf diese Vektorräume anwenden.

6.3 Der $(7, 4)$-Hamming-Code

Hier ist ein erstes Beispiel eines modernen fehlerkorrigierenden Codes. Anstelle des normalen Alphabets $(a, b, c, \ldots)$ verwendet man dabei die Elemente von $\mathbb{F}_2$.[6] Darüber hinaus beschränken wir uns auf die Übertragung von „Wörtern", die genau vier „Buchstaben" (u_1, u_2, u_3, u_4) enthalten. (Übung: Ist das für uns eine Einschränkung?) Unser Vokabular oder *Code* $C = \mathbb{F}_2^4$ enthält also nur 16 „Wörter" oder *Elemente*. Anstelle einer Übertragung der vier Symbole u_i zur Darstellung eines Elements werden wir die im Folgenden definierten sieben Symbole übertragen:

$$v_1 = u_1,$$
$$v_2 = u_2,$$
$$v_3 = u_3,$$
$$v_4 = u_4,$$
$$v_5 = u_1 + u_2 + u_4,$$
$$v_6 = u_1 + u_3 + u_4,$$
$$v_7 = u_2 + u_3 + u_4.$$

Zur Übertragung des Elements $(1, 0, 1, 1)$ senden wir also die Nachricht

$$(v_1, v_2, v_3, v_4, v_5, v_6, v_7) = (1, 0, 1, 1, 0, 1, 0),$$

denn

$$v_5 = u_1 + u_2 + u_4 = 1 + 0 + 1 = 0,$$
$$v_6 = u_1 + u_3 + u_4 = 1 + 1 + 1 = 1,$$
$$v_7 = u_2 + u_3 + u_4 = 0 + 1 + 1 = 0.$$

(Bemerkung: „+" ist die Addition über $\mathbb{F}_2$.)

Die ersten vier Koeffizienten von $(v_1, v_2, \ldots, v_7)$ sind genau die vier Symbole, die wir übertragen möchten. Wozu sind dann aber die anderen drei Symbole gut? Diese Symbole sind *redundant* und ermöglichen es uns, ein beliebiges einzelnes fehlerhaftes Symbol zu korrigieren. Wie können wir dieses „Wunder" vollbringen?

---

[6]Das ist keine wirkliche Einschränkung, da wir bereits Möglichkeiten gesehen haben, das Alphabet nur mit Hilfe dieser Binärziffern zu codieren.

Wir betrachten nun ein Beispiel. Der Empfänger empfängt die sieben Symbole $(w_1, w_2, \ldots, w_7) = (1,1,1,1,1,0,0)$. Wir unterscheiden die empfangenen Symbole w_i von den gesendeten Symbolen v_i, falls in der Übertragung ein Fehler auftritt. Aufgrund der Qualität der Nachrichtenverbindung ist für uns die Annahme vernünftig, dass höchstens ein Symbol fehlerhaft ist. Der Empfänger berechnet dann

$$W_5 = w_1 + w_2 + w_4,$$
$$W_6 = w_1 + w_3 + w_4,$$
$$W_7 = w_2 + w_3 + w_4,$$

und vergleicht die Werte mit w_5, w_6 bzw. w_7. Entsteht bei der Übertragung kein Fehler, dann sollten W_5, W_6 und W_7 mit den erhaltenen w_5, w_6 und w_7 übereinstimmen. Hier ist die Rechnung

$$\begin{aligned} W_5 &= w_1 + w_2 + w_4 = 1 + 1 + 1 = 1 = w_5, \\ W_6 &= w_1 + w_3 + w_4 = 1 + 1 + 1 = 1 \neq w_6, \\ W_7 &= w_2 + w_3 + w_4 = 1 + 1 + 1 = 1 \neq w_7. \end{aligned} \qquad (6.2)$$

Der Empfänger stellt fest, dass ein Fehler aufgetreten ist, denn zwei der berechneten Werte (W_6 und W_7) stimmen nicht mit den erhaltenen Werten überein. Aber wo steckt der Fehler? Befindet er sich in einem der vier ursprünglichen Symbole oder in einem der drei redundanten Symbole? Man schließt ohne weiteres die Möglichkeit aus, dass einer der drei Werte w_5, w_6 und w_7 fehlerhaft ist. Ändert man nur *einen* dieser Werte, dann wird eine zweite Identität verletzt. Demnach muss eines der ersten vier Symbole fehlerhaft sein. Welche dieser Buchstaben können wir ändern, damit gleichzeitig die beiden inkorrekten Werte von (6.2) korrigiert werden und der korrekte Wert des ersteren beibehalten wird? Die Antwort ist einfach: Wir müssen w_3 korrigieren. Tatsächlich enthält die erste Summe w_3 nicht und ist deswegen die einzige, die von einer entsprechenden Änderung nicht beeinflusst wird. Die anderen beiden Beziehungen enthalten w_3 und werden beide durch die Änderung „korrigiert". Obwohl also die ersten vier Symbole der Nachricht in der Form $(w_1, w_2, w_3, w_4) = (1,1,1,1)$ angekommen sind, bestimmt der Empfänger die korrekte Nachricht als $(v_1, v_2, v_3, v_4) = (1,1,0,1)$.

Wir betrachten jeden der möglichen Fälle. Angenommen, der Empfänger empfängt die Symbole $(w_1, w_2, \ldots, w_7)$. Das Einzige, was der Empfänger (gemäß unserer Voraussetzung) mit Sicherheit weiß, ist, dass diese Symbole den sieben übertragenen Symbolen $v_i = i, \ldots, 7$ derart entsprechen, dass höchstens *ein* Fehler auftreten kann. Es gibt also die folgenden acht Möglichkeiten:

(0) alle Symbole sind korrekt,
(1) w_1 ist fehlerhaft,
(2) w_2 ist fehlerhaft,
(3) w_3 ist fehlerhaft,
(4) w_4 ist fehlerhaft,

(5) w_5 ist fehlerhaft,

(6) w_6 ist fehlerhaft,

(7) w_7 ist fehlerhaft.

Mit Hilfe der redundanten Symbole kann der Empfänger bestimmen, welche dieser Möglichkeiten korrekt ist. Durch Berechnung von W_5, W_6 und W_7 kann er mit Hilfe der folgenden Tabelle bestimmen, welche der acht Möglichkeiten zutrifft:

(0) $w_5 = W_5$ und $w_6 = W_6$ und $w_7 = W_7$,

(1) $w_5 \neq W_5$ und $w_6 \neq W_6$,

(2) $w_5 \neq W_5$ und $w_7 \neq W_7$,

(3) $w_6 \neq W_6$ und $w_7 \neq W_7$,

(4) $w_5 \neq W_5$ und $w_6 \neq W_6$ und $w_7 \neq W_7$,

(5) $w_5 \neq W_5$,

(6) $w_6 \neq W_6$,

(7) $w_7 \neq W_7$.

Eine wesentliche Rolle bei dieser Analyse spielt die Voraussetzung, dass höchstens *ein* Symbol fehlerhaft ist. Wären zwei Buchstaben fehlerhaft, dann könnte der Empfänger zum Beispiel nicht zwischen den Fällen „w_1 ist fehlerhaft" und „w_5 und w_6 sind beide fehlerhaft" unterscheiden und wäre deswegen nicht in der Lage, die entsprechende Korrektur vorzunehmen. Tritt jedoch höchstens ein Fehler auf, dann kann der Empfänger diesen Fehler immer erkennen und korrigieren. Nachdem der Empfänger die drei zusätzlichen Symbole verworfen hat, kann er sicher sein, dass er die ursprünglich beabsichtigte Nachricht erhalten hat. Der Prozess lässt sich folgendermaßen veranschaulichen:

$$\boxed{(u_1, u_2, u_3, u_4) \in C \subset \mathbb{F}_2^4} \xrightarrow{\text{Codierung}} \boxed{(v_1, v_2, v_3, v_4, v_5, v_6, v_7) \in \mathbb{F}_2^7}$$

$$\xrightarrow{\text{Übertragung}} \boxed{(w_1, w_2, w_3, w_4, w_5, w_6, w_7) \in \mathbb{F}_2^7}$$

$$\xrightarrow{\text{Korrektur und Decodierung}} \boxed{(w_1', w_2', w_3', w_4') \in C \subset \mathbb{F}_2^4}$$

Wie lässt sich der $(7,4)$-Hamming-Code mit anderen fehlerkorrigierenden Codes vergleichen? Diese Frage ist etwas zu vage formuliert. In der Tat kann man die Qualität eines Codes nur in Abhängigkeit von den Bedürfnissen beurteilen: Hierzu gehören die Fehlerquote des Kanals, die durchschnittliche Länge der gesendeten Nachrichten, die zur Verschlüsselung und Entschlüsselung verfügbare Rechenleistung und so weiter. Nichtsdestoweniger können wir den Vorgang mit unserer einfachen Methode der Wiederholung vergleichen. Jedes der Symbole u_i, $i = 1, 2, 3, 4$, könnte so lange wiederholt werden, bis wir ausreichendes Vertrauen dazu haben, dass die Nachricht richtig entschlüsselt wird. Wir machen wieder die Voraussetzung, dass „alle paar Bits" (weniger als 15 Bits) höchstens *ein* Bitfehler auftritt. Wir haben bereits Folgendes gesehen: Wird jedes Symbol zweimal gesandt, dann können wir nur einen Fehler entdecken. Somit müssen wir jedes Symbol mindestens dreimal senden, das heißt, es sind insgesamt 12 Bits erforderlich, um diese 4-Bit-Nachricht zu übermitteln. Der Hamming-Code ist in der Lage, dieselbe Nachricht mit demselben Sicherheitsgrad mit nur 7 Bits zu senden, was eine bedeutende Verbesserung darstellt.

6.4 $(2^k - 1, 2^k - k - 1)$-Hamming-Codes

Der $(7, 4)$-Hamming-Code ist der erste in der Familie der $(2^k - 1, 2^k - k - 1)$-Hamming-Codes. Jeder dieser Codes gestattet die Korrektur von höchstens einem einzigen Fehler. Die Zahlen $2^k - 1$ und $2^k - k - 1$ geben die *Länge* eines Code-Elements bzw. die *Dimension* des von den übertragenen Elementen gebildeten Unterraums an. Demnach liefert $k = 3$ den $(7, 4)$-Code, der 7-Bit Elemente im Körper $\mathbb{F}_2^7$ überträgt, und diese Elemente bilden einen zu $\mathbb{F}_2^4$ isomorphen Unterraum der Dimension 4.

Zwei Matrizen spielen eine wichtige Rolle bei der Beschreibung von Hamming-Codes (und bei der Beschreibung sämtlicher „linearer" Codes, zu denen auch die Reed-Solomon-Codes gehören): die *erzeugende Matrix* G und die *Kontrollmatrix* H. Die erzeugende Matrix G_k hat die Größe $(2^k - k - 1) \times (2^k - 1)$ und ihre Zeilen bilden die Basis eines Unterraumes, der zu $\mathbb{F}_2^{(2^k - k - 1)}$ isomorph ist. Jedes Element des Codes ist eine Linearkombination dieser Basis. Für den $(7, 4)$-Code kann die Matrix G_3 folgendermaßen gewählt werden:

$$G_3 = \begin{pmatrix} 1 & 0 & 0 & 0 & 1 & 1 & 0 \\ 0 & 1 & 0 & 0 & 1 & 0 & 1 \\ 0 & 0 & 1 & 0 & 0 & 1 & 1 \\ 0 & 0 & 0 & 1 & 1 & 1 & 1 \end{pmatrix}.$$

Zum Beispiel entspricht die erste Zeile von G_3 demjenigen Element, das die Nachricht $u_1 = 1$ und $u_2 = u_3 = u_4 = 0$ verschlüsselt. Gemäß den von uns gewählten Regeln folgt $v_1 = 1, v_2 = v_3 = v_4 = 0$, $v_5 = u_1 + u_2 + u_4 = 1$, $v_6 = u_1 + u_3 + u_4 = 1$ und $v_7 = u_2 + u_3 + u_4 = 0$. Das sind die Einträge der ersten Zeile. Die 16 Elemente des Codes C ergeben sich durch Ausführung der 16 möglichen Linearkombinationen der vier Zeilen von G_3. Da bei G nur gefordert wird, dass die Zeilen eine Basis bilden, ist diese Matrix nicht eindeutig bestimmt.

Die Kontrollmatrix H ist eine $k \times (2^k - 1)$-Matrix, deren k Zeilen eine Basis des orthogonalen Komplements des Unterraumes bilden, der von den Zeilen von G aufgespannt wird. Das Skalarprodukt wird wie üblich definiert: Gilt $v, w \in \mathbb{F}_2^n$, dann ist $(v, w) = \sum_{i=1}^n v_i w_i \in \mathbb{F}_2$. (Im Anhang zu diesem Kapitel geben wir eine formale Definition des Skalarprodukts und untersuchen wichtige Unterschiede zwischen den Skalarprodukten über den „üblichen" Körpern ($\mathbb{Q}$, $\mathbb{R}$ und $\mathbb{C}$) und denen über endlichen Körpern. Einige dieser Unterschiede sind nicht besonders intuitiv!) Für den $(7, 4)$-Code und unsere obige Auswahl von G_3 kann die Kontrollmatrix H_3 folgendermaßen gewählt werden:

$$H_3 = \begin{pmatrix} 1 & 1 & 0 & 1 & 1 & 0 & 0 \\ 1 & 0 & 1 & 1 & 0 & 1 & 0 \\ 0 & 1 & 1 & 1 & 0 & 0 & 1 \end{pmatrix}.$$

Da die Zeilen von G und H paarweise orthogonal sind, gilt für die Matrizen G und H die Relation

$$GH^t = 0. \tag{6.3}$$

Zum Beispiel haben wir für $k = 3$

$$G_3 H_3^t = \underbrace{\begin{pmatrix} 1 & 0 & 0 & 0 & 1 & 1 & 0 \\ 0 & 1 & 0 & 0 & 1 & 0 & 1 \\ 0 & 0 & 1 & 0 & 0 & 1 & 1 \\ 0 & 0 & 0 & 1 & 1 & 1 & 1 \end{pmatrix}}_{4 \times 7} \underbrace{\begin{pmatrix} 1 & 1 & 0 \\ 1 & 0 & 1 \\ 0 & 1 & 1 \\ 1 & 1 & 1 \\ 1 & 0 & 0 \\ 0 & 1 & 0 \\ 0 & 0 & 1 \end{pmatrix}}_{7 \times 3} = \underbrace{\begin{pmatrix} 0 & 0 & 0 \\ 0 & 0 & 0 \\ 0 & 0 & 0 \\ 0 & 0 & 0 \end{pmatrix}}_{4 \times 3}.$$

Der allgemeine $(2^k - 1, 2^k - k - 1)$-Hamming-Code wird durch die Kontrollmatrix H definiert. Die Spalten dieser Matrix bestehen aus allen vom Nullvektor verschiedenen Vektoren von $\mathbb{F}_2^k$. Da $\mathbb{F}_2^k$ insgesamt 2^k Vektoren (einschließlich des Nullvektors) enthält, muss H eine $k \times (2^k - 1)$-Matrix sein. Die oben gegebene Matrix H_3 ist ein Beispiel. Wie bereits bemerkt, bilden die Zeilen der erzeugenden Matrix G eine Basis im orthogonalen Komplement des von den Zeilen von H aufgespannten Unterraums. Damit schließen wir die Definition der $(2^k - 1, 2^k - k - 1)$-Hamming-Codes ab.

Wir diskutieren jetzt den Codierungs- und Decodierungsprozess.

Bei unserer Wahl von G_3 entspricht jede Zeile den Elementen $(1, 0, 0, 0)$, $(0, 1, 0, 0)$, $(0, 0, 1, 0)$ und $(0, 0, 0, 1)$ von $\mathbb{F}_2^4$. Um ein allgemeines Element (u_1, u_2, u_3, u_4) zu erhalten, reicht es aus, eine Linearkombination der vier Zeilen von G_3 zu nehmen:

$$\begin{pmatrix} u_1 & u_2 & u_3 & u_4 \end{pmatrix} G_3 \in \mathbb{F}_2^7.$$

(Übung: Zeigen Sie, dass das Matrizenprodukt $\begin{pmatrix} u_1 & u_2 & u_3 & u_4 \end{pmatrix} G_3$ eine 1×7-Matrix ist.) Die Codierung von $u \in \mathbb{F}_2^{2^k - k - 1}$ im $(2^k - 1, 2^k - k - 1)$-Code erfolgt in genau der gleichen Weise:

$$v = uG \in \mathbb{F}_2^{2^k - 1}.$$

Die Codierung ist deswegen eine einfache Matrizenmultiplikation über dem Körper $\mathbb{F}_2$.

Die Decodierung ist etwas schwieriger. Die folgenden beiden Bemerkungen bilden den Kern dieses Verfahrens. Die erste Bemerkung ist relativ direkt: Ein fehlerfreies Element des Codes $v \in \mathbb{F}_2^{2^k - 1}$ wird durch die Kontrollmatrix annihiliert, das heißt,

$$Hv^t = H(uG)^t = HG^t u^t = (GH^t)^t u^t = 0,$$

was auf die paarweise Orthogonalität zwischen den Zeilen von G und H zurückzuführen ist.

Die zweite Bemerkung ist etwas tieferliegend. Es sei $v \in \mathbb{F}_2^{2^k - 1}$ ein (fehlerfreies) Element des Codes und $v^{(i)} \in \mathbb{F}_2^{2^k - 1}$ das Wort, das sich aus v ergibt, wenn man 1 zum i-ten Eintrag von v addiert. Demnach ist $v^{(i)}$ ein codiertes Element mit einem Fehler an der i-ten Stelle. Beachten Sie, dass $H(v^{(i)})^t \in \mathbb{F}_2^k$ unabhängig von v ist! In der Tat haben wir

$$v^{(i)} = v + (0, 0, \ldots, 0, \underbrace{1}_{\text{Stelle } i}, 0, \ldots, 0)$$

und

$$H(v^{(i)})^t = Hv^t + H \begin{pmatrix} 0 \\ 0 \\ \vdots \\ 0 \\ 1 \\ 0 \\ \vdots \\ 0 \end{pmatrix} = H \begin{pmatrix} 0 \\ 0 \\ \vdots \\ 0 \\ 1 \\ 0 \\ \vdots \\ 0 \end{pmatrix} \leftarrow \text{Stelle } i,$$

denn v ist ein Element des Codes. Demnach ist $H(v^{(i)})^t$ die i-te Spalte von H. Die Spalten von H sind (gemäß Definition von H) voneinander verschieden und deswegen ist ein Fehler an der i-ten Stelle des empfangenen codierten Elements w äquivalent dazu, dass man die i-te Spalte von H im Produkt Hw^t bekommt.

Die Decodierung geht folgendermaßen vor sich:

$w \in \mathbb{F}_2^{2^k - 1}$ empfangen	$\longrightarrow$	Berechnung von $Hw^t \in \mathbb{F}_2^k$

$\longrightarrow$
| Hw^t ist null | $\Rightarrow$ | w springt zum nächsten Schritt |
| Hw^t ist gleich der Spalte i von H | $\Rightarrow$ | der Eintrag w_i wird geändert |

$\longrightarrow$
Suche nach derjenigen Linearkombination der Zeilen von G, die das korrigierte w liefert

Wenngleich diese Codes nur einen einzigen Fehler korrigieren können, so sind sie doch für hinreichend große k sehr ökonomisch. Zum Beispiel reicht es für $k = 7$ aus, 7 Bits zu einer Nachricht der Länge 120 zu addieren, um sicherzugehen, dass ein beliebiger einzelner Fehler korrigiert werden kann. Genau dieser $(2^k - 1, 2^k - k - 1)$-Hamming-Code mit $k = 7$ wird im Minitel-System verwendet.

6.5 Endliche Körper

Um den Reed-Solomon-Code vorzustellen, benötigen wir einige Eigenschaften endlicher Körper. In diesem Abschnitt behandeln wir das erforderliche Hintergrundmaterial.

Definition 6.1 *Ein Körper $\mathbb{F}$ ist eine Menge mit zwei Operationen $+$ und $\times$ sowie mit zwei ausgezeichneten Elementen 0 und $1 \in \mathbb{F}$ derart, dass die folgenden fünf Eigenschaften erfüllt sind:*

(P1) Kommutativität:
$$a + b = b + a \quad und \quad a \times b = b \times a, \qquad \forall a, b \in \mathbb{F},$$
(P2) Assoziativität:
$$(a + b) + c = a + (b + c) \quad und \quad (a \times b) \times c = a \times (b \times c), \qquad \forall a, b, c \in \mathbb{F},$$
(P3) Distributivität:
$$(a + b) \times c = (a \times c) + (b \times c), \qquad \forall a, b, c \in \mathbb{F},$$
(P4) Additive und multiplikative Identität:
$$a + 0 = a \quad und \quad a \times 1 = a, \qquad \forall a \in \mathbb{F},$$
(P5) Existenz von additiven und multiplikativen Inversen:
$$\forall \ a \in \mathbb{F}, \ \exists \ a' \in \mathbb{F} \ \ so \ dass \ \ a + a' = 0,$$
$$\forall \ a \in \mathbb{F} \setminus \{0\}, \ \exists \ a' \in \mathbb{F} \ \ so \ dass \ \ a \times a' = 1.$$

Definition 6.2 *Ein Körper $\mathbb{F}$ heißt endlich, wenn die Anzahl der Elemente von $\mathbb{F}$ endlich ist.*

Beispiel 6.3 *Die drei bekanntesten Körper sind $\mathbb{Q}$, $\mathbb{R}$ und $\mathbb{C}$, die Menge der rationalen, reellen bzw. komplexen Zahlen. Sie sind nicht endlich. Die obige Liste von Eigenschaften ist wahrscheinlich den meisten Lesern bekannt. Das Ziel der genauen Definition eines Körpers besteht darin, die Eigenschaften dieser drei Zahlenmengen auf eine Menge von Axiomen zu reduzieren. Der Vorteil dieses Ansatzes besteht darin, dass sich der ganze Mechanismus von Berechnungen in diesen Körpern auf weniger intuitive Körper verallgemeinern lässt, die denselben Eigenschaften genügen.*

Beispiel 6.4 *Die Menge $\mathbb{F}_2$ bildet in Bezug auf die in Abschnitt 6.2 gegebenen Operationen $+$ und $\times$ einen Körper. Die Berechnungen in unserer Untersuchung der Hamming-Codes haben den Leser wahrscheinlich schon von dieser Tatsache überzeugt. Der systematische Nachweis dieser Aussage ist Gegenstand von Übung 4.*

Beispiel 6.5 *$\mathbb{F}_2$ ist nur der erste einer Familie von endlichen Körpern. Es sei p eine Primzahl. Wir sagen, dass zwei Zahlen a und b kongruent modulo p sind, wenn p ihre Differenz $a - b$ teilt. Die Kongruenz ist eine Äquivalenzrelation in der Menge der ganzen Zahlen. Diese Relation induziert genau p verschiedene Äquivalenzklassen, die durch $\bar{0}, \bar{1}, \ldots, \overline{p-1}$ repräsentiert werden. Zum Beispiel wird für $p = 3$ die Menge $\mathbb{Z}$ der ganzen Zahlen in die folgenden drei Untermengen partitioniert*

$$\bar{0} = \{\ldots, -6, -3, 0, 3, 6, \ldots\},$$
$$\bar{1} = \{\ldots, -5, -2, 1, 4, 7, \ldots\},$$
$$\bar{2} = \{\ldots, -4, -1, 2, 5, 8, \ldots\}.$$

Die Menge $\mathbb{Z}_p = \{\bar{0}, \bar{1}, \bar{2}, \ldots, \overline{p-1}\}$ ist die Menge dieser Äquivalenzklassen. Wir definieren die Operationen $+$ und $\times$ über diesen Klassen als Addition modulo p und Multiplikation modulo p. Um die Addition modulo p von zwei Klassen $\bar{a}$ und $\bar{b}$ durchzuführen, wählen wir je ein Element aus diesen Klassen aus (wir wählen a und b). Das Ergebnis von $\bar{a} + \bar{b}$ ist $\overline{a+b}$, das heißt, die Klasse, in der die Summe der ausgewählten Elemente liegt. (Übung: Warum ist dieses Ergebnis unabhängig von unserer Wahl der Elemente aus $\bar{a}$ und $\bar{b}$? Stimmt diese Definition mit dem überein, was für $\mathbb{F}_2$ in Abschnitt 6.2 definiert worden ist?) Die Multiplikation von Äquivalenzklassen wird analog definiert. Üblicherweise lässt man das „ ¯ " weg, das die Äquivalenzklasse bezeichnet. In Übung 24 ist zu zeigen, dass $(\mathbb{Z}_p, +, \times)$ tatsächlich ein Körper ist.

Beispiel 6.6 *Die Menge $\mathbb{Z}$ der ganzen Zahlen ist bezüglich der Addition und der Multiplikation kein Körper. Zum Beispiel hat das Element 2 kein multiplikatives Inverses.*

Beispiel 6.7 *Es sei $\mathbb{F}$ ein Körper. Wir bezeichnen mit $\tilde{\mathbb{F}}$ die Menge aller Polynomquotienten in einer Variablen x mit Koeffizienten aus $\mathbb{F}$. Die Elemente von $\tilde{\mathbb{F}}$ haben also die Form $\frac{p(x)}{q(x)}$, wobei $p(x)$ und $q(x)$ Polynome mit Koeffizienten aus $\mathbb{F}$ sind und q von null verschieden ist (Polynome sind definitionsgemäß von endlichem Grad). Statten wir $\tilde{\mathbb{F}}$ mit den üblichen Operationen der Addition und der Multiplikation aus, dann ist $(\tilde{\mathbb{F}}, +, \times)$ ein Körper. Der Quotient $0/1 = 0$ (das heißt, der Quotient mit $p(x) = 0$ und $q(x) = 1$) und der Quotient 1 (das heißt, der Quotient mit $p(x) = q(x) = 1$) sind die additive bzw. die multiplikative Identität. Die Eigenschaften (P1) bis (P5) lassen sich mühelos überprüfen.*

Die oben genannte Menge $\mathbb{Z}_p$ verdient es, genauer untersucht zu werden. Die Additionstafel und die Multiplikationstafel von $\mathbb{Z}_3$ sind durch

+	0	1	2
0	0	1	2
1	1	2	0
2	2	0	1

×	0	1	2
0	0	0	0
1	0	1	2
2	0	2	1

(6.4)

gegeben und die entsprechenden Tafeln von $\mathbb{Z}_5$ sind

+	0	1	2	3	4
0	0	1	2	3	4
1	1	2	3	4	0
2	2	3	4	0	1
3	3	4	0	1	2
4	4	0	1	2	3

×	0	1	2	3	4
0	0	0	0	0	0
1	0	1	2	3	4
2	0	2	4	1	3
3	0	3	1	4	2
4	0	4	3	2	1

(6.5)

(Übung: Zeigen Sie, dass diese Tafeln die Addition bzw. die Multiplikation modulo 3 bzw. 5 darstellen.) Das Beispiel, in dem der Körper $\mathbb{Z}_p$ eingeführt wird, setzt voraus, dass p eine Primzahl ist. Was passiert, wenn das nicht der Fall ist? Im Folgenden geben wir die Additionstafel bzw. die Multiplikationstafel modulo 6 über der Menge $\mathbb{Z}_5 = \{0, 1, 2, 3, 4, 5\}$:

+	0	1	2	3	4	5		×	0	1	2	3	4	5
0	0	1	2	3	4	5		0	0	0	0	0	0	0
1	1	2	3	4	5	0		1	0	1	2	3	4	5
2	2	3	4	5	0	1		2	0	2	4	**0**	2	4
3	3	4	5	0	1	2		3	0	3	**0**	3	**0**	3
4	4	5	0	1	2	3		4	0	4	2	**0**	4	2
5	5	0	1	2	3	4		5	0	5	4	3	2	1

$$(6.6)$$

Wie können wir zeigen, dass die Menge $\mathbb{Z}_6$ in Bezug auf die obige Addition und Multiplikation kein Körper ist? Mit Hilfe der fettgedruckten Nullen in der Multiplikationstafel! Der Beweis geht folgendermaßen.

Wir wissen, dass $0 \times a = 0$ in $\mathbb{Q}$ und in $\mathbb{R}$ gilt. Gilt das für alle von null verschiedenen Elemente a eines gegebenen Körpers $\mathbb{F}$? Ja! Der folgende Beweis ist elementar. (Beachten Sie, dass jeder Schritt unmittelbar aus einer der fünf definierenden Eigenschaften eines Körpers folgt.) Es sei a ein von null verschiedenes Element von $\mathbb{F}$. Dann haben wir

$$
\begin{aligned}
0 \times a &= (0 + 0) \times a & \text{(P4)} \\
&= 0 \times a + 0 \times a & \text{(P3)}.
\end{aligned}
$$

Gemäß (P5) hat jedes Element von $\mathbb{F}$ ein additives Inverses. Es sei b das additive Inverse von $(0 \times a)$. Addiert man dieses Element zu beiden Seiten der obigen Gleichung, dann ergibt sich

$$(0 \times a) + b = (0 \times a + 0 \times a) + b.$$

Die linke Seite der Gleichung ist null (gemäß Definition von b), während sich die rechte Seite aufgrund unserer Wahl von b in der Form

$$
\begin{aligned}
0 &= 0 \times a + ((0 \times a) + b) & \text{(P2)} \\
&= 0 \times a + 0 \\
&= 0 \times a & \text{(P4)}
\end{aligned}
$$

schreiben lässt. Somit ist $0 \times a$ gleich null, und zwar unabhängig von unserer Wahl von $a \in \mathbb{F}$. Wir betrachten wieder die Multiplikationstafel eines Körpers $\mathbb{F}$. Es seien a und $b \in \mathbb{F}$ zwei von null verschiedene Elements von $\mathbb{F}$ mit

$$a \times b = 0.$$

Multiplizieren wir beide Seiten dieser Gleichung mit dem multiplikativen Inversen b' von b (das gemäß (P5) existiert), dann haben wir

$$a \times (b \times b') = 0 \times b',$$

und aus der soeben nachgewiesenen Eigenschaft folgt

$$a \times 1 = 0.$$

Gemäß (P4) ergibt sich

$$a = 0,$$

und das ist ein Widerspruch, denn a war als von null verschieden gewählt worden. *In einem Körper $\mathbb{F}$ muss demnach das Produkt zweier von null verschiedener Elemente ebenfalls von null verschieden sein.* Und deswegen ist $(\mathbb{Z}_6, +, \times)$ kein Körper (vgl. die fettgedruckten Nullen in der Multiplikationstafel).

Ist p keine Primzahl, dann gibt es von 0 und 1 verschiedene Elemente q_1 und q_2 derart, dass $p = q_1 q_2$. In $\mathbb{Z}_p$ hätten wir dann $q_1 \times q_2 = p = 0 \pmod p$. *Ist also p keine Primzahl, dann ist $\mathbb{Z}_p$ in Bezug auf die Operationen der Addition und der Multiplikation modulo p kein Körper.* Wir werden diese Tatsache zur Vorstellung eines Ergebnisses benutzen, das wir hier nicht beweisen.

Es bezeichne $\mathbb{F}[x]$ die Menge aller Polynome in einer einzigen Variablen x mit Koeffizienten aus $\mathbb{F}$. Diese Menge kann auf die übliche Weise mit den Operationen der Addition und der Multiplikation ausgestattet werden. Bemerkung: $\mathbb{F}[x]$ ist kein Körper. Zum Beispiel hat das von null verschiedene Element $(x+1)$ kein multiplikatives Inverses.

Beispiel 6.8 *$\mathbb{F}_2[x]$ ist die Menge aller Polynome in x mit Koeffizienten aus $\mathbb{F}_2$. Hier ist ein Beispiel für eine Multiplikation in $\mathbb{F}_2[x]$:*

$$(x+1) \times (x+1) = x^2 + x + x + 1 = x^2 + (1+1)x + 1 = x^2 + 1 \in \mathbb{F}_2[x].$$

So wie wir „modulo p" rechnen können, ist es möglich, „modulo eines Polynoms $p(x)$" zu rechnen. Es sei $p(x) \in \mathbb{F}[x]$ ein Polynom des Grades $n \geq 1$:

$$p(x) = a_n x^n + a_{n-1} x^{n-1} + \cdots + a_1 x + a_0,$$

wobei $a_i \in \mathbb{F}, 0 \leq i \leq n$ und $a_n \neq 0$. Ohne Beschränkung der Allgemeinheit betrachten wir Polynome, bei denen $a_n = 1$. Die Operationen der Addition und der Multiplikation sind die normale Addition bzw. Multiplikation von Polynomen, wobei die individuellen Operationen mit den Koeffizienten im Körper $\mathbb{F}$ durchgeführt werden; danach werden die Vielfachen der Polynome $p(x)$ wiederholt entfernt, bis das resultierende Polynom einen Grad kleiner als n hat. Das klingt vielleicht etwas kompliziert, aber wir erläutern den Sachverhalt jetzt an einigen Beispielen.

Beispiel 6.9 *Es sei $p(x) = x^2 + 1 \in \mathbb{Q}[x]$ und es seien $(x+1)$ und $(x^2 + 2x)$ zwei andere Polynome in $\mathbb{Q}[x]$, die wir modulo $p(x)$ multiplizieren möchten. Die folgenden Gleichheiten bestehen zwischen Polynomen, die sich nur um ein Vielfaches von $p(x)$ unterscheiden. Es handelt sich hierbei nicht um Gleichheiten im engeren Sinne (die Polynome sind offensichtlich nicht im normalen Sinne gleich); wir deuten das in der letzten Zeile durch „mod $p(x)$" an:*

$$(x + 1) \times (x^2 + 2x) = x^3 + 2x^2 + x^2 + 2x$$
$$= x^3 + 3x^2 + 2x - x(x^2 + 1)$$
$$= x^3 - x^3 + 3x^2 + 2x - x$$
$$= 3x^2 + x$$
$$= 3x^2 + x - 3(x^2 + 1)$$
$$= 3x^2 - 3x^2 + x - 3$$
$$= x - 3 \ (\text{mod } p(x)).$$

Man kann mühelos prüfen, dass $(x - 3)$ der Rest ist, der sich nach der Division von $(x + 1) \times (x^2 + 2x)$ durch $p(x)$ ergibt. Das ist kein Zufall. Es handelt sich vielmehr um eine allgemeine Eigenschaft, die uns eine alternative Methode zur Berechnung von $q(x) \ (\text{mod } p(x))$ liefert. Vgl. Übung 14.

Beispiel 6.10 *Es sei $p(x) = x^2 + x + 1 \in \mathbb{F}_2[x]$. Das Quadrat des Polynoms $(x^2 + 1)$ modulo $p(x)$ ist*

$$(x^2 + 1) \times (x^2 + 1) = x^4 + 1 = x^4 + 1 - x^2(x^2 + x + 1) = x^3 + x^2 + 1$$
$$= x^3 + x^2 + 1 - x(x^2 + x + 1) = x + 1 \ (\text{mod } p(x)).$$

Endliche Körper können konstruiert werden, indem man von den Polynommengen $\mathbb{F}[x]$ ausgeht und die Konstruktion von $\mathbb{Z}_p$ (für eine Primzahl p) unter Verwendung von Äquivalenzklassen kopiert. Die Operationen der Addition und der Multiplikation erfolgen modulo eines Polynoms $p(x)$. Kann man hierzu ein beliebiges Polynom nehmen? Nein! Ähnlich der Forderung, dass das p bei $\mathbb{Z}_p$ eine Primzahl sein muss, muss auch das Polynom $p(x)$ eine besondere Bedingung erfüllen: Es muss *irreduzibel* sein. Ein von null verschiedenes Polynom $p(x) \in \mathbb{F}[x]$ heißt irreduzibel, wenn für alle $q_1(x)$ und $q_2(x) \in \mathbb{F}[x]$ aus

$$p(x) = q_1(x)q_2(x)$$

folgt, dass entweder $q_1(x)$ oder $q_2(x)$ ein konstantes Polynom ist. Mit anderen Worten: $p(x)$ hat keinen echten Polynomfaktor mit einem Grad, der kleiner als der Grad von $p(x)$ ist.

Beispiel 6.11 *Das Polynom $x^2 + x - 1$ kann über $\mathbb{R}$ faktorisiert werden. In der Tat sind*

$$x_1 = \tfrac{1}{2}(\sqrt{5} - 1) \quad und \quad x_2 = -\tfrac{1}{2}(\sqrt{5} + 1)$$

die Nullstellen dieses Polynoms. Diese beiden Zahlen liegen in $\mathbb{R}$ und

$$x^2 + x - 1 = (x - x_1)(x - x_2).$$

Demnach ist $x^2 + x - 1 \in \mathbb{R}[x]$ nicht irreduzibel über $\mathbb{R}$. Das gleiche Polynom ist jedoch irreduzibel über $\mathbb{Q}[x]$, denn $x_i \notin \mathbb{Q}$, $i = 1, 2$ und deswegen lässt sich $x^2 + x - 1$ über $\mathbb{Q}$ nicht faktorisieren.

Beispiel 6.12 *Das Polynom $x^2 + 1$ ist irreduzibel über $\mathbb{R}$, aber über $\mathbb{F}_2$ kann es als $x^2 + 1 = (x + 1) \times (x + 1)$ faktorisiert werden. Deswegen ist es nicht irreduzibel über $\mathbb{F}_2$.*

Wir bezeichnen mit $\mathbb{F}[x]/(p(x))$ die Menge aller Polynome $\mathbb{F}[x]$ und betrachten die Operationen der Addition und Multiplikation modulo $p(x)$. Wir benötigen das folgende zentrale Ergebnis.

Proposition 6.13 *(i) Es sei $p(x)$ ein Polynom des Grades n. Der Quotient $\mathbb{F}[x]/(p(x))$ kann mit $\{q(x) \in \mathbb{F}[x] \mid \text{Grad } q < n\}$ identifiziert werden, wobei die Addition und die Multiplikation modulo $p(x)$ erfolgen.*
(ii) $\mathbb{F}[x]/(p(x))$ ist dann und nur dann ein Körper, wenn $p(x)$ irreduzibel über $\mathbb{F}$ ist.

Wir beweisen dieses Ergebnis nicht, aber wir werden es verwenden, um die explizite Konstruktion eines Körpers zu geben, der zu keinem $\mathbb{Z}_p$ (p prim) isomorph ist.

Beispiel 6.14 Konstruktion des neunelementigen Körpers $\mathbb{F}_9$. *Es sei $\mathbb{Z}_3$ der dreielementige Körper, dessen Additions- und Multiplikationstafel wir bereits gegeben hatten. Es sei $\mathbb{Z}_3[x]$ die Menge der Polynome mit Koeffizienten in $\mathbb{Z}_3$ und wir definieren $p(x) = x^2 + x + 2$.*
Wir überzeugen uns zunächst davon, dass $p(x)$ irreduzibel ist. Wäre das nicht der Fall, dann gäbe es zwei nichtkonstante Polynome q_1 und q_2, deren Produkt p ist. Da der Grad von $p(x)$ gleich 2 ist, muss jedes dieser beiden Polynome den Grad 1 haben. Deswegen folgt

$$p(x) = (x + a)(bx + c) \tag{6.7}$$

für gewisse $a, b, c \in \mathbb{Z}_3$. In diesem Fall wird der Wert von $p(x)$ für das additive Inverse von a gleich null. Wir haben jedoch

$$p(0) = 0^2 + 0 + 2 = 2,$$
$$p(1) = 1^2 + 1 + 2 = 1,$$
$$p(2) = 2^2 + 2 + 2 = 1 + 2 + 2 = 2,$$

und deswegen ist $p(x)$ für jeden möglichen Wert von $x \in \mathbb{Z}_3$ von null verschieden. (Bemerkung: Die Berechnungen werden in $\mathbb{Z}_3$ ausgeführt!) Deswegen lässt sich $p(x)$ nicht so schreiben wie in (6.7) und ist daher irreduzibel.

Wir bestimmen nun die Anzahl der Elemente des Körpers $\mathbb{Z}_3[x]/(p(x))$. Alle Elemente dieses Körpers sind Polynome eines Grades, der kleiner als der Grad von $p(x)$ ist, und deswegen haben alle diese Elemente die Form $a_1 x + a_0$. Wegen $a_0, a_1 \in \mathbb{Z}_3$ können sie jeweils drei verschiedene Werte annehmen. Demnach hat $\mathbb{Z}_3[x]/(p(x))$ insgesamt $3^2 = 9$ verschiedene Elemente.

Wir konstruieren nun die Multiplikationstafel. Zwei Beispiele veranschaulichen, wie man das macht:

$$(x+1)^2 = x^2 + 2x + 1 = (x^2 + 2x + 1) - (x^2 + x + 2) = x - 1 = x + 2,$$
$$x(x+2) = x^2 + 2x = x^2 + 2x - (x^2 + x + 2) = x - 2 = x + 1.$$

Die vollständige Multiplikationstafel ist

$\times$	0	1	2	x	$x+1$	$x+2$	$2x$	$2x+1$	$2x+2$
0	0	0	0	0	0	0	0	0	0
1	0	1	2	x	$x+1$	$x+2$	$2x$	$2x+1$	$2x+2$
2	0	2	1	$2x$	$2x+2$	$2x+1$	x	$x+2$	$x+1$
x	0	x	$2x$	$2x+1$	1	$x+1$	$x+2$	$2x+2$	2
$x+1$	0	$x+1$	$2x+2$	1	$x+2$	$2x$	2	x	$2x+1$
$x+2$	0	$x+2$	$2x+1$	$x+1$	$2x$	2	$2x+2$	1	x
$2x$	0	$2x$	x	$x+2$	2	$2x+2$	$2x+1$	$x+1$	1
$2x+1$	0	$2x+1$	$x+2$	$2x+2$	x	1	$x+1$	2	$2x$
$2x+2$	0	$2x+2$	$x+1$	2	$2x+1$	x	1	$2x$	$x+2$

$$(6.8)$$

Aber dieses Verfahren ist umständlich. Gibt es eine Möglichkeit, diese Rechnungen zu vereinfachen? Wir sehen uns die Auflistung der Potenzen von $q(x) = x$ an. Betrachten wir diese Potenzen modulo $p(x)$, dann erhalten wir

$$q = x,$$
$$q^2 = x^2 = x^2 - (x^2 + x + 2) = -x - 2 = 2x + 1,$$
$$q^3 = q \times q^2 = 2x^2 + x = 2x^2 + x - 2(x^2 + x + 2) = 2x + 2,$$
$$q^4 = q \times q^3 = 2x^2 + 2x = 2x^2 + 2x - 2(x^2 + x + 2) = 2,$$
$$q^5 = q \times q^4 = 2x,$$
$$q^6 = q \times q^5 = 2x^2 = 2x^2 - 2(x^2 + x + 2) = x + 2,$$
$$q^7 = q \times q^6 = x^2 + 2x = x^2 + 2x - (x^2 + x + 2) = x + 1,$$
$$q^8 = q \times q^7 = x^2 + x = x^2 + x - (x^2 + x + 2) = 1.$$

Die Potenzen von $q(x) = x$ liefern die acht von null verschiedenen Polynome von $\mathbb{Z}_3[x]/(p(x))$. Die paarweise Multiplikation der Elemente von $\{0, q, q^2, q^3, q^4, q^5, q^6, q^7, q^8 = 1\}$ vereinfacht sich bei der Verwendung von $q^i \times q^j = q^k$, wobei $k = i + j \pmod{8}$ (denn $q^8 = 1$). Das gibt uns eine einfache Möglichkeit, die Multiplikationstafel zu berechnen. Wir transformieren jedes Polynom in eine Potenz von q, und dann vereinfacht *sich die Multiplikation zweier Elemente zu einer Addition von Potenzen modulo 8. Wir können die obigen Beispiele mühelos neu berechnen, denn*

$$(x+1)^2 = q^7 \times q^7 = q^{14} = q^6 = x+2,$$
$$x(x+2) = q \times q^6 = q^7 = x+1.$$

Wir können diese zweite Methode verwenden, um unsere früheren Rechnungen zu verifizieren. Wir schreiben die Multiplikationstafel noch einmal auf, wobei wir jedes Polynom durch die entsprechende Potenz von q ersetzen:

$\times$	0	1	q^4	q^1	q^7	q^6	q^5	q^2	q^3
0	0	0	0	0	0	0	0	0	0
1	0	1	q^4	q	q^7	q^6	q^5	q^2	q^3
q^4	0	q^4	1	q^5	q^3	q^2	q	q^6	q^7
q^1	0	q	q^5	q^2	1	q^7	q^6	q^3	q^4
q^7	0	q^7	q^3	1	q^6	q^5	q^4	q	q^2
q^6	0	q^6	q^2	q^7	q^5	q^4	q^3	1	q
q^5	0	q^5	q	q^6	q^4	q^3	q^2	q^7	1
q^2	0	q^2	q^6	q^3	q	1	q^7	q^4	q^5
q^3	0	q^3	q^7	q^4	q^2	q	1	q^5	q^6

$$(6.9)$$

Mit diesen neuen Bezeichnungen ist es natürlicher, die Zeilen und Spalten der Tafel so umzuordnen, dass die Exponenten zunehmen. Die umgeordnete Tafel sieht folgendermaßen aus:

$\times$	0	q^1	q^2	q^3	q^4	q^5	q^6	q^7	1
0	0	0	0	0	0	0	0	0	0
q^1	0	q^2	q^3	q^4	q^5	q^6	q^7	1	q
q^2	0	q^3	q^4	q^5	q^6	q^7	1	q	q^2
q^3	0	q^4	q^5	q^6	q^7	1	q	q^2	q^3
q^4	0	q^5	q^6	q^7	1	q	q^2	q^3	q^4
q^5	0	q^6	q^7	1	q	q^2	q^3	q^4	q^5
q^6	0	q^7	1	q	q^2	q^3	q^4	q^5	q^6
q^7	0	1	q	q^2	q^3	q^4	q^5	q^6	q^7
1	0	q	q^2	q^3	q^4	q^5	q^6	q^7	1

$$(6.10)$$

Die Additionstafel lässt sich dann auf ähnliche Weise erstellen. Wir geben zwei Beispielrechnungen:

$$q^2 + q^4 = (2x+1) + (2) = 2x + (2+1) = 2x = q^5,$$
$$q^3 + q^6 = (2x+2) + (x+2) = (2+1)x + (2+2) = 1 = q^8.$$

Hier ist die vollständige Additionstafel von $\mathbb{F}_9$. (Übung: Überprüfen Sie einige Elemente dieser Tafel.)

+	0	q^1	q^2	q^3	q^4	q^5	q^6	q^7	1
0	0	q^1	q^2	q^3	q^4	q^5	q^6	q^7	1
q^1	q^1	q^5	1	q^4	q^6	0	q^3	q^2	q^7
q^2	q^2	1	q^6	q^1	q^5	q^7	0	q^4	q^3
q^3	q^3	q^4	q^1	q^7	q^2	q^6	1	0	q^5
q^4	q^4	q^6	q^5	q^2	1	q^3	q^7	q^1	0
q^5	q^5	0	q^7	q^6	q^3	q^1	q^4	1	q^2
q^6	q^6	q^3	0	1	q^7	q^4	q^2	q^5	q^1
q^7	q^7	q^2	q^4	0	q^1	1	q^5	q^3	q^6
1	1	q^7	q^3	q^5	0	q^2	q^1	q^6	q^4

$$(6.11)$$

Definition 6.15 *Ein von null verschiedenes Element, dessen Potenzen alle anderen von null verschiedenen Elemente eines Körpers erzeugen, heißt primitiv oder primitive Wurzel.*

Nicht alle Elemente sind primitiv. Zum Beispiel ist in $\mathbb{F}_9$ das Element q^4 nicht primitiv; die einzigen voneinander verschiedenen Elemente, von deren Potenzen es „erfasst" wird, sind q^4 und $q^4 \times q^4 = q^8$. In Übung 13 sind alle primitiven Wurzeln von $\mathbb{F}_9$ anzugeben. Im obigen Beispiel ist das Polynom $q(x) = x$ primitiv, denn es gestattet uns, die acht von null verschiedenen Polynome in der Form q^i für $i = 1, \ldots, 8$ zu konstruieren. Aber $q(x) = x$ ist keine primitive Wurzel für alle Körper modulo einem Polynom. Wir geben hierfür zwei Beispiele, das erste in Übung 17 dieses Kapitels und das zweite in Übung 6 von Kapitel 8.

(Falls Ihnen der Begriff der *Gruppe* bekannt ist, dann erkennen Sie, dass eine primitive Wurzel ein erzeugendes Element der multiplikativen Gruppe der von null verschiedenen Elemente eines Körpers ist, das heißt, die Elemente bilden eine zyklische Gruppe. Diese Bemerkung wird im vorliegenden Kapitel nicht verwendet.)

Satz 6.16 *Alle endlichen Körper $\mathbb{F}_{p^r}$ besitzen eine primitive Wurzel. Mit anderen Worten, es gibt ein von null verschiedenes Element α, dessen Potenzen die von null verschiedenen Elemente von $\mathbb{F}_{p^r}$ erzeugen:*

$$\mathbb{F}_{p^r} \setminus \{0\} = \{\alpha, \alpha^2, \ldots, \alpha^{p^r - 1} = \alpha^0 = 1\}.$$

Üblicherweise verwendet man das Symbol α als Bezeichnung einer primitiven Wurzel. In diesem Abschnitt haben wir oft den Buchstaben q genommen, aber wir werden α in den nachfolgenden Abschnitten verwenden.

Bevor wir unsere Einführung in endliche Körper beenden, geben wir ohne Beweis zwei wichtige Sätze an.

Satz 6.17 *Die Anzahl der Elemente eines endlichen Körpers ist eine Primzahlpotenz.*

Satz 6.18 *Haben zwei endliche Körper die gleiche Anzahl von Elementen, dann sind sie isomorph. Mit anderen Worten, es existiert eine Umordnung der Elemente derart, dass die Addition und die Multiplikation der beiden Körper einander entsprechen. Eine solche Umordnung bildet jedes Element des einen Körpers auf sein Gegenstück im anderen Körper ab und die betreffende Abbildung wird* Isomorphismus *genannt.*

6.6 Reed-Solomon-Codes

Die von Reed und Solomon eingeführten Codes sind komplexer als die Hamming-Codes. Wir beginnen mit der Beschreibung des Codierungs- und Decodierungsprozesses. Danach geben wir die drei Eigenschaften an, die diese Codes charakterisieren.

Es sei $\mathbb{F}_{2^m}$ ein Körper mit 2^m Elementen und α eine primitive Wurzel. Die $2^m - 1$ von null verschiedenen Elemente von $\mathbb{F}_{2^m}$ haben die Form

$$\{\alpha, \alpha^2, \ldots, \alpha^{2^m-1} = 1\},$$

und für alle von null verschiedenen Elemente $x \in \mathbb{F}_{2^m}$ gilt deswegen $x^{2^m-1} = 1$.

Die zu codierenden Wörter bestehen aus k Buchstaben und jeder Buchstabe ist ein Element von $\mathbb{F}_{2^m}$, wobei $k < 2^m - 2$. (Wir werden in Kürze erklären, wie man die ganzen Zahlen k auswählt.) Die Wörter sind also Elemente $(u_0, u_1, u_2, \ldots, u_{k-1}) \in \mathbb{F}_{2^m}^k$. Jedes dieser Wörter wird einem Polynom

$$p(x) = u_0 + u_1 x + u_2 x^2 + \cdots + u_{k-1} x^{k-1} \in \mathbb{F}_{2^m}[x]$$

zugeordnet. Diese Wörter werden in Form eines Vektors $v = (v_0, v_1, v_2, \ldots, v_{2^m-2}) \in \mathbb{F}_{2^m}^{2^m-1}$ codiert, dessen Einträge durch

$$v_i = p(\alpha^i), \qquad i = 0, 1, 2, \ldots, 2^m - 2,$$

gegeben sind, wobei α die primitive Wurzel ist, die wir am Anfang ausgewählt haben. Somit besteht das *Codieren* aus den Berechnungen

$$
\begin{aligned}
v_0 &= p(1) &&= u_0 + u_1 + u_2 + \cdots + u_{k-1}, \\
v_1 &= p(\alpha) &&= u_0 + u_1\alpha + u_2\alpha^2 + \cdots + u_{k-1}\alpha^{k-1}, \\
v_2 &= p(\alpha^2) &&= u_0 + u_1\alpha^2 + u_2\alpha^4 + \cdots + u_{k-1}\alpha^{2(k-1)}, \\
\vdots &= \quad\vdots &&= \quad\vdots \\
v_{2^m-2} &= p(\alpha^{2^m-2}) &&= u_0 + u_1\alpha^{2^m-2} + u_2\alpha^{2(2^m-2)} + \cdots + u_{k-1}\alpha^{(k-1)(2^m-2)}.
\end{aligned}
\tag{6.12}
$$

Der $C(2^m - 1, k)$-Reed-Solomon-Code ist die Menge der Vektoren $v \in \mathbb{F}_{2^m}^{2^m-1}$, die man auf diese Weise erhält. Die Grundanforderung an jede Codierung besteht darin, dass unterschiedliche Wörter nicht ein und dieselbe Codierung bewirken. Das ist der Inhalt der ersten Eigenschaft.

Eigenschaft 6.19 *Die Codierung* $u \mapsto v$, *wobei* $u \in \mathbb{F}_{2^m}^k$ *und* $v \in \mathbb{F}_{2^m}^{2^m-1}$, *ist eine lineare Transformation mit einem trivialen Kern, das heißt, einem Kern, der gleich* $\{0\} \subset \mathbb{F}_{2^m}^k$ *ist.*

(Die Beweise der Eigenschaften 6.19 und 6.20 werden am Ende dieses Abschnitts gegeben.)

Die Übertragung kann zu einigen Fehlern in der codierten Nachricht v führen. Die empfangene Nachricht $w \in \mathbb{F}_{2^m}^{2^m-1}$ kann sich von v an einer oder mehreren Stellen unterscheiden. Die Decodierung besteht darin, dass zuerst in (6.12) die v_i durch die Komponenten w_i von w ersetzt und dann aus diesem neuen linearen System das ursprüngliche u (trotz der möglichen Fehler in w) extrahiert wird. Um die Durchführung dieses Vorgangs zu verstehen, geben wir zunächst eine geometrische Beschreibung des Systems (6.12). Jede dieser Gleichungen (wobei v_i durch das entsprechende w_i ersetzt ist) stellt eine Ebene im Raum $\mathbb{F}_2^k$ mit den Koordinaten $(u_0, u_1, \ldots, u_{k-1})$ dar. Es gibt $2^m - 1$ Ebenen, das heißt, mehr als k Ebenen, wobei k die Anzahl der Unbekannten u_j ist. Mit Hilfe unserer Intuition des Raumes $\mathbb{R}^3$ fertigen wir eine geometrische Darstellung der Situation an. Abbildung 6.4 (a) stellt fünf (anstelle von $2^m - 1$) Ebenen im $\mathbb{R}^3$ (anstelle von $\mathbb{F}_2^k$) dar. Enthält die Übertragung keine Fehler (alle w_i stimmen mit den ursprünglichen v_i überein), dann schneiden sich alle Ebenen in einem einzigen Punkt, der Originalnachricht u. Darüber hinaus bestimmt jede Auswahl von drei der fünf Ebenen auf eindeutige Weise die Lösung u. Mit anderen Worten: zwei der fünf Ebenen sind redundant, das heißt, in dieser fehlerlosen Übertragung gibt es viele verschiedene Möglichkeiten der Rekonstruktion von u. Wir nehmen nun an, dass eines der w_i fehlerhaft ist. Die entsprechende Gleichung ist dann falsch und die ihr entsprechende Ebene ist verschoben. Wir illustrieren diesen Sachverhalt in Abbildung 6.4(b), bei der eine Ebene (die horizontale Ebene) nach oben bewegt worden ist. Obwohl sich die vier korrekten Ebenen (das heißt, die Ebenen mit den korrekten w_i) immer noch in u schneiden, liefert eine – die falsche Ebene enthaltende – Auswahl von drei Ebenen eine falsche Nachricht $\bar{u}$. Im $\mathbb{R}^3$ benötigen wir drei Ebenen, um u (richtig oder falsch) zu bestimmen. Für das System (6.12) brauchen wir k Ebenen (= Gleichungen), um u zu bestimmen. Wir können jede Auswahl von k Ebenen als „Abstimmung" für den Wert u auffassen, bei dem sich die Ebenen schneiden. Ist eines der w_i falsch, dann können wir fragen, ob das korrekte u die größte Anzahl von Stimmen bekommt. Das ist die Frage, mit der wir uns jetzt beschäftigen. (Zum Beispiel erhält in unserem Beispiel von Abbildung 6.4 (b) die richtige Antwort u vier Stimmen, während die falsche Antwort $\bar{u}$ nur eine Stimme bekommt.)

Wir nehmen an, dass wir nach der Übertragung einer Nachricht die $2^m - 1$ Symbole $w = (w_0, w_1, w_2, \ldots, w_{2^m-2}) \in \mathbb{F}_{2^m}^{2^m-1}$ erhalten. Sind alle diese Symbole exakt, dann können wir die Originalnachricht u zurückgewinnen, indem wir aus (6.12) eine beliebige Untermenge von k Zeilen auswählen und das daraus resultierende lineare System lösen. Angenommen wir wählen die Zeilen $i_0, i_1, \ldots, i_{k-1}$ mit $0 \leq i_0 < i_1 < \cdots < i_{k-1} \leq 2^m - 2$ aus; ferner bezeichne α_j das Element α^{i_j}. Dann hat das resultierende lineare System die Form

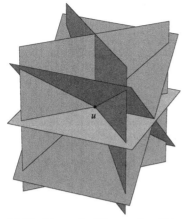 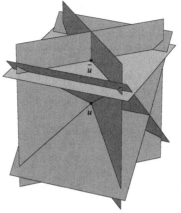

(a) Die Menge der Ebenen ohne Fehler

(b) Die Menge der Ebenen mit einem Fehler

Abb. 6.4. Die Ebenen des Systems (6.12).

$$
\begin{pmatrix} w_{i_0} \\ w_{i_1} \\ w_{i_2} \\ \vdots \\ w_{i_{k-1}} \end{pmatrix} = \begin{pmatrix} 1 & \alpha_0 & \alpha_0^2 & \alpha_0^3 & \dots & \alpha_0^{k-1} \\ 1 & \alpha_1 & \alpha_1^2 & \alpha_1^3 & \dots & \alpha_1^{k-1} \\ 1 & \alpha_2 & \alpha_2^2 & \alpha_2^3 & \dots & \alpha_2^{k-1} \\ \vdots & \vdots & \vdots & \vdots & \ddots & \vdots \\ 1 & \alpha_{k-1} & \alpha_{k-1}^2 & \alpha_{k-1}^3 & \dots & \alpha_{k-1}^{k-1} \end{pmatrix} \begin{pmatrix} u_0 \\ u_1 \\ u_2 \\ \vdots \\ u_{k-1} \end{pmatrix} \tag{6.13}
$$

und wir können die Originalnachricht gewinnen, indem wir die Matrix $\{\alpha_i^j\}_{0 \le i,j \le k-1}$ invertieren (unter der Voraussetzung, dass sie invertierbar ist).

Eigenschaft 6.20 *Für alle aus* $0 \le i_0 < i_1 < i_2 < \dots < i_{k-1} \le 2^m - 2$ *ausgewählten Werte ist die oben beschriebene Matrix* $\{\alpha_i^j\}$ *invertierbar.*

Nimmt man also an, dass die erhaltene Matrix keine Fehler enthält, dann ist die Anzahl der Möglichkeiten, die Nachricht zurückzugewinnen, gleich der Anzahl der Möglichkeiten, k Gleichungen aus den $2^m - 1$ Gleichungen in (6.12) auszuwählen:

$$
\binom{2^m - 1}{k} = \frac{(2^m - 1)!}{k!(2^m - 1 - k)!}.
$$

Wir nehmen nun an, dass s der $2^m - 1$ Koeffizienten von w fehlerhaft sind. Dann sind nur $(2^m - s - 1)$ Gleichungen von (6.12) korrekt, und nur $\binom{2^m - s - 1}{k}$ der $\binom{2^m - 1}{k}$ möglichen Berechnungen von u sind korrekt. Die anderen sind fehlerhaft und deswegen gibt es mehrere Kandidaten für den Vektor u, aber nur einer dieser Kandidaten ist der richtige Wert. Es sei $\bar{u}$ einer der inkorrekten Kandidaten, die wir durch die Auswahl falscher Gleichungen aus (6.12) erhalten haben. Wieviele Male können wir $\bar{u}$ erhalten, wenn wir die von uns verwendeten Gleichungen ändern? Man erhält die Lösung $\bar{u}$ als Durchschnitt der k Ebenen, die durch die k aus (6.12) ausgewählten Gleichungen repräsentiert werden. Höchstens $s + k - 1$ dieser Ebenen schneiden sich in $\bar{u}$, denn wäre es eine mehr, dann würde es unter ihnen k Ebenen geben, die durch gültige Gleichungen beschrieben werden, und wir hätten $\bar{u} = u$. Es gibt also höchstens $\binom{s+k-1}{k}$ Möglichkeiten, zu $\bar{u}$ zu kommen. Der korrekte Wert u erhält die meisten „Stimmen" (das heißt, wird durch die meisten Auswahlen von Gleichungen berechnet), wenn

$$\binom{2^m - s - 1}{k} > \binom{s + k - 1}{k}$$

oder äquivalent

$$2^m - s - 1 > s + k - 1.$$

Wir leiten also ab, dass

$$2^m - k > 2s.$$

Wir sind nur an ganzzahligen Werten von s interessiert und deswegen ist das äquivalent zu

$$2^m - k - 1 \geq 2s.$$

Mit anderen Worten, solange die Anzahl der Fehler kleiner oder gleich $\frac{1}{2}(2^m - k - 1)$ ist, erhält der korrekte Wert von u die größte Anzahl von Stimmen. Damit haben wir die folgende Eigenschaft bewiesen:

Eigenschaft 6.21 *Reed-Solomon-Codes können $[\frac{1}{2}(2^m - k - 1)]$ Fehler korrigieren, wobei $[x]$ den ganzzahligen Anteil von x bedeutet.*

Das *Decodieren* von w besteht deswegen darin, aus allen Werten von u denjenigen auszuwählen, der die meisten Stimmen bekommt.

Wir beenden diesen Abschnitt mit dem Beweis der Eigenschaften 6.19 und 6.20.

BEWEIS VON EIGENSCHAFT 6.19. Man beachte, dass jede der Komponenten v_j von $v, j = 0, 1, \ldots, 2^m - 2$ von den Komponenten u_i linear abhängt. Das Codieren ist also eine lineare Transformation von $\mathbb{F}_{2^m}^k$ in $\mathbb{F}_{2^m}^{2^m-1}$.

Um zu zeigen, dass der Kern dieser Transformation trivial ist, reicht es aus, dass wir uns davon überzeugen, dass nur das Nullpolynom auf $0 \in \mathbb{F}_{2^m}^{2^m-1}$ abgebildet wird. Ist p ein vom Nullpolynom verschiedenes Polynom mit einem Grad von höchstens $k - 1$, dann kann es höchstens $k - 1$ verschiedene Nullstellen haben. Die v_i sind die Werte des Polynoms p an den Stellen der Potenzen $\alpha^i, i = 0, 1, 2, \ldots, 2^m - 2$. Da α eine primitive Wurzel ist, können nur $k - 1$ der $2^m - 1$ Werte $v_i = p(\alpha^i)$ gleich null sein. Folglich wird jedes vom Nullpolynom verschiedene Polynom p auf einen vom Nullvektor verschiedenen Vektor v abgebildet.   □

Eigenschaft 6.20 ist eine Folge des nachstehenden Lemmas, das wir zuerst beweisen.

Lemma 6.22 (Vandermonde-Determinante) *Es seien* $x_1, x_2, \ldots, x_n$ *Elemente eines Körpers* $\mathbb{F}$. *Dann gilt*

$$
\begin{vmatrix}
1 & x_1 & x_1^2 & \cdots & x_1^{n-1} \\
1 & x_2 & x_2^2 & \cdots & x_2^{n-1} \\
1 & x_3 & x_3^2 & \cdots & x_3^{n-1} \\
\vdots & \vdots & \vdots & \ddots & \vdots \\
1 & x_n & x_n^2 & \cdots & x_n^{n-1}
\end{vmatrix}
= \prod_{1 \le i < j \le n} (x_j - x_i).
$$

BEWEIS. Subtrahiert man Zeile j von Zeile i, dann ändert sich der Wert der Determinante nicht, und Zeile i wird zu

$$
\begin{pmatrix} 0 & x_i - x_j & x_i^2 - x_j^2 & x_i^3 - x_j^3 & \cdots & x_i^{n-1} - x_j^{n-1} \end{pmatrix}.
$$

Wegen

$$
x_i^k - x_j^k = (x_i - x_j) \sum_{l=0}^{k-1} x_i^l x_j^{k-l-1}
$$

besitzen alle Elemente dieser neuen i-ten Zeile $(x_i - x_j)$ als Faktor. Betrachtet als Polynom in den Variablen $x_1, x_2, \ldots, x_n$ hat deswegen die Determinante die Differenz $(x_i - x_j)$ als Faktor für alle i und j. Die Determinante ist folglich das Produkt von

$$
\prod_{1 \le i < j \le n} (x_j - x_i)
$$

und einem anderen Polynom, das noch gefunden werden muss. Man beachte, dass im Produkt $\prod_{1 \le i < j \le n} (x_j - x_i)$ die maximale Potenz von x_n gleich $n - 1$ ist, denn es gibt $n - 1$ Terme mit $j = n$. Ähnlicherweise ist in der Determinante die maximale Potenz von x_n ebenfalls $n - 1$, denn die Terme mit x_n stehen alle in der gleichen Zeile und in dieser Zeile hat x_n^{n-1} die höchste Potenz. Daher kann das Polynom, das als weiterer Faktor in $\prod_{1 \le i < j \le n} (x_j - x_i)$ auftritt, nicht den Wert x_n enthalten. Wir können diese Überlegung für jedes der x_i wiederholen und schließen, dass das Polynom, das als Faktor in $\prod_{1 \le i < j \le n} (x_j - x_i)$ auftritt, konstant ist. Der Ausdruck $x_1^0 x_2^1 x_3^2 \cdots x_n^{n-1}$ in der Determinante ist das Produkt der Diagonalelemente und hat deswegen den Koeffizienten $+1$. Im Produkt $\prod_{1 \le i < j \le n} (x_j - x_i)$ erhält man den gleichen Ausdruck $x_1^0 x_2^1 x_3^2 \cdots x_n^{n-1}$ durch Multiplikation des *ersten* Gliedes aller Monome $(x_j - x_i)$, weswegen der Koeffizient ebenfalls $+1$ ist. (Warum die *ersten* Glieder? Es gibt im Produkt $\prod_{1 \le i < j \le n} (x_j - x_i)$ genau $n - 1$ Monome, die den Ausdruck x_n enthalten, und wegen $i < j$ ist in jedem dieser Monome die Variable x_n der erste Term von $(x_j - x_i)$. Demnach müssen wir die ersten $n - 1$ Terme dieser Monome wählen. Unter den verbleibenden Monomen gibt es genau $n - 2$, die den Ausdruck x_{n-1} enthalten. Wieder ist in jedem dieser Monome die Variable x_{n-1} der erste Term. Wiederholen wir diese Überlegung, dann erhalten wir das gewünschte Ergebnis.) Demnach stimmt die Determinante mit dem Polynom überein. $\square$

BEWEIS VON EIGENSCHAFT 6.20. Wenden wir das obige Lemma auf die Matrix in (6.13) an, dann sehen wir, dass ihre Determinante gleich $\prod_{i<j}(\alpha_j - \alpha_i)$ ist. Wir erinnern uns an dieser Stelle daran, dass die α_i für Potenzen kleiner als $2^m - 1$ die verschiedenen Potenzen der primitiven Wurzel α sind. Also sind alle diese α_i voneinander verschieden, die Determinante ist von null verschieden und die Matrix ist invertierbar. $\square$

Wir geben jetzt ein konkretes Beispiel für die verschiedenen Parameter k, m und s des Codes. Wir haben zu Beginn des Kapitels gesehen, dass man üblicherweise 7 oder 8 Bits zur Codierung der gebräuchlichen westlichen typographischen Symbole (Buchstaben, Zahlen, Punktuation usw.) verwendet. Setzt man m gleich 8, dann kann jedes der Elemente ($\in \mathbb{F}_{2^m}$) direkt ein Symbol des ASCII-Zeichensatzes repräsentieren. Somit ist die Zuordnung der „ASCII-Zeichen" zu den „Elementen von $\mathbb{F}_{2^m}$" umkehrbar eindeutig. Wird $m = 8$ gewählt, dann ist die Anzahl k der Buchstaben durch $2^m - 2 = 254$ beschränkt. Wir nehmen nun an, der Übertragungskanal sei zuverlässig genug, dass die Fähigkeit, 2 Buchstaben zu korrigieren, mit hoher Wahrscheinlichkeit ausreicht. Da die Anzahl s der korrigierbaren Fehler gleich $[\frac{1}{2}(2^m - k - 1)]$ ist, fordern wir, dass $(2^m - k - 1)$ größer als oder gleich $2s = 4$ ist. Demnach können wir Texte in Blöcken von $k = 2^8 - 4 - 1 = 251$ Buchstaben senden. Der Code transformiert sie in Blöcke von 255 Buchstaben. Man beachte, dass mehr als ein Bitfehler pro Buchstabe korrigiert werden kann. Der Reed-Solomon-Code korrigiert ganze Buchstaben, keine individuellen Bits.

CDs speichern keine lateinischen Zeichen, sondern digitalisierte Töne. Sie verwenden jedoch Reed-Solomon-Codes mit den soeben erwähnten Parametern: $m = 8$ und ein Maximum von 2 Fehlern. Es sei jedoch bemerkt, dass es viel ökonomischere Decodierungsverfahren gibt, bei denen man nicht alle der $\binom{2^m-1}{k}$ möglichen linearen Systeme von k Gleichungen und k Unbekannten untersuchen muss [6, 1]. Diese Algorithmen führen zu einer erheblichen Beschleunigung des Decodierungsprozesses.

6.7 Anhang: Das Skalarprodukt und endliche Körper

Es ist sehr wahrscheinlich, dass Sie *Skalarprodukten* bereits in der Vorlesung „Lineare Algebra" begegnet sind, wo sie als Funktion $(\cdot, \cdot)$ eines Vektorraumes V über $\mathbb{R}$ so definiert wurden, dass folgende Bedingungen erfüllt sind:

(i) $(x, y) = (y, x)$ für alle $x, y \in V$;
(ii) $(x + y, z) = (x, z) + (y, z)$ für alle $x, y, z \in V$;
(iii) $(cx, y) = c(x, y)$ für alle $x, y \in V$ und $c \in \mathbb{R}$;
(iv) $(x, x) \geq 0$, wobei $(x, x) = 0$ nur für $x = 0$.

Wird der Körper $\mathbb{R}$ der reellen Zahlen durch einen endlichen Körper ersetzt, dann verwendet man die gleiche Definition mit Ausnahme der letztgenannten Eigenschaft, die durch folgende Bedingung ersetzt wird:

$(iv)_{\text{endlich}}$ Wenn $(x, y) = 0$ für alle $y \in V$, dann gilt $x = 0$.

Im vorliegenden Kapitel verwenden wir das Skalarprodukt mit dieser Modifikation. Beachten Sie, dass die ursprüngliche Bedingung *(iv)* in einem endlichen Körper nicht sinnvoll ist, da wir keine totale Ordnung („<") haben, die additionstreu ist. Zum Beispiel könnten wir in $\mathbb{F}_2$ die Relation $0 < 1$ definieren. Diese Relation erfüllt jedoch diejenige Ordnungseigenschaft der reellen Zahlen nicht, die besagt, dass aus $a < b$ für alle Zahlen c die Bedingung $a + c < b + c$ folgt. Addiert man nämlich die Zahl $1 \in \mathbb{F}_2$ zu beiden Seiten, dann ergibt sich $0 + 1 < 1 + 1$ oder $1 < 0$, was der ursprünglichen Aussage widerspricht!

Die Definition des orthogonalen Komplements bleibt für das ursprüngliche und für das modifizierte Skalarprodukt unverändert. Wir rufen uns die Definition hier ins Gedächtnis:

Definition 6.23 *Ist $W \subset V$ eine Untermenge von V, dann ist das* orthogonale Komplement $W^\perp$ *gegeben durch* $W^\perp = \{v \in V \mid (v, w) = 0$ *für alle* $w \in W\}$.

Das orthogonale Komplement ist ein Unterraum von V. Die Modifikation *(iv)* $\rightarrow$ $(iv)_{\text{endlich}}$ hat eine nicht intuitive Konsequenz. Ist $W \subset \mathbb{R}^n$ ein Unterraum, dann haben dieser und sein orthogonales Komplement nur den Koordinatenursprung als gemeinsames Element: $W \cap W^\perp = \{0\}$. In Vektorräumen über endlichen Körpern ist das nicht immer der Fall! Wir betrachten zum Beispiel den Unterraum W mit der Basis

$$\begin{pmatrix} 1 \\ 1 \\ 0 \end{pmatrix} \in \mathbb{F}_2^3.$$

Die Elemente $w = (w_1, w_2, w_3)^t \in \mathbb{F}_2^3$ des orthogonalen Komplements müssen die Bedingung

$$\begin{pmatrix} w_1 & w_2 & w_3 \end{pmatrix} \begin{pmatrix} 1 \\ 1 \\ 0 \end{pmatrix} = 0$$

erfüllen und deswegen haben wir $w_1 + w_2 = 0$. Folglich ist

$$\left\{ \begin{pmatrix} 1 \\ 1 \\ 0 \end{pmatrix}, \begin{pmatrix} 0 \\ 0 \\ 1 \end{pmatrix} \right\}$$

eine Basis von $W^\perp$ und

$$\begin{pmatrix} 1 \\ 1 \\ 0 \end{pmatrix} \in W \cap W^\perp.$$

Wir müssen also in Bezug auf orthogonale Komplemente vorsichtig mit unserer Intuition umgehen!

6.8 Übungen

1. **(a)** Welche Vektoren müssen im $(7,4)$-Hamming-Code gesendet werden, wenn wir die Wörter $(0,0,0,0)$, $(0,0,1,0)$ und $(0,1,1,1)$ übertragen möchten?
    (b) Der Empfänger empfängt die Wörter $(1,1,1,1,1,1,1)$, $(1,0,1,1,1,1,1)$, $(0,0,0,0,1,1,1)$ und $(1,1,1,1,0,0,0)$. Was waren die ursprünglich übertragenen Wörter?

2. **(a)** Wir verwenden den $(15,11)$-Hamming-Code zur Korrektur einer Nachricht, die höchstens *einen* Bitfehler enthält. Die Kontrollmatrix ist

$$H = \begin{pmatrix} 1 & 0 & 1 & 1 & 1 & 0 & 0 & 0 & 1 & 1 & 1 & 1 & 0 & 0 & 0 \\ 1 & 1 & 0 & 1 & 1 & 0 & 1 & 1 & 0 & 0 & 1 & 0 & 1 & 0 & 0 \\ 1 & 1 & 1 & 0 & 1 & 1 & 0 & 1 & 0 & 1 & 0 & 0 & 0 & 1 & 0 \\ 1 & 1 & 1 & 1 & 0 & 1 & 1 & 0 & 1 & 0 & 0 & 0 & 0 & 0 & 1 \end{pmatrix}$$

und die empfangene Nachricht ist

$$w = \begin{pmatrix} 1 & 0 & 1 & 0 & 1 & 0 & 1 & 0 & 1 & 0 & 1 & 0 & 1 & 0 & 1 \end{pmatrix}.$$

Gab es einen Übertragungsfehler?
    (b) Wir möchten den $(2^k - 1, 2^k - k - 1)$-Hamming-Code für ein gegebenes k verwenden, aber wir möchten zum ursprünglichen Wort nicht mehr als 10% Gemeinkosten hinzufügen. Welches ist die Minimallänge des ursprünglichen Wortes, das verwendet werden muss, und welcher Wert von k charakterisiert den zu verwendenden Code?

3. Die folgenden Fragen beziehen sich auf den $(2^k - 1, 2^k - k - 1)$-Hamming-Code.
    (a) Was ist bei Verwendung dieses Codes die Länge des zu übertragenden ursprünglichen Wortes u? Wieviele verschiedene Wörter können übertragen werden?
    (b) Wieviele „Buchstaben" sind in einem codierten Wort v enthalten?
    (c) Wieviele verschiedene erhaltene Wörter w (mit oder ohne Fehler) ergeben beim Decodieren die gleiche Originalnachricht u?
    (d) Gibt es empfangene Nachrichten, die nicht decodiert werden können? (Diese Frage lässt sich auch folgendermaßen formulieren: Gibt es ein $w \in \mathbb{F}_2^{2^k - 1}$, das kein codierendes v einer Nachricht $u \in \mathbb{F}_2^{2^k - k - 1}$ ist oder nur um *einen* Fehler von einem solchen v abweicht?)

4. Beweisen Sie, dass die Addition $+$ und die Multiplikation $\times$ in $\mathbb{F}_2$ (die in den Tafeln in Abschnitt 6.2 definiert wurden) die Körpereigenschaften (vgl. Definition in Abschnitt 6.5) haben.

5. Es sei $(\mathbb{F}, +, \times)$ ein endlicher Körper. Zeigen Sie, dass die Multiplikationstafel der von null verschiedenen Elemente von $\mathbb{F}$ folgende Eigenschaft hat: Sämtliche Zeilen und Spalten enthalten alle von null verschiedenen Elemente von $\mathbb{F}$ genau einmal.

6. **(a)** Gibt es unter der Voraussetzung, dass höchstens ein Bit fehlerhaft ist, im $(7,4)$-Hamming-Code eine empfangene Nachricht $(w_1, w_2, w_3, w_4, w_5, w_6, w_7) \in \mathbb{F}_2^7$, die sich nicht zu einem der 16 Elemente von $\mathbb{F}_2^4$ decodieren lässt? (Vgl. auch Übung 3(d).)

(b) Beweisen Sie: Ein Hamming-Code, der eine Nachricht von drei Bits auf acht Bits verlängert, kann nicht zwei Fehler korrigieren.

(c) Konstruieren Sie einen Hamming-Code, der drei Bits in zehn Bits abbildet und in der Lage ist, zwei Fehler zu korrigieren.

7. **(a)** Es sei H eine $k \times n$-Matrix, $n > k$, mit Einträgen in $\mathbb{F}_2$. Es sei G eine $(n-k) \times n$-Matrix mit Einträgen in $\mathbb{F}_2$, die man aus H durch die Forderung erhält, dass G einen maximalen Rang hat und dass die Zeilen von G orthogonal zu den Zeilen von H sind. Unter der Voraussetzung, dass H die Form

$$H = \left(\underbrace{M}_{k \times (n-k)} \mid I_{k \times k} \right)$$

hat, wobei M eine $k \times (n-k)$-Matrix und $I_{k \times k}$ die $k \times k$-Einheitsmatrix ist, zeige man Folgendes: G lässt sich in der Form

$$G = \left(I_{(n-k) \times (n-k)} \mid \underbrace{M^t}_{(n-k) \times k} \right)$$

wählen.

(b) Schreiben Sie G_4 und H_4 für den $(15, 11)$-Hamming-Code mit $k = 4$. (Beginnen Sie mit H_4.)

(c) Wie lautet die Nachricht u, die der Sender senden wollte, als er den $(15, 11)$-Code verwendete und $(1, 1, 1, 1, 1, 0, 0, 0, 0, 0, 1, 1, 1, 1, 1)$ die erhaltene Nachricht war?

8. Es sei $p = \frac{1}{1000}$ die Wahrscheinlichkeit dafür, dass ein Bit fehlerhaft übertragen wird.

(a) Was ist die Wahrscheinlichkeit dafür, dass man bei einer Übertragung von sieben Bits genau zwei fehlerhafte Bits erhält? Wir setzen dabei voraus, dass ein Wort im $(7, 4)$-Hamming-Code übertragen wird?

(b) Was ist die Wahrscheinlichkeit dafür, dass man bei einer Übertragung von sieben Bits mehr als einen Bitfehler hat?

(c) Anstatt den Hamming-Code zu verwenden, soll ein Bit durch eine dreimalige Wiederholung übertragen werden. Wir decodieren durch Auswahl desjenigen Bit, das in der Mehrzahl ist. Berechnen Sie die Wahrscheinlichkeit dafür, dass das gesendete Bit korrekt decodiert wird.

(d) Wir übertragen vier Bits, indem wir jedes dreimal wiederholen. Was ist die Wahrscheinlichkeit dafür, dass die vier Bits korrekt übertragen werden. Vergleichen wir die Ergebnisse dieser Frage mit Teil (b), dann sehen wir Folgendes: Die einfache Wiederholung des Code hat einen geringfügigen Vorteil gegenüber dem $(7, 4)$-Hamming-Code, aber zu dem Preis, dass man 12 Bits anstelle von sieben überträgt.

9. Die meisten Bücher haben einen ISBN-Code (International Standard Book Number), und dieser Code ist eindeutig für jedes Buch. Dieser Code besteht aus 10 Ziffern[7], zum Beispiel ISBN 2-12345-678-0. Die ersten drei Segmente kennzeichnen die Sprachgruppe, den Verlag und den Band. Am Schluss steht ein Fehlererkennungssymbol, das aus $\{0, 1, 2, 3, 4, 5, 6, 7, 8, 9, X\}$ ausgewählt wird, wobei X die 10 in römischen Ziffern darstellt. Es möge a_i für $i = 1, \ldots, 10$ den 10 Symbolen entsprechen. Das Symbol a_{10} wird als der Rest gewählt, den man bei Division der Summe $b = \sum_{i=1}^{9} ia_i$ durch 11 erhält. In unserem Beispiel sehen wir, dass $b = 1 \times 2 + 2 \times 1 + 3 \times 2 + 4 \times 3 + 5 \times 4 + 6 \times 5 + 7 \times 6 + 8 \times 7 + 9 \times 8 = 242 = 11 \times 22 + 0$ und $a_{10} = 0$.

(a) Zeigen Sie, dass dieser Code einen Fehler an *einer* Stelle erkennen kann.

(b) Zeigen Sie, dass die Summe $\sum_{i=1}^{10} ia_i$ durch 11 teilbar ist.

(c) Finden Sie die letzte Stelle des folgenden ISBN-Code:

$$\text{ISBN } 0\text{-}7267\text{-}3514\text{-}?.$$

(d) Ein üblicher Fehler sind die Zahlendreher. Zum Beispiel kommt es vor, dass der Code 0-1311-0362-8 irrtümlicherweise als 0-1311-0326-8 eingegeben wird. Beweisen Sie: Der Code gestattet die Erkennung eines solchen Fehlers unter der Voraussetzung, dass die aufeinanderfolgenden Ziffern nicht identisch sind (in diesem Fall führt das Vertauschen ohnehin zu keinem Fehler!).

(e) In anderen Quellen wird a_{10} definitionsgemäß so gewählt, dass die Summe

$$\sum_{i=1}^{10} (11 - i)a_i$$

durch 11 teilbar ist. Zeigen Sie, dass diese Definition äquivalent zur oben gegebenen Definition ist.

10. Das folgende Verfahren wurde von IBM zur Konstruktion von Kreditkartennummern verwendet. In Kanada verwendet man es auch für Sozialversicherungsnummern. Wir konstruieren Zahlen aus n Ziffern $a_1, \ldots, a_n$ mit $a_i \in \{0, 1, 2, 3, 4, 5, 6, 7, 8, 9\}$. Die Kartennummer ist gültig, wenn die auf folgende Weise konstruierte Zahl b ein Vielfaches von 10 ist:

- Ist i ungerade, dann definieren wir $c_i = a_i$;
- Ist i gerade und $2a_i < 10$, dann definieren wir $c_i = 2a_i$;
- Ist i gerade und $2a_i \geq 10$, dann ist $2a_i = 10 + d_i$; wir definieren $c_i = 1 + d_i$, was die Summe der Ziffern von $2a_i$ ist;
- Dann haben wir

$$b = \sum_{i=1}^{n} c_i.$$

---

[7]Genauer gesagt handelt es sich hierbei um das alte Format. Das neue ISBN-Format hat 13 Stellen.

(a) Zeigen Sie: Ist i gerade, dann gilt $c_i \equiv 2a_i \pmod 9$.

(b) Die ersten 15 Ziffern einer Kreditkarte seien 1234 5678 1234 567. Berechnen sie die 16. Ziffer.

(c) Zeigen Sie, dass dieses Verfahren einen Fehler in einer der Ziffern erkennen kann.

(d) Ein üblicher Fehler ist die Vertauschung zweier aufeinanderfolgender Ziffern. Das IBM-Verfahren ist beim Erkennen solcher Zahlendreher nicht unfehlbar. Beweisen Sie: Das IBM-Verfahren ist in der Lage, derartige Fehler zu erkennen, falls die beiden aufeinanderfolgenden Ziffern nicht die gleichen sind (in diesem Fall handelt es sich in der Tat um keinen Fehler) und falls sie nicht beide aus der Menge $\{0, 9\}$ sind.

11. Der folgende Code kann nach dem gleichen Prinzip konstruiert werden, wie der Hamming-Code. Wir möchten eine aus vier Bits (x_1, x_2, x_3, x_4) bestehende Nachricht senden, wobei $x_i \in \{0, 1\}$. Wir verlängern die Nachricht auf 11 Bits, indem wir die folgendermaßen definierten Elemente $x_5, \ldots, x_{11}$ hinzufügen (wobei wir die Arithmetik des Körpers $\mathbb{F}_2$ verwenden):

$$x_5 = x_1 + x_4,$$
$$x_6 = x_1 + x_3,$$
$$x_7 = x_1 + x_2,$$
$$x_8 = x_1 + x_2 + x_3,$$
$$x_9 = x_2 + x_4,$$
$$x_{10} = x_2 + x_3 + x_4,$$
$$x_{11} = x_3 + x_4.$$

Zeigen Sie, dass dieser Code zwei Fehler erkennen kann.

12. Konstruieren Sie den vierelementigen endlichen Körper $\mathbb{F}_4$. (Geben Sie explizit die Additions- und die Multiplikationstafel an.)

13. Geben Sie alle primitiven Elemente von $\mathbb{F}_9$ aus Beispiel 6.14 an, das mit Hilfe des primitiven Polynoms $p(x) = x^2 + x + 2$ konstruiert wurde.

14. (a) Es seien $q(x)$ und $p(x)$ zwei Polynome in $\mathbb{F}[x]$. Beweisen Sie: Es gibt Polynome $s(x)$ und $r(x) \in \mathbb{F}[x]$ derart, dass $q(x) = s(x)p(x) + r(x)$ mit $0 \leq$ Grad $r <$ Grad p.

(b) Schlussfolgern Sie, dass $q(x) = r(x) \pmod{p(x)}$.

15. Es sei $\mathcal{M}_n$ die Menge der $n \times n$-Matrizen und es bezeichne $+$ und $\cdot$ die üblichen Operationen der Matrizenaddition und Matrizenmultiplikation. Ist $(\mathcal{M}_n, +, \cdot)$ ein Körper? Begründen Sie Ihre Antwort.

16. Es sei $\mathcal{E}$ eine endliche Menge und $U(\mathcal{E})$ die Menge ihrer Untermengen. (Ist zum Beispiel $\mathcal{E} = \{a, b, c\}$, dann ist $U(\mathcal{E}) = \{\emptyset, \{a\}, \{b\}, \{c\}, \{a, b\}, \{a, c\}, \{b, c\}, \{a, b, c\}\}$.) Wir definieren auf $U(\mathcal{E})$ die Operationen $+$ und $\times$ als die üblichen Operationen der mengentheoretischen Vereinigung bzw. des mengentheoretischen Durchschnitts. Für $+$ ist

$\emptyset$ das Identitätselement und für $\times$ ist es $\mathcal{E}$. Bildet die mit diesen Operationen versehene Menge $U(\mathcal{E})$ einen Körper? Beweisen Sie diese Aussage oder zeigen Sie, welche der Eigenschaften verletzt ist.

17. (a)   Es sei $\mathbb{F}_3$ der aus drei Elementen bestehende Körper. Es gibt neun Polynome zweiten Grades der Form $x^2 + ax + b$, wobei $a, b \in \mathbb{F}_3$. Geben Sie diese neun Polynome an und bestimmen Sie diejenigen drei, die irreduzibel sind. (Hinweis: Beginnen Sie mit der Aufzählung der Polynome der Form $(x + c)(x + d)$.)

(b)   Mit dem Ziel, den neunelementigen Körper zu konstruieren, betrachten wir den Quotienten $\mathbb{F}_3[x]/(q(x))$, wobei $q(x) = x^2 + 2x + 2$. Zeigen Sie, dass x primitiv ist, indem Sie die Potenzen $x^i (i = 1, 2, \ldots, 8)$ zu Polynomen vom Grad 0 oder 1 reduzieren.

(c)   Verwenden Sie die Ergebnisse von (b), um zu entscheiden, für welche i die Beziehung $x^3 + x^5 = x^i$ besteht?

(d)   Der Körper $\mathbb{F}_9$ ist nun auf zwei verschiedene Weisen konstruiert worden: Das erste Mal in Beispiel 6.14 von Abschnitt 6.5 und jetzt in Teil (b) der vorliegenden Übung. Konstruieren Sie einen Isomorphismus zwischen diesen beiden Konstruktionen. (In Proposition 6.18 hatten wir den Begriff des Isomorphismus definiert.)

(e)   In (a) haben Sie drei irreduzible Polynome definiert. Es sei $p(x)$ das in Beispiel 6.14 verwendete Polynom, $q(x)$ das in Teil (b) verwendete Polynom und $r(x)$ das dritte Polynom. Ist das Polynom $i(x) = x$ eine primitive Wurzel von $\mathbb{F}_3[x]/(r(x))$? Wie könnte man die Additionstafel und die Multiplikationstafel von $\mathbb{F}_3[x]/(r(x))$ bestimmen?

18. (a)   Finden Sie über $\mathbb{F}_2$ das einzige irreduzible Polynom zweiten Grades, die beiden irreduziblen Polynome dritten Grades und die drei irreduziblen Polynome vierten Grades.

(b)   Konstruieren Sie die Additionstafel und die Multiplikationstafel des achtelementigen Körpers $\mathbb{F}_8$.

19. (a)   Für den ehrgeizigen Studenten: Konstruieren Sie $\mathbb{F}_{16}$.

(b)   Ebenfalls für den ehrgeizigen Studenten: Finden Sie ein irreduzibles Polynom 8. Grades über $\mathbb{F}_2$. Ein Körper mit wievielen Elementen lässt sich mit Hilfe dieses Polynoms konstruieren?

20. (a)   Wir betrachten den fehlerkorrigierenden Code, der daraus besteht, jedes Bit dreimal zu wiederholen. Zur Versendung einer 7-Bit-Nachricht müssen wir 21 Bits Daten senden. Beispiel: Zum Versenden von 0100111 übertragen wir

$$000\ 111\ 000\ 000\ 111\ 111\ 111.$$

Dieser Code kann einen einzelnen Bitfehler korrigieren. Der Code kann jedoch auch andere Fehler korrigieren, wenn diese hinreichend gut platziert sind. Was ist die Maximalzahl von Fehlern, die man korrigieren kann? Unter welchen Voraussetzungen?

(b)   Betrachten Sie jetzt den $(7, 3)$-Reed-Solomon-Code. Die Buchstaben dieses Codes sind Elemente des mit $\{0, 1\}^3$ identifizierten achtelementigen Körpers $\mathbb{F}_{2^3}$, auf dem wir eine Addition und eine Multiplikation definiert haben. Wir schreiben jeden Buchstaben als Folge von drei Bits $\underbrace{b_0 b_1 b_2}$.

Was ist die Maximalzahl von Bits, die wir mit diesem Code korrigieren können? Unter welchen Voraussetzungen?

21. Betrachten Sie das folgende System von drei Gleichungen in drei Unbekannten:

$$
\begin{aligned}
2x - \tfrac{1}{2}y &= 1, \\
-x + 2y - z &= 0, \qquad\qquad (\star) \\
-y + 2z &= 1.
\end{aligned}
$$

(a) Lösen Sie dieses System über dem dreielementigen Körper $\mathbb{F}_3$. (Die Zahl $\tfrac{1}{2}$ bezeichnet das multiplikative Inverse von 2.)
(b) Betrachten Sie das System $(\star)$ über dem Körper $\mathbb{F}_p$ mit p Elementen, wobei p eine Primzahl größer als 2 ist. Für welche Werte von p hat das System eine eindeutige Lösung?

22. (a) Berechnen Sie die folgende Determinante über den reellen Zahlen $\mathbb{R}$:

$$
d = \begin{vmatrix} 2 & -1 & 0 \\ -1 & 2 & -1 \\ 0 & -1 & 2 \end{vmatrix}.
$$

(b) Erläutern Sie, warum die Determinante d_2 der Matrix

$$
\begin{pmatrix} 0 & 1 & 0 \\ 1 & 0 & 1 \\ 0 & 1 & 0 \end{pmatrix} \in \mathbb{F}_2^{3\times3}
$$

gleich $d \pmod 2$ ist.
(c) Berechnen Sie in $\mathbb{F}_3$ die Determinante d_3 der Matrix

$$
\begin{pmatrix} 2 & 2 & 0 \\ 2 & 2 & 2 \\ 0 & 2 & 2 \end{pmatrix} \in \mathbb{F}_3^{3\times3}.
$$

Hätten Sie auf diese Determinante kommen können, wenn Sie von der Antwort in (a) ausgehen?
(d) Betrachten Sie das System

$$
\begin{aligned}
2a - b &= 1, \\
-a + 2b - c &= 1, \qquad\qquad (\star) \\
-b + 2c &= 1.
\end{aligned}
$$

In welchen der Körper $\mathbb{R}$, $\mathbb{F}_2$ und $\mathbb{F}_3$ hat dieses System eine eindeutige Lösung? (Die ganzzahligen Lösungen des Systems sind modulo 2 oder 3 zu verstehen, wenn die Lösung in $\mathbb{F}_2$ bzw. $\mathbb{F}_3$ gefunden wird.)

(e) Lösen Sie $(\star)$ in $\mathbb{F}_3$.

23. In dieser Übung geht es um das Codieren und Decodieren einer Nachricht unter Verwendung des Reed-Solomon-Codes mit $m = 3$ und $k = 3$. Sie müssen zuerst den Körper $\mathbb{F}_8$ von Übung 18 konstruieren. Es handelt sich um einfache, aber zahlreiche Rechnungen; deswegen schlagen wir vor, in Gruppen zu arbeiten. (Alle Teilnehmer müssen die gleiche primitive Wurzel α wählen und die gleichen Tafeln für $\mathbb{F}_8$ verwenden!)

(a) Was ist die Maximalzahl der Fehler, die durch den $(7,3)$-Reed-Solomon-Code korrigiert werden können?

(b) Wie wird das Wort $(0, 1, \alpha) \in \mathbb{F}_2^3$ codiert?

(c) Gleichung (6.12) lässt sich in der Form

$$p = Cu$$

schreiben, wobei $p \in F_{2^m}^{2^m-1}$, $u \in \mathbb{F}_{2^m}^k$ und $C \in \mathbb{F}_{2^m}^{(2^m-1) \times k}$. Leiten Sie die Matrix C für den $(7,3)$-Code ab.

(d) Angenommen, die empfangene Nachricht ist

$$w = (1, \alpha^4, \alpha^2, \alpha^4, \alpha^2, \alpha^4, \alpha^2) \in \mathbb{F}_{2^m}^{2^m-1}.$$

Wählen Sie die Zeilen $0, 1$ und 4 des Systems (6.12) und geben Sie die Lösung für den Vektor $u = (u_0, u_1, u_2) \in \mathbb{F}_8^3$ an.

(e) Wieviele Möglichkeiten gibt es, drei verschiedene Gleichungen aus dem System (6.12) auszuwählen? Wieviele weitere Systeme müssten als Lösung die gleiche Antwort wie (d) haben, damit wir sicher sein können, die ursprüngliche Nachricht zurückgewonnen zu haben?

(f) Ist die Antwort auf (d) die ursprüngliche Nachricht?

24. Es sei p eine Primzahl. In dieser Übung zeigen wir, dass $\mathbb{Z}_p$ ein Körper ist. Wir sagen, dass a und b kongruent modulo p sind, falls ihre Differenz $a - b$ ein ganzzahliges Vielfaches von p ist. (Vgl. Beispiel 6.5.)

(a) Zeigen Sie, dass „kongruent sein" eine Äquivalenzrelation ist, die wir *kongruent modulo p* nennen.

(b) Wir identifizieren $\mathbb{Z}_p$ als Menge der Äquivalenzklassen der ganzen Zahlen modulo p. Es seien $\bar{a}, \bar{b} \in \mathbb{Z}_p$, $i, j \in \bar{a}$ und $m, n \in \bar{b}$. Zeigen Sie: Gilt $i + m \in \bar{c}$ und $j + n \in \bar{d}$, dann ist $\bar{c} = \bar{d}$. Beantworten Sie die gleiche Frage für die Multiplikation. Diese Übung zeigt, dass die in Beispiel 6.5 gegebenen Definitionen von $+$ und $\times$ nicht davon abhängen, welche Elemente von $\bar{a}$ und $\bar{b}$ gewählt wurden.

(c) Zeigen Sie, dass die Klasse $\bar{0}$ das Identitätselement für $+$ und dass $\bar{1}$ das Identitätselement für $\times$ ist.

(d) Es sei $\bar{a} \in \mathbb{Z}_p$ ein von $\bar{0}$ verschiedenes Element. Zeigen Sie mit Hilfe des euklidischen Algorithmus (Korollar 7.4), dass es ein $\bar{b} \in \mathbb{Z}_p$ derart gibt, dass $\bar{a}\bar{b} = \bar{1}$.

(e) Zeigen Sie zum Schluss, dass $\mathbb{Z}_p$ ein Körper ist.

Literaturverzeichnis

[1] E. R. Berlekamp (Herausgeber), *Key Papers in the Development of Coding Theory.* IEEE Press, 1974.

[2] S. Lang, *Undergraduate Algebra.* Springer, New York, 2. Auflage, 1990.

[3] R. J. McEliece, The reliability of computer memories. *Scientific American*, Januar 1985, 88–95.

[4] J. Monforte, The digital reproduction of sound. *Scientific American*, Dezember 1984, 78–84.

[5] W. W. Peterson, Error-correcting codes. *Scientific American*, Februar 1962, 96–108.

[6] V. Pless, *Introduction to the Theory of Error-Correcting Codes.* Wiley, New York, 3. Auflage, 1999.

[7] K. C. Pohlmann, *The Compact Disc Handbook.* A-R Editions, Madison, WI, 2. Auflage, 1992.

[8] I. S. Reed und G. Solomon, Polynomial codes over certain finite fields. *Journal of the Society for Industrial and Applied Mathematics*, 8 (1960), 300–304. (Diesen Artikel findet man in Berlekamps Überblick [1].)

7

Kryptografie mit öffentlichem Schlüssel: RSA (1978)

Dieses Kapitel enthält weiteres Material, das innerhalb einer Woche behandelt werden kann. Der Überblick über die für den euklidischen Algorithmus benötigte Zahlentheorie ist fakultativ (Abschnitt 7.2) und hängt vom Grundwissen der Studenten ab. Ein Teil dieses Materials kann jedoch ohne weiteres auch zum Gegenstand einiger zusätzlicher Übungen gemacht werden. Andererseits empfehlen wir aber auch nachdrücklich, genügend viel Zeit zur Diskussion der Arithmetik modulo n zu veranschlagen. In Abschnitt 7.3 stellen wir den RSA-Algorithmus vor und beweisen Eulers Satz, der uns eine strenge Begründung für das Funktionieren von RSA gibt. Wir erklären, wie man eine Nachricht digital signiert. Dieser erste Teil lässt sich in ungefähr zwei Vorlesungsstunden behandeln – es sei denn, man nimmt sich viel mehr Zeit für die zahlentheoretischen Grundlagen. Und schließlich sollte die letzte Stunde für fortgeschritteneres Material verwendet werden. Zum Beispiel könnten Sie das Prinzip der probabilistischen Primalitätstestalgorithmen erläutern (Anfang von Abschnitt 7.4). Eine Stunde reicht zwar nicht aus, alle Einzelheiten des Algorithmus zu behandeln, aber man kann einige Beispiele durchgehen.

Der Rest dieses Kapitels erfordert deutlich umfassendere Vorkenntnisse. Es ist von Vorteil, wenn die Studenten Grundkenntnisse in Gruppentheorie haben. Diese Begriffe werden in Abschnitt 7.4 (über Primalitätstests) und in Abschnitt 7.5 (über Shors Faktorisierungsalgorithmus für große ganze Zahlen) gebraucht. Alternativ können diese Abschnitte als Ausgangspunkt für ein Semesterprojekt dienen.

7.1 Einführung

Kryptografie ist so alt wie die menschliche Zivilisation. Der Mensch hat in seiner gesamten Geschichte Geheimcodes erfunden, um Nachrichten zu übermitteln, die ein „Abfänger" nicht entschlüsseln kann. Die Geschichte hat gezeigt, dass die Konstruktion solcher Codes ein sehr schwieriges Problem ist und dass sie alle schließlich einer cleveren Analyse zum Opfer fallen. Man betrachte zum Beispiel einen Code, der die Buchstaben des Alphabets permutiert, indem jeder Buchstabe durch den drei Positionen weiter stehenden Buchstaben ersetzt wird. Mit anderen Worten: a wird durch d ersetzt, b durch e, c durch f und so weiter. Im Englischen ist e der am häufigsten auftretende Buchstabe: Schauen wir auf einen „verrührten" Text, dann würden wir bald die Vermutung aufstellen, dass e durch h codiert wurde, und wir könnten den Code Buchstabe für Buchstabe knacken. Der zweite Grund dafür, warum Geheimcodes verwundbar sind, besteht darin, dass der Sender und der Empfänger wissen müssen, wie der Code funktioniert, den sie verwenden möchten. Wie bei jedem Informationsaustausch ist es möglich, dass diese Kommunikation abgefangen wird.

In diesem Kapitel untersuchen wir den RSA-Algorithmus, der nach seinen Erfindern Rivest, Shamir und Adleman benannt ist. Er beschreibt eine Art *Kryptosystem mit öffentlichem Schlüssel*. Besonders beeindruckend an diesem Algorithmus ist die Tatsache, dass er – nach nunmehr gut 30 Jahren genauester Prüfung durch die hervorragendsten Spezialisten auf diesem Gebiet – immer noch nicht geknackt worden ist. Diese Tatsache ist umso überraschender, da die Funktionsdetails dieses Kryptosystems vollständig öffentlich sind. Wir untersuchen die Wirkungsweise dieses Kryptosystems und zeigen Sie, dass wir nur in der Lage sein müssen, große ganze Zahlen zu faktorisieren, um den Code zu brechen. Überraschenderweise ist es die begrifflich einfache Operation der Faktorisierung (das heißt, die von der Grundschule her bekannte Zerlegung einer zusammengesetzten ganzen Zahl in das Produkt ihrer Primfaktoren), die die größten Supercomputer und die klügsten Geister in Verlegenheit gebracht hat (vorausgesetzt, die betreffende ganze Zahl ist groß genug)!

RSA beruht auf Grundwissen in Zahlentheorie, genauer gesagt, auf der $(+, \cdot)$ Arithmetik modulo n und auf dem von Euler verallgemeinerten Kleinen Satz von Fermat. Das ganze System funktioniert aufgrund dreier einfacher Eigenschaften von ganzen Zahlen. Diese drei Eigenschaften sind den Theoretikern gut bekannt:

• Es ist schwer für einen Computer, eine große Zahl zu faktorisieren.

• Es ist leicht für einen Computer, große Primzahlen zu konstruieren.

• Es ist leicht für einen Computer, zu entscheiden, ob eine gegebene große Zahl eine Primzahl ist.

Vorteile eines Kryptosystems mit öffentlichem Schlüssel: Die Vorteile von Kryptosystemen mit öffentlichem Schlüssel liegen auf der Hand. Damit zwei Menschen über ein Kryptosystem kommunizieren können, müssen sie beide die Einzelheiten des Systems kennen – und die Gefahr des Abfangens ist am größten, wenn sie diese Einzelheiten miteinander austauschen. Im Falle eines Kryptosystems mit öffentlichem Schlüssel besteht diese Gefahr jedoch nicht mehr, denn das ganze System ist öffentlich! Ein solches System ist auch der einzige wirksame Ansatz, der bei Millionen von Endbenutzern funktionieren kann, beispielsweise wenn sie ihre Kreditkarteninformationen über das Internet versenden.

Wir werden auch andere Vorteile des RSA-Kryptosystems kennenlernen: Es ermöglicht das „Signieren" einer Nachricht, so dass der Empfänger in Bezug auf die Echtheit der Nachricht und ihres Senders sicher sein kann. In Anbetracht des relativ häufigen Auftretens von Identitätsdiebstahl und unserer wachsende Abhängigkeit vom Internet spielen solche Techniken eine wichtige Rolle, um unsere Online-Identität zu schützen.

7.2 Einige Werkzeuge aus der Zahlentheorie

Definition 7.1   *(i) Es seien a und b zwei ganze Zahlen. Wir sagen, dass a ein Teiler von b ist, falls es eine ganze Zahl q derart gibt, dass $b = aq$. Wir schreiben in diesem Fall $a \mid b$. (Diese Definition gilt sowohl für $a, b, q \in \mathbb{N}$ als auch für $a, b, q \in \mathbb{Z}$.)*
(ii) Der größte gemeinsame Teiler (ggT) von a und b wird mit (a, b) bezeichnet und hat die folgenden beiden Eigenschaften:
- *$(a, b) \mid a$ und $(a, b) \mid b$;*
- *Wenn $d \mid a$ und $d \mid b$, dann $d \mid (a, b)$.*

(iii) Wir sagen, dass a kongruent b modulo n ist, falls $n \mid (a - b)$, das heißt, falls es ein $x \in \mathbb{Z}$ derart gibt, dass $(a - b) = nx$. Wir schreiben $a \equiv b \pmod{n}$ und nennen diese Äquivalenzrelation eine Kongruenz *modulo n.*

Proposition 7.2   *Es seien $a, b, c, d, x, y \in \mathbb{Z}$. Dann gelten die folgenden Implikationen:*

$$a \equiv c \pmod{n} \quad und \quad b \equiv d \pmod{n} \quad \Longrightarrow \quad a + b \equiv c + d \pmod{n},$$
$$a \equiv c \pmod{n} \quad und \quad b \equiv d \pmod{n} \quad \Longrightarrow \quad ab \equiv cd \pmod{n},$$
$$a \equiv c \pmod{n} \quad und \quad b \equiv d \pmod{n} \quad \Longrightarrow \quad ax + by \equiv cx + dy \pmod{n}.$$

BEWEIS. Wir beweisen nur die zweite Implikation und überlassen dem Leser die anderen als Übungsaufgaben.

Aus $a \equiv c \pmod{n}$ folgt $n \mid a - c$. Es gibt also eine ganze Zahl x, so dass $a - c = nx$. Analog existiert ein y derart, dass $b - d = ny$. Um zu beweisen, dass $ab \equiv cd \pmod{n}$, müssen wir zeigen, dass $n \mid ab - cd$:

$$\begin{aligned} ab - cd &= (ab - ad) + (ad - cd) \\ &= a(b - d) + d(a - c) \\ &= nay + nxd \\ &= n(ay + xd). \end{aligned}$$

Hieraus folgt $n \mid ab - cd$.   □

Der euklidische Algorithmus ermöglicht es uns, den ggT (a, b) der beiden ganzen Zahlen a und b zu finden. Die Einzelheiten dieses Algorithmus sind Gegenstand der folgenden Proposition. Von entscheidender Wichtigkeit beim Algorithmus ist der Begriff der ganzzahligen Division mit Rest.

Proposition 7.3   *(Euklidischer Algorithmus) Es seien a und b zwei positive ganze Zahlen mit $a \geq b$ und es sei $\{r_i\}$ die nachstehend konstruierte Folge von ganzen Zahlen.*

Man dividiere a durch b: Wir nennen q_1 den Quotienten dieser Division und r_1 den Rest, das heißt,

$$a = bq_1 + r_1, \qquad 0 \leq r_1 < b.$$

Nun dividieren wir b durch r_1 und erhalten

$$b = r_1q_2 + r_2, \qquad 0 \leq r_2 < r_1.$$

Wir setzten das Verfahren in dieser Weise fort, so dass

$$r_{i-1} = r_iq_{i+1} + r_{i+1}, \qquad 0 \leq r_{i+1} < r_i.$$

Die Folge $\{r_i\}$ ist streng abnehmend. Es muss also eine ganze Zahl n derart geben, dass $r_{n+1} = 0$. Es folgt $r_n = (a, b)$.

BEWEIS. Wir zeigen zunächst, dass $r_n \mid a$ und $r_n \mid b$. Wegen $r_{n+1} = 0$ lässt sich die letzte Gleichung in der Form $r_{n-1} = q_{n+1}r_n$ schreiben. Demnach haben wir $r_n \mid r_{n-1}$. Die vorletzte Gleichung ist $r_{n-2} = q_nr_{n-1} + r_n$. Wegen $r_n \mid r_{n-1}$ folgt, dass $r_n \mid q_nr_{n-1} + r_n$. Deswegen gilt $r_n \mid r_{n-2}$. Wir setzen das Verfahren der Reihe nach fort und erhalten, dass $r_n \mid r_i$ für alle i gilt. Demnach haben wir $r_n \mid r_1q_2 + r_2 = b$. Wegen $r_n \mid b$ und $r_n \mid r_1$ folgt schließlich $r_n \mid bq_1 + r_1 = a$. Folglich haben wir $r_n \mid a$ und $r_n \mid b$, woraus unmittelbar $r_n \mid (a, b)$ folgt.

Es sei d ein Teiler von a und b. Wir müssen zeigen, dass d ein Teiler von r_n ist. Nun gehen wir in unseren Gleichungen von oben nach unten. Aus $d \mid a$ und $d \mid b$ folgt $d \mid r_1 = a - bq_1$. In der zweiten Gleichung haben wir $d \mid b$ und $d \mid r_1$; es folgt somit $d \mid r_2 = b - r_1q_2$. Setzen wir das Verfahren in dieser Weise fort, dann erhalten wir, dass $d \mid r_i$ für alle i gilt. Insbesondere gilt $d \mid r_n$.

Wir können also schlussfolgern, dass $r_n = (a, b)$.   □

Korollar 7.4 *Es seien a und b ganze Zahlen und es sei $c = (a, b)$. Dann existieren $x, y \in \mathbb{Z}$ derart, dass $c = ax + by$.*

BEWEIS. Unser Beweis verwendet Proposition 7.3. Wir wissen, dass $c = r_n$. Wir gehen jetzt in den Gleichungen wieder nach oben. Wegen $r_{n-2} = q_nr_{n-1} + r_n$ folgt

$$r_n = r_{n-2} - q_nr_{n-1}. \tag{7.1}$$

Nach Einsetzen von $r_{n-1} = r_{n-3} - q_{n-1}r_{n-2}$ wird Gleichung (7.1) zu

$$r_n = r_{n-2}(1 + q_{n-1}q_n) - q_nr_{n-3}. \tag{7.2}$$

Nun setzen wir $r_{n-2} = r_{n-4} - q_{n-2}r_{n-3}$ ein. Diese fortgesetzten Substitutionen liefern die Gleichung $r_n = r_1x_1 + r_2y_1$, wobei $x_1, y_1 \in \mathbb{Z}$. Einsetzen von $r_2 = b - r_1q_2$ ergibt

$$r_n = r_1(x_1 - q_2y_1) + by_1.$$

Setzen wir nun $r_1 = a - bq_1$ ein, dann folgt unser Endergebnis

$$r_n = a(x_1 - q_2 y_1) + b(-q_1 x_1 + q_1 q_2 y_1 + y_1) = ax + by,$$

wobei $x = x_1 - q_2 y_1$ and $y = -q_1 x_1 + q_1 q_2 y_1 + y_1$.   □

Bemerkung: Der Beweis von Korollar 7.4 ist sehr wichtig. Er gibt uns eine explizite Methode zum Auffinden von ganzen Zahlen x und y derart, dass $(a, b) = ax + by$. Auch wenn die manuelle Ausführung dieser Methode sehr ermüdend ist, lässt sie sich mit einem Computer sogar für große a und b mühelos bewerkstelligen. Mit Hilfe des Algorithmus von Proposition 7.3 lässt sich mit einem Computer ebenfalls mühelos der ggT zweier Zahlen berechnen.

Proposition 7.5   *(1) Es sei $c = (a, b)$. Dann ist c durch die folgende Eigenschaft charakterisiert:*

$$c = \min\{ax + by \mid x, y \in \mathbb{Z}, ax + by > 0\}.$$

(2) Es seien $a, b, m \in \mathbb{N}$. Dann gilt

$$(ma, mb) = m(a, b).$$

(3) Es seien $a, b, c \in \mathbb{N}$. Falls $c \mid ab$ und $(c, b) = 1$, dann gilt $c \mid a$.

(4) Ist p eine Primzahl und $p \mid ab$, dann gilt $p \mid a$ oder $p \mid b$.

BEWEIS.

(1) Man definiere $E = \{ax + by \mid x, y \in \mathbb{Z}, ax + by > 0\}$ und es sei $c = (a, b)$. Dann folgt $c \in E$ aus Korollar 7.4. Wir nehmen nun an, dass $d = ax' + by' \in E$ mit $d > 0$ und $d < c$. Wegen $c \mid a$ und $c \mid b$ ergibt sich $c \mid ax' + by'$. Demnach haben wir $c \mid d$. Das ist jedoch wegen $0 < d < c$ ein Widerspruch.

(2) Aus (1) folgt

$$\begin{aligned}
(ma, mb) &= \min\{max + mby \mid x, y \in \mathbb{Z}, max + mby > 0\} \\
&= m \min\{ax + by \mid x, y \in \mathbb{Z}, ax + by > 0\} \\
&= m(a, b).
\end{aligned}$$

(3) Wegen $(c, b) = 1$ folgt aus Korollar 7.4, dass es $x, y \in \mathbb{Z}$ derart gibt, dass $cx + by = 1$. Multiplikation beider Seiten mit a liefert $acx + aby = a$. Wir haben $c \mid acx$ und $c \mid aby$. Daher gilt $c \mid (acx + aby)$ und folglich $c \mid a$.

(4) Man wende (3) mit $c = p$ an. Ist $(p, b) = 1$, dann erhalten wir $p \mid a$ wegen (3). Andernfalls muss $(p, b) = d > 1$ gelten. Da 1 und p die beiden einzigen Teiler einer Primzahl p sind, folgt $d = p = (p, b)$. Mit anderen Worten: $p \mid b$.   □

Das folgende Korollar erweist sich als ziemlich nützlich:

Korollar 7.6 *Es seien a und n zwei ganze Zahlen mit $a < n$. Ist $(a, n) = 1$, dann existiert ein eindeutig bestimmtes $x \in \{1, \dots, n-1\}$ mit $ax \equiv 1 \pmod{n}$.*

BEWEIS. Wir beginnen mit der Existenz. Wegen $(a, n) = 1$ gewährleistet Korollar 7.4 die Existenz von $x, y \in \mathbb{Z}$ derart, dass $ax + ny = (a, n) = 1$. Deswegen gilt $ax = 1 - ny$ oder $ax \equiv 1 \pmod{n}$. Ist $x \notin \{1, \ldots, n - 1\}$, dann können wir ein Vielfaches von n hinzufügen oder entfernen, ohne dass sich die Kongruenz $ax \equiv 1 \pmod{n}$ ändert. Damit ist die Existenz bewiesen.

Wir beweisen nun die Eindeutigkeit. Angenommen es gäbe eine zweite Lösung $x' \in \{1, \ldots, n - 1\}$ mit $ax' \equiv 1 \pmod{n}$. Dann gilt $a(x - x') \equiv 0 \pmod{n}$ und deswegen $n \mid a(x - x')$. Wegen $(n, a) = 1$ folgt $n \mid x - x'$. Wir haben aber $x - x' \in \{-(n-1), \ldots, n-1\}$, das heißt, $x - x' = 0$ ist die einzige Möglichkeit.   □

7.3 Die Idee hinter RSA

Wir stellen das RSA-Kryptosystem in einer ähnlichen Weise vor wie in der Originalarbeit [8]. Wir beginnen damit, die einzelnen Schritte des Algorithmus durchzugehen. Danach diskutieren wir jeden Schritt ausführlicher.

Ein Kryptosystem mit öffentlichem Schlüssel wird zuerst von der Person (oder Organisation) eingerichtet, die wir als den Empfänger bezeichnen, der die Nachrichten auf sichere Weise empfangen möchte. Der Empfänger richtet also das System ein und veröffentlicht, wie man an dieses System Nachrichten senden kann.

Schritt 1. Der Empfänger wählt zwei große (ungefähr je hundertstellige) Primzahlen p und q aus und berechnet $n = pq$. Die Zahl n, der „öffentliche Schlüssel", ist dann eine ungefähr 200-stellige Zahl. Ist nur n gegeben, dann sind Computer nicht in der Lage, die Primzahlen p und q in einer angemessenen Zeit zu ermitteln.

Schritt 2. Der Empfänger berechnet $\phi(n)$, wobei ϕ die folgendermaßen definierte Euler'sche Funktion ist: $\phi(n)$ ist die Anzahl der ganzen Zahlen in $\{1, 2, \ldots, n - 1\}$, die relativ prim zu n sind $(n > 1)$.[1] Vereinbarungsgemäß definieren wir $\phi(1) = 1$. In Proposition 7.8 zeigen wir, dass $\phi(n) = (p - 1)(q - 1)$. Man beachte, dass diese Formel die Kenntnis von p und q voraussetzt. Demnach scheint die Berechnung von $\phi(n)$ ohne Kenntnis der Primfaktorzerlegung von n genau so schwer zu sein wie die Faktorisierung von n (es gibt jedoch keinen strengen Beweis, dass diese beiden Probleme tatsächlich „gleich" schwer sind).

Schritt 3: Wahl des Chiffrierschlüssels. Der Empfänger wählt die Zahl $e \in \{1, \ldots, n - 1\}$ so aus, dass sie relativ prim zu $\phi(n)$ ist. Die Zahl e ist der Chiffrierschlüssel. Diese Zahl ist öffentlich und wird vom Sender verwendet, um die Nachricht gemäß den öffentlich gemachten Anweisungen des Empfängers zu verschlüsseln, das heißt, zu codieren.

Schritt 4: Konstruktion des Dechiffrierschlüssels. Es gibt ein $d \in \{1, \ldots, n - 1\}$ derart, dass $ed \equiv 1 \pmod{\phi(n)}$. Die Existenz von d folgt aus Korollar 7.6. Das exakte Verfahren zur Konstruktion von d folgt aus den Beweisen von Korollar 7.6 und den

---

[1] Zwei natürliche Zahlen, die teilerfremd sind, werden auch als *relativ prim zueinander* bezeichnet.

damit zusammenhängenden Propositionen, zu denen auch der euklidische Algorithmus gehört. Die vom Empfänger konstruierte ganze Zahl d ist der Dechiffrierschlüssel. Dieser Schlüssel, der „private Schlüssel", bleibt geheim und ermöglicht es dem Empfänger, die von ihm erhaltenen Nachrichten zu entschlüsseln, das heißt, zu decodieren.

Schritt 5: Verschlüsseln einer Nachricht. Der Sender möchte eine Nachricht versenden, die aus einer ganzen Zahl $m \in \{1, \ldots, n-1\}$ besteht, wobei m relativ prim zu n ist.[2] Um diese Zahl zu verschlüsseln, berechnet der Sender den Rest a, der sich bei der Division von m^e durch n ergibt. Wir haben also $m^e \equiv a \pmod{n}$ mit $a \in \{1, \ldots, n-1\}$. Die berechnete ganze Zahl a ist die verschlüsselte Nachricht. Der Sender sendet a. Wie wir sehen werden, ist es leicht für einen Computer, a zu berechnen – und zwar sogar dann, wenn m, e und n sehr groß sind.

Schritt 6: Entschlüsseln einer Nachricht. Der Empfänger empfängt eine verschlüsselte Nachricht a. Zur Entschlüsselung dieser Nachricht berechnet der Empfänger $a^d \pmod{n}$. In Proposition 7.10 werden wir zeigen, dass das immer exakt die ursprüngliche Nachricht m liefert.

Bevor wir die verschiedenen Schritte diskutieren, betrachten wir ein einfaches Beispiel mit kleinen Zahlen.

Beispiel 7.7 *Es sei $p = 7$ und $q = 13$, das heißt, $n = pq = 91$. Welche ganzen Zahlen von $E = \{1, \ldots, 90\}$ sind nicht teilerfremd zu 91? Das sind alle Vielfachen von p und q und es gibt insgesamt 18 solche Zahlen: 7, 13, 14, 21, 26, 28, 35, 39, 42, 49, 52, 56, 63, 65, 70, 77, 78, 84. Demnach gibt es $90 - 18 = 72$ ganze Zahlen in E, die teilerfremd zu 91 sind, das heißt, $\phi(91) = 72$. Wir wählen $e = 29$ aus dieser Menge. Man überzeugt sich leicht davon, dass $(e, \phi(n)) = 1$. Wir verwenden den euklidischen Algorithmus, um d zu finden:*

$$\begin{aligned} 72 &= 29 \times 2 + 14, \\ 29 &= 14 \times 2 + 1. \end{aligned}$$

Wir arbeiten uns nach rückwärts durch die Gleichungen, um 1 durch 29 und 72 auszudrücken:

$$1 = 29 - 14 \times 2 = 29 - (72 - 29 \times 2) \times 2 = 29 \times 5 - 72 \times 2.$$

Somit haben wir $29 \times 5 \equiv 1 \pmod{72}$ und das ergibt $d = 5$. Es sei $m = 59$ unsere Nachricht. Wir haben $(59, 91) = 1$. Zur Verschlüsselung dieser Nachricht müssen wir $59^{29} \pmod{91}$ berechnen. Da 59^{29} eine sehr große Zahl ist, müssen wir bei unseren Berechnungen clever vorgehen. Wir werden der Reihe nach 59^2, 59^4, 59^8 und 59^{16} modulo 91 berechnen und benutzen, dass $59^{29} = 59^{16} \times 59^8 \times 59^4 \times 59$. Los geht's!

---

[2]Die auch im Folgenden immer wieder gemachte Voraussetzung „m relativ prim zu n" ist eigentlich überflüssig. Man müsste dann nur den Korrektheitsbeweis der RSA-Methode mit Hilfe von Satz 7.9, der diese Voraussetzung verlangt, durch gesondert geführte Beweise für diejenigen Fälle ergänzen, in denen m ein Vielfaches von p oder q ist (vgl. etwa Norman Biggs, *Codes: an introduction to information communication and cryptography*, Springer 2008, S. 217, Exercise 13.15).

$$59^2 = 3481 \equiv 23 \pmod{91},$$
$$59^4 = (59^2)^2 \equiv 23^2 = 529 \equiv 74 \pmod{91},$$
$$59^8 = (59^4)^2 \equiv 74^2 = 5476 \equiv 16 \pmod{91},$$
$$59^{16} = (59^8)^2 \equiv 16^2 = 256 \equiv 74 \pmod{91}.$$

Somit haben wir schließlich

$$
\begin{aligned}
59^{29} &= 59^{16} \times 59^8 \times 59^4 \times 59 \pmod{91} \\
&\equiv (74 \times 16) \times 74 \times 59 \pmod{91} \\
&\equiv 1 \times 74 \times 59 = 4366 \pmod{91} \\
&\equiv 89 \pmod{91}.
\end{aligned}
$$

Die von uns angewendete Berechnungsmethode ist diejenige, die auch für die meisten Computer typisch ist. Die verschlüsselte Nachricht ist also $a = 89$ und wir senden diese an den Empfänger. Zur Entschlüsselung dieser Nachricht muss der Empfänger den Rest berechnen, der sich bei der Division von 89^5 durch 91 ergibt. Mit der gleichen Methode schließen wir die Berechnung mühelos ab und gewinnen die ursprüngliche Nachricht wieder. Tatsächlich haben wir

$$89^2 = 7921 \equiv 4 \pmod{91},$$
$$89^4 = (89^2)^2 \equiv 4^2 = 16 \pmod{91}$$

und rechnen nun

$$89^5 = 89^4 \times 89 \equiv 16 \times 89 = 1424 \equiv 59 \pmod{91}.$$

Damit haben die Nachricht m wiedergewonnen!

Proposition 7.8 *Es seien p und q zwei verschiedene Primzahlen. Dann gilt*

$$\phi(pq) = (p-1)(q-1).$$

BEWEIS. Wir müssen die ganzen Zahlen in $E = \{1, 2, \ldots, pq - 1\}$ zählen, die teilerfremd zu pq sind. Die einzigen ganzen Zahlen, die nicht teilerfremd zu pq sind, sind die Vielfachen von p, also die Zahlen der Menge $P = \{p, 2p, \ldots (q-1)p\}$ (es gibt $q - 1$ solche Zahlen) sowie die Vielfachen von q, also die Zahlen der Menge $Q = \{q, 2q, (p-1)q\}$ (es gibt $p-1$ solche Zahlen). Man beachte, dass $P \cap Q = \emptyset$. Wäre das nämlich nicht der Fall, dann würden n und m derart existieren, dass $np = mq$, wobei $m < p$; wir hätten also $p \mid np = mq$ und gemäß Proposition 7.5(4) müsste entweder $p \mid m$ oder $p \mid q$ gelten, aber beides führt zu einem Widerspruch. Die Anzahl der ganzen Zahlen in E, die teilerfremd zu pq sind, beträgt demnach

$$pq - 1 - (p-1) - (q-1) = pq - p - q + 1 = (p-1)(q-1).$$

□

Satz 7.9 *(Satz von Euler und Kleiner Satz von Fermat) Ist $m < n$ teilerfremd zu n, dann gilt $m^{\phi(n)} \equiv 1 \pmod{n}$. (Fermat bewies, dass $m^{n-1} \equiv 1 \pmod{n}$ für eine beliebige Primzahl n gilt; dieses Ergebnis wird als Kleiner Satz von Fermat bezeichnet.)*

BEWEIS. Wir beginnen mit dem Fall, in dem n eine Primzahl ist. In diesem Fall gilt $\phi(n) = n - 1$, denn die Zahlen $1, 2, \ldots, n - 1$ sind alle teilerfremd zu n. Wir nehmen $m \in E = \{1, \ldots, n - 1\}$ und betrachten die Produkte

$$1 \cdot m, \quad 2 \cdot m, \quad \ldots, \quad (n - 1) \cdot m. \tag{7.3}$$

Wir zeigen: Nach Division durch n bilden die Reste r_k dieser Produkte ($k \cdot m \equiv r_k \pmod{n}$) eine Permutation der Folge $1, \ldots, n - 1$. Zunächst bemerken wir, dass der Rest r_k, der bei der Division von $k \cdot m$ durch n entsteht, nie 0 sein kann, wenn n eine Primzahl ist und wenn $k, m < n$. Demnach liegt der Rest in E. Wir müssen noch zeigen, dass die Reste voneinander verschieden sind. Im Gegensatz hierzu nehmen wir an, dass $k_1 \cdot m$ und $k_2 \cdot m$ nach der Division durch n den gleichen Rest haben. Ohne Beschränkung der Allgemeinheit können wir $k_1 \geq k_2$ voraussetzen. Dann sehen wir, dass

$$k_1 \cdot m = q_1 \cdot n + r, \qquad k_2 \cdot m = q_2 \cdot n + r$$

und deswegen

$$(k_1 - k_2) \cdot m = (q_1 - q_2) \cdot n.$$

Somit ist n ein Teiler von $(k_1 - k_2) \cdot m$. Da n prim ist, $0 \leq k_1 - k_2 < n$ und $m < n$, bleibt $k_1 = k_2$ die einzige Möglichkeit.

Nehmen wir das Produkt der Reste r_i modulo n der Folge (7.3) und arbeiten wir modulo n, dann sehen wir, dass

$$
\begin{aligned}
(n - 1)! &= 1 \cdot 2 \cdot 3 \cdots (n - 1) = r_1 \cdot r_2 \cdots \cdot r_{n-1} \\
&\equiv (m \cdot 1) \cdot (m \cdot 2) \cdots (m \cdot (n - 1)) \pmod{n} \\
&= m^{n-1} \cdot (n - 1)!.
\end{aligned}
$$

Anders geschrieben bedeutet das

$$n \mid (m^{n-1} - 1) \cdot (n - 1)!.$$

Da n eine Primzahl ist, wissen wir, dass $(n, (n - 1)!) = 1$. Somit gilt $n \mid m^{n-1} - 1$, und das ist äquivalent zum Endergebnis $m^{n-1} \equiv 1 \pmod{n}$.

Der Beweis ist nahezu identisch, wenn n keine Primzahl ist. In diesem Fall nehmen wir anstelle der Zahlen $1, \ldots, n - 1$ nur diejenigen $\phi(n)$ Zahlen, die teilerfremd zu n sind. Wie zuvor multiplizieren wir diese mit m und betrachten die Reste, die sich nach der Division durch n ergeben. Diese Reste sind ebenfalls von null verschieden. Da m und n teilerfremd sind, ist das Ergebnis wieder eine Permutation der ursprünglichen Folge. Nehmen wir nämlich an, dass $k_1 \cdot m$ und $k_2 \cdot m$ kongruent modulo n sind und $k_1 \geq k_2$ ist, dann können wir $(k_1 - k_2) \cdot m = (q_1 - q_2) \cdot n$ ableiten, und deswegen gilt $n \mid (k_1 - k_2) \cdot m$.

Aus $(n, m) = 1$ folgt $n \mid k_1 - k_2$. Aber $0 \leq k_1 - k_2 \leq n - 1$. Die einzige Möglichkeit ist also $k_1 - k_2 = 0$. Somit folgt, dass die Reste voneinander verschieden sind. Das Produkt dieser Zahlen ist

$$\prod_{\substack{(k,n)=1 \\ k<n}} k \equiv m^{\phi(n)} \prod_{\substack{(k,n)=1 \\ k<n}} k \pmod{n}.$$

Das Ergebnis folgt durch „Vereinfachen" des Produktes $\prod_{(k,n)=1, k<n} k$, das gemäß Proposition 7.5(3) teilerfremd zu n ist. Setzen wir nämlich $a = \prod_{(k,n)=1, k<n} k$ und $b = m^{\phi(n)} - 1$, dann folgen $n \mid ab$ und $(n, a) = 1$. Somit gilt $n \mid b$, und der Beweis ist erbracht.   □

Proposition 7.10 *RSA-Verschlüsselung und RSA-Entschlüsselung sind zueinander invers: Verschlüsseln wir eine Nachricht m (wobei $(m, n) = 1$) als a (wobei $m^e \equiv a \pmod{n}$), dann liefert die Entschlüsselung immer die ursprüngliche Nachricht m. Das heißt, $a^d \equiv m \pmod{n}$.*

BEWEIS. Aus $m^e \equiv a \pmod{n}$ folgt

$$\begin{aligned} a^d &\equiv (m^e)^d = m^{ed} = m^{k\phi(n)+1} = m^{k\phi(n)} \cdot m = (m^{\phi(n)})^k \cdot m \\ &\equiv 1^k \cdot m = 1 \cdot m = m \pmod{n}. \end{aligned}$$

□

Beispiel 7.11 *Eine Firma möchte ein Online-Bestellsystem aufbauen. Zur Sicherung der Übertragung von Kreditkarteninformationen der Kunden verwendet die Firma ein Kryptosystem mit öffentlichem Schlüssel. Die Kreditkartennummer ist eine 16-stellige Zahl und hat zusätzlich 4 Stellen zur Beschreibung des Ablaufdatums: insgesamt haben wir also 20 Stellen. Die Firma wählt deswegen zwei große Primzahlen p und q. In unserem Beispiel nehmen wir Primzahlen von je 25 Stellen, das heißt, wir erhalten ein $n = pq$ von ungefähr 50 Stellen. Es seien*

$$p = 1234567980 1994567990089459$$

und

$$q = 8369567977 7773687 12343087.$$

Das liefert

$$n = pq = 103328006334666582188478564007333624855622630219933$$

und

$$\phi(n) = (p - 1)(q - 1)$$
$$= 103328006334666582188478543292085845083685927787388.$$

Die Firma wählt

$$e = 115670849$$

derart, dass $(e, \phi(n)) = 1$, und verwendet Korollar 7.6 zur Berechnung von

$$d = 34113931743910925784483561065442183977516731202177.$$

Der Wert von d in diesem Beispiel ist sehr groß und dieser Umstand verhindert jede Möglichkeit, den Wert mit Hilfe von Trial-and-Error zu finden.

Der Algorithmus ist auf das Versenden von Nachrichten m beschränkt, die teilerfremd zu n sind. Zum Glück haben die einzigen Teiler von n mindestens 25 Stellen und somit müssen alle 20-stelligen Zahlen teilerfremd zu n sein. Wir betrachten jetzt einen Kunden, dessen Kreditkarte die Nummer 4540 3204 4567 8231 hat und das Ablaufdatum sei 10/02. Der Kunde möchte die Nachricht m = 45403204456782311002 sicher übermitteln. Die Software berechnet also

$$
\begin{aligned}
m^e &\equiv a \\
&\equiv 4932908522179127579301751139739556684799888 6183308 \ (\text{mod } n)
\end{aligned}
$$

und sendet diese Zahl an die Firma. Nach Erhalt dieser verschlüsselten Übertragung berechnet die Firma

$$a^d \equiv 45403204456782311002 = m \ (\text{mod } n).$$

Wir weisen darauf hin, dass die gewählten Werte von p und q scheinbar sehr groß sind; sie sind jedoch nicht groß genug, um einen Computer daran zu hindern, die Zahl n zu faktorisieren.

Was wäre geschehen, wenn die Übertragung einen Fehler gehabt hätte? Mit großer Wahrscheinlichkeit hätte der Empfänger den Fehler bemerkt, da der entschlüsselte Wert kaum eine 20-stellige Zahl gewesen wäre.

Signieren einer Nachricht: Bis jetzt haben wir nur gesehen, wie jemand – wir wollen ihn Bob nennen – ein Kryptosystem mit einem öffentlichen Schlüssel einrichten kann, das es ihm ermöglicht, auf sicherem Wege Nachrichten von anderen Personen zu erhalten. Angenommen, Bob erhält eine Nachricht von seiner Freundin Alice, die ihn bittet, einen großen Geldbetrag auf ihr Konto zu überweisen. Woher weiß er, dass die Nachricht wirklich von Alice kommt und nicht von jemand anderem, der sich als Alice ausgibt? Die Absenderin Alice muss also nachweisen können, dass sie tatsächlich die an Bob gesandte Nachricht verfasst hat. Das ist es, was wir als Signieren einer Nachricht bezeichnen.

In diesem Fall konstruieren sowohl der Sender als auch der Empfänger je ein Kryptosystem mit einem öffentlichen Schlüssel, das aus einem Tripel (n, e, d) besteht. Zwei öffentliche Schlüssel sind notwendig.

- Der Sender (Alice) veröffentlicht n_A und e_A und hält d_A geheim.
- Der Empfänger (Bob) veröffentlicht n_B und e_B und hält d_B geheim.

Übertragen einer signierten Nachricht:

- Zum Senden einer signierten Nachricht m, die teilerfremd zu n_A ist, beginnt der Sender, seine Signatur zu platzieren, indem er

$$m_1 \equiv m^{d_A} \pmod{n_A}$$

berechnet. Ist m_1 teilerfremd zu n_B, dann verschlüsselt der Sender seine Signatur mit Hilfe des öffentlichen Schlüssels des Empfängers:

$$m_2 \equiv m_1^{e_B} \pmod{n_B}.$$

Danach sendet der Sender m_2. Sollte es vorkommen, dass $(m_1, n_B) \neq 1$ (was nicht sehr wahrscheinlich ist, da n_B so wenige Teiler hat), dann verändert der Sender die Nachricht m geringfügig, bis sowohl $(m, n_A) = 1$ als auch $(m_1, n_B) = 1$ gilt.

- Zur Entschlüsselung der signierten Nachricht beginnt der Empfänger mit der Wiederherstellung von m_1, indem er es mit seinem geheimen (privaten) Schlüssel d_B entschlüsselt:

$$m_1 \equiv m_2^{d_B} \pmod{n_B}.$$

Tatsächlich haben wir

$$m_2^{d_B} \equiv m_1^{e_B d_B} \equiv m_1^{k_1 \phi(n_B) + 1} = m_1 \cdot (m_1^{\phi(n_B)})^{k_1} \equiv m_1 \pmod{n_B}.$$

Danach stellt er die Originalnachricht wieder her, indem er den öffentlichen Schlüssel des Senders verwendet:

$$m \equiv m_1^{e_A} \pmod{n_A}.$$

Tatsächlich gilt

$$m_1^{e_A} \equiv m^{d_A e_A} \equiv m^{k_2 \phi(n_A) + 1} = m \cdot (m^{\phi(n_A)})^{k_2} \equiv m \pmod{n_A}.$$

Wurde die Nachricht von einem Betrüger gesendet, dann erkennt der Empfänger dies nach der Entschlüsselung. Wäre bei dem Kreditkartenbeispiel die Nachricht von einem Betrüger gesendet worden, dann gäbe es effektiv keine Chance, dass der berechnete Wert m exakt 20 Stellen hat oder einer gültigen Kreditkartennummer entspricht. Beim Versenden einer Textnachricht wenden wir zunächst eine Transformation an, um eine Folge von Buchstaben auf eine Zahlenfolge abzubilden. Hätte ein Betrüger eine solche Nachricht versendet, dann wäre der decodierte Text sehr wahrscheinlich ein unverständliches Durcheinander.

Anwendungen: Das RSA-Kryptosystem ist im Internet weit verbreitet, zum Beispiel zur Sicherung der Übertragung sensibler Daten wie etwa Kreditkarteninformationen. Auch das Onlinebanking ist durch eine RSA-Verschlüsselung geschützt. Die RSA-Algorithmen erfordern jedoch lange und komplexe Berechnungen. Die Algorithmen verlieren deswegen ihre Faszination, wenn wir sehr lange Nachrichten versenden müssen. In diesem Fall werden üblicherweise andere Systeme verwendet, insbesondere dann, wenn die Nachricht nicht über einen sehr langen Zeitraum geheim bleiben muss. Zu den vielen schnelleren Kryptosystemen gehören DES (der Data Encryption Standard) und der aktuellere AES (der Advanced Encryption Standard) (vgl. [3]). DES und AES sind symmetrische Kryptosysteme, das heißt, Sender und Empfänger verwenden den gleichen Schlüssel zur Verschlüsselung und Entschlüsselung der Nachricht. Der Schlüssel ist typischerweise viel kürzer als die Nachricht selbst und kann mit Hilfe des teureren RSA-Kryptosystems sicher ausgetauscht werden.

Diskussion über den Wert des RSA-Kryptosystems: Das RSA-Kryptosystem wurde 1978 eingeführt. Es hat eine große Anzahl von Forschungsarbeiten über verbesserte Faktorisierungsmethoden angeregt, aber bis jetzt ist es nicht gelungen, den RSA-Code zu knacken, falls n hinreichend groß gewählt wird. Es ist noch nicht einmal bekannt, ob das Knacken des RSA-Code äquivalent zur Faktorisierung ist oder ob es einen billigeren alternativen Weg gibt. Alle Anstrengungen, RSA mit Hilfe von Techniken zu knacken, die von der Faktorzerlegung von n verschieden sind, waren jedoch bislang erfolglos.

In der Originalarbeit [8] von 1978 wird geschätzt, dass es (unter Verwendung der technischen Ausstattung von 1978) 74 Jahre dauern würde, eine 100-stellige Zahl zu faktorisieren, $3, 8 \times 10^9$ Jahre, um eine 200-stellige Zahl zu faktorisieren und $4, 2 \times 10^{25}$ Jahre, um eine 500-stellige Zahl zu faktorisieren. Aber was geschieht, wenn man eine moderne Ausstattung verwendet? Aufgrund der riesigen Fortschritte in Bezug auf die Rechenleistung müssen 100-stellige Zahlen vermieden werden. Beim Stand des Jahres 2005 können 200-stellige Schlüssel von Entschlüsselungsexperten mit Hilfe großer Supercomputer geknackt werden (s. unten). Die Fortschritte auf dem Gebiet der Faktorisierung erfolgen an zwei Fronten: bessere Computer und bessere Algorithmen. Das zuerst 1965 formulierte Moore'sche Gesetz (benannt nach Gordon Moore, einem der Mitbegründer von Intel) besagt, dass sich die Komplexität integrierter Schaltkreise alle 18 bis 24 Monate verdoppelt. Erstaunlicherweise hält dieser Trend bis heute an. In welcher Beziehung steht das zur Geschwindigkeit der Berechnungen? Paul Rousseau, ein Angestellter von TSMC, hat folgende Antwort gegeben: Die Transistorgeschwindigkeit erhöht sich alle zwei bis drei Jahre um einen Faktor von $1, 4$. Selbst dann, wenn eine Firma ankündigt, dass sich die Taktfrequenz eines gegebenen Prozessors mit 2 multipliziert, verrichtet der Prozessor weniger Arbeit pro Zyklus, und deswegen ist dieser Multiplikator nur ein künstliches Maß. Ein besseres Maß ist deswegen die Kapazität des Prozessors, „reale Arbeit" zu verrichten. Bei einem Algorithmus (zum Beispiel bei der Faktorisierung, bei der die Arbeit parallel verrichtet werden kann) beträgt der reale Zuwachs an Arbeitskapazität ungefähr $2, 8$, wobei ein Faktor von $1, 4$ auf schnellere Transistoren und ein Faktor von 2 auf die größere Anzahl von Transistoren zurückzuführen ist. Im Jahr 2005 waren seit 1978 siebenundzwanzig Jahre vergangen. Wenn wir annehmen, dass alle $2, 5$ Jahre eine neue Generation entsteht, dann sind $10, 8$ Generationen vergangen, was einen Faktor von $67\,500$ ergibt, und das ist weniger als 10^5.

Die Verbesserung von Faktorisierungsalgorithmen war nicht weniger spektakulär. Bereits im neunzehnten Jahrhundert hatte Gauß das Problem der Primfaktorzerlegung großer Zahlen als fundamentales Problem der Zahlentheorie bezeichnet. Die wichtigsten Algorithmen sind:

- die quadratische Siebmethode von Pomerance,
- die Elliptische-Kurven-Methode von Lenstra und
- die allgemeine Zahlkörpersiebmethode von Pollard, Adleman, Buhler, Lenstra und Pomerance.

Carl Pomerance [7] hat einen exzellenten Artikel zu diesem Thema geschrieben.

1996 wurden 130-stellige Zahlen faktorisiert, 1999 waren es bereits 155-stellige Zahlen. Im Jahr 2005 kündigten F. Bahr, M. Boehm, J. Franke und T. Kleinjung die Faktorisierung einer 200-stelligen Zahl an:

$$
\begin{aligned}
n \quad = \quad & 27997833911221327870829467638722601621070446786955 \\
& 42853756000992932612840010760934567105295536085606 \\
& 18223519109513657886371059544820065767750985805576 \\
& 13579098734950144178863178946295187237869221823983,
\end{aligned}
$$

wird in der Form $n = pq$ faktorisiert, wobei p und q die folgenden Primzahlen sind:

$$
\begin{aligned}
p \quad = \quad & 3532461934402770121272604978198464368671197400197625 \\
& 0236493034687761212536794232000585479565280889349, \\
q \quad = \quad & 7925869955447833303334708584148005968773797585736421 \\
& 996073433034145576787281815213538140930474018546.
\end{aligned}
$$

Diese Faktorisierung erfolgte mit Hilfe der allgemeine Zahlkörpersiebtechnik, die 2005 der beste bekannte Faktorisierungsalgorithmus war.

Jean-Paul Delahaye empfiehlt im Jahr 2000 in seiner Arbeit [4] die Verwendung eines 232-stelligen Schlüssels für Daten, die nicht sehr wichtig sind; für den kommerziellen Gebrauch empfiehlt er einen 309-stelligen Schlüssel und für Nachrichten, die über einen sehr langen Zeitraum geschützt werden müssen, einen 617-stelligen Schlüssel.

7.4 Konstruktion großer Primzahlen

Wir haben an früherer Stelle bemerkt, dass es relativ einfach ist, große Primzahlen zu konstruieren. Das ist eine direkte Folge des Primzahlsatzes, der uns auf einfache Weise Auskunft über die Wahrscheinlichkeit gibt, dass eine zufällig gewählte N-stellige ganze Zahl eine Primzahl ist. Zum Auffinden einer 100-stelligen Primzahl erzeugen wir einfach zufällig 100-stellige Zahlen und testen, ob es Primzahlen sind. Der Primzahlsatz gewährleistet, dass wir nach durchschnittlich 115 Versuchen eine Primzahl erhalten (unter der Voraussetzung, dass wir nur ungerade Zahlen erzeugen).

Satz 7.12 *(Primzahlsatz) Es sei $\pi(N) = \#\{p \leq N \mid p \text{ ist prim}\}$ (das heißt, $\pi(N)$ ist die Anzahl der Primzahlen, die kleiner als oder gleich N sind). Ist N hinreichend groß, dann gilt*

$$\pi(N) \sim \frac{N}{\ln N}.$$

Bemerkung: Der Beweis dieses Satzes ist sehr schwer und wir diskutieren ihn hier nicht.

Wir möchten große Primzahlen erzeugen. Wir nehmen für einen Augenblick an, dass wir ein Orakel haben, mit dessen Hilfe wir entscheiden können, ob eine gegebene Zahl eine Primzahl ist oder nicht. Wir können dann zufällig eine große ganze Zahl n wählen und testen, ob sie eine Primzahl ist. Falls nicht, dann könnten wir $n+1$ wählen und so weiter. Wir werden jedoch zeigen, dass das keine gute Herangehensweise ist.

Satz 7.13 *Es gibt beliebig lange Folgen von aufeinanderfolgenden zusammengesetzten Zahlen.*

BEWEIS. Es sei $n \in \mathbb{N}$. Die nachstehende Folge der Länge n besteht nur aus zusammengesetzten Zahlen:

$$n! + 2, n! + 3, \ldots, n! + n.$$

Tatsächlich gilt für $1 < m \leq n$ die Beziehung $m \mid n!$ und deswegen auch $m \mid n! + m$. □

Eine bessere Technik ist die zufällige Auswahl großer ganzer Zahlen und ein anschließender Test, ob es sich um Primzahlen handelt. Unter der Voraussetzung, dass unsere Auswahlen unabhängig voneinander sind, gewährleisten uns die Gesetze der Wahrscheinlichkeit, dass wir nach einer angemessenen Anzahl von Versuchen eine Primzahl finden.

Für einen gegebenen großen Wert von N betrachten wir die Menge $F = \{1, \ldots, N\}$ von ganzen Zahlen. Möchten wir 100-stellige (oder 200-stellige) Primzahlen finden, dann würden wir $N = 10^{100}$ (bzw. $N = 10^{200}$) nehmen. Laut Primzahlsatz gibt es in der Menge F ungefähr $\pi(N) = \frac{N}{\ln N}$ Primzahlen. Wählen wir also zufällig eine ganze Zahl n aus der Menge F aus, dann beträgt die Wahrscheinlichkeit dafür, dass n eine Primzahl ist, ungefähr

$$\text{Prob}(n \text{ prim}) \approx \frac{\frac{N}{\ln N}}{N} = \frac{1}{\ln N}.$$

Für $N = 10^{100}$ erhalten wir $\ln N = 100 \ln 10 \approx 100 \times 2,30259 = 230,259$. Wir haben also ungefähr eine Chance von 1 zu 230, dass eine aus F zufällig ausgewählte ganze Zahl eine Primzahl ist. Wir können unsere Chancen sofort verdoppeln, wenn wir uns darauf beschränken, nur ungerade Zahlen auszuwählen (man wähle hierzu einfach nur die letzte Stelle aus der Menge $\{1, 3, 5, 7, 9\}$ aus). Auf ähnliche Weise können wir unsere Chancen weiter verbessern, indem wir die letzte Stelle aus der Menge $\{1, 3, 7, 9\}$ auswählen (das heißt, wir eliminieren die Vielfachen von 5), wodurch wir schließlich eine Wahrscheinlichkeit von 1 zu 92 erreichen.

Es sei B diejenige Untermenge von F, die aus den ungeraden und nicht durch 5 teilbaren ganzen Zahlen besteht. Die Anzahl der Elemente von B ist ungefähr $\frac{2}{5}N$. Es sei $p = \frac{5}{2\ln N}$. Jedesmal, wenn wir eine Zufallszahl aus B auswählen, dann ist sie mit der Wahrscheinlichkeit p eine Primzahl. Wir betrachten das „Zufallsexperiment", bei dem wir zufällig aus B eine Zahl ziehen und testen, ob es eine Primzahl ist. Wir wiederholen das Experiment auf unabhängige Weise, bis wir zufällig auf eine Primzahl stoßen. Es sei X die Anzahl der notwendigen Experimente. Dann ist X eine geometrische Zufallsvariable mit dem Parameter p. Demnach haben wir

$$\mathrm{Prob}(X = k) = (1 - p)^{k-1}p.$$

Diese Formel ist ein einfacher Ausdruck der folgenden Tatsache: Wir haben eine Wahrscheinlichkeit von $(1-p)$, dass wir in jedem der ersten $k-1$ Experimente keine Primzahl ziehen, und eine Wahrscheinlichkeit von p, dass wir im k-ten Experiment eine Primzahl ziehen. Der Erwartungswert der Zufallsvariablen X ist die durchschnittliche Anzahl der Experimente, die wir voraussichtlich durchführen müssen, um eine Primzahl zu finden. Für unsere geometrische Zufallsvariable X mit dem Parameter p haben wir

$$E(X) = \sum_{k=1}^{\infty} k\,\mathrm{Prob}(X = k) = \sum_{k=1}^{\infty} k(1 - p)^{k-1}p = \frac{1}{p}.$$

(Der Nachweis dessen, dass $\sum_{k=1}^{\infty} k(1 - p)^{k-1}p = \frac{1}{p}$, erfordert etwas Geschick. Man findet diese Berechnung in jedem Lehrbuch der Wahrscheinlichkeitstheorie.)

In unserem Beispiel ist $p \approx \frac{1}{92}$, falls wir die letzte Stelle aus der Menge $\{1, 3, 7, 9\}$ ausgewählt haben; somit ist $E(X) = 92$. Wir müssten also im Durchschnitt voraussichtlich 92 Experimente durchführen, bevor wir eine Primzahl finden.

Was wir bis jetzt getan haben, geht von der Annahme aus, dass es wesentlich leichter ist, mit einer ganzen Zahl n einen Primzahltest durchzuführen als n zu faktorisieren. Ein solcher Test wird auch als Primalitätstest bezeichnet. Es gibt eine Vielzahl von Primalitätstests in der Literatur, aber die meisten erfordern fortgeschrittenere Kenntnisse. Das von uns hier vorgestellte Verfahren ist dasjenige, das in der Originalarbeit [8] zum RSA-Algorithmus erschienen ist. Das Verfahren ist ziemlich technisch und verwendet das nicht intuitive Jacobi-Symbol, das nachstehend eingeführt wird. Das grundlegende Prinzip besteht darin, dass eine zusammengesetzte Zahl n überall ihre Fingerabdrücke dergestalt hinterlässt, dass ungefähr die Hälfte der Zahlen in der Menge $\{1, \ldots, n\}$ „weiß", dass n zusammengesetzt ist. Besteht n den Test in Bezug auf k Zahlen $m_1, \ldots, m_k \in \{1, \ldots, n\}$, wobei k nicht besonders groß sein muß, dann ist n mit einer sehr großen Wahrscheinlichkeit eine Primzahl (wir werden diesen Sachverhalt mit Hilfe der Bayes-Formel beweisen).

Ein Primalitätstest. Für zwei teilerfremde ganze Zahlen m und n können wir das Jacobi-Symbol $J(m, n) \in \{-1, 1\}$ berechnen. Wir geben die vollständige Definition $J(m, n)$ etwas später. Es sei

$$E = \{1, \ldots, n - 1\}.$$

Ist n eine Primzahl und $a \in E$, dann haben wir

$$\begin{cases} (a, n) = 1, \\ J(a, n) \equiv a^{\frac{n-1}{2}} \pmod{n}. \end{cases} \tag{7.4}$$

Ist n keine Primzahl, dann erfüllt mindestens die Hälfte der Zahlen von E die Beziehung (7.4) nicht. Wenn wir eine ganze Zahl $a \in E$ finden, die diesen Test nicht besteht (weil sie (7.4) nicht erfüllt), dann wissen wir mit Sicherheit, dass n keine Primzahl ist. Wählen wir $a \in E$ zufällig aus, dann haben wir

$$\text{Prob}(a \text{ besteht den Test} \mid n \text{ ist keine Primzahl}) \leq \frac{1}{2}.$$

Angenommen, wir haben $a_1, \ldots, a_k \in E$ zufällig gewählt und n hat den Test bezüglich jeder dieser Zahlen bestanden. Wir möchten die Wahrscheinlichkeit berechnen, dass n eine Primzahl ist. Wir geben zunächst jedem Ereignis einen Namen: Es bezeichne A_i das Ereignis „a_i besteht den Test". Es sei $P(n)$ das Ereignis „n ist eine Primzahl" und es bezeichne $Q(n)$ das komplementäre Ereignis, das heißt, $Q(n)$ ist das Ereignis „n ist zusammengesetzt". Es sei $A = A_1 \cap \cdots \cap A_k$. Demnach ist A das Ereignis „alle $a_1, \ldots, a_k$ bestehen den Test". Die Bayes-Formel besagt, dass

$$\text{Prob}(P(n) \mid A) = \frac{\text{Prob}(A \mid P(n))\text{Prob}(P(n))}{\text{Prob}(A \mid P(n))\text{Prob}(P(n)) + \text{Prob}(A \mid Q(n))\text{Prob}(Q(n))}.$$

Es gilt

$$\text{Prob}(A \mid P(n)) = 1,$$
$$\text{Prob}(A \mid Q(n)) \leq \tfrac{1}{2^k},$$

und wir können $P(n)$ (und deswegen $Q(n)$) mit Hilfe des Primzahlsatzes näherungsweise berechnen. Deswegen können wir auch die Wahrscheinlichkeit dafür berechnen, dass n eine Primzahl ist – unter der Voraussetzung, dass alle $a_1, \ldots, a_k$ den Test bestanden haben (genauer gesagt, können wir eine untere Schranke dieser Wahrscheinlichkeit berechnen).

In der Tat ist der Nenner durch

$$\text{Prob}(A \mid P(n))\text{Prob}(P(n)) + \text{Prob}(A \mid Q(n))\text{Prob}(Q(n))$$

$$\leq \text{Prob}(P(n)) + \tfrac{1}{2^k}\text{Prob}(Q(n))$$

gegeben, während der Zähler einfach $\text{Prob}(P(n))$ ist. Wir kommen auf unser früheres Beispiel zurück, bei dem n eine 100-stellige ungerade ganze Zahl ist, die nicht durch 5 teilbar ist (das heißt, die Zahl ist ein Element von B). Wir haben bereits gesehen, dass

$$\text{Prob}(P(n)) \approx \frac{1}{92}$$

und dass $\text{Prob}(Q(n)) \approx \frac{91}{92}$. Hieraus ergibt sich

$$\text{Prob}(P(n) \mid A) \geq \frac{1}{1 + 91\frac{1}{2^k}} = p_k.$$

Man betrachte die folgenden Werte von p_k, die für verschiedene k berechnet wurden:

$$
\begin{aligned}
p_{10} &= 0,9184 = 1 - 0,816 \times 10^{-1}, \\
p_{20} &= 0,999913 = 1 - 0,868 \times 10^{-4}, \\
p_{30} &= 0,9999999152 = 1 - 0,848 \times 10^{-7}, \\
p_{40} &= 0,9999999999172 = 1 - 0,828 \times 10^{-10}.
\end{aligned}
$$

Wir sehen, dass k nicht besonders groß sein muss, um zu gewährleisten, dass n mit sehr großer Wahrscheinlichkeit eine Primzahl ist.

Wir müssen jetzt das Jacobi-Symbol noch vollständig definieren und zeigen, dass weniger als die Hälfte der Werte $a \in E$ den Test besteht (also (7.4) erfüllt), wenn n eine zusammengesetzte Zahl ist. Wir müssen auch zeigen, dass alle ganzen Zahlen $a \in E$ den Test bestehen, wenn n eine Primzahl ist.

Das Jacobi-Symbol. Es seien $a, b \in \mathbb{N}$ teilerfremde ganze Zahlen. Das Jacobi-Symbol $J(a, b)$ hat Werte in der Menge $\{-1, 1\}$. Ist b eine Primzahl, dann definieren wir

$$
J(a, b) = \begin{cases} 1 & \text{falls} \quad \exists x \in \mathbb{N} \quad x^2 \equiv a \pmod{b}, \\ -1 & \text{sonst.} \end{cases}
$$

Ist b zusammengesetzt, dann können wir b faktorisieren und es in der Form $b = p_1 \cdots p_r$ schreiben (wobei die p_i nicht notwendigerweise voneinander verschieden sind). Das Jacobi-Symbol ist dann definiert als

$$
J(a, b) = J(a, p_1) \cdots J(a, p_r) = \prod_{i=1}^{r} J(a, p_i).
$$

(Das Jacobi-Symbol $J(a, b)$ wird in vielen zahlentheoretischen Texten mit $\left(\frac{a}{b}\right)$ bezeichnet.) Wir erkennen schnell, dass diese Definition etwas kryptisch ist – schlimmer noch: sie ist schwer zu handhaben. Wie bestimmen wir, ob es x derart gibt, dass $x^2 \equiv a \pmod{b}$? Mit anderen Worten: Wie bestimmen wir, ob a ein Quadrat modulo b ist (wir sagen in diesem Fall, dass a ein *quadratischer Rest* ist)? Darüber hinaus erfordert diese Definition, dass wir die Faktorisierung von b kennen. Das führt zu dem Eindruck, dass wir uns im Kreise drehen, also die Faktorisierung einer ganzen Zahl kennen müssen, um zu testen, ob es sich um eine Primzahl handelt! Zum Glück gibt es einfachere alternative Methoden, um $J(a, b)$ zu berechnen. Zur Illustration geben wir einige Beispiele.

Der folgende Satz, den wir ohne Beweis angeben, gibt einen Algorithmus für eine einfache Berechnung von $J(a, b)$. Man beachte, dass wir uns hier auf den Fall beschränken, in dem $a \leq b$ und b ungerade ist.

Satz 7.14 *Gilt* $(a, b) = 1$, $a \leq b$ *und ist* b *ungerade, dann haben wir*

$$J(a,b) = \begin{cases} 1, & falls \quad a = 1, \\ J(\frac{a}{2}, b)(-1)^{\frac{b^2-1}{8}}, & falls \quad a \quad gerade, \\ J(b \pmod a), a)(-1)^{\frac{(a-1)(b-1)}{4}}, & falls \quad a \quad ungerade \ und \ a > 1. \end{cases} \quad (7.5)$$

Beachten Sie, dass in (7.5) die Brüche $\frac{b^2-1}{8}$ und $\frac{(a-1)(b-1)}{4}$ immer ganze Zahlen sind (vgl. Übung 16).

Beispiel 7.15 *Es sei* $a = 130$ *und* $b = 207$*. Dann haben wir*

$$
\begin{aligned}
J(130, 207) &= J(65, 207)(-1)^{\frac{42848}{8}} = J(65, 207)(-1)^{5356} \\
&= J(65, 207) = J(12, 65)(-1)^{\frac{64 \times 206}{4}} = J(12, 65) \\
&= J(6, 65)(-1)^{\frac{4224}{8}} = J(6, 65)(-1)^{528} = J(6, 65) \\
&= J(3, 65)(-1)^{528} = J(3, 65) = J(2, 3)(-1)^{\frac{2 \times 64}{4}} \\
&= J(2, 3) = J(1, 3)(-1)^{\frac{8}{8}} = -J(1, 3) = -1.
\end{aligned}
$$

Die Rechnung scheint lang und weitschweifig zu sein, lässt sich aber mit einem Computer schnell durchführen.

Um festzustellen, ob a *den Test besteht, müssen wir* $a^{\frac{b-1}{2}} \pmod b$ *berechnen. Wir haben* $\frac{b-1}{2} = 103$*. Wir hatten bereits gesehen, wie man* $130^{103} \pmod n$ *berechnet. Zunächst zerlegen wir* $\frac{b-1}{2} = 103$ *in Potenzen von 2:* $103 = 64+32+4+2+1 = 1+2^1+2^2+2^5+2^6$*. Jetzt berechnen wir*

$$
\begin{aligned}
130^2 &= 16900 \equiv 133 \pmod{207}, \\
130^4 &= (130^2)^2 \equiv 133^2 = 17689 \equiv 94 \pmod{207}, \\
130^8 &= (130^4)^2 \equiv 94^2 = 8836 \equiv 142 \pmod{207}, \\
130^{16} &= (130^8)^2 \equiv 142^2 = 20164 \equiv 85 \pmod{207}, \\
130^{32} &= (130^{16})^2 \equiv 85^2 = 7225 \equiv 187 \pmod{207}, \\
130^{64} &= (130^{32})^2 \equiv 187^2 = 34969 \equiv 193 \pmod{207}.
\end{aligned}
$$

Nun ist

$$
\begin{aligned}
130^{103} &= 130^{64} \times 130^{32} \times 130^4 \times 130^2 \times 130 \\
&\equiv 193 \times 187 \times 94 \times 133 \times 130 \pmod{207} \\
&\equiv 67 \pmod{207}.
\end{aligned}
$$

Wir sehen, dass $J(130, 207) \neq 130^{\frac{207-1}{2}}$ *und können somit schlussfolgern, dass 207 keine Primzahl ist. In diesem Fall hätten wir das natürlich auch direkt sehen können, da* $207 = 3^2 \cdot 23$*.*

Bei der Diskussion unseres Primalitätstest-Algorithmus haben wir Folgendes behauptet: Ist n keine Primzahl, dann besteht weniger als die Hälfte der Elemente von E den Test. Ebenso haben wir behauptet: Ist n eine Primzahl, dann bestehen alle Elemente von E den Test. Wir geben jetzt eine Beweisskizze für die erstgenannte Tatsache und einen Beweis für die zweite. Die folgenden Diskussionen erfolgen mit Hilfe der Gruppentheorie und erfordern fortgeschrittene Kenntnisse.

Definition 7.16 *1. Eine Menge G mit einer Operation ∗ ist eine* Gruppe, *falls*
* *die Operation ∗ assoziativ ist:*

$$\forall a, b, c \in G, \quad (a * b) * c = a * (b * c);$$

* *es ein Identitätselement* $1 \in G$ *gibt, das heißt,*

$$\forall a \in G, \quad 1 * a = a * 1 = a;$$

* *jedes Element ein Inverses hat:*

$$\forall a \in G, \ \exists b \in G \quad so\ dass \quad a * b = b * a = 1.$$

2. *Eine Untermenge* $H \subset G$ *von G ist eine* Untergruppe *von G, falls H in Bezug auf die Operation ∗ eine Gruppe bildet.*

3. *Eine Gruppe G heißt* zyklisch, *wenn es ein Element* $g \in G$ *derart gibt, dass sich jedes Element a der Gruppe in der Form* $a = g^m$ *mit einer ganzen Zahl* $m \in \mathbb{Z}$ *ausdrücken lässt, wobei wir Folgendes definieren:*

$$g^m = \begin{cases} \underbrace{g * g * \cdots * g}_{m} & m > 0, \\ 1 & m = 0, \\ \underbrace{g^{-1} * g^{-1} * \cdots * g^{-1}}_{|m|} & m < 0. \end{cases}$$

Im Falle einer endlichen zyklischen Gruppe mit n Elementen können wir uns davon überzeugen, dass die Gruppe die Form $G = \{1, g, g^2, \ldots, g^{n-1}\}$ *haben muss und dass* $g^n = 1.$

Beispiel 7.17 *Es sei p eine Primzahl und* $G = \{1, 2, \ldots, p - 1\}$. *Wir definieren die Operation ∗ auf G als* $a * b = c$, *wobei c den Rest bezeichnet, den* $a * b$ *nach der Division durch p hat. Mit anderen Worten: ∗ ist einfach die Operation der Multiplikation modulo p. In Bezug auf diese Operation bildet G eine Gruppe. Wir überlassen dem Leser den Nachweis, dass ∗ assoziativ ist. Es ist klar, dass 1 das Identitätselement ist. Ferner ist die Existenz eines Inversen für jedes Element durch Korollar 7.6 gewährleistet. Wir werden in Satz 7.22 sehen, dass G tatsächlich eine zyklische Gruppe ist.*

Wir wollen das für $p = 7$ *überprüfen. Wir nehmen* $g = 3$. *Dann haben wir* $g^2 = 2$, $g^3 = 6$, $g^4 = 4$, $g^5 = 5$, $g^6 = 1$.

Notation. Im obigen Beispiel und bei den noch folgenden Beispielen ist die Gruppenoperation immer die Multiplikation modulo n. Wir lassen häufig das Operationssymbol ∗ weg und schreiben einfach ab anstelle von $a * b$.

Lagrange hat folgenden Satz bewiesen:

Satz 7.18 *(Satz von Lagrange) Es sei G eine endliche Gruppe und H eine Untergruppe von G. Dann ist die Anzahl $|H|$ der Elemente von H ein Teiler der Anzahl $|G|$ der Elemente von G.*

BEWEIS. Ist $H = G$, dann sind wir fertig. Andernfalls gibt es ein $a_1 \in G \setminus H$.

Es sei $a_1 H = \{a_1 * h \mid h \in H\}$. Dann gilt $|a_1 H| = |H|$. In der Tat haben wir für gegebene $h, h' \in H$ folgende Beziehung: Wenn $h \neq h'$, dann $a_1 * h \neq a_1 * h'$. Folglich ist die durch $h \mapsto a_1 h$ definierte Abbildung $f : H \to a_1 H$ eine Bijektion.

Darüber hinaus gilt $a_1 H \cap H = \emptyset$. Ist nämlich $h \in a_1 H \cap H$, dann gilt $h = a_1 h'$ für ein $h' \in H$. Somit folgt $a_1 = h * (h')^{-1} \in H$, ein Widerspruch.

Wir müssen zwei Fälle betrachten. Entweder ist $a_1 H \cup H = G$, und dann haben wir $|G| = 2|H|$, oder es existiert $a_2 \in G \setminus (H \cup a_1 H)$. Wieder setzen wir $a_2 H = \{a_2 * h \mid h \in H\}$ und iterieren das vorhergehende Argument. Da G endlich ist, können wir es in der Form $G = H \cup a_1 H \cup a_2 H \cup \cdots \cup a_n H$ ausdrücken, wobei H und die $a_i H$ paarweise disjunkt sind und $|H| = |a_1 H| = \cdots = |a_n H|$. Folglich gilt $|G| = (n+1)|H|$.   □

Satz 7.19 *Ist n keine Primzahl, dann besteht weniger als die Hälfte der ganzen Zahlen $a \in E = \{1, \ldots, n-1\}$ den Test (das heißt, weniger als die Hälfte dieser Zahlen erfüllt (7.4)).*

BEWEISSKIZZE. Der Beweis verwendet folgende Tatsache. Die Elemente von E, die teilerfremd zu n sind, bilden in Bezug auf die Multiplikation modulo n eine Gruppe G. Hierzu bemerken wir, dass das Produkt aa' zweier Elemente $a, a' \in E$, die teilerfremd zu n sind, ebenfalls teilerfremd zu n ist; mit anderen Worten: $(aa', n) = 1$. Es sei a'' der Rest von aa' nach der Division durch n. Dann muss a'' ebenfalls teilerfremd zu n sein und liegt auch in E. Unsere Gruppenoperation ist wieder die Multiplikation modulo n (also $a * a' = a''$), und unsere Gruppe G ist in Bezug auf diese Operation abgeschlossen. Man prüft leicht nach, dass die Operation assoziativ ist und dass 1 das Identitätselement ist. Und schließlich folgt aus Korollar 7.6, dass jedes Element von G ein Inverses in G hat.

Die Gruppe G hat weniger als $n-1$ Elemente. Die Untermenge derjenigen Elemente von G, für welche die Gleichheit von (7.4) bestehen bleibt, ist eine Untergruppe H von G – eine Tatsache, die wir hier als gegeben voraussetzen. Laut Satz von Lagrange muss die Anzahl der Elemente von H ein Teiler der Anzahl der Elemente von G sein. Demnach sind zwei Fälle möglich. Angenommen $|H| < |G|$. Dann ist $|H|$ ein echter Teiler von $|G|$ und insbesondere haben wir $|H| \leq \frac{|G|}{2}$. Angenommen nun, dass $|H| = |G|$. Wir können zeigen, dass dieser Fall nicht möglich ist: Man beweist nämlich die Existenz eines Elements $a \in G$ derart, dass $J(a, n)$ nicht kongruent $a^{\frac{n-1}{2}}$ modulo n ist. Wir sehen hier von diesem Beweis ab, der ebenfalls weitergehende Vorkenntnisse erfordert.

Wir haben schließlich $|H| \leq \frac{|G|}{2} < \frac{n-1}{2}$.   □

Satz 7.20 *Ist n eine ungerade Primzahl, dann bestehen alle $a \in E = \{1, \ldots, n-1\}$ den Test (das heißt, sie erfüllen (7.4)).*

Wir geben die verschiedenen Teile des Beweises unabhängig voneinander wieder, da sie uns in späteren Kapiteln nützlich sein werden.

Lemma 7.21   *(1) Es sei n eine Primzahl, $S = \{0, 1, \ldots, n-1\}$ und $P(x)$ ein Polynom*

$$P(x) = x^r + a_{r-1}x^{r-1} + \cdots + a_1 x + a_0$$

mit $a_i \in S$. Dann gibt es höchstens r Werte $x_i \in S$, die Lösungen der folgenden Kongruenz sind:

$$P(x) \equiv 0 \pmod{n}.$$

(2) Im Falle von $P_d(x) = x^d - 1$, (wobei $d \mid n-1$), hat die Kongruenz $P_d(x) \equiv 0 \pmod{n}$ genau d verschiedene Lösungen in der Menge $E = S \setminus \{0\}$.

BEWEIS.

(1) Wir arbeiten mit Induktion nach r. Offensichtlich ist die Aussage für $r = 1$ richtig. Wir nehmen jetzt an, dass die Aussage für Polynome vom Grad r gilt und betrachten ein Polynom $P(x)$ vom Grad $r + 1$. Angenommen es gibt ein $a_1 \in E$ derart, dass $P(a_1) \equiv 0 \pmod{n}$. Wir dividieren das Polynom $P(x)$ durch $x - a_1$ und erhalten

$$P(x) = (x - a_1)Q(x) + \beta,$$

wobei $Q(x)$ ein Polynom vom Grad r mit Koeffizienten in $\mathbb{Z}$ ist. Es sei

$$Q(x) = x^r + b_{r-1}x^{r-1} + \cdots + b_1 x + b_0,$$

$b_i \equiv c_i \pmod{n}$ und $\beta \equiv \gamma \pmod{n}$ mit $c_i, \gamma \in S$. Wir definieren

$$Q'(x) = x^r + c_{r-1}x^{r-1} + \cdots + c_1 x + c_0.$$

Ist $x \in S$, dann haben wir $Q(x) \equiv Q'(x) \pmod{n}$ und deswegen

$$P(x) \equiv (x - a_1)Q'(x) + \gamma \pmod{n}.$$

An der Stelle a_1 erhalten wir $P(a_1) \equiv \gamma \pmod{n}$. Demnach ist $\gamma = 0$ und

$$P(x) \equiv (x - a_1)Q'(x) \pmod{n}.$$

Somit gilt $P(x) \equiv 0 \pmod{n}$ dann und nur dann, wenn $n \mid (x - a_1)Q'(x)$. Da n eine Primzahl ist, tritt dieser Fall dann und nur dann ein, wenn $n \mid x - a_1$ oder $n \mid Q'(x)$, das heißt, $x \equiv a_1 \pmod{n}$ oder $Q'(x) \equiv 0 \pmod{n}$. Gemäß Induktionsvoraussetzung hat $Q'(x) \equiv 0 \pmod{n}$ höchstens r Lösungen; somit hat $P(x)$ höchstens $r + 1$ Nullstellen modulo n.

(2) Nach dem Kleinen Satz von Fermat (Satz 7.9) sind alle $x \in S \setminus \{0\}$ Lösungen von $P_{n-1}(x) \equiv 0 \pmod{n}$. Folglich hat diese Kongruenz genau $n - 1$ verschiedene Lösungen. Angenommen d ist ein Teiler von $n - 1$, so dass $n - 1 = dk$. Dann können wir $P_{n-1}(x) = (x^d - 1)Q(x)$ schreiben, wobei $Q(x) = \sum_{i=0}^{k-1} x^{id}$. Gemäß (1) hat $P_d(x)$ höchstens d Nullstellen modulo n und $Q(x)$ hat höchstens $(k - 1)d$ Nullstellen. Da P_{n-1} genau $n - 1$ Lösungen hat, muss jede der $k + (k - 1)d = n - 1$ Lösungen von $P_d(x)$ und $Q(x)$ existieren. Folglich hat $P_d(x) \equiv 0 \pmod{n}$ genau d Lösungen in $S \setminus \{0\}$. $\qquad\square$

Satz 7.22 *Ist n eine Primzahl, dann ist die Menge $E = \{1, \ldots, n - 1\}$ eine zyklische Gruppe in Bezug auf die Multiplikation modulo n. Ist $g \in E$ so beschaffen, dass $E = \{g, g^2, \ldots, g^{n-1} = 1\}$, dann heißt g primitive Wurzel von E.*

BEWEIS. Wir bemerken zunächst, dass $E = \{1, \ldots, n - 1\}$ eine Gruppe in Bezug auf die Multiplikation modulo n ist. Ist nämlich n eine Primzahl, dann sind alle $a \in E$ teilerfremd zu n. Die Behauptung folgt nun aus Korollar 7.6.

Nach dem Kleinen Satz von Fermat (Satz 7.9) gilt für alle $a \in E$ die Beziehung $a^{n-1} = 1$. (Man beachte, dass die Beziehung $a^{n-1} = 1$ innerhalb der Gruppe G zu verstehen ist. Ihre Bedeutung ist $a^{n-1} \equiv 1 \pmod{n}$.) Es sei r die kleinste ganze Zahl, für die $a^r = 1$. Ein solches r existiert sicher, da $a^{n-1} = 1$. Dieses r heißt *Ordnung* des Elements a. Wir betrachten die Menge $F = \{a, a^2, \ldots, a^r = 1\}$. Man überzeugt sich leicht davon, dass F eine r-elementige Untergruppe von E ist. Aus dem Satz von Lagrange folgt, dass $r \mid n - 1$.

Wir müssen zeigen, dass es ein Element $a \in E$ der Ordnung $n - 1$ gibt. Es sei d ein echter Teiler von $n - 1$. Wir zeigen, dass es genau d Elemente von G gibt, deren Ordnungen Teiler von d sind. In der Tat sind alle Elemente a, deren Ordnungen Teiler von d sind, auch Lösungen der Kongruenz $x^d - 1 \equiv 0 \pmod{n}$. Das gewünschte Resultat folgt aus Lemma 7.21(2).

Wir zerlegen $n - 1$ in Primfaktoren: $n - 1 = p_1^{k_1} \cdots p_s^{k_s}$. Nun betrachten wir die Polynome $Q_{p_i^{k_i}}(x) = x^{p_i^{k_i}} - 1$. Nach Lemma 7.21(2) hat jede Kongruenz $Q_{p_i^{k_i}}(x) \equiv 0 \pmod{n}$ genau $p_i^{k_i}$ Lösungen in E: alle Lösungen sind Elemente von E, deren Ordnungen Teiler von $p_i^{k_i}$ sind. Würden alle Lösungen von $Q_{p_i^{k_i}}(x) \equiv 0 \pmod{n}$ den Elementen einer Gruppe entsprechen, deren Ordnung kleiner als $p_i^{k_i}$ ist, dann wären ihre Ordnungen ein Teiler von $p_i^{k_i - 1}$. Diese Elemente wären somit Lösungen der Kongruenz $Q_{p_i^{k_i-1}}(x) = x^{p_i^{k_i-1}} - 1 \equiv 0 \pmod{n}$. Das ist ein Widerspruch, denn $Q_{p_i^{k_i-1}}(x) \equiv 0 \pmod{n}$ hat genau $p_i^{k_i - 1}$ Lösungen in E. Es sei also $g_i \in E$ eine Lösung von $Q_{p_i^{k_i}}(x) \equiv 0 \pmod{n}$, die einem Element der Ordnung $p_i^{k_i}$ entspricht. Wir können leicht überprüfen, dass

$$g = g_1 \cdots g_s$$

die Ordnung $p_1^{k_1} \cdots p_s^{k_s} = n - 1$ hat. Das ist eine Folge des nachstehenden Lemmas. $\qquad\square$

Lemma 7.23 *Es sei G eine endliche kommutative Gruppe. Hat g_1 die Ordnung m_1 und g_2 die Ordnung m_2 und gilt $(m_1, m_2) = 1$, dann hat $g_1 g_2$ die Ordnung $m_1 m_2$.*

BEWEIS. Es sei m die Ordnung von $g_1 g_2$. Wir wissen, dass die Beziehung $(g_1 g_2)^{m_1 m_2} = (g_1^{m_1})^{m_2} (g_2^{m_2})^{m_1} = 1$ gilt und deswegen haben wir $m \mid m_1 m_2$. Wegen $m \mid m_1 m_2$ gilt $m = n_1 n_2$, wobei $n_1 = (m_1, m) \mid m_1$ und $n_2 = (m_2, m) \mid m_2$ (Übung: Erklären Sie, warum!). Deswegen können wir m_i in der Form $m_i = n_i r_i$ schreiben. Wir haben auch

$$g_1^{m r_1} = g_1^{n_1 n_2 r_1} = (g_1^{m_1})^{n_2} = 1.$$

Aus $(g_1 g_2)^m = 1$ folgt, dass $g_1^m = g_2^{-m}$, und deswegen haben wir auch $g_2^{-m r_1} = 1$. Das liefert $g_2^{m r_1} = 1$. Es ist aber

$$g_2^{m r_1} = g_2^{n_1 n_2 r_1} = g_2^{m_1 n_2}.$$

Deswegen muss $m_2 \mid m_1 n_2$ gelten. Wegen $(m_1, m_2) = 1$ folgt hieraus $m_2 \mid n_2$. Da auch $n_2 \mid m_2$ gilt, können wir nun schlussfolgern, dass $m_2 = n_2$. Analog können wir zeigen, dass $m_1 = n_1$. Somit folgt $m = m_1 m_2$. $\square$

BEWEIS VON SATZ 7.20. Es reicht aus zu zeigen, dass alle a die Beziehung $J(a, n) \equiv a^{\frac{n-1}{2}} \pmod{n}$ erfüllen. Für jedes a haben wir zwei Möglichkeiten.

Ist a ein quadratischer Rest, das heißt, gibt es ein $x \in E$ derart, dass $x^2 \equiv a \pmod{n}$, dann gilt laut Definition die Beziehung $J(a, n) = 1$. Die andere Hälfte $a^{\frac{n-1}{2}} \equiv x^{n-1} \equiv 1 \pmod{n}$ folgt unmittelbar aus dem Kleinen Satz von Fermat (Satz 7.9).

Der zweite Fall ist, dass a kein quadratischer Rest ist. Dieser Fall erfordert etwas mehr Arbeit. In diesem Fall haben wir $J(a, n) = -1$ gemäß Definition. Wir zeigen, dass $a^{\frac{n-1}{2}} \equiv -1 \pmod{n}$.

In Satz 7.22 haben wir bewiesen, dass es ein $g \in E$ derart gibt, dass $E = \{g, g^2, \ldots, g^{n-1} = 1\}$. Wegen $g^{n-1} = 1$ erfüllt jedes Element $a \in E$ die Beziehung $a^{n-1} = 1$ und ist deswegen eine Lösung der Kongruenz $x^{n-1} - 1 \equiv 0 \pmod{n}$. Man beachte, dass

$$x^{n-1} - 1 = \left(x^{\frac{n-1}{2}} - 1\right)\left(x^{\frac{n-1}{2}} + 1\right).$$

Im Beweis von Satz 7.22 haben wir gesehen, dass eine Kongruenz $P(x) \equiv 0 \pmod{n}$, bei der $P(x)$ den Grad $\frac{n-1}{2}$ hat, höchstens $\frac{n-1}{2}$ Lösungen in E hat.

Es ist offensichtlich, dass $1, g^2, g^4, \ldots, g^{2k}, \ldots$ quadratische Reste sind. Sie sind Lösungen von $x^{\frac{n-1}{2}} - 1 \equiv 0 \pmod{n}$. Demnach sind die Elemente $g, g^3, \ldots, g^{2k+1}, \ldots$ Lösungen von $x^{\frac{n-1}{2}} \equiv -1 \pmod{n}$. Wir müssen zeigen, dass diese Elemente keine quadratischen Reste sein können. Wäre nämlich $g^{2k+1} \equiv y^2 \pmod{n}$ für $y \in E$, dann hätten wir $(g^{2k+1})^{\frac{n-1}{2}} \equiv (y^2)^{\frac{n-1}{2}} \equiv y^{n-1} \equiv 1 \pmod{n}$. Das ist ein Widerspruch, da $(g^{2k+1})^{\frac{n-1}{2}} \equiv -1 \pmod{n}$. $\square$

Ein deterministischer Primzahltest. Der Algorithmus, den wir als Primzahltest beschrieben haben, ist ein *probabilistischer Algorithmus*. In der Tat können wir damit beweisen, dass einige Zahlen keine Primzahlen sind, aber der Algorithmus ermöglicht uns nicht, (in angemessener Zeit) mit Sicherheit zu zeigen, dass eine Zahl tatsächlich eine Primzahl ist: Um den Test auszuführen, müssten wir ungefähr die Hälfte derjenigen ganzen Zahlen betrachten, die kleiner als n sind.

Im Jahr 2003 kündigten Agrawal, Kayal und Saxena einen neuen *deterministischen Algorithmus* an, der als AKS-Algorithmus bezeichnet wird. Dieser Algorithmus ermöglicht es, einen Primzahltest in angemessener Zeit durchzuführen. Die vollständige Arbeit [1] erschien 2004. Dieser Algorithmus ist viel langsamer als die besten probabilistischen Algorithmen, aber er ist von großem theoretischen Interesse, da er eine Frage beantwortet, die ursprünglich vor mehr als 200 Jahren von Gauß gestellt worden ist. Es ist schwierig, eine kurze Zusammenfassung zu geben, aber eine ausführliche Untersuchung des Algorithmus wäre ein ausgezeichnetes Semesterprojekt – unter der Voraussetzung, dass die Teilnehmer ausreichende Vorkenntnisse in Zahlentheorie haben.

7.5 Wie man RSA knackt: Der Shor-Algorithmus zur Faktorisierung großer ganzer Zahlen

Wie schon gesagt, gab und gibt es eine intensive Forschungsarbeit zum Auffinden besserer Algorithmen zur Faktorzerlegung großer ganzer Zahlen. Die Informatiker bezeichnen einen Algorithmus als gut, wenn er eine „polynomiale" Laufzeit benötigt (wir erklären diesen Begriff in Kürze). Der 1997 von Shor eingeführte Algorithmus zur Faktorisierung in polynomialer Laufzeit hatte viele Auswirkungen. Jedoch erfordert dieser Algorithmus einen Quantencomputer. Quantencomputer gehören zwar nicht mehr ausschließlich zum Genre *Science-Fiction*, aber sie sind auch noch keine Realität.

Bevor wir uns diesem Algorithmus zuwenden, diskutieren wir zunächst den Begriff der algorithmischen Komplexität.

Die Komplexität eines Algorithmus, der auf eine m-stellige ganze Zahl n angewendet wird. Wir nehmen an, dass $n \approx 10^m$. Die Zahl m ist die „Größe" des Input in den Algorithmus. Die Komplexität des Algorithmus ist die Anzahl der Operationen, die ein Computer durchführen muss, um den Algorithmus auszuführen. Diese Anzahl der Operationen hängt von der Größe des Input ab.

Ist die Anzahl der erforderlichen Operationen von der Ordnung Cm^r, wobei r eine Konstante ist, dann sagen wir, dass der Algorithmus eine *polynomiale Laufzeit* hat.

Der klassische Algorithmus zur Faktorisierung ganzer Zahlen hat eine *exponentielle Laufzeit*. In der Tat erfordert der Algorithmus, jede der Zahlen $1, 2, \ldots, d \leq \sqrt{n}$ zu testen, um zu sehen, ob sie Teiler von n sind. Die Anzahl der erforderlichen Tests hat daher die Ordnung $10^{m/2}$. Mit wachsendem m wird die Anzahl der Operationen schnell zu groß für einen Computer.

Der bereits beschriebene probabilistische Primzahltest-Algorithmus benötigt polynomiale Laufzeit, ebenso auch der neuere AKS-Algorithmus. Deswegen ist es wesentlich leichter, große Primzahlen auszuwählen als große ganze Zahlen zu faktorisieren.

Wir überzeugen uns zunächst davon, dass einfache Verbesserungen des Faktorisierungsalgorithmus nicht ausreichen, um eine mühelose Faktorisierung zu erreichen. Wir betrachten etwa eine 200-stellige ganze Zahl $n \approx 10^{200}$. Der klassische Algorithmus erfordert die Überprüfung aller potentiellen Teiler $d \leq \sqrt{n}$, das heißt, wir müssen ungefähr 10^{100} Probedivisionen durchführen. Wir wollen versuchen, diese Komplexität mit Hilfe einiger einfachen Tricks zu reduzieren:

- Beschränken wir uns darauf, nur durch ungerade Zahlen zu dividieren, dann müssen wir $m_1 \approx \frac{10^{100}}{2}$ Tests durchführen.
- Beschränken wir uns auf große potentielle Teiler (Zahlen mit 100 Stellen), dann müssen wir $m_2 = \frac{9}{10}m_1$ Tests durchführen (Übung!).
- Verwenden wir eine Milliarde parallel arbeitende Computer, dann muss jeder Computer $m_3 = 10^{-9}m_2$ Tests durchführen.
- Ist jeder der eine Milliarde Computer ein Supercomputer mit 5000 Prozessoren, die 5000 Operationen parallel ausführen können (was ungefähr der größte individuelle Supercomputer Ende 2004 schaffte), dann begrenzen wir die tatsächliche Anzahl der Operationen auf $m_4 = \frac{m_3}{5000}$.
- Sogar bei diesen Reduktionen müssen wir $m_5 \geq 10^{86}$ Tests durchführen. Das ist immer noch viel zu viel!
- Angenommen, es gelänge uns durch andere Einsichten und Vereinfachungen, eine Reduzierung auf eine angemessene Rechenzeit so vorzunehmen, dass wir 200-stellige Zahlen faktorisieren können. Dann brauchen wir nur einen öffentlichen Schlüssel mit ein paar Dutzend Stellen mehr zu wählen, um die Faktorisierung der ganzen Zahl wieder praktisch unmöglich zu machen.

Man sieht leicht Folgendes ein: Wollen wir große Zahlen faktorisieren, dann benötigen wir bessere Algorithmen. Wir haben bereits kurz erwähnt, dass es viel bessere Algorithmen gibt, obwohl sie in Bezug auf ihre Komplexität mindestens subexponentiell bleiben. Der Shor-Algorithmus von 1997 zur Faktorisierung ganzer Zahlen benötigt auf einem klassischen Computer eine exponentielle Laufzeit. Auf einem Quantencomputer ist seine Laufzeit jedoch polynomial. Es ist ein probabilistischer Algorithmus: Ist n keine Primzahl, dann sind die Chancen sehr gut, dass der Algorithmus einen Teiler d von n in polynomialer Laufzeit findet. Wir begnügen uns hier damit, den Algorithmus nur zu skizzieren, ohne auf alle Einzelheiten einzugehen.

Die Idee hinter dem Shor-Algorithmus ([6], [9]). Der Algorithmus versucht, einen Teiler d von n zu finden. Haben wir n zerlegt, so dass $n = dm$, dann können wir testen, ob d und m Primzahlen sind. Ist einer der Faktoren keine Primzahl oder sind beide Faktoren keine Primzahlen, dann wenden wir den Shor-Algorithmus erneut an, bis wir schließlich ein Produkt von Primzahlen haben. Im Verlauf der Anwendung des Algorithmus werden die Rechnungen immer leichter, weil d und m viel kleiner sind als n.

Schritt 1: Man finde eine ganze Zahl r so, dass $n \mid r^2 - 1$, aber dass weder $r - 1$ noch $r + 1$ durch n teilbar sind.

Das Auffinden eines solchen Wertes r ermöglicht es uns, einen echten Teiler von n zu bestimmen. In der Tat impliziert $r^2 - 1 \equiv 0 \pmod{n}$ die Beziehung $(r-1)(r+1) = mn$ für eine ganze Zahl m. Ist p ein Primfaktor von n, dann muss $p \mid r - 1$ oder $p \mid r + 1$ gelten. Gilt $p \mid r - 1$, dann haben wir $(r - 1, n) = d > 1$. Da n kein Teiler von $r - 1$ ist, ist d ein echter Teiler von n. Ähnlich wird der Fall $p \mid r + 1$ behandelt.

Beispiel: Ist $n = 65$ und $r = 14$, dann haben wir $r^2 = 196 = 3 \times 65 + 1 \equiv 1 \pmod{65}$ und $r - 1 = 13$ ist ein Teiler von 65.

Wählen wir andererseits $s = 64 \equiv -1 \pmod{65}$, dann haben wir $s^2 \equiv -1^2 = 1 \pmod{65}$. Wir sehen, dass $s + 1 = 65$ durch 65 teilbar ist und deswegen kann uns s nicht helfen, einen echten Teiler von n zu finden.

Schritt 2: Wie finden wir r wirklich?

Wir wählen a zufällig aus der Menge $E = \{1, \ldots, n - 1\}$ aus.

- Man berechne (a, n).
- Ist $(a, n) = d > 1$, dann haben wir einen Teiler von n gefunden.
- Ist $(a, n) = 1$, dann berechnen wir die Potenzen von a $(a, a^2, a^3, \ldots)$ modulo n, so dass $a_k \equiv a^k \pmod{n}$ mit $a_k \in E$.
- Da E endlich ist, gibt es l und k mit $a_k = a_l$. Wir nehmen an, dass $k > l$. Dann ist $a_{k-l} \equiv a^{k-l} \equiv 1 \pmod{n}$.
- Es gibt also einen kleinsten Wert $s \leq n$ mit der Eigenschaft, dass $a^s \equiv 1 \pmod{n}$. Dieses s ist die Ordnung von a modulo n.
- Ist s ungerade, dann ist unsere Suche vergeblich und wir beginnen von vorn mit einem anderen a, das zufällig aus E ausgewählt wird.
- Ist s gerade, dann sei $s = 2m$ und $r \equiv a^m \pmod{n} \in E$. Wir haben dann $r^2 \equiv a^{2m} = a^s \equiv 1 \pmod{n}$.
- Sind weder $r - 1$ noch $r + 1$ durch n teilbar, dann sind wir laut Schritt 1 fertig; andernfalls wiederholen wir das Verfahren mit einem anderen Wert für a.

Man kann zeigen, dass es viele Werte $a \in E$ mit gerader Ordnung gibt, die ihren Zweck erfüllen; es handelt sich also um einen guten Algorithmus.

Komplexität des Algorithmus. Der einzige Bestandteil des Algorithmus, der sich auf einem klassischen Computer nicht in polynomialer Laufzeit ausführen lässt, ist die Bestimmung der Ordnung von a. Das ist der entscheidende Schritt, bei dem ein Quantencomputer eingesetzt werden könnte.

Berechnung der Ordnung von a modulo n mit Hilfe eines Quantencomputers. Da die Quantenphysik ein ziemlich kompliziertes Gebiet ist, geben wir hier nur eine allgemeine Skizze dessen, wie die Berechnung erfolgt. Wir beginnen damit, dass wir die Zahl a als Binärzahl aufschreiben. Lässt sich n mit Hilfe von m Bits schreiben, dann ist $n < 2^m$ und das liefert $a < 2^m$. Wir schreiben eine ganze Zahl $k \in E = \{1, \ldots, 2^m - 1\}$ als Binärzahl in der Form

$$k = [j_{m-1} j_{m-2} \cdots j_1 j_0] = j_{m-1} 2^{m-1} + j_{m-2} 2^{m-2} + \cdots + j_1 2^1 + j_0 2^0.$$

Geben wir uns also die Zahl k vor, dann bedeutet das, dass wir uns m Bits $j_{m-1}, \ldots, j_0$ vorgeben. Zur Berechnung der Ordnung von a möchten wir a^k gleichzeitig für jeden Wert von $k \in E$ berechnen. Um alle Werte von k zu erhalten, muss man jedes der j_i jeden der zwei Werte $\{0, 1\}$ annehmen lassen, was insgesamt auf 2^m Möglichkeiten hinausläuft. An dieser Stelle kommen uns Quantencomputer zu Hilfe. Wir ersetzen jedes der m Bits bei der Berechnung durch Quantenbits (Qubits).

Quantenbits. Ein Quantenbit hat die Fähigkeit zur *Superposition* von Zuständen. Es befindet sich im Zustand $|0\rangle$ mit der Wahrscheinlichkeit $|\alpha|^2$ und im Zustand $|1\rangle$ mit der Wahrscheinlichkeit $|\beta|^2$, wobei $|\alpha|^2 + |\beta|^2 = 1$ und sowohl α als auch β komplexe Zahlen sind. In der Quantenmechanik sagen wir, dass sich das Qubit im Zustand $\alpha|0\rangle + \beta|1\rangle$ befindet. Um eine Analogie zu verwenden, denke man an einen Münzwurf: Mit der Wahrscheinlichkeit $1/2$ haben wir „Kopf" oben liegen und mit der Wahrscheinlichkeit $1/2$ liegt „Zahl" oben. Vor dem Wurf befindet sich unsere Münze also in einem superponierten Zustand. Werfen wir die Münze jedoch, dann beobachten wir einen einzigen Endzustand: Kopf oder Zahl. Analog verhält es sich mit Quantenbits: Wenn wir sie messen, dann erhalten wir 0 mit der Wahrscheinlichkeit $|\alpha^2|$ und 1 mit der Wahrscheinlichkeit $|\beta^2|$.

Der „Super"-Parallelismus eines Quantencomputers. Versetzen wir alle m Bits $j_{m-1}, \ldots, j_0$ gleichzeitig in superponierte Zustände, dann erfolgt bei der Berechnung von $a^{|k\rangle} \pmod{n}$ (wobei $|k\rangle$ eine Superposition aller $k \in E$ ist) in Wirklichkeit die gleichzeitige Berechnung von a^k für alle Werte von $k \in E$! Da Quantenberechnungen linear und umkehrbar sind, können wir $a^{|k\rangle} \pmod{n}$ als Superposition sämtlicher Werte $a_k \equiv a^k \pmod{n}$ ansehen. Alle notwendigen Informationen befinden sich in diesem superponierten Zustand, aber wir können nicht darauf zugreifen, ohne sie zuerst zu messen. Die Schwierigkeit liegt im Zugriff auf die Ergebnisse. Dieser Umstand gehört zum Gebiet der Quantenphysik, und wir gehen hier nicht auf Einzelheiten ein.

Bemerkung: Wir haben bereits gezeigt, dass es für einen Computer nicht schwer ist, $a^k \pmod{n}$ zu berechnen. Ist nämlich $k = j_{m-1}2^{m-1} + \cdots + j_0 2^0$, dann haben wir $a^k = \prod_{\{i|j_i=1\}} a^{2^i}$. Es reicht also, die $a^{2^i} \pmod{n}$ für $i = 0, \ldots, m-1$ zu berechnen. Diese Berechnung erfolgt, indem wir von einem zum anderen springen:

- $a = a_0$,
- $a^2 \equiv a_1 \pmod{n}$ mit $a_1 \in E$;
- $a^4 \equiv (a_1)^2 \equiv a_2 \pmod{n}$ mit $a_2 \in E$;
- $\vdots$
- $a^{2^{m-1}} \equiv (a_{m-2})^2 \equiv a_{m-1} \pmod{n}$ mit $a_{m-1} \in E$.

Schließlich erhalten wir $a^k \equiv \prod_{\{i|j_i=1\}} a_i \pmod{n}$.

Wann kommen die Quantencomputer? Quantencomputer sind noch keine ernste Bedrohung für das RSA-Kryptosystem. Gegenwärtig können die real existierenden

Quantencomputer nur ganz kleine Zahlen faktorisieren: Isaac Chuang und sein Forschungsteam faktorisierten 2002 die Zahl 15 mit Hilfe eines 7-Qubit-Quantencomputers.

7.6 Übungen

1. Es seien $a, b, c, d, x, y \in \mathbb{Z}$. Zeigen Sie, dass

$$a \equiv c \;(\mathrm{mod}\; n) \quad \text{und} \quad b \equiv d \;(\mathrm{mod}\; n) \quad \Longrightarrow \quad a + b \equiv c + d \;(\mathrm{mod}\; n),$$
$$a \equiv c \;(\mathrm{mod}\; n) \quad \text{und} \quad b \equiv d \;(\mathrm{mod}\; n) \quad \Longrightarrow \quad ax + by \equiv cx + dy \;(\mathrm{mod}\; n).$$

2. Die Euler'sche Funktion $\phi \colon \mathbb{N} \to \mathbb{N}$ ist folgendermaßen definiert: Ist $m \in \mathbb{N}$, dann ist $\phi(m)$ die Anzahl derjenigen ganzen Zahlen der Menge $\{1, 2, \ldots, m-1\}$, die teilerfremd zu m sind.
    (a) Beweisen Sie: Ist $m = p_1 \cdots p_k$ mit voneinander verschiedenen Primzahlen $p_1, \ldots, p_k$, dann gilt $\phi(n) = (p_1 - 1) \cdots (p_k - 1)$.
    (b) Es sei p eine Primzahl. Beweisen Sie, dass

$$\phi(p^n) = p^n - p^{n-1}.$$

3. Die Kryptografie mit öffentlichem Schlüssel verwendet eine ganze Zahl $n = pq$, wobei p und q zwei verschiedene Primzahlen sind. Würde dieselbe Technik funktionieren, wenn man eine Zahl der Form $n = p_1 p_2 p_3$ mit drei verschiedenen Primzahlen p_1, p_2 und p_3 nähme?

4. Es sei p eine Primzahl.
    (a) Berechnen Sie $\phi(p^2)$. (ϕ ist die Euler'sche Funktion.)
    (b) Die Kryptografie mit öffentlichem Schlüssel verwendet eine ganze Zahl $n = pq$, wobei p und q zwei verschiedene Primzahlen sind. Würde die gleiche Technik mit einer Zahl der Form $n = p^2$ funktionieren? Wenn ja, dann beschreiben Sie die Schritte des Algorithmus. Warum würden wir ein solches System nicht verwenden?

5. Ein Artikel in dem französischen Wissenschaftsmagazin *La Recherche* gab das folgende Beispiel für die Kryptografie mit öffentlichem Schlüssel. Wir wählen zwei Primzahlen p und q so, dass $p, q \equiv 2 \;(\mathrm{mod}\; 3)$ und setzen $n = pq$. Alice möchte Bob eine Nachricht senden. Ihre Nachricht ist eine Zahl x aus der Menge $\{1, \ldots, n-1\}$. Zum Versenden ihrer Nachricht berechnet Alice x^3 und nimmt dann den Rest $y \in \{1, \ldots, n-1\}$ dieser Zahl modulo n. Bob entschlüsselt die Nachricht mit

$$d = \frac{2(p-1)(q-1)+1}{3}.$$

Er berechnet y^d und nimmt den Rest $z \in \{1, \ldots, n-1\}$ modulo n.

(a)   Beweisen Sie, dass d eine ganze Zahl ist.

(b)   Erklären Sie, warum y und z nicht null sein können, das heißt, warum $y, z \in \{1, \ldots, n\}$.

(c)   Zeigen Sie, dass $z = x$, das heißt, dass Bob die Nachricht erfolgreich entschlüsselt.

6.   Stellen Sie sich vor, dass sie einem Freund erklären möchten, wie der RSA-Code funktioniert. Wir beschreiben, wie Sie vorgehen: Sie wählen zunächst eine Primzahl p mit $p \equiv 2 \pmod 7$ und eine Primzahl q mit $q \equiv 3 \pmod 7$. Danach berechnen Sie $n = pq$. Nun erklären Sie, wie Alice eine Nachricht an Bob senden kann. Ihre Nachricht ist eine ganze Zahl m in $\{1, \ldots, n-1\}$ mit $(m, n) = 1$. Zum Versenden ihrer Nachricht berechnet Alice m^7 und teilt diese Zahl durch n. Es sei $a \in \{1, \ldots, n-1\}$ der Rest, der bei Division von m^7 durch n bleibt (das heißt $m^7 \equiv a \pmod n$). Sie erklären, dass Bob zum Entschlüsseln den Schlüssel

$$d = \frac{3(p-1)(q-1)+1}{7}$$

verwendet. Er berechnet a^d und dann den Rest m_1, der bei der Division von a^d durch n bleibt (das heißt, $a^d \equiv m_1 \pmod n$), wobei $m_1 \in \{1, \ldots, n-1\}$. Nun behaupten Sie, dass m_1 die von Alice gesendete Nachricht ist.

(a)   Beweisen Sie, dass d eine ganze Zahl ist.

(b)   Erklären Sie, warum a und m_1 nicht verschwinden können, woraus $a, m_1 \in \{1, \ldots, n-1\}$ folgt.

(c)   Zeigen Sie, dass $m_1 = m$, das heißt, dass Bob die von Alice gesendete Nachricht entschlüsselt.

7.   Wir stellen ein einfaches Kryptografiesystem vor. Das Leerzeichensymbol $\square$ wird durch die Zahl 0 dargestellt. Die Buchstaben A, ..., Z werden durch die Zahlen $1, \ldots, 26$ repräsentiert, während 27 dem Punkt und 28 dem Komma entspricht. Wir geben die Abbildung in der folgenden Tabelle wieder:

Symbol	$\square$	A	B	C	D	E	F	G	H	I	J	K	L	M	N
Zahl	0	1	2	3	4	5	6	7	8	9	10	11	12	13	14

Symbol	O	P	Q	R	S	T	U	V	W	X	Y	Z	.	,
Zahl	15	16	17	18	19	20	21	22	23	24	25	26	27	28

Wir verschlüsseln ein Wort folgendermaßen:

- wir ersetzen Symbole durch die ihnen zugeordneten Zahlen;
- wir multiplizieren jede Zahl mit 2;
- wir reduzieren jedes Ergebnis modulo 29;

- wir bilden jede Zahl auf das ihr entsprechende Symbol ab und erhalten dadurch das verschlüsselte Wort.

Zum Beispiel verschlüsseln wir das Wort „THE", indem wir es zuerst auf die Folge $20, 8, 5$ abbilden. Wir multiplizieren diese Zahlen mit 2 und erhalten $40, 16, 10$. Nach Reduktion modulo 29 bleiben die Zahlen $11, 16, 10$ übrig. Ersetzen wir die ganzen Zahlen durch die ihnen zugeordneten Symbole, dann erhalten wir die Verschlüsselung „KPJ".

(a) Verschlüsseln Sie das Wort „YES".

(b) Erklären Sie, warum die Verschlüsselung reversibel ist und wie man beim Entschlüsseln vorgeht.

(c) Entschlüsseln Sie das Wort „XMVJ".

8. Wir geben im Folgenden eine Verfeinerung des Kryptografiesystems von Übung 7. Wir verwenden die gleichen 29 Symbole, aber verschlüsseln ein Wort auf folgende Weise:

- wir ersetzen die Symbole durch die ihnen zugeordneten Zahlen;
- wir multiplizieren jede Zahl mit 3 und addieren 4 zum Ergebnis;
- wir reduzieren jedes Ergebnis modulo 29;
- wir bilden jede Zahl auf das ihr entsprechende Symbol ab und erhalten dadurch das verschlüsselte Wort.

(a) Verschlüsseln Sie das Wort „MATH".

(b) Erklären Sie, warum die Verschlüsselung reversibel ist und wie wir beim Entschlüsseln vorgehen.

(c) Entschlüsseln Sie das Wort „MTPS".

9. Die weithin bekannte Neunerprobe ist ein alter Trick, mit dem man das Ergebnis der Multiplikation zweier ganzer Zahlen überprüfen kann. Wir multiplizieren zwei Zahlen m und n. Es sei $N = mn$, und wir möchten unser Rechenergebnis überprüfen. Hierzu verwenden wir die Dezimaldarstellung der Zahl. Für $M \in \mathbb{N}$ schreiben wir $M = a_p \cdots a_0$, wobei $a_i \in \{0, 1, \ldots, 9\}$, und das ist äquivalent zur Summe

$$M = \sum_{i=0}^{p} a_i 10^i.$$

Wir berechnen den Wert $F(M) \in \{0, 1, \ldots, 8\}$, wobei $F(M)$ der Rest des Wertes

$$\sum_{i=0}^{p} a_i = a_0 + \cdots + a_p$$

modulo 9 ist. Wir geben nun ein Beispiel. Es sei $M = 2857$. Dann haben wir $2+8+5+7 = 22 \equiv 4 \pmod 9$ und das liefert $F(2857) = 4$.

Zur Überprüfung unseres Multiplikationsergebnisses berechnen wir $F(N)$, $F(m)$ und $F(n)$ sowie das Produkt $r = F(m)F(n)$. Im letzten Schritt berechnen wir $F(r)$.

(a) Unter der Voraussetzung, dass keine Rechenfehler gemacht worden sind, beweise man, dass

$$F(N) = F(r).$$

Stimmen diese beiden „Prüfziffern" nicht überein, dann können wir schlussfolgern, dass die ursprüngliche Multiplikation fehlerhaft war (unter der Voraussetzung, dass bei der Berechnung der verschiedenen Werte von $F(\cdot)$ keine Fehler gemacht wurden!).

(b) Arbeiten Sie ein einfaches Beispiel durch.

(c) Was können wir sagen, wenn $F(N) = F(r)$? Können wir schließen, dass in der Berechnung von N keine Fehler gemacht wurden?

10. Konstruieren Sie ein Kryptosystem mit öffentlichem Schlüssel mit $n = pq$, wobei n eine 60-stellige Zahl ist. Hierzu sollten Sie zwei verschiedene Primzahlen p und q mit je 30 Stellen auswählen.

(a) Erzeugen Sie mit Hilfe eines Computeralgebra-Systems 30-stellige Zahlen und testen Sie, ob es Primzahlen sind.

(b) Überprüfen Sie, ob die erzeugten Zahlen Primzahlen sind, indem Sie Jacobis Test mit Zahlen $a_1, \ldots, a_k$ durchführen, die weniger als 30 Stellen haben. Bestätigen Sie den Test, indem Sie ihn mit einer bekannten Primzahl und einer bekannten zusammengesetzten Zahl durchführen. Führt der Test zu einem negativen Ergebnis, dann können wir schließen, dass die Zahl zusammengesetzt ist. Ist der Test positiv, dann setzten Sie ihn mit dem nächsten a_i fort, um einen höheren Grad an Sicherheit dafür zu bekommen, dass die Zahl eine Primzahl ist.

11. Wir betrachten ein RSA-Kryptosystem mit $n = 23 \times 37 = 851$ und dem Chiffrierschlüssel $e = 47$. Finden Sie den Dechiffrierschlüssel d, der

$$e \cdot d \equiv 1 \pmod{\phi(n)}$$

erfüllt.

12. Wir geben uns eine ganze Zahl M mit N Stellen vor. Es sei $a_{N-1} \cdots a_1 a_0$ die Dezimaldarstellung dieser Zahl, das heißt,

$$M = a_{N-1} 10^{N-1} + a_{N-2} 10^{N-2} + \cdots + a_1 10 + a_0.$$

(a) Zeigen Sie, dass M dann und nur dann durch 11 teilbar ist, wenn

$$a_0 - a_1 + a_2 - a_3 + \cdots + (-1)^{N-2} a_{N-2} + (-1)^{N-1} a_{N-1} \equiv 0 \pmod{11}.$$

(Hinweis: Betrachten Sie $10^i \pmod{11}$.) Bemerkung: Man kann diesen einfachen Test verwenden, um Vielfache von 11 zu vermeiden, wenn man nach Primzahlen sucht.

(b) Zeigen Sie, dass M dann und nur dann durch 101 teilbar ist, wenn

$$-(a_0 + 10a_1) + (a_2 + 10a_3) - (a_4 + 10a_5) + (a_6 + 10a_7) + \cdots \equiv 0 \pmod{101}.$$

13. Zeigen Sie, dass n dann und nur dann eine Primzahl ist, wenn

$$(x+1)^n \equiv x^n + 1 \pmod{n}.$$

Bemerkung: Diese Übung hebt die zentrale Idee hervor, die dem AKS-Algorithmus [1] zugrundeliegt.

14. Wir betrachten die Menge $E_n = \{0, 1, \ldots, n-1\}$ für $n \in \mathbb{N}$. Es seien p und q so gewählt, dass $(p, q) = 1$. Wir definieren die Funktion $F \colon E_{pq} \to E_p \times E_q$ durch $F(n) = (n_1, n_2)$, wobei $n \equiv n_1 \pmod{p}$ und $n \equiv n_2 \pmod{q}$. Zeigen Sie, dass F bijektiv ist. (Dieses Ergebnis ist die moderne Form des „Chinesischen Restsatzes".)

15. Beweisen Sie den Satz von Wilson: n ist dann und nur dann eine Primzahl, wenn n ein Teiler von $(n-1)! + 1$ ist. Eine der Beweisrichtungen ist schwieriger als die andere. Ist n eine Primzahl, dann müssen wir die Tatsache benutzen, dass $\{1, \ldots, n-1\}$ eine multiplikative Gruppe ist, um zu beweisen, dass $n \mid (n-1)! + 1$.
Bemerkung: Dieser Satz ist ein weiterer Test, um zu entscheiden, ob n eine Primzahl ist. Dieser Test ist jedoch nicht von praktischem Interesse, denn für großes n liegt die Berechnung von $(n-1)!$ außerhalb der Reichweite der leistungsstärksten Computer.

16. Beweisen Sie: Die Brüche $\frac{b^2-1}{8}$ und $\frac{(a-1)(b-1)}{4}$ in Gleichung (7.5) für $J(a, b)$ sind immer ganze Zahlen, wenn a und b ungerade ganze Zahlen sind.

17. Es sei $E_n = \{1, \ldots, n-1\}$.
(a) Es sei $n = 13$. Zeigen Sie durch explizite Berechnung von $J(a, n)$ und $a^{\frac{n-1}{2}} \pmod{n}$, dass (7.4) für alle $a \in E_n$ gilt.
(b) Es sei nun $n = 15$. Wieviele $a \in E_n$ bestehen den Test nicht?

18. Wir möchten den Shor-Algorithmus verwenden, um einen Teiler von 91 zu finden. Zu diesem Zweck wählen wir $a = 15$.
(a) Berechnen Sie die Ordnung von a: Bestimmen Sie den kleinsten ganzzahligen Exponenten s, für den $a^s \equiv 1 \pmod{91}$. Zeigen Sie, dass s gerade ist.
(b) Berechnen Sie $r = a^{\frac{s}{2}} \pmod{91}$ und zeigen Sie, dass weder $r - 1$ noch $r + 1$ durch 91 teilbar sind.
(c) Führen Sie den Shor-Algorithmus aus, um ausgehend von r einen Teiler von 91 zu finden.

19. Wir möchten den Shor-Algorithmus zur Faktorisierung von 30 verwenden. Zu diesem Zweck wählen wir a zufällig aus $\{1, 2, \ldots, 29\}$ aus und wenden das Verfahren an. Geben Sie die Werte von a an, die das Auffinden eines echten Teilers von 30 ermöglichen und beschreiben Sie in jedem Fall, nach welcher Methode Sie vorgegangen sind.

Literaturverzeichnis

[1] M. Agrawal, N. Kayal und N. Saxena, PRIMES is in p. *Annals of Mathematics*, 160 (2004), 781–793. (Vgl. auch [2].)

[2] F. Bornemann, PRIMES is in p: A breakthrough for everyman. *Notices of the American Mathematical Society*, 50 (5) (2003), 545–552.

[3] J. Buchmann. *Introduction to Cryptography*. Springer, New York, 2001.

[4] J.-P. Delahaye, La cryptographie RSA 20 ans après. *Pour la Science*, 2000.

[5] E. Knill, R. Laflamme, H. Barnum, D. Dalvit, J. Dziarmaga, J. Gubernatis, L. Gurvits, G. Ortiz, L. Viola und W. H. Zurek, From factoring to phase estimation: A discussion of Shor's algorithm. *Los Alamos Science*, 27 (2002), 38–45.

[6] E. Knill, R. Laflamme, H. Barnum, D. Dalvit, J. Dziarmaga, J. Gubernatis, L. Gurvits, G. Ortiz, L. Viola und W. H. Zurek, Quantum information processing: A hands-on primer. *Los Alamos Science*, 27 (2002), 2–37.

[7] C. Pomerance, A tale of two sieves. *Notices of the American Mathematical Society*, 43 (12) (1996), 1473–1485.

[8] R. L. Rivest, A. Shamir und L. Adleman, A method for obtaining digital signatures and public key cryptosystems. *Communications of the ACM*, 21(2) (1978), 120–126.

[9] P. W. Shor, Polynomial-time algorithms for prime factorization and discrete logarithms on a quantum computer. *SIAM Journal of Computation*, 26 (1997), 1484–1509.

[10] A. Weil, *Number Theory for Beginners*. Springer, New York, 1979.

8

Zufallszahlengeneratoren

Dieses Kapitel kann auf zweierlei Weise behandelt werden: Sie können es in ein oder zwei Stunden durcharbeiten, so als ob es ein Science Flash[1] *wäre, wobei die einzige Voraussetzung eine Vertrautheit mit der Arithmetik modulo p ist, oder Sie gehen etwas mehr in die Tiefe. Im letztgenannten Fall sollten Sie mit endlichen Körpern und mit Kongruenzen modulo 2 vertraut sein (zum Beispiel, weil Sie bereits Kapitel 6 oder 7 durchgearbeitet haben). Die Abschnitte, die auf diese Kapitel zurückgreifen, sind deutlich gekennzeichnet. Im vorliegenden Kapitel werden wir gründlich auf die linearen Schieberegister eingehen. Zwar haben wir diese auch in Abschnitt 1.4 von Kapitel 1 diskutiert, aber die beiden Diskussionen sind voneinander unabhängig. Die meisten Übungen sind sehr elementar. Einige Übungen erfordern etwas Vertrautheit mit Wahrscheinlichkeiten, aber Sie können diese Übungen ignorieren, wenn Sie nicht das entsprechende Hintergrundwissen haben.*

8.1 Einführung

Am 10. April 1994 verhaftete die Polizei einen Spieler im Montreal Casino. Was hatte er verbrochen? Er hatte gerade die Gesetze der Wahrscheinlichkeit geschlagen, weil er beim Keno drei aufeinanderfolgende Jackpots gewann und insgesamt mehr als eine halbe Million Dollar einstrich.[2] Man verdächtigte unseren Spieler, die Spielregeln verletzt zu haben, welche Absprachen mit den Kasinoangestellten, Manipulationen der

---

[1]Ein *Science Flash* ist ein kleines Gebiet, das sich in ein bis zwei Vorlesungsstunden so behandeln lässt wie in Kapitel 15 vorgestellt.

[2]Beim Keno muss der Spieler ein Dutzend Zahlen aus der Menge $\{1, 2, \ldots, 80\}$ auswählen. Das Kasino zieht zufällig 20 Kugeln aus einer Menge von 80 Kugeln, die mit den Zahlen $1, \ldots, 80$ durchnumeriert sind. Diese Ziehung kann elektronisch durchgeführt werden, was in den meisten Kasinos der Fall ist. Die Gewinne des Spielers hängen von der Höhe seines Einsatzes und von der Anzahl der Übereinstimmungen zwischen den von ihm gewählten Zahlen und den vom Kasino gezogenen Kugeln ab.

Spielausrüstung usw. verbieten. Eine Untersuchung wurde eingeleitet, aber nach einigen Wochen wurde der Spieler freigelassen und erhielt seine Gewinne einschließlich Zinsen zurück. Das Montreal Casino hingegen hatte eine teure Lektion in Sachen Zufallszahlengeneratoren erhalten.

Es gibt sehr wenige mechanische Vorrichtungen in einem modernen Spielkasino. In der Tat könnte das Roulettrad eine der letzten derartigen Vorrichtungen sein. Die meisten anderen Spiele sind durch Computer ersetzt worden, welche die Zufälligkeit simulieren. Jeder dieser Computer ist so programmiert, dass er Zahlen erzeugt, die dem Benutzer zwar zufällig *erscheinen*, aber in Wirklichkeit vollständig deterministisch berechnet werden. Diese Algorithmen – Zufallszahlgeneratoren – spielen bei vielen dieser Maschinen eine wichtige Rolle. Videospiele, die auf Computern oder Spielkonsolen gespielt werden, hängen stark von diesen Algorithmen ab. Würden sich die Spiele bei jedem Neustart des Computers in gleicher Weise verhalten, dann hätten die Spieler das Ganze bald satt.

Zufallszahlengeneratoren sind im Alltag genau so wichtig wie in der Wissenschaft. Computersimulationen von Börsen und von der Ausbreitung von Viren (sowohl beim Mensch als auch beim Computer) und die Auswahl derjenigen (unglücklichen) Steuerzahler, deren Einkünfte die Behörde prüft – alle verwenden Zufallszahlengeneratoren routinemäßig. In der Wissenschaft ist es mitunter schwierig, ein System zu modellieren, dessen Verhalten nur im probabilistischen Sinn bekannt ist. Ein Beispiel für ein solches System ist der unvoreingenommene Netzsurfer, den wir in Abschnitt 9.2 beschreiben. Die Existenz von Zufallszahlengeneratoren wird auch in Kapitel 7 bei der Diskussion probabilistischer Algorithmen für die Kryptografie vorausgesetzt. Zufallszahlengeneratoren werden explizit (!) bei der Konstruktion von fraktalen Bildern durch iterierte Funktionensysteme (vgl. Kapitel 11) und bei der Diskussion des GPS-Satellitensignals (vgl. Kapitel 1) verwendet.

Diese Generatoren haben in der modernen Gesellschaft viele Anwendungen und deswegen ist es nicht überraschend, dass sie im Brennpunkt zahlreicher Forschungsarbeiten stehen, in denen nach „besseren" Zufallszahlengeneratoren gesucht wird. Was genau meinen wir mit „besser"? Das hängt vom Zusammenhang ab. Bei Zufallszahlengeneratoren, die in Spielkasinos verwendet werden, möchten wir die Spieler daran hindern, auf die Funktionsweise der entsprechenden Algorithmen zu kommen. Wir verlangen auch, dass die erzeugten Zahlen bestimmten a priori gewählten Gesetzen der Wahrscheinlichkeit gehorchen, so dass das Spielkasino nicht wegen Betrugs angeklagt werden kann und den Spielern eine faire Glücksspielerfahrung angeboten wird.

Wir führen zunächst einen „mechanischen" Zufallszahlengenerator ein. Obwohl dieser Ansatz im Großen unpraktisch ist, erfassen wir damit die grundlegenden Probleme, vor denen alle Algorithmen für Zufallszahlengeneratoren stehen. Wir können uns vorstellen, das Spiel „Kopf oder Zahl" viele Male nacheinander zu spielen. Bei „Kopf" notieren wir jedesmal eine 0, bei „Zahl" hingegen eine 1, wodurch wir eine Zufallsfolge von Nullen und Einsen erzeugen. Das heißt, wir erzeugen eine Folge, die keinen sichtbaren Regeln zu unterliegen scheint. Würden verschiedene Personen dieses Experiment wiederholen, dann würde jeder von ihnen im Allgemeinen eine Folge erzeugen, die keine Ähnlichkeit mit den von den anderen Personen erzeugten Folgen hat.

Wir nehmen nun an, dass wir eine Zufallsfolge von Zahlen aus der Menge $S = \{0, \ldots, 31\}$ erzeugen wollen. Wegen $32 = 2^5$ kann jede Zahl $n \in S$ zur Basis 2 in der Form

$$n = a_0 + 2a_1 + 2^2 a_2 + 2^3 a_3 + 2^4 a_4 = \sum_{i=0}^{4} a_i 2^i$$

mit $a_i \in \{0, 1\}$ geschrieben werden. Wir können auch die Zahl n durch das 5-Tupel $(a_0, \ldots, a_4)$ darstellen. Zum Beispiel stellt das 5-Tupel $(0, 1, 1, 0, 1)$ die Zahl $2 + 4 + 16 = 22$ dar.

Erzeugen wir durch Werfen einer Münze eine Folge von Nullen und Einsen, dann können wir diese Zahlen als 5-Tupel von Bits umgruppieren und sie in Zahlen aus S transformieren. Nehmen wir etwa an, dass wir die binäre Folge

$$10000 \ 00101 \ 11110 \ 01001 \ 01001 \ 11011 \qquad (8.1)$$

erhalten hätten. Die Konversion der 5-Tupel liefert

$$\underbrace{10000}_{1} \ \underbrace{00101}_{20} \ \underbrace{11110}_{15} \ \underbrace{01001}_{18} \ \underbrace{01001}_{18} \ \underbrace{11011}_{27},$$

oder einfach

$$1, 20, 15, 18, 18, 27,$$

wenn man die Darstellung in Form von Zahlen aus S betrachtet.

Hätten wir anstelle von 31 nun $N = 2^r - 1$ und $S = \{0, \ldots, N\}$ gewählt, dann könnten wir mit dem gleichen Ansatz eine binäre Folge in eine Folge von Zahlen aus S transformieren.

Ist jedoch r groß oder benötigen wir eine besonders lange Folge von Zufallszahlen, dann wird die manuelle Methode des Münzwurfs schnell beschwerlich. Die ideale Lösung besteht darin, einen Computer so zu programmieren, dass er eine Folge von Einsen und Nullen derart erzeugt, dass die Ergebnisse genauso zufällig erscheinen, wie beim das Werfen einer Münze. Ein solches Programm ist ein Zufallszahlengenerator. Da ein solcher Algorithmus aufgrund seiner Natur deterministisch ist, kann er nur eine Folge von Zahlen erzeugen, die zufällig zu sein *scheint*. Aus diesem Grund bezeichnen die Experten diese Algorithmen als *Pseudozufallszahlengeneratoren*.

Pseudozufallszahlengeneratoren werden sehr oft bei allen Arten von Computersimulationen verwendet. In vielen Fällen möchten wir einfach zufällige reelle Zahlen im Intervall $[0, 1]$ erzeugen. In diesem Fall ist es hilfreich, die reellen Zahlen in Binärdarstellung zu schreiben. Um zwischen der Binärdarstellung und der Dezimaldarstellung zu unterscheiden, schreiben wir den Index 2 hinter alle Zahlen in Binärdarstellung. Zum Beispiel stellen wir durch $(0, a_1 a_2 \ldots a_n)_2$ die Zahl

$$(0, a_1 a_2 \ldots a_n)_2 = a_1 2^{-1} + a_2 2^{-2} + \cdots + a_n 2^{-n} = \sum_{i=1}^{n} \frac{a_i}{2^i}$$

dar. Im Allgemeinen erfordern die meisten reellen Zahlen unendliche Binärdarstellungen. Da jedoch die Computer auf endliche Berechnungen beschränkt sind, beschränken auch wir uns auf endliche Darstellungen mit dem gewünschten Genauigkeitsgrad. Sehen wir uns etwa die Folge von (8.1) an, dann können wir sie dadurch interpretieren, dass sie eine Folge von reellen Zahlen in $[0,1]$ auf nachstehende Weise erzeugt:

$$
\begin{cases}
0,10000_2 = 2^{-1} = \frac{1}{2} = 0,5, \\
0,00101_2 = 2^{-3} + 2^{-5} = 0,15625, \\
0,11110_2 = 2^{-1} + 2^{-2} + 2^{-3} + 2^{-4} = 0,9375, \\
0,01001_2 = 2^{-2} + 2^{-5} = 0,28125, \\
0,01001_2 = 2^{-2} + 2^{-5} = 0,28125, \\
0,11011_2 = 2^{-1} + 2^{-2} + 2^{-4} + 2^{-5} = 0,84375,
\end{cases}
$$

wobei die letzte Zahl auf der rechten Seite die Dezimaldarstellung der betreffenden Zahl ist.

Was macht einen guten Zufallszahlengenerator aus? Welche Kriterien muss er erfüllen? Wenn wir wiederholt eine Münze werfen, dann ist das Ergebnis eines jeden Wurfes vollkommen unabhängig vom Ergebnis des vorhergehenden Wurfes und beide Ergebnisse haben die Wahrscheinlichkeit $\frac{1}{2}$. Hieraus folgt: Werfen wir eine Münze sehr oft, dann sollte ungefähr in der Hälfte der Fälle „Kopf"(bezeichnet durch 0) oben liegen, und „Zahl"(bezeichnet durch 1) sollte ebenfalls in etwa der Hälfte der Fällen oben liegen – das Ergebnis des Gesetzes der großen Zahlen in Aktion. Würden wir eine Münze nicht nur einmal, sondern zweimal werfen, dann hätten wir für jeweils ein Paar von Würfen eines der folgenden möglichen Ergebnisse:

$$00 \quad 01 \quad 10 \quad 11.$$

Wiederholen wir das viele Male, dann erwarten wir, dass jedes Ergebnis in ungefähr einem Viertel der Fälle auftritt. Bei Dreifachwürfen hätten wir analog $2^3 = 8$ gleichwahrscheinliche Ergebnisse:

$$000 \quad 001 \quad 010 \quad 011 \quad 100 \quad 101 \quad 110 \quad 111.$$

Wir möchten also, dass ein Zufallszahlengenerator die gleichen Eigenschaften hat. Um zu gewährleisten, dass unsere Pseudozufallszahlengeneratoren tatsächlich diese Eigenschaften besitzen, unterziehen wir sie einer Reihe von statistischen Tests.

Alle Pseudozufallszahlengeneratoren sind Algorithmen, die aus einer endlichen Menge von Anfangsbedingungen eine deterministische periodische Zahlenfolge erzeugen.

Definition 8.1 *Eine Folge* $\{a_n\}_{n \geq 0}$ *heißt* periodisch, *wenn es eine ganze Zahl* $M > 0$ *derart gibt, dass für alle* $n \in \mathbb{N}$ *die Beziehung* $a_n = a_{n+M}$ *gilt. Das kleinste* $N > 0$*, das diese Eigenschaft hat, heißt* Periode *der Folge. Wenn wir diesen besonderen Aspekt der Periode hervorheben wollen, dann können wir* N *als* minimale Periode *bezeichnen.*

Lemma 8.2 *Es sei $\{a_n\}_{n \in \mathbb{N} \cup \{0\}}$ eine periodische Folge mit minimaler Periode N und es sei $M \in \mathbb{N}$ so beschaffen, dass für alle $n \in \mathbb{N}$ die Beziehung $a_n = a_{n+M}$ gilt. Dann folgt, dass N ein Teiler von M ist.*

BEWEIS. Man dividiere M durch N. Dann gibt es ganze Zahlen q und r derart, dass $M = qN + r$, wobei $0 \leq r < N$. Wir möchten zeigen, dass für alle n die Beziehung $a_n = a_{n+r}$ gilt.

Man sieht leicht, dass

$$a_n = a_{n+M} = a_{n+qN+r} = a_{n+r}.$$

Da N die kleinste ganze Zahl mit $a_n = a_{n+N}$ ist, muss $r = 0$ gelten. Demnach ist N ein Teiler von M. $\qquad \square$

Beispiel 8.3 *Ein linearer Kongruenzgenerator ist ein sehr häufig verwendeter Typ von Zufallzahlengeneratoren. Er erzeugt eine Folge über der Menge $E = \{1, \dots, p-1\}$ unter Verwendung der Regel*

$$x_n = a x_{n-1} \ (\mathrm{mod}\ p),$$

wobei p eine Primzahl und a eine primitive Wurzel von $\mathbb{F}_p$ ist. Das heißt, a ist ein Element von E derart, dass

$$\begin{cases} a^k \not\equiv 1 \ (\mathrm{mod}\ p), & k < p - 1, \\ a^{p-1} \equiv 1 \ (\mathrm{mod}\ p). \end{cases}$$

Wir erinnern uns daran, dass $\mathbb{F}_p$ (in Kapitel 7 auch als $\mathbb{Z}_p$ bezeichnet) die Menge der ganzen Zahlen $\{0, \dots, p-1\}$ mit der Addition und Multiplikation modulo p ist. In Bezug auf diese Operationen bildet $\mathbb{F}_p$ einen Körper, wenn p eine Primzahl ist; das impliziert insbesondere (vgl. Definition 6.1), dass sowohl die Addition als auch die Multiplikation kommutativ und assoziativ sind, dass jede Operation ein Identitätselement hat, dass die Multiplikation distributiv in Bezug auf die Addition ist, dass jedes Element ein additives Inverses hat und dass schließlich jedes von Null verschiedene Element ein multiplikatives Inverses hat. Diese Eigenschaften werden in Übung 24 von Kapitel 6 untersucht, aber wir verwenden sie in der nachfolgenden Diskussion ohne Beweis.

Als einfaches Beispiel betrachten wir den Fall $p = 7$. Wir sehen, dass 2 keine primitive Wurzel ist, denn $2^3 = 8 \equiv 1 \ (\mathrm{mod}\ 7)$. Jedoch ist 3 eine primitive Wurzel, denn

$$\begin{cases} 3^2 \equiv 2 \ (\mathrm{mod}\ 7), \\ 3^3 \equiv 6 \ (\mathrm{mod}\ 7), \\ 3^4 \equiv 18 \equiv 4 \ (\mathrm{mod}\ 7), \\ 3^5 \equiv 12 \equiv 5 \ (\mathrm{mod}\ 7), \\ 3^6 \equiv 15 \equiv 1 \ (\mathrm{mod}\ 7). \end{cases}$$

Den Beweis dafür, dass es immer eine primitive Wurzel $a \in \mathbb{F}_p$ gibt, findet man in Satz 7.22 von Kapitel 7. (Auch dieses Ergebnis können Sie hier als gegeben voraussetzen, um die jetzige Diskussion nicht zu unterbrechen.)

Dieser Generator erzeugt eine periodische Folge, deren Periode genau $p - 1$ beträgt. Lineare Kongruenzgeneratoren werden üblicherweise in vielen Softwareprodukten verwendet, wobei häufig die Werte $p = 2^{31} - 1$ und $a = 16807$ genommen werden. Die Experten auf dem Gebiet sehen diese Generatoren als nicht sehr gut an, da sie einige grundlegenden statistischen Tests nicht erfüllen (vgl. Übung 2 und 4.)

Oft kommen weitere Kriterien ins Spiel, insbesondere ökonomische Kriterien. In vielen Fällen sind wir daran interessiert, die Rechenzeit und die Speicherbelegung zu minimieren. In diesen Fällen können wir uns mit einem Zufallszahlengenerator zufriedengeben, der aus statistischer Sicht schwächer ist, aber für die anstehende Aufgabe ausreicht.

8.2 Lineare Schieberegister

Lineare Schieberegister (die auch in Kapitel 1 diskutiert wurden) sind sehr gute Zufallszahlengeneratoren. Sie lassen sich als Anordnung (oder Register) von r Boxen veranschaulichen, welche die Einträge $a_{n-1}, \ldots, a_{n-r}$ enthalten, wobei jedes a_i in $\{0, 1\}$ liegt. In jeder dieser Boxen wird eine Multiplikation mit einem Wert $q_i \in \{0, 1\}$ ausgeführt

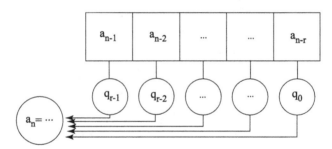

Abb. 8.1. Ein lineares Schieberegister.

und die Ergebnisse werden modulo 2 addiert. Die q_i sind fest und charakterisieren den betreffenden Generator (Abbildung 8.1). Wir erzeugen folgendermaßen eine Folge von Pseudozufallszahlen:

- Wählen Sie die Anfangswerte $a_0, \ldots, a_{r-1} \in \{0, 1\}$ derart, dass nicht alle gleich null sind.

- Berechnen Sie für gegebene Werte $a_{n-r}, \ldots, a_{n-1}$ den nächsten Wert in der Folge a_n als

$$a_n \equiv a_{n-r}q_0 + a_{n-r+1}q_1 + \cdots + a_{n-1}q_{r-1} \equiv \sum_{i=0}^{r-1} a_{n-r+i}q_i \pmod{2}. \qquad (8.2)$$

- Verschieben Sie jeden Eintrag nach rechts und lassen Sie dabei den Eintrag a_{n-r} weg. Das neu erzeugte a_n befindet sich jetzt in der ganz links stehenden Box des Registers.
- Wiederholen Sie das Verfahren.

In Abschnitt 1.4 von Kapitel 1 haben wir gezeigt, dass wir bei sorgfältiger Wahl der q_i und der Anfangsbedingungen $a_0, \ldots, a_{r-1}$ eine Folge mit der Periode $2^r - 1$ erzeugen. Wir kommen weiter unten auf dieses Thema zurück und diskutieren ausführlicher, wie man die q_i wählt.

Beispiel 8.4 *Wir nehmen ein lineares Schieberegister der Länge* 4 *und* $(q_0, q_1, q_2, q_3) = (1, 1, 0, 0)$. *Wir betrachten auch den Anfangszustand* $(a_0, a_1, a_2, a_3) = (0, 0, 0, 1)$. *Folgen wir dem Register anhand seiner Operation, dann sehen wir, dass es eine Folge der Periode* 15 *erzeugt:*

$$\underbrace{000100110101111}_{15} 0001 \ldots.$$

In diesem Zyklus von 15 *Einträgen sehen wir, dass* 0 *siebenmal und* 1 *achtmal erzeugt wurde. Wir betrachten jetzt die* 15 *Teilfolgen der Länge* 2: 00 *tritt dreimal auf*

$$\begin{cases} \overbrace{00}\ 0100110101111 \\ 0\ \overbrace{00}\ 100110101111 \\ 0001\ \overbrace{00}\ 110101111, \end{cases}$$

während die anderen drei möglichen Folgen der Längen 2, 01, 10 *und* 11 *je genau viermal auftreten. Im Falle von* 10 *erstreckt sich das vierte Auftreten über zwei Zyklen:*

$$\begin{cases} 000\ \overbrace{10}\ 0110101111 \\ 0001001\ \overbrace{10}\ 101111 \\ 000100110\ \overbrace{10}\ 1111 \\ 00010011010111\ \overbrace{1\ 0}\ 001 \ldots \end{cases}$$

Wir überlassen dem Leser die Überprüfung dessen, dass jede Teilfolge der Länge 3 *zweimal auftritt – mit Ausnahme der Teilfolge* 000, *die genau einmal auftritt. Ähnlicherweise sieht man, dass alle Teilfolgen der Länge* 4 *genau einmal auftreten – mit Ausnahme der*

Teilfolge 0000, die überhaupt nicht auftritt. Können wir weitermachen, indem wir Teilfolgen der Länge 5 und größerer Länge zählen? Die Antwort ist „nein", denn unser Register hat nur die Länge 4 und das impliziert sofort, dass das fünfte und jedes weitere Symbol, das auf eine gegebene Viererfolge folgt, vorherbestimmt sind. Wir können auch leicht erklären, warum aufeinanderfolgende Nullen weniger häufig auftreten: Wir dürfen dem Register nicht erlauben, eine Teilfolge der Form 0000 zu erzeugen; andernfalls würden nämlich die Erzeugungsregeln alle nachfolgenden Symbole dazu zwingen, ebenfalls null zu werden.

Dieses Beispiel zeigt, dass lineare Schieberegister sämtliche Teilfolgen zu ungefähr gleichen Anteilen erzeugen, solange wir keine Teilfolgen betrachten, die länger sind als das Register selbst (bei diesem Beispiel haben wir uns auf 4 beschränkt). Das ist kein Zufall, wie wir später in Satz 8.12 zeigen werden.

Möchten wir, dass unsere erzeugte Folge gute statistische Eigenschaften in Bezug auf längere Teilfolgen hat, dann müssen wir nur ein hinreichend großes r für unser Register wählen.

Wir geben der Operation des linearen Schieberegisters nun eine andere Form, die sich besser für eine Analyse eignet und verallgemeinert werden kann. Zu einem gegebenen Zeitpunkt, den wir als den Zeitpunkt j bezeichnen, betrachten wir die Registereinträge $a_j, \ldots, a_{j+r-1}$. Wir schreiben diese Einträge in der Form $x_{j,0}, \ldots, x_{j,r-1}$, wobei $x_{j,i} = a_{j+i}$. Der Vorteil dieser Bezeichnung besteht darin, dass der Index j den Zeitpunkt angibt, während der Index i den Registereintrag in der Box i angibt. Es sei

$$\mathbf{x}_j = \begin{pmatrix} x_{j,0} \\ \vdots \\ x_{j,r-1} \end{pmatrix}$$

der Spaltenvektor der Einträge zum Zeitpunkt j. Es sei A die Matrix

$$A = \begin{pmatrix} 0 & 1 & 0 & 0 & \ldots & 0 \\ 0 & 0 & 1 & 0 & \ldots & 0 \\ 0 & 0 & 0 & 1 & \ldots & 0 \\ \vdots & \vdots & \vdots & \vdots & \ddots & \vdots \\ 0 & 0 & 0 & 0 & \ldots & 1 \\ q_0 & q_1 & q_2 & q_3 & \cdots & q_{r-1} \end{pmatrix}. \tag{8.3}$$

Mit dieser Notation ist der Vektor, der den Zustand des Registers zum Zeitpunkt $j+1$ darstellt, durch

$$\mathbf{x}_{j+1} = A\mathbf{x}_j \tag{8.4}$$

gegeben, wobei alle Operationen modulo 2 durchgeführt werden. (Übung: Beweisen Sie die Richtigkeit dieser Aussage!)

Bevor wir das Problem weiter abstrahieren, weisen wir auf die Nützlichkeit dieser alternativen Darstellung hin. Angenommen, wir möchten direkt von $\mathbf{x}_j$ zu $\mathbf{x}_{j+k}$ übergehen, ohne die Zwischenschritte zu berechnen. Wir sehen, dass $\mathbf{x}_{j+k} = A^k\mathbf{x}_j$; wenn wir also A^k berechnen, dann können wir direkt von $\mathbf{x}_j$ zu $\mathbf{x}_{j+k}$ übergehen. Die Fähigkeit, mit einem angemessenen Rechenaufwand beliebig große Schritte in der Folge machen zu können, ist eine wünschenswerte Eigenschaft von Zufallszahlengeneratoren.

Wie berechnen wir A^k, wenn k groß ist? Betrachten wir eine Matrix A über den reellen Zahlen, dann können die absoluten Beträge der Elemente von A^k sehr groß werden. Im vorliegenden Fall arbeiten wir jedoch über dem endlichen Körper $\mathbb{F}_2$, in dem alle Operationen modulo 2 genommen werden. Die Einträge von A^k sind demnach ebenfalls Einträge in $\mathbb{F}_2$, und wir brauchen uns keine Sorgen zu machen, dass die Werte anschwellen. Wir haben aber immer noch das Problem, A^k effizient zu berechnen. Wir schreiben zunächst k zur Basis 2:

$$k = b_0 + b_1 2 + b_2 2^2 + \cdots + b_s 2^s.$$

Nun definieren wir $A_0 = A$ und berechnen

$$\begin{aligned}
A_1 &= A^2, \\
A_2 &= A^4 = A_1^2, \\
&\vdots \\
A_s &= A^{2^s} = A_{s-1}^2.
\end{aligned}$$

Das führt uns schließlich zur Berechnung der Endmatrix A^k als

$$A^k = \prod_{\{i \mid b_i = 1\}} A_i.$$

Man beachte, dass jedes A_i als Produkt zweier Matrizen berechnet wird, wozu s Matrizenprodukte zu berechnen sind. Zu beachten ist auch, dass A^k als Produkt von höchstens $s + 1$ dieser Matrizen berechnet wird. Die Endmatrix lässt sich also berechnen, indem man höchstens $2s = 2\log_2 k$ Matrizenprodukte nimmt.

Aufgrund dieser Notation ist auch klar, dass wir andere Zufallszahlengeneratoren erstellen könnten, wenn wir die Form der Übergangsmatrix A verallgemeinern.

8.3 $\mathbb{F}_p$-Lineare Generatoren

8.3.1 Der Fall $p = 2$

Wir beginnen mit dem Fall $p = 2$, wobei der endliche Körper $\mathbb{F}_2$ einfach die Menge $\{0, 1\}$ zusammen mit den Operationen der Addition und der Multiplikation modulo 2 ist.

Definition 8.5 *Ein $\mathbb{F}_2$-linearer Generator ist ein Generator der Form*

$$
\begin{aligned}
\mathbf{x}_{n+1} &= A\mathbf{x}_n, \\
\mathbf{y}_n &= B\mathbf{x}_n, \\
u_n &= \sum_{i=1}^{k} y_{n,i} 2^{-i},
\end{aligned}
$$

wobei A und B Matrizen über $\mathbb{F}_2$ sind, A vom Typ $r \times r$ und B vom Typ $k \times r$ ist. Die Matrix A ist die Übergangsmatrix für den Übergang von $\mathbf{x}_n$ zu $\mathbf{x}_{n+1}$, während die Matrix B den Vektor $\mathbf{x}_n$ der Länge r in einen Vektor $\mathbf{y}_n$ der Länge k transformiert. Der abschließende Schritt besteht darin, den Vektor $\mathbf{y}_n$ in eine Zahl des Bereiches $[0,1]$ zu transformieren, indem man die Einträge von $\mathbf{y}_n$ als die Koeffizienten von u_n in der Binärdarstellung betrachtet.

Beispiel 8.6 *Wir können das lineare Schieberegister als einen Generator dieser Form betrachten. Hierzu müssen wir nur Folgen der Länge k, mit $k < r$, auf Elemente des Bereiches $[0,1]$ abbilden. Das Herausgreifen von Teilfolgen der Länge k ist äquivalent zur Definition einer Matrix B aus den oberen k Zeilen der $r \times r$-Einheitsmatrix.*

Die Matrix B gewährleistet, dass jede Teilfolge der Länge k genau eine Pseudozufallszahl erzeugt, denn

$$
\mathbf{y}_n = (x_{n,0}, \ldots, x_{n,k-1}) = (a_n, \ldots, a_{n+k-1}).
$$

Wir gehen jetzt Beispiel 8.4 noch einmal durch. Dieses Register der Länge 4 hat die Parameter $(q_0, q_1, q_2, q_3) = (1,1,0,0)$, die Anfangsbedingungen $(a_0, a_1, a_2, a_3) = (0,0,0,1)$ und erzeugt die Folge 000100110101111 der Periode 15. Es sei $k = 2$. Bei dieser Vorgehensweise entspricht $\mathbf{y}_n$ jeder Teilfolge $\mathbf{y}_n = (a_n, a_{n+1})$ der Länge 2. Die Folge der $\mathbf{y}_n$ wiederholt sich ebenfalls mit der Periode 15 und wir erhalten

$$
00 \quad 00 \quad 01 \quad 10 \quad 00 \quad 01 \quad 11 \quad 10 \quad 01 \quad 10 \quad 01 \quad 11 \quad 11 \quad 11 \quad 10.
$$

Nunmehr transformieren wir jedes $\mathbf{y}_n$ in eine Zahl $u_n \in \{0, 1/4, 1/2, 3/4\}$, indem wir $u_n = \frac{y_{n,1}}{2} + \frac{y_{n,2}}{4}$ setzen. Das liefert eine Endfolge

$$
0 \quad 0 \quad \frac{1}{4} \quad \frac{1}{2} \quad 0 \quad \frac{1}{4} \quad \frac{3}{4} \quad \frac{1}{2} \quad \frac{1}{4} \quad \frac{1}{2} \quad \frac{1}{4} \quad \frac{3}{4} \quad \frac{3}{4} \quad \frac{3}{4} \quad \frac{1}{2}.
$$

Man beachte, dass jedes Element von $\{0, \frac{1}{4}, \frac{1}{2}, \frac{3}{4}\}$ viermal auftritt – mit Ausnahme der 0, die dreimal auftritt.

Der große Vorteil von $\mathbb{F}_2$-linearen Generatoren liegt darin, dass sie sehr effizient sind. Wollen wir andererseits ihre statistische Performance verbessern, dann müssen wir ihre Periode verlängern, wodurch ihre Berechnung teurer wird. Wie sich herausstellt, gibt es bessere Möglichkeiten, die statistische Performance mit einem geringeren Effizienzverlust zu verbessern. Wir beginnen damit, $\mathbb{F}_2$-lineare Generatoren auf $\mathbb{F}_p$-lineare

Generatoren zu verallgemeinern. Danach werden wir – anstatt einfach die Periode eines gegebenen $\mathbb{F}_p$-linearen Generators zu verlängern – bessere Generatoren konstruieren, indem wir verschiedene unabhängige $\mathbb{F}_p$-lineare Generatoren mit unterschiedlichen Perioden kombinieren.

Zunächst kommen wir aber auf lineare Schieberegister zurück und diskutieren, wie man die Koeffizienten q_i derart wählt, dass die erzeugten Folgen die Länge $2^r - 1$ haben. Es ist zwar nicht absolut notwendig, könnte sich aber als nützlich erweisen, vorher den Abschnitt 1.4 von Kapitel 1 zu lesen, um in der Lage zu sein, den Beweis dieses Ergebnisses (Satz 8.9 unten) zu verstehen.

Definition 8.7 *Ein Polynom*

$$Q(x) = x^r + q_{r-1}x^{r-1} + \cdots + q_1 x + q_0$$

mit Koeffizienten $q_i \in \mathbb{F}_p$ heißt genau dann primitiv, *wenn es irreduzibel ist und die Menge aller von null verschiedenen Elemente von*

$$\mathbb{F}_{p^r} = \{b_0 + b_1 x + \cdots + b_{r-1}x^{r-1} \mid b_i \in \mathbb{F}_p\}$$

die Form

$$\mathbb{F}_{p^r} \setminus \{0\} = \{x^i \mid i = 0, \ldots, p^r - 2\}$$

hat, wobei die Potenzen x^i modulo $Q(x)$ genommen werden.

Beispiel 8.8 *Wir geben ein Beispiel mit $p = 2$. Wir zeigen, dass das Polynom $Q(x) = x^3 + x + 1$ irreduzibel ist. Hierzu nehmen wir an, dass $Q(x) = Q_1(x)Q_2(x)$. Da $Q(x)$ den Grad 3 hat, haben entweder $Q_1(x)$ oder $Q_2(x)$ den Grad 1 und gehören deswegen zur Menge $\{x, x + 1\}$. Ist x ein Teiler von $Q(x)$, dann folgt $Q(0) = 0$, was jedoch nicht richtig ist. Ist $x + 1$ ein Teiler von $Q(x)$, dann müssten wir $Q(1) = 0$ haben, was ebenfalls nicht wahr ist. Folglich sind weder x noch $x + 1$ Teiler von $Q(x)$, das heißt, $Q(x)$ ist irreduzibel. Die von null verschiedenen Elemente von $\mathbb{F}_{2^3}$ sind durch $\{1, x, x + 1, x^2, x^2 + 1, x^2 + x, x^2 + x + 1\}$ gegeben. Wir überprüfen, dass es sich bei allen um Potenzen von x handelt. Tatsächlich impliziert $Q(x) = 0$ die Beziehung $x^3 = x + 1$ und somit haben wir*

$$\begin{aligned}
x^4 &= x(x + 1) = x^2 + x, \\
x^5 &= x(x^2 + x) = x^3 + x^2 = (x + 1) + x^2 = x^2 + x + 1, \\
x^6 &= x(x^2 + x + 1) = x^3 + x^2 + x = (x + 1) + x^2 + x = x^2 + 1, \\
x^7 &= x(x^2 + 1) = x^3 + x = (x + 1) + x = 1.
\end{aligned}$$

Satz 8.9 *Werden die Koeffizienten $q_0, \ldots, q_{r-1}$ eines linearen Schieberegisters so gewählt, dass das Polynom*

$$Q(x) = x^r + q_{r-1}x^{r-1} + \cdots + q_1 x + q_0 \tag{8.5}$$

primitiv über $\mathbb{F}_2$ ist, dann hat für alle Anfangsbedingungen, bei denen nicht alle a_i null sind, die vom linearen Schieberegister erzeugte Folge die Periode $2^r - 1$.

BEWEIS. Wir haben in Kapitel 6 gesehen, dass

$$\mathbb{F}_{2^r} = \{b_0 + b_1 x + \cdots + b_{r-1} x^{r-1} \mid b_i \in \{0,1\}\}$$

in Bezug auf die Addition und Multiplikation modulo $Q(x)$ einen Körper bildet, falls $Q(x)$ irreduzibel ist. In Abschnitt 1.4 von Kapitel 1 haben wir auch gesehen, dass es immer möglich ist, die von null verschiedenen Elemente von $\mathbb{F}_{2^r}$ zu erzeugen, indem man ein primitives Polynom $Q(x)$ wählt und

$$\{x^i \mid i = 0, \ldots, 2^r - 2\},$$

berechnet; dabei ist $x^{2^r - 1} = 1$. Wir führen eine lineare Abbildung $T \colon \mathbb{F}_{2^r} \to \mathbb{F}_2$ derart ein, dass

$$T(b_0 + b_1 x + \cdots + b_{r-1} x^{r-1}) = b_{r-1}.$$

Wir zeigen im nachstehenden Lemma 8.10, dass es zu jeder Folge $(a_0, \ldots, a_{r-1})$, deren Elemente von null verschieden sind, ein eindeutiges $b = b_0 + b_1 x + \cdots + b_{r-1} x^{r-1}$ derart gibt, dass $a_i = T(bx^i)$ für $i = 0, \ldots, r-1$. Proposition 1.11 von Kapitel 1 besagt: Ist a_n eine Folge, die von einem linearen Schieberegister mit den Anfangsbedingungen $a_i = T(bx_i)$ erzeugt wird, dann gilt für alle n die Beziehung $a_n = T(bx^n)$. Wegen $x^{2^r - 1} = 1$ ist a_n periodisch, und für alle n gilt $a_n = a_{n+2^r-1}$.

Aber ist $2^r - 1$ die minimale Periode? Angenommen, es gäbe ein $m < 2^r - 1$ mit $a_n = a_{n+m}$ für alle n. Dann muss $a_0 = a_m, \ldots, a_{r-1} = a_{r+m-1}$ gelten. Gemäß dem nachstehenden Lemma 8.10 existiert ein eindeutiges b' derart, dass $a_{i+m} = T(b'x^i)$ für $i = 0, \ldots, r-1$. Wir haben einerseits $b' = b$ und andererseits $b' = bx^m$, wobei wir modulo $Q(x)$ rechnen. Somit ist $b(x^m - 1) = 0$ und wegen $b \neq 0$ muss $x^m = 1$ gelten. Aber x ist eine primitive Wurzel und deswegen haben wir $x^m \neq 1$ für alle $m < 2^r - 1$, ein Widerspruch. $\square$

Lemma 8.10 *Wir betrachten den Körper*

$$\mathbb{F}_{2^r} = \{b_0 + b_1 x + \cdots + b_{r-1} x^{r-1} \mid b_i \in \{0,1\}\}$$

mit den Operationen der Multiplikation und der Addition modulo $Q(x)$, wobei $Q(x)$ ein irreduzibles Polynom wie in (8.5) ist. Dann existiert für jede Folge $(a_0, \ldots, a_{r-1})$ mit von null verschiedenen Elementen ein eindeutiges $b = b_0 + b_1 x + \cdots + b_{r-1} x^{r-1}$ derart, dass $a_i = T(bx^i)$ für $i = 0, \ldots, r-1$.

BEWEIS. Wir betrachten das lineare Gleichungssystem $T(bx^i) = a_i$, $i = 0, \ldots, r-1$, in den Unbekannten $b_0, \ldots, b_{r-1}$. Die erste Gleichung

$$T(b) = b_{r-1} = a_0$$

gibt uns unmittelbar den Wert von b_{r-1}. Als Nächstes haben wir

$$
\begin{aligned}
bx &= (b_0 + b_1 x + \cdots + b_{r-1} x^{r-1})x \\
&= b_0 x + b_1 x^2 + \cdots + b_{r-2} x^{r-1} + b_{r-1}(q_0 + q_1 x + \cdots + q_{r-1} x^{r-1}),
\end{aligned}
$$

und deswegen ist $T(bx) = b_{r-2} + q_{r-1}b_{r-1} = a_1$. Da b_{r-1} bereits bekannt ist, können wir unmittelbar einsetzen und finden b_{r-2}.

Wir gehen in entsprechender Weise für jedes b_i vor. Wir nehmen an, dass die $b_{i+1}, \ldots, b_{r-1}$ bereits gefunden worden sind und betrachten bx^{r-1-i}. Dann folgt, dass

$$\begin{aligned}
bx^{r-1-i} &= (b_0 + b_1 x + \cdots + b_{r-1}x^{r-1})x^{r-1-i} \\
&= b_0 x^{r-1-i} + b_1 x^{r-i} + \cdots + b_i x^{r-1} + x^r P(x, b_{i+1}, \ldots, b_{r-1}),
\end{aligned}$$

wobei $P(x, b_{i+1}, \ldots, b_{r-1})$ ein Polynom in x mit Koeffizienten ist, die nur von den bereits bekannten $b_{i+1}, \ldots, b_{r-1}$ abhängen. Somit gilt

$$T(bx^{r-1-i}) = b_i + R(b_{i+1}, \ldots, b_{r-1}).$$

Es ist nicht einfach, die Formel für $R(b_{i+1}, \ldots, b_{r-1})$ aufzuschreiben; wichtig ist jedoch, dass sie nur von den bereits bekannten Werten $b_{i+1}, \ldots, b_{r-1}$ abhängt. Somit können wir die b_i leicht aus der Gleichung $T(bx^{r-1-i}) = a_{r-1-i}$ berechnen, und dieses Verfahren bestimmt das Polynom b auf eindeutige Weise. $\square$

Korollar 8.11 *Wir betrachten ein lineares Schieberegister der Länge r, wobei die Koeffizienten q_i so gewählt sind, dass das Polynom $Q(x)$ von (8.5) primitiv über $\mathbb{F}_2$ ist. Es sei ferner vorausgesetzt, dass die Anfangsbedingungen a_i nicht alle gleich null sind. Dann tritt in der erzeugten Folge der Periode $2^r - 1$ jede mögliche Teilfolge der Länge r genau einmal auf – mit Ausnahme der aus Nullen bestehenden Teilfolge. (In diesem Zusammenhang betrachten wir die bei a_i beginnende Folge als zyklisch, indem wir den Index $n + 2^r - 1$ mit dem Index n identifizieren, das heißt, wir betrachten auch Teilfolgen der Länge r, die sich über zwei Perioden der vollständigen Folge erstrecken).*

BEWEIS. Bei einer gegebenen Folge $\{a_n\}$ der Länge $2^r - 1$ müssen $2^r - 1$ Teilfolgen der Länge r betrachtet werden, wobei jeweils eine bei jedem a_i, $i = 0, \ldots, 2^r - 2$, der ursprünglichen Folge beginnt. (Ist $i \geq 2^r - r$, dann können wir unter Verwendung der Periodizität die Teilfolge $a_i, \ldots, a_{2^r-2}, a_0, \ldots, a_{i-2^r+r}$ betrachten.) Ferner gibt es genau 2^r mögliche Folgen der Länge r, denn für jede Stelle einer solchen Folge gibt es zwei Auswahlmöglichkeiten. Betrachtet man nur diejenigen Fälle, in denen sich mindestens eine von null verschiedene Stelle befindet, dann haben wir genau $2^r - 1$ Auswahlmöglichkeiten. Demnach muss jede dieser Teilfolgen genau einmal auftreten und keine von ihnen darf mehr als einmal auftreten. Angenommen, eine der Teilfolgen tritt ein zweites Mal auf, und die Folgen beginnen an den Stellen a_i und a_j, wobei $0 \leq i < j < 2^r - 1$, also $0 < j - i < 2^r - 1$. Da der Zustand des Registers bei a_j derselbe ist, der er bei a_i war, hätten wir $a_n = a_{n-j+i}$ für alle $n \geq j$, im Widerspruch zu der Tatsache, dass $2^r - 1$ die minimale Periode der Folge ist. Somit tritt jede von der Nullfolge verschiedene Teilfolge der Länge r genau einmal in einer zyklischen Folge der Länge $2^r - 1$ auf. $\square$

Der folgende Satz zeigt, dass ein lineares Schieberegister gute statistische Eigenschaften hat, wenn wir alle Teilfolgen der Länge k mit $k \leq r$ betrachten.

Satz 8.12 *Man betrachte ein lineares Schieberegister der Länge r, wobei die Koeffizienten q_i so gewählt sind, dass das Polynom $Q(x)$ von (8.5) primitiv über $\mathbb{F}_2$ ist. Es sei $k \leq r$. Wir nehmen ferner an, dass die Anfangsbedingungen a_i nicht alle gleich null sind. Dann tritt in allen $2^r - 1$ Folgesymbolen, die durch das Register erzeugt und als zyklische Folge betrachtet werden, jede mögliche Teilfolge der Länge k genau (2^{r-k})-mal auf – mit Ausnahme der Nullfolge, die genau $(2^{r-k} - 1)$-mal auftritt.*

BEWEIS. In Korollar 8.11 haben wir gezeigt, dass alle Teilfolgen der Länge r genau einmal auftreten – mit Ausnahme der aus Nullen bestehenden Teilfolge. Wir betrachten eine Teilfolge $b_0, \ldots, b_{k-1}$ der Länge $k < r$ und zählen die Anzahl der Möglichkeiten, diese Teilfolge zu einer Teilfolge der Länge r zu verlängern, indem wir $b_k, \ldots, b_{r-1}$ hinzufügen. Trivialerweise gibt es 2 Auswahlmöglichkeiten für jedes der verbleibenden $r - k$ Symbole, das heißt, es gibt 2^{r-k} verschiedene Möglichkeiten, die Teilfolge zu verlängern. Ist mindestens eines der b_i von null verschieden, dann tritt jede der 2^{r-k} verlängerten Folgen genau einmal in dem „Fenster" der Länge $2^r - 1$ auf, da sämtliche von der Nullfolge verschiedenen Teilfolgen der Länge r genau einmal auftreten. Folglich muss die Teilfolge $b_0, \ldots, b_{k-1}$ genau (2^{r-k})-mal auftreten.

Sind im Gegensatz hierzu alle b_i gleich null, dann können wir den Fall nicht zählen, bei dem wir die Teilfolge mit allen Nullen verlängern. Jedoch sind alle anderen verlängerten Teilfolgen noch möglich und treten genau einmal im Fenster der Länge r auf. Demnach tritt die Nullfolge der Länge $k \leq r$ genau $(2^{r-k} - 1)$-mal auf.   □

8.3.2 Eine Lektion über Spielautomaten

Die Sätze 8.9 und 8.12 sind der Schlüssel zum Verständnis der Geschichte des im Montreal Casino verhafteten Spielers. Durch seine Arbeit kannte der betreffende Spieler die Grundprinzipien der Zufallszahlengeneratoren. Er wusste, dass die zugrundeliegenden Algorithmen deterministisch sind, und dass deswegen die erzeugten Zahlenfolgen für einen gegebenen Algorithmus und gegebene Anfangsbedingungen identisch sind. Bei früheren Besuchen im Spielkasino hatte er festgestellt, dass die Keno-Automaten Abend für Abend dieselben Zahlen in derselben Reihenfolge zogen. Er zeichnete diese Zahlen auf und spielte sie bei seinem nächsten Besuch mit dem Ergebnis, das wir an früherer Stelle in diesem Kapitel beschrieben haben. Aber warum öffnete das Montreal Casino seine Tore dann für das Publikum wieder, wo man doch jetzt das Problem der Keno-Automaten kannte? Die offizielle Begründung lautete, dass die Automaten falsch programmiert worden seien und dass der Fehler korrigiert worden sei. Ein anderer möglicher Grund (der das Spielkasino gleichwohl in eine größere Verlegenheit bringen würde) besteht darin, dass die Automaten jede Nacht von einem Angestellten – vielleicht sogar vom Reinigungspersonal – ausgeschaltet wurden. Das Ergebnis wäre dann, dass die Automaten beim Einschalten standardmäßig zu denselben Anfangsbedingungen gingen und folglich dieselben Zahlenfolgen erzeugten.

Diese Geschichte wirft noch eine andere Frage auf. Wie können die Anfangsbedingungen so bestimmt werden, dass die Folge der erzeugten Zahlen nicht jedesmal dieselbe ist, wenn der Automat neu gestartet wird? Müssen wir die Automaten ständig eingeschaltet lassen? Und wie verhält es sich mit den Videospielen? Hier sind zwei übliche Lösungen für dieses Problem. Die erste erfordert, dass der Automat „richtig" heruntergefahren wird. Wird der Automat richtig heruntergefahren (das heißt, nicht nur durch Herausziehen des Netzkabels!), dann kann er die zuletzt erzeugten a_i speichern und sie beim nächsten Start als Anfangsbedingungen verwenden. Die zweite Lösung greift auf eine in den Automaten eingebaute Uhr zurück. Beim Start sucht der Automat die Anzahl der Sekunden (oder sogar Millisekunden), die seit dem ersten Januar 2000 vergangen sind, und verwendet die letzten paar Stellen als Anfangsbedingungen a_i.

8.3.3 Der allgemeine Fall

In diesem Abschnitt setzen wir voraus, dass der Leser mit dem Körper $\mathbb{F}_{p^r}$ vertraut ist. Für weitere Einzelheiten in Bezug auf diesen Körper verweisen wir auf Abschnitt 6.5 von Kapitel 6.

Definition 8.13 *(1) Es sei p eine Primzahl. Ein $\mathbb{F}_p$-linearer Zufallszahlengenerator ist ein Generator der Form*

$$a_n = q_0 a_{n-r} + q_1 a_{n-r+1} + \cdots + q_{r-1} a_{n-1} \pmod{p}, \tag{8.6}$$

wobei die $q_0, \ldots, q_{r-1}$ und die Anfangsbedingungen $a_0, \ldots, a_{r-1}$ ganze Zahlen in $\{0, 1, \ldots, p-1\}$ sind und die Operationen über dem Körper $\mathbb{F}_p$ (also modulo p) erfolgen.
(2) Als mehrfach rekursiven Generator bezeichnen wir einen Generator, der durch die lineare Rekursion

$$\begin{cases} a_n = q_0 a_{n-r} + q_1 a_{n-r+1} + \cdots + q_{r-1} a_{n-1} \pmod{p}, \\ u_n = \frac{a_n}{p} \end{cases}$$

vorgegeben wird.

Im Falle $p = 2$ ist ein $\mathbb{F}_2$-linearer Generator einfach ein lineares Schieberegister. Darüber hinaus sehen wir, dass $\mathbb{F}_p$-lineare Generatoren ganze Pseudozufallszahlen $a_n \in \{0, 1, \ldots, p-1\}$ erzeugen, während mehrfach rekursive Generatoren reelle Pseudozufallszahlen $u_n \in [0, 1)$ erzeugen.

Die Sätze 8.9 und 8.12 lassen sich auf den Fall $\mathbb{F}_p$-linearer Generatoren verallgemeinern. Im Falle von $\mathbb{F}_2$ können wir, wenn wir modulo dem in (8.5) gegebenen Polynom $Q(x)$ arbeiten, die Schreibweise

$$x^r = q_0 + q_1 x + \cdots + q_{r-1} x^{r-1} \tag{8.7}$$

verwenden, denn $q_i = -q_i$. Da das im Allgemeinen in $\mathbb{F}_p$ nicht mehr gilt, müssen wir das Polynom $Q(x)$ derart definieren, dass die Relation (8.7) gültig bleibt.

Satz 8.14 *Ist p eine Primzahl und werden $q_0, \ldots, q_{r-1} \in \{0, 1, \ldots, p-1\}$ so gewählt, dass das Polynom*

$$Q(x) = x^r - q_{r-1}x^{r-1} - \cdots - q_1 x - q_0$$

primitiv über $\mathbb{F}_p$ ist, dann erzeugt der in (8.6) gegebene $\mathbb{F}_p$-lineare Generator eine Folge der Periode $p^r - 1$.

Nehmen wir darüber hinaus eine Folge $(a_0, \ldots, a_{r-1})$ von Anfangsbedingungen, die nicht alle gleich null sind, dann treten in jedem Fenster von $p^r - 1$ erzeugten Symbolen sämtliche Teilfolgen der Länge k mit $k \leq r$ genau p^{r-k}-mal auf – mit Ausnahme der aus lauter Nullen bestehenden Teilfolge, die genau $p^{r-k} - 1$-mal auftritt. (Wir betrachten hier wieder das Fenster der erzeugten Symbole als zyklische Folge und identifizieren den Index $n + p^r - 1$ mit dem Index n.)

BEWEIS. Der Beweis ist fast identisch mit den Beweisen der Sätze 8.9 und 8.12, weswegen wir ihn dem Leser als Übung überlassen. $\square$

In der Praxis arbeiten wir oft mit $\mathbb{F}_p$-linearen Generatoren, bei denen das Polynom $Q(x)$ nur zwei von null verschiedene Koeffizienten q_0 und q_s (für ein $0 < s \leq r - 1$) hat. Das macht die modulare Arithmetik über diesen Polynomen zu einer sehr einfachen Angelegenheit.

Beispiel 8.15 *Wir betrachten den Fall, bei dem $p = 3$ und $Q(x) = x^4 - x - 1$. Für den Moment nehmen wir an, dass dieses Polynom primitiv ist und verweisen in Bezug auf die Einzelheiten auf Satz 10. Nehmen wir die Anfangsbedingungen $(a_0, a_1, a_2, a_3) = (0, 0, 0, 1)$, dann hat die von diesem Generator ausgegebene Folge die Periode $3^4 - 1 = 80$. Die ersten 80 Werte der Folge sind*

$$
\begin{aligned}
&0\,0\,0\,1\,0\,0\,1\,1\,0\,1\,2\,1\,1\,0\,0\,2\,1\,0\,2\,0\,1\,2\,2\,1\,0\,1\,0\,1\,1\,1\,1\,2\,2\,2\,0\,1\,1\,2\,1\,2 \\
&0\,0\,0\,2\,0\,0\,2\,2\,0\,2\,1\,2\,2\,0\,0\,1\,2\,0\,1\,0\,2\,1\,1\,2\,0\,2\,0\,2\,2\,2\,2\,1\,1\,1\,0\,2\,2\,1\,2\,1.
\end{aligned}
\qquad (8.8)
$$

Wir können die statistischen Eigenschaften der Folge durch Inspektion überprüfen. Die Werte 1 und 2 erscheinen je 27-mal, während der Wert 0 nur 26-mal auftritt. Jede Teilfolge der Länge 2 tritt neunmal auf – mit Ausnahme der Teilfolge 00, die achtmal auftritt.

Jede Teilfolge der Länge 3 tritt dreimal auf – mit Ausnahme der Teilfolge 000, die genau zweimal auftritt. Und schließlich tritt jede Teilfolge der Länge 4 genau einmal auf – mit Ausnahme der Teilfolge 0000, die gar nicht auftritt.

8.4 Kombinierte mehrfach rekursive Generatoren

Die Beschränkung auf $\mathbb{F}_p$-lineare Generatoren, deren Polynome $Q(x)$ genau zwei von null verschiedene Koeffizienten q_0 und q_s (mit $0 < s \leq r - 1$) haben, führt zu einer großen Vereinfachung der Rechnungen. Jedoch verhalten sich die erzeugten Folgen vom statistischen Standpunkt nicht gut. Um diesen Mangel abzumildern, kombinieren wir mehrere solcher Generatoren, indem wir mit verschiedenen Primzahlen p und mit verschiedenen Polynomen $Q(x)$ arbeiten, die den gleichen Grad haben.

Definition 8.16 *Wir betrachten m lineare Rekursionen*

$$a_{n,j} = q_{0,j}a_{n-r,j} + q_{1,j}a_{n-r+1,j} + \cdots + q_{r-1,j}a_{n-1,j} \pmod{p_j}, \quad j = 1, \ldots, m,$$

welche die Voraussetzung von Satz 8.14 erfüllen, wobei die p_j voneinander verschiedene Primzahlen sind. Wir kombinieren diese Rekursionen mit der „Output"-Funktion

$$u_n = \left\{ \sum_{j=1}^{m} \frac{\delta_j a_{n,j}}{p_j} \right\},$$

wobei die δ_j derart gewählte ganze Zahlen sind, dass jedes δ_j teilerfremd zu p_j ist. Hier stellt $\{x\}$ den gebrochenen Teil der reellen Zahl x dar, der durch

$$\{x\} = x - [x]$$

definiert ist, wobei $[x]$ der ganze Teil der Zahl x ist. (Das bedeutet, dass wir die $a_{n,j}$ sowohl als Elemente von $\mathbb{F}_{p_j}$ als auch als reelle Zahlen ansehen!) Ein Zufallszahlengenerator dieser Form wird als kombinierter mehrfach rekursiver Generator bezeichnet.

Bemerkung. In der Literatur finden wir auch die Bezeichnung $x \pmod 1$ anstelle von $\{x\}$. Sogar dann, wenn x und $\{x\}$ keine ganzen Zahlen sind, ähnelt diese Definition der klassischen Definition, bei der zwei Zahlen a und b kongruent modulo einer ganzen Zahl n sind, wenn sich ihre Differenz $a - b$ in der Form mn mit einer ganzen Zahl $m \in \mathbb{Z}$ schreiben lässt.

Beispiel 8.17 *Wir betrachten einen kombinierten mehrfach rekursiven Generator mit $r = 3, m = 2, p_1 = 3, p_2 = 2$ und $\delta_1 = \delta_2 = 1$. Der Leser möge überprüfen, dass das Polynom $Q_1(x) = x^3 - x - 2$ primitiv über $\mathbb{F}_3$ ist. Mit den Anfangsbedingungen 001 erzeugt der erste Generator die nachstehende Folge der Periode 26:*

$$00101211201110020212210222.$$

Wird die zweite Rekursion mit dem Polynom $Q_2(x) = x^3 - x - 1$ (das laut Beispiel 8.8 primitiv über $\mathbb{F}_2$ ist) und den Anfangsbedingungen 001 verwendet, dann erzeugt diese Rekursion eine Folge der Periode 7:

$$0010111.$$

Der kombinierte Generator hat deswegen die Periode $7 \times 26 = 182$. Wir geben im Folgenden den Output in Blöcken zu je drei Zeilen an, wobei die erste Zeile eines jeden Blocks eine ganze Periode der ersten Rekursion darstellt. Die zweite Zeile stellt die Outputs der zweiten Rekursion dar, wobei die senkrechten Linien die Zyklengrenze markieren. Die *dritte Zeile stellt die kombinierten Outputs als Erzeugnis der Funktion $u_n = \frac{a_{n,1}}{3} + \frac{a_{n,2}}{2}$ dar. Jeder der Outputs wurde als Bruch mit dem Nenner 6 geschrieben, um anzudeuten, dass die Zähler eine Folge von Pseudozufallszahlen über der Menge $\{0, 1, \ldots, 5\}$ darstellen. Der erste Block stellte u_n für $n = 0, \ldots, 25$ dar, der zweite Block stellt $n = 26, \ldots, 51$ dar und so weiter:*

```
0 0 1 0 1 2 1 | 1 2 0 1 1 1 0 | 0 2 0 2 1 2 2 | 1 0 2 2 2
0 0 1 0 1 1 1 | 0 0 1 0 1 1 1 | 0 0 1 0 1 1 1 | 0 0 1 0 1
0 0 5/6 0 5/6 1/6 5/6 | 2/6 4/6 3/6 2/6 5/6 5/6 3/6 | 0 4/6 3/6 4/6 5/6 1/6 1/6 | 2/6 0 1/6 4/6 1/6

0 0 | 1 0 1 2 1 1 2 | 0 1 1 1 0 0 2 | 0 2 1 2 2 1 0 | 2 2 2
1 1 | 0 0 1 0 1 1 1 | 0 0 1 0 1 1 1 | 0 0 1 0 1 1 1 | 0 0 1
3/6 3/6 | 2/6 0 5/6 4/6 5/6 5/6 1/6 | 0 2/6 5/6 2/6 3/6 3/6 1/6 | 0 4/6 5/6 4/6 1/6 5/6 3/6 | 4/6 4/6 1/6

0 0 1 0 | 1 2 1 1 2 0 1 | 1 1 0 0 2 0 2 | 1 2 2 1 0 2 2 | 2
0 1 1 1 | 0 0 1 0 1 1 1 | 0 0 1 0 1 1 1 | 0 0 1 0 1 1 1 | 0
0 3/6 5/6 3/6 | 2/6 4/6 5/6 2/6 1/6 3/6 5/6 | 2/6 2/6 3/6 0 1/6 3/6 1/6 | 2/6 4/6 1/6 2/6 3/6 1/6 1/6 | 4/6

0 0 1 0 1 2 | 1 1 2 0 1 1 1 | 0 0 2 0 2 1 2 | 2 1 0 2 2 2
0 1 0 1 1 1 | 0 0 1 0 1 1 1 | 0 0 1 0 1 1 1 | 0 0 1 0 1 1
0 3/6 2/6 3/6 5/6 1/6 | 2/6 2/6 1/6 0 5/6 5/6 5/6 | 0 0 1/6 0 1/6 5/6 1/6 | 4/6 2/6 3/6 4/6 1/6 1/6

0 | 0 1 0 1 2 1 1 | 2 0 1 1 1 0 0 | 2 0 2 1 2 2 1 | 0 2 2 2
1 | 0 0 1 0 1 1 1 | 0 0 1 0 1 1 1 | 0 0 1 0 1 1 1 | 0 0 1 0
3/6 | 0 2/6 3/6 2/6 1/6 5/6 5/6 | 4/6 0 5/6 2/6 5/6 3/6 3/6 | 4/6 0 1/6 2/6 1/6 1/6 5/6 | 0 4/6 1/6 4/6

0 0 1 | 0 1 2 1 1 2 0 | 1 1 1 0 0 2 0 | 2 1 2 2 1 0 2 | 2 2
1 1 1 | 0 0 1 0 1 1 1 | 0 0 1 0 1 1 1 | 0 0 1 0 1 1 1 | 0 0
3/6 3/6 5/6 | 0 2/6 1/6 2/6 5/6 1/6 3/6 | 2/6 2/6 5/6 0 3/6 1/6 3/6 | 4/6 2/6 1/6 4/6 5/6 3/6 1/6 | 4/6 4/6

0 0 1 0 1 | 2 1 1 2 0 1 1 | 1 0 0 2 0 2 1 | 2 2 1 0 2 | 2 2
1 0 1 1 1 | 0 0 1 0 1 1 1 | 0 0 1 0 1 1 1 | 0 0 1 0 1 1 1
3/6 0 5/6 3/6 5/6 | 4/6 2/6 5/6 4/6 3/6 5/6 5/6 | 2/6 0 3/6 4/6 3/6 1/6 5/6 | 4/6 4/6 5/6 0 1/6 1/6 1/6
```

Wir sehen, dass bei kleinen p_i die Outputs und Teilfolgen von Outputs weniger regelmäßig zu sein scheinen, als die von $\mathbb{F}_p$-linearen Generatoren erzeugten Outputs.

Derartige kombinierte Generatoren haben eine ausgezeichnete Performance – sogar dann, wenn man für m einen so kleinen Wert wie 3 wählt. Wir können es uns erlauben, spärlich besetzte Polynome $Q_i(x)$ zu wählen, deren von null verschiedene Koeffizienten einfach beschaffen sind. Das ermöglicht effiziente Berechnungen für jeden der individuellen linearen Generatoren und für den kombinierten mehrfach rekursiven Generator. Beispiele für gute Koeffizientenwerte findet man in [2]. Trotz der Einfachheit der Rechnungen mit individuellen linearen Generatoren verhalten sich die kombinierten Generatoren vom statistischen Standpunkt aus gut. Da außerdem die Periode eines kombinierten Generators gleich dem Produkt der Perioden der zugrundeliegenden linearen Generatoren ist, können wir Generatoren mit extrem großen Perioden erstellen, obwohl die Ausgangsgeneratoren kurze Perioden haben können. Darüber hinaus sind die Kosten für das Springen von u_n zu u_{n+N} viel geringer als für eine einzige lineare Rekursion mit komplizierten Koeffizienten.

8.5 Schlussfolgerung

Fast alle gegenwärtigen Programmiersprachen stellen einen Zufallszahlengenerator bereit. Der Benutzer muss sich folglich nicht in die Theorie dieser Generatoren vertiefen, um probabilistische Simulationen durchzuführen. Jedoch ist das Gebiet der Zufallszahlengeneratoren verhältnismäßig jung und die Anzahl der statistischen Tests, die ein „guter" Zufallszahlengenerator bestehen muss, erhöht sich ständig. (In [1] findet man eine Auflistung der fundamentalen Tests, die ein annehmbarer Generator bestehen muss.) Es ist also nicht überraschend, dass die von einigen Programmiersprachen zur Verfügung gestellten Zufallszahlengeneratoren schnell veralten. In dieser Hinsicht ist die Geschichte der Programmiersprache C interessant. Die Sprache wurde ursprünglich in den frühen 1970er Jahren entwickelt, während das erste Handbuch von Kernighan und Ritchie, den Vätern der Sprache, 1978 erschienen ist. Wegen ihrer weitverbreiteten Akzeptanz stellte man bald die Notwendigkeit eines Standards fest. Der Weg war schwierig, aber 1989 entwickelte das *American National Standards Institute* (ANSI) einen Standard für die Sprache. In der ersten Version hatte die von der Sprache bereitgestellte rand()-Funktion eine Periode der Länge $2^{15} - 1 = 32.767$. Diese Periode ist ziemlich kurz und gewiss zu kurz, um in Spielautomaten verwendet zu werden. Der ANSI-Standard definiert nicht wirklich die rand()-Funktion; er begrenzt einfach deren Output auf den Bereich $\{0, 1, \ldots, \text{RAND\_MAX}\}$, wobei RAND_MAX größer als oder gleich 32.767 ist. So konnten die verschiedenen Compiler und C Bibliotheken, die den Standard einhalten, unterschiedliche rand()-Funktionen mit unterschiedlichen Werten von RAND_MAX und unterschiedlichen Perioden haben. Wurde das gleiche Programm auf unterschiedlichen Rechnern kompiliert, dann konnte es sogar bei gleichen Anfangsbedingungen zu unterschiedlichen Resultaten führen. Die rand()-Funktionen sind bei einigen Standard-Implementierungen von C für ihre schlechten Resultate bekannt und fallen auch durch einige der fundamentalen statistischen Tests durch. Dafür sind nicht notwendigerweise die Programmierer dieser Bibliotheken zu tadeln; eher zeigt die Gesamtsituation, dass die Forschung auf diesem Gebiet aktiv und nicht abgeschlossen ist.

8.6 Übungen

1. Man betrachte eine Zeichenkette von Bits, die durch ein unabhängiges zufälliges Ereignis erzeugt wird (zum Beispiel durch einen Münzwurf). Gruppieren Sie nun die Zeichenkette in Blöcke der Länge r, wobei jede aus r Bits bestehende Zeichenkette als Zahl im

Bereich $\{0, 1, \ldots, 2^{r-1}\}$ interpretiert wird. Zeigen Sie, dass jeder dieser Werte ungefähr einmal auf jeweils 2^r solcher Blöcke erzeugt wird.

2.   Ein linearer Kongruenzgenerator erzeugt Zahlen in der Menge $E = \{1, \ldots, p-1\}$ durch die Regel

$$x_n = a x_{n-1} \pmod{p},$$

wobei p eine Primzahl ist und a so gewählt wird, dass

$$\begin{cases} a^k \not\equiv 1 \pmod{p}, & k < p - 1, \\ a^{p-1} \equiv 1. \end{cases}$$

(Die Existenz eines solchen a, das man als primitive Wurzel von $\mathbb{F}_p$ oder $\mathbb{Z}_p$ bezeichnet, wird in Satz 7.22 gezeigt.)
(a)   Es sei $p = 11$. Bestimmen Sie die primitiven Wurzeln von $\mathbb{F}_{11}$ (es gibt insgesamt vier).
(b)   Zeigen Sie, dass dieser Generator unabhängig vom Wert von $x_0 \in E$ eine Folge mit minimaler Periode $p - 1$ erzeugt.

3.   Der lineare Kongruenzgenerator von Übung 2 erzeugt eine Folge von Zahlen, die gleichmäßig über $E = \{1, \ldots, p-1\}$ verteilt ist. Beschreiben Sie eine Methode, mit der man diese Folge derart in eine Folge von Nullen und Einsen transformieren kann, dass die Gleichwahrscheinlichkeit für 0 und 1 erhalten bleibt.

4.   Die folgende Übung soll zeigen, dass ein linearer Kongruenzgenerator (wie in Übung 2 beschrieben) nicht immer gute statistische Eigenschaften hat. Wir haben hier $p = 151$, die primitive Wurzel $a = 30$ und die Anfangsbedingung $x_0 = 1$ gewählt. Die erzeugte Folge mit der Periode 150 sieht deswegen so aus:

30	145	122	36	23	86	13	88	73	76	15	148	61	18	87
43	82	44	112	38	83	74	106	9	119	97	41	22	56	19
117	37	53	80	135	124	96	11	28	85	134	94	102	40	143
62	48	81	14	118	67	47	51	20	147	31	24	116	7	59
109	99	101	10	149	91	12	58	79	105	130	125	126	5	150
121	6	29	115	128	65	138	63	78	75	136	3	90	133	64
108	69	107	39	113	68	77	45	142	32	54	110	129	95	132
34	114	98	71	16	27	55	140	123	66	17	57	49	111	8
89	103	70	137	33	84	104	100	131	4	120	127	35	144	92
42	52	50	141	2	60	139	93	72	46	21	26	25	146	1.

Wir transformieren sie in eine Folge von Nullen und Einsen durch die Abbildung

$$y_n = \begin{cases} 0, & x_n \le 75, \\ 1, & 76 \le x_n, \end{cases}$$

welche die nachstehende Folge erzeugt:

$$0\ 1\ 1\ 0\ 0\ 1\ 0\ 1\ 0\ 1\ 0\ 1\ 0\ 0\ 1\ 0\ 1\ 0\ 1\ 0\ 1\ 0\ 1\ 0\ 1\ 1\ 0\ 0\ 0\ 0$$
$$1\ 0\ 0\ 1\ 1\ 1\ 1\ 0\ 0\ 1\ 1\ 1\ 1\ 0\ 1\ 0\ 0\ 1\ 0\ 1\ 0\ 0\ 0\ 0\ 1\ 0\ 0\ 1\ 0\ 0$$
$$1\ 1\ 1\ 0\ 1\ 1\ 0\ 0\ 1\ 1\ 1\ 1\ 1\ 0\ 1\ 1\ 0\ 0\ 1\ 1\ 0\ 1\ 0\ 1\ 0\ 1\ 0\ 1\ 1\ 0$$
$$1\ 0\ 1\ 0\ 1\ 0\ 1\ 0\ 1\ 0\ 0\ 1\ 1\ 1\ 1\ 0\ 1\ 1\ 0\ 0\ 0\ 0\ 1\ 1\ 0\ 0\ 0\ 0\ 1\ 0$$
$$1\ 1\ 0\ 1\ 0\ 1\ 1\ 1\ 1\ 0\ 1\ 1\ 0\ 1\ 1\ 0\ 0\ 0\ 1\ 0\ 0\ 1\ 1\ 0\ 0\ 0\ 0\ 0\ 1\ 0.$$

(a)   Welches sind die Häufigkeiten von 0 bzw. 1?

(b)   Was sind die Häufigkeiten jeder der möglichen Teilfolgen der Länge 2: $00, 01, 10, 11$? Bei einem guten Zufallszahlengenerator sollten diese Häufigkeiten ungefähr gleich sein. Was können Sie schlussfolgern?

(c)   Beantworten Sie die gleiche Frage für die Teilfolgen der Länge 3.

5.   Betrachten Sie ein lineares Schieberegister (mit anderen Worten, einen $\mathbb{F}_2$-linearen Generator) mit $(q_0, q_1, q_2, q_3) = (1, 0, 0, 1)$ und den Anfangsbedingungen $(a_0, a_1, a_2, a_3) = (0, 0, 0, 1)$. Zeigen Sie, dass die erzeugte Folge die minimale Periode 15 hat und dass dieser Zyklus von dem in Beispiel 8.4 erzeugten Zyklus verschieden ist.

6.   Zeigen Sie, dass das Polynom $x^4 + x^3 + x^2 + x + 1$ irreduzibel, aber *nicht* primitiv über $\mathbb{F}_2$ ist. Zeigen Sie außerdem, dass das lineare Schieberegister mit $(q_0, q_1, q_2, q_3) = (1, 1, 1, 1)$ keine Folge mit der minimalen Periode 15 erzeugt.

7.   Betrachten Sie das lineare Schieberegister mit $(q_0, q_1, q_2, q_3, q_4) = (1, 0, 1, 0, 0)$ und den Anfangsbedingungen $(a_0, a_1, a_2, a_3, a_4) = (0, 0, 0, 0, 1)$.

(a)   Zeigen Sie, dass die erzeugte Folge die minimale Periode 31 hat, indem Sie explizit die a_i für $i = 0, \ldots, 35$ aufzählen (und die Werte $a_0 = a_{31}$, $a_1 = a_{32}$, $a_2 = a_{33}$, $a_3 = a_{34}$ sowie $a_4 = a_{35}$ nehmen).

(b)   Zeigen Sie, dass 1 insgesamt 16-mal in der Periode der Länge 31 auftritt.

(c)   Zeigen Sie, dass jede Teilfolge der Länge 2 achtmal auftritt – mit Ausnahme der Teilfolge 00, die siebenmal auftritt.

(d)   Zeigen Sie, dass jede Teilfolge der Länge 3 viermal auftritt – mit Ausnahme der Teilfolge 000, die dreimal auftritt.

(e)   Zeigen Sie, dass jede Teilfolge der Länge 4 zweimal auftritt – mit Ausnahme der Teilfolge 0000, die einmal auftritt.

(f)   Zeigen Sie, dass jede Teilfolge der Länge 5 einmal auftritt – mit Ausnahme der Teilfolge 00000, die überhaupt nicht auftritt. Leiten Sie ab, dass wir mit beliebigen von null verschiedenen Anfangsbedingungen zu demselben Ergebnis gekommen wären.

(g)   Beweisen Sie: Betrachten wir Teilfolgen der Länge $k \leq r$ und eliminieren wir alle diejenigen Teilfolgen, die nur Nullen enthalten, dann ist jeder der möglichen Outputs $\{1, \ldots, 2^k - 1\}$ gleichwahrscheinlich.

8.   Das Register von Übung 7 erzeugt eine Folge $\{a_n\}$.

(a) Geben Sie die Funktion an, die a_{n+2} aus a_n berechnet. (Vorschlag: Verwenden Sie die Matrizenform.)

(b) Geben Sie die Funktion an, die a_{n+10} aus a_n berechnet.

9. Bestimmen Sie alle irreduziblen Polynome des Grades 2 über $\mathbb{F}_3$. Welche dieser Polynome sind primitiv?

10. Das Ziel dieser Übung besteht in dem Nachweis, dass das Polynom $Q(x) = x^4 - x - 1$ primitiv über $\mathbb{F}_3$ ist.

(a) Zeigen Sie, dass $Q(x)$ irreduzibel über $\mathbb{F}_3$ ist. Hierzu müssen Sie Übung 9 gelöst haben.

(b) Zeigen Sie, dass $Q(x)$ primitiv ist. Mit anderen Worten: Zeigen Sie, dass $x^k \neq 1$ für $k < 80$ gilt. Um das zu tun, müssen Sie die Potenzen x^k unter Verwendung der Regel $x^4 = x + 1$ berechnen. Zum Beispiel:

$$\begin{cases} x^5 = x(x+1) = x^2 + x, \\ x^6 = x(x^2 + x) = x^3 + x^2, \\ x^7 = x(x^3 + x^2) = x^4 + x^3 = (x+1) + x^3 = x^3 + x + 1. \end{cases}$$

(Das mag umständlich erscheinen, aber es lässt sich mit Hilfe von Lemma 8.2 stark vereinfachen; das Lemma garantiert, dass $x^k = 1$ nur dann vorkommen kann, wenn k ein Teiler von 80 ist. Daher können wir uns darauf beschränken, x^k nur in den Fällen auszurechnen, in denen k ein Teiler von 80 ist.)

11. Wählen Sie ein primitives Polynom des Grades 2 über $\mathbb{F}_3$ und verwenden Sie seine Koeffizienten, um einen $\mathbb{F}_3$-linearen Generator zu konstruieren.

(a) Berechnen Sie die periodische Folge von Pseudozufallszahlen, die von diesem Generator erzeugt werden.

(b) Wir oft kommen $0, 1$ und 2 in einer Periode vor?

(c) Zeigen Sie, dass jede Teilfolge der Länge 2 genau einmal auftritt – mit Ausnahme der Teilfolge 00.

12. Wählen Sie ein primitives Polynom des Grades 3 über $\mathbb{F}_3$ und verwenden Sie seine Koeffizienten zur Konstruktion eines $\mathbb{F}_3$-linearen Generators.

(a) Berechnen Sie die periodische Folge von Pseudozufallszahlen, die von diesem Generator erzeugt werden.

(b) Wir oft kommen $0, 1$ und 2 in einer Periode vor?

(c) Zeigen Sie, dass jede Teilfolge der Länge 2 genau dreimal auftritt – mit Ausnahme der Teilfolge 00, die zweimal auftritt.

(d) Zeigen Sie, dass jede Teilfolge der Länge 3 genau einmal auftritt – mit Ausnahme der Teilfolge 000.

13. Wählen Sie ein Polynom Q_1 vom Grad 2, das primitiv über $\mathbb{F}_2$ ist, und verwenden Sie seine Koeffizienten zur Konstruktion eines $\mathbb{F}_2$-linearen Generators. Wählen Sie ferner

ein Polynom Q_2 vom Grad 2, das primitiv über $\mathbb{F}_3$ ist, und konstruieren Sie damit einen $\mathbb{F}_3$-linearen Generator.

(a) Welches ist die Periode des mehrfach rekursiven Generators, der durch $\delta_1 = \delta_2 = 1$ gegeben ist?

(b) Wählen Sie eine Menge von Anfangsbedingungen und berechnen Sie die Folge von Outputs u_n für einen einzigen Zyklus.

14. Erklären Sie, wie man einen Zufallszahlengenerator konstruiert, der das Werfen eines Würfels simuliert. Beachten Sie, dass ein solcher Generator die Zahlen gleichmäßig verteilt aus der Menge $\{1, \ldots, 6\}$ ziehen muss.

15. Bei der Durchführung von Simulationen brauchen wir oft Zufallszahlengeneratoren, welche die Zahlen gemäß einer gegebenen Wahrscheinlichkeitsverteilung erzeugen. Bis jetzt haben wir nur Generatoren betrachtet, die gleichmäßig über $[0,1]$ verteilt sind. Zeigen Sie, wie man einen solchen Generator in einen Generator transformiert, der gleichmäßig über einem gegebenen Intervall $[a,b]$ ist.

Bemerkung: Die Wahrscheinlichkeitsdichtefunktion einer über einem Intervall $[a,b]$ gleichmäßig verteilten Zufallsvariablen ist gegeben durch

$$f(x) = \begin{cases} \frac{1}{b-a}, & x \in [a,b], \\ 0, & x \notin [a,b]. \end{cases}$$

16. Wollen wir Zufallszahlen erzeugen, die allgemeineren Wahrscheinlichkeitsgesetzen gehorchen, dann müssen wir die kumulative Verteilungsfunktion betrachten: Ist X eine Zufallsvariable, dann ist die kumulative Verteilungsfunktion durch

$$F_X(x) = \text{Prob}(X \leq x)$$

gegeben.

(a) Zeigen Sie für eine gegebene Zufallsvariable X, die gleichmäßig auf $[0,1]$ ist (wir schreiben $X \sim U[0,1]$), dass die kumulative Verteilungsfunktion durch

$$F_X(x) = \begin{cases} 0, & x < 0, \\ x, & x \in [0,1], \\ 1, & x > 1 \end{cases}$$

gegeben ist. (Die Wahrscheinlichkeitsdichtefunktion von X ist durch Übung 15 gegeben, wobei man $a = 0$ und $b = 1$ nimmt.)

(b) Es sei $X \sim U[0,1]$ und es sei $g(x) \colon [0,1] \to \mathbb{R}$ eine streng monoton wachsende Funktion. Betrachten Sie die Zufallsvariable $Y = g(X)$. Zeigen Sie, dass die kumulative Verteilungsfunktion von Y durch

$$F_Y(y) = F_X(g^{-1}(y))$$

gegeben ist, wobei g^{-1} die zu g inverse Funktion ist, das heißt, $g(g^{-1}(x)) = x$.

(c) Es sei Y eine Zufallsvariable, die einer exponentiellen Wahrscheinlichkeitsdichtefunktion mit Parameter λ genügt:

$$f_Y(y) = \begin{cases} 0, & y < 0, \\ \lambda e^{-\lambda y}, & y \geq 0. \end{cases}$$

Berechnen Sie die kumulative Verteilungsfunktion von Y.

(d) Es sei $X \sim U[0,1]$ und $Y = g(X)$. Welche Funktion g müssen wir nehmen, damit Y einer exponentiellen Verteilung mit dem Parameter λ gehorcht? Erläutern Sie ein praktisches Verfahren, mit dem man Zufallszahlen erzeugen kann, die einer solchen exponentiellen Verteilung gehorchen.

17. Beim Bridge sind 52 Karten unter vier Spielern A, B, C und D verteilt.

(a) Erklären Sie, warum es $\frac{52!}{(13!)^4}$ verschiedene Möglichkeiten gibt, die Karten auszuteilen. (Beim Bridge werden die Spieler mit den Zahlen von 1 bis 4 entsprechend der Reihenfolge durchnumeriert, in der sie reizen. Die Reihenfolge, in der die Karten gespielt werden, ist verschieden und hängt vom spezifischen Reizen ab. Mit anderen Worten: Zwei Spiele, bei denen dieselben vier Blätter[3] an unterschiedliche Spieler ausgeteilt wurden, sind als unterschiedliche Spiele zu betrachten.)

(b) Wieviele Sekunden hat ein Jahr? Wir wollen annehmen, dass wir in jeder Sekunde ein Spiel spielen. Wieviele Jahre wären unter dieser Voraussetzung notwendig, um alle möglichen Bridgespiele zu spielen?

(c) Wir sehen, dass es in der Praxis unmöglich ist, alle möglichen Bridgespiele zu spielen. Bedeutet das, dass es gleichermaßen unmöglich ist, Statistiken bezüglich individueller Bridgespiele zu berechnen? Statistiken erlauben es uns, auf der Grundlage der Analyse einer Stichprobe einer Population Schlussfolgerungen für die gesamte Population zu ziehen (in unserem Kontext ist das die Menge aller möglichen Bridgespiele) – unter der Voraussetzung, dass die Stichprobe repräsentativ ist. Eine Möglichkeit der Konstruktion einer Stichprobe besteht darin, die Karten mit den Zahlen 1 bis 52 durchzunumerieren. Der folgende Austeilvorgang entspricht einer gleichmäßigen Erzeugung von Zufallszahlen über der Menge $\{1, \ldots, 52\}$. Um die Karten an den ersten Spieler auszuteilen, müssen wir zuerst eine einzelne Karte aus 52 Spielkarten auswählen, danach eine zweite Karte aus den verbleibenden 51 Karten, eine dritte aus den verbleibenden 50 Karten und so weiter bis wir die letzte Karte des ersten Spielers aus den verbleibenden 40 Karten auswählen. Wir setzen das Austeilen der Karten mit dem zweiten und dritten Spieler fort; danach erhält der vierte Spieler die restlichen Karten. Zum Austeilen eines zweiten Spiels wiederholen wir den Algorithmus ein zweites Mal. Welche Bedingungen müssen die verschiedenen beteiligten Zufallszahlengeneratoren erfüllen, damit jedes einzelne Blatt die gleiche Chance hat, erzeugt zu werden?

---

[3]Eine „Hand" oder ein „Blatt" besteht aus 13 Karten.

(d) Wir haben gesehen, dass die Forderung nicht ausreicht, dass alle möglichen Ereignisse (Spiele in unserem Kontext) die gleiche Wahrscheinlichkeit haben, erzeugt zu
werden. Wir fordern auch, dass jede mögliche Teilfolge von k Ereignissen mit der gleichen Wahrscheinlichkeit erzeugt wird. Da diese Frage aufgrund der schieren Anzahl der
möglichen Teilfolgen von Ereignissen schwer zu analysieren ist, können wir stattdessen partielle Statistiken berechnen. Zum Beispiel: Was ist die Wahrscheinlichkeit dafür,
dass ein Spieler alle vier Asse ausgeteilt bekommt? Wir könnten hierzu zufällig tausend
Spiele erzeugen und überprüfen, ob die Anzahl des Auftretens aller vier Asse in einer
einzigen Hand in der Nähe der erwarteten Zahl liegt.

(e) Berechnen Sie die Wahrscheinlichkeit zweier weiterer nicht allzu seltener Ereignisse,
die man als statistische Tests verwenden könnte.

Literaturverzeichnis

[1] D. Knuth, *Seminumerical Algorithms*, Band 2 von *The Art of Computer Programming*. Addison-Wesley, 1997.

[2] P. L'Ecuyer, Good parameters and implementations for combined multiple recursive random number generators. *Operations Research* 47 (1999), 159–164.

[3] P. L'Ecuyer, Random numbers. In: N. J. Smelser und P. B. Baltes, Herausgeber, *The International Encyclopedia of the Social and Behavioral Sciences*, Pergamon, Oxford, 2002, S. 12735–12738.

[4] P. L'Ecuyer und F. Panneton, Fast random number generators based on linear recurrences modulo 2: overview and comparison. In: *Proceedings of the 2005 Winter Simulation Conference*, 2005, S. 110–119.

9

Google
und der *PageRank*-Algorithmus

Die ersten drei Abschnitte dieses Kapitels verwenden lineare Algebra (Diagonalisierung, Eigenwerte und Eigenvektoren) und elementare Wahrscheinlichkeitstheorie (Unabhängigkeit von Ereignissen und bedingte Wahrscheinlichkeit). Diese Abschnitte liefern die Grundlagen und können in ungefähr drei Stunden behandelt werden. Zusammengenommen vermitteln sie einen guten Eindruck davon, wie der PageRank-Algorithmus funktioniert. Abschnitt 9.4 erfordert tiefergehende Kenntnisse, nämlich eine Vertrautheit mit reeller Analysis (Häufungspunkte und Konvergenz von Folgen); dieser Abschnitt kann in ein oder zwei Stunden abgedeckt werden.

9.1 Suchmaschinen

In der digitalen Welt werden neue Probleme im Allgemeinen schnell durch neue Algorithmen oder neue Hardware gelöst. Diejenigen, die das World Wide Web bereits seit mehreren Jahren nutzen, etwa seit 1998, erinnern sich ohne Zweifel an die Suchmaschinen von *AltaVista* und *Yahoo*. Wahrscheinlich verwenden dieselben Leute jetzt die Suchmaschine von *Google*. Überraschenderweise erreichte die Allzweck-Suchmaschine *Google* innerhalb einiger Monate ihre gegenwärtige Überlegenheit. Das hat sie ihrem Algorithmus zu verdanken, der die Linkpopularität von Suchergebnissen festlegt: der *PageRank*-Algorithmus. Das Ziel dieses Kapitels besteht darin, diesen Algorithmus und die mathematischen Grundlagen zu beschreiben, auf denen er aufbaut: Markow-Ketten.

Es ist ziemlich einfach, eine Suchmaschine zu verwenden. Jemand sitzt an einem mit dem Internet verbundenen Computer und hat den Wunsch, etwas über ein besonderes Thema zu erfahren. Nehmen wir zum Beispiel an, dass der Betreffende etwas über den jährlichen Schneefall in Montreal wissen möchte. Er beschließt, *Google*[1] zu befragen, und gibt die Stichwörter *precipitation* (Niederschlag), *snow* (Schnee), *Montreal* und *century*

---

[1]Man erreicht *Google* unter http://www.google.com

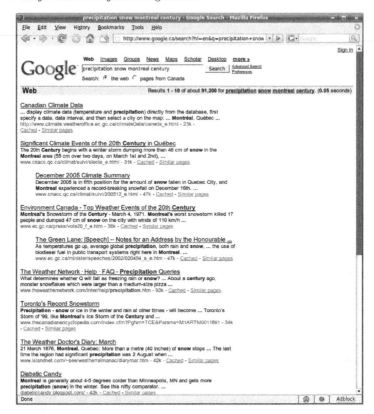

Abb. 9.1. *Google*-Suche nach den Stichwörtern *precipitation* (Niederschlag), *snow* (Schnee), *Montreal* und *century* (Jahrhundert).

(Jahrhundert) ein. (Von diesen scheint das letzte Wort etwas seltsam zu sein. Der Benutzer hat es gewählt, um seinen Wunsch nach einer langfristigen Statistik auszudrücken.) Die Suchmaschine antwortet mit einer kurzen Liste von Angaben, die sie für die besten Informationsquellen zu diesem Thema hält (vgl. Abbildung 9.1). Die waagerechte Leiste am Anfang der Seite gibt an, dass die Suche in weniger als einer Zehntelsekunde erfolgte, und dass ungefähr 91.200 potentiell relevante Seiten identifiziert wurden. Die erste ist ein Link zu einer Online-Datenbank der kanadischen Klimadaten, die vom Kanadischen Wetteramt unter Environment Canada bereitgestellt wird. (Von hier können wir erfahren, dass nach Beginn der exakten Wetteraufzeichnungen der meiste Schnee im Jahr 1954 mit einer Höhe von 384,3 cm gefallen ist! Zum Glück erfahren wir auch, dass der 30-Jahre-Durchschnitt mit 217,5 cm etwas zumutbarer war.) Das erste von *Google* gelieferte Suchergebnis hat oft eine ziemlich gute Chance, die Frage des Benutzers zu beantworten. Was ist mit den anderen Begriffen? Wenn wir die Liste nach unten gehen, dann wandert der Fokus der Ergebnisse, und man sieht viele Dokumente des Montreal-Protokolls über den Klimawandel. Diese späteren Dokumente sind für den Benutzer nur von sehr geringem Interesse, da sie überhaupt nichts über den Schnee in Montreal aussagen. Aber es sind in einem gewissen Sinne verwandte Dokumente, da sie alle mindestens drei der vier Suchbegriffe enthalten.

Diese Anekdote wirft einen wichtigen Punkt auf:[2] Die Seiten, die von *Google* zuerst bereitgestellt werden, sind oft genau diejenigen, die der Benutzer benötigt. Die Suche wäre definitiv hoffnungslos, wenn der Benutzer alle 91.200 Seiten durchgehen müsste. Die genauen Stichwörter, die der Benutzer eingibt, wirken sich offensichtlich auf die angezeigten Seiten aus, aber wie kann *Google* im Allgemeinen einen Computer dazu verwenden, die Wünsche des Benutzers zu erahnen?

Automatisierte Suchwerkzeuge gibt es seit einigen Jahrzehnten. Wir können aus dem Stegreif mehrere Bereiche mit großen Wissenssammlungen angeben, die effizient navigiert werden müssen: Bibliothekskataloge, staatliche Register (Geburten, Todesfälle, Steuern) und Fach-Datenbanken (juristische, zahnmedizinische und medizinische Datenbanken sowie Ersatzteilkataloge). Alle diese Informationsquellen haben einige Dinge gemeinsam. Als erstes enthalten sie Daten, die zu einem einzigen klar definierten Bereich gehören. Zum Beispiel haben alle Bücher einer Bibliothek einen Titel, einen oder mehrere Autoren, einen Verlag und so weiter. Die *Einheitlichkeit der Daten*, die organisiert werden müssen, führt zu einer leicht zu durchsuchenden Datenbank. Die *Qualität* der Information ist ebenfalls sehr hoch. Zum Beispiel werden Bücher normalerweise von professionellen Fachkräften in einen Bibliothekskatalog eingegeben, weswegen die Fehlerquote sehr niedrig ist. Und wenn ein Fehler auftritt, dann lässt sich dieser aufgrund der einfachen Struktur der Datenbank mühelos korrigieren. Die *Einheitlichkeit der Benutzerbedürfnisse* ist ebenfalls ein Vorteil in diesen Systemen. Das Ziel eines Bibliothekskatalogs besteht vor allem darin, eine knapp gehaltene Auflistung sämtlicher verfügbarer Bücher zu geben. Zwar können (zum Beispiel in medizinischen oder juristischen Datenbanken) spezialisierte Begriffe existieren, aber die Benutzer sind normalerweise Fachleute auf dem betreffenden Gebiet und kennen die besagten Begriffe. Diese Datenbanken können von ihren Benutzern also relativ leicht durchsucht werden. Die genannten Datenbanken entwickeln sich alle relativ langsam. In einer Bibliothek verlassen innerhalb eines Jahres nur sehr wenige Bücher die Sammlung und selten kommt ein Jahr vor, in dem der Katalog 10% Wachstum verzeichnet. Zusätzlich zu diesen Tatsachen muss man berücksichtigen, dass die Informationen eines Bibliothekskatalogs immer exakt sind und sich nie ändern! Die *Wachstumsrate* ist deswegen relativ niedrig, und

---

[2]Würde der Benutzer diese Suche heute nochmals wiederholen, dann stehen die Chancen gut, dass die Ergebnisse anders sind – aller Wahrscheinlichkeit nach würden viel mehr Seiten angezeigt werden. Der Grund hierfür ist, dass sich das World Wide Web ständig ändert und ausdehnt.

derartige Datenbanken lassen sich mühelos von Menschen verwalten. Und schließlich ist es leicht, einen *Konsens* in Bezug auf die Qualität der Positionen in der Datenbank zu erreichen. In den meisten Universitätsfakultäten gibt es Ausschüsse, die für den Kauf von neuen Bibliothekserwerbungen zuständig sind. Darüber hinaus führen die Professoren die Studenten an die besten Bücher für ihre Vorlesungen heran.

Keines dieser Merkmale trifft für das Internet zu. Die Seiten im Internet haben eine immense Vielfalt und erstrecken sich über die Gebiete der Technik, der Werbung, des Kommerzes, der Unterhaltung und vieles andere mehr. Die Qualität der Beiträge schwankt deutlich: Man findet viele Rechtschreib- und Grammatikfehler, aber auch viele Falschinformationen (wobei dahingestellt sei, ob es sich um versehentliche Fehler handelt oder ob sie beabsichtigt sind). Die Benutzer des Internet sind ebenso vielfältig wie das angebotene Material und ihre Vertrautheit mit den Suchmaschinen ist äußerst unterschiedlich. Die Geschwindigkeit, mit der sich das Netz entwickelt, ist atemberaubend: Ende 2005 (als *Google* aufhörte, die Größe der Datenbank auf der eigenen Frontpage zu veröffentlichen) waren es gut über 9 *Milliarden* Seiten und täglich erscheinen und verschwinden Seiten. Angesichts der Anzahl und der Vielfalt der Webseiten und aufgrund der unterschiedlichen Interessen der Hunderten von Millionen Benutzern weltweit scheint es illusorisch zu sein, einen Konsens hinsichtlich der relativen Qualität der Seiten zu erzielen. Es hat den Anschein, dass Webseiten nichts miteinander zu tun haben!

Tatsächlich ist dem aber nicht ganz so, denn die meisten Seiten im Web *haben* etwas gemeinsam. Sie sind fast alle in HTML (HyperText Markup Language) oder in einem verwandten Dialekt geschrieben. Und die Methode, mit der die Seiten zueinander in Beziehung gesetzt werden, ist einheitlich: Die Links zwischen den Seiten sind alle auf die gleiche Weise codiert. Diese Links bestehen aus einigen festen Zeichen vor der Adresse der Seite: Man spricht vom URL (Uniform Resource Locator). Es handelt sich um genau diejenigen Links, denen ein Surfer folgen kann und die ein Computer von Texten, Bildern und anderen Bestandteilen einer Webseite unterscheiden kann. Im Januar 1998 schlugen vier Forscher der Stanford University – L. Page, S. Brin, R. Motwani und T. Winograd – einen Algorithmus [3] vor, mit dem man im Web ein Seiten-Ranking einführen kann. Dieser Algorithmus, der *PageRank*, verwendet nicht den textlichen oder visuellen Inhalt der Seite, sondern vielmehr die Struktur der Links zwischen den Seiten.[3]

9.2 Das Web und Markow-Ketten

Das Web besteht aus Milliarden individueller Seiten und sogar noch viel mehr Links zwischen ihnen.[4] Das Web lässt sich als gerichteter Graph modellieren, dessen Knoten die Seiten sind, während die Links die gerichteten Kanten darstellen. Zum Beispiel zeigt

---

[3]Die ersten vier Buchstaben des Wortes *PageRank* beziehen sich auf den Familiennamen des ersten Autors und nicht auf die Seiten im Web.

[4]Als Page et al. ihren Algorithmus 1998 veröffentlichten, schätzten sie die Größe des Web auf ungefähr 150 Millionen Seiten mit 1, 7 Milliarden Links zwischen ihnen. Anfang 2006 wurde das Web auf 12 Milliarden Seiten geschätzt.

Abbildung 9.2 ein (kleines) Web mit fünf Seiten (A, B, C, D und E). Die gerichteten Kanten zwischen den Knoten geben uns folgende Informationen:

- das einzige Link von Seite A führt zu Seite B,
- Seite B hat Links zu den Seiten A und C,
- Seite C hat Links zu den Seiten A, B und E,
- das einzige Link von Seite D führt zu Seite A und
- Seite E hat Links zu den Seiten B, C und D.

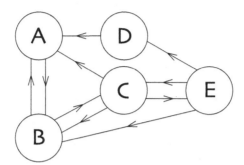

Abb. 9.2. Ein Web aus fünf Seiten und deren Links.

Um das Ranking zu bestimmen, das jeder dieser fünf Seiten zugeordnet werden soll, betrachten wir eine einfache Version des *PageRank*-Algorithmus. Angenommen, ein unvoreingenommener Web-Surfer navigiert durch dieses Web, indem er die Links, denen gefolgt werden soll, zufällig auswählt. Wenn er nur eine Möglichkeit hat (zum Beispiel, wenn er sich auf Seite D befindet), dann folgt er diesem Link (das ihn in diesem Beispiel zu Seite A führt). Befindet er sich auf Seite C, dann folgt er dem Link zu Seite A in einem Drittel der Zeit; auf ähnliche Weise verfährt er mit den Links zu den Seiten B und E. Mit anderen Worten: Befindet er sich auf einer gegebenen Seite, dann wählt er zufällig unter den nach außen gehenden Links aus, wobei jeder Auswahl die gleiche Wahrscheinlichkeit zugeordnet wird. Lässt man so einen Netzsurfer mit einem Link pro Minute durch das Netz kraulen, wo würde er sich nach einer Stunde, nach zwei Tagen oder nach irgendeiner großen Anzahl von Sprüngen befinden? Genauer gesagt: Nach Voraussetzung ist sein Weg probabilistisch bestimmt; mit welcher Wahrscheinlichkeit würde er sich dann nach einer gegebenen Zeit auf einer gegebenen Seite befinden?

Abbildung 9.3 beantwortet diese Frage für die ersten zwei Schritte eines unvoreingenommenen Websurfers, der auf Seite C beginnt. Diese Seite enthält drei nach außen gehende Links; der Websurfer kann also nur auf eine der Seiten A, B und E gelangen. Nach dem ersten Schritt befindet er sich also mit der Wahrscheinlichkeit von $\frac{1}{3}$ auf Seite A, mit der Wahrscheinlichkeit von $\frac{1}{3}$ auf Seite B und mit der Wahrscheinlichkeit

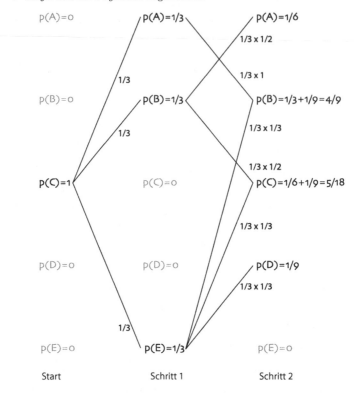

p(A)=0   p(A)=1/3   p(A)=1/6

                                  1/3 x 1/2

                1/3   1/3 x 1

p(B)=0   p(B)=1/3   p(B)=1/3+1/9=4/9

                1/3   1/3 x 1/3

                                  1/3 x 1/2

p(C)=1   p(C)=0   p(C)=1/6+1/9=5/18

                                  1/3 x 1/3

p(D)=0   p(D)=0   p(D)=1/9

                                  1/3 x 1/3

                1/3

p(E)=0   p(E)=1/3   p(E)=0

Start   Schritt 1   Schritt 2

Abb. 9.3. Die ersten zwei Schritte eines unvoreingenommenen Websurfers, der auf Seite C beginnt.

von $\frac{1}{3}$ auf Seite E. Das ist in der mittleren Spalte von Abbildung 9.3 durch die drei Relationen

$$p(A) = \frac{1}{3}, \qquad p(B) = \frac{1}{3}, \qquad p(E) = \frac{1}{3}$$

angedeutet. Ähnlicherweise deuten

$$p(C) = 0 \quad \text{und} \quad p(D) = 0$$

an, dass sich der Websurfer nach einem Schritt nicht auf den Seiten C oder D befinden kann, da ihn von seiner vorhergehenden Seite keine Links dorthin führen können. Bei jedem der drei möglichen Pfade ist die Wahrscheinlichkeit angegeben, dass der betreffende Pfad genommen wird. Da der Surfer außerdem innerhalb des Netzes bleiben muss, erfüllen die angegebenen Wahrscheinlichkeiten die Bedingung

$$p(A) + p(B) + p(C) + p(D) + p(E) = 1.$$

Die Ergebnisse nach dem ersten Schritt sind ziemlich einfach und vorhersagbar. Aber bereits nach zwei Schritten werden die Dinge kompliziert. Die dritte Spalte von Abbildung 9.3 zeigt die Möglichkeiten nach dem zweiten Schritt. Befand sich der Websurfer nach dem ersten Schritt auf A, dann würde er sich nach dem zweiten Schritt garantiert auf B befinden. Da er sich mit der Wahrscheinlichkeit $\frac{1}{3}$ auf A befand, trägt dieser Pfad $\frac{1}{3}$ zu der Wahrscheinlichkeit bei, dass er sich nach dem zweiten Schritt auf B befindet. Jedoch ist $p(B)$ nach dem zweiten Schritt nicht gleich $\frac{1}{3}$, denn es gibt einen anderen unabhängigen Pfad, der den Surfer dorthin führen könnte: $C \to E \to B$. Befand sich der Websurfer nach dem ersten Schritt auf Seite E, dann könnte er (mit gleicher Wahrscheinlichkeit) aus den drei Links auswählen, die zu den Seiten B, C und D führen. Jeder dieser Pfade trägt nach dem zweiten Schritt den Wert $\frac{1}{3} \times \frac{1}{3} = \frac{1}{9}$ zu den Wahrscheinlichkeiten $p(B)$, $p(C)$ und $p(D)$ bei. Obgleich es mehr Möglichkeiten gibt und die zugeordneten Wahrscheinlichkeiten komplizierter sind, ist das Endergebnis relativ einfach. Nach zwei Schritten befindet sich der Websurfer mit den folgenden Wahrscheinlichkeiten auf einer gegebenen Seite:

$$p(A) = \frac{1}{6}, \qquad p(B) = \frac{4}{9}, \qquad p(C) = \frac{5}{18}, \qquad p(D) = \frac{1}{9}, \qquad p(E) = 0.$$

Wieder erfüllen diese Wahrscheinlichkeiten folgende Bedingung:

$$\begin{aligned} p(A) + p(B) + p(C) + p(D) + p(E) &= \frac{1}{6} + \frac{4}{9} + \frac{5}{18} + \frac{1}{9} + 0 \\ &= \frac{3 + 8 + 5 + 2 + 0}{18} = 1. \end{aligned}$$

Die Methode sollte nunmehr klar sein und wir könnten fortlaufend die Wahrscheinlichkeiten nach weiteren Schritten berechnen. Es erweist sich jedoch als nützlich, diesen unvoreingenommenen Spaziergang durch das Netz zu formalisieren. Das für diese Aufgabe am besten geeignete Werkzeug ist die Theorie der Markow-Ketten.

Ein *Zufallsprozess* $\{X_n, n = 0, 1, 2, 3, \dots\}$ ist eine Familie von Zufallsvariablen, die durch die ganze Zahl n parametrisiert sind. Wir nehmen an, dass jede dieser Zufallsvariablen ihre Werte in einer endlichen Menge T hat. In dem Beispiel des unvoreingenommenen Websurfers ist T die Menge der Seiten im Web: $T = \{A, B, C, D, E\}$. Für jeden Schritt $n \in \{0, 1, 2, \dots\}$ ist X_n die Position des Websurfers. In der Sprache der Zufallsprozesse haben wir früher die möglichen Ergebnisse für X_1 und X_2 unter der Annahme bestimmt, dass der Weg bei C begann. Das lässt sich als bedingte Wahrscheinlichkeit $P(I|J)$ formulieren, welche die Wahrscheinlichkeit dafür angibt, dass das Ereignis I auftritt, falls das Ereignis J bereits aufgetreten ist. Zum Beispiel ist $P(X_1 = A | X_0 = C)$ die Wahrscheinlichkeit dafür, dass sich der Websurfer nach Schritt 1 auf der Seite A befindet, nachdem er sich am Anfang (Schritt 0) auf Seite C befunden hat. Somit haben wir

$$p(X_1 = A|X_0 = C) = \frac{1}{3}, \quad p(X_1 = B|X_0 = C) = \frac{1}{3}, \quad p(X_1 = C|X_0 = C) = 0,$$

$$p(X_1 = D|X_0 = C) = 0, \quad p(X_1 = E|X_0 = C) = \frac{1}{3},$$

und

$$p(X_2 = A|X_0 = C) = \frac{1}{6}, \quad p(X_2 = B|X_0 = C) = \frac{4}{9}, \quad p(X_2 = C|X_0 = C) = \frac{5}{18},$$

$$p(X_2 = D|X_0 = C) = \frac{1}{9}, \quad p(X_2 = E|X_0 = C) = 0.$$

Der von einem unvoreingenommenen Websurfer zurückgelegte Random Walk (auch als Zufallsbewegung bezeichnet) besitzt die definierende Eigenschaft von Markow-Ketten. Als Erstes definieren wir Markow-Ketten.

Definition 9.1 *Es sei* $\{X_n, n = 0, 1, 2, 3, \dots\}$ *ein Zufallsprozess mit Werten aus der Menge* $T = \{A, B, C, \dots\}$. *Wir sagen, dass* $\{X_n\}$ *eine* Markow-Kette *ist, falls die Wahrscheinlichkeit* $P(X_n = i)$, $i \in T$, *nur vom Wert des Prozesses im unmittelbar vorhergehenden Schritt* X_{n-1} *und von keinem der früheren Schritte* $X_{n-2}, X_{n-3}, \dots$ *abhängt. Wir definieren* $N < \infty$ *als die Anzahl der Elemente von* T.

Im Beispiel des unvoreingenommenen Netzsurfers sind die Zufallsvariablen die Positionen X_n nach n Schritten. Denken wir an unsere früheren Berechnungen zurück, dann bemerken wir, dass wir nach dem ersten Schritt beim Berechnen der Wahrscheinlichkeiten $P(X_1)$ nur die Ausgangsposition verwendet haben. Ebenso haben wir beim Berechnen der Wahrscheinlichkeiten $P(X_2)$ nach dem zweiten Schritt nur die Wahrscheinlichkeiten des ersten Schrittes verwendet. Die Eigenschaft, $P(X_n)$ berechnen zu können, indem man nur Informationen über $P(X_{n-1})$ verwendet, ist die definierende Eigenschaft von Markow-Ketten. Sind alle Zufallsprozesse Markow-Ketten? Ganz gewiss nicht. Wenn wir die Regeln unseres Netzsurfers nur geringfügig ändern, dann geht die Markow-Eigenschaft verloren. Angenommen, wir wollen den Netzsurfer daran hindern, jemals sofort zu der Seite zurückzukehren, von der er kam. Zum Beispiel befindet sich unser Netzsurfer nach dem ersten Schritt mit gleicher Wahrscheinlichkeit auf den Seiten A, B und E. Er kann von Seite A nicht zu Seite C zurückkehren, aber er könnte es möglicherweise von den Seiten B und E. Wir könnten also den Netzsurfer daran hindern, den Links zu folgen, die von den Seiten B und E zur Seite C führen. Im Rahmen dieser neuen Regeln hätte der Netzsurfer nur eine einzige Möglichkeit, wenn er von der Seite C auf die Seite B kommt (er müsste zu Seite A gehen), und er hätte auf Seite E nur zwei Wahlmöglichkeiten (entweder die Seite B oder die Seite D). Verbieten wir dem Netzsurfer, Links zu einer vorhergehenden Seite zu verwenden, dann geht die Markow-Eigenschaft verloren: Der Prozess hat ein *Gedächtnis*. Um nämlich die Wahrscheinlichkeiten $P(X_2)$ zu bestimmen, müssen wir nicht nur die Wahrscheinlichkeiten bei Schritt 1 kennen, sondern auch die Seite (oder die Seiten), wo sich der Netzsurfer beim Start (Schritt null) befand. Die Regeln, die wir ursprünglich definierten, sind also im mathematischen Sinn ziemlich eng gefasst: Markow-Ketten erinnern sich nicht an vergangene Zustände und der zukünftige Zustand wird vollständig vom gegenwärtigen Zustand determiniert.

Markow-Ketten haben den großen Vorteil, dass sie vollständig durch ihren Anfangszustand ($p(C) = 1$ im Beispiel von Abbildung 9.3) und durch eine *Übergangsmatrix* bestimmt sind, die durch

$$p(X_n = i \mid X_{n-1} = j) = p_{ij} \tag{9.1}$$

gegeben ist. Eine Matrix P ist dann und nur dann die Übergangsmatrix einer Markow-Kette, wenn

$$p_{ij} \in [0,1] \quad \text{für alle } i,j \in T \qquad \text{und} \qquad \sum_{i \in T} p_{ij} = 1 \quad \text{für alle } j \in T. \tag{9.2}$$

Für unseren unvoreingenommenen Netzsurfer sind die Elemente p_{ij} der Übergangsmatrix P die Wahrscheinlichkeiten dafür, dass er sich auf Seite $i \in T$ befindet, wenn er von Seite $j \in T$ kommt. Jedoch zwingen unsere Regeln den Surfer dazu, mit gleicher Wahrscheinlichkeit unter den verfügbaren Links zu wählen. Bietet also Seite j insgesamt m Links an, dann enthält Spalte j von P die Zahlen $\frac{1}{m}$ in den Zeilen, die den m verlinkten Seiten entsprechen, und 0 in den restlichen Zeilen. Die Übergangsmatrix für das einfache Netz in Abbildung 9.2 sieht demnach folgendermaßen aus:

$$P = \begin{array}{c} \\ \\ \\ \\ \\ \\ \end{array} \begin{array}{ccccc} A & B & C & D & E \\ \end{array}$$

$$P = \begin{pmatrix} 0 & \frac{1}{2} & \frac{1}{3} & 1 & 0 \\ 1 & 0 & \frac{1}{3} & 0 & \frac{1}{3} \\ 0 & \frac{1}{2} & 0 & 0 & \frac{1}{3} \\ 0 & 0 & 0 & 0 & \frac{1}{3} \\ 0 & 0 & \frac{1}{3} & 0 & 0 \end{pmatrix} \begin{array}{c} A \\ B \\ C \\ D \\ E \end{array} \tag{9.3}$$

Die Spalten von P geben mögliche Zielorte an: Von Seite E kann der Netzsurfer zu den Seiten B, C und D gehen. Analog geben die von 0 verschiedenen Zeileneinträge mögliche Ursprünge an: Der einzige von 0 verschiedene Eintrag in der vierten Zeile gibt an, dass wir nur von Seite E auf Seite D gelangen können.

Was genau bedeutet die zweite Einschränkung von (9.2)? Um das zu erläutern, führen wir mit Hilfe der in (9.1) definierten Übergangsmatrix die Umformung

$$\sum_{i \in T} p_{ij} = \sum_{i \in T} p(X_n = i \mid X_{n-1} = j) = 1$$

durch, die man folgendermaßen interpretieren kann: Wenn sich beim Schritt $n - 1$ das System im Zustand j (auf Seite $j \in T$) befindet, dann ist die Wahrscheinlichkeit, dass es sich bei Schritt n in einem *beliebigen* möglichen Zustanden befindet, gleich 1. Noch einfacher ausgedrückt: Ein Websurfer, der sich bei Schritt $n-1$ auf einer gegebenen Seite befindet, ist bei Schritt n immer noch im Netz. Es handelt sich also um eine ziemlich einfache Einschränkung.

Diese Formalisierung hat mehrere Vorteile. Die Operation der Matrizenmultiplikation genügt, um die Vielzahl von ermüdenden Berechnungen zu reproduzieren, die wir ausgeführt haben, als wir dem Netzsurfer bei seinen ersten beiden Schritten folgten. Wie zuvor nehmen wir an, dass der Webcrawler auf Seite C beginnt. Wir haben also

$$p^0 = \begin{pmatrix} p(X_0 = A) \\ p(X_0 = B) \\ p(X_0 = C) \\ p(X_0 = D) \\ p(X_0 = E) \end{pmatrix} = \begin{pmatrix} 0 \\ 0 \\ 1 \\ 0 \\ 0 \end{pmatrix}.$$

Der Wahrscheinlichkeitsvektor p^1 nach dem ersten Schritt ist durch $p^1 = Pp^0$ gegeben, und deswegen ist

$$p^1 = \begin{pmatrix} p(X_1 = A) \\ p(X_1 = B) \\ p(X_1 = C) \\ p(X_1 = D) \\ p(X_1 = E) \end{pmatrix} = \begin{pmatrix} 0 & \frac{1}{2} & \frac{1}{3} & 1 & 0 \\ 1 & 0 & \frac{1}{3} & 0 & \frac{1}{3} \\ 0 & \frac{1}{2} & 0 & 0 & \frac{1}{3} \\ 0 & 0 & 0 & 0 & \frac{1}{3} \\ 0 & 0 & \frac{1}{3} & 0 & 0 \end{pmatrix} \begin{pmatrix} 0 \\ 0 \\ 1 \\ 0 \\ 0 \end{pmatrix} = \begin{pmatrix} \frac{1}{3} \\ \frac{1}{3} \\ 0 \\ 0 \\ \frac{1}{3} \end{pmatrix}$$

dasselbe, was wir schon zuvor ausgerechnet hatten. Auf dieselbe Weise erhalten wir nach erneuter Anwendung der Transformationsmatrix den Wert $p^2 = Pp^1$; der Wahrscheinlichkeitsvektor nach dem zweiten Schritt ist deswegen

$$p^2 = \begin{pmatrix} p(X_2 = A) \\ p(X_2 = B) \\ p(X_2 = C) \\ p(X_2 = D) \\ p(X_2 = E) \end{pmatrix} = \begin{pmatrix} 0 & \frac{1}{2} & \frac{1}{3} & 1 & 0 \\ 1 & 0 & \frac{1}{3} & 0 & \frac{1}{3} \\ 0 & \frac{1}{2} & 0 & 0 & \frac{1}{3} \\ 0 & 0 & 0 & 0 & \frac{1}{3} \\ 0 & 0 & \frac{1}{3} & 0 & 0 \end{pmatrix} \begin{pmatrix} \frac{1}{3} \\ \frac{1}{3} \\ 0 \\ 0 \\ \frac{1}{3} \end{pmatrix} = \begin{pmatrix} \frac{1}{6} \\ \frac{4}{9} \\ \frac{5}{18} \\ \frac{1}{9} \\ 0 \end{pmatrix}.$$

Dieselbe Methode kann angewendet werden, um den Wahrscheinlichkeitsvektor nach einer beliebigen Anzahl von Schritten zu berechnen: $p^n = Pp^{n-1}$ oder alternativ

$$p^n = Pp^{n-1} = P(Pp^{n-2}) = \cdots = \underbrace{PP\cdots P}_{n\text{ mal}} p^0 = P^n p^0.$$

Die Beschränkungen von (9.2) in Bezug auf die Übergangsmatrix P führen zu mehreren Eigenschaften von Markow-Ketten, die sehr wichtig für den *PageRank*-Algorithmus sind.

Um die erste uns interessierende Eigenschaft zu finden, sehen wir uns einige Potenzen der Übergangsmatrix P an. Auf drei Dezimalstellen gerundet, sind die Potenzen P^4, P^8, P^{16} und P^{32} gegeben durch

$$P^4 = \begin{pmatrix} 0,333 & 0,296 & 0,204 & 0,167 & 0,420 \\ 0,222 & 0,463 & 0,531 & 0,667 & 0,160 \\ 0,389 & 0,111 & 0,160 & 0,000 & 0,370 \\ 0,056 & 0,000 & 0,031 & 0,000 & 0,019 \\ 0,000 & 0,130 & 0,074 & 0,167 & 0,031 \end{pmatrix}, \quad P^8 = \begin{pmatrix} 0,265 & 0,313 & 0,294 & 0,323 & 0,279 \\ 0,420 & 0,360 & 0,409 & 0,372 & 0,381 \\ 0,217 & 0,233 & 0,191 & 0,201 & 0,252 \\ 0,031 & 0,022 & 0,018 & 0,012 & 0,035 \\ 0,067 & 0,072 & 0,088 & 0,092 & 0,052 \end{pmatrix},$$

$$P^{16} = \begin{pmatrix} 0,294 & 0,291 & 0,293 & 0,291 & 0,294 \\ 0,388 & 0,392 & 0,389 & 0,391 & 0,391 \\ 0,220 & 0,219 & 0,221 & 0,221 & 0,218 \\ 0,024 & 0,025 & 0,025 & 0,025 & 0,024 \\ 0,074 & 0,073 & 0.072 & 0.072 & 0,074 \end{pmatrix}, \quad P^{32} = \begin{pmatrix} 0,293 & 0,293 & 0,293 & 0,293 & 0,293 \\ 0,390 & 0,390 & 0,390 & 0,390 & 0,390 \\ 0,220 & 0,220 & 0,220 & 0,220 & 0,220 \\ 0,024 & 0,024 & 0,024 & 0,024 & 0,024 \\ 0,073 & 0,073 & 0,073 & 0,073 & 0,073 \end{pmatrix}.$$

Wir beobachten, dass P^m mit wachsendem m gegen eine konstante Matrix zu konvergieren scheint. Wie sich herausstellt, ist das nicht nur ein glücklicher Umstand, sondern eine Eigenschaft der meisten Übergangsmatrizen von Markow-Ketten.

Eigenschaft 9.2 *Die Übergangsmatrix P einer Markow-Kette hat mindestens einen Eigenwert, der gleich 1 ist.*

BEWEIS. Wir erinnern daran, dass die Eigenwerte einer Matrix gleich den Eigenwerten ihrer Transponierten sind. Das folgt aus der Tatsache, dass beide Matrizen das gleiche charakteristische Polynom haben:

$$\Delta_{P^t}(\lambda) = \det(\lambda I - P^t) = \det(\lambda I - P)^t = \det(\lambda I - P) = \Delta_P(\lambda),$$

was seinerseits aus der Tatsache folgt, dass die Determinante einer Matrix gleich der Determinante ihrer Transponierten ist. Es ist einfach, einen Eigenvektor von P^t zu finden. Es sei $u = (1, 1, \ldots, 1)^t$. Dann ist $P^t u = u$. Tatsächlich sehen wir bei direkter Durchführung der Matrizenmultiplikation wegen (9.2), dass

$$(P^t u)_i = \sum_{j=1}^n [P^t]_{ij} u_j = \sum_{j=1}^n p_{ji} \cdot 1, \qquad \text{denn alle } u_j \text{ sind gleich } 1,$$
$$= 1.$$

$\square$

Eigenschaft 9.3 *Ist λ ein Eigenwert einer $n \times n$-Übergangsmatrix P, dann ist $|\lambda| \leq 1$. Darüber hinaus gibt es einen Eigenvektor, der zum Eigenwert $\lambda = 1$ gehört und nur nichtnegative Einträge hat.*

Diese Eigenschaft folgt direkt aus einem Ergebnis, das Frobenius zugeschrieben wird. Der Beweis benutzt nur elementare lineare Algebra und Analysis, ist aber bei weitem nicht einfach. Wir sehen uns diesen Beweis in Abschnitt 9.4 an.

Voraussetzungen Bevor wir unsere Diskussion fortsetzen, geben wir drei Voraussetzungen an, die wir ab jetzt machen.

(i) Als Erstes setzen wir voraus, dass es genau einen Eigenwert mit $|\lambda| = 1$ gibt und deswegen ist dieser Eigenwert gemäß Eigenschaft 9.2 gleich 1.

(ii) Als Nächstes setzten wir voraus, dass dieser Eigenwert nicht entartet ist, das heißt, dass der zugehörige Eigenunterraum die Dimension 1 hat.

(iii) Schließlich setzen wir voraus, dass die Übergangsmatrix, die das Web repräsentiert, diagonalisierbar ist, das heißt, dass ihre Eigenvektoren eine Basis bilden.

Die ersten beiden Voraussetzungen gelten nicht für alle Übergangsmatrizen und es ist in der Tat möglich, Übergangsmatrizen zu konstruieren, die beide Bedingungen verletzen (vgl. Übungen). Dennoch handelt es sich um vernünftige Voraussetzungen für Übergangsmatrizen, die von großen Netzen erzeugt werden. Die dritte Voraussetzung haben wir gemacht, um das folgende Ergebnis zu vereinfachen.

Eigenschaft 9.4 *1. Erfüllt die Übergangsmatrix P einer Markow-Kette die obigen drei Voraussetzungen, dann gibt es einen eindeutigen Vektor π derart, dass die Elemente $\pi_i = P(X_n = i), i \in T$, die Bedingungen*

$$\pi_i \geq 0, \qquad \pi_i = \sum_{j \in T} p_{ij} \pi_j, \qquad \text{und} \qquad \sum_{i \in T} \pi_i = 1$$

erfüllen. Wir bezeichnen den Vektor π als stationäre Verteilung *der Markow-Kette. 2. Unabhängig vom Ausgangspunkt $p_i^0 = P(X_0 = i)$ (wobei $\sum_i p_i^0 = 1$) konvergiert für $n \to \infty$ die Verteilung der Wahrscheinlichkeiten $P(X_n = i)$ gegen die stationäre Verteilung π.*

BEWEIS. Eigenschaft 9.2 wiederholt lediglich die Tatsache, dass P einen einzigen Eigenvektor 1 hat, dessen Elemente die Summe 1 haben. In der Tat ist die definierende Gleichung für die stationäre Verteilung einfach $\pi = P\pi$. Mit anderen Worten: π ist der Eigenvektor von P, der zum nichtentarteten Eigenwert 1 gehört. Eigenschaft 9.3 besagt, dass π nichtnegative Elemente hat. Da ein Eigenvektor immer vom Nullvektor verschieden ist, muss die Summe seiner Elemente streng positiv sein. Durch Renormierung dieses Vektors können wir deswegen immer gewährleisten, dass $\sum_i \pi_i = 1$.

Zum Beweis von Eigenschaft 9.3 drücken wir den Vektor p^0 des Anfangszustandes durch die Basis aus, die von den Eigenvektoren von P gebildet wird. Wir indizieren die Eigenwerte von P folgendermaßen: $1 = \lambda_1 > |\lambda_2| \geq |\lambda_3| \geq \cdots \geq |\lambda_N|$. Die Voraussetzungen *(i)* und *(ii)* besagen, dass die erste Ungleichung in dieser Anordnung streng ist (das heißt, der absolute Betrag von λ_1 ist echt größer als der von λ_2), während Voraussetzung *(iii)* gewährleistet, dass die Eigenvektoren von P eine Basis für den Raum der Dimension N bilden, in dem P zur Anwendung kommt. (Bei diesem letzten Schritt müssen die Eigenwerte mit ihren Multiplizitäten gezählt werden.) Es sei v_i der zum Eigenwert λ_i gehörende Vektor. Außerdem setzen wir voraus, das v_1 so normiert worden ist, dass $v_1 = \pi$. Die Menge $\{v_i, i \in T\}$ bildet eine Basis und deswegen können wir

$$p^0 = \sum_{i=1}^{N} a_i v_i$$

schreiben, wobei die a_i die Koeffizienten von p^0 in dieser Basis sind.

Wir zeigen, dass das Element a_1 immer gleich 1 ist. Hierzu verwenden wir den Vektor $u^t = (1, 1, \ldots, 1)$, der bei der Diskussion von Aussage 1 eingeführt wurde. Ist v_i ein Eigenvektor von P mit dem Eigenwert λ_i (das heißt, $Pv_i = \lambda_i v_i$), dann lässt sich das Matrizenprodukt $u^t P v_i$ auf zweierlei Weise vereinfachen. Einerseits haben wir

$$u^t P v_i = (u^t P) v_i = u^t v_i$$

und andererseits

$$u^t P v_i = u^t (P v_i) = \lambda_i u^t v_i.$$

Aufgrund der Assoziativität der Matrizenmultiplikation müssen diese beiden Ausdrücke gleich sein. Für $i \geq 2$ ist der Eigenwert λ_i nicht gleich 1 und die Gleichheit kann nur dann gelten, wenn $u^t v_i = 0$, das heißt,

$$u^t v_i = \sum_{j=1}^{N} (v_i)_j = 0,$$

wobei $(v_i)_j$ die j-te Koordinate des Vektors v_i darstellt. Diese Bedingung besagt, dass die Summen der Koordinaten der Vektoren $v_i, i \geq 2$, alle gleich null sein müssen. Addieren wir nun die Komponenten von p^0, dann erhalten wir 1 gemäß Voraussetzung ($\sum_{i=1}^{N} p_i^0 = 1$). Deswegen gilt

$$1 = \sum_{j=1}^{N} p_j^0 = \sum_{j=1}^{N} \sum_{i=1}^{N} a_i (v_i)_j = \sum_{i=1}^{N} a_i \sum_{j=1}^{N} (v_i)_j$$

$$= a_1 \sum_{j=1}^{N} (v_1)_j = a_1 \sum_{j=1}^{N} \pi_j = a_1.$$

(Um die zweite Gleichung zu erhalten, haben wir den Ausdruck p^0 mit Hilfe der Basis aus den Eigenvektoren geschrieben. Für die vierte Gleichung haben wir die Tatsache verwendet, dass die Summen der Elemente der v_i (mit Ausnahme derjenigen von v_1) alle gleich Null sind).

Um das Verhalten nach m Schritten zu bekommen, wenden wir die Übergangsmatrix P wiederholt (m-mal) auf den Ausgangsvektor p^0 an:

$$P^m p^0 = \sum_{j=1}^{N} a_j P^m v_j = \sum_{j=1}^{N} a_j \lambda_j^m v_j = a_1 v_1 + \sum_{j=2}^{N} \lambda_j^m a_j v_j = \pi + \sum_{j=2}^{N} \lambda_j^m a_j v_j.$$

Demnach ist der Abstand zwischen $P^m p^0$, dem Zustand nach dem m-ten Schritt, und der stationären Verteilung π durch

$$\|P^m p^0 - \pi\|^2 = \left\| \sum_{j=2}^{N} \lambda_j^m (a_j v_j) \right\|^2$$

gegeben. Die Summe auf der rechten Seite ist eine Summe über die festen Vektoren $a_j v_j$, deren Elemente exponentiell wie λ_j^m abnehmen. (Wir erinnern daran, dass alle $\lambda_j, j \geq 2$, Längen haben, die kleiner als 1 sind.) Diese Summe ist endlich und konvergiert daher gegen Null, wenn $m \to \infty$. Demnach haben wir $p^m = P^m p^0 \to \pi$ für $m \to \infty$. □

Wir kehren jetzt zu unserem unvoreingenommenen Netzsurfer zurück. Die Eigenschaften von Markow-Ketten können folgendermaßen interpretiert werden: Bewegt sich ein unvoreingenommener Netzsurfer lange genug durch das Netz, dann befindet er sich auf jeder der Seiten mit einer Wahrscheinlichkeit, die sich derjenigen nähert, die durch die stationäre Verteilung π gegeben ist, wobei π der normierte Eigenvektor ist, der zum Eigenwert 1 gehört.

Wir sind nun in der Lage, den Zusammenhang zwischen dem Vektor π und der *PageRank*-Anordnung der Seiten herzustellen.

Definition 9.5 *(1) Der Rang, welcher der Seite i im (vereinfachten) PageRank-Algorithmus gegeben wird, ist gleich dem Element π_i des Vektors π.*
(2) Wir sortieren die Seiten entsprechend ihrem durch PageRank gegebenen Rang, wobei der größte zuerst kommt.

Das erste Beispiel mit dem aus fünf Seiten bestehenden Web (Abbildung 9.2) ermöglicht es uns, diese Rangfolge zu verstehen. Die Normen $|\lambda_i|$ der Eigenwerte der zugehörigen Matrix P sind 1 mit der Multiplizität 1 sowie $0,70228$ und $0,33563$, die beide die Multiplizität 2 haben. Nur der Eigenwert 1 ist eine reelle Zahl. Der zum Eigenwert 1 gehörende Eigenvektor ist $(12, 16, 9, 1, 3)$, und nach der Normierung erhalten wir

$$\pi = \frac{1}{41} \begin{pmatrix} 12 \\ 16 \\ 9 \\ 1 \\ 3 \end{pmatrix}.$$

Das sagt uns Folgendes: Bei einem hinreichend langen Spaziergang im Web würde der unvoreingenommene Netzsurfer die Seite B am häufigsten besuchen, denn 16 von 41 Schritten führen zu dieser Seite. Andererseits würde er Seite D fast völlig ignorieren, da er diese Seite im Durchschnitt alle 41 Schritte einmal besuchen würde.

Welches ist nun letztlich die den Seiten gegebene Reihenfolge? Seite B hat den Rang 1, das heißt, es ist die wichtigste Seite. Seite A hat den Rang 2, danach folgen die Seiten C und E, während D die am wenigsten wichtige Seite ist.

Es gibt eine andere Möglichkeit, den *PageRank* zu interpretieren: Jede Seite gibt ihren *PageRank* allen denjenigen Seiten, zu denen sie ein Link hat. Wir betrachten nun wieder den Vektor $\pi = (\frac{12}{41}, \frac{16}{41}, \frac{9}{41}, \frac{1}{41}, \frac{3}{41})$. Zu Seite D führt nur ein Link, nämlich von Seite E. E hat den Rang $\frac{3}{41}$ und drei nach außen führende Links, die ebenfalls diesen Wert haben müssen; deswegen erhält D ein Drittel des Ranges von E, nämlich $\frac{1}{41}$. Drei Seiten weisen auf Seite B, nämlich die Seiten A, C und E. Die drei Seiten haben die

Ränge $\frac{12}{41}$, $\frac{9}{41}$ bzw. $\frac{3}{41}$. Seite A hat nur einen nach außen gehenden Link, während die Seiten C und E je drei haben. Der Rang der Seite B ist also

$$\text{Rang }(B) = 1 \cdot \frac{12}{41} + \frac{1}{3} \cdot \frac{9}{41} + \frac{1}{3} \cdot \frac{3}{41} = \frac{16}{41}.$$

Warum liefert die durch den *PageRank*-Algorithmus erzeugte Reihenfolge eine vernünftige Anordnung der Seiten im Web? Hauptsächlich deswegen, weil den Benutzern des Web die Entscheidungen überlassen werden, welche Seiten besser als andere sind. Ebenso ignoriert der Algorithmus vollkommen, was ein Autor über die Bedeutung seiner eigenen Seite denkt. Außerdem besteht ein kumulativer Effekt. Eine wichtige Seite, die auf einige andere Seiten verweist, kann ihre Wichtigkeit auf diese anderen Seiten „übertragen". So drücken die Benutzer ihr Vertrauen in gewisse Seiten dadurch aus, dass sie Links zu diesen setzen. Dadurch bewirken sie im *PageRank*-Algorithmus, dass sie einen Teil ihres Ranges auf diese Seiten übertragen. Dieses Phänomen ist von den *PageRank*-Erfindern als „*collaborative trust*" bezeichnet worden.

9.3 Ein verbesserter *PageRank*

Der im vorhergehenden Abschnitt beschriebene Algorithmus ist – so wie er dasteht – nicht besonders geeignet. Es gibt zwei ziemlich offensichtliche Schwierigkeiten, die zuerst überwunden werden müssen.

Die erste Schwierigkeit ist die Existenz von Seiten, die keine nach außen gehenden Links haben. Die Abwesenheit von Links kann auf die Tatsache zurückzuführen sein, dass der Webspider von *Google* die Zielorte der Links noch nicht indiziert hat oder dass die Seite wirklich keine Links hat. Ein unvoreingenommener Netzsurfer, der auf einer solchen Seite landet, wäre dort für immer gefangen. Eine Möglichkeit, dieses Problem zu vermeiden, besteht darin, derartige Seiten zu ignorieren und sie (sowie alle Links, die zu ihnen führen) aus dem Netz zu entfernen. Dann kann die stationäre Verteilung berechnet werden. Nachdem dies geschehen ist, ist es möglich, diesen Seiten Ränge zuzuordnen, indem man auf diese Seiten „Wichtigkeitspunkte" von allen Seiten überträgt, von denen ein Link zu ihnen führt (vgl. Diskussion am Ende des vorhergehenden Abschnitts):

$$\sum_{i=1}^{n} \frac{1}{l_i} r_i,$$

wobei l_i die Anzahl der Links ist, die von der i-ten Seite zur „Sackgassenseite" führen, und r_i die berechnete Wichtigkeit der i-ten Seite ist. Das nächste Problem zeigt, dass diese etwas grobe Methode nur eine teilweise Lösung liefert.

Die zweite Schwierigkeit ähnelt der ersten, ist aber nicht ganz so leicht zu beheben. Ein Beispiel ist im Netz von Abbildung 9.4 beschrieben. Das Netz besteht aus den fünf Seiten unseres Originalbeispiels und zwei anderen Seiten, die mit dem Originalnetz durch einen einzigen Link von Seite D verbunden sind. Wir haben im vorhergehenden

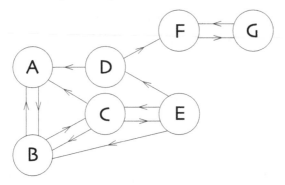

Abb. 9.4. Ein aus sieben Seiten bestehendes Web.

Abschnitt gesehen, dass der unvoreingenommene Netzsurfer nicht viel Zeit auf Seite D verbracht hat. Jedoch hat er die Seite gelegentlich besucht und $\frac{1}{41}$ seiner Zeit dort verbracht. Was geschieht in diesem neuen modifizierten Netz? Jedesmal, wenn der Netzsurfer Seite D besucht, dann geht er von dort in der Hälfte der Zeit zu Seite A und in der anderen Hälfte der Zeit wählt er Seite F. Wählt er die letztgenannte Option, dann kann er nie zu den Originalseiten A, B, C, D oder E zurückkehren. Es ist nicht überraschend, dass dann die stationäre Verteilung π dieses neuen Netzes durch $\pi = (0, 0, 0, 0, 0, \frac{1}{2}, \frac{1}{2})^t$ gegeben ist. Mit anderen Worten: Die Seiten F und G „absorbieren" die ganze Wichtigkeit, die unter den anderen Seiten hätte aufgeteilt werden müssen! (Aufgepasst! In diesem Beispiel ist (-1) ebenfalls ein Eigenwert von P, und das bedeutet, dass P^n für $n \to \infty$ nicht gegen die Matrix mit den Spalten π konvergiert.) Können wir dieses Problem wie zuvor einfach dadurch lösen, dass wir die „anstößigen" Seiten aus dem Netz entfernen? Das ist nicht wirklich der beste Ansatz, denn in der realen Welt können Teile des Graphen aus Tausenden von Seiten bestehen, die ebenfalls mit Hilfe ihres Ranges geordnet werden müssen. Außerdem können wir uns leicht vorstellen, dass es einem unvoreingenommenen Netzsurfer, der in einen solchen Loop ($F \to G \to F \to G \to \cdots$) geraten ist, langweilig wird und er deswegen beschließt, zufällig einen anderen Teil des Netzes zu besuchen. Deswegen haben die Erfinder des *PageRank*-Algorithmus vorgeschlagen, zu P eine Matrix Q zu addieren, die den „Geschmack" des unvoreingenommenen Netzsurfers widerspiegelt. Die Matrix Q ist selbst eine Übergangsmatrix, und die bei den Berechnungen schließlich verwendete Übergangsmatrix ist

$$P' = \beta P + (1 - \beta)Q, \qquad \beta \in [0, 1].$$

Man beachte, dass P' selbst eine Übergangsmatrix ist: Die Summe der Elemente einer jeden Spalte von P' ist 1. (Übung!) Die Balance zwischen dem (durch die Matrix Q repräsentierten) „Geschmack" des Websurfers und der Struktur des Webs selbst (repräsentiert durch die Matrix P) wird durch den Parameter β gesteuert. Ist $\beta = 1$, dann wird der Geschmack des Websurfers ignoriert und die Webstruktur kann wieder dazu führen, dass gewisse Seiten alles Wichtige absorbieren. Bei $\beta = 0$ dominiert hingegen der Geschmack des Websurfers und die Art und Weise, in der er Seiten besucht, hat absolut keine Beziehung zur Webstruktur.

Aber wie errät *Google* den Geschmack des Websurfers? Mit anderen Worten: Wie wird die Matrix Q ausgewählt? Beim *PageRank*-Algorithmus wird die Matrix Q auf eine Weise ausgewählt, die in Bezug auf Demokratie nicht zu überbieten ist. *Google* gibt jeder Seite im Web die gleiche Übergangswahrscheinlichkeit. Besteht das Web aus N Seiten, dann hat jedes Element der Matrix Q den Wert $\frac{1}{N}$, also $q_{ij} = \frac{1}{N}$. Das bedeutet Folgendes: Gerät der Websurfer in das Seitenpaar (F, G) von Abbildung 9.4, dann besteht bei jedem Schritt eine Wahrscheinlichkeit von $\frac{5}{7} \times (1 - \beta)$, dass er von dort wieder wegkommt. Die Erfinder von *PageRank* schlugen in ihrer Originalarbeit den Wert $\beta = 0,85$ vor, der den unvoreingenommenen Websurfer dazu zwingt, die Links der Seite zu ignorieren und seinen nächsten Bestimmungsort so auszuwählen, dass in ungefähr 3 von 20 Fällen sein „Geschmack" berücksichtigt wird.

Diese Variante des Algorithmus aus dem vorhergehenden Abschnitt ist – mit der Matrix Q und dem Parameter β – letztlich der Algorithmus, den die Erfinder als *PageRank* bezeichneten. Mehrere seiner Eigenschaften werden in den Übungen behandelt.

Der zuerst von Akademikern vorgeschlagene *PageRank*-Algorithmus ist seitdem patentiert worden. Zwei der Erfinder, Sergej Brin und Larry Page gründeten 1998 die Firma *Google*, als sie beide noch keine dreißig Jahre alt waren. Die Firma ist schnell ein börsennotiertes Unternehmen geworden. Aufgrund der geschäftlichen Geheimhaltung ist es schwierig zu erfahren, welche Änderungen und Verbesserungen am Algorithmus vorgenommen worden sind. Dennoch können wir einige Bruchstücke von Informationen zusammenfügen. *PageRank* ist einer der Algorithmen, mit deren Hilfe man Webseiten einen Rang zuordnen kann, aber es ist wahrscheinlich nicht der einzige derartige Algorithmus oder der ursprüngliche Algorithmus ist an vielen Stellen geändert worden. *Google* behauptet, ungefähr 10 Milliarden Webseiten katalogisiert zu haben, so dass wir uns vorstellen können, dass die Anzahl N der Zeilen der Matrix P den gleichen Wert hat. Um also den *PageRank* einer jeden dieser Seiten zu bestimmen, muss ein Eigenvektor einer $N \times N$-Matrix bestimmt werden, wobei $N \approx 10\,000\,000\,000$. Es ist jedoch keine einfache Aufgabe, die Gleichung $\pi = P\pi$ (oder genauer $\pi = P'\pi$) zu lösen, bei der P eine $10^{10} \times 10^{10}$-Matrix ist. Laut C. Moler, dem Entwickler von *MATLAB*, könnte es sich um eines der größten Matrizenprobleme handeln, die je von Computern bearbeitet wurden. (In Bezug auf eine aus dem Jahr 2006 stammende Diskussion über Suchmaschinen und insbesondere *PageRank* verweisen wir auf [2].) Diese Aufgabe wird wahrscheinlich einmal im Monat durchgeführt. Welcher Algorithmus wird dabei verwendet? Erfolgt als Erstes eine Zeilenreduktion der Matrix $(I - P)$? Oder erhält man π durch die wiederholte Anwendung $P^m p^0$ von P auf eine Menge von Anfangsbedingungen p^0 (Potenzmethode)? Oder wird ein Algorithmus verwendet, der zuerst Untermengen von Webseiten berücksichtigt, die durch viele Links miteinander verknüpft sind (Aggregationsmethode)? Es hat den Anschein, dass die beiden letztgenannten Methoden eine natürliche Herangehensweise an das Problem darstellen. Aber die exakten Details der Verbesserungen des *PageRank*-Algorithmus und dessen Berechnung sind seit der Gründung von *Google* ein Betriebsgeheimnis.[5]

Die Abfolge der Ereignisse (Erfindung des *PageRank*-Algorithmus, Verbreitung des Originalartikels, Patentierung, Gründung von *Google*, umfassende Akzeptanz der Suchmaschine *Google*, ...) war optimal: Einerseits wurde die Wissenschaftsgemeinde mit den Details des Algorithmus vertraut gemacht und andererseits hatten die Gründer von *Google* mehrere Monate Zeit, ihre Gesellschaft zu gründen und die Früchte ihrer Erfindung zu ernten. In Kenntnis der elementaren Details können die Forscher (mit Ausnahme derjenigen, die unmittelbar für *Google* arbeiten, und deren Ergebnisse geheimnisumwoben sind) frei über Verbesserungen des Algorithmus und der diesbezüglichen Feinarbeiten diskutieren, zum Beispiel über folgende Fragen: Wie berücksichtigt man auf effiziente Weise die persönlichen Vorlieben der Benutzer? Wie profitiert man von Seiten, die stark miteinander verlinkt sind und wie beschränkt man die Suche auf einen speziellen Bereich der menschlichen Tätigkeit.

9.4 Der Satz von Frobenius

Zur Beschreibung und zum Beweis des Satzes von Frobenius müssen wir den Begriff der Matrizen mit nichtnegativen Elementen einführen.[6] Wir unterscheiden drei Fälle. Ist P eine $n \times n$-Matrix, dann sagen wir, dass

- $P \geq 0$, wenn $p_{ij} \geq 0$ für alle $1 \leq i, j \leq n$;
- $P > 0$, wenn $P \geq 0$ und mindestens eines der p_{ij} positiv ist;
- $P \gg 0$, wenn $p_{ij} > 0$ für alle $1 \leq i, j \leq n$.

Wir verwenden die gleiche Notation für Vektoren $x \in \mathbb{R}^n$. Die Notation $x \geq y$ bedeutet, dass $x - y \geq 0$. Diese „Ungleichungen" sind wahrscheinlich nicht sehr bekannt. Zur Erläuterung geben wir einige einfache Beispiele an. Zunächst gilt: Ist $P \geq 0$ und $x \geq y$, dann folgt $Px \geq Py$. Wegen $(x - y) \geq 0$ und $P \geq 0$ besteht nämlich das Matrizenprodukt $P(x - y)$ nur aus Summen von nichtnegativen Elementen. Deswegen sind die Elemente des Vektors $P(x-y) = Px - Py$ nichtnegativ und schließlich ist $Px \geq Py$. Das nachstehende zweite Beispiel wird ähnlich bewiesen und dem Leser als Übungsaufgabe überlassen: Ist $P \gg 0$ und $x > y$, dann gilt $Px \gg Py$.

Ist $P \geq 0$, dann können wir eine Menge $\Lambda \subset \mathbb{R}$ von Punkten λ definieren, welche die folgende Eigenschaft haben: Es gibt einen Vektor $x = (x_1, x_2, \ldots, x_n)$ derart, dass

$$\sum_{1 \leq j \leq n} x_j = 1, \qquad x > 0, \qquad \text{und} \qquad Px \geq \lambda x. \qquad (9.4)$$

---

[5]Suchanfragen an *Google* werden von einem Cluster von ungefähr 22 000 Computern bearbeitet (Stand von Dezember 2003), die mit dem Betriebssystem Linux arbeiten. Die Reaktionszeiten sind selten größer als eine halbe Sekunde!

[6]Wir rufen uns in Erinnerung, dass „nichtnegativ" die Bedeutung „positiv oder null" hat.

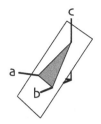 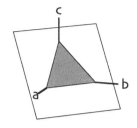 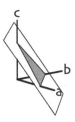

Abb. 9.5. Drei Ansichten des von den Vektoren $x = (a, b, c)$ erzeugten Simplex. Die Ebene $a + b + c = 1$ ist durch das weiße Quadrat dargestellt, während das Simplex $(a, b, c \geq 0)$ durch das graue Dreieck dargestellt ist.

Ist zum Beispiel $n = 3$, dann positioniert die Bedingung $x > 0$ den Punkt $x = (a, b, c)$ in den Oktanten, dessen Punkte aus den nichtnegativen Koordinaten bestehen. Gleichzeitig beschreibt die Bedingung $a + b + c = 1$ eine ebene Fläche. Demnach liegt der Punkt x im Durchschnitt dieser beiden Mengen (vgl. Abbildung 9.5). In dieser Abbildung ist der Oktant durch die drei Achsen dargestellt, während die Ebene durch ein weißes Quadrat angedeutet ist. Der Durchschnitt der beiden Mengen ist das graue Dreieck. Im Falle einer endlichen Dimension n bezeichnet man das konstruierte Objekt als Simplex. (Wie sieht dieses Simplex für $n = 2$ aus? Und für $n = 4$? Übung!) Die wichtigste Eigenschaft eines Simplex ist, dass es sich um eine kompakte Menge handelt, das heißt, diese Menge ist sowohl abgeschlossen als auch beschränkt. Für jeden Punkt im Simplex können wir Px berechnen und dieser Wert erfüllt gemäß unserer früheren Bemerkung die Beziehung $Px \geq 0$. Es ist also möglich, ein $\lambda \geq 0$ derart zu finden, dass $Px \geq \lambda x$. (Es kann auch vorkommen, dass $\lambda = 0$; ist zum Beispiel $P = \left(\begin{smallmatrix} 0 & 1 \\ 0 & 0 \end{smallmatrix}\right)$ und $x = \left(\begin{smallmatrix} 0 \\ 1 \end{smallmatrix}\right)$, dann kann $Px = \left(\begin{smallmatrix} 1 \\ 0 \end{smallmatrix}\right) \geq \lambda \left(\begin{smallmatrix} 0 \\ 1 \end{smallmatrix}\right)$ nur dann gelten, wenn $\lambda = 0$.)

Proposition 9.6 *Es sei $\lambda_0 = \sup_{\lambda \in \Lambda} \lambda$. Dann ist $\lambda_0 < \infty$. Gilt darüber hinaus, dass $P \gg 0$, dann ist $\lambda_0 > 0$.*

BEWEIS. Angenommen $M = \max_{i,j} p_{ij}$ ist das größte Element der Matrix P. Dann haben wir für alle x, welche die Bedingungen $\sum_j x_j = 1$ und $x > 0$ erfüllen, die Beziehung

$$(Px)_i = \sum_{1 \leq j \leq n} p_{ij} x_j \leq \sum_{1 \leq j \leq n} M x_j = M, \qquad \text{für alle } i.$$

Da mindestens einer der Einträge von x, etwa x_i, die Eigenschaft $x_i \geq \frac{1}{n}$ haben muss, erfordert die Bedingung $Px \geq \lambda x$ demnach, dass $M \geq (Px)_i \geq \lambda x_i \geq \lambda \frac{1}{n}$. Das gilt für alle $\lambda \in \Lambda$ und deswegen haben wir $\lambda_0 = \sup_\Lambda \lambda \leq Mn$. Wir nehmen ferner an, dass $P \gg 0$, und es sei $m = \min_{ij} p_{ij}$ das kleinste Element von P. Dann haben wir für $x = (\frac{1}{n}, \frac{1}{n}, \dots, \frac{1}{n})$ die Beziehung $(Px)_i = \sum_j p_{ij} \frac{1}{n} \geq (mn) \frac{1}{n} = (mn) x_i$ und deswegen $Px \geq (mn)x$ und $\lambda_0 \geq mn > 0$. $\qquad \square$

Satz 9.7 (Frobenius) *Es seien $P > 0$ und λ_0 wie oben definiert.*

(a) λ_0 ist ein Eigenwert von P und es ist möglich, einen zugehörigen Eigenvektor x^0 so zu wählen, dass $x^0 > 0$;

(b) Ist λ ein anderer Eigenwert von P, dann gilt $|\lambda| \leq \lambda_0$.

BEWEIS.[7] (a) Wir beweisen diese Aussage in zwei Schritten (a1) und (a2).

(a1) Ist $P \gg 0$, dann existiert $x^0 \gg 0$ derart, dass $Px^0 = \lambda_0 x^0$.

Zum Beweis dieser ersten Aussage betrachten wir eine Folge $\{\lambda_i < \lambda_0, i \in \mathbb{N}\}$ von Elementen aus Λ, die gegen λ_0 konvergiert, und die zugehörigen Vektoren $x^{(i)}, i \in \mathbb{N}$, welche (9.4) erfüllen:

$$\sum_{1 \leq j \leq n} x_j^{(i)} = 1, \qquad x^{(i)} > 0 \qquad \text{und} \qquad Px^{(i)} \geq \lambda_i x^{(i)}.$$

Die Punkte $x^{(i)}$ gehören alle zu dem kompakten Simplex und müssen deswegen einen Häufungspunkt enthalten. Wir können also eine Teilfolge $\{x^{(n_i)}\}$ mit $n_1 < n_2 < \cdots$ auswählen, die gegen diesen Punkt konvergiert. Es sei x^0 der Grenzwert dieser Teilfolge:

$$\lim_{i \to \infty} x^{(n_i)} = x^0.$$

Man beachte, dass x^0 selbst in dem Simplex liegt und deswegen $\sum_j x_j^0 = 1$ und $x^0 > 0$ erfüllt. Ferner gilt wegen $P(x^{(n_i)} - \lambda_i x^{(n_i)}) \geq 0$ die Beziehung $Px^0 \geq \lambda_0 x^0$. Wir zeigen jetzt, dass $Px^0 = \lambda_0 x^0$. Angenommen $Px^0 > \lambda_0 x^0$. Wegen $P \gg 0$ erhalten wir nach Multiplikation beider Seiten von $Px^0 > \lambda_0 x^0$ mit P und nach Definition $y^0 = Px^0$ die Beziehung $Py^0 \gg \lambda_0 y^0$. (Übung: Arbeiten Sie diesen Schritt ausführlich durch!) Da diese Ungleichung für alle Einträge streng ist, existiert ein $\epsilon > 0$ derart, dass $Py^0 \gg (\lambda_0 + \epsilon)y^0$. Normieren wir y^0 so, dass $\sum_j y_j^0 = 1$, dann können wir ableiten, dass $\lambda_0 + \epsilon \in \Lambda$ und dass λ_0 *nicht* das Supremum sein kann: ein Widerspruch. Es muss also $Px^0 = \lambda_0 x^0$ gelten. Wegen $P \gg 0$ und $x^0 > 0$ haben wir $Px^0 \gg 0$. Mit anderen Worten: $\lambda_0 x^0 \gg 0$ und schließlich $x^0 \gg 0$ wegen $\lambda_0 > 0$.

(a2) Ist $P > 0$, dann existiert $x^0 > 0$ derart, dass $Px^0 = \lambda_0 x^0$.

Wir betrachten eine $n \times n$-Matrix E, deren Einträge alle gleich 1 sind. Man beachte: Ist $x > 0$, dann gilt $(Ex)_i = \sum_j x_j \geq x_i$ für alle i und deswegen ist $Ex \geq x$. Ist $P > 0$, dann haben wir $(P + \delta E) \gg 0$ für alle $\delta > 0$ und (a1) kann auf diese Matrix angewendet werden. Es sei $\delta_2 > \delta_1 > 0$ und es sei $x \in \mathbb{R}^n$ so beschaffen, dass $x > 0$ und $\sum_j x_j = 1$. Ist $(P + \delta_1 E)x \geq \lambda x$, dann haben wir

$$(P + \delta_2 E)x = (P + \delta_1 E)x + (\delta_2 - \delta_1)Ex \geq \lambda x + (\delta_2 - \delta_1)x,$$

und deswegen ist die Funktion $\lambda_0(\delta)$, deren Existenz durch die Anwendung von (a1) auf die Matrix $(P + \delta E)$ gewährleistet wird, eine wachsende Funktion von δ. Darüber hinaus

---

[7]Wir geben hier den Beweis von Karlin und Taylor aus [1].

ist $\lambda_0(0)$ das λ_0, das zur Matrix P gehört. Wir konstruieren eine abnehmende positive Folge $\{\delta_i, i \in \mathbb{N}\}$, die gegen 0 konvergiert. Wegen (a1) ist es möglich, $x(\delta_i)$ derart zu finden, dass $(P + \delta_i E)x(\delta_i) = \lambda_0(\delta_i)x(\delta_i)$, wobei $x(\delta_i) \gg 0$ und $\sum_j x_j(\delta_i) = 1$. Da alle diese Vektoren innerhalb des beschriebenen Simplex liegen, existiert eine Teilfolge $\{\delta_{n_i}\}$ derart, dass $x(\delta_{n_i})$ gegen einen Häufungspunkt x^0 konvergiert. Dieser Vektor muss $x^0 > 0$ und $\sum_j x_j^0 = 1$ erfüllen. Es sei λ' der Grenzwert von $\lambda_0(\delta_{n_i})$. Da die Folge δ_i abnimmt und $\lambda_0(\delta)$ eine wachsende Funktion ist, haben wir $\lambda' \geq \lambda_0(0) = \lambda_0$. Wegen $P + \delta_{n_i} E \to P$ und $(P + \delta_{n_i} E)x(\delta_{n_i}) = \lambda_0(\delta_{n_i})x(\delta_{n_i})$ erhalten wir, wenn wir auf beiden Seiten den Grenzwert nehmen, die Beziehung $Px^0 = \lambda'x^0$, und aus der Definition von λ_0 folgt $\lambda' \leq \lambda_0$. Deswegen haben wir $\lambda' = \lambda_0$, womit der Beweis von (a) abgeschlossen ist.

(b) Es sei $\lambda \neq \lambda_0$ ein anderer Eigenwert von P und z ein vom Nullvektor verschiedener zugehöriger Eigenvektor. Dann gilt $Pz = \lambda z$, das heißt,

$$(Pz)_i = \sum_{1 \leq j \leq n} p_{ij}z_j = \lambda z_i.$$

Nehmen wir die Norm auf beiden Seiten, dann erhalten wir

$$|\lambda|\,|z_i| = \left| \sum_{1 \leq j \leq n} p_{ij}z_j \right| \leq \sum_{1 \leq j \leq n} p_{ij}|z_j|$$

und deswegen

$$P|z| \geq |\lambda|\,|z|,$$

wobei $|z| = (|z_1|, |z_2|, \ldots, |z_n|)$. Durch geeignete Normierung von $|z|$ können wir gewährleisten, dass es in dem Simplex liegt, weswegen $|\lambda| \in \Lambda$. Aus der Definition von λ_0 folgt deswegen $|\lambda| \leq \lambda_0$. $\qquad\Box$

Korollar 9.8 *Ist P die Übergangsmatrix einer Markow-Kette, dann gilt $\lambda_0 = 1$.*

BEWEIS. Wir betrachten $Q = P^t$. Dann gilt $\sum_j q_{ij} = 1$ für alle i. Wegen $P > 0$ haben wir auch $Q > 0$. Laut Teil (a) des Satzes von Frobenius existieren λ_0 und x_0 (wobei $x^0 > 0$ und $\sum_j x_j^0 = 1$) derart, dass $Qx^0 = \lambda_0 x^0$. Wegen $x^0 > 0$ ist der größte Eintrag von x^0, etwa x_k^0, positiv und erfüllt

$$\lambda_0 x_k^0 = (Qx^0)_k = \sum_{1 \leq j \leq n} q_{kj}x_j^0 \leq \sum_{1 \leq j \leq n} q_{kj}x_k^0 = x_k^0.$$

Hieraus können wir ableiten, dass $\lambda_0 \leq 1$. Nach Eigenschaft 9.2 ist 1 ein Eigenwert von P (und auch von Q). Deswegen gilt $\lambda_0 \geq 1$, woraus sich das gewünschte Ergebnis unmittelbar ergibt. $\qquad\Box$

Eigenschaft 9.3 folgt unmittelbar aus dem Satz von Frobenius und Korollar 9.8.

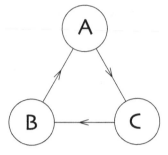

Abb. 9.6. Das zirkuläre Web der Übungen 3 und 4.

9.5 Übungen

1. **(a)** Verwenden Sie für das in Abbildung 9.2 gegebene Web die Übergangsmatrix zur Berechnung der Wahrscheinlichkeiten dafür, dass sich ein unvoreingenommener Websurfer nach dem dritten Schritt auf den Seiten A, B, C, D und E befindet. Vergleichen Sie diese Ergebnisse mit der stationären Verteilung π für diese Übergangsmatrix.
   (b) Was sind die Wahrscheinlichkeiten dafür, dass sich der unvoreingenommene Websurfer, der auf Seite E startet, nach dem ersten Schritt auf den Seiten A, B, C, D und E befindet? Wie sieht es nach dem zweiten Schritt aus?

2. **(a)** Es sei
$$P = \begin{pmatrix} 1-a & b \\ a & 1-b \end{pmatrix} \qquad \text{mit } a, b \in [0, 1].$$
   Zeigen Sie, dass P die Übergangsmatrix einer Markow-Kette ist.
   (b) Berechnen Sie die Eigenwerte von P als Funktion von (a, b). (Einer der beiden Eigenwerte muss aufgrund von Eigenschaft 9.2 gleich 1 sein.)
   (c) Welche Werte für a und b führen zu einem zweiten Eigenwert λ, der $|\lambda| = 1$ erfüllt? Zeichnen Sie die entsprechenden Webs.

3. **(a)** Geben Sie die Übergangsmatrix P an, die zu dem Web von Abbildung 9.6 gehört.
   (b) Zeigen Sie, dass die drei Eigenwerte von P den absoluten Betrag 1 haben.
   (c) Finden Sie (oder besser gesagt: erahnen Sie) den Seitenrang, der durch den vereinfachten *PageRank*-Algorithmus erzeugt wird.
   Bemerkung: Beachten Sie, dass dieses Web nicht die Voraussetzung *(i)* erfüllt, die zum Erhalt von Eigenschaft 9.4 verwendet wurde.

4. In dem in Abbildung 9.6 dargestellten Web startet ein unvoreingenommener Websurfer im Schritt $n = 1$ auf Seite A. Können Sie die Wahrscheinlichkeiten $P(X_n = A)$, $P(X_n = B)$ und $P(X_n = C)$ für alle n angeben?

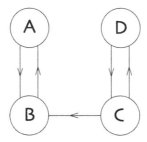

Abb. 9.7. Das Web von Übung 5, mit zwei Paaren, die durch ein einziges Link verbunden sind.

5. **(a)** Sehen Sie sich das in Abbildung 9.7 dargestellte Web an. Versuchen Sie, intuitiv herauszubekommen, welches der Seitenpaare (A, B) oder (C, D) durch den vereinfachten *PageRank*-Algorithmus den größeren Rang erhält.
    (b) Geben Sie das Seiten-Ranking an, das durch den vereinfachten *PageRank*-Algorithmus erzeugt wird.
    (c) Geben Sie die stationäre Verteilung der Übergangsmatrix an, die vom vollständigen *PageRank*-Algorithmus verwendet wird: $P' = (1 - \beta)E + \beta P$. Die Matrix E ist eine 4×4-Matrix, bei der alle Einträge gleich $\frac{1}{4}$ sind. Bei welchem Wert von β verbringt ein unvoreingenommener Websurfer ein Drittel seiner Zeit mit dem Besuch des Paares (C, D)?

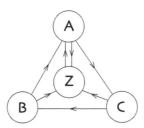

Abb. 9.8. Ein Web aus vier Seiten (für Übung 6).

6. **(a)** Finden Sie die Übergangsmatrix, die das Web von Abbildung 9.8 repräsentiert.
    (b) Wir nehmen an, dass bei Schritt n die Wahrscheinlichkeiten, auf jeder Seite zu sein, gleich sind: $P(X_n = A) = P(X_n = B) = P(X_n = C) = P(X_n = Z) = \frac{1}{4}$. Was ist die Wahrscheinlichkeit dafür, bei Schritt $n + 1$ auf Seite Z zu sein?

(c) Berechnen Sie die stationäre Verteilung π dieser Übergangsmatrix. Verbringt ein unvoreingenommener Websurfer mehr Zeit auf Seite A oder auf Seite Z?

7. Wir beziehen uns auf das Web von Abbildung 9.9.

(a) Geben Sie die Übergangsmatrix der zugehörigen Markow-Kette an.

(b) Wir nehmen an, dass wir auf Seite B starten. Wie groß ist die Wahrscheinlichkeit, dass wir nach 2 Schritten auf Seite A sind?

(c) Wir nehmen an, dass wir auf Seite B starten. Wie groß ist die Wahrscheinlichkeit, dass wir nach 3 Schritten auf Seite D sind?

(d) Berechnen Sie die stationäre Verteilung für dieses Web sowie den Rang einer jeden Seite unter Verwendung des vereinfachten *PageRank*-Algorithmus. Welche Seite ist die wichtigste?

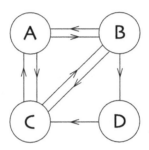

Abb. 9.9. Das Web für Übung 7

8. Diese Übung soll zeigen, dass die für Eigenschaft 9.4 verwendete Voraussetzung *(ii)* nicht immer erfüllt ist.

(a) Angenommen, es existieren zwei Webs „parallel" zueinander, das heißt, zwei extrem große Webs, die nirgendwo miteinander verlinkt sind. Bilden Sie die Übergangsmatrix für diese beiden Webs zusammengenommen. Diese Matrix hat eine besondere Form. Welche Form ist das?

(b) Zeigen Sie, dass die Übergangsmatrix P dieses Paares von parallelen Webs zwei linear unabhängige Eigenvektoren mit dem Eigenwert 1 hat.

9. (a) Schreiben Sie ein Programm, zum Beispiel mit *Maple*, *Mathematica* oder *MATLAB*, das folgende Eigenschaft hat: Für gegebenes n wird der Zufallsvektor $(x_1, x_2, \ldots, x_n)$ berechnet, der

$$x_i \in [0,1] \quad \text{für alle} \ i = 1, \ldots, n \quad \text{und} \quad \sum_i x_i = 1$$

erfüllt. (Die meisten modernen Programmiersprachen bieten eine Funktionalität zur Erzeugung von Pseudozufallszahlen.)

(b)   Erweitern Sie Ihr Programm zur Berechnung einer $n \times n$-Zufallsmatrix P derart, dass jede Spaltensumme von P den Wert 1 hat.

(c)   Erweitern Sie Ihr Programm zur Berechnung von P^m, wobei m eine gegebene ganze Zahl ist.

(d)   Erzeugen Sie verschiedene angemessen große Matrizen P (10×10, 20×20 oder noch größer) und überprüfen Sie, ob die Voraussetzungen von Eigenschaft 9.4 erfüllt sind. (Bemerkung: Wenn Sie eine Sprache wie *C*, *Fortran* oder *Java* verwenden, dann müssen Sie eine Bibliothek finden oder Ihren eigenen Code schreiben, um Eigenvektoren und Eigenwerte zu berechnen. Es kann schwer sein, solche Bibliotheken zu integrieren und zu verwenden, aber noch schwerer ist es, den Code selbst zu schreiben. Es ist vielleicht besser, wenn Sie Pakete wie *Maple*, *Mathematica* oder *MATLAB* verwenden, in die eine solche Funktionalität integriert ist.)

(e)   Es sei P eine gegebene Zufallsmatrix, die nach der obigen Methode erzeugt worden ist. Bei welchem Wert von m sind alle Spalten von P^m annähernd gleich? Beginnen Sie mit der Definition eines vernünftigen Kriteriums für „annähernd gleich".

10. (a)   Stellen Sie sich vor, dass Sie ein schurkenhaft veranlagter Geschäftsmann sind, der ein Online-Geschäft betreibt. Schlagen Sie einige Strategien vor, die gewährleisten, dass Ihre Website mit Hilfe des *PageRank*-Algorithmus einen höheren Rang erhält.

(b)   Stellen Sie sich jetzt vor, dass Sie ein junger und ehrgeiziger Forscher sind, der für *Google* arbeitet. Ihr Job ist es, die schurkenhaft veranlagten Geschäftsleute dieser Welt zu überlisten und daran zu hindern, dass sie künstlich aufgeblähte *PageRank*-Bewertungen erhalten. Schlagen Sie einige Strategien vor, die schurkischen Tricks zu durchkreuzen.

Bemerkung: Die Originalarbeit [3] von Page et al. enthält einige Diskussionen über den potentiellen Einfluss kommerzieller Interessen.

Literaturverzeichnis

[1] S. Karlin und M. Taylor, *A First Course in Stochastic Processes*. Academic Press, 2. Auflage, 1975.

[2] A. M. Langville und C. D. Meyer, *Google's PageRank and Beyond: The Science of Search Engine Rankings*. Princeton University Press, 2006.

[3] L. Page, S. Brin, R. Motwani und T. Winograd, The PageRank citation ranking: Bringing order to the web. Technical report, Stanford University, 1998.

[4] S. M. Ross, *Stochastic Processes*. Wiley & Sons, 2. Auflage, 1996. (Dieses Buch ist umfassender als das von Karlin und Taylor [1].)

Warum 44 100 Abtastungen pro Sekunde?

Dieses Kapitel lässt sich in drei bis vier Stunden abdecken, je nachdem wie ausführlich man den Beweis in Abschnitt 10.4 behandelt. Das Kapitel ist für Studenten geschrieben worden, die noch nicht mit Fourier-Analyse vertraut sind. Es bedarf keiner tiefgründigen Voraussetzungen: Funktionen in einer Variablen, Vertrautheit mit dem Begriff der Konvergenz und, am Ende von Abschnitt 10.4, die Kenntnis der komplexen Zahlen. Falls die Studenten mit Fourier-Transformationen umgehen können, dann kann der Dozent einen Beweis des Abtasttheorems (Sampling Theorem) geben, das wir hier einfach ohne Beweis formulieren. (Den Beweis findet man in den Abschnitten 8.1 und 8.2 von Kammler [2] oder in Übung 60.16 von Körner [3].) Dieses Thema bietet reichlich Gelegenheit für größere Projekte: Studenten können ihr Wissen in den Übungen 13, 14 und 15 erweitern und durch Themen aus Bensons Buch [1] ergänzen; wenn sie sich gut mit Computern auskennen, dann können sie viele numerische Experimente durchführen, die wir im vorliegenden Kapitel diskutieren.

10.1 Einführung

Dieses Kapitel erläutert die von den Ingenieuren bei Philips und Sony getroffene Entscheidung, als sie den Standard für die Compact Disc definierten. Es ist möglich, Tonsignale zu digitalisieren. Wir haben in Kapitel 6 ein Beispiel gesehen: Der Schall ist einfach eine Druckwelle, die sich als eine stetige Funktion des Druckes in Abhängigkeit von der Zeit interpretieren lässt. Beim Digitalisieren wird diese stetige Funktion durch eine Treppenfunktion ersetzt, für die in Abbildung 10.1 ein Beispiel zu sehen ist. Formal nennen Mathematiker eine solche Funktion stückweise konstant. Bei der Digitalisierung von Tönen hat jede Stufe die gleiche Breite. Somit kann die digitalisierte Funktion einfach als Folge der Stufenhöhen dargestellt werden. Die Ingenieure von Philips und Sony haben sich entschieden, jeder Stufe eine Breite von einem $\frac{1}{44100}$ Teil einer Sekunde zu geben. In diesem Kapitel erklären wir, warum dieser besondere Wert gewählt wurde.

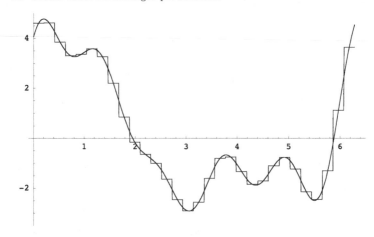

Abb. 10.1. Eine stetige „Druckwellen"-Funktion und eine approximierende Treppenfunktion.

Für jemanden, der das Thema nicht kennt, mag diese Fragestellung etwas trivial scheinen. Jedoch hing die Entscheidung – wie es oft der Fall ist – vom Wissen in vielen unterschiedlichen Bereichen ab. Natürlich ist die erste Frage von ziemlich grundlegender Natur: Was ist ein Ton? Eine zweite fundamentale Frage betrifft die menschliche Physiologie: Wie reagiert das menschliche Ohr auf Schallwellen? Und schließlich beantwortet die Mathematik die dritte Frage: Wenn wir die Natur des Schalls kennen und wissen, wie ihn das menschliche Ohr interpretiert, können wir dann zeigen, dass 44 100 Abtastungen pro Sekunde genügen? Die Antwort hierauf wird in dem Bereich der Mathematik gegeben, der unter dem Namen *Fourier-Analyse* bekannt ist.

10.2 Die Tonleiter

Schall ist einfach eine Druckwelle. Wie bei allen Wellen besteht auch bei dieser Welle eine der intuitivsten Möglichkeiten der Darstellung und Beschreibung in einer einfachen grafischen Darstellung (ein Beispiel dafür ist in Abbildung 10.2 gegeben). Zwei mathematische Eigenschaften dieser Welle hängen damit zusammen, wie wir sie als Ton wahrnehmen: Die *Frequenz* der Welle hängt mit der *Tonhöhe* zusammen, die *Amplitude* der Welle hingegen mit der *Lautstärke*. Weibliche Stimmen zeichnen sich normalerweise durch höhere Frequenzen aus als männliche Stimmen. Die Amplitude einer Welle, die ein von Pavarotti gesungenes Lied darstellt, ist größer als die Amplituden der Wellen der von den meisten anderen Menschen gesungenen Lieder.

Wir diskutieren den Zusammenhang zwischen der Wellenamplitude und der wahrgenommenen Lautstärke im nächsten Abschnitt. Zunächst diskutieren wir den Zusam-

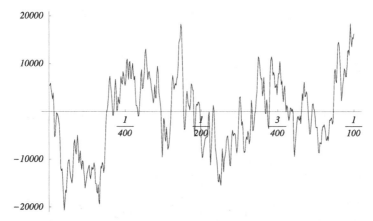

Abb. 10.2. Die Druckwelle, die dem $\frac{1}{100}$ Teil einer Sekunde des letzten Tons von Beethovens 9. Sinfonie entspricht. Auf einer CD ist jeder der 441 Stufen dieser Welle ein ganzzahliger Wert im Intervall $[-2^{15}, 2^{15} - 1]$ zugeordnet, welcher der Stufenhöhe entspricht. Die Einheit der horizontalen Achse (Zeitachse) ist eine Sekunde, die der vertikalen Achse ist die Stufenhöhe ($2^{15} = 32\,768$).

menhang zwischen der Frequenz und der wahrgenommenen Tonhöhe. Selbst wenn viele Leute nie eine Klavierstunde genommen haben, wissen doch fast alle, dass sich die niedrigen Töne am linken Ende der Tastatur befinden, die hohen Töne dagegen am rechten Ende. Abbildung 10.3 zeigt das Layout einer modernen Klaviertastatur. Die C-Töne sind gekennzeichnet. Die abendländische Tonleiter[1] besteht aus 12 verschiedenen Tönen. Auf den weißen Tasten finden wir die Töne C, D, E, F, G, A und B, auf den schwarzen Tasten hingegen fünf dazwischen liegende Töne. Jeder dieser Zwischentöne kann einen der jeweils zwei folgenden Namen tragen: C♯ oder D♭, D♯ oder E♭, F♯ oder G♭, G♯ oder A♭ und A♯ oder B♭.[2] Die Musiker wissen, dass die Töne D♯ und E♭, ebenso wie die Töne in jedem der anderen Paare, nicht exakt die gleichen sind. Die Tatsache, dass sie in

---

[1] Andere Kulturen bevorzugen andere Tonleitern. Zum Beispiel beruhen die balinesischen Gamelans typischerweise entweder auf einer pentatonischen oder einer heptatonischen Tonleiter, die aus fünf bzw. sieben Tönen bestehen – im Gegensatz zu der aus 12 Tönen bestehenden abendländischen Tonleiter.

[2] Warum sind manche Tasten weiß und andere schwarz? Auf diese Frage gibt es keine wissenschaftliche Antwort. Die Tasten sind so angeordnet, dass sie der abendländischen Vorliebe entsprechen, in einer bestimmten Tonart zu spielen, nämlich C-Dur. Andere Kulturen, wie zum Beispiel die japanische, bevorzugen andere Tonarten, und wahrscheinlich wären die von Japanern konstruierten Tasteninstrumente so ausgelegt worden, dass sie den japanischen Vorlieben entsprochen hätten. Für unsere Zwecke ist es jedoch nicht erforderlich, diese kulturellen Unterschiede zu verstehen.

der Tonleiter der Klaviertastatur als der gleiche Ton betrachtet werden, ist das Ergebnis eines Kompromisses, den wir etwas später diskutieren. Eine moderne Tastatur hat sieben Sätze dieser 12 Töne. Ein weiteres C kommt ganz rechts dazu, und einige Töne kommen auf der äußersten linken Seite dazu. Insgesamt gibt es 88 Tasten. Man beachte, dass das Verhältnis der Frequenzen zweier aufeinanderfolgender D's gleich 2 ist. (Das gilt für alle aufeinanderfolgenden Töne, die den gleichen Namen tragen.) Wir werden uns später eine lineare Darstellung sämtlicher Frequenzen ansehen. Mit Hilfe einer logarithmischen Transformation werden wir hierzu die Tastatur grafisch deformieren (vgl. Abbildung 10.7).

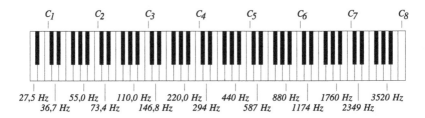

Abb. 10.3. Eine moderne Klaviertastatur. Die acht C-Tasten sowie die Frequenzen eines jeden der D- und A-Töne sind gekennzeichnet.

Warum gibt es nicht 88 verschiedene Namen für die 88 Töne? Die Antwort hat hauptsächlich mit Physiologie zu tun, aber auch etwas mit Physik und Mathematik. Die Physiologie der Wahrnehmung zeigt, dass zwei Menschen gleichzeitig ein und dasselbe Lied singen können, dabei aber verschiedene Töne singen und trotzdem den Eindruck erwecken, den gleichen Ton zu singen. Wir sagen, dass sie im *Einklang* singen. Das *Intervall* zwischen zwei aufeinanderfolgenden Tönen mit dem gleichen Namen heißt *Oktave*. Auf einer Tastatur sind diese zwei Töne durch genau 12 Tasten voneinander getrennt, wobei die letzte, aber nicht die erste gezählt wird. Töne in Intervallen von einer oder mehreren Oktaven werden so wahrgenommen, als ob es fast die gleichen Töne wären. Wenn die gleichen zwei Menschen jedoch Töne singen, die verschiedene Namen haben, dann wird das Ergebnis als leicht komisch oder disharmonisch wahrgenommen. (Und wenn sie den eigenen Singsang hören könnten, dann würden sie diese Disharmonie rasch feststellen und ihre Stimmen so variieren, dass sie wieder im Gleichklang sind. Es braucht zwei gute Sänger, um während eines ganzen Liedes bewusst ein Nichtoktaven-Intervall zwischen beiden Stimmen einzuhalten.) Der mehr physikalische und mathematische Grund besteht darin, dass aufeinanderfolgende Töne, die den gleichen Namen tragen, so angeordnet sind, dass ihre Frequenzen ein Verhältnis von zwei haben. Wie schon gesagt, beträgt das Verhältnis zwischen der Frequenz eines Tones und des eine Oktave höher liegenden Tones genau 2. Warum bevorzugen das menschliche Ohr und Gehirn diesen Faktor 2? Weder die Physik noch die Mathematik kann diese Frage beantworten![3]

Diese Vorliebe für Potenzen von zwei im Verhältnis der Frequenzen ist ziemlich überraschend. Noch überraschender ist, dass das Ohr und das Gehirn ein Verhältnis von drei gleichermaßen ansprechend finden. Töne, deren Frequenzen ein Verhältnis von drei haben, liegen in einem Intervall von einer Oktave und einer Quinte. Eine *Quinte* ist ein Intervall von sieben aufeinanderfolgenden Tasten auf der Tastatur, wobei die Anfangstaste nicht gezählt wird. Ansonsten müssen die Tasten fortlaufend gezählt werden – unabhängig davon, ob es sich um weiße oder schwarze Tasten handelt. Wir können also sehen, dass die Töne C und G (mit einem weiteren C zwischen diesen beiden) durch ein Intervall von einer Oktave und einer Quinte voneinander getrennt sind.[4] Demnach haben Töne, die durch eine Oktave und eine Quinte voneinander getrennt sind, ein Frequenzverhältnis von drei, während Töne, die nur durch eine Quinte voneinander getrennt sind, ein Frequenzverhältnis von $\frac{3}{2}$ haben. (Übung: Überzeugen Sie sich von dieser Tatsache!)

Alle noch so geringen Abweichungen von diesen ansprechenden Frequenzverhältnissen werden von erfahrenen Musikern mühelos wahrgenommen. Das Stimmen eines Klaviers unter Aufrechterhaltung aller dieser idealen Beziehungen ist jedoch eine mathematische Unmöglichkeit. Wir beschreiben im Folgenden die Wurzeln des Problems. Der Quintenzyklus ist eine Aufzählung aller Töne derart, dass ein Ton unmittelbar nach einem anderen folgt, wenn er auf der Tastatur genau eine Quinte rechts vom erstgenannten Ton liegt. Die meisten guten Musiker sind in der Lage, den Quintenzyklus sogar ohne nachzudenken zu rezitieren. Beginnend mit C sieht der Quintenzyklus folgendermaßen aus:

$$C_1, \quad G_1, \quad D_2, \quad A_2, \quad E_3, \quad B_3, \quad F_4\sharp, \quad C_5\sharp, \quad G_5\sharp, \quad D_6\sharp, \quad A_6\sharp, \quad E_7\sharp,$$
$$(A_5\flat) \quad (E_6\flat) \quad (B_6\flat) \quad (F_7)$$

Nach $E_7\sharp$ (F_7) beginnt der Zyklus erneut bei C_8.[5] (Die Oktave, die wir jedem dieser mit einem Index versehenen Töne zugeordnet haben, wird normalerweise nicht geschrieben. Wir haben es so gemacht, weil es sich in der folgenden Diskussion als nützlich erweisen wird.)

---

[3]Die Physiologie liefert jedoch einige Einsichten (Einzelheiten findet man in [8]).

[4]Warum entspricht eine Quinte 7 Tasten, während es bei einer Oktave 12 Tasten sind? Schließlich suggerieren die Begriffe Quinte und Oktave die Zahlen 5 beziehungsweise 8. Der Grund hierfür ist wieder in der dominierenden Rolle der weißen Tasten in der Tonart C-Dur zu suchen. Von C nach G ist es eine Quinte: Wird C mit 1 bezeichnet, dann würde das rechts davon am nächsten liegende G mit 5 bezeichnet werden, wenn man nur die weißen Tasten zählt. Analog würde das rechts am nächsten liegende C mit einer 8 bezeichnet werden.

[5]Auf einer Tastatur fallen die in Klammern stehenden Tasten mit den darüber stehenden Tasten zusammen. Geiger, die mit ihrer linken Hand die exakten Tonfrequenzen auswählen können, unterscheiden zwischen diesen Tönen. Anstatt den Zyklus bei C neu zu beginnen, machen sie mit B$\sharp$ weiter, was die Pianisten mit einem C identifizieren.

Für jede Quinte in diesem Zyklus wurde die Frequenz mit $\frac{3}{2}$ multipliziert. Von C_1 bis C_8 wurde der Faktor 12-mal angewendet, was einen Gesamtfaktor von $(\frac{3}{2})^{12}$ ergibt. Analog gibt es 7 Oktaven zwischen diesen zwei Tönen und ihr Frequenzverhältnis ist 2^7. Wir würden also erwarten, dass $(\frac{3}{2})^{12} = 2^7$ oder äquivalent $3^{12} = 2^{19}$ gilt. Diese Identität ist aber offensichtlich falsch. Ein Produkt von ungeraden Zahlen ist ungerade, während ein Produkt von geraden Zahlen gerade ist. Folglich ist 3^{12} ungerade, während 2^{19} gerade ist, und deswegen sind beide Zahlen voneinander verschieden. Die Differenz ist aber nicht sehr groß, denn wir haben

$$3^{12} = 531\,441 \qquad \text{und} \qquad 2^{19} = 524\,288.$$

Der Fehler ist etwas kleiner als 2% und als solcher nicht ausufernd, wenn man bedenkt, dass er sich über 8 Oktaven erstreckt. Die Musiker der Renaissance waren sich dieser Schwierigkeit bewusst. Ein gut geübtes Ohr ist in der Lage, diesen Fehler zu hören und findet perfekt-ganzzahlige Frequenzverhältnisse (oder Verhältnisse, in denen der Nenner eine kleine ganze Zahl ist) am ansprechendsten. Das ist die Ursache des Fehlers, den wir beschrieben haben. Eine gegen Ende des siebzehnten Jahrhunderts vorgeschlagene Lösung bestand darin, eine Tastatur entsprechend den folgenden zwei Regeln zu stimmen: *(i)* das Frequenzverhältnis zwischen Tönen, die um eine Oktave voneinander getrennt sind, beträgt genau 2, und *(ii)* das Frequenzverhältnis zwischen aufeinanderfolgenden Tasten auf der Tastatur sollte konstant sein. In dieser *Stimmung*, die in der westlichen Welt üblicherweise als *gleichtemperierte Stimmung* bezeichnet wird, sind außer der Oktave alle Intervalle falsch. Die demokratischste Entscheidung besteht darin, den Fehler zwischen den möglichen Intervallen zu verteilen und genau das ist es, was im Allgemeinen seit fast drei Jahrhunderten getan wird. Eine wohltemperierte Stimmung eines Klaviers ist also durch und durch falsch.[6] (Eine Diskussion der Geschichte dieses Themas aus der Sicht eines Mathematikers findet man bei Benson [1].)

Können wir jetzt die Frequenzen der Töne eines modernen Klaviers bestimmen? Noch nicht, denn es fehlt uns immer noch eine wichtige Information. Tatsächlich ging es bis jetzt in der ganzen Diskussion nur um Frequenzverhältnisse. Wir müssen noch die Frequenz eines einzigen Tons angeben, um die restlichen Frequenzen zu bestimmen. Es ist seit fast einem Jahrhundert Tradition, das erste A rechts von der Mitte auf 440 Hz zu stimmen[7], was bedeutet, dass die Fundamentalschwingung des Tons 444-mal pro Sekunde schwingt. Eine Oktave geht mit einer Verdoppelung der Frequenz einher. Da eine Oktave 12 Intervalle hat (zum Beispiel zwischen zwei C's oder zwei A's) und da die Frequenzverhältnisse für alle Intervalle gleich sein müssen, muss jedes der 12 Intervalle

---

[6]Der Titel der zwei Bücher von Johann Sebastian Bach über Präludien und Fugen (Das Wohltemperierte Klavier) unterstreicht die Tatsache, dass die wohltemperierte Stimmung zu Beginn des achtzehnten Jahrhunderts ein heißes Thema war.

[7]Das Maß der Frequenz ist das Hertz, abgekürzt Hz. Ein Hertz entspricht einer Schwingung pro Sekunde. Die Wahl von 440 Hz für A ist willkürlich. Manche Musiker und Orchester distanzieren sich von diesem Standard; die meisten von ihnen verwenden eine höhere Referenzfrequenz.

einen Frequenzanstieg um einen Faktor von $\sqrt[12]{2}$ verzeichnen. Zwischen dem A, das mit 440 Hz schwingt, und dem oben genannten E beträgt das Frequenzverhältnis demnach $\sqrt[12]{2}^7 \approx 1,49831$, und dieser Wert liegt sehr nahe bei dem Idealwert $\frac{3}{2} = 1,5$. Die Frequenz dieses E beträgt also $\sqrt[12]{2}^7 \times 440$ Hz $\approx 659,26$ Hz, was sehr nahe bei dem „wahren" Wert von 660 Hz liegt.

10.3 Der letzte Ton von Beethovens Letzter Sinfonie: Eine schnelle Einführung in die Fourier-Analyse

Können wir wissen, welche Töne sich auf einer CD befinden, ohne uns diese Töne anzuhören? Ist es möglich, die 44 100 ganzen Zahlen für eine Sekunde Musik in so kurzer Zeit zu lesen und zu bestimmen, welche Töne gespielt werden? Im vorliegenden Abschnitt wollen wir diese Fragen beantworten.

Wir richten unsere Aufmerksamkeit auf eine Viertelsekunde Musik, die wir dem letzten Ton des letzten Satzes der Neunten Sinfonie Beethovens entnommen haben. (In den meisten Aufführungen dieses Musikstücks ist dieser Ton nur ein kleines bisschen länger als eine Viertelsekunde.) Diese Wahl ist besonders angebracht. Es heißt, dass die Techniker bei der Schaffung des CD-Standards alle ihre Anstrengungen darauf ausrichteten, dass diese Sinfonie auf eine einzige CD passt, vgl. [6]. Obwohl die Länge dieses Musikstücks von Aufführung zu Aufführung schwankt, dauern manche von ihnen 75 Minuten, wie etwa die von Karajan dirigierte Aufführung. Das ist der Grund dafür, warum eine CD nur etwas mehr als 79 Minuten umfassen kann. Ein anderer Grund für unsere Wahl besteht darin, dass der letzte Ton dieser Sinfonie mathematisch besonders leicht zu untersuchen ist, da das ganze Orchester zur gleichen Zeit denselben Ton spielt (diese Töne sind alle D), und sie werden tatsächlich in einer Vielfalt von Oktaven gespielt.) Für diejenigen, die Noten lesen können, ist die letzte Seite der Sinfonie in Abbildung 10.4 wiedergegeben. Jede Linie repräsentiert eine Gruppe von Instrumenten, wobei sich Pikkoloflöte und Flöten ganz oben befinden, und Cellos und Kontrabässe ganz unten. Die Triangel und Beckenteller können nur einen Ton erzeugen; deswegen erhalten sie nur eine einzige Linie auf der Partitur. Alle anderen Instrumente, einschließlich der Pauken (auf der Partitur durch „Timp."[8] gekennzeichnet), können eine Vielfalt von Tönen hervorbringen und verwenden deswegen ein aus fünf Linien bestehendes Notensystem. Die Zeit fließt von links nach rechts und alle Noten, die sich auf einer gegebenen senkrechten Linie befinden, werden gleichzeitig gespielt. Die letzte Note befindet sich in der ganz rechts stehenden Spalte. In dieser Spalte finden wir nur D Noten, die – außer den zwei niedrigsten – jedes D auf einem Klavier umfassen. (Bestimmte Familien von Instrumenten scheinen andere Noten zu spielen als D. Zum Beispiel ist die für die Klarinetten („Cl." auf der Partitur) geschriebene Note ein F. Aber es klingt wie ein D! Der Grund für die Diskrepanz zwischen der geschriebenen Note und dem erzeugten Ton ist in der Geschichte der Entwicklung des Instruments zu suchen. Nach vielen Versuchen kam

---

[8]Das italienische Wort für Pauke ist *timpano*.

Abb. 10.4. Die letzte Seite von Beethovens Neunter Sinfonie.

man überein, dass eine gegebene Länge des Klarinettenrohrs die beste Klangqualität über alle ihre Register (also über ihr gesamtes Spektrum) liefert. Leider gab es auch sonderbare Fingersätze für die meisten üblichen Töne. Die Lösung dieses Problems bestand darin, die Noten neu zu bezeichnen: Wenn eine Klarinette die als D geschriebene Note spielt, dann ist die Frequenz des erzeugten Tones gleich der Frequenz von B♭. Die Klarinetten müssen deswegen gebeten werden, ein F zu spielen, damit wir ein D hören. Die Komponisten erledigen diese Transposition routinemäßig für diese Instrumente.

Erinnern wir uns daran, dass Stereoaufnahmen zwei Spuren enthalten, die es dem Zuhörer ermöglichen, die räumliche Ausbreitung der Töne wahrzunehmen. Wir beschränken uns auf eine dieser beiden Spuren. Die Viertelsekunde, die wir untersuchen, enthält $\frac{44\,100}{4} = 11\,025$ Abtastungen. Die ersten 10 dieser 11 025 ganzen Zahlen sind 5409, 5926, 4634, 3567, 2622, 3855, 948, −5318, −5092 und −2376, und die ersten 441 Abtastungen (die ein Hundertstel einer Musiksekunde umfassen) sind in Abbildung 10.2 wiedergegeben. Wie können wir uns unter Umständen diejenige Note mathematisch „anhören", die gespielt wird?

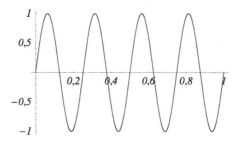

Abb. 10.5. Eine einfache Schallwelle (ein reiner Ton ohne Obertöne).

Beispiel 10.1 *Wir beginnen mit einem sehr einfachen Beispiel. Angenommen, anstatt die in Abbildung 10.2 dargestellte Welle zu analysieren, betrachten wir einen Ton $f(t)$, der nur eine einzige Frequenz hat – so wie in Abbildung 10.5 illustriert. Wir bemerken, dass es genau vier vollständige Zyklen dieser Sinuswelle gibt, die in unserem Ein-Sekunden-Beispiel auftreten. Demnach entspricht die Welle einer Frequenz von 4 Hz. Wir haben also $f(t) = \sin(4 \cdot 2\pi t)$. Man erkennt das mühelos, wenn man sich die Abbildung ansieht, aber wie macht man es mathematisch? Die Antwort auf diese Frage wird durch die Fourier-Analyse bereitgestellt. Der Grundidee besteht darin, die Schallwelle $f(t)$ mit allen denjenigen Kosinus- und Sinuswellen zu vergleichen, die ganzzahlige Frequenzen haben (das heißt, deren Frequenzen ganzzahlige Vielfache von 1 Hz sind).*

Fourier-Analyse. Die Fourier-Analyse ermöglicht uns die Berechnung der Komponenten der Schallwelle, die eine Frequenz von k Hz hat, und die Rekonstruktion der ursprünglichen Welle aus dieser Menge von Komponenten. Die Komponente mit der Frequenz k wird durch das Koeffizientenpaar c_k und s_k gegeben. Die Formel für diese Fourier-Koeffizienten ist folgendermaßen gegeben:

$$c_k = 2 \int_0^1 f(t) \cos(2\pi kt)\, dt, \qquad k = 0, 1, 2, \ldots, \tag{10.1}$$

$$s_k = 2 \int_0^1 f(t) \sin(2\pi kt)\, dt, \qquad k = 1, 2, 3, \ldots. \tag{10.2}$$

(Übung 3 erklärt, warum wir zwei Koeffizienten brauchen, um die Komponente für eine einzige Frequenz zu beschreiben.)

BEISPIEL 1 (FORTSETZUNG) *Wir beginnen mit der Berechnung der Koeffizienten c_k und s_k für die Funktion $f(t)$ von Beispiel 10.1. Der Koeffizient c_0 wird berechnet, indem man $\cos 2\pi kt$ (mit $k = 0$) und $f(t)$ multipliziert und dann die dadurch gebildete Funktion über das Ein-Sekunden-Intervall integriert. Wegen $\cos 2\pi kt = 1$ für $k = 0$ ist der Koeffizient c_0 durch*

$$c_0 = 2 \int_0^1 f(t)\, dt$$

gegeben. Jedoch ist $f(t)$ eine Sinuskurve und die Fläche unter dieser Kurve zwischen $t = 0$ und $t = 1$ ist natürlich null. (Wir erinnern daran, dass die Fläche zwischen der t-Achse und der Kurve negativ ist, wenn $f(t)$ negativ ist.) Demnach ist

$$c_0 = 0.$$

Nun betrachten wir s_1:

$$s_1 = 2 \int_0^1 f(t) \sin 2\pi t\, dt.$$

Das Produkt von $\sin 2\pi t$ und $f(t)$ ist in Abbildung 10.6 dargestellt. Man beachte, dass $f(t) = f(t + \frac{1}{2})$ und $\sin 2\pi t = -\sin 2\pi (t + \frac{1}{2})$, woraus für $t \in [0, \frac{1}{2}]$ die Beziehung $f(t) \sin 2\pi t = -(f(t + \frac{1}{2}) \sin 2\pi (t + \frac{1}{2}))$ folgt. Somit ist das Integral von $f(t) \sin 2\pi t$ gleich null:

$$s_1 = 0.$$

Können wir dieses Verfahren für alle $c_k, k = 0, 1, 2, \ldots$ und für alle $s_k, k = 1, 2, 3, \ldots$ wiederholen? Es scheint, dass wir ein effizienteres Verfahren zur Berechnung dieser Koeffizienten benötigen, denn es ist schwierig, die grafische Methode für alle k zu verwenden.

Die folgende Proposition gibt uns die notwendigen Werkzeuge für diese Berechnung.

Proposition 10.2 *Es seien $m, n \in \mathbb{Z}$. Das Kronecker-Delta $\delta_{m,n}$ ist folgendermaßen definiert: es nimmt den Wert 1 für $m = n$ an und hat andernfalls den Wert 0. Es gelten die folgenden Aussagen:*

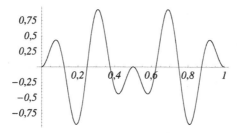

Abb. 10.6. Das Produkt von $f(t)$ und $\sin 2\pi t$.

$$2 \int_0^1 \cos(2\pi mt) \; \cos(2\pi nt) \, dt = \delta_{m,n} + \delta_{m,-n}; \tag{10.3}$$

$$\int_0^1 \cos(2\pi mt) \; \sin(2\pi nt) \, dt = 0; \tag{10.4}$$

$$2 \int_0^1 \sin(2\pi mt) \; \sin(2\pi nt) \, dt = \delta_{m,n} - \delta_{m,-n}. \tag{10.5}$$

BEWEIS. Es sei

$$I_1 = \int_0^1 \cos(2\pi mt) \cos(2\pi nt) \, dt,$$

$$I_2 = \int_0^1 \cos(2\pi mt) \sin(2\pi nt) \, dt,$$

$$\text{und} \qquad I_3 = \int_0^1 \sin(2\pi mt) \sin(2\pi nt) \, dt.$$

Zur Berechnung dieser Integrale rufe man sich die folgenden Identitäten in Erinnerung:

$$\cos(\alpha + \beta) = \cos\alpha \cos\beta - \sin\alpha \sin\beta,$$
$$\cos(\alpha - \beta) = \cos\alpha \cos\beta + \sin\alpha \sin\beta,$$
$$\sin(\alpha + \beta) = \sin\alpha \cos\beta + \cos\alpha \sin\beta,$$
$$\sin(\alpha - \beta) = \sin\alpha \cos\beta - \cos\alpha \sin\beta.$$

Die Addition der ersten beiden Identitäten liefert

$$2\cos\alpha \cos\beta = \cos(\alpha + \beta) + \cos(\alpha - \beta).$$

Also haben wir

$$\begin{aligned}
2I_1 &= 2 \int_0^1 \cos(2\pi mt) \cos(2\pi nt) \, dt, \\
&= \int_0^1 \left(\cos(2\pi(m + n)t) + \cos(2\pi(m - n)t) \right) \, dt,
\end{aligned}$$

was sich einfach integrieren lässt. Ist $m + n \neq 0$ und $m - n \neq 0$, dann gilt

$$2I_1 = \left(\frac{\sin(2\pi(m+n)t)}{2\pi(m+n)} + \frac{\sin(2\pi(m-n)t)}{2\pi(m-n)} \right) \Bigg|_0^1 = 0,$$

denn m und n sind ganze Zahlen und $\sin \pi p = 0$, wenn p eine ganze Zahl ist. Gilt andererseits $m + n = 0$ oder $m - n = 0$, dann ist die obige Berechnung falsch, denn einer der Nenner ist null. (Sind m und n nichtnegative ganze Zahlen, dann kann der Fall $m + n = 0$ nur eintreten, wenn $m = n = 0$.) Wenn aber $m - n = 0$, dann ist der zweite Term $\cos(2\pi(m - n)t)$ des Integrals gleich 1 und deswegen haben wir

$$\int_0^1 \cos 2\pi(m - n)t \, dt = 1.$$

Daher gilt

$$2I_1 = 2 \int_0^1 \cos(2\pi mt) \, \cos(2\pi nt) \, dt = \delta_{m,n} + \delta_{m,-n},$$

wobei $\delta_{m,n}$ das Kronecker-Delta ist. Analog finden wir, dass (vgl. Übung 2)

$$I_2 = \int_0^1 \cos(2\pi mt) \, \sin(2\pi nt) \, dt = 0$$

und

$$2I_3 = 2 \int_0^1 \sin(2\pi mt) \, \sin(2\pi nt) \, dt = \delta_{m,n} - \delta_{m,-n},$$

womit der Beweis erbracht ist.   □

BEISPIEL 1 (FORTSETZUNG) *Wir können nun mühelos die Koeffizienten c_k und s_k für die Funktion aus Beispiel 10.1 berechnen. Für die Schallwelle $f(t) = \sin(4 \cdot 2\pi t)$ sind alle Koeffizienten c_k und s_k gleich null mit Ausnahme von s_4, für welches*

$$s_4 = 1.$$

Die Tatsache, dass s_4 von null verschieden ist, bedeutet, dass $f(t)$ eine Komponente enthält, die mit 4 Hz schwingt und deren Amplitude den Wert 1 hat. Die Tatsache, dass alle anderen Koeffizienten gleich null sind, bedeutet, dass $f(t)$ keine anderen Frequenzen enthält.

Diese Berechnung verrät etwas über die Bedeutung von Fourier-Koeffizienten:

> *Fourier-Koeffizienten beschreiben die Wellenfunktion $f(t)$ durch die ihr zugrundeliegenden Frequenzen und ihre entsprechenden Amplituden.*

Es ist jetzt vielleicht offensichtlich, wie man die Fourier-Koeffizienten der letzten Viertelsekunde des letzten Tons der Neunten Sinfonie berechnet. Jedoch kennen wir die Funktion $f(t)$ nicht; wir kennen nur ihre Werte in $N = 11\,025$ äquidistanten Zeitpunkten. Wir setzen deswegen voraus, dass diese Sampledaten die Funktion $f(t)$ genau beschreiben und wir ersetzen die Integrale durch diskrete Summen. Sind $f_i, i = 1, 2, \ldots, N$, die auf der CD gespeicherten Zahlen, dann berechnen wir die Koeffizienten

$$C_k = \frac{1}{N} \sum_{i=1}^{N} f_i \cos\left(2\pi k \frac{i}{N}\right) \quad \text{und} \quad S_k = \frac{1}{N} \sum_{i=1}^{N} f_i \sin\left(2\pi k \frac{i}{N}\right). \qquad (10.6)$$

Die stetige Zeit t ist durch eine diskrete Zeit $t_i = \frac{i}{N}, i = 1, 2, \ldots, N$, ersetzt worden. Achtung: Die k sind nicht mehr exakt die Frequenzen, denn k beschreibt die Anzahl der Zyklen der Kosinusfunktion und der Sinusfunktion während der Zeit von $\frac{1}{4}$ Sekunden. Um die tatsächliche Frequenz zu erhalten, müssen wir k mit 4 multiplizieren und erhalten $(4k)$ Hz. Wir bemerken abschließend, dass wir durch die Diskretisierung des Integrals $\int f(t)\,dt$ als Summe $\sum f(t_i)\Delta t$ einen numerischen Faktor Δt eingeführt haben, für den in unserem Fall $\Delta t = \frac{1}{N} = \frac{1}{11\,025}$ gilt. Dieser Faktor tritt vor den obigen beiden Summen auf.

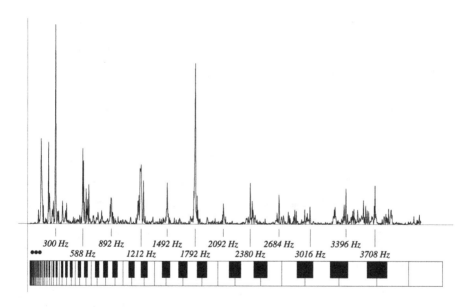

Abb. 10.7. Die Funktion $e_k = k(C_k^2 + S_k^2)$ als Funktion der Frequenz $(4k)$ Hz.

Die Berechnung der Fourier-Koeffizienten mag ermüdend erscheinen, aber ein Computer eignet sich für diese Arbeit besonders gut. Die Ergebnisse dieser N-gliedrigen Summen sind in Abbildung 10.7 (für die höheren Frequenzen) und in Abbildung 10.8 (für die niedrigeren Frequenzen) dargestellt. Diese Abbildungen enthalten die Zahlen $e_k = k(C_k^2 + S_k^2)$ für jede der Frequenzen $(4k)$ Hz von $k = 1$ bis 1000 und somit für die Frequenzen von 4 bis 4000 Hz. Die Punkte $(4k, e_k)$ sind durch Strecken verbunden worden und die grafischen Darstellungen scheinen deswegen eine stetige Funktion zu zeigen. Die Koeffizienten C_k und S_k stellen Wellen mit den gleichen Frequenzen dar und deswegen ist es natürlich, sie durch eine einzige Zahl auszudrücken. Die Summe der Quadrate $(C_k^2 + S_k^2)$ hängt mit der Größe der Energie zusammen, die in einer Schallwelle der Frequenz $(4k)$ Hz enthalten ist. Viele Autoren bevorzugen die grafische Darstellung dieses einzigen Wertes (oder seiner Quadratwurzel) und wir werden diese Summe von Quadraten in den Übungen verwenden. In diesem Beispiel nimmt die Funktion $(C_k^2 + S_k^2)$ in dem Maße ab, wie k zunimmt, das wir (etwas willkürlich) gewählt haben, um einen Multiplikator von k auf die übliche Summe von Quadraten anzuwenden. Wir haben das Bild einer Tastatur hinzugefügt, um die zu einer gegebenen Frequenz gehörenden Töne leichter zu identifizieren. Da wir die Frequenzen auf einer linearen Skala dargestellt haben, erscheint die Tastatur deformiert.

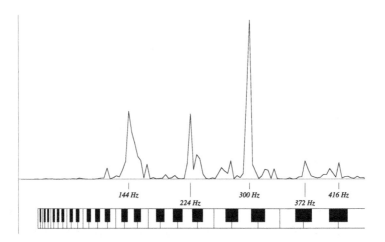

Abb. 10.8. Die Funktion $e_k = k(C_k^2 + S_k^2)$ als Funktion der Frequenz von $(4k)$ Hz (für Frequenzen unterhalb von 450 Hz).

Unterhalb dieser grafischen Darstellungen haben wir die Frequenzen der lokalen Maxima von e_k angegeben. Beachten Sie, dass die Spitzen der e_k manchmal ziemlich hoch (zum Beispiel 1212 Hz) sind und dass deren Charakterisierung als lokales Maximum etwas willkürlich ist.

Was sind die am besten hörbaren Frequenzen? Wir finden lokale Maxima bei 144, 300, 588, 1212 und 2380 Hz, die sehr nahe bei den Frequenzen liegen, die zu den verschiedenen D gehören (vgl. Abbildung 10.3); weitere lokale Maxima liegen bei 224, 892 und 1792 Hz, die den A entsprechen. Es gibt auch einige andere auffällige Frequenzen, wie zum Beispiel 1492, 2092, 2684, 3016, 3396 und 3708 Hz, die anscheinend hinzugefügt worden sind, um den Platz zwischen den Spitzen ein bisschen regelmäßiger zu gestalten. Bevor wir verstehen, woher die A und andere ausgesuchte Frequenzen kommen – schließlich hat ja Beethoven nur darum gebeten, die D's zu spielen – müssen wir uns etwas mehr in die Physik vertiefen.

Fundamentalfrequenzen und Obertöne. Die Wellengleichung, die die Bewegung einer schwingenden Saite (zum Beispiel einer Violinsaite) beschreibt, kann gelöst werden, indem man alle möglichen Bewegungen bestimmt, bei denen sich jedes Saitensegment mit derselben Frequenz bewegt. Alle diese Lösungen haben die Form

$$f_k(x,t) = A \sin \frac{\pi k x}{L} \cdot \sin(\omega_k t + \alpha),$$

wobei A die Amplitude der Welle, L die Länge der Saite, t die Zeit und $x \in [0, L]$ die Position auf der Saite bezeichnet. Die Funktion f_k gibt die Transversalverschiebung der Saite im Vergleich zu ihrer Ruheposition an. (Hier bedeutet das Wort „transversal" senkrecht zur Saitenachse.) Es gibt unendlich viele solcher Lösungen f_k, die durch $k = 1, 2, \ldots$ aufgezählt werden. Die Phase[9] α ist beliebig, aber die Frequenz ω_k wird durch k und durch zwei Eigenschaften der Saite vollkommen bestimmt: ihre Dichte und ihre Spannung. (Da es ziemlich schwierig ist, die Dichte einer Saite zu ändern, stimmen die Musiker die Saiten durch Einstellen ihrer Spannung.) Die Beziehung, die ω_k beschreibt, ist einfach

$$\omega_k = k\omega_1,$$

wobei ω_1 die Fundamentalfrequenz der Saite ist; diese Frequenz hängt nur von den physikalischen Eigenschaften der Saite ab (Dichte und Spannung). Alle anderen Lösungen (die anderen „reinen" Frequenzen der Saite) schwingen mit Frequenzen, die ganzzahlige Vielfache der Fundamentalfrequenz sind. Diese anderen Frequenzen heißen *Obertöne*. Im Allgemeinen ist die Fundamentalfrequenz die dominierende (obwohl das nicht immer der Fall ist), und deshalb ist es leicht, „den" Ton zu hören, der vom Instrument gespielt wird. Dessenungeachtet sind die Obertöne vorhanden. Jeder Instrumententyp emittiert bestimmte Obertöne mehr als andere Obertöne; es ist die relative Bedeutung individueller Obertöne, die eine wichtige Rolle bei der Bestimmung der Klangfarbe eines Instruments spielt. Das Vorhandensein dieser Obertöne ist also eines der Merkmale,

---

[9]Das menschliche Ohr nimmt keine Phasen wahr. Genauer gesagt: Zwei Schallquellen, welche die gleiche reine Frequenz phasenverschoben emittieren, werden als identisch wahrgenommen.

mit deren Hilfe das menschliche Ohr und Gehirn die einzelnen Instrumente voneinander unterscheidet.[10] Die Obertöne sind nicht die einzigen für die Wahrnehmung von Tönen benutzten Charakteristika; ein anderes entscheidendes Element ist zum Beispiel der *Einsatz* (die ersten Sekundenbruchteile, wenn ein Ton erzeugt wird).

Das erwartete Vorhandensein von Obertönen – wie sie von der Akustik erklärt werden – hilft uns beim besseren Verständnis der grafischen Darstellung in Abbildung 10.7. Beginnen wir nämlich bei 300 Hz (was in der Nähe von 293, 7 Hz liegt, einem der D's auf einem Klavier), dann finden wir Spitzen in der Nähe eines jeden Vielfachen von 293, 7 bis zu $9 \times 293, 7 = 2643$ Hz, was in der Nähe von 2684 liegt. Die größeren Spitzen der grafischen Darstellung sind unter den ganzzahligen Vielfachen der Fundamentalfrequenz verteilt. Wir beobachten dasselbe Phänomen in Abbildung 10.8, in der die Bassfrequenzen dargestellt sind. Die erste Spitze tritt bei 144 Hz auf, sehr nahe bei D mit 146, 8 Hz (das tiefste D in der Partitur), und mehrere der ersten ganzzahligen Vielfachen dieser Frequenz sind ebenfalls zu sehen. Abbildung 10.8 zeigt eine Spitze nahe bei dem Ton A mit 220, 2 Hz. Diese Frequenz ist das Dreifache der Frequenz des D mit 73, 4 Hz. Jedoch wird dieses D vom Orchester nicht gespielt; deswegen ist es nicht so leicht, das Vorhandensein dieses A zu erklären.

Die Fourier-Analyse geht viel weiter, als nur die Intensität der Frequenzen einer gegebenen Funktion f zu extrahieren. In der Tat besagt der folgende Satz von Dirichlet, dass die Zahlen c_k und s_k die Funktion f *vollständig* beschreiben, falls die Funktion ein hinreichend gutes Verhalten aufweist.

Satz 10.3 (Dirichlet) *Es sei $f : \mathbb{R} \to \mathbb{R}$ eine einmal stetig differenzierbare periodische Funktion mit Periode 1 (das heißt, $f(x + 1) = f(x), \forall x \in \mathbb{R}$). Es seien c_k und s_k die durch die Gleichungen (10.1)–(10.2) gegebenen Fourier-Koeffizienten. Dann gilt*

$$f(x) = \frac{c_0}{2} + \sum_{k=1}^{\infty} \left(c_k \cos 2\pi k x + s_k \sin 2\pi k x \right), \qquad \forall x \in \mathbb{R}. \tag{10.7}$$

Genauer gesagt: die auf der rechten Seite stehenden Reihe konvergiert gleichmäßig gegen f.

Bedeutet das, dass wir die von uns berechneten Zahlen C_k und S_k dazu verwenden können, die Schallwelle zu rekonstruieren? Ja, und um uns hiervon zu überzeugen, werfen wir einen Blick auf Abbildung 10.9. Diese Abbildung zeigt uns die Superposition der ersten Hundertstelsekunde von Abbildung 10.2 und ihrer partiellen Rekonstruktion

---

[10]Ein Musikstudent, der ein Instrument zu spielen lernt, wird normalerweise unterrichtet, wie man die beste Tonqualität erzeugt. Kennen sich Dozent und Student gut in Mathematik aus, dann könnte der Dozent folgende Bitte äußern: *Können Sie bitte die Fourier-Koeffizienten dieses Tons einstellen?* Das Spektrum eines Instruments (das heißt, die vom Instrument emittierten Frequenzen und zugehörigen Amplituden) ist eines der von Synthesizern verwendeten Werkzeuge.

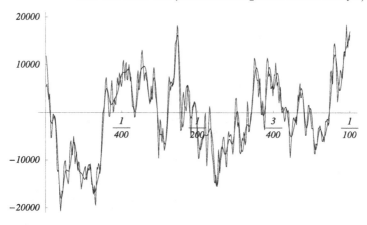

Abb. 10.9. Die erste Hundertstelsekunde aus Abbildung 10.2 und ihre Rekonstruktion mit Hilfe der Fourier-Koeffizienten $C_k, k = 0, 1, \ldots, 800$ und $S_k, k = 1, 2, \ldots, 800$.

$$\frac{C_0}{2} + \sum_{k=1}^{800} (C_k \cos 2\pi kt + S_k \sin 2\pi kt).$$

Beachten Sie, dass wir die Summe auf die Werte von k von 1 bis 800 beschränkt haben, anstatt – wie im Satz von Dirichlet gefordert – sämtliche Werte zu verwenden. Obwohl die Anzahl der Terme endlich ist, stimmen die beiden Funktionen ziemlich gut überein, *aber* die schnellen Schwingungen sind etwas abgeflacht. Das ist nicht überraschend, denn wir müssten zu der oben genannten Summe ständig neue Terme hinzufügen, um immer höhere Frequenzen zu erfassen. Ferner erinnern wir daran, dass die in der Summe verwendeten Koeffizienten C_k und S_k nur Näherungswerte sind, die man durch Diskretisieren des Integrals erhält, durch das c_k und s_k definiert werden. Gibt es eine diskrete Form des Satzes von Dirichlet? Und wenn ja, wieviele Terme sind dann erforderlich, um die in Abbildung 10.2 dargestellte Treppenfunktion exakt reproduzieren? Der folgende Abschnitt beantwortet diese Fragen.

Wir beenden unsere Ausführungen zum letzten Ton der Neunten Sinfonie mit einigen wichtigen Bemerkungen zur Physiologie. Die Töne mit den Frequenzen von 144, 224 und 300 Hz in Abbildung 10.7 dominieren alle anderen Töne beträchtlich. (Wir erinnern daran, dass wir in den Abbildungen 10.7 und 10.8 die Größe $e_k = k(C_k^2 + S_k^2)$ dargestellt haben, während man üblicherweise $(C_k^2 + S_k^2)$ darstellt. Ohne diesen Faktor k wäre die Spitze bei 1792 Hz ungefähr sechsmal kleiner als die Spitze in der Nähe von 300 Hz.) Wie kommt es, dass diese drei Töne nicht alle anderen übertönen? Die menschliche Physiologie erklärt dieses Phänomen. Die Forscher H. Fletcher und W. Munson haben 1933 eine Methode vorgeschlagen, mit deren Hilfe man das physikalische Maß des Schallwellendrucks zu der durchschnittlichen Lautstärke in Verbindung setzt, die von Menschen

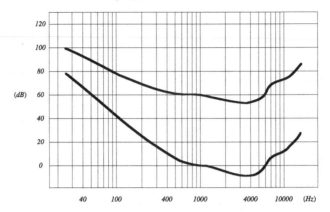

Abb. 10.10. Die Hörschwellenkurve (unten) und die psychoakustische Kurve für einen Lautstärkepegel von 60 Phon (oben) als Funktion der Frequenz.

empfunden werden. Die untere Kurve von Abbildung 10.10 stellt die *Hörschwelle* als Funktion der Frequenz dar. (Jeder Mensch hat seine eigene Hörschwelle, und die hier dargestellte ist ein Durchschnitt.) Man beachte zunächst, dass die Frequenzskala logarithmisch ist. Die senkrechte, in dB (Dezibel) gemessene Skala, ist ebenfalls eine logarithmische Skala. In der Tat sind die Dezibel so skaliert, dass eine Zunahme um 10 dB einer 10-fachen Zunahme der Lautstärke entspricht, während eine Zunahme um 20 dB einer 100-fachen Zunahme der Lautstärke entspricht. Tabelle 10.1 zeigt eine Liste von üblichen Tönen und Geräuschen sowie deren typische Lautstärken auf der Dezibelskala. Die Hörschwelle ist die Minimallautstärke, die für die Wahrnehmung durch das menschliche Ohr erforderlich ist, wobei die exakten Werte von der Frequenz abhängen. Aus Abbildung 10.10 geht hervor, dass das menschliche Gehör zwischen 2 und 5 kHz die niedrigste Schwelle hat. Es ist für uns schwerer, niedrigere Frequenzen zwischen 20 und 200 Hz sowie höhere Frequenzen über 8 kHz wahrzunehmen. Zwar sind die Zahlen nur Näherungswerte und hängen von der betreffenden Person (einschließlich Alter!) ab, aber die überwiegende Mehrzahl der Menschen ist außerstande, Töne unter 20 Hz und Töne über 20 kHz wahrzunehmen. Diese physiologischen Messungen helfen bei der Erklärung, warum die Töne zwischen 100 und 300 Hz aus Abbildung 10.7 uns nicht taub machen und die anderen Töne nicht übertönen. Darüber hinaus liefern uns diese Messungen wesentliche Informationen für den nächsten Abschnitt. Abbildung 10.10 enthält eine zweite Kurve, die durch den Punkt mit 60 dB und 1000 Hz geht. Diese Kurve ist die psychoakustische Kurve eines Lautstärkepegels von 60 Phon. Sie gibt die Lautstärken an, mit denen gegebene Frequenzen gespielt werden müssen, damit sie als konstante Stärke von 60 Phon wahrgenommen werden. Jemand, der einen Ton von 200 Hz und 70 dB hört, würde also sagen, dass dieser dieselbe Lautstärke hat wie ein anderer Ton von 1000 Hz und 60 dB. Eine solche Kurve ist ausgesprochen subjektiv und hat nur dann einen Sinn, wenn man einen Durchschnitt von vielen Individuen betrachtet. Seit den frühesten Arbeiten von Fletcher and Munson sind diese Definitionen verfeinert und die Experimente wiederholt worden. Aber die allgemeine Form und Beschaffenheit der Kurven hat sich nicht geändert: Das menschliche Ohr kann Töne zwischen 2000 Hz und 5000 Hz am besten wahrnehmen.

Geräusch	Stärke in Watt/m^2	Stärke in dB
Hörschwelle	10^{-12}	0 dB
Rascheln von Blättern an einem Baum	10^{-11}	10 dB
Flüstern	10^{-10}	20 dB
Normale Unterhaltung	10^{-6}	60 dB
Verkehrsreiche Straße	10^{-5}	70 dB
Staubsauger	10^{-4}	80 dB
Großes Orchester	6.3×10^{-3}	98 dB
Walkman in voller Lautstärke	10^{-2}	100 dB
Rock-Konzert (in Bühnennähe)	10^{-1}	110 dB
Schmerzgrenze	10^{+1}	130 dB
Abheben eines Militär-Jets	10^{+2}	140 dB
Perforation des Trommelfells	10^{+4}	160 dB

Tabelle 10.1. Verschiedene Schallquellen und ihre Stärken.

10.4 Die Nyquist-Frequenz und der Grund für 44 100

Im vorhergehenden Abschnitt haben wir intuitiv beschrieben, was Mathematiker und Ingenieure unter Schall verstehen: *Schallwellen sind eine Summe von vielen „reinen Tönen" mit gegebenen Frequenzen und Stärken. Diese reinen Töne sind trigonometrische Kurven (sin und cos), die mit einer einzigen Frequenz schwingen, und ihre mit der Stärke (den Fourier-Koeffizienten) gewichtete Superposition (Summe) ergibt die Schallwelle.*

Dieser Abschnitt stellt die folgende Frage: In welchem Intervall müssen wir eine Schallwelle digitalisieren, um alle hörbaren Frequenzen exakt zu reproduzieren? Wir beantworten diese Frage in zwei Schritten.

Für den ersten Schritt machen wir die Voraussetzung, dass die Musik, die wir digitalisieren möchten, nur reine Töne mit ganzzahligen Frequenzen enthält $(1, 2, 3, \ldots$ Hz). Das menschliche Ohr kann Frequenzen zwischen 20 Hz und 20 kHz wahrnehmen. Wie oft müssen wir die Schallwelle sampeln, damit das menschliche Ohr außerstande ist, die Digitalisierung des Tons wahrzunehmen? Unter der oben genannten Voraussetzung kann der Ton durch reine Schallwellen mit Frequenzen zwischen 20 Hz und 20 kHz beschrieben werden:

$$f(t) = \sum_{k=20}^{20\,000} (c_k \cos 2\pi kt + s_k \sin 2\pi kt). \tag{10.8}$$

Die Koeffizienten c_k, s_k mit $k = 20, 21, \ldots, 20\,000$ bestimmen also die Funktion vollständig. (Aus Gründen der Einfachheit beginnen wir unsere Summe bei $k = 0$ anstelle von $k = 20$.) Ist es möglich, die Fourier-Koeffizienten c_k und s_k in regelmäßigen Intervallen durch eine Anzahl von Samples $f_i = f(i\Delta), i = 1, 2, \ldots$ von f zu ersetzen, ohne dass ein Informationsverlust eintritt? Falls das möglich ist, welches Intervall Δ sollte dann verwendet werden?

Anstatt sofort den allgemeinen Fall in Angriff zu nehmen, beginnen wir mit einem einfachen Beispiel, das den Hergang der Berechnung veranschaulicht.

Beispiel 10.4 *Anstatt die Frequenzen von 20 Hz bis 20 kHz zu betrachten, beschränken wir uns auf drei diskrete Frequenzen und betrachten die Summe*

$$f(t) = \tfrac{1}{2}c_0 + c_1 \cos 2\pi t + c_2 \cos 4\pi t + c_3 \cos 6\pi t + s_1 \sin 2\pi t + s_2 \sin 4\pi t \tag{10.9}$$

für $t \in [0,1]$. Wir haben den Term c_0 hinzugefügt, um die Diskussion zu vereinfachen; das spielt keine große Rolle, wenn wir Summen mit 20 000 Termen betrachten. Und schließlich bemerken wir, dass wir den Term $\sin 6\pi t$ weggelassen haben; wir werden weiter unten erklären, warum wir das getan haben.

Diese Schallwelle ist durch die sechs reellen Koeffizienten c_0, c_1, c_2, c_3, s_1 und s_2 vollständig bestimmt. Wir werden in Kürze sehen, dass die Beziehung zwischen diesen Koeffizienten und den gesampelten Werten $f_i = f(i\Delta)$ der Funktion f linear ist. Demnach brauchen wir mindestens sechs gesampelte f_i, um die Koeffizienten $c_0, c_1, c_2, c_3, s_1, s_2$ eindeutig mit Hilfe der Samples f_i zu bestimmen. Das motiviert unsere Wahl von $\Delta = \frac{1}{6}$ und führt zu

$$f_i = f(\tfrac{i}{6}), \qquad i = 0, 1, 2, 3, 4, 5.$$

Diese Werte lassen sich mit Hilfe von (10.9) explizit berechnen. Zum Beispiel ist f_1 gegeben durch

$$
\begin{aligned}
f_1 &= \tfrac{1}{2}c_0 + c_1 \cos 2\pi(\tfrac{1}{6}) + c_2 \cos 4\pi(\tfrac{1}{6}) \\
&\quad + c_3 \cos 6\pi(\tfrac{1}{6}) + s_1 \sin 2\pi(\tfrac{1}{6}) + s_2 \sin 4\pi(\tfrac{1}{6}) \\
&= \tfrac{1}{2}c_0 + \tfrac{1}{2}c_1 - \tfrac{1}{2}c_2 - c_3 + \tfrac{\sqrt{3}}{2}s_1 + \tfrac{\sqrt{3}}{2}s_2.
\end{aligned}
$$

Wiederholen wir diese Rechnung mit den anderen fünf Werten, dann ergibt sich

$$f_0 = \tfrac{1}{2}c_0 + c_1 + c_2 + c_3,$$

$$f_1 = \tfrac{1}{2}c_0 + \tfrac{1}{2}c_1 - \tfrac{1}{2}c_2 - c_3 + \tfrac{\sqrt{3}}{2}s_1 + \tfrac{\sqrt{3}}{2}s_2,$$

$$f_2 = \tfrac{1}{2}c_0 - \tfrac{1}{2}c_1 - \tfrac{1}{2}c_2 + c_3 + \tfrac{\sqrt{3}}{2}s_1 - \tfrac{\sqrt{3}}{2}s_2,$$

$$f_3 = \tfrac{1}{2}c_0 - c_1 + c_2 - c_3,$$

$$f_4 = \tfrac{1}{2}c_0 - \tfrac{1}{2}c_1 - \tfrac{1}{2}c_2 + c_3 - \tfrac{\sqrt{3}}{2}s_1 + \tfrac{\sqrt{3}}{2}s_2,$$

$$f_5 = \tfrac{1}{2}c_0 + \tfrac{1}{2}c_1 - \tfrac{1}{2}c_2 - c_3 - \tfrac{\sqrt{3}}{2}s_1 - \tfrac{\sqrt{3}}{2}s_2.$$

Wir können dieses System in Matrizenform folgendermaßen schreiben:

$$\begin{pmatrix} f_0 \\ f_1 \\ f_2 \\ f_3 \\ f_4 \\ f_5 \end{pmatrix} = \begin{pmatrix} \tfrac{1}{2} & 1 & 1 & 1 & 0 & 0 \\ \tfrac{1}{2} & \tfrac{1}{2} & -\tfrac{1}{2} & -1 & \tfrac{\sqrt{3}}{2} & \tfrac{\sqrt{3}}{2} \\ \tfrac{1}{2} & -\tfrac{1}{2} & -\tfrac{1}{2} & 1 & \tfrac{\sqrt{3}}{2} & -\tfrac{\sqrt{3}}{2} \\ \tfrac{1}{2} & -1 & 1 & -1 & 0 & 0 \\ \tfrac{1}{2} & -\tfrac{1}{2} & -\tfrac{1}{2} & 1 & -\tfrac{\sqrt{3}}{2} & \tfrac{\sqrt{3}}{2} \\ \tfrac{1}{2} & \tfrac{1}{2} & -\tfrac{1}{2} & -1 & -\tfrac{\sqrt{3}}{2} & -\tfrac{\sqrt{3}}{2} \end{pmatrix} \begin{pmatrix} c_0 \\ c_1 \\ c_2 \\ c_3 \\ s_1 \\ s_2 \end{pmatrix}.$$

Wie bereits oben bemerkt, ist die Beziehung zwischen den Fourier-Koeffizienten und den gesampelten Werten linear. Die Frage, ob wir die Fourier-Koeffizienten aus den Sample-Werten f_i zurückgewinnen können, ist deswegen äquivalent zu der Frage, ob die Matrix invertierbar ist. Die Matrix ist dann und nur dann invertierbar, wenn ihre Determinante von null verschieden ist. Einige Zeilen dieser Matrix ähneln einander sehr, und die Determinante lässt sich mit einigen einfachen Zeilen- und Spaltenoperationen leicht berechnen. Es ist leichter, wenn Sie die Reduktionen selbst durchführen, aber wir geben hier eine mögliche Folge von Zwischenergebnissen (wenn Sie die Rechnungen selbst ausführen, dann werden Ihre Zwischenschritte wahrscheinlich anders aussehen!). Mit Hilfe von Zeilenoperationen lässt sich die Determinante folgendermaßen vereinfachen:

$$2 \begin{vmatrix} \tfrac{1}{2} & 0 & 1 & 0 & 0 & 0 \\ 0 & 0 & 0 & 0 & \sqrt{3} & \sqrt{3} \\ 0 & 0 & 0 & 0 & \sqrt{3} & -\sqrt{3} \\ 0 & -1 & 0 & -1 & 0 & 0 \\ \tfrac{1}{2} & -\tfrac{1}{2} & -\tfrac{1}{2} & 1 & 0 & 0 \\ \tfrac{1}{2} & \tfrac{1}{2} & -\tfrac{1}{2} & -1 & 0 & 0 \end{vmatrix}.$$

Das kann man durch Spaltenoperationen weiter vereinfachen:

$$\begin{vmatrix} 3 & 0 & 0 & 0 & 0 & 0 \\ 0 & 0 & 0 & 0 & 2\sqrt{3} & 0 \\ 0 & 0 & 0 & 0 & 0 & -\sqrt{3} \\ 0 & 0 & 0 & -3 & 0 & 0 \\ 0 & 0 & -1 & 0 & 0 & 0 \\ 0 & \tfrac{1}{2} & 0 & 0 & 0 & 0 \end{vmatrix}.$$

Der Rest der Berechnung ist jetzt unmittelbar einsichtig und führt zu einer Determinante mit dem Wert 27. Folglich ist die Matrix invertierbar und eine Schallwelle der Form (10.9) lässt sich vollständig wiedergewinnen, wenn man von ihren sechs gesampelten Werten $f_i = f(i/6)$ ausgeht.

Wir verstehen jetzt, warum wir in diesem Beispiel die Welle $\sin 6\pi t$ nicht benutzt haben. Hätten wir das nämlich getan, dann hätte es für uns zwei Wahlmöglichkeiten gegeben. Die erste wäre gewesen, c_0 wegzulassen, um die Anzahl der Konstanten auf sechs zu beschränken. Wir hätten dann f immer noch mit Hilfe von $\Delta = \frac{1}{6}$ gesampelt, aber $\sin 6\pi(\frac{i}{6}) = \sin i\pi$ ist null für $i = 0, \ldots, 5$. Die Matrix hätte dann eine aus Nullen bestehende Spalte enthalten und wäre nicht invertierbar gewesen. Die zweite Möglichkeit hätte darin bestanden, c_0 beizubehalten und sieben Samples unter Verwendung des Intervalls $\Delta = \frac{1}{7}$ zu nehmen. Das hätte zwar funktioniert, aber das Beispiel wäre sehr viel komplizierter geworden, denn die trigonometrischen Funktionen nehmen bei den Vielfachen von $\frac{2\pi}{7}$ keine einfachen Werte an.

Der allgemeine Fall ist auf der begrifflichen Ebene gleichermaßen einfach. Jedoch verwendet der direkteste Beweis die komplexe exponentielle Darstellung der trigonometrischen Funktionen. Der Vorteil dieser Darstellung ist, dass man die Inversen der Matrix explizit berechnen kann.

Wir erinnern daran, dass

$$\left.\begin{array}{rcl} e^{i\alpha} & = & \cos\alpha + i\sin\alpha \\ e^{-i\alpha} & = & \cos\alpha - i\sin\alpha \end{array}\right\} \Longleftrightarrow \left\{\begin{array}{rcl} \cos\alpha & = & \frac{1}{2}(e^{i\alpha} + e^{-i\alpha}) \\ \sin\alpha & = & \frac{1}{2i}(e^{i\alpha} - e^{-i\alpha}), \end{array}\right.$$

wobei $i = \sqrt{-1}$. Die Summe

$$c_k \cos 2\pi kt + s_k \sin 2\pi kt$$

der trigonometrischen Funktionen mit der gleichen Frequenz kann nun ersetzt werden durch

$$c_k \cos 2\pi kt + s_k \sin 2\pi kt = \frac{1}{2}c_k(e^{2\pi ikt} + e^{-2\pi ikt}) + \frac{1}{2i}s_k(e^{2\pi ikt} - e^{-2\pi ikt})$$

$$= \frac{1}{2}(c_k - is_k)e^{2\pi ikt} + \frac{1}{2}(c_k + is_k)e^{-2\pi ikt}.$$

Durch die Einführung neuer komplexer Fourier-Koeffizienten

$$d_k = \frac{1}{2}(c_k - is_k), \qquad d_{-k} = \frac{1}{2}(c_k + is_k), \qquad k \neq 0,$$

wird das zu

$$c_k \cos 2\pi kt + s_k \sin 2\pi kt = d_k e^{2\pi ikt} + d_{-k} e^{-2\pi ikt}.$$

Und schließlich definieren wir $d_0 = \frac{1}{2}c_0$. Eine Schallwelle, die alle reinen Töne mit Frequenzen von 0 bis N Hz enthält, hat die Form

$$\frac{c_0}{2} + \sum_{k=1}^{N} (c_k \cos 2\pi kt + s_k \sin 2\pi kt).$$

Unter Verwendung der neuen Koeffizienten wird das zu

$$\sum_{k=-N}^{N} d_k e^{2\pi ikt}.$$

Damit die Dinge einfach bleiben, ignorieren wir den reinen Ton, der $e^{2\pi iNt}$ entspricht, und behalten dadurch im obigen Ausdruck genau $2N$ Koeffizienten d_k bei. In der Tat nimmt der Index k die $(2N+1)$ Werte $-N, -N+1, \ldots, -1, 0, 1, \ldots, N-1, N$ an. Das Weglassen einer einzigen Frequenz aus der Summe wirkt sich nicht auf die Allgemeinheit des Ergebnisses aus: Enthält die Welle eine Komponente mit der Frequenz N Hz, dann reicht es aus, eine Summe mit $(N+1)$ Frequenzen zu verwenden. Wir werden deswegen voraussetzen, dass

$$f(t) = \sum_{k=-N}^{N-1} d_k e^{2\pi ikt}. \tag{10.10}$$

Da es $2N$ Koeffizienten d_k in Gleichung (10.10) gibt, ist es (wie in dem obigen vereinfachten Beispiel) vernünftig, ein Sampling mit dem Intervall $\Delta = \frac{1}{2N}$ zu verwenden. Die gesampelten Werte f_l sind dann

$$f_l = f(l\Delta) = \sum_{k=-N}^{N-1} d_k e^{2\pi ikl/2N}, \qquad l = 0, 1, \ldots, 2N-1. \tag{10.11}$$

Kann man die Menge der Koeffizienten d_k aus der Menge $f_l, l = 0, 1, \ldots, 2N-1$ der Samples zurückgewinnen? Mit anderen Worten: Ist die Matrix

$$\left\{ e^{2\pi ikl/2N} \right\}_{-N \le k \le N-1, 0 \le l \le 2N-1} \tag{10.12}$$

invertierbar?

Die Antwort auf diese Frage hängt von der folgenden einfachen Beobachtung ab. Es sei p eine rationale Zahl und n eine ganze Zahl mit $e^{2\pi ipn} = 1$. Dann gilt

$$\sum_{l=0}^{n-1} e^{2\pi ipl} = \begin{cases} 0, & \text{falls } e^{2\pi ip} \ne 1, \\ n, & \text{falls } e^{2\pi ip} = 1. \end{cases} \tag{10.13}$$

Zum Beweis dieser Aussage verwenden wir die Formel für partielle geometrische Summen

$$\sum_{l=0}^{n-1} e^{2\pi ipl} = \frac{1 - e^{2\pi ipn}}{1 - e^{2\pi ip}} \qquad \text{falls } e^{2\pi ip} \ne 1$$

$$= \frac{1-1}{1 - e^{2\pi ip}} = 0.$$

Ist $e^{2\pi i p} = 1$, dann haben wir

$$\sum_{l=0}^{n-1} e^{2\pi i p l} = \sum_{l=0}^{n-1} (1)^l = n.$$

Gleichung (10.13) legt es nahe, lineare Kombinationen der Gleichungen von (10.11) folgendermaßen zu nehmen. Man multipliziere beide Seiten der Gleichung für f_l mit $e^{-2\pi i m l / 2N}$ und summiere über $l = 0, 1, \ldots, 2N - 1$. Hier ist m eine ganze Zahl. Die linke Seite der Gleichung wird zu

$$A_m = \sum_{l=0}^{2N-1} e^{-2\pi i m l / 2N} f_l,$$

während sich die rechte Seite zu

$$A_m = \sum_{l=0}^{2N-1} \sum_{k=-N}^{N-1} d_k e^{-2\pi i m l / 2N} e^{2\pi i k l / 2N}$$

$$= \sum_{k=-N}^{N-1} d_k \sum_{l=0}^{2N-1} e^{2\pi i l (k-m) / 2N}$$

vereinfachen lässt. Der Index k der Koeffizienten d_k ist eine ganze Zahl im Intervall $[-N, N-1]$. Beschränkt man die ganze Zahl m auf das gleiche Intervall, dann ist die Differenz $k - m$ eine ganze Zahl im Intervall $[-(2N-1), 2N-1]$, und die Zahl $e^{2\pi i p}$ mit $p = (k-m)/2N$ ist niemals gleich 1, außer wenn $k = m$. Unter Verwendung von (10.13) erhalten wir somit

$$A_m = 2N \sum_{k=-N}^{N-1} d_k \delta_{k,m}.$$

Unabhängig vom Wert von $m \in [-N, N-1]$ erfüllt einer (und nur einer) der Terme in dieser letzten Summe die Beziehung $k = m$ und deswegen ist

$$A_m = 2N d_m.$$

Die Menge der Koeffizienten $d_k, k = -N, -N+1, \ldots, N-1$ lässt sich aus den Samples $f_l, l = 0, 1, \ldots, 2N - 1$ mit Hilfe der folgenden Relation gewinnen:

$$d_k = \frac{1}{2N} A_k = \frac{1}{2N} \sum_{l=0}^{2N-1} f_l e^{-2\pi i k l / 2N}. \tag{10.14}$$

Um also sämtliche (ganzzahligen) Frequenzen bis zur maximalen Frequenz N zu reproduzieren, müssen wir die Funktion mindestens $2N$-mal pro Sekunde sampeln. Umgekehrt gilt: Wird eine Welle in einem Intervall von Δ Sekunden gesampelt, dann können wir die Amplituden aller Komponentenfrequenzen bis hin zu

$$f_{\text{Nyquist}} = \frac{1}{2\Delta} \tag{10.15}$$

extrahieren. Die Maximalfrequenz heißt *Nyquist-Frequenz* oder *Nyquist-Grenze*, und ist nach einem Ingenieur benannt worden, der Probleme der Übertragungsqualität und der Reproduktion von Analogsignalen untersucht hat [5]. Obwohl es sich um ein unmittelbares Ergebnis der Fourier-Analyse handelt, ist es von entscheidender Wichtigkeit bei der Transformation von analogen (stetigen) Signalen in digitale (diskrete) Signale.

Wir erinnern daran, dass die Rechnungen unter der Voraussetzung durchgeführt worden sind, dass die Komponentenfrequenzen ganzzahlig sind. Die Invertierbarkeit der linearen Transformation $\{f_l, 0 \leq l \leq 2N - 1\} \mapsto \{d_k, -N \leq k \leq N - 1\}$ garantiert uns, dass man aus den Koeffizienten das Signal rekonstruieren kann und umgekehrt. Wir müssen jedoch noch über ein Detail diskutieren. Der Satz von Dirichlet (Satz 10.3) besagt, dass die Rekonstruktion einer (hinreichend guten) Funktion f perfekt ist, wenn man die in den Gleichungen (10.1) und (10.2) definierten Koeffizienten c_k und s_k verwendet. In den Übungen werden wir zeigen, dass die komplexen Koeffizienten d_k durch

$$d_k = \int_0^1 f(t)e^{-2\pi i k t} dt$$

gegeben sind. Jedoch wird in unserer Diskretisierung dieses Integral durch eine endliche Summe ersetzt, wie Gleichung (10.14) zeigt. Es scheint demnach zwei Möglichkeiten zu geben, die Koeffizienten d_k zu berechnen – vorausgesetzt, dass die Komponentenfrequenzen von f beschränkt sind. Übung 11 zeigt, dass diese beiden Methoden äquivalent sind. In der Praxis verwenden CD-Player keinen der Koeffizienten d_k, c_k und s_k zur Rekonstruktion der analogen Schallwellen. Stattdessen benutzen sie die Samples f_l zur Erzeugung einen glatten und stetigen Version der jeweiligen Treppenfunktion.

Die Ingenieure von Philips und Sony wussten, dass die überwältigende Mehrheit der Menschen außerstande ist, Frequenzen von mehr als 20 kHz wahrzunehmen. Aus diesem Grund wählten die Ingenieure eine Samplingrate von 44 100 Samples pro Sekunde –, einen Wert, der ein klein wenig größer ist als die Nyquist-Grenze $2 \times 20\,000 = 40\,000$ zur Reproduktion von 20 kHz Signalen. Das ist also die Antwort auf die Frage, die wir zu Beginn dieses Kapitels gestellt haben. Man wählte den exakten Wert (44 100 anstelle von 40 000), weil man andere Technologien berücksichtigte, die damals existierten [6]. Frühere Videorekorder verwendeten Bandkassetten als Speichermedium. Der europäische Bildstandard PAL verwendet 294 Zeilen pro Bild, von denen jede 3 Farbkomponenten enthält und 50-mal pro Sekunde aktualisiert wird. Dieser Standard erfordert also $294 \times 3 \times 50 = 44\,100$ „Zeilen" pro Sekunde. Der Grund für die Wahl des Wertes 44 100 bestand demnach eher in dem Wunsch, den neuen Standard leichter in die existierenden Standards zu integrieren; die einzige Nebenbedingung, die von den Ingenieuren erfüllt werden musste, war $\frac{1}{\Delta} \leq 2 f_{\text{Nyquist}} = 2 \times 20\,000$ Hz.

Der Fall der nichtganzzahligen Frequenzen. Im zweiten Teil dieses Abschnitts betrachten wir kurz den Fall, in dem die Komponentenfrequenzen nicht mehr ganzzahlig sind. Die Schallwelle kann also jetzt eine beliebige Frequenz ω zwischen 0 und irgendeiner Maximalfrequenz σ enthalten, zum Beispiel 20.000 Hz. (Verwenden wir komplexe Wellenkomponenten $e^{2\pi i\omega t}$, dann kann die Frequenz ω im Intervall $[-\sigma, \sigma]$ liegen.) Diese Situation ist deutlich schwieriger: Die Darstellung der Schallwelle mit Hilfe einer endlichen Summe wie in Gleichung (10.8) ist nicht mehr möglich und muss durch ein Integral über alle möglichen Frequenzen ersetzt werden, etwa durch

$$f(t) = \int_0^\sigma \mathcal{C}(\omega) \cos(2\pi\omega t)d\omega + \int_0^\sigma \mathcal{S}(\omega)\sin(2\pi\omega t)d\omega$$

oder

$$f(t) = \int_{-\sigma}^\sigma \mathcal{F}(\omega)e^{2\pi i\omega t}d\omega, \tag{10.16}$$

falls komplexe Wellenkomponenten verwendet werden. Die drei Funktionen $\mathcal{C}(\omega)$, $\mathcal{S}(\omega)$ und $\mathcal{F}(\omega)$ spielen die Rolle der Koeffizienten c_k und s_k im Satz von Dirichlet (Gleichung (10.7)) und d_k in Gleichung (10.10). Sie beschreiben den Frequenz- und Amplitudengehalt der Schallwelle $f(t)$. Trotz dieser zusätzlichen Komplexität zeigt der folgende Satz, dass die Nyquist-Grenze eine Schlüsselrolle bei der Auswahl einer geeigneten Samplingrate spielt.

Wir beginnen mit der Formulierung zweier Definitionen. Es sei sinc: $\mathbb{R} \to \mathbb{R}$ die durch

$$\mathrm{sinc}(x) = \begin{cases} 1, & \text{falls } x = 0, \\ \frac{\sin \pi x}{\pi x}, & \text{falls } x \neq 0 \end{cases} \tag{10.17}$$

definierte Funktion. Die Amplitude einer jeden Frequenz ω in der Schallwelle ist durch die *Fourier-Transformation* $\mathcal{F}$ der Funktion f gegeben, wobei definitionsgemäß

$$\mathcal{F}(\omega) = \int_{-\infty}^\infty f(x)e^{-2\pi i\omega x}dx$$

gilt. (Damit die Fourier-Transformation existiert, muss die Funktion f gewisse Bedingungen erfüllen. Zum Beispiel muss ihr absoluter Betrag für $t \to \pm\infty$ hinreichend schnell abnehmen. Wir setzen voraus, dass diese Bedingungen erfüllt sind.) Wie schon bemerkt, spielt die Funktion $\mathcal{F}$ die Rolle der Fourier-Koeffizienten c_k und s_k in Dirichlets Darstellung (10.7). Man beachte, dass $\mathbb{R}$ der Definitionsbereich von $\mathcal{F}$ ist, während die Koeffizienten c_k und s_k mit ganzen Zahlen k indiziert sind. Es ist also möglich, $\mathcal{F}$ nach ω zu differenzieren. Hier ist das Abtasttheorem.[11]

Satz 10.5 (Abtasttheorem) *Es sei f eine Funktion, die so beschaffen ist, dass die Fourier-Transformation $\mathcal{F}$ für ein gegebenes festes σ außerhalb des Intervalls $[-\sigma, \sigma]$*

---

[11] Auch als Sampling Theorem bezeichnet.

den Wert null hat. Man wähle Δ so, dass $\Delta \leq \frac{1}{2\sigma}$. Ist $\mathcal{F}$ stetig differenzierbar, dann konvergiert die Reihe

$$g(t) = \sum_{n=-\infty}^{\infty} f(n\Delta)\,\mathrm{sinc}\,\left(\frac{t-n\Delta}{\Delta}\right) \tag{10.18}$$

in $\mathbb{R}$ gleichmäßig gegen f, wobei die Funktion sinc durch (10.17) gegeben ist.

Wir werden diesen Satz hier nicht beweisen, aber wir geben wenigstens eine intuitive Erklärung für die merkwürdige Funktion sinc. Da das Abtasttheorem voraussetzt, dass die Fourier-Transformierte $\mathcal{F}$ nur auf dem Intervall $[-\sigma, \sigma]$ nicht verschwindet, erfolgt die Rekonstruktion von f mit Hilfe von (10.16) in den folgenden elementaren Schritten:

$$
\begin{aligned}
f(t) &= \int_{-\sigma}^{\sigma} \mathcal{F}(\omega)e^{2\pi i\omega t}d\omega \\
&= \int_{-\sigma}^{\sigma}\left(\int_{-\infty}^{\infty} f(x)e^{-2\pi i\omega x}dx\right)e^{2\pi i\omega t}d\omega \\
&= \int_{-\sigma}^{\sigma}\left(\int_{-\infty}^{\infty} f(x)e^{2\pi i\omega(t-x)}dx\right)d\omega \\
&\overset{1}{=} \int_{-\infty}^{\infty} f(x)\left(\int_{-\sigma}^{\sigma} e^{2\pi i\omega(t-x)}d\omega\right)dx \\
&\overset{2}{=} \int_{-\infty}^{\infty} f(x)\left.\frac{e^{2\pi i\omega(t-x)}}{2i\pi(t-x)}\right|_{-\sigma}^{\sigma}dx \\
&= \int_{-\infty}^{\infty} f(x)\frac{e^{2\pi i\sigma(t-x)}-e^{-2\pi i\sigma(t-x)}}{2i\pi(t-x)}dx \\
&= \int_{-\infty}^{\infty} f(x)\frac{\sin(2\pi\sigma(t-x))}{\pi(t-x)}dx \\
&= 2\sigma\int_{-\infty}^{\infty} f(x)\,\mathrm{sinc}\,(2\sigma(t-x))dx.
\end{aligned}
$$

Wir machen zwei Bemerkungen zu diesen Schritten. Erstens ist die durch 1 gekennzeichnete Gleichheit mathematisch nicht streng, denn die Reihenfolge der Integration lässt sich nicht für alle f ändern. Und zweitens ist das unbestimmte Integral für die Integration in Bezug auf ω (durch 2 gekennzeichnete Gleichheit) für den Wert $t = x$ nicht richtig. In diesem Fall sollte das unbestimmte Integral gleich ω und das Integral gleich 2σ sein. Aber das ist genau der Wert, der diesem Integral für $t = x$ in der letzten Zeile zugeordnet wird, denn der Wert $\mathrm{sinc}(x = 0)$ ist definitionsgemäß gleich 1.

Wir wollen den letzten Ausdruck nun zum Abtasttheorem in Beziehung setzen. Hierzu müssen wir die Änderungsgeschwindigkeit der beiden im Integranden stehenden Funktionen $f(x)$ und $\mathrm{sinc}\,(2\sigma(t-x))$ untersuchen. Zu diesem Zweck setzen wir $\Delta = \frac{1}{2\sigma}$. Bei σ handelt es sich um die maximale Frequenz (Anzahl der Schwingungen

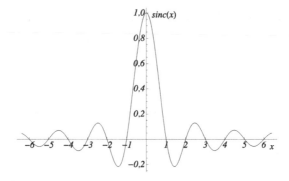

Abb. 10.11. Die Funktion sinc.

pro Sekunde), und deswegen kann Δ als die in Sekunden gemessene Zeit zwischen zwei Extrema der Welle mit der größtmöglichen Frequenz in f aufgefasst werden. Ändern sich die globalen Eigenschaften der grafischen Darstellung von f nur geringfügig im Verlauf der Δ Sekunden, dann sind die beiden Werte $f(t)$ und $f(t+\Delta)$ fast gleich. Andererseits ändert sich die Funktion

$$\text{sinc}\,(2\sigma(t-x)) = \text{sinc}\,((t-x)/\Delta)$$

schneller. Geht man in dieser Funktion von x zu dem Zuwachs $x+\Delta$ über, dann ändert sich das Argument von sinc um eine Einheit. Aus der in Abbildung 10.11 gegebenen grafischen Darstellung von sinc ist ersichtlich, dass sich das Vorzeichen der Funktion sinc jedesmal ändert, wenn sich ihr Argument um eine Einheit ändert (mit Ausnahme von x im Intervall $(-1,1)$). Deswegen ändert sich die Funktion sinc schneller als f im obigen Integral. Will man das Integral durch eine Summe approximieren, dann ist es natürlich, den Integranden bei jedem Vorzeichenwechsel der Funktion sinc zu sampeln, das heißt, bei jedem $x = n\Delta, n \in \mathbb{Z}$. Ersetzen wir das infinitesimale dx durch Δ, dann erhalten wir folgende Abschätzung für $f(t)$:

$$f(t) \approx 2\sigma \sum_{n=-\infty}^{\infty} f(n\Delta)\,\text{sinc}\left(\frac{t-n\Delta}{\Delta}\right)\Delta$$
$$= \sum_{n=-\infty}^{\infty} f(n\Delta)\,\text{sinc}\left(\frac{t-n\Delta}{\Delta}\right).$$

Das ist die in (10.18) angegebene Form. Schließlich bemerken wir noch Folgendes: Ändert sich f auf einem Intervall der Breite Δ in signifikanter Weise, dann ist es unwahrscheinlich, dass die obige Approximation eine gute Abschätzung von f liefert. Diese Überlegung ist natürlich kein Beweis, aber sie unterstreicht die Rolle von sinc sowie die Wechselwirkung zwischen Δ und der maximalen Frequenz, die in f auftreten kann.

Das Abtasttheorem besagt also Folgendes: Zur Rekonstruktion der Funktion f reicht es aus, diese Funktion in einem regulären Intervall $\Delta \leq \frac{1}{2\sigma}$ zu sampeln. Alternativ formuliert: Die Samplingrate einer Funktion f muss mindestens das Zweifache der in f enthaltenen Maximalfrequenz betragen. Das bringt uns wieder zur Nyquist-Grenze zurück.

Das Abtasttheorem ist vielen Wissenschaftlern zugeschrieben worden, da es mehrere Male unabhängig von Forschern in sehr unterschiedlichen Gebieten entdeckt worden ist. Auf dem Gebiet der Telekommunikation und der Signalverarbeitung übt das Ergebnis auch weiterhin den größten Einfluss aus. Es ist also nicht sehr überraschend, dass wir die Namen verschiedener Elektroingenieure (insbesondere Kotelnikow, Nyquist und Shannon) mit diesem Ergebnis verbinden. Aber auch die Mathematiker E. Borel und J. M. Whittaker entdeckten diesen Satz. Es ist zunehmend üblich, den Satz in Vorlesungen über Fourier-Analyse für Mathematiker zu behandeln. (Vgl. [2] und [3].)

10.5 Übungen

1. Bestimmen Sie die Frequenzen aller C-Tasten auf einem Klavier.

2. Beweisen Sie die Identitäten (10.4) und (10.5).

3. (a) Zeigen Sie, dass

$$c_k \cos 2\pi kt + s_k \sin 2\pi kt = \sqrt{c_k^2 + s_k^2} \cos(2\pi k(t + t_0))$$

mit einem $t_0 \in [0, 1]$ gilt. Die Summe $c_k \cos 2\pi kt + s_k \sin 2\pi kt$ entspricht daher einer zeitverschobenen reinen Schallwelle der Frequenz k. Der Wert t_0 (oder genauer gesagt $2\pi kt_0$) wird als ihre Phase bezeichnet.
(b) Zeigen Sie, dass sich alle Funktionen der Form $f(t) = r \cos(2\pi k(t+t_0))$ in der Form $f(t) = c_k \cos 2\pi kt + s_k \sin 2\pi kt$ schreiben lassen. Berechnen Sie c_k und s_k als Funktionen von r und t_0.

4. (a) Wieviele Tasten könnten zum oberen Ende eines Klaviers so hinzugefügt werden, dass sie immer noch vom durchschnittlichen menschlichen Gehör wahrgenommen werden können?
(b) Die gleiche Frage, aber für das untere Ende der Tastatur.
(c) Bestimmte Rassen von kleinen Hunden können Frequenzen bis zu 45 000 Hz hören. Wieviele Oktaven müssten einem modernen Klavier hinzugefügt werden, um das Hörspektrum eines solchen Hundes vollständig zu erfassen?
(d) Wieviele Samples pro Sekunde sollten genommen werden, damit eine CD die Töne getreu so reproduzieren kann, wie sie von einem Hund wahrgenommen werden?

5.   Alternative Stimmungen. Konstruieren Sie die pythagoreische Tonleiter und die Zarlino-Tonleiter. Mit anderen Worten: Bestimmen Sie die Frequenzen aller Töne zwischen zwei aufeinanderfolgenden A's. Zur Konstruktion dieser Tonleitern müssen Sie auf Musiklehrbücher oder auf das Internet zurückgreifen.

6.   Ist die Funktion $f \colon \mathbb{R} \to \mathbb{R}$

$$f(t) = \frac{1}{2} \sin 2\pi t - \frac{1}{3} \sin 6\pi t - \frac{1}{600} \sin 400\pi t$$

periodisch? Wenn ja, was ist ihre minimale Periode? Welche ihrer Fourier-Koeffizienten sind von null verschieden?

7.   **(a)**   Bestimmen Sie die Fourier-Koeffizienten der Funktion $f \colon [0,1) \to \mathbb{R}$, die durch

$$f(x) = \begin{cases} 1, & 0 \le x < \frac{1}{2}, \\ -1, & \frac{1}{2} \le x < 1 \end{cases} \tag{10.19}$$

gegeben ist. Hinweis: Die Formeln, die c_k und s_k liefern, sind Integrale über dem Intervall $[0,1)$. Zerlegen Sie dieses Integral in jeweils zwei Integrale: das erste über dem Intervall $[0, \frac{1}{2})$ und das zweite über $[\frac{1}{2}, 1)$.
(b)   Verwenden Sie Software für mathematische Berechnungen zur grafischen Darstellung der ersten paar Partialsummen der Fourier-Reihe (vgl. Gleichung (10.7)), die dieser Funktion f entspricht. Zeigen Sie, dass die Partialsummen die ursprüngliche Funktion approximieren.

8.   Der erste Ton von Brahms' Erster Sonate für Klavier und Violoncello ist ein einziger Ton, der nur vom Violoncello gespielt wird. Die grafische Darstellung in Abbildung 10.12 zeigt die Stärke $\sqrt{c_k^2 + s_k^2}$ der Fourier-Koeffizienten dieses Tons als Funktion der Frequenz k Hz.
(a)   Identifizieren Sie auf der Tastatur von Abbildung 10.3 den vom Violoncello gespielten Ton.
(b)   Eine der folgenden Aussagen ist wahr. Beantworten Sie, welche das ist und begründen Sie Ihre Antwort.

1. Eine der harmonischen Frequenzen dominiert die Fundamentalfrequenz.
2. Die harmonische Frequenz mit der größten Amplitude trägt einen Namen, der sich von dem der gespielten Note unterscheidet.
3. Die Spitze bei 82 Hz ist für das menschliche Ohr nicht wahrnehmbar.
4. Die horizontale Achse der grafischen Darstellung erfasst das ganze menschliche Hörspektrum.
5. In Abhängigkeit von der Phasenverschiebung zwischen der Fundamentalfrequenz und einem gegebenen Oberton ist dieser entweder hörbar oder nicht.

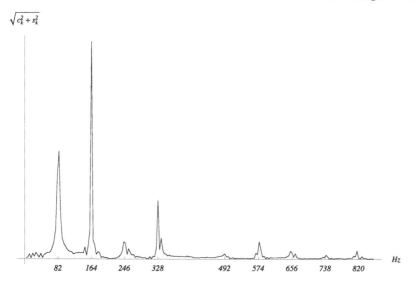

$\sqrt{c_k^2 + s_k^2}$

82   164   246   328   492   574   656   738   820   Hz

Abb. 10.12. Spektrum des ersten Tons von Brahms' Erster Sonate für Klavier und Violoncello. Die Frequenzen der lokalen Maxima sind angedeutet. (Vgl. Übung 8.)

9. **(a)** Der letzte Ton von Schuberts Erstem *Impromptu* D. 946 ist ein Akkord von vier Tönen, das heißt, der Pianist spielt vier Töne gleichzeitig. Abbildung 10.13 zeigt das Spektrum dieses Akkords. Von diesen vier Tönen ist einer ziemlich schwer zu identifizieren. Finden Sie die drei leicht zu identifizierenden Töne und erläutern Sie Ihre Überlegungen.
(b) Warum ist ein Ton schwer zu identifizieren, wenn ein Akkord gespielt wird? Schlagen Sie entsprechend Ihrer Antwort einige Möglichkeiten für den vierten Ton vor.

10. **(a)** Gershwins *Rhapsody in Blue* beginnt mit einem Klarinetten-Glissando. Die Klarinette ist das einzige Instrument, das in diesem Moment spielt. Das Spektrum zu Beginn des Glissandos ist in Abbildung 10.14 dargestellt. Welchen Ton spielt die Klarinette?
(b) Die Obertöne einer Klarinette haben ein bestimmtes Merkmal, das im Spektrum erkennbar ist. Um welches Merkmal handelt es sich? (Hierzu muss man sich wahrscheinlich ein bisschen in die Besonderheiten des Klarinettenspiels vertiefen. Ein guter Ausgangspunkt hierfür ist Bensons Buch [1].)

11. **(a)** Zeigen Sie mit Hilfe der Gleichungen, die d_k durch c_k und s_k ausdrücken, dass sich eine periodische Funktion f mit der Periode 1 in der Form

$$f(t) = \sum_{k \in \mathbb{Z}} d_k e^{2\pi i k t}$$

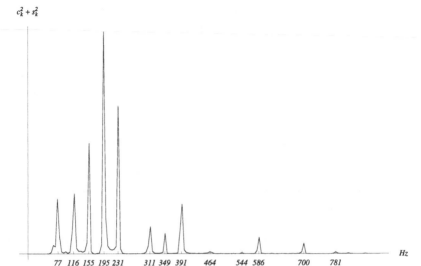

Abb. 10.13. Spektrum des letzten Akkords von Schuberts Erstem *Impromptu* D. 946. Die Frequenzen der lokalen Maxima sind angegeben. (Vgl. Übung 9.)

schreiben lässt, wobei die d_k unter Verwendung von

$$d_k = \int_0^1 f(t)e^{-2\pi ikt}\, dt$$

berechnet werden.

(b)   Unter der Voraussetzung, dass die Funktion $f(t)$ nur Frequenzkomponenten mit ganzzahligen Frequenzen $k \in \{-N, -N+1, \ldots, N-2, N-1\}$ enthält, definiere man die Koeffizienten D_k als diejenigen, die sich aus dem Sampling von f im Intervall $\Delta = \frac{1}{2N}$ ergeben:

$$D_k = \frac{1}{2N} \sum_{l=0}^{2N-1} f(l\Delta)e^{-2\pi ikl/2N}.$$

Zeigen Sie, dass Gleichung (10.14) die Schlussfolgerung erlaubt, dass für eine solche Funktion f die Beziehung $d_k = D_k$ gilt.

12.   Eine andere Möglichkeit zu zeigen, dass das Gleichungssystem in (10.11) eine eindeutige Lösung $\{d_{-N}, \ldots, d_{N-1}\}$ hat, besteht im Nachweis, dass die Determinante der Matrix von null verschieden ist. Beweisen Sie das mit Hilfe einer Transformation dieser Determinante in eine Vandermonde-Determinante und unter Anwendung von Lemma 6.22 von Kapitel 6.

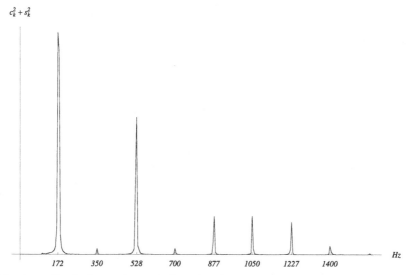

$c_k^2 + s_k^2$

172   350   528   700   877   1050   1227   1400   Hz

Abb. 10.14. Das Spektrum des ersten Tons der *Rhapsody in Blue*. Die Frequenzen der lokalen Maxima sind angegeben. (Vgl. Übung 10.)

13. Akustische Schwebungen. Akustische Schwebungen sind wohlbekannte Musikphänomene. Spielen zwei Instrumente (die sich nahe beieinander befinden) fast den gleichen Ton mit der gleichen Stärke, dann ändert sich mit der Zeit regelmäßig die Stärke des wahrgenommenen Tons. Mit anderen Worten, die wahrgenommene Amplitude schwingt periodisch. Diese Schwingung kann langsam sein (einmal alle paar Sekunden) oder schnell (einige Male pro Sekunde).

(a) Zwei Flöten emittieren Schallwellen f_1 und f_2 mit Frequenzen ω_1 bzw. ω_2:

$$f_1 = \sin(\omega_1 t) \qquad \text{und} \qquad f_2(t) = \sin(\omega_2 t).$$

(Wir vernachlässigen die Obertöne, die wir als schwach voraussetzen.) Der resultierende Ton ist $f = f_1 + f_2$. Zeigen Sie, dass wir f in der Form

$$f(t) = 2 \sin \alpha t \, \cos \beta t$$

schreiben können und drücken Sie α und β mit Hilfe von ω_1 und ω_2 aus.

(b) Wir setzen voraus, dass ω_1 ein wohltemperiertes E mit $659, 26$ Hz und dass ω_2 ein echtes E mit 660 Hz ist. Zeigen Sie, dass das Ohr f als Frequenz wahrnehmen würde, die in der Nähe dieser beiden Frequenzen liegt, aber eine Amplitude hat, die sich mit einer Periode von ungefähr $\frac{4}{3}$ Sekunden ändert. Das ist ein Beispiel für eine Schwebung.

14. Aliasing. Im vorliegenden Kapitel haben wir bis zu dieser Stelle eine technische Schwierigkeit ignoriert, der sich die Ingenieure gegenüber sehen. Wir haben gesehen, dass ein Sampling alle $\Delta = \frac{1}{44.100}$ Sekunden ausreicht, um sämtliche Töne im (durchschnittlichen) menschlichen Hörspektrum zu reproduzieren. Das Problem ist, dass Musikinstrumente oft harmonische Frequenzen erzeugen, die über unserem Hörbereich von $N_{\max} = 20\,000$ Hz liegen. Wenn die Aufzeichnung gesampelt wird, dann wird eine Frequenz $N > N_{\max}$ als Ton mit einer Frequenz wahrgenommen, die zwischen 0 und $N_{\max}$ liegt. (Vgl. Abbildung 10.15, wo die gesampelten Punkte eine Sinuskurve zu beschreiben scheinen, die eine niedrigere Frequenz hat.) Die höheren Frequenzen geben sich sozusagen als eine andere (niedrigere) Frequenz aus, daher die Bezeichnung Alias-Effekt oder Aliasing. Das Problem tritt in allen Bereichen auf, in denen Signale digitalisiert werden. Zum Beispiel tritt dieser Effekt in der Digitalfotografie als Moiré-Effekt auf. Der Effekt hängt eng mit einer anderen Verzerrung zusammen, die man gewöhnlich in Filmen sieht: Ein Speichenrad, das sich schnell in eine Richtung dreht, rotiert mitunter scheinbar in der entgegengesetzten Richtung.

Bestimmen Sie die Alias-Frequenz N', in welche die Frequenz $N > N_{\max}$ nach dem Sampling verwandelt wird. (Offensichtlich muss diese Alias-Frequenz die Bedingung $0 < N' \leq N_{\max}$ erfüllen.)

15. Abtasttheorem Diese Übung liefert ein Beispiel für die Rekonstruktion eines stetigen Signals $f(t)$ mit Hilfe des Abtasttheorems (Satz 10.5). Angenommen, wir möchten die Schallwellen eines Signals reproduzieren, dessen Frequenzen auf das Intervall $[-\sigma, \sigma]$ beschränkt sind, wobei $\sigma = 6$ Hz. Wir werden ein Sampling-Intervall von $\Delta = \frac{1}{2\sigma} = \frac{1}{12}$ Sekunden verwenden. Wir sollten demnach dazu in der Lage sein, die Funktion $f(t) = \cos 2\pi\omega_0 t$ zu rekonstruieren, indem wir nur ihre gesampelten Werte $f(n\Delta), n\mathbb{Z}$, verwenden und annehmen, dass $\omega_0 \in [-\sigma, \sigma]$. Wir betrachten zum Beispiel $\omega_0 = 5, 5$ Hz.
(a) Zeichnen Sie mit Hilfe einer Software die Funktion $f(t)$ im Intervall $t \in [0, 1]$.
(b) Zeichnen Sie die Funktion sinc t im Intervall $t \in [-6, 6]$. (Die Funktion sinc wurde in Gleichung (10.17) definiert.)
(c) Zeichnen Sie die partielle Summe

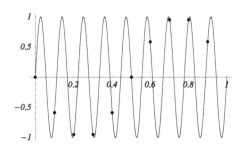

Abb. 10.15. Ein einfaches Beispiel für Aliasing. (Vgl. Übung 14.)

$$\sum_{n=M}^{N} f(n\Delta) \ \mathrm{sinc} \ \left(\frac{t - n\Delta}{\Delta}\right)$$

im Intervall $t \in [0,1]$ und vergleichen Sie diese mit der grafischen Darstellung von (a). Beginnen Sie mit einer kleinen Anzahl von Termen in der Summe (zum Beispiel $M = 0$ und $N = 11$) und erhöhen Sie dann die Anzahl der Terme, indem Sie M kleiner und N größer machen. Untersuchen Sie den Unterschied zwischen der Funktion f und ihren Rekonstruktionen durch partielle Summen.

(d)   Diese Frage ist für diejenigen bestimmt, die etwas mehr über die Fourier-Transformation wissen. Die hier gegebene Funktion f erfüllt nicht die Voraussetzungen für die Anwendung von Satz 10.5. Warum? Können Sie diese Funktion geringfügig derart modifizieren, dass sie diese Bedingungen erfüllt? Kommt es nach dieser Modifikation zu signifikanten Änderungen der in (c) dargestellten Rekonstruktionen?

Literaturverzeichnis

[1] D. J. Benson, *Music: A Mathematical Offering*. Cambridge University Press, 2006.

[2] D. W. Kammler, *A First Course in Fourier Analysis*. Prentice Hall, NJ, 2000.

[3] T. W. Körner, *Fourier Analysis*. Cambridge University Press, 1988. (Vgl. auch [4].)

[4] T. W. Körner, *Exercises for Fourier Analysis*. Cambridge University Press, 1993. (Das Sampling Theorem (Satz 10.5) wird hier diskutiert.)

[5] H. Nyquist, Certain topics in telegraph transmission theory. *Transactions of the American Institute of Electrical Engineers* 47 (1928), 617–644.

[6] K. C. Pohlmann, *The Compact Disc Handbook*. A-R Editions, Madison, WI, 2. Auflage, 1992.

[7] L. van Beethoven, Neunte Sinfonie, in b-Moll, Opus 125, 1826. (Seitdem sind viele andere Ausgaben erschienen (Eulenberg, Breitkopf & Härtel, Kalmus, Bärenreiter, usw.). Es gibt preiswerte Nachdrucke dieser Komposition.)

[8] H. von Helmholtz, *Die Lehre von den Tonempfindungen als physiologische Grundlage für die Theorie der Musik*. 3. Auflage, Vieweg, Braunschweig 1870.

Bildkompression: Iterierte Funktionensysteme

Dieses Kapitel kann in ein bis zwei Wochen Vorlesungen behandelt werden. Steht nur eine Woche zur Verfügung, dann können Sie kurz die Einführung behandeln (Abschnitt 11.1) und anschließend ausführlich den Begriff des Attraktors eines iterierten Funktionensystems betrachten (Abschnitt 11.3), wobei Sie sich auf das Sierpiński-Dreieck (Beispiel 11.5) konzentrieren. Beweisen Sie den Satz über die Konstruktion von affinen Transformationen, die drei Punkte der Ebene auf drei Punkte der Ebene abbilden und diskutieren Sie die speziellen affinen Transformationen, die häufig bei iterierten Funktionensystemen verwendet werden (Abschnitt 11.2). Erläutern Sie den Banach'schen Fixpunktsatz und heben Sie dabei hervor, dass sich der Beweis von $\mathbb{R}$ nahezu wörtlich auf vollständige metrische Räume übertragen lässt (Abschnitt 11.4). Und diskutieren Sie schließlich die intuitive Vorstellung, die hinter dem Hausdorff-Abstand steht (Anfang von Abschnitt 11.5). Falls Sie eine zweite Woche für das Thema verwenden möchten, dann können Sie die Diskussion des Hausdorff-Abstands vertiefen und einige Beweise seiner Eigenschaften durcharbeiten (Abschnitt 11.5). Das lässt genug Raum für die Diskussion fraktaler Dimensionen (Abschnitt 11.6) sowie für eine kurze Erläuterung der Konstruktion iterierter Funktionensysteme, welche die Rekonstruktion von Fotos ermöglichen (Abschnitt 11.7). Die Abschnitte 11.5, 11.6 und 11.7 sind fast unabhängig voneinander, so dass es möglich ist, Abschnitt 11.6 oder Abschnitt 11.7 zu behandeln, ohne vorher den schwierigen Abschnitt 11.5 durchzugehen.

Eine andere Möglichkeit für eine Woche besteht darin, die Abschnitte 11.1 bis 11.3 zu diskutieren und dann zu Abschnitt 11.7 zu springen, in dem erläutert wird, wie man die Technik auf die Kompression realer Fotografien anwendet.

11.1 Einführung

Die leichteste Möglichkeit, ein Bild in einem Computer zu speichern, besteht darin, die Farbe eines jeden einzelnen Pixels zu speichern. Jedoch würde ein hochauflösendes Foto (viele Pixel) mit genauer Farbwiedergabe (viele Daten-Bits pro Pixel) einen riesigen Speicher erfordern. Und Videos mit vielen solchen Bildern pro Sekunde würden noch mehr Speicherplatz benötigen.

Mit der massenhaften Verbreitung von Digitalkameras und Internet wird eine immer größere Anzahl von Bildern auf den Computern gespeichert. Es ist deswegen von entscheidender Wichtigkeit, diese Bilder so zu speichern, dass kein übermäßiger Speicherplatz in Anspruch genommen wird. Bilder im Netz können eine niedrigere Auflösung als digitale Fotos oder große Poster haben. Und wir sind sehr daran interessiert, ihre Abmessungen klein zu halten; sicher haben Sie bereits die Erfahrung gemacht, dass Bilder beim Surfen im Web sogar dann langsam geladen werden, wenn sie komprimiert sind.

Es gibt viele Bildkompressionstechniken. Das allgemein verbreitete JPEG-Format[1] verwendet die diskrete Fourier-Transformation und wird in Kapitel 12 untersucht. Im vorliegenden Kapitel konzentrieren wir uns auf eine andere Technik: Bildkompression mit Hilfe von iterierten Funktionensystemen.

Es gab eine Menge Hoffnung und Aufregung in Bezug auf die Möglichkeiten dieser Technik, als sie in den 1980er Jahren eingeführt wurde und Anstoß zu zahlreichen Forschungsarbeiten gab. Leider waren die Formate, die sich auf diese Techniken stützten, nicht sehr erfolgreich, weil die Kompressionsalgorithmen und die Kompressionsverhältnisse nicht gut genug sind. Jedoch werden diese Techniken auch weiterhin erforscht, und Verbesserungen sind nicht ausgeschlossen. Wir stellen diese Methoden hier aus mehreren Gründen vor. Zunächst ist es leicht, die zugrundeliegende Mathematik vorzuführen, die auf dem leistungsstarken Fixpunktsatz von Banach beruht (in diesem Satz bezieht sich der Fixpunkt auf den Attraktor eines Operators). Darüber hinaus verwendet die Methode Fraktale, und wir demonstrieren, wie man diese auf sehr einfache Weise als Fixpunkte von Operatoren konstruieren kann. Es zeugt von der bemerkenswerten Kraft und Eleganz der Mathematik, dass man derart komplizierte Strukturen durch so einfache Konstruktionen beschreiben kann: Wenn wir ein Objekt von der richtigen Warte aus betrachten, dann vereinfacht sich alles und wir bekommen die Möglichkeit, die Struktur des Objekts zu verstehen.

Wir haben oben erwähnt, dass die einfachste Möglichkeit der Bildspeicherung darin besteht, die jedem Pixel zugeordnete Farbe zu speichern – ein Verfahren, das alles andere als effizient ist. Wie kann man es besser machen? Angenommen, wir sollen den Umriss einer Stadt zeichnen (Abbildung 11.1). Anstatt die Pixel zu speichern, könnten wir die zugrundeliegenden geometrischen Konstrukte speichern, die es uns erlauben, das Bild zu rekonstruieren:

- alle Strecken,
- alle Kreisbögen,
- usw.

Wir haben das Bild als Vereinigung von bekannten geometrischen Objekten dargestellt.

Zum Speichern einer Strecke ist es ökonomischer, nur deren Endpunkte zu speichern und ein Programm zu entwickeln, das die gegebene Linie zwischen diesen zwei Punkten ziehen kann. Auf analoge Weise lässt sich ein Kreisbogen spezifizieren, indem man seinen

---

[1]JPEG = Joint Photographic Experts Group.

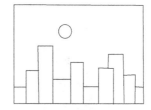

Abb. 11.1. Der Umriss einer Stadt.

Mittelpunkt, seinen Radius sowie den Anfangs- und Endwinkel angibt. Die zugrunde-liegenden geometrischen Objekte bilden das *Alphabet*, mit dem wir ein Bild beschreiben können.

Wie können wir ein komplizierteres Bild speichern, zum Beispiel das Foto einer Land-schaft oder eines Waldes? Es könnte der Eindruck entstehen, dass die gerade geschilderte Methode nicht funktionieren kann, weil unser Alphabet der geometrischen Objekte zu arm ist. Wir werden entdecken, dass wir die gleiche Technik anwenden können, wenn wir ein größeres und weiter entwickeltes Alphabet benutzen:

- Wir approximieren unser Bild durch eine endliche Anzahl von fraktalen Bildern. Wir betrachten zum Beispiel das Farnblatt von Abbildung 11.2.

- Um das Bild zu speichern, entwickeln wir ein Programm, welches das Bild unter Verwendung der ihm zugrundeliegenden Fraktale zeichnet. Das Farnblatt von Ab-bildung 11.2 lässt sich mit Hilfe eines Programm von weniger als 15 Zeilen speichern! (Ein *Mathematica*-Programm zum Zeichnen des Farns befindet sich am Ende von Abschnitt 11.3.)

Bei diesem Verfahren ist das resultierende Bild der „Attraktor" eines (unten definierten) Operators W, der eine Teilmenge der Ebene auf eine Teilmenge der Ebene abbildet. Wir beginnen mit einer Anfangsteilmenge B_0 und konstruieren rekursiv die Folge $B_1 = W(B_0), B_2 = W(B_1), \ldots, B_{n+1} = W(B_n), \ldots$. Für ein hinreichend großes n (tatsächlich reicht $n = 10$ aus, wenn man B_0 sorgfältig gewählt hat) fängt B_n an, wie ein Farnblatt auszusehen.

Die Technik mag etwas naiv erscheinen: Können wir wirklich einen Computer so programmieren, dass sich ein beliebiges Foto durch Fraktale approximieren lässt? Tatsächlich muss die ursprüngliche Idee etwas modifiziert werden, aber wir halten an der grundlegenden Idee fest, dass das rekonstruierte Bild der Attraktor eines Operators ist. Da die Konstruktion eines beliebigen Fotos weitere Kenntnisse voraussetzt, verschieben wir die Diskussion auf das Ende des Kapitels (Abschnitt 11.7). Zunächst konzentrieren wir uns auf die Erstellung von Programmen, die Fraktale zeichnen können.

Abb. 11.2. Ein Farnblatt.

11.2 Affine Transformationen in der Ebene

Wir erklären zunächst, warum wir affine Transformationen[2] brauchen. Betrachten Sie das Farnblatt in Abbildung 11.2. Es ist die Vereinigung folgender Bestandteile (vgl. Abbildung 11.2):

- Stengel
- und drei kleinere Farnblätter: der linke untere Zweig, der rechte untere Zweig und das Blatt minus dieser beiden am niedrigsten gelegenen Blätter.

Jeder dieser vier Bestandteile ist das Bild des ganzen Farnblattes unter einer affinen Transformation. Kennen wir die vier zugeordneten Transformationen, dann können wir die ganze Abbildung rekonstruieren:

- die Transformation T_1, die das ganze Blatt auf das Blatt minus der beiden am niedrigsten gelegenen Zweige abbildet,

---

[2]In der deutschen Literatur spricht man häufig auch von „affinen Abbildungen". Auch Projektionen werden im vorliegenden Buch als Transformationen betrachtet.

- die Transformation T_2, die das ganze Blatt auf den unten links befindlichen Zweig abbildet (in Abbildung 11.2 durch L gekennzeichnet),
- die Transformation T_3, die das ganze Blatt auf den unten rechts befindlichen Zweig abbildet (in Abbildung 11.2 durch R gekennzeichnet) und
- die Transformation T_4, die das ganze Blatt auf den unteren Teil des Stengels abbildet.

Definition 11.1 *Eine affine Transformation* $T \colon \mathbb{R}^2 \to \mathbb{R}^2$ *ist die Zusammensetzung einer Translation und einer linearen Transformation. Sie lässt sich in der Form*

$$T(x, y) = (ax + by + e, cx + dy + f) \tag{11.1}$$

schreiben.

Das ist die Zusammensetzung der linearen Transformation

$$S_1(x, y) = (ax + by, cx + dy)$$

und der Translation

$$S_2(x, y) = (x + e, y + f).$$

Lineare Transformationen werden oft in Matrizenschreibweise dargestellt:

$$S_1 \begin{pmatrix} x \\ y \end{pmatrix} = \begin{pmatrix} a & b \\ c & d \end{pmatrix} \begin{pmatrix} x \\ y \end{pmatrix}.$$

Wir können diese Notation auch zur Darstellung affiner Transformationen verwenden:

$$T \begin{pmatrix} x \\ y \end{pmatrix} = \begin{pmatrix} a & b \\ c & d \end{pmatrix} \begin{pmatrix} x \\ y \end{pmatrix} + \begin{pmatrix} e \\ f \end{pmatrix}.$$

Wir sehen, dass die affine Transformation durch die sechs Parameter a, b, c, d, e, f spezifiziert ist. Wir brauchen also sechs lineare Gleichungen, um eine gegebene affine Transformation eindeutig zu bestimmen.

Satz 11.2 *Es gibt eine eindeutig bestimmte affine Transformation, die drei verschiedene nichtkollineare Punkte* P_1, P_2 *und* P_3 *auf drei Punkte* Q_1, Q_2 *und* Q_3 *abbildet.*

BEWEIS. Es seien (x_i, y_i) die Koordinaten von P_i und (X_i, Y_i) die Koordinaten von Q_i. Die gewünschte Transformation hat die Form von (11.1), und wir müssen a, b, c, d, e, f unter der Voraussetzung bestimmen, dass $T(x_i, y_i) = (X_i, Y_i)$, $i = 1, 2, 3$. Das liefert uns sechs lineare Gleichungen in den sechs Unbekannten a, b, c, d, e, f:

$$\begin{aligned}
ax_1 + by_1 + e &= X_1, \\
cx_1 + dy_1 + f &= Y_1, \\
ax_2 + by_2 + e &= X_2, \\
cx_2 + dy_2 + f &= Y_2, \\
ax_3 + by_3 + e &= X_3, \\
cx_3 + dy_3 + f &= Y_3.
\end{aligned}$$

Die Parameter a, b, e sind die Lösungen des Systems

$$
\begin{aligned}
ax_1 + by_1 + e &= X_1, \\
ax_2 + by_2 + e &= X_2, \\
ax_3 + by_3 + e &= X_3,
\end{aligned} \tag{11.2}
$$

während c, d, f die Lösungen des Systems

$$
\begin{aligned}
cx_1 + dy_1 + f &= Y_1, \\
cx_2 + dy_2 + f &= Y_2, \\
cx_3 + dy_3 + f &= Y_3
\end{aligned} \tag{11.3}
$$

sind. Beide Systeme haben die gleiche Matrix A, deren Determinante

$$
\det A = \begin{vmatrix} x_1 & y_1 & 1 \\ x_2 & y_2 & 1 \\ x_3 & y_3 & 1 \end{vmatrix}
$$

ist. Beachten Sie, dass diese Determinante genau dann von null verschieden ist, wenn die Punkte P_1, P_2 und P_3 voneinander verschieden und nicht kollinear sind. Tatsächlich sind die drei Punkte dann und nur dann kollinear, wenn die Vektoren $\overrightarrow{P_1 P_2} = (x_2 - x_1, y_2 - y_1)$ und $\overrightarrow{P_1 P_3} = (x_3 - x_1, y_3 - y_1)$ kollinear sind, und das ist genau dann der Fall, wenn die folgende Determinante gleich null ist:

$$
\begin{vmatrix} x_2 - x_1 & y_2 - y_1 \\ x_3 - x_1 & y_3 - y_1 \end{vmatrix} = (x_2 - x_1)(y_3 - y_1) - (x_3 - x_1)(y_2 - y_1).
$$

Die Determinante einer Matrix ändert sich nicht, wenn wir zu einer Zeile ein Vielfaches einer anderen Zeile addieren. Ziehen wir die erste Zeile von der zweiten und von der dritten Zeile ab, dann erhalten wir

$$
\begin{aligned}
\det A &= \begin{vmatrix} x_1 & y_1 & 1 \\ x_2 - x_1 & y_2 - y_1 & 0 \\ x_3 - x_1 & y_3 - y_1 & 0 \end{vmatrix} \\
&= (x_2 - x_1)(y_3 - y_1) - (x_3 - x_1)(y_2 - y_1).
\end{aligned}
$$

Wir sehen, dass $\det A = 0$ genau dann gilt, wenn die drei Punkte auf einer Geraden liegen. Gilt andererseits $\det A \neq 0$, dann hat jedes der beiden Systeme (11.2) und (11.3) eine eindeutige Lösung. □

Bemerkung. Wir müssen die Technik von Satz 11.2 anwenden, um die vier Transformationen zu finden, die das Farnblatt beschreiben. Hierzu müssen wir die Koordinatenachsen spezifizieren, und die Koordinaten der Punkte P_i und Q_i bestimmen. In vielen Beispielen können wir jedoch die affine Transformation erahnen, ohne die Koordinaten der Punkte P_i nd Q_i zu bestimmen und die zugehörigen Systeme zu lösen. In diesen Fällen verwenden wir Zusammensetzungen von einfachen affinen Transformationen.

Einige einfache affine Transformationen.

- Homothetie mit einem Streckfaktor r: $T(x,y) = (rx, ry)$.
- Spiegelung an der x-Achse: $T(x,y) = (x, -y)$.
- Spiegelung an der y-Achse: $T(x,y) = (-x, y)$.
- Spiegelung am Ursprung: $T(x,y) = (-x, -y)$.
- Drehung um einen Winkel θ: $T(x,y) = (x\cos\theta - y\sin\theta, x\sin\theta + y\cos\theta)$. Zur Ableitung dieser Formel verwenden wir die Tatsache, dass eine Drehung eine lineare Transformation ist. Die Spalten ihrer Matrix sind die Koordinaten der Bilder der Basisvektoren $e_1 = (1,0)$ und $e_2 = (0,1)$ (Abbildung 11.3). Die Transformationsmatrix ist deswegen
$$\begin{pmatrix} \cos\theta & -\sin\theta \\ \sin\theta & \cos\theta \end{pmatrix}.$$

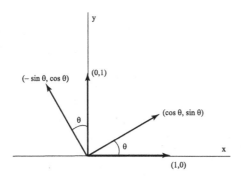

Abb. 11.3. Die Bilder der Basisvektoren einer Drehung um einen Winkel θ.

- Projektion auf die x-Achse: $T(x,y) = (x, 0)$.
- Projektion auf die y-Achse: $T(x,y) = (0, y)$.
- Verschiebung um einen Vektor (e,f): $T(x,y) = (x + e, y + f)$.

11.3 Iterierte Funktionensysteme

Fraktale, die sich mit Hilfe der oben beschriebenen Technik konstruieren lassen, werden als *Attraktoren* von *iterierten Funktionensystemen* bezeichnet. Wir geben jetzt eine formale Definition dieser Begriffe.

Definition 11.3 *1. Eine affine Transformation heißt* affine Kontraktion, *wenn das Bild einer beliebigen Strecke eine kürzere Strecke ist.*

2. *Ein iteriertes Funktionensystem ist eine Menge $\{T_1, \ldots, T_m\}$ von affinen Kontraktionen.*

3. *Als Attraktor eines iterierten Funktionensystems $\{T_1, \ldots, T_m\}$ bezeichnet man das eindeutig bestimmte geometrische Objekt A, für das*

$$A = T_1(A) \cup \cdots \cup T_m(A).$$

Beispiel 11.4 Ein Farnblatt. *Wir betrachten das Farnblatt in Abbildung 11.2. Man erkennt ohne weiteres, dass jeder der Zweige des Farnblattes dem ganzen Farnblatt ähnelt. Folglich ist das Blatt die Vereinigung des Stengels und unendlich vieler kleinerer Kopien des Blattes. Wir möchten es vermeiden, mit einer unendlichen Anzahl von Transformationsmengen zu arbeiten, und gehen mit etwas Sorgfalt an die Sache heran. Es bezeichne A diejenige Teilmenge der Ebene, die aus allen Punkten des Farnblattes besteht. Wir führen ein Koordinatensystem ein. Es sei T_1 die Transformation, die P_i auf Q_i so abbildet, wie in Abbildung 11.4 angegeben. Das Bild $T_1(A)$ ist eine Teilmenge von A. Wir betrachten jetzt $A \setminus T_1(A)$. Diese Differenzmenge besteht aus dem unteren Teil des Stengels und den am weitesten unten befindlichen Zweigen auf beiden Seiten, so wie in Abbildung 11.2 angedeutet. Wir können Punkte Q'_1, Q'_2 und Q'_3 wählen, um eine Transformation T_2 zu konstruieren, die das ganze Blatt auf den am weitesten unten befindlichen linken Zweig abbildet. (Übung!) Ebenso können wir Punkte Q''_1, Q''_2 und Q''_3 wählen, welche eine Transformation T_3 beschreiben, die das ganze Blatt auf den am weitesten unten befindlichen rechten Zweig abbildet. Somit ist $A \setminus (T_1(A) \cup T_2(A) \cup T_3(A))$ einfach der am weitesten unten befindliche Teil des Stengels. Wir möchten eine weitere Transformation T_4 bestimmen, die das ganze Blatt auf diesen Anteil des Stengels abbildet. Eine solche Transformation ist einfach eine Projektion auf die y-Achse, gefolgt von einer Kontraktion (Homothetie mit Streckfaktor $r < 1$) und einer Verschiebung.*

Wir haben vier affine Transformationen derart konstruiert, dass

$$A = T_1(A) \cup T_2(A) \cup T_3(A) \cup T_4(A). \tag{11.4}$$

Wir behaupten und werden später beweisen, dass keine andere Menge als der Farn die Beziehung (11.4) erfüllt. Das Farnblatt ist der Attraktor des iterierten Funktionensystems $\{T_1, T_2, T_3, T_4\}$.

Dieses Beispiel ist relativ kompliziert. Zur Entwicklung der Intuition geben wir deswegen jetzt ein einfacheres Beispiel.

Beispiel 11.5 Das Sierpiński-Dreieck. *Zur Vereinfachung der Rechnungen betrachten wir ein Sierpiński-Dreieck mit einer Grundlinie und einer Höhe 1 (vgl. Abbildung 11.5).*

Hier ist das Dreieck A die Vereinigung dreier seiner Kopien, die jeweils kleiner sind als das Dreieck selbst: $A = T_1(A) \cup T_2(A) \cup T_3(A)$. In diesem Fall können wir mühelos

Abb. 11.4. Die Punkte P_i und Q_i, welche die Transformation T_1 beschreiben.

Abb. 11.5. Das Sierpiński-Dreieck.

die expliziten Gleichungen der affinen Kontraktionen aufschreiben. Setzen wir nämlich voraus, dass sich der Ursprung in der linken unteren Ecke des Dreiecks befindet, dann ist T_1 die Homothetie mit dem Streckfaktor 1/2:

$$T_1(x, y) = (x/2, y/2),$$

und T_2 und T_3 sind einfach Zusammensetzungen von T_1 mit Verschiebungen. Sowohl die Grundlinie als auch die Höhe des Dreiecks haben die Länge 1, und deswegen ist T_2 eine Zusammensetzung von T_1 und einer Verschiebung um $(1/2, 0)$, während T_3 eine Zusammensetzung von T_1 und einer Verschiebung um $(1/4, 1/2)$ ist:

$$\begin{aligned}
T_2(x, y) &= (x/2 + 1/2, y/2), \\
T_3(x, y) &= (x/2 + 1/4, y/2 + 1/2).
\end{aligned}$$

Das Dreieck liegt innerhalb des Quadrates $C_0 = [0, 1] \times [0, 1]$. Wir sind an den Mengen

$$\begin{aligned}
C_1 &= T_1(C_0) \cup T_2(C_0) \cup T_3(C_0), \\
C_2 &= T_1(C_1) \cup T_2(C_1) \cup T_3(C_1), \\
&\vdots \\
C_n &= T_1(C_{n-1}) \cup T_2(C_{n-1}) \cup T_3(C_{n-1}), \\
&\vdots
\end{aligned}$$

interessiert, von denen die ersten in Abbildung 11.6 dargestellt sind. Beachten Sie, dass für hinreichend große n (sogar schon bei $n = 10$) die Menge C_n bereits der Menge A zu ähneln beginnt. Die Menge

$$C_n = T_1(C_{n-1}) \cup T_2(C_{n-1}) \cup T_3(C_{n-1})$$

heißt die n-te Iteration der Ausgangsmenge C_0 unter dem Operator

$$C \mapsto W(C) = T_1(C) \cup T_2(C) \cup T_3(C),$$

der eine Teilmenge C auf eine andere Teilmenge $W(C)$ abbildet.

Das ist der Grund dafür, warum wir A als einen Attraktor *bezeichnen. Bemerkenswert ist folgender Umstand: Hätten wir mit irgendeiner von C_0 verschiedenen Untermenge der Ebene begonnen, dann würde sich als Grenzfall des Verfahrens wiederum das Sierpiński-Dreieck ergeben (vgl. Abbildung 11.7).*

Das allgemeine Prinzip. Das Sierpiński-Dreieck hat es uns ermöglicht, die allgemeine Funktionsweise des Prozesses zu sehen. Bei einem gegebenen Funktionssystem $\{T_1, \ldots, T_m\}$ von affinen Kontraktionen konstruieren wir einen *Operator* W, der auf Teilmengen der Ebene angewendet wird. Eine Teilmenge C wird folgendermaßen auf die Teilmenge $W(C)$ abgebildet:

$$W(C) = T_1(C) \cup T_2(C) \cup \cdots \cup T_m(C). \tag{11.5}$$

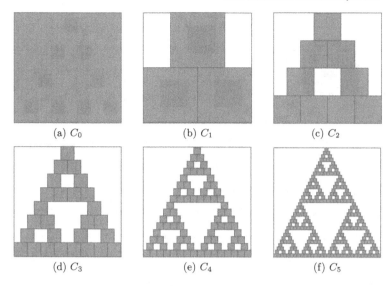

(a) C_0 (b) C_1 (c) C_2

(d) C_3 (e) C_4 (f) C_5

Abb. 11.6. C_0 und die ersten fünf Iterationen C_1–C_5.

Das Fraktal A, das wir konstruieren möchten, ist eine Teilmenge der Ebene und hat die Eigenschaft $W(A) = A$. Wir sagen, dass A ein *Fixpunkt* des Operators W ist.

Im nächsten Abschnitt werden wir sehen, dass es zu allen iterierten Funktionensystemen eine eindeutig bestimmte Teilmenge A der Ebene derart gibt, dass A der Fixpunkt des Operators W ist. Außerdem zeigen wir, dass für alle nichtleeren Teilmengen $C_0 \subset \mathbb{R}^2$ Folgendes gilt: Die Teilmenge A ist der *Grenzwert* der Folge $\{C_n\}$, die durch die Rekursion

$$C_{n+1} = W(C_n)$$

definiert ist. Die Teilmenge A wird als der Attraktor des iterierten Funktionensystems bezeichnet. Wenn wir also eine Menge B kennen, welche die Eigenschaft $B = W(B)$ hat, dann wissen wir auch, dass B der Grenzwert der Folge $\{C_n\}$ ist.

In unserem Beispiel des Sierpiński-Dreiecks haben wir das Einheitsquadrat $[0,1] \times [0,1]$ als unsere Ausgangsmenge C_0 verwendet und die Folge $\{C_n\}_{n \geq 0}$ mit Hilfe der Rekursion $C_{n+1} = W(C_n)$ konstruiert. Die experimentellen Ergebnisse von Abbildung 11.6 haben uns davon überzeugt, dass die Folge $\{C_n\}_{n \geq 0}$ gegen die Menge A, also gegen das Sierpiński-Dreieck „konvergiert". Wir hätten dieses Experiment auch mit jeder anderen Ausgangsmenge B_0 durchführen können, zum Beispiel mit $B_0 = [1/4, 3/4] \times [1/4, 3/4]$. Als Ergebnis hätten wir dann erhalten, dass die Folge $\{B_n\}_{n \geq 0}$ (mit $B_{n+1} = W(B_n)$) wieder gegen A konvergiert (Abbildung 11.7).

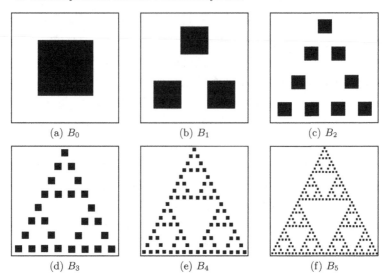

(a) B_0 (b) B_1 (c) B_2

(d) B_3 (e) B_4 (f) B_5

Abb. 11.7. B_0 und die ersten fünf Iterationen B_1–B_5.

Wir können uns davon überzeugen, dass wir eine Ausgangsmenge B_0 hätten nehmen können, die aus nur einem einzigen Punkt des Quadrats C_0 besteht. In diesem Fall besteht die Menge B_n aus 3^n Punkten. Schwärzen wir für jeden Punkt B_n das entsprechende Pixel im digitalisierten Bild, dann ähnelt das Bild für ein hinreichend großes n dem Sierpiński-Dreieck A.

Tatsächlich arbeiten die traditionellen Programme zum Zeichnen von Fraktalen ein bisschen anders, denn es ist einfacher, bei jedem Schritt einen einzigen Punkt zu zeichnen als Teilmengen der Ebene, die aus 3^n Punkten bestehen. Wir beginnen damit, einen Punkt P_0 im Rechteck R zu wählen. Bei jedem Schritt wählen wir zufällig eine der Transformationen T_i und berechnen $P_n = T_{i_n}(P_{n-1})$, wobei T_{i_n} die bei Schritt n zufällig gewählte Transformation ist. Liegt der Punkt P_0 bereits in der Menge A, dann ähnelt die Rekonstruktion der gesamten Punktmenge aus der Folge $\{P_n\}_{n\geq 0}$ sehr bald der Menge A. Falls wir unsicher sind, ob P_0 in A liegt, dann lassen wir die ersten M erzeugten Punkte $P_0, \ldots, P_{M-1}$ weg und zeichnen die Punkte $\{P_n\}_{n\geq M}$. Im folgenden Abschnitt zeigen wir, dass es immer einen Wert M gibt, der eine gute Approximation an A gewährleistet. In der Praxis nimmt man für M häufig einen so kleinen Wert wie 10, denn die Konvergenz gegen den Attraktor geht üblicherweise ziemlich schnell.

Wenn wir das Sierpiński-Dreieck von Abbildung 11.5 zeichnen, dann haben wir bei jeden Schritt zufällig eine der Transformationen $\{T_1, T_2, T_3\}$ ausgewählt. Wir haben also bei jedem Schritt n eine Zahl $i_n \in \{1, 2, 3\}$ zufällig ausgewählt und die Transformation

T_{i_n} angewendet. Jedesmal, wenn wir 1 erzeugt haben, haben wir T_1 angewendet. Bei der Erzeugung von 2 haben wir T_2 angewendet und bei der Erzeugung von 3 haben wir T_3 angewendet. Für das Farnblatt ist dieses Verfahren nicht sehr effizient: Wir müssten zu viel Zeit für das Zeichnen von Punkten des Stengels und der untersten Blätter verwenden und hätten nicht genug Zeit für den Rest des Farnblattes. Es sei T_1 (bzw. T_2, T_3, T_4) die affine Kontraktion, die das Blatt auf den oberen Teil (bzw. auf den linken unteren Zweig, den rechten unteren Zweig und auf den Stengel) des Blattes abbildet. Wir arrangieren die Dinge so, dass unser Zufallszahlengenerator die 1 mit einer Wahrscheinlichkeit von 85%, 2 und 3 mit Wahrscheinlichkeiten von je 7% und 4 mit einer Wahrscheinlichkeit von 1% liefert. Zu diesem Zweck erzeugen wir Zufallszahlen $\bar{a}_n$ im Bereich von 1 bis 100, indem wir T_1 dann wählen, wenn $\bar{a}_n \in \{1, \ldots, 85\}$, T_2 dann, wenn $\bar{a}_n \in \{86, \ldots, 92\}$, T_3 dann, wenn $\bar{a}_n \in \{93, \ldots, 99\}$ und T_4 dann, wenn $\bar{a}_n \in \{100\}$.

Ein Mathematica-Programm zur Erzeugung des Farnblattes von Abbildung 11.2 (Die Koeffizienten der Transformationen T_i sind [1] entnommen.)

```
chooseT := (r = RandomInteger[{1, 100}];
    If[r <= 85, 1,
      If[r <= 92, 2,
        If[r <= 99, 3, 4]]])


t = { (* { linear transformation, translation } *)
      {{{0.85, 0.04}, {-0.04, 0.85}}, {0., 1.6}},
      {{{0.2, -0.26}, {0.23, 0.22}}, {0., 1.6}},
      {{{-0.15, 0.28}, {0.26, 0.24}}, {0., 0.44}},
      {{{0., 0.}, {0., 0.16}}, {0., 0.}}
      };


transfoAff[t_, pt_] := t[[1]].pt + t[[2]]


nIteration = 20000; A = {{0., 0.}};
Do[AppendTo[A, transfoAff[t[[chooseT]], Last[A]]], {nIteration}]


ListPlot[A, AspectRatio -> Automatic, Axes -> False]
```

11.4 Iterierte Kontraktionen und Fixpunkte

Ein vollständiges Studium dieses Abschnitts erfordert einige Vertrautheit mit Analysis, aber die Grundprinzipien sind auch so verständlich.

Wir haben bereits Folgendes bemerkt: Zu allen iterierten Funktionensystemen $\{T_1, \ldots, T_m\}$ existiert eine eindeutig bestimmte Teilmenge A der Ebene mit der Eigenschaft, dass diese Teilmenge ein Fixpunkt des Operators W ist, der durch

$$W(B) = T_1(B) \cup \cdots \cup T_m(B) \tag{11.6}$$

definiert ist. Diese Menge, die der Bedingung $W(A) = A$ genügt, wird als Attraktor des iterierten Funktionsystems bezeichnet. Wir werden diese Ausdrucksweise jetzt begründen.

Der folgende Satz aus der reellen Analysis liefert den Schlüssel.

Satz 11.6 *Es sei* $f: \mathbb{R} \to \mathbb{R}$ *eine Kontraktion. Das bedeutet: Es gibt ein* $0 < r < 1$ *derart, dass für alle* $x, x' \in \mathbb{R}$ *die Beziehung*

$$|f(x) - f(x')| \leq r|x - x'|$$

gilt. Dann hat f *einen eindeutig bestimmten Fixpunkt* $a \in \mathbb{R}$*, so dass* $f(a) = a$*.*

Wir beweisen diesen Satz, um seine Wirkungsweise genau zu verstehen. Bei der Beweisführung ist zu beachten, dass wir $\mathbb{R}$ durch ein beliebiges abgeschlossenes Intervall $[\alpha, \beta]$ und allgemeiner durch einen vollständigen metrischen Raum ersetzen können (für den wir weiter unten eine intuitive Definition geben). Jedoch ist es nicht möglich, $\mathbb{R}$ durch $\mathbb{Q}$ oder durch irgendein offenes Intervall (α, β) zu ersetzen. Bei der Verallgemeinerung dieses Satzes ersetzen wir den Begriff eines Punktes in $\mathbb{R}$ durch den Begriff einer abgeschlossenen und beschränkten Teilmenge von $\mathbb{R}^2$, und die Funktion f wird durch den in (11.6) definierten Operator W ersetzt. Wir brauchen den Begriff des *Abstands* zwischen zwei Teilmengen (das Äquivalent von $|x - x'|$ in der obigen Formulierung), und wir werden zeigen, dass W eine Kontraktion in Bezug auf diesen Abstand ist. Wir möchten die gleiche Überlegung wie im Beweis von Satz 11.6 verwenden, um die Existenz eines eindeutig bestimmten Attraktors A zu beweisen, also einer abgeschlossenen und beschränkten Teilmenge von $\mathbb{R}^2$ mit der Eigenschaft, dass diese Teilmenge ein Fixpunkt von W ist.

BEWEIS VON SATZ 11.6. Wir zeigen zunächst: Hat f einen Fixpunkt, dann ist dieser eindeutig bestimmt. Wir nehmen an, dass $a_1 \neq a_2$ zwei Fixpunkte von f sind. Dann haben wir $f(a_2) - f(a_1) = a_2 - a_1$, weil beides Fixpunkte sind. Da jedoch f eine Kontraktion ist, haben wir $|f(a_2) - f(a_1)| \leq r|a_2 - a_1|$ mit $0 < r < 1$, was ein Widerspruch ist.

Wir müssen nun die Existenz von a beweisen. Um a zu erhalten, beginnen wir mit einem Punkt $x_0 \in \mathbb{R}$ und konstruieren die Folge seiner Iterierten $x_1 = f(x_0)$, $x_2 = f(x_1)$, $\ldots, x_{n+1} = f(x_n), \ldots$. Ist $x_1 = x_0$, dann ist x_0 ein Fixpunkt und wir sind fertig. Es sei nun $x_1 \neq x_0$. Dann haben wir

$$|x_{n+1} - x_n| = |f(x_n) - f(x_{n-1})| \leq r|x_n - x_{n-1}|$$

und Iterieren liefert

$$|x_{n+1} - x_n| \leq r^n|x_1 - x_0|.$$

Wir zeigen, dass die Folge $\{x_n\}$ gegen einen Punkt $a \in \mathbb{R}$ konvergiert und dass der Grenzwert a ein Fixpunkt von f ist. Es gibt ein sehr leistungsstarkes Werkzeug für den Nachweis, dass eine Folge von reellen Zahlen konvergiert, ohne dass wir für diesen

Nachweis einen Kandidaten für den Grenzwert haben müssen: Es reicht aus zu zeigen, dass es sich um eine Cauchy-Folge handelt. (Wir erinnern daran, dass eine Folge $\{x_n\}$ als Cauchy-Folge bezeichnet wird, falls $\forall \epsilon > 0 \ \exists N \in \mathbb{N}$, so dass für alle $n, m > N$ die Beziehung $|x_n - x_m| < \epsilon$ gilt.) Wir nehmen an, dass $n > m$. Dann gilt

$$
\begin{aligned}
|x_n - x_m| &= |(x_n - x_{n-1}) + (x_{n-1} - x_{n-2}) + \cdots + (x_{m+1} - x_m)| \\
&\leq |x_n - x_{n-1}| + |x_{n-1} - x_{n-2}| + \cdots + |x_{m+1} - x_m| \\
&\leq (r^{n-1} + r^{n-2} + \cdots + r^m)|x_1 - x_0| \\
&\leq r^m(r^{n-m-1} + \cdots + 1)|x_1 - x_0| \\
&\leq \frac{r^m}{1-r}|x_1 - x_0|.
\end{aligned}
$$

Damit $|x_n - x_m|$ kleiner als ϵ wird, reicht es aus, m so groß zu wählen, dass

$$
\frac{r^m|x_1 - x_0|}{1 - r} < \epsilon,
$$

oder mit anderen Worten, $r^m < \frac{\epsilon(1-r)}{|x_1-x_0|}$. Da $0 < r < 1$, wählen wir dann N so groß, dass $\frac{r^N|x_1-x_0|}{1-r} < \epsilon$. Da $r^m < r^N$ für $m > N$, haben wir damit gezeigt, dass die Folge $\{x_n\}$ eine Cauchy-Folge ist.

Jede Cauchy-Folge von reellen Zahlen konvergiert gegen eine reelle Zahl, und deswegen konvergiert die Folge $\{x_n\}$ gegen eine Zahl $a \in \mathbb{R}$. Wir müssen noch beweisen, dass a ein Fixpunkt von f ist. Hierzu müssen wir zeigen, dass f stetig ist. Tatsächlich ist f gleichmäßig stetig in $\mathbb{R}$. Es sei $\epsilon > 0$ und man nehme $\delta = \epsilon$. Ist $|x - x'| < \delta$, dann haben wir

$$
|f(x) - f(x')| \leq r|x - x'| < r\delta = r\epsilon < \epsilon.
$$

Die Funktion f ist stetig und deswegen ist das Bild der konvergenten Folge $\{x_n\}$ mit dem Grenzwert a selbst eine konvergente Folge mit dem Grenzwert $f(a)$. Folglich gilt

$$
f(a) = \lim_{n \to \infty} f(x_n) = \lim_{n \to \infty} x_{n+1} = \lim_{n \to \infty} x_n = a.
$$

$\square$

Wir können die Aussage des vorhergehenden Satz verallgemeinern, ohne den Beweis zu ändern. Wir können $\mathbb{R}$ durch einen allgemeinen Raum K ersetzen, der mit $\mathbb{R}$ gewisse gemeinsame Eigenschaften hat. Tatsächlich fordern wir nur, dass K ein *vollständiger metrischer Raum* ist. Wir reservieren die Buchstaben x und y für die kartesischen Koordinaten eines Punktes und bezeichnen deswegen die Punkte von K mit den Buchstaben $v, w, \ldots$. Bevor wir mit diesen Räumen arbeiten, müssen wir definieren, was wir unter dem *Abstand* $d(v, w)$ zweier Elemente v, w eines Raumes K verstehen. Wir formulieren unsere Abstandsdefinition so, dass sie die Eigenschaften von $|x - x'|$ in $\mathbb{R}$ widerspiegelt.

Definition 11.7 *1. Eine Abstandsfunktion $d(\cdot, \cdot)$ auf einer Menge K ist eine Funktion $d : K \times K \to \mathbb{R}^+ \cup \{0\}$ mit folgenden Eigenschaften:*

(i) $d(v, w) \geq 0$;

(ii) $d(v, w) = d(w, v)$;

(iii) $d(v, w) = 0$ gilt genau dann, wenn $v = w$;

(iv) Dreiecksungleichung: Für alle v, w, z, gilt

$$d(v, w) \leq d(v, z) + d(z, w).$$

2. *Eine Menge K, die mit einer Abstandsfunktion d versehen ist, heißt* metrischer Raum.

3. *Eine Folge $\{v_n\}$ von Elementen aus K ist eine Cauchy-Folge, wenn $\forall \epsilon > 0, \exists N \in \mathbb{N}$, so dass für alle $m, n > N$ die Beziehung $d(v_n, v_m) < \epsilon$ gilt.*

4. *Eine Folge $\{v_n\}$ von Elementen aus K konvergiert gegen ein Element $w \in K$, wenn $\forall \epsilon > 0, \exists N \in \mathbb{N}$, so dass für alle $n > N$ die Beziehung $d(v_n, w) < \epsilon$ gilt. Das Element w heißt Grenzwert der Folge $\{v_n\}$.*

5. *Ein metrischer Raum K ist* vollständig, *wenn jede Cauchy-Folge von Elementen aus K gegen einen Grenzwert konvergiert, der ebenfalls in K liegt.*

Beispiel 11.8   *1. $\mathbb{R}^n$ bildet zusammen mit dem euklidischen Abstand einen vollständigen metrischen Raum.*

2. *Es sei K die Menge aller abgeschlossenen und beschränkten Teilmengen von $\mathbb{R}^2$: Wir bezeichnen diese als* kompakte Untermengen *von $\mathbb{R}^2$. Der Abstand, den wir über dieser Menge von Teilmengen verwenden, ist der Hausdorff-Abstand, den wir in Abschnitt 11.5 definieren und diskutieren. In Bezug auf diesen Abstand bildet K einen vollständigen metrischen Raum (einen Beweis dieser Tatsache findet man in [1]).*

3. *Beim Übergang von der Theorie zur Praxis in Abschnitt 11.7 werden wir ein Schwarzweißfoto in einem Rechteck R als Funktion $f : R \to S$ betrachten, wobei S die Menge der Grautöne bezeichnet. Wir können dann mit Hilfe der nachstehenden Definitionen einen Abstand zwischen zwei solchen Funktionen f und f' einführen:*

$$d_1(f, f') = \max_{(x,y) \in R} |f(x, y) - f'(x, y)|$$

und

$$d_2(f, f') = \left(\iint_R (f(x, y) - f'(x, y))^2 \, dx \, dy \right)^{1/2}. \tag{11.7}$$

In Bezug auf diese Abstände bildet die Funktionenmenge $f : R \to S$ einen vollständigen metrischen Raum. Wir können die Menge $R = [a, b] \times [c, d]$ durch eine diskrete Pixelmenge über dem Rechteck R ersetzen, wenn wir die obigen Definitionen leicht modifizieren. Zum Beispiel wird das Doppelintegral in der Abstandsfunktion durch eine diskrete Summe über den einzelnen Pixeln ersetzt. Nehmen x und y die Werte $\{0, \ldots, h - 1\}$ bzw. $\{0, \ldots, v - 1\}$) an, dann wird der Abstand (11.7) zu

$$d_3(f, f') = \left(\sum_{x=0}^{h-1} \sum_{y=0}^{v-1} (f(x,y) - f'(x,y))^2 \right)^{1/2}. \tag{11.8}$$

Wir fordern, dass der in (11.5) definierte Operator W eine Kontraktion in Bezug auf die Abstandsfunktion über dem Raum K ist. Das führt uns zu dem berühmten Banach'schen Fixpunktsatz: Da wir ihn auf die Elemente von K anwenden, die kompakte Teilmengen von $\mathbb{R}^2$ sind, verwenden wir Großbuchstaben für die Elemente von K.

Satz 11.9 (Banach'scher Fixpunktsatz) *Es sei K ein vollständiger metrischer Raum und $W: K \to K$ eine Kontraktion. Mit anderen Worten, es sei W eine Funktion derart, dass für alle $B_1, B_2 \in K$,*

$$d(W(B_1), W(B_2)) \le r\, d(B_1, B_2) \tag{11.9}$$

mit $0 < r < 1$. Dann existiert ein eindeutig bestimmter Fixpunkt $A \in K$ von W, das heißt, $W(A) = A$.

Wir geben hier keinen Beweis des Banach'schen Fixpunktsatzes, denn der Beweis unterscheidet sich nicht von dem Beweis von Satz 11.6. Wir müssen dabei nur $|x - x'|$ durch $d(B, B')$ ersetzen.

Der Banach'sche Fixpunktsatz ist einer der wichtigsten Sätze der Mathematik. Er hat Anwendungen in vielen verschiedenen Gebieten.

Beispiel 11.10 *Wir diskutieren einige Anwendungen des Banach'schen Fixpunktsatzes:*

1. *Eine erste klassische Anwendung dieses Satzes ermöglicht uns einen Beweis der Existenz und Eindeutigkeit der Lösungen von gewöhnlichen Differentialgleichungen, die einer Lipschitz-Bedingung genügen. In diesem Beispiel sind die Elemente von K Funktionen. Der Fixpunkt ist die eindeutig bestimmte Funktion, die eine Lösung der Differentialgleichung ist. Wir werden uns hier nicht weiter in dieses Beispiel vertiefen. Wir möchten jedoch darauf hinweisen, dass einfache Ideen oft wichtige Anwendungen in scheinbar nicht miteinander verwandten Gebieten haben.*

2. *Die zweite Anwendung ist von unmittelbarem Interesse. Es sei K die Menge aller abgeschlossenen und beschränkten Teilmengen der Ebene zusammen mit dem Hausdorff-Abstand. In Bezug auf diesen Abstand bildet K einen vollständigen metrischen Raum. Man betrachte eine Menge von affinen Kontraktionen $T_1, \ldots, T_m$, die ein iteriertes Funktionensystem bilden. Wir nehmen den Operator von (11.6) und zeigen, dass es sich um eine Kontraktion handelt, welche (11.9) für ein $0 < r < 1$ erfüllt. Satz 11.9 beweist unmittelbar sowohl die Existenz als auch die Eindeutigkeit des Attraktors A eines solchen iterierten Funktionensystems.*

Bemerkung. Der Banach'sche Satz besagt, dass der Fixpunkt A einer Kontraktion W *eindeutig* sein muss. Wenn wir also eine Menge A mit dieser Eigenschaft kennen (zum Beispiel das Farnblatt), dann wissen wir mit Sicherheit, dass diese Menge tatsächlich der Fixpunkt des iterierten Funktionensystems ist, den wir konstruiert haben.

11.5 Der Hausdorff-Abstand

Die Definition dieser Abstandsfunktion ist etwas schwierig. Wir beginnen deswegen mit einer Diskussion der intuitiven Grundlagen, auf denen dieser Abstandsbegriff aufbaut. Der Beweis des Banach'schen Fixpunktsatzes verwendet die Abstandsfunktion nur als Werkzeug zur Diskussion der Konvergenz und der Nähe zweier Elemente von K. Wenn wir davon sprechen, dass eine Folge von Mengen B_n aus K gegen eine Menge A konvergiert, dann möchten wir intuitiv zeigen, dass die Mengen B_n für hinreichend große n der Menge A sehr ähnlich sind.

Wir möchten also den Begriff der „Nähe" zweier Mengen B_1 und B_2 so quantifizieren, dass wir exakt sagen können, dass zwei Mengen den Abstand ϵ voneinander haben. Eine Möglichkeit, das zu tun, besteht darin, die Menge B_1 um einen Betrag ϵ „aufzublasen". Das heißt, wir betrachten die Menge aller Punkte, die innerhalb eines Abstands ϵ von irgendeinem Punkt in B_1 liegen. Ist der Abstand zwischen B_1 und B_2 kleiner als ϵ, dann sollte B_2 vollständig innerhalb der aufgeblasenen Version von B_1 enthalten sein. Die ϵ-aufgeblasene Menge B_1 ist durch

$$B_1(\epsilon) = \{ v \in \mathbb{R}^2 | \exists w \in B_1 \text{ so dass } d(v,w) < \epsilon \}$$

gegeben, wobei $d(v,w)$ der gewöhnliche euklidische Abstand zwischen v und w ist (beides Punkte von $\mathbb{R}^2$). Wir fordern, dass $B_2 \subset B_1(\epsilon)$. Das ist jedoch nicht hinreichend. Die Menge B_2 könnte eine ganz andere Form haben und viel kleiner als B_1 sein. Deswegen blasen wir auch B_2 auf:

$$B_2(\epsilon) = \{ v \in \mathbb{R}^2 | \exists w \in B_2 \text{ so dass } d(v,w) < \epsilon \}$$

und fordern, dass $B_1 \subset B_2(\epsilon)$. Mit $d_H(B_1, B_2)$ bezeichnen wir den *Hausdorff-Abstand* zwischen B_1 und B_2, der noch exakt definiert werden muss. Wir möchten, dass

$$d_H(B_1, B_2) < \epsilon \iff (B_1 \subset B_2(\epsilon) \quad \text{und} \quad B_2 \subset B_1(\epsilon)).$$

Diese intuitive Idee des Aufblasens einer Menge, bis sie eine andere Menge umfasst, hilft uns bei der formalen Definition des Hausdorff-Abstands.

Definition 11.11 *1. Es sei B eine kompakte (abgeschlossene und beschränkte) Teilmenge von $\mathbb{R}^2$ und es sei $v \in \mathbb{R}^2$. Der Abstand zwischen v und B, den wir durch $d(v, B)$ bezeichnen, ist*

$$d(v, B) = \min_{w \in B} d(v, w).$$

2. *Der* Hausdorff-Abstand *zwischen zwei kompakten Mengen B_1 und B_2 von $\mathbb{R}^2$ ist*

$$d_H(B_1, B_2) = \max\left(\max_{v \in B_1} d(v, B_2), \max_{w \in B_2} d(w, B_1)\right).$$

Bemerkungen.

(i) Die Bedingung, dass B, B_1 und B_2 kompakt sind, gewährleistet, dass die Minima und Maxima von Definition 11.11 wirklich existieren.

(ii) Unter Berücksichtigung der sich auf die Maxima beziehenden Aussage

$$\max(a, b) < \epsilon \Longleftrightarrow (a < \epsilon \quad \text{und} \quad b < \epsilon)$$

gilt

$$d_H(B_1, B_2) < \epsilon$$

dann und nur dann, wenn

$$\max_{v \in B_1} d(v, B_2) < \epsilon \quad \text{und} \quad \max_{w \in B_2} d(w, B_1) < \epsilon,$$

dann und nur dann, wenn

$$B_1 \subset B_2(\epsilon) \quad \text{und} \quad B_2 \subset B_1(\epsilon).$$

Demnach ist der Hausdorff-Abstand eng mit dem Begriff der aufgeblasenen Mengen verwandt.

Wir geben den folgenden Satz ohne Beweis an:

Satz 11.12 *[1] Es sei K die Menge aller kompakten Teilmengen der Ebene. Dann ist der Hausdorff-Abstand über K eine Abstandsfunktion gemäß Definition 11.7. Darüber hinaus ist K in Bezug auf den Hausdorff-Abstand ein vollständiger metrischer Raum.*

Unsere Menge K bildet in Bezug auf den Hausdorff-Abstand einen vollständigen metrischen Raum. Wir haben den Operator $W\colon K \to K$ in (11.6) definiert. Um den Banach'schen Fixpunktsatz anzuwenden, müssen wir nun zeigen, dass W eine Kontraktion ist.

Hierzu erläutern wir zunächst den Begriff des Kontraktionsfaktors r im Zusammenhang mit den affinen Transformationen.

Definition 11.13 *Es sei $T\colon \mathbb{R}^2 \to \mathbb{R}^2$ eine affine Kontraktion.*

1. *Eine reelle Zahl $r \in (0, 1)$ ist ein* Kontraktionsfaktor *für T, wenn für alle $v, w \in \mathbb{R}^2$ folgende Beziehung gilt:*

$$d(T(v), T(w)) \leq r d(v, w).$$

2. *Ein Kontraktionsfaktor r heißt* exakter Kontraktionsfaktor, *wenn für alle $v, w \in \mathbb{R}^2$ folgende Beziehung gilt:*

$$d(T(v), T(w)) = rd(v, w).$$

Bemerkung. Nur affine Transformationen, deren linearer Anteil irgendeine Zusammensetzung einer Homothetie mit einer Drehung und einer Spiegelung an einer Geraden ist, haben exakte Kontraktionsfaktoren.

Satz 11.14 *Es sei $\{T_1, \ldots, T_m\}$ ein iteriertes Funktionensystem derart, dass jedes T_i einen Kontraktionsfaktor $r_i \in (0, 1)$ hat. Dann ist $r = \max(r_1, \ldots, r_m)$ ein Kontraktionsfaktor des in (11.5) definierten Operators W.*

Der Beweis dieses Satzes erfordert die folgenden Lemmas bezüglich des Hausdorff-Abstands.

Lemma 11.15 *Es sei $B, C, D, E \in K$. Dann gilt*

$$d_H(B \cup C, D \cup E) \leq \max(d_H(B, D), d_H(C, E)).$$

BEWEIS. Entsprechend unserer Bemerkung im Anschluss an Definition 11.11 reicht es aus, folgende Aussagen zu zeigen:

(i) für alle $v \in B \cup C$ gilt

$$d(v, D \cup E) \leq d_H(B, D) \leq \max(d_H(B, D), d_H(C, E))$$

    oder

$$d(v, D \cup E) \leq d_H(C, E) \leq \max(d_H(B, D), d_H(C, E));$$

(ii) und für alle $w \in D \cup E$ gilt

$$d(w, B \cup C) \leq d_H(B, D) \leq \max(d_H(B, D), d_H(C, E))$$

    oder

$$d(w, B \cup C) \leq d_H(C, E) \leq \max(d_H(B, D), d_H(C, E)).$$

Wir werden nur (i) beweisen, da der Beweis von (ii) vollkommen analog verläuft. Es sei $v \in B \cup C$ ein gegebener Punkt. Da D und E kompakte Mengen sind, existiert ein $z \in D \cup E$ derart, dass $d(v, D \cup E) = d(v, z)$. Für alle $w \in D \cup E$ gilt also $d(v, z) \leq d(v, w)$. Insbesondere haben wir für alle $u \in D$ die Beziehung $d(v, z) \leq d(v, u)$, oder äquivalent $d(v, z) \leq d(v, D)$. Zusätzlich haben wir für alle $p \in E$ die Beziehung $d(v, z) \leq d(v, p)$ und somit ergibt sich $d(v, z) \leq d(v, E)$. Jedoch ist $v \in B \cup C$ und daher $v \in B$ oder $v \in C$. Ist $v \in B$, dann haben wir

$$d(v, D) \leq d_H(B, D) \leq \max(d_H(B, D), d_H(C, E)).$$

Ist $v \in C$, so sehen wir auf ähnliche Weise, dass

$$d(v, E) \le d_H(C, E) \le \max(d_H(B, D), d_H(C, E)).$$

Der Rest von Aussage (i) folgt aus der Tatsache, dass $d(v, D \cup E) \le d(v, D)$ und $d(v, D \cup E) \le d(v, E)$ (Übung 14).   □

Lemma 11.16 *Ist $T \colon \mathbb{R}^2 \to \mathbb{R}^2$ eine affine Kontraktion mit dem Kontraktionsfaktor $r \in (0, 1)$, dann ist r auch ein Kontraktionsfaktor für die (leicht missbräuchlich wieder mit T bezeichnete) Abbildung $T \colon K \to K$, die durch*

$$T(B) = \{T(v) | v \in B\}$$

definiert ist.

BEWEIS. Man betrachte $B_1, B_2 \in K$. Wir müssen zeigen, dass

$$d_H(T(B_1), T(B_2)) \le r d_H(B_1, B_2).$$

Wie oben reicht es aus zu zeigen, dass Folgendes gilt:

(i) für alle $v \in T(B_1)$ haben wir $d(v, T(B_2)) \le r d_H(B_1, B_2)$;
(ii) und für alle $w \in T(B_2)$ haben wir $d(w, T(B_1)) \le r d_H(B_1, B_2)$.

Wir werden wieder nur (i) beweisen, da der Beweis von (ii) analog verläuft. Wegen $v \in T(B_1)$ sehen wir, dass $v = T(v')$ für ein $v' \in B_1$ gilt. Es sei $w \in T(B_2)$. Dann ist $d(v, T(B_2)) \le d(v, w)$. Wir wählen $w' \in B_2$ so, dass $w = T(w')$. Dann folgen die Beziehungen

$$d(v, T(B_2)) \le d(v, w) = d(T(v'), T(w')) \le r d(v', w').$$

Da das für alle $w' \in B_2$ gilt, schließen wir, dass

$$d(v, T(B_2)) \le r d(v', B_2) \le r d_H(B_1, B_2).$$

□

BEWEIS VON 11.14. Der Beweis erfolgt mit Induktion nach der Anzahl m der Transformationen, die den Operator W definieren. Wir zeigen: Sind die T_i ($i = 1, \ldots, m$) Kontraktionen mit den Kontraktionsfaktoren r_i, dann ist $r = \max(r_1, \ldots, r_m)$ ein Kontraktionsfaktor für W. Der Fall $m = 1$ folgt unmittelbar aus Lemma 11.16. Zwar ist es nicht notwendig, den Fall $m = 2$ explizit zu behandeln, aber wir tun es trotzdem, um die Beweisidee deutlich zu machen, bevor wir den allgemeinen Fall betrachten. Ist $m = 2$, dann haben wir $W(B) = T_1(B) \cup T_2(B)$. Wir sehen, dass sich

$$
\begin{aligned}
d_H(W(B), W(C)) &= d_H(T_1(B) \cup T_2(B), T_1(C) \cup T_2(C)) \\
&\le \max(d_H(T_1(B), T_1(C)), d_H(T_2(B), T_2(C))) \\
&\le \max(r_1 d_H(B, C), r_2 d_H(B, C)) \\
&= \max(r_1, r_2) d_H(B, C)
\end{aligned}
$$

durch die aufeinanderfolgende Anwendung der Lemmas 11.15 und 11.16 ergibt.

Wir setzen voraus, dass der Satz für ein System von m iterierten Funktionen gilt und betrachten den Fall von $m + 1$ Funktionen. In diesem Fall haben wir $W(B) = T_1(B) \cup \cdots \cup T_{m+1}(B)$. Es folgt

$$
\begin{aligned}
d_H(W(B), W(C)) &= d_H(T_1(B) \cup \cdots \cup T_{m+1}(B), T_1(C) \cup \cdots \cup T_{m+1}(C)) \\
&= d_H\left(\left(\bigcup_{i=1}^{m} T_i(B)\right) \cup T_{m+1}(B), \left(\bigcup_{i=1}^{m} T_i(C)\right) \cup T_{m+1}(C)\right) \\
&\leq \max\left(d_H\left(\bigcup_{i=1}^{m} T_i(B), \bigcup_{i=1}^{m} T_i(C)\right), d_H(T_{m+1}(B), T_{m+1}(C))\right) \\
&\leq \max(\max(r_1, \ldots, r_m) d_H(B, C), r_{m+1} d_H(B, C)) \\
&\leq \max(r_1, \ldots, r_{m+1}) d_H(B, C)
\end{aligned}
$$

aufgrund der Induktionsvoraussetzung und unter Anwendung der Lemmas 11.15 und 11.16.   □

Satz 11.14 gewährleistet, dass unabhängig von $B \subset \mathbb{R}^2$ der Hausdorff-Abstand zwischen zwei aufeinanderfolgenden Iterierten $W^n(B)$ und $W^{n+1}(B)$ mit wachsendem n abnimmt, da

$$
d_H(W^n(B), W^{n+1}(B)) \leq r d_H(W^{n-1}(B), W^n(B)) \leq \cdots \leq r^n d_H(B, W(B)),
$$

wobei $r \in (0, 1)$. Das ermöglicht es uns jedoch nicht, irgendetwas über den Abstand zwischen B und dem Attraktor A zu sagen. Diese Frage wird im folgenden Ergebnis behandelt, das den Namen *Collage-Satz von Barnslay* trägt.

Satz 11.17 (Collage-Satz von Barnslay [1]) *Es sei $\{T_1, \ldots, T_m\}$ ein iteriertes Funktionensystem mit einem Kontraktionsfaktor $r \in (0, 1)$ und dem Attraktor A. Man wähle B und $\epsilon > 0$ so, dass*

$$
d_H(B, T_1(B) \cup \cdots \cup T_m(B)) \leq \epsilon.
$$

Dann gilt

$$
d_H(B, A) \leq \frac{\epsilon}{1 - r}. \tag{11.10}
$$

BEWEIS. Wir verwenden einen Teil des Beweises von Satz 11.6, um den Abstand $d_H(B, W^n(B))$ zu beschränken. Aus der Dreiecksungleichung folgt

$$
\begin{aligned}
d_H(B, W^n(B)) &\leq d_H(B, W(B)) + \cdots + d_H(W^{n-1}(B), W^n(B)) \\
&\leq (1 + r^1 + \cdots + r^{n-1}) d_H(B, W(B)) \\
&\leq \frac{1 - r^n}{1 - r} d_H(B, W(B)) \\
&\leq \frac{1}{1 - r} d_H(B, W(B)) \leq \frac{\epsilon}{1 - r}.
\end{aligned}
$$

Man betrachte ein beliebiges $\eta > 0$. Dann existiert ein N derart, dass aus $n > N$ die Beziehung $d_H(W^n(B), A) < \eta$ folgt. Ist also $n > N$, dann haben wir

$$d_H(B, A) \le d_H(B, W^n(B)) + d_H(W^n(B), A) < \frac{\epsilon}{1-r} + \eta.$$

Diese Ungleichung gilt für alle $\eta > 0$ und deswegen können wir schließen, dass $d_H(B, A) \le \frac{\epsilon}{1-r}$. $\qquad\square$

Der Collage-Satz ist für praktische Anwendungen von iterierten Funktionensystemen äußerst wichtig. Wir wollen nämlich annehmen, dass wir anstelle des mathematisch präzisen Farnblattes von Abbildung 11.2 ein Foto eines realen Farnblattes betrachten, das wir mit B bezeichnen. Es ist möglich (und ziemlich wahrscheinlich), dass es keine Menge von vier affinen Transformationen $T_1, \ldots, T_4$ derart gibt, dass $B = T_1(B) \cup T_2(B) \cup T_3(B) \cup T_4(B)$. Wir können nur sagen, dass B für vier affine Transformationen $T_1, \ldots, T_4$ annähernd gleich

$$C = T_1(B) \cup T_2(B) \cup T_3(B) \cup T_4(B)$$

ist. Müssten wir nun (zum Beispiel mit Hilfe eines Computers) den Attraktor A des iterierten Funktionensystems $\{T_1, \ldots, T_4\}$ konstruieren und würde $d_H(B, C) \le \epsilon$ gelten, dann gewährleistet der Collage-Satz, dass $d_H(A, B) \le \frac{\epsilon}{1-r}$. Mit anderen Worten: A ähnelt B. Somit ist unser Verfahren „robust": Es zeigt eine gute Performance, wenn wir beliebige Bilder approximieren.

11.6 Die fraktale Dimension des Attraktors eines iterierten Funktionensystem

Es ist nicht erforderlich, den ganzen vorherigen Abschnitt zu behandeln, um den vorliegenden Abschnitt abzudecken. Tatsächlich genügt es, mit der Definition des Kontraktionsfaktors vertraut zu sein (Definition 11.13).

Wir haben verschiedene iterierte Funktionensysteme $\{T_1, \ldots, T_m\}$ (bei denen T_i einen Kontraktionsfaktor r_i hat) und ihre Attraktoren konstruiert, zum Beispiel das Sierpiński-Dreieck und das Farnblatt. In Anbetracht ihrer reichhaltigen Wiederholungsstruktur scheinen diese Objekte in gewisser Weise „dichter" zu sein als einfache Kurven in der Ebene. Wir können jedoch etwas kontraintuitiv zeigen, dass ihre Fläche gleich null ist, falls $r_1^2 + \cdots + r_m^2 < 1$, was in unseren beiden Beispielen der Fall ist.

Proposition 11.18 *Wir betrachten den Attraktor A eines iterierten Funktionensystems $\{T_1, \ldots, T_m\}$ mit den Kontraktionsfaktoren $r_1, \ldots, r_m$. Ist*

$$r_1^2 + \cdots + r_m^2 < 1, \tag{11.11}$$

dann hat A die Fläche null.

BEWEIS. Es sei $S(B)$ die Fläche einer kompakten Teilmenge B von $\mathbb{R}^2$. Dann ist $S(T_i(B)) \le r_i^2 S(B)$ und deswegen $S(W(B_0)) \le (r_1^2 + \cdots + r_m^2) S(B_0)$. Ist $B_{n+1} = W(B_n)$, dann liefert das Iterieren

$$S(B_{n+1}) \leq (r_1^2 + \cdots + r_m^2)S(B_n) \leq \cdots \leq (r_1^2 + \cdots + r_m^2)^{n+1}S(B_0).$$

Deswegen gilt

$$\lim_{n \to \infty} S(B_n) = S(A) = 0.$$

□

Wir sehen also, dass sich der Begriff der Fläche nicht zur Beschreibung des Umstandes eignet, dass derartige Objekte dichter sind als einfache Kurven: ihre Fläche ist null. In einem gewissen Sinn sind diese fraktalen Objekte „mehr als eine Kurve, aber etwas weniger als eine Fläche". Wir werden diesen Begriff durch eine geeignete Definition der *Dimension* formalisieren.

Um mit der üblichen Definition der Dimension in Einklang zu sein, brauchen wir eine Definition, die sich für einfache Kurven auf 1, für Flächen auf 2 und für Volumen auf 3 reduziert. Gleichzeitig möchten wir, dass sich der Wert für die Fraktale berechnen lässt, die wir hier betrachten. Da die betreffenden Attraktoren irgendwo zwischen einer Kurve und einer Fläche angesiedelt sind, sollten ihre Dimensionen zwischen 1 und 2 liegen. *Eine kohärente Dimensionstheorie muss für gewisse fraktale Objekte nichtganzzahlige Werte liefern.*

Es gibt verschiedene Definitionen des Begriffs der *Dimension*. Für Kurven, Flächen und Volumen fallen alle diese Definitionen mit den üblichen Werten zusammen. Für fraktale Objekte können sie jedoch unterschiedliche Werte liefern. Wir sehen uns hier nur den Begriff der *fraktalen Dimension* an.

Wir betrachten die Strecke $[0,1]$, das Quadrat $[0,1] \times [0,1]$ und den Würfel $[0,1]^3$ sowie kleine Strecken der Länge $1/n$, kleine Quadrate der Seitenlänge $1/n$ und kleine Würfel der Kantenlänge $1/n$.

- Wir können die Strecke $[0,1]$ im $\mathbb{R}$, $\mathbb{R}^2$ oder $\mathbb{R}^3$ betrachten. In jedem Fall können wir die gesamte ursprüngliche Strecke durch n kleine Strecken der Länge $1/n$, durch n kleine Quadrate der Seitenlänge $1/n$ oder durch n kleine Würfel der Kantenlänge $1/n$ überdecken.
- Das Quadrat $[0,1]^2$ kann im $\mathbb{R}^2$ oder im $\mathbb{R}^3$ betrachtet werden. Um es zu überdecken, brauchen wir n^2 kleine Quadrate oder kleine Würfel, aber es lässt sich nicht durch eine endliche Anzahl kleiner Strecken überdecken.
- Der Würfel $[0,1]^3$ kann nur im $\mathbb{R}^3$ betrachtet werden. In diesem Raum lässt er sich durch n^3 kleinere Würfel überdecken, nicht aber durch endlich viele kleine Strecken oder Quadrate.
- Hätten wir anstelle von $[0,1]$ die Strecke $[0,L]$ betrachtet, dann hätten wir zu deren Überdecken ungefähr nL kleine Strecken, Quadrate oder Würfel gebraucht.
- Hätten wir anstelle von $[0,1]^2$ das Quadrat $[0,L]^2$ betrachtet, dann hätten wir ungefähr n^2L^2 kleine Quadrate oder Würfel gebraucht, um es zu überdecken.
- Hätten wir anstelle von $[0,1]^3$ den Würfel $[0,L]^3$ betrachtet, dann hätten wir ungefähr n^3L^3 kleine Würfel gebraucht, um ihn zu überdecken.

Wir versuchen, aus den oben genannten Beobachtungen eine allgemeine Regel abzuleiten:

(i) Hätten wir eine endliche differenzierbare Kurve im $\mathbb{R}^2$ oder im $\mathbb{R}^3$, dann brauchten wir eine endliche Anzahl $N(1/n)$ von kleinen Quadraten oder kleinen Würfeln der Seitenlänge bzw. Kantenlänge $\frac{1}{n}$ zum Überdecken dieser Kurve derart, dass für ein hinreichend großes n die Beziehung

$$C_1 n \leq N(1/n) \leq C_2 n$$

gilt. Die obige Aussage erfordert etwas Nachdenken, wenn man sich von ihrer Gültigkeit überzeugen möchte. Hat die Kurve die Länge L, dann können wir sie in Ln Stücke zerschneiden, deren Längen kleiner als oder gleich $\frac{1}{n}$ sind, und jedes solche Stück lässt sich durch ein kleines Quadrat (einen kleinen Würfel) der Seitenlänge (Kantenlänge) $\frac{1}{n}$ überdecken. Demnach gilt $N(1/n) \leq C_2 n$ für ein C_2. Die andere Ungleichung ist schwieriger und gilt nur für hinreichend große n. Tatsächlich könnte sich die Kurve hinreichend oft derart winden, dass ein Quadrat oder ein Würfel der Seitenlänge $\frac{1}{n}$ einen langen Teil der Kurve enthält. Da jedoch die Kurve differenzierbar (und nicht fraktal) ist, ist die Breite der kleinsten Schlaufe von unten beschränkt. Nehmen wir also ein hinreichend kleines $\frac{1}{n}$, dann kann ein kleines Quadrat oder ein kleiner Würfel höchstens einen Anteil der Kurve enthalten, dessen Länge kleiner als oder gleich $C\frac{1}{n}$ ist. Die kleinste Anzahl der Quadrate oder Würfel ist demnach größer als oder gleich $C_1 n$, wobei $C_1 = \frac{L}{C}$.

(ii) Ähnlicherweise gilt: Hätten wir eine endliche glatte Fläche in der Ebene oder im Raum betrachtet, dann brauchten wir eine endliche Anzahl $N(1/n)$ von kleinen Würfeln der Kantenlänge $\frac{1}{n}$, um diese Fläche derart zu überdecken, dass für hinreichend große n die Ungleichungen

$$C_1 n^2 \leq N(1/n) \leq C_2 n^2$$

gelten.

(iii) Im Raum braucht man schließlich $N(1/n)$ kleine Würfel der Kantenlänge $\frac{1}{n}$, um einen Körper derart zu überdecken, dass für hinreichend große n die Ungleichungen

$$C_1 n^3 \leq N(1/n) \leq C_2 n^3$$

gelten.

(iv) Die Zahl $N(1/n)$ hat ungefähr die gleiche Größe – unabhängig von dem Raum, in dem wir arbeiten! Betrachten wir nämlich die Überdeckung einer Kurve durch Strecken, Quadrate oder Würfel, dann erhalten wir ungefähr den gleichen Wert.

Wir sehen also, dass die Dimension des Objekts dem Exponenten von n in der Größenordnung von $N(1/n)$ entspricht, und dass die Konstanten C_1 und C_2 belanglos sind. In jedem Fall können wir zeigen, dass die Dimension dem Wert

$$\lim_{n\to\infty} \frac{\ln N(1/n)}{\ln n}$$

entspricht. Im Falle einer Kurve haben wir nämlich

$$\frac{\ln(C_1 n)}{\ln n} \leq \frac{\ln N(1/n)}{\ln n} \leq \frac{\ln(C_2 n)}{\ln n}.$$

Wegen $\ln(C_i n) = \ln C_i + \ln n$ folgt hieraus

$$\lim_{n\to\infty} \frac{\ln(C_i n)}{\ln n} = 1.$$

Die gleiche Überlegung können wir auch für Flächen in der Ebene oder im Raum und für Körper im Raum anstellen.

Wir geben nun die formale Definition der fraktalen Dimension. Anstatt nur Seitenlängen von $1/n$ zu betrachten, verallgemeinern wir die obigen Begriffe auf Strecken, Quadrate und Würfel der Seitenlänge ϵ für beliebig kleine $\epsilon > 0$.

Definition 11.19 *Wir betrachten eine kompakte Teilmenge B von $\mathbb{R}^i$, $i = 1, 2, 3$. Es sei $N(\epsilon)$ die kleinste Anzahl von kleinen Strecken (bzw. Quadraten oder Würfeln) der Länge (bzw. Seitenlänge, Kantenlänge) ϵ, die zur Überdeckung von B erforderlich sind. Dann ist die fraktale Dimension $D(B)$ von B, falls sie existiert, der Grenzwert*

$$D(B) = \lim_{\epsilon \to 0} \frac{\ln N(\epsilon)}{\ln 1/\epsilon}.$$

Bemerkungen

1. Setzen wir in der vorhergehenden Definition voraus, dass B eine Teilmenge einer Geraden im $\mathbb{R}^3$ ist, dann führt die vorhergehende Definition zu dem gleichen Grenzwert, unabhängig davon, ob wir B mit Hilfe von Strecken, Quadraten oder Würfeln überdecken. Eine ähnliche Überlegung gilt, wenn B eine Teilmenge einer Geraden in $\mathbb{R}^2$ ist.

2. Der Wortlaut der Definition impliziert, dass der Grenzwert nicht immer existiert. Die Fraktale, die wir bis jetzt konstruiert haben, sind *selbstähnlich*, das heißt, wir sehen in jedem Maßstab die gleiche sich wiederholende Struktur. In diesem Fall können wir zeigen, dass der Grenzwert existiert. Der Grenzwert braucht jedoch nicht zu existieren, wenn B sehr kompliziert und nicht selbstähnlich ist.

Definition 11.20 *Ein iteriertes Funktionensystem $\{T_1, \ldots, T_m\}$ mit Attraktor A heißt* vollständig unzusammenhängend, *falls die Mengen $T_1(A), \ldots, T_m(A)$ disjunkt sind.*

Wir geben den folgenden Satz ohne Beweis an.

Satz 11.21 *Es sei A der Attraktor eines vollständig unzusammenhängenden iterierten Funktionensystems. Dann existiert der Grenzwert, der seine fraktale Dimension definiert.*

Beispiel 11.22 *Wir berechnen die Dimension des Sierpiński-Dreiecks A. Mit Hilfe von Abbildung 11.6 lässt sich die Anzahl der Quadrate mit Seitenlänge $\frac{1}{2^n}$ berechnen, die man zur Überdeckung von A braucht.*

- *Wir brauchen ein Quadrat der Seitenlänge 1, um A zu überdecken:* $N(1) = 1$.
- *Wir brauchen drei Quadrate der Seitenlänge $\frac{1}{2}$, um A zu überdecken:* $N(\frac{1}{2}) = 3$.
- *Wir brauchen neun Quadrate der Seitenlänge $\frac{1}{4}$, um A zu überdecken:* $N(\frac{1}{4}) = 9$.
- *...*
- *Wir brauchen 3^n Quadrate der Seitenlänge $\frac{1}{2^n}$, um A zu überdecken:* $N(\frac{1}{2^n}) = 3^n$.

Mit $\epsilon = 1/2^n$ haben wir $\epsilon_n \to 0$ für $n \to \infty$. Da der Grenzwert, der die Dimension $D(A)$ des Sierpiński-Dreiecks definiert, gemäß Satz 11.21 existiert, ist dieser Grenzwert

$$D(A) = \lim_{n \to \infty} \frac{\ln N(1/2^n)}{\ln(2^n)} = \lim_{n \to \infty} \frac{n \ln 3}{n \ln 2} = \frac{\ln 3}{\ln 2} \approx 1,58496.$$

Deswegen ist $1 < D(A) < 2$. Wie schon erwähnt, ist also die Dimension von A größer als die einer Kurve, aber kleiner als die einer Fläche.

Die Methode von Beispiel 11.22 kann für komplizierte Attraktoren ziemlich schwierig sein. Wir geben nun einen Satz an, der eine direkte Berechnung der fraktalen Dimension eines Attraktors ermöglicht, ohne die überdeckenden Quadrate explizit zählen zu müssen.

Satz 11.23 *Es sei $\{T_1, \ldots, T_m\}$ ein vollständig unzusammenhängendes iteriertes Funktionensystem, wobei T_i den exakten Kontraktionsfaktor $0 < r_i < 1$ hat. Es sei A der Attraktor des Funktionensystems. Dann ist die fraktale Dimension $D = D(A)$ von A die eindeutige Lösung der Gleichung*

$$r_1^D + \cdots + r_m^D = 1. \tag{11.12}$$

Im Spezialfall $r_1 = \cdots = r_m = r$ haben wir

$$D(A) = \frac{\ln m}{-\ln r} = -\frac{\ln m}{\ln r}. \tag{11.13}$$

(Der Quotient ist positiv, da $\ln r < 0$.)

BEWEISSKIZZE. Wir beginnen mit dem Nachweis, dass (11.13) eine Folge von (11.12) ist. Ist nämlich $r_1 = \cdots = r_m = r$, dann liefert (11.12) die Beziehung

$$r^D + \cdots + r^D = mr^D = 1.$$

Hieraus folgt, dass $r^D = 1/m$. Logarithmieren beider Seiten ergibt

$$D \ln r = \ln 1/m = -\ln m,$$

woraus das Ergebnis folgt.

Wir geben eine intuitive Skizze des Beweises der ersten Gleichung. Es sei A der Attraktor des Systems und es sei $N(\epsilon)$ die kleinste Anzahl von Quadraten der Seitenlänge ϵ, die zur Überdeckung des Attraktors erforderlich sind. Der Attraktor A ist die disjunkte Vereinigung von $T_1(A), \ldots, T_m(A)$, und deswegen ist $N(\epsilon)$ ungefähr gleich $N_1(\epsilon) + \cdots + N_m(\epsilon)$, wobei $N_i(\epsilon)$ die Anzahl der Quadrate ist, die zur Überdeckung von $T_i(A)$ erforderlich sind. Diese Approximation wird immer besser, je mehr ϵ gegen 0 geht. Die Menge $T_i(A)$ ergibt sich aus A, indem man eine affine Kontraktion mit einem exakten Kontraktionsfaktor r_i anwendet. Demnach ist T_i die Zusammensetzung einer Homothetie mit dem Faktor r_i und einer Isometrie, die Winkel und Abstände erhält. Damit ergibt sich die folgende Aussage: Brauchen wir $N_i(\epsilon)$ Quadrate der Seitenlänge ϵ, um $T_i(A)$ zu überdecken, dann liefert uns die Anwendung von T_i^{-1} auf diese Quadrate insgesamt $N_i(\epsilon)$ Quadrate der Seitenlänge ϵ/r_i, die A überdecken. Daher ist

$$N(\epsilon/r_i) \approx N_i(\epsilon).$$

Deswegen haben wir

$$N(\epsilon) \approx N(\epsilon/r_1) + \cdots + N(\epsilon/r_m). \tag{11.14}$$

In dieser Form ist es schwierig, den Grenzwert $\lim_{\epsilon \to 0} N(\epsilon)$ zu berechnen. Wir setzen deshalb voraus, dass $N(\epsilon) \approx C\epsilon^{-D}$, wobei D die Dimension ist (wir geben hier nur eine intuitive Argumentation!); das ist gewiss der Fall für die Strecken, Quadrate und Würfel, die wir in unseren einfachen Beispielen betrachtet haben. Unter dieser Voraussetzung ergibt (11.14) die Beziehung

$$C\epsilon^{-D} = C\left(\frac{\epsilon}{r_1}\right)^{-D} + \cdots + C\left(\frac{\epsilon}{r_m}\right)^{-D}.$$

Wir können $C\epsilon^{-D}$ vereinfachen und erhalten

$$1 = \frac{1}{r_1^{-D}} + \cdots + \frac{1}{r_m^{-D}} = r_1^D + \cdots + r_m^D.$$

□

Beispiel 11.24 *Für das Sierpiński-Dreieck haben wir $r = 1/2$ und $m = 3$. Somit gibt uns der Satz eine direkte Möglichkeit zur Berechnung der Dimension des Dreiecks, für die wir $\frac{\ln 3}{\ln 2} \approx 1,58496$ erhalten. Das ist der gleiche Wert, den wir durch die direkte Zählung der überdeckenden Quadrate erhalten haben (vgl. Beispiel 11.22).*

Berechnung von $D(A)$, wenn die r_i nicht alle gleich sind und Gleichung (11.11) erfüllen. Zwar ist es nicht einfach, einen vollkommen strengen Beweis zu geben, aber die Betrachtung einiger Beispiele überzeugt uns davon, dass die Bedingung von Gleichung (11.11) oft von vollständig unzusammenhängenden iterierten Funktionensystemen erfüllt wird. Für Gleichung (11.12) gibt es keine exakte Lösung, aber wir können numerische Methoden verwenden. Zunächst wissen wir, dass die Dimension im Intervall $[0, 2]$ liegt. Die Funktion

$$f(D) = r_1^D + \cdots + r_m^D - 1$$

nimmt in $[0, 2]$ streng ab, denn

$$f'(D) = r_1^D \ln r_1 + \cdots + r_m^D \ln r_m < 0.$$

Die Bedingung $r_i < 1$ impliziert nämlich, dass $\ln r_i < 0$. Darüber hinaus gilt $f(0) = m - 1 > 1$ und $f(2) = r_1^2 + \cdots + r_m^2 - 1 < 0$ aufgrund von (11.11). Laut Zwischenwertsatz muss somit die Funktion $f(D)$ eine eindeutige Nullstelle in $[0, 2]$ haben. Wir können diese Funktion grafisch darstellen oder ein numerisches Verfahren (etwa das Newton-Verfahren) anwenden, um die Lösung mit der gewünschten Genauigkeit zu berechnen.

Beispiel 11.25 *Wir betrachten ein vollständig unzusammenhängendes iteriertes Funktionensystem* $\{T_1, T_2, T_3\}$ *mit den Kontraktionsfaktoren* $r_1 = 0, 5$, $r_2 = 0, 4$ *und* $r_3 = 0, 7$. *Abbildung 11.8(a) zeigt die grafische Darstellung der Funktion*

$$f(D) = 0, 5^D + 0, 4^D + 0, 7^D - 1$$

für $D \in [0, 2]$. *Abbildung 11.8(b) zeigt die gleiche Funktion für* $D \in [1, 75; 1, 85]$, *was es uns ermöglicht, die Nullstelle mit größerer Genauigkeit zu schätzen. Wir sehen, dass* $D(A) \approx 1, 81$.

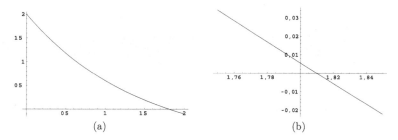

(a)   (b)

Abb. 11.8. Die grafische Darstellung von $f(D)$ für $D \in [0, 2]$ und $D \in [1, 75, 1, 85]$ in Beispiel 11.25.

11.7 Fotos als Attraktoren für iterierte Funktionensysteme?

Alles, was wir bis jetzt gesehen haben, ist vom theoretischen Standpunkt aus elegant, hilft uns aber nicht wirklich, Bilder zu komprimieren. Wir haben gesehen, dass uns iterierte Funktionensysteme die Möglichkeit geben, fraktale Bilder mit Hilfe von sehr kurzen Programmen zu speichern. Zur Nutzung dieser leistungsstarken Kompression müssen wir jedoch in der Lage sein, Teile eines Bildes zu erkennen, die eine starke Selbstähnlichkeit aufweisen, und wir müssen kurze Programme schreiben, mit deren Hilfe wir diese Teile konstruieren. Lassen sich alle Teile eines Bildes fraktal beschreiben? Wahrscheinlich nicht! Selbst wenn der Mensch fähig wäre, gewisse Fotos mit Hilfe von sorgfältig erstellten iterierten Funktionensystemen zu approximieren (einige schöne Beispiele findet man in [1]), so ist das dennoch weit entfernt von einem systematischen Algorithmus, der auf Hunderte von Fotos angewendet werden kann. Wollen wir iterierte Funktionensysteme auf die Bildkompression anwenden, dann müssen wir die Ideen verallgemeinern, die wir in diesem Kapitel bis jetzt entwickelt haben.

Die Begriffe dieses Kapitels werden also in leicht abgewandelter Form angewendet. Das Gemeinsame ist, dass wir auch weiterhin einen spezifischen Typ eines iterierten Funktionensystems verwenden (nämlich das sogenannte *partitionierte iterierte Funktionensystem*), dessen Attraktor das Bild approximiert, das wir komprimieren möchten. Die nachfolgende Diskussion wurde durch [2] inspiriert. In der Forschung wird ständig daran gearbeitet, alternative Methoden mit höherer Leistungsfähigkeit zu finden.

Bilder als grafische Darstellung von Funktionen. Wir diskretisieren ein Foto, indem wir es als eine endliche Menge von Quadraten variierender Intensität betrachten, die als *Pixel* (Abkürzung von *picture elements*) bezeichnet werden. Wir ordnen jedem Pixel des Fotos eine Zahl zu, die seine Farbe repräsentiert. Zur Vereinfachung unserer Diskussion beschränken wir uns auf Graustufenbilder. Jedem Punkt (x, y) eines rechteckigen Fotos wird also ein Wert z zugeordnet, der die Graustufe des Punktes darstellt. Bei den meisten Digitalfotos erfolgt die Zuordnung durch ganzzahlige Werte im Bereich $\{0, \ldots, 255\}$, der sich von schwarz bis weiß erstreckt, wobei 0 die Farbe Schwarz und 255 die Farbe Weiß darstellt. Ein Foto lässt sich also als eine zweidimensionale Funktion auffassen. Enthält ein Foto h Pixel horizontal und v Pixel vertikal und bezeichnen wir mit S_N die Menge $\{0, 1, 2, \ldots, N - 1\}$, dann ist das Foto eine Funktion

$$f \colon S_h \times S_v \longrightarrow S_{255}.$$

Mit anderen Worten, es handelt sich um eine Funktion, die jedem Pixel (x, y) für $0 \leq x \leq h - 1$ und $0 \leq y \leq v - 1$ einen Grauton

$$z = f(x, y) \in \{0, \ldots, 255\}$$

zuordnet. Die iterierten Funktionen, die wir einführen werden, transformieren ein Foto f in ein anderes Foto f', dessen Grautöne nicht immer ganze Zahlen zwischen 0 und 255 sind. Es wird also für uns leichter, mit folgenden Funktionen zu arbeiten:

$$f \colon S_h \times S_v \longrightarrow \mathbb{R}.$$

Die Konstruktion eines partitionierten iterierten Funktionensystems. Ein partitioniertes iteriertes Funktionensystem operiert auf der Menge $\mathcal{F} = \{f \colon S_h \times S_v \to \mathbb{R}\}$ sämtlicher Fotos. Wir geben jetzt an, wie man ein solches System für ein beliebiges Foto konstruiert. Wir teilen das Bild in disjunkte benachbarte Felder von 4×4 Pixeln auf. Jedes solche Feld C_i wird als *kleines Feld* bezeichnet, und I ist die Menge aller kleinen Felder. Ebenso betrachten wir die Menge aller möglichen 8×8-Felder, die wir als große Felder bezeichnen. Jedes kleine Feld C_i wird demjenigen großen Feld G_i zugeordnet, das ihm am meisten „ähnelt" (vgl. Abbildung 11.9). (Wir werden etwas später genau definieren, was wir unter „ähneln" verstehen.)

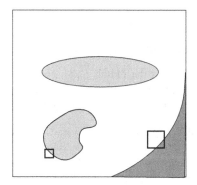

Abb. 11.9. Wahl eines großen Feldes, das einem kleinen Feld ähnelt.

Jeder Bildpunkt wird durch seine Koordinaten (x, y, z) dargestellt, wobei z der Grauton des Pixels in (x, y) ist. Man wählt nun eine affine Transformation T_i, die ein großes Feld G_i auf ein kleines Feld C_i abbildet, wobei T_i folgende Form hat:

$$T_i \begin{pmatrix} x \\ y \\ z \end{pmatrix} = \begin{pmatrix} a_i & b_i & 0 \\ c_i & d_i & 0 \\ 0 & 0 & s_i \end{pmatrix} \begin{pmatrix} x \\ y \\ z \end{pmatrix} + \begin{pmatrix} \alpha_i \\ \beta_i \\ g_i \end{pmatrix}. \tag{11.15}$$

Beschränken wir uns auf die ganzzahligen Koordinaten (x, y), dann ist diese Transformation eine einfache affine Kontraktion

$$t_i(x, y) = (a_i x + b_i y + \alpha_i, c_i x + d_i y + \beta_i). \tag{11.16}$$

Wir betrachten jetzt die Grautöne. Der Parameter s_i dient zur Modifizierung des Spektrums der Grautöne, die in einem Feld verwendet werden: Ist $s_i < 1$, dann hat das kleine Feld C_i weniger Kontrast als das große Feld G_i, während es im Falle von $s_i > 1$ mehr Kontrast hat. Der Parameter g_i entspricht einer Verschiebung der Graustufe. Ist $g_i < 0$, dann ist das große Feld blasser als das kleine Feld und umgekehrt (wir erinnern daran, dass 0 der Farbe Schwarz und 255 der Farbe Weiß entspricht). Da ein großes Feld ($8 \times 8 = 64$) viermal so viele Pixel enthält wie ein kleines Feld ($4 \times 4 = 16$), beginnen wir in der Praxis damit, dass wir die Farbe eines jeden 2×2-Blockes von G_i durch diejenige gleichmäßige Farbe ersetzen, die sich aus der Durchschnittsfarbe der vier Pixel ergibt, die sich ursprünglich dort befanden. Wir setzen diese Operation mit der Transformation T_i zusammen und bezeichnen die Zusammensetzung mit $\overline{T}_i$. Die Seiten eines großen Feldes werden auf diejenigen eines kleinen Feldes abgebildet, und deswegen sind die Parameter des linearen Anteils $\left(\begin{smallmatrix} a_i & b_i \\ c_i & d_i \end{smallmatrix}\right)$ der Transformation T_i signifikant beschränkt. Tatsächlich ist der lineare Anteil der Transformation die Zusammensetzung der Homothetie mit dem Streckfaktor $1/2$, das heißt,

$$(x, y) \mapsto (x/2, y/2),$$

und einer der folgenden acht Transformationen:

1. identische Transformation mit der Matrix $\left(\begin{smallmatrix} 1 & 0 \\ 0 & 1 \end{smallmatrix}\right)$;
2. Drehung um $\pi/2$ mit der Matrix $\left(\begin{smallmatrix} 0 & -1 \\ 1 & 0 \end{smallmatrix}\right)$;
3. Drehung um π mit der Matrix $\left(\begin{smallmatrix} -1 & 0 \\ 0 & -1 \end{smallmatrix}\right)$, auch als Symmetrie in Bezug auf den Ursprung bezeichnet;
4. Drehung um $-\pi/2$ mit der Matrix $\left(\begin{smallmatrix} 0 & 1 \\ -1 & 0 \end{smallmatrix}\right)$;
5. Spiegelung an der horizontalen Achse mit der Matrix $\left(\begin{smallmatrix} 1 & 0 \\ 0 & -1 \end{smallmatrix}\right)$;
6. Spiegelung an der vertikalen Achse mit der Matrix $\left(\begin{smallmatrix} -1 & 0 \\ 0 & 1 \end{smallmatrix}\right)$;
7. Spiegelung an der ersten Diagonalachse mit der Matrix $\left(\begin{smallmatrix} 0 & 1 \\ 1 & 0 \end{smallmatrix}\right)$;
8. Spiegelung an der zweiten Diagonalachse mit der Matrix $\left(\begin{smallmatrix} 0 & -1 \\ -1 & 0 \end{smallmatrix}\right)$.

Man beachte, dass sämtliche Matrizen, die diesen linearen Transformationen zugeordnet sind, orthogonale Matrizen sind. (Übung: Welche der obigen Transformationen wird verwendet, um in Abbildung 11.9 das große Feld auf das kleine Feld abzubilden?)

Um zu entscheiden, ob zwei Felder einander ähneln, definieren wir eine Abstandsfunktion d. Das partitionierte iterierte Funktionensystem, das wir konstruieren, erzeugt Iterationen, die sich einem Grenzwert in Bezug auf die betreffende Abstandsfunktion nähern, welche auf die Menge $\mathcal{F}$ sämtlicher Fotos angewendet wird. Hat man $f, f' \in \mathcal{F}$, das heißt, sowohl f und f' sind digitalisierte Bilder gleicher Größe, dann ist der Abstand zwischen ihnen als

$$d_{h \times v}(f, f') = \sqrt{\sum_{x=0}^{h-1} \sum_{y=0}^{v-1} \left(f(x, y) - f'(x, y)\right)^2}$$

definiert, was dem Abstand d_3 entspricht, der in (11.8) von Beispiel 11.8 gegeben ist. Dieser Abstand mag ausgeschrieben etwas furchteinflößend aussehen, aber es ist einfach der euklidische Abstand im Vektorraum $\mathbb{R}^{h \times v}$. Um zu entscheiden, ob ein kleines Feld C_i einem großen Feld G_i ähnelt, definieren wir einen analogen Abstand zwischen G_i und C_i. Tatsächlich berechnen wir den Abstand zwischen f_{C_i} (der auf das kleine Feld C_i beschränkten Bildfunktion) und $\overline{f}_{C_i} = \overline{T}_i(f_{G_i})$, das heißt, dem Bild des auf das große Feld G_i beschränkten Fotos f unter $\overline{T}_i$. Wir erinnern daran, dass die Transformation $\overline{T}_i$ eine Zusammensetzung ist, die man folgendermaßen erhält: Die Grautöne in jedem 2×2-Block werden durch ihren jeweiligen Durchschnitt ersetzt und danach wird T_i angewendet, um G_i auf C_i abzubilden. Es sei H_i die Menge der horizontalen Indizes der Pixel in den C_i, und es bezeichne V_i die entsprechende Menge der vertikalen Indizes. Dann ist

$$d_4(f_{C_i}, \overline{f}_{C_i}) = \sqrt{\sum_{x \in H_i} \sum_{y \in V_i} \left(f_{C_i}(x,y) - \overline{f}_{C_i}(x,y)\right)^2}. \qquad (11.17)$$

Durch sorgfältige Wahl von s_i und g_i erhalten wir ein partitioniertes iteriertes Funktionensystem, das in Bezug auf diesen Abstand konvergiert. Es sei C_i ein kleines Feld. Wir sehen uns an, wie man das beste große Feld G_i und die Transformation T_i zwischen den beiden Feldern wählt. Für ein gegebenes C_i wiederholen wir die folgenden Schritte für jedes potentielle große Feld G_j und jede der obigen möglichen linearen Transformationen L:

• Anwendung der Glättungstransformation, indem man die 2×2-Blöcke von G_j durch ihren Durchschnitt ersetzt;

• Anwendung der Transformation L auf das 8×8-Quadrat, was zu einem 4×4-Quadrat führt, dessen Pixel Funktionen in den Variablen s_i und g_i sind;

• Auswahl von s_i und g_i zur Minimierung des Abstands d_4 zwischen den ursprünglichen und den transformierten Feldern;

• Berechnung des minimierten Abstands für die gewählten s_i und g_i.

Wir führen die obigen Operationen für jedes G_j und L aus und halten fest, welche G_j, L, s_i und g_i zum jeweils kleinsten Abstand zwischen C_i und dem resultierenden transformierten Feld geführt haben. Das ist eine der Transformationen in dem partitionierten iterierten Funktionensystem. Danach wiederholen wir die obigen Schritte für jedes C_i und bestimmen für jedes die optimalen zugeordneten G_i und T_i. Enthält das Bild $h \times v$ Pixel, dann gibt es $(h \times v)/16$ kleine Felder. Für jedes von diesen ist die Anzahl der großen Felder, die damit verglichen werden müssen, riesig groß! Ein großes Feld wird nämlich eindeutig durch seine obere linke Ecke spezifiziert, und es gibt hierfür $(h - 7) \times (v - 7)$ Auswahlmöglichkeiten. Diese Anzahl ist zu groß und würde zu einem zu langsamen Algorithmus führen; deswegen beschränken wir uns künstlich auf nicht überlappende große Felder, von denen es $(h \times v)/64$ gibt. Wir versuchen also mit diesem „Alphabet" von Feldern eine genaue Rekonstruktion des Originalbildes, indem wir jedem kleinen Feld C_i ein großes Feld G_i und eine Transformation $\overline{T}_i$ zuordnen. Ist $h \times v = 640 \times 640$, dann müssen wir $(\frac{1}{64}h \times v) \times 8 \times (\frac{1}{16}h \times v) \approx 1{,}3 \times 10^9$ potentielle Transformationen inspizieren. Das ist immer noch eine ganze Menge! Man kann noch andere Tricks anwenden, um die Anzahl der Fälle zu verringern, aber trotz dieser Optimierungen verursacht dieses Verfahren immer noch hohe Kompressionskosten.

Methode der kleinsten Quadrate. Das ist die Methode, die im vorletzten Schritt des oben genannten Algorithmus angewendet wird, um die besten Werte für s_i und g_i zu finden. Wahrscheinlich sind Sie dieser Technik bereits in den Vorlesungen zur Differential- und Integralrechnung in mehreren Variablen, zur linearen Algebra oder zur Statistik begegnet. Wir möchten folgenden Ausdruck minimieren:

$$d_4(f_{C_i}, \overline{f}_{C_i}) = \sqrt{\sum_{x \in H_i} \sum_{y \in V_i} \left(f_{C_i}(x,y) - \overline{f}_{C_i}(x,y)\right)^2}. \tag{11.18}$$

Das Minimieren von d_4 ist äquivalent zum Minimieren seines Quadrats d_4^2, und dieser Umstand befreit uns von der Quadratwurzel. Wir müssen also den Ausdruck für $\overline{f}_{C_i}$ als eine Funktion von s_i und g_i ableiten. Wir wollen uns nun ansehen, wie wir $\overline{f}_{C_i}$ bekommen:

- Wir ersetzen zunächst jedes 2×2-Quadrat von G_i durch ein entsprechendes Quadrat mit der Durchschnittsfarbe.
- Wir wenden die Transformation (11.16) an, die darauf hinausläuft, G_i ohne jede Farbanpassung auf C_i abzubilden.
- Anschließend führen wir eine Zusammensetzung mit der Abbildung $(x, y, z) \mapsto (x, y, s_i z + g_i)$ aus, was nichts anderes ist als die Farbanpassung.

Die Zusammensetzung der ersten beiden Transformationen erzeugt ein Bild auf C_i, das durch eine Funktion $\tilde{f}_{C_i}$ beschrieben wird, und wir haben

$$\overline{f}_{C_i} = s_i \tilde{f}_{C_i} + g_i. \tag{11.19}$$

Zur Minimierung von d_4^2 in (11.18) ersetzen wir $\overline{f}_{C_i}$ durch seinen Ausdruck in (11.19) und fordern, dass die partiellen Ableitungen nach s_i und nach g_i gleich null sind. Das Verschwinden der Ableitung nach g_i liefert

$$\sum_{x \in H_i} \sum_{y \in V_i} f_{C_i}(x,y) = s_i \sum_{x \in H_i} \sum_{y \in V_i} \tilde{f}_{C_i}(x,y) + 16g_i,$$

und das impliziert, dass f_{C_i} und $\overline{f}_{C_i}$ den gleichen durchschnittlichen Grauton haben. Die Forderung, dass auch die partielle Ableitung nach s_i verschwindet, impliziert (nach einigen Vereinfachungen), dass

$$s_i = \frac{\text{Cov}(f_{C_i}, \tilde{f}_{C_i})}{\text{Var}(\tilde{f}_{C_i})},$$

wobei die Kovarianz $\text{Cov}(f_{C_i}, \tilde{f}_{C_i})$ von f_{C_i} und $\tilde{f}_{C_i}$ als

$$\text{Cov}(f_{C_i}, \tilde{f}_{C_i}) = \frac{1}{16} \sum_{x \in H_i} \sum_{y \in V_i} f_{C_i}(x,y) \tilde{f}_{C_i}(x,y)$$

$$- \frac{1}{16^2} \left(\sum_{x \in H_i} \sum_{y \in V_i} f_{C_i}(x,y) \right) \left(\sum_{x \in H_i} \sum_{y \in V_i} \tilde{f}_{C_i}(x,y) \right)$$

definiert ist, während die Varianz $\text{Var}(\tilde{f}_{C_i})$ folgendermaßen definiert ist:

$$\text{Var}(\tilde{f}_{C_i}) = \text{Cov}(\tilde{f}_{C_i}, \tilde{f}_{C_i}).$$

Der einem partitionierten iterierten Funktionensystem $\{T_i\}_{i \in I}$ zugeordnete Operator W. Für ein gegebenes Grautonbild $f \in \mathcal{F}$ bezeichnet $W(f)$ das Bild, das man erhält, wenn man das Bild f_{C_i} des Feldes C_i durch das transformierte Bild $\overline{f}_{C_i}$ des zugeordneten großen Feldes G_i ersetzt. Das liefert uns ein transformiertes Bild $\overline{f} \in \mathcal{F}$, das durch

$$\overline{f}(x,y) = \overline{f}_{C_i}(x,y) \qquad \text{falls} \quad (x,y) \in C_i$$

definiert ist. Der Attraktor dieses iterierten Funktionensystems sollte etwas sein, was sehr nahe bei dem zu komprimierenden Originalbild liegt. Somit ist $W : \mathcal{F} \to \mathcal{F}$ ein Operator auf der Menge aller Fotos. Diese Technik ersetzt das *Alphabet der geometrischen Objekte*, das wir in unserem ersten Beispiel verwendet haben, durch ein *Alphabet der Grautonfelder*, genauer gesagt, durch die großen 8×8-Felder des zu komprimierenden Fotos.

Bildrekonstruktion. Das Bild kann mit Hilfe des folgenden Verfahrens rekonstruiert werden.

- Man wähle eine beliebige Anfangsfunktion $f^0 \in \mathcal{F}$. Eine natürliche Wahl ist die Funktion $f^0(x,y) = 128$ für alle x und y, die einem gleichmäßig grauen Anfangsbild entspricht.
- Man berechne die Iterierten $f^j = W(f^{j-1})$. Bei Schritt $j-1$ ist das Bild auf jedem kleinen Feld C_i durch die Einschränkung von f^{j-1} auf dieses Feld gegeben. Bei Schritt j berechnen wir die Einschränkung von f^j auf C_i folgendermaßen: Wir wenden $\overline{T}_i$ auf das Bild an, das durch f^{j-1} auf dem zugehörigen großen Feld G_i gegeben ist. In der Praxis registrieren wir den Abstand zwischen aufeinanderfolgenden Iterierten, indem wir $d_{h \times v}(f^j, f^{j-1})$ berechnen. Liegt der Abstand unterhalb einer gegebenen Schwelle (das Bild hat sich im Wesentlichen stabilisiert), dann beenden wir die Iteration.
- Man ersetze den reellwertigen Grauton, der jedem Pixel zugeordnet ist, durch die ihm am nächsten liegende ganze Zahl im Bereich $[0, 255]$.

Im folgenden Beispiel werden wir sehen, dass sogar die Iterierten f^1 und f^2 recht gute Approximationen für das Originalfoto ergeben. Darüber hinaus wird der Abstand zwischen aufeinanderfolgenden Iterationen schnell klein und f^5 ist bereits eine ausgezeichnete Approximation an den Attraktor des Systems (und, wie wir hoffen, auch an das Originalbild).

Bemerkung. Betrachtet als affine Transformationen im $\mathbb{R}^3$, sind die T_i nicht immer Kontraktionen; tatsächlich ist T_i niemals eine Kontraktion, falls $s_i > 1$! Jedoch werden sich die meisten T_i als Kontraktionen erweisen, da es natürlich ist, auf einem großen Feld mehr Kontrast zu haben als auf einem kleinen. Unseres Wissens gibt es keinen Satz, der die Konvergenz dieses Algorithmus für alle Bilder garantiert. In der Praxis erkennen wir jedoch im Allgemeinen eine Konvergenz, so als ob das System $\{T_i\}_{i \in I}$ tatsächlich eine Kontraktion wäre. Benoît Mandelbrot führte die fraktale Geometrie als eine Möglichkeit ein, um die in der Natur vorkommenden Formen zu beschreiben, deren Beschreibung sich mit Hilfe der traditionellen Geometrie als zu kompliziert erwiesen hat. Außer Farnblättern und anderen Pflanzen gibt es in der Natur viele selbstähnliche Formen: felsige Küstenlinien, Berge, Flussverzweigungen, das menschliche Kapillarsystem und so weiter. Die Technik der Bildkompression mit Hilfe von iterierten Funktionensystemen eignet sich besonders gut für Bilder, die einen ausgeprägt fraktalen Charakter haben, das heißt, eine starke Selbstähnlichkeit über viele Maßstäbe aufweisen. Bei solchen Fotos dürfen wir im Allgemeinen nicht nur auf die Konvergenz des resultierenden Systems hoffen, sondern auch auf eine genaue Reproduktion der Originalabbildung.

Beispiel 11.26 *Nun endlich ein Beispiel! Die obigen Kommentare könnten die Frage aufwerfen, ob dieses Verfahren überhaupt eine Chance hat, ein reales Foto exakt zu reproduzieren. Das folgende Beispiel gibt eine Antwort auf diese Frage. Wir verwenden das gleiche Foto wie in der Diskussion des JPEG-Standards der Bildkompression in Kapitel 12, Abbildung 12.1. Dieses Foto enthält $h \times v = 640 \times 640$ Pixel. Wir erzeugen zwei partitionierte iterierte Funktionensysteme: Das erste zur Rekonstruktion des 32×32-Pixelblocks, in dem sich zwei der Schnurrhaare der Katze kreuzen (vgl. gezoomter Teil von Abbildung 12.1), und ein weiteres für das ganze Bild. Das 32×32-Pixelbild ist ein anspruchsvoller Test für den Algorithmus. Tatsächlich gibt es nur 16 große Felder, aus denen man wählen kann, und das schränkt unsere Chancen ein, eine gute Übereinstimmung zu finden. Wir werden jedoch sehen, dass sich die resultierenden Rekonstruktion trotz dieses beschränkten „Alphabets" als ziemlich genau erweist!*

Für den 32×32-Block gibt es nur 16 nicht überlappende 8×8-Felder, von denen jedes durch eine der 8 zulässigen Transformationen transformiert werden kann. Das liefert ein „Alphabet" von $16 \times 8 = 128$ Feldern. Das ist zwar ziemlich beschränkt, ermöglicht aber wenigstens, die besten Transformationen schnell zu bestimmen. Nachdem wir das beste Feld G_i und die beste Transformation T_i für jedes der $8 \times 8 = 64$ kleinen Felder C_i gefunden haben, können wir die Rekonstruktion durchführen. Die Ergebnisse sind in Abbildung 11.10 dargestellt. Abbildung 11.10(a) zeigt das Originalbild, das dargestellt werden soll. Zum Zweck der Rekonstruktion haben wir mit der Funktion f^0 begonnen, die jedem der Pixel einen konstanten Grauton mit dem Wert 128 zuordnet, der in der Mitte zwischen schwarz und weiß liegt. Die Abbildungen 11.10(b) bis (d) zeigen die Rekonstruktion nach 1, 2 bzw. 6 Iterationen. Die erste Überraschung ist, dass die erste

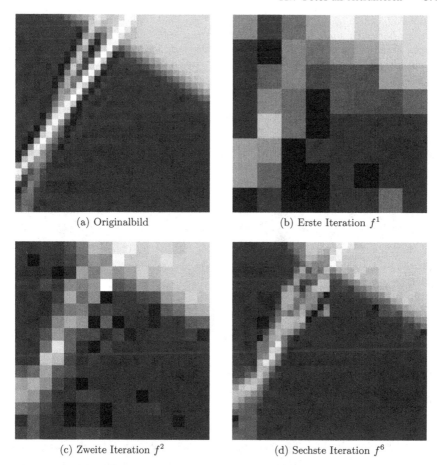

(a) Originalbild

(b) Erste Iteration f^1

(c) Zweite Iteration f^2

(d) Sechste Iteration f^6

Abb. 11.10. Rekonstruktion eines 32×32-Bildes (vgl. Beispiel 11.26).

Iteration aus nur 8×8 Pixeln zu bestehen scheint. Das ist jedoch leicht zu erklären, da jedes der großen Felder zunächst ein gleichmäßiger Block war und auf ein gleichmäßiges 4×4-Feld abgebildet wurde. Aus dem gleichen Grund scheint die zweite Iterierte aus nur 16×16 Pixeln zu bestehen, von denen jedes die Breite 2 hat. Aber schon nach nur zwei Iterationen sind die Tischkante und die ungefähre Form der Schnurrhaare deutlich zu sehen. Die Iterierten f^4 bis f^6 sind einander sehr ähnlich; wir zeigen hier nur die letztgenannte. Tatsächlich liegen f^5 und f^6 so nahe beieinander, dass das System mit *großer Wahrscheinlichkeit konvergent ist und f^6 ganz nahe beim Attraktor liegt! Bei der sechsten Iterierten sind die zwei Schnurrhaare fast vollständig zu erkennen, aber mit einigen Fehlern: Einige Pixel sind viel blasser oder viel dunkler als im Originalbild. Das ist vor allem auf das beschränkte Alphabet der großen Felder zurückzuführen, mit dem wir gearbeitet haben.*

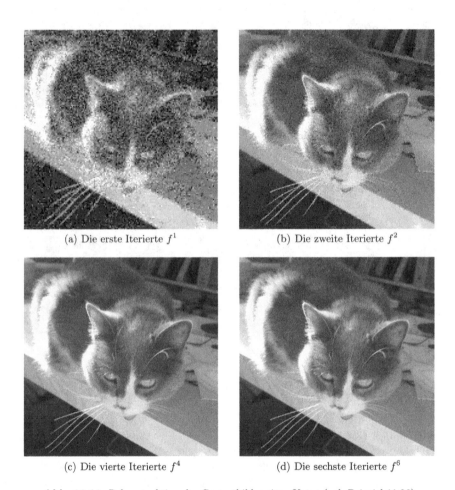

(a) Die erste Iterierte f^1 (b) Die zweite Iterierte f^2

(c) Die vierte Iterierte f^4 (d) Die sechste Iterierte f^6

Abb. 11.11. Rekonstruktion des Gesamtbildes einer Katze (vgl. Beispiel 11.26).

Um das vollständige partitionierte iterierte Funktionensystem des gesamten Bildes zu bekommen, haben wir einige Zugeständnisse gemacht. (Wir erinnern daran, dass die Anzahl der zu untersuchenden einzelnen Transformationen über einer Milliarde liegt!) Für jedes kleine Feld, jedes große Feld und für jede der acht Transformationen berechnen wir nämlich ein Paar (s_j, g_j). Somit müssen wir für jedes kleine Quadrat die Berechnungen so oft wiederholen, bis deren Anzahl das Achtfache der Anzahl der großen Quadrate erreicht. Um dieses Verfahren effizienter zu gestalten, hören wir mit der Suche auf, sobald wir ein großes Feld G_i und die zugehörige Transformation T_i gefunden haben, die innerhalb eines Abstands von $d_4 = 10$ zum ursprünglichen kleinen Feld liegen. Ist das ein großer Abstand im euklidischen Raum $\mathbb{R}^{h \times v} = \mathbb{R}^{16}$? Nein, dieser Abstand ist sehr klein! Beträgt der Abstand 10, dann ist das Quadrat des Abstands 100. In jedem kleinen Quadrat befinden sich 16 Pixel; wir können also einen durchschnittlichen quadratischen Fehler von $\frac{100}{16} \approx 6,3$ pro Pixel erwarten, was einem voraussichtlichen Grautonfehler von $\sqrt{6,3} \approx 2,5$ pro Pixel entspricht – ein relativer Fehler von 1 % auf der Skala von 0 bis 255. Wie wir sehen werden, übersieht das Auge einen so kleinen Fehler ohne Weiteres. Der zweite Kompromiss, den wir geschlossen haben, ist die Vernachlässigung aller Transformationen, bei denen $|s_i| > 1$. Wir haben das gemacht, um die Chancen zu erhöhen, dass das resultierende System konvergent ist.

Abbildung 11.11 zeigt die erste, zweite, vierte und sechste Iterierte der Rekonstruktion. Wieder erkennt man deutlich die gleichmäßigen 4×4-Blöcke bei der ersten Iterierten und die gleichmäßigen 2×2-Blöcke in der zweiten Iterierten. Wie bei f^4 und f^6 sind die beiden nahezu identisch und unterscheiden sich nur in kleinen Details. Die Qualität der sechsten Iterierten ist ziemlich gut und kann im Großen und Ganzen mit dem Originalbild verglichen werden – Ausnahmen sind die Feindetails und großen Kontraste, wie zum Beispiel die weißen Schnurrhaare gegen den dunklen Hintergrund unter dem Tisch. Zu beachten ist, dass die Mehrzahl der kleinen Felder durch Transformationen approximiert wurde, bei denen der Abstand vom Original weniger als 10 ist. Jedoch wurden ungefähr 15 % der Felder durch Transformationen approximiert, die einen größeren Fehler aufweisen, und der größte Missetäter hatte einen Abstand von ungefähr 280.

Kompressionsverhältnis. Im Jahr 2007 wurden im normalen Kundenverkauf üblicherweise Digitalkameras angeboten, die Bilder bis 8 Millionen Pixel erfassen (professionelle Kameras erreichen bis zu 50 Millionen!). Wir betrachten das Kompressionsverhältnis, das auf einem 3000×2000 Pixel Graustufenbild mit $2^8 = 255$ Grautönen erreicht wird. Der Grauton eines jeden Pixel lässt sich mit Hilfe von genau 8 Bits, also einem Byte[3] spezifizieren und somit erfordert das Originalbild $3000 \times 2000 = 6 \times 10^6$ B = 6 MB. Wir betrachten jetzt den Speicherplatz, der zur Darstellung des partitionierten iterierten Funktionensystems erforderlich ist.

Jedem kleinen Feld sind eine Transformation T_i und ein großes Feld G_i zugeordnet. Wir betrachten:

---

[3]Ein Byte (abgekürzt B) ist gleich acht Bits. Ein Megabyte (abgekürzt MB) sind 10^6 Bytes.

(i) die Anzahl der Bits, die erforderlich sind, um eine Transformation T_i der Form in (11.15) darzustellen:

- 3 Bits zur Angabe einer der $2^3 = 8$ möglichen affinen Transformationen L;
- 8 Bits zur Angabe von s_i, dem Grauton-Skalierungsfaktor und
- 9 Bits zur Angabe von g_i, der Grautonverschiebung (wir müssen negative Werte zulassen, was ein weiteres Bit erfordert).

(ii) die Anzahl der Bits, die erforderlich sind, um das zugehörige große Feld G_i zu identifizieren. Lassen wir alle möglichen überlappenden großen Felder zu, dann kann jedes von ihnen eindeutig spezifiziert werden, indem man die linke obere Ecke des Blockes angibt. Da wir uns jedoch auf nicht überlappende Blöcke beschränken, gibt es nur $3000/8 \times 2000/8 = 93\,750$ Auswahlmöglichkeiten. Wegen $2^{16} = 65\,536 < 93\,750 < 2^{17} = 131\,072$ brauchen wir 17 Bits zu Spezifizierung eines großen Feldes.

(iii) die Anzahl der kleinen Felder im Bild: $\frac{3000}{4} \times \frac{2000}{4} = 375\,000$.

Wir benötigen also $3 + 8 + 9 + 17 = 37$ Bits für jedes kleine Feld, und das ergibt $37 \times 375\,000$ Bits oder ungefähr $1,73$ MB, das heißt, das Kompressionsverhältnis ist ungefähr $3,46$. Bei diesem Verfahren sehen wir, dass es möglich ist, die Anzahl der infrage kommenden großen Felder zu ändern. Hätten wir die Suche nach großen Feldern auf das eine Viertel von ihnen beschränkt, die unmittelbar an das betreffende kleine Feld angrenzen, dann hätten wir die Anzahl der Bits, die zur Codierung eines jeden kleinen Feldes notwendig sind, um 2 verringern können (von 37 auf 35). Das resultierende Kompressionsverhältnis würde sich auf einen Faktor von $\frac{37}{35} \times 1,73 \approx 3,66$ verbessern.

Man erzielt einen substantielleren Gewinn, wenn man für die kleinen Felder die Größe 8×8 und für die größeren Felder die Größe 16×16 nimmt. Damit gewinnt man sofort einen Faktor 4, der aber auf Kosten der rekonstruierten Bildqualität geht. Eine letzte Verbesserung wird schließlich dadurch erzielt, dass man die Größen der kleinen und der großen Felder variiert. In Bereichen, in denen es nicht sehr auf Details ankommt, können wir die Feldgröße vergrößern, während wir sie entsprechend verkleinern, wenn Feindetails erfasst werden sollen. Das Kompressionsverhältnis kann also entsprechend dem Speicherbedarf oder der gewünschten Rekonstruktionsqualität geändert werden.

Iterierte Funktionensysteme und JPEG. Das hier beschriebene Verfahren unterscheidet sich sehr von dem, das beim JPEG-Standard verwendet wird. Welche Bildkompressionstechnik ist die beste? Das hängt signifikant vom Typ der Bilder, vom gewünschten Kompressionsverhältnis und von der verfügbaren Rechenleistung ab. Wie bei den oben genannten Verbesserungen lässt sich das Kompressionsverhältnis beim JPEG (auf Kosten der Bildqualität) variieren, indem man die Quantisierungstabellen ändert (vgl. Abschnitt 12.5). Digitalkameras speichern normalerweise Bilder im JPEG-Format, das dem Benutzer zwei oder drei Auflösungseinstellungen anbietet. Der für eine gegebene Auflösung tatsächlich erhaltene Kompressionsgrad hängt (im Gegensatz zum hier vorgestellten Algorithmus) vom Foto selbst ab, liegt aber typischerweise zwischen 6 und 10. Das sind Kompressionsverhältnisse, die mit denen vergleichbar sind, die wir gerade berechnet haben. Kompression unter Verwendung von iterierten Funktionensystemen wird seit geraumer Zeit untersucht, aber nicht in der Praxis verwendet.

Der Schwachpunkt dieses Verfahrens ist der Zeitaufwand, der zum Komprimieren eines Bildes erforderlich ist. (Wir erinnern daran, dass in unserer ersten Diskussion des Algorithmus die Anzahl der Schritte proportional zum Quadrat $(h \times v)^2$ der Pixelzahl war. Im Vergleich hierzu wächst die Komplexität des JPEG-Algorithmus nur linear mit der Bildgröße und ist proportional zu $h \times v$. Für einen Fotografen, der einen Schnappschuss nach dem anderen macht, ist das ein großer Vorteil. Für Bilder im Bereich der Forschung, die auf einem leistungsstarken Computer verarbeitet werden, ist das weniger der Fall. Dennoch entwickelt sich das Gebiet ziemlich schnell, und die iterierten Funktionensysteme dürften noch nicht ihr letztes Wort gesprochen haben.

11.8 Übungen

Einige der folgenden Fraktale wurden auf der Grundlage von Abbildungen konstruiert, die man in [1] findet.

1. **(a)** Bestimmen Sie für die Fraktale von Abbildung 11.12 die iterierten Funktionensysteme, die diese Fraktale beschreiben. Geben Sie in jedem Fall das von Ihnen gewählte Koordinatensystem an. Rekonstruieren Sie danach mit Hilfe einer Software jede der Abbildungen.
   (b) Geben Sie unter Verwendung des von Ihnen gewählten Koordinatensystems zwei verschiedene iterierte Funktionensysteme an, welche das Fraktal (b) beschreiben.

2. Geben Sie für die Fraktale von Abbildung 11.13 die iterierten Funktionensysteme an, die diese Fraktale beschreiben. Geben Sie in jedem Fall das von Ihnen gewählte Koordinatensystem an. Rekonstruieren Sie danach mit Hilfe einer Software jede der Abbildungen.

3. Geben Sie für die Fraktale von Abbildung 11.14 die iterierten Funktionensysteme an, die diese Fraktale beschreiben. Geben Sie in jedem Fall das von Ihnen gewählte Koordinatensystem an. Rekonstruieren Sie danach mit Hilfe einer Software jede der Abbildungen. Achtung: Hier ist das Dreieck in Abbildung 11.14(b) gleichseitig – im Gegensatz zum Sierpiński-Dreieck in unserem früheren Beispiel.

4. Geben Sie für die Fraktale von Abbildung 11.15 die iterierten Funktionensysteme an, die diese Fraktale beschreiben. Geben Sie in jedem Fall das von Ihnen gewählte Koordinatensystem an. Rekonstruieren Sie danach mit Hilfe einer Software jede der Abbildungen.

5. Konstruieren Sie beliebige iterierte Funktionensysteme und versuchen Sie, deren Attraktoren intuitiv zu erahnen. Bestätigen oder widerlegen Sie anschließend Ihre Intuitionen dadurch, dass Sie mit Hilfe eines Computers grafische Darstellungen anfertigen.

6. Berechnen Sie die fraktalen Dimensionen der Fraktale in den Übungen 1 (außer (a)), 2, 3 und 4. (In gewissen Fällen sind numerische Verfahren erforderlich.)

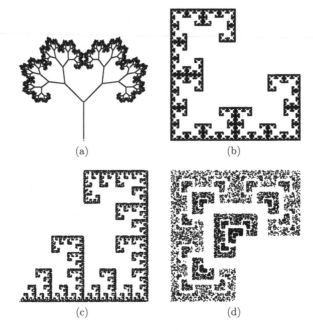

(a)   (b)

(c)   (d)

Abb. 11.12. Übung 1.

7.   Die Cantor-Menge ist eine Teilmenge des Einheitsintervalls $[0, 1]$. Man erhält sie als den Attraktor des iterierten Funktionensystems $\{T_1, T_2\}$, wobei T_1 und T_2 die durch $T_1(x) = x/3$ und $T_2(x) = x/3 + 2/3$ definierten affinen Kontraktionen sind.
(a)   Beschreiben Sie die Cantor-Menge.
(b)   Zeichnen Sie die Cantor-Menge. (Sie können die ersten paar Iterationen per Hand durchführen, aber am einfachsten ist es, einen Computer zu verwenden.)
(c)   Zeigen Sie, dass es eine Bijektion zwischen der Cantor-Menge und der Menge derjenigen reellen Zahlen gibt, die sich zur Basis 3 in der Form

$$0, a_1 a_2 \ldots a_n \ldots$$

mit $a_i \in \{0, 2\}$ schreiben lassen.
(d)   Berechnen Sie die fraktale Dimension der Cantor-Menge.

8.   Zeigen Sie, dass die fraktale Dimension des kartesischen Produktes $A_1 \times A_2$ die Summe der fraktalen Dimensionen von A_1 und A_2 ist:

$$D(A_1 \times A_2) = D(A_1) + D(A_2).$$

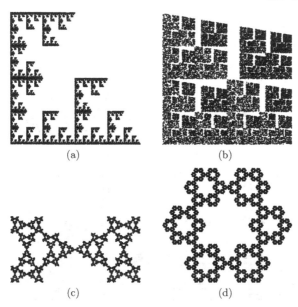

(a)   (b)

(c)   (d)

Abb. 11.13. Übung 2.

9. Es sei A die in Übung 7 beschriebene Cantor-Menge. Diese ist eine Teilmenge von $\mathbb{R}$. Finden Sie ein iteriertes Funktionensystem im $\mathbb{R}^2$, dessen Attraktor gleich $A \times A$ ist.

10. Die Koch-Schneeflocke (oder von Koch'sche Schneeflockenkurve) ist das Grenzobjekt des folgenden Prozesses (vgl. Abbildung 11.16):

   - Beginnen Sie mit der Strecke $[0,1]$.
   - Ersetzen Sie die Anfangsstrecke durch vier Strecken, so wie in Abbildung 11.16(b) dargestellt.
   - Iterieren Sie den Prozess, indem Sie bei jedem Schritt jede Strecke durch vier kleinere Strecken ersetzen (vgl. Abbildung 11.16(c)).

   (a) Geben Sie ein iteriertes Funktionensystem an, das die Koch-Schneeflocke konstruiert.
   (b) Können Sie zur Konstruktion der Koch-Schneeflocke ein iteriertes Funktionensystem angeben, das nur zwei affine Kontraktionen erfordert?
   (c) Berechnen Sie die fraktale Dimension der Koch-Schneeflocke.

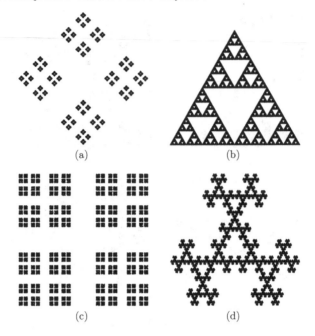

(a)　　　　　　　(b)

(c)　　　　　　　(d)

Abb. 11.14. Übung 3.

11. Erklären Sie, wie man ein iteriertes Funktionensystem im $\mathbb{R}^2$ modifizieren muss,

(a)　damit sein Attraktor in beiden Dimensionen doppelt so groß ist;

(b)　damit die Position des unten ganz links liegenden Punktes verschoben wird.

12. Man betrachte eine affine Transformation $T(x, y) = (ax + by + e, cx + dy + f)$.

(a)　Zeigen Sie, dass T dann und nur dann eine affine Kontraktion ist, wenn die zugehörige lineare Transformation $U(x, y) = (ax + by, cx + dy)$ eine Kontraktion ist.

(b)　Zeigen Sie, dass durch U Abstände kontrahiert werden, falls

$$\begin{cases} a^2 + c^2 < 1, \\ b^2 + d^2 < 1, \\ a^2 + b^2 + c^2 + d^2 - (ad - bc)^2 < 1. \end{cases}$$

Hinweis: Es reicht aus zu zeigen, dass für alle von $(0, 0)$ verschiedenen (x, y) das Quadrat der Länge von $U(x, y)$ kleiner ist als das Quadrat der Länge von (x, y).

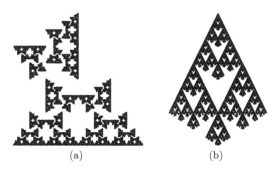

(a)   (b)

Abb. 11.15. Übung 4.

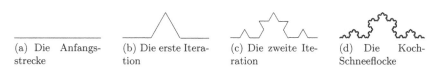

(a) Die Anfangs-   (b) Die erste Itera-   (c) Die zweite Ite-   (d) Die Koch-
strecke   tion   ration   Schneeflocke

Abb. 11.16. Konstruktion der Koch-Schneeflocke von Übung 10.

13. Es seien $P_1, \dots, P_4$ vier nicht koplanare Punkte im $\mathbb{R}^3$. Es seien $Q_1, \dots, Q_4$ vier ande-re Punkte des $\mathbb{R}^3$. Zeigen Sie, dass es eine eindeutig bestimmte affine Transformation $T\colon \mathbb{R}^3 \to \mathbb{R}^3$ derart gibt, dass $T(P_i) = Q_i$.
Bemerkung. Wir können Systeme von iterierten Funktionen im $\mathbb{R}^3$ betrachten. Zum Beispiel könnten wir ein iteriertes Funktionensystem in diesem Raum betrachten, um ein Farnblatt zu beschreiben, das sich unter seinem eigenen Gewicht biegt. Wir könnten dann dieses Bild in die Ebene projizieren, um es darzustellen.

14. Man betrachte $v \in \mathbb{R}^2$ sowie zwei abgeschlossene und beschränkte Teilmengen A, B des $\mathbb{R}^2$. Zeigen Sie, dass $d(v, A \cup B) \leq d(v, A)$ und $d(v, A \cap B) \geq d(v, A)$.

15. Bestimmen Sie numerisch die Kontraktionsfaktoren der einzelnen Transformationen T_i für das Farnblatt. Sind irgendwelche dieser Kontraktionsfaktoren exakte Kontraktionsfaktoren?

16. **(a)** Es seien B_1 und B_2 zwei Kreisscheiben im $\mathbb{R}^2$ mit Radius r, wobei die Mittelpunkte den Abstand d voneinander haben mögen. Berechnen Sie $d_H(B_1, B_2)$.
(b) Es seien B_1 und B_2 zwei konzentrische Kreisscheiben in der Ebene mit den Radien r_1 bzw. r_2. Berechnen Sie $d_H(B_1, B_2)$.

Literaturverzeichnis

[1] M. Barnsley, *Fractals Everywhere*. Academic Press, 1988.
[2] J. Kominek, Advances in fractal compression for multimedia applications. *Multimedia Systems Journal*, 5 (4) (1997), 255–270.

Bildkompression:
Der JPEG-Standard

Die Vorstellung des JPEG-Standards auf dem in diesem Kapitel dargestellten Niveau erfordert etwa vier Stunden. Um diesen Zeitplan einzuhalten, müssen Sie Abschnitt 12.4 überspringen; dieser Abschnitt beweist die Orthogonalität der Matrix C und kann als der fortgeschrittene Teil des Kapitels betrachtet werden. Es ist jedoch notwendig, die Beziehung zwischen den Matrizen f und α zu erläutern und die 64 Basiselemente A_{ij} anzugeben. Die zentrale Idee, die dem JPEG-Standard zugrundeliegt, ist der Basiswechsel in einem 64-dimensionalen Raum. Das vorliegende Kapitel bietet eine ideale Gelegenheit, diesen Teil linearer Algebra zu wiederholen.

12.1 Einführung: verlustfreie und verlustbehaftete Kompression

Datenkompression ist der eigentliche Kern der Informatik, und das Internet hat diesen Vorgang für die meisten zu einer Alltagssache gemacht. Viele von uns wissen vielleicht nicht einmal, dass man Kompressionsverfahren verwendet, oder haben zumindest kaum Ahnung, wie die zugrundeliegenden Algorithmen funktionieren. Dennoch haben viele Kompressionsalgorithmen Namen, die den durchschnittlichen Computeranwendern (*WinZip, gzip*, für Unix-Anwender *compress*), den Musikliebhabern und den Internetbenutzern vertraut sind (*GIF, JPG, PNG, MP3, AAC* und so weiter). Gäbe es keine Kompressionsalgorithmen, dann wäre das Internet aufgrund des Umfangs der zu übertragenden Daten vollkommen paralysiert.

Das Ziel dieses Kapitels besteht darin, einen häufig gebrauchten Algorithmus für die Kompression von Schwarzweißbildern oder farbigen Standbildern zu behandeln. Dieses Kompressionsverfahren ist weithin als JPEG bekannt – das Akronym für *Joint Photographic Experts Group*, ein Konsortium von Firmen und Forschern, die das Verfahren entwickelt und populär gemacht haben. Die Gruppe begann ihre Arbeit im Juni 1987, und der erste Entwurf des Standards wurde 1991 veröffentlicht. Internetbenutzer verbinden dieses Kompressionsverfahren natürlich mit dem Suffix „jpg", das ein Bestandteil der Namen vieler Bilder und Fotos ist, die über das Internet übertragen werden. Der

JPEG-Algorithmus ist das am häufigsten gebrauchte Kompressionsverfahren bei Digitalkameras.

Bevor wir uns in die Details dieses Algorithmus und der ihm zugrundeliegenden Mathematik vertiefen, wird es sich als vorteilhaft erweisen, einige Grundkenntnisse der Datenkompression zusammenzufassen. Es gibt zwei große Familien von Datenkompressionsalgorithmen: diejenigen, welche die Originalinformationen bis zu einem gewissen Umfang verschlechtern (die sogenannten *verlustbehafteten* Algorithmen) und diejenigen, welche die Rekonstruktion des Originals mit perfekter Genauigkeit ermöglichen (die sogenannten *verlustfreien* Algorithmen). Wir machen zwei einfache Beobachtungen.

Wir stellen zuerst fest, dass es unmöglich ist, unter Verwendung des gleichen Algorithmus alle Dateien einer gegebenen Größe *ohne Verlust* zu komprimieren. Nehmen wir nämlich an, eine solche Technik würde für Daten existieren, die eine Länge von exakt N Bits haben. Jedes dieser Bits kann 2 verschiedene Werte (0 oder 1) annehmen und somit gibt es 2^N verschiedene N-Bit Dateien. Komprimiert der Algorithmus jede dieser Dateien, dann wird jede von ihnen durch eine neue Datei dargestellt, die höchstens $N-1$ Bits enthält. Es gibt 2^{N-1} verschiedene Dateien von $N-1$ Bits, 2^{N-2} verschiedene Dateien von $N-2$ Bits, ..., 2^1 verschiedene Dateien von 1 Bit und eine einzige mit 0 Bit. Somit ist die Anzahl der verschiedenen Dateien, die höchstens $N-1$ Bits enthalten, durch folgende Zahl gegeben:

$$1 + 2^1 + 2^2 + \cdots + 2^{N-2} + 2^{N-1} = \sum_{n=0}^{N-1} 2^i = \frac{2^N - 1}{2 - 1} = 2^N - 1.$$

Demnach muss der von uns verwendete Algorithmus mindestens zwei der ursprünglichen N-Bit-Dateien zu einer identischen Datei komprimieren, die weniger als N Bits enthält. Diese zwei komprimierten Dateien sind dann nicht unterscheidbar und es ist unmöglich zu entscheiden, zu welcher Originaldatei sie dekomprimiert werden sollen. Also noch einmal: *Es ist unmöglich alle Dateien einer gegebenen Größe verlustfrei zu komprimieren!*

Die zweite Beobachtung ist eine Folge der ersten: Beim Entwickeln eines Kompressionsalgorithmus muss die mit dieser Aufgabe beauftragte Person entscheiden, ob die Informationen vollständig erhalten bleiben müssen oder oder ob ein leichter Verlust (oder eine leichte Transformation) toleriert werden kann. Zwei Beispiele helfen, diese Wahl zu erläutern und die verschiedenen Verfahren zu demonstrieren, nachdem die oben genannte Entscheidung getroffen worden ist.

Webster's Ninth New Collegiate Dictionary hat 1592 Seiten, von denen die meisten doppelspaltig bedruckt sind; jede Spalte besteht aus ungefähr 100 Zeilen und jede Zeile aus ungefähr 70 Zeichen, Leerzeichen oder Satzzeichen. Das ergibt insgesamt einen Betrag von ungefähr 22 Millionen Zeichen. Diese Zeichen lassen sich durch ein Alphabet von 256 Zeichen darstellen, von denen jedes durch 8 Bits oder 1 Byte codiert wird (vgl. Abschnitt 12.2). Man benötigt also ungefähr 22 MB, um *Webster's* zu erfassen. Bedenkt man, dass eine CD ungefähr 750 MB speichert, dann lassen sich auf einer einzigen CD insgesamt 34 Kopien des ganzen *Webster's* unterbringen (jedoch ohne Abbildungen und Zeichnungen). Kein Autor eines Wörterbuches, einer Enzyklopädie oder eines Lehrbuchs (oder auch eines beliebigen anderen Buches!) würde es gestatten, auch nur ein einziges Zeichen zu ändern. Bei der Kompression eines solchen Materials ist es also extrem wichtig, einen verlustfreien Kompressionsalgorithmus zu verwenden, der eine perfekte Rekonstruktion des Originaldokuments ermöglicht.

Ein einfaches Verfahren für einen solchen Algorithmus ordnet jedem Buchstaben des Alphabets Codes von variabler Länge zu.[1] Die häufigsten Zeichen im Deutschen sind das Zeichen ,,⊔" (Leerzeichen) und der Buchstabe ,,e", gefolgt von den Buchstaben ,,n", ,,i", ,,r", ,,s". Die am wenigsten oft verwendeten Buchstaben sind ,,j", ,,q", ,,y" und ,,x". Die tatsächlichen Häufigkeiten hängen vom Autor und vom Text ab. In Tabelle 12.1 geben wir die Buchstabenhäufigkeiten von Goethes Roman Die Leiden des jungen Werther an. Die Buchstabenhäufigkeiten können sich signifikant ändern, wenn der Text kurz ist. Natürlich versucht man, den häufiger auftretenden Zeichen (wie ,,⊔" und ,,e") kürzere Codes und den weniger häufig auftretenden Zeichen (wie ,,q" und ,,y") längere Codes zuzuordnen.

Auf diese Weise werden die Zeichen durch eine variable Anzahl von Bits dargestellt und nicht durch jeweils ein einzelnes Byte. Verletzt dieses Verfahren unsere erste Beobachtung? Nein, denn um jeden einzelnen zugeordneten Code eindeutig decodieren zu können, werden die Codes für selten auftretende Buchstaben länger als 8 Bits. Folglich werden Dateien, die einen ungewöhnlich hohen Prozentsatz derartiger Zeichen enthalten, tatsächlich länger als die ursprüngliche unkomprimierte Datei. Die Idee, den individuellen Symbolen in Abhängigkeit von ihrer Nutzungshäufigkeit Codes variabler Länge zuzuordnen, ist die fundamentale Idee hinter den Huffman-Codes.

Unser zweites Beispiel steht dem Thema dieses Kapitels etwas näher. Alle Computerbildschirme haben eine endliche Auflösung. Normalerweise wird diese durch die Anzahl der Pixel gemessen, die angezeigt werden können. Jedes Pixel kann eine beliebige Farbe und Lichtstärke annehmen.[2] Frühere Bildschirme konnten 640480 = 307 200 Pixel anzeigen.[3] (Die Auflösung wird normalerweise durch die ,,Anzahl der Pixel pro Zeile Anzahl der Zeilen" angegeben.) Wir wollen annehmen, dass der Louvre beschlossen hat, seine gesamte Bildersammlung zu digitalisieren. Das Museum möchte das idealerweise in ausreichender Qualität tun, um die Kunstexperten zufriedenzustellen. Gleichzeitig würden sie aber für Übertragungen über das Internet und Anzeigen auf typischen Computerbildschirmen auch gerne Versionen von geringerer Qualität haben.

---

[1] Dieses Verfahren ist bei Textkompressionen üblich. Manche Algorithmen ordnen die Codes nicht ,,Buchstaben", sondern ,,Wörtern" zu, und kompliziertere Algorithmen können die zugeordneten Codes auf der Grundlage des Kontextes ändern.

[2] Das stimmt nicht ganz. Computerbildschirme können nur einen Teil der sichtbaren Farbskala reproduzieren, die in eine endliche Menge von diskreten Farben zerlegt wird, die ungefähr gleichmäßig dicht nebeneinander liegen. Auf diese Weise lässt sich im Allgemeinen eine große Anzahl von Farben reproduzieren, nicht aber das ganze sichtbare Spektrum.

[3] Jetzt sind Bildschirme üblich, die viele Millionen Pixel anzeigen können, bei den größten sind es mehr als vier Millionen.

Buchstabe	Häufigkeit	Buchstabe	Häufigkeit	Buchstabe	Häufigkeit
e	0,1708	l	0,0367	v	0,00745
n	0,1051	c	0,0355	ü	0,00696
i	0,0869	m	0,0313	ä	0,00522
r	0,0653	g	0,0288	ß	0,00459
s	0,0602	w	0,0197	p	0,00360
h	0,0579	o	0,0188	ö	0,00237
t	0,0568	b	0,0182	j	0,00146
a	0,0516	f	0,0147	q	0,00016
d	0,0496	z	0,0113	y	0,00009
u	0,0378	k	′ 0,0111	x	0,00005

Tabelle 12.1. Buchstabenhäufigkeiten in Goethes *Die Leiden des jungen Werther*. (Leerzeichen und Satzzeichen sind nicht berücksichtigt worden. Großbuchstaben sind auf die entsprechenden Kleinbuchstaben abgebildet worden. Der Roman enthält etwas mehr als 191 000 Buchstaben.)

In diesem Fall hat es keinen Sinn, dass ein Bild eine höhere Auflösung hat als ein typischer Computermonitor. Somit haben die Bilder, die Kunstexperten zufriedenstellen, eine ganz andere Auflösung und Größe als die entsprechenden Bilder, die auf einem typischen Computermonitor angezeigt werden. Die letztgenannten Bilder enthalten bedeutend weniger Details, reichen aber für die Anzeige auf einem Monitor vollkommen aus. In der Tat wäre die Übertragung eines qualitativ höherwertigen Bildes in Anbetracht der beschränkten Auflösung des Bildschirms eine überflüssige Zeitverschwendung! Die Entscheidung in Bezug auf die Anzahl der zu versendenden Pixel ist dann ziemlich offensichtlich. Nehmen wir aber an, dass die Techniker des Louvre die Größe der zu übertragenden Dateien weiter reduzieren wollen. Sie argumentieren, dass die Mathematiker häufig Funktionen um einen gegebenen Punkt herum durch eine gerade Linie approximieren und dass dann in der grafischen Darstellung das betreffende Stück der Funktion und die approximierende Linie zumindest lokal ziemlich gut übereinstimmen. Wenn wir uns die hellen Farbtöne eines Bildes als die Gipfel und Bergrücken einer grafischen Darstellung vorstellen und die dunklen Farbtöne als dessen Täler, könnten wir dann den mathematischen Begriff der Approximation an diese „Funktion" verwenden?

Die letztgenannte Frage ist mehr physiologischer als mathematischer Natur: Kann man die Benutzer hereinlegen, indem man ihnen ein „mathematisch approximiertes" Bild sendet? Wenn die Antwort „Ja" lautet, dann bedeutet das, dass – in Abhängigkeit von der Verwendung der Daten – ein gewisser Qualitätsverlust akzeptabel ist. Andere Kriterien (wie zum Beispiel die menschliche Physiologie) spielen deshalb eine gleichermaßen wichtige Rolle bei der Entscheidung, wie man komprimiert. Beispielsweise ist es bei der Digitalisierung von Musik nützlich zu wissen, dass das (durchschnittliche) menschliche Ohr außerstande ist, Töne über 20 000 Hz wahrzunehmen. In der Tat ignoriert der für die Aufnahme auf CDs verwendete Standard die Frequenzen, die über 22 000 Hz liegen, und kann nur diejenigen Frequenzen wiedergeben, die unterhalb dieser Schwelle liegen – ein Datenverlust, der nur Hunde, Fledermäuse oder andere Tiere stören würde, die ein besseres Gehör als die Menschen haben. Gibt es für Bilder in Bezug auf Änderungen der Farbe und Stärke des Lichts Beschränkungen, die vom menschlichen Auge wahrgenommen werden können? Geben sich unsere Augen und unser Verstand damit zufrieden, dass sie weniger erhalten, als eine exakte Reproduktion eines Bildes? Sollten Fotografien und Zeichentrickfilme auf die gleiche Weise komprimiert werden? Der JPEG-Kompressionsstandard beantwortet diese Fragen aufgrund seiner Erfolge und seiner Grenzen.

12.2 Vergrößern eines mit JPEG komprimierten Digitalbildes

Ein Foto lässt sich auf viele verschiedene Weisen digitalisieren. Beim JPEG-Verfahren wird das Foto zuerst in sehr kleine Elemente unterteilt, die man als *Pixel* bezeichnet, und jedes Pixel wird einem gleichmäßigen Farb- oder Grauton zugeordnet. Das Foto der Katze in Abbildung 12.1 ist in 640×640 Pixel unterteilt worden. Jedes dieser $640 \times 640 = 409\,600$ Pixel ist einem gleichmäßigen Grauton zwischen Schwarz und Weiß zugeordnet worden. Dieses spezielle Foto wurde mit Hilfe einer Skala von 256 Grautönen digitalisiert, wobei 0 die schwarze und 255 die weiße Farbe repräsentiert. Wegen $256 = 2^8$ lässt sich jeder dieser Werte mit Hilfe von 8 Bits (einem einzigen Byte) speichern. Ohne Kompression würden wir 409 600 Bytes benötigen, um das Foto der Katze (ungefähr 410 KB) zu speichern. (Wir verwenden hier die metrische Konvention: Ein KB entspricht 1000 Bytes, ein MB bedeutet 10^6 Bytes usw.) Zum Codieren eines Farbbildes wird jedes Pixel drei Farbwerten (rot, grün und blau) zugeordnet, von denen jeder mit Hilfe eines 8-Bit-Wertes zwischen 0 und 255 codiert ist. Ein Bild dieser Größe würde mehr als $1,2$ MB benötigen, um unkomprimiert gespeichert zu werden. Häufige Internet-Besucher wissen jedoch, dass große farbige JPEG-komprimierte Bilder (Dateien mit einem „jpg" Suffix) selten die Größe von 100 KB überschreiten. Das JPEG-Verfahren ist also in der Lage, die im Bild enthaltenen Informationen effizient zu speichern. Die Nützlichkeit des JPEG-Algorithmus ist nicht nur auf das Internet beschränkt. Es ist auch der am meisten verbreitete Standard in der Digitalfotografie. Fast alle Digitalkameras komprimieren die Bilder standardmäßig in das JPEG-Format; die Kompression erfolgt in dem Augenblick, in dem das Foto aufgenommen wird, und deswegen geht ein Teil der Informationen für immer verloren. Wie wir im vorliegenden Kapitel sehen werden, ist dieser Verlust normalerweise akzeptabel, aber nicht immer. In Abhängigkeit von der spezifischen Verwendung der Kamera liegt die Entscheidung beim Fotografen. (Übung: Im Jahr 2006 hatten viele Digitalkameras Auflösungen von mehr als die 10 Millionen Pixel (Megapixel). Wieviel Platz würde ein solches Farbbild in unkomprimierter Form erfordern?)

Anstatt das ganze Foto sofort zu verarbeiten, teilt der JPEG-Standard das Bild in kleine Felder von 8×8 Pixeln auf. Abbildung 12.1 zeigt zwei Nahaufnahmen des Katzenbildes. Unten links ist eine Nahaufnahme mit einem Pixelbereich von 32×32 zu sehen. Unten rechts befindet sich eine weitere Nahaufnahme eines 8×8-Bereiches der ersten Nahaufnahme. Die Nahaufnahmen beziehen sich auf einen kleinen Bereich, der die Überschneidung zweier Katzen-Schnurrhaare in der Nähe der Tischkante darstellt. Dieser besondere Block des Bildes ist insofern außergewöhnlich, als dass er Feindetails und hohen Kontrast enthält. Das ist nicht typisch für die meisten 8×8-Felder! Auf den meisten Bildern sehen wir, dass die Änderungen in Bezug auf Farbe und Beschaffenheit recht allmählich erfolgen. Die Fläche unter dem Tisch, der Tisch selbst und sogar das Fell der Katze bestehen im Wesentlichen aus glatten Gradienten, wenn man sie als 8×8-Blöcke betrachtet. Das ist bei den meisten Fotos so: Denken Sie nur an beliebige Landschaftsaufnahmen mit offenen Bereichen des Landes, des Wassers oder des Himmels. Der JPEG-Standard baut auf dieser Gleichmäßigkeit auf; er versucht, einen nahezu gleichmäßigen 8×8-Block mit Hilfe von möglichst wenigen Informationen darzustellen. Enthält ein solcher Block signifikantere Details (wie im Falle unserer Nahaufnahme), dann wird die Nutzung von mehr Platz akzeptiert.

12.3 Der Fall der 2×2-Blöcke

Es ist einfacher, 2×2-Blöcke zu charakterisieren als 8×8-Blöcke, so dass wir damit beginnen.

Wir haben gesehen, dass Grautöne typischerweise mit Hilfe einer Skala mit 256 Schritten dargestellt werden Wir könnten uns ebenso auch eine Skala mit unendlich feinen Schritten vorstellen, die das Intervall $[-1, 1]$ oder ein beliebiges Intervall $[-L, L]$ von $\mathbb{R}$ überdecken. In diesem Fall können wir den dunklen Grautönen, die in Richtung schwarz tendieren, negative Werte zuordnen, während wir den helleren Grautönen, die in Richtung weiß tendieren, positive Werte zuordnen. Der Ursprung würde dann einem Grauton entsprechen, der auf der 256-stufigen Skala zwischen den Stufen 127 und 128 liegt. Obwohl diese Änderung der Skala und des Ursprungs in mancher Hinsicht vollkommen natürlich erscheinen mag, ist er für unsere Diskussion nicht notwendig. Wir ignorieren jedoch die Tatsache, dass unsere Grautöne ganze Zahlen zwischen 0 und 255 sind, und behandeln sie stattdessen als reelle Zahlen in dem gleichen Intervall. Der Ton eines jeden Pixels wird also durch eine reelle Zahl dargestellt, und ein 2×2-Block erfordert vier solche Werte oder äquivalent einen Punkt im $\mathbb{R}^4$. (Wenn wir mit einem $N \times N$-Block arbeiten, dann können wir ihn als Vektor im Raum $\mathbb{R}^{N^2}$ betrachten.)

In Anbetracht dessen, dass wir die Blöcke in zwei Dimensionen wahrnehmen, ist es natürlicher, die individuellen Pixel mit Hilfe von zwei Indizes i und j aus der Menge $\{0, 1\}$ zu numerieren (oder aus der Menge $\{0, 1, \ldots, N-1\}$, wenn wir $N \times N$-Blöcke haben). Der erste Index gibt die Zeile an und der zweite die Spalte, so wie es in der

Abb. 12.1. Zwei aufeinanderfolgende Nahaufnahmen des Originalfotos (oben), das 640 × 640 Pixel enthält. Die erste Nahaufnahme (unten links) enthält 32 × 32 Pixel. Die zweite Nahaufnahme (unten rechts) enthält 8 × 8 Pixel. Die weißen Rahmen auf dem ersten und dem zweiten Bild stellen die Ränder der 8 × 8-Nahaufnahme im letzten Bild dar.

linearen Algebra üblich ist. Zum Beispiel sind die Werte der Funktion f, welche die Grautöne auf dem 2×2-Quadrat von Abbildung 12.2 liefert, durch

$$f = \begin{pmatrix} f_{00} & f_{01} \\ f_{10} & f_{11} \end{pmatrix} = \begin{pmatrix} 191 & 207 \\ 191 & 175 \end{pmatrix}$$

gegeben. Viele der Funktionen, die wir untersuchen werden, nehmen ihre Werte natürlicherweise im Bereich $[-1, 1]$ an. Wenn wir sie als Grautöne darstellen, dann verwenden wir die offensichtliche affine Transformation, um sie auf den Bereich $[0, 255]$ abzubilden. Diese Transformation kann

$$\text{aff}_1(x) = 255(x + 1)/2 \tag{12.1}$$

oder

$$\text{aff}_2(x) = [255(x + 1)/2] \tag{12.2}$$

sein, wobei $[x]$ den ganzen Teil von x bedeutet. (Die letztgenannte Transformation wird verwendet, wenn die Werte auf ganze Zahlen im Bereich $[0, 255]$ beschränkt werden müssen. Vgl. Übung 1.) Wir verwenden f zur Bezeichnung einer Funktion, die im Bereich $[0, 255]$ definiert ist, und g zur Bezeichnung von Funktionen, die im Bereich $[-1, 1]$ definiert sind. In der nachfolgenden Box fassen wir diese Notation zusammen und spezifizieren die Verschiebung, die wir verwenden werden. Bei Verwendung dieses Verfahrens hat die Funktion g, die der obigen Funktion f zugeordnet ist, die Form

$$g = \begin{pmatrix} g_{00} & g_{01} \\ g_{10} & g_{11} \end{pmatrix} = \begin{pmatrix} \frac{1}{2} & \frac{5}{8} \\ \frac{1}{2} & \frac{3}{8} \end{pmatrix} :$$

$$\boxed{\begin{array}{l} f_{ij} \in [0, 255] \subset \mathbb{Z} \quad \longleftrightarrow \quad g_{ij} \in [-1, 1] \subset \mathbb{R} \\ f_{ij} = \text{aff}_2(g_{ij}), \quad \text{wobei} \quad \text{aff}_2(x) = \left[\frac{255}{2}(x + 1) \right]. \end{array}}$$

Wir werden einen 2×2-Block auf zweierlei Weise grafisch darstellen. Die erste Darstellung besteht einfach darin, ihn mit Hilfe der zugeordneten Grautöne zu zeichnen, die auf einem Foto auftreten würden. Die zweite Darstellung besteht darin, die Werte g_{ij} als eine zweidimensionale Funktion der Variablen i und j mit $i, j \in \{0, 1\}$ zu interpretieren. Abbildung 12.2 zeigt die Funktion $g = (g_{00}, g_{01}, g_{10}, g_{11}) = (\frac{1}{2}, \frac{5}{8}, \frac{1}{2}, \frac{3}{8})$ in diesen beiden Darstellungen. Die Koeffizienten, welche die Grauwerte für das Pixel g_{00} (oben links) und das Pixel g_{10} (unten links) liefern, sind identisch. Die Grauwerte der rechten Spalte sind g_{01} (die hellere der beiden) und g_{11}. Mit anderen Worten, verwenden wir die Matrizenschreibweise

$$g = \begin{pmatrix} g_{00} & g_{01} \\ g_{10} & g_{11} \end{pmatrix},$$

dann befinden sich die Elemente der Matrix g in denselben Positionen wie die Pixel von Abbildung 12.2. Das zweite Bild interpretiert die gleichen Werte, aber stellt sie in

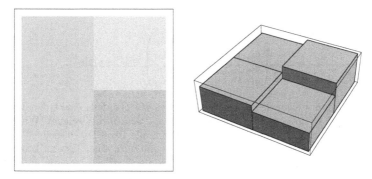

Abb. 12.2. Zwei grafische Darstellungen der Funktion $g = (g_{00}, g_{01}, g_{10}, g_{11}) = (\frac{1}{2}, \frac{5}{8}, \frac{1}{2}, \frac{3}{8})$.

Form eines Histogramms in zwei Variablen i und j dar, wobei den dunkleren Farben geringere Höhen zugeordnet werden. Wir haben diesen speziellen 2 × 2-Block gewählt, weil sämtliche Pixel eng verwandte Grautöne sind, was typisch für die meisten 2 × 2-Blöcke bei einem Foto ist. (Je höher nämlich die Auflösung des Fotos ist, desto „sanfter" werden die Gradienten.)

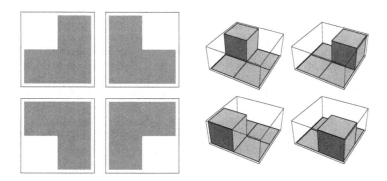

Abb. 12.3. Grafische Darstellung der vier Elemente der üblichen Basis $\mathcal{B}$ von $\mathbb{R}^4$.

Die Koordinaten $(g_{00}, g_{01}, g_{10}, g_{11})$ (oder äquivalent $(f_{00}, f_{01}, f_{10}, f_{11})$) stellen die kleinen 2 × 2-Blöcke verlustfrei dar. (Mit anderen Worten, es ist noch keine Kompression durchgeführt worden.) Diese Koordinaten sind in der üblichen Basis $\mathcal{B}$ des $\mathbb{R}^4$ ausgedrückt, wobei jedes Basiselement einen einzigen von null verschiedenen Eintrag mit dem Wert 1 hat. Diese Basis ist in Abbildung 12.3 grafisch dargestellt. Wenn wir einen Basiswechsel

$$[g]_{\mathcal{B}} = \begin{pmatrix} g_{00} \\ g_{01} \\ g_{10} \\ g_{11} \end{pmatrix} \mapsto [g]_{\mathcal{B}'} = \begin{pmatrix} \beta_{00} \\ \beta_{01} \\ \beta_{10} \\ \beta_{11} \end{pmatrix} = [P]_{\mathcal{B}'\mathcal{B}}[g]_{\mathcal{B}}$$

durchführen, dann stellen die neuen Koordinaten β_{ij} ebenfalls exakt den Inhalt des Blockes dar. Die Koordinaten g_{ij} sind für unseren Zweck nicht geeignet. Wir möchten nämlich leicht Blöcke erkennen können, bei denen alle Pixel fast dieselbe Farbe oder denselben Grauton haben. Um das zu tun, ist es nützlich, eine Basis zu konstruieren, in der ein farblich vollkommen einheitlicher Block durch ein einziges von null verschiedenes Element dargestellt wird. Ebenso möchten wir, dass ein flüchtiger Blick auf die Koordinaten erkennen lässt, dass ein Block alles andere als einheitlich ist.

Der JPEG-Standard schlägt vor, eine andere Basis $\mathcal{B}' = \{A_{00}, A_{01}, A_{10}, A_{11}\}$ zu verwenden. Jedes Element A_{ij} dieser Basis lässt sich mit Hilfe der Standardbasis ausdrücken, die in Abbildung 12.3 dargestellt ist. In der Standardbasis $\mathcal{B}$ haben die Koeffizienten die Form

$$[A_{00}]_{\mathcal{B}} = \begin{pmatrix} \frac{1}{2} \\ \frac{1}{2} \\ \frac{1}{2} \\ \frac{1}{2} \end{pmatrix}, \quad [A_{01}]_{\mathcal{B}} = \begin{pmatrix} \frac{1}{2} \\ -\frac{1}{2} \\ \frac{1}{2} \\ -\frac{1}{2} \end{pmatrix}, \quad [A_{10}]_{\mathcal{B}} = \begin{pmatrix} \frac{1}{2} \\ \frac{1}{2} \\ -\frac{1}{2} \\ -\frac{1}{2} \end{pmatrix}, \quad [A_{11}]_{\mathcal{B}} = \begin{pmatrix} \frac{1}{2} \\ -\frac{1}{2} \\ -\frac{1}{2} \\ \frac{1}{2} \end{pmatrix}. \quad (12.3)$$

Die Elemente dieser neuen Basis sind in Abbildung 12.4 grafisch dargestellt. Das erste Element A_{00} stellt einen farblich einheitlichen Block dar. Ist der 2×2-Block vollkommen einheitlich, dann ist nur der Koeffizient von A_{00} von null verschieden. Die zwei Elemente A_{01} und A_{10} stellen den links/rechts- bzw. den oben/unten-Kontrast dar. Das letzte Element A_{11} ist eine Mischung dieser beiden, wo jedes Pixel in beiden Richtungen gegenüber seinen Nachbarn einen Kontrast aufweist, so ähnlich wie auf einem Damebrett.

Da wir die A_{ij} in der Standardbasis kennen, ist es leicht, die Matrix $[P]_{\mathcal{B}\mathcal{B}'}$ des Basiswechsels von $\mathcal{B}'$ zu $\mathcal{B}$ zu gewinnen. Die Spalten dieser Matrix sind nämlich durch die Koordinaten der Elemente von $\mathcal{B}'$ (ausgedrückt in der Basis $\mathcal{B}$) gegeben. Die besagte Matrix ist also

$$[P]_{\mathcal{B}\mathcal{B}'} = [P]_{\mathcal{B}'\mathcal{B}}^{-1} = \begin{pmatrix} \frac{1}{2} & \frac{1}{2} & \frac{1}{2} & \frac{1}{2} \\ \frac{1}{2} & -\frac{1}{2} & \frac{1}{2} & -\frac{1}{2} \\ \frac{1}{2} & \frac{1}{2} & -\frac{1}{2} & -\frac{1}{2} \\ \frac{1}{2} & -\frac{1}{2} & -\frac{1}{2} & \frac{1}{2} \end{pmatrix}. \quad (12.4)$$

Zur Berechnung von $[g]_{\mathcal{B}'}$ brauchen wir $[P]_{\mathcal{B}'\mathcal{B}}$, das heißt, die Inverse von $[P]_{\mathcal{B}\mathcal{B}'}$. Hier ist die Matrix $[P]_{\mathcal{B}\mathcal{B}'}$ orthogonal. (Übung: Eine Matrix A ist orthogonal, falls $A^t A = AA^t = I$. Zeigen Sie, dass $P_{\mathcal{B}\mathcal{B}'}$ orthogonal ist.) Die Berechnung ist deswegen einfach:

$$[P]_{\mathcal{B}'\mathcal{B}} = [P]_{\mathcal{B}\mathcal{B}'}^{-1} = [P]_{\mathcal{B}\mathcal{B}'}^{t} = [P]_{\mathcal{B}\mathcal{B}'}.$$

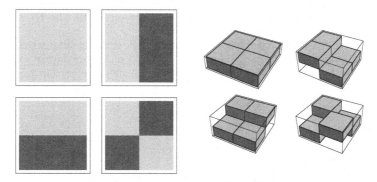

Abb. 12.4. Die vier Elemente der vorgeschlagenen Basis $\mathcal{B}'$. (Element A_{00} ist oben links und Element A_{01} ist oben rechts.)

Die letzte Gleichheit leitet sich aus der Tatsache ab, dass die Matrix $[P]_{\mathcal{B}\mathcal{B}'}$ symmetrisch ist. Die Koeffizienten von g in dieser Basis sind einfach

$$[g]_{\mathcal{B}'} = \begin{pmatrix} \beta_{00} \\ \beta_{01} \\ \beta_{10} \\ \beta_{11} \end{pmatrix} = \begin{pmatrix} \frac{1}{2} & \frac{1}{2} & \frac{1}{2} & \frac{1}{2} \\ \frac{1}{2} & -\frac{1}{2} & \frac{1}{2} & -\frac{1}{2} \\ \frac{1}{2} & \frac{1}{2} & -\frac{1}{2} & -\frac{1}{2} \\ \frac{1}{2} & -\frac{1}{2} & -\frac{1}{2} & \frac{1}{2} \end{pmatrix} \begin{pmatrix} \frac{1}{2} \\ \frac{5}{8} \\ \frac{1}{2} \\ \frac{3}{8} \end{pmatrix} = \begin{pmatrix} 1 \\ 0 \\ \frac{1}{8} \\ -\frac{1}{8} \end{pmatrix}.$$

In dieser Basis ist $\beta_{00} = 1$ der größte Koeffizient. Das ist das Gewicht des Elements A_{00} und jedes der vier Pixel wird dadurch gleich wichtig. Mit anderen Worten: Dieses Element der neuen Basis ordnet ihnen allen den gleichen Grauton zu. Die beiden anderen von null verschiedenen Koeffizienten, die viel kleiner sind ($\beta_{10} = -\beta_{11} = \frac{1}{8}$), enthalten Informationen über den größenmäßig kleinen Kontrast zwischen der linken und der rechten Spalte sowie zwischen den beiden Pixeln in der rechten Spalte. Die sorgfältige Auswahl der Basis gibt räumliche Kontrastinformationen und keine individuellen Pixelinformationen – das ist die fundamentale Idee, die dem JPEG-Standard zugrundeliegt. Um diese Technik verlustbehaftet zu machen, muss man nur entscheiden, welche Koeffizienten für jedes der Basiselemente den sichtbaren Kontrasten entsprechen. Die restlichen Koeffizienten können einfach vernachlässigt werden.

12.4 Der Fall der $N \times N$-Blöcke

Der JPEG-Standard teilt das Bild in 8×8-Blöcke auf. Die Definition der Basis, die Kontrastinformationen anstelle individueller Pixel hervorhebt, lässt sich analog auch für beliebige $N \times N$-Blöcke geben. Die Basis $\mathcal{B}'$, die wir im vorigen Abschnitt eingeführt haben ($N = 2$) und diejenige, die beim JPEG-Standard verwendet wird ($N = 8$), sind Spezialfälle.

Die *diskrete Kosinustransformation*[4] ersetzt die über einem quadratischen $N \times N$-Gitter definierte Funktion $\{f_{ij}, \; i, j = 0, 1, 2, \ldots, N-1\}$ durch eine Menge von Koeffizienten $\alpha_{kl}, \; k, l = 0, 1, \ldots, N-1$. Die Koeffizienten α_{kl} sind gegeben durch

$$\alpha_{kl} = \sum_{i,j=0}^{N-1} c_{ki} c_{lj} f_{ij}, \qquad 0 \leq k, l \leq N-1, \tag{12.5}$$

wobei die c_{ij} als

$$c_{ij} = \frac{\delta_i}{\sqrt{N}} \cos \frac{i(2j+1)\pi}{2N}, \qquad i, j = 0, 1, \ldots, N-1, \tag{12.6}$$

definiert sind und

$$\delta_i = \begin{cases} 1, & \text{falls } i = 0, \\ \sqrt{2}, & \text{andernfalls.} \end{cases} \tag{12.7}$$

(Übung: Zeigen Sie für den Fall $N = 2$, dass die Elemente c_{ij} durch

$$C = \begin{pmatrix} c_{00} & c_{01} \\ c_{10} & c_{11} \end{pmatrix} = \begin{pmatrix} \frac{1}{\sqrt{2}} & \frac{1}{\sqrt{2}} \\ \frac{1}{\sqrt{2}} & -\frac{1}{\sqrt{2}} \end{pmatrix}$$

gegeben sind. Ist es möglich, dass die Transformation (12.5) äquivalent zu dem durch die Matrix $[P]_{\mathcal{BB'}}$ von (12.4) gegebenen Basiswechsel ist? Erläutern Sie den Sachverhalt.)

Die Transformation in (12.5) von den $\{f_{ij}\}$ zu den $\{\alpha_{kl}\}$ ist offensichtlich linear. Schreiben wir

$$\alpha = \begin{pmatrix} \alpha_{00} & \alpha_{01} & \cdots & \alpha_{0,N-1} \\ \alpha_{10} & \alpha_{11} & \cdots & \alpha_{1,N-1} \\ \vdots & \vdots & \ddots & \vdots \\ \alpha_{N-1,0} & \alpha_{N-1,1} & \cdots & \alpha_{N-1,N-1} \end{pmatrix}, \quad f = \begin{pmatrix} f_{00} & f_{01} & \cdots & f_{0,N-1} \\ f_{10} & f_{11} & \cdots & f_{1,N-1} \\ \vdots & \vdots & \ddots & \vdots \\ f_{N-1,0} & f_{N-1,1} & \cdots & f_{N-1,N-1} \end{pmatrix},$$

und

---

[4]Die diskrete Kosinustransformation ist ein Spezialfall einer allgemeineren mathematischen Technik, die als *Fourier-Analyse* bezeichnet wird. Diese zu Beginn des neunzehnten Jahrhunderts von Jean Baptiste Joseph Fourier eingeführte Technik zur Untersuchung der Wärmeausbreitung hat seitdem umfassende Anwendung in den Ingenieurwissenschaften gefunden. Sie spielt auch eine wichtige Rolle in Kapitel 10.

$$C = \begin{pmatrix} \sqrt{\frac{1}{N}} & \sqrt{\frac{1}{N}} & \cdots & \sqrt{\frac{1}{N}} \\ \sqrt{\frac{2}{N}}\cos\frac{\pi}{2N} & \sqrt{\frac{2}{N}}\cos\frac{3\pi}{2N} & \cdots & \sqrt{\frac{2}{N}}\cos\frac{(2N-1)\pi}{2N} \\ \sqrt{\frac{2}{N}}\cos\frac{2\pi}{2N} & \sqrt{\frac{2}{N}}\cos\frac{6\pi}{2N} & \cdots & \sqrt{\frac{2}{N}}\cos\frac{2(2N-1)\pi}{2N} \\ \vdots & \vdots & \ddots & \vdots \\ \sqrt{\frac{2}{N}}\cos\frac{(N-1)\pi}{2N} & \sqrt{\frac{2}{N}}\cos\frac{3(N-1)\pi}{2N} & \cdots & \sqrt{\frac{2}{N}}\cos\frac{(2N-1)(N-1)\pi}{2N} \end{pmatrix},$$

dann sehen wir, dass die Transformation von (12.5) die Matrizenform

$$\alpha = CfC^t \tag{12.8}$$

annimmt, wobei C^t die Transponierte der Matrix C ist. Wir haben nämlich

$$\alpha_{kl} = [\alpha]_{kl} = [CfC^t]_{kl} = \sum_{i,j=0}^{N-1} [C]_{ki}[f]_{ij}[C^t]_{jl} = \sum_{i,j=0}^{N-1} c_{ki} f_{ij} c_{lj},$$

und das ist dasselbe wie (12.5).

Diese Transformation ist ein Isomorphismus, wenn die Matrix C invertierbar ist. (Wir zeigen später, dass das tatsächlich der Fall ist.) Wenn das so ist, dann können wir

$$f = C^{-1}\alpha(C^t)^{-1}$$

schreiben und die Werte $f_{ij}, i, j = 0, 1, \ldots, N-1$ aus den $\alpha_{kl}, k, l = 0, 1, \ldots, N-1$ wiedergewinnen. Die durch (12.8) gegebene Transformation $f \mapsto \alpha$ ist ebenfalls eine lineare Transformation. Nehmen wir nämlich an, dass f und g zu α und β durch (12.8) zueinander in Beziehung gesetzt werden (und zwar durch $\alpha = CfC^t$ und $\beta = CgC^t$), dann folgt

$$C(f + g)C^t = CfC^t + CgC^t = \alpha + \beta$$

aus der Distributivität der Matrizenmultiplikation. Und falls $c \in \mathbb{R}$, dann gilt

$$C(cf)C^t = c(CfC^t) = c\alpha.$$

Die beiden vorhergehenden Identitäten sind die definierenden Eigenschaften der linearen Transformationen. Da diese lineare Transformation ein Isomorphismus ist, stellt sie einen *Basiswechsel* dar! Beachten Sie, dass der Übergang von f zu α nicht durch eine Matrix $[P]_{\mathcal{B}'\mathcal{B}}$ ausgedrückt ist, wie im vorhergehenden Abschnitt. Die lineare Algebra gewährleistet jedoch, dass die Transformation $f \mapsto \alpha$ mit Hilfe einer solchen Matrix geschrieben werden könnte. (Durchlaufen die beiden Indizes von f die Menge $\{0, 1, \ldots, N-1\}$, dann gibt es N^2 Koordinaten f_{ij} und die Matrix $[P]_{\mathcal{B}'\mathcal{B}}$, die den Basiswechsel durchführt, hat die Größe $N^2 \times N^2$. Die Form (12.8) hat den Vorteil, nur $N \times N$-Matrizen zu verwenden.)

Der Beweis der Invertierbarkeit von C stützt sich auf die Beobachtung, dass C orthogonal ist:

$$C^t = C^{-1}. \tag{12.9}$$

Diese Beobachtung vereinfacht die Berechnungen, denn der obige Ausdruck für f wird zu

$$f = C^t \alpha C. \tag{12.10}$$

Wir beweisen diese Eigenschaft am Ende des vorliegenden Abschnitts.

Für den Moment akzeptieren wir diese Tatsache als gegeben und führen ein Beispiel für die Transformation $f \mapsto \alpha$ an. Hierzu verwenden wir die Grautöne, die über dem 8×8-Block von Abbildung 12.1 definiert sind. Die $f_{ij}, 0 \leq i, j \leq 7$ sind in Tabelle 12.2 gegeben. Die Positionen der Pixel im Bild entsprechen den Positionen der Tabellenein-träge, und die Einträge sind die Graustufen, wobei $0 = $ schwarz und $255 = $ weiß ist. Die großen Zahlen (> 150) entsprechen den beiden weißen Schnurrhaaren. Das Haupt-merkmal dieses 8×8-Blocks ist das Vorhandensein von Diagonalstreifen mit großem Kontrast. Wir werden sehen, wie dieser Kontrast die Koeffizienten α dieser Funktion beeinflusst.

Die α_{kl} der Funktion f aus Tabelle 12.2 sind in Tabelle 12.3 gegeben. Die Elemente sind in der gleichen Reihenfolge wie vorher gegeben, wobei α_{00} oben links und α_{07} oben

40	193	89	37	209	236	41	14
102	165	36	150	247	104	7	19
157	92	88	251	156	3	20	35
153	75	220	193	29	13	34	22
116	173	240	54	11	38	20	19
162	255	109	9	26	22	20	29
237	182	5	28	20	15	28	20
222	33	8	23	24	29	23	23

Tabelle 12.2. Die 64 Werte der Funktion f.

681,63	351,77	−8,671	54,194	27,63	−55,11	−23,87	−15,74
144,58	−94,65	−264,52	5,864	7,660	−89,93	−24,28	−12,13
−31,78	−109,77	9,861	216,16	29,88	−108,14	−36,07	−24,40
23,34	12,04	53,83	21,91	−203,72	−167,39	0,197	0,389
−18,13	−40,35	−19,88	−35,83	−96,63	47,27	119,58	36,12
11,26	9,743	24,22	−0,618	0,0879	47,44	−0,0967	−23,99
0,0393	−12,14	0,182	−11,78	−0,0625	0,540	0,139	0,197
0,572	−0,361	0,138	−0,547	−0,520	−0,268	−0,565	0,305

Tabelle 12.3. Die 64 Koeffizienten α_{kl} der Funktion f.

rechts steht. Keiner der Einträge hat exakt den Wert null, aber wir sehen, dass die (in Bezug auf ihren absoluten Betrag) größten Koeffizienten die Elemente α_{00}, α_{01}, α_{12}, α_{23}, ... sind. Zur Interpretation dieser Zahlen benötigen wir ein besseres „visuelles" Verständnis der Basiselemente $\mathcal{B}'$.

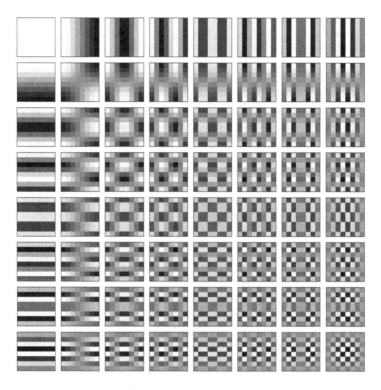

Abb. 12.5. Die 64 Elemente A_{kl} der Basis $\mathcal{B}'$. Das Element A_{00} ist oben links und das Element A_{07} ist oben rechts.

Wir betrachten noch einmal die Ausdrücke für den Basiswechsel:
$$\alpha = C f C^t \qquad \text{und} \qquad f = C^t \alpha C.$$
Ausgedrückt durch die Koeffizienten lässt sich die Beziehung, durch die man f aus α erhält, folgendermaßen schreiben:
$$f_{ij} = \sum_{k,l=0}^{N-1} \alpha_{kl}(c_{ki}c_{lj}).$$

Es sei A_{kl} die $N \times N$-Matrix, deren Elemente $[A_{kl}]_{ij} = c_{ki}c_{lj}$ sind. Wir sehen, dass f eine Linearkombination der Matrizen A_{kl} mit den Gewichten α_{kl} ist. Die Menge der N^2 Matrizen $\{A_{kl}, 0 \le k, l \le N - 1\}$ bildet eine Basis, mit der die Funktion f beschrieben wird. Die 64 Basismatrizen A_{kl} dieses Beispiels ($N = 8$) sind in Abbildung 12.5 aufgeführt. Die Matrix A_{00} befindet sich in der linken oberen Ecke des Bildes, während sich A_{07} oben rechts befindet. Zu grafischen Darstellung einer jeden Basismatrix mussten wir ihre Koeffizienten auf die Grautöne im Bereich von 0 bis 255 abbilden. Hierzu haben wir als Erstes die $[A_{kl}]_{ij}$ durch

$$[\tilde{A}_{kl}]_{ij} = \frac{N}{\delta_k \delta_l}[A_{kl}]_{ij}$$

ersetzt, wobei δ_k und δ_l durch (12.7) gegeben sind. Diese Transformation gewährleistet, dass $[\tilde{A}_{kl}]_{ij} \in [-1, 1]$. Als Nächstes haben wir die Transformation aff_2 von (12.2) auf jeden skalierten Koeffizienten angewendet, und erhielten

$$[B_{kl}]_{ij} = \mathrm{aff}_2([\tilde{A}_{kl}]_{ij}) = \left\lceil \frac{255}{2}([\tilde{A}_{kl}]_{ij} + 1) \right\rceil.$$

Die $[B_{kl}]_{ij}$ können direkt als Grautöne interpretiert werden, da $0 \le [B_{kl}]_{ij} \le 255$. Das sind die Werte, die in Abbildung 12.5 dargestellt sind.

Man kann die grafischen Darstellungen der A_{kl} direkt von deren Definitionen her verstehen. Wir sehen uns hier die Einzelheiten der Konstruktion des Elements A_{23} an, das durch

$$[A_{23}]_{ij} = \frac{2}{N} \cos \frac{2(2i + 1)\pi}{2N} \cos \frac{3(2j + 1)\pi}{2N}$$

gegeben ist. Der obere Teil von Abbildung 12.6 zeigt die Funktion

$$\cos \frac{3(2j + 1)\pi}{16},$$

und vertikal rechts ist die Funktion

$$\cos \frac{2(2i + 1)\pi}{16}$$

dargestellt. Das Element j variiert von 0 bis $N - 1 = 7$, und deswegen durchläuft das Argument des Kosinus der ersten Funktion die Werte von $3\pi/16$ bis $3 \cdot 15\pi/16 = 45\pi/16 = 2\pi + 13\pi/16$. Somit zeigt die Abbildung ungefähr eineinhalb Zyklen des Kosinus. Jedem Rechteck des Histogramms wurde der Grauton zugeordnet, der

$$\frac{255}{2}\left(\cos\left(\frac{3(2j + 1)\pi}{16}\right) + 1\right)$$

entspricht. Das gleiche Verfahren wurde für die zweite Funktion $\cos 2(2i + 1)\pi/16$ wiederholt, und die entsprechenden Ergebnisse sind vertikal im rechten Teil der Abbildung

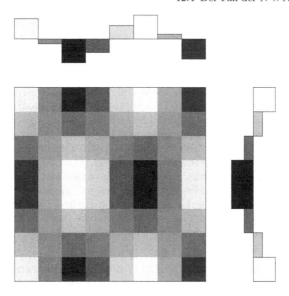

Abb. 12.6. Konstruktion der grafischen Darstellung von A_{23}.

zu sehen. Die Funktion A_{23} ergibt sich durch Multiplikation dieser beiden Funktionen. Diese Multiplikation wird mit zwei Kosinusfunktionen durchgeführt, also mit Werten, die im Bereich $[-1, 1]$ liegen. Das Ergebnis dieser Multiplikation lässt sich visuell anhand des Bildes interpretieren. Die Multiplikation zweier sehr heller Rechtecke (die Werten in der Nähe von $+1$ entsprechen) oder zweier sehr dunkler Rechtecke (die Werten in der Nähe von -1 entsprechen) führt zu hellen Werten. Das 8×8-„Produkt" der beiden Histogramme ist die Matrix A_{23} des Basiselements A_{23}.

Wir kehren zu den 8×8-Blöcken zurück, welche die beiden Katzen-Schnurrhaare abbilden. Welche Koeffizienten α_{kl} sind die wichtigsten? Ein Koeffizient α_{kl} wird als groß bezeichnet, wenn die Extrema der Basismatrix ungefähr denen von f entsprechen. Zum Beispiel alterniert die Basis A_{77} (rechte untere Ecke von Abbildung 12.5) in beiden Richtungen schnell zwischen schwarz und weiß. Sie hat viele Extrema, während f nur ein Diagonalmuster darstellt. Man kann vorhersagen, dass der zugeordnete Koeffizient $\alpha_{77} = 0{,}305$ sehr klein ist. Andererseits ist der Koeffizient α_{01} sehr groß. Die Basismatrix A_{01} (zweite von links in der obersten Zeile von Abbildung 12.5) enthält eine helle linke Hälfte und eine dunkle rechte Hälfte. Obgleich sich die beiden weißen Schnurrhaare von f in die rechte Hälfte des 8×8-Blockes erstrecken, ist die linke Hälfte signifikant blasser als die rechte. Der tatsächliche Koeffizient ist $\alpha_{01} = 351{,}77$.

Wie sollten wir einen negativen Koeffizienten α_{kl} interpretieren? Der Koeffizient $\alpha_{12} = -264{,}52$ ist negativ und eine nähere Betrachtung beantwortet die Frage. Die Basismatrix A_{12} ist ungefähr in sechs kontrastierende helle und dunkle Bereiche aufgeteilt, drei oben und drei unten. Man beachte, dass zwei der dunklen Bereiche ungefähr in einer Reihe mit dem hellsten Bereich von f, den Schnurrhaaren, liegen. Eine Multiplikation dieser Basismatrix mit -1 würde diese dunklen Bereiche hell machen und darauf hindeuten, dass $-A_{12}$ den Kontrast zwischen den Schnurrhaaren und dem Hintergrund relativ gut beschreibt; das unterstreicht die Wichtigkeit dieses (negativen) Koeffizienten. Wir können diese „visuelle Berechnung" leicht für jede der Basismatrizen wiederholen, aber die Sache wird bald ermüdend. Tatsächlich arbeitet man schneller, wenn man einen Computer zur Ausführung der Berechnungen von (12.5) programmiert. Dennoch hat uns diese Diskussion die folgende intuitive Regel demonstriert: *Der Koeffizient α_{kl}, der einer Funktion f zugeordnet ist, hat eine signifikante Größe, wenn die Extrema von A_{kl} den Extrema von f ähneln. Ein negativer Koeffizient weist darauf hin, dass die hellen Stellen von f dunklen Stellen des Basiselements entsprechen und umgekehrt.* Somit haben die nahezu konstanten Basismatrizen A_{00}, A_{01} und A_{10} wahrscheinlich große Faktoren α_{kl} für nahezu konstante Funktionen f. Andererseits sind die Basismatrizen A_{67}, A_{76} und A_{77} für die Darstellung von schnell variierenden Funktionen wichtig.

BEWEIS DER ORTHOGONALITÄT VON C (12.11). Zum Beweis dieser etwas überraschenden Tatsache drücken wir die Identität $C^t C = I$ durch die Elemente der Matrizen aus:

$$[C^t C]_{jk} = \sum_{i=0}^{N-1} [C^t]_{ji}[C]_{ik} = \sum_{i=0}^{N-1} [C]_{ij}[C]_{ik} = \delta_{jk} = \begin{cases} 1, & \text{falls } j = k, \\ 0, & \text{andernfalls,} \end{cases}$$

oder äquivalent

$$[C^t C]_{jk} = \sum_{i=0}^{N-1} \frac{\delta_i^2}{N} \cos \frac{i(2j+1)\pi}{2N} \cos \frac{i(2k+1)\pi}{2N} = \delta_{jk}. \tag{12.11}$$

Der Beweis von (12.11) ist äquivalent zum Beweis von (12.9), der Orthogonalität von C, aus der die Invertierbarkeit von (12.5) folgt. Der nachstehende Beweis ist nicht sehr schwer, aber er enthält verschiedene Fälle und Unterfälle, die sorgfältig untersucht werden müssen.

Wir entwickeln das Produkt der Kosinus aus (12.11) mit Hilfe der trigonometrischen Identität

$$\cos \alpha \cos \beta = \frac{1}{2} \cos(\alpha + \beta) + \frac{1}{2} \cos(\alpha - \beta).$$

Es sei $S_{jk} = [C^t C]_{jk}$. Dann haben wir

$$S_{jk} = \sum_{i=0}^{N-1} \frac{\delta_i^2}{N} \cos \frac{i(2j+1)\pi}{2N} \cos \frac{i(2k+1)\pi}{2N}$$

$$= \sum_{i=0}^{N-1} \frac{\delta_i^2}{2N} \left(\cos \frac{i(2j+2k+2)\pi}{2N} + \cos \frac{i(2j-2k)\pi}{2N} \right)$$

$$= \sum_{i=0}^{N-1} \frac{\delta_i^2}{2N} \left(\cos \frac{2\pi i(j+k+1)}{2N} + \cos \frac{2\pi i(j-k)}{2N} \right).$$

Aufgrund der Beziehungen $\delta_i^2 = 1$ (falls $i = 0$) und $\delta_i^2 = 2$ (andernfalls) können wir den Term $i = 0$ addieren und subtrahieren, und erhalten

$$S_{jk} = \frac{1}{N} \sum_{i=0}^{N-1} \left(\cos \frac{2\pi i(j+k+1)}{2N} + \cos \frac{2\pi i(j-k)}{2N} \right) - \frac{1}{N}.$$

Wir unterteilen den Beweis in die folgenden drei Fälle: $j = k$; $j - k$ ist gerade, aber von null verschieden; $j - k$ ist ungerade. Man beachte, dass genau einer der Ausdrücke $(j-k)$ und $(j+k+1)$ gerade ist, während der andere ungerade ist. Wir betrachten jeden dieser drei Fälle, indem wir die Summe und den Term $-\frac{1}{N}$ folgendermaßen trennen:

$\boxed{j = k}$ Wir schreiben $S_{jk} = S_1 + S_2$ mit

$$S_1 = -\frac{1}{N} + \frac{1}{N} \sum_{i=0}^{N-1} \cos \frac{2\pi i l}{2N}, \qquad S_2 = \frac{1}{N} \sum_{i=0}^{N-1} \cos \frac{2\pi i l}{2N},$$

wobei $l = j + k + 1$ ungerade ist, \qquad\qquad wobei $l = j - k = 0$.

$\boxed{j - k \text{ gerade und } j \neq k}$ Wir schreiben $S_{jk} = S_1 + S_2$ mit

$$S_1 = -\frac{1}{N} + \frac{1}{N} \sum_{i=0}^{N-1} \cos \frac{2\pi i l}{2N}, \qquad S_2 = \frac{1}{N} \sum_{i=0}^{N-1} \cos \frac{2\pi i l}{2N},$$

wobei $l = j + k + 1$ ungerade ist, \qquad wobei $l = j - k$ gerade und $\neq 0$ ist.

$\boxed{j - k \text{ ungerade}}$ Wir schreiben $S_{jk} = S_1 + S_2$ mit

$$S_1 = \frac{1}{N} \sum_{i=0}^{N-1} \cos \frac{2\pi i l}{2N}, \qquad S_2 = -\frac{1}{N} + \frac{1}{N} \sum_{i=0}^{N-1} \cos \frac{2\pi i l}{2N},$$

wobei $l = j + k + 1$ gerade, \qquad\qquad wobei $l = j - k$ ungerade ist.
von null verschieden und $< 2N$ ist.

Es müssen drei verschiedene Summen untersucht werden:

$$\frac{1}{N} \sum_{i=0}^{N-1} \cos \frac{2\pi i l}{2N}, \qquad \text{wobei } l = 0, \tag{12.12}$$

$$\frac{1}{N} \sum_{i=0}^{N-1} \cos \frac{2\pi i l}{2N}, \qquad \text{wobei } l \text{ gerade}, \neq 0 \text{ und } < 2N \text{ ist,} \tag{12.13}$$

$$-\frac{1}{N} + \frac{1}{N} \sum_{i=0}^{N-1} \cos \frac{2\pi i l}{2N}, \qquad \text{wobei } l \text{ ungerade ist.} \tag{12.14}$$

Der erste Fall ist einfach, denn aus $l = 0$ folgt

$$\frac{1}{N} \sum_{i=0}^{N-1} \cos \frac{2\pi i l}{2N} = \frac{1}{N} \sum_{i=0}^{N-1} 1 = \frac{N}{N} = 1.$$

Wir möchten zeigen, dass S_{jk} gleich null ist, außer wenn $j = k$ (im letzteren Fall haben wir $S_{jj} = 1$). Der Beweis ist erbracht, wenn wir zeigen können, dass (12.13) und (12.14) beide gleich null sind. In Bezug auf (12.13) erinnern wir daran, dass

$$\sum_{i=0}^{2N-1} e^{2\pi i l \sqrt{-1}/2N} = \frac{e^{2\pi l \cdot 2N \sqrt{-1}/2N} - 1}{e^{2\pi l \sqrt{-1}/2N} - 1} = 0, \tag{12.15}$$

falls $e^{2\pi l \sqrt{-1}/2N} \neq 1$. Für $l < 2N$ ist diese Ungleichung immer erfüllt. Betrachten wir den reellen Teil von (12.15), dann sehen wir, dass

$$\sum_{i=0}^{2N-1} \cos \frac{2\pi i l}{2N} = 0.$$

Die Summe enthält doppelt so viele Terme wie (12.13). Jedoch können wir sie in folgender Form schreiben

$$\begin{aligned}
0 &= \sum_{i=0}^{2N-1} \cos \frac{2\pi i l}{2N} \\
&= \sum_{i=0}^{N-1} \cos \frac{2\pi i l}{2N} + \sum_{i=N}^{2N-1} \cos \frac{2\pi i l}{2N} \\
&= \sum_{i=0}^{N-1} \cos \frac{2\pi i l}{2N} + \sum_{j=0}^{N-1} \cos \frac{2\pi (j+N)l}{2N}, \qquad \text{für } i = j + N, \\
&= \sum_{i=0}^{N-1} \cos \frac{2\pi i l}{2N} + \sum_{j=0}^{N-1} \cos \left(\frac{2\pi j l}{2N} + \frac{2\pi N l}{2N} \right).
\end{aligned}$$

Ist l gerade, dann ist die Phase $\frac{2\pi Nl}{2N} = \pi l$ ein gerades Vielfaches von π und kann deswegen weggelassen werden, da der Kosinus periodisch mit der Periode 2π ist. Somit gilt

$$0 = \sum_{i=0}^{N-1} \cos \frac{2\pi il}{2N} + \sum_{j=0}^{N-1} \cos \frac{2\pi jl}{2N} = 2 \sum_{i=0}^{N-1} \cos \frac{2\pi il}{2N},$$

und deswegen ist die Summe von (12.13) gleich null.

Man beachte, dass der erste Term $i = 0$ der Summe aus (12.14) gleich

$$\frac{1}{N} \cos \frac{2\pi \cdot 0 \cdot l}{2N} = \frac{1}{N}$$

ist, so dass der Term $-\frac{1}{N}$ wegfällt. Die Summe aus (12.14) vereinfacht sich nun zu

$$\sum_{i=1}^{N-1} \cos \frac{2\pi il}{2N}.$$

Wir müssen jetzt den Fall (12.14) in zwei Unterfälle unterteilen: N gerade und N ungerade. Wir teilen die Summe $\sum_{i=1}^{N-1} \cos \frac{2\pi il}{2N}$ folgendermaßen auf:

$\boxed{N \text{ ungerade}}$

$$\sum_{i=1}^{\frac{N-1}{2}} \cos \frac{2\pi il}{2N} \quad \text{und} \quad \sum_{i=\frac{N-1}{2}+1}^{N-1} \cos \frac{2\pi il}{2N}$$

und

$\boxed{N \text{ gerade}}$

$$\text{in den Term } i = \frac{N}{2}, \quad \sum_{i=1}^{\frac{N}{2}-1} \cos \frac{2\pi il}{2N} \quad \text{und} \quad \sum_{i=\frac{N}{2}+1}^{N-1} \cos \frac{2\pi il}{2N}.$$

Wir beginnen mit dem letztgenannten Unterfall. Ist N gerade, dann haben wir für $i = N/2$ die Beziehung

$$\cos \frac{2\pi}{2N} \cdot \frac{N}{2} \cdot l = \cos \frac{\pi}{2} l = 0,$$

da l ungerade ist. Wir schreiben die zweite Summe um, indem wir $j = N - i$ setzen; wegen $\frac{N}{2} + 1 \leq i \leq N - 1$ ist der Bereich von j durch $1 \leq j \leq \frac{N}{2} - 1$ gegeben:

$$\sum_{i=\frac{N}{2}+1}^{N-1} \cos \frac{2\pi il}{2N} = \sum_{j=1}^{\frac{N}{2}-1} \cos \frac{2\pi(N-j)l}{2N} = \sum_{j=1}^{\frac{N}{2}-1} \cos \left(\pi l - \frac{2\pi jl}{2N} \right).$$

Da l ungerade ist, ist die Phase πl immer ein ungerades Vielfaches von π und

$$\sum_{i=\frac{N}{2}+1}^{N-1} \cos\frac{2\pi il}{2N} = \sum_{j=1}^{\frac{N}{2}-1} -\cos\left(-\frac{2\pi jl}{2N}\right).$$

Da die Kosinusfunktion gerade ist, erhalten wir schließlich

$$\sum_{i=\frac{N}{2}+1}^{N-1} \cos\frac{2\pi il}{2N} = -\sum_{j=1}^{\frac{N}{2}-1} \cos\frac{2\pi jl}{2N},$$

und die beiden Summen des Unterfalles heben einander auf. Der Unterfall von (12.14), bei dem N ungerade ist, wird dem Leser als Übung überlassen.   □

12.5 Der JPEG-Standard

Wie in der Einführung angedeutet, wird ein gutes Kompressionsverfahren auf die spezifische Verwendung und den Typ des zu komprimierenden Objekts zugeschnitten. Der JPEG-Standard ist zum Komprimieren von Bildern bestimmt, insbesondere von fotorealistischen Bildern. Deswegen beruht die Kompressionstechnik auf der Tatsache, dass die meisten Fotos vor allem aus „sanften" Gradienten und Übergängen bestehen, während schnelle Variationen relativ selten sind. Mit dem, was wir gerade über die diskrete Kosinustransformation und die Koeffizienten α_{kl} gelernt haben, scheint es natürlich, die niederfrequenten Komponenten (mit kleinem l und k) eine wichtige Rolle spielen zu lassen, den hochfrequenten Komponenten (bei denen l und k in der Nähe von N liegen) jedoch eine geringfügige Rolle zukommen zu lassen. Die folgende Regel dient als Richtschnur: Jeder Informationsverlust, den das visuelle System des Menschen (also die Augen und das Gehirn) nicht wahrnimmt, ist akzeptabel.

Der Kompressionsalgorithmus lässt sich in die folgenden Hauptschritte aufteilen:

- Verschiebung der Bildfunktion,
- Anwendung der diskreten Kosinustransformation auf jeden 8×8-Block,
- Quantisierung der transformierten Koeffizienten,
- Zickzackanordnung und Codierung der quantisierten Koeffizienten.

Wir analysieren jeden dieser Schritte, indem wir sie anhand des Katzenfotos aus Abbildung 12.1 beschreiben. Dieses Foto wurde von einer Digitalkamera aufgenommen, die das Bild im JPEG-Format komprimierte. Vom Foto wurde ein 640×640-Block extrahiert und anschließend in eine Grauskala konvertiert, wobei jedes Pixel einen ganzzahligen Wert zwischen 0 und 255 annimmt. Wir erinnern uns, dass jedes Pixel einen Speicherplatz von ungefähr einem Byte benötigt. Deswegen erfordert das nicht komprimierte Bild einen Speicherplatz von $409\,600$ B $= 409{,}6$ KB $= 0{,}4096$ MB.

Verschiebung der Bildfunktion. Der erste Schritt ist die *Verschiebung* der Werte von f um die Größe 2^{b-1}, wobei b die Anzahl der Bits (oder die *Bittiefe*) ist, die zur Darstellung eines jeden Pixels verwendet wird. In unserem Fall verwenden wir $b = 8$ und subtrahieren deswegen $2^{b-1} = 2^7 = 128$ von jedem Pixel. Dieser erste Schritt erzeugt eine Funktion $\tilde{f}$, deren Werte im Intervall $[-2^{b-1}, 2^{b-1} - 1]$ liegen, das (nahezu) symmetrisch in Bezug auf den Ursprung liegt, so wie der Wertebereich der Kosinusfunktionen, welche die Basismatrizen A_{kl} bilden. Wir folgen den Details des Algorithmus anhand des 8×8-Blocks, der in Tabelle 12.2 zu sehen ist. Die Werte der verschobenen Funktion $\tilde{f}_{ij} = f_{ij} - 128$ sind in Tabelle 12.4 zu sehen, während die ursprünglichen Werte der Funktion f aus Tabelle 12.2 ersichtlich sind.

-88	65	-39	-91	81	108	-87	-114
-26	37	-92	22	119	-24	-121	-109
29	-36	-40	123	28	-125	-108	-93
25	-53	92	65	-99	-115	-94	-106
-12	45	112	-74	-117	-90	-108	-109
34	127	-19	-119	-102	-106	-108	-99
109	54	-123	-100	-108	-113	-100	-108
94	-95	-120	-105	-104	-99	-105	-105

Tabelle 12.4. Die 64 Werte der Funktion $\tilde{f}_{ij} = f_{ij} - 128$.

Diskrete Kosinustransformation eines jeden 8×8-Blocks. Der zweite Schritt besteht darin, das Bild in nicht überlappende Blöcke von 8×8 Pixeln zu partitionieren. (Ist die Bildbreite kein Vielfaches von 8, dann werden rechts Spalten hinzugefügt, bis die Breite ein Vielfaches von 8 ist. Den Pixeln in diesen zusätzlichen Spalten wird der gleiche Grauton zugeordnet wie dem ganz rechts stehenden Pixel in jeder Zeile des Originalbildes. Ein ähnliches Verfahren wird auf den unteren Teil des Bildes angewendet, falls die Höhe kein Vielfaches von 8 ist.) Nach der *Partitionierung* des Bildes in 8×8-Blöcke wird die *diskrete Kosinustransformation* auf jeden Block angewendet. Das auf $\tilde{f}$ angewendete Ergebnis dieses zweiten Schrittes ist in Tabelle 12.5 gegeben. Vergleichen wir diese Koeffizienten mit den α_{kl} von f (vgl. Tabelle 12.3), dann sehen wir, dass sich nur der Koeffizient α_{00} geändert hat. Das ist kein Zufall, sondern folgt direkt aus der Tatsache, dass sich $\tilde{f}$ aus f durch eine Verschiebung ergibt. Übung 11 (b) untersucht, warum das so ist.

Quantisierung. Der dritte Schritt heißt *Quantisierung*: Diese besteht aus der Transformation der reellwertigen Koeffizienten α_{kl} in ganze Zahlen ℓ_{kl}. Man gewinnt die ganze Zahl ℓ_{kl} aus α_{kl} und q_{kl} durch die Formel

$$\ell_{kl} = \left\lfloor \frac{\alpha_{kl}}{q_{kl}} + \frac{1}{2} \right\rfloor, \tag{12.16}$$

−342,38	351,77	−8,671	54,194	27,63	−55,11	−23,87	−15,74
144,58	−94,65	−264,52	5,864	7,660	−89,93	−24,28	−12,13
−31,78	−109,77	9,861	216,16	29,88	−108,14	−36,07	−24,40
23,34	12,04	53,83	21,91	−203,72	−167,39	0,197	0,389
−18,13	−40,35	−19,88	−35,83	−96,63	47,27	119,58	36,12
11,26	9,743	24,22	−0,618	0,0879	47,44	−0,0967	−23,99
0,0393	−12,14	0,182	−11,78	−0,0625	0,540	0,139	0,197
0,572	−0,361	0,138	−0,547	−0,520	−0,268	−0,565	0,305

Tabelle 12.5. Die 64 Koeffizienten α_{kl} der Funktion $\tilde{f}$.

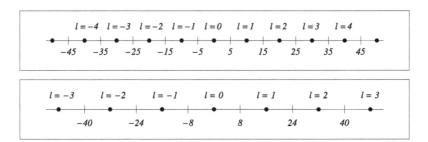

Abb. 12.7. Die diskreten Skalen zur Messung von α_{00} (oben) sowie von α_{01} und α_{10} (unten).

wobei $[x]$ der ganze Teil von x ist.

10	16	22	28	34	40	46	52
16	22	28	34	40	46	52	58
22	28	34	40	46	52	58	64
28	34	40	46	52	58	64	70
34	40	46	52	58	64	70	76
40	46	52	58	64	70	76	82
46	52	58	64	70	76	82	88
52	58	64	70	76	82	88	94

Tabelle 12.6. Die bei diesem Beispiel verwendete Quantisierungstabelle q_{kl}.

Wir erläutern die Ursprünge dieser Formel. Die Menge der reellen Zahlen, die auf einem Computer dargestellt werden können, ist endlich; deswegen ist der mathematische Begriff der reellen Geraden für Computer kein natürlicher Begriff. Diese Zahlen müssen diskretisiert werden – aber muss das mit der vollen Genauigkeit geschehen, mit der ein Computer Zahlen darstellen kann? Könnten wir die Zahlen nicht auf einer gröberen Skala diskretisieren? Der JPEG-Standard verfügt bei diesem Schritt über eine große Flexibilität: Jeder Koeffizient α_{kl} wird durch einen individuell gewählten Quantisierungsschritt diskretisiert. Die Schrittgröße wird in der *Quantisierungstabelle* codiert, die über alle 8×8-Blöcke eines Bildes fest ist. Die Quantisierungstabelle, die wir verwenden, ist in Tabelle 12.6 dargestellt. Bei dieser Tabelle ist die Schrittgröße für α_{00} gleich 10, während sie für α_{01} und α_{10} gleich 16 ist. Abbildung 12.7 zeigt die Auswirkungen dieser Schrittgrößen auf diese drei Koeffizienten. Beachten Sie, dass alle α_{00} von 5 an aufwärts bis 15 (aber ohne 15) auf die Werte $\ell_{00} = 1$ abgebildet werden; tatsächlich haben wir

$$\ell_{00}(5) = \left[\frac{5}{10} + \frac{1}{2} \right] = [1] = 1$$

und

$$\ell_{00}(15 - \epsilon) = \left[\frac{15 - \epsilon}{10} + \frac{1}{2} \right] = \left[2 - \frac{\epsilon}{10} \right] = 1$$

für eine beliebig kleine positive Zahl ϵ. Abbildung 12.7 zeigt das Fenster der Werte, die auf den gleichen quantisierten Koeffizienten abgebildet werden, von denen jeder durch einen kleinen vertikalen Strich begrenzt wird. Alle Werte von α_{kl} zwischen zwei Zahlen unterhalb der Achse haben im Moment der Rekonstruktion das gleiche ℓ gemeinsam, nämlich das ℓ über dem mittleren Punkt. Diese Punkte geben die Mitte eines jeden Bereiches an, und der Wert $\ell_{kl} \times q_{kl}$ wird dem Koeffizienten zugeordnet, wenn die Koeffizienten dekomprimiert werden. Der Bruch $\frac{1}{2}$ in (12.16) gewährleistet, dass $\ell_{kl} \times q_{kl}$ in der Mitte eines jeden Fensters liegt. Die zweite Achse von Abbildung 12.7 zeigt die Situation für α_{01} und α_{10}, deren Quantisierungsfaktor größer ist, nämlich $q_{01} = q_{10} = 16$. Dieses Fenster ist breiter und deswegen werden mehr Werte von α_{01} (und α_{10}) mit dem gleichen ℓ_{01} (und ℓ_{10}) identifiziert. Wir sehen: Je größer der Wert von q_{kl} ist, desto gröber ist die Approximation des rekonstruierten α_{kl} und desto mehr Informationen gehen verloren. Der größte Schritt in unserer Quantisierungstabelle ist $q_{77} = 94$. Alle Koeffizienten α_{77}, deren Werte im Bereich $[-47, 47)$ liegen, werden auf den Wert $\ell_{77} = 0$ abgebildet. Der exakte Wert des ursprünglichen Koeffizienten in diesem Intervall geht während des Kompressionsverfahrens unwiderruflich verloren.

Wählen wir die in Tabelle 12.6 dargestellte Quantisierungstabelle, dann können wir die Transformationskoeffizienten des ursprünglichen Blockes f quantifizieren; die Werte sind in Tabelle 12.7 dargestellt.

Die meisten Digitalkameras bieten zum Speichern von Bildern verschiedene Qualitätsstufen an (zum Beispiel die Basisstufe, die Normalstufe und die Feinstufe). Die meisten Softwarepakete zur Bearbeitung von Digitalbildern bieten eine ähnliche Funktionalität an. Nach der Wahl einer gegebenen Qualitätsstufe wird das Bild mit Hilfe

-34	22	0	2	1	-1	-1	0
9	-4	-9	0	0	-2	0	0
-1	-4	0	5	1	-2	-1	0
1	0	1	0	-4	-3	0	0
-1	-1	0	-1	-2	1	2	0
0	0	0	0	0	1	0	0
0	0	0	0	0	0	0	0
0	0	0	0	0	0	0	0

Tabelle 12.7. Die Quantisierung ℓ_{kl} der transformierten Koeffizienten α_{kl}.

einer Quantisierungstabelle komprimiert, die von den Herstellern der Hardware oder Software vorgegeben ist. Dieselbe Quantisierungstabelle wird für *alle* 8×8-Blöcke der Abbildung verwendet. Sie wird einmal vom Header der JPEG-Datei übertragen, dem die transformierten, quantisierten und komprimierten Blockkoeffizienten folgen. Zwar schlägt der JPEG-Standard eine Familie von Quantisierungstabellen vor, aber es kann eine beliebige verwendet werden. Somit bieten die Quantisierungstabellen ein hohes Maß an Flexibilität für den Endbenutzer.

Zickzackanordnung und Codierung. Der letzte Schritt des Kompressionsalgorithmus ist das *Codieren* der quantisierten Koeffizienten ℓ_{kl}. Wir werden uns hier nicht in die Einzelheiten dieses Schrittes vertiefen. Wir wollen nur erwähnen, dass der Koeffizient ℓ_{00} etwas anders als der Rest codiert wird und dass bei der Codierung die in der Einführung diskutierten Ideen verwendet werden: Die häufiger auftretenden Werte von ℓ_{kl} werden kürzeren Codewörtern zugeordnet und umgekehrt. Was sind die wahrscheinlichsten Werte? Der JPEG-Standard bevorzugt Koeffizienten mit kleinen absoluten Werten: Je kleiner $|\ell_{kl}|$ ist, desto kleiner ist das Codewort für ℓ_{kl}. Ist es überraschend, dass viele Koeffizienten ℓ_{kl} einen nahe bei null liegenden Wert haben? Nein, wir müssen uns nur daran erinnern, dass die α_{kl} (und daher auch die $\ell)kl$ typischerweise Änderungen messen, die im Vergleich zur tatsächlichen Bildgröße relativ klein sind.

Dem Quantisierungsschritt ist es zu verdanken, dass viele ℓ_{kl} mit großen k und l den Wert null haben. Die Codierung nutzt diese Tatsache, indem sie die Koeffizienten so anordnet, dass lange Ketten von Koeffizienten mit dem Wert null wahrscheinlicher sind. Die durch den JPEG-Standard definierte exakte Anordnung ist in Abbildung 12.8 dargestellt: $\ell_{01}, \ell_{10}, \ell_{20}, \ell_{11}, \ell_{02}, \ell_{03}, \ldots$. In Anbetracht der Tatsache, dass die meisten von null verschiedenen Koeffizienten die Tendenz aufweisen, als Cluster in der linken oberen Ecke aufzutreten, kommt es oft vor, dass die auf diese Weise angeordneten Koeffizienten mit langen Abschnitten von Nullen enden. Anstatt jede dieser Nullen zu codieren, übermittelt der Codierer ein spezielles Codewort, das das „Blockende" angibt. Begegnet der Decoder diesem Symbol, dann weiß er, dass der Rest der 64 Symbole mit Nullen aufgefüllt werden muss. Ein Blick auf Tabelle 12.7 zeigt, dass $\ell_{46} = 2$ der letzte

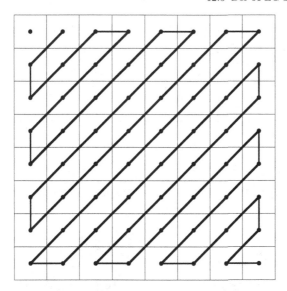

Abb. 12.8. Die Reihenfolge, in der die Koeffizienten ℓ_{kl} übertragen werden: $\ell_{01}, \ell_{1,0}, \ldots, \ell_{77}$.

von null verschiedene Koeffizient in der vorgeschlagenen Zickzackanordnung ist. Die elf verbleibenden Koeffizienten ($\ell_{37}, \ell_{47}, \ell_{56}, \ell_{65}, \ell_{74}, \ell_{75}, \ell_{66}, \ell_{57}, \ell_{67}, \ell_{76}, \ell_{77}$) haben alle den Wert null und werden nicht explizit übertragen. Am Beispiel des Katzenbildes werden wir sehen, dass diese Tatsache einen großen Gewinn für das Kompressionsverhältnis darstellt.

Rekonstruktion. Ein Computer kann ein Foto schnell aus den Informationen einer JPEG-Datei rekonstruieren. Als Erstes wird die Quantisierungstabelle aus dem Dateiheader eingelesen. Dann sind die folgenden Schritte für jeden 8×8-Block auszuführen: Die Informationen für einen Block werden gelesen, bis das Signal „Blockende" kommt. Wurden weniger als 64 Koeffizienten eingelesen, dann werden die fehlenden auf null gesetzt. Danach multipliziert der Computer jedes ℓ_{kl} mit dem entsprechenden q_{kl}. Der Koeffizient $\beta_{kl} = \ell_{kl} \times q_{kl}$ wird deswegen in der Mitte des Quantisierungsfensters dort gewählt, wo sich das ursprüngliche α_{kl} befand. Die zur diskreten Kosinustransformation inverse Funktion (vgl. (12.10)) wird dann auf die β angewendet und man erhält dadurch die neuen Grautöne $\bar{f}$:

$$\bar{f} = C^t \beta C.$$

Nach der Verschiebungskorrektur des ursprünglichen Bildes können die Grautöne dieses 8×8-Blockes bereits auf dem Bildschirm gesehen werden.

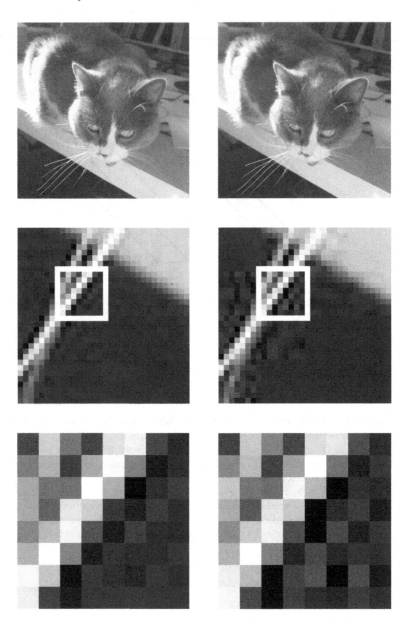

Abb. 12.9. Die drei Bilder auf der linken Seite sind die gleichen wie in Abbildung 12.1. Die Bilder auf der rechten Seite sind daraus durch starke JPEG-Kompression entstanden. Die mittleren Blöcke bestehen aus 32 × 32 Pixeln, während die unteren aus 8 × 8 Pixeln bestehen.

Abbildung 12.9 zeigt die visuellen Resultate der JPEG-Kompression nach Anwendung auf das ganze Bild (so wie im vorliegenden Abschnitt beschrieben). Wir erinnern daran, dass das Originalfoto insgesamt 640×640 Pixel und somit $80 \times 80 = 6400$ Blöcke von 8×8 Pixeln enthält. Die vier Schritte (Verschiebung, Transformation, Quantisierung und Codierung) werden also 6400-mal ausgeführt. Die linke Spalte von Abbildung 12.9 enthält das Originalbild und zwei aufeinanderfolgende Nahaufnahmen.[5] Die rechte Spalte enthält das gleiche Bild, nachdem es mit Hilfe der Quantisierungstabelle 12.6 komprimiert und dekomprimiert worden ist. Wir haben den 8×8-Block ausgewählt, bei dem sich die zwei Schnurrhaare überkreuzen, denn es ist ein Block mit hohem Kontrast. Das sind die Blocktypen, bei denen die Kompression des JPEG-Standards am wenigsten gut ist. Durch Vergleichen der Nahaufnahmen können wir den Effekt der aggressiven Kompression sehen. Nahe der Grenze zwischen den in hohem Kontrast gegenüberstehenden Bereichen ist der Effekt am deutlichsten zu erkennen. Dieser Block enthält hochkontrastive schnell veränderliche Daten, weswegen wir die Koeffizienten α_{kl} mit einer größeren Präzision speichern müssten, wenn wir sie deutlich wiedergeben wollten. Das aggressive Nullsetzen vieler dieser Koeffizienten im Quantisierungsschritt hat in der Nähe der Schnurrhaare ein gewisses „Rauschen" eingeführt. Beachten Sie, dass ein gewisses Maß an Rauschen in diesem Bereich bereits beim Originalfoto vorhanden war, was klar darauf hindeutet, dass die Kamera die JPEG-Kompression verwendet hat. Ein anderes deutliches Merkmal der JPEG-Kompression besteht darin, dass die Grenzen von 8×8-Blöcken oft sichtbar sind, insbesondere von Blöcken mit hohem Kontrast neben glatten Blöcken, wie es im Bereich der Schnurrhaare der Fall ist. Achten Sie auf den 8×8-Block, der sich von unten aus an der zweiten Position und an der dritten Stelle links von den 32×32-Blöcken in Abbildung 12.9 befindet. Dieser Block ist vollständig „unter den Tisch gefallen" und wurde zu einem gleichmäßigen Grau komprimiert. Deswegen ist es nicht überraschend, dass dieser Block nach der Quantisierung nur zwei von null verschiedene Koeffizienten (ℓ_{00} und ℓ_{10}) enthält. Bei der Codierung dieses Blockes werden 62 Koeffizienten weggelassen, und die Kompression ist sehr gut!

Ist dieser Block die Regel oder die Ausnahme? Das ganze Bild besteht aus $640 \times 640 = 409\,600$ Pixeln. Nach der Transformation und Quantisierung dieser Koeffizienten wird das Bild durch eine Folge von 409\,600 Koeffizienten ℓ_{kl} codiert. Ordnen wir diese in Zickzackform an und lassen wir die Schwänze von Nullen weg, dann können wir das Speichern von mehr als 352\,000 Nullen vermeiden, die ungefähr $\frac{7}{8}$ der Koeffizienten ausmachen! Es ist nicht überraschend, dass die durch den JPEG-Standard erzielte Kompression so gut ist.[6]

Der ultimative Test der beiden Bilder ist jedoch der Vergleich mit dem unbewaffneten Auge. Wir überlassen dem Benutzer die Beurteilung, ob die Kompression (in diesem

---

[5] Beachten Sie, dass das Originalfoto mit einer Digitalkamera gemacht wurde, die das Bild im JPEG-Format speichert.

[6] Durch sorgfältige Auswahl der Quantisierungstabelle lässt sich dieses Foto auf eine Größe von weniger als 30 KB komprimieren (im Vergleich zu den nicht komprimierten 410 KB), ohne dass die Verschlechterung unerträglich wird.

Fall das Nullsetzen von ungefähr $\frac{7}{8}$ der Fourierkoeffizienten α_{kl}) die Wiedergabe des Fotos beeinträchtigt hat. Wichtig ist die Bemerkung, dass dieser Vergleich unter denselben Bedingungen ausgeführt werden sollte, unter denen das komprimierte Foto verwendet wird. Wir erinnern Sie an das Beispiel mit den digitalisierten Werken aus dem Louvre. Sieht man sich das Bild mit Hilfe eines niedrigauflösenden Bildschirms an, dann kann die Kompression relativ aggressiv sein. Soll jedoch das Bild intensiv von Kunsthistorikern studiert werden oder soll es mit einer hohen Auflösung gedruckt werden oder mit einer zoomfähigen Software betrachtet werden, dann ist eine höhere Auflösung und eine weniger aggressive Kompression ratsam.

Der JPEG-Standard bietet durch seine Quantisierungstabellen ein sehr hohes Maß an Flexibilität. In bestimmten Fällen können wir uns vorstellen, dass die Verwendung von noch größeren Werten in dieser Tabelle zu einer besseren Kompression und einer akzeptablen Qualität führt. Jedoch werden die Schwächen des JPEG-Standards in Bereichen erkennbar, die sehr kontrastreich und detailliert sind – besonders dann, wenn die Quantisierungstabelle übermäßig große Werte enthält. Das ist der Grund dafür, warum der JPEG-Standard so dürftig ist, wenn Strichzeichnungen und Cartoons komprimiert werden sollen, die im Wesentlichen aus schwarzen Linien auf einem weißen Untergrund bestehen. Diese Linien werden nach aggressiver Kompression verunstaltet (durch den charakteristischen JPEG-„Sprenkel"). Ebenso unangebracht wäre es, das Bild einer Textseite zu nehmen und mit Hilfe des JPEG-Standards zu komprimieren: Die Buchstaben stehen in einem großen Kontrast zur Seite und würden verschwimmen. Der JPEG-Standard wurde mit dem Ziel geschaffen, Fotos und fotorealistische Abbildungen zu komprimieren; bei dieser Aufgabe leistet der Standard Hervorragendes.

Wie steht es mit Farbbildern? Es ist bekannt, dass Farben mit Hilfe von drei Dimensionen beschrieben werden können. Zum Beispiel wird die Farbe eines Pixels auf einem Computerbildschirm normalerweise als Verhältnis der drei (additiven) Primärfarben beschrieben: Rot, Grün und Blau. Der JPEG-Standard verwendet eine andere Koordinatenmenge (auch *Farbenraum* genannt). Dieser Farbenraum beruht auf Empfehlungen der *International Commission on Illumination*, die in den 1930er Jahren die ersten Standards auf diesem Gebiet entwickelte. Die drei Dimensionen dieses Farbenraumes sind voneinander getrennt und führen zu drei unabhängigen Bildern. Diese Bilder, von denen jedes einer Koordinate entspricht, werden dann individuell auf die gleiche Weise behandelt wie wir es in diesem Kapitel für Grautöne beschrieben haben. (Für diejenigen, die mehr darüber erfahren wollen, verweisen wir auf das Buch [2], das eine in sich geschlossene Beschreibung des Standards enthält. Zu den in diesem Buch behandelten Themen gehören: ausführliche Informationen zur vollständigen Implementierung des Standards, eine Diskussion der dabei verwendeten mathematischen Hilfsmittel sowie physiologische Kenntnisse über das menschliche Auge. Die Bücher [3, 4] sind gute Einführungen in das Gebiet der Datenkompression.)

12.6 Übungen

1. **(a)** Beweisen Sie: Ist $x \in [-1,1] \subset \mathbb{R}$, dann ist $\mathrm{aff}_1(x) = 255(x+1)/2$ ein Element von $[0, 255]$.
    (b) Ist aff_1 die ideale Transformation? Für welche x gilt $\mathrm{aff}_1(x) = 255$? Können Sie eine Funktion aff' derart angeben, dass alle ganzen Zahlen in $\{0, 1, 2, \ldots, 255\}$ Bilder von gleichlangen Teilintervallen von $[-1, 1]$ sind?
    (c) Geben Sie die zu aff_1 inverse Funktion an. Die Funktion aff' kann kein Inverses haben. Warum? Können Sie trotzdem eine Regel angeben, die es gestattet, ausgehend von einer Funktion f eine Funktion g so zu konstruieren wie in Abschnitt 12.3?

2. **(a)** Zeigen Sie, dass die vier Vektoren A_{00}, A_{01}, A_{10} und A_{11} von (12.3) (ausgedrückt in der üblichen Basis $\mathcal{B}$) orthonormal sind, das heißt, sie haben die Länge 1 und sind paarweise orthogonal.
    (b) Es sei v der Vektor, dessen Koordinaten in der Basis $\mathcal{B}$ durch

    $$[v]_{\mathcal{B}} = \begin{pmatrix} -\frac{3}{8} \\ \frac{5}{8} \\ \frac{1}{2} \\ -\frac{1}{2} \end{pmatrix}$$

    gegeben sind. Geben Sie die Koordinaten dieses Vektors in der Basis $\mathcal{B}' = \{A_{00}, A_{01}, A_{10}, A_{11}\}$ an. Welche Koordinate von $[v]_{\mathcal{B}'}$ hat den größten absoluten Betrag? Können Sie eine diesbezügliche Vermutung aussprechen, ohne die Koordinaten explizit zu berechnen? Geben Sie eine Begründung.

3. **(a)** Zeigen Sie, dass die $N \times N$-Matrix C, die in der diskreten Kosinustransformation für $N = 4$ verwendet wird, durch

    $$\begin{pmatrix} \frac{1}{2} & \frac{1}{2} & \frac{1}{2} & \frac{1}{2} \\ \gamma & \delta & -\delta & -\gamma \\ \frac{1}{2} & -\frac{1}{2} & -\frac{1}{2} & \frac{1}{2} \\ \delta & -\gamma & \gamma & -\delta \end{pmatrix}$$

    gegeben ist. Drücken Sie die beiden Unbekannten γ und δ durch die Kosinusfunktion aus.
    (b) Geben Sie mit Hilfe der trigonometrischen Identität $\cos 2\theta = 2\cos^2\theta - 1$ explizit die Zahlen γ und δ an. (Unter „explizit" verstehen wir einen algebraischen Ausdruck in ganzen Zahlen und Radikalen, *aber* ohne Kosinusfunktion.) Zeigen Sie mit Hilfe dieser Ausdrücke, dass die zweite Zeile von C einen Vektor mit der Norm 1 darstellt (so wie durch die Orthogonalität von C gefordert).

4. **(a)** Die diskrete Kosinustransformation gestattet den Ausdruck diskreter Funktionen $g : \{0, \ldots, N-1\} \to \mathbb{R}$ (gegeben durch $g(i) = g_i$) als Linearkombinationen der N

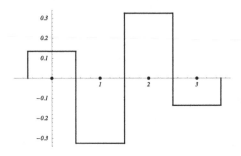

Abb. 12.10. Die diskrete Funktion g aus Übung 4 (b).

diskreten Basisvektoren C_k, wobei $C_k(i) = (C_k)_i = c_{ki}, k = 0, 1, 2, \ldots, N - 1$. Diese Transformation drückt g in der Form $g = \sum_{k=0}^{N-1} \beta_k C_k$ aus, und das liefert

$$g_i = \sum_{k=0}^{N-1} \beta_k (C_k)_i.$$

Stellen Sie für $N = 4$ die Funktion $(C_2)_i$ durch ein Histogramm dar. (Diese Übung verwendet Ergebnisse aus Übung 3, aber der Leser muss die letztgenannte Aufgabe nicht gelöst haben.)

(b) In Kenntnis dessen, dass die numerischen Werte von γ und δ aus der vorhergehenden Übung ungefähr 0,65 bzw. 0,27 sind, beantworten Sie folgende Frage: Welches ist der größte Koeffizient β_k der in Abbildung 12.10 dargestellten Funktion g?

5.   Führen Sie die Berechnung von (12.14) für den Unterfall durch, in dem N ungerade ist.

6.   Eine Funktion

$$f \colon \{0, 1, 2, 3, 4, 5, 6, 7\} \times \{0, 1, 2, 3, 4, 5, 6, 7\} \to \{0, 1, 2, \ldots, 255\}$$

sei grafisch durch die Grautöne von Abbildung 12.11 dargestellt. Die Werte f_{ij} sind längs einer gegebenen Zeile konstant; mit anderen Worten gilt $f_{ij} = f_{ik}$ für alle $j, k \in \{0, 1, 2, \ldots, 7\}$.

(a)   Es sei $f_{0j} = 0, f_{1j} = 64, f_{2j} = 128, f_{3j} = 192, f_{4j} = 192, f_{5j} = 128, f_{6j} = 64$ und $f_{7j} = 0$ für alle j. Berechnen Sie α_{00} entsprechend dem JPEG-Standard, aber ohne die Verschiebung von f, die wir im ersten Schritt von Abschnitt 12.5 beschrieben haben.

(b)   Wird die diskrete Kosinustransformation gemäß dem JPEG-Standard durchgeführt, dann erhalten mehrere der Koeffizienten α_{kl} den Wert null. Bestimmen Sie, welche Elemente von α_{kl} den Wert null annehmen und erklären Sie, warum.

Abb. 12.11. Die Funktion f aus Übung 6.

7.   Es sei C die Matrix, welche die diskrete Kosinustransformation darstellt. Ihre Elemente $[C]_{ij} = c_{ij}, 0 \le i, j \le N - 1$ sind durch (12.6) gegeben. Es sei N gerade. Zeigen Sie, dass jedes der Elemente derjenigen Zeilen i von C, bei denen i ungerade ist, einen der folgenden N Werte hat:

$$\pm\sqrt{\frac{2}{N}}\cos\frac{k\pi}{2N} \qquad \text{mit } k \in \{1, 3, 5, \dots, N-1\}.$$

8.   Abbildung 12.12 zeigt einen 8×8-Block von Grautönen. Welcher Koeffizient α_{ij} hat den größten absoluten Betrag (wobei wir α_{00} außer Acht lassen)? Was ist das Vorzeichen dieses Koeffizienten?

9.   Mit der zunehmenden Beliebtheit der Digitalfotografie ging eine steigende Popularität von Programmen einher, mit denen man Fotos manipulieren und retuschieren kann. Unter anderem kann man mit diesen Programmen die Bilder zurechtschneiden, indem man von den äußeren Kanten Zeilen oder Spalten entfernt. Erklären Sie, warum es bei einem JPEG-komprimierten Bild besser ist, Gruppen von Zeilen oder Spalten zu entfernen, die Vielfache von 8 sind.

10. (a)   Zwei Kopien desselben Fotos werden mit Hilfe verschiedener Quantisierungstabellen q_{ij} und q'_{ij} unabhängig voneinander komprimiert. Es sei $q_{ij} > q'_{ij}$ für alle i und j. Welches ist dann im Allgemeinen die größere Datei, die zweite oder die erste? Welche Quantisierungstabelle führt zu einem größeren Qualitätsverlust des Fotos?

Abb. 12.12. Ein 8×8-Block von Grautönen für Übung 8.

(b)   Wir setzen voraus, dass die Quantisierungstabelle 12.6 verwendet wird und dass $\alpha_{34} = 87{,}2$. Was ist dann der Wert von ℓ_{34}? Was ist, wenn $\alpha_{34} = -87{,}2$?

(c)   Was ist der kleinste Wert von q_{34}, bei dem ℓ_{34} gleich null für die Werte von α_{34} der vorhergehenden Frage wird?

(d)   Gilt $\ell_{kj}(-\alpha_{kj}) = -\ell_{kj}(\alpha_{kj})$? Geben Sie eine Begründung.

Bemerkung: Ein etwas anderes Problem wird durch die Technologie aufgeworfen. Wir nehmen an, dass ein Foto bereits das JPEG-Format hat und im Internet verfügbar ist. Bleibt die Datei groß, dann könnte es nützlich sein, wenn man für Benutzer mit langsameren Internetverbindungen die Datei mit Hilfe einer aggressiveren Quantisierungstabelle erneut komprimiert. Die Auswahl der neuen Quantisierungstabelle würde dann von der Geschwindigkeit der Verbindung und vielleicht von der Verwendung des Fotos abhängen. Wie sich herausstellt, ist die Auswahl dieser zweiten Quantisierungstabelle eine heikle Sache, da die Verschlechterung des Bildes nicht monoton mit der Größe der Koeffizienten zunimmt. Vgl. zum Beispiel [1].

11. (a)   Berechnen Sie die Differenz zwischen dem α_{00} der Funktion f, die in Tabelle 12.2 gegeben ist, und dem der Funktion $\tilde{f}$, die man durch eine Verschiebung erhält.

(b)   Zeigen Sie, dass eine Verschiebung von f um eine Konstante (zum Beispiel 128) nur den Koeffizienten α_{00} ändert.

(c)   Machen Sie mit Hilfe der Definition der diskreten Kosinustransformation eine Vorhersage in Bezug auf die Differenz der beiden in (a) berechneten Koeffizienten α_{00}.

(d)   Zeigen Sie, dass α_{00} das N-fache des durchschnittlichen Grautons des Blockes ist.

12. Es sei g eine Schachbrettfunktion: Die obere linke Ecke $(0,0)$ hat den Wert $+1$ und die übrigen Quadrate werden so ausgefüllt, dass sie im Vergleich zu ihren horizontalen und vertikalen Nachbarn das entgegengesetzte Vorzeichen haben.

(a) Zeigen Sie, dass die Schachbrettfunktion g_{ij} durch folgenden Formel beschrieben werden kann:

$$g_{ij} = \sin(i + \tfrac{1}{2})\pi \cdot \sin(j + \tfrac{1}{2})\pi.$$

(b) Berechnen Sie die acht Zahlen

$$\lambda_i = \sum_{j=0}^{7} c_{ij} \sin(j + \tfrac{1}{2})\pi \qquad \text{für } i = 0, \dots, 7,$$

wobei die c_{ij} durch (12.6) gegeben sind. (Dauert die manuelle Ausführung dieser Übung zu lange, dann verwenden Sie einen Computer!)

(c) Berechnen Sie die Koeffizienten β_{kl} der Schachbrettfunktion g, die durch $\beta_{kl} = \sum_{i,j=0}^{N-1} c_{ki} c_{lj} g_{ij}$ gegeben ist (die Berechnung der Werte λ_i ist hilfreich). Hätten Sie eine exakte Vermutung äußern können, welche Koeffizienten den Wert null annehmen? Ist die Position des größten von null verschiedenen Koeffizienten β_{kl} überraschend?

Literaturverzeichnis

[1] H. H. Bauschke, C. H. Hamilton, M. S. Macklem, J. S. McMichael und N. R. Swart. Recompression of JPEG images by requantization. *IEEE Transactions on Image Processing* 12 (2003), 843–849.

[2] W. B. Pennebaker und J. L. Mitchell, *JPEG Still Image Data Compression Standard.* Springer, New York, 1996.

[3] D. Salomon, *Data Compression: The Complete Reference.* Springer, New York, 2. Auflage, 2000.

[4] K. Sayood, *Introduction to Data Compression.* Morgan Kaufmann, San Francisco, 1996.

13

Der DNA-Computer[1]

Die Behandlung des ganzen Kapitels könnte ohne Weiteres zwei volle Wochen Vorlesungszeit in Anspruch nehmen. Jedoch ist es auch möglich, das wichtigste Material in einer Woche zu behandeln. Im letzteren Fall entwickeln wir – unter der Voraussetzung, dass die Studenten über eine ausreichende mathematische Reife verfügen – die Theorie der rekursiven Funktionen, wobei wir mit einfachen Funktionen und den Operationen der Zusammensetzung, der Rekursion und der Minimierung beginnen. Wir erläutern den Aufbau einer Turingmaschine und untersuchen einige Turingmaschinen, die einfache Funktionen berechnen (Abschnitt 13.3). Wir geben ohne Beweis den Satz 13.40 an, der besagt, dass alle rekursiven Funktionen Turing-berechenbar sind. An dieser Stelle haben wir eine Wahlmöglichkeit: Wir können Teile des Beweises ausführlicher besprechen oder wir gehen direkt zur Diskussion der DNA-Computer über. Im letzteren Fall reicht die Zeit nur für die Diskussion biologischer Operationen, die mit der DNA durchgeführt werden können, sowie für die beispielhafte Besprechung der Technik von Adleman zur Lösung des Hamiltonpfad-Problems mit Hilfe der DNA (Abschnitt 13.2). Für Studenten mit mehr Hintergrundwissen in Informatik lohnt es sich, zwei Wochen für dieses Kapitel aufzuwenden. Wir beschreiben dann Turingmaschinen ausführlicher und diskutieren mindestens einen Schritt des Beweises, dass rekursive Funktionen Turing-berechenbar sind (Sätze 13.32 und 13.40). Wir führen Insertion-Deletion-Systeme ein (Abschnitt 13.4) und erläutern, wie Enzyme in der Lage sind, Einfügungen (Insertionen) und Entfernungen (Deletionen) bei der DNA zu bewirken. Wir geben ohne Beweis den Satz 13.44, der besagt, dass für jede Turingmaschine ein Insertion-Deletion-System existiert, das dasselbe Programm ausführt, und wir heben die Bedeutung dieses Ergebnisses hervor. Wir diskutieren mindestens einen der Fälle des Beweises, und wenn die Zeit nicht ausreicht, überspringen wir Adlemans Technik.

[1]Dieses Kapitel wurde von Hélène Antaya und Isabelle Ascah-Coallier verfasst, die durch einen NSERC Undergraduate Student Research Award unterstützt wurden.

13.1 Einführung

Das Thema dieses Kapitels ist Gegenstand aktiver Forschungstätigkeit. Zwar sind DNA-Computer zur Lösung eines echten mathematischen Problems verwendet worden, aber sie gehören immer noch zum Gebiet der Science Fiction. Die aktuelle Forschungsarbeit erfordert multidisziplinäre Teams mit Fachkenntnis im wissenschaftlichen Rechnen und in Biochemie.

Man vergleiche das mit der Entstehung von klassischen Computern. Deren Entwicklung wurde angespornt, als man feststellte, dass elektrische Schaltkreise logische Verknüpfungen ausführen können. (Einfache Beispiele hierfür findet man im Abschnitt 15.7 von Kapitel 15.) Bei der Herstellung von modernen Computern wird eine riesige Anzahl von Transistoren miteinander verbunden. In der Zeit der ersten Computer erforderte die Programmierung ein implizites Wissen der internen Funktionsweise des Computers, um das Programm in eine Folge von Operationen zu zerlegen, die der Computer ausführen konnte. Schnell machte man Fortschritte in mehreren Richtungen; dabei wurden einerseits die Computer immer ausgeklügelter und andererseits die Programmiersprachen immer weiter entwickelt. Mit diesen Fortschritten wurde es bei der Verwendung von Computern immer unwichtiger, deren interne Funktionsweise zu kennen.

Bei unseren Überlegungen haben wir uns gefragt, welche Probleme von einem Computer gelöst werden können. Um hierauf zu antworten, müssen wir zuerst genau definieren, was wir unter einem „Algorithmus" und unter einem „Computer" verstehen. Beide Fragen sind ziemlich schwierig und berühren die Grenzen der Philosophie. Anstelle von Algorithmen sprechen wir oft von „berechenbaren Funktionen". Alle Ansätze in Bezug auf die Berechenbarkeit haben zu äquivalenten Definitionen geführt. Beschränken wir uns insbesondere auf Funktionen $f \colon \mathbb{N}^n \to \mathbb{N}$, dann sind die berechenbaren Funktionen die rekursiven Funktionen, die wir in Abschnitt 13.3.2 diskutieren werden. Zwecks Analyse der Leistungsstärke von Computern haben die Wissenschaftler nicht über die komplexesten Computer der Zukunft nachgedacht, sondern sich stattdessen auf die denkbar einfachsten Computer konzentriert: auf die Turingmaschinen, die wir in Abschnitt 13.3 beschreiben. Der zentrale Satz zu diesem Thema besagt, dass eine Funktion $f \colon \mathbb{N}^n \to \mathbb{N}$ genau dann rekursiv ist, wenn sie durch eine Turingmaschine berechenbar ist (vgl. Satz 13.41 in Bezug auf eine der beiden Beweisrichtungen). Das veranlasste Church zur Formulierung seiner berühmte These, gemäß der eine Funktion genau dann „berechenbar" ist, wenn sie Turing-berechenbar ist (das heißt, wenn sie von einer Turingmaschine berechnet werden kann).

Die obengenannte Theorie liefert den Programmierern ein Verfahren zur Berechnung aller rekursiven Funktionen. Jedoch sind derartige Lösungen oft bei weitem nicht die elegantesten oder effizientesten. Wenn wir an numerischen Lösungen interessiert sind, dann sind theoretische Algorithmen kaum von Nutzen, und die Algorithmen, die in der Praxis verwendet werden, ähneln den theoretischen Algorithmen nur wenig. Viele der ganz einfach formulierbaren Probleme sind mit traditionellen Computern in angemessener Zeit effektiv unlösbar. Dies ist der Fall für das Problem der Faktorisierung großer ganzer Zahlen (vgl. Kapitel 7) und das Hamiltonpfad-Problem, das wir im vorliegenden

Kapitel diskutieren. Bei einer gegebenen Anzahl von Städten und gerichteten Pfaden zwischen ihnen, stellt das Hamiltonpfad-Problem folgende Frage: Gibt es einen Pfad, der in der ersten Stadt beginnt, durch jede Stadt genau einmal geht und in der letzten Stadt endet? Ist die Anzahl der Städte hinreichend groß (mehr als ungefähr hundert), dann wird die Anzahl der möglichen Pfade so groß, dass sogar die leistungsstärksten Computer außerstande sind, alle Pfade zu untersuchen. Es gibt zwei Möglichkeiten, die Performance für diese Arten von Problemen zu verbessern: bessere Algorithmen oder schnellere Computer. Eine einfache Möglichkeit, schnellere Computer zu bauen, besteht darin, die Anzahl der Prozessoren zu erhöhen und viele moderne Computer parallel zu schalten, so dass sie gleichzeitig an ein und demselben Problem arbeiten können. Im Jahr 2005 hatte der weltweit größte Computer 131 072 Parallelprozessoren. Parallelrechner sind jedoch keine ideale Lösung, denn die Herstellung von großen derartigen Rechnern ist teuer, und außerdem sind die Geräte schnell veraltet.

Der Begriff des DNA-Computers geht auf das Jahr 1994 zurück. Der Informatiker Leonard Adleman, einer der Schöpfer des berühmte RSA-Algorithmus (vgl. Kapitel 7), hat festgestellt, dass die innerhalb von Zellen in DNA-Strängen ausgeführten biologischen Operationen zur Durchführung logischer Operationen verwendet werden können. DNA ist ein sehr großes Molekül, das in einer Doppelhelix angeordnet ist, die sich in zwei gesonderte Stränge trennen lässt – so ähnlich wie wir einen Reißverschluss öffnen. Jeder Strang besteht aus einer einfachen Folge von Basen, von denen es vier Typen gibt: A (Adenin), C (Cytosin), G (Guanin) und T (Thymin). Zwei einzelne Stränge können zu einem Doppelstrang zusammengesetzt werden, wenn sie komplementär sind: A-Basen können nur mit T-Basen Paare bilden, während C-Basen nur mit G-Basen Paare bilden können. Bestimmte Enzyme sind in der Lage, einen DNA-Strang an bestimmten Stellen (den sogenannten „loci") zu schneiden. Ein DNA-Schnipsel kann aus einem Strang entfernt werden (Deletion), wenn es zwischen zwei loci liegt; auf ähnliche Weise können Schnipsel hinzugefügt werden (Insertion). DNA-Polymerase (ein weiteres Enzym) ermöglicht die Vervielfältigung von DNA-Molekülen und daher das Klonen ganzer DNA-Stränge. Als Adleman diese Operationen sah, erinnerten sie ihn an die Operationen, die von den elektrischen Schaltkreisen und Transistoren eines Computers ausgeführt werden (vgl. Abschnitt 15.7 von Kapitel 15). Um die potentielle Rechenleistung der DNA zu demonstrieren, verwendete Adleman eine DNA-Manipulation zur Lösung eines Hamiltonpfad-Problems mit sieben Städten. Diese erste Demonstration spornte schnell weitere Forschungsarbeiten zu diesem Thema an. Wie bei den konventionellen Computern verzweigten sich die Forschungen in viele Richtungen. Auf der theoretischen Seite sind die Dinge ziemlich weit vorangekommen. Kari und Thierrin [3] bewiesen, dass alle Turing-berechenbaren Funktionen mit Hilfe von DNA-Strängen unter Verwendung der Operationen Insertion und Deletion berechnet werden können. Wir beweisen dieses Ergebnis in Abschnitt 13.4. Wie im Fall der konventionellen Computer sind die bei Beweisen verwendeten theoretischen Algorithmen nicht unbedingt die effizientesten oder praktisch nützlichsten für die Lösung tatsächlicher Probleme. Deswegen hat sich ein großer Teil der Forschungsarbeiten auf die praktischeren Aspekte konzentriert. Adleman brauchte im Labor sieben Tage, um einen Hamiltonpfad in Bezug auf eine Menge von sieben Städten zu finden, während die meisten von uns die Lösung mit Hilfe von Bleistift und Papier in wenigen Minuten finden würden. Es ist nicht bekannt, ob umfangreiche Probleme mit Hilfe des DNA-Computing effizient behandelt werden können. Die von Adleman verwendete Technik hat sich nur für eine kleine Anzahl von Städten als praktisch erwiesen. Jedoch ist, wie oben bemerkt, die Parallelität bei konventionellen Computern aus Kostengründen beschränkt. Viele Wissenschaftler sind deswegen an der potentiellen Parallelität von DNA-Computern interessiert. Es ist bekannt, dass DNA-Stränge in sehr großer Zahl effizient geklont werden können. Mischt man sie alle mit geeigneten Enzymen, dann kann eine große Anzahl von Insertionen und Deletionen parallel ausgeführt werden. Kann man diese Eigenschaft zur Konstruktion von riesigen DNA-Parallelrechnern nutzen? Die aktuelle Forschung befasst sich mit Problemen dieser Art.

13.2 Adlemans Hamiltonpfad-Problem

Selbst wenn wir noch nicht in der Lage sind, einen funktionsfähigen DNA-Computer zu bauen, so sind doch schon mehrere einfache Berechnungen mit Hilfe von DNS-Operationen ausgeführt worden. Wie oben bemerkt, hat Leonard Adleman 1994 das Potential des DNA-Computing durch die Lösung eines realen (wenn auch kleinen) Problems demonstriert.

Der Ausgangspunkt des Problems ist ein gerichteter Graph wie zum Beispiel in Abbildung 13.1. Ein *gerichteter Graph* ist eine Menge von Knoten (die hier mit den Zahlen 0 bis 6 durchnumeriert sind) und eine Menge von gerichteten Kanten, die Paare von Knoten verbinden (hier durch Pfeile zwischen den Knoten dargestellt).

Das Hamiltonpfad-Problem besteht darin, einen Pfad zu finden, der vom ersten Knoten (Knoten 0) ausgeht und beim letzten Knoten (Knoten 6) endet, wobei er durch alle anderen Knoten genau einmal geht und dabei die durch die Pfeile vorgegebenen Richtungen einhält. Das ist ein klassisches Problem der Mathematik.

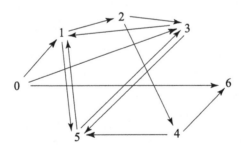

Abb. 13.1. Der von Adleman untersuchte gerichtete Graph.

Adlemans Lösung: Adlemans Ausgangspunkt war die Codierung eines jeden Knotens mit Hilfe eines aus acht Basen bestehenden kleinen DNA-Stranges. Zum Beispiel kann der Knoten 0 durch den Strang

$$AGTTAGCA$$

und der Knoten 1 durch den Strang

$$GAAACTAG$$

repräsentiert werden.

Wir verwenden das Wort „Vorname" für die ersten vier Basen einer Knotenbezeichnung und das Wort „Name" für die letzten Basen. Gerichtete Kanten werden als Stränge von acht Basen codiert, bestehend aus den Komplementärbasen des Namens des Ausgangsknotens und den danach folgenden Komplementärbasen des Vornamens des Zielknotens. Wir erinnern daran, dass A komplementär zu T ist und dass C komplementär zu G ist. Zum Beispiel wird der Pfeil von 0 nach 1 durch den Strang $TCGTCTTT$ codiert, denn $TCGT$ ist das Komplement der letzten vier Basen (des Namens) der Codierung für 0, $AGT\underline{TAGC}A$ und $CTTT$ ist das Komplement der ersten vier Basen (des Vornamens) der Codierung für 1, $\underline{GAAAC}TAG$.

Adleman gab dann eine große Anzahl (ungefähr 10^{14}) Kopien eines jeden DNA-Stranges, der Knoten und Kanten codiert, in ein einziges Reagenzglas. DNA-Stränge haben eine starke Tendenz, sich mit komplementären Strängen zusammenzuschließen. Geraten beispielsweise die Stränge, die den Knoten 0 und 1 entsprechen, in die Nähe eines Stranges, der die gerichtete Kante von 0 nach 1 codiert, dann würden sie sich wahrscheinlich zum folgenden Doppelstrang zusammenschließen:

$$
\begin{array}{ccccccccc}
 & T & C & G & T & C & T & T & T \\
 & | & | & | & | & | & | & | & | \\
A & G & T & T & A & G & C & A & G & A & A & A & C & T & A & G,
\end{array}
$$

wobei die senkrechten Striche eine stabile chemische Bindung zwischen komplementären Basen darstellen. Der untere Strang enthält immer noch ungepaarte Basen. Diese Basen können jetzt die Enden jeder anderen gerichteten Kante anziehen, die ihrerseits Knoten anziehen. Somit führen die Moleküle im Reagenzglas eine umfassende Parallelberechnung durch, indem sie eine große Anzahl von möglichen Pfaden durch den Graphen anlegen. Dadurch könnte möglicherweise jeder endliche Pfad durch einen Graphen der Länge $\leq N$ (für beliebiges N) erzeugt werden. Dieses Parallelitätsniveau ist weder mit einem konventionellen Computer noch mit einem großen Cluster von konventionellen Computern möglich.

Wird das Gemisch erhitzt, dann trennen sich die DNA-Doppelstränge in einzelne Stränge und erzeugen auf diese Weise Einzelstränge, die Folgen von Knoten codieren, und andere Einzelstränge, die Folgen von gerichteten Kanten codieren. Adleman konzentrierte sich auf die Stränge, die Knotenfolgen codieren, denn diese Stränge codieren den tatsächlichen Pfad durch den Graphen.

Der Ansatz geht effektiv von der Annahme aus, dass alle möglichen durch den Graphen gehenden Pfade erzeugt werden. Falls das Problem eine Lösung hat, dann haben wir fast die Garantie, dass dieser Pfad irgendwo im Reagenzglas existiert. Das Problem besteht jetzt darin, diese Lösung zu isolieren und zu lesen. Wie erkennt man, welche der Milliarden Ketten die richtige ist? Um diese Aufgabe erfolgreich zu bewältigen, musste Adleman mehrere komplizierte biologische und chemische Techniken anwenden. In der Tat war das der bei weitem schwierigste und beschwerlichste Teil der Lösung. Es ist relativ einfach, den Grundansatz vom theoretischen Standpunkt aus zu verstehen. Tatsächlich verwendete Adleman eine Brechstangenmethode, um eine umfassende Durchsuchung der Pfade vorzunehmen und schließlich den richtigen auszuwählen.

Um den Lösungsstrang zu isolieren, ging Adleman in fünf Schritten vor:

Schritt 1. Wir müssen zuerst nur diejenigen Pfade auswählen, die im Knoten 0 beginnen und im Knoten 6 enden. Die Idee besteht darin, diese Ketten so lange zu verdoppeln, bis sie alle anderen dominieren. Die Details dieses Schrittes erfordern eine gewisse Vertrautheit mit Chemie – wir werden das ausführlicher in Abschnitt 13.6.3 diskutieren.

Schritt 2. Unter den in Schritt 1 ausgewählten Ketten müssen wir jetzt diejenigen auswählen, die genau sieben Knoten (und somit sechs gerichtete Kanten) enthalten. Diese Ketten sind 56 Basen lang – im Gegensatz zu den aus 48 Basen bestehenden Ketten, die gerichtete Kanten codieren (vgl. Abbildung 13.2).

Kantenstrang mit 48 Basen

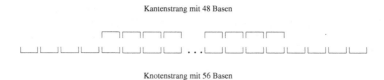

Knotenstrang mit 56 Basen

Abb. 13.2. Kettenlänge von Pfaden.

Um das zu bewerkstelligen, arbeitete Adleman mit Elektrophorese, einer von der Biologie her bekannten Technik. Der Grundgedanke besteht darin, auf den DNA-Strängen eine negative Ladung zu induzieren und die Stränge längs einer Kante einer mit Gel bedeckten Platte zu positionieren. Als Nächstes wird eine Spannungsdifferenz so an die Platte gelegt, wie in Abbildung 13.3 dargestellt.[2]

Angezogen vom positiven Ende der Platte bewegen sich die DNA-Stränge langsam durch das Gel. Sobald die ersten negativ geladenen Moleküle das positive Ende der Platte erreichen, wird die Platte deaktiviert und so die Bewegung gestoppt. Die Fortbewegungsgeschwindigkeit durch das Gel hängt von der Länge des DNA-Stranges ab, wo-

---

[2]Die in Abbildung 13.3 auftretende „DNA-Leiter" ist ein Gemisch von DNA-Strängen unterschiedlicher Länge. Sie dient als Marker bei der Elektrophorese zur Größenbestimmung und groben Quantifizierung der DNA, die untersucht werden sollen.

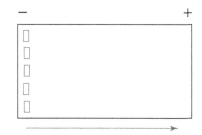

Abb. 13.3. Schema einer Elektrophoreseplatte. (Die kleinen Rechtecke links stellen eine DNA-Leiter zur Größenmessung dar.)

bei sich kürzere Stränge schneller bewegen als längere Stränge. Auf diese Weise können wir die Position von Strängen auf der Platte in Abhängigkeit von den Stranglängen schätzen. Zum Zweck einer genauen Berechnung wird der Prozess kalibriert, indem man die Elektrophorese auf eine Probe von Molekülen bekannter Länge anwendet. Diese Technik hat es Adleman somit ermöglicht, nur die DNA-Stränge mit Längen von 48, 52 und 56 Basen zu extrahieren und den Rest zu vernachlässigen. Warum wählte Adleman Stränge mit diesen drei Längen anstatt nur diejenigen Stränge, welche die Länge 56 haben? Der Grund hierfür sind Beschränkungen bei den angewendeten chemischen Methoden; wir erläutern diese Beschränkungen in Abschnitt 13.6.3.

Schritt 3. Im nächsten Schritt werden nur diejenigen DNA-Stränge ausgewählt, die auch die fünf anderen Knoten enthalten. Hierzu verwendete Adleman das Prinzip der Komplementarität von Basen. Die Grundidee besteht darin, diejenigen DNA-Stränge zu isolieren, die jeweils einen besonderen Zwischenknoten enthalten. Angenommen, wir möchten alle Stränge isolieren, die den Knoten 1 enthalten. Zunächst erhitzen wir die Lösung, um Doppelstränge in einfache Stränge zu zerlegen, und mischen in die Lösung mikroskopische Eisenteilchen, an denen sich komplementäre Stränge befinden, die den Knoten 1 codieren. Nach dem Mischvorgang hängen sich alle DNA-Stränge, die den Knoten 1 enthalten, an die komplementären Stränge, und somit hängen Eisenteilchen an allen diesen Strängen. Danach werden die Stränge, die von Interesse sind, von den anderen getrennt, indem man sie mit einem Magneten auf die eine Seite des Reagenzglases zieht und die anderen ausgießt. Die Stränge, die von Interesse sind, werden dann in eine Lösung zurückgegeben und erhitzt, um die Pfade von den Komplementärknoten-Strängen und den Eisenteilchen zu trennen. Die Eisenteilchen können jetzt mit Hilfe eines Magneten entfernt werden, und das Verfahren wird für alle anderen Zwischenknoten wiederholt: $2, 3, 4, 5$.

Schritt 4. Wir überprüfen, ob es im Reagenzglas noch irgendwelche DNA-Moleküle gibt. Ist das der Fall, dann haben wir eine oder mehrere Lösungen gefunden; ist das jedoch nicht der Fall, dann hat das Problem sehr wahrscheinlich keine Lösung.

Schritt 5. Falls wir im vorhergehenden Schritt irgendwelche Ketten gefunden haben, dann müssen sie analysiert werden, um die genauen Folgen zu bestimmen, die sie codieren.

Adleman verbrachte sieben Tage im Labor, um die oben angegebene einfache Lösung für den Graphen von Abbildung 13.1 zu finden!

13.3 Turingmaschinen und rekursive Funktionen

Wie in der Einführung erwähnt, sind die Turingmaschinen das am häufigsten verwendete Modell zur Untersuchung der theoretischen Fähigkeiten eines Computers. Dieser Ansatz wurde 1936 von Alan Turing [7] mit dem Ziel entwickelt, den Begriff des Algorithmus klar zu definieren.

In diesem Abschnitt diskutieren wir die Funktionsweise einer standardmäßigen Turingmaschine. Anschließend stellen wir den Zusammenhang zu rekursiven Funktionen her. Wir beenden diesen Abschnitt mit einer Diskussion der These von Church, die oft als die formale Definition eines Algorithmus betrachtet wird.

13.3.1 Turingmaschinen

Es ist interessant, eine Turingmaschine mit einem Computerprogramm zu vergleichen. Eine Turingmaschine besteht aus einem unendlich langen Band, das als Speicher betrachtet werden kann (der in der realen Welt endlich ist). Das Band ist in einzelne Felder aufgeteilt, von denen jedes ein einziges Symbol aus einem endlichen Alphabet speichern kann. Zu einem beliebigen Zeitpunkt enthalten nur endlich viele Felder Symbole, die von dem leeren Symbol verschieden sind. Die Maschine operiert zu einem bestimmten Zeitpunkt auf jeweils *einem* Feld, wobei das aktuell bearbeitete Feld durch einen Zeiger angedeutet ist. Die auf dem Feld auszuführende Operation hängt von einer Funktion φ ab, die das auf der Maschine ausgeführte Programm effektiv beschreibt. Die Funktion φ hat als Input das Symbol im angezeigten Feld sowie den Zustand des Zeigers. Wie bei der normalen Programmierung eines Computers muss die Funktion φ mehrere Regeln der Syntax einhalten und hängt von dem zu lösenden Problem ab.

Als Beispiel beginnen wir diesen Abschnitt mit der Diskussion einer Turingmaschine, die zur Lösung eines speziellen Problems konstruiert wurde. Danach formalisieren wir die Theorie der Turingmaschinen.

Beispiel 13.1 *Man betrachte ein Band, das sich unendlich weit nach rechts erstreckt und in einzelne Felder aufgeteilt ist (vgl. Abbildung 13.4). Das erste Feld wird mit dem leeren Symbol B (Blanksymbol) initialisiert. Danach folgt eine Reihe von Feldern, welche die Symbole 1 und 0 enthalten und an deren Ende ein weiteres leeres Feld steht. Die Menge der Symbole $\{0, 1, B\}$ bildet das Alphabet der Maschine. Ein Zeiger mit einem gewissen Anfangszustand (aus einer endlichen Menge von Zuständen) zeigt auf das*

Abb. 13.4. Ein semi-unendliches Band.

erste Feld des Bandes.   Unsere Aufgabe besteht darin, alle Symbole 1 in Symbole 0 zu verwandeln und umgekehrt, wobei am Schluss der Zeiger auf das erste Feld zeigen soll.

Die von der Maschine zu befolgenden Aktionen hängen vom Zustand des Zeigers und vom Symbol ab, auf das er zeigt. Es gibt drei Aktionen:

1. Änderung des Symbols im Feld;
2. Änderung des Zeigerzustands;
3. Bewegung des Zeigers um ein Feld nach links oder rechts.

Wir beschreiben jetzt den Algorithmus, der unsere Aufgabe löst. Befindet sich der Zeiger auf dem ersten leeren Feld, dann bewegen wir ihn nach rechts. Von da an wird jedesmal, wenn das Symbol 1 auftritt, dieses Symbol in eine 0 umgeändert und der Zeiger bewegt sich nach rechts. Ebenso wird jedesmal, wenn das Symbol 0 auftritt, dieses Symbol in eine 1 umgeändert und der Zeiger bewegt sich nach rechts. Stößt der Zeiger auf ein zweites leeres Feld, dann ändert er seine Bewegungsrichtung, bis er zum ersten leeren Feld zurückkehrt. Dieser Algorithmus ist in Abbildung 13.5 grafisch dargestellt.

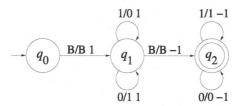

Abb. 13.5. Der Algorithmus von Beispiel 13.1.

Wir diskutieren dieses Diagramm ausführlich, da andere Diagramme dieses Typs im vorliegenden Kapitel verwendet werden. Die Kreise stellen die möglichen Zeigerzustände dar, während die Pfeile die möglichen Aktionen anzeigen. Der auf den Zustand q_0 zeigende Pfeil gibt an, dass es sich hierbei um den Anfangszustand handelt, während der Doppelkreis angibt, dass q_2 der Endzustand (oder Haltezustand) ist. Ein Pfeil von einem Zustand q_i zu einem Zustand q_j ist mit einem Label der Form „x_k/x_l c" versehen (mit $c \in \{-1, 0, 1\}$) und wird folgendermaßen interpretiert: Befindet sich die Maschine im

Zustand q_i und zeigt der Zeiger auf ein Feld mit dem Symbol x_k, dann wird das Symbol x_k in diesem Feld durch das Symbol x_l ersetzt, der Zeiger bewegt sich um c Felder (wobei positive Einträge von c bedeuten, nach rechts zu gehen) und die Maschine geht in den Zustand q_j über.

Wir verfolgen die Schritte, die von der Maschine mit einem ursprünglichen Band durchgeführt wurden, das B10011B enthält. Am Anfang befindet sich der Zeiger im Zustand q_0 und zeigt auf das erste leere Feld. Wir repräsentieren den Zustand der Maschine durch

$$q_0 B10011B$$

Man beachte, dass der Zeiger unmittelbar links neben die Zelle geschrieben worden ist, auf die er zeigt. Diese Zeichenkette bedeutet, dass sich die Maschine im Zustand q_0 befindet, dass der Zeiger auf das erste Feld zeigt, das ein B enthält, und dass das Band die Symbole B10011B enthält. Die Maschine geht in den Zustand q_1 über und der Zeiger wird um ein Feld nach rechts bewegt. Die Maschine schaltet dann die Symbole 1 und 0 um und bewegt sich jedesmal um eine Zelle nach rechts. Da die Maschine dieselbe Aktion in jedem dieser Schritte ausführt, muss sie die Zustände nicht ändern. Diese Folge von Konfigurationen wird folgendermaßen dargestellt:

$$Bq_1 10011B$$

$$B0q_1 0011B$$

$$B01q_1 011B$$

$$B011q_1 11B$$

$$B0110q_1 1B$$

$$B01100q_1 B$$

Nun, da der Zeiger auf ein zweites B trifft, geht er in den Zustand q_2 über und beginnt, sich zurück nach links zu bewegen. Diese Bewegung wird so lange fortgesetzt, bis die Maschine auf die erste Zelle trifft, die ein B enthält:

$$B0110q_2 0B$$

$$B011q_2 00B$$

$$B01q_2 100B$$

$$B0q_2 1100B$$

$$Bq_2 01100B$$

$$q_2 B01100B$$

Die Maschine hält jetzt an und die Aufgabe ist ausgeführt. In der Tat definiert der Algorithmus nicht, was zu tun ist, wenn die Maschine auf ein B trifft, während sie sich im Zustand q_2 befindet; deswegen hält die Maschine an.

Die Nützlichkeit der Zustände ist jetzt klar: Sie ermöglichen der Maschine, unterschiedlich zu reagieren, wenn sie auf dasselbe Symbol stößt. Wir sehen auch, warum wir den Zustand nicht ändern sollten, wenn wir dieselbe Operation wiederholen. Das ermöglicht nämlich der Maschine, die eine endliche Anzahl von Anweisungen hat, das Programm auf beliebig langen Inputs zwischen den zwei B-Symbolen auszuführen.

Wir sind jetzt bereit, Turingmaschinen exakt zu definieren.

Definition 13.2 *Eine Standard-Turingmaschine M ist ein Tripel*

$$M = (Q, X, \varphi),$$

wobei Q eine als Zustandsalphabet bezeichnete endliche Menge, X eine als Bandalphabet bezeichnete endliche Menge und $\varphi \colon D \to Q \times X \times \{-1, 0, 1\}$ eine Funktion mit dem Definitionsbereich $D \subset Q \times X$ ist. Wie in unserem Beispiel geben $-1, 0, 1$ die Zeigerbewegungen an: $-1, 0$ und 1 bedeuten der Reihe nach „Bewegung nach links", „keine Bewegung" und „Bewegung nach rechts". Man beachte, dass Q und X im Allgemeinen disjunkt gewählte Alphabete sind, das heißt, $Q \cap X = \emptyset$. Darüber hinaus bezeichnet $q_0 \in Q$ den Anfangszustand, $B \in X$ das Blanksymbol und $Q_f \subset Q$ die Menge der möglichen Haltezustände.

Ende von Beispiel 13.1. *Unter Verwendung dieser Notation wird die Turingmaschine von Beispiel 13.1 durch $Q = \{q_0, q_1, q_2\}$, $X = \{1, 0, B\}$ und $Q_f = \{q_2\}$ beschrieben, wobei φ in Tabelle 13.1 definiert ist. In dieser Tabelle sind die Input-Zustände in der obersten Zeile angegeben, während die Input-Symbole (die Elemente des Alphabets X sind) in der linken Spalte angegeben sind. Die Aktion der Maschine bei der Begegnung mit einem gegebenen Zustand und Symbol wird durch den Schnitt der entsprechenden Zeile mit der entsprechenden Spalte definiert und enthält ein Tripel aus $Q \times X \times \{-1, 0, 1\}$.*

	q_0	q_1	q_2
B	$(q_1, B, 1)$	$(q_2, B, -1)$	
0		$(q_1, 1, 1)$	$(q_2, 0, -1)$
1		$(q_1, 0, 1)$	$(q_2, 1, -1)$

Tabelle 13.1. Die Funktion φ aus Beispiel 13.1.

Bemerkung: Das Band einer Standard-Turingmaschine ist in einer Richtung unendlich. Es gibt alternative Formen von Turingmaschinen, bei denen die Bänder in beiden Richtungen unendlich sind; ebenso gibt es Turingmaschinen, die mehrere Bänder verwenden. Man kann jedoch beweisen, dass alle diese Maschinen im Wesentlichen zur Standard-Turingmaschine äquivalent sind [6]. Deswegen konzentrieren wir unsere Diskussion auf die einfachste Vorrichtung. Beachten Sie, dass auch im Falle eines unendlichen Bandes zu jedem gegebenen Zeitpunkt immer nur eine endliche Anzahl von Zellen nicht leer ist. Dies ist eine direkte Folge der Einschränkung, dass Input-Bänder nur ein endliche Anzahl von nicht leeren Feldern haben können und dass bei jeder einzelnen Operation höchstens ein weiteres Feld besetzt werden kann.

Es ist wichtig, eine klare Definition der Klasse von Funktionen zu geben, die mit Hilfe einer Turingmaschine berechenbar sind; wir bezeichnen diese Funktionen als T-berechenbar. Zuerst definieren wir den oft verwendeten Begriff von „Wörtern" über einem Alphabet X.

Definition 13.3 *Es sei X ein Alphabet und es bezeichne λ das leere Wort, das keine Zeichen enthält. Die Menge X^* aller Wörter über dem Alphabet X ist folgendermaßen definiert:*

1. *$\lambda \in X^*$;*
2. *Ist $a \in X$ und $c \in X^*$, dann ist auch $ca \in X^*$, wobei ca dasjenige Wort darstellt, das durch Anhängen des Symbols a an das Wort c entsteht;*
3. *$\omega \in X^*$ gilt nur dann, wenn sich dieses Symbol ausgehend von λ dadurch gewinnen lässt, dass man (2) endlich oft anwendet.*

Häufig wird es sich als praktisch erweisen, den Begriff der *Verkettung* zweier Wörter zu verwenden. Wir formalisieren diese Operation in der folgenden Definition.

Definition 13.4 *Es seien b und c zwei Wörter aus X^*. Die Verkettung von b und c ist das Wort $bc \in X^*$, das sich durch Anhängen der Zeichen von c an die Zeichen von b ergibt.*

Definition 13.5 *Eine Turingmaschine $M = (Q, X, \varphi)$ kann eine Funktion $f \colon U \subset X^* \to X^*$ berechnen, wenn folgende Bedingungen erfüllt sind:*

1. *es gibt von q_0 einen eindeutigen Übergang der Form $\varphi(q_0, B) = (q_i, B, 1)$, wobei $q_i \neq q_0$;*
2. *es gibt keinen Übergang der Form $\varphi(q_i, x) = (q_0, y, c)$, wobei $i \neq 0$, $x, y \in X$ und $c \in \{-1, 0, 1\}$;*
3. *es gibt keinen Übergang der Form $\varphi(q_f, B)$, wobei $q_f \in Q_f$;*
4. *für alle $\mu \in U$ stoppt die Operation, die von M auf μ mit einer Anfangskonfiguration $q_0 B \mu B$ durchgeführt wird, in der Endkonfiguration $q_f B \nu B$ mit $\nu \in X^*$ nach endlich vielen Schritten, falls $f(\mu) = \nu$ (wir sagen, dass eine Turingmaschine in der Konfiguration $q_i x_1 \ldots x_n$ anhält, falls $\varphi(q_i, x_1)$ nicht definiert ist);*
5. *die durch M durchgeführte Berechnung wird unbegrenzt fortgesetzt, falls der Input das Wort $\mu \in X^*$ ist und $f(\mu)$ undefiniert ist (mit anderen Worten, wenn $\mu \in X^* \setminus U$).*

Sind diese Bedingungen erfüllt, dann wird f als T-berechenbar bezeichnet.

Auf den ersten Blick scheint es schwierig, sich die Ausführung numerischer Berechnungen unter Verwendung von Turingmaschinen vorzustellen. Sie eignen sich jedoch perfekt für den Umgang mit Funktionen, die über den natürlichen Zahlen definiert sind. Wir verwenden die unäre Darstellung der natürlichen Zahlen.

Definition 13.6 *Eine Zahl $x \in \mathbb{N}$ hat die unäre Darstellung 1^{x+1}, wobei 1^{x+1} als die Verkettung von $x + 1$ aufeinanderfolgenden Symbolen 1 interpretiert wird. Die unäre Darstellung von 0 ist demnach 1, die von 1 ist 11, die von 2 ist 111 und so weiter. Wir verwenden $\overline{x}$ zur Bezeichnung der unären Darstellung einer ganzen Zahl x.*

Beispiel 13.7 Die Nachfolgerfunktion. *Es ist ziemlich einfach, eine Turingmaschine zu konstruieren, welche die Nachfolgerfunktion s berechnet, die folgendermaßen definiert ist: $s(x) = x + 1$. Das Bandalphabet ist $X = \{1, B\}$, das Zustandsalphabet ist $Q = \{q_0, q_1, q_2\}$, $Q_f = \{q_2\}$, $U = \{B1B, B11B, B111B, \ldots\}$ und die Zustandsübergangsfunktion φ ist in Abbildung 13.6 dargestellt. Man beachte, dass das Band eine Zahl in unärer Darstellung enthält, der ein leeres Feld vorhergeht. Alle anderen Felder des Bandes sind ebenfalls leer.*

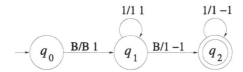

Abb. 13.6. Die Nachfolgerfunktion.

Der Zeiger trifft zu Beginn auf ein leeres Feld; er ändert seinen Zustand und bewegt sich nach rechts, bis er auf ein weiteres leeres Feld trifft. Dieses leere Feld wird durch eine 1 ersetzt und der Zeiger beginnt sich nach links zu bewegen, bis er wieder zum leeren Anfangsfeld zurückgekehrt ist. An dieser Stelle hält die Berechnung an, denn $\varphi(q_2, B)$ ist nicht definiert.

Beispiel 13.8 Die Nullfunktion. *Wir konstruieren eine Maschine, welche die Nullfunktion z implementiert, die als $z(x) = 0$ definiert ist. Wir müssen alle Symbole 1 eliminieren (außer dem ersten Symbol) und dann zum leeren Anfangsfeld zurückkehren. Das Bandalphabet ist dasselbe wie im vorhergehenden Beispiel und das Zustandsalphabet ist $Q = \{q_0, q_1, q_2, q_3, q_4\}$. Die Anfangskonfiguration des Bandes ist $q_0 B \overline{x} B$ und die Endkonfiguration ist $q_f B1B$ (hier ist $q_f = q_4$). Die Funktion φ ist in Abbildung 13.7 dargestellt.*

Beispiel 13.9 Summenfunktion. *Wir konstruieren jetzt eine Turingmaschine, welche die Addition ausführt. Das Band enthält die Einträge $B\overline{x}B\overline{y}B$, wobei x und y die beiden Zahlen sind, die (in ihrer unären Darstellung) addiert werden sollen. Die Maschine ersetzt das Blanksymbol zwischen den zwei Zahlen durch eine 1 und eliminiert dann*

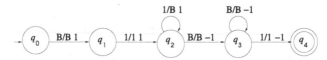

Abb. 13.7. Die Nullfunktion.

die letzten beiden 1-Symbole. Somit ist die Endkonfiguration durch $q_f B\overline{x + y}B$ gegeben, wobei $q_f = q_5$. Das Zustandsalphabet ist $Q = \{q_i : i = 0, \ldots, 5\}$ und das Bandalphabet ist dasselbe wie in den vorhergehenden Beispielen. Die Funktion φ ist in Abbildung 13.8 dargestellt.

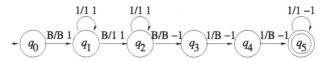

Abb. 13.8. Die Summenfunktion.

Beispiel 13.10 Projektionsfunktionen. *Wir konstruieren zum Schluss eine Maschine für einen Typ von Funktionen, die später eine wichtige Rolle spielen werden: die Projektionsfunktionen. Wir definieren die Projektionsfunktion $p_i^{(n)}$ wie folgt:*

$$p_i^{(n)}(x_1, x_2, \ldots, x_n) = x_i, \quad 1 \leq i \leq n.$$

Um diese Funktion auf einer Turingmaschine zu implementieren, streichen wir die ersten $i - 1$ Zahlen auf dem Band, behalten die i-te Zahl bei und streichen die verbleibenden $n - i$ Zahlen. Das Bandalphabet bleibt das gleiche wie zuvor; das Zustandsalphabet ist $\{q_i : i = 0, \ldots, n + 2\}$. Die Funktion φ ist in Abbildung 13.9 dargestellt. Beachten Sie, dass das Band die Anfangskonfiguration $q_0 B\overline{x_1}B \ldots B\overline{x_n}B$ und die Endkonfiguration $q_f B\overline{x_i}B$ hat.

Abbildung 13.9 zeigt die von der Maschine durchgeführten Schritte. Nach dem Anfangszustand veranlassen die ersten $i - 1$ Zustände die Maschine, die ersten $i - 1$ Zahlen zu streichen und an deren Stelle Blanksymbole zu setzen. Die Maschine erreicht schließlich den Zustand q_i, der sie instruiert, die Zahl i zu überspringen, ohne sie zu streichen. Die Zustände q_{i+1} bis q_n weisen die Maschine an, die verbleibenden Zahlen zu streichen, während der Zustand q_{n+1} die Maschine rechts neben die i-te Zahl zurückbringt. Und schließlich stellt der Zustand q_{n+2} sicher, dass der Zeiger zu dem leeren Feld zurückkehrt, das der i-ten Zahl vorhergeht; dort hält er an, da $\varphi(q_{n+2}, B)$ undefiniert ist. Beachten Sie, dass die Maschine nicht auf das Anfangsfeld zurückkehrt, das heißt, nicht zu dem ganz links stehenden Feld des semi-unendlichen Bandes.

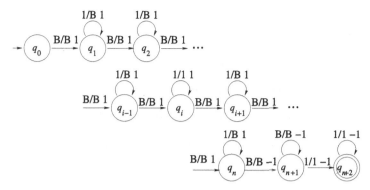

Abb. 13.9. Die Projektionsfunktion.

Wir hätten zusätzliche Instruktionen hinzufügen können, welche die Maschine veranlassen, die i-te Zahl derart zurück an den Anfang des Bandes zu verschieben, dass ein einziges Blanksymbol vorhergeht (vgl. Übung 3) und dass dann der Zeiger am Anfangsfeld anhält, wobei das Ergebnis (wie in unseren anderen Beispielen) unmittelbar rechts steht. Das wird jedoch durch die Definition der berechenbaren Funktion (Definition 13.5) nicht gefordert.

13.3.2 Primitiv-rekursive Funktionen und rekursive Funktionen

Der vorhergehende Abschnitt hat gezeigt, dass es numerische Funktionen gibt, die mit Hilfe einer Turingmaschine berechenbar sind. Das führt zu der allgemeineren Frage, exakt zu beschreiben, welche Funktionen T-berechenbar sind. Die primitiv-rekursiven Funktionen und die rekursiven Funktionen, die wir in diesem Abschnitt diskutieren, sind Beispiele für solche Funktionen.

Bevor wir mit der Diskussion der primitiv-rekursiven Funktionen beginnen, brauchen wir einige vorbereitende Definitionen. Im vorliegenden Kapitel betrachten wir

$$\mathbb{N} = \{0, 1, 2, \dots\}.$$

Definition 13.11 *Eine arithmetische Funktion ist eine Funktion der Form*

$$f \colon \mathbb{N} \times \mathbb{N} \times \cdots \times \mathbb{N} \to \mathbb{N}.$$

Beispiel 13.12 *Die Nachfolgerfunktion*

$$s \colon \mathbb{N} \to \mathbb{N}, \qquad x \mapsto x + 1,$$

und die Projektionsfunktion

$$p_i^{(n)} : \mathbb{N} \times \mathbb{N} \times \cdots \times \mathbb{N} \to \mathbb{N} \qquad (x_1, x_2, \ldots, x_n) \mapsto x_i$$

sind Beispiele für arithmetische Funktionen.

Wir können eine Funktion $f : X \to Y$ mit Hilfe der Paare, die aus allen ihren Inputs (x-Werten) und den entsprechenden Outputs (y-Werten) bestehen, als Untermenge von $X \times Y$ darstellen. Somit ist $(x, y) \in f$ äquivalent zu der Bezeichnung $y = f(x)$.

Definition 13.13 *Eine Funktion* $f : X \to Y$ *heißt eine* totale *Funktion, wenn sie die beiden folgenden Bedingungen erfüllt:*

1. *$\forall x \in X$, $\exists y \in Y$ so dass $(x, y) \in f$;*
2. *wenn $(x, y_1) \in f$ und $(x, y_2) \in f$, dann $y_1 = y_2$.*

Das ist die Definition, die man üblicherweise für eine Funktion verwendet, deren Definitionsbereich X ist. Jedoch haben wir den Begriff hier formalisiert, um die Möglichkeit zu bekommen, zwischen totalen Funktionen und partiellen Funktionen zu unterscheiden, die etwas weiter unten definiert werden.

Die primitiv-rekursiven Funktionen werden von den folgenden Grundfunktionen erzeugt.

Primitiv-rekursive Grundfunktionen:

1. die Nachfolgerfunktion s: $s(x) = x + 1$;
2. die Nullfunktion z: $z(x) = 0$;
3. die Projektionsfunktionen $p_i^{(n)}$: $p_i^{(n)}(x_1, x_2, \ldots, x_n) = x_i, 1 \leq i \leq n$.

Man beachte insbesondere, dass die Identitätsfunktion eine Grundfunktion ist, denn sie stimmt mit der Projektionsfunktion $p_1^{(1)}$ überein.

Primitiv-rekursive Funktionen werden mit Hilfe zweier Operationen konstruiert, die iteriert werden können, wobei man mit den oben aufgelisteten Grundfunktionen beginnt. Wir werden später zeigen, dass die Operationen (*Zusammensetzung* und *Rekursion*) die T-Berechenbarkeit der Ausgangsfunktionen bewahren.

Definition 13.14 *Es seien $g_1, g_2, \ldots, g_k$ arithmetische Funktionen in n Variablen, und es sei h eine arithmetische Funktion in k Variablen. Es sei f die durch*

$$f(x_1, x_2, \ldots, x_n) = h(g_1(x_1, x_2, \ldots, x_n), \ldots, g_k(x_1, x_2, \ldots, x_n))$$

definierte Funktion. Die Funktion f heißt die Zusammensetzung *von h und $g_1, g_2, \ldots, g_k$ und wird mit $f = h \circ (g_1, g_2, \ldots, g_k)$ bezeichnet.*

Beispiel 13.15 *Es seien $h(x_1, x_2) = s(x_1) + x_2$, $g_1(x) = x^3$ und $g_2(x) = x^2 + 9$. Man definiere $f(x) = h \circ (g_1, g_2)(x)$ für $x \geq 0$. Dann vereinfacht sich die zusammengesetzte Funktion f zu*

$$f(x) = x^3 + x^2 + 10.$$

Beispiel 13.16 Die konstanten Funktionen. *Es sei $c_n(x) = n$ diejenige konstante Funktion, die den Wert n annimmt. Diese Funktion ist primitiv-rekursiv. Die Funktion $c_1(x) = 1$ ist nämlich als $c_1(x) = s \circ z(x)$ definiert. Ist c_n als primitiv-rekursiv nachgewiesen, dann ist $c_{n+1} = s \circ c_n$ primitiv-rekursiv.*

Wir sind jetzt soweit, die Operation der Rekursion zu definieren.

Definition 13.17 *Es seien g und h totale arithmetische Funktionen in n bzw. $n + 2$ Variablen. Man definiere die Funktion f in $n + 1$ Variablen folgendermaßen:*

1. $f(x_1, x_2, \ldots, x_n, 0) = g(x_1, x_2, \ldots, x_n)$;
2. $f(x_1, x_2, \ldots, x_n, y + 1) = h(x_1, x_2, \ldots, x_n, y, f(x_1, x_2, \ldots, x_n, y))$.

Wir sagen, dass f durch Rekursion mit dem Rekursionsanfang g und dem Rekursionsschritt h konstruiert worden ist. Wir lassen $n = 0$ mit der Vereinbarung zu, dass eine Funktion g in null Variablen eine Konstante ist.

Wir haben jetzt die notwendigen Werkzeuge, um primitiv-rekursive Funktionen zu definieren.

Definition 13.18 *Eine Funktion heißt* primitiv-rekursiv, *wenn man sie mit Hilfe der Nachfolgerfunktion, der Nullfunktion, der Projektionsfunktionen und mit Hilfe einer endlichen Anzahl von Zusammensetzungs- und Rekursionsoperationen konstruieren kann.*

Beispiel 13.19 Die Summenfunktion. *Wir können die Addition, $\mathrm{add}(m, n) = m + n$ mit Hilfe der Nachfolgerfunktion, zweier Projektionsfunktionen und einer Rekursionsoperation mit dem Anfang $g(x) = p_1^{(1)}(x) = x$ und dem Schritt $h(x, y, z) = s \circ p_3^{(3)}(x, y, z) = s(p_3^{(3)}(x, y, z)) = s(z)$ definieren:*

$$\begin{cases} \mathrm{add}(m, 0) = g(m) = m, \\ \mathrm{add}(m, n + 1) = h(m, n, \mathrm{add}(m, n)) = s(\mathrm{add}(m, n)). \end{cases}$$

Beispiel 13.20 Die Produktfunktion. *Unter Verwendung der soeben definierten Summenfunktion können wir die Multiplikation mit Hilfe der Rekursionsoperation mit dem Anfang $g(x) = 0$ und dem Schritt $h(x, y, z) = \mathrm{add}(p_1^{(3)}(x, y, z), p_3^{(3)}(x, y, z)) = \mathrm{add}(x, z)$ definieren:*

$$\begin{cases} \mathrm{mult}(m, 0) = g(m) = 0, \\ \mathrm{mult}(m, n + 1) = h(m, n, \mathrm{mult}(m, n)) = \mathrm{add}(m, \mathrm{mult}(m, n)). \end{cases}$$

Beispiel 13.21 Die Exponentialfunktion. *Auf ähnliche Weise können wir die Exponentialfunktion* $\exp(m, n) = m^n$ *definieren, indem wir* $g(x) = 1$ *und* $h(x, y, z) = \text{mult}(x, z)$ *nehmen:*

$$\begin{cases} \exp(m, 0) = 1, \\ \exp(m, n + 1) = \text{mult}(m, \exp(m, n)). \end{cases}$$

Man beachte, dass wir die Projektionsfunktionen weggelassen haben, um die Notation etwas einfacher und lesbarer zu machen.

Beispiel 13.22 *Zur Definition der Summenfunktion* $\text{add}(m, n+1)$ *haben wir die Nachfolgerfunktion verwendet. Zur Definition der Produktfunktion* $\text{mult}(m, n + 1)$ *haben wir* $\text{add}(\ldots)$ *verwendet und zur Definition von* $\exp(m, n + 1)$ *haben wir* $\text{mult}(\ldots)$ *verwendet. Setzt man dieses Verfahren fort, dann ist die nächste Funktion in dieser Reihenfolge die* Potenzturmfunktion, *die auch als* Tetrationsfunktion *bezeichnet wird. Es sei* $\text{add}(m, n) = f_1(m, n)$, $\text{mult}(m, n) = f_2(m, n)$ *und* $\exp(m, n) = f_3(m, n)$. *Wir definieren* f_4 *durch*

$$\begin{cases} f_4(m, 0) = 1 \\ f_4(m, n + 1) = f_3(m, f_4(m, n)). \end{cases}$$

Somit haben wir

$$f_4(m, n) = \underbrace{m^{m^{m^{\cdots^m}}}}_{n\text{-}mal}.$$

Wir können dieses Verfahren auf analoge Weise fortsetzen, indem wir $f_i(m, n)$ *als*

$$\begin{cases} f_i(m, 0) = 1, \\ f_i(m, n + 1) = f_{i-1}(m, f_i(m, n)) \end{cases}$$

für $i > 4$ *definieren. Dadurch wird eine Folge von* Hyperoperatoren *erzeugt, von denen jeder eine Funktion ist, die unvorstellbar schneller wächst als die vorhergehende. (Übung: Welches sind die Funktionen* g *und* h, *die zur Definition von* f_i *(vgl. Definition 13.17 verwendet werden?)*

Beispiel 13.23 *Die Fakultätsfunktion ist eine primitiv-rekursive Funktion. Wir definieren die Fakultätsfunktion als*

$$\begin{cases} \text{fact}(0) = 1, \\ \text{fact}(n + 1) = \text{mult}(n + 1, \text{fact}(n)). \end{cases}$$

Nachdem wir gesehen haben, dass die Addition eine primitiv-rekursive Funktion ist, ergibt sich die natürliche Frage, ob auch die Subtraktion eine solche ist. Jedoch ist unser üblicher Begriff der Subtraktion keine totale Funktion. Definieren wir nämlich $f\colon \mathbb{N}\times\mathbb{N} \to \mathbb{N}$ derart, dass $f(x,y) = x-y$, dann stellen wir fest, dass zum Beispiel $f(3,5)$ nicht definiert ist. Wir müssen also einen anderen Typ von Subtraktion definieren, um eine totale Funktion auf $\mathbb{N} \times \mathbb{N}$ zu erhalten. Wir bezeichnen diese Funktion als *totale Subtraktion* oder *eigentliche Subtraktion*.

Definition 13.24
$$\begin{cases} \mathrm{sub}(x,y) = x - y & \textit{falls} \quad x \geq y, \\ \mathrm{sub}(x,y) = 0 & \textit{falls} \quad x < y. \end{cases}$$

Beispiel 13.25 *Die totale Subtraktion ist eine primitiv-rekursive Funktion. Wir zeigen das in zwei Schritten. Zunächst zeigen wir, dass die Vorgängerfunktion eine primitiv-rekursive Funktion ist, und danach konstruieren wir hieraus die totale Subtraktionsfunktion.*

Definition 13.26 *Die Vorgängerfunktion ist durch folgende Rekursion gegeben:*
$$\begin{cases} \mathrm{pred}(0) = 0, \\ \mathrm{pred}(y+1) = y. \end{cases}$$

Wie bei der Addition können wir jetzt die totale Subtraktionsfunktion konstruieren, indem wir die Operationen der Rekursion und der Zusammensetzung verwenden:
$$\begin{cases} \mathrm{sub}(m,0) = m, \\ \mathrm{sub}(m,n+1) = \mathrm{pred}(\mathrm{sub}(m,n)). \end{cases}$$

Primitiv rekursive Funktionen ermöglichen uns auch, Boole'sche Operatoren zu konstruieren, die für die Konstruktion logischer Aussagen notwendig sind. Die drei Grundoperatoren sind NICHT ($\neg$), UND ($\wedge$) sowie ODER ($\vee$) (vgl. auch Abschnitt 15.7 von Kapitel 15). Bevor wir das tun können, müssen wir zuerst die Funktionen *sgn* und *cosgn* definieren, die dem „Vorzeichen" einer natürlichen Zahl entsprechen. Diese Funktionen sind primitiv-rekursiv (vgl. Übung 11):

1.
$$\begin{cases} \mathrm{sgn}(0) = 0 \\ \mathrm{sgn}(y+1) = 1; \end{cases}$$

2.
$$\begin{cases} \mathrm{cosgn}(0) = 1 \\ \mathrm{cosgn}(y+1) = 0. \end{cases}$$

Definition 13.27 *Ein* Prädikat *in n Variablen oder eine* offene Aussage *ist eine Aussage, welche den Wert wahr oder falsch in Abhängigkeit von den Werten annimmt, die ihren Variablen* $x_1, \ldots, x_n$ *zugeordnet sind. Wir bezeichnen ein solches Prädikat mit* $P(x_1, \ldots, x_n)$.

Beispiel 13.28 *Es seien* $P_1(x, y)$, $P_2(x, y)$ *und* $P_3(x, y)$ *die drei Aussagen* $x < y$, $x > y$ *bzw.* $x = y$. *Dann sind* P_1, P_2 *und* P_3 *binäre Prädikate.*

Ein Prädikat kann die Wahrheitswerte WAHR oder FALSCH annehmen. Da wir mit numerischen Werten arbeiten, ordnen wir die Zahl 1 dem Wert WAHR und die Zahl 0 dem Wert FALSCH zu.

Definition 13.29 *Es sei* P *ein Prädikat in* n *Variablen. Seine Wertefunktion, die wir mit* $|P|$ *bezeichnen, ist die Funktion, die, wenn Zahlen* $x_1, \ldots, x_n$ *gegeben sind,* $P(x_1, \ldots, x_n)$ *den Wahrheitswert in* $\{0, 1\}$ *zuordnet.*

Wir können jetzt die Wertefunktionen der binären Prädikate des vorhergehenden Beispiels als primitiv-rekursive Funktionen definieren, die wir mit $\mathrm{lt}(x, y)$, $\mathrm{gt}(x, y)$ und $\mathrm{eq}(x, y)$ bezeichnen:

$$\begin{aligned}
|x < y| &= \mathrm{lt}(x, y) &= \mathrm{sgn}(\mathrm{sub}(y, x)) \\
|x > y| &= \mathrm{gt}(x, y) &= \mathrm{sgn}(\mathrm{sub}(x, y)) \\
|x = y| &= \mathrm{eq}(x, y) &= \mathrm{cosgn}(\mathrm{lt}(x, y) + \mathrm{gt}(x, y)),
\end{aligned} \tag{13.1}$$

wobei wir missbräuchlich $\mathrm{lt}(x, y) + \mathrm{gt}(x, y)$ anstelle von $\mathrm{add}(\mathrm{lt}(x, y), \mathrm{gt}(x, y))$ geschrieben haben.

Wir sind nun so weit, dass wir Boole'sche Operatoren definieren können. Es seien P_1 und P_2 zwei Prädikate derart, dass $|P_1| = p_1$ und $|P_2| = p_2$. Die folgenden Gleichungen definieren die Boole'schen Operatoren mit Hilfe der Funktionen *sgn* und *cosgn* sowie anderer bekannter primitiv-rekursiver Funktionen

$$\begin{aligned}
|\neg P_1| &= \mathrm{cosgn}(p_1), \\
|P_1 \vee P_2| &= \mathrm{sgn}(p_1 + p_2), \\
|P_1 \wedge P_2| &= p_1 * p_2,
\end{aligned}$$

wobei wir (unter erneutem Missbrauch der Schreibweise) $p_1 * p_2$ anstelle von $\mathrm{mult}(p_1, p_2)$ geschrieben haben. In Übung 6 soll der Leser beweisen, dass diese drei Funktionen tatsächlich den Boole'schen Operatoren entsprechen.

Definition 13.30 *Ein Prädikat heißt* primitiv-rekursiv, *wenn seine Wertefunktion eine primitiv-rekursive Funktion ist.*

Beispiel 13.31 *Die Prädikate $x < y$, $x > y$ und $x = y$ aus Beispiel 13.28 sind primitiv-rekursiv. Tatsächlich haben wir bereits ihre Wertefunktionen als Zusammensetzungen von primitiv-rekursiven Funktionen konstruiert.*

Nun, da wir primitiv-rekursive Funktionen eingeführt haben, können wir den Zusammenhang zwischen ihnen und den Turingmaschinen herstellen

Satz 13.32 *Alle primitiv-rekursiven Funktionen sind T-berechenbar.*

BEWEIS. Da wir bereits Turingmaschinen konstruiert haben, welche die Nachfolgerfunktion, die Nullfunktion und die Projektionsfunktionen berechnen, muss nur noch gezeigt werden, dass die Menge der T-berechenbaren Funktionen unter den Operationen der Zusammensetzung und der Rekursion abgeschlossen ist.

Wir zeigen zunächst die Abgeschlossenheit in Bezug auf die Operation der Zusammensetzung. Es sei

$$f(x_1, \ldots, x_n) = h \circ (g_1(x_1, \ldots, x_n), \ldots, g_k(x_1, \ldots, x_n)),$$

wobei g_i, $i = 1, \ldots, k$ und h T-berechenbare totale arithmetische Funktionen sind. Wir bezeichnen mit H und G_i die Turingmaschinen, die in der Lage sind, die Funktionen h bzw. g_i zu berechnen. Wir werden diese Turingmaschinen zur Konstruktion einer Turingmaschine verwenden, die in der Lage ist, die Funktion $f(x_1, \ldots, x_n)$ zu berechnen.

1. Die Berechnung von $f(x_1, \ldots, x_n)$ beginnt mit der ursprünglichen Bandkonfiguration
$$B\overline{x_1}B\overline{x_2}B \ldots B\overline{x_n}B.$$

2. Wir kopieren diesen Teil des Bandes unmittelbar rechts daneben, so dass das Band jetzt folgendermaßen aussieht:
$$\underbrace{B\overline{x_1}B \ldots B\overline{x_n}B} \ \underbrace{\overline{x_1}B \ldots B\overline{x_n}B}.$$

(Die Turingmaschine, die diese Kopieroperation ausführt, wird in Übung 2 konstruiert.)

3. Mit Hilfe von Maschine G_1 erhalten wir
$$B\overline{x_1}B\overline{x_2}B \ldots B\overline{x_n}B\overline{g_1(x_1, \ldots, x_n)}B.$$

Wir können jetzt $B\overline{x_1}B\overline{x_2}B \ldots B\overline{x_n}B$ an das Ende des Bandes kopieren und erhalten die Konfiguration
$$B\overline{x_1}B\overline{x_2}B \ldots B\overline{x_n}B\overline{g_1(x_1, \ldots, x_n)}B\overline{x_1}B\overline{x_2}B \ldots B\overline{x_n}B.$$

Jetzt ist es möglich, G_2 auf die letzten n Zahlen anzuwenden. Wir führen diese Schritte k-mal aus und erhalten die Konfiguration
$$B\overline{x_1}B\overline{x_2}B \ldots B\overline{x_n}B\overline{g_1(x_1, \ldots, x_n)}B \ldots B\overline{g_k(x_1, \ldots, x_n)}B.$$

4. Nun streichen wir die ersten n Zahlen, indem wir sie durch leere Stellen (Blanks) ersetzen; danach verschieben wir die verbleibenden Zahlen nach links (wie in Übung 3 gezeigt) und erhalten die Konfiguration

$$\mathrm{B}\overline{g_1(x_1,\ldots,x_n)}\mathrm{B}\ldots\mathrm{B}\overline{g_k(x_1,\ldots,x_n)}\mathrm{B}.$$

5. Wir verwenden Maschine H zur Ausführung der abschließenden Operation und erhalten die Endkonfiguration

$$\mathrm{B}\overline{h(y_1,\ldots,y_k)}\mathrm{B},$$

wobei $y_i = g_i(x_1,\ldots,x_n)$. Das ist äquivalent zur gewünschten Endkonfiguration

$$\mathrm{B}\overline{f(x_1,\ldots,x_n)}\mathrm{B}.$$

Wir zeigen nun die Abgeschlossenheit in Bezug auf die Operation der Rekursion. Es seien g und h T-berechenbare arithmetische Funktionen und es sei f die Funktion

$$\begin{cases} f(x_1,\ldots,x_n,0) = g(x_1,\ldots,x_n), \\ f(x_1,\ldots,x_n,y+1) = h(x_1,\ldots,x_n,y,f(x_1,\ldots,x_n,y)), \end{cases}$$

die unter Verwendung der Rekursion mit der Voraussetzung g und dem Schritt h definiert ist. Es seien ferner G und H die Turingmaschinen, die g bzw. h berechnen.

1. Die Berechnung von $f(x_1,\ldots,x_n,y)$ beginnt mit einer ursprünglichen Bandkonfiguration von

$$\mathrm{B}\overline{x_1}\mathrm{B}\overline{x_2}\mathrm{B}\ldots\mathrm{B}\overline{x_n}\mathrm{B}\overline{y}\mathrm{B}.$$

2. Ein Zähler mit einem Anfangswert null wird rechts neben der obigen Konfiguration angebracht. Dieser Zähler wird verwendet, um die rekursive Variable während der Berechnung aufzuzeichnen. Die Zahlen $x_1,\ldots,x_n$ werden rechts vom Zähler wiederholt und erzeugen eine Konfiguration

$$\mathrm{B}\overline{x_1}\mathrm{B}\overline{x_2}\mathrm{B}\ldots\mathrm{B}\overline{x_n}\mathrm{B}\overline{y}\mathrm{B}\overline{0}\mathrm{B}\overline{x_1}\mathrm{B}\overline{x_2}\mathrm{B}\ldots\mathrm{B}\overline{x_n}\mathrm{B}.$$

3. Die Maschine G wird verwendet, um g auf den letzten n Werten des Bandes zu berechnen; das erzeugt die Konfiguration

$$\mathrm{B}\overline{x_1}\mathrm{B}\overline{x_2}\mathrm{B}\ldots\mathrm{B}\overline{x_n}\mathrm{B}\overline{y}\mathrm{B}\overline{0}\mathrm{B}\overline{g(x_1,\ldots,x_n)}\mathrm{B}.$$

Man beachte, dass der letzte Wert auf dem Band, nämlich $g(x_1,\ldots,x_n)$, dem n-Tupel $f(x_1,\ldots,x_n,0)$ entspricht.

4. Das Band ist nun in der Konfiguration

$$\mathrm{B}\overline{x_1}\mathrm{B}\overline{x_2}\mathrm{B}\ldots\mathrm{B}\overline{x_n}\mathrm{B}\overline{y}\mathrm{B}\overline{i}\mathrm{B}\overline{f(x_1,\ldots,x_n,i)}\mathrm{B},$$

wobei $i = 0$. Die an dieser Stelle ausgeführte Operation wird einfach für die anderen Werte von i wiederholt; wir beschreiben also den allgemeinen Fall.

5. Falls $i < y$ (äquivalent falls $\mathrm{lt}(i,y) = 1$), dann kopiert die Maschine die Variablen und den Zähler i links von $f(x_1, \ldots, x_n, i)$. (Übung 10 zeigt, wie man eine Turingmaschine konstruiert, die $\mathrm{lt}(i,y)$ berechnet. Es ist also möglich, eine Turingmaschine zu konstruieren, die sich selbst in einen Zustand versetzt, falls $\mathrm{lt}(i,y) = 1$ und andernfalls in einen anderen Zustand.) Das Band hat nun die Konfiguration

$$\mathrm{B}\overline{x_1}\mathrm{B}\overline{x_2}\mathrm{B}\ldots\mathrm{B}\overline{x_n}\mathrm{B}\overline{y}\mathrm{B}\overline{i}\mathrm{B}\overline{x_1}\mathrm{B}\overline{x_2}\mathrm{B}\ldots\mathrm{B}\overline{x_n}\mathrm{B}\overline{i}\mathrm{B}\overline{f(x_1,\ldots,x_n,i)}\mathrm{B}.$$

Die Nachfolgerfunktion wird auf den Zähler angewendet und liefert die Konfiguration

$$\mathrm{B}\overline{x_1}\mathrm{B}\overline{x_2}\mathrm{B}\ldots\mathrm{B}\overline{x_n}\mathrm{B}\overline{y}\mathrm{B}\overline{i+1}\mathrm{B}\overline{x_1}\mathrm{B}\overline{x_2}\mathrm{B}\ldots\mathrm{B}\overline{x_n}\mathrm{B}\overline{i}\mathrm{B}\overline{f(x_1,\ldots,x_n,i)}\mathrm{B}.$$

Die Maschine H wird auf die letzten $n+2$ Variablen des Bandes angewendet und erzeugt

$$\mathrm{B}\overline{x_1}\mathrm{B}\overline{x_2}\mathrm{B}\ldots\mathrm{B}\overline{x_n}\mathrm{B}\overline{y}\mathrm{B}\overline{i+1}\mathrm{B}\overline{h(x_1,\ldots,x_n,i,f(x_1,\ldots,x_n,i))}\mathrm{B}.$$

Man beachte, dass $h(x_1,\ldots,x_n,i,f(x_1,\ldots,x_n,i)) = f(x_1,\ldots,x_n,i+1)$. Zeigt der Zähler $i = y$ (äquivalent $\mathrm{lt}(i,y) = 0$), dann wird die Berechnung beendet, indem die ersten $n+2$ Zahlen auf dem Band gestrichen werden. Andernfalls wird die Berechnung fortgesetzt, indem man zu Schritt 5 zurückkehrt. $\qquad\square$

Eine natürliche Frage ist, ob alle T-berechenbaren Funktionen primitiv-rekursive Funktionen sind. Wie sich herausstellt, lautet die Antwort „nein". Dies wird im folgenden Satz und Beispiel demonstriert.

Satz 13.33 *Die Menge der primitiv-rekursiven Funktionen ist eine echte Teilmenge der Menge der T-berechenbaren Funktionen. Mit anderen Worten: Es existiert eine Funktion f, die T-berechenbar ist, aber nicht primitiv-rekursiv.*

Beispiel 13.34 *Die Ackermannfunktion A, die durch*

1. $A(0,y) = y + 1$,
2. $A(x+1,0) = A(x,1)$,
3. $A(x+1,y+1) = A(x,A(x+1,y))$

definiert ist, ist T-berechenbar, aber nicht primitiv-rekursiv. Die Ackermannfunktion hat die Eigenschaft, dass sie „schneller wächst" als alle primitiv-rekursiven Funktionen. Das erklärt, warum diese Funktion so faszinierend ist. Aber da sie schneller als alle primitiv-rekursiven Funktionen wächst, kann sie selbst keine solche sein. Der Beweis dieser Tatsache ist schwierig, und wir geben ihn hier nicht. Man findet den Beweis jedoch zum Beispiel in [8].

Um eine neue Familie von Funktionen zu definieren, welche die primitiv-rekursiven Funktionen enthält, verwenden wir Boole'sche und relationale Operatoren. Diese ermöglichen es uns, eine neue Operation zu definieren: die *Minimierung*.

Definition 13.35 *Es sei P ein Prädikat mit $n+1$ Variablen und $p = |P|$ seine zugeordnete Wertefunktion. Der Ausdruck $\mu z[p(x_1, \ldots, x_n, z)]$ stellt, falls er existiert, die kleinste natürliche Zahl z dar, für die $p(x_1, \ldots, x_n, z) = 1$. Andernfalls ist der Ausdruck undefiniert. Mit anderen Worten: z ist die kleinste natürliche Zahl, für die $P(x_1, \ldots, x_n, z)$ wahr ist. Diese Konstruktion heißt die* Minimierung *von p, und μ ist der* Minimierungsoperator.

Ein Prädikat in $n + 1$ Variablen ermöglicht uns die Definition einer Funktion f in n Variablen

$$f(x_1, \ldots, x_n) = \mu z[p(x_1, \ldots, x_n, z)],$$

deren Definitionsbereich die Menge der $(x_1, \ldots, x_n)$ ist, für die es ein z derart gibt, dass $P(x_1, \ldots, x_n, z)$ wahr ist.

Beispiel 13.36 *Wir betrachten die „Funktion"*

$$f\colon \mathbb{N} \to \mathbb{N},$$

$$x \mapsto \sqrt{x}.$$

Das ist keine Funktion im üblichen Sinne, aber wenn wir uns Definition 13.5 ansehen, dann könnten wir uns die Konstruktion einer Turingmaschine vorstellen, welche die Quadratwurzeln perfekter Quadrate berechnet und ansonsten nicht anhält:

$$f\colon \{0, 1, 4, 9, \ldots\} = U \to \mathbb{N}.$$

Bei diesem Beispiel ist es relativ einfach, den Bereich U zu identifizieren, aber das ist nicht immer der Fall. Definition 13.37 führt also den Begriff der partiellen Funktionen *ein. Die Funktion f kann mit Hilfe des Minimierungsoperators μ in der Form*

$$f(x) = \mu z[\text{eq}(x, z * z)]$$

geschrieben werden. Man kann sich die Funktion als eine Art Suchverfahren vorstellen. Wir beginnen bei $z = 0$ und prüfen, ob die Gleichheit erfüllt ist. Wenn das der Fall ist, dann haben wir den Wert z gefunden. Andernfalls erhöhen wir z und setzen die Suche fort. Für Werte von x, die keine perfekten Quadrate sind, wird in keinem Fall eine Gleichheit erreicht; deswegen wird die Berechnung unbegrenzt fortgesetzt.

Definition 13.37 *Eine* partielle Funktion *$f\colon X \to Y$ ist eine Teilmenge von $X \times Y$ mit folgender Eigenschaft: Ist $(x, y_1) \in f$ und $(x, y_2) \in F$, dann gilt $y_1 = y_2$. Wir sagen, dass f für x* definiert *ist, wenn es ein $y \in Y$ derart gibt, dass $(x, y) \in f$. Andernfalls sagen wir, dass f für x* undefiniert *ist.*

Wir können sicher sein, dass die Funktion f von Beispiel 13.36 keine primitivrekursive Funktion ist, weil alle Funktionen dieses Typs totale Funktionen sind. Das zeigt Folgendes: Sogar dann, wenn die Wertefunktion p eines Prädikats primitiv-rekursiv ist, ist die durch Minimierung von p konstruierte Funktion nicht notwendig primitiv-rekursiv. Derartige Funktionen gehören zur Menge der *rekursiven Funktionen*, die wir nachstehend definieren.

Definition 13.38 *Die Familien der rekursiven Funktionen und der rekursiven Prädikate sind folgendermaßen definiert:*

1. *Die Nachfolgerfunktion, die Nullfunktion und die Projektionsfunktionen sind rekursive Funktionen.*
2. *Es seien $g_1, g_2, \ldots, g_k$ und h rekursive Funktionen. Es sei ferner f die Zusammensetzung von h und $g_1, g_2, \ldots, g_k$. Dann ist f eine rekursive Funktion.*
3. *Es seien g und h zwei rekursive Funktionen. Es sei f die Rekursion mit dem Rekursionsanfang g und dem Rekursionsschritt h. Dann ist f eine rekursive Funktion.*
4. *Ein Prädikat heißt rekursiv, wenn seine Wertefunktion rekursiv ist. Ein Prädikat wird total genannt, wenn seine Wertefunktion eine totale Funktion ist.*
5. *Es sei P ein totales rekursives Prädikat in $n + 1$ Variablen. Die Funktion f, die man durch Minimierung von $|P|$ erhält, ist eine rekursive Funktion.*
6. *Eine Funktion ist rekursiv, wenn sie – ausgehend von der Nachfolgerfunktion, der Nullfunktion und den Projektionsfunktionen – mit Hilfe von endlich vielen Operationen der Zusammensetzung, der Rekursion und der Minimierung konstruiert werden kann.*

Die ersten drei Punkte in der oben genannten Definition implizieren, dass alle primitiv-rekursiven Funktionen selbst rekursiv sind. Beispiel 13.36 zeigt formal, dass die Menge der primitiv-rekursiven Funktionen eine echte Teilmenge der Menge der rekursiven Funktionen ist. Wir geben ohne Beweis das folgende Ergebnis an.

Proposition 13.39 *Die in Beispiel 13.34 definierte Ackermannfunktion ist eine rekursive Funktion.*

Satz 13.40 *Alle rekursiven Funktionen sind T-berechenbar.*

BEWEIS. Wir haben bereits gezeigt, dass die Nachfolgerfunktion, die Nullfunktion und die Projektionsfunktionen T-berechenbar sind. Außerdem haben wir in Satz 13.32 bewiesen, dass die T-Berechenbarkeit in Bezug auf die Operationen der Zusammensetzung und der Rekursion abgeschlossen sind. Es bleibt noch zu zeigen, dass die Menge der T-berechenbaren Funktionen die Minimierung von rekursiven Prädikaten enthält.

Es sei $f(x_1, \ldots, x_n) = \mu z[p(x_1, \ldots, x_n, z)]$, wobei $p(x_1, \ldots, x_n, z)$ die Wertefunktion eines totalen, T-berechenbaren Prädikats ist, das mit der Turingmaschine Π berechnet wird.

1. Das Band hat die Anfangskonfiguration

$$B\overline{x_1}B\overline{x_2}B \ldots B\overline{x_n}B.$$

2. Wir hängen die Zahl 0 an das rechte Ende des Bandes und erhalten

$$B\overline{x_1}B\overline{x_2}B\ldots B\overline{x_n}B\overline{0}B.$$

Wir nennen diesen Wert den *Minimierungsindex* und bezeichnen ihn mit j.

3. Wir verdoppeln die Einträge des Bandes, indem wir sie an das Ende des Bandes hängen. Das liefert folgende Konfiguration:

$$B\overline{x_1}B\overline{x_2}B\ldots B\overline{x_n}B\overline{j}B\overline{x_1}B\overline{x_2}B\ldots B\overline{x_n}B\overline{j}B.$$

4. Die Maschine Π wird auf die Kopien der Anfangseinträge angewendet. Damit ergibt sich

$$B\overline{x_1}B\overline{x_2}B\ldots B\overline{x_n}B\overline{j}B\overline{p(x_1,\ldots,x_n,j)}B.$$

5. Ist $p(x_1,\ldots,x_n,j) = 1$, dann gilt $f(x_1,\ldots,x_n) = j$ und die restlichen Einträge werden gestrichen. Andernfalls wird der Wert $p(x_1,\ldots,x_n,j)$ gestrichen und der Minimierungsindex j mit Hilfe der Nachfolgerfunktion erhöht. Danach geht der Algorithmus zu Schritt 3 zurück.

Ist $f(x_1,\ldots,x_n)$ definiert, dann findet der Algorithmus schließlich den richtigen Wert. Ist $f(x_1,\ldots,x_n)$ nicht definiert, dann setzt die Maschine die Berechnung so fort, wie in Definition 13.5 angegeben. □

Dieser Satz zeigt, dass eine große Anzahl von Funktionen mit Turingmaschinen berechenbar ist. Tatsächlich ist die Beziehung zwischen Turingmaschinen und rekursiven Funktionen noch enger, wie aus dem folgenden Satz hervorgeht (der hier nicht bewiesen wird).

Satz 13.41 *[6] Eine Funktion ist dann und nur dann T-berechenbar, wenn sie rekursiv ist.*

Wir geben jetzt die These von Church an, die einen Zusammenhang zwischen unserer intuitiven Vorstellung von „Berechenbarkeit" und der T-Berechenbarkeit herstellt.

Diese These lässt sich auf vielerlei Weise formulieren, aber da sich alle Formulierungen als äquivalent erwiesen haben, geben wir hier eine Formulierung wieder, die den vorhergehenden Satz ergänzt.

THESE VON CHURCH *Eine partielle Funktion ist dann und nur dann „berechenbar", wenn sie rekursiv ist.*

Wenn wir also diese These akzeptieren, dann sind alle „berechenbaren" Funktionen T-berechenbar. Das führt zu folgender Definition: Eine Funktion ist genau dann „berechenbar", wenn es eine Turingmaschine gibt, mit der die Funktion berechnet werden kann.

Das Problem mit dieser These ist, dass man sie nicht beweisen kann, denn wir haben keine formale Definition von „berechenbar". Es wäre jedoch möglich, die These zu widerlegen, indem man eine Funktion findet, die sich mit einem exakten Algorithmus berechnen lässt, für die es aber keine äquivalente Turingmaschine gibt. Aber es gibt auch keine strenge Definition dessen, was ein „Algorithmus" ist. Es ist interessant zu bemerken, dass alle Versuche, den Begriff des Algorithmus zu formalisieren, die These von Church bestätigt haben. Trotz einer Vielfalt von Ansätzen haben alle solchen Formalisierungen zu äquivalenten Definitionen der T-Berechenbarkeit geführt.

13.4 Turingmaschinen vs. Insertion-Deletion-Systeme und der DNA-Computer

Wir haben gesehen, dass Turingmaschinen Programme ausführen können. Wir wollen nun auf ähnliche Weise einen „DNA-Computer" konstruieren. Wie bei den Turingmaschinen beginnen wir mit einem endlichen Alphabet X von Symbolen. Bei DNA-Computern ist dieses Alphabet natürlich

$$X = \{A, C, G, T\}.$$

So ein kleines Alphabet mag restriktiv erscheinen, aber man sollte sich daran erinnern, dass gewöhnliche Computer nur das binäre Alphabet $\{0, 1\}$ verwenden.

Wir können mit den Symbolen dieses Alphabets Stränge (oder Wörter) konstruieren, und wir definieren X^* als die Menge der endlichen Stränge, die mit Hilfe der Methode von Definition 13.3 konstruiert werden können. Im Fall der DNA repräsentiert X^* die Menge aller DNA-Stränge, die sich mit Hilfe der vier Basen A, C, G und T konstruieren lassen (einschließlich des „Null"-Stranges).

Bei einer Turingmaschine sind die Wörter die Einträge auf dem Band. Die Turingmaschine hat eine endliche Menge von Befehlen, die einen Bandeintrag in einen anderen Bandeintrag transformieren.

Die Befehle transformieren hier die DNA-Stränge in andere DNA-Stränge. Das bekannteste Modell, das bei der Analyse von DNA-Computern verwendet wird, ist das *Insertion-Deletion*-Modell. Die Idee besteht darin, Enzyme zur Ausführung zweier Grundoperationen zu verwenden:

- die Deletion-Operation (Nukleotidauslassung): Entfernung eines vorgeschriebenen DNA-Teilstranges an einer bestimmten Stelle;
- die Insertion-Operation (Nukleotideinfügung): Einfügung eines vorgeschriebenen DNA-Teilstranges an einer bestimmten Stelle;

Wir formalisieren dieses Modell jetzt durch eine strenge Definition der Insertion- und Deletion-Operationen, die oft auch *Erzeugungsregeln* genannt werden.

Definition 13.42 *1. Insertion (Einfügung). Ist $x = x_1 x_2$ Teil eines Wortes $z = v_1 x v_2 \in X^*$, dann können wir eine Folge $u \in X^*$ zwischen x_1 und x_2 einfügen, so dass wir das Wort $w = v_1 y v_2$ erhalten, wobei $y = x_1 u x_2$. Wir beschreiben diese Operation unter Verwendung der folgenden vereinfachten Notation:*

$$x \Longrightarrow_I y.$$

Wir sagen, dass y aus x mit Hilfe der Insertion-Regel abgeleitet ist. (Dabei können x und y Teile größerer Wörter sein.) Diese Regel wird durch ein Tripel $(x_1, u, x_2)_I$ dargestellt.

2. *Deletion (Auslassung, Entfernung). Ist $x = x_1 u x_2$ Teil eines Wortes $z = v_1 x v_2 \in X^*$, dann können wir die Folge u löschen, so dass wir das Wort $w = v_1 y v_2$ erhalten, wobei $y = x_1 x_2$. Wir verwenden die Notation*

$$x \Longrightarrow_D y$$

und sagen, dass y aus x mit Hilfe der Deletion-Regel abgeleitet ist. Diese Regel wird durch ein Tripel $(x_1, u, x_2)_D$ dargestellt.

Somit sind die Insertion- und Deletion-Regel Elemente von $(X^*)^3$.

Wir führen die allgemeine Schreibweise $x \Longrightarrow y$ ein, um zu sagen, dass y mit Hilfe einer der Erzeugungsregeln aus x abgeleitet wird. Ist y aus x durch die Anwendung mehrerer nacheinander ausgeführter Erzeugungsregeln abgeleitet, dann verwenden wir die Schreibweise

$$x \Longrightarrow^* y.$$

Definition 13.43 *Ein Insertion-Deletion-System ist ein Tripel*

$$\mathrm{ID} = (X, I, D),$$

wobei X ein Alphabet ist, I die Menge der Insertionsregeln und D die Menge der Deletionsregeln bezeichnet. Im Falle der DNA besteht das Alphabet $X = \{A, G, T, C\}$ aus den vier Basen. Sowohl I als auch D sind Teilmengen von $(X^*)^3$.

Theoretisch ist dieses Modell sehr effizient. In der Tat werden wir beweisen, dass jedes rekursive Problem mit Hilfe der Operationen des Einfügens (Insertion) und des Auslassens (Deletion) berechnet werden kann. Jedoch ist es oft sehr schwierig, einen praktischen Algorithmus zu finden, der ein gegebenes Problem unter ausschließlicher Verwendung von Einfügungen und Auslassungen löst.

Satz 13.44 *[3] Für jede Turingmaschine existiert ein Insertion-Deletion-System, das dasselbe Programm ausführt.*

Bemerkung: Diese Aussage ist ziemlich vage und schwer zu verstehen. Eine Formalisierung der Aussage würde die Einführung einer Reihe von schwierigen Begriffen wie formale Sprachen und Grammatiken erfordern. In einfachen Worten ausgedrückt bedeutet der Satz, dass wir für jede Turingmaschine (die wir mit einem Programm identifizieren können), ein Insertion-Deletion-System konstruieren können, welches das Programm ausführt, das heißt, die verschiedenen Befehle der Turingmaschine. Damit eine

Turingmaschine eine Operation ausführt, ist ein Band-Input ebenso erforderlich wie der Zustand der Maschine und die Position des Zeigers.

Wir ordnen jedem Tripel, das aus einem Band-Input, dem Maschinenzustand und der Zeigerposition besteht, einen DNA-Strang zu. Ein Teil des Stranges entspricht dem Band-Input, ein anderer enthält Informationen über den Zustand der Maschine und ein weiterer speichert die Position des Zeigers. Der nachstehend diskutierte Beweis gibt für jeden Befehl der Turingmaschine eine Menge von Einfügungen und Auslassungen an, die den Strang in einen Strang transformieren, der dem neuen Tripel entspricht. Die entsprechende Folge von Einfügungen und Auslassungen muss den ersten Teil der Kette so transformieren, dass er dem neuen Band-Input entspricht. Dabei müssen auch die Teile abgeschnitten werden, welche Informationen über den alten Zustand und die alte Position des Zeigers enthalten; diese Teile müssen durch neue Teile des Strangs ersetzt werden, die dem neuen Zustand und der neuen Zeigerposition entsprechen.

SKIZZE DES BEWEISES VON SATZ 13.44. Wir wollen zeigen, dass alle Aktionen, die von einer Turingmaschine mit einem Band ausgeführt werden, mit Hilfe eines Insertion-Deletion-Systems auch auf Wörtern ausgeführt werden können. Hierzu konstruieren wir zu jedem Übergang, der von einer Turingmaschine auf dem Band durchgeführt werden kann, ein Insertion-Deletion-System, das die gleiche Aktion auf einem aus Symbolen bestehenden Wort ausführt, das den Band-Input repräsentiert.

Es sei $M = (Q, X, \varphi)$ eine Turingmaschine. Wenn $\varphi(q_i, x_i) = (q_j, x_j, c)$, dann definieren wir $(q_i, x_i) \to (q_j, x_j, c)$, wobei $c \in \{-1, 0, 1\}$. Wir betrachten jeden der Fälle $c = 0$, $c = 1$ und $c = -1$. Wir müssen zeigen, dass es für jede dieser Übergangsregeln eine äquivalente Menge von Erzeugungsregeln eines Insertion-Deletion-Systems ID $= (N, I, D)$ gibt, wobei

$$N = X \cup Q \cup \{L, R, O\} \cup \{q_i' : q_i \in Q\}.$$

Die Rolle der Mengen $\{q_i' : q_i \in Q\}$ und $\{L, R, O\}$ wird im Beweis klar. Für jede Übergangsregel der Turingmaschine besteht das Ziel darin, eine Folge von Einfügungen und Auslassungen zu konstruieren, die – bei Anwendung in der *vorgeschriebenen Reihenfolge* – den gleichen Effekt wie die Übergangsregeln haben. Vorsicht: Wir müssen gewährleisten, dass diese Einfügungen und Auslassungen wirklich in der vorgeschriebenen Reihenfolge durchgeführt werden, denn andernfalls würden wir Ergebnisse bekommen, die nicht den Befehlen der Turingmaschine entsprechen.

Wir werden in diesem Beweis viele Folgen von Symbolen verwenden. Um die Dinge klarer zu machen, erinnern wir uns daran, dass $\mu, \mu_1, \mu_2, \nu, x_i, x_j, \rho, \sigma, \tau \in X$ und dass $q_i, q_j \in Q$.

1. Für jede Regel der Form $(q_i, x_i) \to (q_j, x_j, 0)$ fügen wir zu ID die folgenden drei Regeln hinzu: $(q_i x_i, q_j O x_j, \nu)_I$, $(\mu, q_i x_i, q_j O x_j)_D$ und $(\rho \sigma q_j, O, x_j)_D$ für alle $\mu, \nu, \rho, \sigma \in X$. Tatsächlich müssen wir für jedes Zeichen $\nu \in X$ zu ID eine Regel der Form $(q_i x_i, q_j O x_j, \nu)_I$ hinzufügen, und analog verfahren wir mit den anderen

beiden Regeln. Da X endlich ist, fügen wir also nur eine endliche Anzahl von Regeln zu ID hinzu.

Wenn wir also ein Wort der Form $\mu q_i x_i \nu$ verarbeiten, dann führen wir die nachstehende Folge von Operationen aus:

$$\mu q_i x_i \nu \Longrightarrow_I \mu q_i x_i q_j O x_j \nu \Longrightarrow_D \mu q_j O x_j \nu \Longrightarrow_D \mu q_j x_j \nu.$$

Am Anfang hatten wir das Wort $\mu q_i x_i \nu$. Zuerst haben wir $q_j O x_j$ zwischen $q_i x_i$ und ν eingefügt. Nach dieser Operation folgten zwei Auslassungen: Bei der ersten haben wir $q_i x_i$ entfernt, bei der zweiten wurde das verbleibende O zwischen q_j und x_j entfernt. Das Endergebnis ist $\mu q_j x_j \nu$, und das ist genau das Wort, das wir haben wollten. Wir erinnern daran, dass das Symbol q_j den Zeigerzustand darstellt; es befindet sich unmittelbar vor dem Symbol, auf das gezeigt wird. Die vorhergehenden Operationen haben es uns also ermöglicht, von der Konfiguration $\mu \underline{x_i} \nu$ im Zustand q_i zur Konfiguration $\mu x_j \nu$ im Zustand q_j überzugehen.

Warum haben wir das Symbol O verwendet? Hätten wir nicht einfach nur

$$\mu q_i x_i \nu \Longrightarrow_I \mu q_i x_i q_j x_j \nu \Longrightarrow_D \mu q_j x_j \nu$$

ausführen können? Der als nächstes auszuführende Übergang ist $(q_j, x_j) \to (q_k, x_k, c)$. Wir müssen gewährleisten, dass das System nicht mit dieser Operation beginnt, bevor es die jetzige Operation beendet. Das heißt, $q_i x_i$ muss gestrichen werden, bevor $q_j x_j$ modifiziert wird. Das Vorhandensein des Symbols O zwischen q_j und x_j gewährleistet, dass die Kette $q_j x_j$ erst dann erkannt wird, nachdem O entfernt worden ist.

2. Für jede Regel der Form $(q_i, x_i) \to (q_j, x_j, 1)$ fügen wir zu ID noch die folgenden sechs Regeln hinzu: $(q_i x_i, q_i' O x_j, \nu)_I$, $(\mu, q_i x_i, q_i' O x_j)_D$, $(\rho \sigma q_i', O, x_j)_D$, $(q_i' x_j, q_j R, \nu)_I$, $(\mu, q_i', x_j q_j R)_D$ und $(\tau x_j q_j, R, \nu)_D$ für alle $\mu, \nu, \rho, \sigma, \tau$ in X.

Verarbeiten wir also ein Wort der Form $\mu q_i x_i \nu$, dann führen wir die nachstehende Folge von Operationen durch:

$$\mu q_i x_i \nu \Longrightarrow_I \mu q_i x_i q_i' O x_j \nu \Longrightarrow_D \mu q_i' O x_j \nu \Longrightarrow_D \mu q_i' x_j \nu$$
$$\Longrightarrow_I \mu q_i' x_j q_j R \nu \Longrightarrow_D \mu x_j q_j R \nu \Longrightarrow_D \mu x_j q_j \nu.$$

Hier sehen wir, dass die ersten drei Operationen einfach jene wiederholen, die für die Regel $(q_i, x_i) \to (q_j, x_j, 0)$ ausgeführt wurden. Diese drei Operationen (eine Einfügung und zwei Auslassungen) ermöglichen es uns, x_i gegen x_j auszutauschen, ohne den Zeiger zu bewegen. Wir verwenden einen künstlichen Zustand q_i', um deutlich zu machen, dass die Operation noch nicht beendet ist: Dadurch verhindern wir, dass andere Übergangsregeln der Turingmaschine gestartet werden. Die drei nachfolgenden Operationen bewegen den Zeiger nach rechts und ersetzen schließlich q_i' durch den tatsächlichen Zustand q_j. Die Maschine ist jetzt bereit, den Befehl $(q_j, \nu) \to (q_k, x_k, c)$ mit $c \in \{-1, 0, 1\}$ auszuführen, wenn ein solcher Befehl existiert. Hier haben wir wieder künstliche Symbole (O, R und q_i') benutzt, um zu erzwingen, dass die Erzeugungsregeln genau in der von uns angegebenen Reihenfolge angewendet werden. Zum Beispiel gewährleistet die Regel $(\rho \sigma q_i', O, x_j)_D$, dass das O

erst dann aus $\mu q_i x_i q_i' O x_j \nu$ entfernt werden kann, wenn $q_i x_i$ entfernt worden ist. Tatsächlich steht in der Konfiguration $\mu q_i x_i q_i' O x_j \nu$ vor dem künstlichen Zustand q_i' ein eindeutiges Symbol $x_i \in X$, und vor diesem steht wiederum ein Zustandssymbol. Das funktioniert, denn wir können O nur entfernen, wenn vor dem Symbol q_i' zwei Symbole aus X stehen (von denen eines B sein könnte). Der Leser kann sich von der Notwendigkeit der verbleibenden Erzeugungsregeln überzeugen.

3. Für jede Regel der Form $(q_i, x_i) \to (q_j, x_j, -1)$ fügen wir zu ID die folgenden sechs Regeln hinzu: $(q_i x_i, q_i' O x_j, \nu)_I$, $(\mu_2, q_i x_i, q_i' O x_j)_D$, $(\rho \sigma q_i', O, x_j)_D$, $(\mu_1, q_j L, \mu_2 q_i' x_j)_I$, $(q_j L \mu_2, q_i', x_j)_D$ und $(q_j, L, \mu_2 x_j)_D$ für alle $\mu_1, \mu_2, \nu, \rho, \sigma \in X$.
   Verarbeiten wir also ein Wort der Form $\mu_1 \mu_2 q_i x_i \nu$, dann führen wir die nachstehenden Folgen von Operationen aus:

$$\mu_1 \mu_2 q_i x_i \nu \Longrightarrow_I \mu_1 \mu_2 q_i x_i q_i' O x_j \nu \Longrightarrow_D \mu_1 \mu_2 q_i' O x_j \nu$$
$$\Longrightarrow_D \mu_1 \mu_2 q_i' x_j \nu \Longrightarrow_I \mu_1 q_j L \mu_2 q_i' x_j \nu \Longrightarrow_D \mu_1 q_j L \mu_2 x_j \nu \Longrightarrow_D \mu_1 q_j \mu_2 x_j \nu.$$

Deswegen können alle Befehle $(q_j, \nu) \to (q_k, x_k, c)$ mit $c \in \{-1, 0, 1\}$ mit Hilfe eines Insertion-Deletion-Systems ausgeführt werden.   □

Dieser Satz zeigt, dass ein Insertion-Deletion-System mindestens die Rechenstärke einer Turingmaschine hat: Alle Funktionen, die auf einer Turingmaschine berechnet werden können, lassen sich mit Hilfe von Einfügungen und Auslassungen auch auf einem DNA-Computer berechnen. Dies illustriert, wie leistungsfähig ein DNA-Computer in der Theorie ist.

13.5 NP-vollständige Probleme

Dieser Abschnitt ist in Bezug auf die Theorie relativ leicht und konzentriert sich mehr auf Beispiele.

NP-vollständige Probleme stellen eine äußerst wichtige Klasse von Problemen in der Informatik dar. Es handelt sich um einfach zu beschreibende Probleme, die oft sehr wichtig in ihren jeweiligen Anwendungen sind und sich dennoch mit Hilfe eines Computers schwer lösen lassen. Eine genaue Definition der NP-Vollständigkeit findet man in [6].

13.5.1 Das Hamiltonpfad-Problem

Ein Beispiel für ein NP-vollständiges Problem ist das Hamiltonpfad-Problem, das wir in Abschnitt 13.2 diskutiert haben. Wir erinnern daran, dass das Problem darin besteht, in einem gerichteten Graphen einen Pfad zu finden, der durch jeden Knoten genau einmal geht. Man kann sich mühelos reale Anwendungen vorstellen, in denen ein solches Problem gelöst werden muss, zum Beispiel im Transportwesen.

Für das einfache Beispiel von Abbildung 13.1 kann die Lösung leicht per Hand gefunden werden. In der Tat besteht die Lösung darin, die sieben Knoten in der nachstehenden

Reihenfolge zu durchlaufen: $0, 3, 5, 1, 2, 4, 6$. Mit einem herkömmlichen Computer findet man die Lösung sogar noch leichter: Selbst mit einem rudimentären und ineffizienten Algorithmus dauert die Rechnung nur den Bruchteil einer Sekunde.

Was macht ein Problem „komplex"? Das hängt mit dem Zeitaufwand zusammen, der notwendig ist, um eine Lösung als Funktion der Input-Größe zu finden. Zum Beispiel erfordern die klassischen Algorithmen zum Lösen des Hamiltonpfad-Problems einen Zeitaufwand, der exponentiell mit der Anzahl der Knoten des Graphen zunimmt. Übersteigt die Anzahl der Knoten eine gewisse Größe, dann wird es für einen Computer effektiv unmöglich, eine Lösung zu finden. Sogar bei Graphen mit nur 100 Knoten brauchen moderne Computer einen übermäßigen Zeitaufwand, um eine Lösung zu finden. Das ist auf die Tatsache zurückzuführen, dass konventionelle Computer sequentiell arbeiten: Die Operationen werden nacheinander ausgeführt. Das ist der Grund dafür, warum Informatiker an Parallelität interessiert sind.

Wir haben bereits erwähnt, dass Adleman sieben Tage im Labor verbrachte und dann auf die oben genannte einfache Lösung kam. Worin besteht also der Vorteil eines DNA-Computers? Ein DNA-Computer ist in der Lage, Milliarden von Operationen parallel auszuführen und diese Fähigkeit ist es, welche die Forscher fasziniert. Die langsamsten Schritte bei der Durchführung von Berechnungen mit einem DNA-Computer sind diejenigen, die von den Menschen im Labor ausgeführt werden müssen. Bei der von Adleman vorgeschlagenen Methode hängt die Anzahl der betreffenden Rechenschritte linear von der Anzahl der Knoten des Graphen ab. Wir bemerken jedoch, dass Adlemans Methode aus einem anderen Grund nicht besonders ausgewogen ist. Zwar hängt die Anzahl der im Labor auszuführenden Schritte linear von der Anzahl der Knoten ab, aber die Anzahl der potentiellen Pfade durch diese Knoten wächst auch weiterhin exponentiell. Mit einer Milliarde DNA-Schnipsel in einem Reagenzglas erfassen die Millionen erzeugten Pfade mit sehr großer Wahrscheinlichkeit sämtliche Pfade. Sind jedoch Milliarden von möglichen Pfaden zu betrachten, dann ist es sehr wahrscheinlich, dass nicht alle Pfade erzeugt werden. Andere praktische Probleme können auftreten, wenn man einen so kleinen Bruchteil aller erzeugten DNA-Stränge isolieren will. Es bleibt also noch viel zu tun, bevor man die Parallelität der DNA-Computer vollständig nutzen kann.

13.5.2 Erfüllbarkeit

Ein anderes Beispiel für ein klassisches NP-vollständiges Problem ist das der Erfüllbarkeit. Dieses Problem lässt sich effizient mit Hilfe eines DNA-Computers und einem Verfahren lösen, das dem Ansatz von Adleman für das Hamiltonpfad-Problem ähnelt. Das zeigt, dass der allgemeine Ansatz von Adleman nicht ausschließlich auf das Hamiltonpfad-Problem beschränkt ist.

Das Problem der Erfüllbarkeit bezieht sich auf logische Aussagen, die sich mit Hilfe der Boole'schen Operatoren $\vee$ (ODER), $\wedge$ (UND) und $\neg$ (NICHT) sowie mit Hilfe der Boole'schen Variablen $x_1, \ldots, x_n$ konstruieren lassen, von denen jede einen der Werte WAHR oder FALSCH annehmen kann. Wir sehen uns zwei Beispiele an:

Beispiel 13.45 *Man betrachte die folgendermaßen definierte Aussage α:*

$$\alpha = (x_1 \vee x_2) \wedge \neg x_3.$$

Der Wert von α ist der Wert der logischen Aussage, wenn die Werte von x_1, x_2 und x_3 eingesetzt worden sind. Somit ist α in Abhängigkeit von den Werten der Variablen entweder WAHR oder FALSCH. Sind zum Beispiel x_1, x_2 und x_3 alle WAHR, dann hat α den Wert FALSCH.

Das Problem der Erfüllbarkeit stellt folgende Frage: Können wir den Variablen x_1, x_2 und x_3 Wahrheitswerte derart zuordnen, dass α den Wert WAHR annimmt? Im vorliegenden Fall erkennt man mühelos, dass das möglich ist. Tatsächlich könnten wir einfach $x_1 = x_2 = $ WAHR und $x_3 = $ FALSCH nehmen. Wir sagen, dass wir die logische Gleichung $\alpha = $ WAHR verifizieren können und dass α erfüllbar ist.

Beispiel 13.46 *Wir betrachten jetzt die logische Aussage*

$$\beta = (x_1 \vee x_2) \wedge (\neg x_1 \vee x_2) \wedge (\neg x_2).$$

In diesem Fall können wir uns leicht davon überzeugen, dass es für die Variablen keine Konfiguration von Wahrheitswerten derart gibt, dass $\beta = $ WAHR. Daher ist β nicht erfüllbar.

Definition 13.47 *Eine logische Aussage, die mit Hilfe der Boole'schen Operatoren $\vee$ (ODER), $\wedge$ (UND) und $\neg$ (NICHT) und mit Hilfe der Boole'schen Variablen $x_1, \ldots, x_n$ zusammengesetzt worden ist, heißt erfüllbar, wenn man den Variablen Wahrheitswerte so zuordnen kann, dass die Aussage wahr wird.*

Beispiel 13.45 ist einfach zu veranschaulichen und lässt sich gleichermaßen einfach mit einem Computer analysieren, selbst wenn man die ineffizientesten Algorithmen verwendet. In der Tat kann ein Computer einfach die 2^3 Zuordnungen von Wahrheitswerten aufzählen (es gibt 3 Variable und jede von ihnen kann einen von 2 Werten annehmen) und die entsprechenden Aussagenwerte bestimmen. Jedoch bricht dieser Ansatz schnell zusammen, wenn es sich um eine große Anzahl von Variablen handelt. Bei 100 Variablen müssen bereits 2^{100} mögliche Konfigurationen getestet werden. Im allgemeinen Fall ist kein Algorithmus bekannt, der effizienter ist als derjenige, bei dem man alle Möglichkeiten testet.

Dieser große Suchraum ist einer der Gründe dafür, warum sich DNA-Computer offenbar für das Lösen dieses Problems eignen. Wie jeder Algorithmus, der auf einer „erschöpfenden Suche" beruht (bei welcher der Computer der Reihe nach alle möglichen Lösungen überprüfen muss), profitiert auch dieser Algorithmus wesentlich von der massiven Parallelität, die dem DNA-Computing innewohnt. Ein DNA-Computer ist nämlich dazu in der Lage, alle Lösungen gleichzeitig zu testen. Das Problem besteht dann darin, die richtige Lösung zu extrahieren, wenn sie existiert.

Zuerst müssen wir eine Methode finden, die alle möglichen Lösungen als DNA-Stränge konstruiert. Wenn wir 3 Variable haben, dann brauchen wir eine Methode, die es uns ermöglicht, jede der $2^3 = 8$ Möglichkeiten eindeutig zu codieren. Das ist mit Hilfe von etwas Graphentheorie möglich. Wir modellieren jede der möglichen Zuordnungen von Wahrheitswerten als einen maximalen Pfad in dem in Abbildung 13.10 gezeigten Graphen. Es gibt eine Bijektion zwischen den maximalen Pfaden des Graphen und den Folgen von Wahrheitswertzuordnungen zu allen Variablen. Wir bezeichnen FALSCH mit 0 und WAHR mit 1. Der Knoten a_j^0 repräsentiert die Zuordnung des Wertes 0 zu x_j, der Knoten a_j^1 die Zuordnung des Wertes 1 zu x_j und die Knoten v_i sind einfach Abstandhalter. Zum Beispiel stellt der Pfad $a_1^0 v_1 a_2^0 v_2 a_3^0 v_3$ die Zuordnung von FALSCH zu jeder der drei Variablen x_i dar. Es ist leicht zu sehen, dass alle möglichen Pfade der Länge 5 (das sind die maximalen Pfade) genau die 8 möglichen Zuordnungen von Wahrheitswerten aufzählen.

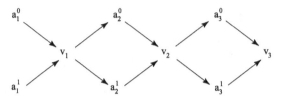

Abb. 13.10. Graph für die logische Aussage α oder eine beliebige andere logische Aussage mit drei Variablen.

Dies ist nützlich, denn der erste Schritt des DNA-Computing-Algorithmus besteht darin, möglichst viele Kopien eines jeden möglichen Pfades zu erzeugen. Um das zu tun, verwenden wir die von Adleman benutzte Technik: Knoten als eindeutige DNA-Stränge codieren und gerichtete Kanten als komplementäre Stränge, die zwei Knoten verbinden. Insbesondere wird jeder Knoten durch einen Strang der Länge $2N$ codiert und jede gerichtete Kante als das Komplement der letzten N Basen des Ausgangsknotens, gefolgt vom Komplement der ersten N Basen des Zielknotens. Der genaue Wert von N hängt von der Größe des zu lösenden Problems ab.

Wie zuvor nehmen wir von jedem DNA-Strang eine große Menge, um die Knoten und die gerichteten Kanten zu codieren. Nach Ablauf einer gegebenen Zeit verbinden sich diese DNA-Stränge zu längeren Strängen, welche die möglichen Pfade im Graphen darstellen. Mit großer Wahrscheinlichkeit werden alle möglichen Pfade dargestellt. Man muss jetzt noch diejenigen Pfade extrahieren, die den möglichen Lösungen der logischen Aussage entsprechen – falls solche Pfade überhaupt existieren.

Der erste Schritt besteht darin, die Aussage in die *konjunktive Normalform* zu transformieren, so dass

$$\alpha = C_1 \wedge C_2 \wedge C_3 \wedge \cdots \wedge C_m,$$

wobei die C_i logische Aussagen sind, die nur $\vee$ und $\neg$ verwenden. Ein Satz der Logik besagt, dass eine solche Transformation immer möglich ist. Wir verwenden dabei die folgenden Regeln:

1. Für alle x_1, x_2, x_3 ist

$$x_1 \wedge (x_2 \vee x_3) = (x_1 \wedge x_2) \vee (x_1 \wedge x_3).$$

2. Für alle x_1, x_2, x_3 ist

$$x_1 \vee (x_2 \wedge x_3) = (x_1 \vee x_2) \wedge (x_1 \vee x_3).$$

3. Für alle x_1, x_2 ist
$$\neg(x_1 \vee x_2) = \neg x_1 \wedge \neg x_2.$$

4. Für alle x_1, x_2 ist
$$\neg(x_1 \wedge x_2) = \neg x_1 \vee \neg x_2.$$

Man beachte: Die Normalform existiert immer, aber es ist nicht immer leicht, sie zu finden. In der Tat sind die bekannten Algorithmen für die Transformation in eine konjunktive Normalform ziemlich komplex und erfordern manchmal eine relativ lange Laufzeit. In vielen Fällen ist jedoch die logische Aussage bereits in der entsprechenden Form gegeben oder lässt sich leicht in diese konvertieren. Die Aussage von Beispiel 13.45 ist in konjunktiver Normalform gegeben, wobei $C_1 = x_1 \vee x_2$ und $C_2 = \neg x_3$ verwendet werden.

Um eine logische Aussage der Form $C_1 \wedge \cdots \wedge C_m$ zu erfüllen, müssen wir C_1 erfüllen **und** C_2 erfüllen, $\cdots$, **und** C_m erfüllen.

Die Umformung in die konjunktive Normalform dient als Leitlinie für folgendes Verfahren. Wir beginnen mit der Extraktion aller Stränge, welche die Aussage C_1 erfüllen. In unserem Fall ist $C_1 = x_1 \vee x_2$, so dass wir alle Stränge extrahieren möchten, die x_1 oder x_2 als 1 codieren.

Das kann durchgeführt werden, indem wir zuerst alle Lösungen extrahieren, die x_1 als 1 codieren. Um das zu tun, stützen wir uns wieder auf Adlemans Technik. Wir geben in das Reagenzglas A DNA-Stränge, die das Komplement der Kante $a_1^1 v_1$ codieren, wobei jeder solche Strang an einem kleinen Eisenteilchen hängt. Diese Stränge ziehen alle Stränge an, die $a_1^1 v_1$ enthalten, während die anderen Ketten in der Lösung bleiben. Wir ziehen dann diese Stränge mit einem Magneten an den Rand des Reagenzglases und gießen den Rest der Lösung in das Reagenzglas B. Schließlich gießen wir ein wenig DNA-freie Flüssigkeit zurück in das Reagenzglas A und trennen die Stränge von den Eisenteilchen.

Damit $x_1 \vee x_2$ wahr ist, könnte auch $x_2 = 1$ sein. Wir wiederholen also das Verfahren mit den übriggebliebenen Strängen, die im ersten Schritt nicht berücksichtigt worden sind und sich jetzt im Reagenzglas B befinden; diesmal wählen wir die Stränge aus, welche die gerichtete Kante $a_2^1 v_2$ enthalten. Die Stränge, die bei diesem Schritt zurückbleiben, werden wieder in die Lösung des Reagenzglases A gegeben, das die

Stränge enthält, die beim vorhergehenden Schritt ausgewählt worden sind. Wir haben jetzt ein einziges Reagenzglas, das alle Stränge enthält, bei denen $x_1 = 1$ oder $x_2 = 1$ berücksichtigt sind. Somit können die übrigen Stränge im Reagenzglas B unberücksichtigt bleiben.

Wir haben also jetzt alle Stränge, welche die Aussage C_1 erfüllen. Nun können wir dasselbe Verfahren wiederholen, um alle Stränge zu extrahieren, welche die Aussage C_2 erfüllen; die übrigbleibenden Stränge erfüllen deswegen sowohl C_1 als auch C_2 und somit auch $C_1 \wedge C_2$. In unserem Beispiel ist $C_2 = \neg x_3$. Daher müssen wir alle Stränge extrahieren, die $x_3 = 0$ codieren. Im allgemeinen Fall wird dieses Verfahren für jedes C_i wiederholt.

Wir können uns fragen, ob ein DNA-Computer ein Problem in der konjunktiven Normalform lösen muss oder ob andere Algorithmen effizienter wären. Angenommen, wir haben $\alpha = C_1 \wedge C_2 \wedge C_3 \wedge \cdots \wedge C_m$ und alle C_i bestehen aus n verschiedenen Variablen x_j und deren Negationen $\neg x_j$ (es könnte vorkommen, dass nicht alle Variablen in jedem C_i auftreten). Dann gibt es 2^n Pfade im Graphen. Jedoch müssen, wie wir gesehen haben, höchstens n Prüfungen für jedes C_i ausgeführt werden, so dass insgesamt höchstens mn Prüfungen durchgeführt werden müssen. Deswegen stellt die Methode im Vergleich zur systematischen Erkundung sämtlicher Pfade eine Verbesserung dar – es sei denn, m ist sehr groß im Vergleich zu n.

13.6 Mehr über DNA-Computer

13.6.1 Das Hamiltonpfad-Problem und Insertion-Deletion-Systeme

In Abschnitt 13.4 haben wir gezeigt, dass alle rekursiven Funktionen mit Hilfe eines DNA-Computers berechnet werden können, wobei man nur die Operationen des Einfügens und des Auslassens ausführt. Adlemans Lösung des Hamiltonpfad-Problems verwendete jedoch weder Einfügungen noch Auslassungen. Wie in der Einführung geschildert, ist der Grund dafür darin zu suchen, dass theoretische Algorithmen und die besten praktischen Algorithmen oft weit voneinander entfernt sind. Das Gleiche gilt auch für Turingmaschinen. Man betrachte etwa die Funktion $\mathrm{add}(m, n) = m + n$. Das ist eine primitiv-rekursive Funktion und deswegen liefert der Beweis von Satz 13.32 einen Algorithmus zur Berechnung dieser Funktion auf einer Turingmaschine. Dieser Algorithmus ist rekursiv: Man wendet die Nachfolgerfunktion n-mal an. Jedoch berechnet der in Abbildung 13.8 dargestellte Algorithmus (der in Beispiel 13.9 konstruiert wird) die Funktion auf eine sehr viel einfachere Weise!

Der DNA-Computer-Algorithmus, der das Hamiltonpfad-Problem ausschließlich unter Verwendung von Einfügungen und Auslassungen löst, ist ohne Zweifel viel komplexer als der von Adleman vorgestellte Algorithmus. Jedoch ist es in Anbetracht dessen, dass es so wenige Algorithmen für DNA-Computer gibt, äußerst schwer zu beurteilen, welche biologischen Operationen am meisten verwendet werden, wenn die Kluft zwischen Theorie und Praxis eines Tages überbrückt sein wird.

13.6.2 Die gegenwärtigen Schranken der DNA-Computer

Bis jetzt haben wir ein ziemlich rosiges Bild von DNA-Computern gemalt. Wir haben gezeigt, wie man mit Hilfe von DNA-Computern einige schwierige mathematische Probleme lösen kann. Beide angegebenen Algorithmen haben die größte Stärke der DNA-Computer ausgespielt, nämlich ihre massive Parallelität, mit deren Hilfe wir effektiv alle möglichen Konfigurationen gleichzeitig testen können, anstatt sequentiell vorzugehen. Außerdem haben wir gesehen, dass DNA-Computer voll dazu in der Lage sind, das zu berechnen, was mit Hilfe von Turingmaschinen berechnet werden kann. Das bedeutet, dass DNA-Computer potentiell sehr leistungsstark sind.

Jedoch muss man berücksichtigen, dass sich alle unsere theoretischen Modelle auf eine ziemlich vermessene Hypothese stützen – nämlich darauf, dass die Natur ideal ist und dass wir DNA-Stränge mit perfekter Genauigkeit manipulieren können. In Wirklichkeit ist das jedoch bei weitem nicht so. Tatsächlich kommt es in der Natur häufig vor, dass DNA-Stränge in einer Lösung spontan brechen (hydrolysieren). Ebenso oft treten Fehler auf, wenn sich zwei komplementäre Stränge verbinden. Zum Beispiel könnte sich der Strang

$$AAGTACCA,$$

der das Komplement

$$TTCATGGT$$

hat, mit einem „falschen Komplement" verbinden, das dem richtigen Komplement ziemlich nahekommt. Wir könnten dann also den Doppelstrang

$$\begin{array}{cccccccc} A & A & G & T & A & C & C & A \\ T & T & \mathbf{T} & A & T & G & G & T \end{array}$$

bekommen, wobei ein einzelnes G mit einem T gepaart ist und nicht mit einem C. Ein solcher Fehler könnte ein Problem für jeden Algorithmus darstellen, zum Beispiel auch für den Algorithmus von Adleman, der implizit von der perfekten Paarung der Komplemente abhängt. Manche Forscher haben vorgeschlagen, die Berechnungen innerhalb einer lebenden Zelle (*in vivo*) durchzuführen anstatt nur in einer Lösung. Tatsächlich haben lebende Zellen mehrere weitentwickelte Kontrollmechanismen für den Umgang mit derartigen Fehlern.

Es sollte auch beachtet werden, dass das von Adleman 1994 durchgeführte Hamilton-pfad-Experiment im Jahr 1995 (ohne Erfolg!) von Kaplan, Cecci und Libchaber wiederholt worden ist. Ihr Experiment führte zu schwachen Ergebnissen beim Elektrophorese-Schritt. Der Ort auf der Platte, der nur Pfade der Länge 7 hätte enthalten sollen, enthielt viele Verunreinigungen (Pfade mit weniger oder mehr als sieben Knoten). Das bei der Elektrophorese verwendete Gel wies viele Unvollkommenheiten auf; noch schlimmer war jedoch, dass die DNA-Stränge oft zu sehr übereinander gefaltet waren und sich nicht mit der erwarteten Geschwindigkeit durch das Gel bewegten. Adleman selbst bekannte, den Elektrophorese-Schritt mehrmals wiederholt zu haben, bevor er zufriedenstellende Ergebnisse erzielte.

Verwendet man Adlemans Ansatz, dann besteht immer ein Risiko, dass der Lösungspfad nicht erzeugt wird. Sehen wir uns den Graphen von Abbildung 13.1 an. Es gibt (als Zyklen bezeichnete) Pfade, bei denen der letzte Knoten mit dem ersten identisch ist, zum Beispiel der Pfad 12351. Nichts verhindert die Existenz eines unendlichen Pfads, der diese Schleife ständig wiederholt. Somit ist die Anzahl der möglichen Pfade unendlich, während die Menge des DNA-Materials im Reagenzglas endlich ist. Wir müssen es schaffen, dass die DNA-Menge im Reagenzglas ausreicht, um mit einer sehr hohen Wahrscheinlichkeit zu gewährleisten, dass alle Pfade der Länge $\leq N$ erzeugt werden, wobei N größer als die Anzahl der Knoten ist. Natürlich gibt es keine 100%-ige Garantie, dass alle Pfade auftreten. Es kann vorkommen, dass die Lösung, selbst wenn sie existiert, nicht im Reagenzglas auftritt.

Wenn wir diese Art von Algorithmus verwenden und damit eine Lösung gefunden haben, dann wissen wir mit Sicherheit, dass es eine Lösung ist. Wenn wir aber andererseits keine Lösung finden, dann können wir nicht vollkommen sicher sein, dass keine Lösung existiert. Wir können lediglich sagen, dass mit sehr hoher Wahrscheinlichkeit keine Lösung existiert. Derartige Algorithmen sind also von Natur aus probabilistisch.

Es gibt auch ein Problem mit dem theoretischen Modell der Insertion-Deletion-Systeme. Wir hatten vorausgesetzt, dass es möglich sei, eine beliebige Einfügung und eine beliebige Auslassung durchzuführen. Da wir diese Operationen mit Hilfe von Enzymen durchgeführt haben, haben wir auch implizit angenommen, dass es effektiv eine unendliche Anzahl von Enzymen gibt, die in der Lage sind, die von uns gewünschten Einfügungen und Entfernungen auszuführen, und dass wir darüber hinaus eine große Anzahl von Enzymen in ein Reagenzglas bringen können, in dem sie – wie beabsichtigt – ohne jegliche Wechselwirkung agieren. In der Realität beherrschen wir jedoch die erforderliche Biochemie noch nicht und wir wissen auch noch nicht genug, um beliebige Einfügungen oder Entfernungen vorzunehmen.

Können wir einen DNA-Computer programmieren? Konventionelle Computer werden nicht gebaut, um eine einzelne Berechnung durchzuführen. Sie werden vielmehr explizit programmiert, wodurch es möglich wird, auf ihnen Algorithmen laufen zu lassen. Wie wir gesehen haben, liegt die Annahme nahe, dass es effektiv unmöglich ist, DNA-Computer auf diese Weise zu programmieren. Tatsächlich ist die von Adleman verwendete Methode auf das speziell zu lösende Problem (oder auf den entsprechenden Problemtyp) zugeschnitten. Wir haben aber auch gesehen, dass DNA-Computer in der Lage sind, als Turingmaschinen zu agieren. Es gibt eine universelle Turingmaschine [6] mit folgender Eigenschaft: Erhält sie als Input die Befehle einer anderen Turingmaschine M sowie ein Problem ω, dann kann sie den gleichen Output erzeugen, der erzeugt worden wäre, wenn ω in M eingegeben würde. Eine solche Turingmaschine ist also programmierbar, und deswegen sind DNA-Computer theoretisch ebenso programmierbar.

Die Herausforderungen, die zur Verwirklichung dieser Technologie überwunden werden müssen, sind jedoch enorm. Aber das Vorhaben ist ziemlich verlockend und zieht viele Forscher an.

13.6.3 Einige biologische Erklärungen zu Adlemans Experiment

In Abschnitt 13.2 haben wir einen Überblick über die Adlemansche Methode der Lösung eines speziellen Hamiltonpfad-Problems gegeben. Der Algorithmus bestand aus fünf Schritten:

- man wähle alle Pfade aus, die im Knoten 0 beginnen und im Knoten 6 enden;
- man wähle unter diesen alle Pfade aus, welche die gewünschte Länge von sieben Knoten haben;
- von den übrigbleibenden Pfaden wähle man diejenigen aus, die alle Knoten enthalten;
- man teste, ob irgendwelche Pfade (Lösungen) übrigbleiben;
- man analysiere die Lösungen, um die Pfade zu bestimmen, die sie codieren.

Wir haben jeden dieser Schritte kurz diskutiert, ohne uns zu sehr in die Chemie zu vertiefen. Hier diskutieren wir im Detail die Methode, die Adleman anwendete, um den ersten Schritt des Algorithmus auszuführen.

Adleman verwendete eine unter dem Namen *Polymerase-Kettenreaktion* (*polymerase chain reaction*, PCR) bekannte Genverstärkungstechnik (Amplifikation). Die Idee besteht darin, nur diejenigen Ketten zu vervielfältigen, welche die richtigen Anfangs- und Endknoten enthalten, und das Verfahren so lange fortzusetzen, bis diese Ketten alle anderen vollständig dominieren.

Im vorliegenden Beispiel wollen wir die Ketten vervielfältigen, die mit dem (durch *AGTTAGCA* codierten) Knoten 0 anfangen und mit dem (durch *CCGAGCAA* codierten) Knoten 6 enden. Aus Abbildung 13.1 ist ersichtlich, dass es unmöglich ist, den Knoten 0 von irgendeinem anderen Knoten aus zu erreichen, und dass es ebenso unmöglich ist, den Knoten 6 zu verlassen. Ist also der Knoten 0 in einem Strang codiert, dann muss das am Anfang des Stranges erfolgen. Analog findet man die Codierung des Knotens 6 immer am Ende einer Kette. Eine Kette, die diese beiden Eigenschaften hat, ähnelt also der folgenden Kette:

$$
\begin{array}{ccccccccc}
T & C & G & T & \ldots & G & G & C & T \\
| & | & | & | & \ldots & | & | & | & | \\
A & G & T & T & A & G & C & A & \ldots & C & C & G & A & G & C & A & A
\end{array}
$$

Die Natur hat einen äußerst leistungsstarken Mechanismus zur Vervielfältigung von DNA-Strängen entworfen: die DNA-Polymerase. Dieses Enzym ist in der Lage, den komplementären Strang eines paarigen DNA-Moleküls zu vervollständigen, falls die ersten paar Basen (ein *Primer*) bereits vorhanden sind.

Polymerase funktioniert nur in einer Richtung. Wenden wir einen Primer an, dann kann die Reaktion von diesem Primer aus nur in einer Richtung erfolgen. Wir stellen unsere Ketten erneut mit Hilfe der Schreibweise der Biochemiker dar: Ein Ende des Strangs wird durch $3'$ markiert und das andere Ende durch $5'$ (der Ursprung dieser Schreibweise wird in Kürze erklärt). Es ist wichtig zu bemerken, dass die Polymerase nur in der Richtung von $5'$ zu $3'$ verläuft und dass eine $5' - 3'$ gerichtete Kette nur eine

Verbindung mit einem $3'-5'$ gerichteten Komplement eingehen kann. Unter Verwendung dieser Schreibweise hat eine Kette mit dem gewünschten Anfangsknoten und Endknoten die Form

```
            3'                      5'
            T   C   G   T  ...  G   G   C   T
            |   |   |   |  ...  |   |   |   |
    A   G   T   T   A   G   C   A  ...  C   C   G   A   G   C   A   A
    5'                                                              3'
```

Wie können wir Polymerase nutzen, um die gewünschten DNA-Stränge zu vervielfältigen? Der erste Schritt besteht darin, die DNA-Doppelstränge in Einzelstränge zu zerlegen. Dies geschieht einfach durch Erhitzen der Lösung auf eine entsprechende Temperatur. Die Doppelstränge spalten sich auf diese Weise in zwei Arten von Strängen auf: „Knotenstränge" und „Kantenstränge". Zum Beispiel erzeugt der Doppelstrang

```
            3'                      5'
            T   C   G   T  ...  G   G   C   T
            |   |   |   |  ...  |   |   |   |
    A   G   T   T   A   G   C   A  ...  C   C   G   A   G   C   A   A
    5'                                                              3'
```

einen Kantenstrang

```
            3'                      5'
            T   C   G   T  ...  G   G   C   T
```

und einen Knotenstrang

```
    5'                                                              3'
    A   G   T   T   A   G   C   A  ...  C   C   G   A   G   C   A   A
```

Erläuterung der Schreibweise $5'-3'$. Wir betrachten zunächst einen einfachen DNA-Strang. Seine Hauptkette besteht aus miteinander verbundenen Zuckermolekülen. Jedes Zuckermolekül enthält fünf Kohlenstoffatome, die von $1'$ bis $5'$ durchnummeriert sind. Jede Basis hängt an einem Zuckermolekül. Sie ist an das Kohlenstoffatom $1'$ des zugehörigen Zuckermoleküls gebunden, während eine Hydroxylgruppe (OH) am Kohlenstoffatom $3'$ auf einer Seite und eine Phosphatgruppe am Kohlenstoffatom $5'$ auf der anderen Seite hängt. Wenn sich zwei Zuckermoleküle verbinden, die benachbarten Basen entsprechen, dann verbindet sich die Hydroxylgruppe ($3'$) des einen mit der Phosphatgruppe des anderen ($5'$).

Stellen wir uns also einen DNA-Strang vor, dessen erste Basis an ein Zuckermolekül gebunden ist, das eine freie Phosphatgruppe $5'$ hat, dann hängt das Hydroxyl der gegenüberliegenden Seite an einer Phosphatgruppe der nachfolgenden Basis, deren Hydroxylgruppe ihrerseits an der Phosphatgruppe des Zuckermoleküls der dritten Basis hängt und so weiter. Das Zuckermolekül der letzten Basis dieser Kette hat also eine freie Hydroxylgruppe, und diese Basis wird $3'$ genannt. Es handelt sich also um eine Kette, die von $5'$ nach $3'$ verläuft.

Ein einzelner $5' - 3'$-orientierter Strang kann sich nur mit einem Strang $3' - 5'$ zu einem Doppelstrang verbinden. Die Zuckerketten befinden sich auf der Außenseite der Doppelhelix und bilden deren Hauptkette. Die Basenpaarung erfolgt mit Hilfe von Wasserstoffbindungen.

Replikation in Adlemans Experiment. Adleman gab in die Lösung eine große Anzahl zweier Primer-Typen. Der erste codiert den Namen des Knotens 0 ($AGCA$) und wird als *Knoten-Primer* bezeichnet. Der zweite codiert das Komplement des Vornamens des Knotens 6 ($GGCT$) und wird als *Kanten-Primer* bezeichnet. Die Primer paaren sich mit ihren Komplementen. Zum Beispiel paart sich der Kantenstrang

$$3' \qquad\qquad\qquad\qquad 5'$$
$$T \quad C \quad G \quad T \quad \dots \quad G \quad G \quad C \quad T$$

mit dem Knoten-Primer zum partiellen Doppelstrang

$$3' \qquad\qquad\qquad\qquad 5'$$
$$T \quad C \quad G \quad T \quad \dots \quad G \quad G \quad C \quad T$$
$$A \quad G \quad C \quad A$$
$$5' \qquad\quad 3'$$

Analog paart sich der Knotenstrang

$$5' \qquad\qquad\qquad\qquad\qquad\qquad\qquad\qquad 3'$$
$$A \quad G \quad T \quad T \quad A \quad G \quad C \quad A \quad \dots \quad C \quad C \quad G \quad A \quad G \quad C \quad A \quad A$$

mit dem Kanten-Primer zum partiellen Doppelstrang

$$\qquad\qquad\qquad\qquad\qquad\qquad\qquad\qquad 3' \qquad\quad 5'$$
$$\qquad\qquad\qquad\qquad\qquad\qquad\qquad\qquad G \quad G \quad C \quad T$$
$$A \quad G \quad T \quad T \quad A \quad G \quad C \quad A \quad \dots \quad C \quad C \quad G \quad A \quad G \quad C \quad A \quad A$$
$$5' \qquad\qquad\qquad\qquad\qquad\qquad\qquad\qquad\qquad\qquad 3'$$

Die DNA-Polymerase hängt sich an die mit $3'$ bezeichneten Enden des Primers und bildet den Rest des Komplementärstranges, wobei nahezu vollständige Doppelstränge entstehen. Zu diesem Zweck werden freien Basen verwendet, die zu der Lösung hinzugegeben worden sind. Somit ist jetzt jeder ursprüngliche Doppelstrang, der mit einer 0 beginnt und mit einer 6 endet, repliziert worden, womit die Anzahl derartiger Stränge verdoppelt worden ist. Dieser Prozess kann mehrere Male wiederholt werden, und nach einigen Wiederholungen dominieren diese Stränge alle anderen.

Wir sehen uns ein Beispiel an, das den ganzen Replikationsprozess deutlich macht.

Beispiel 13.48 *Wir betrachten einen Doppelstrang, der nur aus den Knoten 0 und 6 sowie aus einer einzigen Kante besteht, die beide Knoten verbindet:*

$$
\begin{array}{ccccccccccccc}
3' & & & & & & 5' \\
T & C & G & T & G & G & C & T \\
A & G & T & T & A & G & C & A & C & C & G & A & G & C & A & A \\
5' & & & & & & & & & & & & & & & 3'
\end{array}
$$

Durch Erhitzen dieses Doppelstrangs erhalten wir die beiden Einzelstränge TCGT-GGCT und AGTTAGCACCGAGCAA. Die Primer hängen sich an diese Einzelstränge und bilden zwei partielle Doppelstränge

$$
\begin{array}{ccccccccccccccc}
& & & & & 3' & & 5' \\
& & & & & G & G & C & T \\
A & G & T & T & A & G & C & A & C & C & G & A & G & C & A & A \\
5' & & & & & & & & & & & & & & & 3'
\end{array}
$$

und

$$
\begin{array}{cccccccc}
& & & 3' & & & & 5' \\
& & & T & C & G & T & G & G & C & T \\
& & & A & G & C & A \\
& & & 5' & & & 3'
\end{array}
$$

Die DNA-Polymerase verbindet sich mit den mit 3' bezeichneten Enden der Primer, und die Replikation wird vervollständigt, indem die folgenden beiden Doppelstränge gebildet werden:

$$
\begin{array}{ccccccccccccc}
3' & & & & & & & & 5' \\
T & C & A & A & T & C & G & T & G & G & C & T \\
A & G & T & T & A & G & C & A & C & C & G & A & G & C & A & A \\
5' & & & & & & & & & & & & & & & 3'
\end{array}
$$

und

$$
\begin{array}{cccccccc}
& & & 3' & & & & 5' \\
& & & T & C & G & T & G & G & C & T \\
& & & A & G & C & A & C & C & G & A \\
& & & 5' & & & & & 3'
\end{array}
$$

Die Lösung wird wieder erhitzt und abgekühlt, wobei die neu gebildeten Doppelstränge in Einzelstränge zerlegt werden. Man beachte: Nachdem wir mit den beiden Anfangssträngen einen Prozesszyklus durchgeführt haben, erhalten wir vier Stränge mit den gleichen Eigenschaften wie die Originale, wobei im Vergleich zu den Originalen der Kantenstrang etwas länger und der Knotenstrang etwas kürzer ist.

Wir betrachten jetzt einen Doppelstrang, der die Knoten 0 und 1 codiert:

$$
\begin{array}{c}
3' \qquad\qquad\qquad 5' \\
T \quad C \quad G \quad T \quad C \quad T \quad T \quad T \\
A \quad G \quad T \quad T \quad A \quad G \quad C \quad A \quad G \quad A \quad A \quad A \quad C \quad T \quad A \quad G \\
5' \qquad\qquad\qquad\qquad\qquad\qquad 3'
\end{array}
$$

Nach dem Erhitzen erhalten wir zwei einzelne Stränge

$$TCGTCTTT \qquad und \qquad AGTTAGCAGAAACTAG.$$

Nur der Knoten-Primer AGCA kann sich mit einem dieser Einzelstränge verbinden,
und wir erhalten

$$
\begin{array}{c}
3' \qquad\qquad\qquad 5' \\
T \quad C \quad G \quad T \quad C \quad T \quad T \quad T \\
A \quad G \quad C \quad A \\
5' \qquad 3'.
\end{array}
$$

Dieser Strang kann mit Hilfe der DNA-Polymerase verdoppelt werden. Wir sehen also,
dass die Stränge, die einen Anfangsknoten 0 oder einen Endknoten 6 codieren, ebenfalls
repliziert werden. Jedoch erzeugt jede Replikationsrunde nicht zwei zusätzliche Stränge,
sondern nur einen. Daher werden sie schließlich von den Strängen dominiert, die mit
dem Knoten 0 anfangen und mit dem Knoten 6 enden.

Diese Operationen werden mehrmals in einem ständigen Zyklus von Erhitzen (wodurch die Stränge getrennt werden) und Abkühlen (wobei sich die Stränge mit den Primern verbinden und vervielfältigt werden) wiederholt. Auf diese Weise wächst die Anzahl der Stränge mit den richtigen Anfangs- und Endknoten exponentiell: Bei jedem Zyklus findet eine Verdoppelung statt. Unterdessen werden die Stränge, die weder den richtigen Anfangsknoten noch den richtigen Endknoten haben, zu keinem Zeitpunkt repliziert: ihre Anzahl ändert sich nicht. Stränge, die entweder den richtigen Anfangsknoten oder den richtigen Endknoten haben, werden zwar repliziert, aber in einem viel kleineren Maße als die interessanten Stränge (vgl. Beispiel 13.48).

Nach n Zyklen gibt es demnach 2^n gestutzte Knoten- und Kantenstränge für jeden der Stränge, die mit dem Knoten 0 beginnen und mit dem Knoten 6 enden. Ist n hinreichend groß, dann hoffen wir, dass unter dieser Vielzahl von Strängen die Anzahl derjenigen, die mit dem Knoten 0 anfangen und mit dem Knoten 6 enden, so groß wird, dass wir sie mit Hilfe der anderen Schritte von Adlemans Technik finden können.

13.7 Übungen

Turingmaschinen

1. Abbildung 13.11 sei die Darstellung der Funktion φ einer Turingmaschine M und man betrachte die Anfangskonfiguration

$$B111111B11111B11111B11B.$$

Am Anfang der Operation zeigt der Zeiger auf das ganz links stehende B. Beschreiben Sie die Aktion der Maschine und berechnen Sie die Endposition des Zeigers, wenn die Maschine die Operation beendet.

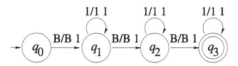

Abb. 13.11. Die Funktion φ für Übung 1.

2. (a) Konstruieren Sie eine Turingmaschine, die eine unäre Zahl rechts neben eine existierende Zahl kopiert, wobei eine Leerstelle (Blank) zwischen ihnen stehen soll. Am Ende der Berechnung soll der Zeiger an denjenigen Blank zurückkehren, welcher der ersten Zahl vorangeht.
(b) Konstruieren Sie eine Turingmaschine, die das k-fache Kopieren einer Zahl ermöglicht.

3. (a) Konstruieren Sie eine Turingmaschine, die eine Folge von Symbolen (die ihrerseits kein Blanksymbol enthält) um n Zellen verschiebt.
(b) Konstruieren Sie eine Turingmaschine, die k Folgen von Symbolen (von denen jede durch ein Blanksymbol getrennt ist) um n Zellen verschiebt.
(c) Man betrachte eine Folge von Symbolen, der eine beliebige Anzahl von Blanksymbolen vorhergeht. Konstruieren Sie eine Turingmaschine, welche die Folge der Nicht-Blanksymbole nach links verschiebt, bis davor nur noch ein einziges Blanksymbol steht. Zum Beispiel transformiert die Maschine BBBBBB$\overline{x}$B in B$\overline{x}$B.

4. Konstruieren Sie eine Turingmaschine, die die Vorgängerfunktion berechnet.

5. Konstruieren Sie eine Turingmaschine, die die Funktion $cosgn\colon \mathbb{N} \to \mathbb{N}$ berechnet, die folgendermaßen definiert ist:

$$\mathrm{cosgn}(n) = \begin{cases} 1, & n = 0, \\ 0, & n \geq 1. \end{cases}$$

6. Zeigen Sie, dass

$$\begin{aligned} |\neg P_1| &= \mathrm{cosgn}(p_1), \\ |P_1 \vee P_2| &= \mathrm{sgn}(p_1 + p_2), \\ |P_1 \wedge P_2| &= p_1 * p_2, \end{aligned}$$

den Wertefunktionen der Boole'schen Operatoren UND, ODER und NICHT entspricht. Die Wahrheitstafeln dieser Operatoren sind in Abschnitt 15.7 von Kapitel 15 gegeben.

7. (a) Erläutern Sie, wie man eine Turingmaschine konstruiert, welche die Funktion

$$f\colon \mathbb{N} \times \mathbb{N} \to \{0,1\} \subset \mathbb{N}$$

berechnet, die folgendermaßen definiert ist:

$$f(x,y) = \begin{cases} 1, & x = y, \\ 0, & \text{andernfalls.} \end{cases}$$

(b) Beschreiben Sie, wie man eine Turingmaschine konstruiert, welche die Funktion

$$f\colon \mathbb{N} \times \mathbb{N} \to \{0,1\} \subset \mathbb{N}$$

berechnet, die folgendermaßen definiert ist:

$$f(x,y) = \begin{cases} 1, & x \geq y, \\ 0, & \text{andernfalls.} \end{cases}$$

8. Konstruieren Sie eine Turingmaschine, die zwei Zahlen auf dem Band miteinander vertauscht. Wenn die Maschine zum Beispiel mit der Konfiguration $B\overline{x}B\overline{y}B$ anfängt, dann hört sie mit der Konfiguration $B\overline{y}B\overline{x}B$ auf. Die Frage ist leichter, wenn wir das Alphabet $\{B, 1, A\}$ verwenden, wobei A als Marker auf dem Band verwendet wird. Man beachte, dass es nicht notwendig ist, dass das B auf der linken Seite von y der erste Eintrag auf dem Band ist (mit anderen Worten: Man muss sich keine Gedanken darüber machen, dass das Ergebnis verschoben wird).

9. Gegeben sei eine Turingmaschine M, welche die Multiplikation von zwei Zahlen ausführt. Beschreiben Sie die Konstruktion einer Turingmaschine, die die Fakultätsfunktion berechnet.

10. Die Funktionen $\mathrm{lt}(x,y)$, $\mathrm{gt}(x,y)$ und $\mathrm{eq}(x,y)$ wurden in (13.1) definiert.
    (a) Erläutern Sie die Konstruktion einer Turingmaschine, die $\mathrm{lt}(x,y)$ berechnet.
    (b) Erläutern Sie die Konstruktion einer Turingmaschine, die $\mathrm{gt}(x,y)$ berechnet.
    (c) Erläutern Sie die Konstruktion einer Turingmaschine, die $\mathrm{eq}(x,y)$ berechnet.

Rekursive Funktionen

11. Zeigen Sie, dass die Funktionen *sgn* und *cosgn*, die durch

$$\begin{cases} \mathrm{sgn}(0) = 0, \\ \mathrm{sgn}(y+1) = 1, \end{cases} \qquad \begin{cases} \mathrm{cosgn}(0) = 1, \\ \mathrm{cosgn}(y+1) = 0 \end{cases}$$

definiert sind, primitiv-rekursive Funktionen sind.

12. Zeigen Sie, dass die Funktion $f: \mathbb{N} \times \mathbb{N} \to \mathbb{N}$, die durch $f(m,n) = mn + 3n^2 + 1$ definiert ist, primitiv-rekursiv ist.

13. Zeigen Sie, dass die folgenden Funktionen rekursiv sind:
    (a)
$$abs(x,y) = |x - y|.$$

    (b)
$$max(x,y) = \begin{cases} x, & x \geq y, \\ y, & x < y. \end{cases}$$

    (c)
$$f(x) = \lfloor \log_2(x) \rfloor.$$

    Hier ist $f(x)$ eine Funktion, die x auf den ganzen Teil von $\log_2 x$ abbildet.
    (d)
$$div(x,y) = \lfloor x/y \rfloor.$$

    Hier ist $div(x,y)$ der ganze Teil des Quotienten x/y. Zum Beispiel ist $div(7,3) = 2$.
    (e)
$$rem(x,y) = x \pmod{y}.$$

    Diese Funktion ist der nach der ganzzahligen Division verbleibende Rest. Zum Beispiel ist $rem(7,3) = 1$.
    (f)
$$f(x) = \begin{cases} 5, & x = 0, \\ 2, & x = 1, \\ 4, & x = 2, \\ 3x, & x \geq 3. \end{cases}$$

14. Beweisen Sie: Ist g eine primitiv-rekursive Funktion in $n + 1$ Variablen, dann ist $f(x_1, \ldots, x_n, y) = \sum_{i=0}^{y} g(x_1, \ldots, x_n, i)$ eine primitiv-rekursive Funktion.

Insertion-Deletion-Systeme

15. Geben Sie einen Algorithmus an, der die Addition von zwei Zahlen unter Verwendung von Einfügungen und Auslassungen ausführt. Verwenden Sie das Alphabet $X = \{0, 1\}$.

Erfüllbarkeit

16. Geben Sie (nach dem Muster von Abbildung 13.10) den Variablen-Zuordnungsgraphen an, der zur Aussage von Beispiel 13.46 gehört.

17. (a) Man betrachte die logische Aussage

$$\gamma = (x_1 \wedge x_2) \vee (\neg x_3 \wedge x_4),$$

wobei x_1, x_2, x_3 und x_4 Boole'sche Variablen sind. Drücken Sie γ in der konjunktiven Normalform aus.

(b) Führen Sie dasselbe mit der folgenden Aussage durch:

$$\delta = (\neg(x_1 \vee x_2)) \vee (\neg(x_3 \vee \neg x_4)).$$

(c) Geben Sie den Variablen-Zuordnungsgraphen an, der zur Aussage γ gehört.

Literaturverzeichnis

[1] L. Adleman, Molecular computation of solutions to combinatorial problems. *Science*, 266 (11), November 1994, 1021–1024.

[2] A. Church, An unsolvable problem of elementary number theory. *American Journal of Mathematics*, 58 (2) (1936), 345–363.

[3] L. Kari und G. Thierrin, Contextual insertions/deletions and computability. *Information and Computation*, 131(1) (1996), 47–61.

[4] G. Paun, G. Rozenberg und A. Salomaa, *DNA Computing: New Computing Paradigms*. Springer, 1998.

[5] M. Sipser, *Introduction to the Theory of Computation*. Course Technology, Boston, 2. Auflage, 2006.

[6] T. A. Sudkamp, *Languages and Machine: An Introduction to the Theory of Computer Science*. Addison-Wesley, Boston, 3. Auflage, 2006.

[7] A. M. Turing, On computable numbers with an application to the Entscheidungsproblem. *Proceedings of the London Mathematical Society* 42 (1937), 230–265.

[8] A. Yasuhara, *Recursive Function Theory and Logic*. Academic Press, New York and London, 1971.

14

Variationsrechnung und Anwendungen[1]

Dieses Kapitel ist etwas „klassischer" angelegt als die anderen. Wir geben eine Einführung in die Variationsrechnung, ein elegantes Gebiet, das häufig nicht mehr Bestandteil der modernen Mathematiklehrpläne ist. Die Kenntnis von Funktionen mit mehreren Variablen reicht aus, aber es ist von Vorteil, auch mit Differentialgleichungen vertraut zu sein.

Dieses Kapitel deckt mehr Material ab, als in einer Vorlesungswoche behandelt werden kann. Wenn Sie diesem Kapitel nur eine Woche widmen wollen, dann könnten Sie das Thema mit einigen Beispielen motivieren, bei denen ein Funktional minimiert wird (Abschnitt 14.1). Danach können Sie die Euler-Lagrange-Gleichung und die Beltrami-Identität behandeln (Abschnitt 14.2). Die Woche sollte mit der Lösung der in Abschnitt 14.1 aufgeführten Probleme abgeschlossen werden, einschließlich des klassischen Brachistochronenproblems (Abschnitt 14.4). Der Rest des Materials in diesem Kapitel erfordert eine zweite und vielleicht sogar eine dritte Woche. Jedoch bleibt das Schwierigkeitsniveau in diesem Kapitel konstant, und es gibt keine Abschnitte, die fortgeschrittenere Kenntnisse voraussetzen.

Mehrere Abschnitte untersuchen die Eigenschaften von Zykloiden, den Lösungen des Brachistochronenproblems: Wir behandeln die Tautochronen-Eigenschaft detailliert in Abschnitt 14.6 und untersuchen das isochrone Pendel von Huygens in Abschnitt 14.7. In diesen beiden Abschnitten verwenden wir die Variationsrechnung nicht ausdrücklich; es handelt sich vielmehr um Beispiele von Modellbildungen, die zu ihrer Zeit Hoffnungen auf technologische Anwendungen erweckt haben.

Alle anderen Abschnitte diskutieren spezifische Probleme mit Lösungen im Rahmen der Variationsrechnung: Der schnellste Tunnel (Abschnitt 14.5), Seifenblasen (Abschnitt 14.8) und isoperimetrische Probleme wie zum Beispiel hängende Seile, selbsttragende Bögen (beides in Abschnitt 14.10) und Flüssigteleskope (Abschnitt 14.11).

Abschnitt 14.9 diskutiert Hamiltons Prinzip, das eine Neuformulierung der klassischen Mechanik mit Hilfe der Prinzipien der Variationsrechnung gibt. Dieser Abschnitt ist nicht so technisch ausgerichtet wie die anderen; er stellt vielmehr eine kulturelle Be-

---

[1]Die erste Version dieses Kapitels wurde von Hélène Antaya während ihres Mathematikstudiums geschrieben.

reicherung für Mathematikstudenten dar, die eine Einführung in die Newton'sche klas-
sische Mechanik hatten, aber ihre Physikkenntnisse nicht vertiefen konnten.

14.1 Das Fundamentalproblem der Variationsrechnung

Die Variationsrechnung ist ein Zweig der Mathematik, der sich mit der Optimierung von physikalischen Größen (wie zum Beispiel Zeit, Flächen oder Abstände) befasst. Sie wird in vielen unterschiedlichen Gebieten angewendet, zum Beispiel in der Luftfahrt (Maximierung des Auftriebs eines Flugzeugflügels), Design von Sportausrüstungen (Minimierung des Luftwiderstands eines Fahrradhelms, Optimierung der Form eines Skis), Ingenieurwesen (Maximierung der Stärke eines Pfeilers, eines Dammes oder eines Bogens), Schiffsdesign (Optimierung der Form eines Schiffsrumpfes), Physik (Berechnung von Flugbahnen und geodätischen Linien in der klassischen Mechanik und in der allgemeinen Relativitätstheorie).

Wir beginnen mit zwei Beispielen, in denen wir die Arten von Problemen illustrieren, die man mit Hilfe der Variationsrechnung lösen kann.

Beispiel 14.1 *Dieses Beispiel ist sehr einfach, und wir kennen die Antwort schon. Die Formalisierung wird jedoch später eine Hilfe sein. Das Problem besteht darin, den kürzesten Weg zwischen zwei Punkten $A = (x_1, y_1)$ und $B = (x_2, y_2)$ der Ebene zu finden. Wir wissen bereits, dass die Antwort einfach die Strecke ist, welche die beiden Punkte verbindet. Wir wollen uns die Lösung jedoch im Rahmen der Variationsrechnung ansehen. Wir setzen $x_1 \neq x_2$ voraus und nehmen an, dass es möglich ist, die zweite Koordinate als Funktion der ersten zu schreiben. Der Weg wird dann durch $(x, y(x))$ für $x \in [x_1, x_2]$ parametrisiert, wobei $y(x_1) = y_1$ und $y(x_2) = y_2$. Die Größe I, die wir minimieren möchten, ist die Länge des Weges zwischen A und B. Diese Länge hängt von der spezifischen Trajektorie ab, die durchlaufen wird, und ist daher eine Funktion von y von $I(y)$. Diese „Funktion einer Funktion" wird als* Funktional *bezeichnet.*

Jeder Schritt Δx entspricht einem Schritt längs der Trajektorie, deren Länge Δs von x abhängt. Die Gesamtlänge der Trajektorie ist durch

$$I(y) = \sum \Delta s(x)$$

gegeben. Nach dem Satz des Pythagoras lässt sich die Länge von Δs (unter der Voraussetzung, dass Δx hinreichend klein ist) durch $\Delta s(x) = \sqrt{(\Delta x)^2 + (\Delta y)^2}$ approximieren (vgl. Abbildung 14.1). Somit ist

$$\Delta s = \sqrt{(\Delta x)^2 + (\Delta y)^2} = \sqrt{1 + \left(\frac{\Delta y}{\Delta x}\right)^2} \, \Delta x.$$

Geht Δx gegen null, dann wird der Bruch $\frac{\Delta y}{\Delta x}$ zur Ableitung $\frac{dy}{dx}$ und das Integral I lässt sich folgendermaßen schreiben

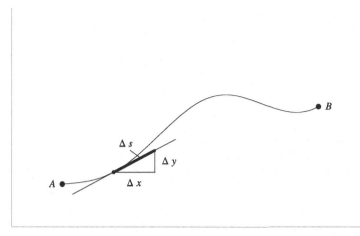

Abb. 14.1. Eine Trajektorie zwischen den zwei Punkten A und B.

$$I(y) = \int_{x_1}^{x_2} \sqrt{1 + (y')^2}\, dx. \tag{14.1}$$

Das Auffinden des kürzesten Weges zwischen den Punkten A und B lässt sich in der Sprache der Variationsrechnung wie folgt formulieren: Welche Trajektorie $(x, y(x))$ zwischen den Punkten A und B minimiert das Funktional I? Wir werden in Abschnitt 14.3 auf dieses Problem zurückkommen.

Dieses erste Beispiel wird vielleicht nicht jeden von der Nützlichkeit der Variationsrechnung überzeugen. Das gestellte Problem (nämlich das Auffinden des Weges $(x, y(x))$, der das Integral I minimiert) scheint eine etwas komplizierte Methode für die Bestimmung der Lösung eines Problems zu sein, das bekanntlich einfach zu beantworten ist. Aus diesem Grund geben wir ein zweites Beispiel an, dessen Lösung entschieden weniger offensichtlich ist.

Beispiel 14.2 *Was ist die beste Form für eine Skateboardrampe? Halfpipes sind sehr beliebt beim Skateboarden und auch beim Snowboarden, eine Sportart, die 1998 bei den Olympischen Spielen in Nagano zur olympischen Disziplin wurde. Die Halfpipes haben eine leicht gerundete Schüsselform. Der Athlet, der entweder auf einem Skateboard oder auf einem Snowboard steht, fährt von einer Seite zur anderen und vollführt akrobatische Kunststücke an den Halfpipe-Enden. Drei mögliche Profile für eine Halfpipe sind in Abbildung 14.2 zu sehen. Die drei Formen haben alle die gleichen Extremalpunkte (A und C) und dieselbe Basis (B). Das allerunterste Profil erfordert eine kleine Erklärung: Man muss sich vorstellen, einen kleinen Viertelkreis in jeder Ecke hinzuzufügen, damit die*

Vertikalgeschwindigkeit in eine Horizontalgeschwindigkeit transformiert wird; danach geht man zum Grenzwert über, indem man den Radius der Kreise gegen null gehen lässt. Dieses Profil wäre ziemlich gefährlich, denn es enthält rechte Winkel; jedoch erlaubt es dem Athleten, sehr schnell eine große Geschwindigkeit aufzunehmen, da der Weg mit einem in A beginnenden senkrechten Fall anfängt. Der höchste Weg besteht aus den beiden Strecken AB und BC. Das ist der kürzestmögliche Weg von A durch B nach C.

Was genau meinen wir mit der „besten Form"? Das ist wohl kaum eine mathematische Formulierung. Wir verfeinern die Fragestellung folgendermaßen: Welche Form ermöglicht es dem Athleten, sich zwischen den Punkten A und B in der kürzestmöglichen Zeit zu bewegen? Was ist unter Berücksichtigung dieser exakten Definition die beste Form? Sollte man den Weg nehmen, der die größte Geschwindigkeit (auf Kosten einer längeren Gesamtdistanz) ergibt? Oder sollte der Weg mit dem kürzesten Abstand genommen werden? Oder sollte es etwas sein, das zwischen diesen zwei Extremen liegt, wie etwa das glatte Profil in Abbildung 14.2?

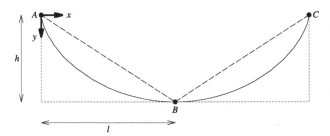

Abb. 14.2. Drei Profile als Kandidaten für die beste Halfpipe.

Es ist relativ leicht, die Zeit zu berechnen, die man für das Durchfahren der beiden extremen Profile benötigt. Wir werden jedoch zeigen, dass eine glatte Kurve zwischen diesen zwei Extremen tatsächlich das beste Profil ist. Zu diesem Zweck zeigen wir, wie wir die Durchlaufzeit für eine glatte Kurve berechnen können, die durch $(x, y(x))$ beschrieben wird.

Lemma 14.3 *Wir wählen unser Koordinatensystem so, dass die y-Achse nach unten gerichtet ist und die x-Achse von Punkt A zu Punkt B verläuft; ferner wählen wir ein Profil, das durch eine Kurve $y(x)$ beschrieben wird, wobei $A = (x_1, y(x_1))$ und $B = (x_2, y(x_2))$. Wir betrachten die Zeit, die ein nur der Schwerkraft unterworfener Massenpunkt benötigt, um vom Punkt A zum Punkt B zu gelangen. Die Zeit ist durch folgendes Integral gegeben:*

$$I(y) = \frac{1}{\sqrt{2g}} \int_{x_1}^{x_2} \frac{\sqrt{1 + (y')^2}}{\sqrt{y}} dx. \tag{14.2}$$

BEWEIS. Der Schlüssel zur Berechnung der Durchlaufzeit ist das physikalische Prinzip der Erhaltung der Energie. Die Gesamtenergie E eines Massenpunktes ist die Summe seiner kinetischen Energie ($T = \frac{1}{2}mv^2$) und seiner potentiellen Energie ($V = -mgy$). (Warnung: Das negative Vorzeichen in unserem Ausdruck für die potentielle Energie kommt von der umgekehrt gerichteten y-Achse.) In diesen Gleichungen ist m die Masse des Punktes, v seine Geschwindigkeit und g die durch die Schwerkraft verursachte Beschleunigung. Die Konstante g beträgt ungefähr $g = 9,8$ m/s^2 auf der Erdoberfläche. Die Gesamtenergie $E = T + V = \frac{1}{2}mv^2 - mgy$ des Massenpunktes ist während dessen Bewegung entlang der Kurve konstant. Ist seine Geschwindigkeit in A gleich null, dann ist E anfangs null und bleibt so entlang der ganzen Trajektorie. Somit steht in diesem Fall die Geschwindigkeit des Massenpunktes strikt zu dessen Höhe in Beziehung, nämlich durch die Gleichung $E = 0$, die sich zu $\frac{1}{2}mv^2 = mgy$ vereinfacht, und schließlich erhalten wir

$$v = \sqrt{2gy}. \tag{14.3}$$

Die zum Durchlaufen des Weges erforderliche Zeit ist die Summe über alle infinitesimal kleinen dx der Zeit dt, die zum Durchlaufen des entsprechenden Abstands ds benötigt wird. Die Zeit ist der Quotient des Abstands ds geteilt durch die Augenblicksgeschwindigkeit des Massenpunktes. Wir haben also

$$I(y) = \int_A^B dt = \int_A^B \frac{ds}{v}.$$

Beispiel 14.1 hat gezeigt, dass für ein infinitesimales dx die Beziehung $ds = \sqrt{1 + (y')^2}dx$ gilt, wobei y' die Ableitung von y nach x ist. Die Durchlaufzeit ist also durch das Integral (14.2) gegeben. □

Rückkehr zu Beispiel 14.2. Gemäß Lemma 14.3 ist das zu minimierende Integral durch (14.2) gegeben, wobei wir die Randbedingungen $A = (x_1, 0)$ und $B = (x_2, y_2)$ haben. Das Problem des Auffindens der besten Form für eine Halfpipe ist demnach äquivalent zum Auffinden der Funktion $y(x)$, die das Integral I minimiert. Dieses Problem scheint viel schwerer zu sein als das unseres ersten Beispiels!

Die beiden Probleme aus Beispiel 14.1 und Beispiel 14.2 gehören zum Gebiet der *Variationsrechnung*. Möglicherweise erinnern Sie diese Probleme an die Optimierungsprobleme der Infinitesimalrechnung. Dabei wurde verlangt, die Extremwerte einer Funktion $f : [a, b] \to \mathbb{R}$ zu bestimmen, die man genau an den Punkten finden kann, an denen die Ableitung verschwindet, oder aber an den Endpunkten des Intervalls. Die Infinitesimalrechnung stellt ein äußerst leistungsstarkes Werkzeug zur Lösung dieser Probleme bereit. Jedoch sind die Probleme aus den Beispielen 14.1 und 14.2 von anderer Art. In der Infinitesimalrechnung ist die Größe, die sich bei unserer Suche nach den Extremwerten von $f(x)$ ändert, eine einfache Variable x; in der Variationsrechnung ist die Größe, die sich ändert, selbst eine Funktion $y(x)$. Wir zeigen, dass die vertrauten Werkzeuge der Infinitesimalrechnung leistungsstark genug sind, um die Probleme der Beispiele 14.1 und 14.2 zu lösen.

Wir formulieren jetzt das Fundamentalproblem der Variationsrechnung:

Das Fundamentalproblem der Variationsrechnung. Für eine gegebene Funktion $f = f(x, y, y')$ finde man die Funktionen $y(x)$, die den Extremalpunkten des Integrals

$$I = \int_{x_1}^{x_2} f(x, y, y')dx$$

entsprechen, wobei die Randbedingungen

$$\begin{cases} y(x_1) = y_1 \\ y(x_2) = y_2 \end{cases}$$

gelten.

Wie identifizieren wir die Funktionen $y(x)$, die das Integral I maximieren oder minimieren? Ähnlich wie die verschwindende Ableitung für Variable, charakterisiert die Euler-Lagrange-Bedingung genau diese Funktionen.

14.2 Die Euler-Lagrange-Gleichung

Satz 14.4 *Eine notwendige Bedingung dafür, dass das Integral*

$$I = \int_{x_1}^{x_2} f(x, y, y')\, dx \tag{14.4}$$

ein Extremum annimmt, das den Randbedingungen

$$\begin{cases} y(x_1) = y_1 \\ y(x_2) = y_2 \end{cases} \tag{14.5}$$

genügt, besteht darin, dass die Funktion $y = y(x)$ die Euler-Lagrange-Gleichung

$$\frac{\partial f}{\partial y} - \frac{d}{dx}\left(\frac{\partial f}{\partial y'}\right) = 0 \tag{14.6}$$

erfüllt.

BEWEIS. Wir betrachten hier nur den Fall des Minimums, aber das Maximum kann ebenso behandelt werden.

Wir nehmen an, dass das Integral I ein Minimum für eine spezielle Funktion y_* annimmt, wobei $y_*(x_1) = y_1$ und $y_*(x_2) = y_2$ erfüllt sein mögen. Deformieren wir y_* durch Anwendung gewisser Variationen, wobei die Randbedingungen von (14.5) beibehalten werden, dann muss das Integral I größer werden, da es durch y_* minimiert worden ist. Wir betrachten Deformationen eines besonderen Typs, der durch eine Familie $Y(\epsilon, x)$

von Funktionen beschrieben wird, die ihrerseits Kurven zwischen den Punkten (x_1, y_1) und (x_2, y_2) darstellen:

$$Y(\epsilon, x) = y_*(x) + \epsilon g(x). \tag{14.7}$$

Hier ist ϵ eine reelle Zahl und $g(x)$ eine beliebige, aber feste differenzierbare Funktion. Die Funktion $g(x)$ muss die Bedingung $g(x_1) = g(x_2) = 0$ erfüllen, die ihrerseits garantiert, dass $Y(\epsilon, x_1) = y_1$ und $Y(\epsilon, x_2) = y_2$ für alle ϵ gilt. Der Ausdruck $\epsilon g(x)$ heißt *Variation* der minimierenden Funktion, und hiervon leitet sich die Bezeichnung Variationsrechnung ab.

Unter Verwendung dieser Familie von Deformationen wird das Integral I eine Funktion $I(\epsilon)$ einer reellen Variablen:

$$I(\epsilon) = \int_{x_1}^{x_2} f(x, Y, Y') \, dx.$$

Das Problem des Auffindens der Extrema von $I(\epsilon)$ für diese Familie von Deformationen ist demnach ein gewöhnliches Optimierungsproblem der Infinitesimalrechnung. Wir berechnen also die Ableitung $\frac{dI}{d\epsilon}$, um die kritischen Punkte von $I(\epsilon)$ zu finden:

$$I'(\epsilon) = \frac{d}{d\epsilon} \int_{x_1}^{x_2} f(x, Y, Y') \, dx = \int_{x_1}^{x_2} \frac{d}{d\epsilon} f(x, Y, Y') \, dx.$$

Gemäß der Kettenregel erhalten wir

$$I'(\epsilon) = \int_{x_1}^{x_2} \left(\frac{\partial f}{\partial x} \frac{\partial x}{\partial \epsilon} + \frac{\partial f}{\partial y} \frac{\partial Y}{\partial \epsilon} + \frac{\partial f}{\partial y'} \frac{\partial Y'}{\partial \epsilon} \right) dx. \tag{14.8}$$

Aber in (14.8) haben wir $\frac{\partial x}{\partial \epsilon} = 0$, $\frac{\partial Y}{\partial \epsilon} = g(x)$ und $\frac{\partial Y'}{\partial \epsilon} = g'(x)$. Wir erhalten also

$$I'(\epsilon) = \int_{x_1}^{x_2} \left(\frac{\partial f}{\partial y} g + \frac{\partial f}{\partial y'} g' \right) dx. \tag{14.9}$$

Der zweite Ausdruck von (14.9) kann partiell integriert werden:

$$\int_{x_1}^{x_2} \frac{\partial f}{\partial y'} g' \, dx = \left[\frac{\partial f}{\partial y'} g \right]_{x_1}^{x_2} - \int_{x_1}^{x_2} g \frac{d}{dx} \left(\frac{\partial f}{\partial y'} \right) dx,$$

wobei der Ausdruck zwischen den eckigen Klammern auf der linken Seite verschwindet, denn $g(x_1) = g(x_2) = 0$. Somit haben wir

$$\int_{x_1}^{x_2} \frac{\partial f}{\partial y'} g' \, dx = - \int_{x_1}^{x_2} g \frac{d}{dx} \left(\frac{\partial f}{\partial y'} \right) dx, \tag{14.10}$$

und die Ableitung $I'(\epsilon)$ wird

$$I'(\epsilon) = \int_{x_1}^{x_2} \left[\frac{\partial f}{\partial y} - \frac{d}{dx} \left(\frac{\partial f}{\partial y'} \right) \right] g \, dx.$$

Nach unserer Voraussetzung befindet sich das Minimum von $I(\epsilon)$ bei $\epsilon = 0$, denn das trifft genau dann zu, wenn $Y(x) = y_*(x)$. Die Ableitung $I'(\epsilon)$ muss deswegen null sein, wenn $\epsilon = 0$:

$$I'(0) = \int_{x_1}^{x_2} \left[\frac{\partial f}{\partial y} - \frac{d}{dx} \left(\frac{\partial f}{\partial y'} \right) \right] \Bigg|_{y=y_*} g \, dx = 0.$$

Die Schreibweise $|_{y=y_*}$ zeigt an, dass die Größe für den Fall berechnet wird, dass die Funktion Y die spezielle Funktion y_* ist. Wir erinnern daran, dass die Funktion g beliebig ist. Damit also $I'(0)$ unabhängig von g null bleibt, muss die Beziehung

$$\left(\frac{\partial f}{\partial y} - \frac{d}{dx} \left(\frac{\partial f}{\partial y'} \right) \right) \Bigg|_{y=y_*} = 0$$

gelten, die nichts anderes ist als die Euler-Lagrange-Gleichung.   □

In bestimmten Fällen können wir vereinfachte Formen der Euler-Lagrange-Gleichung verwenden, die es uns ermöglichen, mühelos Lösungen zu finden. Eine dieser „Abkürzungen" ist die Beltrami-Identität.

Satz 14.5 *Hängt die Funktion $f(x, y, y')$, die im Integral (14.4) auftritt, nicht explizit von x ab, dann ist eine notwendige Bedingung dafür, dass das Integral ein Extremum hat, durch die Beltrami-Identität gegeben, die eine spezielle Form der Euler-Lagrange-Gleichung ist:*

$$y' \frac{\partial f}{\partial y'} - f = C, \tag{14.11}$$

wobei C eine Konstante ist.

BEWEIS. Man berechne $\frac{d}{dx} \left(\frac{\partial f}{\partial y'} \right)$ in der Euler-Lagrange-Gleichung. Aus der Kettenregel und der Tatsache, dass f unabhängig von x ist, erhalten wir

$$\frac{d}{dx} \left(\frac{\partial f}{\partial y'} \right) = \frac{\partial^2 f}{\partial y \partial y'} y' + \frac{\partial^2 f}{\partial y'^2} y''.$$

Somit wird die Euler-Lagrange-Gleichung zu

$$\frac{\partial^2 f}{\partial y \partial y'} y' + \frac{\partial^2 f}{\partial y'^2} y'' = \frac{\partial f}{\partial y}. \tag{14.12}$$

Um Beltramis Identität zu erhalten, müssen wir zeigen, dass die Ableitung der Funktion $h = y' \frac{\partial f}{\partial y'} - f$ nach x gleich null ist. Die Berechnung dieser Ableitung liefert

$$\frac{dh}{dx} = \left(\frac{\partial f}{\partial y'} y'' + \frac{\partial^2 f}{\partial y \partial y'} y'^2 + \frac{\partial^2 f}{\partial y'^2} y' y'' \right) - \left(\frac{\partial f}{\partial y} y' + \frac{\partial f}{\partial y'} y'' \right)$$

$$= y' \left(\frac{\partial^2 f}{\partial y \partial y'} y' + \frac{\partial^2 f}{\partial y'^2} y'' - \frac{\partial f}{\partial y} \right)$$

$$= 0,$$

wobei man die letzte Gleichung mit Hilfe von (14.12) erhält. $\square$

Bevor wir Beispiele für die Anwendung der Euler-Lagrange-Gleichung geben, sind einige Kommentare hilfreich.

Die Euler-Lagrange-Gleichung und die Beltrami-Gleichung sind *Differentialgleichungen* für die Funktion $y(x)$. Mit anderen Worten sind es Gleichungen, welche die Funktion y zu ihren Ableitungen in Beziehung setzen. Das Lösen von Differentialgleichungen ist eine der wichtigsten Anwendungen der Differential- und Integralrechnung, vor allen Dingen auf den Gebieten der Naturwissenschaften und der Technik.

Ein leichtes Beispiel einer Differentialgleichung ist $y'(x) = y(x)$ oder einfach $y' = y$. Das „Lesen" dieser Differentialgleichung liefert uns einen Hinweis auf ihre Lösung: Welche Funktion y ist gleich ihrer Ableitung y'? Die meisten werden sich erinnern, dass die Exponentialfunktion diese Eigenschaft hat. Ist $y(x) = e^x$, dann gilt $y'(x) = e^x$. Tatsächlich ist die allgemeinste Lösung von $y' = y$ durch $y(x) = ce^x$ gegeben, wobei c eine Konstante ist. Diese Konstante kann mit Hilfe einer Randbedingung wie (14.5) bestimmt werden. Es gibt keine systematischen Methoden zum Auffinden von Lösungen für Differentialgleichungen. Das ist an sich nicht besonders überraschend: Eine einfache Differentialgleichung wie $y' = f(x)$ hat die Lösung $y = \int f(x)dx$. Jedoch gibt es nicht immer eine geschlossene Form, selbst dann nicht, wenn die Existenz einer Lösung bekannt ist und sich das Integral $\int_a^b f(x)dx$ numerisch berechnen lässt. Wie bei den Integrationstechniken gibt es eine Anzahl von Ad-hoc-Verfahren und Methoden für Spezialfälle, die man verwenden kann, um alltägliche und relativ einfache Differentialgleichungen zu lösen. Wir werden uns einige dieser Techniken bei verschiedenen Lösungen ansehen, die wir im vorliegenden Kapitel analysieren. In den Fällen, in denen es keine Lösungen in geschlossener Form gibt, ist es möglich, mit Hilfe theoretischer Techniken die Existenz und Eindeutigkeit der Lösungen zu beweisen sowie numerische Methoden zur näherungsweisen Berechnung der Lösungen anzugeben. Diese Methoden sprengen den Rahmen des vorliegenden Kapitels, aber sie werden zum Beispiel in [2] diskutiert.

Ähnlich wie bei der Optimierung von Funktionen in einer einzigen Variablen liefert auch die Euler-Lagrange-Gleichung manchmal mehrere Lösungen, und weitere Tests sind nötig, um zu bestimmen, welche Minima, welche Maxima und welche weder ein Maximum noch ein Minimum sind. Außerdem können diese Extrema nur lokale Extrema sein, also keine globalen Extrema. Was ist ein kritischer Punkt? Für eine Funktion in einer einzigen reellen Variablen ist ein kritischer Punkt ein Punkt, in dem die Ableitung der Funktion verschwindet. Ein solcher Punkt kann ein Extremum oder ein Wendepunkt sein. Und für eine reelle Funktion in zwei Variablen können die kritischen Punkte auch

Sattelpunkte sein. Im Rahmen der Variationsrechnung sagen wir, dass eine Funktion $y(x)$ ein kritischer Punkt ist, wenn sie eine Lösung der zugehörigen Euler-Lagrange-Gleichung ist.

Noch eine letzte Warnung. Wenn wir uns den Beweis der Euler-Lagrange-Gleichung noch einmal durchlesen, erkennen wir, dass sie nur dann sinnvoll ist, wenn die Funktion y zweimal differenzierbar ist. Aber es ist durchaus möglich, dass eine reelle Lösung eines Optimierungsproblems eine Funktion ist, die in ihrem Definitionsbereich nicht überall differenzierbar ist. Ein Beispiel für eine solche Situation ist im folgenden Problem anzutreffen: Für ein gegebenes Volumen und eine gegebene Höhe bestimme man das Profil derjenigen Rotationssäule, die von oben am meisten belastet werden kann. Wir werden uns hier nicht die Gleichungen ansehen, die dieses Problem beschreiben, aber seine Geschichte ist interessant. Lagrange glaubte bewiesen zu haben, dass die beste Form einfach ein Zylinder ist, aber 1992 bewiesen Cox und Overton [3], dass die beste Form die in Abbildung 14.3 dargestellte Form ist. Streng genommen enthalten Lagranges Berechnungen gar keine Fehler. Er erhielt die beste Lösung für die Menge der differenzierbaren Funktionen, während die von Cox und Overton gegebene optimale Lösung nicht differenzierbar ist.

Abb. 14.3. Optimal lastentragende Säule von Cox und Overton.

Das Säulenprofilproblem ist kein isoliertes Beispiel. Wie es sich herausstellt, können Seifenblasen (Abschnitt 14.8) auch Winkel enthalten. In der Tat haben Probleme der Variationsrechnung (auch Variationsprobleme genannt) häufig Lösungen, die nicht differenzierbar sind. Um diese Probleme zu lösen, müssen wir zunächst unseren Begriff der Ableitung verallgemeinern, ein Thema, das unter die Überschrift „Nichtglatte Analysis" fällt.

14.3 Das Fermat-Prinzip

Wir sind jetzt so weit, die zwei in Abschnitt 14.1 angegebenen Beispiele zu lösen.

Beispiel 14.6 (Rückkehr zu Beispiel 14.1.) *Wie bereits früher bemerkt, ist die Antwort auf das erste Problem intuitiv offensichtlich. Was ist der kürzeste Weg zwischen den Punkten $A = (x_1, y_1)$ und $B = (x_2, y_2)$ in der Ebene? Die Verwendung der Euler-Lagrange-Gleichung zur Lösung dieses Problems führt uns zu einem anderen einfachen Beispiel einer Differentialgleichung. Wir haben dieses Problem bereits als Variationsproblem gestellt: Welche Funktion $y(x)$ minimiert das Integral*

$$I(y) = \int_{x_1}^{x_2} \sqrt{1 + (y')^2}\, dx$$

unter den Nebenbedingungen

$$\begin{cases} y(x_1) = y_1, \\ y(x_2) = y_2. \end{cases}$$

Die Funktion $f(x, y, y')$ ist demnach $\sqrt{1 + (y')^2}$. Da die drei Variablen x, y und y' unabhängig sind, hängt diese Funktion weder von x noch von y ab. Wir müssen also nur den zweiten Ausdruck der Euler-Lagrange-Gleichung berechnen:

$$\frac{\partial f}{\partial y'} = \frac{y'}{\sqrt{1 + (y')^2}}$$

und

$$\frac{d}{dx}\left(\frac{\partial f}{\partial y'}\right) = \frac{y''}{(1 + (y')^2)^{\frac{3}{2}}}.$$

Der kürzeste Weg wird durch die Funktion y beschrieben, welche die Euler-Lagrange-Gleichung erfüllt. Mit anderen Worten handelt es sich um die Funktion, die der folgenden Differentialgleichung genügt:

$$\frac{y''}{(1 + (y')^2)^{\frac{3}{2}}} = 0.$$

Da der Nenner immer positiv ist, können wir beide Seiten der Gleichung mit dieser Größe multiplizieren und erhalten

$$y'' = 0.$$

Selbst wenn Sie noch keine Vorlesung über Differentialgleichungen gehört haben, können Sie wahrscheinlich die Funktion y identifizieren, welche die oben genannte Relation erfüllt. Das Lösen der Differentialgleichung läuft auf die Beantwortung der folgenden Frage hinaus: Welches sind die Funktionen, deren zweite Ableitung identisch 0 ist? Die einfache Antwort ist, dass alle Polynome $y(x) = ax + b$ ersten Grades diese Eigenschaft haben. Diese Polynome hängen von den zwei Parametern a und b ab, die bestimmt werden müssen, damit die Randbedingungen $y(x_1) = y_1$ und $y(x_2) = y_2$ erfüllt sind. (Übung!) Demnach hat uns die Variationsrechnung die Bestätigung gebracht, dass der kürzeste Weg zwischen zwei Punkten tatsächlich die Gerade durch diese Punkte ist!

Diese Übung hat uns gezeigt, wie man die Euler-Lagrange-Gleichung anwendet. Ungeachtet seiner Einfachheit lässt sich dieses Beispiel schnell auf viel schwierigere Probleme verallgemeinern.

Wir wissen, dass sich das Licht in einem Medium konstanter Dichte entlang einer Geraden ausbreitet, während es gebrochen wird, wenn es sich durch Medien unterschiedlicher Dichte ausbreitet. Außerdem wissen wir, dass das Licht von einem Spiegel in einem Brechungswinkel reflektiert wird, der gleich dem Einfallswinkel ist. Das *Fermat-Prinzip*[2] fasst diese Regeln in Form einer Aussage zusammen, die unmittelbar zu Variationsproblemen führt: Das Licht breitet sich entlang einer Bahn aus, bei der seine Laufzeit minimal ist (vgl. Abschnitt 15.1 von Kapitel 15).

Die Lichtgeschwindigkeit im Vakuum, die man mit c bezeichnet, ist eine fundamentale physikalische Konstante (ungefähr gleich $3,00 \times 10^8$ m/s). Jedoch ist die Lichtgeschwindigkeit nicht die gleiche in Gas oder in anderen Medien wie etwa Glas. Die Lichtgeschwindigkeit v in solchen Medien wird oft mit Hilfe des Brechungsindex n des Mediums ausgedrückt: $v = \frac{c}{n}$. Ist das Medium homogen, dann ist n und somit auch v konstant. Ansonsten hängt n von (x, y) ab. Ein einfaches Beispiel ist der Brechungsindex der Atmosphäre, der als eine Funktion der Dichte und somit der Höhe variiert (die Situation ist in Wirklichkeit etwas komplexer, da die Lichtgeschwindigkeit auch von der Wellenlänge des speziellen Strahls abhängen kann). Beschränken wir uns auf eine Bewegung in der Ebene, dann muss bei dem Integral (14.1) des oben genannten Beispiels diese variable Geschwindigkeit berücksichtigt werden:

$$I = \int_{x_1}^{x_2} dt = \int_{x_1}^{x_2} n(x, y) \frac{ds}{c} = \int_{x_1}^{x_2} n(x, y) \frac{\sqrt{1 + (y')^2}}{c} \, dx.$$

Hier stellt dt ein infinitesimal kleines Zeitintervall dar und ds eine dementsprechend kleine Länge entlang der Bahn $(x, y(x))$, die durch $\sqrt{1 + (y')^2} dx$ beschrieben ist. Ist n konstant, dann lassen sich n und c aus dem Integral herausziehen, und wir haben dann wieder das Problem von Beispiel 14.1.

Ist jedoch das Material nicht homogen, dann variiert die Lichtgeschwindigkeit auf ihrem Weg durch das Medium, und der schnellste Weg ist keine Gerade mehr. Das Licht wird gebrochen, und das bedeutet, dass seine Bahn von einer Geraden abweicht. Die Ingenieure müssen diese Tatsache berücksichtigen, wenn sie Telekommunikationssysteme entwerfen (insbesondere dann, wenn es um kurze Wellenlängen geht).

14.4 Die beste Halfpipe

Wir sind jetzt bereit, das schwierigere Problem anzugehen, die beste Form für eine Halfpipe zu finden. Hierbei handelt es sich um ein viel älteres Problem in einem modernen Gewand. Tatsächlich wurde das Problem erstmals fast drei Jahrhunderte vor der Erfindung des Skateboards formuliert! Im siebzehnten Jahrhundert rief Johann Bernoulli

---

[2]Auch Fermatsches Prinzip genannt.

zu einem Wettbewerb auf, der die größten Geister der damaligen Zeit beschäftigte. Er veröffentlichte das folgende Problem in den in Leipzig herausgegebenen *Acta Eruditorum*: „*Wenn in einer verticalen Ebene zwei Punkte A und B gegeben sind, soll man dem beweglichen Punkte M eine Bahn AMB anweisen, auf welcher er von A ausgehend vermöge seiner eigenen Schwere in kürzester Zeit nach B gelangt.*" Das Problem wurde als *Brachistochronen-Problem* bezeichnet, in der wörtlichen Übersetzung das „Problem der kürzesten Zeit". Es ist bekannt, dass fünf Mathematiker Lösungen für dieses Problem gegeben haben: Leibniz, L'Hôpital, Newton sowie Johann and Jacob Bernoulli [7].

In (14.2) haben wir gezeigt, dass das zu minimierende Integral durch

$$I(y) = \frac{1}{\sqrt{2g}} \int_{x_1}^{x_2} \frac{\sqrt{1 + (y')^2}}{\sqrt{y}} \, dx$$

gegeben ist und dass die Funktion $f = f(x, y, y')$ deswegen

$$f(x, y, y') = \frac{\sqrt{1 + (y')^2}}{\sqrt{y}}$$

lautet. Da x nicht explizit in f auftritt, können wir die Beltrami-Identität (vgl. Satz 14.5) anwenden. Die beste Halfpipe wird deswegen durch die Funktion y beschrieben, die folgende Bedingung erfüllt:

$$y' \frac{\partial f}{\partial y'} - f = C.$$

Durch direkte Berechnung erhalten wir

$$\frac{(y')^2}{\sqrt{1 + (y')^2}\sqrt{y}} - \frac{\sqrt{1 + (y')^2}}{\sqrt{y}} = C.$$

Wir können diesen Ausdruck vereinfachen, indem wir beide Brüche auf einen gemeinsamen Nenner bringen:

$$\frac{-1}{\sqrt{1 + (y')^2}\sqrt{y}} = C.$$

Hieraus ergibt sich die Differentialgleichung

$$\frac{dy}{dx} = \sqrt{\frac{k - y}{y}}, \tag{14.13}$$

wobei k die Konstante $\frac{1}{C^2}$ ist.

Diese Differentialgleichung ist sogar für jemanden schwierig, der eine Vorlesungen über Differentialgleichungen gehört hat. In der Tat ist es unmöglich, y als eine einfache Funktion von x auszudrücken. Die folgende trigonometrische Substitution ermöglicht es uns, die Gleichung zu integrieren:

$$\sqrt{\frac{y}{k-y}} = \tan\phi.$$

Die Funktion ϕ ist eine neue Funktion von x. Die Isolierung von y liefert

$$y = k\sin^2(\phi).$$

Die Ableitung von $\phi(x)$ lässt sich mit Hilfe der Kettenregel berechnen:

$$\frac{d\phi}{dx} = \frac{d\phi}{dy} \cdot \frac{dy}{dx} = \frac{1}{2k(\sin\phi)(\cos\phi)} \cdot \frac{1}{(\tan\phi)} = \frac{1}{2k\sin^2\phi}.$$

Eine typische Lösungsmethode für diese Gleichung ist die Umformulierung

$$dx = 2k\sin^2\phi\, d\phi,$$

welche die Beziehung zwischen den zwei infinitesimalen Größen dx und $d\phi$ angibt. Die Integration beider Seiten liefert

$$x = 2k\int \sin^2\phi\, d\phi = 2k\int \frac{1-\cos 2\phi}{2}\, d\phi = 2k\left(\frac{\phi}{2} - \frac{\sin 2\phi}{4}\right) + C_1.$$

Wir haben den Anfangspunkt A der Bahn als den Ursprung des Koordinatensystems gewählt (vgl. Abbildung 14.2). Diese Wahl erlaubt es uns, die Integrationskonstante C_1 festzulegen. In A sind die beiden Koordinaten x und y gleich null. Die Gleichung $y = k\sin^2\phi$ erzwingt also $\phi = 0$ (oder ein ganzzahliges Vielfaches von π). Setzen wir das in die obige Gleichung für x ein, dann erhalten wir $x = C_1$, und das erzwingt deswegen $C_1 = 0$. Substituieren wir schließlich $\frac{k}{2} = a$ und $2\phi = \theta$, dann erhalten wir

$$\begin{cases} x = a(\theta - \sin\theta), \\ y = a(1 - \cos\theta). \end{cases} \tag{14.14}$$

Das sind die Parametergleichungen für eine *Zykloide*. Die Zykloide ist die Bahn, die ein fester Kreispunkt beim Abrollen eines Kreises mit dem Radius a auf einer Geraden beschreibt (vgl. Abbildung 14.4).

Das ist also die beste Form für eine Halfpipe. Besser gesagt ist das die Form, die es einem Athleten erlaubt, sich ausschließlich unter dem Einfluss der Schwerkraft innerhalb kürzester Zeit vom Punkt A zum Punkt B zu bewegen. Die glatte Kurve zwischen den beiden äußeren Profilen in Abbildung 14.2 ist eine Zykloide.

Die Zykloiden sind den Geometern wohlbekannt, da sie auch andere interessante Eigenschaften besitzen. Zum Beispiel hat Christiaan Huygens entdeckt, dass die Schwingungsdauer einer Kugel entlang einer Zykloide konstant ist, und zwar unabhängig von der Amplitude. Mit anderen Worten: Positionieren wir ein Objekt irgendwo an der „Seitenwand" einer Zykloide, dann braucht es – wenn es nur durch die Schwerkraft beschleunigt wird – überall die gleiche Zeit, um den Boden zu erreichen. Diese Unabhängigkeit der Schwingungsdauer von der Amplitude wird als *Tautochronen-Eigenschaft* bezeichnet. Wir beweisen das in Abschnitt 14.6.

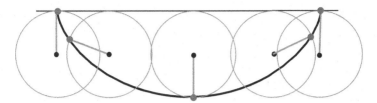

Abb. 14.4. Konstruktion einer Zykloide.

14.5 Der schnellste Tunnel

Wir diskutieren jetzt eine interessante Verallgemeinerung der Brachistochrone. Diese Verallgemeinerung hat (zumindest in der Theorie) das Potential, das Verkehrswesen vollständig zu revolutionieren. Angenommen, wir könnten durch die Erdrinde Tunnel bauen, die jede Stadt A der Welt mit jeder anderen Stadt B verbinden. Wenn wir die Reibung vernachlässigen, dann würde ein von A mit der Geschwindigkeit null abfahrender Zug so lange beschleunigen, wie sich der Tunnel dem Erdmittelpunkt nähert. Sobald sich der Tunnel wieder von dort entfernt, verlangsamt er seine Fahrt und kommt schließlich mit exakt der Geschwindigkeit null in der Stadt B an! Und das alles ohne irgendwelche Motoren, ohne Kraftstoff und ohne Bremsen! Wir gehen in unserer Phantasie sogar noch etwas weiter: *Wir bestimmen das Profil des Tunnels, der in der kürzestmöglichen Zeit durchquert wird.*

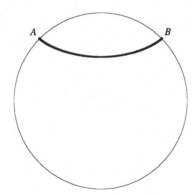

Abb. 14.5. Ein Tunnel zwischen zwei Städten A und B.

In Übung 13 werden wir sehen, dass die Durchgangszeit durch einen solchen Tunnel zwischen New York und Los Angeles etwas weniger als eine halbe Stunde beträgt.

Man vergleiche das mit den ungefähr fünf Flugstunden (die Großkreis-Flugroute zwischen New York und Los Angeles hat eine Länge von ungefähr 3940 km). Bitte kaufen Sie aber noch keine Tickets, denn das revolutionäre Verkehrssystem muss noch einige schwierige Probleme überwinden. Sind die beiden Städte nämlich hinreichend weit voneinander entfernt, dann verläuft der optimale Tunnel teilweise unterhalb der Erdrinde durch den flüssigen Erdkern! Welche Materialien können den hohen Temperaturen und Drücken standhalten, die in solchen Tiefen herrschen? Selbst wenn wir die technischen Schwierigkeiten überwinden könnten, würde das sehr reale Problem der Kosten bleiben. Nur die größten Städte (nämlich diejenigen mit mehreren Millionen Einwohnern) können sich den Bau von U-Bahn-Linien leisten; die Nettolänge dieser Linien übersteigt selten einige hundert Kilometer (im New Yorker U-Bahnsystem sind es 1160 km). Der Tunnel unter dem Ärmelkanal ist nur 50 km lang. Der 1994 eröffnete Ärmelkanaltunnel kostete 16 Milliarden Euro. Und es gibt noch andere: der japanische Seikan-Eisenbahntunnel ist $53, 85$ km lang, und die Schweizer bauen den Gotthard-Basistunnel, einen Eisenbahntunnel, der um 2015 fertig sein soll und dessen Länge 57 km betragen wird. (Übung: Schätzen Sie die Höhe des um 30 Grad geneigten konischen Hügels, der aus dem Erdreich besteht, das beim Graben eines jeden dieser Tunnel entfernt wird.) Ungeachtet des utopischen Charakters der nachfolgenden Diskussion bleibt das Ganze eine elegante Übung.

Wir können die Situation mit Hilfe der Physik modellieren. Wir modellieren die Erde als eine gleichmäßige Vollkugel aus einem Material konstanter Dichte und stellen uns die beiden Städte A und B als Punkte auf der Kugeloberfläche vor. Wir zeichnen den Tunnel in der Ebene, die durch die beiden Städte und den Kugelmittelpunkt definiert wird; danach parametrisieren wir den Tunnel durch die Kurve $(x, y(x))$. Unser Ziel ist es wieder, diejenige Kurve $(x, y(x))$ zu finden, die in kürzestmöglicher Zeit durchlaufen wird, wenn das Objekt ausschließlich durch die Schwerkraft angetrieben wird. Was ist der Unterschied zwischen diesem Problem und der Brachistochrone? Der Hauptunterschied besteht darin, dass sich Stärke und Richtung der Schwerkraft in Abhängigkeit von unserer Position auf der Kurve ändern.

Wie bei der Brachistochrone besteht das Problem darin, das Integral

$$T = \int \frac{ds}{v} \tag{14.15}$$

zu minimieren, wobei v die Geschwindigkeit des Objekts im Kurvenpunkt $(x, y(x))$ bezeichnet und ds ein infinitesimales Kurvenstück der Länge

$$ds = \sqrt{1 + (y')^2}\, dx \tag{14.16}$$

ist. Die Geschwindigkeit v lässt sich nicht so einfach ausdrücken, da die Schwerkraft variabel ist.

Proposition 14.7 *Die Schwerkraft in einem Punkt, der sich in einem Abstand $r = \sqrt{x^2 + y^2}$ vom Mittelpunkt einer Vollkugel von konstanter Dichte mit Radius $R > r$ befindet, beträgt*

$$|F| = \frac{GMm}{R^3} r,$$

wobei M die Masse der Kugel und G die Newton'sche Gravitationskonstante bezeichnet.

Wir nehmen dieses klassische Resultat hier zunächst als gegeben an und setzen unsere Diskussion fort. Einen vollständigen Beweis findet man am Ende dieses Abschnitts.

Die Geschwindigkeit v im Punkt $(x, y(x))$ wird wieder mit Hilfe des Prinzips von der Erhaltung der Energie berechnet. Dieses Prinzip besagt, dass – bei Abwesenheit von Reibung – die Gesamtenergie eines bewegten Objekts (das heißt, die Summe seiner potentiellen Energie und seiner kinetischen Energie) konstant bleibt. Am Anfang der Bewegung wird angenommen, dass die Geschwindigkeit gleich null ist; das Objekt hat also die kinetische Energie null. Und da die Bahn auf der Erdoberfläche beginnt, wird die potentielle Energie unter Verwendung von $r = R$ berechnet. Die Beziehung zwischen der Schwerkraft und der potentiellen Energie ist durch $F = -\nabla V$ gegeben. Die potentielle Energie lässt sich leicht ausrechnen, da F nur vom Abstand r vom Kugelmittelpunkt abhängt:

$$V = \frac{GMmr^2}{2R^3}.$$

Sie ist nur bis auf eine additive Konstante bestimmt, die wir durch folgende Festlegung wählen: $V(r) = 0$ bei $r = 0$. Die Gesamtenergie des Objekts zu Beginn der Bewegung ist also durch folgenden Ausdruck gegeben:

$$E = \frac{1}{2}mv^2 + V(r) = 0 + \left.\frac{GMmr^2}{2R^3}\right|_{r=R} = \frac{GMm}{2R}.$$

Wir sind jetzt in der Lage, die Geschwindigkeit v des Objekts als Funktion seiner Position $(x, y(x))$ zu berechnen. Aus dem Energieerhaltungsprinzip folgt

$$\frac{GMm}{2R} = \frac{mv^2}{2} + \frac{GMm}{2R^3}r^2$$

und deswegen

$$v = \sqrt{\frac{GM(R^2 - r^2)}{R^3}}.$$

Setzen wir $g = \frac{GM}{R^2}$, was der Schwerkraft auf der Erdoberfläche entspricht, dann vereinfacht sich die Geschwindigkeit zu

$$v = \sqrt{\frac{g}{R}}\sqrt{R^2 - r^2} = \sqrt{\frac{g}{R}}\sqrt{R^2 - x^2 - y^2}. \tag{14.17}$$

Mit Hilfe von (14.15), (14.16) und (14.17) lässt sich die Laufzeit des Objekts durch

$$t = \sqrt{\frac{R}{g}} \int_{x_A}^{x_B} \frac{\sqrt{1 + (y')^2}}{\sqrt{R^2 - x^2 - y^2}} \, dx$$

ausdrücken. Wir kommen also auf einen Ausdruck, der dem der Brachistochrone sehr ähnlich ist. Mit Hilfe der Euler-Lagrange-Gleichung erhalten wir die in Abbildung 14.6 dargestellte Kurve, deren Parametergleichungen durch

$$
\begin{aligned}
x(\theta) &= R\left[(1-b)\cos\theta + b\cos\left(\frac{1-b}{b}\theta\right)\right], \\
y(\theta) &= R\left[(1-b)\sin\theta - b\sin\left(\frac{1-b}{b}\theta\right)\right]
\end{aligned}
\tag{14.18}
$$

mit $b \in [0,1]$ gegeben sind. Diese Kurve heißt *Hypozykloide*. Wir gehen hier nicht auf die Einzelheiten dieser Lösung ein. Stattdessen ermuntern wir den Leser, selbst zu überprüfen, dass 14.18 wirklich eine Lösung ist. Die Berechnung ist etwas langwierig und mathematische Software könnte dabei von Nutzen sein. Im Spezialfall $b = \frac{1}{2}$ ist die

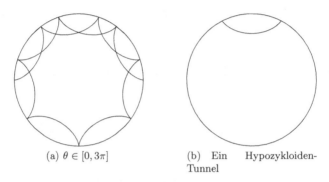

(a) $\theta \in [0, 3\pi]$ (b) Ein   Hypozykloiden-Tunnel

Abb. 14.6. Eine Hypozykloide mit $b = 0,15$.

Hypozykloide eine gerade Strecke, denn $x \in [-R, R]$ und $y = 0$. Wir haben gezeigt, dass die Zykloide von einem Punkt auf dem Umfang eines Kreises beschrieben wird, der auf einer Geraden abrollt. Auf ähnliche Weise wird die Hypozykloide durch einen Punkt auf dem Umfang eines Kreises mit Radius a beschrieben, der innerhalb eines anderen Kreises mit Radius R abrollt (der Parameter b von (14.18) ist $b = \frac{a}{R}$). Einige Leser erinnern sich sicher an den Spirographen, ein Spielzeug, bei dem man einen Bleistift in eine Scheibe setzt, die innerhalb eines großen Ringes rollt (eine der vielen Möglichkeiten dieses Spielzeugs). Um mit einem Spirographen eine Hypozykloide zu zeichnen, müsste man den Bleistift genau auf dem Umfang der Scheibe positionieren. Die große Ähnlichkeit zwischen diesem Problem und dem vorher behandelten Brachistochronen-Problem ist eine interessante Sache.

BEWEIS VON PROPOSITION 14.7. Wir betrachten eine homogene Kugel und untersuchen die Schwerkraft, die von dieser Kugel auf einen Massenpunkt P ausgeübt wird, der sich irgendwo innerhalb der Kugel befindet. Ohne Beschränkung der Allgemeinheit können wir annehmen, dass sich der Massenpunkt P auf der x-Achse im Abstand $r \leq R$ vom Koordinatenursprung befindet (vgl. Abbildung 14.7). Wir verwenden Kugelkoordinaten

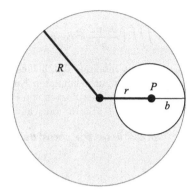

Abb. 14.7. Die Variablen, die den inneren Punkt P beschreiben.

mit dem Mittelpunkt P:

$$\begin{cases} x = \rho \sin \theta, \\ y = \rho \cos \theta \cos \phi, \\ z = \rho \cos \theta \sin \phi, \end{cases}$$

wobei $\theta \in [-\frac{\pi}{2}, \frac{\pi}{2}]$, $\rho \geq 0$ und $\phi \in [0, 2\pi]$. Die Jacobi-Determinante (oder Funktionaldeterminante) dieses Koordinatenwechsels ist $\rho^2 \cos \theta \geq 0$ und deswegen besteht zwischen den infinitesimalen Volumenelementen die Beziehung $dx\, dy\, dz = \rho^2 \cos \theta\, d\rho\, d\theta\, d\phi$.

Aus Symmetriegründen übt die Kugel mit Mittelpunkt P und Radius $b = R - r$ eine Gesamtanziehung null auf den Punkt P aus. Demnach hängt die auf P ausgeübte Gesamtschwerkraft vom verbleibenden Volumen der größeren Kugel ab, das in Abbildung 14.7 schattiert gekennzeichnet ist.

Die von einem kleinen Volumenelement $dx\, dy\, dz$ mit Mittelpunkt (x, y, z) bewirkte Schwerkraft ist proportional zum Vektor $\frac{(x,y,z)}{(x^2+y^2+z^2)^{\frac{3}{2}}} dx\, dy\, dz$. Die Gesamtschwerkraft ist die Summe aller dieser kleinen Beiträge. Aus Symmetriegründen folgt, dass die Komponenten y und z dieser Kraft gleich null sind.

Die Gesamtkraft ist deswegen betragsmäßig durch das folgende Dreifachintegral gegeben:

$$F = mG\mu \iiint \frac{x}{(x^2 + y^2 + z^2)^{\frac{3}{2}}} dx\, dy\, dz,$$

wobei μ die Dichte der Kugel, G die Newton'sche Gravitationskonstante und m die Masse des Massenpunktes P ist. Der Integrationsbereich ist das Volumen, das durch den schattierten Teil von Abbildung 14.7 angedeutet ist, also das Innere der großen Kugel minus der kleineren Kugel mit Radius b und Mittelpunkt P. Zur Berechnung dieses Integrals transformieren wir es zunächst in Kugelkoordinaten:

$$F = mG\mu \iiint \left(\frac{\rho \sin\theta}{\rho^3} \rho^2 \cos\theta \right) d\phi\, d\rho\, d\theta.$$

Wir müssen jetzt die Grenzen dieses Integrals durch diese neuen Koordinaten ausdrücken. Die Koordinaten eines Punktes auf der inneren Kugel erfüllen die Beziehung $x^2 + y^2 + z^2 = \rho^2$, wobei $\rho = b = R-r$. Die Koordinaten von Punkten auf der Oberfläche der äußeren Kugel erfüllen $(x + r)^2 + y^2 + z^2 = R^2$ oder äquivalent

$$(\rho \sin\theta + r)^2 + \rho^2 \cos^2\theta \cos^2\phi + \rho^2 \cos^2\theta \sin^2\phi = R^2,$$

und das vereinfacht sich zu

$$\rho^2 + r^2 + 2r\rho \sin\theta = R^2.$$

Diese Gleichung hat zwei Lösungen. Wir nehmen

$$\rho = -r \sin\theta + \sqrt{r^2 \sin^2\theta - r^2 + R^2},$$

so dass $\rho \geq 0$. Da wir die Grenzen in Kugelkoordinaten ausgedrückt haben, können wir jetzt das Dreifachintegral F berechnen:

$$
\begin{aligned}
F &= mG\mu \int_{-\frac{\pi}{2}}^{\frac{\pi}{2}} \int_{R-r}^{-r\sin\theta+\sqrt{R^2-r^2\cos^2\theta}} \int_0^{2\pi} \left(\frac{\rho \sin\theta}{\rho^3} \right) \rho^2 \cos\theta\, d\phi\, d\rho\, d\theta \\
&= 2\pi mG\mu \int_{-\frac{\pi}{2}}^{\frac{\pi}{2}} \int_{R-r}^{-r\sin\theta+\sqrt{R^2-r^2\cos^2\theta}} \sin\theta \cos\theta\, d\rho\, d\theta \\
&= 2\pi mG\mu \int_{-\frac{\pi}{2}}^{\frac{\pi}{2}} \sin\theta \cos\theta(-r\sin\theta + \sqrt{R^2 - r^2\cos^2\theta} + r - R)\, d\theta \\
&= 2\pi mG\mu \int_{-\frac{\pi}{2}}^{\frac{\pi}{2}} \left(-r\sin^2\theta \cos\theta + \sin\theta \cos\theta \sqrt{R^2 - r^2\cos^2\theta} + (r - R)\frac{\sin 2\theta}{2} \right) d\theta \\
&= 2\pi mG\mu \left(\frac{-r\sin^3\theta}{3} \bigg|_{-\frac{\pi}{2}}^{\frac{\pi}{2}} + \frac{1}{3r^2}(R^2 - r^2\cos^2\theta)^{\frac{3}{2}} \bigg|_{-\frac{\pi}{2}}^{\frac{\pi}{2}} - \frac{(r-R)\cos 2\theta}{4} \bigg|_{-\frac{\pi}{2}}^{\frac{\pi}{2}} \right).
\end{aligned}
$$

Die letzten beiden Terme sind gleich 0. Wir haben demnach

$$F = -\frac{4\pi}{3} rmG\mu.$$

Das negative Vorzeichen weist darauf hin, dass die Kraft in Richtung Erdmittelpunkt gerichtet ist. Bezeichnet schließlich M die Masse der Erde, dann haben wir $\mu = \frac{M}{4\pi R^3/3}$ und

$$|F| = \frac{GMm}{R^3} r.$$

$\square$

14.6 Die Tautochronen-Eigenschaft der Zykloide

Wir erinnern uns daran, dass die Zykloide durch

$$\begin{cases} x(\theta) = a(\theta - \sin\theta), \\ y(\theta) = a(1 - \cos\theta) \end{cases} \tag{14.19}$$

als Funktion der Variablen $\theta \in [0, 2\pi]$ parametrisiert ist. (In Abbildung 14.8 ist eine solche Zykloide zu sehen; die y-Achse ist nach unten gerichtet.) Die Spitzen der Zykloide sind in den Punkten $\theta = 0$ und 2π, während der niedrigste Punkt bei $\theta = \pi$ liegt. Wir positionieren eine Kugel der Masse m auf den Punkt $(x(\theta_0), y(\theta_0))$ für ein $\theta_0 < \pi$ und lassen sie mit der Anfangsgeschwindigkeit null los. Ist die Reibung vernachlässigbar, dann schwingt die Kugel zwischen dem Punkt $(x(\theta_0), y(\theta_0))$ und dem ihm entsprechenden Punkt $(x(2\pi - \theta_0), y(2\pi - \theta_0))$ auf der gegenüberliegenden Seite des Bodens. Einmal hin und zurück ist eine einzelne Periode dieser Schwingung. Das Ziel dieses Abschnitts ist der Beweis, dass die Zeit für den Durchlauf einer Periode unabhängig von θ_0 ist.

Proposition 14.8 *Es sei* $T(\theta_0)$ *die Schwingungsperiode einer Kugel, die bei* $(x(\theta_0), y(\theta_0))$ *losgelassen wird. Dann ist*

$$T(\theta_0) = 4\pi \sqrt{\frac{a}{g}}. \tag{14.20}$$

Die Periode ist deswegen unabhängig von θ_0.

BEWEIS. Die Periode ist gleich $4\tau(\theta_0)$, wobei $\tau(\theta_0)$ die Zeit ist, welche die Kugel benötigt, um von ihrem Anfangspunkt zum niedrigsten Punkt $(x(\pi), y(\pi))$ der Zykloide zu rollen. Wir zeigen, dass $\tau(\theta_0) = \pi\sqrt{\frac{a}{g}}$.

Es sei $v_y(\theta)$ die vertikale Geschwindigkeitskomponente der Kugel in der Position θ. Dann haben wir

$$\tau(\theta_0) = \int_0^{\tau(\theta_0)} dt = \int_{y(\theta_0)}^{y(\pi)} \frac{dy}{v_y(\theta)} = \int_{\theta_0}^{\pi} \frac{1}{v_y(\theta)} \frac{dy}{d\theta} d\theta. \tag{14.21}$$

Aus (14.19) ist ersichtlich, dass

$$\frac{dy}{d\theta} = a\sin\theta.$$

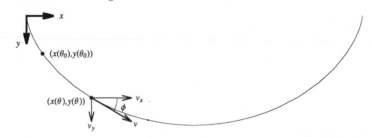

Abb. 14.8. Die Startposition $(x(\theta_0), y(\theta_0))$ der Kugel und die Komponenten ihrer Geschwindigkeit zu einem späteren Zeitpunkt.

Wir müssen $v_y(\theta)$ berechnen. Wir können wieder das Energieerhaltungsprinzip verwenden. Wie bei (14.3) hängt die Gesamtgeschwindigkeit $v(\theta)$ der Kugel in den Punkten $(x(\theta), y(\theta))$ vom zurückgelegten Höhenunterschied

$$h(\theta) = y(\theta) - y(\theta_0) = a(\cos\theta_0 - \cos\theta)$$

ab, und deswegen haben wir

$$v(\theta) = \sqrt{2gh(\theta)} = \sqrt{2ga}\sqrt{\cos\theta_0 - \cos\theta}.$$

Die vertikale Komponente dieser Geschwindigkeit lässt sich berechnen als

$$v_y(\theta) = v(\theta)\sin\phi, \tag{14.22}$$

wobei ϕ der Winkel zwischen der Richtung der Kugel und der Horizontalen ist. Wegen

$$\tan\phi = \frac{dy}{dx} = \frac{dy}{d\theta} \Big/ \frac{dx}{d\theta} = \frac{\sin\theta}{1 - \cos\theta}$$

haben wir

$$1 + \tan^2\phi = \frac{2}{1 - \cos\theta}$$

und deswegen

$$\sin\phi = \sqrt{1 - \cos^2\phi} = \sqrt{1 - \frac{1}{1 + \tan^2\phi}} = \sqrt{\frac{1 + \cos\theta}{2}}. \tag{14.23}$$

(Achtung! Da die y-Achse nach unten gerichtet ist, nimmt der Winkel ϕ im Uhrzeigersinn zu und nicht entgegen dem Uhrzeigersinn. Demnach ist der Winkel ϕ in Abbildung 14.8 positiv.) Wir erhalten also

$$v_y(\theta) = \sqrt{ga}\sqrt{\cos\theta_0 - \cos\theta}\sqrt{1 + \cos\theta}. \tag{14.24}$$

Das Integral in (14.21) ist jetzt explizit durch θ_0 und θ ausgedrückt. Da $\sin\theta$ nichtnegativ für $0 \leq \theta \leq \pi$ ist, folgt $\sin\theta = \sqrt{1 - \cos^2\theta}$, und wir erhalten

$$
\begin{aligned}
\frac{1}{v_y(\theta)}\frac{dy}{d\theta} &= \frac{a\sin\theta}{\sqrt{ga}\sqrt{\cos\theta_0 - \cos\theta}\sqrt{1 + \cos\theta}} \\
&= \sqrt{\frac{a}{g}}\frac{\sqrt{(1 - \cos\theta)(1 + \cos\theta)}}{\sqrt{\cos\theta_0 - \cos\theta}\sqrt{1 + \cos\theta}} \\
&= \sqrt{\frac{a}{g}}\frac{\sqrt{1 - \cos\theta}}{\sqrt{\cos\theta_0 - \cos\theta}}.
\end{aligned}
\tag{14.25}
$$

Somit ist

$$
\tau(\theta_0) = \sqrt{\frac{a}{g}}I(\theta_0), \qquad \text{wobei} \qquad I(\theta_0) = \int_{\theta_0}^{\pi}\frac{\sqrt{1 - \cos\theta}}{\sqrt{\cos\theta_0 - \cos\theta}}d\theta.
$$

Nun müssen wir nur noch das Integral $I(\theta_0)$ berechnen. Der erste Schritt ist die Umformulierung des Integrals in

$$
I(\theta_0) = \int_{\theta_0}^{\pi}\frac{\sin\frac{\theta}{2}}{\sqrt{\cos^2\frac{\theta_0}{2} - \cos^2\frac{\theta}{2}}}d\theta,
$$

wobei wir die Tatsache benutzen, dass $\sqrt{1 - \cos\theta} = \sqrt{2}\sin\frac{\theta}{2}$ und $\cos\theta = 2\cos^2\frac{\theta}{2} - 1$. Zur Berechnung des Integrals führen wir eine Transformation der Variablen durch:

$$
u = \frac{\cos\frac{\theta}{2}}{\cos\frac{\theta_0}{2}} \qquad \text{mit} \qquad du = -\frac{\sin\frac{\theta}{2}}{2\cos\frac{\theta_0}{2}}d\theta.
$$

Bei dieser Variablentransformation entsprechen $\theta = \theta_0$ und $\theta = \pi$ den Werten $u = 1$ bzw. $u = 0$. Das Integral wird also zu

$$
I(\theta_0) = -\int_{1}^{0}\frac{2}{\sqrt{1 - u^2}}du = -2\arcsin(u)\Big|_{1}^{0} = \pi,
$$

womit der Beweis erbracht ist. $\square$

Man beachte, dass uns der Beweis dieses Abschnitts auch die Berechnung der Zeit ermöglicht, welche die Kugel benötigt, um sich von $(0,0)$ nach $(x(\theta), y(\theta))$ zu bewegen; das Integral (14.21) bleibt gültig, nur die Grenzen müssen geändert werden.

Korollar 14.9 *Die Zeit, die eine nur der Schwerkraft unterworfene Kugel benötigt, um entlang einer Zykloide vom Punkt $\theta = 0$ zu θ zu gelangen, ist durch*

$$
T(\theta) = \sqrt{\frac{a}{g}}\theta
$$

gegeben. Insbesondere haben wir $T(\pi) = \pi\sqrt{\frac{a}{g}}$ *(das ist dasselbe wie das oben berechnete* $\tau(\theta_0)$*) und* $T(2\pi) = 2\pi\sqrt{\frac{a}{g}}$ *(die kürzeste Zeit, um ausschließlich unter dem Einfluss der Schwerkraft von* $(0,0)$ *nach* $(2\pi a, 0)$ *zu gelangen).*

BEWEIS. Der Integrand ist der gleiche wie in (14.25). Setzt man 0 als untere Schranke und θ als obere Schranke, dann ergibt sich

$$T(\theta) = \int_0^{T(\theta)} dt = \sqrt{\frac{a}{g}} \int_0^\theta \frac{\sin\frac{\theta}{2}}{\sqrt{1 - \cos^2\frac{\theta}{2}}} d\theta = \sqrt{\frac{a}{g}} \int_0^\theta d\theta = \sqrt{\frac{a}{g}}\theta.$$

$\square$

14.7 Ein isochrones Pendel

Als die tautochrone Eigenschaft der Zykloide entdeckt wurde, gab es eine ziemliche Aufregung in der Gilde der Uhrmacher. Wenn wir ein Masseteilchen zwingen können, sich ohne Reibung und nur unter dem Einfluss der Schwerkraft auf einer Zykloidenbahn zu bewegen, dann schwingt es – unabhängig von der Amplitude der Bewegung – mit einer Periode von $\left(4\pi\sqrt{\frac{a}{g}}\right)$. Dies ist nicht der Fall für klassische Pendel, die auf einem Kreisbogen schwingen. Für solche Pendel nimmt die Periode zu, wenn der Winkel der maximalen Auslenkung zunimmt. Damit solche Uhren genau gehen, muss das Pendel beim Start genau positioniert werden, und die Amplitude muss über Tage konstant bleiben. In der Praxis kann die Differenz in der Periode vernachlässigt werden, wenn die Amplitude des Pendels hinreichend klein ist, aber die Uhr wird nie genau gehen.[3]

Nachdem Huygens die tautochrone Eigenschaft der Zykloide entdeckt hatte, kam er auf die Idee, eine Uhr zu bauen, deren Pendel auf eine Zykloidenbahn gezwungen wird. Damals führte jede Verbesserung der Uhrengenauigkeit zu einer entsprechenden Verbesserung der Präzision in der Astronomie und Navigation. In der Tat waren genaue Uhren für Seefahrer fast eine Frage von Leben oder Tod. Die Seefahrer mussten zur exakten Bestimmung ihrer Längenposition die Tageszeit mit hoher Präzision kennen. Die damaligen ungenauen Uhren führten relativ schnell zu einer Fehlerakkumulation. Diese Ungenauigkeit könnte sich als gefährlich erweisen, denn die Seefahrer könnten sich aufgrund ihrer Berechnungen in sicheren Wassern wähnen, obwohl sie es in Wirklichkeit gar nicht waren.

---

[3]Vielleicht kennen Sie die Pendelbewegung bereits aus der Physikvorlesung. Die Differentialgleichung für die Pendelbewegung ist $\frac{d^2}{dt^2}\theta = -\frac{g}{l}\sin\theta$ und das lässt sich durch $\frac{d^2}{dt^2}\theta = -\frac{g}{l}\theta$ approximieren, wenn man voraussetzt, dass θ in der Nähe von 0 bleibt. (l ist die Länge des Pendelfadens.) Diese Approximation liefert die Lösung $\theta(t) = \theta_0 \cos(\sqrt{\frac{g}{l}}(t - t_0))$, die eine von der Amplitude θ_0 unabhängige Periode hat. Jedoch erweist sich diese Approximation für hinreichend große θ_0 als untauglich.

Wir beschreiben hier das von Huygens erfundene Pendel, das die Pendelmasse auf eine Zykloidenbahn zwingt. Das Problem mit diesem Gerät besteht darin, dass die auftretende Reibung das Pendel sehr viel schneller verlangsamt als ein traditionelles Pendel.

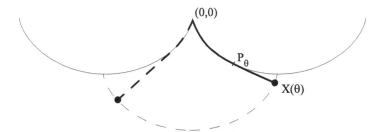

Abb. 14.9. Huygens' Pendel und zwei Pendelpositionen.

Huygens stellten sich zwei „Puffer" mit einem Zykloidenprofil des Parameters a und ein Pendel der Länge $4a$ vor, das zwischen den beiden Puffern aufgehängt ist (vgl. Abbildung 14.9). Wenn das Pendel schwingt, wird sein Faden in einer Länge von $l(\theta)$ zwischen den Positionen $(0,0)$ und P_θ gegen die Zykloidenpuffer gedrückt. Der lose Teil des Fadens ist eine Strecke, die im Punkt P_θ tangential an der Zykloide anliegt.

Proposition 14.10 *Bei Abwesenheit von Reibung ist Huygens' Pendel (vgl. Abbildung 14.9) isochron (mit anderen Worten, es hat unabhängig von der Amplitude der Bewegung eine konstante Schwingungsperiode).*

BEWEIS. Die Position des Pendel-Endes ist durch die Gleichung

$$P_\theta + (L - l(\theta))T(\theta) = X(\theta) \qquad (14.26)$$

gegeben, wobei P_θ der Berührungspunkt ist, $T(\theta)$ den Tangenten-Einheitsvektor in P_θ bezeichnet und $(L - l(\theta))$ die Länge des frei bleibenden Fadens ist. Die Größe $X(\theta)$ stellt die Position des Pendel-Endes als Funktion des Parameters θ dar. (Achtung: θ ist der Parameter, der die Zykloide beschreibt, und *nicht* der Winkel, den das Pendel mit der vertikalen Achse bildet.)

Wir beginnen damit, die Komponenten des Vektors P_θ zu finden. Das ist einfach, denn P_θ parametrisiert die Zykloide; somit haben wir

$$P_\theta = (a(\theta - \sin\theta), a(1 - \cos\theta)).$$

Um den Tangentenvektor im Punkt θ an die Zykloide zu finden, reicht es aus, die Komponenten von P_θ einzeln zu differenzieren:

$$V(\theta) = (a(1 - \cos\theta), a\sin\theta).$$

Um hieraus einen Einheitsvektor zu machen, dividieren wir ihn durch seine Länge:

$$|V(\theta)| = \sqrt{a^2(1 - \cos\theta)^2 + a^2\sin^2\theta} = \sqrt{2}a\sqrt{1 - \cos\theta},$$

und somit ergibt sich

$$T(\theta) = \frac{V(t)}{|V(t)|} = \left(\frac{\sqrt{1 - \cos\theta}}{\sqrt{2}}, \frac{\sin\theta}{\sqrt{2}\sqrt{1 - \cos\theta}}\right).$$

Die Länge des Fadens ist $L = 4a$. Wir müssen also nur noch den Wert $l(\theta)$ berechnen, der der Länge des Zykloidenbogens zwischen den Punkten $(0,0)$ und P_θ entspricht (vgl. Abbildung 14.9). Diesen Wert kann man durch Berechnung des folgenden Integrals ermitteln:

$$l(\theta) = \int_0^\theta \sqrt{(x')^2 + (y')^2}\, d\theta = \int_0^\theta a\sqrt{2}\sqrt{1 - \cos\theta}\, d\theta. \qquad (14.27)$$

Dieses Integral lässt sich unter Berücksichtigung der Beziehung $\sqrt{1 - \cos\theta} = \sqrt{2}\sin\frac{\theta}{2}$ vereinfachen, und wir erhalten

$$l(\theta) = \int_0^\theta a\sqrt{2}\sqrt{2}\sin\frac{\theta}{2}\, d\theta = \left[-4a\cos\frac{\theta}{2}\right]_0^\theta = -4a\cos\frac{\theta}{2} + 4a.$$

Wir haben nun alle notwendigen Werkzeuge zusammen, um die Bahn $X(\theta)$ zu beschreiben. Bevor wir weitermachen, vereinfachen wir den Ausdruck für den Vektor vom Berührungspunkt P_θ zum Ende $X(\theta)$ des Pendels:

$$\overrightarrow{P_\theta X(\theta)} = (L - l(\theta))T(\theta)$$

$$= 4a\cos\frac{\theta}{2}\left(\frac{\sqrt{1 - \cos\theta}}{\sqrt{2}}, \frac{\sin\theta}{\sqrt{2}\sqrt{1 - \cos\theta}}\right)$$

$$= 4a\left(\frac{\sqrt{1 - \cos\theta}\sqrt{1 + \cos\theta}}{2}, \frac{(\cos\frac{\theta}{2})(2\sin\frac{\theta}{2}\cos\frac{\theta}{2})}{\sqrt{2}\sqrt{2}\sin\frac{\theta}{2}}\right)$$

$$= 2a(\sqrt{1 - \cos^2\theta}, 2\cos^2\frac{\theta}{2})$$

$$= 2a(\sin\theta, 1 + \cos\theta).$$

Durch Hinzufügen der Koordinaten des Berührungspunktes P_θ erhalten wir schließlich

$$X(\theta) = (a\theta - a\sin\theta + 2a\sin\theta, a - a\cos\theta + 2a + 2a\cos\theta)$$

$$= (a(\theta + \sin\theta), a(1 + \cos\theta) + 2a)$$

$$= (a(\phi - \sin\phi) - a\pi, a(1 - \cos\phi) + 2a),$$

wobei wir die Substitution $\phi = \theta + \pi$ sowie die beiden Identitäten $\sin\theta = -\sin(\theta + \pi)$ und $\cos\theta = -\cos(\theta + \pi)$ angewendet haben. Diese Kurve ist somit eine um $(-\pi a, 2a)$ verschobene Zykloide. Huygens Pendel zwingt den Endpunkt $X(\theta)$ auf eine Zykloidenbahn. $\qquad\square$

14.8 Seifenblasen

Welche Form nimmt eine elastische Membran an, wenn sie an die Kanten eines starren Rahmens gehängt wird? Diese Frage hat eine einfache und intuitive Antwort, wenn der ganze Rahmenumfang in einer Ebene liegt: Die Membran liegt ebenfalls in der Ebene des Rahmens. Zum Beispiel ist das Fell einer Trommel flach und liegt in der vom Umfang der Trommel definierten Ebene. In diesem Fall muss die Variationsrechnung kaum bemüht werden, aber was ist, wenn der Rahmen nicht in einer Ebene liegt? Wie Sie vielleicht vermutet haben, ist die Antwort viel weniger offensichtlich! Die Lösung dieses Problems ist dennoch fast ein Kinderspiel. Mit etwas Seifenwasser und einem Stück Draht, der sich zu jeder Form zurechtbiegen lässt, kann jeder die Lösung finden. Tauchen wir den Draht in das Seifenwasser, dann liefert der innerhalb des Drahtrahmens gebildete Film eine experimentelle Antwort auf unsere oben gestellte Frage.

Im letzten halben Jahrhundert hat sich die Architektur von senkrechten Wänden und flachen Dächern distanziert. In viele große Projekte wurden nichtplanare Oberflächen integriert, insbesondere verabschiedete man sich von Flachdächern. Obwohl die verwendeten Materialien weit davon entfernt sind, elastisch und weich zu sein, ähnelt ihre Form häufig elastischen Membranen, die an exotischen Rahmen befestigt sind.

Die Variationsrechnung ermöglicht uns eine Lösung dieser Frage durch die Feststellung, dass die ideale Oberfläche diejenige ist, die den kleinsten Flächeninhalt hat. (Um uns hiervon zu überzeugen, erinnern wir uns daran, dass die Spannung in einem elastischen Material ihr Minimum annimmt, wenn das Material nicht gedehnt ist. Die Minimierung der Länge eines elastischen Bandes und der Fläche einer elastischen Membran führen zu einer Minimierung der Spannung des Materials.) Die Beantwortung unserer Frage läuft darauf hinaus, das folgende Integral zu minimieren:

$$I = \iint_D \sqrt{1 + \left(\frac{\partial f}{\partial x}\right)^2 + \left(\frac{\partial f}{\partial y}\right)^2} \, dx \, dy. \tag{14.28}$$

Dieses Integral stellt den Flächeninhalt der Oberfläche einer Funktion $f = f(x, y)$ dar, die über einem Bereich D liegt, dessen Umfang eine geschlossene Kurve $\mathcal{C}$ (das Urbild des Rahmens) ist. In dieser Formulierung ist die Frage äquivalent zum Problem der *Minimalflächen* in der klassischen Geometrie.

Das Auffinden der Funktion f, die das Integral (14.28) minimiert, erfordert die Herleitung einer Form der Euler-Lagrange-Gleichung für Funktionale, die durch zweidimensionale Integrale definiert sind. Das ist nicht allzu schwer und wird dem Leser in Übung 16 überlassen. In unserer jetzigen Diskussion beschränken wir uns auf Rotationsflächen.

Beispiel 14.11 *Wir betrachten einen Rahmen, der aus zwei parallelen Kreisen $y^2 + z^2 = R^2$ besteht, die sich in den Ebenen $x = -a$ und $x = a$ befinden. Ferner betrachten wir eine Kurve $z = f(x)$ derart, dass $f(-a) = R$ und $f(a) = R$. Die Rotationsfläche, die durch Drehen dieser Kurve um die x-Achse entsteht, ist die Fläche, die an den beiden* *kreisförmigen Rahmen hängt. Wir überlassen dem Leser den Nachweis (Übung 15), dass der Flächeninhalt dieser Fläche durch die Formel*

$$I = 2\pi \int_{-a}^{a} f\sqrt{1 + f'^2}\,dx \tag{14.29}$$

gegeben ist. Die Minimierung dieses Integrals läuft auf die Lösung der zugehörigen Beltrami-Identität

$$\frac{f'^2 f}{\sqrt{1 + f'^2}} - f\sqrt{1 + f'^2} = C$$

hinaus, die sich in folgender Form schreiben lässt:

$$-\frac{f}{\sqrt{1 + f'^2}} = C.$$

Wir haben also

$$f' = \pm\frac{1}{C}\sqrt{f^2 - C^2}.$$

Um diese Differentialgleichung zu lösen, schreiben wir sie in der Form

$$\frac{df}{\sqrt{f^2 - C^2}} = \pm\frac{1}{C}dx$$

und integrieren beide Seiten. Das führt zu

$$\operatorname{arcosh}(f/C) = \pm\frac{x}{C} + K_{\pm}.$$

Es gibt zwei Integrationskonstanten ($K_{\pm}$), denn die Lösung ist durch die Vereinigung der beiden Funktionen $x = g_{\pm}(z)$ gegeben (jeweils eine für jede Seite von $x = 0$). Anwenden von $\cosh$ auf beide Seiten liefert

$$f = C\cosh\left(\frac{x}{C} \pm K_{\pm}\right).$$

Hier haben wir den hyperbolischen Kosinus (definiert mit Hilfe des Exponentialfunktion als $\cosh x = \frac{1}{2}(e^x + e^{-x})$) und seine inverse Funktion arcosh verwendet. Wir wollen, dass diese beiden Funktionen für $x = 0$ übereinstimmen und definieren deswegen $K_+ = -K_- = K$. Es ist eine gute Übung, zu beweisen, dass die Ableitung von $\operatorname{arcosh} x$ die Funktion $1/\sqrt{x^2 - 1}$ ist (womit man die obige Integration rechtfertigt).

Wegen $f(-a) = f(a) = R$ muss

$$\begin{cases} K = 0, \\ C\cosh(\frac{a}{C}) = R \end{cases}$$

gelten. Die zweite Gleichung legt C fest, aber nur implizit.

Die Kurve $y = C \cosh\left(\frac{x}{C} + K\right)$ heißt Kettenlinie[4] *und die Fläche, die bei der Rotation der Kurve um die x-Achse entsteht, heißt* Katenoid. *(Vgl. Abbildung 14.10.) Wir gehen später ausführlicher darauf ein.*

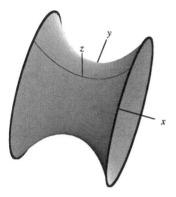 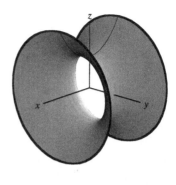

Abb. 14.10. Zwei Ansichten der elastischen Membran, die zwei Ringe gleichen Durchmessers verbindet.

Es kommt in der Mathematik selten vor, dass Lösungen für analytische Probleme mit Hilfe eines Spielzeugs konstruiert und zumindest teilweise überprüft werden können. Wie in der Einleitung zu diesem Abschnitt bemerkt, braucht man für dieses besondere Problem nur einen biegsamen Draht und Seifenwasser. Mit Hilfe von Experimenten können wir auch die Grenzen der Variationsrechnung erkunden, von denen wir einige in Abschnitt 14.2 erwähnt haben (bei der Diskussion der optimalen Säule). Wir ermutigen den Leser, ein „gutes" Rezept für Seifenwasser im Internet zu finden und mit verschiedenen Formen zu experimentieren. Wir empfehlen, das Gerüst eines Würfels als Rahmen zu verwenden!

Seifenblasen bieten eine einfache Möglichkeit, verschiedene andere Fragen zu beantworten. Hier ist ein Beispiel:

Beispiel 14.12 Drei Städte und ein Seifenfilm. *Angenommen wir haben drei Städte, die sich auf einer vollkommen flachen Oberfläche befinden. Wir möchten diese drei Städte mit Hilfe der kürzestmöglichen Route verbinden. Wie gehen wir vor?*

Wir identifizieren zunächst die Städte mit den drei Punkten A, B und C. Danach konstruieren wir ein Modell, das aus zwei parallelen Platten aus durchsichtigem Material besteht, wobei die Punkte, die auf jeder Platte A, B und C entsprechen, durch

---

[4]Auch Kettenkurve oder Katenoide genannt.

senkrechte Stäbe miteinander verbunden sind. Das ganze Modell wird dann in Seifenwasser eingetaucht und wieder herausgenommen. Der Film, der die drei Stäbe verbindet, ist eine Minimalfläche. Das Profil beschreibt (wenn man es durch eine der durchsichtigen Platten betrachtet) das kürzeste Straßennetz zwischen den drei Städten.

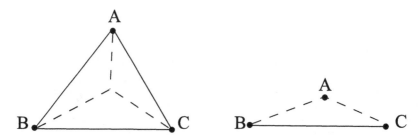

Abb. 14.11. Die gestrichelten Linien geben das kürzeste Straßennetz an, das die drei Städte miteinander verbindet, die sich in den Ecken des Dreiecks befinden.

Es ist ein wenig überraschend, dass die Form des Seifenfilms nicht immer den zwei kürzesten Kanten des Dreiecks entspricht. Sind nämlich die Winkel des Dreiecks ABC alle kleiner als $\frac{2\pi}{3}$, dann erhalten wir ein kürzeres Netz, wenn wir durch einen Punkt gehen, der irgendwo zwischen den drei Städten liegt (vgl. linke Hälfte von Abbildung 14.11). Ist im Gegensatz hierzu einer der Winkel größer als oder gleich $\frac{2\pi}{3}$, dann bilden die beiden anliegenden Kanten das kürzeste Straßennetz (vgl. rechte Hälfte von Abbildung 14.11).

Der Punkt zwischen den drei Städten, der den Gesamtabstand zu allen Städten minimiert, heißt Fermat-Punkt. *Die Position des Fermat-Punktes kann gefunden werden, indem man über jeder Seite des Dreiecks ABC ein gleichseitiges Dreieck errichtet, dessen neu hinzugekommene Ecke dem Dreiecksinneren von ABC abgewandt ist. Danach wird jede Ecke des Dreiecks mit der neu hinzugekommenen Ecke des entsprechenden gegenüberliegenden gleichseitigen Dreiecks verbunden. Die drei Geraden schneiden sich im Fermat-Punkt. Dieser befindet sich nur dann im Inneren des Dreiecks, wenn die drei Dreieckswinkel alle kleiner als $\frac{2\pi}{3}$ sind (vgl. Abbildung 14.12).*

Übung 18 zeigt, dass der auf diese Weise konstruierte Weg tatsächlich der kürzeste ist.

Diese Technik lässt sich auf Netze von mehr als drei Städten verallgemeinern. Man kann die Technik verwenden, um das kürzeste Straßennetz zu finden, das die Städte verbindet. Das verallgemeinerte Problem ist in der Tat ziemlich alt und ist unter dem Namen *Steinerbaumproblem* bekannt.

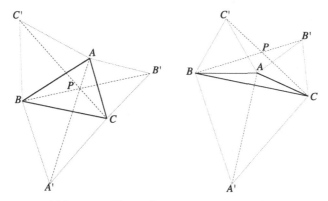

Abb. 14.12. Konstruktion eines Fermat-Punktes.

Das Steinerbaumproblem. Das Problem lässt sich folgendermaßen formulieren: Zu gegebenen n Punkten in der Ebene finde man das kürzeste Netz, das alle Punkte verbindet. Man überzeugt sich relativ leicht davon, dass ein solches Netz nur aus Strecken besteht (jede Kurve lässt sich durch eine kürzere Polygonlinie ersetzen). Außerdem können wir uns davon überzeugen, dass das Netz keine geschlossenen Dreiecke enthält, denn das obige Beispiel zeigt, wie man die Ecken eines Dreiecks am effizientesten verbindet. Ein ähnliches Argument zeigt, dass das Netz keine geschlossenen Polygonzüge und daher keine Zyklen enthalten kann. In der Graphentheorie wird ein solches Netz als Baum bezeichnet.

Minimalflächen spielen in zahlreichen Anwendungen eine natürliche Rolle. Wenn Sie mit offenen Augen durch das Studium gehen, dann stoßen Sie wahrscheinlich auf einige dieser Anwendungen.

14.9 Das Hamilton-Prinzip

Das Hamilton-Prinzip (auch Hamilton'sches Prinzip genannt) ist einer der größten Erfolge der Variationsrechnung. Es ermöglicht die Formulierung von Problemen der klassischen Mechanik und mehrerer anderer Gebiete der Physik in der Sprache der Variationsrechnung.

Entsprechend dem Hamilton-Prinzip folgt ein in Bewegung befindliches System immer einer Bahn, die das folgende Integral optimiert:

$$A = \int_{t_1}^{t_2} L\,dt = \int_{t_1}^{t_2} (T - V)\,dt, \tag{14.30}$$

wobei die als Lagrangefunktion bezeichnete Größe L die Differenz zwischen der kinetischen Energie T des Systems und seiner potentiellen Energie V ist. Aus historischen Gründen bezeichnet man dieses Integral als das *Wirkungsintegral*. Das Hamilton-Prinzip wird deswegen auch *Prinzip der kleinsten Wirkung* genannt.[5]

In vielen Systemen hängt die kinetische Energie nur von der Geschwindigkeit eines Objekts ab (im Falle eines bewegten Objekts ist die kinetische Energie durch $\frac{1}{2}mv^2$ gegeben, wobei v die Geschwindigkeit des Objekts und m seine Masse ist), und die potentielle Energie hängt nur von der Position des Objekts ab. In solchen Systemen ist L tatsächlich eine Funktion $L = L(t, \mathbf{y}, \mathbf{y}')$, wobei $\mathbf{y} = \mathbf{y}(t)$ der Ortsvektor und $\mathbf{y}' = \frac{d\mathbf{y}}{dt}$ der entsprechende Geschwindigkeitsvektor ist. Demnach haben wir ein Wirkungsintegral der Form

$$A = \int_{t_1}^{t_2} L(t, \mathbf{y}, \mathbf{y}') \, dt,$$

wobei die Zeit t jetzt die Rolle der räumlichen Variablen x in Satz 14.4 spielt.

Der Vektor $\mathbf{y}$ beschreibt die Position des gesamten Systems. Somit hängt die Anzahl der erforderlichen Koordinaten von den Gegebenheiten des betrachteten Systems ab. Beschreiben wir die Bewegung eines Massenpunktes in einer Ebene oder im Raum, dann hätten wir $\mathbf{y} \in \mathbb{R}^2$ bzw. $\mathbf{y} \in \mathbb{R}^3$. Enthält das System zwei Massenpunkte, die sich in der Ebene bewegen, dann hätten wir $\mathbf{y} = (\mathbf{y}_1, \mathbf{y}_2)$ und deswegen $\mathbf{y} \in \mathbb{R}^4$, wobei $\mathbf{y}_1$ die Position des ersten Massenpunktes und $\mathbf{y}_2$ die Position des zweiten Massenpunktes darstellt. Allgemein sagt man, dass ein System n *Freiheitsgrade* hat, wenn seine Position vollständig durch einen Vektor $\mathbf{y} \in \mathbb{R}^n$ beschrieben wird. (Vgl. Kapitel 3, in dem Freiheitsgrade in einem anderen Zusammenhang diskutiert werden.)

Falls $\mathbf{y} = (y_1, \ldots, y_n) \in \mathbb{R}^n$, dann nimmt die Lagrangefunktion die Form $L = L(t, y_1, \ldots, y_n, y'_1, \ldots, y'_n)$ an. Die Euler-Lagrange-Gleichungen lassen sich so verallgemeinern, dass sie Probleme mit n Freiheitsgraden beschreiben. Zum Beispiel beschreibt die nachstehend diskutierte Form ein System mit zwei Freiheitsgraden.

Satz 14.13 *Man betrachte das Integral*

$$I(x, y) = \int_{t_1}^{t_2} f(t, x, y, x', y') \, dt. \tag{14.31}$$

---

[5]Es ist schwierig, genau zu verstehen, warum sich die Natur so verhält, dass sie die Differenz zwischen der kinetischen Energie und der potentiellen Energie minimiert. Warum gerade diese Differenz und keine der vielen anderen möglichen Differenzen? Die meisten Physikbücher übergehen diese Frage überraschenderweise mit Stillschweigen. Feynman widmet in seinen Physikvorlesungen dem Prinzip der kleinsten Wirkung ein ganzes Kapitel. Seine Verwunderung über dieses Thema rührt nicht von der Tatsache her, dass die Natur die Differenz zwischen der kinetischen und der potentiellen Energien minimiert, sondern von der Existenz einer so einfachen Formel, die die physikalischen Wechselwirkungen beschreibt. Für diejenigen, die sich eingehender für den Zusammenhang zwischen Variationsrechnung und Physik interessieren, sind Feynmans Vorlesungen ein ausgezeichneter Ausgangspunkt [5].

Das Paar (x^*, y^*) minimiert dieses Integral nur dann, wenn (x^*, y^*) eine Lösung des folgenden Systems von Euler-Lagrange-Gleichungen ist:

$$\frac{\partial f}{\partial x} - \frac{d}{dt}\left(\frac{\partial f}{\partial x'}\right) = 0, \qquad \frac{\partial f}{\partial y} - \frac{d}{dt}\left(\frac{\partial f}{\partial y'}\right) = 0.$$

In unseren vorhergehenden Beispielen wurde das Verhalten der Lösung durch die Randbedingungen der Funktion y festgelegt. Zum Beispiel werden die Integrationskonstanten beim Auffinden der Zykloide dadurch bestimmt, dass sie bei (x_1, y_1) beginnt und bei (x_2, y_2) endet. In der Physik ist es anstelle der Definition der Anfangsposition und der Endposition eines Massenpunktes üblicher, die Anfangsbedingungen des Systems durch Definieren der Position und der Geschwindigkeit des Massenpunktes zu beschreiben. Wir demonstrieren diesen Ansatz im folgenden Beispiel.

Beispiel 14.14 *Flugbahn eines Projektils*. *Als Beispiel für das Hamilton-Prinzip betrachten wir die Flugbahn eines Projektils der Masse m. Wir setzen voraus, dass die Luftreibung vernachlässigt werden kann. Das Projektil wird zum Zeitpunkt $t_1 = 0$ aus einer Anfangsposition $(x(0), y(0)) = (0, h)$ mit einer Anfangsgeschwindigkeit $\mathbf{v}_0$ in einem Winkel Θ über der Horizontalen abgeschossen. Unter Verwendung des Winkels des Geschwindigkeitsvektors sind die Komponenten durch $(v_{0x}, v_{0y}) = |\mathbf{v}_0|(\cos\theta, \sin\theta)$ gegeben.*

Die Wirkung eines solchen Projektils (vgl (14.30)) wird durch

$$A = \int_{t_1}^{t_2} L(t, x, y, x', y')dt = \int_{t_1}^{t_2}(T - V)dt$$

beschrieben, wobei $'$ die Ableitung nach der Zeit bezeichnet. Die kinetische Energie des Projektils ist $T = \frac{1}{2}m|\mathbf{v}|^2$ und die potentielle Energie ist $V = mgy$. Das Quadrat der Größe des Geschwindigkeitsvektors ist durch $|\mathbf{v}|^2 = (x')^2 + (y')^2$ gegeben, und deswegen lässt sich das Integral durch die Variablen x, y, x' und y' in folgender Form ausdrücken:

$$A = \int_{t_1}^{t_2} m\left(\tfrac{1}{2}(x')^2 + \tfrac{1}{2}(y')^2 - gy\right) dt.$$

Man findet die Gleichungen zur Beschreibung der Projektilbewegung mit Hilfe der zweidimensionalen Euler-Lagrange-Gleichung (vgl. Satz 14.13), wobei die Lagrange-Funktion $L = m\left(\tfrac{1}{2}(x')^2 + \tfrac{1}{2}(y')^2 - gy\right)$ die Funktion ist, deren Integral zu optimieren ist. Äquivalent verwenden wir $f = \frac{L}{m}$. Die erste Gleichung liefert

$$0 = \frac{\partial f}{\partial x} - \frac{d}{dt}\left(\frac{\partial f}{\partial x'}\right) = -\frac{d}{dt}(x') = -x'', \tag{14.32}$$

wobei die zweite Gleichheit aus der Tatsache folgt, dass L unabhängig von x ist. Da die zweite Ableitung von x gleich null ist, muss die erste Ableitung eine Konstante sein.

Wir kennen bereits den Wert dieser Konstanten: es ist die horizontale Komponente v_{0x} der Anfangsgeschwindigkeit des Massenpunktes. Demnach haben wir

$$x' = v_{0x} = |\mathbf{v}_0| \cos \theta.$$

Damit haben wir eine wohlbekannte physikalische Tatsache demonstriert: Bei Abwesenheit von Reibung hat ein geworfenes Objekt eine konstante Horizontalgeschwindigkeit. Eine zweite Integration liefert die x-Koordinate des Massenpunktes als Funktion der Zeit: $x = v_{0x}t + a$. Die Integrationskonstante a lässt sich auch mit Hilfe der Anfangsbedingungen bestimmen. Unter der Voraussetzung $x(0) = 0$ folgt $a = 0$ und deswegen

$$x = v_{0x}t = |\mathbf{v}_0|t \cos \theta.$$

Die zweite Euler-Lagrange-Gleichung führt zu

$$0 = \frac{\partial f}{\partial y} - \frac{d}{dt}\left(\frac{\partial f}{\partial y'}\right) = -g - \frac{d}{dt}y' = -g - y'',$$

und diese liefert

$$y'' = -g. \tag{14.33}$$

Somit ist der Massenpunkt in der vertikalen Richtung infolge der Schwerkraft einer konstanten, nach unten gerichteten Kraft unterworfen. Integriert man einmal, dann ergibt sich

$$y' = -gt + b,$$

wobei die Integrationskonstante b durch die vertikale Anfangsgeschwindigkeit v_{0y} des Massenpunktes festgelegt ist. Die vertikale Geschwindigkeit bei $t_1 = 0$ beträgt nämlich $y' = |\mathbf{v}_0| \sin \theta$. Demnach folgt

$$y' = -gt + |\mathbf{v}_0| \sin \theta.$$

Erneutes Integrieren liefert die vertikale Position des Massenpunktes als Funktion der Zeit:

$$y = \frac{-gt^2}{2} + |\mathbf{v}_0|t \sin \theta + c.$$

Die Konstante c ist gleich der y-Anfangskoordinate des Massenpunktes, und deswegen haben wir $c = h$. Die vollständige Flugbahn des Massenpunktes ist also durch

$$x = v_{0x}t = |\mathbf{v}_0|t \cos \theta \quad \text{und} \quad y = \frac{-gt^2}{2} + |\mathbf{v}_0|t \sin \theta + h \tag{14.34}$$

gegeben. Wir zeigen jetzt, dass diese Gleichungen eine Parabel parametrisieren, wenn $\theta \neq \pm \frac{\pi}{2}$. Ist nämlich $\cos \theta \neq 0$, dann haben wir $t = x/(|\mathbf{v}_0| \cos \theta)$. Damit können wir die Koordinate y als Funktion von x schreiben und erhalten

$$y = \frac{-gx^2}{2|\mathbf{v}_0|^2 \cos^2\theta} + x \tan \theta + h,$$

also die erwartete Parabel. Der Fall $\cos\theta = 0$ *entspricht einem senkrechten Start (entweder nach oben oder nach unten), und die entsprechende Flugbahn ist einfach eine senkrechte Linie.*

Beachten Sie, dass sowohl (14.32) als auch (14.33) die Gleichungen sind, auf die wir mit Hilfe der Newton'schen Gesetze gekommen wären. Hier sind die Gleichungen als natürliche Folge des Hamilton-Prinzips aufgetreten.

Beispiel 14.15 Bewegung einer Feder. *Dieses einfache Beispiel wird in Übung 14 behandelt.*

Beispiel 14.16 Systeme im Gleichgewicht. *Im Gleichgewicht befindliche Systeme lassen sich mühelos vereinfachen. Die Konfiguration derartiger Systeme bleibt die ganze Zeit konstant und deswegen ist die Lagrange-Funktion als Funktion der Zeit eine Konstante. Möchten wir, dass das Wirkungsintegral* $\int_{t_1}^{t_2} L\,dt$ *ein Extremum erreicht, dann muss auch die zugrundeliegende Lagrange-Funktion ein Extremum haben. Wir werden einige Beispiele hierfür in Abschnitt 14.10 geben: hängende Seile, selbsttragende Bögen und Flüssigspiegel.*

Die Reformulierung physikalischer Gesetze in Form von Variationsproblemen mit Hilfe des Hamilton-Prinzips ist nicht auf die klassische Mechanik beschränkt. Tatsächlich spielt das Prinzip der kleinsten Wirkung eine wichtige Rolle in der Quantenmechanik, im Elektromagnetismus, in der allgemeinen Relativitätstheorie und sowohl in der klassischen Feldtheorie als auch in der Quantenfeldtheorie.

14.10 Isoperimetrische Probleme

Isoperimetrische Probleme sind eine wichtige Klasse von Variationsproblemen. Es handelt sich um Probleme, in denen die Optimierung einer oder mehreren Nebenbedingungen unterworfen ist.

Der Begriff „isoperimetrische Probleme" suggeriert nicht gerade, dass es sich um Optimierungsprobleme mit Nebenbedingungen handelt. Die Bezeichnung ist auf den Ursprung der Überlegungen zurückzuführen: auf ein Problem der griechischen Antike. Das Problem fordert, zu einem gegebenen festen Umfang diejenige geometrische Figur zu finden, welche die größtmögliche Fläche einschließt. Die intuitive Antwort ist der Kreis. Die im vorliegenden Abschnitt entwickelten Techniken zeigen, wie man mit Hilfe der Variationsrechnung diese und andere ähnliche Fragen beantworten kann. Wir beginnen mit einer Variante dieses Problems.

Beispiel 14.17 *Wir möchten das Integral*

$$I = \int_{x_1}^{x_2} y\,dx$$

unter der Nebenbedingung maximieren, dass

$$J = \int_{x_1}^{x_2} \sqrt{1 + (y')^2}\, dx = L,$$

wobei L eine Konstante ist, welche die Länge der Kurve darstellt. Der Umfang ist also L + (x_2 − x_1). Das erste Integral liefert die Fläche unter der Kurve y(x) zwischen den Punkten x_1 und x_2, während das zweite Integral die Kurvenlänge angibt.

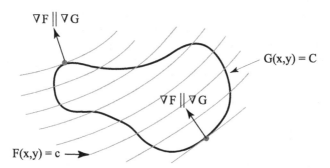

Abb. 14.13. Erläuterung der Lagrange-Multiplikatoren.

Ein Überblick über Lagrange-Multiplikatoren. Für Funktionen mit reellen Variablen wird das Problem der Optimierung mit Nebenbedingungen mit Hilfe der klassischen Methode der Lagrange-Multiplikatoren gelöst. Wir diskutieren die Technik in großen Zügen. Wir möchten die Extrema einer Funktion $F = F(x, y)$ in zwei Variablen mit der Nebenbedingung $G(x, y) = C$ finden. Wir können uns vorstellen, entlang der Höhenlinie der Punkte zu gehen, für die $G(x, y) = C$. Da die Höhenlinien von F und G im Allgemeinen verschieden voneinander sind, kreuzen wir beim Durchlaufen der Höhenlinie $G = C$ viele Höhenlinien von F. Wir können also den Wert von F größer oder kleiner machen, indem wir die besagte Höhenlinie entlanggehen. Berührt die Höhenlinie $G = C$ eine Höhenlinie von F tangential, dann ändern Bewegungen in beide Richtungen entlang der Höhenlinie $G = C$ den Wert von F in die gleiche Richtung. Ein solcher Punkt entspricht also einem lokalen Extremum des Optimierungsproblems mit der Nebenbedingung. Genauer gesagt, Extrema treten dort auf, wo die Gradienten ∇F und ∇G parallel sind; mit anderen Worten dort, wo $\nabla F \parallel \nabla G$ und deswegen $\nabla F = \lambda \nabla G$ für eine reelle Zahl λ. Dieses λ wird als Lagrange-Multiplikator bezeichnet. Abbildung 14.13 zeigt eine grafische Darstellung der Intuition, die hinter dieser Technik steckt. Die Nebenbedingung $G = C$ ist als schwarze geschlossene Kurve dargestellt, während einige Höhenlinien von F in grauer Farbe gezeichnet sind. Unter der besagten Nebenbedingung findet man zwei Extrema in den angedeuteten Punkten, und zwar dort, wo die Höhenlinien tangential verlaufen. Somit läuft für Funktionen mit reellen Variablen die Optimierung mit einer Nebenbedingung darauf hinaus, dass

$$\begin{cases} \nabla F = \lambda \nabla G, \\ G(x,y) = C \end{cases}$$

zu lösen ist. Diese Technik kann auf mehrere Nebenbedingungen verallgemeinert werden. Der folgende (ohne Beweis gegebene) Satz zeigt, dass sich die Technik auch auf Variationsprobleme mit Nebenbedingungen anwenden lässt.

Satz 14.18 *Eine Funktion $y(x)$, die ein Extremum des Integrals $I = \int_{x_1}^{x_2} f(x,y,y')\,dx$ mit der Nebenbedingung $J = \int_{x_1}^{x_2} g(x,y,y')\,dx = C$ ist, ist eine Lösung der Euler-Lagrange-Differentialgleichung, die zu dem Funktional*

$$M = \int_{x_1}^{x_2} (f - \lambda g)(x,y,y')dx$$

gehört.

Wir müssen also das folgende System lösen:

$$\begin{cases} \dfrac{d}{dx}\left(\dfrac{\partial(f - \lambda g)}{\partial y'}\right) = \dfrac{\partial(f - \lambda g)}{\partial y}, \\ J = \displaystyle\int_{x_1}^{x_2} g(x,y,y')\,dx = C. \end{cases} \tag{14.35}$$

Sind f und g unabhängig von x, dann können wir wieder mit Beltramis Identität arbeiten und das folgende System lösen:

$$\begin{cases} y'\dfrac{\partial(f - \lambda g)}{\partial y'} - (f - \lambda g) = K, \\ J = \displaystyle\int_{x_1}^{x_2} g(x,y,y')\,dx = C. \end{cases} \tag{14.36}$$

Beispiel 14.19 *Ein hängendes Kabel.* *Angenommen, wir haben ein zwischen zwei Punkten aufgehängtes Kabel, zum Beispiel eine Hochspannungsleitung zwischen zwei Leitungsmasten (Abbildung 14.14). Intuitiv wissen wir Folgendes: Ist das Kabel länger als der Abstand zwischen den beiden Punkten, dann hängt es durch und bildet eine Kurve. Die Euler-Lagrange-Gleichungen mit Nebenbedingungen ermöglichen uns die Schlussfolgerung, dass es sich bei dieser Kurve um eine Kettenlinie handelt, und wir erhalten deren exakte Gleichung. Das zu minimierende Funktional ist das der potentiellen Energie des Kabels. Da das Kabel orstfest ist und keine kinetische Energie hat, handelt es sich um ein weiteres Beispiel für die Wirkungsweise des Hamilton-Prinzips (Vgl. Beispiel 14.16).*

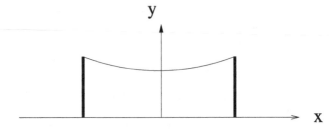

Abb. 14.14. Welche Gleichung beschreibt die Form dieses durchhängenden Kabels?

Angenommen, das Kabel hat die lineare Dichte σ (die lineare Dichte ist die Masse pro Längeneinheit) und seine Länge ist L. Die potentielle Energie einer Masse m in der Höhe y ist mgy und deswegen ist die potentielle Energie eines infinitesimalen Kabelstücks der Länge ds in der Höhe y gleich $\sigma gy\,ds$. Somit ist die potentielle Energie des gesamten Kabels durch

$$I = \sigma g \int_0^L y\,ds$$

gegeben, oder äquivalent durch

$$I = \sigma g \int_{x_1}^{x_2} y\sqrt{1+(y')^2}\,dx. \tag{14.37}$$

Die zu erfüllende Nebenbedingung ist die Kabellänge L. Es muss demnach

$$J = \int_{x_1}^{x_2} \sqrt{1+(y')^2}\,dx = L$$

gelten. Bei dieser Aufgabe handelt es sich also um ein isoperimetrisches Problem.
Da weder $f = y\sqrt{1+(y')^2}$ noch $g = \sqrt{1+(y')^2}$ von x abhängen, können wir die Beltrami-Identität von Satz 14.18 auf die Funktion

$$F = \sigma gy\sqrt{1+(y')^2} - \lambda\sqrt{1+(y')^2} = (\sigma gy - \lambda)\sqrt{1+(y')^2}$$

anwenden. Einsetzen der oben genannten Funktion in die Beltrami-Identität

$$y'\frac{\partial F}{\partial y'} - F = C$$

liefert

$$\frac{(y')^2(\sigma gy - \lambda)}{\sqrt{1+(y')^2}} - (\sigma gy - \lambda)\sqrt{1+(y')^2} = C,$$

und das lässt sich zu

$$-\frac{\sigma g y - \lambda}{\sqrt{1 + (y')^2}} = C$$

vereinfachen. Durch Umstellen nach y' erhalten wir

$$\frac{dy}{dx} = \pm\sqrt{\left(\frac{\sigma g y - \lambda}{C}\right)^2 - 1}. \tag{14.38}$$

Wie bei der Brachistochrone ist diese Differentialgleichung separierbar, das heißt, die von x und y abhängenden Teile können auf den verschiedenen Seiten des Gleichheitszeichens voneinander isoliert werden:

$$dx = \pm\frac{dy}{\sqrt{\left(\frac{\sigma g y - \lambda}{C}\right)^2 - 1}}.$$

Diese Methode ermöglicht es uns, x als Funktion von y zu finden. Da wir jedoch die ungefähre Form der Lösung kennen (Abbildung 14.14), sehen wir, dass wir zu ihrer Beschreibung zwei Funktionen brauchen: eine für die linke Hälfte und eine andere für die rechte Hälfte.

Wie schon zuvor ermöglicht uns dieser Ansatz, die beiden Seiten der Differentialgleichung zu integrieren, und das führt zu

$$x = \pm\frac{C}{\sigma g}\,\operatorname{arcosh}\left(\frac{\sigma g y - \lambda}{C}\right) + a_\pm,$$

wobei $a_\pm$ eine Integrationskonstante ist. Somit ergibt sich

$$x - a_\pm = \pm\frac{C}{\sigma g}\,\operatorname{arcosh}\left(\frac{\sigma g y - \lambda}{C}\right).$$

Da die Funktion $\cosh$ gerade ist $(\cosh x = \cosh(-x))$, folgt

$$\frac{\sigma g y - \lambda}{C} = \cosh\frac{\sigma g}{C}(x - a_\pm).$$

Schließlich erhalten wir

$$y = \frac{C}{\sigma g}\cosh\frac{\sigma g}{C}(x - a_\pm) + \frac{\lambda}{\sigma g}.$$

Wie bei unserer früheren Diskussion in Beispiel 14.11 folgt $a_+ = a_- = a$, damit sich die beiden Kurven glatt in der Mitte zu einer einzigen Kurve zusammenschließen.

Wir sehen also, dass eine aufgehängte Kette (die wir als vollkommen homogen und elastisch voraussetzen) die Form einer Kettenlinie annimmt wie in Beispiel 14.11. Um die Werte von C, a und λ zu finden, müssen wir das System der drei Gleichungen lösen, die aus den Nebenbedingungen folgen:

$$\begin{cases} J = L, \\ y(x_1) = y_1, \\ y(x_2) = y_2. \end{cases}$$

Man beachte, dass es in manchen Fällen sehr schwer ist, die Werte von C, a und λ durch L, x_1, y_1, x_2 und y_2 auszudrücken. In diesen Fällen ist es notwendig, numerische Methoden anzuwenden.

Wie die Zykloide ist auch die Kettenlinie eine Form, die überall in der Natur auftritt. Wir finden sie auch in umgekehrter Form, nämlich als optimale Form für einen sich selbst tragenden Bogen. Außerdem haben wir in Abschnitt 14.8 gesehen, dass eine zwischen zwei Ringen aufgespannte Seifenblase ein Katenoid ist, das heißt, die Rotationsfläche einer Kettenlinie.

Beispiel 14.20 Selbsttragender Bogen. *Die Verwendung von Bögen als gewichttragende architektonische Struktur geht wahrscheinlich auf Mesopotamien zurück. Fast alle Zivilisationen und Epochen haben Beispiele dieser langlebigen Struktur hinterlassen. Es gibt viele Formen, aber eine zeichnet sich durch ihre besonderen Eigenschaften aus: der Kettenlinienbogen. Wir nennen einen Bogen selbsttragend, falls die für sein Gleichgewicht verantwortlichen Kräfte von seinem eigenen Gewicht herrühren und tangential zu der durch den Bogen definierten Kurve übertragen werden, und falls andere Belastungskräfte im Baumaterial vernachlässigt können werden.* [6] *Ein Beispiel für einen derartigen Bogen ist in Abbildung 14.15(b) zu sehen. Wir verwenden in diesem Beispiel nicht die Variationsrechnung, sondern zeigen auf indirektem Weg, dass die umgekehrte Kettenlinie tatsächlich die potentielle Energie des Bogens unter der Nebenbedingung minimiert, dass die Länge fest vorgegeben ist.*

Wir gehen das Problem nicht wie in Beispiel 14.19 an, sondern arbeiten rückwärts. Wir berechnen die Form eines selbsttragenden Bogens und zeigen, dass die zu (14.37)

---

[6]Das ist nicht bei allen Bögen so. Wir stellen uns etwa einen Extremfall vor, bei dem zwei (senkrechte) Wände durch eine Breite von genau drei Ziegelsteinen voneinander getrennt sind. Das ermöglicht es uns, drei Ziegelsteine hineinzuquetschen, und falls der Druck auf sie ausreicht (das heißt, wenn sie extrem dicht in den Zwischenraum passen), dann können die Ziegel „in der Luft" hängen, ohne hinunterzufallen. Diese drei Ziegelsteine bilden einen horizontalen Bogen. Der mittlere Ziegelstein sollte eigentlich aufgrund der Schwerkraft (einer vertikalen Kraft) nach unten fallen, aber er wird von den anderen beiden Ziegelsteinen gehalten. Die Letzteren sind mit den Wänden in Berührung und unterliegen horizontalen Kräften (von der Wand) und einer vertikalen Kraft (Schwerkraft). Die interne Struktur des Materials muss die horizontalen Kräfte in vertikale Kräfte transformieren, die auf den mittleren Ziegelstein wirken. Diese Kräfte, die auf eine (geringfügige) molekulare Deformation des Materials zurückzuführen sind, werden als Spannungskräfte bezeichnet. Sie führen zu Stauchungen, Schubverformungen und Torsionsbelastungen des Materials. Viele Baumaterialien – einschließlich Stein und Beton – sind druckresistent, aber nicht widerstandsfähig gegenüber Scherkräften und Torsionskräften. Ein Bogen, der die Beanspruchung innerhalb seiner Bestandteile minimiert, kann sich deshalb als nützlich erweisen.

gehörende Euler-Lagrange-Gleichung (unter der Nebenbedingung der festen Länge) erfüllt ist.

Wir verwenden fast das gleiche Modell wie beim hängenden Kabel. Wie Abbildung 14.15 zeigt, handelt es sich bis auf Symmetrie um die gleichen Kurven.

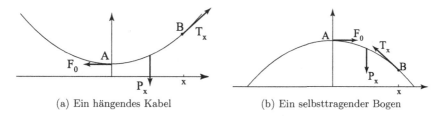

(a) Ein hängendes Kabel   (b) Ein selbsttragender Bogen

Abb. 14.15. Modell eines hängenden Kabels und eines selbsttragenden Bogens.

Man betrachte den über der Strecke $[0, x]$ liegenden Abschnitt einer Kette oder eines Bogens. Da sich der Abschnitt im Gleichgewicht befindet, muss die Gesamtsumme der auf ihn wirkenden Kräfte gleich null sein. Bei der hängenden Kette wirken drei Kräfte: Das Gewicht P_x, die Spannung F_0 im Punkt $(0, y(0))$ und die Spannung T_x im Punkt $(x, y(x))$. Im Falle des Bogens wirken drei ähnliche Kräfte, wobei die Kräfte F_0 und T_x in die entgegengesetzte Richtung zeigen. Die Kraft $F_0 = (f_0, 0)$ ist konstant, aber P_x und T_x hängen von x ab. Die Schwerkraft wirkt in die vertikale Richtung, und somit gilt $P_x = (0, p_x)$. Es sei $T_x = (T_{x,h}, T_{x,v})$. Die Aussage, dass die Summe der Kräfte gleich null sein muss, liefert die folgenden Gleichungen:

$$\begin{cases} T_{x,h} = -f_0, \\ T_{x,v} = -p_x. \end{cases} \tag{14.39}$$

Es sei θ der Winkel zwischen der Tangente der Kurve in B und der Horizontalen. Dann folgen

$$\begin{cases} T_{x,h} = |T_x| \cos\theta, \\ T_{x,v} = |T_x| \sin\theta \end{cases}$$

und

$$y'(x) = \tan\theta.$$

Es sei σ die lineare Dichte, g die Gravitationskonstante und $L(x)$ die Länge des Kurvenabschnitts, den wir betrachten. Dann ist $p_x = -L(x)g\sigma$. Einsetzen in (14.39) ergibt

$$\begin{cases} |T_x| \cos\theta = -f_0, \\ |T_x| \sin\theta = L(x)\sigma g. \end{cases}$$

Division der zweiten Gleichung durch die erste liefert

$$\tan\theta = y' = -\frac{\sigma g}{f_0}L(x).$$

Wir gehen zur Ableitung über und erhalten

$$y'' = -\frac{\sigma g}{f_0}L'(x) = -\frac{\sigma g}{f_0}\sqrt{1 + y'^2}, \qquad (14.40)$$

wobei wir die Tatsache $L'(x) = \sqrt{1 + y'^2}$ verwenden. (Wir erinnern daran, dass in Beispiel 14.1 für den infinitesimalen Längenzuwachs einer Kurve die Größe $ds = \sqrt{1 + y'^2}dx$ berechnet wurde. Das bedeutet, dass die Ableitung dieser Länge durch $L' = \frac{ds}{dx}$ ausgedrückt wird.)

Eine leichte Übung in Differentialrechnung ist die Überprüfung, dass

$$y(x) = -\frac{f_0}{\sigma g}\cosh\left(\frac{\sigma g}{f_0}(x - x_0)\right) + y_0$$

die obige Gleichung (14.40) erfüllt. Um das Maximum in $x = 0$ zu bekommen, muss man $x_0 = 0$ setzen. Die Kurve schneidet dann die x-Achse in $\pm x_1$, wobei x_1 von y_0 abhängt. Die Konstante y_0 wird durch die Forderung bestimmt, dass die Länge der Kurve zwischen $-x_1$ und x_1 gleich L ist. Die bemerkenswerte Eigenschaft von $y(x)$ ist, dass es sich auch um eine Lösung der Beltrami-Gleichung (14.38) für das Kabel handelt, falls die Konstante C gleich f_0 und der Lagrange-Multiplikator λ gleich $\sigma g y_0$ gesetzt wird. (Die Überprüfung dieser Aussage ist wieder eine leichte Übung in Analysis!) Die Lösung $y(x)$ ist deswegen ein kritischer Punkt des Funktionals für die potentielle Energie (vgl. (14.37)) unter der Nebenbedingung der fest vorgegebenen Länge. Mit anderen Worten: Die Form des selbsttragenden Bogens ist – unter der Nebenbedingung einer gegebenen Bogenlänge – ein kritischer Punkt der potentiellen Energie! Wir sind sicher, dass es kein Minimum ist. Ist es ein Maximum unter der Nebenbedingung, dass die Bogenlänge fest vorgegeben ist? Man überzeugt sich leicht davon, dass dies der Fall ist. Hier verwenden wir wieder die frühere Lösung für das aufgehängte Kabel. In diesem Fall haben alle anderen Lösungen (zum Beispiel diejenige, die in Abbildung 14.16(a) gegeben ist) eine höhere potentielle Energie als die Kettenlinie. Aus Symmetriegründen müssen alle Formen, die von der umgedrehten Kettenlinie abweichen (zum Beispiel die Form von Abbildung 14.16(b)) eine niedrigere potentielle Energie haben.

Beispiel 14.20 zeigt, dass der Kettenlinienbogen die niedrigstmöglichen inneren Spannungskräfte hat. Das steht im Gegensatz zu einem kreisförmigen Bogen, bei dem die Bogenanteile in der Nähe der höchstgelegenen Stelle einer größeren Spannung ausgesetzt sind als die weiter unten liegenden Teile. Es ist also nicht überraschend, dass die Kettenlinienform in der Architektur verwendet wird. Das vielleicht berühmteste Beispiel ist der Gateway Arch in St. Louis (Missouri). Auch die Bögen vieler Gebäude haben eine Kettenlinienform. In jedem Winter wird in Jukkasjärvi (Schweden) das vollständig

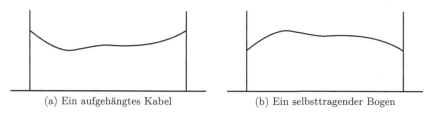

| (a) Ein aufgehängtes Kabel | (b) Ein selbsttragender Bogen |

Abb. 14.16. Eine weitere mögliche Form für ein aufgehängtes Kabel und für einen selbsttragenden Bogen.

aus Eis bestehende „Icehotel" errichtet. Eis ist spröde und deswegen ist es wichtig, die Spannungen zu minimieren. Aus diesem Grund wählen die Erbauer des Eishotels für die meisten Bögen die Form einer Kettenlinie. Aus dem gleichen Grund ist eine Kettenlinie das optimale Profil für einen Iglu. Man kann sich fragen, ob die Inuit das alles intuitiv bereits lange vor dem Rest der Menschheit wussten?

Der berühmte katalanische Architekt Antoni Gaudí kannte nicht nur die Eigenschaften des Kettenlinienbogens, sondern war auch mit den Zusammenhängen vertraut, die zwischen diesen Bögen und der Form bestehen, die von Kabeln unter ihrem eigenen Gewicht angenommen wird. Zur Untersuchung von komplexen Systemen von Bögen, wo zum Beispiel die Füße einiger Bögen auf den Spitzen anderer Bögen ruhen, ersann er das folgende System. Er hängte kleine Ketten an die Zimmerdecke, wobei die Ketten so miteinander verbunden waren, wie die Bögen sein sollten. Danach sah er sich die Struktur dieses Hängemodells durch einen auf dem Fußboden befindlichen Spiegel an, um die Form „abzulesen", die er seinen Bögen geben wollte.

14.11 Flüssigspiegel

Um Licht auf einen einzigen Punkt zu fokussieren, müssen die Spiegel von Teleskopen die Form eines Rotationsparaboloids haben (vgl. Abschnitt 15.2.1). Die präzise Konstruktion solcher Spiegel ist deswegen in der Astronomie sehr wichtig. Die Schwierigkeiten beim Bau dieser Spiegel sind enorm, da sie manchmal ziemlich groß sind (das Hale-Teleskop auf dem Mount Palomar hat einen Durchmesser von mehr als 5 Metern, und das ist noch nicht einmal das größte Teleskop!).

Um diese Schwierigkeiten zu umgehen, hatten einige Physiker die Idee, flüssige Spiegel zu bauen: Ein runder Behälter mit einer Flüssigkeit wird mit einer konstanten Geschwindigkeit gedreht. Der Erste, der diese Idee beschrieb, war der Italiener Ernesto Capocci im Jahr 1850. Der Amerikaner Robert Wood baute 1909 unter Verwendung von Quecksilber die ersten Flüssigspiegelteleskope. Da die Bildqualität schlecht war, wurde die Idee bis zum Jahr 1982 nicht ernsthaft weiterverfolgt: Damals begann das Team von Ermanno F. Borra an der Universität Laval (Quebec), aktiv an dem Projekt zu arbeiten.

Später arbeiteten mehrere Teams an dem Projekt, so auch die Gruppe von Paul Hickson an der University of British Columbia. Sie meisterten der Reihe nach alle technischen Schwierigkeiten. Die Arbeit [6] erzählt die Geschichte der Flüssigspiegelteleskope.

Wir wollen zunächst das Prinzip erklären. Rotiert eine in einem Zylinder enthaltene Flüssigkeit mit konstanter Geschwindigkeit, dann nimmt diese Flüssigkeit die Form eines Rotationsparaboloids an, also genau die Form eines Teleskopspiegels! Wir beweisen diese Tatsache mit Hilfe der Variationsrechnung. Solche Spiegel können unter Verwendung jeder reflektierenden Flüssigkeit gebaut werden, zum Beispiel Quecksilber. Diese Technologie hat viele Vorteile: Flüssigspiegel sind viel billiger als traditionelle Spiegel und haben dennoch eine sehr hohe Oberflächenqualität. Man kann sehr große Flüssigspiegelteleskope bauen. Außerdem ist es sehr leicht, die Brennweite dieser Spiegel zu ändern: Man stellt einfach die Rotationsgeschwindigkeit entsprechend ein. Das größte Problem bei diesen Spiegeln besteht darin, dass man sie nur in der vertikalen Richtung verwenden kann. Man kann also mit den Spiegeln dieser Teleskope nur den Teil des Himmels beobachten, der sich direkt darüber befindet – es sei denn, man verwendet noch zusätzliche Spiegel.

Zu den von den Forschern gelösten Problemen gehören: die Elimination von Schwingungen, die Steuerung der Rotationsgeschwindigkeit (die vollkommen konstant sein muss) und die Elimination atmosphärischer Turbulenzen nahe der Spiegeloberfläche. Da wir das Teleskop nicht ausrichten können, um die Erdrotation auszugleichen (vgl. Übung 18 von Kapitel 3), hinterlassen die beobachteten Himmelsobjekte Lichtspuren, ähnlich wie man sie auf Nachtfotos sieht. Borras Team löste das Problem durch Ersetzen des traditionellen Films durch ein CCD (Charge Couple Device, das zum Beispiel den Film in Digitalkameras ersetzt) sowie durch die sogenannte Sweeping-Technik. Das

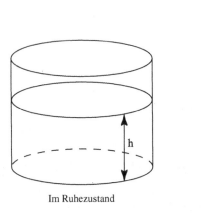
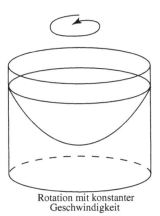

Im Ruhezustand

Rotation mit konstanter
Geschwindigkeit

Abb. 14.17. Ein Flüssigspiegel.

gleiche Team baute in den 1990er Jahren auch Flüssigspiegel mit Durchmessern von bis zu 3, 7 m, die Bilder von ausgezeichneter optischer Qualität lieferten.

In der Nähe des kanadischen Vancouver baute Hicksons Team ein Teleskop, das einen Flüssigspiegel mit einem Durchmesser von sechs Metern hat: das Large Zenith Telescope (LZT). Diese Teleskope sind nützlich, obwohl wir sie nicht ausrichten können. Möchte man nämlich die Dichte von weit entfernten Galaxien untersuchen, dann ist der Zenit eine Richtung, die genauso interessant ist wie jede andere Richtung. Wenn das Flüssigspiegelteleskop im Einsatz ist, kann man die anderen, teureren Teleskope für andere Zwecke benutzen.

Jetzt, da die von Flüssigspiegelteleskopen gelieferten Abbildungen sehr zufriedenstellend sind, gibt es zahlreiche neue ehrgeizige Projekte. Wir nennen hier etwa das ALPA-CA Projekt (Advanced Liquid-Mirror Probe for Astrophysics, Cosmology and Asteroids), bei dem es um die Installation eines Flüssigspiegelteleskops mit einem Durchmesser von 8 Metern auf dem Gipfel eines chilenischen Berges geht. Übung 5 von Kapitel 15 beschreibt die Anordnung der Spiegel dieses zukünftigen Teleskops: Nur der Primärspiegel ist flüssig, während die Sekundär- und der Tertiärspiegel aus Glas sind. Und Roger Angel von der University of Arizona ist der Leiter eines internationalen Teams, das mit Unterstützung der NASA (National Aeronautics and Space Administration) Pläne für ein Flüssigspiegelteleskop entwickelt, das auf dem Mond installiert werden könnte! Flüssigspiegelteleskope lassen sich nämlich viel leichter transportieren, als große Glasspiegel. Ein Teleskop auf dem Mond würde von der Abwesenheit einer Atmosphäre profitieren, die auf der Erde zu verschwommenen Bildern führt. Außerdem erwägt man die Möglichkeit, auf dem Mond ein Projekt für einen Spiegel von 100 m Durchmesser in Angriff zu nehmen, was durch die niedrige Schwerkraft und die Abwesenheit der Luft begünstigt wird, weswegen es zu keinen Turbulenzen in der Nähe der Spiegeloberfläche kommt! Borras Team hat bereits Fortschritte erzielt, indem Quecksilber, das bei $-39°C$ gefriert, durch eine Ionenflüssigkeit ersetzt wurde, die nicht verdunstet und bis $-98°C$ flüssig bleibt.

Borras Team arbeitet auch an Techniken, flüssige Spiegel so zu verformen, dass sie außer in vertikaler Richtung auch in anderen Richtungen eingesetzt werden können. Da Quecksilber sehr schwer ist, hat man versucht, es durch eine magnetische Flüssigkeit (ein sogenanntes *Ferrofluid*) zu ersetzen, die sich durch ein externes Magnetfeld leicht verformen lässt. Leider sind Ferrofluide nicht reflektierend. Das Team von der Universität Laval löste dieses Problem durch die Verwendung einer dünnen Schicht aus silbernen Nanopartikeln. Dieses Material heißt MELLF (MEtal Liquid Like Film), ist stark reflektierend und passt sich der Oberfläche des darunter befindlichen Ferrofluids an. Die Forschungsarbeit zu diesen Spiegeln ist ein aktuelles Projekt.

Mit Hilfe des Hamilton-Prinzips kann man beweisen, dass die Oberfläche eines Flüssigspiegels ein Rotationsparaboloid ist.

Proposition 14.21 *Wir betrachten einen senkrechten Zylinder mit Radius R. Der Zylinder sei bis zu einer Höhe h mit einer Flüssigkeit gefüllt. Wird die Flüssigkeit im Zylinder mit einer konstanten Winkelgeschwindigkeit ω um die Zylinderachse gedreht,* *dann bildet die Oberfläche der Flüssigkeit ein Rotationsparaboloid, dessen Achse die Zylinderachse ist. Die Form des Paraboloids ist von der Dichte der Flüssigkeit unabhängig.*

BEWEIS. Wir verwenden die Zylinderkoordinaten (r, θ, z), wobei $(x, y) = (r \cos \theta, r \sin \theta)$. Die Flüssigkeit befindet sich in einem Zylinder mit Radius R. Wir nehmen an, dass die Oberfläche der Flüssigkeit eine durch $z = f(r) = f(\sqrt{x^2 + y^2})$ beschriebene Rotationsfläche ist. Die Identifikation der Form dieser Fläche läuft darauf hinaus, die Funktion f zu finden. Um das zu tun, wenden wir das Hamilton-Prinzip an. Da sich das System im Gleichgewicht befindet, müssen wir das Extremum der Lagrange-Funktion $L = T - V$ finden (vgl. Beispiel 14.16).

Berechnung der potentiellen Energie V. Wir teilen die Flüssigkeit in infinitesimal kleine Volumenelemente mit Mittelpunkt (r, θ, z) und Seitenlängen dr, $d\theta$ und dz auf. Das Volumen eines solchen Elements ist $dv \approx r\, dr\, d\theta\, dz$. Angenommen, die Dichte der Flüssigkeit ist σ. Dann ist die Masse eines solchen Elements durch $dm \approx \sigma r\, dr\, d\theta\, dz$ gegeben. Da die Höhe des Elements z ist, ist seine potentielle Energie durch $dV = \sigma g r\, dr\, d\theta\, z\, dz$ gegeben.

Wir summieren jetzt über alle Elemente, um die potentielle Gesamtenergie zu bestimmen:

$$V = \int dV = \sigma g \left(\int_0^{2\pi} d\theta \right) \cdot \int_0^R \left(\int_0^{f(r)} z\, dz \right) r\, dr$$

$$= 2\sigma g \pi \int_0^R \left. \frac{z^2}{2} \right|_0^{f(r)} r\, dr$$

$$= \sigma g \pi \int_0^R (f(r))^2 r\, dr.$$

Berechnung der kinetischen Energie T. Ist u die Geschwindigkeit eines Volumenelements, dann ist dessen kinetische Energie durch $dT = \frac{1}{2} u^2 dm$ gegeben, wobei $dm \approx \sigma r\, dr\, d\theta\, dz$ seine Masse ist. Da die Winkelgeschwindigkeit ω konstant ist, ist die Geschwindigkeit eines Elements im Abstand r von der Achse durch $u = r\omega$ gegeben. Somit ist die kinetische Gesamtenergie des Systems

$$T = \int dT = \frac{1}{2} \sigma \omega^2 \left(\int_0^{2\pi} d\theta \right) \cdot \int_0^R \left(\int_0^{f(r)} dz \right) r^3 dr$$

$$= \sigma \pi \omega^2 \int_0^R f(r) r^3\, dr.$$

Anwendung des Hamilton-Prinzips. Wir erinnern daran, dass das Hamilton-Prinzip darauf abzielt, den Wert des Integrals $\int_{t_1}^{t_2} (T - V) dt$ zu minimieren. Da sich das System im Gleichgewicht befindet, wird dieses Integral minimiert, wenn man den Integranden $T - V$ minimiert. Wir haben

$$T - V = \sigma\pi \int_0^R (f(r)\omega^2 r^3 - g(f(r))^2 r)\, dr,$$

und diese Differenz hat die Form

$$\sigma\pi \int_0^R G(r, f, f')\, dr$$

mit $G(r, f, f') = f(r)\omega^2 r^3 - g(f(r))^2 r$.

Die Minimierung von I muss eine Nebenbedingung erfüllen: Das Volumen der Flüssigkeit muss bei Vol $= \pi R^2 h$ konstant bleiben. Da die Oberfläche der Flüssigkeit eine Rotationsfläche ist, ist dieses Volumen durch

$$\text{Vol} = \int_0^{2\pi} d\theta \cdot \int_0^R \left(\int_0^{f(r)} dz \right) r\, dr = 2\pi \int_0^R r f(r)\, dr \tag{14.41}$$

gegeben. Satz 14.18 ermöglicht es uns, dieses Problem mit der Nebenbedingung bezüglich des Volumens zu lösen. Wir müssen G durch die Funktion $F(r, f, f') = \sigma\omega^2 f(r) r^3 - \sigma g(f(r))^2 r - 2\lambda r f(r)$ ersetzen. Die Euler-Lagrange-Gleichung für F ist

$$\frac{\partial F}{\partial f} - \frac{d}{dr}\left(\frac{\partial F}{\partial f'} \right) = 0.$$

Da die Funktion F nicht explizit von f' abhängt, lässt sich die Gleichung in diesem Spezialfall zu $\frac{\partial F}{\partial f} = 0$ vereinfachen, das heißt, wir haben

$$\sigma\omega^2 r^3 - 2\sigma g r f(r) - 2\lambda r = 0.$$

Die Funktion f ist deswegen

$$f(r) = \frac{\omega^2 r^2}{2g} - \frac{\lambda}{\sigma g}, \tag{14.42}$$

das heißt, es handelt sich um eine Parabel. Es gibt mehrere interessante Eigenschaften, die wir an dieser Stelle angeben. Die Form der Parabel hängt nur von der Winkelgeschwindigkeit und von der Schwerkraft ab, da der Koeffizient von r^2 gleich $\frac{\omega^2}{2g}$ ist. Es ist etwas überraschend, dass die Dichte σ der Flüssigkeit absolut keinen Einfluss auf die Form der Parabel hat. Der Term $\frac{\lambda}{\sigma g}$ stellt eine vertikale Verschiebung der Parabel dar. Deren spezifischer Wert wird durch das Volumen der Flüssigkeit bestimmt, das konstant bleibt.

Wir müssen noch den Wert λ unter Berücksichtigung der Nebenbedingung Vol $= \pi R^2 h$ berechnen. Die Ausdrücke für das Volumen der Flüssigkeit (vgl. (14.41)) und das Profil f der Flüssigkeit (vgl. (14.42)) liefern

$$\mathrm{Vol} = 2\pi \int_0^R \left(\frac{\omega^2 r^2}{2g} - \frac{\lambda}{\sigma g} \right) r\, dr$$

$$= 2\pi \left[\frac{\omega^2 r^4}{8g} - \frac{\lambda r^2}{2\sigma g} \right]_0^R$$

$$= \frac{\pi \omega^2 R^4}{4g} - \frac{\pi \lambda R^2}{\sigma g}.$$

Da das Volumen konstant ist ($\pi R^2 h$), können wir die Konstante λ in der Form

$$\lambda = \frac{\sigma \omega^2 R^2}{4} - \sigma g h$$

schreiben und erhalten für f nunmehr den Ausdruck

$$f(r) = \frac{\omega^2 r^2}{2g} - \frac{\omega^2 R^2}{4g} + h.$$

Damit haben wir die Gleichung für die genaue Form des Rotationsparaboloids, das entsteht, wenn sich die Flüssigkeit mit einer konstanten Geschwindigkeit dreht.   □

14.12 Übungen

Das Fundamentalproblem der Variationsrechnung

1. Ein Flugzeug[7] muss von Punkt A nach Punkt B fliegen, die beide auf der Höhe null liegen und den Abstand d voneinander haben. In diesem Problem nehmen wir an, dass die Erdoberfläche eine Ebene ist. Für ein Flugzeug ist es teurer, in einer niedrigeren Höhe zu fliegen als in einer höheren. Wir möchten die Kosten der Flugbahn zwischen den Punkten A und B minimieren. Die Flugbahn ist eine Kurve in der vertikalen Ebene, die durch die Punkte A und B geht. Die Kosten für das Durchfliegen einer Entfernung ds in einer Höhe h sind konstant und durch $e^{-h/H}\, ds$ gegeben.
    (a) Wählen Sie ein Koordinatensystem, das sich gut für dieses Problem eignet.
    (b) Geben Sie einen Ausdruck für die Flugkosten zwischen den Punkten A und B an und drücken Sie das Problem der Minimierung dieser Kosten als Variationsproblem aus.
    (c) Leiten Sie die zugehörige Euler-Lagrange-Gleichung oder Beltrami-Gleichung ab.

Die Brachistochrone

2. Wie lautet die spezielle Gleichung der Zykloide, auf der sich ein Massenpunkt in minimaler Zeit vom Punkt $(0,0)$ zum Punkt $(1,2)$ bewegt? In welcher Zeit legt der Massenpunkt

---

[7]Dieses Problem ist einem Vorlesungsskript von Francis Clarke entnommen.

diesen Weg zurück? Verwenden Sie mathematische Software, um diese Rechnungen auszuführen.

3. Berechnen Sie die Fläche unter einem Bogen mit einem Zykloidenprofil. Hängt diese Fläche mit der Fläche des Kreises zusammen, der diese Zykloide erzeugt hat?

4. Zeigen Sie, dass der Tangentenvektor an die Zykloide $(a(\theta - \sin\theta), a(1 - \cos\theta))$ senkrecht zu $\theta = 0$ ist.

5. Haben reale Halfpipes ein Zykloidenprofil?

6. (a) Die Punkte (x_1, y_1) und (x_2, y_2) seien so beschaffen, dass die Brachistochrone zwischen ihnen von (x_1, y_1) aus vertikal beginnt und in (x_2, y_2) horizontal ankommt. Zeigen Sie, dass $\frac{y_2 - y_1}{x_2 - x_1} = \frac{2}{\pi}$.
   (b) Beweisen Sie: Ist $\frac{y_2 - y_1}{x_2 - x_1} < \frac{2}{\pi}$, dann senkt sich der Massenpunkt, der sich auf der Brachistochrone zwischen den beiden Punkten bewegt, niedriger als y_2, bevor er im Punkt (x_2, y_2) ankommt. Zeigen Sie, dass eine solche Lösung sogar für $y_1 = y_2$ existiert (falls keine Reibung auftritt). Das heißt, der schnellste Weg zwischen zwei horizontalen Punkten senkt sich unter diese Punkte.

7. (a) Berechnen Sie die Zeit, die für das Herabsinken vom Punkt $(0,0)$ auf den Punkt $P_\theta = (a(\theta - \sin\theta), a(1 - \cos\theta))$ erforderlich ist, wenn die Bewegung entlang der Geraden zwischen den Punkten erfolgt. (Verwenden Sie Gleichung (14.2) und ersetzen Sie y durch die Geradengleichung.)
   (b) Vergleichen Sie das Ergebnis mit der Zeit, die für die Bewegung auf der Brachistochrone zwischen den beiden Punkten erforderlich ist, und zeigen Sie, dass die Bewegung auf der Geraden stets länger dauert.
   (c) Zeigen Sie, dass die Zeit zum Durchlaufen der Geraden zwischen den Punkten gegen unendlich geht, wenn sich die Gerade der Horizontalen nähert.

8. Wir suchen nach dem schnellsten Weg, um uns vom Punkt $(0,0)$ zu einem rechts davon liegenden Punkt auf der vertikalen Geraden $x = x_2$ zu bewegen. Wir wissen, dass wir der Kurve einer Zykloide (14.19) folgen müssen, aber wir wissen nicht, für welchen Wert von a.
   (a) Zeigen Sie, dass für ein festes a die Zeit, die man für die Bewegung entlang der Zykloide braucht, gleich $\sqrt{\frac{a}{g}}\,\theta$ ist, wobei θ implizit durch $a(\theta - \sin\theta) = x_2$ bestimmt wird.
   (b) Zeigen Sie, dass das Minimum auftritt, wenn $\theta = \pi$. Mit anderen Worten: Zeigen Sie, dass das Minimum auftritt, wenn die Zykloide die Gerade $x = x_2$ horizontal schneidet.

Ein isochrones Pendel

9. Wir untersuchen hier eine andere interessante Eigenschaft der umgekehrten Kettenlinie. Um dieses Problem zu lösen, lassen Sie sich von Huygens' isochronem Pendel inspirieren, das wir uns in Abschnitt 14.7 angesehen haben.

(a) Zeigen Sie, dass die umgekehrte Kettenlinie $y = -\cosh x + \sqrt{2}$ die x-Achse in den Punkten $x = \ln(\sqrt{2}-1)$ und $x = \ln(\sqrt{2}+1)$ schneidet. Zeigen Sie, dass im Punkt $x = \ln(\sqrt{2}-1)$ der Anstieg gleich 1 ist, während er im Punkt $x = \ln(\sqrt{2}+1)$ gleich -1 ist.

(b) Zeigen Sie, dass die Kurve zwischen diesen zwei Punkten die Länge 2 hat.

(c) Wir konstruieren einen Weg, der aus einer Aufeinanderfolge solcher Kurven besteht, die so miteinander verbunden sind, wie in Abbildung 14.18 dargestellt. Man betrachte ein Fahrrad mit quadratischen Rädern der Seitenlänge 2. Beweisen Sie: Fährt man mit einem Fahrrad auf diesem Weg, dann bleiben die Radmittelpunkte immer auf der Höhe $\sqrt{2}$. **Hinweis:** Betrachten Sie ein einziges quadratisches Rad, das auf dem Weg ohne Gleiten rollt. Am Ausgangspunkt befindet sich eine der Ecken des Rades im Verbindungspunkt zwischen zwei zusammenhängenden umgekehrten Kettenlinien, so dass das Rad zu beiden tangential verläuft.

Der schnellste Tunnel

10. Wir betrachten einen Kreis $x^2 + y^2 = R^2$ mit Radius R und einen kleineren Kreis mit Radius $a < R$, wobei der kleinere Kreis innerhalb des größeren Kreises abrollt. Beim Start berühren sich die beiden Kreise im Punkt $P = (R, 0)$. Beweisen Sie: Beim Abrollen des kleineren Kreises innerhalb des größeren beschreibt der Punkt P eine Hypozykloide mit $b = \frac{a}{R}$ wie in (14.18) beschrieben.

11. (a) Beweisen Sie im Falle $b = \frac{1}{2}$, dass die Bewegung eines Massenpunktes durch den Tunnel, der durch die Hypozykloide von Gleichung (14.18) beschrieben wird, dieselbe ist wie die Schwingungen einer Feder entlang einer Geraden (berechnen Sie die Position des Massenpunktes als Funktion der Zeit).

Abb. 14.18. Die quadratischen Räder eines Fahrrads, das sich auf einem Weg aus umgekehrten Kettenlinien bewegt (vgl. Übung 9).

(b) Schlussfolgern Sie, dass die Bewegungsdauer unabhängig von der Höhe des Startpunktes ist.

(c) Bestimmen Sie die Zeit, die ein Massenpunkt benötigt, um ausschließlich unter dem Einfluss der Schwerkraft von einem Punkt P auf einer Geraden durch den Erdmittelpunkt zu seinem Antipodenpunkt $-P$ zu gelangen. (Der Erdradius beträgt ungefähr 6365 km.)

12. Lassen Sie einen Massenpunkt mit der Anfangsgeschwindigkeit null von der Höhe h in einen Hypozykloidentunnel mit dem Parameter b fallen. Zeigen Sie, dass das Masseteilchen für jeden Wert von b im Tunnel mit einer Periode schwingt, die unabhängig von h ist. Mit anderen Worten, zeigen Sie, dass die Bewegung des Massenpunktes durch den Tunnel isochron ist (vgl. die Diskussion in Abschnitt 14.7). Bestimmen Sie die Länge der Periode.

13. Die Übung hat das Ziel, die Reisedauer zwischen New York und Los Angeles zu berechnen, wobei wir annehmen, dass wir zwischen den Städten durch einen Hypozykloidentunnel fahren. Vielleicht möchten Sie diese Rechnung mit Hilfe eines mathematischen Softwarepakets durchführen. Der Tunnel verläuft durch die Ebene, die durch die beiden Städte und den Erdmittelpunkt definiert ist. Dabei sei der Erdradius durch $R = 6365$ km gegeben.

(a) New York liegt ungefähr bei 41 Grad nördlicher Breite und 73 Grad westlicher Länge. Los Angeles liegt ungefähr bei 34 Grad nördlicher Breite und 118 Grad westlicher Länge. Berechnen Sie den Winkel ϕ zwischen den zwei Vektoren, die den Erdmittelpunkt mit den beiden Städten verbinden.

(b) Gegeben sei eine Hypozykloide wie in (14.18) und ein Anfangspunkt $P_0 = (R, 0)$, der $\theta = 0$ entspricht. Berechnen Sie den ersten positiven Wert θ_0, für den $P_{\theta_0} = (x(\theta_0), y(\theta_0))$ auf dem Kreis mit Radius R liegt. Berechnen Sie den Winkel ψ zwischen den Vektoren $\overrightarrow{OP_0}$ und $\overrightarrow{OP_{\theta_0}}$.

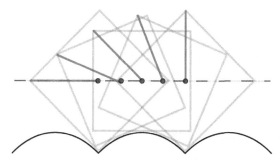

Abb. 14.19. Ein quadratisches Rad, das sich auf einem Weg bewegt, der aus umgekehrten Kettenlinien besteht (vgl. Übung 9). Es sind die Positionen einer Speiche dargestellt.

(c) Setzen Sie $\phi = \psi$ und berechnen Sie den Parameter b der Hypozykloide, die dem Tunnel zwischen New York und Los Angeles entspricht.

(d) Berechnen Sie die Zeit, die ein nur der Schwerkraft unterworfener Massenpunkt benötigt, um sich durch den Hypozykloidentunnel von New York nach Los Angeles zu bewegen. (Sie können hierzu als Hilfe die Ergebnisse von Übung 12 verwenden).

(e) Berechnen Sie die Maximaltiefe des Tunnels.

(f) Berechnen Sie die Geschwindigkeit, die der Massenpunkt an der tiefsten Stelle des Tunnels erreicht.

Das Hamilton-Prinzip

14. (a) Die potentielle Energie einer zusammengedrückten Feder ist proportional zum Quadrat ihrer Auslenkung x aus ihrer Gleichgewichtsposition: $V(x) = \frac{1}{2}kx^2$, wobei k eine Konstante ist. Das wird als Hooke'sches Gesetz bezeichnet. Wir nehmen an, dass ein Ende einer masselosen Feder an einer festen Wand befestigt ist, und dass an das andere Ende eine Masse m gehängt worden ist. Wir setzen die Position x von m gleich 0, wenn die Feder im Gleichgewicht ist. Geben Sie die Lagrange-Funktion und das Wirkungsintegral an, die die Bewegung dieser Masse beschreiben.

(b) Zeigen Sie, dass Hamiltons Prinzip die klassische Gleichung für die Bewegung einer Masse liefert, die an eine Feder gehängt ist: $x'' = -kx/m$, wobei x'' die zweite Ableitung der Position der Masse ist.

(c) Wir setzen voraus, dass der Massenpunkt mit der Geschwindigkeit null an der Position $x = 1$ zur Zeit $t = 0$ losgelassen wird. Zeigen Sie, dass seine Bahn durch die Gleichung $x(t) = \cos(t\sqrt{k/m})$ beschrieben wird.

Seifenblasen

15. Man betrachte die Fläche, die durch Rotation der Kurve $z = f(x)$ um die x-Achse entsteht, wobei $x \in [a, b]$. Zeigen Sie, dass die Fläche durch

$$2\pi \int_a^b f\sqrt{1 + f'^2}\,dx$$

gegeben ist.

16. (a) Zeigen Sie, dass die Fläche, die durch $z = f(x, y)$ über dem Bereich D der Ebene erzeugt wird, durch das Doppelintegral

$$I = \iint_D \sqrt{1 + f_x^2 + f_y^2}\,dx\,dy$$

gegeben ist, wobei $f_x = \frac{\partial f}{\partial x}$ und $f_y = \frac{\partial f}{\partial y}$.

(b) Wir nehmen an, dass der Bereich D ein Rechteck $[a, b] \times [c, d]$ ist. Man betrachte eine Funktion f mit den Randbedingungen

$$\begin{cases} f(a,y) = g_1(y), \\ f(b,y) = g_2(y), \\ f(x,c) = g_3(x), \\ f(x,d) = g_4(x), \end{cases}$$

wobei g_1, g_2, g_3, g_4 Funktionen sind, die den Bedingungen $g_1(c) = g_3(a)$, $g_1(d) = g_4(a)$, $g_2(c) = g_3(b)$ und $g_2(d) = g_4(b)$ genügen. Zeigen Sie, dass eine solche Funktion f, die I minimiert, die folgende Euler-Lagrange-Gleichung erfüllt:

$$f_{xx}(1 + f_y^2) + f_{yy}(1 + f_x^2) - 2f_x f_y f_{xy} = 0. \tag{14.43}$$

Hinweis: Arbeiten Sie sich durch ein Analogon des Beweises von Satz 14.4 hindurch! Setzen Sie voraus, dass das Integral bei f^* ein Minimum erreicht und betrachten Sie eine Variation $F = f^* + \epsilon g$, wobei g auf dem Rand von D den Wert null annimmt. Dann wird I eine Funktion von ϵ, und Sie müssen zeigen, dass deren Ableitung bei $\epsilon = 0$ gleich null ist. Zu diesem Zweck transformieren Sie das Doppelintegral in ein iteriertes Integral, um mit partieller Integration zu arbeiten. Ein Teil der Funktion muss in Bezug auf x und anschließend in Bezug auf y integriert werden, während man bei einem anderen Teil in umgekehrter Reihenfolge vorgehen muss. Die Lösung ist ziemlich aufwendig.

17. Zeigen Sie, dass das durch $z = \arctan \frac{y}{x}$ gegebene Helikoid eine Minimalfläche ist. Hierzu müssen Sie zeigen, dass die Funktion $f(x,y) = \arctan \frac{y}{x}$ die Gleichung (14.43) erfüllt.

Drei Städte und ein Seifenfilm: Das Steinerbaumproblem

18. **(a)** Es seien A, B, C die drei Ecken eines Dreiecks, und es sei P sein zugehöriger Fermatpunkt, das heißt, der Punkt $P = (x,y)$, für den $|PA| + |PB| + |PC|$ minimal ist. Beweisen Sie, dass

$$\frac{\overrightarrow{PA}}{|PA|} + \frac{\overrightarrow{PB}}{|PB|} + \frac{\overrightarrow{PC}}{|PC|} = 0.$$

Hinweis: Verwenden Sie die partiellen Ableitungen nach x und y.
(b) Beweisen Sie: Die einzige Möglichkeit, dass drei Einheitsvektoren die Summe null haben können, tritt dann ein, wenn sie jeweils einen Winkel von $\frac{2\pi}{3}$ einschließen.
(c) Man betrachte die in Abbildung 14.12 gezeigte Konstruktion. Zeigen Sie, dass sich die drei einbeschriebenen Linien in einem einzigen Punkt schneiden müssen und dass dieser Punkt dann und nur dann im Dreieck liegt, wenn die drei Innenwinkel des Dreiecks kleiner als $\frac{2\pi}{3}$ sind.
(d) Beweisen Sie: Sind die drei Winkel des Dreiecks ABC kleiner als $\frac{2\pi}{3}$, dann existiert ein eindeutig bestimmter Punkt P innerhalb des Dreiecks derart, dass sich die Vektoren $\overrightarrow{PA}$, $\overrightarrow{PB}$ und $\overrightarrow{PC}$ unter Winkeln von $\frac{2\pi}{3}$ schneiden.

Hinweis: Der geometrische Ort aller Punkte, welche die Strecke AB unter einem gegebenen Winkel θ aufspannen, besteht aus der Vereinigung zweier Kreisbögen, wie in Abbildung 14.20 dargestellt. Der Punkt P ist deswegen der Schnittpunkt dreier Kreisbögen, von denen jeder eine Seite des Dreiecks ABC unter einem Winkel von $\frac{2\pi}{3}$ aufspannt.

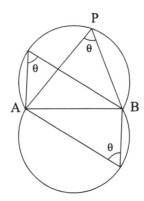

Abb. 14.20. Der geometrische Ort der Punkte, welche die Strecke AB unter dem Winkel θ aufspannen (vgl. Übung 18).

(e) Beweisen Sie: Sind die drei Winkel des Dreiecks ABC kleiner als $\frac{2\pi}{3}$, dann schneiden sich die drei Linien, die im Fermatpunkt zusammenlaufen, unter einem Winkel von $\frac{\pi}{3}$. *Hinweis:* Es sei A' (bzw. B', C') die dritte Ecke des gleichseitigen Dreiecks, das über $\overline{BC}$ (bzw. AC, AB) konstruiert wird. Zeigen Sie, dass die drei Vektoren $\overrightarrow{AA'}$, $\overrightarrow{BB'}$ und $\overrightarrow{CC'}$ einander jeweils unter einem Winkel von $\frac{2\pi}{3}$ schneiden. Man kann den Nachweis führen, indem man das Skalarprodukt eines jeden Vektorpaares berechnet. Ohne Beschränkung der Allgemeinheit kann man $A = (0,0)$, $B = (1,0)$ und $C = (a,b)$ voraussetzen.
(f) Zeigen Sie, dass der Schnittpunkt dieser Linien nur dann ein Fermatpunkt ist, wenn er innerhalb des Dreiecks liegt.
(g) Zeigen Sie unter Verwendung der Rechnung von (e), dass

$$|AA'| = |BB'| = |CC'|.$$

19. Wir betrachten das Problem, den minimalen Steinerbaum für eine Menge von vier Punkten zu finden, welche die Ecken eines Quadrats bilden. Die optimale Lösung ist in Abbildung 14.21 dargestellt, bei der alle Winkel 120 Grad betragen. Der Beweis, dass dieses Netz das kürzestmögliche ist, erweist sich als schwierig. Wir geben uns damit zufrieden, eine Teilfrage zu beantworten.

(a) Zeigen Sie, dass die Länge des Netzes kleiner als die Länge der zwei Diagonalen ist.

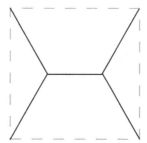

Abb. 14.21. Der minimale Steinerbaum für vier Punkte, welche die vier Ecken eines Quadrates bilden (vgl. Übung 19).

(b) Können Sie eine Vermutung bezüglich des minimalen Steinerbaums formulieren, der zu den vier Ecken eines Rechtecks gehört?

Isoperimetrische Probleme

20. Man betrachte die grafische Darstellung einer Funktion $y(x)$, welche die Punkte $(x_1, 0)$ und $(x_2, 0)$ verbindet. Wir möchten die Fläche maximieren, die zwischen der Funktion und der x-Achse liegt, wobei die Nebenbedingung erfüllt sein soll, dass der Umfang des Bereiches gleich L ist (vgl. Beispiel 14.17 am Anfang von Abschnitt 14.10). Leiten Sie die Euler-Lagrange-Gleichung für das zugehörige Funktional M von Satz 14.18 ab. Lösen Sie die Gleichung und zeigen Sie, dass die Lösung ein Kreisbogen ist. Welche Bedingung muss für L, x_1 und x_2 erfüllt sein?

21. **Die Form einer Hängebrücke.** Im Gegensatz zu einem aufgehängten Kabel bilden die Hauptkabel einer Hängebrücke keine Kettenlinie, sondern sind parabolisch. Der Unterschied besteht darin, dass das Gewicht des Kabels im Vergleich zum Gewicht der daran hängenden Brückenbahn vernachlässigbar ist.
(a) Modellieren Sie die Kräfte, die auf das Kabel wie in Beispiel 14.20 wirken. Verwenden Sie das Kräftediagramm zur Herleitung der Differentialgleichung, die von der Funktion erfüllt sein muss, welche die Form der Kurve definiert. In diesem Fall ist das Gewicht P_x proportional zu dx und nicht zu ds (wie im Falle des aufgehängten Kabels).
(b) Zeigen Sie, dass die Lösung eine Parabel ist.

Literaturverzeichnis

[1] V. Arnold, *Mathematical Methods of Classical Mechanics*. Springer-Verlag, 1978.

[2] G. A. Bliss, *Lectures on the Calculus of Variations*. University of Chicago Press, 1946.

[3] J. Cox, The shape of the ideal column. *Mathematical Intelligencer* 14 (1992), 16–24.

[4] I. Ekeland, *The Best of All Possible Worlds*. University of Chicago Press, 2006.

[5] R. P. Feynman, R. Leighton und M. Sands, *The Feynman Lectures on Physics*, Band II. Addison-Wesley, Reading, MA, 1964.

[6] B. K. Gibson, Liquid mirror telescopes. *Preprint UBC*.

[7] H. H. Goldstine, *A History of the Calculus of Variations from the 17th through the 19th Century*. Springer, New York, 1980.

[8] R. Weinstock, *Calculus of Variations*. Dover, New York, 1952.

15

Science Flashes

Dieses Kapitel zeigt eine Vielfalt von Science Flashes – kleine in sich abgeschlossene Themen, die in oder zwei Stunden behandelt werden können. Die meisten dieser Themen sind geometrisch angelegt, und viele von ihnen erfordern nicht viel mehr als eine Vertrautheit mit den Grundtatsachen der euklidischen Geometrie. Die Abschnitte sind unabhängig voneinander. Einige Themen können als Übungen behandelt werden: Der Dozent kann das Problem in der Vorlesung erklären, und der Text kann als Richtlinie für die Antworten dienen, nachdem der Student selbständig am Problem gearbeitet hat. Auf manche Aufgaben wird in den anderen Kapiteln als Ergänzung verwiesen.

Notation. In diesem Kapitel bezeichnen wir die Länge einer Strecke AB mit $|AB|$.

15.1 Das Reflexionsgesetz und das Brechungsgesetz

Das Reflexionsgesetz beschreibt den Weg eines Lichtstrahls, der von einem Spiegel reflektiert wird. Das Brechungsgesetz beschreibt den Weg eines Lichtstrahls, der von einem homogenen Medium in ein anderes übergeht (zum Beispiel von Luft in Wasser). Diese beiden scheinbar grundverschiedenen Gesetze lassen sich in einem eleganten Prinzip vereinigen.

Das Reflexionsgesetz. Ein auf die Oberfläche eines Spiegels treffender Lichtstrahl wird so reflektiert, dass der Einfallswinkel und der Reflexionswinkel[1] gleich sind (vgl. Abbildung 15.1).
Ein einfaches Prinzip erlaubt es uns, das Reflexionsgesetz neu zu formulieren:
Ein auf einen Spiegel treffender Lichtstrahl nimmt immer den kürzesten Weg zwischen zwischen zwei Punkten A und B (vgl. Abbildung 15.1).
Wir zeigen, dass dieses Prinzip das Reflexionsgesetz impliziert.

Satz 15.1 *Es seien A und B zwei Punkte, die sich auf derselben Seite eines Spiegels befinden. Wir nehmen an, dass ein Lichtstrahl von A nach B geht und den Spiegel in*

---
[1]Der Reflexionswinkel wird auch Ausfallswinkel genannt.

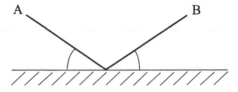

Abb. 15.1. Das Reflexionsgesetz.

einem Punkt P berührt. Dann ist der kürzeste Weg derjenige, bei dem AP und PB gleiche Winkel mit dem Spiegel bilden (wie im Reflexionsgesetz).

BEWEIS. Es sei Q ein Punkt des Spiegels. Man betrachte einen Weg von A nach B, der sich aus einer Strecke AQ und einer Strecke QB zusammensetzt (vgl. Abbildung 15.2). Die Länge des vom Lichtstrahl durchlaufenen Weges ist gleich $|AQ| + |BQ|$ (Länge von AQ plus Länge von QB). Es sei A' der zu A spiegelsymmetrisch liegende Punkt. Somit ist AA' senkrecht zum Spiegel und schneidet den Spiegel in R derart, dass $|AR| = |A'R|$. Die beiden Dreiecke ARQ und $A'RQ$ sind kongruent, da sie zwei gleiche Seiten $|AR| = |A'R|$ und RQ haben und $\widehat{ARQ} = \widehat{A'RQ} = \frac{\pi}{2}$. Es folgt $|AQ| = |A'Q|$. Also ist die Länge des vom Lichtstrahl durchlaufenen Weges gleich $|A'Q| + |QB|$.

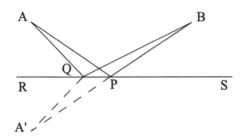

Abb. 15.2. Das Reflexionsgesetz und der kürzeste Weg.

Man vergleiche das mit dem Weg AP und PB, bei dem $\widehat{APR} = \widehat{BPS}$. Setzt man $Q = P$ in der vorhergehenden Rechnung, dann ergibt sich $|AP| = |A'P|$. Somit ist die Länge des Weges $|AP| + |PB|$ gleich $|A'P| + |PB|$. Wir haben einerseits $\widehat{APR} = \widehat{BPS}$ und andererseits $\widehat{APR} = \widehat{A'PR}$, da die Dreiecke APR und $A'PR$ kongruent sind. Das liefert $\widehat{BPS} = \widehat{A'PR}$. Wir schlussfolgern, dass P auf der Strecke $A'B$ liegt (vgl. nachstehendes Lemma 15.2). Da P auf der Strecke $A'B$ liegt, folgt $|A'P| + |BP| = |A'B|$. Da die zwei Punkte verbindende Strecke der kürzeste Weg zwischen den beiden Punkten A' und B ist, haben wir für $Q \neq P$ die Beziehung

$$|A'P| + |PB| = |A'B| < |A'Q| + |QB| = |AQ| + |QB|.$$

$\square$

Lemma 15.2 *Wir betrachten eine Gerade* (D), *einen Punkt* P *von* (D), *sowie zwei Punkte* A *und* B, *die sich – wie in Abbildung 15.3 dargestellt – auf den beiden Seiten von* (D) *befinden. Gilt* $\widehat{APR} = \widehat{BPS}$, *dann sind* A, P *und* B *kollinear.*

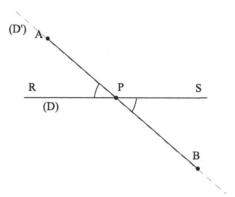

Abb. 15.3. Gilt $\widehat{APR} = \widehat{BPS}$, dann sind A, P und B kollinear.

BEWEIS. Wir betrachten Abbildung 15.3 und verlängern die Strecke PA zu einer Geraden (D'). Der Punkt P liegt auf (D'). Da Scheitelwinkel gleichgroß sind, ist der Winkel zwischen dem unteren Teil von (D') und PS gleich $\widehat{APR}$. Aber auch die Strecke PB hat diese Eigenschaft. Daher liegt PB auf (D'). $\square$

Bemerkung. Der geometrische Beweis von Satz 15.1 ist sehr elegant. Er verwendet das einfache Prinzip, dass die Strecke zwischen zwei Punkten der kürzeste Weg zwischen ihnen ist. Wir werden sehen, dass die hier auftretenden Beweisideen Anwendung bei den bemerkenswerten Eigenschaften der Parabel, Ellipse und Hyperbel finden (Abschnitt 15.2).

Das Brechungsgesetz. Dieses zweite Gesetz ermöglicht es uns, die Ablenkung eines Lichtstrahls zu berechnen, der ein homogenes Medium mit der Geschwindigkeit v_1 durchläuft und dann in ein anderes homogenes Medium gelangt, wo er sich mit der Geschwindigkeit v_2 bewegt. Es sei θ_1 der Winkel des Lichtstrahls durch das erste Medium – gemessen von der Senkrechten zur Schnittstelle zwischen den beiden Medien. Analog sei θ_2 der Winkel des Lichtstrahls durch das zweite Medium – gemessen von der gleichen Senkrechten (vgl. Abbildung 15.4). Das Brechungsgesetz besagt, dass

$$\frac{\sin\theta_1}{\sin\theta_2} = \frac{v_1}{v_2}.$$

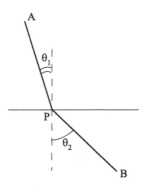

Abb. 15.4. Das Brechungsgesetz.

Es scheint offensichtlich zu sein, dass das vorhergehende Prinzip, nämlich dass der Lichtstrahl den kürzesten Weg nimmt, das Brechungsgesetz nicht exakt beschreibt. Deswegen stellt dieses Prinzip keine Vereinheitlichung des Reflexionsgesetzes und des Brechungsgesetzes dar. Aber als wir das Reflexionsgesetz diskutierten, änderte der Lichtstrahl seine Geschwindigkeit nicht, da er sich immer durch ein einziges homogenes Medium bewegte. Das Reflexionsgesetz besagt, dass die Länge des Weges zwischen zwei Punkten minimiert wird; das wiederum ist äquivalent zu der Aussage, dass die *Zeit* minimiert wird, die der Lichtstrahl zum Durchlaufen des Weges zwischen den betreffenden beiden Punkten braucht. Es ist dieses Prinzip, das zur Vereinheitlichung des Reflexionsgesetzes und des Brechungsgesetzes führt.

Prinzip: Im Reflexionsgesetz und im Brechungsgesetz folgt ein Lichtstrahl, der sich vom Punkt A zum Punkt B bewegt, dem schnellstmöglichen Weg.

Satz 15.3 *Wir betrachten zwei homogene Medien, die durch eine Ebene voneinander getrennt sind. Es seien A und B zwei Punkte, die sich auf den gegenüberliegenden Seiten der Trennebene befinden. Es bezeichne v_1 die Lichtgeschwindigkeit in dem Medium, das den Punkt A enthält und v_2 die Lichtgeschwindigkeit in dem Medium, das den Punkt B enthält. Der schnellste Weg zwischen A und B ist derjenige, der die Trennebene in dem Punkt P trifft, der folgendermaßen definiert ist: Die Winkel θ_1 und θ_2 zwischen AP und PB und der Normalen zur Trennebene sind diejenigen, die durch das Brechungsgesetz gegeben sind, das heißt,*

$$\frac{\sin\theta_1}{\sin\theta_2} = \frac{v_1}{v_2}.$$

BEWEIS. Wir beweisen die Aussage nur für das planare Problem (vgl. Abbildung 15.5). Der leichteste Beweis stützt sich auf die Differentialrechnung.

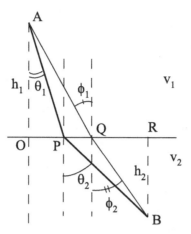

Abb. 15.5. Das Brechungsgesetz und der schnellste Weg.

Wir nehmen an, dass der Lichtstrahl im Punkt Q von einem Medium zum anderen übergeht. Dieser Punkt habe die horizontale Koordinate x (das heißt $|OQ| = x$) und es sei $l = |OR|$. Ferner sei $h_1 = |AO|$ und $h_2 = |BR|$. Wir berechnen die Laufzeit $T(x)$ zwischen A und B. Diese Zeit ist gleich

$$T(x) = \frac{|AQ|}{v_1} + \frac{|QB|}{v_2} = \frac{\sqrt{x^2 + h_1^2}}{v_1} + \frac{\sqrt{(l-x)^2 + h_2^2}}{v_2}.$$

Um diese Zeit zu minimieren, suchen wir nach einem Wert x, für den $T'(x) = 0$. Wegen

$$T'(x) = \frac{x}{v_1\sqrt{x^2 + h_1^2}} - \frac{(l-x)}{v_2\sqrt{(l-x)^2 + h_2^2}}$$

folgt $T'(x_*) = 0$ für ein x_*, das die Bedingung

$$\frac{x_*}{v_1\sqrt{x_*^2 + h_1^2}} = \frac{(l-x_*)}{v_2\sqrt{(l-x_*)^2 + h_2^2}}$$

erfüllt. Das Ergebnis folgt unter Berücksichtigung von

$$\frac{x_*}{\sqrt{x_*^2 + h_1^2}} = \sin\theta_1, \qquad \frac{(l-x_*)}{\sqrt{(l-x_*)^2 + h_2^2}} = \sin\theta_2.$$

Wir können leicht überprüfen, dass $T''(x_*) > 0$, und deswegen ist x_* ein Minimum. Es gilt nämlich

$$T''(x) = \frac{h_1^2}{v_1(x^2 + h_1^2)^{3/2}} + \frac{h_2^2}{v_2((l-x)^2 + h_2^2)^{3/2}}.$$

$\square$

Ein Lichtstrahl wählt immer den schnellsten Weg. Wir erkennen auch unmittelbar die Schönheit dieses Prinzips: Es ist nicht nur an sich elegant, sondern ermöglicht uns, neue Fragen zu betrachten. Zum Beispiel können wir mit Hilfe der Differential- und Integralrechnung den Weg berechnen, den das Licht durch heterogene Medien nimmt.

Das Optimierungsprinzip der Physik. Das ist nur eines von vielen Beispielen, bei denen die Gesetze der Physik anscheinend einem *Optimierungsprinzip* gehorchen. Die gesamte Lagrange'sche Mechanik baut auf einem ähnlichen Prinzip auf, wie es in der *Variationsrechnung* benutzt wird (vgl. Kapitel 14). Wir geben einige Beispiele:

- Ein Hochspannungskabel zwischen zwei Masten beschreibt eine Kurve. Wie lautet die Formel dieser Kurve? Wir können ihre Gleichung berechnen und sehen, dass es eine Kettenlinie ist – beschrieben durch den hyperbolischen Kosinus. Wir erinnern daran, dass der hyperbolische Kosinus durch

$$\cosh x = \frac{e^x + e^{-x}}{2}$$

  definiert ist. Warum nimmt das Kabel diese Form an? Unter allen Wegen gleicher Länge zwischen den beiden Masten ist es derjenige, der die potentielle Energie des hängenden Kabels minimiert. Weitere Einzelheiten findet man in Abschnitt 14.10 von Kapitel 14.

- Drehen wir einen mit einer Flüssigkeit gefüllten Zylinder mit konstanter Winkelgeschwindigkeit um seine Mittelachse, dann bildet die Oberfläche der Flüssigkeit ein Rotationsparaboloid. In diesem System betrachten wir nicht nur die potentielle Energie, sondern auch die kinetische Energie. Die Flüssigkeitsoberfläche muss so beschaffen sein, dass sie die *Lagrangefunktion* des Systems minimiert, welche die Differenz zwischen der potentiellen und der kinetischen Energie ist. Diese Rechnung ist in Abschnitt 14.11 von Kapitel 14 durchgeführt.

Wir kehren nun zum Brechungsgesetz zurück. Kennen wir den Winkel θ_1 mit der Normalen im ersten Medium, dann können wir den Winkel θ_2 mit der Normalen im zweiten Medium mit Hilfe von

$$\sin\theta_2 = \frac{v_2 \sin\theta_1}{v_1}$$

berechnen. Aber hat diese Gleichung immer eine Lösung? Ist $v_2 > v_1$ und $\sin\theta_1 > \frac{v_1}{v_2}$, dann haben wir $\frac{v_2 \sin\theta_1}{v_1} > 1$, aber das kann nicht der Sinus irgendeines Winkels sein. Ist also der Winkel θ_1 zu groß (das heißt, fällt der Strahl in einem Winkel ein, der zu spitz ist), dann geht er nicht in das zweite Medium über, sondern wird stattdessen reflektiert. Wie wird er reflektiert? Jetzt zeigt sich die Stärke des oben genannten allgemeinen Prinzips: Um von A nach B zu gelangen, muss der Strahl dem schnellsten Weg folgen, der die Trennfläche zwischen den beiden Medien berührt. Daher muss er so reflektiert werden, dass der Einfallswinkel gleich dem Reflexionswinkel ist.

Glasfaseroptik. Glasfasern sind durchsichtige Kabel, die von Lichtstrahlen durchlaufen werden.[2] Da die Lichtgeschwindigkeit im Kabel langsamer ist als in der Luft, werden die Strahlen reflektiert, wenn sie am Rand so einfallen, dass der Winkel mit der Normalen zu groß ist (vgl. Abbildung 15.6).

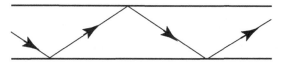

Abb. 15.6. Ausbreitung eines Lichtstrahls in einem Glasfaserkabel.

Die Glasfaseroptik wird häufig bei Hochgeschwindigkeitstelekommunikationsnetzen verwendet, denn sie ermöglicht die gleichzeitige Übertragung vieler Signale, ohne dass zwischen ihnen eine Interferenz erfolgt. Die Ingenieure müssen beim Entwurf und bei der Konstruktion von Glasfaserkabeln zahlreiche Probleme lösen, und viele dieser Probleme können ein Projektthema sein (Dispersion von Wellen; Kabel, deren Brechungsindex sich in Abhängigkeit vom Abstand von der Faserachse ändert; Signaltrennung usw.).

Kurzwellen. Elektromagnetische Wellen werden in eine Vielfalt von Familien eingeteilt, zu denen sichtbare Wellen, Ultraviolettstrahlung, Röntgenstrahlen und Radiowellen gehören. Diese Familien werden auf Grundlage ihrer Frequenzbereiche definiert. Zum Beispiel beginnen Radiowellen im Allgemeinen bei nur wenigen Hertz und gehen bis zu einigen Hundert Gigahertz.[3] In Nordamerika verwenden kommerzielle Radiosender, die mit *Amplitudenmodulation* (AM) arbeiten, Frequenzen um 1 MHz[4], während Sender, die mit *Frequenzmodulation* (FM) arbeiten, höhere Frequenzen von ca. 100 MHz benutzen. Zwischen diesen beiden Spektren liegt die Familie der *Kurzwellen* im Bereich von 3 bis 30 MHz. Unabhängig von der Übertragungsstärke begrenzt die Erdkrümmung den Empfangsradius einer jeden Antenne. Trotzdem werden Kurzwellen (und andere Wellen niedriger Frequenz) viel weiter übertragen als nur bis zur einfachen Sichtweite. Der Grund hierfür ist, dass die Kurzwellen von den höheren Schichten der Ionosphäre reflektiert werden.

Die Atmosphäre ist ein inhomogenes Medium. Sie wird in drei große Schichten unterteilt:

---

[2] Glasfasern fallen unter den Sammelbegriff der Lichtwellenleiter.
[3] 1 Gigahertz = 1 GHz = 10^9 Hz.
[4] 1 Megahertz = 1 MHz = 10^6 Hz.

- die Troposphäre, von der Erdoberfläche bis zu 15 km Höhe;
- die Stratosphäre, von 15 bis 40 km Höhe; und
- die Ionosphäre, von 40 bis 400 km Höhe.

In den höheren Schichten der Ionosphäre bilden ionisierte Gase einen Spiegel für Kurzwellen. Die genaue Beschaffenheit dieser Gase und die von ihnen verursachten Reflexionen variieren in Abhängigkeit von der Tageszeit enorm. Unter günstigen Bedingungen ist es möglich, dass ein Signal von der Ionosphäre und der Erde mehrmals reflektiert wird. Die genaue Berechnung des Signalwegs muss auch die Schichten unterhalb der Ionosphäre berücksichtigen, denn diese Schichten brechen das Signal.

Lokalisierung von Blitzschlägen. In Abschnitt 1.3 von Kapitel 1 haben wir gesehen, dass Blitzschläge elektromagnetische Wellen erzeugen, die sich durch die Atmosphäre ausbreiten und gelegentlich durch die Ionosphäre reflektiert werden. Wenn das geschieht, erkennen manche Blitzdetektoren den Anfang des Strahls, während andere seine Reflexion erkennen.

15.2 Einige Anwendungen der Kegelschnitte

15.2.1 Eine bemerkenswerte Eigenschaft der Parabel

Legenden berichten, dass Archimedes (287–212 v. Chr.) eine römische Flotte in Brand gesetzt hat, als sie Syrakus angriff, seine Heimatstadt auf der Insel Sizilien. Angeblich tat er das, indem er eine bemerkenswerte Eigenschaft von Parabeln ausnutzte. Wir werden diese Eigenschaft weiter unten diskutieren.

Die meisten Leser erinnern sich sicher an die Grundgleichung $y = ax^2$ der Parabel, deren Scheitelpunkt im Koordinatenursprung liegt, und die symmetrisch zur senkrechten Achse liegt. Es gibt eine äquivalente geometrische Formulierung:

Definition 15.4 *Eine Parabel ist der geometrische Ort aller Punkte der Ebene, die von einem gegebenen Punkt F (dem* Brennpunkt *der Parabel) und einer gegebenen Geraden (Δ) (der* Leitgeraden[5] *der Parabel) den gleichen Abstand haben (vgl. Abbildung 15.7).*

Für eine Parabel mit der Gleichung $y = ax^2$ ist es relativ einfach, sowohl den Brennpunkt als auch die Leitgerade zu identifizieren.

Proposition 15.5 *Der Brennpunkt der Parabel $y = ax^2$ ist der Punkt $(0, \frac{1}{4a})$ und die Leitgerade ist die Gerade mit der Gleichung $y = -\frac{1}{4a}$.*

---

[5]Auch *Leitlinie* genannt.

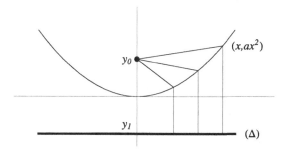

Abb. 15.7. Die geometrische Definition einer Parabel.

BEWEIS. Aus Symmetriegründen muss der Brennpunkt auf der Symmetrieachse der Parabel liegen (in diesem Fall die y-Achse) und die Leitgerade muss senkrecht zu dieser Achse verlaufen. Somit haben wir

$$F = (0, y_0) \qquad \text{und} \qquad (\Delta) = \{(x, y_1) \mid x \in \mathbb{R}\}.$$

Wir sehen bereits, dass $y_1 = -y_0$, denn $(0,0)$ liegt auf der Parabel. Liegt ein Punkt auf der Parabel, dann hat er die Form (x, ax^2), und sein Abstand vom Brennpunkt ist gleich seinem Abstand von der Leitgeraden, wenn

$$|(x, ax^2) - (0, y_0)| = |(x, ax^2) - (x, -y_0)|.$$

Wir quadrieren beide Seiten, um die Wurzelausdrücke zu eliminieren:

$$|(x, ax^2) - (0, y_0)|^2 = |(x, ax^2) - (x, -y_0)|^2.$$

Das liefert $x^2 + (ax^2 - y_0)^2 = (x - x)^2 + (ax^2 + y_0)^2$ oder äquivalent

$$x^2 + a^2 x^4 - 2ax^2 y_0 + y_0^2 = a^2 x^4 + 2ax^2 y_0 + y_0^2.$$

Das vereinfacht sich zu

$$x^2(1 - 4ay_0) = 0,$$

was für alle x erfüllt sein muss. Daher muss der Koeffizient von x^2 gleich null sein: $1 - 4ay_0 = 0$ und somit $y_0 = \frac{1}{4a}$. Demnach hat der Brennpunkt die Koordinaten $(0, \frac{1}{4a})$, und die Leitgerade hat die Gleichung $y = -\frac{1}{4a}$. $\qquad\Box$

Um die genannte bemerkenswerte Eigenschaft der Parabel zu verstehen, müssen wir uns zunächst vorstellen, dass das Innere der Parabel ein Spiegel ist. Alle Lichtstrahlen, die an einem Punkt der Parabel reflektiert werden, erfüllen deswegen das Reflexionsgesetz: Der Einfallswinkel eines jeden solchen Strahls ist gleich dem Reflexionswinkel,

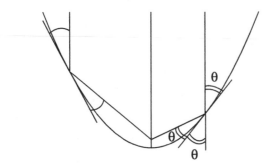

Abb. 15.8. Eine bemerkenswerte Eigenschaft der Parabel.

wobei beide Winkel in Bezug auf die in diesem Punkt an die Parabel gezogene Tangente gemessen werden. (Weitere Ausführungen zum Reflexionsgesetz findet man in Abschnitt 15.1.) Der folgende Satz beschreibt die genannte bemerkenswerte Eigenschaft der Parabel.

Satz 15.6 Eine bemerkenswerte Eigenschaft der Parabel. *Sämtliche Lichtstrahlen, die parallel zur Parabelachse verlaufen und an ihrer Oberfläche reflektiert werden, gehen durch den Brennpunkt der Parabel.*

BEWEIS. Wir sehen uns die Parabel mit der Gleichung $y = f(x)$ an, wobei $f(x) = ax^2$. Wir betrachten die abstrakte Funktion $f(x)$ für die meisten Berechnungen, um diese in Satz 15.7 wiederverwenden zu können, in dem es um die Umkehrung dieses Satzes geht. Es sei (x_0, y_0) ein Punkt der Parabel und es sei θ der Einfallswinkel zwischen dem Strahl und der Tangente an die Parabel im Punkt (x_0, y_0). Aus Symmetriegründen können wir uns auf $x_0 \geq 0$ beschränken. Abbildung 15.8 und die Tatsache, dass vertikal gegenüberliegende Winkel gleich sind, implizieren, dass der reflektierte Strahl den Winkel 2θ mit der Vertikalen bildet, und somit den Winkel $\frac{\pi}{2} - 2\theta$ mit der Horizontalen. Die Gleichung des reflektierten Strahls ist deswegen

$$y - y_0 = \tan\left(\frac{\pi}{2} - 2\theta\right)(x - x_0) \tag{15.1}$$

(an dieser Stelle verwenden wir die Tatsache, dass $x_0 \geq 0$, denn im Fall $x_0 < 0$ müssten wir ein negatives Vorzeichen hinzufügen). Wir müssen $\tan(\frac{\pi}{2} - 2\theta)$ als Funktion von x_0 berechnen. Der Anstieg der Tangente an die Parabel ist durch $f'(x_0) = 2ax_0$ gegeben. Da der Winkel zwischen der Tangente und der Horizontalen gleich $\frac{\pi}{2} - \theta$ ist, haben wir

$$\tan\left(\frac{\pi}{2} - \theta\right) = \cot\theta = f'(x_0) = 2ax_0.$$

Es gilt ferner

$$\tan\left(\frac{\pi}{2} - 2\theta\right) = \cot 2\theta.$$

Wegen $\cos 2\theta = \cos^2\theta - \sin^2\theta$ und $\sin 2\theta = 2\sin\theta\cos\theta$ erhalten wir

$$\cot 2\theta = \frac{\cos^2\theta - \sin^2\theta}{2\sin\theta\cos\theta} = \frac{\frac{\cos^2\theta - \sin^2\theta}{\sin^2\theta}}{\frac{2\sin\theta\cos\theta}{\sin^2\theta}} = \frac{\cot^2\theta - 1}{2\cot\theta}.$$

Hieraus folgt

$$\cot 2\theta = \frac{(f'(x_0))^2 - 1}{2f'(x_0)} = \frac{4a^2x_0^2 - 1}{4ax_0}.$$

Man findet den Schnittpunkt des reflektierten Strahls und der vertikalen Achse, indem man $x = 0$ in die Gleichung (15.1) für den reflektierten Strahl einsetzt und beachtet, dass $y_0 = f(x_0)$. Wir erhalten

$$y = f(x_0) - x_0 \frac{(f'(x_0))^2 - 1}{2f'(x_0)}.$$

Wir verwenden nun die Tatsache, dass $f(x) = ax^2$. Wir erhalten

$$y = \frac{1}{4a},$$

und das bedeutet, dass der Schnittpunkt $(0, y)$ des reflektierten Strahls und der vertikalen Achse unabhängig vom vertikal einfallenden Strahl und somit unabhängig vom betrachteten Reflexionspunkt ist. Darüber hinaus bemerken wir, dass der Schnittpunkt sämtlicher reflektierter Strahlen und der vertikalen Achse $(0, \frac{1}{4a})$ genau der Brennpunkt der Parabel ist. □

Auch die Umkehrung ist richtig:

Satz 15.7 *Die Parabel ist die einzige Kurve mit der Eigenschaft, dass es eine Richtung derart gibt, dass alle einfallenden Strahlen, die parallel zu dieser Richtung verlaufen, von der Kurve durch einen einzigen Punkt reflektiert werden.*

DISKUSSION DES BEWEISES. Dieser Satz ist viel tiefgründiger als der vorhergehende. Betrachten wir eine Kurve mit der Gleichung $y = f(x)$, dann müssen wir die oben genannte Differentialgleichung

$$f(x_0) - x_0 \frac{(f'(x_0))^2 - 1}{2f'(x_0)} = C$$

lösen, wobei C eine Konstante ist. Das ist äquivalent zu der Differentialgleichung (wir setzen $x_0 = x$, um sie in der üblichen Form zu erhalten)

$$2f(x)f'(x) - x(f'(x))^2 - 2Cf'(x) + x = 0.$$

Wir werden die Lösung hier nicht weiter verfolgen. Die Leser, die mit der Theorie von Differentialgleichungen vertraut sind, werden jedoch bemerken, dass es sich um eine nichtlineare Gleichung erster Ordnung handelt. □

Wir geben einen geometrischen Beweis von Satz 15.6 und verwenden dabei nur die von uns angegebene geometrische Definition der Parabel (vgl. Definition 15.4).

GEOMETRISCHER BEWEIS VON SATZ 15.6. Im Beweis nehmen wir Bezug auf Abbildung 15.9. Wir betrachten eine Parabel mit dem Brennpunkt F und der Leitgera-

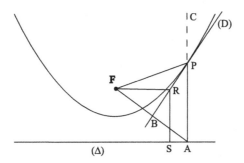

Abb. 15.9. Geometrischer Beweis der bemerkenswerten Eigenschaft der Parabel.

den (Δ). Es sei P ein Punkt auf der Parabel und A dessen Projektion auf die Leitgerade (Δ). Gemäß Definition der Parabel wissen wir, dass $|PF| = |PA|$. Es sei B der Mittelpunkt der Strecke FA, und es bezeichne (D) die durch P und B gehende Gerade. Da das Dreieck FPA gleichschenklig ist, wissen wir, dass $\widehat{FPB} = \widehat{APB}$. Der Satz ist bewiesen, wenn wir zeigen können, dass die Gerade (D) die Parabel im Punkt P tangential berührt. Um uns zu überzeugen, dass das ausreicht, betrachten wir die Verlängerung PC von PA. Diese Verlängerung ist der einfallende Strahl. Der Winkel zwischen PC und (D) ist gleich dem (vertikal gegenüberliegenden) Winkel $\widehat{APB}$ und dieser ist gleich dem Winkel $\widehat{FPB}$. Würde sich also die Gerade (D) wie ein Spiegel verhalten und wäre PC der einfallende Strahl, dann wäre PF der reflektierte Strahl.

Wir müssen jetzt beweisen, dass die oben definierte Gerade (D) die Tangente an die Parabel im Punkt P ist. Wir beweisen das, indem wir zeigen, dass außer P alle Punkte von (D) unterhalb der Parabel liegen. Man überzeugt sich nämlich leicht davon, dass jede durch P gehende und von der Tangente verschiedene Gerade Punkte hat, die oberhalb der Parabel liegen (vgl. Abbildung 15.10).

Wie beweisen wir, dass ein Punkt unterhalb der Parabel liegt? Wir kommen auf die geometrischen Eigenschaft zurück, die eine Parabel definiert, und geben folgende Umformulierung: Es sei R ein Punkt in der Ebene und S seine orthogonale Projektion auf die Leitgerade. Dann haben wir

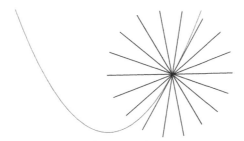

Abb. 15.10. Die Tangente im Punkt P an die Parabel ist die einzige Gerade durch P, die keine Punkte oberhalb der Parabel hat.

$$
\begin{cases}
|FR| < |SR| & \text{falls } R \text{ oberhalb der Parabel liegt,} \\
|FR| = |SR| & \text{falls } R \text{ auf der Parabel liegt, und} \\
|FR| > |SR| & \text{falls } R \text{ unterhalb der Parabel liegt.}
\end{cases} \tag{15.2}
$$

Es sei R ein von P verschiedener Punkt von (D), und es sei S seine Projektion auf (Δ). Die Dreiecke FPR und PAR sind kongruent, da sie zwischen zwei gleichen Seiten den gleichen Winkel einschließen. Demnach ist $|FR| = |AR|$. Da AR die Hypotenuse des rechtwinkligen Dreiecks RSA ist, gilt zusätzlich $|SR| < |AR|$. Demnach ist $|SR| < |FR|$, und aus (15.2) folgt, dass R unterhalb der Parabel liegt. $\square$

Ist diese Eigenschaft wirklich so bemerkenswert? Satz 15.7 bestätigt, dass es so ist, und dass diese Eigenschaft die Parabel eindeutig definiert. Wie wird diese Eigenschaft in der Praxis verwendet? Man betrachte Abbildung 15.11. Ein flacher Spiegel reflektiert parallele Lichtstrahlen als Lichtstrahlen, die in einer anderen Richtung parallel verlaufen, ein kreisförmiger Spiegel reflektiert parallele Strahlen in nichtfokussierte Strahlen, während eine Parabel alle Strahlen, die parallel zu Mittelachse der Parabel einfallen, in einen eindeutig bestimmten Brennpunkt reflektiert. Es ist also nicht überraschend, dass Parabeln so viele technische Anwendungen haben.

Parabolantennen. Eine Parabolantenne ist normalerweise so gerichtet, dass ihre Mittelachse direkt auf die Signalquelle zeigt, deren Signale sie empfangen soll (die Signalquelle ist häufig ein Satellit). Der physikalische Empfänger wird im Brennpunkt der Antenne positioniert. Abbildung 15.12 zeigt eine Parabolantenne am Stadtrand von Höfn in Island. In Island, einem Land voller Berge und Fjorde, ist es nicht immer möglich, eine Antenne direkt auf den gewünschten Satelliten zu richten. Wenn man dort an Bergschluchten vorbeifährt, sieht man oft Paare von Parabolantennen, von denen jede auf eine andere Talsohle weist. Eine der Antennen ist ein Empfänger, der das Empfangssignal zur zweiten Antenne überträgt, die das Signal schließlich an die Antenne in der zweiten Talsohle sendet.

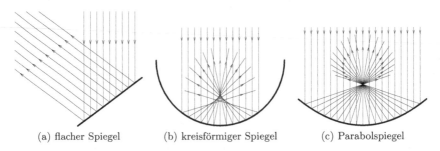

(a) flacher Spiegel	(b) kreisförmiger Spiegel	(c) Parabolspiegel

Abb. 15.11. Vergleich reflektierter Strahlen bei einem flachen Spiegel, einem kreisförmigen Spiegel und einem Parabolspiegel.

Abb. 15.12. Eine Parabolantenne am Stadtrand von Höfn in Island.

Radar. Radarempfänger haben ebenfalls eine parabolische Form. Der Unterschied zwischen ihnen und den standardmäßigen Satellitenantennen besteht darin, dass die Achsenposition variabel ist und das Radar selbst die Quelle der Signale ist, die in Richtung seiner Mittelachse ausgesendet werden. Treffen die elektromagnetischen Wellen auf ein Objekt auf, dann werden sie reflektiert. Ein Teil dieser reflektierten Wellen kehrt zum Sender zurück (nämlich diejenigen Wellen, die auf Objektflächen auftreffen, die senkrecht zum Signalweg sind). Diese Strahlen treffen dann auf die Parabolantenne auf und werden an den Empfänger übertragen, der sich im Brennpunkt befindet. Um viele Richtungen abzudecken, dreht sich das Radar ständig, wobei seine Achse ungefähr waagerecht bleibt.

Autoscheinwerfer. Die Glühlampe befindet sich im Brennpunkt und emittiert Licht in alle Richtungen.[6] Alle hinter der Glühlampe emittierten Strahlen werden dann zu Strahlen reflektiert, die zur Achse parallel sind.

Teleskope. Wieder richten wir das Teleskop so, dass seine Achse auf das Objekt oder auf einen Teil des Himmels zeigt, den wir beobachten möchten. Das Licht kommt aus einer hinreichend großen Entfernung, so dass die Strahlen im Wesentlichen parallel sind, wenn sie im Empfänger eintreffen, wo sie alle durch den Brennpunkt reflektiert werden. Teleskope dieser Art leiden an einem großen Problem: Das Bild wird im Brennpunkt des Spiegels erzeugt, der sich oberhalb des Spiegels befindet. Aber der Beobachter (in diesem Fall das Gerät, welches das Bild erfasst) sollte sich nicht oberhalb des Spiegels befinden, da er die Sicht versperrt und ebenfalls auf dem Bild erscheint. Es gibt zwei klassische Vorgehensweisen.

1. Der erste Typ verwendet einen flachen Spiegel, der schräg so positioniert wird wie in Abbildung 15.13 dargestellt. Ein solches Teleskop wird *Newton'sches Teleskop* genannt.

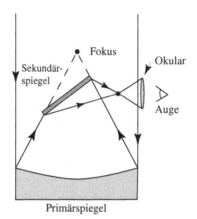

Abb. 15.13. Newton'sches Teleskop.

2. Der zweite Typ verwendet einen konvexen (Sekundär-)Spiegel, der sich oberhalb des großen Primärspiegels befindet. In diesem Fall sind die beiden Spiegel nicht notwendigerweise parabolisch, denn die zusammengesetzte Wirkung der beiden Spiegel fokussiert das Bild auf einen einzigen Punkt (vgl. Abbildung 15.14). Wir können jedoch den Primärspiegel auch als Parabolspiegel konstruieren. In diesem Fall ist

---

[6]Die Xenonscheinwerfer beruhen auf einem anderen Prinzip.

der Sekundärspiegel ein konvexer hyperbolischer Spiegel, der so ausgerichtet ist, dass der Brennpunkt der Parabel auch der Brennpunkt der Hyperbel ist. Diese besondere Wahl des Sekundärspiegels beruht auf einer bemerkenswerten Eigenschaft hyperbolischer Spiegel. Wir diskutieren diese Eigenschaft in Abschnitt 15.2.3. Ein solches Teleskop wird *Schmidt–Cassegrain-Teleskop* genannt.

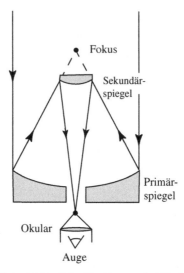

Abb. 15.14. Schmidt–Cassegrain-Teleskop.

3. Unlängst sind Teleskope mit Flüssigspiegeln entwickelt worden. Übung 15.48 zeigt den Plan des Teleskops ALPACA, das auf dem Gipfel eines Berges in Chile installiert wird. Weitere Ausführungen zu Teleskopen mit Flüssigspiegeln findet man in Abschnitt 14.11 von Kapitel 14.

Sonnenöfen. Sonnenöfen sind eine Methode, Sonnenlicht zur Erzeugung von Elektrizität zu verwenden. Mehrere dieser Öfen sind in der Nähe der Stadt Odeillo in den französischen Pyrenäen errichtet worden. Odeillo ist die Heimat des PROMES-Labors des CNRS (Laboratoire PROcédés, Matériaux et Énergie Solaire du Conseil National de la Recherche Scientifique). Das dortige Gebiet ist außergewöhnlich sonnenreich. Der größte Ofen erzeugt mehr als 1 Megawatt[7] (vgl. Abbildung 15.15). Zum Vergleich: In Frankreich gibt es ungefähr 250 hydroelektrische Dämme mit Leistungen zwischen ei-

---

[7] 1 Megawatt = 10^6 Watt.

Abb. 15.15. Der größte Sonnenofen von Odeillo. Im Vordergrund sind einige Heliostaten zu sehen. (Foto von Serge Chauvin.)

nigen zehn Kilowatt[8] und mehreren Hundert Megawatt. Die größten hydroelektrischen Dämme in Quebec erzeugen zwischen 1000 und 2000 Megawatt. Einzelne Windkraftanlagen können ungefähr 600 Kilowatt erzeugen. Der in Abbildung 15.15 gezeigte Solarofen besteht aus einem großen Parabolspiegel mit einer Oberfläche von 1830 Quadratmetern. Seine Mittelachse ist horizontal und der Brennpunkt liegt 18 Meter vor dem Spiegel. Da es nicht möglich ist, den ganzen Spiegel und Ofen auf die Sonne zu richten, benutzt man 63 Heliostaten mit einer Gesamtoberfläche von 2835 Quadratmetern (vgl. Abbildung 15.16). Ein Heliostat ist einfach ein Spiegel, der von einem Uhrmechanismus angetrieben wird, der es seinerseits ermöglicht, dass der Spiegel den ganze Tag das Sonnenlicht in einer konstanten Richtung reflektiert. Heliostaten werden so installiert und programmiert, dass sie die Sonnenstrahlen in Richtung des Solarofens parallel zu dessen Mittelachse reflektieren. Das erfordert, dass der Solarofen nach Norden gerichtet wird! Die eingefangenen Strahlen werden dann in Richtung des Brennpunktes des Parabolspiegels reflektiert, wo sie einen Wasserstoffbehälter auf eine sehr hohe Temperatur erhitzen. Diese Wärmequelle wird in mechanische Kraft umgewandelt, um einen

---

[8]1 Kilowatt $= 10^3$ Watt.

Abb. 15.16. Heliostaten leiten die Solarstrahlen zum Primärspiegel, einen Parabolspiegel des Sonnenofens von Odeillos (Foto von Serge Chauvin).

Stromgenerator zu betreiben – der Mechanismus wird als „Stirling-Zyklus" bezeichnet. Forschungsschwerpunkt ist die Steigerung der Nutzleistung bei der Verwandlung von Wärme in Elektrizität. Gegenwärtig haben diese Systeme eine Effizienz von ungefähr 18%.

Eine Rückkehr zur Legende des Archimedes. Archimedes verwendete (laut Legende) Parabeln, um große Parabolspiegel zu bauen, deren Achsen auf die Sonne gerichtet waren und deren Brennpunkte den Schiffen der römischen Flotte so nahe wie möglich sein sollten. Die moderne Technik wäre wahrscheinlich dazu in der Lage, Spiegel der Größe und der Reflexionsqualität zu bauen, die erforderlich sind, um die Segel eines entfernten Schiffes in Brand zu setzen. Jedoch ist es zweifelhaft, dass die Technik der damaligen Zeit bereits in der Lage war, derartige Defensivwaffen zu bauen, selbst wenn man gut ausgerichtete polierte Metallschilde verwendet hätte. Eine Gruppe von Ingenieuren vom Massachusetts Institute of Technology hat unlängst die Machbarkeit einer solchen Vorrichtung getestet.[9] Mit Hilfe von 127 Spiegeln mit einer Oberfläche von je einem Quadratfuß ($\approx 0,1\,\mathrm{m}^2$) gelang es ihnen nach einigen Versuchen, das Modell eines

---

[9]http://web.mit.edu/2.009/www/experiments/deathray/10_ArchimedesResult.html

10 Fuß ($\approx$ 3 m) langen Schiffes in Brand zu setzen, das sich in einer Entfernung von ungefähr 100 Fuß ($\approx$ 30 m) von den Spiegeln befand. Das Experiment wurde kritisiert, weil die Ingenieure moderne Materialien benutzten, die es zur Zeit des Archimedes noch nicht gegeben hat, und weil das Ziel näher positioniert war, als die Legende berichtet hatte. Trotz dieser Kritik zeigt der erfolgreiche Test, dass die Idee nicht so absurd war, wie es zunächst erscheinen mag.

Im Gegensatz zu den Ingenieuren des MIT konnte sich Archimedes nicht einfach Hunderte von hochreflektierenden Spiegeln im benachbarten Baumarkt kaufen! Hätte er aber nicht Hunderte hochglanzpolierte und nebeneinander aufgestellte Metallschilde verwenden können? Das darf zwar angezweifelt werden, aber wir können diese Möglichkeit nicht ausschließen.

15.2.2 Die Ellipse

Wir erinnern uns an die geometrische Definition einer Ellipse.

Definition 15.8 *Eine Ellipse ist der geometrische Ort aller Punkte der Ebene, für die die Summe ihrer Abstände von zwei Punkten F_1 und F_2 (den Brennpunkten) gleich einer Konstanten C ist, wobei $C > |F_1 F_2|$.*

Ellipsen haben eine bemerkenswerte Eigenschaft, die der entsprechenden Parabeleigenschaft ziemlich ähnelt.

Satz 15.9 Eine bemerkenswerte Eigenschaft der Ellipse. *Jeder Lichtstrahl, der einen Brennpunkt verlässt und vom Inneren der Ellipse reflektiert wird, trifft den anderen Brennpunkt.*

BEWEIS. Wir geben einen geometrischen Beweis, der nur Definition 15.8 verwendet, die sich folgendermaßen umformulieren lässt: Ist R ein Punkt der Ebene, dann gilt

$$\begin{cases} |F_1 R| + |F_2 R| < C & \text{falls } R \text{ innerhalb der Ellipse liegt,} \\ |F_1 R| + |F_2 R| = C & \text{falls } R \text{ auf der Ellipse liegt,} \\ |F_1 R| + |F_2 R| > C & \text{falls } R \text{ außerhalb der Ellipse liegt.} \end{cases} \tag{15.3}$$

Man stelle sich einen von F_1 ausgehenden Lichtstrahl vor und betrachte den Punkt P, in dem der Strahl die Ellipse schneidet (vgl. Abbildung 15.17). Es sei (D) die Gerade, die durch P geht und sowohl mit $F_1 P$ als auch mit $F_2 P$ den gleichen Winkel bildet. Wir müssen zeigen, dass diese Gerade die Tangente im Punkt P an die Ellipse ist. Hier verwenden wir wieder die Tatsache, dass jede Gerade durch P, die von der Tangente verschieden ist, Punkte innerhalb der Ellipse hat (vgl. Abbildung 15.18). Wir müssen also zeigen, dass jeder Punkt R auf (D), der von P verschieden ist, die Ungleichung $|F_1 R| + |F_2 R| > C$ erfüllt.

Es sei F der Punkt, der bezüglich (D) symmetrisch zu F_1 liegt. Da P und R beide auf (D) liegen, haben wir $|FP| = |F_1 P|$ und $|FR| = |F_1 R|$. Die Dreiecke $F_1 P R$ und $F P R$

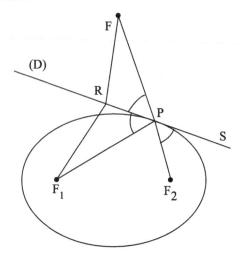

Abb. 15.17. Eine bemerkenswerte Eigenschaft der Ellipse.

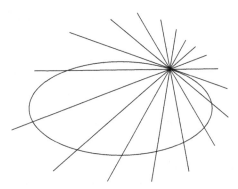

Abb. 15.18. Die Tangente im Punkt P an die Parabel ist die einzige Gerade durch P, die keinen Punkt innerhalb der Ellipse hat.

sind demnach kongruent, denn sie haben drei gleiche Seiten. Es folgt also $\widehat{FPR} = \widehat{F_1PR}$. Wegen $\widehat{F_1PR} = \widehat{F_2PS}$ haben wir gemäß Definition von (D) die Beziehung $\widehat{FPR} = \widehat{F_2PS}$, die uns nach Lemma 15.2 den Schluss erlaubt, dass F_2, F und P kollinear sind. Es folgen $|FF_2| = |FP| + |PF_2|$ und

$$|F_1R| + |F_2R| = |FR| + |F_2R| > |FF_2|.$$

Wir haben auch

$$|FF_2| = |FP| + |PF_2| = |F_1P| + |PF_2| = C.$$

Daher gilt $|F_1R| + |F_2R| > C$, und wir schließen, dass R außerhalb der Ellipse liegt. □

Elliptische Spiegel. Elliptische Spiegel werden in der geometrischen Optik untersucht und haben gegenwärtig eine Vielfalt von Anwendungen. Während Parabolspiegel in der Lage sind, das Licht einer punktförmigen Lichtquelle (zum Beispiel einer Glühlampe) in parallele Lichtstrahlen umzuwandeln (wie es bei Autoscheinwerfern geschieht), reflektiert ein elliptischer Spiegel ein Strahlenbündel, das von einem Punkt ausgeht, in ein Bündel von Strahlen, die in einem anderen Punkt zusammenlaufen. Diese Eigenschaft wird bei bestimmten Arten von Filmprojektoren verwendet, bei denen ein elliptischer Spiegel das Licht der Glühlampe sammelt und es durch die enge Blende so reflektiert, dass es durch den Film geht. Auch gewisse Teleskopkonstruktionen verwenden elliptische Sekundärspiegel.

Elliptische Bögen. Die beschriebene Eigenschaft von Ellipsen lässt sich auch bei Schallwellen beobachten. Zum Beispiel sind die Bögen in der Pariser Metro annähernd elliptisch. Wenn Sie also in der Nähe des Brennpunktes auf der einen Seite der Gleise stehen, dann können Sie deutlich die Gruppe von Menschen hören, die sich in der Nähe des Brennpunktes auf der anderen Seite der Gleise aufhalten. In einigen Fällen können Sie diese Menschen tatsächlich deutlicher hören als jemanden, der nahe bei Ihnen auf derselben Seite der Gleise steht.

15.2.3 Die Hyperbel

Wir erinnern an die geometrische Definition einer Hyperbel.

Definition 15.10 *Eine Hyperbel ist der geometrische Ort derjenigen Punkte der Ebene, für die der absolute Betrag der Differenz ihrer Abstände von zwei Punkten F_1 und F_2 (die als Brennpunkte bezeichnet werden) gleich einer Konstanten C ist, wobei $C < |F_1F_2|$. Mit anderen Worten: P liegt dann und nur dann auf der Hyperbel, wenn*

$$\big| \, |F_1P| - |F_2P| \, \big| = C.$$

Eine Hyperbel hat zwei Äste. Der zum Brennpunkt F_1 gehörende Ast ist die Menge der Punkte P, für die $|F_2P| - |F_1P| = C$, und der zum Brennpunkt F_2 gehörende Ast ist die Menge der Punkte P, für die $|F_1P| - |F_2P| = C$.

Hyperbeln haben die folgende bemerkenswerte Eigenschaft:

Satz 15.11 Eine bemerkenswerte Eigenschaft der Hyperbel. *Jeder Strahl, der auf den Brennpunkt eines Hyperbelastes gerichtet ist und auf das Äußere dieses Astes auftrifft, wird in Richtung des Brennpunktes des anderen Astes reflektiert (vgl. Abbildung 15.19).*

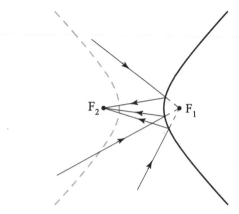

Abb. 15.19. Eine bemerkenswerte Eigenschaft der Hyperbel.

BEWEIS. Der Beweis, der dem von Satz 15.9 ähnelt, ist Gegenstand von Übung 4.   □

Hyperbolische Spiegel. Konvexe Spiegel mit einem hyperbolischen Profil werden in der geometrischen Optik untersucht und haben verschiedene Anwendungen, zum Beispiel bei Kameras. Wie bereits früher erwähnt, werden sie auch als Sekundärspiegel bei Schmidt-Cassegrain-Teleskopen verwendet (Abbildung 15.14). Bei einem solchen Teleskop fällt der erste Brennpunkt der Hyperbel mit dem Brennpunkt des parabolischen Primärspiegels zusammen. Der hyperbolische Spiegel dient zur Reflexion des Bildes durch den zweiten Brennpunkt der Hyperbel, der unter ihm liegt.

15.2.4 Ein paar clevere Werkzeuge zum Zeichnen von Kegelschnitten

In Anbetracht der Wichtigkeit von Kegelschnitten hat man viele einfallsreiche Methoden ersonnen, die Kegelschnitte zu zeichnen. Die geometrische Definition einer Ellipse führt zu deren Fadenkonstruktion: Wir befestigen einen Faden der Länge C an den beiden Brennpunkten F_1 und F_2 der Ellipse. Danach zeichnen wir die Ellipse, indem wir den Faden straff halten, wenn wir den Bleistift bewegen (vgl. Abbildung 15.20). Diese Methode ist nicht genau, es sei denn, der Bleistift wird vollkommen senkrecht zur Zeichenfläche gehalten. In Übung 7 diskutieren wir einen viel genaueren Ansatz. Übung 8 zeigt eine Methode zum Zeichnen einer Hyperbel; diese Methode ähnelt der Fadenkonstruktion einer Ellipse. Übung 9 zeigt eine Methode zum Zeichnen einer Parabel mit Hilfe eines Fadens und eines Zimmermannshakens.

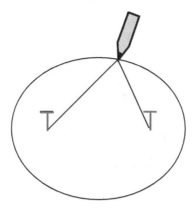

Abb. 15.20. Fadenkonstruktion einer Ellipse.

15.3 Quadratische Flächen in der Architektur

Architekten schaffen gerne kühne Formen: Man denke nur an Gaudís Häuser oder an das Olympiastadion von Montreal. Auch Ingenieure entwerfen gekrümmte Flächen, aus strukturellen Gründen und Gründen der Festigkeitsoptimierung: Denken Sie etwa an Kühltürme von Atomreaktoren und an hydroelektrische Dämme. Die Herstellung von Formen zum Gießen des Betons dieser Strukturen ist kein triviales Problem, da die Flächen nicht eben sind.

Gewisse mathematische Flächen, die sogenannten *Regelflächen*, haben eine bemerkenswerte mathematische Eigenschaft: Sie enthalten eine oder mehrere Scharen von Geraden, so dass jeder Punkt der Fläche auf mindestens einer Geraden liegt. Ein einfaches Beispiel für eine solche Fläche ist ein Kegel. Das ist unser erstes Beispiel für eine *quadratische Fläche* (auch *Quadrik* genannt). Jedoch sind nicht alle quadratischen Flächen Regelflächen. Zum Beispiel liegen weder auf einer Kugel noch auf einem Ellipsoid Geraden.

Das einschalige Hyperboloid (Abbildung 15.21) ist ein weiteres Beispiel für eine Regelfläche: Es lässt sich mit Hilfe zweier Geradenscharen konstruieren.

Eine weitere quadratische Fläche, die häufig in der Architektur verwendet wird, ist das *hyperbolische Paraboloid*, auch *Sattelfläche* genannt (vgl. Abbildung 15.22). Einige Gebäudedächer haben diese Form.

Bei den Parabolspiegeln, die wir an früherer Stelle diskutiert haben, handelt es sich um Rotationsparaboloide (vgl. Abbildung 15.23(a)). Bei elliptischen Spiegeln handelt es sich um Teile von Rotationsellipsoiden (vgl. Abbildung 15.23(b)), während hyperbolische Spiegel Teile von zweischaligen Rotationshyperboloiden sind (vgl. Abbildung 15.23(c)). Damit haben wir drei weitere quadratische Flächen angegeben, die wichtige technologische Anwendungen haben.

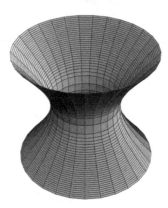

Abb. 15.21. Ein einschaliges Rotationshyperboloid.

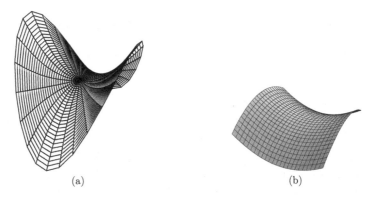

(a)   (b)

Abb. 15.22. Zwei hyperbolische Paraboloide oder Sattelflächen.

Wir untersuchen jetzt zwei quadratische Regelflächen: das einschalige Hyperboloid und das hyperbolische Paraboloid.

Definition 15.12 *Eine quadratische Fläche ist eine Fläche, die sich durch die Gleichung*

$$P(x, y, z) = 0$$

beschreiben lässt, wobei P ein Polynom 2. Grades in den Variablen (x, y, z) ist.

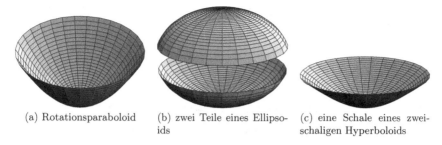

(a) Rotationsparaboloid   (b) zwei Teile eines Ellipso-   (c) eine Schale eines zwei-
                            ids   schaligen Hyperboloids

Abb. 15.23. Quadratische Flächen, die oft als Spiegel verwendet werden.

Bei der Untersuchung quadratischer Flächen begegnet man häufig komplizierten Polynomen P. Deswegen führt man oft abstands- und winkeltreue Koordinatentransformationen (sogenannte Isometrien, vgl. Kapitel 2) durch, um die Gleichung auf eine einfachere kanonische Form zurückzuführen, aus der wir die Geometrie ablesen können. Es handelt sich um das dreidimensionale Äquivalent dessen, was wir in zwei Dimensionen tun, um die an ihren Achsen ausgerichtete Ellipse zu bekommen, die der kanonischen Gleichung

$$\frac{x^2}{a^2} + \frac{y^2}{b^2} = 1$$

genügt.

In dieser Form sind die Symmetrieachsen der Ellipse die Achsen des Koordinatensystems.

Das einschalige Hyperboloid. Bei geeignet gewählten orthonormalen Koordinaten hat diese Fläche die kanonische Gleichung

$$\frac{x^2}{a^2} + \frac{y^2}{b^2} - \frac{z^2}{c^2} = 1. \tag{15.4}$$

Schneiden wir diese Fläche mit einer die z-Achse enthaltenden Ebene, die also der Gleichung $Ax + By = 0$ genügt, dann ist der Durchschnitt eine Hyperbel, die in dieser Ebene liegt. Schneiden wir die Fläche hingegen mit einer Ebene, die parallel zur xy-Ebene verläuft und somit die Form $z = C$ hat, dann ist der Durchschnitt eine Ellipse in dieser Ebene.

Kühltürme von Atomreaktoren haben oft die Form eines einschaligen Rotationshyperboloids: In diesem Fall haben wir $a = b$ in (15.4) (vgl. Abbildung 15.21). Wir diskutieren die Vorteile dieser Form nach dem folgenden Ergebnis.

Proposition 15.13 *Wir betrachten zwei Kreise $x^2 + y^2 = R^2$ in den Ebenen $z = -z_0$ und $z = z_0$. Es sei $\phi_0 \in (-\pi, 0) \cup (0, \pi]$ ein fester Winkel. Dann ist die Vereinigung der Geraden (D_θ), wobei (D_θ) die Gerade ist, welche den Punkt $P(\theta) =$*

$(R\cos\theta, R\sin\theta, -z_0)$ *des ersten Kreises mit den Punkten* $Q(\theta) = (R\cos(\theta+\phi_0), R\sin(\theta+\phi_0), z_0)$ *des zweiten Kreises verbindet, ein einschaliges Rotationshyperboloid, falls* $\phi_0 \neq \pi$, *und ein Kegel, falls* $\phi_0 = \pi$ *(vgl. Abbildung 15.24).*

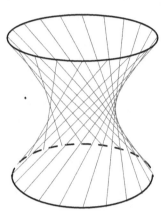

Abb. 15.24. Die erzeugenden Geraden eines einschaligen Rotationshyperboloids.

BEWEIS. Die Gerade (D_θ) geht durch den Punkt $P(\theta)$ in die Richtung $\overrightarrow{P(\theta)Q(\theta)}$. Demnach handelt es sich bei der Geraden um die Menge der Punkte

$$\{(x(t,\theta), y(t,\theta), z(t,\theta)) | t \in \mathbb{R}\}$$

mit

$$\begin{cases} x(t,\theta) = R\cos\theta + tR(\cos(\theta + \phi_0) - \cos\theta), \\ y(t,\theta) = R\sin\theta + tR(\sin(\theta + \phi_0) - \sin\theta), \\ z(t,\theta) = -z_0 + 2tz_0. \end{cases} \quad (15.5)$$

Wir müssen t und θ eliminieren, um die Gleichung der Fläche zu finden. Hierzu berechnen wir $x^2(t,\theta) + y^2(t,\theta)$. Wir sehen, dass

$$\begin{aligned} x^2(t,\theta) &= R^2[\cos^2\theta + t^2(\cos^2(\theta + \phi_0) - 2\cos(\theta + \phi_0)\cos\theta + \cos^2\theta) \\ &\quad + 2t\cos\theta(\cos(\theta + \phi_0) - \cos\theta)] \end{aligned}$$

und

$$\begin{aligned} y^2(t,\theta) &= R^2[\sin^2\theta + t^2(\sin^2(\theta + \phi_0) - 2\sin(\theta + \phi_0)\sin\theta + \sin^2\theta) \\ &\quad + 2t\sin\theta(\sin(\theta + \phi_0) - \sin\theta)], \end{aligned}$$

und das liefert

$$x^2(t,\theta) + y^2(t,\theta) = R^2[1 + 2t^2(1 - (\cos\theta\cos(\theta+\phi_0) + \sin\theta\sin(\theta+\phi_0)))$$
$$-2t + 2t(\cos\theta\cos(\theta+\phi_0) + \sin\theta\sin(\theta+\phi_0))].$$

Unter Beachtung von

$$\cos\theta\cos(\theta+\phi_0) + \sin\theta\sin(\theta+\phi_0) = \cos((\theta+\phi_0)-\theta) = \cos\phi_0$$

ergibt sich

$$x^2(t,\theta) + y^2(t,\theta) = R^2[1 + 2t^2(1 - \cos\phi_0) - 2t(1 - \cos\phi_0)]$$
$$= R^2[1 + 2(t^2 - t)(1 - \cos\phi_0)]. \tag{15.6}$$

Wir sind nun schon etwas vorangekommen: Der Parameter θ ist eliminiert. Um t zu eliminieren, müssen wir jetzt $z^2(t,\theta)$ betrachten:

$$z^2(t,\theta) = z_0^2(1 + 4(t^2 - t)),$$

und hieraus folgt

$$t^2 - t = \frac{z^2(t,\theta) - z_0^2}{4z_0^2}.$$

Setzen wir das in (15.6) ein und lassen wir die Abhängigkeit von t und θ bei x, y, z weg, dann erhalten wir

$$x^2 + y^2 = R^2\left[1 + \frac{1}{2}(1 - \cos\phi_0)\frac{z^2 - z_0^2}{z_0^2}\right], \tag{15.7}$$

und das ist die Gleichung eines einschaligen Rotationshyperboloids. Um die kanonische Form

$$\frac{x^2}{a^2} + \frac{y^2}{a^2} - \frac{z^2}{c^2} = 1$$

zu bekommen, reicht es aus, die Werte

$$\begin{cases} a = R\sqrt{\frac{1+\cos\phi_0}{2}}, \\ c = \frac{z_0\sqrt{1+\cos\phi_0}}{\sqrt{1-\cos\phi_0}} \end{cases}$$

zu wählen, falls $1 + \cos\phi_0 \neq 0$, oder äquivalent $\cos\phi_0 \neq -1$ bzw. $\phi_0 \neq \pi$. Für $\phi_0 = \pi$ führen wir die Vereinfachung

$$x^2 + y^2 = \frac{R^2}{z_0^2}z^2$$

durch und erhalten damit die Gleichung eines Kegels (vgl. Übung 10).

Wir haben also gezeigt, dass alle Geraden (D_θ) auf unserer quadratischen Fläche (Hyperboloid oder Kegel) liegen. Aber enthält die quadratische Fläche noch andere Punkte? Man zeigt leicht, dass das nicht der Fall ist. In der Tat ist unsere Fläche die Vereinigung von Kreisen, die sich in der Menge der Ebenen $z = z_1$ mit $z_1 \in \mathbb{R}$ befinden (im Falle des Kegels reduziert sich ein Kreis auf einen Punkt, wenn $z_1 = 0$). Setzen wir

$z = z_1$ in (15.5), dann erhalten wir $t = \frac{z_1 + z_0}{2z_0}$. Setzen wir diesen Wert in $(x(t, \theta), y(t, \theta))$ ein, dann müssen wir zeigen, dass die Menge dieser Punkte für $t = \frac{z_1 + z_0}{2z_0}$ und $\theta \in [0, 2\pi]$ ein Kreis ist.

Wir verwenden die trigonometrischen Formeln

$$\begin{aligned} \cos(a + b) &= \cos a \cos b - \sin a \sin b, \\ \sin(a + b) &= \sin a \cos b + \cos a \sin b. \end{aligned} \tag{15.8}$$

Mit Hilfe dieser Formeln können wir Folgendes schreiben:

$$\begin{cases} x(t, \theta) = R(1 + t(\cos\phi_0 - 1))\cos\theta - tR\sin\phi_0 \sin\theta, \\ y(t, \theta) = R(1 + t(\cos\phi_0 - 1))\sin\theta + tR\sin\phi_0 \cos\theta. \end{cases}$$

Es seien $\alpha = R(1 + t(\cos\phi_0 - 1))$ und $\beta = tR\sin\phi_0$. Wir schreiben (α, β) in Polarkoordinaten: $(\alpha, \beta) = (r\cos\psi_0, r\sin\psi_0)$. Dann haben wir

$$\begin{cases} x(t, \theta) = r\cos\psi_0 \cos\theta - r\sin\psi_0 \sin\theta = r\cos(\theta + \psi_0), \\ y(t, \theta) = r\cos\psi_0 \sin\theta + r\sin\psi_0 \cos\theta = r\sin(\theta + \psi_0), \end{cases}$$

wobei in der letzten Gleichung wieder (15.8) verwendet wurde. In dieser Form ist klar, dass alle Punkte des Kreises mit Radius r erreicht werden, wenn $\theta \in [0, 2\pi]$. □

Wir haben soeben gesehen, dass ein einschaliges Rotationshyperboloid als Schar von Geraden beschrieben werden kann. Wenn wir uns Abbildung 15.24 ansehen, dann können wir uns leicht eine zweite Geradenschar vorstellen, die das Spiegelbild der ersten ist (vgl. Übung 12). Eine solche Fläche heißt *doppelte Regelfläche*, da sie sich mit Hilfe einer der beiden voneinander verschiedenen Geradenscharen konstruieren lässt. Dies ist von Vorteil, wenn eine solche Form in Beton realisiert werden soll. Erstens kann nämlich die Gießform ausschließlich mit Hilfe von geraden Holzstücken hergestellt werden (sofern sie dünn genug sind) und zweitens lässt sich der Beton durch zwei Sätze von geraden Stücken in zwei verschiedenen Richtungen verstärken. Das führt zu einer erheblichen Vereinfachung der Gießform und gewährleistet eine äußerst feste Struktur.

Das hyperbolische Paraboloid. Bei geeignet gewählten orthonormalen Koordinaten hat diese Fläche die kanonische Gleichung

$$z = \frac{x^2}{a^2} - \frac{y^2}{b^2}, \tag{15.9}$$

wobei $a, b > 0$ (vgl. Abbildung 15.22). Der Durchschnitt dieser Fläche mit einer die z-Achse enthaltenden Ebene (einer Ebene mit der Gleichung $Ax + By = 0$) ist entweder eine Parabel oder eine horizontale Gerade. Andererseits ist der Durchschnitt dieser Fläche mit einer zur xy-Ebene parallel verlaufenden Ebene (einer Ebene mit der Gleichung $z = C$) eine Hyperbel in dieser Ebene, falls $C \neq 0$. Falls $C = 0$, dann besteht dieser Durchschnitt aus zwei Geraden.

Proposition 15.14 *Es seien $B, C > 0$. Ferner seien (D_1) und (D_2) die Geraden, die durch*

$$(D_1) \begin{cases} z = -Cx, \\ y = -B, \end{cases} \qquad (D_2) \begin{cases} z = Cx, \\ y = B \end{cases}$$

gegeben sind. Wir betrachten die Gerade (Δ_{x_0}), die den Punkt $P(x_0) = (x_0, -B, -Cx_0)$ von (D_1) mit dem Punkt $Q(x_0) = (x_0, B, Cx_0)$ von (D_2) verbindet. Dann ist die Vereinigung der Geradenschar (Δ_{x_0}) ein hyperbolisches Paraboloid (vgl. Abbildung 15.25).

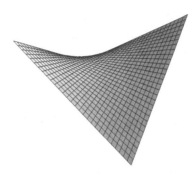

Abb. 15.25. Zwei Geradenscharen auf einem hyperbolischen Paraboloid.

BEWEIS. Die Gerade (Δ_{x_0}) geht durch $P(x_0)$ und hat die Richtung $\overrightarrow{P(x_0)Q(x_0)}$. Demnach ist sie die Punktmenge

$$(x(t, x_0), y(t, x_0), z(t, x_0)) = (x_0, -B + 2Bt, -Cx_0 + 2Ctx_0),$$

und hieraus folgt

$$z = Cx_0(2t - 1) = \frac{C}{B}x_0 y = \frac{C}{B}xy.$$

Substituieren wir

$$\begin{cases} x = \frac{1}{\sqrt{2}}(X - Y), \\ y = \frac{1}{\sqrt{2}}(X + Y), \end{cases} \tag{15.10}$$

dann wird die Gleichung zu

$$z = \frac{C}{B}xy = \frac{C}{2B}(X^2 - Y^2).$$

Wir erkennen hier sofort die Gleichung eines hyperbolischen Paraboloids. Bemerkung: Die Variablentransformation (15.10) ist einfach eine Drehung des Koordinatensystems um $\frac{\pi}{4}$.

Auch hier müssen wir zeigen, dass jeder Punkt des hyperbolischen Paraboloids auf einer der Geraden liegt. Es sei (x, y, z) ein Punkt auf dem hyperbolischen Paraboloid. Es reicht zu zeigen, dass es x_0 und t derart gibt, dass $(x, y, z) = (x(t, x_0), y(t, x_0), z(t, x_0))$. Natürlich wählen wir $x_0 = x$. Setzen wir $y = -B + 2Bt$, dann ergibt sich $t = \frac{y+B}{2B}$. Da z auf dem hyperbolischen Paraboloid liegt, haben wir $z = \frac{C}{B}xy$. Das liefert

$$z = \frac{C}{B}x(-B + 2Bt) = Cx(2t - 1) = z(t, x_0).$$

Also gilt $(x, y, z) = (x(t, x_0), y(t, x_0), z(t, x_0))$ für $x_0 = x$ und $t = \frac{y+B}{2B}$, und das gewährleistet, dass (x, y, z) auf der Geraden (Δ_x) liegt.   □

Proposition 15.14 legt eine Methode nahe, mit deren Hilfe man ein Dach in Form eines hyperbolischen Paraboloids konstruieren kann. Wir legen Balken längs (D_1) und (D_2), und wir bedecken diese mit dünneren Balken oder dünnen Brettern längs der Geraden (Δ_{x_0}).

15.4 Optimale Positionierung von Mobilfunkantennen in einem Gebiet

Die Mobiltelefonie ist heute ein Teil des täglichen Lebens, und viele Firmen bieten ihre Dienste an. Um das zu tun, muss jede dieser Firmen zuerst Antennen in dem Gebiet aufstellen, das so abgedeckt werden soll, dass (fast) jeder Punkt des Gebiets von einer nahe gelegenen Antenne erreicht werden kann. Gegenwärtig sind diese Mobilfunkdienste innerhalb großer städtischer Gebiete ziemlich zuverlässig, aber es gibt viele entlegene Gebiete, die keinen Zugang haben.

Angenommen, eine Firma möchte Antennen in einem großen Gebiet so aufstellen, dass sämtliche Punkte des Gebietes Zugang zu den Netzdiensten haben. Einfacher ausgedrückt: Man möchte die Antennen in dem Gebiet so aufstellen, dass jeder Punkt von der nächstgelegenen Antenne höchstens den Abstand r hat. Die Firma betrachtet mehrere mögliche Positionierungsentwürfe, um denjenigen zu bestimmen, der die kleinste Anzahl von Antennen erfordert. Zunächst betrachten wir nur regelmäßige Netze und vergleichen die folgenden drei Schemas:

- Positionierung der Antennen in einem regelmäßigen Dreiecksnetz;
- Positionierung der Antennen in einem quadratischen Netz; und
- Positionierung der Antennen in einem hexagonalen Netz.

Wir nehmen an, dass das Gebiet hinreichend groß und nicht zu schmal ist, so dass wir vernachlässigen können, was auf dem Rand des Gebietes geschieht.

Aufstellen von Antennen in einem regelmäßigen Dreiecksnetz. Wir möchten eine große Stadt abdecken, indem wir Antennen in den Ecken eines regelmäßigen Dreiecksnetzes aufstellen. Zwei Nachbarantennen haben den Abstand a, die Seitenlänge der gleichseitigen Dreiecke, aus denen das Netz besteht. In einem solchen Dreieck ist derjenige Punkt, der den größten Abstand von den drei Ecken hat, der Mittelpunkt des Kreises, der dem Dreieck umbeschrieben ist, das heißt, der Schnittpunkt der drei Mittelsenkrechten. Da das Dreieck gleichseitig ist, ist dieser Punkt auch der Schwerpunkt, der sich im Schnittpunkt der drei Seitenhalbierenden befindet. Die Länge der Seitenhalbierenden ist durch $h = a \cos \frac{\pi}{3} = \frac{\sqrt{3}}{2}a$ gegeben. Die zweite Seitenhalbierende schneidet die erste im Schwerpunkt des Dreiecks, der sich auf der Seitenhalbierenden in einem Abstand von zwei Dritteln des Weges von einer Ecke befindet. Der Schwerpunkt hat also einen Abstand von $\frac{2}{3}\frac{\sqrt{3}}{2}a = \frac{1}{\sqrt{3}}a$ von den Ecken des Dreiecks. Da sich die Antennen in den Ecken des Dreiecks befinden, ist der Schwerpunkt der am weitesten entfernte Punkt, den jede Antenne erreichen muss, das heißt, $r \geq \frac{1}{\sqrt{3}}a$. Um die Anzahl der Antennen zu minimieren, nehmen wir $r = \frac{1}{\sqrt{3}}a$. Demnach müssen wir Dreiecke mit den Seitenlängen $a = \sqrt{3}r$ nehmen. Wir schlussfolgern: Kann das von einer Antenne gesandte Signal bis zu einem Abstand von r verwendet werden und befinden sich die Antennen in den Ecken eines aus gleichseitigen Dreiecken bestehenden Netzes, dann müssen wir Dreiecke mit den Seitenlängen $a \leq \sqrt{3}r$ nehmen, um zu gewährleisten, dass sämtliche Punkte des Bereiches ein verwendbares Signal erhalten.

Wir betrachten ein quadratisches $n \times n$-Gebiet, wobei n viel größer als r sei (vgl. Abbildung 15.26). Wir ignorieren die exakte Beschaffenheit des Randes. Um das Qua-

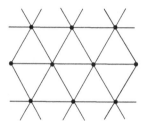

Abb. 15.26. Ein regelmäßiges Dreiecksnetz.

drat horizontal zu durchlaufen, brauchen wir eine „Linie" aus $\frac{n}{\sqrt{3}r}$ Punkte. Die darauf folgenden Linien liegen in einem vertikalen Abstand h voneinander entfernt. Wegen $h = \frac{\sqrt{3}a}{2} = \frac{3}{2}r$ benötigen wir $\frac{n}{h} = \frac{2n}{3r}$ Linien, um das ganze Quadrat abzudecken. Demnach brauchen wir insgesamt

$$\frac{2}{3\sqrt{3}}\frac{n^2}{r^2} \approx 0,385\frac{n^2}{r^2} \qquad (15.11)$$

Punkte (oder Antennen). Diese Anzahl ist proportional zu n^2, der Fläche des abzudeckenden Gebietes.

Bei der Ausführung dieser Berechnung haben wir vernachlässigt, genau zu diskutieren, wie die Punkte in Bezug auf den Rand des Gebietes ausgerichtet sind. Sollen wir Antennen entlang des Randes des Gebietes aufstellen oder sollen wir mit der ersten Reihe im Inneren des Gebietes beginnen? In welchem seitlichen Abstand vom linken Rand des Bereiches sollen wir die erste Antenne aufstellen? Diese Fragen sind schwerer zu beantworten als die einfache Berechnung, die wir oben durchgeführt haben. Jedoch können wir uns leicht davon überzeugen, dass der Unterschied in der Anzahl der Antennen, die in den verschiedenen möglichen Positionen in der Nähe des Randes aufgestellt werden, durch Cn (mit einer positiven Konstanten C) nach oben beschränkt ist. Ist n hinreichend groß, dann wird dieser Unterschied schnell in Bezug auf die Schranke vernachlässigbar, die in Gleichung (15.11) gegeben ist und die proportional zu n^2 ist. Diese Bemerkung gilt auch für die folgende Diskussion von quadratischen und hexagonalen Netzen.

Aufstellen von Antennen in einem quadratischen Netz. Man betrachte ein Quadrat der Seitenlänge a. In einem solchen Quadrat ist der von den Ecken am weitesten entfernte Punkt der Schwerpunkt, der sich im Schnittpunkt der beiden Diagonalen befindet. Dieser Punkt hat den Abstand $r = \frac{1}{\sqrt{2}}a$ von den vier Ecken. Wir müssen also Quadrate der Seitenlänge $a \leq \sqrt{2}r$ verwenden.

Wir betrachten jetzt ein quadratisches Gebiet der Größe $n \times n$, wobei n viel größer sei als r (vgl. Abbildung 15.27). Wir teilen dieses Gebiet in ein Netz von Quadraten der Seitenlänge a auf und stellen Antennen in jedem Knoten des Netzes auf. Wie schon

Abb. 15.27. Quadratisches Netz.

gesagt, können wir die Einzelheiten der Antennenpositionierung in Randnähe ignorieren. Wir brauchen eine Linie aus $\frac{n}{\sqrt{2}r}$ Punkten, um das Gebiet horizontal zu durchqueren, und benötigen $\frac{n}{\sqrt{2}r}$ horizontale Linien. Wir brauchen also ungefähr

$$\frac{1}{2}\frac{n^2}{r^2} = 0,5\frac{n^2}{r^2}$$

Antennen, um das Gebiet abzudecken.

Aufstellen von Antennen in einem hexagonalen Netz. Wir betrachten jetzt ein regelmäßiges Sechseck der Seitenlänge a. Der von den Ecken am weitesten entfernte Punkt ist der Mittelpunkt des Sechsecks, der den Abstand a von jeder der sechs Ecken hat. Wir brauchen also Sechsecke der Seitenlänge $a = r$.

Um ein Gebiet der Größe $n \times n$ abzudecken (vgl. Abbildung 15.28), orientieren

Abb. 15.28. Netz aus regelmäßigen Sechsecken.

wir die Sechsecke so, dass zwei ihrer Kanten horizontal verlaufen. Wir bemerken, dass auf jeder horizontalen Geraden, die Knoten des Netzes enthält, diese Knoten durch Abstände $r, 2r, r, 2r, r, 2r, \ldots$ voneinander getrennt sind. Der durchschnittliche Abstand zweier aufeinanderfolgender Punkte beträgt also $\frac{3}{2}r$. Daher benötigen wir $\frac{2n}{3r}$ Punkte, um das Gebiet horizontal zu durchqueren. Aufeinanderfolgende Geraden sind vertikal durch einen Abstand h voneinander getrennt, wobei $h = \frac{\sqrt{3}}{2}r$. Wir benötigen demnach $\frac{n}{h} = \frac{2n}{\sqrt{3}r}$ horizontale Geraden, um das ganze Gebiet abzudecken. Insgesamt brauchen wir

$$\frac{4}{3\sqrt{3}}\frac{n^2}{r^2} \approx 0,770\frac{n^2}{r^2}$$

Antennen, also doppelt so viele wie bei einem Dreiecksnetz.

Wenn wir die obengenannten drei Lösungen vergleichen, dann sehen wir, dass die Aufteilung in gleichseitige Dreiecke die bei weitem effizienteste Methode ist. Danach folgt die Aufteilung in Quadrate und schließlich die Aufteilung in regelmäßige Sechsecke.

Nur durch Hingucken hätten wir bereits die Vermutung aufstellen können, dass das Dreiecksnetz genau zweimal so effizient ist, wie das hexagonale Netz. Verbindet man nämlich die Mittelpunkte der Sechsecke, dann erhält man ein Netz, das aus gleichseitigen Dreiecken besteht (vgl. Abbildung 15.29). Der Mittelpunkt eines jeden gleichseitigen Dreiecks liegt in einem der Knoten des hexagonalen Netzes. Dieser Punkt hat demnach genau den Abstand r von den am nächsten liegenden Ecken des Dreiecks. Auf jeder

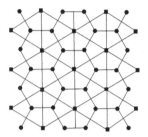

Abb. 15.29. Dreiecksnetz und dazu duales hexagonales Netz.

horizontalen Geraden, die durch die übereinander gelegten Graphen geht, finden wir zu jeder Ecke eines Dreiecks zwei Ecken eines Sechsecks.

15.5 Voronoi-Diagramme

In diesem Abschnitt betrachten wir ein Problem, das in einem gewissen Sinn die Umkehrung des Problems von Abschnitt 15.4 ist (aber Sie müssen den vorhergehenden Abschnitt nicht gelesen haben). Wir nehmen an, dass wir eine gewisse Anzahl von Antennen über ein gegebenes Gebiet verteilt haben. Wir möchten dieses Gebiet so in Zellen aufteilen, dass die folgenden beiden Bedingungen erfüllt sind:

- jede Zelle enthält genau eine Antenne;
- jede Zelle enthält genau die Menge derjenigen Punkte, die näher an der zugehörigen Antenne liegen als an jeder anderen Antenne (vgl. Abbildung 15.30).

Die Menge der auf diese Weise erhaltenen Zellen wird als Voronoi-Diagramm der Antennen bezeichnet. In der Realität ist die Positionierung der Antennen verschiedenen Beschränkungen unterworfen – sowohl städtischen Nebenbedingungen (Gebietsplanvorschriften, Verfügbarkeit von Land usw.) als auch geografischen Nebenbedingungen (Antennen sind effizienter, wenn sie nicht in Tälern, sondern auf Gipfeln aufgestellt werden). Das Zeichnen eines Voronoi-Diagramms für ein Netz von Antennen erlaubt den Planern, unzulänglich versorgte Flächen auf einfache Weise anschaulich darzustellen und neue Antennenpositionen zu planen.

Bemerkung zur Geschichte. Der ukrainische Mathematiker Voronoi (1868–1908) definierte die nach ihm benannten Diagramme in beliebigen Dimensionen, aber Dirichlet (1805–1859) untersuchte sie als Erster ausführlich in zwei und drei Dimensionen. Deswegen heißt ein solches Diagramm auch *Dirichlet-Tessellation*. Diagramme dieser Art gibt es mindestens seit 1644, als sie in Descartes' Notizbüchern erschienen.

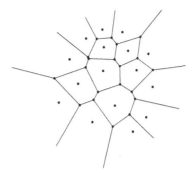

Abb. 15.30. Ein Voronoi-Diagramm.

Wir können die Antennen begrifflich durch Postämter, Krankenhäuser oder Schulen ersetzen. Im letztgenannten Fall ermöglichen es uns die Diagramme, die optimalen Schuleinzugsbereiche so zu bestimmen, dass jeder Schüler die am nächsten gelegene Schule besucht. Wie man sieht, haben Voronoi-Diagramme zahlreiche Anwendungen.

Wir beschreiben das Problem jetzt mathematisch.

Definition 15.15 *Es sei* $S = \{P_1, \ldots, P_n\}$ *eine Menge von Punkten in einem Gebiet* $\mathcal{D} \subset \mathbb{R}^2$. *Die Punkte* P_i *heißen* Voronoi-Punkte.

1. *Für jeden Voronoi-Punkt* P_i *ist die* Voronoi-Zelle *von* P_i, *die wir mit* $V(P_i)$ *bezeichnen, die Menge derjenigen Punkte von* $\mathcal{D}$, *die näher an* P_i *liegen, als an jedem anderen Voronoi-Punkt* P_j *(oder höchstens genauso nahe):*

$$V(P_i) = \{Q \in \mathcal{D}, |P_iQ| \leq |P_jQ|, j \neq i\}.$$

2. *Das* Voronoi-Diagramm *von* S, *das wir mit* $V(S)$ *bezeichnen, ist die Zerlegung von* $\mathcal{D}$ *in Voronoi-Zellen.*

Um uns an das Problem heranzupirschen, betrachten wir zuerst den Fall $\mathcal{D} = \mathbb{R}^2$ und $S = \{P, Q\}$ mit $P \neq Q$.

Proposition 15.16 *Es seien* P *und* Q *zwei verschiedene Punkte der Ebene. Die Mittelsenkrechte der Strecke* PQ *ist der geometrische Ort aller Punkte, die den gleichen Abstand von* P *und* Q *haben. Dieser geometrische Ort ist die Gerade* (D), *die auf der Strecke* PQ *senkrecht steht und durch ihren Mittelpunkt geht. Alle Punkte* R *auf der einen Seite von* (D) *genügen der Ungleichung* $|PR| < |QR|$, *während alle Punkte auf der anderen Seite der Ungleichung* $|PR| > |QR|$ *genügen. Das Voronoi-Diagramm von* $S = \{P, Q\}$ *ist also die Aufteilung von* $\mathbb{R}^2$ *in zwei abgeschlossene Halbebenen, die durch* (D) *begrenzt sind (vgl. Abbildung 15.31).*

BEWEIS. Der Beweis wird dem Leser als Übungsaufgabe überlassen.   □

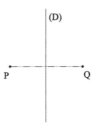

Abb. 15.31. Voronoi-Diagramm zweier Punkte P und Q.

Wir haben jetzt die Grundbestandteile, die erforderlich sind, um die Voronoi-Zelle $V(P_i)$ eines Voronoi-Punktes P_i zu finden, der zu einer Gesamtheit $S = \{P_1, \ldots, P_n\}$ von Voronoi-Punkten gehört. Wir beschränken uns auf den Fall $\mathcal{D} = \mathbb{R}^2$, aber in höheren Dimensionen kann man ähnlich vorgehen. (vgl. Abbildung 15.32).

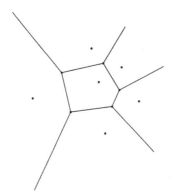

Abb. 15.32. Eine Voronoi-Zelle. (Man beachte, dass die Eckpunkte der fünfeckigen Voronoi-Zelle keine Voronoi-Punkte sind!)

Proposition 15.17 *Es sei eine Menge $S = \{P_1, \ldots, P_n\}$ von Voronoi-Punkten gegeben. Für jedes Punktepaar (P_i, P_j) teilt die Mittelsenkrechte der Strecke P_iP_j die Ebene in zwei abgeschlossene Halbebenen $\Pi_{i,j}$ und $\Pi_{j,i}$ auf, von denen die erste P_i und die* *zweite P_j enthält. Die Voronoi-Zelle $V(P_i)$ des Voronoi-Punktes P_i ist der Durchschnitt der Halbebenen $\Pi_{i,j}$ für $j \neq i$ (vgl. Abbildung 15.32):*

$$V(P_i) = \bigcap_{j \neq i} \Pi_{i,j}.$$

BEWEIS. Der Beweis ist einfach. Es sei $\mathcal{R}_i = \bigcap_{j \neq i} \Pi_{i,j}$. Wir müssen zeigen, dass $\mathcal{R}_i = V(P_i)$. Wir betrachten hierzu einen Punkt $R \in \mathcal{R}_i$. Dann gilt für alle $j \neq i$ die Beziehung $R \in \Pi_{i,j}$. Somit haben wir $|P_i R| \leq |P_j R|$ für alle $j \neq i$. Deswegen ist $R \in V(P_i)$ nach Definition von $V(P_i)$. Somit haben wir $\mathcal{R}_i \subset V(P_i)$. Wir nehmen jetzt an, dass $R \notin \mathcal{R}_i$: Dann gibt es ein $j \neq i$ derart, dass $R \notin \Pi_{i,j}$. Deswegen haben wir $|P_i R| > |P_j R|$ und schließlich $R \notin V(P_i)$.

Wir können also schließen, dass $\mathcal{R}_i = V(P_i)$. □

Wir betrachten nun die allgemeine Form von Voronoi-Diagrammen.

Definition 15.18 *Eine Untermenge $\mathcal{D}$ der Ebene heißt konvex, falls für alle Punkte $P, Q \in \mathcal{D}$ die Strecke PQ in $\mathcal{D}$ liegt.*

Abbildung 15.33 gibt je ein Beispiel einer konvexen und einer nichtkonvexen Menge.

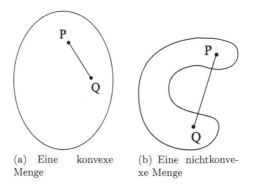

(a) Eine konvexe Menge

(b) Eine nichtkonvexe Menge

Abb. 15.33. Konvexe und nichtkonvexe Mengen.

Proposition 15.19 *Eine Voronoi-Zelle ist eine konvexe Menge. Ist die Zelle endlich (das heißt, liegt sie in einer Scheibe mit endlichem Radius r), dann ist sie ein Polygon.*

BEWEIS. Wir skizzieren die Beweisidee und überlassen dem Leser den Rest als Übungs-aufgabe. Der Beweis beruht auf den folgenden beiden Tatsachen: Eine Halbebene ist eine konvexe Menge und der Durchschnitt konvexer Mengen ist ebenfalls konvex. □

Konstruktion von Voronoi-Diagrammen. Es ist nicht leicht, in der Praxis das Voronoi-Diagramm einer Menge S zu konstruieren, insbesondere dann nicht, wenn S groß ist. Die Suche nach Algorithmen zur Konstruktion dieser Diagramme ist ein ak-tuelles Gebiet der kombinatorischen Geometrie und der Computergeometrie. Es gibt jedoch eine große Anzahl von Softwarepaketen und Programmiersprachen, die eine ef-fiziente Berechnung von Voronoi-Diagrammen ermöglichen. Zum Beispiel wurden die Abbildungen 15.30 und 15.32 mit Hilfe einer Funktion von Mathematica konstruiert.

Voronoi-Diagramme werden oft zusammen mit den zu ihnen „dualen" *Delaunay -Triangulationen* dargestellt. Ein gleichermaßen wichtiges Problem der kombinatori-schen Geometrie ist die Zerlegung einer Menge in Dreiecke, so dass zwei beliebige Dreiecke entweder einen leeren Durchschnitt oder eine gemeinsame Kante haben (die-ser Zerlegungsvorgang heißt *Triangulation* oder *Triangulierung*). Ist eine Menge S von Voronoi-Punkten und ihr Voronoi-Diagramm gegeben, dann können wir die Delaunay-Triangulation folgendermaßen konstruieren: Die Ecken der Dreiecke sind die Voronoi-Punkte S; wir verbinden die Voronoi-Punkte P_i und P_j durch die Strecke P_iP_j, wenn die Zellen $V(P_i)$ und $V(P_j)$ eine gemeinsame Kante haben (vgl. Abbbildung 15.34).

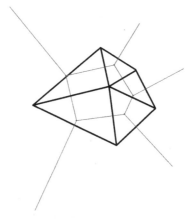

Abb. 15.34. Die Delaunay-Triangulation (fett gezeichnete Linien), die zum Voronoi-Diagramm von Abbildung 15.32 gehört (dünne graue Linien).

Für eine gegebene Menge von Voronoi-Punkten sind viele Triangulationen möglich, deren Ecken mit den Voronoi-Punkten in S zusammenfallen. Jedoch kommen die Dreiecke von Delaunay-Triangulationen im Durchschnitt einem gleichseitigen Dreieck näher (das heißt sie sind weniger abgeflacht) als die Dreiecke anderer Triangulationen. Wegen dieser Eigenschaft kommen Delaunay-Triangulationen in vielen angewandten Problemen vor, insbesondere dann, wenn Gitter erforderlich sind. (Vgl. auch Übung 24.)

Das umgekehrte Problem. Wir haben gesehen, dass man für eine gegebene Menge S von Voronoi-Punkten das zugehörige Voronoi-Diagramm berechnen kann, das das Gebiet in konvexe Zellen zerlegt. Insbesondere sind beschränkte Zellen konvexe Polygone, während unbeschränkte Zellen einen Rand haben, der aus einer endlichen Anzahl von zusammenhängenden Strecken und zwei Halbstrahlen besteht. Nichts kann uns daran hindern, das Problem auf die Zerlegung einer (gekrümmten) Fläche zu verallgemeinern. Die Umkehrung des Problems ist jedoch schwerer: Wir nehmen an, dass eine – so wie oben beschriebene – Zerlegung der Ebene (oder einer Fläche) in Zellen gegeben ist. Unter welchen Bedingungen gibt es eine Menge S von Voronoi-Punkten derart, dass die Zerlegung das Voronoi-Diagramm $V(S)$ von S ist? Wir können uns leicht einen Modellierungsprozess vorstellen, der Voronoi-Diagramme erzeugt. Angenommen, wir entzünden in jedem Voronoi-Punkt ein kleines Feuer, das sich mit konstanter Geschwindigkeit in alle Richtungen nach außen ausbreitet. Die Punkte, in denen sich das Feuer zweier Voronoi-Punkte trifft, bilden die Kanten der Zellen, während die Punkte, in denen sich das Feuer von drei oder mehr Voronoi-Punkten trifft, genau die Ecken der Zellen bilden (vgl. Kapitel 4 in Bezug auf ein anderes Problem, das eine solche Modellierungstechnik verwendet, insbesondere Übung 19 des Kapitels). Ein anderes ähnliches Modell entsteht, wenn man die Voronoi-Punkte als Punkte auf ein Löschpapier zeichnet und anschließend Tintentropfen auf die Voronoi-Punkte fallen lässt, wobei sich die Tinte (nach Voraussetzung) in alle Richtungen mit konstanter Geschwindigkeit ausbreitet. Die Zelle eines Voronoi-Punktes ist die Menge derjenigen Punkte, die von der Tinte dieses Voronoi-Punktes zuerst erreicht worden ist. Wenn wir Grund zu der Annahme haben, dass die Zerlegung der von uns betrachteten Fläche mit Hilfe eines ähnlichen Modellierungsprozesses konstruiert worden ist, dann gibt es wahrscheinlich eine zugehörige Menge von Voronoi-Punkten S. Wenn wir jedoch keine Ahnung haben, wie die Zerlegung zustandegekommen ist, dann müssen wir das Problem rein mathematisch analysieren. Wir diskutieren einige einfache Fälle in Übung 26.

15.6 Computer Vision

In diesem Abschnitt betrachten wir nur einen kleinen Teil des Fachgebietes *Computer Vision*: Ausgehend von 2D-Bildern rekonstruieren wir Tiefeninformationen. Wir beginnen mit zwei Fotos, die von zwei Beobachtern aufgenommen werden, die sich an den Voronoi-Punkten O_1 und O_2 befinden. In unserem Modell sind die Bilder des Punktes P mit P_1 beziehungsweise P_2 bezeichnet. Diese Punkte befinden sich im Durchschnitt der Projektionsebenen und der Geraden (D_1) und (D_2), die P mit O_1 beziehungsweise O_2 verbinden (vgl. Abbildung 15.35). In Abbildung 15.35 haben wir für die beiden

Bilder ein und dieselbe Projektionsebene genommen, aber das ist nicht notwendig. Die Projektionsebene entspricht der Filmebene oder dem Kamerasensor.

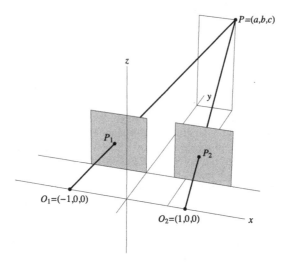

Abb. 15.35. Zwei aus verschiedenen Blickwinkeln aufgenommene Fotos.

Die Punkte O_i und P_i sind bekannt; sie haben die eindeutig bestimmten Verbindungsgeraden (D_i). Da P_1 und P_2 die Bilder ein und desselben Punktes sind, schneiden sich (D_1) und (D_2) in dem eindeutig bestimmten Punkt P. Das ermöglicht es uns, den Voronoi-Punkt von P zu berechnen.

Wir führen nun die Berechnung im Detail durch. Wir wählen ein Koordinatensystem derart, dass O_1 und O_2 auf der x-Achse liegen und der Ursprung genau in der Mitte zwischen den beiden Punkten liegt. Wir wählen die Einheiten so, dass $O_1 = (-1,0,0)$ und $O_2 = (1,0,0)$. Wir wählen die y-Achse horizontal und skalieren sie so, dass die Projektionsebene in der Ebene $y = 1$ liegt. Die z-Achse steht senkrecht auf der xy-Ebene und kann beliebig skaliert werden. In diesem Koordinatensystem sind $(x_i, 1, z_i)$ die Koordinaten der Punkte P_i. Diese Koordinaten sind bekannt, denn man kann sie direkt auf jedem der Fotos messen.

Es seien (a,b,c) die Koordinaten von P. Diese sind die Unbekannten. Um sie zu finden, verwenden wir die Parametergleichungen der Geraden (D_i). Die Gerade (D_1) geht durch O_1, und ihre Richtung ist durch den Vektor $\overrightarrow{O_1P_1} = (x_1 + 1, 1, z_1)$ gegeben. Somit ist (D_1) die Menge der Punkte

$$(D_1) = \{(-1,0,0) + t_1(x_1 + 1, 1, z_1) | t_1 \in \mathbb{R}\}.$$

Analog haben wir $\overrightarrow{O_2P_2} = (x_2 - 1, 1, z_2)$ und deswegen

$$(D_2) = \{(1, 0, 0) + t_2(x_2 - 1, 1, z_2) | t_2 \in \mathbb{R}\}.$$

Der Punkt P ist der Schnittpunkt von (D_1) und (D_2). Um diesen zu finden, suchen wir t_1 und t_2 derart, dass der Punkt von (D_1), der t_1 entspricht, mit dem Punkt (D_2) zusammenfällt, der t_2 entspricht:

$$\begin{cases} -1 + t_1(x_1 + 1) = 1 + t_2(x_2 - 1), \\ t_1 = t_2, \\ t_1 z_1 = t_2 z_2. \end{cases} \tag{15.12}$$

Die zweite Gleichung liefert $t_1 = t_2$. Einsetzen in die erste Gleichung ergibt

$$t_1 = \frac{2}{x_1 - x_2 + 2}. \tag{15.13}$$

Man beachte, dass $x_1 - x_2 + 2 > 0$; deswegen ist t_1 positiv. Sehen wir uns nämlich Abbildung (15.35) an, dann erkennen wir, dass der Abstand zwischen P_1 und P_2 durch $x_2 - x_1$ gegeben ist, und dass dieser Abstand kleiner als der Abstand zwischen O_1 und O_2 ist, der seinerseits gleich 2 ist. Wir betrachten nun die dritte Gleichung von (15.12). Wegen $t_1 = t_2 \neq 0$ besagt diese Gleichung, dass $z_1 = z_2$: Das ist eine notwendige Bedingung dafür, dass die Punkte P_1 und P_2 Projektionen des Punktes P sind. Betrachten wir nämlich zwei beliebige Punkte P_1 und P_2, dann schneiden sich die Geraden (D_1) und (D_2) im Allgemeinen nicht. Die Bedingung $z_1 = z_2$ gewährleistet, dass die beiden Geraden in der gleichen Ebene $z = z_1 y$ liegen, und das bedeutet, dass sie sich schneiden, wenn $x_1 - x_2 \neq 2$.

Wir haben jetzt den Punkt P ausfindig gemacht:

$$\begin{aligned} (a, b, c) &= (-1, 0, 0) + \frac{2}{x_1 - x_2 + 2}(x_1 + 1, 1, z_1) \\ &= \left(\frac{x_1 + x_2}{x_1 - x_2 + 2}, \frac{2}{x_1 - x_2 + 2}, \frac{2z_1}{x_1 - x_2 + 2} \right). \end{aligned}$$

Bemerkung. Dies ist der Mechanismus hinter unserer eigenen Tiefenwahrnehmung. Unsere Augen beobachten ein und dieselbe Szene aus zwei Blickwinkeln, während unser Gehirn die Geometrie verwendet, um die Tiefe der in der Szene befindlichen individuellen Objekte „zu berechnen". Wir müssen also zuerst die Geometrie der Tiefenwahrnehmung verstehen, bevor wir den Computern beibringen können, dasselbe zu tun.

15.7 Ein kurzer Blick auf die Computerarchitektur

Computer bestehen hauptsächlich aus integrierten Schaltkreisen. Der Grundbaustein ist der Transistor, der ungefähr einem elektrischen Schalter gleichgesetzt werden kann.

Das genaue Layout und die Verbindung von Millionen dieser Transistoren ermöglicht den Computern, ihre Arbeit zu verrichten und insbesondere Rechenoperationen durchzuführen.

Wir betrachten lediglich ganz einfache elektrische Schaltkreise, die nur aus Schaltern bestehen. Jeder Schalter kann eine von zwei Positionen einnehmen, denen wir die Zahlen 0 und 1 zuordnen.

In diesem Abschnitt beschränken wir uns darauf zu zeigen, wie man Schaltkreise konstruiert, welche die mathematischen Grundoperationen auf der Menge $S = \{0, 1\}$ ausführen können. Man hat Programmiersprachen entwickelt, die kompakte und lesbare Darstellungen von komplexen Berechnungen ermöglichen, die ihrerseits in lange Folgen von Grundoperationen übersetzt werden. Computer werden zur Ausführung dieser Grundoperationen entworfen, wobei die Ergebnisse an den entsprechenden Stellen gespeichert werden. Frühe Computer konnten jeweils nur eine einzige Operation ausführen, während moderne Computer typischerweise viele Operationen parallel ausführen.

Wir betrachten mehrere Grundoperationen, die von allen modernen Computern ausgeführt werden, sowie die elektrischen Schaltkreise, mit denen diese Operationen realisiert werden. Insbesondere betrachten wir die Boole'schen Operatoren NICHT, UND, ODER sowie XODER (ausschließendes ODER), die auf der Menge $S = \{0, 1\}$ operieren. Der Wert 0 wird verwendet, um die Abwesenheit elektrischen Stroms anzuzeigen, während 1 bedeutet, dass der Strom fließt.

Der Operator UND. Die Funktion UND: $S \times S \to S$ ist durch die folgende Tabelle gegeben:

$$
\begin{array}{c|cc}
\text{UND} & 0 & 1 \\
\hline
0 & 0 & 0 \\
1 & 0 & 1
\end{array}
\tag{15.14}
$$

Warum nennen wir diesen Operator „UND"? Wir nehmen an, dass A und B zwei Aussagen sind. Wir können jeder von ihnen einen Wahrheitswert in S zuordnen, wobei 0 bedeutet, dass die Aussage falsch ist, während 1 bedeutet, dass sie wahr ist. Wir betrachten nun die logische Aussage A UND B. Diese Aussage ist nur dann wahr, wenn sowohl A als auch B wahr sind. In den drei anderen Fällen (A wahr und B falsch, A falsch und B wahr, A falsch und B falsch) ist die Aussage A UND B falsch und deswegen ist 0 der zugeordnete Wahrheitswert. Das ist genau die Operation, die in der obigen Tabelle dargestellt ist. Man beachte, dass der Operator UND zur Multiplikation modulo 2 äquivalent ist, also zu einer arithmetischen Operation modulo 2, die wir in einigen anderen Kapiteln verwendet haben. Ein einfacher Schaltkreis, der diese Operation modelliert, ist in Abbildung 15.36 dargestellt. Der Schaltkreis hat zwei Schalter und jeder Schalter entspricht einem der beiden Inputs. Ist der Input 1, dann ist der Schalter geschlossen und Strom fließt hindurch. Ist der Input 0, dann ist der Schalter geöffnet, und es kann kein Strom hindurchfließen. Man sieht leicht, dass der Strom dann und nur dann durch den ganzen Schaltkreis fließt, wenn beide Schalter geschlossen sind. Strom, der durch den ganzen Schaltkreis fließt (so dass die am Ende befindliche Lampe brennt), liefert den Output 1, während die Abwesenheit von Strom den Output 0 liefert.

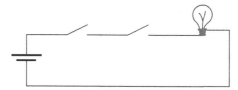

Abb. 15.36. Ein Schaltkreis, der den Operator UND realisiert.

Tabelle (15.14) läßt sich in folgender Form schreiben:

INPUT A	INPUT B	OUTPUT
0	0	0
0	1	0
1	0	0
1	1	1

(15.15)

Der Operator ODER. Das ist die Funktion ODER: $S \times S \to S$, die in der folgenden Tabelle gegeben ist:

ODER	0	1
0	0	1
1	1	1

(15.16)

Die Aussage A ODER B ist wahr, wenn wenigstens eine der Aussagen A und B

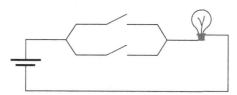

Abb. 15.37. Ein Schaltkreis, der den Operator ODER realisiert.

wahr ist. Somit ist die Aussage nur dann falsch, wenn sowohl A als auch B falsch ist. Ein einfacher Schaltkreis, der diese Operation realisiert, ist in Abbildung 15.37 dargestelllt. Die Operationsregeln sind dieselben wie für den UND-Schalter, aber dieses Mal sind die beiden Schalter parallel geschaltet. Man sieht leicht, dass der Strom durch den Schaltkreis fließt, wenn beide Schalter geschlossen sind. Fließt Strom durch den Schaltkreis, dann ergibt sich der Wahrheitswert 1. Fließt kein Strom, dann ergibt sich der Wahrheitswert 0. Wie beim Operator UND können wir Tabelle (15.16) in folgender Form schreiben:

INPUT A	INPUT B	OUTPUT
0	0	0
0	1	1
1	0	1
1	1	1

(15.17)

Der Operator XODER (manchmal auch in der Form $\oplus$ geschrieben). Der Operator XODER ist die Funktion XODER: $S \times S \to S$, die durch folgende Tabelle gegeben ist:

XODER	0	1
0	0	1
1	1	0

(15.18)

Die Aussage A XODER B ist dann und nur dann wahr, wenn genau eine der beiden Aussagen A und B wahr und die andere falsch ist.[10] Wir bemerken noch, dass die Wahrheitswerttabelle des Operators XODER die gleiche ist, wie die Tabelle der Addition modulo 2, der wir in anderen Kapiteln begegnet sind. Ein Schaltkreis, der

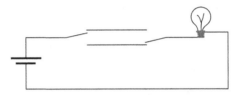

Abb. 15.38. Ein Schaltkreis, der den Operator XODER realisiert.

diese Operation realisiert, ist in Abbildung 15.38 dargestellt. Dieser Schaltkreis ist etwas schwieriger als die anderen, denen wir bis jetzt begegnet sind. Der linke Schalter ist in der oberen Position, wenn der Input 1 ist (der Schalter ist eingeschaltet), und in der unteren Position, wenn der Input 0 ist (der Schalter ist ausgeschaltet). Der rechte Schalter verhält sich entgegengesetzt hierzu. Wir sehen also, dass der Strom durch den Schaltkreis fließt, wenn einer der Schalter eingeschaltet und der andere ausgeschaltet ist. Wir schreiben Tabelle (15.18) folgendermaßen um:

INPUT A	INPUT B	OUTPUT
0	0	0
0	1	1
1	0	1
1	1	0

(15.19)

---

[10]Das ist der Grund dafür, warum man den Operator im Englischen mit XOR bezeichnet. Die englische Bezeichnung leitet sich von *exclusive or* (= ausschließendes oder) ab.

Der Operator NICHT. Der Operator NICHT ist die Funktion NICHT: $S \to S$, die durch

$$\begin{cases} \text{NICHT}(0) = 1, \\ \text{NICHT}(1) = 0, \end{cases} \tag{15.20}$$

oder äquivalent durch

INPUT	OUTPUT
0	1
1	0

(15.21)

gegeben ist.

Man betrachte Abbildung 15.39. Die Glühlampe fungiert als Wirklast. Der Schalter

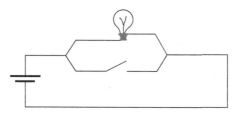

Abb. 15.39. Ein Schaltkreis, der den Operator NICHT realisiert.

befindet sich auf einem zur Glühlampe parallelen Zweig, der einen geringeren Widerstand hat als die Glühlampe. Wenn der Input 1 ist, dann ist der Schalter geschlossen; der Strom fließt in diesem Fall durch den Zweig, der den geringeren Widerstand hat, weswegen die Lampe nicht leuchtet. Ist der Schalter jedoch geöffnet (der Input ist 0), dann fließt der Strom durch den einzigen verfügbaren Zweig und in diesem Fall brennt die Lampe.

Einige weitere Überlegungen. Wir geben einige tiefergehende Überlegungen an, die sich aus diesen einfachen Beispielen ableiten lassen.

1. Als wir den Operator NICHT diskutierten, sagten wir, dass die Lampe nicht brennt, wenn der Schalter geschlossen ist. Bei realen Schaltkreisen verhält es sich jedoch so, dass ein Teil des Stroms immer noch durch den oberen Zweig fließt und die Lampe deswegen schwach leuchtet. Zwar können wir unsere Inputs und Outputs als diskrete Werte betrachten, aber der Stromfluss ist in Wirklichkeit eine kontinuierliche Größe. Demnach werden bei realen Computern die Werte 0 und 1 durch die Verwendung einer Schwelle unterschieden. Ein unterhalb des Schwellwerts liegender Strom wird als 0 interpretiert, ein darüber liegender Strom dagegen als 1.
2. Jeder bis jetzt betrachtete Schaltkreis war in sich abgeschlossen, wobei die Inputs die Form von Schaltern und die Outputs die Form von Glühlampen haben. Man

kann sich leicht vorstellen, dass die als Inputs fungierenden Schalter durch einen externen Prozess gesteuert werden, zum Beispiel durch einen anderen Schaltkreis. Unser Input kann dann der Output dieses anderen Schaltkreises sein. Ebenso ist es durchaus möglich, dass die als Output fungierenden Glühlampen die Inputs weiterer Schaltkreise sind. Das ist der Fall bei modernen Computern, bei denen die Outputs als Inputs weiterer Operationen genutzt werden können.

Es gibt andere Boole'sche Operatoren, die üblicherweise bei Computern verwendet werden: NUND (engl. NAND) und NODER (engl. NOR). Diese Operatoren sind folgendermaßen definiert:

$$\begin{cases} A \text{ NUND } B \Longleftrightarrow \text{NICHT}(A \text{ UND } B), \\ A \text{ NODER } B \Longleftrightarrow \text{NICHT}(A \text{ ODER } B). \end{cases} \qquad (15.22)$$

Aus den Definitionen ist ersichtlich, dass diese Operatoren durch Kombination eines NICHT-Schaltkreises mit einem UND-Schaltkreis bzw. mit einem ODER-Schaltkreis implementiert werden können. Jedoch lassen sie sich effizienter durch kleinere Schaltkreise realisieren. Diese beiden Operatoren werden oft zur Liste der Boole'schen Grundoperatoren hinzugenommen. Die beiden Operatoren werden als *universell* bezeichnet. Übung 34 erläutert diese Bezeichnungsweise.

Ein erster kleiner Schritt in Richtung Computer. Computer werden mit Hilfe von Transistoren gebaut, die man sich als hochentwickelte Schalter vorstellen kann. Analog können wir sie als „Diskriminatoren" betrachten, die nur in einer Richtung funktionieren – wie zum Beispiel eine Tür, deren Rahmen das Öffnen nur in einer Richtung ermöglicht. Ein Transistor kann einen Output liefern, ohne davon beeinflusst zu werden, was danach geschieht. Anstatt das Vorhandensein von Strom als 1 zu interpretieren, nutzen die Transistoren Potentialdifferenzen als Input. Ist die Potentialdifferenz größer als eine gegebene Schwelle und hat sie das richtige Vorzeichen, dann wird ein Strom erzeugt, der die Tür „öffnet".

Very Large Scale Integration Systems (VLSI). Transistoren können verwendet werden, um verschiedene logische Familien zu erstellen: TTL, ECL, NMOS, CMOS und so weiter.[11] Die Schönheit dieser logischen Familien besteht darin, dass Transistoren zu „Gattern" zusammengebaut werden, mit denen die Operatoren UND, ODER, XODER und NICHT (und oft auch die Operatoren NUND und NODER) realisiert werden. Jeder Output kann als Input eines anderen Schaltkreises verwendet werden. Das ermöglicht die Bildung von äußerst komplexen Schaltkreisen, die aus vielen Millionen Gattern und individuellen Transistoren bestehen. In den meisten dieser logischen Familien repräsentiert die Potentialdifferenz das logische Niveau und der Strom transportiert die Ladung, die benötigt wird, um diese Potentialdifferenzen zu erreichen. MOS-Transistoren wurden ursprünglich aus drei Schichten hergestellt: aus einer Siliziumschicht, einer Oxidschicht

---

[11]TTL = transistor-transistor-logic, ECL = emitter coupled logic, MOSFET = metal-oxide-semiconductor field-effect transistor, CMOS = complementary metal oxide semiconductor.

(Isolator) und einer Metallschicht (die als Schalter fungiert). Heute ist die Metallschicht durch polykristallines Silizium ersetzt worden und die Isolierschicht ist extrem dünn: sie beträgt etwa 12 Å (1 Å = 1 Angström = 10^{-10} m). Zum Vergleich: eine typische Atombindung hat eine Länge von ungefähr 2 Å. Die am meisten verwendete logische Familie ist CMOS. Wie bei NMOS/PMOS beruht der Nutzeffekt dieser logischen Familie auf der Tatsache, dass der Strom nur dann fließt, wenn sich der Transistor im Übergangszustand befindet – im Gegensatz zu unseren einfachen Schaltkreisen, bei denen wir Glühlampen verwendet haben. Ein Übergang zwischen logischen Zuständen erfolgt durch einen Ladungstransport, der durch einen Strom realisiert wird. Ist der Ladungstransport beendet, dann fließt kein Strom mehr. Befinden sich derartige Transistoren im stationären Zustand, dann verbrauchen sie keine Energie. Das ermöglicht die Konstruktion extrem großer integrierter Schaltkreise (mehr als eine Milliarde Transistoren) mit einem akzeptablen Energieverbrauch (< 150 W).

Vom praktischen Standpunkt aus sind NUND- und NODER-Gatter wichtiger. Das ist darauf zurückzuführen, dass sie sich im Rahmen der CMOS-Technologie leichter und natürlicher konstruieren lassen als andere Gatter. Aus ähnlichen praktischen Erwägungen heraus (NMOS-Transistoren sind besser als PMOS-Transistoren) bevorzugt man NUND-Gatter gegenüber NODER-Gattern.

15.8 Reguläre Fünfeckparkettierung der Kugeloberfläche

Vor einigen Jahren wurde einer der Autoren (C. R.) von Pierre Robert – auch „Pierre the Juggler" genannt – angesprochen, einem Kunsttischler und Jongleur, der große Kugeln herstellt, auf denen Jongleure und Akrobaten balancieren. Er hatte eine Holzkugel von 50 cm Durchmesser gebaut, auf deren Oberfläche er fünfeckige Sterne in einem regulären Parkett aufmalen wollte (vgl. Abbildung 15.40). (Die Kunsttischler in Quebec verwenden immer noch die imperialen Maßeinheiten; er hatte also in Wirklichkeit eine Kugel mit einem Radius von 20 Zoll hergestellt.)

Es gibt ein reguläres Polyeder, dessen 12 Flächen regelmäßige Fünfecke sind: Dieses Polyeder wird als *Dodekaeder* bezeichnet (vgl. Abbildung 15.41). Da dieses Polyeder regulär ist, kann es in eine Kugel einbeschrieben werden, das heißt, sämtliche Ecken des Polyeders liegen auf einer Kugeloberfläche. Der Kunsttischler hat sich also eigentlich nach einer Methode erkundigt, mit deren Hilfe man die Ecken des Dodekaeders finden kann, das sich in die von ihm gebaute Kugel einschreiben lässt.

Zeichnen auf einer Kugeloberfläche. Ein Kunsttischler, der etwas auf einer Kugeloberfläche zeichnen muss, kann das nicht mit Hilfe eines Lineals tun. Mit einem Zirkel geht das jedoch ziemlich gut. Der Zirkel wird also unser Werkzeug sein, um die Ecken des einbeschriebenen Dodekaeders zu finden. Sobald wir zwei Punkte auf der Kugeloberfläche spezifiziert haben, können wir leicht einen Großkreisbogen zwischen den beiden Punkten zeichnen, indem wir einen Faden zwischen die beiden Punkte spannen. Unter der Annahme, dass die Reibung zwischen dem Faden und der Kugel vernachlässigt

Abb. 15.40. Eine Zirkuskugel mit einer aufgemalten regulären Parkettierung aus fünfeckigen Sternen.

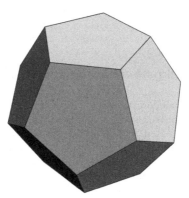

Abb. 15.41. Ein Dodekaeder.

werden kann, folgt der Faden annähernd einem Großkreisbogen. Diese Methode ist ausreichend, wenn keine hohe Präzision erforderlich ist. Möchten wir präziser arbeiten, dann müssen wir einen Zirkel nehmen, wobei wir sowohl seinen Öffnungswinkel als auch die genaue Stelle berechnen, auf die man die Zirkelspitze setzen muss (vgl. Übung 41).

Wie man mit einem Zirkel auf einer Kugeloberfläche zeichnet. Setzen wir die Zirkelspitze auf einen Punkt N der Kugeloberfläche und nehmen wir die Zirkelöffnung r', dann können wir einen Kreis mit einem Radius $r \neq r'$ auf der Kugeloberfläche zeichnen (vgl. Abbildung 15.45). Der tatsächliche Mittelpunkt P des Kreises liegt im Inneren der Kugel und ist demnach nicht der Punkt N. Jedoch haben sämtliche Punkte des gezeichneten Kreises den Abstand r' von N. Wir müssen bei unserer Diskussion sorgfältig auf diesen Unterschied achten. Die Beziehung zwischen dem Kreisradius r und der Zirkelöffnung r' hängt vom Kugelradius R ab. Wir werden uns diese Beziehung später ansehen.

Wir geben im Folgenden eine Lösung für das Zeichen der Ecken des einbeschriebenen Dodekaeders. Hier sind die Symbole, die wir bei unserer Diskussion verwenden:

- R ist der Kugelradius;
- a ist die Länge einer Kante des Dodekaeders, das der Kugel einbeschrieben ist;
- d ist die Länge einer Diagonale einer Fünfeckfläche des Dodekaeders;
- r ist der Radius des Kreises, der einer Fünfeckfläche umbeschrieben ist;
- r' ist die Öffnung, die ein Zirkel haben muss, um einen Kreis mit Radius r auf eine Kugel mit Radius R zu zeichnen.

Hauptzutaten der Lösung. Der erste Schritt ist die Berechnung der Länge a einer Kante und die Länge d einer Diagonale einer Fünfeckfläche eines Dodekaeders, das in eine Kugel mit Radius R einbeschrieben ist. Das sieht zunächst einmal ziemlich schwierig aus.

- Zum Glück können wir eine bemerkenswerte Eigenschaft des Dodekaeders ausnutzen: Die Diagonalen des Fünfecks sind die Kanten von Würfeln, die dem Dodekaeder einbeschrieben sind. Es gibt fünf solche Würfel (vgl. Abbildung 15.42 und Übung 44).

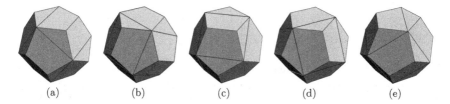

(a)   (b)   (c)   (d)   (e)

Abb. 15.42. Die fünf Würfel, die einem Dodekaeder einbeschrieben sind.

- Damit haben wir das Problem bereits auf ein etwas einfacheres Problem reduziert. Jeder dieser fünf Würfel ist seinerseits der Kugel einbeschrieben. Wir suchen also nach der Kantenlänge d eines Würfels, der einer Kugel mit Radius R einbeschrieben ist. Wir delegieren die Berechnung dieser Beziehung an Übung 39:

$$d = \frac{2}{\sqrt{3}}R.$$

- Wir müssen nun die Beziehung zwischen a und d finden. Da die Kanten des einbeschriebenen Würfels Diagonalen des einbeschriebenen Fünfecks sind, reduziert sich die Aufgabe auf ein planares Problem: Zu einem regulären Fünfeck mit Seitenlängen a finde man die Länge seiner Diagonale d (vgl. Abbildung 15.43). Die Formel ist offensichtlich, wenn man sich Abbildung 15.43 ansieht und feststellt, dass die Innenwinkel des Fünfecks die Größe $\frac{3\pi}{5}$ haben. Dieser Teil ist Gegenstand von Übung 36.

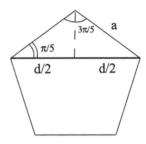

Abb. 15.43. Eine Diagonale eines regulären Fünfecks.

Die Länge ist durch

$$d = 2a \cos \frac{\pi}{5}$$

gegeben. Wir wissen also jetzt, dass

$$a = \frac{d}{2 \cos \frac{\pi}{5}} = \frac{R}{\sqrt{3} \cos \frac{\pi}{5}}.$$

Zeichnen der Ecken des Dodekaeders. Wir haben uns nun die notwendigen Hauptzutaten angesehen. Wir wählen einen zufälligen Punkt P_1 auf der Kugeloberfläche. Dieser Punkt ist *eine* Ecke des Dodekaeders. Jede Ecke ist mit drei anderen Ecken benachbart, die den Abstand a von P_1 haben. Wir können also einen Kreis C_1 mit dem Mittelpunkt P_1 zeichnen, indem wir einen Zirkel verwenden, der eine Öffnung der Länge a hat. (P_1 liegt nicht in der Ebene dieses Kreises!). Wir wählen einen zufälligen Punkt P_2 auf diesem Kreis. Dieser Punkt ist eine zweite Ecke des Dodekaeders. Von diesem Augenblick an sind alle Ecken des Dodekaeders eindeutig bestimmt. Es gibt zwei andere Ecken P_3 und P_4, die auf dem Kreis C_1 liegen. Da diese Punkte den Abstand d voneinander haben, finden wir sie durch Bestimmung der Schnittpunkte von C_1 mit dem Kreis C_2, der seinerseits so gezeichnet wird, dass man die Zirkelspitze auf den Punkt P_2 setzt und die Zirkelöffnung auf d einstellt. Wir setzen dieses Verfahren fort, indem wir einen Kreis um den Punkt P_2 zeichnen, wobei wir die Zirkelöffnung a verwenden, und anschließend die beiden anderen Ecken des Dodekaeders bestimmen, die auf diesem Kreis liegen: Diese Ecken haben den Abstand d von P_1. Wir iterieren dieses Verfahren für jede der anderen Ecken (insgesamt gibt es 20 Ecken).

In unserem Beispiel ist $R = 25$ cm und das liefert $a \approx 17,9$ cm und $d \approx 28,9$ cm.

Die gegebene Methode ermöglicht es uns, die Ecken des Dodekaeders zu markieren, nicht aber die Mittelpunkte der Fünfeckflächen. Zur Markierung dieser Mittelpunkte benötigen wir eine weitere Zutat. Wir gehen in zwei Schritten vor. Wir beginnen damit, den Radius r des Kreises zu finden, der einem regulären Fünfeck der Seitenlänge a umbeschrieben ist (vgl. Abbildung 15.44). Wir verweisen auf Übung 40 für den Nachweis,

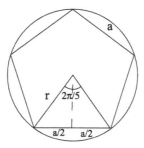

Abb. 15.44. Radius des Kreises, der einem regulären Fünfeck umbeschrieben ist.

dass dieser Radius r durch

$$r = \frac{a}{2 \sin \frac{\pi}{5}}$$

gegeben ist. Wir haben also

$$r = \frac{R}{2\sqrt{3} \sin \frac{\pi}{5} \cos \frac{\pi}{5}} = \frac{R}{\sqrt{3} \sin \frac{2\pi}{5}}. \tag{15.23}$$

Die fehlende Zutat bei diesem Schritt ist der Abstand zwischen dem (auf der Kugeloberfläche befindlichen Mittelpunkt) des sphärischen Fünfecks und seinen Ecken. Dieser Abstand ist die Öffnung, die der Zirkel haben muss, um damit den Kreis zu zeichnen, der dem Fünfeck umbeschrieben ist, wenn die Zirkelspitze auf den Mittelpunkt des sphärischen Fünfecks gesetzt wird. Die fragliche Größe lässt sich als Spezialfall des folgenden Ergebnisses bestimmen.

Proposition 15.20 *Wir möchten auf einer Kugel mit Radius R einen Kreis mit Radius r zeichnen. Zu diesem Zweck setzen wir die Zirkelspitze auf einen Punkt N und nehmen eine Zirkelöffnung der Größe*

$$r' = \sqrt{r^2 + \left(R - \sqrt{R^2 - r^2}\right)^2}. \tag{15.24}$$

BEWEIS. Wir nehmen an, dass der Kreis, den wir zeichnen möchten, in einer horizontalen Ebene liegt (vgl. Abbildung 15.45). Wir müssen die Länge $r' = |NA|$ berechnen. Hierzu

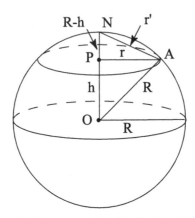

Abb. 15.45. Zum Zeichnen des Kreises mit Mittelpunkt P und Radius r setzen wir die Zirkelspitze auf N und nehmen die Zirkelöffnung r'.

wenden wir den Satz des Pythagoras auf die beiden rechtwinkligen Dreiecke OPA und APN an. Das liefert

$$h = \sqrt{R^2 - r^2}$$

und schließlich

$$r' = \sqrt{r^2 + (R - h)^2}.$$

$\square$

In unserem Fall ist der Radius r des Kreises, der dem Fünfeck umbeschrieben ist, durch die Gleichung (15.23) gegeben, und somit haben wir

$$h = R\sqrt{1 - \frac{1}{3\sin^2 \frac{2\pi}{5}}}.$$

Demnach ist

$$R - h = R\left(1 - \sqrt{1 - \frac{1}{3\sin^2 \frac{2\pi}{5}}}\right).$$

Mit Hilfe eines Taschenrechners erhalten wir $r' \approx 0{,}641R$. Für $R = 25$ cm beträgt diese Öffnung $r' \approx 16{,}0$ cm.

Eine alternative Zeichenmethode. Man wähle N auf der Kugeloberfläche und zeichne den Kreis C, den man erhält, wenn man die Zirkelspitze auf N setzt und die Zirkelöffnung auf die Länge r' einstellt. Wählt man einen Punkt A_1 auf diesem Kreis, dann liefert das eine Ecke des Dodekaeders. Jetzt setze man die Zirkelspitze auf A_1 und stelle die Zirkelöffnung auf die Länge a ein. Man bestimme die Schnittpunkte A_2 und A_3, die dieser Kreis mit dem Kreis C hat. Setzt man den Zirkel nun zuerst auf A_2 und dann auf A_3 (wobei man die Zirkelöffnung a beibehält!), dann erhält man die beiden anderen auf dem Kreis C liegenden Ecken der Fünfeckfläche.

Wir suchen nun den Mittelpunkt einer zweiten Fünfeckfläche. Ein solcher Mittelpunkt hat zum Beispiel den Abstand r' von jedem der Punkte A_1 und A_2. Um diesen Mittelpunkt zu finden, nehmen wir die Zirkelöffnung r' und zeichnen die beiden Kreise mit den Mittelpunkten A_1 und A_2. Diese beiden Kreise schneiden sich in zwei Punkten: Einer dieser Punkte ist N und der andere ist der Mittelpunkt der anderen Fünfeckfläche, welche die Ecken A_1 und A_2 enthält. Wir wiederholen dieses Verfahren, bis wir alle Ecken und alle Mittelpunkte gefunden haben.

Dieses Problem enthält ein Stück schöner Mathematik, das bereits in der Antike bekannt war. Die Formel für a verwendet den Wert $\cos \frac{\pi}{5}$, der sich leicht mit einem Taschenrechner ausrechnen lässt. Wir beweisen hier jedoch den folgenden

Satz 15.21

$$\cos \frac{\pi}{5} = \frac{1 + \sqrt{5}}{4}.$$

BEWEIS. Der Beweis vereinfacht sich, wenn man die Euler'sche Formel verwendet:

$$e^{i\theta} = \cos \theta + i \sin \theta.$$

Wir haben

$$e^{i\frac{\pi}{5}} = \cos \frac{\pi}{5} + i \sin \frac{\pi}{5}.$$

Unter Verwendung der Exponentialeigenschaften ergibt sich

$$(e^{i\frac{\pi}{5}})^5 = e^{i\pi} = \cos \pi + i \sin \pi = -1. \tag{15.25}$$

Andererseits haben wir

$$(e^{i\frac{\pi}{5}})^5 = \left(\cos \frac{\pi}{5} + i \sin \frac{\pi}{5} \right)^5.$$

Einsetzen von $c = \cos \frac{\pi}{5}$ und $s = \sin \frac{\pi}{5}$ liefert

$$(e^{i\frac{\pi}{5}})^5 = c^5 + 5ic^4 s - 10c^3 s^2 - 10ic^2 s^3 + 5cs^4 + is^5. \tag{15.26}$$

Da die Realteile und die Imaginärteile der Gleichungen (15.25) und (15.26) jeweils gleich sind, erhalten wir folgendes Gleichungssystem:

$$c^5 - 10c^3s^2 + 5cs^4 = -1,$$
$$5c^4s - 10c^2s^3 + s^5 = 0. \qquad (15.27)$$

Die zweite Gleichung von (15.27) lässt sich in der Form $s(5c^4 - 10c^2s^2 + s^4) = 0$ schreiben, und wegen $s \neq 0$ erhalten wir

$$5c^4 - 10c^2s^2 + s^4 = 0. \qquad (15.28)$$

Es sei $C = \cos\frac{2\pi}{5}$. Wir haben die folgende trigonometrische Formel:

$$c^2 = \frac{1+C}{2}, \qquad s^2 = \frac{1-C}{2}. \qquad (15.29)$$

Einsetzen in (15.28) ergibt

$$16C^2 + 8C - 4 = 4(4C^2 + 2C - 1) = 0.$$

Diese Gleichung hat sowohl eine positive als auch eine negative Lösung. Wegen $C = \cos\frac{2\pi}{5} > 0$ haben wir

$$C = \cos\frac{2\pi}{5} = \frac{-1+\sqrt{5}}{4}.$$

Hieraus und aus (15.29) können wir

$$c^2 = \frac{3+\sqrt{5}}{8} \qquad \text{und} \qquad s^2 = \frac{5-\sqrt{5}}{8} \qquad (15.30)$$

ableiten. Die erste Gleichung von (15.27) lässt sich in der Form

$$c(c^4 - 10c^2s^2 + 5s^4) = -1$$

schreiben und hieraus folgt

$$c = -\frac{1}{c^4 - 10c^2s^2 + 5s^4} = -\frac{1}{1-\sqrt{5}} = \frac{1+\sqrt{5}}{4}.$$

□

15.9 Planung einer Autobahn

Wird im Bauwesen eine Autobahn geplant, dann wird sie zuerst auf einer Landkarte eingezeichnet. Irgendwann muss dieser Autobahnentwurf auch auf dem realen Boden abgesteckt werden. Um das zu tun, wird der Weg der Autobahn mit kleinen Holzpflöcken markiert, die in der Regel leuchtend angestrichen sind oder eine bunte Flagge tragen. Üblicherweise wird der Weg mit Hilfe von geraden Strecken und Kreisbögen approximiert.

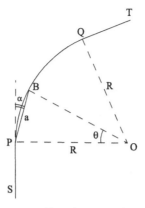

Abb. 15.46. Abstecken einer Autobahn.

Angenommen, wir möchten die Pflöcke längs eines Kreisbogens aufstellen, wobei jeder Pflock den Abstand a vom nächsten hat (zum Beispiel $a = 10$ m oder $a = 30$ m). Wir nehmen an, dass die Strecken SP und QT bereits markiert worden sind, und dass wir den Bogen eines Kreises mit Radius R markieren sollen, der SP und QT berührt. Der Plan der Ingenieure ist gezeichnet worden, das heißt, dass ein solcher Bogen existiert! Dann ist der Mittelpunkt des Bogens derjenige Punkt O, welcher der Schnittpunkt der beiden folgenden Geraden ist: der zu PS senkrechten Geraden durch P und der zu QT senkrechten Geraden durch Q. Wenn der Plan exakt ist und auf dem Boden genau reproduziert worden ist, dann hat der Punkt O den Abstand R von P und von Q. Wir möchten nun die Pflöcke längs des Kreisbogens aufstellen, der den Mittelpunkt O, den Radius R sowie die Endpunkte P und Q hat. Der erste zu markierende Punkt B hat den Abstand a von P. Um den Punkt zu markieren, müssen wir den Winkel α bestimmen, der zwischen der Geraden PS (das heißt, der Tangente des Kreises an P) und der Strecke PB liegt. Das ermöglicht es uns, die Autobahn zu markieren, ohne sie zu verlassen.

Proposition 15.22 *(i) $\alpha = \frac{\theta}{2}$, wobei θ der Winkel ist, welcher der Sehne PB gegenüber liegt.*
(ii) $\alpha = \arcsin \frac{a}{2R}$.

BEWEIS.

(i) Man beachte, dass OP senkrecht zu PS ist. Demnach gilt

$$\alpha = \frac{\pi}{2} - \widehat{OPB}.$$

Das Dreieck OPB ist gleichschenklig, und deswegen haben wir

$$\widehat{OBP} = \widehat{OPB} = \frac{\pi}{2} - \alpha.$$

Die Summe der Winkel des Dreiecks ist π. Somit gilt

$$\widehat{OPB} + \widehat{OBP} + \widehat{POB} = 2\left(\frac{\pi}{2} - \alpha\right) + \theta = \pi - 2\alpha + \theta = \pi.$$

Es folgt $2\alpha = \theta$, womit (i) bewiesen ist.

(ii) Es sei X der Mittelpunkt von PB. Dann ist OX senkrecht zu PB, denn das Dreieck PBO ist gleichschenklig und

$$PX = \frac{a}{2} = R\sin\frac{\theta}{2}.$$

Wegen $\frac{\theta}{2} = \alpha$ folgt

$$a = 2R\sin\alpha,$$

womit (ii) bewiesen ist.

$\square$

Es reicht aus, den Pflock B im Abstand a von P auf der Geraden aufzustellen, die einen Winkel $\alpha = \arcsin\frac{a}{2R}$ mit der Strecke SP bildet. Das ist eine einfache Operation, die sich mit Hilfe der standardmäßigen Landvermessungsinstrumente ausführen lässt.

15.10 Übungen

Reflexions- und Brechungsgesetz

1. Wir stellen zwei Spiegel so auf den Boden einer Schachtel, dass sie miteinander einen rechten Winkel bilden. Beweisen Sie, dass ein eintreffender vertikaler Strahl parallel zu sich selbst reflektiert wird (vgl. Abbildung 15.47).

2. Übung 18 von Kapitel 1 diskutiert die Funktionsweise des Sextanten, eines Navigationsinstruments, das auf dem Reflexionsgesetz beruht. Beantworten Sie die dort gestellte Frage, falls Sie es nicht bereits getan haben.

Kegelschnitte

3. Wir haben diese Aufgabe bereits in der Ebene betrachtet. Das, was wir Parabolspiegel nannten, ist in Wirklichkeit ein Rotationsparaboloid

$$z = a(x^2 + y^2).$$

Beweisen Sie folgende Aussage: Treffen alle ankommenden Strahlen parallel zur Spiegelachse auf den Spiegel und werden sie gemäß dem Reflexionsgesetz reflektiert, dann

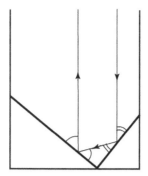

Abb. 15.47. Die beiden senkrechten Spiegel aus Übung 1.

gehen alle reflektierten Strahlen durch ein und denselben Punkt, nämlich durch $(0, 0, \frac{1}{4a})$. Benutzen Sie hierzu das für den ebenen Fall erzielte Ergebnis mit der Kurve $z = ax^2$, und geben Sie dann den Beweis für den allgemeinen Fall unter Verwendung der Spiegelsymmetrie für alle Drehungen um die Drehachse. Der reflektierte Strahl liegt in der Ebene, die vom ursprünglichen Strahl und der Mittelachse des Paraboloids bestimmt wird.

4. **Eine bemerkenswerte Eigenschaft der Hyperbel.** Man betrachte eine Gerade L, die durch einen Brennpunkt der Hyperbel und durch einen Punkt P auf dem zugehörigen Hyperbelast geht. Es sei L' die Gerade, die zu L symmetrisch in Bezug auf die Tangente im Punkt P an die Hyperbel liegt. Zeigen Sie, dass L' durch den zweiten Brennpunkt der Hyperbel geht (vgl. Abbildung 15.19).

5. **Das Flüssigspiegelteleskop des ALPACA-Projekts.** Der Plan des ALPACA-Teleskops, das auf dem Gipfel eines Berges in Chile aufgestellt werden soll, ist in Abbildung 15.48 gegeben. Erklären Sie, welche Kegelschnittform die drei Spiegel haben sollten und wie ihre Brennpunkte zu positionieren sind. (Für weitere Informationen über dieses Teleskop verweisen wir auf Abschnitt 14.11 von Kapitel 14.)

6. Anstatt den großen Parabolspiegel zu drehen, verwendet ein Solarofen eine Anordnung von kleineren Heliostaten, welche die Sonnenstrahlen so reflektieren, dass sie auf dem Parabolspiegel parallel zu dessen Achse auftreffen. Bei der vorliegenden Übung nehmen wir an, dass die Heliostaten Planspiegel haben. Auf jeden Punkt der Oberfläche eines solchen Spiegels trifft ein Lichtstrahl auf, der parallel zur Achse des Solarofens reflektiert werden muss.
(a) Beweisen Sie: Die Normale in einem Punkt P des Heliostaten halbiert den Winkel zwischen den auf P auftreffenden Sonnenstrahlen und der geraden Linie, die von P aus parallel zur Achse des Solarofens verläuft.

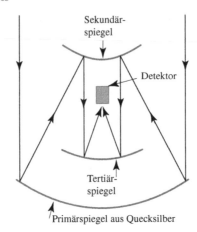

Abb. 15.48. Das Teleskop des ALPACA-Projekts (Übung 5).

(b)   Um Richtungen auszudrücken, müssen wir uns zunächst ein Koordinatensystem vorgeben. Eine Richtung wird durch einen Einheitsvektor gegeben. Die Spitze dieses Vektors liegt auf der Einheitskugel und lässt sich deswegen folgendermaßen in sphärischen Koordinaten ausdrücken:

$$(\cos\theta\cos\phi, \sin\theta\cos\phi, \sin\phi),$$

wobei $\theta \in [0, 2\pi]$ und $\phi \in [-\frac{\pi}{2}, \frac{\pi}{2}]$. Beweisen Sie: Gilt

$$P_i = (\cos\theta_i\cos\phi_i, \sin\theta_i\cos\phi_i, \sin\phi_i), \qquad i = 1, 2,$$

dann ist die Richtung der Winkelhalbierenden des Winkels $\widehat{P_1 O P_2}$ durch den Vektor $\frac{\mathbf{v}}{|\mathbf{v}|}$ gegeben, wobei $\mathbf{v} = \overrightarrow{OP_1} + \overrightarrow{OP_2}$.

Bemerkung: Der Spiegel eines Heliostaten ist auf einen Kardanring montiert, der sich während des Tagesverlaufes automatisch entsprechend der Position der Sonne einstellt. Sphärische Koordinaten zeigen, dass zwei Drehungen genügen, um den Spiegel auf jede erforderliche Richtung einzustellen. (Weitere Einzelheiten zur Steuerung der Bewegung um die Drehachsen findet man in Kapitel 3.)

7.   Wir diskutieren hier ein Werkzeug, das von Zimmerleuten und Kunsttischlern zum Zeichnen von Ellipsen benutzt wird. Das Werkzeug besteht aus einem quadratischen Block, in dem sich zwei Spuren in der Form eines Pluszeichens befinden. In jeder Spur befindet sich ein kleiner Block, der innerhalb der Spur frei gleiten kann. Der mit A bezeichnete Block gleitet vertikal und der mit B bezeichnete Block horizontal. Auf den

Mittelpunkten A und B der kleinen Blöcke sind senkrecht zum Werkzeug zwei kleine Ständer angebracht, die durch einen Arm miteinander verbunden sind. Der Arm ist starr und bewegt sich in einer zum Werkzeug parallelen Ebene. Der Abstand zwischen den beiden Ständern ist also konstant und gleich $d = |AB|$. Der starre Arm hat die Gesamtlänge L. Am gegenüberliegenden Ende des Arms ist ein Bleistift befestigt. Abbildung 15.49 zeigt eine einfache Skizze dieser Vorrichtung.

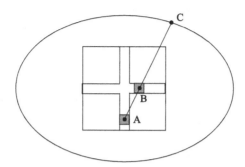

Abb. 15.49. Ein Werkzeug zum Zeichnen einer Ellipse (Übung 7).

(a) Wir lassen den Arm jetzt eine Drehbewegung um die vertikalen Ständer ausführen, wobei die kleinen Blöcke in den Spuren gleiten. Zeigen Sie, dass die Bleistiftspitze eine Ellipse zeichnet.
(b) Wie müssen d und L gewählt werden, damit die gezeichnete Ellipse Halbachsen der Längen a und b hat?

8. Eine Hyperbel ist die Menge aller Punkte P der Ebene, die folgende Eigenschaft haben: Die absoluten Beträge der Differenzen zwischen ihren Abständen von zwei Punkten F_1 und F_2 sind eine Konstante r, das heißt,

$$\big|\, |F_1 P| - |F_2 P| \,\big| = r. \tag{15.31}$$

Wir geben ein Verfahren an, mit dem man einen Hyperbelast unter alleiniger Verwendung eines Lineals, eines Bleistifts und eines Fadens zeichnen kann. Das Lineal ist im ersten Brennpunkt F_1 befestigt und dreht sich frei um diesen Brennpunkt. Am gegenüberliegenden Ende A des Lineals befestigen wir einen Faden der Länge ℓ. Das andere Ende des Fadens wird im zweiten Brennpunkt F_2 befestigt. Der Bleistift wird fest gegen die Linealseite gedrückt, so dass der Faden straff bleibt (vgl. Abbildung 15.50).
(a) Beweisen Sie, dass die Bleistiftspitze einen Hyperbelast zeichnet.
(b) Welche Länge ℓ muss für den Faden gewählt werden, wenn das Lineal die Länge L hat und wir eine Hyperbel zeichnen möchten, die der Gleichung (15.31) entspricht?

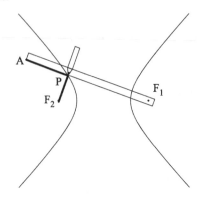

Abb. 15.50. Zeichnen einer Hyperbel mit Hilfe eines Lineals (Übung 8).

(c) Beschreiben Sie, wie man den zweiten Ast der Hyperbel zeichnet.

9. Wir beschreiben eine Vorrichtung zum Zeichnen einer Parabel. Hierzu befestigen wir ein Lineal an einer Geraden (D). Längs des Lineals lassen wir ein rechtwinkliges Zeichendreieck gleiten. Ein Faden der Länge L wird an der Spitze des Zeichendreiecks in der Höhe h über dem Lineal befestigt; das andere Ende des Fadens wird an einem Punkt O in der Höhe h_1 über dem Lineal befestigt. Nun drücken wir einen Bleistift so gegen die vertikale Seite des Zeichendreiecks, dass der Faden straff bleibt (vgl. Abbildung 15.51). Befindet sich der Bleistift im Punkt P und ist A der obere Punkt des Zeichendreiecks, dann folgt (falls der Faden straff gespannt ist) die Beziehung $|AP| + |OP| = L$. Es sei $h_2 = h - h_1$.

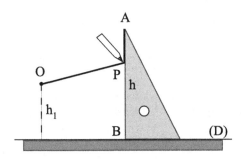

Abb. 15.51. Zeichnen einer Parabel (vgl. Übung 9).

(a) Ist $L > h_2$, dann zeigen Sie, dass die Bleistiftspitze einen Parabelbogen zeichnet. (Hinweis: Verwenden Sie ein Koordinatensystem mit dem Ursprung O und betrachten Sie die Koordinaten (x, y) des Punktes P.)

(b) Zeigen Sie, dass der Punkt O der Brennpunkt der Parabel ist.

(c) Zeigen Sie, dass der gezeichnete Parabelbogen das Lineal (D) berührt, falls die Beziehung $h_1 = \frac{L-h_2}{2}$ gilt. Finden Sie in diesem Fall die Leitgerade der Parabel.

(d) Zeigen Sie, dass der Scheitel der Parabel dann und nur dann ein Extremalpunkt des gezeichneten Bogens ist, wenn $\frac{L-h_2}{2} \leq h_1$.

Quadratische Flächen

10. Zeigen Sie, dass die Gleichung
$$x^2 + y^2 = C^2 z^2$$
mit $C > 0$ einen Kegel mit einem kreisförmigen Querschnitt beschreibt.

11. Man betrachte zwei Ellipsen $\frac{x^2}{a^2} + \frac{y^2}{b^2} = 1$, die in den Ebenen $z = -z_0$ und $z = z_0$ liegen. Es sei $\phi_0 \in (-\pi, 0) \cup (0, \pi]$ ein fester Winkel. Ferner sei (D_θ) die Gerade, die den Punkt $P(\theta) = (a \cos\theta, b \sin\theta, -z_0)$ der ersten Ellipse mit dem Punkt $Q(\theta) = (a \cos(\theta + \phi_0), b \sin(\theta + \phi_0), z_0)$ der zweiten Ellipse verbindet. Zeigen Sie, dass die Vereinigung der Geraden (D_θ) ein einschaliges Hyperboloid ist, wenn $\phi_0 \neq \pi$, und ein Kegel mit elliptischem Querschnitt, wenn $\phi_0 = \pi$. Welche Fläche ergibt sich, wenn $\phi_0 = 0$?

12. (a) In Proposition 15.13 und Übung 11 haben wir ein einschaliges Hyperboloid als Vereinigung einer Schar von Geraden konstruiert. Zeigen Sie, dass es eine zweite Schar (D'_θ) von Geraden gibt, deren Vereinigung die gleiche Fläche beschreibt.

(b) Zeigen Sie, dass im Grenzfall, in dem die Geradenscharen einen Kegel beschreiben, beide Scharen in Wirklichkeit zusammenfallen.

13. Beweisen Sie: Für jeden Punkt eines einschaligen Hyperboloids schneidet die Ebene, die das Hyperboloid in diesem Punkt berührt, das Hyperboloid in zwei Geraden. (Insbesondere gibt es Flächenpunkte auf beiden Seiten der Tangentialebene. Das ist eine Eigenschaft von Flächen mit negativer Gauß'scher Krümmung.)

14. Beweisen Sie: Für jeden Punkt auf einem hyperbolischen Paraboloid schneidet die Ebene, welche die Fläche in diesem Punkt berührt, das Parabaloid in zwei Geraden.

15. In diesem Problem verwenden wir Zylinderkoordinaten $(x, y, z) = (r \cos\theta, r \sin\theta, z)$. Ein Helikoid ist durch die Parametergleichungen
$$\begin{cases} x = r \cos\theta, \\ y = r \sin\theta, \\ z = C\theta \end{cases}$$

definiert, wobei C eine Konstante ist. Versuchen Sie, diese Fläche zu veranschaulichen (durch eine Zeichnung, wenn Sie es schaffen!) und zeigen Sie, dass es sich um eine Regelfläche handelt. (Wir können diese Fläche als Grundlage für die Konstruktion von Wendeltreppen verwenden.)

Aufteilung eines Gebietes

16. Wir betrachten regelmäßige Aufteilungen eines großen Gebietes in Dreiecke, wobei die Dreiecke alle kongruent, aber *nicht* gleichseitig sind. Bei einer regelmäßigen Aufteilung haben wir waagerechte Reihen von Dreiecken, von denen abwechselnd jeweils eines nach oben und eines nach unten zeigt. Beweisen Sie, dass das aus gleichseitigen Dreiecken bestehende Netz das effizienteste Netz in Bezug auf die Verteilung von Antennen ist.

17. Wir betrachten die gleichen regelmäßigen Netze wie in Abschnitt 15.4: Netze aus gleichseitigen Dreiecken, quadratische Netze und hexagonale Netze. In der vorliegenden Übung ändern wir jedoch die Optimierungseinschränkung. Wir möchten das Netz verwenden, dessen Gesamtkantenlänge (das heißt, die Summe der Längen aller Kanten des Netzes) minimal unter der Nebenbedingung ist, dass jede Zelle die Fläche A hat. Beweisen Sie: Das hexagonale Netz ist das effizienteste, danach folgt das quadratische Netz und schließlich das Dreiecksnetz.

(Motivation: Bienenwaben haben eine hexagonale Form. Lange Zeit wurde vermutet, dass das zum Zweck der Minimierung der erforderlichen Menge von Wachs geschehen ist und dass die Bienen im Laufe der Evolution aus diesem Grund die Sechseckform gewählt haben. Tatsächlich kann man Folgendes feststellen: Sind die einzelnen Zellen hinreichend tief angelegt (so dass die für den Boden verwendete Wachsmenge im Vergleich zu der für die Seiten verwendete Wachsmenge vernachlässigt werden kann), dann ist dieses Layout optimal. Jedoch ist heute bekannt, dass die Form des von den Bienen gebauten Bodens nicht optimal ist.)

18. Wir überdecken ein großes ebenes Gebiet mit nicht überlappenden Kreisscheiben mit Radius r. Dabei verwenden wir zwei Methoden: Bei der ersten Methode positionieren wir die Mittelpunkte der Scheiben auf einem quadratischen Netz (Abbildung 15.52 (a)), während wir die Mittelpunkte bei der zweiten Methode in die Ecken der gleichseitigen Dreiecke eines regelmäßigen Dreiecksnetzes legen (Abbildung 15.52 (b)). Welche Methode liefert die dichtere Überdeckung? Hinweis: Berechnen Sie im Fall (a), welcher Anteil eines Quadrates von Kreisscheiben überdeckt wird, und im Fall (b), welcher Anteil eines Dreiecks von Kreisscheiben überdeckt wird.

Voronoi-Diagramme

19. Verallgemeinern Sie Proposition 15.17 auf den Fall eines beliebigen Gebietes $\mathcal{D}$ der Ebene.

20. Wir können Voronoi-Diagramme auch für Mengen von Voronoi-Punkten im $\mathbb{R}^3$ definieren. Geben Sie eine Definition eines solchen Diagramms sowie äquivalente Formulierungen für die Propositionen 15.16 und 15.17 an.

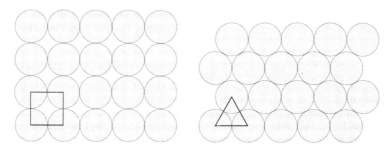

Abb. 15.52. Zwei Methoden der Überdeckung eines ebenen Gebietes mit Kreisscheiben (Übung 18).

21. Beschreiben Sie das Voronoi-Diagramm für eine Menge von drei Voronoi-Punkten, die sich in den Ecken eines gleichseitigen Dreiecks befinden.

22. Geben Sie die Bedingungen für die Positionen der Punktmenge $S = \{P_1, P_2, P_3, P_4\}$ an, so dass das Voronoi-Diagramm von S eine Dreieckszelle enthält.

23. Man betrachte ein konvexes Polygon mit n Seiten und einen Punkt P_1 im Inneren dieses Polygons.

(a) Geben Sie einen Algorithmus für das Hinzufügen von n weiteren Punkten $P_2, \ldots, P_{n+1}$ derart an, dass das Polygon die einzige abgeschlossene Zelle des Voronoi-Diagramms von $S = \{P_1, \ldots, P_{n+1}\}$ ist (vgl. Abbildung 15.32).

(b) Geben Sie einen Algorithmus zum Hinzufügen der n Halbgeraden an, die erforderlich sind, um das Voronoi-Diagramm zu vervollständigen.

24. In dieser Übung diskutieren wir die Delaunay-Triangulation, an deren Definition wir zunächst erinnern. Man betrachte das Voronoi-Diagramm einer Punktmenge $S = \{P_1, \ldots, P_n\}$. Wir verbinden die Punkte P_i und P_j, falls die Zellen $V(P_i)$ und $V(P_j)$ eine gemeinsame Kante haben. Die entstehende Menge von Linien bildet die Delaunay-Triangulation von S.

(a) Beweisen Sie: Hat jede Ecke des Voronoi-Diagramms höchstens drei eingehende Kanten, dann führt die beschriebene Konstruktion zu Dreiecken.

(b) Beweisen Sie, dass jede Ecke P des Voronoi-Diagramms der Mittelpunkt eines Kreises ist, der einem Dreieck der Delaunay-Triangulation umbeschrieben ist. Zeigen Sie außerdem, dass der umbeschriebene Kreis durch die drei Voronoi-Punkte geht, deren Zellen sich in P treffen. (Diese Frage liefert eine weitere Möglichkeit für den Beweis, dass sich die drei Mittelsenkrechten eines Dreiecks in einem Punkt schneiden.)

25. Konstruieren Sie eine Menge S von Voronoi-Punkten derart, dass Abbildung 15.28 das entsprechende Voronoi-Diagramm ist, und konstruieren Sie die zugehörige Delaunay-Triangulation.

26. Wir betrachten hier das zum Auffinden eines Voronoi-Diagramms inverse Problem. Gegeben sei eine Aufteilung der Ebene in Zellen und wir möchten wissen, ob es eine Menge S von Voronoi-Punkten gibt, deren Voronoi-Diagramm mit der gegebenen Aufteilung der Ebene übereinstimmt.
(a) Wir beginnen mit dem Fall dreier Halbstrahlen (D_1), (D_2) und (D_3) (vgl. Abbildung 15.53(a)). Wir fragen, ob es eine Menge $S = \{A, B, C\}$ von Voronoi-Punkten derart gibt, dass die Halbstrahlen das Voronoi-Diagramm von S darstellen. Bei der Lösung muss man unterscheiden, ob der Schnittpunkt O von (D_1), (D_2) und (D_3) innerhalb des Dreiecks ABC liegt oder nicht. Beweisen Sie: Eine notwendige Bedingung dafür, dass O innerhalb des Dreiecks ABC liegt, besteht darin, dass $\alpha, \beta, \gamma > \frac{\pi}{2}$. Zeigen Sie ferner: Existieren A, B, C, dann haben die Winkel von Abbildung 15.53(b) die in der Abbildung angegebenen Werte.

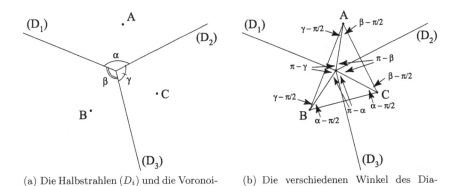

(a) Die Halbstrahlen (D_i) und die Voronoi-Punkte A, B, C

(b) Die verschiedenen Winkel des Diagramms

Abb. 15.53. Die Linien und Winkel des Voronoi-Diagramms von Übung 26(a).

(b) Beweisen Sie: Wählt man A innerhalb des Winkels, der von (D_1) und (D_2) gebildet wird, dann gibt es B und C derart, dass (D_1), (D_2) und (D_3) dann und nur dann das Voronoi-Diagramm von $S = \{A, B, C\}$ bilden, wenn A auf der Halbgeraden liegt, die von O ausgeht und die mit (D_1) den Winkel $\pi - \gamma$ und mit (D_2) den Winkel $\pi - \beta$ einschließt.
(c) Nun betrachte man Abbildung 15.54(a) für den Fall $\alpha < \frac{\pi}{2}$ und $\beta, \gamma > \frac{\pi}{2}$. Zeigen Sie, dass die verschiedenen Winkel des resultierenden Diagramms mit den in Abbildung 15.54(b) dargestellten Winkeln übereinstimmen.

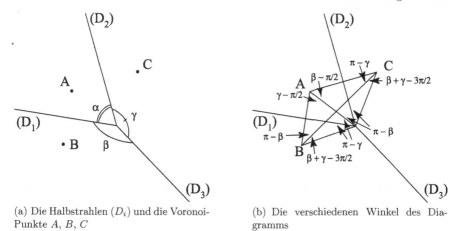

(a) Die Halbstrahlen (D_i) und die Voronoi-Punkte A, B, C

(b) Die verschiedenen Winkel des Diagramms

Abb. 15.54. Die Linien und Winkel des Voronoi-Diagramms von Übung 26(c).

(d) Beweisen Sie: Ist eine Aufteilung der Ebene in Zellen gemäß Abbildung 15.55 gegeben, dann gibt es nicht immer eine Menge $S = \{A, B, C, D\}$ von Voronoi-Punkten derart, dass die Aufteilung das Voronoi-Diagramm von S darstellt.

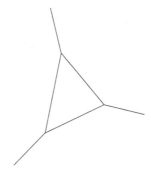

Abb. 15.55. Eine Aufteilung der Ebene für Übung 26(d).

(e) Können Sie beschreiben, was in dem dazwischen liegenden Fall $\alpha = \frac{\pi}{2}$ geschieht?

Computer Vision

27. Man betrachte die Abbildung 15.35 mit den Punkten $O_1 = (-1, 0, 0)$ und $O_2 = (1, 0, 0)$ sowie mit den Projektionen P_1 und P_2 eines Punktes P, wobei beide Projektionen in der Ebene $y = 1$ liegen. Das Bild von P auf dem i-ten Foto ist der Schnittpunkt der Linie O_iP mit der Projektionsebene $y = 1$.

(a)   Zeigen Sie, dass das Bild einer vertikalen Geraden eine vertikale Gerade auf jeder der Projektionen ist.

(b)   Beschreiben Sie die Menge derjenigen Punkte des Raumes, die von P in der ersten Projektion verdeckt werden. Wie erscheinen diese Punkte in der zweiten Projektion?

(c)   Wir betrachten eine schräge Gerade der Form $(a, b, c) + t(\alpha, \beta, \gamma)$ mit $t \in \mathbb{R}$ und $\alpha, \beta, \gamma > 0$. Zeigen Sie, dass das Bild der Punkte dieser Geraden in der ersten Projektion eine Gerade ist. Jetzt betrachte man nur das Bild der Punkte (x, y, z) für die Halbgerade $y > 1$. Beweisen Sie: Das Bild des unendlich fernen Punktes auf dieser Halbgeraden hängt nur von (α, β, γ) ab und ist unabhängig von (a, b, c).

28. Wir haben Folgendes gesehen: Nehmen wir von zwei verschiedenen Standorten je ein Foto ein und desselben Punktes P auf, dann können wir die Position des Punktes P berechnen. Das ist jedoch nicht möglich, wenn wir nur ein Foto haben. Ein ziemlich cleverer Fotograf hatte die folgende Idee, wie man mit nur einem Foto auskommt: Er stellte einen Spiegel so auf, dass Punkte P vor dem Spiegel *und* ihre Spiegelbilder P' auf dem Foto zu sehen sind (vgl. Abbildung 15.56). Erklären Sie – unter der Voraussetzung, dass die Position und die Orientierung des Spiegels bekannt sind –, wie es diese Informationen dem Beobachter ermöglichen, die Position des Punktes P zu berechnen.

Ein kurzer Blick auf die Computerarchitektur

29. Entwerfen Sie einen einfachen elektrischen Schaltkreis zur Berechnung von

$$(A \text{ UND } B) \text{ ODER } (C \text{ UND } D).$$

30. Entwerfen Sie einen einfachen elektrischen Schaltkreis zur Berechnung von

$$(A \text{ ODER } B) \text{ UND } (C \text{ ODER } D).$$

31. Entwerfen Sie einen einfachen elektrischen Schaltkreis zur Berechnung von

$$((A \text{ ODER } B) \text{ UND } (C \text{ ODER } D)) \text{ ODER } (E \text{ UND } F).$$

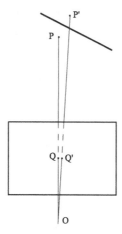

Abb. 15.56. Ein einziges Foto unter Verwendung eines Spiegels (für Übung 28).

32. (a) Zeigen Sie, dass man die Operatoren ODER und XODER unter alleiniger Verwendung der Operatoren NICHT und UND definieren kann.
(b) Zeigen Sie, dass man die Operatoren UND und XODER unter alleiniger Verwendung der Operatoren NICHT und ODER definieren kann.
(c) Zeigen Sie, dass man die Operatoren UND und ODER unter alleiniger Verwendung der Operatoren NICHT und XODER definieren kann. (Diese Frage ist schwerer als die ersten beiden.)

33. Stellen Sie die Tafeln auf, welche die Operatoren NUND und NODER beschreiben, die wir in (15.22) definiert haben.

34. Die Operatoren NUND und NODER werden als universelle Boole'sche Operatoren bezeichnet, weil man jeden der beiden Operatoren dazu verwenden kann, alle anderen Operatoren zu konstruieren. Diese Übung vermittelt Ihnen die ersten Schritte der Ausführung dieser Konstruktion. Danach kann man die Konstruktionen von Übung 32 verwenden.
(a) Zeigen Sie, dass man die Operation NICHT ausschließlich mit Hilfe der Operation NUND konstruieren kann.
(b) Zeigen Sie, dass man die Operation NICHT ausschließlich mit Hilfe der Operation NODER konstruieren kann.
(c) Zeigen Sie, dass man die Operation UND ausschließlich mit Hilfe der Operation NUND konstruieren kann.
(d) Zeigen Sie, dass man die Operation ODER ausschließlich mit Hilfe der Operation NUND konstruieren kann.

35. Eine einzige Leuchte beleuchtet ein Treppenhaus. Das Licht kann mit zwei Schaltern ein- und ausgeschaltet werden; ein Schalter befindet sich unten an der Treppe, der andere oben. Der Elektriker hat die Schalter mit Hilfe des Schaltkreises verdrahtet, den wir für einen der Boole'schen Operatoren konstruiert haben. Für welchen Schaltkreis?

Reguläre Fünfeckparkettierung der Kugelfläche

36. (a) Zeigen Sie: Jeder Innenwinkel eines n-seitigen regulären Polygons hat die Größe $\frac{\pi(n-2)}{n}$.

(b) Leiten Sie ab, dass die Innenwinkel eines regulären Fünfecks die Größe $\frac{3\pi}{5}$ haben und dass die Länge d einer Diagonale eines Fünfecks der Seitenlänge a (vgl. Abbildung 15.43) durch

$$d = 2a \cos \frac{\pi}{5}$$

gegeben ist.

37. Ein Tetraeder ist ein reguläres Polyeder, dessen Oberfläche aus vier gleichseitigen Dreiecken besteht (vgl. Abbildung 15.57).

(a) Berechnen Sie die Höhe eines regulären Tetraeders der Kantenlänge a.

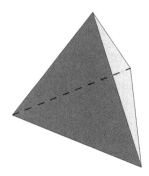

Abb. 15.57. Ein reguläres Tetraeder (vgl. Übung 37).

(b) Welchen Radius r hat ein Kreis, der einem gleichseitigen Dreieck der Seitenlänge a umbeschrieben ist?

(c) Man betrachte eine Kugel mit Radius R, die einem regulären Tetraeder der Kantenlänge a umbeschrieben ist. Berechnen Sie R als Funktion von a.

(d) Beweisen Sie: Der Abstand zwischen einer Ecke und den Schnittpunkten der vier Höhen eines regulären Tetraeders beträgt $\frac{3}{4}$ der Länge der Höhen.

38. Zeigen Sie, dass man bei geeigneter Wahl der Diagonalen der Flächen eines Würfels ein reguläres Tetraeder erhält. Wieviele verschiedene Tetraeder bekommen wir?

39. **(a)** Beweisen Sie: Die Kantenlänge d eines Würfels, der einer Kugel mit Radius R einbeschrieben ist, beträgt

$$d = \frac{2}{\sqrt{3}}R.$$

(b) Erklären Sie, wie man mit Hilfe eines Zirkels die Ecken eines einer Kugel einbeschriebenen Würfels auf der Oberfläche der (umbeschriebenen) Kugel zeichnen kann.

(c) Projiziert man (vom Kugelmittelpunkt) die Kanten des einbeschriebenen Würfels auf die Kugeloberfläche, dann wird die Kugeloberfläche in sechs gleiche Bereiche unterteilt. Die Mittelpunkte dieser Bereiche sind die Ecken eines regulären Oktaeders (vgl. Abbildung 15.58), das der Kugel einbeschrieben ist. Erläutern Sie, wie man diese Ecken mit Hilfe eines Zirkels markieren kann.

Abb. 15.58. Ein Oktaeder.

40. Beweisen Sie: Der Radius r eines Kreises, der einem regulären Fünfeck der Seitenlänge a umbeschrieben ist (vgl. Abbildung 15.44), beträgt

$$r = \frac{a}{2\sin\frac{\pi}{5}}.$$

41. **(a)** Welche Öffnung R' muss ein Zirkel haben, damit man einen Großkreis einer Kugel mit Radius R zeichnen kann?

(b) Es seien zwei Punkte P und Q auf der Oberfläche einer Kugel mit Radius R gegeben. Erklären Sie, wie man mit Hilfe eines Zirkels den durch P und Q gehenden Großkreis zeichnen kann. Welche Bedingung müssen P und Q erfüllen, damit dieser Großkreis eindeutig ist?

42. Gegeben sei eine Kugel mit einem Durchmesser von 30 cm, und Sie möchten darauf die Erdkarte reproduzieren. Sie wählen einen zufälligen Punkt, den Sie als Nordpol bezeichnen.

(a)   Erklären Sie, wie man unter alleiniger Verwendung eines Zirkels den Äquator zeichnen und den Südpol finden kann.

(b)   Erläutern Sie, wie man die beiden Wendekreise zeichnet: Das sind die Breitenkreise mit 23, 5 Grad nördlicher bzw. südlicher Breite.

(c)   Erläutern Sie, wie man die Polarkreise zeichnet: Das sind die Breitenkreise mit 66, 5 Grad nördlicher bzw. südlicher Breite.

(d)   Erläutern Sie, wie man einen Meridian zeichnet. Der gezeichnete Meridian soll als Greenwich-Meridian bezeichnet werden.

(e)   Erläutern Sie, wie man den Meridian zeichnet, der 25 Grad westlicher Länge entspricht.

43.   Es gibt fünf reguläre Polyeder: das Tetraeder, den Würfel, das Oktaeder, das Dodekaeder und das Ikosaeder. Das Ikosaeder ist in Abbildung 15.59 dargestellt. Es hat 12 Ecken und 20 Flächen, während das Dodekaeder 20 Ecken und 12 Flächen hat.

Abb. 15.59. Ein Ikosaeder.

(a)   Beweisen Sie: Die Mittelpunkte der Flächen eines Dodekaeders sind die Ecken eines Ikosaeders und umgekehrt. Man sagt, dass diese beiden Polyeder *dual* sind.

(b)   Geben Sie eine Methode an, mit deren Hilfe man die Ecken eines einer Kugel einbeschriebenen Ikosaeders auf der Kugeloberfläche markieren kann.

(c)   Jede Ecke eines Ikosaeders gehört fünf Flächen an. Unter Verwendung von nur fünf verschiedenen Farben gibt es ein Verfahren zur Färbung der Ikosaederflächen derart, dass die fünf Flächen, die sich in jeder Ecke treffen, von verschiedener Farbe sind. Können Sie eine solche Färbung angeben? Ist es möglich, die Flächen so zu färben, dass für jede Ecke – von oben gesehen – die angrenzenden Flächen in der gleichen Reihenfolge gefärbt sind?

44.   Erklären Sie, warum die Diagonalen der Fünfecke eines Dodekaeders einen Würfel bilden. Hinweis: Betrachten Sie die Symmetrien des Dodekaeders, zum Beispiel die Mittelebene zweier solcher Diagonalen. Es ist hierbei hilfreich, ein Dodekaeder zu konstruieren und alle Diagonalen einzuzeichnen.

Literaturverzeichnis

[1] V. Gutenmacher und N. B. Vasilyev, *Lines and Curves: A practical Geometry Handbook*. Birkhäuser, Boston, MA, 2004.

[2] C. Mead und L. Conway, *Introduction to VLSI Systems*. Addison-Wesley, Reading, MA, 1980.

Personen- und Sachverzeichnis